除尘设备手册

张殿印　刘　瑾　主编

The Second Edition
第二版

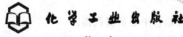

化学工业出版社

·北京·

本书共十二章，内容包括除尘工程常用技术资料，除尘系统设备组成、含义，除尘系统管网等。除尘设备主要包括：重力和惯性除尘设备、离心式除尘设备、袋式除尘设备、静电除尘设备、湿式除尘设备、集气吸尘设备、输排灰设备、高温烟气冷却管和管道补偿器、除尘通风机、消声与减震设备以及除尘设备的性能测试。

本书内容全面，联系实际，可操作性强。可供大气污染治理领域的广大工程设计人员、科学研究人员和企业管理人员阅读使用，也可供高等学校环境科学与工程相关专业师生参考。

图书在版编目（CIP）数据

除尘设备手册/张殿印，刘瑾主编. —2 版. —北京：化学工业出版社，2018.8（2021.1重印）
ISBN 978-7-122-32170-1

Ⅰ.①除… Ⅱ.①张…②刘… Ⅲ.①除尘设备-技术手册 Ⅳ.①TU834.6-62

中国版本图书馆 CIP 数据核字（2018）第 101875 号

责任编辑：左晨燕　刘　婧　　　　　　　　装帧设计：王晓宇
责任校对：边　涛

出版发行：化学工业出版社（北京市东城区青年湖南街 13 号　邮政编码 100011）
印　　装：北京建宏印刷有限公司
787mm×1092mm　1/16　印张 51¾　字数 1468 千字　　2021 年 1 月北京第 2 版第 2 次印刷

购书咨询：010-64518888　　售后服务：010-64518899
网　　址：http://www.cip.com.cn
凡购买本书，如有缺损质量问题，本社销售中心负责调换。

定　　价：280.00 元　　　　　　　　　　　　　　　　　版权所有　违者必究
京化广临字 2018—20

《除尘设备手册》（第二版）
编写人员名单

主　　编：张殿印　刘　瑾

副 主 编：陆亚萍　刘建华　鲁华火　陈鸣宇　张　鹏

编写人员（排名不分先后）：

张殿印　刘　瑾　陆亚萍　刘建华　刘伟东

鲁华火　陈鸣宇　张　鹏　鲍庆国　陆建芳

罗惠芳　徐新峰　张永海　殷文霞　潘金凤

高　强　缪亚彬　张子东　马千里　高　洁

张瑞锋　张紫薇　李本欣　叶桃锋

主　　审：刘伟东

前言
Foreword

《除尘设备手册》第一版于 2009 年出版以来，深受广大读者的欢迎和好评。

《除尘设备手册》中所引用的国家标准、规范、技术经济指标发生了很大变化，国家提出了更加严格的新要求；书中所选用的除尘设备有些已为新一代产品所取代，有些技术性能又有了新的提高；根据节能减排和分离细颗粒物（$PM_{2.5}$）的要求，除尘设备工艺设计和采用的技术参数需要变更调整。因此，为满足广大读者的实际需要，有必要对该手册进行修订出版。

《除尘设备手册》（第二版）主要对以下内容进行了修订：①补充近年来出现且第一版尚缺的内容，如余热锅炉、除尘防灾等；②更新近些年修改的国家标准，如《环境空气质量标准》、新的除尘设备技术规范等；③补充节能减排新设备、新技术，如蓄能冷却等；④删减一些很少使用并趋于淘汰的除尘设备。

《除尘设备手册》（第二版）有如下特点：①内容科学完整、数据资料齐全；②技术新颖实用、案例经典示范；③工程实用性和可操作性强。希望本书能为读者提供一条捷径，以便使他们不付出直接经验的高额成本，不再走前人所走过的弯路，就能迅速达到较高的理论和技术水平，满足日益增加的大气污染治理需求，提高烟尘治理工程技术水平。该书作为除尘工程设备工具书，具有较高学术价值和实用价值。

本书共十二章，内容包括除尘工程常用技术资料，除尘系统设备组成、含义，除尘系统管网等。除尘设备主要包括：重力和惯性除尘设备、离心式除尘设备、袋式除尘设备、静电除尘设备、湿式除尘设备、集气吸尘设备、输排灰设备、高温烟气冷却管和管道补偿器、除尘通风机、消声与减震设备以及除尘设备的性能测试。本书内容全面，联系实际，可操作性强。

本书第二版由张殿印、刘瑾主编，陆亚萍、刘建华、鲁华火、陈鸣宇、张鹏副主编，刘伟东主审。另外，鲍庆国、陆建芳、罗惠芳、徐新峰、张永海、殷文霞、潘金凤、高强、缪亚彬、张子东、马千里、高洁、叶桃锋、李本欣、张瑞锋、张紫薇等参与了本书部分编写工作。在编写过程中得到苏州协昌环保科技股份有限公司的大力支持，在此表示感谢！本书在编写、审阅和出版过程中得到了王海涛教授、王冠教授、刘喜生教授等多位知名专家的鼎力相助，在此一并深致谢忱。编写过程中参考和引用了一些科研、设计、教学和生产工作同行撰写的著作、论文、手册、教材、样本和学术会议文集等，在此对所有作者表示衷心感谢。

限于编者水平及编写时间，书中疏漏和不妥之处在所难免，殷切希望读者朋友批评指正。

编者
2018 年 5 月于北京

第一版前言

Foreword

随着社会的发展和人类的进步，人们对生活质量和自身健康愈来愈重视，对生态环境和空气质量也越来越关注。然而，人类在生产和生活中，通过各种途径成年累月地向大气排放各类污染物质，使大气受到不同程度的污染，环境变差、气候变暖，直接影响人类生存的基本条件。在大气污染中可吸入粉尘过多进入人体，直接威胁人体的健康。粉尘污染还会造成能见度降低、设备磨损和动植物受害等。所以防治粉尘污染、保护大气环境是刻不容缓的重要任务。

除尘设备是防治大气污染应用最多的设备，也是除尘工程中最重要的减排设备之一。除尘设备设计制作是否优良、选用是否合理、管理维护是否得当，直接影响工程投资费用、除尘效果、运行作业率。因此，掌握除尘设备工作机理，精心设计、精心制造、合理选择和严格管理，对节能减排、搞好环境保护工作具有重要意义。

编写本书的目的在于给环境工程和环境管理工作者提供一本具有理论和实际相结合、新颖与实用相结合的技术工具书。本书特点：（1）内容新颖。不仅包括常用除尘设备，还有近年开发应用的新设备。（2）内容全面。把除尘领域所有设备尽可能收入书中并做全面介绍。（3）联系实际。对应用成熟的除尘设备尽做详细介绍，对不成熟、不成功的除尘设备予以舍弃或简要介绍。为加深读者直观了解，书中插入不少工程图片。编写内容重点突出、概念清楚、资料翔实，力求完整和系统。读者通过本书可以对除尘设备有个全面的了解和掌握；对除尘设备的开发、设计、制造、选用、管理均有益。

全书共分为十二章，分别介绍了除尘设备概念及组成、重力除尘设备、惯性除尘设备、离心除尘设备、袋式除尘设备、静电除尘设备、湿式除尘设备、集气吸尘设备、输排灰设备、烟气冷却设备、管道补偿设备、除尘通风机、消声减振设备以及除尘设备性能测试方法。为方便资料查找，附录列出一些常用的数据表。

参加本书编写的有（按章节顺序）：张殿印（第一章）、王纯（第二章）、俞非漉（第三章第一、二、三节）、王海涛（第三章第四、五、六节）、朱晓华（第四章第一、二节）、刘克勤（第四章第三、四节）、赵宇（第四章第五、六节）、王冠（第五章第一、二节）、庄剑恒（第五章第三、四节）、张学义（第五章第五节）、王雨清（第六章第一节）、王宇鹏（第六章第二节）、白洪娟（第六章第三节）、田雨霖（第六章第四节）、陈盈盈（第七章第一、二节）、冯馨瑶（第七章第三、四节）、任旭（第八章第一、二节）、肖春（第八章第三、四节）、魏淑娟（第九章第一、二节）、肖敬斌（第九章第三节）、陈媛（第九章第四、五节）、高华东（第十章第一、二节）、张鹏（第十章第三、四节）、张学军（第十章第五节）、顾晓光（第十一章第一、二节）、徐飞（第十一章第三、四节）、梁嘉纯（第十二章）。

杨景玲教授对全书进行了审阅。本书在编写、审阅和出版过程中得到白万胜等多位专家的鼎力相助，在此一并深致谢忱。书中参考和引用了一些科研、设计、教学和生产工作同行撰写的著作、论文、手册、教材和学术会议文集等，在此对所有作者表示衷心感谢。

限于编者学识和编写时间，书中疏漏和不妥之处在所难免，殷切希望读者朋友不吝指正。

编者
2009 年 8 月于北京

目 录
CONTENTS

Chapter 3 ｜ 第三章　离心式除尘设备 ·· 081

第一章

除尘系统设备

除尘系统由许多捕集、输送和净化含尘气体设备组成，其中包括集气吸尘设备、净化设备、输气管道、风机、消声和减振设备、粉尘输送设备等。如果是高温烟气，还要有烟气冷却降温设备、管道膨胀补偿设备等。每一种设备往往还包括附属设备和若干配套件。本章扼要介绍这些设备的基本性能和除尘管道的设计计算。

第一节
除尘系统设备分类

除尘系统所用主要设备在本手册中统称为除尘设备。除尘系统设备含义及功能分述如下。

一、除尘设备含义

1. 除尘管道

输送含尘空气和空气混合物的各种风管和风道的统称。

（1）风管　由薄钢板、铝板、硬聚氯乙烯板和玻璃钢等材料制成的通风管道。

（2）风道　由砖、混凝土、炉渣石膏板和木质等建筑材料制成的通风管道。

（3）总管　通风机进出口与系统合流或分流处之间的通风管段。

（4）干管　连接若干支管的合流或分流的主干通风管道。

（5）支管　通风干管与送风口、吸风口或排风罩、吸尘罩等连接的管段。

（6）集合管　汇集各并联支管、干管的横截面较大的直管段。

2. 集气吸尘罩

（1）局部排风罩　局部排风系统中，设置在有害物质发生源处，就地捕集和控制有害物质的通风部件。

（2）外部吸气罩　设在污染源附近，依靠罩口的抽吸作用，在控制点处形成一定的风速，排除有害物质的局部排风罩。

（3）接受式排风罩　设在污染源附近，利用生产过程中污染气流的自身运动接受和排除有害物质的局部排风罩。如高温热源上部的伞形罩，砂轮机的吸尘罩等。

（4）密闭罩　将有害物质源全部密闭在罩内的局部排风罩。可分为以下几种：①局部密闭罩，仅将工艺设备放散有害物质的部分加以局部密闭的排风罩；②整体密闭罩，将放散有害物质的设备大部分或全部密闭起来的排风罩；③大容积密闭罩，在较大范围内将整个放散有害物质的设备或有关工艺过程全部密闭起来的排风罩。

（5）排风柜　一种三面围挡、一面敞开或装有操作拉门的柜式排风罩。

（6）伞形罩　装在污染源上面的伞状排风罩。

（7）侧吸罩　设置在污染源侧面的排风罩。

（8）槽边排风罩　沿槽边设置的平口或条缝式吸风口。有单侧、双侧和环形槽边排风罩三种。

（9）吹吸式排风罩　利用吹吸气流的联合作用控制有害物质扩散的局部排风罩。

3. 除尘器

也称收尘器，用于捕集、分离悬浮于空气或气体中粉尘粒子的设备。

（1）沉降室　由于含尘气流进入较大空间速度突然降低，使尘粒在自身重力作用下与气体分离的一种重力除尘装置。

（2）惯性除尘器　借助各种形式的挡板，迫使气流方向改变，利用尘粒的惯性使其与挡板发生碰撞而将尘粒分离和捕集的除尘器，又称挡板除尘器。

（3）旋风除尘器　含尘气流沿切线方向进入筒体做螺旋形旋转运动，在离心力作用下将尘粒分离和捕集的除尘器。

（4）多管（旋风）除尘器　由若干较小直径的旋风分离器并联组成一体的，具有共同的进出口和集尘斗的除尘器。

（5）袋式除尘器　用纤维性滤袋捕集粉尘的除尘器，也称布袋过滤器。

（6）颗粒层除尘器　以石英、砾石等颗粒状材料作过滤层的除尘器。

（7）电除尘器　由电晕极和集尘极及其他构件组成，在高压电场作用下，使含尘气流中的粒子荷电被吸引、捕集到集尘极上的除尘器。

（8）湿式除尘器　借含尘气体与液滴或液膜的接触、撞击等作用，使尘粒从气流中分离出来的设备。

① 水膜除尘器。含尘气体从筒体下部进风口沿切线方向进入后旋转上升，使尘粒受到离心力作用被抛向筒体内壁，同时被沿筒体内壁向下流动的水膜所黏附捕集，并从下部锥体排出的除尘器。

② 卧式旋风水膜除尘器。一种由卧式内外旋筒组成的，利用旋转含尘气流冲击水面在外旋筒内侧形成流动的水膜并产生大量水雾，使尘粒与水雾液滴碰撞、凝聚，在离心力作用下被水膜捕集的湿式除尘器。

③ 泡沫除尘器。含尘气流以一定流速自下而上通过筛板上的泡沫层而获得净化的一种除尘设备。

④ 冲激式除尘器。含尘气流进入筒体后转弯向下冲击液面，部分粗大的尘粒直接沉降在泥浆斗内，随后含尘气流高速通过 S 形通道，激起大量水花和液滴，使微细粉尘与水雾充分混合、接触而被捕集的一种湿式除尘设备。

⑤ 文丘里除尘器。一种由文丘里管和液滴分离器组成的除尘器。含尘气体高速通过喉管时使喷嘴喷出的液滴进一步雾化，与尘粒不断撞击，进而冲破尘粒周围的气膜，使细小粒子凝聚成粒径较大的含尘液滴，进入分离器后被分离捕集，含尘气体得到净化，也称文丘里洗涤器。

⑥ 筛板除尘器。筒体内设有几层筛板，气体自下而上穿过筛板上的液层，通过气体的鼓泡使粉尘和有害物质被吸收的净化设备。

⑦ 泡沫除尘器。含尘气流以一定流速自下而上通过筛板上的泡沫层而获得净化的一种除尘器。

4. 通风机

一种将机械能转变为气体的势能和动能，用于输送空气及其混合物的动力机械。

① 离心式通风机：空气由轴向进入叶轮，沿径向方向离开的通风机。

② 轴流式通风机：空气沿叶轮轴向进入并离开的通风机。

③ 贯流式通风机：空气以垂直于轮轴的方向由机壳一侧的叶轮边缘进入并在机壳另一侧流出的通风机。

5. 烟囱

又称排气筒，特指向室外较高空间排放有害物质的排气立管或构筑物。

6. 蝶阀

风管内绕轴线转动的单板式风量调节阀。

① 对开式多叶阀：相邻叶片按相反方向旋转的多叶联动风量调节阀。

② 平行式多叶阀：由平行叶片组成的按同一方向旋转的多叶联动风量调节阀。

③ 菱形叶片调节阀：借阀片的体形变化改变气流通道截面而实现风量调节的阀门。

7. 插板阀

阀板垂直于风管轴线并能在两个滑轨之间滑动的阀门。

8. 斜插阀

阀板与风管轴线倾斜安装的插板阀。

9. 泄压装置

当通过除尘系统所输送的空气混合物一旦发生爆炸，压力超过破坏限度时，能自行进行泄压的安全保护装置。

二、除尘设备分类

除尘设备按其在除尘系统的作用可分为以下几类。

1. 含尘气体捕集设备

含尘气体捕集设备主要是集气吸尘罩，在集气吸尘罩中又分为各种不同的捕集方式和罩型。

2. 含尘气体输送设备

含尘气体输送设备主要是输送管道及配套件，配套件中包括弯头、三通、四通、弯径管、导流板、法兰等。此外还要有检测孔、检查孔、清扫孔、支架等。

3. 含尘气体净化设备

含尘气体净化设备主要是各种除尘器。适用于不同粒径和特征的除尘器，见图1-1。

4. 含尘气体抽吸设备

含尘气体抽吸设备主要是风机，风机是含尘气体捕集、输送净化和排放的动力。除尘用风机多是中、高压风机和除尘专用风机。

5. 粉尘输送设备

粉尘输送设备包括机械输送设备和气力输送设备两类，机械输送主要有螺旋输送机、刮板输送机、斗式提升机、加湿机、贮灰仓和运尘汽车，气力输送主要有正压输送装置、负压输送装置、仓式泵和斜槽等。

6. 其他设备

除尘系统一般配有消声器、隔振垫。对于高温含尘气体要用冷却器降温，管道膨胀伸缩还要用各种形式的补偿器。

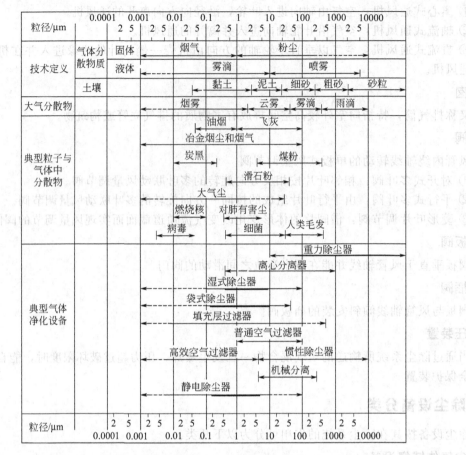

图 1-1　适用于不同粒径和特征的除尘器

第二节
除尘系统设备组成

一、除尘系统设备组成

　　除尘系统由集气吸尘罩、输气管道、除尘器、排灰装置、风机、电机、消声器和排气筒等组成，如图 1-2 所示。除尘系统有时还带伸缩节、冷却器等。除尘系统是利用风机产生的动力，将含尘气体从尘源经输气管道进入除尘器内净化，净化后的气体经风机、消声器、排气烟囱排出，回收的粉尘由排灰装置排出。整个除尘系统由电控装置控制。

二、除尘系统的工作过程

　　一个完整的除尘系统的工作过程应包括以下几个方面：①用集气吸尘罩（包括密闭罩）将尘源设备散发的含尘气体捕集并接入除尘管道；②借助风机通过管道输送含尘气体；③在除尘器中将粉尘分离；④将已净化的气体通过风机、烟囱排至大气或其他收集装置；⑤将在除尘器中分离下来的粉尘用输灰装置运送到相关地点。

　　因此，除尘系统中的主要设备有集气吸尘罩、管道、除尘器、风机、消声器、烟囱、输灰装

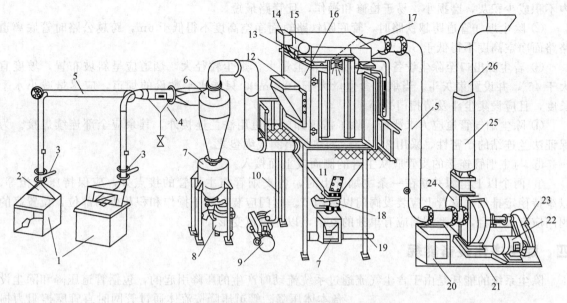

图 1-2　除尘系统设备组成

1—尘源设备；2—集尘罩；3—调节阀；4—冷却器；5—风管；6—旋风除尘器；7—集尘箱；
8—集尘车；9—空压机；10—压气管；11—灰斗；12—防爆板；13—脉冲阀；14—脉冲控制仪；
15—气包；16—除尘器箱体；17—检修门；18—卸灰阀；19—输灰机；20—控制柜；
21—减振器；22—电机；23—传动装置；24—风机；25—消声器；26—排气筒

置等。然而在各个具体情况下，并不是每个系统都具有以上这些设备，如直接由炉内抽烟气，可以没有抽尘罩；当尘源附近设置就地除尘机组时，净化后气体直接排入室内，可以不要管道和烟囱；当尘源设备排出高温烟气时，还要对高温烟气进行降温处理后净化；对仓顶除尘器可以不设风机等。但是在一般情况下都有不同除尘设备，只是根据不同的工艺设备及要求，选择的除尘设备不同而已。

三、除尘设备和管道配置

1. 除尘设备的布置

① 除尘设备的布置与工艺设备及除尘器的布置有关。通常希望将除尘器及有关设备与工艺设备尽量靠近，这不仅使设备布置紧凑，而且可以缩短管道长度和节约能源，但是在有的情况下，特别是处理风量很大时，除尘器和风机要设在远离尘源点的地方。

② 在多个尘源点的情况下，可以采取多个单独除尘系统的分散布置，也可以将各尘源点联合起来，形成一个集中的除尘系统。

③ 为避免系统间相互干扰，每个尘源设备配备 1 台风机时可不设调节阀门，由 1 台风机排送多台设备尘源点烟气时，应设置调节阀门，使各系统间易于保持平衡。

④ 为使烟气分布均匀和方便操作，除尘系统设备尽量对称配置。

⑤ 配置除尘设备时应充分考虑施工安装、操作维护的要求，留出施工机械必要的操作场地及车辆运输通道。

⑥ 对冶炼炉、锅炉应考虑在烟气进入除尘系统前设置放散阀或旁通烟道，以便在开炉时将不宜进入除尘系统的烟气或事故时烟气放出，排放烟囱出口应高于厂房 3～5m。

2. 烟气管道的布置

① 除尘烟气管道布置应在保证尘源点正常排烟、不妨碍操作和检修的前提下，尽量使管道

内不积或少积灰，磨损小，易于检修和操作，且管路最短。

② 除尘烟气管道跨越铁路时，管底距铁路轨面净空高度不得低于 6m，跨越公路时管底离道路路面净空高度不得低于 5m。

③ 若尘源出口至除尘设备入口的烟气含尘量大，烟尘粒径大，烟道应呈斜坡布置，坡度宜大于 45°，并设置集灰斗。当烟气含尘量大于 10g/m³，只能水平敷设的烟道，应尽量减小水平长度，且应设集尘斗及清扫门孔等。

④ 除尘烟气管道应力求严密，除了需拆卸的管道用法兰连接外，其余应全部连续焊接。为保证法兰连结的严密性，采用 3~5mm 的垫板垫圈或绳垫之。

⑤ 与主烟管连接的支管应从主管的侧面或上面接入。

⑥ 两个以上尘源并联在一条主烟管上时，各支烟管与主烟管的接点处，应保持压力相等，以维持稳定排烟。支管上应装设阀门以备调节。阀门应装在易于操作和积灰少的部位，位置高的阀门应有操作台，大型阀门应有单独的支架，以免管道变形。

四、除尘净化设备能耗

除尘系统的能耗是由于含尘气流通过系统流动时产生的压降引起的，包括管道压降和除尘设

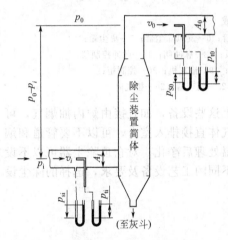

图 1-3 求除尘装置压降的方法

备本体压降。管道压降按流体通过管网时直管摩擦阻力损失和管件局部阻力损失计算。除尘净化设备运行所需能量可分为两类：一是含尘气流通过除尘器运动所需的能量；二是除尘器中产生独特的捕集力所附加的能量。

第一类能耗是由于气流通过装置流动引起的摩擦损失造成的，总是存在的，而且是除尘器能耗的主要部分。第二类能耗是除尘器除流体运动以外所附加的能耗，例如电除尘器中高压供电装置的电耗，湿式洗涤器中用泵输送洗涤液的能耗，袋式除尘器中的振打装置的能耗等。第二类能耗与第一类相比是次要部分，但决不能忽略。尽管在某些机械式除尘器中，如在旋风除尘器中它可能完全不存在。

所谓除尘器压降如图 1-3 所示，系指除尘器进口和出口气流全压之差，一般按除尘器进口动压的倍数计算。

$$\Delta p = \xi \frac{\rho v_1^2}{2} \tag{1-1}$$

式中，Δp 为除尘器压降，Pa；v_1 为除尘器进口气流速度，m/s；ρ 为气体密度，kg/m³；ξ 为除尘器压损系数（阻力系数）。

除尘器压降产生的能耗：

$$E = Q\Delta p \times 10^{-3} \tag{1-2}$$

式中，E 为除尘器能耗，kW；Q 为气体流量，m³/s；Δp 为除尘器压降，Pa。

湿式除尘器中输送液体的电耗：

$$E_L = Q_L \Delta p_L \times 10^{-3} \tag{1-3}$$

式中，E_L 为输送液体能耗，kW；Q_L 为液体流量，m³/s；Δp_L 为输送液体的压降，Pa。

液体损失相当的电耗：

$$\Delta E_L = 3600\Delta Q_L R_W / R_E \tag{1-4}$$

式中，ΔE_L 为液体损失相当的能耗，kW；ΔQ_L 为液体损失量，m³/s；R_W 为水费，元/m³；R_E 为电费，元/(kW·h)。

据统计资料表明,一般除尘器的电耗范围为 $0.2 \sim 2.4$ kW/(1000m³/h),粗略平均为 0.6 kW/(1000m³/h)。在很多情况下发现,除尘器的总除尘效率越高,电耗也越高。

【例 1-1】 估算下面几种除尘器处理 1000m³/h 气体的电耗:(1)压降为 0.2kPa 的重力除尘器;(2)压降为 1.5kPa 的旋风除尘器;(3)气体压降为 5kPa 的文丘里除尘器,水耗量为 0.94 m³/h,输水压降 1.3×10^5 Pa,水量损失率 5%,水费 0.07 元/m³,电费 0.12 元/(kW·h);(4)静电除尘器,压降 300Pa,本体用电 0.18kW/(1000m³/h);(5)机械振动清灰袋式除尘器,压降 1.5kPa,清灰用电 0.164kW/(1000m³/h)。假定通风机的效率为 0.65,水泵的效率为 0.75。

解:(1)重力除尘器电耗

$$E = \frac{1000 \times 200 \times 10^{-3}}{3600 \times 0.65} = 0.085 \text{kW/(1000m}^3/\text{h)}$$

(2)旋风除尘器电耗

$$E = \frac{1000 \times 1500 \times 10^{-3}}{3600 \times 0.65} = 0.64 \text{kW/(1000m}^3/\text{h)}$$

(3)文丘里除尘器电耗

风机电耗

$$E = \frac{1000 \times 5000 \times 10^{-3}}{3600 \times 0.65} = 2.14 \text{kW/(1000m}^3/\text{h)}$$

水泵电耗

$$E_L = \frac{0.94 \times 1.3 \times 10^5 \times 10^{-3}}{3600 \times 0.75} = 0.045 \text{kW/(1000m}^3/\text{h)}$$

水损失电耗

$$\Delta E_L = \frac{0.94 \times 0.05 \times 0.07}{0.12} = 0.027 \text{kW/(1000m}^3/\text{h)}$$

湿式除尘器总电耗 $= 2.14 + 0.045 + 0.027 = 2.212$ kW/(1000m³/h)

(4)静电除尘器电耗

风机电耗

$$E = \frac{1000 \times 300 \times 10^{-3}}{3600 \times 0.65} = 0.128 \text{kW/(1000m}^3/\text{h)}$$

除尘器本体电耗 $= 0.18$ kW/(1000m³/h)

总电耗 $= 0.128 + 0.18 = 0.308$ kW/(1000m³/h)

(5)袋式除尘器电耗

风机电耗 $$E = \frac{1000 \times 1500 \times 10^{-3}}{3600 \times 0.65} = 0.64 \text{kW/(1000m}^3/\text{h)}$$

清灰电耗 $= 0.164$ kW/(1000m³/h)

总电耗 $= 0.64 + 0.164 = 0.804$ kW/(1000m³/h)

将五种除尘器的总电耗汇总在表 1-1 中,并以旋风除尘器电耗的相对值归为 1,则可求出其他除尘器电耗的相对比值。

表 1-1 五种除尘器电耗汇总

除尘器	总电耗/[kW/(1000m³/h)]	相对值	除尘器	总电耗/[kW/(1000m³/h)]	相对值
重力除尘器	0.085	0.13	静电除尘器	0.308	0.48
旋风除尘器	0.640	1.0	袋式除尘器	0.804	1.26
文丘里除尘器	2.212	3.46			

第三节
除尘系统管网

一、风管中气体流动特性

在除尘工程中，含尘气体是以风机为动力通过风管而输送的。风管设计和风机选择都会影响整个除尘系统的效果。而风管设计和风机选择都涉及一些流体力学基本概念，如空气在风管中流动时的能量变化、压力损失等。

1. 流动特性

气体在风管中流动时，除高温气体外压力和温度一般不会有很大的变化，不会引起空气密度的显著变化，故可称为定容运动。气流在风管中流动时，有两种不同的压力，即动压和静压。

（1）动压　动压是流动空气的动能，与空气流速直接有关，永远是正值。动压的表达式如下，即

$$p_{d} = \frac{\rho v^{2}}{2} \tag{1-5}$$

式中，p_{d} 为动压，指单位体积气体的运动能量，Pa；v 为气体运动的流速，m/s；ρ 为气体的密度，kg/m³。

（2）静压　静压是单位体积空气作用于周围物体的压强，简称静压，与空气的流动无关，静压值通常相对于大气压力而言，又称相对静压。把大气压力作为基点，大于大气压力时就为正值，反之为负值。

（3）全压　动压和静压的代数和称为全压，代表气体在风道中流动时的全压力，即

$$p_{T} = p_{d} + p_{s} = \frac{\rho v^{2}}{2} + p_{s} \tag{1-6}$$

式中，p_{T} 为全压，Pa；p_{s} 为静压，Pa。

（4）气体在管道中流动时的能量变化　空气在风管内做定容运动时的能量变化，通常用伯努利方程式来表示。

对于风管内的两个截面（截面1和截面2）来说，伯努利方程式为

$$p_{s1} + \rho \frac{v_{1}^{2}}{2} = p_{s2} + \rho \frac{v_{2}^{2}}{2} + \Delta p \tag{1-7}$$

式中，p_{s1}、p_{s2} 分别为位于截面1和截面2处的单位体积空气的压力能，即静压，Pa；$\rho \frac{v_{1}^{2}}{2}$、$\rho \frac{v_{2}^{2}}{2}$ 分别为位于截面1和截面2处的单位体积空气的动能，即动压，Pa；Δp 为在截面1和截面2之间的单位体积空气的能量损失，即压力损失，Pa。

方程式表达了风管内空气的流速和压力之间的关系。Δp 表示全压的损失，它用于克服风道内的局部阻力和摩擦阻力。

若截面1和截面2的截面积分别为 A_1 和 A_2。当风管的截面积不变时，即 $A_1 = A_2$，则 $v_1 = v_2$，由式(1-7)可知，$\Delta p = p_{s1} - p_{s2}$。这就是说，空气流经截面积不变的风道，截面1至截面2的能量损失等于两处的静压差。

因风管内各个截面上的总能量是不变的，故动能和位能可以互相转化，也就是动压和静压是可以互相转化的。如图1-4所示，当截面1和截面2的截面积不相同时，即 $A_1 < A_2$，由于通过

风管的空气流量不变，所以 $v_1 > v_2$，因此 $\rho \dfrac{v_1^2}{2} > \rho \dfrac{v_2^2}{2}$，即截面 1 的动压大于截面 2 的动压。因总能量不变，由上式可知截面 1 的静压必然小于截面 2 的静压。由此可见，空气由截面 1 流到截面 2 时，动压变小，静压变大。

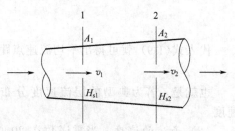

图 1-4 变径管能量转化示意

（5）流动状态 风管中空气的流动状态可以分为层流和紊流两种。

① 层流。是各股流体形成互相平行的流速，呈有秩序地流动，不相互混淆，也不产生涡流。

② 紊流。是气流在风管的横截面上发生脉动，毫无秩序地紊乱流动形成涡流。由层流运动过渡到紊流运动是在一定的惯性力和流体内摩擦力的相互关系下发生的。

③ 雷诺数。空气在风管内的流动状态的准数称为雷诺数。雷诺数用下式表示，即

$$Re = \frac{Dv}{\nu} = \frac{Dv\rho}{\mu} \tag{1-8}$$

式中，Re 为雷诺数；D 为管道直径，m；v 为气流速度，m/s；ν 为气体的运动黏度，m²/s；μ 为流体的动力黏度，Pa·s；ρ 为气体密度，kg/m³。

气体的动力黏度和运动黏度随着气体温度的升高而增长。气体压力增高时，动力黏度增大，而运动黏度减小。当压力小于 1MPa 时，对气体的动力黏度的影响可以忽略不计。

实验证明，流体在直管内流动时，当雷诺数 $Re \leqslant 2000$ 时，流体黏滞力超过流体的惯性力，流体的流动类型属于层流，当 $Re \geqslant 4000$ 时，流体的惯性力超过流体黏滞力，产生紊流运动，流体的类型属于紊流；而 Re 值在 2000～4000 范围内，可能是层流，也可能是紊流，若受外界条件的影响，如管道直径或方向的改变，外来的轻微震动，都易促成紊流的发生，所以将这一范围称之为不稳定的过渡区。在生产操作条件下，常将 $Re > 3000$ 的情况按紊流考虑。

由层流转变为紊流时的雷诺数值，称为临界值，常数 $Re = 2320$。当雷诺数到达临界值时，相应的气体流速称为临界速度。

2. 流速分布

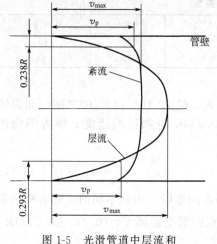

图 1-5 光滑管道中层流和紊流的速度分布

用皮托管只能测量某一点的流速，而气体在管道中流动时，同一截面上各点流速并不相同，说明管内速度分布不一样。

由于层流和紊流速度的分布对于管轴是对称的，因此可用二维表示，如图 1-5 所示。实验数据表明它们有如下特性。

（1）层流的速度 当管道雷诺数在 2000 以下时，充分发展的层流的速度分布是抛物线形的，它不受管壁粗糙度的影响。管内的平均流速 v_p 是中心最大流速 v_{max} 的 1/2。各点流速与最大流速之间的关系可用下式表示：

$$v(r) = v_{max}\left[1 - \left(\frac{r}{R}\right)^2\right] \tag{1-9}$$

式中，R 为圆管半径；r 为在管截面上离管轴的距离；$v(r)$ 为离管轴为 r 处的流速；v_{max} 为管轴处（即 $r=0$）的流速。

将上式积分，就可算出平均流速：

$$v_p = \frac{1}{2} v_{max} \tag{1-10}$$

代入式(1-9) 就可得出平均流速点距离管壁的间隔长度 $\bar{y}$：

$$\bar{y} = 0.293R$$

也就是，若为典型的层流速度分布，在距离管中心轴线 $0.707R$ 处测得的流速就是平均速度。

（2）紊流的速度　当雷诺数在 $2000 \sim 4000$ 之间时为过渡区，速度分布的抛物线形状已改变，如图 1-5 所示。当雷诺数 $\geqslant 4000$ 时，速度分布曲线将变平坦；随着雷诺数的增大，曲线将变得愈加平坦，直到最后除在管壁的一点外，所有各点都将以同一速度流动，这种平坦速度的分布称为无限大雷诺数的速度分布；气体在高速流动时就很易于达到这种速度分布。

在窄小的过渡区内，速度分布是复杂而不稳定的，随着流速增大或减小，其速度分布的形状很不固定。在过渡区内很难进行精确的流量测量。

紊流的速度分布没有固定的几何形状，它随着管壁粗糙度和雷诺数而变化。用于计算光滑管中某一点流速的最简单的公式为如下经验的幂律方程式：

$$v(r) = v_{max} \left(1 - \frac{r}{R} \right)^{1/n} \tag{1-11}$$

式中，n 为仅与雷诺数有关的指数；其他符号意义同前。

用下式计算指数 n，精度较高。

$$n = 1.66 \lg Re_0 \tag{1-12}$$

幂律的速度分布式能较好地描述紊流流动，但不能用于中心流速与管壁流速的精确计算。

对于光滑管，当雷诺数大于 10^4 时，可用下式估算平均流速为 v 的那一点位置。

$$\bar{y} = \left[\frac{2n^2}{(n+1)(2n+1)} \right]^n R \tag{1-13}$$

在充分发展的紊流速度分布下，n 值与 Re_0 及 v_p/v_{max} 的关系如表 1-2 所列。

表 1-2　雷诺数与流速、n 值的关系

Re_0	4.0×10^3	2.3×10^4	1.1×10^5	1.1×10^6	2.0×10^6	3.2×10^6
n	6.0	6.6	7.0	8.8	10	10
v_p/v_{max}	0.791	0.808	0.817	0.849	0.685	0.865

注：v_p 为管截面上的平均流速；v_{max} 为最大流速。

对于紊流 $v_p = C v_{max}$，通常取 $C = 0.84$。一般说来，当 Re_0 在 $4 \times 10^3 \sim 4 \times 10^6$ 之间，如为轴对称的速度分布，管壁又较光滑时，则在距管壁距离 $Y = 0.238R$ 处测得的速度 v 即为平均速度 v_p：

$$\frac{v}{v_p} = 1 \pm 0.5\% \tag{1-14}$$

由于紊流的速度分布受管壁粗糙度和管道雷诺数多种因素的影响，因此不同的研究实验结果也稍有不同。国际标准 ISO 7145-1892(E) 规定的平均流速点距管壁距离 $Y = (0.242 \pm 0.013)R$。

3. 压力分布

空气在管道内流动时，由于除尘管道的阻力和流速等的变化，除尘管道中空气的压力也随之发生变化。了解管道内压力的变化规律，对通风系统的设计和运行管理都很重要。下面我们根据流体力学原理，分析管道内的压力分布规律。

（1）简单系统中的压力分布　图 1-6 所示为一简单除尘管道系统的压力分布。在风机前为

一简单管段，风机后为一断面较小的直管段，风机的入口及出口均设有格栅。

进入系统的空气由管道外的静止状态加速到风管内的主气流的速度 v_1，一旦进入风管的入口气流断面收缩，然后进入管段内，气流便很快稳定到正常状态。将入口的气流收缩断面造成的能量损失包括在通过入口格栅的局部损失内，统称为入口损失（或入口阻力），于是入口损失可表示成在入口平面内产生的损失。平面 1 的左面处于大气中，静压为零，而平面 1 的右面风管内的静压 p_{1s} 为

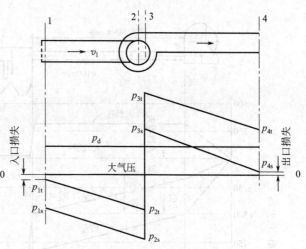

图 1-6 简单除尘管道系统的压力分布

$$p_{1s} = -\xi_1 \frac{v_1^2}{2}\rho \qquad (1\text{-}15)$$

式中，ξ_1 为入口局部阻力系数；ρ 为空气密度，kg/m^3。

风管内的动压 p_d(Pa) 为：

$$p_d = \frac{v_1^2}{2}\rho \qquad (1\text{-}16)$$

由于风管直径在整个系统中是不变化的，因而动压也不变。风管入口处的静压，数值上大于动压，其差值正好等于通过入口的能量损失。

平面 1 及平面 2 之间沿风管的摩擦损失等于二者间的全压差 $p_{1t} - p_{2t}$。因为平面 1 至平面 2 间速度没变，动压 p_d 不变，所以摩擦损失也等于两平面间的静压差 $p_{1s} - p_{2s}$。风机入口的静压 p_{2j} 显然为风机入口的全压与动压之差，即 $p_{2t} - p_d$。同理，风机入口的全压 p_{2t} 值，应等于从入口平面 1 至平面 2 之间的全部能量损失，其中包括通过入口格栅的局部损失，通过入口气流收缩断面的损失及风管的摩擦损失。

系统的排气侧和吸气侧类似，为了表达方便，从出口格栅开始，通过这一格栅的气流流入大气，其静压由 p_{4s} 变为零，而通过格栅的全压由 p_{4t} 变为零，p_{4t} 为出口压力损失 p_{4s} 与动能 p_d 之和，即：

$$p_{4t} = p_{4s} + p_d \qquad (1\text{-}17)$$

而

$$p_{4s} = \xi_2 \frac{v_1^2}{2}\rho \qquad (1\text{-}18)$$

式中，ξ_2 为出口格栅的局部阻力系数。

平面 3 及平面 4 之间，由于摩擦损失等于 $p_{3t} - p_{4t}$，为使气流在风管中流动，p_{3t} 必须大于 p_{4t}，而且 p_{1t} 同样大于 p_{2t}。但是，p_{3t} 为风机出口的总能量，而 p_{2q} 为风机入口的总能量。这两个量（p_{3q} 及 p_{2q}）之差必须等于风机供给系统的能量。因为 p_{2q} 为负值，从数值上说风机的全压 Δp 可表示为：

$$\Delta p = p_{3t} - p_{2t} = |p_{3t}| + |p_{2t}| \qquad (1\text{-}19)$$

因此，风机的全压 Δp 为：

$\Delta p =$（通过入口格栅的摩擦损失＋入口气流收缩的能量损失）＋（吸入段内风管的摩擦损失）＋（通过出口格栅的损失＋由系统排出的动能损失）＋（压出段风管的摩擦损失）

$$\Delta p = (0 - p_{0t}) + (p_{1t} - p_{2t}) + (p_{4t} - 0) + (p_{3t} - p_{4t}) = p_{3t} - p_{2t}$$

（2）复杂管网系统中压力的分布　图 1-7 所示为复杂除尘管道系统中空气压力的分布示意。

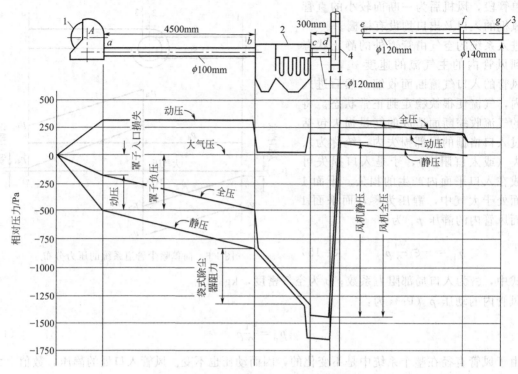

图 1-7　复杂除尘管道系统的压力分布

1—砂轮；2—袋式除尘器；3—排气风帽；4—风机

该系统内有局部排气罩、除尘器、风机、排气风帽等设备。

在砂轮吸尘罩 A 的入口前面，系统处于大气中，其动压、静压及全压均为零。当空气进入到 a 点时，流速逐渐增加，动压也逐渐增加。气流通过砂轮罩时静压逐渐减少，这是由于砂轮罩的局部阻力造成的。

在 a—b 段中，由于管道直径没有变化，其中的流速也不变，因而动压保持为一常数。然而由于管道对气流的摩擦阻力使静压直线下降。这时全压也随静压的变化而变化。

b—c 段为袋式除尘器，气流通过除尘器时，由于除尘器的断面比管道大，速度降低，动压也减少；但通过除尘器后，动压又重新恢复。如果袋式除尘器不漏风，则动压恢复的情况就取决于除尘器前后管道大小的比值。若前后管道直径相同，其中的动压可恢复到原来的数值，由于除尘器具有一定的阻力，因此在 b—c 段中静压减少，减少的数值除了除尘器的阻力外，还包括除尘器前后的渐扩管和渐缩管的局部阻力。

d—e 段为风机，风机使管段内的静压大大提高，全压也升高。风机前静压为负值，通过风机，除了克服前段的阻力，还有部分剩余压力（正值），用以克服风机后的各种阻力，风机前后的风量是不变的，但由于风机后的风管直径扩大了，其中的流速有所降低，因而动压减少。

e—f 段为直管段，与 a—b 段相同。f—q 段为出口排气风帽，出口后的静压为 0。因为出口处还有一定的气流速度，因而也还有一定的动压。

把以上各点的全压标在图上，并根据摩擦阻力与风管长度成直线关系，连接各个全压点可得到全压分布曲线。以各点的全压减去该点的动压，即为各点的静压，同样可绘出静压分布曲线。从风道系统的压力分布图，可看出以下一些关于管内气流流动的规律。

① 风机的全压 Δp 等于风机进、出口的全压差，风机的静压等于风机进、出的静压差（绝对值之和），通常是用风机的全压差来选择风机的型号。

② 风机吸入段的全压和静压均为负值，在风机入口处负压最大；风机压出段的全压和静压一般情况下均是正值，在风机出口正压最大。因此，风管连接处不严密时，会有空气漏入或逸出，以致影响风量分配或造成粉尘或有害气体向外泄漏。

③ 如果系统不漏风，即整个系统中风量不变，则风管中的动压只与风管大小有关。在大小不变的风管中，动压为定值，风管减小，动压增加。

④ 系统中各种阻力（摩擦阻力及局部阻力）都将消耗能量，使全压降低，而静压也相应降低。

二、除尘管道设计技术要求

① 管道布置的一般要求：

a. 除尘管道布置应顺畅、整洁，应尽量明装；

b. 工艺管道应尽量沿墙或柱敷设；

c. 管道与梁、柱、墙、设备及管道之间应留有适当距离，净间距不应小于 200mm，架空管道高度应符合铁路（从轨顶算起）6m，道路（从路面算起）5.5m 及有关规范的规定；

d. 为避免水平管道积灰，可采用倾斜管道布置。

② 除尘管道宜采用圆形管道，除尘管道的公称直径按管道外径计取，宜采用《全国通用通风管道计算表》中所列的管道规格。出现下列情况时可采用矩形管道：

a. 空间尺寸受限，圆形管道无法敷设；

b. 发电厂等大型除尘器和引风机进、出口烟道。

③ 除尘管网的支管宜从主管（或干管）的上部或侧面接入，连接三通的夹角宜为 30°～45°；垂直连接时应采用导流措施（补角三通）。干管上所连接的支管数量不宜超过 6 根。

④ 输送相对湿度较大、易结露的含尘气体时，管道应采取保温措施。

⑤ 输送爆炸性气体或粉尘的管道应按照《粉尘爆炸泄压指南》（GB/T 15605）的要求设泄爆装置。管道应可靠接地。

⑥ 穿墙及穿楼板的管道应加套管，管道焊缝不宜置于套管内。穿墙套管长度不得小于墙厚。穿楼板套管应高出楼面 50mm。穿过屋面的管道应有防水肩和防雨帽。管道与套管之间的空隙应采用阻燃材料填充。

⑦ 除尘管道风速的选择应考虑粉尘的粒径、真密度、磨琢性、浓度等因素，防止管道风速过高加剧管道磨损，避免管道风速过低造成管道积灰。

出现下列情况，应考虑除尘管道的积灰荷载，荷载大小可按管道截面积 5%～10% 的灰量估算：

a. 粒径较粗的机械性粉尘；

b. 密度大的矿物性粉尘；

c. 管道风速较低；

d. 含湿量较大的含尘气体。

⑧ 管道应有足够的强度和刚度，否则应进行加固。管道加固应符合下列要求：

a. 加强筋设计应考虑管道直径、介质最高温度、介质最大压力、设计荷载等因素；

b. 当管道直径大于 1500mm 时应在管道外表面均匀设置加强筋，加强筋的间距可按管径 1～1.5 倍设置，矩形管道还可采用内部支撑的辅助加固方式，内撑杆宜采用 16Mn 钢管，当用碳钢管时应采取防磨措施；

c. 对于输送含爆炸性气体和粉尘的管道，加强筋按 D/T 5121 要求设置；

d. 处于负压运行的烟道，应防止横向加强筋翼缘受压弯扭失稳，必要时应设置纵向加强筋，纵向加强筋应与横向加强筋翼缘焊牢。

⑨ 除尘管道布置应防止管道积灰，易积灰处应设置清灰设施和检查孔（门）。

⑩ 输送含尘浓度高、粉尘磨琢性强的含尘气体时，除尘管道中弯头、三通等易受冲刷部位应采取防磨措施。通常弯头的曲率半径不宜小于管道直径。

⑪ 管道与除尘器、风机、热交换器等设备的连接宜采用法兰连接。为保证法兰连接的密封性，法兰间应设置衬垫，衬垫的厚度为 3~5mm。衬垫材料根据输送材料性质和温度确定。

⑫ 管道、弯头、三通的连接采用焊接。

⑬ 管道可采用搭接、角接和对接三种形式。管道焊接前应除锈、除油，焊缝熔合良好、平整，表面无裂纹、焊瘤、夹渣和漏焊等缺陷，焊后的工件变形应矫正，焊渣及飞溅物应清除干净。焊接搭接长度不得小于 5 倍钢板厚度，且≥25mm。管壁厚度大于 6mm 时，管道焊接应采用坡口形式。焊缝的坡口形式常用的有"V"形坡口、"Y"形坡口。管径大于 1000mm 时，应采用双面连续焊接。

⑭ 除尘管道法兰的连接宜采用内侧满焊，外侧间断焊。管道端面与法兰接口平面的距离不应小于 5mm。间断焊接焊缝的净距应符合下列要求：

a. 在受压构件中不应大于 15 倍钢板厚度；

b. 在受拉构件中不应大于 30 倍钢板厚度；

c. 对于加强筋与板壁间的双面断续交错焊缝，其净距可为 75~150mm。

⑮ 吸尘点的支管上宜设手动调节阀；间歇运行的干管上应设风量自动调节阀，并与生产设备联锁。管道阀门的形式和功能应根据烟气条件和工艺要求选定。管道阀门的技术参数应包括公称通径、公称压力、开闭时间、阻力系数、控制参数等，以及耐温性、严密性、调节性等性能。阀门选型时应符合以下技术要求：

a. 可靠性，要求阀门开启、关闭灵活，开关到位，不得出现卡死和失灵现象；

b. 应具有很好的强度和刚度，阀体不变形；

c. 阀门关闭时其严密性应符合设计要求；

d. 阀门阀体结构、材料应满足耐磨性要求；

e. 阀门阀体材料和表面防腐应满足耐腐蚀性要求；

f. 阀门的材质和结构应满足耐温性要求；

g. 阀门的启闭时间应满足生产和除尘工艺要求；

h. 安全性，对于电动、气动阀门的执行器应具有手动开闭的功能，对于大口径的阀门其传动机构上应设机械锁；

i. 对于大口径阀门，应设有固定方式和支座，阀门的重量应由支座承担；

j. 阀门应有明显的流动方向标识；

k. 选型时应明确传动方式和执行器的方位。

⑯ 大口径阀门的轴应水平布置。当必须垂直布置时，阀板轴应采用推力轴承结构。"常闭"的阀门宜设置在垂直管道上，以防止管道积灰。阀门结构形式选择时，应考虑气体偏流导致粉尘对阀体造成的磨损。

⑰ 下列情况下应设置补偿器：

a. 当输送的烟气温度高于 120℃，且在管线的布置上又不能靠自身补偿时，管道应设置补偿器，补偿器两端应设管道活动支架；

b. 高温烟气除尘器的进出口管道应设置补偿器，进口补偿器处应设活动支架。

⑱ 风机进出口应设置柔性连接件，其长度在 150~300mm 为宜，与其连接的管道应设固定支架。

⑲ 除尘器、烟气换热器进出口管道和排气筒（烟囱）上应设置测试孔。生产设备排烟口、大型集气罩、排风口等特殊部位应设置测试孔。

测试孔的位置应选在气流流动平稳管段。测试孔的数量和分布应符合《固定源废气监测技术规范》（HJ/T 397—2007）的规定。测试孔处应有测试平台及栏杆。

测试孔通常采用圆形短管的结构，短管高度 30～50mm，堵头密封。测试孔只用于测风量或压力时，孔径可取 50mm；测试孔用于测浓度时，孔径可取 100mm，测试孔附近需设有 220V 电源插口。

三、管网设计计算

除尘系统管网计算包括设备的计算、管网的计算以及风机的选择等步骤。

1. 计算步骤

① 确认经过风管气体的性质。根据粉尘性质、含尘浓度、粒度、密度等情况决定管道内风速。参照风管最低风速值，比该值大 10%～20%即可。一般含尘气体采用较高风速经过风管道。

② 处理有毒气体时，整个系统必须设计成负压。如果气体具有腐蚀性，要采用耐腐蚀材料。

③ 决定风管内的风速。根据通风道气体的性质决定风速。

④ 决定通风道结构。根据设定的流速、通风道材料来决定风管结构。如果是易燃粉尘和气体，要加耐火挡板，以防万一。当采用钢制风管时风管壁厚通过表 1-3 选用。

表 1-3 钢板管道最小厚度选择

管道直径/mm	每米管道容积/m³	每米长管道内表面积/m²	每米管道质量/kg 壁厚									
			2mm	3mm	4mm	5mm	6mm	8mm	10mm	12mm	14mm	16mm
150	0.017	0.47	7.5	11	15							
200	0.031	0.63	10	15	20							
250	0.049	0.78	12	18	24							
300	0.071	0.94	15	22	30	37						
350	0.096	1.10	17	26	35	44						
400	0.126	1.26	20	30	40	50						
450	0.159	1.41	22	34	45	56	67					
500	0.196	1.51		37	50	62	75					
550	0.238	1.74		41	55	68	82					
600	0.283	1.88		45	60	75	90	121				
650	0.332	2.04		49	65	81	97	130				
700	0.385	2.20		54	69	87	105	140				
750	0.442	2.36		59	74	93	112	149				
800	0.503	2.51			79	99	119	159	200			
850	0.567	2.67			84	105	127	169	212			
900	0.636	2.83			89	112	134	179	224			
950	0.708	2.98			94	118	143	189	237			
1000	0.785	3.14			99	124	149	199	249	296		
1100	0.950	3.46			104	136	164	218	274	329		
1200	1.131	3.77				149	178	238	298	358		
1300	1.327	4.09				161	193	258	323	388		
1400	1.539	4.40				173	208	278	348	418		
1500	1.767	4.71				186	223	297	372	446	522	
1600	2.017	5.03				198	238	317	397	476	556	
1700	2.269	5.34				212	252	337	421	506	591	
1800	2.545	5.66					267	356	446	536	627	
1900	2.834	5.97					282	376	471	566	660	
2000	3.142	6.28					296	397	495	596	695	795
2200	3.801	6.81					322	436	545	655	714	874
2400	4.524	7.55					356	475	596	714	834	960
2500	4.906	7.85						495	619	743	868	992
2600	5.309	8.17						541	644	774	903	1030
2800	6.158	8.80						554	693	831	970	1110
3000	7.030	9.43						593	742	881	1040	1190
3200	8.050	10.05						632	791	950	1108	1267
3400	9.075	10.68						672	841	1008	1177	1384
3500	9.616	10.99						692	865	1039	1213	1387

注：粗黑线是以管道断面刚性（按设计温度小于 200℃）决定壁厚的分界线，在正常情况下管道壁厚应在粗黑线以上（质量值）选取；如管径 800mm 刚性要求最小壁厚应为 5mm，若采用适当加固结构，或粉尘密度小，浓度低的某些场合，线下壁厚（质量值）仍能在一定程度上使用。

⑤ 计算风管直管部分压力损失。决定风管路线后，根据风量、风速、风管直径以及压力损失表计算直管部分的压力损失。

⑥ 计算弯管接头、支线的压力损失。根据风速、速度压力关系表，计算弯管接头以及支线的压力损失。

⑦ 计算全部系统的压力损失。

2. 风道内流量的计算

气体流量的计算分工况、标准状态和常温、常压等情况。

① 工况下的湿气体流量 Q_s 按下式计算：

$$Q_s = 3600 F v_p \tag{1-20}$$

式中，Q_s 为工况下湿气体流量，m^3/h；F 为测定断面面积，m^2；v_p 为测定断面的湿气体平均流速，m/s。

② 标准状态下的干气体流量 Q_{sn} 按下式计算：

$$Q_{sn} = Q_s \frac{B_a + p_s}{101300} \times \frac{273}{273 + t_s}(1 - X_{sw}) \tag{1-21}$$

式中，Q_{sn} 为标准状态下干气体流量，m^3/h；B_a 为大气压力，Pa；p_s 为气体静压，Pa；t_s 为气体温度，℃；X_{sw} 为气体中水分含量体积分数，%。

③ 常温、常压条件下，除尘管道中的空气流量按下式计算：

$$Q = 3600 F v_s \tag{1-22}$$

式中，Q 为除尘管道中的空气流量，m^3/h。

对于圆形风管的气体流量计算式为

$$Q = 900 \pi D_n^2 v_g \tag{1-23}$$

对于矩形风管的气体流量计算式为

$$Q = 3600 L W v_g \tag{1-24}$$

式中，Q 为气体通过风管流量，m^3/h；v_g 为管道内的气体流速，m/s；D_n 为圆形管道的内径，m；L、W 分别为矩形管道的长边和宽边长度，m。

3. 管道直径的计算

管道直径的计算公式为

$$D_n = \sqrt{\frac{Q}{2820 v_g}} \tag{1-25}$$

为了防止管道堵塞，除尘风管直径不应小于表 1-4 中所列的数据。

表 1-4　除尘系统最小管径

粉尘性质	管道最小直径/mm	粉尘性质	管道最小直径/mm
细粒粉尘	100	可能含有大块物料的混合性粉尘	200
较粗粒粉尘	150	黏性粉尘	200

4. 管道内气流速度的确定

① 管道内气流速度应合理地确定。速度太小，气体中的粉尘易沉积，严重的会破坏除尘系统的正常运行。气流速度太高，压力损失（风管阻力）会成平方增大，不利于节能降耗，磨琢性粉尘还会对管壁的磨损加剧，使管道的使用寿命缩短。

② 垂直管道内的气流速度，应大于尘源吸风口的气速。水平和倾斜风管内的风速应大于最大尘粒的悬浮速度，要大于垂直管道内气速。因此，一般实际采用的气速要比理论计算的气速大 2～4 倍。

③ 通常设计除尘系统管道时，为了防止粉尘沉降，除尘风管中应保持输送粉尘所必需的最低风速。规范规定的除尘管道内气流最低速度见表 1-5。

表 1-5 除尘风管的最低风速   单位：m/s

粉尘类型	粉尘名称	垂直风管	水平风管	粉尘类型	粉尘名称	垂直风管	水平风管
纤维粉尘	干锯末、小刨屑、纺织尘	10	12	纤维粉尘	重矿物粉尘	14	16
	木屑、刨花	12	14		轻矿物粉尘	12	14
	干燥粗刨花、大块干木屑	14	16		灰土、砂尘	16	18
	潮湿粗刨花、大块湿木屑	18	20		干细型砂	17	20
	棉絮	8	10		金刚砂、刚玉粉	15	19
	麻	11	13	矿物粉尘	钢铁粉尘	13	15
	石棉粉尘	12	18		钢铁屑	19	23
矿物粉尘	耐火材料粉尘	14	17		铅尘	20	25
	黏土	13	16	其他粉尘	轻质干粉(木工磨床粉尘、烟草灰)	8	10
	石灰石	14	16		煤尘	11	13
	水泥	12	18		焦炭粉尘	14	18
	湿土(含水 2% 以下)	15	18		谷物粉尘	10	12

除尘器后的排气管道内由于不存在粉尘沉淀问题，气体流速取 6～12m/s。

大型除尘系统采用砖或混凝土制管道时，管道内气速常采用 6～12m/s，垂直管道如烟囱出口气速取 10～12m/s。

④ 含尘气体在管道内的速度也可采用下述经验计算方法求得。

在垂直管道内，气流速度大于管道内粉尘粒子的悬浮速度 v_f，考虑到管道内气速分布的不均匀和能够带走贴近管壁的尘粒，管道内的气速 v_g 应为尘粒悬浮速度 v_f 的 1.3～1.7 倍。对于管道比较复杂和管壁粗糙度较大的取上限，反之取下限。

对水平管道内，气速应按能够沉积在管道底部的尘粒的条件来确定。当介质为空气（$\rho = 1.2kg/m^3$）时，使直径为 d 的粉尘粒子在管道内边滚边悬浮跳跃式前进的最低速度为

$$v_f = 4.7\sqrt{d\rho_{尘}}$$

倾斜管道内的气速，介于垂直管道和水平管道之间，倾斜角大者取小值，倾斜角小者取大值。

5. 管道材质的选择

根据输送介质的特性（包括含尘气体本身的特性和粉尘的特性）和管道结构形式等进行选择。除尘管道的材质一般用 Q235 钢材。若对回收粉尘有特殊要求或含尘气体有腐蚀性可选用不锈钢管。对地下管道可用混凝土烟道或砖烟道。

6. 管壁厚度的确定

除尘系统风管的最小壁厚见表 1-3。选用铸铁管时，管壁厚度一般为 10～12mm。实际使用中，除了满足最小壁厚要求外，还需考虑磨损、腐蚀余量。

另外在确定最终管道壁厚时，需综合考虑管道的安装和支撑情况，以满足管道力学（包括管

道机械、应力、刚度、稳定性等）方面的要求，并结合经济性、实用性、维修和安装、使用寿命要求等。

7. 管网的漏风率

（1）管道的漏风　除尘系统一般均与工艺设备相接，都受到工艺设备振动的影响。因此工艺设备与管网、管网与除尘设备都不可能保持十分严密，所以接头处都会发生漏风现象，从而减少从防尘密闭罩抽出的有效空气量。为了确保从罩内抽出足够的空气量，在设计除尘系统时必须率先考虑到运行正常情况下不可避免的漏风量。

安装质量较好的除尘系统初始运转时漏风较少，当运行一定时间后，即使运行正常、管理较好也会产生漏风，现场运行实践表明：其漏风量一般在 $1.5\%\sim15\%$ 之间。

当管网设计（敷设）不合理，施工质量又差或长期失修，漏风率可达 15% 以上，甚至可能使系统完全失效。因此必须设计符合现场实际情况的除尘系统，并保证施工质量，以求最小的漏风率。

管网的漏风主要发生在法兰连接、调节套、清扫孔、调风阀以及焊缝等处，考虑到漏风点数量主要取决于管网的长度及繁简程度，所以管网漏风量可按管网长度来确定，考虑漏风量后的总风量按下式计算，即

$$Q = Q_{计}(1 + \varphi_1 L)$$

式中，$Q_{计}$ 为从密封罩中抽出的计算的必需空气量，m^3/h；L 为管道长度，m；φ_1 为每 1m 长管道的漏风率。

对于设有清扫孔、调节装置和采用法兰连接的金属风管取 $\varphi_1 = 0.008\sim0.01$；对于没有清扫孔以及调节装置的金属风管取 $\varphi_1 = 0.002\sim0.005$。

（2）除尘器的漏风　除尘设备在除尘系统工作时，也会有漏风出现，设备漏风主要发生在观察孔、检修孔、检修门、法兰连接处以及焊缝，有些除尘设备由于操作上的需要留有孔洞或缝隙，因此部分漏风是难以避免的。但有些除尘设备的卸尘装置是不允许漏风的，如旋风除尘器、反吹风袋式除尘器等，所以在设计中不应考虑这部分的漏风。

除尘净化设备的漏风后的总风量可用下式计算，即

$$Q = Q_{计}(1 + \varphi_1 L)\varphi_2$$

式中，φ_2 为除尘净化设备的漏风系数，袋式除尘器 $\varphi_2 = 1.1\sim1.3$；电除尘器 $\varphi_2 = 1.3\sim1.5$；其他除尘器 $\varphi_2 = 1.05\sim1.15$。

8. 管道摩擦阻力的计算

对干净气体，
$$\Delta p_L = f\frac{L}{D} \times \frac{v_G^2}{2}\rho = RL \tag{1-26}$$

对含尘气体，
$$\Delta p_L = f\frac{L}{D} \times \frac{v_G^2}{2}\rho\left(1 + \rho_B\frac{v_G^2}{v_g^2}\right) \tag{1-27}$$

式中，Δp_L 为直管道的摩擦阻力，Pa；f 为摩擦阻力系数；L 为直管道的长度，m；D 为直管道的直径，m，对于矩形管道，流速当量直径 D 为 $\frac{2ab}{a+b}$，a、b 分别为矩形管道的边长，或按图 1-8 和图 1-9 进行换算；v_G 为管道内气体的流速，m/s；ρ 为管道内气体密度，kg/m^3；v_g 为管道内粉尘的流速，m/s；ρ_B 为含尘气体质量浓度，kg/m^3；R 为单位长度的摩擦阻力，Pa/m。

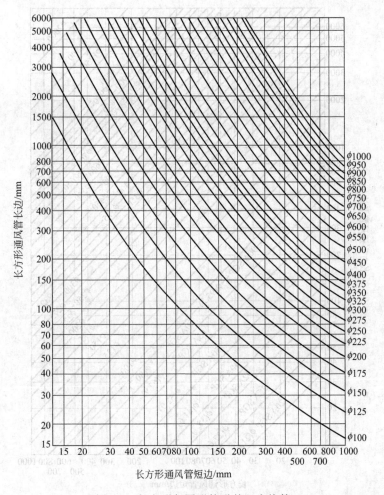

图 1-8 长方形与圆形管道等阻力换算

由于 $\dfrac{v_{\mathrm{G}}}{v_{\mathrm{g}}}$ 接近 1，且 ρ_{B} 通常很小，所以也可以近似用干净气体阻力计算式计算含尘气体。

圆形风管的沿程摩擦阻力损失线算如图 1-10 所示。风速、空气密度与动压关系如图 1-11 所示。在工程应用中，当所采用管道的粗糙度与制表采用的光滑管道的粗糙度不同时，按计算查表得的单位长度摩擦阻力（R）值，应按下式进行修正：

$$R' = R(Kv_{\mathrm{p}})^{0.25} \tag{1-28}$$

式中，R' 为采用粗糙风管时修正后的单位摩擦阻力，Pa/m；R 为按计算表查得的单位摩擦阻力，Pa/m；K 为风管内壁的绝对粗糙度，mm；v_{p} 为风管内的平均风速，m/s。

常用通风管道的绝对粗糙度见表 1-6。

表 1-6 常用通风管道材料的绝对粗糙度（K）值

管道材料	粗糙度/mm	管道材料	粗糙度/mm
薄钢板或镀锌铁皮	0.15～0.18	胶合板	1.0
塑料板	0.01～0.05	砖板	3～6
矿渣石膏板	1.0	混凝土管道	1～3
矿渣混凝板	1.5	木板	0.2～1.0

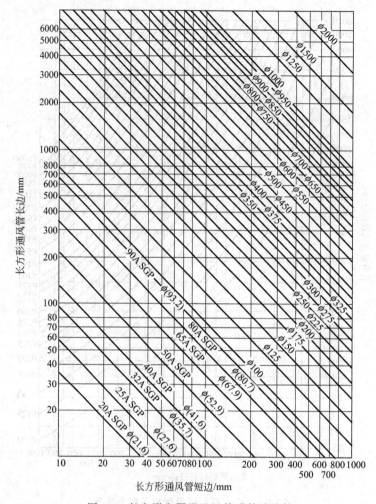

图 1-9　长方形和圆形通风管道等速换算

9. 局部压力损失计算

管道内的气流经异形管件时所造成的局部压力损失，其计算式为

$$\Delta p_z = \xi_z \frac{\rho v_G^2}{2} \tag{1-29}$$

式中，Δp_z 为局部压力损失，Pa；ξ_z 为异形管件的局部阻力系数；ρ、v_G 的意义同前。

上式中，$\rho v_G^2/2$ 表示管内流动流体所具有的动压头。通俗地说，局部压力损失的大小在数值上可以用流体具有动压头的倍数 ξ 来表示。

局部阻力系数 ξ 值通常是通过试验确定的。其数值的大小与异形管件的结构、形状及流体的流动状态等因素有关。试验一般在专门的试验台上进行。利用测压仪表测出异形管件前后的全压差，作为此构件的局部压力损失（Δp_z）值，然后除以相应的动压头（$\rho v_G^2/2$），即为该管件的局部阻力系数 ξ 值。

（1）吸尘罩的阻力系数　吸尘罩的阻力系数 ξ，数值见图 1-12，矩形断面吸尘罩，$\theta = 75°$，$\xi = 0.17$。

（2）渐扩渐缩管阻力系数　渐扩渐缩管阻力系数 ξ，见图 1-13 和表 1-7。渐扩管阻力系数计算式为

$$\xi = 0.011 \times \rho^{1.22} \tag{1-30}$$

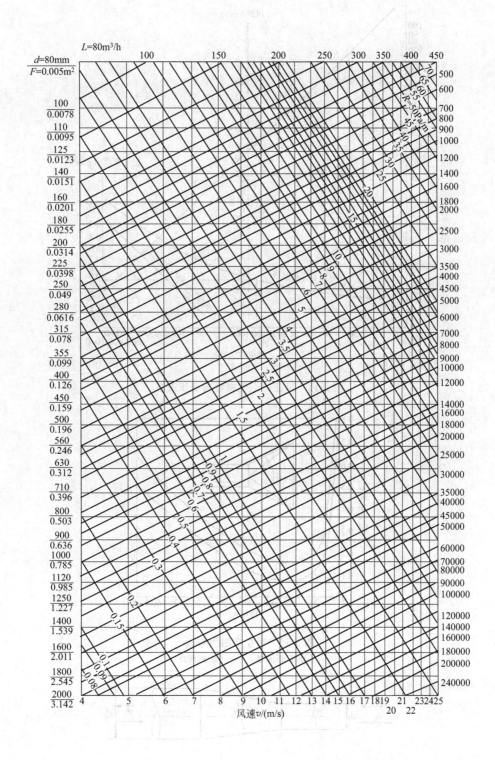

图 1-10 圆形风管的沿程摩擦阻力损失线算图

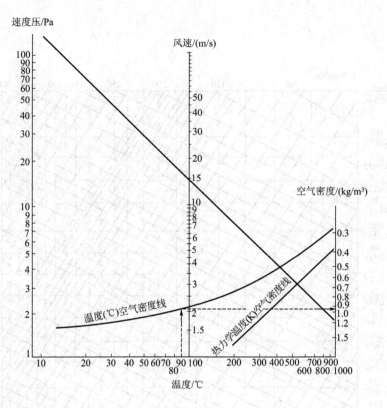

图 1-11　风速、空气密度与动压关系

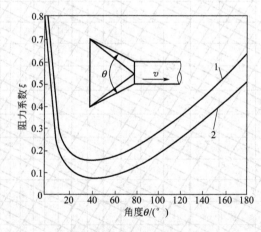

图 1-12　吸尘罩阻力系数

1—矩形断面罩；2—圆形断面罩

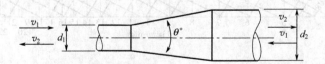

图 1-13　渐扩渐缩管图形

v_1，v_2—流速；θ—夹角

表 1-7　渐扩渐缩管阻力系数

角度 $\theta/(°)$	5	10	20	30	60
渐扩 ξ	0.17	0.28	0.44	0.58	1.0
渐缩 ξ	0.04	0.05	0.06	0.08	0.13

（3）合流管阻力系数　合流管阻力系数 ξ 如图 1-14 和图 1-15 所示。

计算三通直管阻力或计算三通支管阻力时，所采用的气体流速均为主管流速。三通合流管阻力系数计算比较烦琐，相对工程设计而言可进行简化，当图 1-14 中三通管长度 $l \geqslant 5(d_3 - d_1)$ 时，可查表 1-8。

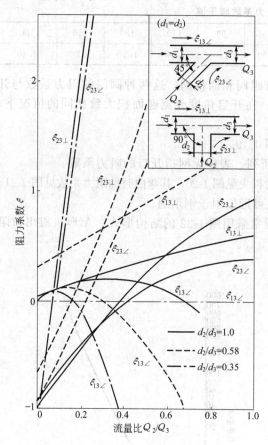

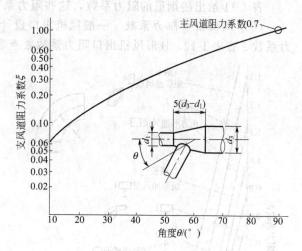

图 1-14　合流管阻力系数

图 1-15　圆形合流通风道阻力系数

$\xi_{13\angle}$—45°三通直管阻力系数；$\xi_{23\angle}$—45°三通支管阻力系数；
$\xi_{13\perp}$—90°三通直管阻力系数；$\xi_{23\perp}$—90°三通支管阻力系数；
Q_2—三通支管流量，m^3/min；Q_3—三通主管流量，m^3/min。

表 1-8　三通合流管阻力系数

夹角 $\theta/(°)$	阻力系数 ξ		夹角 $\theta/(°)$	阻力系数 ξ	
	ξ_{13}	ξ_{23}		ξ_{13}	ξ_{23}
10	0.20	0.06	30	0.20	0.18
15	0.20	0.09	35	0.20	0.21
20	0.20	0.12	40	0.20	0.25
25	0.20	0.15	45	0.20	0.28

续表

夹角 $\theta/(°)$	阻力系数 ξ		夹角 $\theta/(°)$	阻力系数 ξ	
	ξ_{13}	ξ_{23}		ξ_{13}	ξ_{23}
50	0.70	0.32	90	0.70	1.0
60	0.70	0.44			

（4）弯管阻力系数　90°弯管可能是圆管也可能是方形、矩形管，各种不同90°弯管的阻力系数与曲率如图1-16所示。对于非90°弯头的阻力系数要乘以修正系数，见表1-9。

表 1-9　非 90°弯头阻力系数修正值

$\theta/(°)$	0	20	30	45	60	75	90	110	130	150	180
ξ_0	0	0.31	0.45	0.60	0.78	0.90	1.0	1.13	1.20	1.28	1.40

（5）阀门的阻力系数　除尘系统常用的阀门有蝶阀和插板阀，这两种阀门的阻力系数与开度分别如图1-17和图1-18所示，从图中可以看出，在开启角度或流通面积大致相同的情况下，蝶阀的阻力系数比插板阀大得多，应用中应予重视。

（6）排气罩阻力系数　排气罩的阻力系数见图1-19。

（7）网的阻力系数　网的阻力系数如表1-10所列。表中无网指开口的阻力系数。

（8）软管和砖烟道的阻力系数　普通软管的压力损失见图1-20，其弯曲时的阻力系数见图1-21。表1-11给出砖烟道的阻力系数，这些阻力系数可近似用于钢烟道。

（9）风机出口阻力系数　一般风机出口设计通常采用图1-22的结构形式，A形风机出口阻力系数 ξ 查表1-12，B形风机出口阻力系数 ξ 查表1-13。

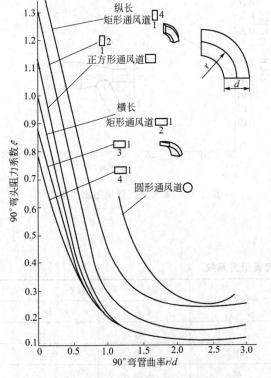

图 1-16　阻力系数与曲率
1,2,3,4—矩形管道边长比例

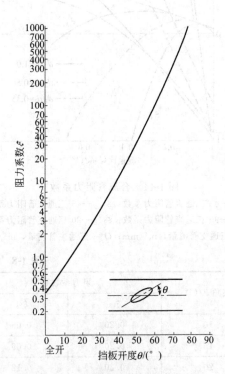

图 1-17　蝶阀的阻力系数与开度

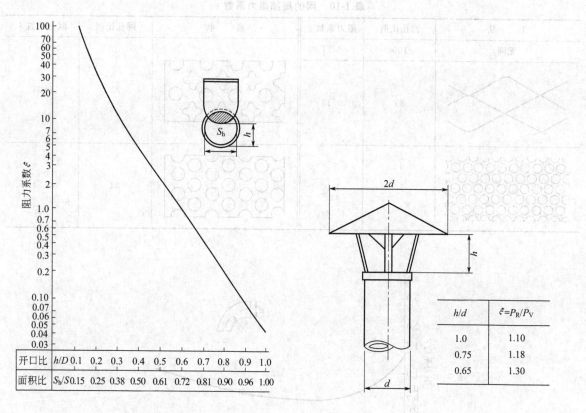

图 1-18　插板阀的阻力系数与开口比

h/d	ξ=P_R/P_V
1.0	1.10
0.75	1.18
0.65	1.30

图 1-19　排气罩的阻力系数

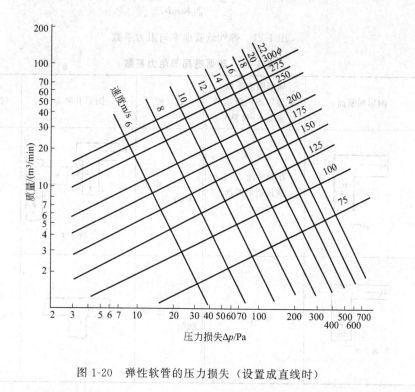

图 1-20　弹性软管的压力损失（设置成直线时）

表 1-10 网的局部阻力系数

形 状	网孔比例	阻力系数 ξ	形 状	网孔比例	阻力系数 ξ
无网	100	0.11		33	0.35
	85	0.13			
	50	0.16		34	0.34

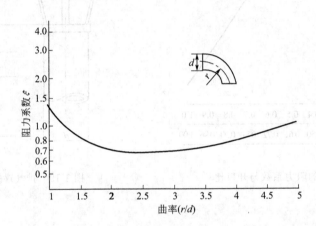

图 1-21 弹性软管曲率与阻力系数

表 1-11 砖烟道局部阻力系数

名 称	图形和断面	局部阻力系数（ξ值以图内所示的速度 v_0 计算）	名 称	图形和断面	局部阻力系数（ξ值以图内所示的速度 v_0 计算）
90°急转弯头	v_0 v_1 $v_0=v_1$	正方形断面 ξ=1.5 狭长矩形断面 ξ=2.0	凸头烟道转90°弯	v_0 v_1 v_1 v_1 $v_0=v_1$	ξ=1.5
90°急转弯	v_0 v_1 $v_0>v_1$	ξ=1.5	烟道壁凹陷	v_1	ξ=0.1~1.0

续表

名 称	图形和断面	局部阻力系数 （ξ 值以图内所示的 速度 v_0 计算）	名 称	图形和断面	局部阻力系数 （ξ 值以图内所示的 速度 v_0 计算）
45°转弯 （135°转弯）	$v_1 \rightarrow$ 45°	$\xi = 0.5$	两个互成 180°角的烟 道汇合 $v_1 = v_2 = v_3$	$v_2 \rightarrow \quad \leftarrow v_1$ v_3	$\xi = 3.0$
分成两个 互成直角的 支路 $v_1 = v_2 = v_3$	$v_1 \rightarrow$ 90° v_3	局部阻力系数值 以图内所示速度 v_1 计算 $\xi = 1.0$	直角三通 送出	$v_1 \rightarrow \quad \rightarrow v_2$	$\xi_2 = 1.0$ $\xi = 1.5$
两个互成 直角的烟道 汇合 $v_1 = v_2 = v_3$	v_3	$\xi = 1.5$	两个光滑 的互成180° 角烟道汇合 $v_1 = v_2 = v_3$	v_2 $v_1 \rightarrow \quad \leftarrow$	$\xi = 2.0$
分成两个 互成180°角 的支路 $v_1 = v_2 = v_3$	v_1 $\leftarrow v_3 \quad v_2 \rightarrow$	$\xi = 2.0$	分成两个 光滑的180° 角烟道 $v_1 = v_2 = v_3$	v_1 $\leftarrow v_2 \quad v_3 \rightarrow$	$\xi = 0.5$

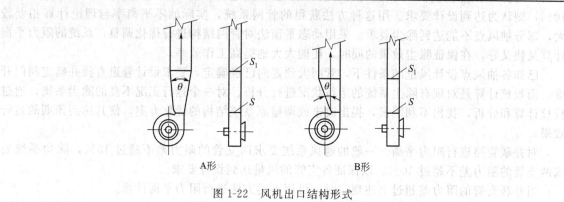

图 1-22 风机出口结构形式

A形 B形

表 1-12 A形风机出口阻力系数ξ

$\theta/(°)$	S_1/S					
	1.5	2.0	2.5	3.0	3.5	4.0
10	0.05	0.07	0.09	0.10	0.11	0.11
15	0.06	0.09	0.11	0.13	0.13	0.14
20	0.07	0.10	0.13	0.15	0.16	0.16

$\theta/(°)$	S_1/S					
	1.5	2.0	2.5	3.0	3.5	4.0
25	0.08	0.13	0.16	0.19	0.21	0.23
30	0.16	0.24	0.29	0.32	0.34	0.35
35	0.24	0.34	0.39	0.44	0.48	0.50

表 1-13　B 形风机出口阻力系数 ξ

$\theta/(°)$	S_1/S					
	1.5	2.0	2.5	3.0	3.5	4.0
10	0.08	0.09	0.10	0.10	0.11	0.11
15	0.10	0.11	0.12	0.13	0.14	0.15
20	0.12	0.14	0.15	0.16	0.17	0.18
25	0.15	0.18	0.21	0.23	0.25	0.26
30	0.18	0.25	0.30	0.33	0.35	0.35
35	0.21	0.31	0.38	0.41	0.43	0.44

10. 除尘系统管网的总阻力

除尘系统管网的总阻力是不同直径各直管段摩擦阻力之和，加上各局部阻力点局部阻力之和，再乘以附加阻力系数（储备量），即

$$\Delta p = K(\sum \Delta p_L + \sum \Delta p_z) \tag{1-31}$$

式中，Δp 为除尘系统管网总阻力；K 为流体阻力附加系数，可取 $K=1.15\sim1.20$。

11. 除尘系统管网中的阻力平衡

除尘系统的管网设计，目前广泛采用的是静态阻力平衡法，即根据假定流速得到初步的管网结构，计算所有管段的阻力损失，再对每个并联节点进行阻力平衡计算，如果不平衡率小于 10%，则认为达到设计要求。用这种方法获得的管网系统，实际的不平衡率与理论计算相差较大，部分抽风点不能达到除尘要求。采用动态平衡法对管网结构进行优化调整，系统的阻力平衡计算又快又好，在保证除尘效果的同时，还能大大地提高工作效率。

已知各抽风点设计风量的条件下，管网大致走向已经确定，要求设计管道直径并确定阀门开度。而校核计算是对现有除尘系统的运行状况进行分析。对一个运行工况不良的除尘系统，通过校核计算和分析，找出不利因素，提出改进或调整原系统结构的优化方案，使其达到预期的运行效果。

对并联管路进行阻力平衡。一般的通风系统要求两支管的阻力差不超过 15%，除尘系统要求两支管的阻力差不超过 10%，以保证各支管的风量达到设计要求。

当并联支管的阻力差超过上述规定时，可用下述方法进行阻力平衡计算。

（1）调整支管管径　这种方法是通过改变管径，即改变支管的阻力，达到阻力平衡的目的。调整后的管径按下式计算：

$$D' = D(\Delta p/\Delta p')^{0.225}$$

式中，D' 为调整后的管径，m；D 为原设计的管径，m；Δp 为原设计的支管阻力，Pa；$\Delta p'$ 为为了阻力平衡要求达到的支管阻力，Pa。

应当指出，采用本方法时不宜改变三通支管的管径，可在三通支管上增设一节渐扩（缩）管，以免引起三通支管和直管局部阻力的变化。

（2）**增大排风量** 当两支管的阻力相差不大时（例如在 20% 以内），可以不改变管径，将阻力小的那段支管的流量适当增大，以达到阻力平衡。增大的排风量按下式计算：

$$Q' = Q(\Delta p' / \Delta p)^{0.5}$$

式中，Q' 为调整后的排风量，m^3/h；Q 为原设计的排风量，m^3/h；Δp 为原设计的支管阻力，Pa；$\Delta p'$ 为为了阻力平衡，要求达到的支管阻力，Pa。

（3）**增加支管阻力** 阀门调节是最常用的一种增加局部阻力的方法，它是通过改变阀门的开度，来调节管道阻力的。应当指出，这种方法虽然简单易行，不需严格计算，但是改变某一支管上的阀门位置，会影响整个系统的压力分布。要经过反复调节，才能使各支管的风量分配达到设计要求。对于除尘系统还要防止在阀门附近积尘，引起管道堵塞。

【例 1-2】 已知三通干管 d_1 中，风量 $Q_1 = 1045 m^3/h$，长度 $l_1 = 5.2m$，$\sum \zeta_1 = 0.5$；支管 d_2 中，风量 $Q_2 = 850 m^3/h$，长度 $l_2 = 4.5m$，$\sum \zeta_2 = 0.55$。

求： d_1、d_2。

解： 查图 1-10。当风量 $Q_1 = 1045 m^3/h$ 时，采用 $D_1 = 160mm$，查得 $v_1 = 15m/s$，$\dfrac{v_1^2 \rho}{2} = 135.2Pa$，当量长度摩擦阻力系数 $\dfrac{f_1}{D_1} = 0.135$。

则三通干管阻力为：

$$\Delta P_1 = \left(\frac{f_1}{D_1} l_1 + \sum \zeta_1 \right) \frac{v_1^2 \rho}{2} = (0.135 \times 5.2 + 0.5) \times 135.2$$
$$= 163.51Pa$$

查图 1-10。当风量 $Q_2 = 850 m^3/h$，预先采用 $D_2 = 130mm$，查得 $v_2 = 18.6m/s$，$\dfrac{v_2^2 \rho}{2} = 207.9Pa$ 和 $\dfrac{f_2}{D_2} = 0.173$。

则三通支管压力损失为：

$$\Delta P_2 = \left(\frac{f_2}{D_2} l_2 + \sum \zeta_2 \right) \frac{v_2^2 \rho}{2} = (0.173 \times 4.5 + 0.55) \times 207.9$$
$$= 276.20Pa$$

为了两管压力平衡，需要对支风管直径 d_2 进行调整，调整计算如下：

$$D_2 = d_f \left(\frac{\Delta p_f}{\Delta p_b} \right)^{0.225} = 130 \times \left(\frac{276.20}{163.51} \right)^{0.225}$$
$$= 130 \times 1.125 = 146mm$$

当管径由 $D_2 = 130mm$ 调整为 $D_2 = 146mm$ 时，此时可以认为 $\Delta p_2 \approx \Delta p_1$，二者压力大致平衡。

四、管道的连接阻力

1. 串联管路

串联管路总压损等于各管段压损之和，计算方法通过下面一实例说明。

【例 1-3】 已知耐火材料除尘系统，如图 1-23 所示，装设一个吸尘罩，处理风量 $9000 m^3/h$，采用袋式除尘器，压损为 900Pa，管道用 Q235 钢质材料，试对该系统进行设计计算。

解： 在设计吸尘罩时，确定了处理风量，处理风量成为已知数。选定管内气体流速，查表 1-4 的耐火材料粉尘，垂直风管是 14m/s，水平风管是 17m/s，取 18m/s。

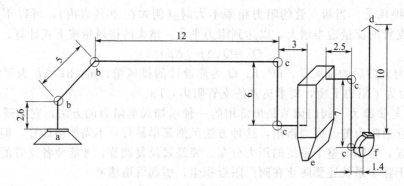

图 1-23　串联管路图（单位：m）

a—吸尘罩，$\theta=60°$；b—三节弯管，$\alpha=45°$，$R/D=1$；c—五节弯管，$\alpha=90°$，$R/D=1.5$；
d—风帽，$h/D=0.6$；e—袋式除尘器，压损900Pa；f—通风机

（1）计算管道断面的直径 D

$$D=\sqrt{\frac{4Q}{3600\pi v}}=\sqrt{\frac{4\times9000}{3600\times3.14\times18}}=420\text{mm}$$

（2）计算摩擦压损 Δp_{m}　系统内共有九段直管道，它们的内径 D 相同，气体流速 v 相同。根据 $D=420\text{mm}$，$v=18\text{m/s}$，查图 1-10 得 $h_{\text{m}}=6.5\text{Pa/m}$。可以把图 1-23 中九段管道长度相加，一并计算：

$$p_{\text{m}}=h_{\text{m}}l=6.5\times(2.6+5+12+6+3+2.5+7+1.4+10)=322\text{Pa}$$

（3）计算局部压损 Δp_{ju}　计算局部压损，先在表 1-9 中查出局部阻力系数 ξ。

图 1-23 中 a、b 处相同，是转向 135° 三节弯管，$\dfrac{R}{D}=1$，查表 1-11，换算为钢管道后 $\xi=0.2$。

图 1-23 中 c、d、e、f 处相同，是 90° 五节弯管，$\dfrac{R}{D}=1.5$，查得 $\xi=0.25$。

矩形吸气罩，$\theta=60°$，查得 $\xi=0.12$。

风帽，$\dfrac{h}{D}=0.6$，查得 $\xi=1.1$。

$$p_{\text{ju}}=\sum\xi\frac{v^2\rho}{2}=[(2\times0.2)+(4\times0.25)+0.12+1.1]\frac{18^2\times1.2}{2}=505.68\text{Pa}\approx506\text{Pa}$$

系统的总压损 $\Delta p=\Delta p_{\text{m}}+\Delta p_{\text{ju}}$ 袋式除尘器压损 $=322+506+900=1728\text{Pa}$

将处理风量 L 加大 10% $=9000\times110\%=9900\text{m}^3/\text{h}$

将总压损 $\sum p$ 加大 15% $=1728\times115\%=1987\text{Pa}$

根据上面两个数据选用风机。

2. 并联管路

在除尘系统中并联管路是指：①同一个进气口，同一个出气口之间的并联管路；②并联管路，只有一个出气口，而进气口是分开设立的；③只有一个进气口，而出气口是分开设立的。这种并联管路，各支路的压损并不相等。并联管路的计算目的在于求各支管风量和压损，使并联管路压损相等。

【例 1-4】　一台袋式除尘器有 3 个尘源点除尘。如图 1-24 所示，3 个尘源点的处理风量分别为 $2000\text{m}^3/\text{h}$，$4000\text{m}^3/\text{h}$，$6000\text{m}^3/\text{h}$，尘源点管路抽吸速度为 17m/s，其他有关数据已注明在图 1-24 的数据汇总中。试对该系统进行设计计算。

解：三个支管 1、2、3 表示，三个支管在一处交汇，在交汇处右侧所有管路，称之为干管。

干管用 4 表示。

　　并联管路的压损，是用管路中一条压损最大的串联管路的压损来表示的，在这一例题中，管路的压损等于压损最大的一条支管的压损与干管的压损之和。

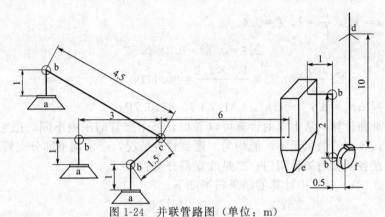

图 1-24　并联管路图（单位：m）

a—吸尘罩，$\theta=60°$；b—五节弯管，$\alpha=90°$，$R/D=1$；c—四通管；d—风帽 $h/D=0.8$；

e—袋式除尘器，压损 981Pa(100mmH$_2$O)；f—通风机

（1）支管 1 的压损　根据处理风量 2000m³/h 和速度 17m/s，求管径 D_1

$$D_1=\sqrt{\frac{4Q}{3600\pi v}}=\sqrt{\frac{4\times2000}{3600\times3.14\times17}}=200\text{mm}$$

根据 $D_1=200$mm，$v=17$m/s，查图 1-10，得比压阻 $h_m=17$Pa

摩擦压损 $\Delta p_{m1}=h_m l=17\times(1+4.5)=93.5$Pa

矩形吸尘罩，$\theta=60°$，查表 1-11，$\xi=0.12$。

五节弯管，$a=90°$，$\dfrac{R}{D}=1$，查表 1-11，$\xi=0.4$。

$$\Sigma\xi=0.12+0.4=0.52$$

局部压损 $\Delta p_{ju1}=\xi\dfrac{v^2\rho}{2}=0.52\times\dfrac{17^2\times1.2}{2}=90.17$Pa

支管 1 的压损 $\Delta p_1=\Delta p_{m1}+\Delta p_{ju1}=93.5+90=183.5$Pa

（2）支管 2 的压损

$$D_2=\sqrt{\frac{4Q}{3600\pi v}}=\sqrt{\frac{4\times4000}{3600\times3.14\times17}}=290\text{mm}$$

根据 $D_2=290$mm，$v=17$m/s，查图 1-10，得 $h_m=11$Pa

摩擦压损 $\Delta p_{m2}=h_m l=11\times(1+3)=44$Pa

矩形吸尘罩，$\theta=60°$，$\xi=0.12$。

五节弯管，$a=90°$，$\dfrac{R}{D}=1$，$\xi=0.4$。

$$\Sigma\xi=0.12+0.4=0.52$$

局部压损 $\Delta p_{ju2}=\Sigma\xi\dfrac{v^2\rho}{2}=0.52\times\dfrac{17^2\times1.2}{2}=90.17$Pa

支管 2 的压损 $\Delta p_2=\Delta p_{m2}+\Delta p_{ju2}=44+90=134$Pa

（3）支管 3 的压损

$$D_3=\sqrt{\frac{4Q}{3600\pi v}}=\sqrt{\frac{4\times6000}{3600\times3.14\times17}}=350\text{mm}$$

根据 $D_3 = 350\text{mm}$，$v = 17\text{m/s}$，查图 1-10，得 $h_m = 8.7\text{Pa}$

摩擦压损 $\Delta p_{m3} = h_m l = 8.7 \times (1+1.5) = 21.7\text{Pa}$

矩形吸尘罩，$\theta = 60°$，查得 $\xi = 0.12$。

五节弯管，$a = 90°$，$\dfrac{R}{D} = 1$，$\xi = 0.4$。

$$\sum \xi = 0.12 + 0.4 = 0.52$$

局部压损 $\Delta p_{ju3} = \sum \xi \dfrac{v^2 \rho}{2} = 0.52 \times \dfrac{17^2 \times 1.2}{2} = 90.17\text{Pa}$

支管 3 的压损 $\Delta p_3 = \Delta p_{m3} + \Delta p_{ju3} = 21.7 + 90 = 110.7\text{Pa}$

（4）压损的平衡计算　从上面的计算可以看出，三个支管的压损不同，把它们汇交在一起，从干管处抽风时，各支管的风量不可能均匀。遇到这种情况，必须调整部分支管的压损。调整方法有两种：一是在各支管内加设阀门；二是改变部分支管直径。

前面在（1）、（2）、（3）中计算的结果归纳如下。

支管 1　　　　　　　　支管 2　　　　　　　支管 3

$D_1 = 200\text{mm}$　　　　　　$D_2 = 290\text{mm}$　　　　　$D_3 = 350\text{mm}$

$P_1 = 185.5\text{Pa}$　　　　　$P_2 = 136\text{Pa}$　　　　　$P_3 = 113.7\text{Pa}$

可以取任何一个支管做基准，不改变直径。如果以压损最大的支管做基准，经平衡计算之后的支管，压损加大，管径减小，流速大于原来选定的流速；如果以压损最小的支管做基准，经平衡计算后的支管，压损减小，流速小于原来选定的流速。选择基准支管时，要考虑经平衡后的支管，改变后的速度是否合乎要求。这里以支管 1 做基准，来平衡支管 2 和支管 3，用下面公式进行平衡计算：

$$D_0' = D_0 \left(\dfrac{\Delta p_0}{\Delta p_w}\right)^{0.225}$$

式中，D_0' 为平衡后的管径，m；D_0 为平衡前的管径，m；Δp_0 为平衡前的压损，Pa；Δp_w 为基准支管的压损，Pa。

① 支管 2 的压损平衡

$$D_0 = D_2 = 290\text{mm}$$
$$\Delta p_0 = \Delta p_2 = 136\text{Pa}$$
$$\Delta p_w = \Delta p_1 = 185.5\text{Pa}$$
$$D_0' = D_2'$$

$$D_2' = D_2 \left(\dfrac{\Delta p_2}{\Delta p_1}\right)^{0.225} = 290 \times \left(\dfrac{136}{185.5}\right)^{0.225} = 270\text{mm}$$

支管 2 压损平衡后的速度 v_2'

$$v_2' = \dfrac{4 \times 4000}{3600 \times \pi \times 0.27^2} = 19.4\text{m/s}$$

根据 D_2' 和 v_2' 查图 1-10，得比压阻 $h_m = 16\text{Pa/m}$

摩擦压损 $\Delta p_{m2}' = h_m l = 16 \times (1+3) = 64\text{Pa}$

矩形吸尘罩，$\theta = 60°$，$\xi = 0.12$。

五节弯管，$a = 90°$，$\dfrac{R}{D} = 1$，$\xi = 0.4$。

$$\sum \xi = 0.12 + 0.4 = 0.52$$

局部压损 $\Delta p_{ju2}' = \sum \xi \dfrac{v^2 \rho}{2} = 0.52 \times \dfrac{19.4^2 \times 1.2}{2} = 117.6\text{Pa}$

支管 2 平衡后的压损 $\Delta p'_2 = \Delta p'_{m2} + \Delta p'_{ju2} = 64 + 117.6 = 181.6\text{Pa}$

② 支管 3 的压损平衡

$$D_0 = D_3 = 350\text{mm}$$
$$\Delta p_0 = \Delta p_3 = 113.7\text{Pa}$$
$$\Delta p_w = \Delta p_1 = 185.5\text{Pa}$$
$$D'_0 = D'_3$$

支管 3 压损平衡的速度 v'_3

$$v'_3 = \frac{4 \times 6000}{3600 \times \pi \times 0.313^2} = 21.6\text{m/s}$$

根据 D'_3 和 v'_3 查图 1-10，得比压阻 $h_m = 16\text{Pa/m}$

摩擦压损 $\Delta p'_{m3} = h_m l = 16 \times (1+1.5) = 40\text{Pa}$

矩形吸尘罩，$\theta = 60°$，$\xi = 0.12$。

五节弯管，$a = 90°$，$\frac{R}{D} = 1$，$\xi = 0.4$

合流四通管 $\xi = 0.3$

$$\sum \xi = 0.12 + 0.4 = 0.52$$

局部压损 $\Delta p'_{ju3} = \sum \xi \frac{v^2 \rho}{2} = 0.82 \times \frac{21.7^2 \times 1.2}{2} = 231\text{Pa}$

支管 3 平衡后的压损 $\Delta p'_3 = \Delta p'_{m3} + \Delta p'_{ju3} = 40 + 231 = 271\text{Pa}$

(5) 干管的压损 干管的风量应等于三个支管的风量之和，$Q_4 = 2000 + 4000 + 6000$ (m^3/h)，干管的风速 $v_4 = 17\text{m/s}$，干管的直径 D_4 按下式计算：

$$D_4 = \sqrt{\frac{4Q}{3600\pi v}} = \sqrt{\frac{4 \times 12000}{3600 \times 3.14 \times 17}} = 0.5\text{m}$$

根据 $v_4 = 17\text{m/s}$、$D_4 = 500\text{mm}$，查图 1-10，得 $h_m = 5.6\text{Pa}$。干管的长度 $l_4 = 6 + 1 + 2 + 0.5 + 10 = 19.5\text{m}$

干管的摩擦压损 $\Delta p_{m4} = h_m l_4 = 5.6 \times 19.5 = 109.2\text{Pa}$

五节弯管，$a = 90°$，$\frac{R}{D} = 1$，$\xi = 0.4$

伞形风帽，$\frac{h}{D} = 0.8$，$\xi = 1$。

$$\sum \xi = 0.4 + 0.4 + 1 = 1.8$$

干管局部压损 $\Delta p_{ju4} = \sum \xi \frac{v^2 \rho}{2} = 1.8 \times \frac{17^2 \times 1.2}{2} = 313.6\text{Pa}$

干管的压损 $\Delta p_4 = \Delta p_{m4} + \Delta p_{ju4} = 109.2 + 313.6 = 423\text{Pa}$

在支管当中，经过平衡的支管 3 压损 $\Delta p'_3$ 最大，其值为 187Pa，袋式除尘器的压损为 1000Pa。干管压损 $\Delta p_4 = 423\text{Pa}$。

除尘系统的总压损 $\sum \Delta p = \Delta p'_3 + \Delta p_4 + $ 除尘器压损 $= 271 + 423 + 1000 = 1694\text{Pa}$

一般风压的附加值取 15%，则

$$\text{风机风压} = 1694 \times \frac{115}{100} = 1948\text{Pa}$$

风量附加值取 10%，则

$$\text{风机风量} = 12000 \times \frac{110}{100} = 13200\text{m}^3/\text{h}$$

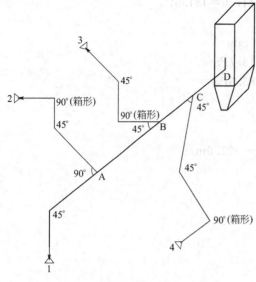

图 1-25 吸尘点除尘管道阻力系数图

3. 串并联混合管路

在除尘系统中多数情况下是串联和并联相混合的管路，其阻力平衡计算举例说明。

【例 1-5】 在 4 个吸尘器的除尘系统中同时有串联和并联管路，阻力平衡计算参数条件如图 1-25 所示，其中 1-ϕ0.6m（直管长 20m）、$t=20℃$、$Q=270m^3/min$、$v=15.9m/s$；2-ϕ0.4m（直管长 30m）、$t=20℃$、$Q=120m^3/min$、$v=15.9m/s$；3-ϕ0.5m（直管长 15m）、$t=200℃$、$Q=180m^3/min$、$v=15.3m/s$；4-ϕ0.3m（直管长 40m）、$t=60℃$、$Q=70m^3/min$、$v=16.5m/s$；A 至 B 段-ϕ0.7m（直管长 10m）、$v=16.9m/s$；B 至 C 段-ϕ0.8m（直管长 5m）、$v=18.9m/s$；C 至 D 段-ϕ0.9m（直管长 10m）、$v=16.8m/s$。求总阻力。

解： 1. 2→A 段阻力计算

$$v=\frac{Q_2}{\frac{\pi}{4}\times D^2}=\frac{120}{60}\times\frac{1}{0.785\times 0.4^2}=15.9m/s$$

$$\rho=\rho_0\times\frac{273}{273+t}=1.293\times\frac{273}{273+20}=1.2kg/m^3$$

（1）吸尘罩阻力（阻力系数见图 1-12）

$$p=\xi\frac{\rho v^2}{2}=0.2\times\frac{15.9^2\times 1.2}{2}=30.34Pa$$

（2）直管和弯管阻力

① 箱形 90°弯头外形如图 1-26 所示，其当量长度 I_e 为 65d（一般 $d=0.2\sim 0.5m$）。$R/d=1$，45°弯管当量长度见表 1-14。故 $I_e=\left(65+17\times\frac{1}{2}\right)\times 0.4=32.4m$

② 直管 30m

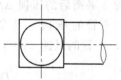

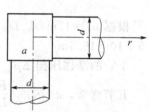

图 1-26 箱形 90°弯头形状图

表 1-14 弯管当量长度

R/d	I_e/d	R/d	I_e/d
0	$65\times\theta/90°$	1.0	$17\times\theta/90°$
0.5	$45\times\theta/90°$	1.5	$12\times\theta/90°$
0.75	$23\times\theta/90°$	2.0	$10\times\theta/90°$

注：d—弯管直径，m；R—弯管曲率半径，m；形状见图 1-27。

③ 总长 32.4+30=62.4m

查附录表得温度为 20℃时干空气运动黏度 $\nu_{20}=1.5\times 10^{-5}m^2/s$。

雷诺数 $Re=\frac{vd}{\nu_{20}}=15.9\times\frac{0.4}{1.5}\times 10^{-5}=4.24\times 10^5>10^5$

管道摩擦系数 $\lambda=0.0032+\frac{0.221}{(4.24\times 10^5)^{0.237}}=0.0134$

管道阻力 $p=\lambda\frac{l}{d}\times\frac{v^2}{2}\times\rho=0.0134\times\frac{62.4}{0.4}\times\frac{15.9^2}{2}\times 1.2=317.08Pa$

（3）合流三通管　如图1-28所示。

$\dfrac{d_2}{d_3}=0.57$，$\dfrac{Q_2}{Q_3}=0.31$　查图1-14，

已知 $d_3=d_A$，$Q_3=Q_A$

$\xi_{13}=0.65$，$\xi_{23}=0.80$

$$p_{13}=\xi_{13}\times\dfrac{v_A^2}{2}\times\rho=0.65\times\dfrac{16.9^2}{2}\times1.2=111.39\text{Pa}$$

$$p_{23}=\xi_{23}\times\dfrac{v_A^2}{2}\times\rho=0.8\times\dfrac{16.9^2}{2}\times1.2=137.2\text{Pa}$$

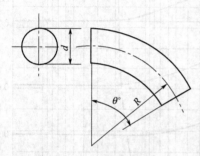

图1-27　弯管形状图

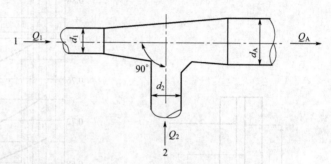

图1-28　合流三通管（一）

图1-28中，1-Q_1，温度20℃、流量273m^3/min、管径$d_1=0.6$m；2-Q_2，温度20℃、流量120m^3/min、管径$d_2=0.04$m；A-Q_A，温度20℃、流量390m^3/min、管径$d_A=0.7$m；速度$v=16.9$m/s。

（4）2→A段阻力　30.34＋317.08＋137.2＝484.62Pa

2. 1→A段阻力计算

$$v=\dfrac{Q_1}{\dfrac{\pi}{4}\times d_1^2}=\dfrac{270}{60}\times\dfrac{1}{0.785\times0.6^2}=15.9\text{m/s}$$

$$密度\ \rho=\rho_0\times\dfrac{273}{273+t}=1.293\times\dfrac{273}{273+20}=1.2\text{kg/m}^3$$

（1）吸尘罩阻力

$$p_2=\xi\times\dfrac{v^2}{2}\times\rho=0.2\times\dfrac{15.9^2}{2}\times1.2=30.34\text{Pa}$$

（2）直管和弯管阻力

① 45°弯管当量长度查表1-14，得 $l_e=\dfrac{1}{2}\times17\times0.6=5.1$m

② 直管长度20m

③ 总长 5.1＋20＝25.1m

λ的计算方法同前，$\lambda=0.0134$

$$p=\lambda\dfrac{l}{d}\times\dfrac{v^2}{2}\times\rho=0.0134\times\dfrac{25.1}{0.6}\times\dfrac{15.9^2}{2}\times1.2=85.03\text{Pa}$$

（3）合流管阻力

$$p_{13}=111.7\text{Pa}$$

（4）1→A段阻力　30.34＋85.03＋111.39＝226.76Pa

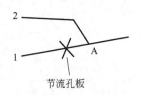

图 1-29 节流孔
板位置图（一）

3. 2→A 段与 1→A 段的阻力差

$$484.62-226.76=257.86\text{Pa}$$

为了使 2→A 段与 1→A 段之间阻力平衡，必须在 1→A 段直管上安装节流孔板或调节阀门，位置如图 1-29 所示。节流孔板形状如图 1-30 所示，流量系数见图 1-31。

节流板流量系数

$$\alpha=\dfrac{v}{\sqrt{\dfrac{2\Delta p}{\rho}}}=\dfrac{15.9}{\sqrt{\dfrac{2\times257.86}{1.2}}}=0.77$$

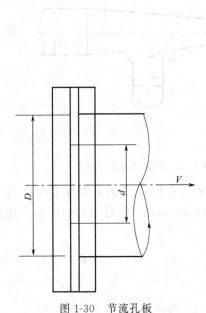

图 1-30 节流孔板

D—管内径；d—孔板直径；V—管道流速

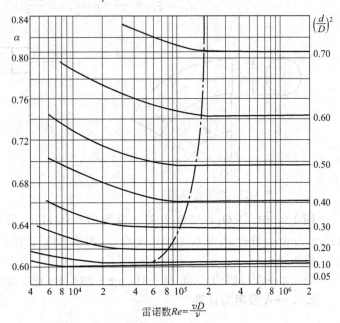

雷诺数 $Re=\dfrac{vD}{\nu}$

图 1-31 节流孔板流量系数（一）

查图 1-31，得 $(d/D)^2=0.65$，$d/D=0.81\text{m}$，$d=0.485\text{m}$。

4. A→B 阻力

$$Re=\frac{vd}{\nu}=16.9\times\frac{0.7}{1.5}\times10^{-5}=7.9\times10^{-5}$$

$$\lambda=0.0032+\frac{0.221}{(7.9\times10^{-5})^{0.237}}=0.012$$

$$p=0.012\times\frac{10}{0.7}\times\frac{16.9^2}{2}\times1.2=29.4\text{Pa}$$

2→A→B 与 1→A→B 段的总阻力如下：

$$484.62+29.4=514.02\text{Pa}$$

5. 3→B 阻力

$$\rho=\rho_0\times\frac{273}{273+t}=1.293\times\frac{273}{273+200}=0.75\text{kg/m}^3$$

$$\nu_{200}=3.45\times10^{-5}$$

$$Re = 2.2 \times 10^5$$
$$\lambda = 0.0152$$

管道总长度 $l = 15 + \left(17 \times \dfrac{1}{2} + 65\right) 0.5 = 51.8\text{m}$

$$p = 0.0152 \times \frac{51.8}{0.5} \times \frac{15.3^2}{2} \times 0.75 = 138.23\text{Pa}$$

吸尘罩 $p_2 = 0.2 \times \dfrac{15.3^2}{2} \times 0.75 = 17.56\text{Pa}$

6. 合流三通管阻力

合流三通管如图 1-32 所示。

图 1-32 中，A—$t = 20℃$、$Q_A = 390\text{m}^3/\text{min}$、$d_A = 0.7\text{m}$；B—$Q_B = 570\text{m}^3/\text{min}$、$d_B = 0.8\text{m}$；3—$t = 200℃$、$Q_3 = 180\text{m}^3/\text{min}$、$d_3 = 0.5\text{m}$。

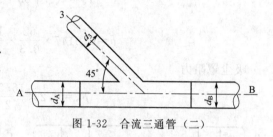

$\dfrac{d_3}{d_B} = 0.625$，$\dfrac{Q_3}{Q_B} = 0.32$

查图 1-32，得 $\xi_{AB} = 0$，$\xi_{3B} = 0.4$

图 1-32　合流三通管（二）

求混合后温度 t_B、密度 ρ_B

$$t_B = \frac{\dfrac{273}{273 + t_1} \times t_1 \times Q_1 + \dfrac{273}{273 + t_2} \times t_2 \times Q_2}{\dfrac{273}{273 + t_1} \times Q_1 + \dfrac{273}{273 + t_2} \times Q_2}$$

$$= \frac{\dfrac{273}{273 + 20} \times 20 \times 390 + \dfrac{273}{273 + 200} \times 200 \times 180}{\dfrac{273}{273 + 20} \times 390 + \dfrac{273}{273 + 200} \times 180} = 60℃$$

$$\rho_B = 1.293 \times \frac{273}{273 + 60} = 1.06\text{kg/m}^3$$

$$l_{AB} = 0$$

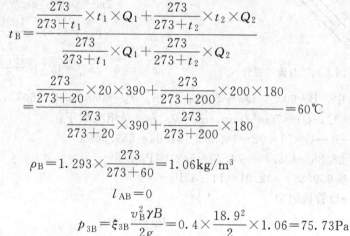

$$p_{3B} = \xi_{3B} \frac{v_B^2 \gamma B}{2g} = 0.4 \times \frac{18.9^2}{2} \times 1.06 = 75.73\text{Pa}$$

总的阻力如下：

3→B：$17.56 + 138.23 + 75.73 = 231.52\text{Pa}$

1 或 2→A→B $= 514.02\text{Pa}$

两者之差 $514.02 - 231.52 = 283.5\text{Pa}$

为了使 3→B 段与 1（或 2）→A→B 段之间阻力平衡，必须在 3→B段的直管上安装节流孔板或调节阀，如图 1-33 所示。

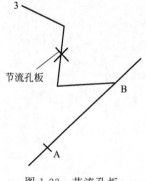

图 1-33　节流孔板位置图（二）

孔板流量系数　$\alpha = \dfrac{v}{\sqrt{\dfrac{2\Delta p}{\rho}}} = \dfrac{16.9}{\sqrt{\dfrac{2 \times 283.5}{0.75}}} = 0.615$

根据 α 查图 1-31，$(d/D)^2 = 0.2$

$$d = \sqrt{0.2} \times 0.5 = 0.22\text{m}$$

7. B→C 段阻力

$$\nu_{60} = 1.89 \times 10^{-5}\text{m}^2/\text{s}$$

$$\lambda = 0.012$$

$$p = 0.012 \times \frac{5}{0.8} \times \frac{18.9^2}{2} \times 1.06 = 14.20 \text{Pa}$$

8. $4 \to C$ 段阻力

$$Re = 2.6 \times 10^5$$

$$\lambda = 0.0147$$

$$I_e = 40 + \left(65 + 17 \times \frac{1}{2} \right) \times 0.3 = 62 \text{m}$$

$$p = 0.0147 \times \frac{62}{0.3} \times \frac{16.5^2}{2} \times 1.06 = 438.36 \text{Pa}$$

吸尘罩阻力

$$p_2 = 0.2 \times \frac{16.5^2}{2} \times 1.06 = 28.86 \text{Pa}$$

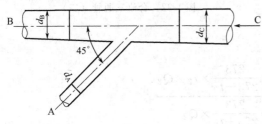

图 1-34　合流三通管（三）

9. 合流管阻力

如图 1-34 所示，$\dfrac{d_4}{d_c} = 0.33$，$\dfrac{Q_4}{Q_c} = 0.11$

$\xi_{BC} = 0.88$，$\xi_{4C} = 0.50$

$$p_{BC} = 0.88 \times \frac{16.8^2}{2} \times 1.06 = 131.64 \text{Pa}$$

$$p_{4C} = 0.5 \times \frac{16.8^2}{2} \times 1.06 = 74.79 \text{Pa}$$

图 1-34 中，B—60℃，$Q_B = 570 \text{m}^3/\text{min}$、$d_B = 0.8 \text{m}$；C—60℃，$Q_C = 640 \text{m}^3/\text{min}$、$d_C = 0.9 \text{m}$；4—60℃，$Q_4 = 70 \text{m}^3/\text{min}$、$d_4 = 0.3 \text{m}$；总阻力如下：

$2 \to A \to B \to C = 514.02 + 14.20 + 131.64 = 659.86 \text{Pa}$

$4 \to C = 28.86 + 438.36 + 74.79 = 542.01 \text{Pa}$

两者之差 $659.86 - 542.01 = 117.85 \text{Pa}$

10. $C \to D$ 管段阻力

$$Re = 8 \times 10^5$$

$$\lambda = 0.012$$

$$p = 0.012 \times \frac{10}{0.9} \times \frac{16.8^2}{2} \times 1.06 = 19.94 \text{Pa}$$

该系统总阻力如下：

$4 \to C \to D = 542.01 + 19.94 = 561.95 \text{Pa}$

五、除尘系统节能设计

除尘系统由吸尘罩、管网、除尘器、通风机、消声器、卸尘装置及其附属设施组成。与除尘系统密切相关的还有尘源密闭装置和粉尘处理与回收系统。除尘系统节能设计要从每个环节考虑。

设计除尘系统时，应按节能原则进行。

① 同一生产流程、同时工作的扬尘点相距不远时，适合设一个系统，不应分散除尘。

② 同时工作但粉尘种类不同的扬尘点，当工艺允许不同粉尘混合回收或粉尘无回收价值时

亦可合设一个除尘系统。当分散除尘系统比集中除尘系统节能时应考虑分散除尘。

③ 两种或两种以上的粉尘或含尘气体混合后引起燃烧或爆炸时不应合为一个系统。

④ 温度不同的含尘气体，混合后可以降低气体温度，省略冷却装置时可考虑其混合。但混合后可能导致风管内结露时不应混合。

⑤ 划分除尘系统除进行技术比较外，还要进行能耗比较，优先设计节能的除尘系统。做能耗比较主要是考虑系统运行的能耗情况。

⑥ 对除尘系统要进行不同方案论证，选取更为合理的节能方案。

例如，某公司 2 座 150t 转炉、最大出钢量为 180t，方案一采用转炉二次除尘和厂房气楼（三次）除尘。二次除尘系统设计风量为 $90×10^4 \text{m}^3/\text{h}$，包括转炉上料系统的除尘，其中 1 座转炉兑铁时的炉前门型集尘罩抽风量为 $48×10^4 \text{m}^3/\text{h}$。三次除尘专用于转炉兑铁，系统设计风量为 $65×10^4 \text{m}^3/\text{h}$。2 套系统除尘风机均设液力耦合器调速装置，当转炉兑铁时，为提高转炉二次除尘排烟能力，此时的二次和三次除尘系统所有风机高速运行；兑铁结束后，二次除尘风机调速运行，而三次除尘风机以最低速节能运行。

如果采用方案二仅设计二次除尘，要获得一个高的捕集效果，则仅 1 座转炉兑铁时的抽风量就需要 $120×10^4 \text{m}^3/\text{h}$ 以上，这样，二次除尘系统设计风量约需 $162×10^4 \text{m}^3/\text{h}$ 以上。从系统运行能耗分析，尽管在非兑铁阶段可采取风机调速，但还是需要不低于 $120×10^4 \text{m}^3/\text{h}$ 的风量来维持系统的抽力和水平管道内一定的气体流速以防止积尘。相对只有 $90×10^4 \text{m}^3/\text{h}$ 风量的二次除尘方案，其能耗显然要大很多，而且，尚不能解决转炉兑铁结束后从铁水空包内产生的烟气使厂房冒烟的问题。

综上所述，$2×150\text{t}$ 转炉除尘的两种方案技术经济比较见表 1-15。由表 1-15 可知，采用二次除尘＋三次除尘方案节电约 24%，年节约用电 $312.4×10^4 \text{kW·h}$。

表 1-15 2×150t 转炉除尘方案技术经济比较

名 称	单位	二次除尘方案	二次除尘方案＋三次除尘方案	备 注
除尘系统风量	m³/h	$162×10^4$	$90×10^4+65×10^4$	
风机容量	kW	1800×2	2000+1400	压力以 5500Pa 计
转炉兑铁时炉前罩抽风量	m³/h	$120×10^4$	$48×10^4+65×10^4$	
兑铁时风机轴功率	kW	1450×2	1610+1160	风机均高速运行
转炉非兑铁时系统运行风量	m³/h	1200000	720000+0	
兑铁时排烟效果		较好	较好,部分外逸烟气由厂房三次除尘捕集	
兑铁结束时排烟效果		二次烟气无法捕集,厂房出现冒烟现象	由厂房三次除尘捕集,厂房不冒烟	
二次除尘主管道断面	m²	18(8.0×2.2)车间内管道布置困难	10(4.5×2.2)布置容易	取流速 25m/s
三次除尘主管道断面	m³	—	7.2管道布置于屋面上	取流速 25m/s
每小时风机电耗	kW·h	1927	1459	采用耦合器调速
吨钢电耗	kW·h	5.84	4.42	
所节电比较	kW·h	—	312.4×10⁴	年产钢水 220×10⁴t 计

1. 集气吸尘罩

集气吸尘罩在除尘系统节能设计中占有重要地位，可以设想，如果把除尘器的除尘效率或风机的效率提高 1%～3% 非常困难，但如果把集气吸尘罩的集气效率提高 1%～3%，要相对容易得多。

（1）吸尘罩的位置

① 设置排风罩的地点，应考虑消除罩内正压，保持罩内负压均匀，有效控制含尘气流不致从罩内逸出，并避免吸出粉料。如对破碎、筛分和运输设备，吸尘罩应避开含尘气流中心，以防吸出大量粉料。对于胶带运输机受料点吸尘罩与卸料溜槽相邻两边之间距离应为溜槽边长的0.75～1.5倍，但不小于300～500mm，吸尘罩口离胶带机表面高度不小于胶带机宽度的0.6倍。当卸料溜槽与胶带机倾斜交料时，应在卸料溜槽的前方布置吸尘罩；当卸料溜槽与胶带机垂直交料时，宜在卸料溜槽前、后方均设吸尘罩。

② 处理或输送热物料时，排风罩应设在密闭罩的顶部，或给料点与受料点设置上、下抽风。

③ 吸尘罩不宜靠近敞开的孔洞（如操作孔、观察孔、出料口等），以免吸入罩外空气，浪费能量。胶带机受料点吸尘罩前必须设遮尘帘。

④ 吸尘罩的位置应不影响操作、检修和生产。

⑤ 与吸尘罩相接的一段管道最好垂直敷设，以免蹦入物料造成堵塞。

（2）吸尘罩的形式

① 有条件的尘源应尽可能采用密闭罩或半密闭罩，避免吸入尘源外的气体。

② 为使罩内气流均匀，减少阻力一般采用伞形罩。

③ 当从密闭罩和料仓排风时，一般无吸出粉料之虑，可不设吸尘罩，将风管直接接在密闭罩或料仓上。接管与罩之间应有变径管以便减少局部阻力。

（3）吸尘罩的罩口风速

① 吸尘罩的罩口平均风速不宜过高，以免吸出粉料和浪费能源。一般对局部密闭罩和轻、干、细的物料，罩口平均风速应取得较低。采用局部密闭时，吸尘罩罩口平均风速不宜大于3 m/s。

② 在不能设置密闭罩而用敞口罩控制粉尘时，罩口风速应按侧吸罩或吹吸罩进行设计计算。

2. 除尘管网

① 除尘系统中，除尘器前除尘管道在进行阻力计算比较后可按枝状管网或集合管管网布置，优选节能系统。

a. 集合管管网。集合管管网分为水平和垂直两种。水平集合管 ［图 1-35（a）］ 连接的风管由上面或侧面接入，集合管断面风速为3～4m/s，适用于产尘设备分布在同一层平台上，且水平距离较大的场合。垂直集合管 ［图 1-35（b）］ 连接的风管从切线方向接入，集合管断面风速为6～10m/s，适用于产尘设备分布在多层平台上，且水平距离不大的场合。集合管有粗净化作用，

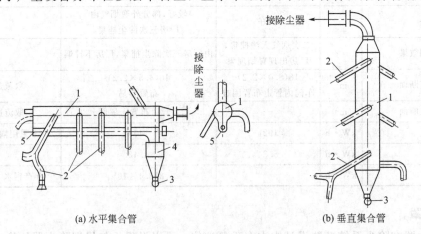

(a) 水平集合管　　　　　　　　(b) 垂直集合管

图 1-35　集合管管网

1—集合管；2—支风管；3—卸尘阀；4—集尘箱；5—螺旋机

下部应设卸尘阀和粉尘输送设备。

集合管管网系统阻力容易平衡，管路连接方便。当运行风量变化时，系统比较稳定。

b. 枝状管网。枝状管网的布置形式见图1-36。风管可采用垂直、水平或倾斜敷设。倾斜敷设时，风管与水平面的夹角应大于45°。当不能满足上述要求时，小坡度或水平敷设的管段应尽量缩短，并采取防止积尘的措施。

枝状管网的管路连接较复杂，各支管的阻力平衡较难，运行调节麻烦。但占地少，无集合管的粉尘输送设备，比较简单。

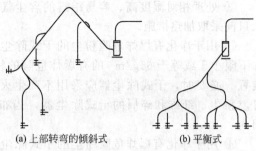

(a) 上部转弯的倾斜式　　　(b) 平衡式

图 1-36　枝状管网的布置形式

② 含尘气体管道风速一般采取15～25m/s。根据粉尘性质不同，最小风速不得低于表1-4所列数值。

③ 管网的三通管、弯管等异形管件会对气流产生阻力，除尘系统应减少这些管托。

④ 含尘气体管道支管宜从主管的上面或侧面连接。连接用三通的夹角，宜采用15°～45°。

⑤ 对粉尘和水蒸气共生的尘源，应尽量将除尘器直接配置在排风罩上方，使粉尘和水蒸气通过垂直管段进入除尘器。当必须采用水平管段时，风管应向除尘器入口构成不小于10°的坡度，并在风管上设检查孔，以便冲洗管内黏结的粉尘。

⑥ 通过磨琢性强、浓度高的含尘气体管道，要采取防磨损措施。除尘管道中异形件及其邻接的直管易发生磨损，其中以弯管外弯侧180°～240°范围内的管壁磨损最为严重。对磨损不甚严重的部位，可采用管壁局部加厚。对磨损严重的部位，则需加设耐磨衬里。耐磨衬里可用涂料法（内抹或外抹耐磨涂料）或内衬法（内衬橡胶板、辉绿岩板、铸铁板等）施工。图1-37所示为弯管外抹和内衬耐磨衬里的做法。

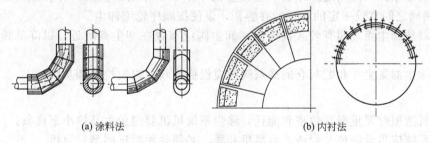

(a) 涂料法　　　　　　　(b) 内衬法

图 1-37　弯管耐磨衬里

⑦ 通过高温含尘气体的管道和相对湿度高、容易结露的含尘气体管道应设保温层防止管网结露堵塞。

⑧ 通过高温含尘气体的管道必须考虑热膨胀的补偿措施。可采取转弯自然补偿或管道的适当部位设置补偿器。相应的管道支架也应考虑热膨胀所产生的应力。

⑨ 除尘管道宜采用圆形钢制风管，其接头和接缝应严密，宜采用焊接加工。

⑩ 除尘管道一般应明设。当采用地下风道时，可用混凝土或砖砌筑，内表面用砂浆抹平，并在风道的适当位置设清扫孔减少管道阻力。但对有爆炸性危险的含尘气体，不可通过地下风道。

3. 除尘器选择

① 在满足排放浓度要求的前提下，首选低阻除尘器，降低除尘能耗。加工除尘器应严密，减少设备漏风率。

② 处理相对湿度高、容易结露的含尘气体的干式除尘器应设保温层，必要时还应在除尘器入口前采取加热措施。

③ 用于净化有爆炸危险粉尘的干式除尘器，应布置在系统的负压段上。用于净化及输送爆炸下限小于或等于 $65g/m^3$ 的有爆炸危险的粉尘、纤维和碎屑的干式除尘器和风管，应设泄压装置。必要时，干式除尘器应采用不产生火花的材料制作。用于净化爆炸下限大于 $65g/m^3$ 的可燃粉尘、纤维和碎屑的干式除尘器，当布置在生产厂房内时应同其排风机布置在单独的房间内。

④ 用于净化有爆炸危险粉尘的干式除尘器，应布置在生产厂房之外，且距有门窗孔洞的外墙不应小于 10m。

⑤ 排除有爆炸危险粉尘的除尘系统，其干式除尘器不得布置在经常有人或短时间有大量人员逗留的房间的下面，如上述房间贴邻布置时，应用耐火的实体墙隔开。

⑥ 选用湿式除尘器时，北方地区应考虑采暖或保温措施，防止除尘器和供、排水管路冻结。同时把除尘水系统耗能计入除尘系统耗能之中。

⑦ 在高负压条件下使用的除尘器，其结构应加强，外壳应具有更高的严密性。

⑧ 含尘气体经除尘器净化后，直接排入室内时，必须选用高效率除尘器，使其排放浓度符合室内空气质量标准。

4. 卸尘装置和粉尘处理

① 对除尘器收集的粉尘或排出的含尘污水，根据生产条件、除尘器类型、粉尘的回收价值和便于维护管理等因素，必须采取妥善的回收或处理措施；工艺允许时，应纳入工艺流程回收处理。

② 湿式除尘器排出的含尘污水经处理能耗是除尘系统能耗一部分，不可忽视。水应循环使用，以减少耗水量并避免造成水污染。

③ 在高负压条件下使用的除尘器，应设置两个串联工作的卸灰阀，并保证两卸灰阀不同时开启卸尘。两阀之间宜设一定的粉尘贮存容积，以便按顺序轮流卸尘。

④ 除尘器与卸尘点之间有较大高差时，卸尘阀应布置在卸尘点附近，以降低粉尘落差，减少二次扬尘。

⑤ 大型除尘器集尘斗和贮灰仓的卸灰阀前应设插板阀，以便检修卸灰阀。

5. 通风机

① 通风机选型时要重视其效率和能耗，除尘系统风机要避免大马拉小车现象。

② 除尘系统应尽量避免 2 台或 3 台风机并联。必须并联时选同型号风机。

③ 流过通风机的气体含尘浓度较高，容易磨损通风机叶轮和外壳时，应选用排尘风机或其他耐磨风机。

④ 处理高温含尘气体的除尘系统，应选用锅炉引风机或其他耐高温的专用风机。

⑤ 处理有爆炸危险的含尘气体的除尘系统应选用防爆型风机和电动机，并采用直联传动。

⑥ 除尘系统通风机露天布置时，对通风机、电动机、调速装置及其他电气设备等，应考虑防雨设施。

⑦ 除尘系统通风机的噪声超过标准时，应设消声器。消声器要选低阻型。

⑧ 在除尘系统的风量呈周期性变化，或排风点不同时工作引起风量变化较大的场合，应设置电机调速装置，如液力耦合器、变频变压调速装置等，调速是节能的有效途径。

⑨ 湿式除尘系统的通风机机壳最低点应设排水装置。需要连续排水时，宜设排水水封，水封高度应保证水不致被吸空。水封底部应有检修丝堵，以备堵塞时打开丝堵进行疏通。不需要连续排水时可设带堵头的直排水管，需要时则打开堵头排水。

6.排风烟囱

① 分散除尘系统穿出屋面或沿墙敷设的排风管应高出屋面 1.5m，当排风管影响邻近建筑物时，还应视具体情况适当加高。

② 集中除尘系统的烟囱高度应进行排尘量计算，并利于烟囱抽力减小风机负荷。

③ 所处理的含尘气体中 CO 含量高的除尘系统，其排风管应高出周围物体 4m。

④ 穿出屋面的排风管应与屋面孔上部固定，屋面孔直径比风管直径大 $40\sim100mm$ 并采取防雨措施。

⑤ 排风烟囱应设防雷措施。

7.阀门和调节装置

① 对多排风点除尘系统，应在各支管便于操作的位置装设调节阀门、节流孔板和调节瓣等风量、风压调节装置。但要进行详细的风量平衡和阻力计算，尽量使这些调节装置降低阻力，减少能耗。

② 除尘系统各间歇工作的排风点上必须装设开启、关断用的阀门。该阀门最好与工艺设备联锁，同步开启和关断。

③ 除尘系统的中、低压离心式通风机，当其配用的电动机功率小于或等于 75kW，且供电条件允许时，可不装设仅为启动用的阀门。

④ 几个除尘系统的设备邻近布置时，应考虑加设连通管和切换阀门，使其互为备用。

六、除尘系统防燃防爆

除尘设备的燃烧爆炸时有发生，应引起足够重视。

悬浮在空气中的某些粉尘，当达到一定的浓度时，如果存在着能量足够的火源，如火焰、电火花、炽热物体或由于摩擦、振动、碰撞等引起的火花就会发生爆炸。

粉尘的爆炸在瞬间产生，伴随着高温、高压、热空气膨胀形成的冲击波具有很大的摧毁和破坏性。应避免除尘设备燃爆事故的发生。

1.粉尘爆炸

粉尘爆炸有如下 3 个条件。

（1）存在易燃物质　易燃粉尘或气体以适当的浓度飘浮在空气中（氧化剂）。这些物质颗粒直径在 $15\mu m$ 以下，浓度在 $20\sim6000g/m^3$ 是危险的。发生事故较多的粉尘有铝粉、铝材料研磨粉、锌粉、硅铁粉、铁粉、硅粉、钛粉、镁粉、各种期料制品粉末、有机合成药品中间体、小麦粉、木材粉、其他易燃粉末等。

（2）存在氧化剂　除尘装置的氧化剂主要是空气，而且换气在装置内进行，氧气供应充足。

（3）存在火源　已知火源包括电火花、静电火花、火焰明火、自燃起火、高温表面热辐射、热线（光线、辐射热）、冲撞摩擦、隔热压缩等。这些火源中，除尘装置易产生的是静电火花、冲撞摩擦、自燃以及明火。

当以上 3 个条件都具备时就会发生爆炸。因此，只要除掉其中 1 个条件即可防爆。

2.粉尘爆炸机理及特点

粉尘爆炸与气体爆炸相似，也是一种连锁反应，即尘云在火源或其他诱发条件作用下，局部化学反应释放能量，迅速诱发较大区域粉尘发生反应并释放能量，这种能量使空气提高温度，急剧膨胀，形成摧毁力很大的冲击波。

与气体爆炸相比，粉尘爆炸有以下 3 个特点。

① 必须有足够数量的尘粒飞扬在空中才能发生粉尘爆炸。尘粒飞扬与颗粒的大小和气体的

扰动速度有关。

② 粉尘燃烧过程比气体燃烧过程复杂，感应期长。有的粉尘要经过粒子表面的分解或蒸发阶段，即便是直接氧化，这样的粒子也有由表面向中心延烧的过程。感应时间（接触火源到完成化学反应的时间）可达几十秒，为气体的几十倍。

③ 粉尘点爆的起始能量大，几乎是气体的几十倍。

在粉尘爆炸的危害方面还有以下 2 个特点。

① 粉尘爆炸有产生二次爆炸的可能性，因为粉尘初始爆炸的气浪会将沉积的粉尘扬起，在新的空间形成爆炸浓度而产生爆炸，这叫二次爆炸。这种连续爆炸会造成极严重的破坏。

② 粉尘爆炸会产生两种有毒气体：一种是 CO；另一种是爆炸物（如塑料）自身分解的毒性气体。毒气的产生往往造成爆炸过后的大量人畜中毒伤亡，必须充分重视。

3. 形成粉尘爆炸的因素

形成粉尘爆炸的因素有粉尘自身形成的与外部条件形成的两方面因素（表 1-16）。一般常见的粉尘爆炸形成的 3 个要素是粉尘的可燃性、空气的存在和点火源。

表 1-16　粉尘爆炸的影响因素

粉尘自身		外部条件
化学因素	物理因素	
燃烧热	粉尘浓度	气流运动状态
燃烧速度	粒径分布	氧气浓度
与水气及二氧化碳的反应性	粒子形状	温度
	比热容及热传导率	可燃气体浓度
	表面状态	阻燃性粉尘浓度及灰分
	带电性	点火源状态与能量
	粒子凝聚特性	窒息气浓度

4. 防燃防爆对策

除尘系统是利用吸尘罩捕集生产过程产生的含尘气体，在风机的作用下，含尘气体沿管道输送到除尘设备中，将粉尘分离出来，同时收集与处理分离出来的粉尘。因此，除尘系统主要包括吸尘罩、管道、除尘器、风机 4 个部分。

(1) 吸尘罩　在除尘系统中，粉尘入口处的吸尘罩内一般不会发生爆炸事故，因为粉尘浓度在这里一般不会达到粉尘爆炸的下限。但吸尘罩如果将生产过程中产生的火花吸入，例如砂轮机工作时会产生大量的火花，就可能会引爆管道或除尘器中的粉尘，因此在磨削、打磨、抛光等易产生火花场所的吸尘罩与除尘系统管道相连接处安装火花探测自动报警装置和火花熄灭装置或隔离阀。同时在吸尘罩口安装适当的金属网，以防止铁片、螺钉等物被吸入与管道碰撞产生火花。

吸尘罩的设置会直接影响产尘场所的除尘效果，设置时遵循"通、近、顺、封、便"的原则。

① 通：在产尘点应形成较大的吸入风速，以便粉尘能畅通地被吸入。

② 近：吸尘罩要尽量靠近产尘点。

③ 顺：顺着粉尘飞溅的方向设置罩口正面，以提高捕集效果。

④ 封：在不影响操作和生产的前提下，吸尘罩应尽可能将尘源包围起来。

⑤ 便：吸尘罩的结构设计应便于操作，便于检修。

(2) 除尘管道　除尘系统管道发生爆炸的实例较多，主要是因为除尘管道内可燃性粉尘达到爆炸下限，同时遇到积累的静电或其他点火源，就可能发生爆炸；再者粉尘在管内沉积，当受到某种冲击时，可燃性粉尘再次飞扬，在瞬间形成高浓度粉尘云，若遇上火源也容易发生爆炸。

① 管道应采用除静电钢质金属材料制造，以避免静电积聚，同时可适当增加管道内风速，以满足管道内风量在正常运行或故障情况下粉尘空气混合物最高浓度不超过爆炸下限的50%。

② 为了防止粉尘在风管内沉积，可燃性粉尘的除尘管道截面应采用圆形，尽量缩短水平风管的长度，减少弯头数量，管道上不应设置端头和袋状管，避免粉尘积聚；水平管道每隔6m设有清理口。管道接口处采用金属构件紧固并采用与管道横截面面积相等的过渡连接。

③ 为了在局部管道爆炸后能及时控制爆炸的进一步发展或防止爆炸引起冲击波外泄，造成扬尘，产生二次爆炸，管道架空敷设，不允许暗设和布置在地下、半地下建筑物中；管道长度每隔6m处，以及分支管道汇集到集中排风管道接口的集中排风管道上游的1m处，设置泄压面积和开启压力符合要求的径向控爆泄压口，各除尘支路与总回风管道连接处装设自动隔爆阀；若控爆泄压口设置在厂房建筑物内时，使用长度不超过6m的泄压导管通向室外。

（3）除尘器　除尘器中很容易形成高浓度粉尘云，例如在清扫袋式除尘器的布袋时，反吹动作足以引起高浓度粉尘云，如果遇到点火源，就会发生爆炸，并通过管道传播，会危及邻近的房间或与之连接的设备。因此除尘器一般设置在厂房建筑物外部和屋顶，同时与厂房外墙的距离大于10m，若距离厂房外墙小于规定距离，厂房外墙设非燃烧体防爆墙或在除尘器与厂房外墙之间设置有足够强度的非燃烧体防爆墙。若除尘器有连续清灰设备或定期清灰且其风量不超过15000m³/h、集尘斗的储尘量小于45kg的干式单机独立吸排风除尘器，可单台布置在厂房内的单独房间内，但采用耐火极限分别不低于3h的隔墙或1.5h的楼板与其他部位分隔。除尘器的箱体材质采用焊接钢材料，其强度应该能够承受收集粉尘发生爆炸无泄放时产生的最大爆炸压力。

为防止除尘器内部构件可燃性粉尘的积灰，所有梁、分隔板等处设置防尘板，防尘板斜度采取小于70°设置。灰斗的溜角大于70°，为防止因两斗壁间夹角太小而积灰，两相邻侧板焊上溜料板，以消除粉尘的沉积。

通常袋式除尘器是工艺系统的最后部分，含尘气体经过管道送入袋式除尘器被捕集形成粉尘层，并通过脉冲反吹清灰落入灰斗。在这些过程中，粉尘在袋式除尘器中的浓度很有可能达到爆炸下限。因此，要加强除尘系统通风量，特别是要及时清灰，使袋式除尘器和管道中的粉尘浓度低于危险范围的下限。

在袋式除尘器内点火源主要是普通引燃源、冲击或摩擦产生的火花、静电火花及外壳温度等几种。

① 普通引燃源。主要是外界的火源直接进入，特别是气割火焰和电焊火花。因为袋式除尘器一般为焊件，修理仪器时易产生气割火焰和电焊火花。企业应该加强安全管理，提高工人防爆意识，在进行仪器修理前及时清除修理部位周围的粉尘。

② 冲击或摩擦产生的火花。通常是由螺母或铁块等金属物件吸入袋式除尘器发生碰撞引起的火花，其消除方法主要是：在吸尘罩处设置适当的金属网、电磁除铁装置等，并且维修后及时取出落入管道中的金属物质，防止金属进入收尘管道和袋式除尘器中。其次，通风机最好布置在有洁净空气侧的袋式除尘器后面，防止金属异物与风机高速旋转叶片碰撞产生火花，并可防止易燃易爆粉尘与高速旋转叶片摩擦发热进而燃烧，最后管网内的风速要合理，过高的风速可使粉尘加速对管道的磨损，试验表明磨损率同风速成立方关系，会给除尘器内部带来更多的金属物质。

③ 静电火花。防止静电火花产生是预防粉尘爆炸的一个重要措施，可以将除尘系统的除尘器、管道、风机等设施连接起来作接地处理，也可采用防静电滤袋或将除尘器的滤袋用铁夹子夹牢后接地。

④ 外壳温度。保持除尘器外壳的温度不能过高，由于大量粉尘被外壳内壁吸附，外壳温度过高使粉尘表面受热，获得能量后易发生熔融和气化，会迸发出炽热微小质子颗粒或火花，形成粉尘的点火源。

对于金属粉尘，如铅、锌、氧化亚铁、锆等，在除尘系统的灰斗中堆积时发生缓慢氧化反应，塑料合成树脂、橡胶等仍保持着制品加工时的摩擦热，此时应采取连续排灰的方法，勿使灰斗内积存过多的粉尘，并要经常观察灰斗及袋室内的温度。企业安装温度传感器，以便随时控制装置内的温度，防止积蓄热诱发火灾引起爆炸。

隔爆装置可以采用紧急关断阀，它是由红外线火焰传感器快速启动气动式弹簧阀而实现的。能够触发安装在距离传感器足够远的紧急关断阀，防止火焰、爆炸波、爆炸物等向其他场所传播形成二次爆炸，从而将爆炸事故控制在特定区域内，避免事态恶化。

（4）风机和电动机　处理易燃、损耗大的粉尘时，这些机器原则上应安装在除尘装置的后边。因为粉尘造成的磨损、黏着、腐蚀等，可以使叶轮失掉平衡，发生强烈的振动和噪声并迅速导致事故发生。叶轮的破损不仅可能由机械事故造成，还可能是冲撞产生的火花造成的。另外，传送带移动时引起的摩擦热、电机的火花都是火源。

除尘系统的通风机叶片应采用导电、运行时不产生火花的材料制造，通风机及叶片应安装紧固、运转正常，不应产生碰撞、摩擦，无异常杂声。

（5）运行维护

① 企业生产之前至少提前10min启动除尘器，系统停机时应先停生产设备，至少10min后关掉除尘器并将滤袋清灰，将粉尘全部从灰斗内卸出。

② 除尘器启动后应定时检查，若有漏尘、漏风现象应立即停机处理。

③ 应定时检查清灰装置，若脉冲阀或反吹切换阀门出现故障应及时修理。

④ 检修除尘器时宜使用防爆工具，不应敲击除尘器各金属部件。

（6）其他　在爆炸、火灾可能发生的情况下，设备应与建筑物保持一定的安全距离，并用耐压结构的壁面将其围起来。在重要的场所设置爆炸通气口，防止易燃粉尘和气体大量泄漏，不能让粉尘在室内特别是房梁、架子上堆积，要经常打扫。根据防灾要求，不断完善防燃防爆措施。

第二章
重力和惯性除尘设备

机械式除尘器是利用质量力（重力、惯性力、离心力）为主要除尘机制的除尘设备。机械式除尘器包括重力除尘器、惯性除尘器和离心式除尘器，本章介绍重力除尘器和惯性除尘器。离心式除尘器放在第三章叙述。

第一节
重力除尘器分类和工作原理

重力除尘设备是粉尘颗粒在重力作用下而沉降被分离的除尘设备。利用重力除尘是一种最古老最简易的除尘方法。重力沉降除尘装置称为重力除尘器又称沉降室，其主要优点是：①结构简单，维护容易；②阻力低，一般约为 50～150Pa，主要是气体入口和出口的压力损失；③维护费用低，经久耐用；④可靠性优良，很少有故障。它的缺点是：①除尘效率低，一般只有 40%～50%，适于捕集大于 $50\mu m$ 粉尘粒子；②设备较庞大，适合处理中等气量的常温或高温气体，多作为多级除尘的预除尘使用。由于它的独特优点，所以在许多场合都有应用。当尘量很大或粒度很粗时，对串联使用的下一级除尘器会产生有害作用时，先用重力除尘器预先净化是特别有利的。

重力除尘设备种类很多而且形式差异较大，所以构造性能也有许多不同。是一种依靠重力作用使含尘气体中颗粒物自然沉降达到除尘目的的设备。

一、重力除尘器的分类

依据气流方向、内部的挡板、隔板不同，可分为以下几种重力除尘器。

1. 按气流方向不同分类

重力除尘器依据气流方向不同分成以下两类。

（1）水平气流重力除尘器　水平气流除尘器又称沉降室，如图 2-1 所示。当含尘气体从管道进入后，由于截面的扩大，气体的流速就减慢，在流速减慢的一段时间内，尘粒从气流中沉降下来并进入灰斗，净化气体就从除尘器另一端排出。

（2）垂直气流重力除尘器　垂直气流重力除尘器见图 2-2。工作时，当含尘气体从管道进入除尘器后，由于截面扩大降低了气流速度。沉降速度大于气流速度的尘粒就沉降下来。垂直气流重力除尘器按进气位置又分为上升气流式和下降气流式，分别见图 2-2(a)、(b)。

2. 按内部有无挡板分类

按重力除尘器内部构造可以分为有挡板式重力除尘器和无挡板式重力除尘器两类，有挡板式

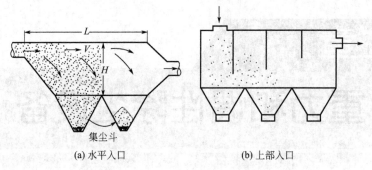

(a) 水平入口　　　　　　(b) 上部入口

图 2-1　矩形截面水平气流除尘器

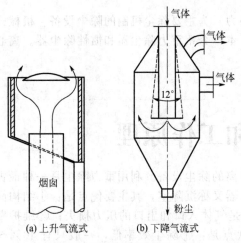

(a) 上升气流式　　(b) 下降气流式

图 2-2　垂直气流重力除尘器

还可分为垂直挡板和人字形挡板两种。

（1）无挡板重力除尘器　如图 2-3 所示，在除尘器内部不设挡板的重力除尘器构造简单，便于维护管理，但体积偏大，除尘效率略低。

（2）有挡板重力除尘器　如图 2-4 所示。有挡板的重力除尘器有两种挡板：一种是垂直挡板，垂直挡板的数量为 1～4；另一种是人字形挡板，一般只设 1 个。由于挡板的作用，可以提高除尘效率，但阻力相应增大。

3. 按有无隔板分类

按重力除尘器内部有无隔板可分为有隔板重力除尘器和无隔板重力除尘器，有隔板除尘器又分为水平隔板重力除尘器和斜隔板重力除尘器。

（1）无隔板除尘器　如图 2-1 所示。

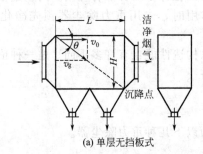

(a) 单层无挡板式

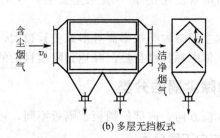

(b) 多层无挡板式

图 2-3　无挡板重力除尘器

v_0—基本流速；v_g—沉降速度；L—长度；H—高度

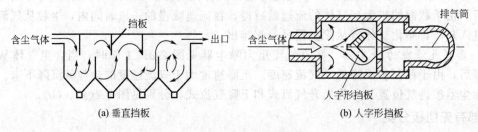

(a) 垂直挡板　　　　　　　　　　　　(b) 人字形挡板

图 2-4　有挡板重力除尘器

（2）隔板式多层重力除尘器　图 2-5 是水平隔板式多层除尘器，即霍华德（Howard）多层沉尘室。图 2-6 是斜隔板多层除尘器，斜隔板有利于烟尘排出。

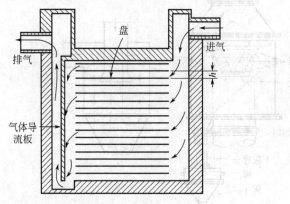

图 2-5　水平隔板式多层重力除尘器

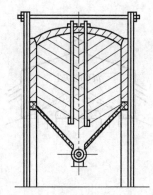

图 2-6　斜隔板多层重力除尘器

二、重力除尘器的构造

1. 水平气流重力除尘器

如图 2-3 和图 2-4 所示，水平气流重力除尘器主要由室体、进气口、出气口和灰斗组成。含尘气体在室体内缓慢流动，尘粒借助自身重力作用被分离而捕集起来。

为了提高除尘效率，有的在除尘器中加装一些垂直挡板，见图 2-4(a)。其目的，一方面是为了改变气流运动方向，这是由于粉尘颗粒惯性较大，不能随同气体一起改变方向，撞到挡板上，失去继续飞扬的动能，沉降到下面的集灰斗中；另一方面是为了延长粉尘的通行路程使它在重力作用下逐渐沉降下来。有的采用百叶窗形式代替挡板，效果更好。有的还将垂直挡板改为人字形挡板如图 2-4(b) 所示，其目的是使气体产生一些小股涡旋，尘粒受到离心作用，与气体分开，并碰到室壁上和挡板上，使之沉降下来。对装有挡板的重力除尘器，气流速度可以提高到 6～8m/s。多段除尘器设有多个室段，这样相对地降低了尘粒的沉降高度。

2. 垂直气流重力除尘器构造

垂直气流重力除尘器有两种结构形式：一种是入口含尘气流流动方向与粉尘粒子重力沉降方向相反，如图 2-7(a)、(b) 所示；另一种是入口含尘气流流动方向与粉尘粒子重力沉降方向相同，如图 2-7(c) 所示。由于粒子沉降与气流方向相同，所以这种重力除尘器粉尘沉降过程快，分离容易。

垂直气流除尘器实质上是一种风力分选器，可以除去沉降速度大于气流上升速度的粒子。气流进入除尘器后，气流因转变方向，大粒子沉降在斜底的周围，顺顶管落下。

在一般情况下，这类除尘器流速为 1.5～2m/s 时，可以除去 200～400μm 的尘粒。

图 2-7(a) 是一种有多个入口的简单除尘器，尘粒扩散沉降在入口的周围并定期停止排尘设备运转以清除积尘。

图 2-7(c) 是一种常用的气流方向与粉尘沉降方向相反的重力除尘器。这种重力除尘器与惯性除尘器的区别在于前者不设气流叶片，除尘作用力主要是重力。

3. 结构改进

针对工业上重力除尘器存在结构单一、进口位置不够合理、粉尘颗粒不能有效地沉降等问题，根据除尘机理，对重力除尘器进行了改进，提出了把垂直气流重力除尘器由传统中心进气变为锥顶进气、加旋流板、加挡板的方法。

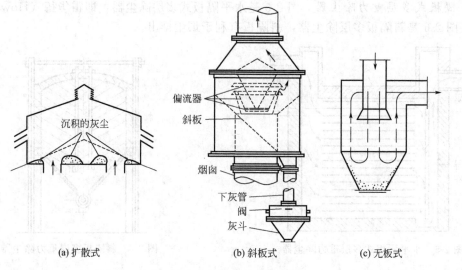

图 2-7　垂直气流重力除尘器

（1）由传统的中心进气变为锥顶进气　图 2-8 为改造后的锥顶进气重力除尘器。此除尘器多了两个"牛角"管，进气口设在两个"牛角"管的胶合处，而出气口设在除尘器的中心。由于进气方式的改变，含尘气体在除尘器内部产生旋流，很好地结合了旋风除尘的除尘方法，使除尘率提高。

（2）加旋流板　在图 2-8 的锥顶进气重力除尘器两个进气口末端分别加两个具有一定角度的旋流板，使气流刚刚进入除尘器主体就紧贴着除尘器器壁旋转下滑，直至运动到除尘器底部。这种气流流动方式更好地应用了旋风除尘的除尘方法。粉尘颗粒紧贴除尘器外壁作旋转下滑运动，增加了其与除尘器器壁的接触距离，有效地降低了尘粒所具有的能量，低能量的尘粒被捕集的机会大大提高。

（3）加挡板　在各种除尘器底部加 45°倒圆台形挡板，如图 2-9 所示。挡板的加入改变了含尘气体在除尘器底部的流动状态，有效阻止已经沉积下来的尘粒被气流卷出除尘器外，降低了沉降尘卷起率，从而增加了除尘器的除尘效率。

图 2-8　锥顶进气重力除尘器

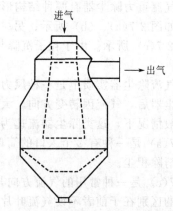

图 2-9　中心进气加挡板重力除尘器

三、重力除尘器的工作原理

重力沉降是最简单的分离颗粒物的方式，颗粒物的粒径和密度越大，越容易沉降分离。

1. 粉尘的重力沉降

当气体由进风管进入重力除尘器时，由于气体流动通道断面积突然增大，气体流速迅速下降，粉尘便借本身重力作用，逐渐沉落，最后落入下面的集灰斗中，经输送机械送出。

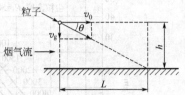

图 2-10 为含尘气体在水平流动时，直径为 d 的粒子的理想重力沉降过程示意。

由重力而产生的粒子沉降力 F_g 可用式（2-1）表示。

$$F_g = \frac{\pi}{6} d^3 (\rho_D - \rho_a) g \tag{2-1}$$

图 2-10　含尘气体在水平流动中
粒子的重力沉降过程示意

式中，F_g 为粒子沉降力，kg·m/s；d 为粒子直径，m；ρ_D 为粒子密度，kg/m³；ρ_a 为气体密度，kg/m³；g 为重力加速度，m/s²。

假设粒子为球形，粒径在 $3 \sim 100 \mu m$，且符合斯托克斯定律的范围内，则粒子从气体中分离时受到的气体黏性阻力 F 为

$$F = 3\pi\mu d v_g \tag{2-2}$$

式中，F 为气体阻力，Pa；μ 为气体黏度，Pa·s；d 为粒子直径，m；v_g 为粒子分离速度，m/s。

含尘气体中的粒子能否分离取决于粒子的沉降力和气体阻力的关系，即 $F_g = F_0$，由此得出粒子分离速度 v_g 为

$$v_g = \frac{d^2 (\rho_D - \rho_a) g}{18\mu} \tag{2-3}$$

当尘粒在空气中沉降时，因 $\rho_c \gg \rho$ 式（2-3）可简化为

$$v_g = \frac{g \rho_c d_c^2}{18\mu} \tag{2-4}$$

如果尘粒以速度 v_g 沉降时，遇到垂直向上的速度为 v_w 的均匀气流，当 $v_w = v_g$ 时，尘粒将会处于悬浮状态，这时的气流速度 v_w 称为悬浮速度。对某一尘粒来说，其沉降速度与悬浮速度两者的数值相等，但意义不同。前者是指尘粒下落时所能达到的最大速度，而后者是指上升气流能使尘粒悬浮所需的最小速度。如果上升气流速度大于尘粒的悬浮速度，尘粒必然上升；反之，则必定下降。

此式称斯托克斯式。由式可以看出，粉尘粒子的沉降速度与粒子直径、尘粒体积质量及气体介质的性质有关。当某一种尘粒在某一种气体中，处在重力作用下，尘粒的沉降速度 v_g 与尘粒直径平方成正比。所以粒径越大，沉降速度越大，越容易分离；反之，尘粒越小，沉降速度变得很小，以致没有分离的可能。层流空气中球形尘粒的重力自然沉降速度见图 2-11。利用图 2-11 能简便地查到球形尘粒的沉降速度，可满足工程计算的精度要求。例如确定直径为 $10\mu m$、密度为 $5000 kg/m^3$ 的球形尘粒在 100℃ 的空气中沉降速度。利用图 2-11 从相应 $d = 10\mu m$ 的点引一水平线与 $\rho_1 = 5000 kg/m^3$ 的线相交，从交点做垂直线与 $t = 100℃$ 的线相交，又从这个交点引水平线至速度坐标上，即可求得沉降速度 $v_g = 0.0125 m/s$。图 2-11 上粗实线箭头所示为已知空气温度、尘粒密度和沉降速度求尘粒直径的过程。

在图 2-10 中，设烟气的水平流速为 v_0，尘粒 d 从 h 开始沉降，那么尘粒落到水平距离 L 的位置时，其 $\dfrac{v_g}{v_0}$ 关系式为

$$\tan\theta = \frac{v_g}{v_0} = \frac{d^2 (\rho_D - \rho_a) g}{18\mu v_0} = \frac{h}{L} \tag{2-5}$$

由式（2-5）看出，当除尘器内被处理的气体速度越低，除尘器的纵向深度越大，沉降高度越

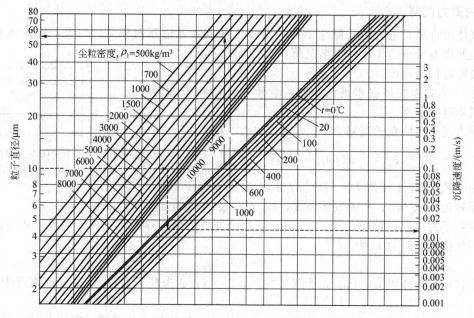

图 2-11　层流空气中球形尘粒的重力自然沉降速度（适用于 $d<100\mu m$ 的尘粒）

低，就越容易捕集细小的粉尘。

2. 影响重力沉降的因素

粉尘颗粒物的自由沉降主要取决于粒子的密度。如果粒子密度比周围气体介质大，气体介质中的粒子在重力作用下便沉降；反之，粒子则上升。此外影响粒子沉降的因素还有：①颗粒物的粒径，越径越大越容易沉降；②粒子形状，圆形粒子最容易沉降；③粒子运动的方向性；④介质黏度，气体黏度大时不容易沉降；⑤与重力无关的影响因素，如粒子变形、在高浓度下粒子的互相干扰、对流以及除尘器密封状况等。

（1）颗粒物密度的影响　在任何情况下，悬浮状态的粒子都受重力以及介质浮力的影响。如前所述，斯托克斯假设连续介质和层流的粒子在运动的条件下，仅受黏性阻力的作用。因此，他的方程式只适用于雷诺数 $Re=\dfrac{dv\rho_a}{\mu}<0.10$ 的流动情况。在上述假设条件下，阻力系数 C_D 为 $\dfrac{24}{Re}$，而阻力可用下式表示：

$$F=\frac{\pi d^2 \rho_a v_r^2 C_D}{8} \tag{2-6}$$

式中，v_r 为相对于介质运动的恒速。

（2）颗粒物粒径的影响　对极小的粒子而言，其大小相当于周围气体分子，并且在这些分子和粒子之间可能发生滑动，因此必须应用对斯托克斯式进行修正的坎宁哈姆修正系数，实际上，已不存在连续的介质，而且对亚微细粒也不能做这样假设。为此，需按下列公式对沉降速度进行修正。

$$v_{ct}=v_t\Big(1+\frac{2A\lambda}{d}\Big) \tag{2-7}$$

式中，v_{ct} 为修正后的沉降速度；v_t 为粒子的自由沉降速度；A 为常数，在一个大气压、温度为20℃时，$A=0.9$；λ 为分子自由程，m；d 为粒径，m。

密度为 $1\sim 3g/cm^3$ 粉尘物粒径与沉降速度的关系可以由图 2-12 查得。

（3）颗粒形状的影响　虽然斯托克斯式在理论上适用于任何粒子，但实际上是适用于小的固体球形粒子，并不一定适用于其他形状的粒子。

因粒子形状不同，阻力计算式应考虑形状系数 S。

$$C_D = \frac{24}{SRe_p} \tag{2-8}$$

S 等于任何形状粒子的自由沉降速度 v_t 与球形粒子的自由沉降速度 v_{st} 之比，即

$$S = \frac{v_t}{v_{st}} \tag{2-9}$$

单个粒子趋于形成粒子聚集体，并最终因重量不断增加而沉降。但粒子聚集体在所有情况下总是比单个粒子沉降得快，这是因为作用力不仅是重力。如果不知道密度和形状的话，可以根据聚集体的大小和聚集速率来确定聚集体的沉降速率，即聚集体成长得越大，沉降得也越快。

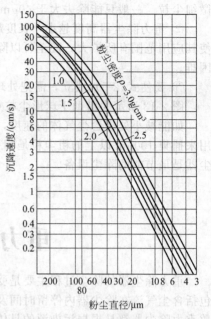

图 2-12　粉尘粒径与沉降速度的关系

（4）除尘器壁面的影响　斯托克斯式忽视了器壁对粒子沉降的影响。粒子紧贴界壁，干扰粒子的正常流型，从而使沉降速率降低。球形速度降低的表达式为

$$\frac{v_t}{v_t^{\infty}} = \left[1 - \left(\frac{d}{D}\right)^2 \right] \left[1 - \frac{1}{2}\left(\frac{d}{D}\right)^2 \right]^{1/2} \tag{2-10}$$

式中，v_t 为粒子的沉降速度，m/s；v_t^{∞} 为在无限降落时的粒子沉降速度，m/s；d 为粒径，m；D 为容器直径，m。

上述表明，在圆筒体内降落的球体的速度下降。此外，如边界层形成和容器形状改变等因素也能引起粒子运动的变化，但容器的这种影响一般可以忽略不计的。

（5）粒子相互作用的影响　一个降落的粒子在沉降时受到各种作用，它的运动大大受到相邻粒子存在的影响。气体中含高粒子浓度则将大大影响单个粒子间的作用。一个粒子对周围介质产生阻力，因而也对介质中的其他粒子产生阻力。当在介质中均匀分布的粒子通过由气体分子组成的介质沉降时，介质的分子必须绕过每个粒子。当粒子间距很小时，如在高浓度的情况下，每个粒子沉降时将克服一个附加的向上的力，此力使粒子沉降速度降低，而降低的程度取决于粒子的浓度。此外，沉降过程还受高粒子浓度的影响，其表现形式是粒子相互碰撞及聚集速率可能增加，使沉降速度偏离斯托克斯式。在极高的粒子浓度下，粒子可以互相接触，但不形成聚集体，从而产生了运动的流动性。因此，要考虑粒子的相互作用。此外，由不同大小粒子组成的粒子群或多分散气溶胶的沉降速率较单分散气溶胶更为复杂。在多分散系中，粒子将以不同的速率沉降。

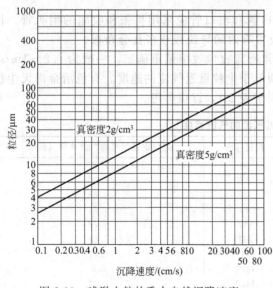

图 2-13　球形尘粒的重力自然沉降速度

综上所述，可以对重力除尘器性能做以下判断。

① 重力除尘器内气体速度越小，越能捕集

微细尘粒。一般只能除去大于 $40\mu m$ 尘粒。

② 重力除尘器高度越小，长度越大，除尘效率越高。除尘器中多层隔板重力除尘器的采用，使其应用范围有所扩大，甚至可以除去 $10\mu m$ 尘粒，但隔板间积灰难以清除，从而造成维护上的困难。

③ 要使式（2-5）成立，需把处理气体整流成均匀气流。

图 2-13 所示为借助于球形尘粒重力的自然沉降速度。

如能减小处理含尘气体的速度，就能捕集微细的尘粒，但由于不经济，实际上重力除尘装置用来捕集 $100\mu m$ 以上的粗尘粒是相当容易的。其压力损失大致为 $50\sim100Pa$。从阻力看重力除尘器是最节能的除尘设备。

第二节
重力除尘器设计计算

重力除尘器的除尘过程主要是受重力的作用。除尘器内气流运动比较简单，除尘器设计计算包括含尘气流在除尘器内停留时间及除尘器的具体尺寸。由于重力除尘器定型设计较少，所以多数重力除尘器都是根据污染源的具体情况设计的。

一、重力除尘器设计要求

① 设计的重力除尘器在具体应用时往往有许多情况和理想的条件不符。例如，气流速度分布不均匀，气流是紊流，涡流未能完全避免，在粒子浓度大时沉降会受阻碍等。为了使气流均匀分布，可采取安装逐渐扩散的入口、导流叶片等措施。为了使除尘器的设计可靠，也有人提出把计算出来的末端速度减半使用。

② 除尘器内气流应呈层流（$Re<2000$）状态，因为紊流会使已降落的粉尘二次飞扬，破坏沉降作用，除尘器的进风管应通过平滑的渐扩管与之相连。如受位置限制，应装设导流板，以保证气流均匀分布。如条件允许，把进风管装在降尘室上部会收到意想不到的效果。

③ 保证尘粒有足够的沉降时间。即在含尘气流流经整个室长的这段时间内，保证尘粒由上部降落到底部。

④ 要使烟气在沉尘室内分布均匀。沉尘室进口管和出口管应采用扩张和收缩的喇叭管。扩张角一般取 $30°\sim60°$，如果空间位置受限制，应设置有效的导流板或多孔分布板。

⑤ 沉尘室内烟气流速须根据烟尘的沉降速度和所需收尘效率慎重确定，一般为 $0.2\sim1m/s$。选择太小会使沉尘室截面积过大，不经济；但必须低于尘粒重返气流的速度。有色冶金尚无尘粒重返气流的速度数据，仅将其他烟尘的实验数据列于表 2-1，以供参考。

表 2-1　某些尘粒重返气流的气流速度

物料名称	密度/(kg/m³)	粒径/μm	尘粒重返气流的气流速度/(m/s)
淀粉	1277	64	1.77
木屑	1180	1370	3.96
铝屑	2720	335	4.33
铁屑	6850	96	4.64
有色金属铸造粉尘	3020	117	5.72
石棉	2200	261	5.81
石灰石	2780	71	6.41
锯末		1400	6.8
氧化铝	8260	14.7	7.12

⑥ 所有排灰口和门、孔都须切实密闭，沉尘室才能发挥应有的作用。

⑦ 沉尘室的结构强度和刚度，按有关规范设计计算。

二、重力除尘器主要几何尺寸及沉降效率

重力除尘器（水平式单层除尘器）主要几何尺寸见图 2-14。

进入除尘器的尘粒，随着烟气以横断面流速 $v(\text{m/s})$ 水平向前运动，另外在重力作用下，以其沉降速度 $v_s(\text{m/s})$ 向下沉降。因此尘粒的实际运动速度和轨迹便是烟气流速 v 和尘粒沉降速度 v_s 的矢量和。

从理论上分析，沉降速度 $v_s \geqslant \dfrac{Hv}{L}$ 的尘粒都能在除尘器内沉降下来。各种粒级尘粒的分级收尘效率按下式计算：

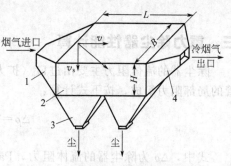

$$\eta_i = \frac{Lv_{si}}{Hv} \times 100\% \qquad (2\text{-}11)$$

图 2-14 重力除尘器主要几何尺寸
1—进口管；2—沉降室；3—灰斗；4—出口管

式中，η_i 为某种粒级尘粒的分级收尘效率，%；H、L 为除尘器高度、长度，m；v 为烟气流速，m/s；v_{si} 为某种粒级尘粒的沉降速度，m/s。

由于除尘器中的流体流动状态主要属层流状态，式(2-11) 可改写为：

$$\eta_i = \frac{\rho_1 d_i^2 gL}{18\mu vH} \times 100\% \qquad (2\text{-}12)$$

对于粗颗粒尘，计算得到 $\eta_i > 100\%$ 时，表明这种颗粒的烟尘在除尘器内可以全部沉降下来，此时的烟尘直径即为除尘器能够完全沉降下来的最小尘粒直径 d_{min} 按下式计算：

$$d_{min} = \sqrt{\frac{18\mu vH}{g\rho_1 L}} \qquad (2\text{-}13)$$

多层重力除尘器的分级除尘效率按下式计算：

$$\eta_{in} = \frac{Lv_{si}}{Hv}(n+1) \times 100\% \qquad (2\text{-}14)$$

式中，η_{in} 为多层除尘器的某种粒级的分级收尘效率，%；v_{si} 为某种粒级尘粒的沉降速度，m/s；n 为隔板层数，无量纲。

多层重力除尘器能够沉积尘粒的最小粒径按下式计算：

$$d_{min} = \sqrt{\frac{18\mu vH}{\rho_1 gL(n+1)}} \qquad (2\text{-}15)$$

除尘器增加隔板，减小了尘粒沉降高度，增加了单位体积烟气的沉降底面积，因而有更高的收尘效率。但其结构复杂，造价增高，排出粉尘困难，使其应用受到限制。

除尘器横截面有效面积 F 按下式计算：

$$F = \frac{Q_1}{v} \qquad (2\text{-}16)$$

式中，Q_1 为除尘器处理的操作状态烟气量，m^3/s。

除尘器的高宽比一般为 $0.25 \sim 1$，$F < 20\text{m}^2$ 时选小值，$F > 50\text{m}^2$ 时选大值。

除尘器的处理烟气按式(2-17) 或式(2-18) 计算。

$$Q_1 = Fv = BHv = BH\frac{L}{T} \qquad (2\text{-}17)$$

$$Q_1 = BHL\frac{v_s}{H} = BLv_s = F_0 v_s \qquad (2\text{-}18)$$

式中，F_0 为除尘器的底面积，m^2，$F_0 = BL$；T 为烟气通过除尘器所需的时间，s。

式(2-17) 显示，除尘器的处理能力与其底面积和尘粒的沉降速度有关。因此，当要增加除尘器的处理量时，只需增大除尘器的底面积，而不需增加其高度。

为了使尘粒能在除尘器内沉降下来，烟气通过沉尘室的时间（$t = Lv^{-1}$）必须大于烟尘降至室底所需时间（$t_s = Hv_s^{-1}$），沉尘室长度按下式计算：

$$L \geqslant vHv_s^{-1} \tag{2-19}$$

三、重力除尘器性能计算

除尘器的流体阻力主要由进口（扩大）管的局部阻力、除尘器内的摩擦阻力及出口（缩小）管的局部阻力组成，按下式计算：

$$\Delta \rho = \frac{\rho^2 v^2}{2}\left(\frac{L}{R_n}f + K_i + K_e\right) \tag{2-20}$$

式中，$\Delta \rho$ 为除尘器的流体阻力，Pa；R_n 为除尘器的水力半径，$R_n = \dfrac{BH}{2(B+H)}$，m；f 为除尘器的气流摩擦系数，无量纲；K_i 为进口管局部阻力系数，无量纲，$K_i = \left(\dfrac{BH}{F_i} - 1\right)^2 \leqslant \dfrac{BH}{F_i}$，$F_i$ 为除尘器进口截面积，m^2；K_e 为出口管局部阻力系数，无量纲，$K_e = 0.45\left(1 - \dfrac{F_e}{BH}\right) \leqslant$ 0.45，F_e 为除尘器出口截面积，m^2。

当除尘器内气流为素流状态（$4 \times 10^5 \leqslant Re \leqslant 2 \times 10^6$）时，$f = 0.00135 + 0.0099Re^{-0.3} \leqslant$ 0.01 除尘器的最大阻力可按下式计算：

$$\Delta \rho_{max} = \frac{\rho_2 v^2}{2}\left[\frac{0.02L(B+H)}{BH} + \frac{BH}{F_i} + 0.45\right] \tag{2-21}$$

【例 2-1】 设置一台重力除尘器，宽 7.5m，高 1.8m，长 27m，以除去空气流中所含的石灰石粉尘，石灰石粉尘密度 2670kg/m³，入口含尘量 600g/m³，气体流量 1500m³/h，石灰石粉尘的粒径分布如下：

粒径 $d/\mu m$	0~5	5~20	20~50	50~100	100~500	+500
质量分布率/%	2	6	17	28	36	11

试计算每一级粒径范围的平均分级除尘效率、总除尘效率、出口含尘浓度、每天的收尘量、每天排放的粉尘量。

解： 首先确定完全沉降的最小粉尘粒径 d_{min}，按式(2-13) 计算：

$$d_{min} = \sqrt{\frac{18\mu vH}{gf_1 L}} = \sqrt{\frac{18\mu Q}{g\rho_1 BL}} = \sqrt{\frac{18 \times 1.96 \times 10^{-5} \times \dfrac{1500}{3600}}{9.81 \times 2670 \times 7.5 \times 27}} = 5.26\mu m$$

即大于 $5.26\mu m$ 的粉尘的除尘效率均为 100%。因此仅需计算平均粒径为 $2.5\mu m$ 的颗粒。其沉降速度按式(2-4) 计算，代入有关数据，得：

$$v_s = \frac{d^2\rho_1 g}{18\mu} = \frac{(2.5 \times 10^{-6})^2 \times 2670 \times 9.80}{18 \times 1.96 \times 10^{-5}} = 0.000464\text{m/s}$$

平均粒径为 $2.5\mu m$ 的颗粒的分级除尘效率按式(2-11) 计算，代入有关数据，得：

$$\eta_i = \frac{Lv_{si}}{Hv} \times 100\% = \frac{27 \times 0.000464}{1.8 \times \dfrac{1500}{3600 \times 7.5 \times 1.8}} \times 100\% = 22.55\%$$

上述计算结果列表 2-2。

表 2-2 例 2-1 计算结果

粒径范围/μm	平均粒径/μm	分布率/%	分级效率/%	粒径范围/μm	平均粒径/μm	分布率/%	分级效率/%
0～5	2.5	2	22.5	50～100	75.0	28	100.0
5～20	12.5	6	100.0	100～500	300.0	36	100.0
20～50	35.0	17	100.0	+500	500.0	11	100.0

总除尘效率为：

$$\eta = \sum W_i \eta = (0.02 \times 22.55 + 0.98 \times 100)\% = 98.451\%$$

设备出口含尘浓度 $(1 - 0.98451) \times 600 = 9.294 \text{g/m}^3$

每天的收尘量 $\dfrac{0.98451 \times 1500 \times 600 \times 24}{1000} = 21.265 \text{kg/d}$

除尘器日排放尘量 $\dfrac{(1 - 0.98451) \times 1500 \times 600 \times 24}{1000} = 334 \text{kg/d}$

四、垂直气流重力除尘器设计

设计重力除尘器（图 2-15）的关键是确定其主要尺寸——圆筒部分直径和高度，圆筒部分直径必须保证烟气在除尘器内流速不超过 0.6～1.0m/s，圆筒部分高度应保证烟气停留时间达到 10～15s。可按经验直接确定，也可按下式计算：

重力除尘器圆筒部分直径 D（m）：

$$D = 1.13\sqrt{\frac{Q}{v}} \qquad (2\text{-}22)$$

式中，Q 为烟气流量，m^3/s；v 为烟气在圆筒内的速度，m/s，约 0.6～1.0m/s，高压操作取高值。

除尘器圆筒部分高度 H（m）：

$$H = \frac{Qt}{F} \qquad (2\text{-}23)$$

式中，t 为烟气在圆筒部分停留时间，s，一般 12～15s；大除尘器取低值；F 为除尘器截面积，m^2。

计算出圆筒部分直径和高度后，再校核其高径比 H/D，其值一般在 1.00～1.50 之间，大除尘器取低值。

除尘器中心导入管可以是直圆筒状，也可以做成喇叭状，中心导入管以下高度取决于贮灰体积。一般应满足 3d 的贮灰量。除尘器内的灰尘颗粒干燥而且细小，排灰时极易飞扬，严重影响劳动条件并污染周围环境，目前多采用螺旋清灰器排灰，改善了清灰条件。

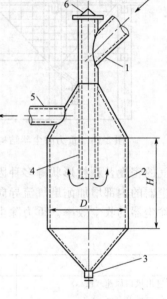

图 2-15 重力除尘器
1—煤气下降管；2—除尘器；
3—清灰口；4—中心导入管；
5—排气管；6—安全阀

通常，重力除尘器可以除去粒度大于 30μm 的灰尘颗粒，除尘效率可达到 80%，出口气体含尘可降到 2～10g/m³，阻力损失较小，一般为 50～200Pa。

【例 2-2】 重力除尘器在水泥厂的应用与设计

水泥熟料在生产过程中产生大量 350℃ 左右的废气，这些废气余热可通过余热锅炉回收和利用。但这些废气处于高负压状态，其中窑尾废气的负压甚至达到 −6000～−5000Pa，且废气中含有大量的粉尘，其对余热锅炉的影响非常严重。轻者锅炉受热面积灰、排烟温度升高，影响余热锅炉的换热效率；重者对余热锅炉受热面形成冲刷、磨损，甚至磨穿管子，造成锅炉停产等生产事故；另外，大量积灰的塌落可导致高温风机跳闸，从而会影响整个熟料烧成系统的生产。

（1）重力除尘器选型　根据 AQC 锅炉的烟气性质和特点，为降低微粒对管束的磨损和提高 AQC 锅炉的使用寿命，在烟气进入余热锅炉之前采用重力除尘方式。重力除尘是利用烟气的流速降低，使烟气中的较大颗粒灰尘自然沉降下来，主要适用于灰尘颗粒大的烟气。一般重力式除尘器可除去 $100\mu m$ 以上尘粒，旋风除尘器可除去 $20\sim30\mu m$ 以上的尘粒，$20\mu m$ 以下的尘粒需要采用电除尘器。袋式除尘器等精除尘设备才能除去。而窑头废气的粉尘颗粒 70% 在 $88\mu mm$ 以上，所以比较适合采用垂直气流重力式除尘器。重力式除尘器工作时可使烟气中的灰尘沉降下来，然后通过输送机把收集的灰尘送到指定的地点。

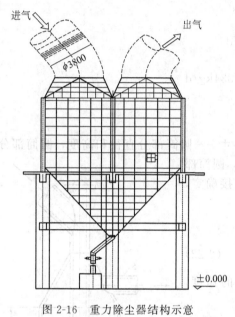

图 2-16　重力除尘器结构示意

（2）重力除尘器设计　重力除尘器设置在 AQC 余热锅炉前，内设置挡板；采用框架式护板结构，底部用柱和梁支撑，内打浇注料，外部加设保温材料，下部有灰斗及下灰装置，外形如图 2-16 所示。灰斗设有高、低两个料位测量装置，当灰位达到上限时，打开卸灰阀和星型输灰装置，将灰斗中的积灰排出；当灰位放灰至下限时，则关闭放灰闸阀和星型输灰装置，以减少冷风的渗入。

含尘气体以一定的速度经连接烟道引入重力除尘器后，因流通截面积的扩大，速度由 14m/s 减慢为约 7.5m/s，气体中的尘粒一方面随着气流沿水平方向运动，另一方面在重力的作用下以一定的沉降速度垂直向下运动。当含尘气体在重力除尘器内的通过时间大于尘粒本身的沉降速度下降所需的时间时，尘粒即被分离出来。重力除尘器的除尘效率＞60%，引起的阻力损失＜200Pa。

实际上颗粒在重力除尘器内的运动还受到气流、烟气的密度及颗粒形状等多种因素的影响，为了保证除尘器的除尘效率大于 50%，特别在重力除尘器的内部增加耐磨气流导向折流板，改变烟气流动方向，使粉尘直接碰撞后沉降，以提高重力除尘器的收尘效率。重力除尘器主要参数要求见表 2-3。

表 2-3　重力除尘器主要参数要求

项目	参数要求	项目	参数要求
进出风口风速/(m/s)	14	出口气体含尘浓度/(g/m³)	10
截面风速/(m/s)	2.2	入口气体温度/℃	350～450（短时最高 500）
截面面积/m²	70	阻力损失/Pa	＜200
入口气体含尘浓度/(g/m³)	30	除尘效率/%	＞60

通过重力除尘器后，烟气含尘浓度（折成标况）从约 30g/m³ 降低到约 10g/m³，然后进入余热锅炉，能满足生产要求。

第三节
不同形式重力除尘器

实际应用的重力除尘器比理论设计的重力除尘器应用得更多，本节介绍烟道式重力除尘器、隔板式重力除尘器、降尘管式重力除尘装置和立式重力除尘器。

一、烟道式重力除尘器

烟道式除尘器如图 2-17 所示。这种重力除尘器是烟道的一部分，具有输送烟气和除尘双重作用。当其烟道断面 a—a 未设斜板时，其降尘机理与图 2-14 水平沉降器完全相同，其降尘面积 $F=LB$。式中，L 为降尘烟道的有效长度，m；B 为降尘烟道的宽度，m。所以这样降尘烟道式重力除尘器的降尘效率很低。为提高降尘效率，根据重力除尘原理，可在烟道内增设斜板，如图 2-17 断面 b—b 所示。斜板的倾斜角一般为 55°~60°，有利自动排除沉积在斜板上的灰尘。烟道内增设斜板，其所增加的降尘面积 F' 为

$$F' = 2nLC_1\cos\theta + 2LC_2\cos\theta \tag{2-24}$$

$$C_1 = \frac{\frac{B}{2} - \delta_1}{\cos\theta}; \quad C_2 = \frac{\frac{B}{2} - \delta_2}{\cos\theta}$$

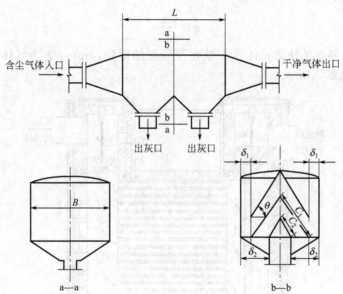

图 2-17 烟道式除尘器

若取 $\theta=60°$，则 $C_1=B-2\delta_1$，$C_2=B-2\delta_2$ 代入式(2-24) 得

$$F' = 2L[n(B-2\delta_1)+(B-2\delta_2)]\cos\theta \tag{2-25}$$

式中，n 为人字形斜板一侧的块数，块；L 为烟道的有效长度，m；B 为烟道的宽度，m；C_1 为人字形斜板一侧的实际宽度，m；C_2 为辅助斜板的实际宽度，m；θ 为斜板与水平线的夹角，一般取 45°~60°；δ_1、δ_2 为斜板底端至烟道壁的净距，m，一般 δ_1 取 0.1~0.15m，δ_2 根据实际情况决定。

所以，一般降尘烟道式重力除尘器的降尘效率 η_1 为

$$\eta_1 = \frac{Fv_1}{Q} = \frac{LB}{Q}v_s \tag{2-26}$$

式中，Q 为处理烟气量，m^3/h；v_s 为颗粒物沉降速度，m/s；其他符号意义同前。

降尘烟道除尘器内增设人字形斜板后，其降尘效率为

$$\eta_2 = \frac{F'}{Q}\omega_1 = \frac{2L[n(B-2\delta_1)+(B-2\delta_2)]\cos\theta}{Q}\omega_1 \tag{2-27}$$

根据环保要求的排放标准和烟尘的粒度质量分数（测尘仪实测），确定降尘效率后，便可计

算出所需要的降尘面积 F'，即可得出斜板的块数。然后根据烟道的实际高度，按等分确定斜板的间距。如果烟道较长，可将人字形斜板分段制作。

二、隔板式重力除尘器

1. 水平隔板式重力除尘器

水平隔板式重力除尘器如图 2-18 所示。在室内水平放置多块隔板 1，将气体分为若干层流动，两隔板间距一般为 40～100mm。需要净化的气体经阀 2 进入分配道 3，而后根据水平隔板 1 间的空间分开。当气体通过降尘室时，悬浮的固体质点即沉降于水平隔板上，经除尘后的气体即进入集聚道 4，然后入垂直气道 5，由此再经阀 6 即入排气管。已经沉积在水平隔板上的灰尘，用特制的耙子（经一定的时间）从除尘口 7 清除出去，再从出灰口 8 排出。重力除尘器和全部气道都用砖砌成。重力除尘器一般并联设置 2 个交替操作，即一个通气除尘的时候，则另一个停气除灰。它的除尘效率按式(2-28) 计算。

$$\eta = \frac{nA}{Q}v_s \tag{2-28}$$

式中，n 为水平隔板的块数；A 为一块水平隔板的面积，m^2；Q 为气体的流量，m^3/s；v_s 为尘粒的重力沉降速度，m/s。

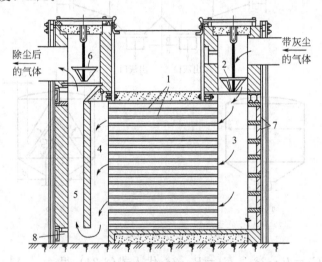

图 2-18 水平隔板式重力除尘器

1—隔板；2，6—调节闸阀；3—气体分配道；4—气体集聚道；5—气道；7—除尘口；8—出灰口

利用重力作用来净化气体是一种效率不高的方法，不能用于净化含微细尘灰的气体。因此，重力沉降除去气体中的粗尘粒，使以后的精除尘器易于操作。

2. 斜隔板重力除尘器

水平圆筒多层斜板重力除尘器如图 2-19 所示。筒内气体为平流方向，即气流从圆筒的一端入口与筒内斜板呈平流状态，于另一端出口。它的沉降效率 η 为

$$\eta = \frac{A_0}{Q}\omega_1 = \frac{A_1+A_2+A_3+\cdots+A_n}{Q}v_s \tag{2-29}$$

式中，A_0 为所需总沉降面积，m^2；A_1，A_2，A_3，$\cdots$，A_n 为每一块斜板的水平沉降面积，m^2；其他符号意义同前。

此外，L 为水平圆筒多层斜板重力除尘器的有效长度，m，l 为排灰孔直径，最大不超过 600mm。

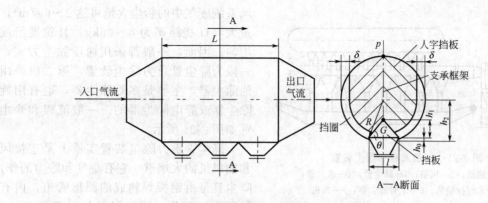

图 2-19 水平圆筒多层斜板重力沉降器

水平圆筒多层斜板重力除尘器的进出口端底部均设有挡板，圆筒的周边设有挡圈，如图2-17 A—A 断面所示。挡板上部焊接人字形斜板的支承框架。人字形斜板焊接在支承框架和挡圈上，这样可使斜板上下滑至排灰斗的灰尘不受气流的影响。

设计时根据灰尘的性质选定斜板倾角 θ，确定排灰孔径 l，这样可得最底部人字形斜板的交点 G。GP 之间的人字形斜板按等分布置，然后绘出最顶部的人字形斜板，取顶部和底部人字形斜板在水平面上的投影长度之和的 $1/2$，作为平均宽度。这样便可根据所需总沉降面积计算出人字形斜板的块数。计算人字形斜板在水平面上的投影长度比较繁杂，而按比例图实测比较方便，然后用试差法调整人字形斜板的块数及其相互的间距，以求达到等于或略大于所要求的总沉降面积。

3. 斜置形隔板除尘器

斜置正方形、矩形和圆形截面的多层重力除尘器如图 2-20 所示，其内部的沉降板按等间距布置。这几种重力分离器，可因地制宜地布置在斜管段上。它的任一类质点群的分离效率计算同上述多层沉降器。若对某种质点群需要 100% 的分离，则必须验算沉降板的长度与两相邻沉降板的间距关系。气流在斜置多层沉降器内与质点的运动方向有顺流或逆流两种方式，不论顺流和逆流哪种气流运动方式，都用式（2-11）和式（2-12）来确定沉降板的长度及其相邻间距的关系。

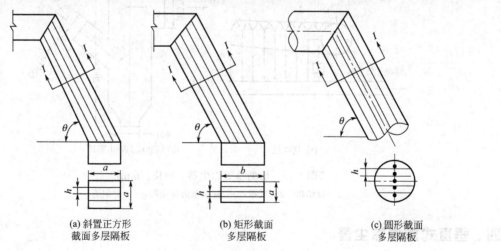

(a) 斜置正方形 　　　　(b) 矩形截面 　　　　(c) 圆形截面
截面多层隔板 　　　　　多层隔板 　　　　　　多层隔板

图 2-20 斜置形隔板除尘器

三、降尘管式重力除尘器

烧结厂是钢铁企业产生粉尘最多的地方。这些粉尘主要来自烧结中主烟道废气含尘。烧结抽

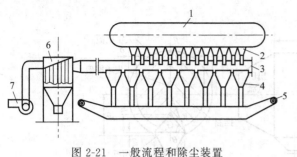

图 2-21　一般流程和除尘装置

1—烧结机；2—风箱；3—降尘管；4—水封管；

5—水封拉链机；6—多管除尘器；7—风机

风系统废气中的粉尘含量可达 $2\sim6g/m^3$，数量大（1t 烧结矿为 $8\sim36kg$）且粒度组成不均匀。因而，一般都采用两段除尘方式，第一段为降尘管重力除尘装置，第二段采用其他除尘器，主要是多管除尘器，也有用旋风除尘器或静电除尘器的。一般流程和除尘装置如图 2-21 所示。

降尘管重力除尘装置实质上是连接风箱和抽风机的大烟道。它有集气和除尘的作用。降尘管是由钢板焊制成的圆形管道，内有钢丝固定的耐热、耐磨保温材料充填的内衬，以防止灰尘磨损和废气降温过多。降尘管中的废气温度应保持在 $120\sim150℃$ 以防水汽冷凝而腐蚀管道。为了提高除尘效果，风箱的导风管从切线方向与之连接。

废气进入降尘管除尘装置流速降低，并且流动方向改变，大颗粒粉尘借重力和惯性的作用从废气中分离出来，进入集灰管中，再经水封拉链机放灰阀排走。粉尘在降尘管除尘装置中的沉降与粒度和密度有关。在密度相同的情况下，粉尘的颗粒越大沉降速度越快。粉尘颗粒粒度相同而密度不同时，密度大的颗粒沉降速度快，密度小的沉降慢。因此降尘管除尘效率与其截面积和废气流速有关，截面积大，流速低，降尘效率高。为此，要求把大烟道直径扩大，以降低气流速度，但直径过大不仅造价高，而且配置困难。有的大型烧结机便设置两根变径降尘管，机尾端管径小，机头端管径大，以使气流速度逐步降低，有利于除尘。一般情况下，大烟道截面积以能保持废气流速在 $9\sim12m/s$ 为宜。大烟道除尘效率通常为 50% 左右。在大烟道与二次除尘之间增设降尘管或靠近机头机尾的几个风箱与大烟道之间，增设辅助重力除尘器，都有良好的效果，图 2-22 为大烟道与第一号风箱之间辅助重力除尘装置，这种除尘设备除尘效率可达 80%。

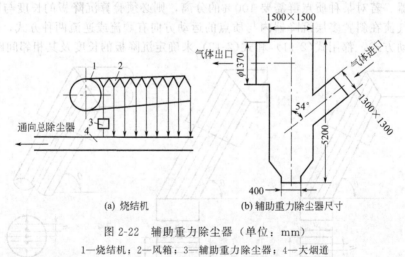

(a) 烧结机　　　　　(b) 辅助重力除尘器尺寸

图 2-22　辅助重力除尘器（单位：mm）

1—烧结机；2—风箱；3—辅助重力除尘器；4—大烟道

四、垂直式重力除尘器

高炉煤气除尘设备的第一级，不论高炉大小普遍采用垂直式重力除尘器。从高炉炉顶排出的高炉煤气含有较多的 CO、H_2 等可燃气体，可作为气体燃料使用。

高炉所使用的焦炭、重油的发热量中，约有 30% 转变成炉顶煤气的潜热，因此充分利用这些气体的潜热对于节省能源是非常重要的。但是，从高炉引出的炉顶煤气中含有大量灰尘，不能直接使用，必须经过除尘处理，因此应设置煤气除尘设备。

高炉煤气除尘设备一般采用下述流程：①高炉煤气→重力除尘器→文氏管洗涤器→静电除尘器；②高炉煤气→重力除尘器→一次文氏管洗涤器→二次文氏管洗涤器；③高炉煤气→重力除尘器→袋式除尘器。

图 2-23 示出了高炉煤气除尘湿法典型流程。

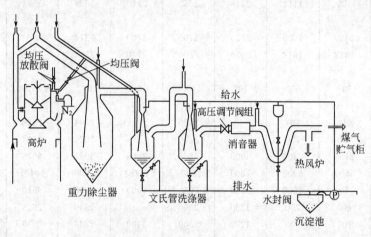

图 2-23 高炉煤气除尘湿法典型流程

1. 重力除尘器的布置及主要尺寸的确定

除尘器靠近高炉煤气设施布置在一列高炉旁布置时，一般布置在铁罐线的一侧，重力除尘器应采用高架式，清灰口以下的净空应能满足火车或汽车通过的要求。设计重力除尘器时可参考下列数据：①除尘器直径必须保证煤气在标准状况下的流速不超过 $0.6 \sim 1.0 \mathrm{m/s}$；②除尘器直筒部分的高度，要求能保证煤气停留时间不小于 $12 \sim 15 \mathrm{s}$；③除尘器下部圆锥面与水平面的夹角应做成 $> 50°$；④除尘器内喇叭口以下的积灰体积应能具有足够的富余量（一般应满足三天的积灰量）；⑤在确定粗煤气管道与除尘器直径时，应验算使煤气流速符合表 2-4 所列的流速范围；⑥下降管直径按在 $15℃$ 时煤气流速 $10 \mathrm{m/s}$ 以下设计；⑦除尘器内喇叭管垂直倾角 $5° \sim 6.5°$，下口直径按除尘器直径的 $0.55 \sim 0.7$ 设计，喇叭管上部直长度为管径的 4 倍。

表 2-4 重力除尘器及粗煤气管道中煤气流速范围

部 位	煤气流速/(m/s)	部 位	煤气流速/(m/s)
炉顶煤气出口处	3~4	下降总管	7~11
导出管和上升管	5~7	重力除尘器	0.6~1
下降管	6~9		

某些高炉重力除尘器及粗煤气管道尺寸见表 2-5。

表 2-5 某些高炉重力除尘器及粗煤气管道尺寸

尺寸代号	高炉有效容积/m³								
	50	100	255	620	1000	1513	2000	2025	2516
除尘器 D									
内径/mm	3500	4000	5882	7750	8000	10734	11754	11744	13000
外径/mm	3516	4016	5894	8000	8028	11012	12012	12032	13268

续表

尺寸代号	高炉有效容积/m³								
	50	100	255	620	1000	1513	2000	2025	2516
喇叭管直径 d									
内径/mm	960	1100	2000	2510	3200	3274	3400	3270	3274
外径/mm	976	1112	2016	2550	3240	3524	3524	3520	3500
喇叭管下口 e									
内径/mm	1300	1600	2920	3760	3700	3274	—	3270	3274
外径/mm	1312	1612	2936	3800	3740	3524	—	3520	3500
排灰口 f									
外径/mm	600	600	502	850	1385	967	内940×2	600	890
煤气出口 g									
内径/mm	614	704	2180			2274	2620	2450	3000
外径/mm	630	720	2200			2520	2644	2700	3226
h_5/mm	2155	2300	4000	4263	3958	5961	6576	6640	7300
h_6/mm	5600	6000	7000	10000	11484	12080	10451	13400	13860
h_7/mm	1500	1500	2380	5050	4000	5965	8610	8245	7596
h_8/mm	800	750	1250	2000		2986	2925	3960	2926
h_9/mm	700	600	1270	2500	3400	2339	2339	2330	1639
h_{10}/mm	2500	3000	4000	6000	10000	13594	13596	15500	—
h_{11}/mm	200	2000	2573	5000	0			15500	—
γ				65°4′	50°		50°		60°

  某些高炉重力除尘器及粗煤气系统见图 2-24。

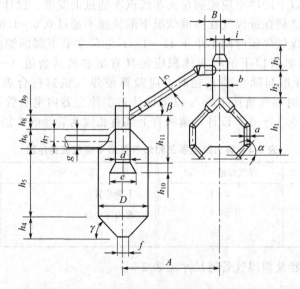

图 2-24　高炉重力除尘器及粗煤气系统示意

2. 重力除尘器结构与内衬

  大、中型高炉除尘器及粗煤气管内在易磨损处一般均衬铸钢衬板，其余部分砌黏土砖保护，砌砖时砌体厚度为113mm。为使砌砖牢固，每隔 1.5～2.0m 焊有托板。

  管道及除尘器外壳一般采用 Q235 镇静钢。小型高炉也可采用 Q235 沸腾钢。煤气管道及除尘器外壳厚度见表 2-6。

表 2-6 管道及除尘器外壳厚度

| 高炉有效容积 /m³ | 外壳厚度/mm | | | | | |
| | 除 尘 器 | | | | 粗煤气管道 | |
	直筒部分	拐角部分	上圆锥体	下圆锥体	导出管	上升和下降管
50	8	12	8	8	10	8
100	8	12	8	12	8	8
255	6	10	6	6	8	8
620	12	30	14	14	16	12
1000	14	30	20	14	10	10
1513	16	24、36	16	16	14	12

3. 重力除尘器荷载

（1）作用在除尘器平台上的均布荷载　见表 2-7。

（2）重力除尘器金属外壳的计算温度　重力除尘器金属壳体的计算温度，正常值为 80℃，附加值为 100℃。

（3）除尘器内的灰荷载　除尘器前和粗煤气管道布置若在前述角度和流速范围内时，一般可不考虑灰荷载。

表 2-7　平台上的均布荷载

| 平台梯子部位及名称 | 标准均匀布荷载/(kN/m²) | |
	正常 Z	附加 F
清灰阀平台	4	10
其他平台及走梯	2	4

除尘器内灰荷载可按下列情况考虑。

① 正常荷载 Z：按高炉一昼夜的煤气灰吹出量计算。

② 附加荷载 F：清灰制度不正常或除尘器内积灰未全部放净，荷载可按正常荷载的 2 倍计算。

③ 特殊荷载 T：按除尘器内最大可能积灰极限计算。煤气灰密度一般可按 $1.8 \sim 2.0 t/m^3$ 计算。

（4）除尘器内的气体荷载

① 正常荷载 Z：高压操作时，按设计采用的最高炉顶压力；常压操作时采用 $1 \sim 3 N/cm^2$。

② 附加荷载 F：按风机发挥最大能力时，可能达到的最高炉顶压力考虑。

③ 特殊荷载 T：按爆炸压力 $40 N/cm^2$ 及 $1 N/cm^2$ 负压考虑。

（5）其他荷载　包括机械设备的静荷载及动荷载，除尘器内衬的静荷载。

五、贮料仓（槽、罐）式重力除尘器

在筛分、破碎、碾磨、贮运等许多需要除尘的生产场所有料仓。如果把贮料仓与除尘系统结合起来，使贮料仓当作沉降室使用，其好处是：①节省单独设沉降室的费用；②便于回收有价值的物料；③贮料仓起到一体二用的效果。除了贮料仓以外生产系统的其他大容积设备，如斗式提升机等可以当作沉降室加以利用。

图 2-25 是同时利用贮料仓和提升机进行粉尘沉降的工程实例。在该除尘系统的大部分粉尘沉降在贮料仓和提升机里，到达袋式除尘器的粉尘大大减少。该系统投产十多年来运行良好。

应该注意的是不论是用沉降室作预除尘器还是用贮料仓作沉降室，都不能像计算单纯的沉降室那样有理想的尺寸和配置，而是因地制宜综合考虑，有必要时可在沉降室内加导流板或气流分配装置。

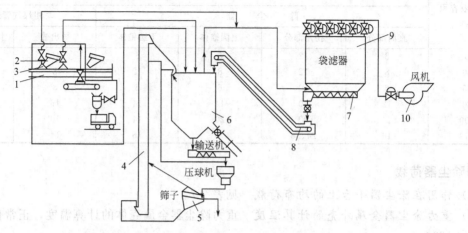

图 2-25 用贮料仓和提升斗式提升机作重力除尘器的除尘系统
1—皮带机；2—卸料口；3—吸尘罩；4—斗式提升机；5—振动筛；6—贮料仓；
7—螺旋输送机；8—刮板机；9—袋式除尘器；10—风机

第四节
惯性除尘器分类和工作原理

惯性除尘器是在挡板或叶片作用下使气流改变方向，粉尘由于惯性而从含尘气流中分离出来的除尘设备。惯性除尘器又称作挡板式除尘器或惰性除尘器。

在惯性除尘器内，主要是使气流急速转向，或冲击在挡板或叶片上再急速转向，其中颗粒由于惯性效应，其运动轨迹就与气流轨迹不一样，从而使两者获得分离。气流速度高，这种惯性效应就大，所以这类除尘器的体积可以大大减少，占地面积也小，没有活动部件，可用于高温高浓度粉尘场合，对细颗粒的分离效率比重力除尘器大为提高，可捕集到 $10\mu m$ 的颗粒。挡板式除尘器的阻力在 $600\sim1200Pa$ 之间。惯性除尘器的主要缺点是磨损严重，从而影响其性能。

一、惯性除尘器的分类

根据构造和工作原理，挡板式除尘器为两种形式，即碰撞式和回流式。

1. 碰撞式除尘器

碰撞式除尘器的结构形式如图 2-26 所示。这类除尘器的特点是用一个或几个挡板阻挡气流的前进，使气流中的尘粒分离出来。这种形式的挡板式除尘器阻力较低，效率不高。

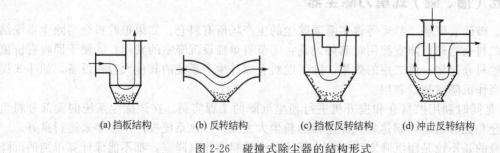

(a) 挡板结构　　　　(b) 反转结构　　　　(c) 挡板反转结构　　　　(d) 冲击反转结构

图 2-26 碰撞式除尘器的结构形式

2. 回流式除尘器

该除尘器特点是把进气流用挡板或叶片分割为小股气流，为使任意一股气流都有同样的较小回转半径及较大回转角，可以采用各种挡板或叶片结构，最典型的便是如图 2-27 所示的百叶挡板。

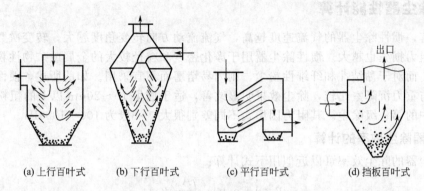

| (a) 上行百叶式 | (b) 下行百叶式 | (c) 平行百叶式 | (d) 挡板百叶式 |

图 2-27 回流式除尘器的结构示意

百叶挡板能提高气流急剧转折前的速度，可以有效地提高分离效率；但速度过高，会引起已捕集颗粒的二次飞扬，所以一般都选用 12～15m/s 左右。百叶挡板的尺寸对分离效率也有一定影响，一般采用挡板的长度为 20mm 左右，挡板与挡板之间的距离约为 3～6mm，挡板安装的斜角（与铅锤线间夹角）在 30°左右，使气流回转角有 150°左右。

二、惯性除尘器的工作原理

惯性除尘器是使含尘烟气冲击在挡板上，让气流进行急剧的方向转变，借尘粒本身惯性力作用而将其分离的装置。

图 2-28 所示是使含尘烟气冲击在两块挡板上时，尘粒分离的机理。

含尘气流以 v_1 的速度与挡板 B_1 成垂直方向进入装置，在 T_1 点处较大粒径 (d_1) 的粒子由于惯性力作用离开以 R_1 为曲率半径的气流流线（虚线）直冲到 B_1 挡板上，碰撞后的 d_1 粒子速度变为零（假定不发生反弹），遂因重力而沉降。比 d_1 粒径更小的粒径 d_2 先以曲率半径 R_1 绕过挡板 B_1，然后再以曲率半径 R_2 随气流回旋运动。当 d_2 粒子运动到和 T_2 点时，由于 d_2 粒子惯性力作用，将脱离以 v_2 速度流动的曲线，冲击到 B_2 挡板上，同理也因重力而沉降。凡能克服虚线气流裹携作用的粒子均能在撞击 B_2 挡板后而被捕集。在惯性除尘器中，除有借助上述惯性力捕尘作用外，还借助离心力作用而捕尘。

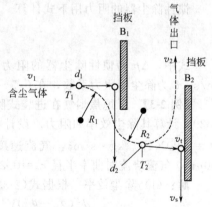

图 2-28 惯性除尘器分离机理示意

若设在以 R_2 为曲率半径回旋气流 T_2 点处，粒子的圆周切线速度为 v_t，则 d_2 粒子所受到的离心分离速度 v_s 与 v_t 的关系为：

$$v_s \propto \frac{d_2^2 v_t^2}{R_2} \tag{2-30}$$

写成等式：

$$v_s = K \frac{d_2^2 v_t^2}{R_2} \tag{2-31}$$

式中，K 为常数，$K = \dfrac{\rho_p}{18\mu_g}$（粒子的雷诺数 $Re_p \leqslant 2$）。

由于式（2-31）可知，回旋气流的曲率半径越小，越能分离捕集细小的粒子。同时，气流转变次数越多，除尘效率越高，阻力越大。

三、惯性除尘器性能计算

一般而言，惯性除尘器的气流速度越高，气流流动方向转变角度越大，转变次数越多，净化效率越高，阻力损失也越大。惯性除尘器用于净化密度和粒径较大的金属或矿物性粉尘具有较高的除尘效率，而对于黏结性和纤维性粉尘，则因易堵塞而不宜采用。如前所述，惯性除尘器结构繁简不一，与重力沉降室比较，除尘效果明显改善，适于捕集 $10 \sim 20 \mu m$ 以上的粗粉尘，且多用于多级除尘中的第一级除尘。其阻力因形式不同差别很大，一般为 $100 \sim 1000 Pa$。

1. 惯性除尘器除尘效率的计算

惯性除尘器的除尘效率可以近似用下式计算：

$$\eta = 1 - \exp\left[-\left(\frac{A_c}{Q}\right)\mu_p\right] \tag{2-32}$$

式中，A_c 为垂直于气流方向挡板的投影面积，m^2；Q 为处理气体流量，m^3/s；μ_p 为在离心力作用下粉尘的移动速度，m/s。

$$\mu_p = \frac{d_p^2(\rho_p - \rho_g)V^2}{18\mu r_c} \tag{2-33}$$

式中，V 为气流速度，m/s；d_p 为粉尘粒径，m；ρ_p 为粉尘的密度，kg/m^3；ρ_g 为气体的密度，kg/m^3；μ 为气体的动力黏性系数，$kg \cdot s/m^2$；r_c 为气流绕流时的曲率半径，m。

2. 惯性除尘器的阻力

惯性除尘器的阻力用下式计算

$$\Delta p = \zeta \frac{\rho v^2}{2} \tag{2-34}$$

式中，Δp 为惯性除尘器的阻力，Pa；ρ 为含尘气体的密度，kg/m^3；v 为气体入口速度，m/s；ζ 为除尘器阻力系数，在 $0.5 \sim 3$ 范围内，气流折返次数多取大值。

【例 2-3】 干熄焦烟气在进袋式除尘器前需要进行大颗粒预分离，惯性除尘器外形结构见图 2-29，计算其除尘效率和阻力。设计参数如下：气体的密度 $\rho_g = 1.1 kg/m^3$，气体动力黏性系数 $\mu = 2.00 \times 10^{-6} kg \cdot s/m^2$，气流速度 $V = 12 m/s$，粉尘的密度 $\rho_p = 500 kg/m^3$，粉尘粒径 $d_p = 50\mu m$，气流绕流时曲率半径 $r_c = 0.25 m$，入口速度 $v = 15 m/s$。

解：（1）除尘效率 根据式（2-33）

$$\mu_p = \frac{d_p^2(\rho_p - \rho_g)V^2}{18\mu r_c} = \frac{0.00005^2 \times (500 - 1.1) \times 12^2}{18 \times 2 \times 10^{-6} \times 0.25} = 19.96 m/s$$

根据式（2-32）

$$\eta = 1 - \exp\left[-\left(\frac{A_c}{Q}\right)\mu_p\right] = 1 - \exp\left[-\left(\frac{11.7}{89}\right) \times 19.96\right] = 0.927 = 92.7\%$$

（2）分级效率 根据公式（2-32）和式（2-33）可以计算出惯性除尘器对不同粒径焦粉的分级效率，计算结果见表 2-8。

（3）设备阻力 根据式（2-34）

$$\Delta p = \zeta \frac{\rho v^2}{2} = 2 \times \frac{1.2 \times 15^2}{2} = 270 Pa$$

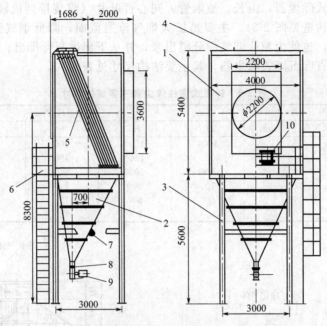

图 2-29　惯性除尘器总装布置（单位：mm）
1—惯性除尘器箱体；2—灰斗；3—分离器支架；4—上检修孔；5—角钢组合；
6—梯子；7—仓壁振动器；8—插板阀；9—卸灰阀；10—检修门

表 2-8　不同粒径焦粉的分级效率

粒径/μm	10	20	40	60	80	100
效率/%	0.89	34.3	81.4	97.7	99.8	99.99

第五节
主要惯性除尘器

和重力除尘器一样，惯性除尘器也有不同形式，而且在环境工程中不乏应用。

一、沉降式惯性除尘器

沉降式惯性除尘器与重力除尘器的区别在于增强了气流转向的惯性的作用，把惯性力与重力结合在一起，以便更有效地分离气流中的烟尘。

1. 钟罩式惯性除尘器

钟罩式惯性除尘器结构简单、阻力低，不需要引风机，并可直接安装在排气筒或风管上，但这种除尘器的除尘效率比较低，一般仅50%左右。其构造见图 2-30，从风管排出的含尘气体，由于锥形隔烟罩5的阻挡，使其急速改变方向，同时，因截面扩大而使气体流速锐减，尘粒受重力作用而沉降到沉降室4的下部，并从排灰口排出。净化气体则从上部风管排入大气。钟罩式惯性除尘器主要结构尺寸见表 2-9。

2. 百叶沉降式除尘器

百叶沉降式除尘器适用于小型立式锅炉，或粉尘不多的含尘气体排放，其除尘效率一般为

60%左右。百叶沉降式除尘器，由长、短烟管，同心百叶片（组装排列成圆锥形）和沉降室内、外壳等部件组成，其构造见图 2-31。主要是扩大烟气流通截面，降低烟气流速并借助于烟气的折流和百叶片的拦截，迫使尘粒从烟气中分离出来，并从下部排灰管排出。净化烟气则通过沉降室顶部短烟管排出。百叶沉降式除尘器，其主要结构尺寸见表 2-10。

表 2-9　钟罩式惯性除尘器主要结构尺寸

锅　炉		除尘器尺寸/mm					
蒸发量/(t/h)	烟囱直径 d/mm	D_1	H_1	h	H_2	A	
1.0	550	1000	1200	200	250	200	
0.7	460	900	1100	180	250	200	
0.4	410	800	1000	160	250	200	
0.2	320	700	900	140	200	150	
0.1	250	600	800	130	200	150	
0.05	200	500	700	120	200	150	

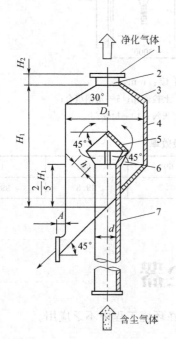

图 2-30　钟罩式惯性除尘器

1—烟囱法兰；2—短烟管；3—沉降室锥顶；4—沉降室；
5—锥形隔烟罩；6—支柱；7—长烟管

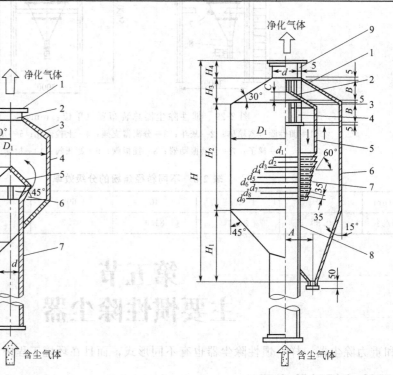

图 2-31　百叶沉降式除尘器（单位：mm）

1—沉降室锥顶；2—碟形隔烟板；3—锥形隔烟板；
4—支柱；5—沉降室内壳；6—沉降室外壳；
7—同心百叶片；8—长烟管；9—短烟管

表 2-10　百叶沉降式除尘器主要结构尺寸

烟囱直径 d/mm	除尘器尺寸/mm																	
	H	H_1	H_2	H_3	H_4	D_1	A	B	C	d_1	d_2	d_3	d_4	d_5	d_6	d_7	d_8	d_9
550	3020	1100	1350	318	252	1420	416	230	73	778	746	714	682	650	618	586	554	522
460	2770	1000	1250	268	252	1370	366	220	70	746	714	682	650	618	586	554	522	490
410	2520	900	1150	218	252	1320	336	200	67	714	682	650	618	586	554	522	490	458
320	2270	800	1050	218	202	1230	2956	200	64	682	650	618	586	554	522	490	458	426
250	2020	700	950	168	202	1170	256	160	61	650	618	586	554	522	490	458	426	394
200	1820	600	850	168	202	1110	226	160	58	618	586	554	522	490	458	426	394	362

二、百叶窗式惯性除尘器

1. 构造及工作原理

百叶窗式除尘器是利用气流突然转变方向，使尘粒与气体分离的一种装置。百叶窗式拦灰栅主要起浓缩尘的作用，有圆锥体和"V"字形两种形式，其示意见图 2-32。当含尘气体进入百叶窗式拦灰栅 1 后，绝大部分气体通过拦灰栅叶板间的缝隙进入管道排至大气，这部分体因突然改变方向，而与尘粒分离，得到了净化。尘粒由于惯性作用仍按原方向流动。绕过拦灰栅得到净化的气体一般占总气体量的 90%。另含有浓缩了尘粒的 10% 气体进入粗粒去除室 3，靠惯性作用去除粗粒尘，然后再进入旋风除尘器 5 去除较细的尘粒。如排气量不大或排尘浓度不高也可以取消室 3，使气体直接进入旋风除尘装置除尘，被处理的 10% 气体可通过风机 2 使其回到挡灰栅内，也可直接排入大气。

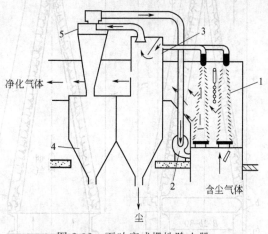

图 2-32　百叶窗式惯性除尘器
1—百叶窗式拦灰栅；2—风机；3—粗粒去除室；
4—灰斗；5—旋风除尘器

2. 设计计算

百叶窗式除尘器是由百叶窗式拦台灰栅和旋风除尘装置所组成，当这两部分气体分别排入大气时，其总除尘效率 η 为拦灰栅效率 η_1 和旋风除尘效率 η_2 的乘积，即 $\eta=\eta_1\eta_2$。当旋风除尘装置排出的气体返回到拦灰栅时（见图 2-32），则拦灰栅的效率即为其总除尘效率。

设计时，烟气进入拦灰栅时的速度一般取 12~15m/s，叶板间的距离取 20mm，拦灰栅叶板与百叶窗式拦灰栅轴线间的倾角 β 取 30°，此时的除尘效率一般可达 75% 左右。

① 排气数 ϕ，抽吸尘气量占总处理气量百分数，通常采用 10%~20%，这样可以减轻磨损，提高效率。

② 拦灰栅阻力 Δp，一般可采用 100~250Pa。为防止尘粒在进气室沉积，Δp 值不应小于最小允许值；拦灰栅位于水平管道时取 200Pa；拦灰栅位于垂直烟道时取 100Pa。

③ 拦灰栅进气室的横截面积 a 按下式计算：

$$a=AB\,\frac{0.58Q}{\sqrt{\Delta p\left(1+\dfrac{t}{273}\right)}} \tag{2-35}$$

式中，a 为进气室横截面积，m；A 为拦灰栅叶板长度，m；B 为进气口宽度，m；Q 为处理气量，m³/h；t 为烟气温度，℃；Δp 为拦灰栅烟气阻力，Pa。

拦灰栅的气体进口宽度 B 与叶板数量 n（指拦灰栅的一侧）之间，存在下列关系：当 $\phi=10\%$ 时，$B=18n$；当 $\phi=20\%$ 时，$B=19n$。

为了防止吸尘缝内进入大块灰渣引起堵塞而减小吸出的烟气量，以致降低除尘效果，应在拦灰栅前装设网格或采取其他措施来保证除尘器正常工作。吸尘缝宽度 b 可按下列关系式求得：

中间吸尘缝 ［见图 2-33(b)］：$\phi=10\%$ 时，$b=0.05B$
$\qquad\qquad\qquad\qquad\qquad\quad \phi=20\%$ 时，$b=0.1B$
两侧吸尘缝 ［见图 2-33(a)］：$\phi=10\%$ 时，$b=0.025B$
$\qquad\qquad\qquad\qquad\qquad\quad \phi=20\%$ 时，$b=0.05B$

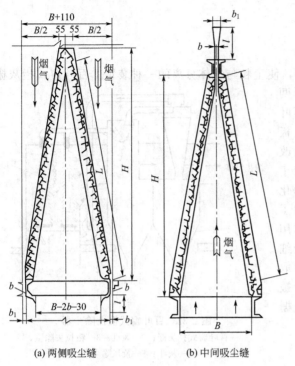

(a) 两侧吸尘缝　　(b) 中间吸尘缝

图 2-33　百叶窗式拦灰栅

根据吸尘缝宽度在构造上和运行上的要求，拦灰栅允许的最少叶板数应限定为：

中间吸尘缝：$\phi=10\%$ 时，$n_{\min}=12$

$\phi=20\%$ 时，$n_{\min}=11$

两侧吸尘缝：$\phi=10\%$ 时，$n_{\min}=44$

$\phi=20\%$ 时，$n_{\min}=22$

对于所有形式的拦灰栅，其允许的叶板数最多为 75。在此情况下，烟气进气口宽度 $B=1425$mm。对于大容量的除尘器，当计算所得的 $B(1425)>1350$mm 时，必须并列装置几个拦灰栅。

④ 装置在吸尘缝后的扩散器的出口截面的宽度 b_1 及其长度 l，可按下列公式确定：

$$b_1=0.35\times\sqrt{\Delta p}\times b=k'b \qquad (2\text{-}36)$$

$$l=\frac{0.305\times\sqrt{\Delta p}-1}{0.1748}\times b=k''b \qquad (2\text{-}37)$$

式中，b 为吸尘缝的宽度，m；k'、k'' 为系数，见表 2-11。

⑤ 将烟气从扩散器引至旋风子（抽吸尘器）的引进管道的截面积 a_1 可按下式确定：

当 $\phi=10\%$ 时，　　$a_1=0.01525\sqrt{\Delta p}\times a=k_1'a'$ 　　(2-38)

当 $\phi=20\%$ 时，　　$a_1=0.0305\sqrt{\Delta p}\times a'=k_1''a'$ 　　(2-39)

式中，a' 为接到一条引进管道的进气室的截面积，m²；对于中间吸尘缝 $a'=\dfrac{a}{m}$；对于两侧吸尘缝 $a'=\dfrac{a}{2m}$，其中，m 为与一个吸尘缝相连的引进烟道的数目；k'、k'' 为系数，见表 2-12。

表 2-11　系数 k'、k'' 值（一）

Δp/Pa	196	245	294	343	392	491
k'	1.364	1.524	1.670	1.804	1.928	2.156
k''	2.082	2.997	3.832	4.600	5.310	6.610

注：当 $\Delta p=147$Pa 时，不需要装设扩散器。

表 2-12　系数 k'、k'' 值（二）

Δp/Pa	100	150	200	250	300	350	400	500
k'	0.0482	0.0591	0.0682	0.0762	0.0835	0.0964	0.0964	0.1708
k''	0.0964	0.1182	0.1364	0.1524	0.167	0.1804	0.1928	0.2156

⑥ 从旋风子（抽吸除尘器）到主管道的引出风道的截面积 a_2 为：

$$a_2\geq 2a_1 \qquad (2\text{-}40)$$

⑦ 旋风直径 D。抽吸旋风子直径可由下列各式求得：

当 $\phi=10\%$ 时，　　$D=0.755\sqrt[4]{\dfrac{\Delta p}{\Delta p_a}}\times\sqrt{a^r}$ 　　(2-41)

当 $\phi=20\%$ 时，$D=1.068\sqrt[4]{\dfrac{\Delta p}{\Delta p_a}}\times\sqrt{a^r}$ （2-42）

式中，Δp_a 为旋风子的计算阻力，Pa，一般为 $100\sim250$Pa。

3. 百叶窗式除尘器的选用

① 百叶窗式除尘器的拦灰栅宜用 20mm×20mm 的方变圆截面形状的耐磨钢材制作。

② 在拦灰栅前管道弯头中间装置导流叶片，以使气体速度和含尘浓度在拦灰栅前的管道截面中保持均匀。

③ 旋风子通常应直接放在吸尘缝的附近。

④ 在设计时应考虑到旋风子不能用于积存捕集到的粉尘，而要将捕集到的粉尘连续地排出旋风子。应在原灰尘出处设置性能良好的卸灰装置。

⑤ 百叶窗式除尘可安装在垂直、水平或倾斜的管道中。

⑥ 惯性除尘器的气流速度越高，气流方向转变角度越大，惯性除尘器用于净化密度和粒径较大金属或矿物性粉尘具有较高除尘效率。对黏结性和纤维性粉尘，则因易堵塞而不宜采用除尘器。

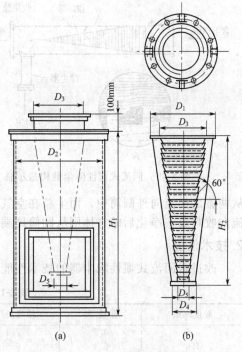

图 2-34 CDQ 型惯性除尘器

4. CDQ 型百叶窗式惯性除尘器

CDQ 型惯性除尘器属于百叶窗式除尘器，其外形和尺寸如图 2-34 所示和表 2-13 所列，技术性能列于表 2-14 中。除尘器与灰斗的连接处要求十分严密，不漏气，否则会影响除尘效率。

表 2-13 CDQ 型百叶窗式除尘器尺寸　　　　单位：mm

型　　号	H_1	H_2	D_1	D_2	D_3	D_4	D_5	质量/kg	
								CDQ 型	CDQ-K 型
CDQ-1.1，CDQ-1.1K	460	341	165	230	115	77	26	3	15
CDQ-1.3，CDQ-1.3K	540	404	185	270	135	81	30	4	20
CDQ-1.7，CDQ-1.7K	700	531	225	350	175	89	38	5	31
CDQ-2.1，CDQ-2.1K	860	661	285	430	215	113	46	10	40
CDQ-2.5，CDQ-2.5K	1020	786	325	570	255	121	54	43	58
CDQ-3.3，CDQ-3.3K	1840	1041	405	670	335	137	70	20	90
CDQ-4.1，CDQ-4.1K	1660	1296	505	830	415	143	86	40	139
CDQ-4.7，CDQ-4.7K	1990	1486	565	950	475	185	98	49	170
CDQ-5.1，CDQ-5.1K	2060	1613	605	1030	515	183	106	56	187

表 2-14 除尘器技术性能参数

进口气速/(m/s)	型　　　　号									压力损失/Pa
	1.1	1.3	1.7	2.1	2.5	3.3	4.1	4.7	5.1	
	气量/(m³/h)									
15	560	772	1300	1950	2760	4750	7300	9550	11250	275
20	746	1030	1730	2600	2670	6340	9700	12750	15000	480
25	934	1290	2160	3260	4580	7920	12150	15930	18750	745

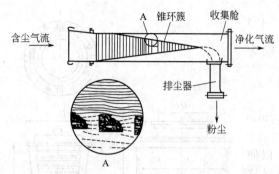

图 2-35 回流式惯性除尘器构造示意

三、回流式惯性除尘器

1. 构造

除尘器是由一个圆柱筒及排尘装置组成的，如图 2-35 所示。圆柱筒内部含有一簇依据空气动力学原理设计的锥形环，每个锥形环的直径比前一个锥形环的直径略小，排列成锥体。

当含有粉尘的气流从除尘器的入口端沿轴线方向流动时，由于锥环内外存在压差，气体从两锥之间流向外圆筒中，而尘粒在空气动力的作用下向里朝锥环的中心流动，并经过排尘装置流向收料器，净化后的气体则从圆筒尾端排出。

2. 技术性能

改进后回流式惯性除尘器的技术性能有以下几个方面。

表 2-15 试验尘的粒径分布

粒度/μm	淀粉/%	粉煤灰/%	粒度/μm	淀粉/%	粉煤灰/%
0.5	0.7	7.4	3.6	3.6	11.5
1.0	0.4	6.9	10	15.6	8.7
1.7	0.8	10.3	21	78.9	55.2

（1）阻力性能　回流式惯性除尘器的阻力取决于 3 个因素，首先是导流叶片的形式，最新研究成果表明，叶片截面呈三角形、矩形都不利于减少阻力，而图 2-35 中方形-椭圆形才是最有利的形式。其次是本体中叶片与叶片间的距离和构造。至于流量因素是可以在设计中控制的。用分散度为表 2-15 的淀粉、煤粉灰在 ϕ200mm 除尘器中试验，其流量与阻力的关系如图 2-36 所示，从图 2-36 中可看出，在应用范围内其阻力为 1000~2000Pa。

（2）除尘效率　除尘效率有总除尘效率和分级效率两种，不管是哪一种效率，其高低均与粉尘性质有直接关系，图 2-37 和图 2-38 中表示的是用表 2-15 中粉煤灰和玉米淀粉试验取得的，从图 2-37 和图 2-38 中可以看出，用不同大小直径的除尘器其效率是不一样的。值得注意的是，并不是除尘器越小效率越高，这和体积越小效率越高的旋风除尘器不同，影响效率高低因素与工作机理表达式相一致。

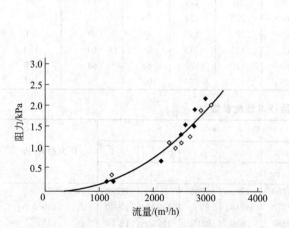

图 2-36 ADM200 型除尘器流量与阻力的关系

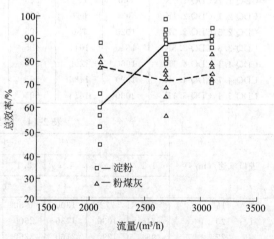

图 2-37 ADM200 型除尘总效率与流量曲线

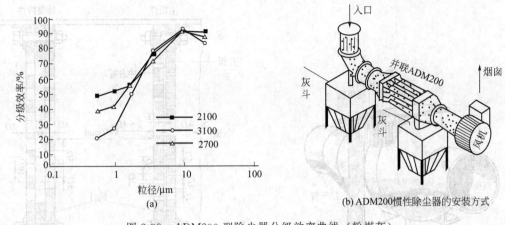

图 2-38　ADM200 型除尘器分级效率曲线（粉煤灰）

3. 规格性能

目前开发出的回流式惯性除尘器有 ADM62、ADM125、ADM170、ADM200、ADM200L、ADM300、ADM400 等 7 个型号，其性能见表 2-16。当处理风量增大时可把若干个除尘器并联使用，并联数量2～30 个。

表 2-16　回流式惯性除尘器性能

型　号	入口尺寸 /mm	长度 /mm	风量 /(m³/h)	压降 /Pa	入口粉尘质量浓度 /(g/m³)	粉尘粒度 /μm	质量 /kg
ADM62	75	810	595～1275	750～1750	0.1～1750	1～500	13
ADM125	150	810	850～2040	250～750	0.1～1750	1～500	15
ADM170	200	1220	1530～3560	250～1000	0.1～1750	1～500	36
ADM200	250	1575	2380～6780	750～1500	0.1～3500	1～1000	72
ADM200L	250	2540	2380～6780	750～1750	0.1～5300	1～1000	105
ADM300	350	2100	6450～16000	750～1750	0.1～5300	1～1000	190
ADM400	500	2490	13600～23800	750～2500	0.1～5300	1～1000	340

四、冲击式惯性分离器

冲击式分离器一般是利用在含尘气流通道中竖立的许多垂直平板或圆柱件来除尘的。当含尘气流围绕这些垂直障碍物流过时，一部分尘粒由于它们的惯性将与障碍物碰撞而黏附在上面，于是从气体中分离出来。冲击式分离器一般用来回收酸雾。

1. 构造特点

水平冲击分离器构造如图 2-39 所示。它由一个外壳，固定住板状的框架，管道孔板和冲击板（见图 2-40）组成。孔板上有若干垂直条缝。冲击板上的条缝宽度为孔板上条缝宽度的 2 倍。两者交错排列，冲击板条正对着板上的条缝，并和孔板上的板条稍有重叠。条缝面积根据气体速度确定。在处理粗雾粒的低压降分离器中，板的面积和气体管道的截面积比起来就可能很大。此时可以把板状组件排列成 V 形。

为防止被捕集的雾粒有重返气流，必须在主板件的下游安装捕集板。重返气流的雾粒一般较粗，因而可把捕集板设计成低压降的形式，其条缝面积不小于冲击板上的条缝面积。图 2-40 中捕集板上的条缝宽度为冲击板上的 2.5 倍，通过捕集板的压力损失约有主板件的 20%。

孔板和冲击板之间的间距在一定范围内对性能的影响不大，但板的间距大会有不利影响。

图 2-39　水平冲击式惯性分离器构造

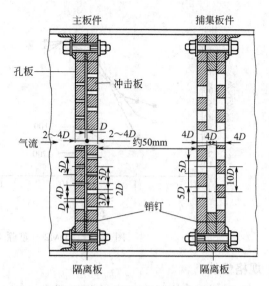

图 2-40　分离器板的设计

如间距小于半个孔板条缝宽度，压力降将增加。一般可取板的间距等于孔板的条缝宽度。板的间距和孔板条缝宽度一般以 1.5mm 为最小值。

若气体负荷超过预定范围的变化，分离器应按最高气体流量设计。在较低的流量运行时，用盖板来减少孔板上的开孔面积，以保持气体流速不变。盖板可夹在孔板的上游面上。

如果气体含有固体粒子，可能堵塞条缝，可以在主板件的上游安装喷嘴，定期冲洗。在运行期间，应注意分离器的压力降是否保持正常数值。如出现异常高的数值，说明条缝可能部分堵塞；而出现低的数值，则说明板可以变形，或条缝系统有泄漏。

2. 性能

关于冲击分离器捕集粒子的效果，用"碰撞效率"表示。所谓碰撞效率，是指受到捕集单元（即每个冲击构件）处理的气体所含有的粒子中，与捕集单元碰撞者所占百分数。假如所有与捕集单元碰撞的粒子都黏附在构件上，碰撞效率就等于除尘效率。碰撞效率是两个无量纲数群函数，有几种简单的几何形状可以用这个函数来计算。对圆柱和平板条的研究结果分别见图 2-41 和图 2-42。

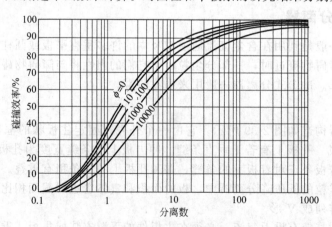

图 2-41　圆柱的碰撞效率

现以围绕 50mm 宽的板条流动的气体为例来说明。设气体是 15℃、1 大气压的空气，以 12m/s 的速度流动。假定尘粒密度为 2100kg/m³，除尘效率等于碰撞效率（η_t），求能够以 50%

的碰撞效率捕集的粒子粒度（d_{50}）。

首先计算无量纲参数 ϕ：

$$\phi = \frac{18\rho^2 BU}{\mu_f \rho_p} \qquad (2-43)$$

式中，ρ 为流体密度，kg/m^3；B 为冲击构件的宽度，m；U 为稳定流动的气体速度，m/s；ρ_p 为粒子密度，kg/m^3；μ_f 为流体的绝对黏度 $kg/(m \cdot s)$。于是，

$$\phi = \frac{18 \times (1.226)^2 \times (0.05) \times 12}{(0.0177) \times 10^{-3} \times 2100} = 440$$

根据 $\phi = 440$ 和 $\eta_t = 50\%$，从图 2-42 查出分离数 N_s 为 0.88，再用下式求粒子粒度 d_{50}：

$$N_s = \frac{\rho_p d^2 U}{18 \mu_f B} \qquad (2-44)$$

$$d_{50} = \sqrt{\frac{18 \mu_f B N_s}{\rho_p U}}$$

$$= \sqrt{\frac{18 \times 0.0177 \times 10^{-3} \times 0.05 \times 0.88}{2100 \times 12}}$$

$$= 24 \mu m$$

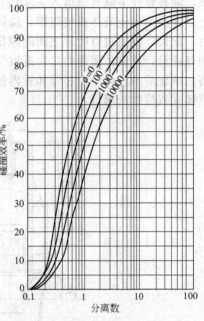

图 2-42　平板条的碰撞效率

计算表明，要有较高的除尘效率，必须使用宽度小的障碍物。同时，从公式可知，气体速度增加，效率也要增加。但这会使重返气流的灰尘增多。因此，实际上气流速度不能太大。

五、静电惯性除尘器

静电惯性除尘器是在挡板惯性除尘器内增加电晕线，在静电力作用使粉尘产生凝聚，形成较大颗粒，使粉尘在惯性除尘器内更容易分离。

图 2-43 所示的静电惯性除尘器，其基本结构是在其圆筒内设置百叶窗，圆筒中心设置高压电晕线，使百叶窗挡板带正电荷，电晕线带负电荷形成高压电场。这里的百叶窗不仅有效制止烟尘二次飞扬，而且使烟尘受静电力和惯性力的作用被捕集。在某钢铁厂的现场观察到，在电场风速高达 2.5～7m/s 时，对小型锅炉烟尘的总除尘效率高达 97%～99%，比单纯的惯性除尘器高很多，这种设备的结构简单、阻力小、耗电少、造价低，是处理小烟气量含尘气体（<10000m³/h）较为理想的除尘新型设备。

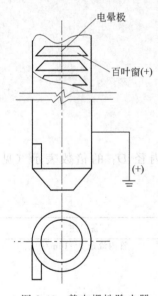

图 2-43　静电惯性除尘器

六、旋风惯性除尘器

旋风惯性除尘器是一般旋风除尘器和百叶式惯性除尘器组合的除尘器，具有旋风和惯性除尘的功能。它除尘效率较高，压力损失不大，处理气量适中，适用于净化干性粉尘，在初始含尘浓度比较大的场合下作为二级除尘的第一级净化是适宜的。

1. 工作原理

旋风惯性除尘器的结构如图 2-44 所示。

含尘气体从斜顶板螺旋线进口切向进入除尘器筒体，粗粒粉尘因离心力较大，被甩向筒内

壁，随外螺线下降气流落入灰斗内。细小粉尘在靠近芯管附近时可因惯性力作用碰撞在百叶板上，并被反弹至筒体内壁周围，随同粗粒粉尘下降至灰斗，从而增加了除尘器捕集细小粉尘的能力。此外，因通过百叶片之间间隙排出了一部分净化后的空气，从而减少了进入除尘器锥体部分的气流量，使锥体尾部的二次返混气流减弱，减少了内螺线上升气流带走的粉尘，使除尘效率提高。净化后的气体经由芯管和管内的导流叶片排至大气。粉尘经锥体下卸灰阀排出。卸灰阀可用重锤式双层卸灰阀等。

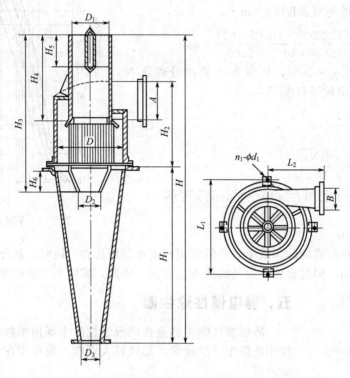

图 2-44　旋风惯性除尘器

2. 结构尺寸

（1）比例尺寸　旋风惯性除尘器各部分结构尺寸均以芯管内径 D_1 的倍数表示（见表 2-17）。芯管直径是根据处理气量按管内气速 7～10m/s 来确定的。

表 2-17　旋风惯性除尘器结构尺寸

名　称	符　号	尺　寸	备　注
芯管直径	D_1		管内流速 7～10m/s
筒体直径	D	$1.66D_1$	
筒体高度	H_2	$2.0D_1$	
锥体高度	H_1	$4.0D_1$	
进口宽度	B	$0.42D_1$	进口气速 18～24m/s
进口高度	A	$0.84D_1$	
出气管缩口直径	D_2	$0.6D_1$	
出气管缩口高度	H_6	$0.5D_1$	
排灰口直径	D_3	$0.6D_1$	
百叶片高度		$1.0D_1$	
百叶片宽度		30～40mm	
百叶片间隙	C	8～12mm	
百叶片倾角	a	30°	与气流方向夹角
进口管长度	L_2	$1.25D_1$	

（2）**百叶片结构**　百叶片起惯性除尘作用。同时，通过百叶片间隙排出一部分净化气体，以减少进入锥体部分的气量，减弱锥体底部的二次上升气流，减少气流带走的粉尘，使除尘效率提高。百叶片的高度为芯管直径的一倍，其下端与筒体底部相平。在百叶片下端装有锥形出气管缩口短管，以减少下降气流与上升气流之间的相互干扰。为了减少旋风惯性除尘器出口阻力，芯管顶端装有叶形减阻片，以代替一般旋风除尘器所采用的出口蜗壳。百叶片数量按下式计算（见图2-45）：

$$n = \frac{\pi D_0}{C + \delta} \sin\alpha \qquad (2\text{-}45)$$

式中，n 为百叶数量，取整数值；D_0 为芯管中径，mm；C 为百叶片间空气通过间隙，mm，一般取 $8\sim12$mm；δ 为百叶片厚度，mm，一般为 $2\sim4$mm；α 为百叶片倾角，(°)，取与气流方向呈 30°角。

3. 性能参数

旋风惯性除尘器在进口气速为 $20\sim26$m/s 时，除尘效率为 $87\%\sim89.5\%$，压力损失为 $560\sim950$Pa，阻力系数为 2.3，性能曲线如图 2-46 所示。试验用滑石粉分散度见表 2-18。性能参数见表 2-19。

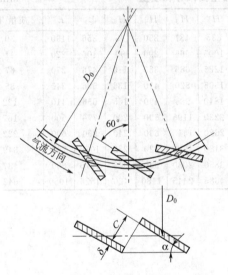

图 2-45　百叶片结构

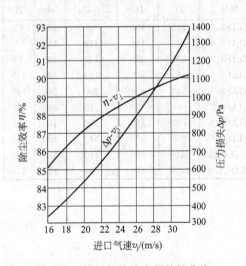

图 2-46　旋风惯性除尘器特性曲线

表 2-18　试验用滑石粉分散度

粉尘名称		滑石粉	粉尘名称		滑石粉
密度/(kg/m³)		2.83		$10\sim20\mu m$	45.1
计重分散度/%	$<5\mu m$	3.51	计重分散度/%	$20\sim30\mu m$	18
	$5\sim6\mu m$	3.19		$30\sim43\mu m$	8.2
	$6\sim10\mu m$	20.6		$43\sim74\mu m$	1.4

注：试验粉尘系采用 325 目滑石粉，用"库尔特"法测得的数值。其 $d_{50}=15\mu m$。除尘效率系用量法确定的。

旋风惯性除尘器系列共有 10 种。筒体直径为 $250\sim1400$mm，处理气量为 $470\sim25300$m³/h，进口气速以 $16\sim28$m/s 为宜。用于一级净化时可选取较大值，用于初级净化或处理坚硬粉尘时可选取较小值。

表 2-19　XLD 型旋风惯性除尘器主要技术性能

项　目	型　号	进口气速/(m/s)						
		16	18	20	22	24	26	28
处理气量/(m³/s)	XLD-2.5	470	530	590	650	710	770	820
	XLD-3.0	670	750	830	920	1000	1080	1170
	XLD-3.7	1020	1150	1280	1400	1530	1660	1790
	XLD-4.5	1500	1680	1870	2060	2250	2430	2620
	XLD-5.5	2200	2470	2740	3020	3300	3570	3840
	XLD-6.7	3250	3660	4060	4460	4870	5280	5700
	XLD-8.0	4700	5280	5860	6450	7050	7620	8200
	XLD-9.5	6650	7460	8300	9120	9950	10800	11600
	XLD-11.5	9700	10900	12100	13300	14500	15750	17000
	XLD-14.0	14500	16300	18100	20000	21700	23500	25300
压力损失/Pa	阻力系数 $\xi=2.3$	360	440	560	680	810	950	1100

4. 外形尺寸

旋风惯性除尘器的主要外形尺寸和质量见图 2-44 和表 2-20。

表 2-20　XLD 型旋风惯性除尘器主要尺寸和质量　　　　　　单位：mm

型号	D	D_1	$D_2(D_3)$	A	B	H	H_1	H_2	H_3	H_4	H_6	L_1	L_2	质量/kg
XLD-2.5	250	150	90	130	65	1000	600	835	481	250	75	356	190	30
XLD-3.0	300	180	110	150	75	1190	720	1005	565	290	90	406	220	41
XLD-3.7	370	220	130	190	95	1450	880	1225	685	350	110	476	270	67
XLD-4.5	450	270	160	230	115	1760	1080	1505	820	410	135	556	340	85
XLD-5.5	550	330	200	280	140	2140	1320	1840	984	490	165	656	410	122
XLD-6.7	670	400	240	340	170	2590	1600	2230	1195	590	200	776	500	167
XLD-8.0	800	480	290	400	200	3090	1920	2680	1415	690	240	950	600	222
XLD-9.5	950	570	340	480	240	3670	2280	3180	1680	820	285	1076	710	349
XLD-11.5	1150	690	410	580	290	4430	2760	3850	2030	990	345	1276	860	487
XLD-14.0	1400	840	500	710	355	5380	3360	4685	2445	1180	420	1526	1050	643

第三章
离心式除尘设备

离心式除尘器是利用含尘气流改变方向，使尘粒产生离心力将尘粒分离和捕集的设备。根据进气方向与气流旋转面的角度，可分为切向进气和轴向进气。旋风除尘器是气流在筒体内旋转一圈以上且无二次风加入的离心式除尘器。旋流除尘器是一种加入二次风以增加旋转强度的离心式除尘器。离心式除尘器在粉体工业和除尘领域有广泛应用。

第一节
旋风除尘器分类和工作原理

旋风除尘器是利用旋转气流对粉尘产生离心力，使其从气流中分离出来，分离的最小粒径可到 $5\sim10\mu m$。

旋风除尘器的结构简单、紧凑、占地面积小、造价低、维护方便、可耐高温高压，并适用于特高浓度（高达 $500g/m^3$ 以上）的粉尘。其主要缺点是对微细粉尘（粒径小于 $5\mu m$）的效率不高。

一、旋风除尘器的分类

旋风除尘器经历了上百年的发展历程，由于不断改进和为了适应各种应用场合出现了很多类型，因而可以根据不同特点和要求来进行分类。

（1）按旋风除尘器的构造分类　可分为普通旋风除尘器、异形旋风除尘器、双旋风除尘器和组合式旋风除尘器，见表3-1。本节按此分类进行编写。

表 3-1　旋风除尘器分类及性能

分　类	名　称	规格/mm	风量/(m³/h)	阻力/Pa	备注
普通旋风除尘器	DF 型旋风除尘器	$\phi175\sim585$	$1000\sim17250$		多用于一级除尘
	XCF 型旋风除尘器	$\phi200\sim1300$	$150\sim9840$	$550\sim1670$	
	XP 型旋风除尘器	$\phi200\sim1000$	$370\sim14630$	$880\sim2160$	
	XM 型木工旋风除尘器	$\phi1200\sim3820$	$1915\sim27710$	$160\sim350$	
	XLG 型旋风除尘器	$\phi662\sim900$	$1600\sim6250$	$350\sim550$	
	XZT 型长锥体旋风除尘器	$\phi390\sim900$	$790\sim5700$	$750\sim1470$	
	SJD/G 型旋风除尘器	$\phi578\sim1100$	$3300\sim12000$	$640\sim700$	
	SND/G 型旋风除尘器	$\phi384\sim960$	$1850\sim11000$	$790\sim900$	
	CLT 型旋风除尘器	$\phi300\sim800$	$670\sim7130$	$480\sim1078$	

续表

分　类	名　称	规格/mm	风量/(m³/h)	阻力/Pa	备注
异形旋风除尘器	SLP/A、B 型旋风除尘器	φ300～3000	750～104980		过去曾经配锅炉，现多用于一级除尘
	XLK 型扩散式旋风除尘器	φ100～700	94～9200	800～1000	
	SG 型旋风除尘器	φ670～1296	2000～12000		
	XZY 型消烟除尘器	0.05～1.0t	189～3750	40.4～190	
	XNX 型旋风除尘器	φ400～1200	600～8380	550～1670	
	HF 型除尘脱硫除尘器	φ720～3680	6000～170000	600～1200	
	XZS 型流旋风除尘器	φ376～756	600～3000	600～900	
双旋风除尘器	XSW 型卧式双级蜗旋除尘器	2～20t	600～60000	500～600	配含尘少的小型锅炉用
	CR 型双级涡旋除尘器	0.05～10t	2200～30000	550～950	
	XPX 型下排烟式旋风除尘器	1～5t	3000～15000		
	XS 型双旋风除尘器	1～20t	3000～58000	600～650	
组合式旋风除尘器	SLG 型多管除尘器	9～16t	1910～9980		第一级除尘用或配含尘少的小型锅炉用
	XZZ 型旋风除尘器	φ350～1200	900～60000	430～870	
	XLT/A 型旋风除尘器	φ300～800	935～6775	800～1000	
	XWD 型卧式多管除尘器	4～20t	9100～68250	800～920	
	XD 型多管除尘器	0.5～35t	1500～105000	900～1000	
	FOS 型复合多管除尘器	2500×2100×4800～8600×8400×15100	6000～170000		
	XCZ 型组合旋风除尘器	φ1800～2400	28000～78000	780～980	
	XCY 型组合旋风除尘器	φ690～980	18000～90000	780～10000	
	XGG 型多管除尘器	1916×1100×3160～2116×2430×5886	6000～52500	700～1000	
	DX 型多管斜插除尘器	1478×1528×2350～3150×1706×4420	4000～60000	800～900	

（2）按旋风除尘器的效率不同分类　可分为两类，即通用旋风除尘器（包括普通旋风除尘器和大流量旋风除尘器）和高效旋风除尘器。其效率范围如表 3-2 所列。高效除尘器一般制成小直径筒体，因而消耗钢材较多、造价也高，如内燃机进气用除尘器。大流量旋风除尘器，其筒体较大，单个除尘器所处理的风量较大，因而处理同样风量所消耗的钢材量较少，如木屑用旋风除尘器。

表 3-2　旋风除尘器的分类及其效率范围

粒径/μm	效率范围/%		粒径/μm	效率范围/%	
	通用旋风除尘器	高效旋风除尘器		通用旋风除尘器	高效旋风除尘器
<5	<5	50～80	15～40	80～95	95～99
5～20	50～80	80～95	>40	95～99	95～99

（3）按清灰方式分类　可分为干式和湿式两种。在旋风除尘器中，粉尘被分离到除尘器筒体内壁上后直接依靠重力而落于灰斗中，称为干式清灰。如果通过喷淋水或喷蒸气的方法使内壁上的粉尘落到灰斗中，则称为湿式清灰。属于湿式清灰的旋风除尘有水膜除尘器和中心喷水旋风除尘器等。由于采用湿式清灰，消除了反弹、冲刷等二次扬尘，因而除尘效率可显著提高，但同时也增加了尘泥处理工序。本书把这种湿式清灰的除尘器列为湿式除尘器。

（4）按进气方式和排灰方式分类　旋风除尘器可分为以下四类（见图 3-1）。

① 切向进气，轴向排灰 [见图 3-1(a)]。采用切向进气获得较大的离心力，清除下来的粉尘由下部排出。这种除尘器是应用最多的旋风除尘器。

②切向进气，周边排灰〔见图 3-1(b)〕。采用切向进气周边排灰，需要抽出少量气体另行净化。但这部分气量通常小于总气流量的 10%。这种旋风除尘器的特点是允许入口含尘浓度高，净化较为容易，总除尘效率高。

③轴向进气，轴向排灰〔见图 3-1(c)〕。这种形式的离心力较切向进气要小，但多个除尘器并联时（多管除尘器）布置方便，因而多用于处理风量大的场合。

④轴向进气，周边排灰〔见图 3-1(d)〕。

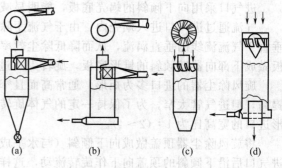

图 3-1　旋风除尘器的分类

这种除尘器有采用了轴向进气便于除尘器关联，以及周边抽气排灰可提高除尘效率这两方面的优点，常用于卧式多管除尘器中。

国内外常用的旋风除尘器种类很多，新型旋风除尘器还在不断出现。国外的旋风除尘器有的是用研究者的姓名命名，也有用生产厂家的产品型号来命名。国内的旋风除尘器通常是根据结构特点用汉语拼音字母来命名。根据除尘器在除尘系统安装位置不同分为吸入式（即除尘器安装在通风机之前），用汉语拼音字母 X 表示；压入式（除尘器安装在通风机之后），用字母 Y 表示。为了安装方便，S 型的进气按顺时针方向旋转，N 型进气是按逆时针方向旋转（旋转方向按俯视位置判断）。

二、旋风除尘器的构造

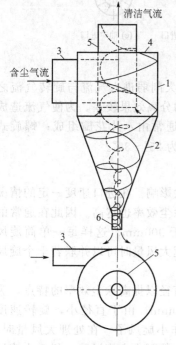

图 3-2　旋风除尘器
1—圆筒体；2—圆锥体；3—进气管；
4—顶盖；5—排气管；6—排灰口

图 3-2 为旋风除尘器的一般形式，它由圆筒体 1、圆锥体 2、进气管 3、顶盖 4、排气管 5 及排灰口 6 组成。含尘气流由进气管以较高速度（一般为 15～25m/s）沿切线方向进入除尘器，在圆筒体与排气管之间的圆环内作旋转运动。这股气流受到随后进入气流的挤压，继续向下旋转（实线所示），由圆筒体而达圆锥体，一直延伸到圆锥体的底部（排灰口处）。当气流再不能向下旋转时就折转向上，在排气管下面旋转上升（虚线所示），然后由排气管排出。

1. 进气口

旋风除尘器有多种进气口形式，图 3-3 为旋风除尘器的几种进气口形式。

切向进口是旋风除尘器最常见的形式，采用普通切向进口〔见图 3-3(a)〕时，气流进入除尘器后会产生上、下双重旋涡。上部旋涡将粉尘带至顶盖附近，由于粉尘不断地累积形成"上灰环"，于是粉尘极易直接流入到排气管排出（短路逸出），降低除尘效果。为了减少气流之间的相互干扰，多采用了蜗壳切向进口〔见图 3-3(d)〕，即采用断开线进口。这种方式加大了进口气体和排气管的距离，可以减少未净化气体的短路逸出，以及减弱进入气流对筒内气流的撞击和干扰，从而可以降低除尘器阻力，提高除尘效率，并增加处理风量。渐开线的角度可以是 45°、120°、180°、270° 等，通常采用 180° 时效率最高。采用多个渐开线进口〔见图 3-3(b)〕，对提高除尘器效率更有利，但结构复杂，实际应用不多。

进气口采用向下倾斜的蜗壳底板，能明显减弱上灰环的影响。

气流通过进气口进入蜗壳内，由于气流距除尘器轴心的距离不同而流速也不同，因而会产生垂直于气流流线的垂直涡流，从而降低除尘效率。为了消除或减轻这种垂直涡流的影响，涡流底板做成下部向器壁倾斜的锥形底板，旋转 180°进入除尘器内。

旋风除尘器的进口多为矩形，通常高而且窄的进气管与器壁有更大的接触面，除尘效率可以提高，但进气管太窄，为了保持一定的气体旋转圈数，必须加高整个除尘器的高度，因此一般矩形进口的宽高比为 1:(2~4)。

将旋风除尘器顶盖做成向下倾斜（与水平成 10°~15°）的螺旋形 [见图 3-3(c)]，气流进入进气口后沿下倾斜的顶盖向下作旋转流动，这样可以消除上涡流的不利影响，不致形成上灰环，改善了除尘器的性能。

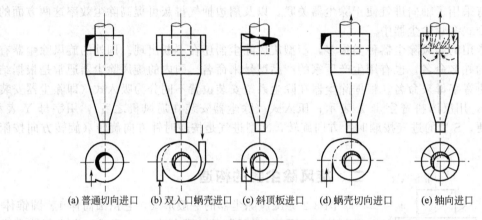

(a) 普通切向进口　(b) 双入口蜗壳进口　(c) 斜顶板进口　(d) 蜗壳切向进口　(e) 轴向进口

图 3-3　旋风除尘器的进气口形式

轴向进口 [见图 3-3(e)] 主要用于多管除尘器中，它可以大大削弱进入气流与旋转气流之间的互相干扰，但因气体较均匀地分布于进口截面，靠近中心处的分离效果较差。为使气流造成旋转运动，采用两种形式的导流叶片：花瓣式 [见图 3-4(b)]，通常由八片花瓣组成；螺旋式 [见图 3-4(a)]，螺旋叶片的倾斜角为 25°~30°。

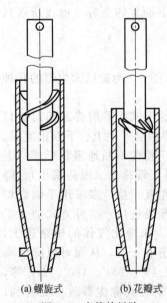

(a) 螺旋式　　　(b) 花瓣式

图 3-4　多管旋风除尘器的旋风子

2. 圆筒体

圆筒体的直径对除尘效率有很大影响。在进口速度一定的情况下，筒体直径越小，离心力越大，除尘效率也越高。因此在通常的旋风除尘器中，筒体直径一般不大于 900mm。这样每一单筒旋风除尘器所处理的风量就有限，当处理大风量时可以并联若干个旋风除尘器。

多管除尘器就是利用减小筒体直径以提高除尘效率的特点，为了防止堵塞，筒体直径一般采用 250mm。由于直径小，旋转速度大，磨损比较严重，通常采用铸铁作小旋风子。在处理大风量时，在一个除尘器中可以设置数十个甚至数百个小旋风子。每个小旋风子均采用轴向进气，用螺旋片或花瓣片导流（见图3-4）。圆筒体太长，旋转速度下降，因此一般取为筒体直径的 2 倍。

消除上旋涡造成上灰环不利影响的另一种方式，是在圆筒体上加装旁路灰尘分离室（旁室），其入口设在顶板下面的上灰环处（有的还设有中部入口），出口设在下部圆锥体部分，形成旁路式旋风除尘器。在圆锥体部分负压的作用下，上旋涡的部分气流携同上灰环中的灰尘进入旁室，沿旁路流至除尘器下部锥体，粉尘沿锥体内壁流入灰斗中。旁路式旋风除尘器进气管上沿与顶盖相距一定距离，使有足够的空间形成上旋涡和上灰环。旁室可以作在旋风除尘器圆筒的外部（外旁路）或作在圆筒的内部。利用这一原理做成的旁路式旋风除尘器有多种形式。

3. 圆锥体

增加圆锥体的长度可以使气流的旋转圈数增加，明显地提高除尘效率。因此高效旋风除尘器一般采用长锥体。锥体长度为筒体直径 D 的 2.5～3.2 倍。

有的旋风除尘器的锥体部分接近于直筒形，消除了下灰环的形成，避免局部磨损和粗颗粒粉尘的反弹现象，因而提高了使用寿命和除尘效率。这种除尘器还没有平板型反射屏装置，以阻止下部粉尘二次飞扬。

旋风除尘器的锥体，除直锥形外，还可做成牛角弯形。这时除尘器水平设置降低了安装高度，从而少占用空间，简化管路系统。试验表明，进口风速较高时（大于 14m/s），直锥形的直立安装和牛角形的水平安装其除尘效率和阻力基本相同。这是因为在旋风除尘器中，粉尘的分离主要是依靠离心力的作用，而重力的作用可以忽略。

旋风除尘器的圆锥体也可以倒置，扩散式除尘器即为其中一例。在倒圆锥体的下部装有倒漏斗形反射屏（挡灰盘）。含尘气流进入除尘器后，旋转向下流动，在到达锥体下部时，由于反射屏的作用大部分气流折转向上由排气管排出。紧靠筒壁的少量气流随同浓聚的粉尘沿圆锥下沿与反射屏之间的环缝进入灰斗，将粉尘分离后，由反射屏中心的"透气孔"向上排出，与上升的内旋流混合后由排气管排出。由于粉尘不沉降在反射屏上部，主气流折转向上时，很少将粉尘带出（减少二次扬尘），有利于提高除尘效率。这种除尘器的阻力较高，其阻力系数 $\xi=6.7～10.8$。

4. 排气管

排气管通常都插入到除尘器内，与圆筒体内壁形成环形通道，因此通道的大小及深度对除尘效率和阻力都有影响。环形通道越大，排气管直径 D_e 与圆筒体直径 D 之比越小，除尘效率增加，阻力也增加。在一般高效旋风除尘器中取 $\dfrac{D_e}{D}=0.5$，而当效率要求不高时（通用型旋风除尘器）可取 $\dfrac{D_e}{D}=0.65$，阻力也相应降低。

排气管的插入深度越小，阻力越小。通常认为排气管的插入深度要稍低于进气口的底部，以防止气流短路，由进气口直接窜入排气管，而降低除尘效率。但不应接近圆锥部分的上沿。不同旋风除尘器的合理插入深度不完全相同。

由于内旋流进入排气管时仍然处于旋转状态，使阻力增加。为了回收排气管中多消耗的能量和压力，可采用不同的措施。最常见的是在排气管的入口处加装整流叶片（减阻器），气流通过该叶片使旋转气流变为直线流动，阻力明显降低，但除尘效率略有下降。

在排气管出口装设渐开蜗壳，阻力可降低 5%～10%，而对除尘效率影响很小。

5. 排尘口

旋风除尘器分离下来的粉尘，通过设于锥体下面的排尘口排出，因此排尘口大小及结构对除尘效率有直接影响。通常排尘口直径 D_c 采用排气管直径 D_e 的 0.5～0.7 倍，但有加大的趋势，例如取 $D_c=D_e$，甚至 $D_c=1.2D_e$。

由于排尘口处于负压较大的部位，排尘口的漏风会使已沉降下来的粉尘重新扬起，造成二次扬尘，严重降低除尘效率，因此保证排灰口的严密性是非常重要的。为此可以采用各种卸灰阀，卸灰阀除了要使排灰流畅外，还要使排灰口严密，不漏气，因而也称为锁气器。常用的有重力作用闪动卸灰阀（单翻板式、双翻板式和圆锥式）、机械传动回转卸灰阀、螺旋卸灰机等。

现将旋风除尘器各部分结构尺寸增加对除尘器效率、阻力及造价的影响列入表 3-3 中。

表 3-3　旋风除尘器结构尺寸增加对性能的影响

参数增加	阻　力	效　率	造　价
除尘器直径（D）	降低	降低	增加
进口面积（风量不变）（H_c，B_c）	降低	降低	—
进口面积（风量不变）（H_c，B_c）	增加	增加	—
圆筒长度（L_c）	略降	增加	增加
圆锥长度（Z_c）	略降	增加	增加
圆锥开口（D_c）	略降	增加或降低	—
排气管插入长度（S）	增加	增加或降低	增加
排气管直径（D_e）	降低	降低	增加
相似尺寸比例	几乎无影响	降低	—
圆锥角 $2\tan^{-1}\left(\dfrac{D-D_c}{H-L_c}\right)$	降低	$20°\sim30°$为宜	增加

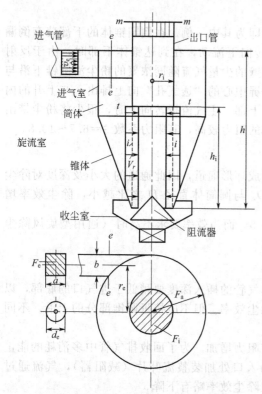

图 3-5　旋风除尘器的组成和各种速度

三、旋风除尘器的工作原理

1. 旋风除尘器的工作

旋风除尘器由筒体、锥体、进气管、排气管和卸灰室等组成，如图 3-5 所示。旋风除尘器的工作过程是当含尘气体由切向进气口进入旋风分离器时气流将由直线运动变为圆周运动。旋转气流的绝大部分沿器壁自圆筒体呈螺旋形向下、朝锥体流动，通过称此为外旋气流。含尘气体在旋转过程中产生离心力，将相对密度大于气体的尘粒甩向器壁。尘粒一旦与器壁接触，便失去径向惯性力而靠向下的动量和向下的重力沿壁面落下，进入排灰管。旋转下降的外旋气体到达锥体时，因圆锥形的收缩而向除尘器中心靠拢。根据"旋转矩"不变原理，其切向速度不断提高，尘粒所受离心力也不断加强。当气流到达锥体下端某一位置时，即以同样的旋转方向从旋风分离器中部，由下反转向上，继续做螺旋性流动，即内旋气流。最后净化气体经排气管排出管外，一部分未被捕集的尘粒也由此排出。

自进气管流入的另一小部分气体则向旋风分离器顶盖流动，然后沿排气管外侧向下流动；当到达排气管下端时即反转向上，随上升的中心气流一同从排气管排出。分散在这一部分的气流中的尘粒也随同被带走。

关于旋风除尘器的分离理论有筛分理论、转圈理论、边界层理论均有详细论述，下面仅对除尘器流体和尘粒运动做分析。

2. 流体和尘粒的运动

旋风除尘器有各种各样的进口设计，其中主要的如图 3-6 所示的切向进口、螺旋形进口和轴向进口。图中在进口截面中气体平均速度为 v_e；净化气体排出旋风除尘器，通过出口管时的平均轴向速度为 v_i，入口截面积为 F_e，出口截面积为 F_i。

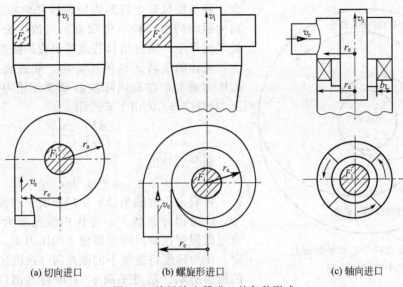

(a) 切向进口　　　　　　(b) 螺旋形进口　　　　　　(c) 轴向进口

图 3-6　旋风除尘器进口的各种形式

在图 3-7 中给出了在旋风除尘器内部流体的速度特性；从入口到出口间微粒的运动轨迹和轴向流动分量的流线。在旋风除尘器内部是一个三维的流场，其特点是旋转运动叠加了一个从外部环形空间朝向粉尘收集室轴向的运动和一个从旋风除尘器内部空间朝向出口管道的轴向运动。在分离室的内部和外部空间轴向运动是相反，这一相反的运动与朝向旋风除尘器轴线的径向运动结合在一起。

含尘气体通过切线方向引入旋风除尘器，因此气流被强制地围绕出气管进行旋转运动。图 3-7 中的切线速度 u 是通过径向坐标定量描述的。不考虑旋风除尘器内壁的非润滑条件，在 $r=r_a$ 处的切向速度由 u_a 给出。在旋风除尘器的轴线方向上，当 $r=r_i$ 时速度 u 从 u_a 增加到最大值 u_i。随半径的进一步减少，切向速度也降低；在 $r=0$ 时 $u=0$；在 $r=r_i$ 的出气管道表面的切向速度近似为零。

在柱状部件内表面 $i—i$ 处，切向速度 u_i 几乎不变。应指出在收尘室附近 u_i 是完全可以被忽视的。还有，在超圆柱面 $i—i$ 的高度上，径向流速 v_r 可以被假定为常数。而通过观测只是在出气管道的入口 $t—t$ 处和收尘室附近，这个常数值稍有偏差。

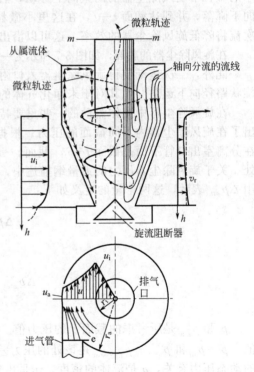

图 3-7　旋风除尘器中流体和微粒的运动

微粒被气流送进旋风除尘器后，将受到三维流场中典型的离心力、摩擦力以及其他力的作用。离心力是由于流体的旋转运动产生，而摩擦力是由于在径向上，流体朝旋风除尘器轴线的运动产生。加速度 u^2/r 是由于离心力引起的，在很多情况下，离心力比地球引力产生的加速度高 100 倍甚至 10000 倍。

在离心力和摩擦力综合作用的影响下，所有的微粒都按螺旋状的轨迹运动，如图 3-8 所示。大的微粒按照螺旋向外运动，小的微粒按照螺旋向里运动。向外运动的大微粒从气体中被分离出

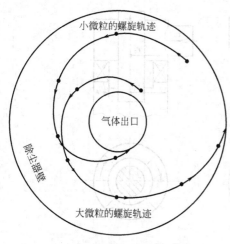

图 3-8 旋风除尘器水平截面上，
大小微粒的轨迹

来，将与旋风除尘器的内壁碰撞并向粉尘收集室运动。向内运动的小微粒不但没有从气流中分离出来，而且被气流带走，通过出口管道排出旋风除尘器。

流体的旋转运动的压力场，靠近旋风除尘器内壁的压力最大，在旋风除尘器轴线处压力最小。径向的压力梯度 $\mathrm{d}p/\mathrm{d}r$ 由下式给出

$$\frac{\mathrm{d}p}{\mathrm{d}r} = \rho\frac{u^2}{r} \tag{3-1}$$

积分后导出

$$p = \rho u^2 \ln r + c \tag{3-2}$$

可看出压力随半径 r 切向速度 u 和流体密度 ρ 而增加。C 为积分常数。不考虑内壁速度为零的情况，完全可以假定在旋风除尘器壁上的压力 P_a 可以由上式确定。压力梯度将迫使小的微粒随二次流运动如图 3-7 中的箭头所示。超过平面 $\tau-t$ 即超过出口管的进口时，

小的微粒沿旋风除尘器的内壁向上移动，然后随流体朝着出口管径向运动，最后将沿出口管外壁向下降落，并到达截面 $t-t$，在这里小微粒将再被进入出口管的流体带走。在分离室上部的二次流将降低旋风除尘器的效率。这可以沿出口管装套环来防止。

在旋风除尘器的底部，如图 3-7 所示为一个锥形部件，流体的二次运动促使尘粒朝收尘室运动。

此外，二次运动使得旋风除尘器入口附近造成尘粒沉积。而且它们沿着旋风除尘器的壁按螺旋状路径向下运动。尤其对于未净化气体的高浓度粉尘更可以观察到形成的沉积。

在旋风除尘器中流体流动的一些重要特性可以从图 3-9 中推论出。在图中根据现有的实验给出了在旋风除尘器内不同截面的压力。根据图 3-5 可以找出截面 $e-e$ 是旋风除尘器的入口处，在分离室出口管下面是截面 $i-i$，截面 $t-t$ 是出口管的进口处，截面 $m-m$ 是在出口管的出口处。关于旋风除尘器压力的无量纲描述中，对流体给出的最大值为全压差用 Δp^* 表示；静压差用 $\Delta p^*_{\mathrm{stat}}$ 表示，这两个量的定义如下：

$$\Delta p^* \equiv \frac{p-p_{\mathrm{m}}}{\dfrac{v_{\mathrm{i}}^2}{2}} \tag{3-3}$$

$$\Delta p^*_{\mathrm{stat}} \equiv \frac{p_{\mathrm{stat}}-p_{\mathrm{m\cdot stat}}}{\dfrac{v_{\mathrm{i}}^2}{2}} \tag{3-4}$$

p 和 p_{stat} 是所考虑的截面上的压力值。p_{m} 和 $p_{\mathrm{m\cdot stat}}$ 是在出口管出口处截面 $m-m$ 上的压力值，$p-p_{\mathrm{m}}$ 和 $p_{\mathrm{stat}}-p_{\mathrm{m\cdot stat}}$ 是该处的压力差，与旋风除尘器出口条件有关。$\rho v_{\mathrm{i}}^2/2$ 与出口管流体的动态压力有关，ρ 是流体的密度，v_{i} 是出口气流平均移动速度。

为了方便，在所定各截面上压力差 Δp^* 和 $\Delta p^*_{\mathrm{stat}}$ 已用直线运动连起来。从图 3-9 可以看出全压 Δp^* 在出气口 $t-m$ 两截面间的圆柱状部件内 $i-t$ 截面急剧下降。出口管中压力降非常大，这是由于一个非常强的旋转运动叠加上一个轴向的流体运动。这不仅在出口管壁上产生大的摩擦损失，而且在出口管轴线上形成一个低压区。进入这个低压区的气流主要沿轴线向与原来运动方向相反的方向运动。在出口管中轴向气流的图解如图 3-10 所示。由于压力降非常大并对收集效率起着重要的作用，因而出口管被认为是旋风除尘器极其重要的部件。出口管最重要的尺寸是半径 r_{i} 和伸入分离室中的长度 $h-h_{\mathrm{i}}$。

在图 3-9 中给出的静压曲线，虽然反映同一物理状况，但与全压特性是完全不同的。可以看

出在 $i-t$ 截面静压急剧下降，此截面间流体的运动十分复杂，具有旋转运动和反向的轴向运动。显然可以看出静压将意外地沿出口管道增加，这是由于流体流经出口管道时旋转运动下降。

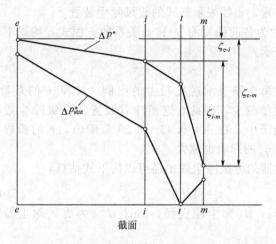

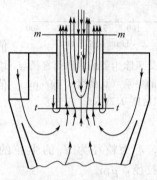

图 3-9　旋风除尘器内各不同截面上的压力　　　　图 3-10　旋风除尘器出口管道中气流的流动情况

第二节
旋风除尘器性能

旋风除尘器的性能包括处理气体量、除尘效率（分级效率和总效率）、设备阻力、漏风率等。

一、旋风除尘器的性能

1. 分离粒径

旋风除尘器能够分离捕集到的最小尘粒直径称为这种旋风除尘器的临界粒径或极限粒径，用 d_c 表示。对于大于某一粒径的尘粒，旋风除尘器可以完全分离捕集下来，这种粒径称为 100% 临界粒径，用 d_{c100} 表示。某一粒径的尘粒，有 50% 的可能性被分离捕集，这种粒径称为 50% 临界粒径，用 d_{c50} 表示，d_{c50} 和 d_{c100} 均称临界粒径，但两者的含义和概念完全不同。应用中多采用 d_{c50} 来判别和设计计算旋风除尘器。

旋风除尘器能够分离的最小粒径 d_c，则一般可由下式计算：

$$d_c = K \sqrt{\frac{\pi g \mu}{\rho_s v_Q}} \times \frac{D_2^2}{\sqrt{A_0 H_b}} \tag{3-5}$$

式中，K 为系数，小型旋风除尘器 $K = \frac{1}{2}$，大型旋风除尘器 $K = \frac{1}{4}$；g 为重力加速度，m/s²；μ 为气体黏度，kg·s/m²；ρ_s 为尘粒的真密度，g/cm³；v_Q 为气流圆周分速度，m/s；D_2 为除尘内筒直径，m；A_0 为进口宽度，m；H_b 为外筒高度，m。

相似型的旋风除尘器中，假设 $A \propto D_2^2$ 及 $H_b \propto D_2$，并且，只着眼于旋风除尘器的大小，则内圆筒直径 D_2 与极限粒径 d_c 之间，有如下的关系：

$$d_c \propto \sqrt{D_2}$$

图 3-11 是表示证实这种关系的实验结果之一。

2. 旋风除尘器的除尘效率

旋风除尘器分级除尘效率是按尘粒粒径不同，分别表示的除尘效率。分级效率能够更好地反

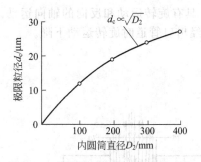

图 3-11 旋风除尘器的内圆筒直径与极限粒径的关系（真密度 2.0g/cm³，堆积密度 0.7g/cm³ 左右）

映除尘器对某种粒径尘粒的分离捕集性能。

图 3-12 表示旋风除尘器的分级除尘效率。实线表示老式的旋风除尘装置，虚线表示新式的旋风除尘装置。

图 3-12 中为各曲线写的 η_x 和 x 关系的方程式，均以下面的指数函数表示：

$$\eta_x = 1 - e^{-\alpha x^m}$$

上式右边第 2 项表示逸散粉尘的比例，粒径 x 的系数 α 值越大，逸散量越少，因此，这意味着装置的分级除尘效率增大。这些例子中，在 $m = 0.33 \sim 1.20$ 范围内，x 的指数 m 值越大，x 对 η_x 的影响也越大。

旋风除尘器的分级除尘效率还可以按下式估算：

$$\eta_p = 1 - e^{-0.6932\frac{d_p}{d_{c50}}} \tag{3-6}$$

式中，η_p 为粒径为 d_p 的尘粒的除尘效率，%；d_p 为尘粒直径，μm；d_{c50} 为旋风除尘器的 50% 临界粒径，μm。

旋风除尘器的总除尘效率可根据其分级除尘效率及粉尘的粒径分布计算。

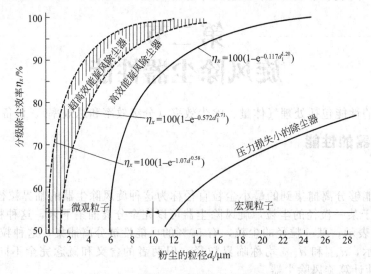

图 3-12 旋风除尘器的分级除尘效率

对上式积分，得到旋风除尘器总除尘效率的计算式如下：

$$\eta = \frac{0.6932d_t}{0.6932d_t + d_{c50}} \times 100\% \tag{3-7}$$

式中，η 为旋风除尘器的总除尘效率，%；d_t 为烟尘的质量平均直径，μm；

$$d_t = \frac{\sum n_i d_i^4}{\sum n_i d_i^3} \tag{3-8}$$

d_i 为某种粒级烟尘的直径，μm；n_i 为粒径为 d_i 的烟尘所占的质量分数，%。

3. 旋风除尘器的流体阻力

（1）普通旋风除尘器　旋风除尘器的流体阻力可分解为主要由进口阻力、旋涡流场阻力和排气管阻力三部分组成。通常按下式计算：

$$\Delta p = \xi \frac{\rho_2 v^2}{2} \tag{3-9}$$

式中，Δp 为旋风除尘器的流体阻力，Pa；ξ 为旋风除尘器的流体阻力系数，无量纲；v 为旋风除尘器的流体速度，m/s；ρ_2 为烟气密度，kg/m³。

旋风除尘器的流体阻力系数随着结构形式不同差别较大，而规格大小变化对其影响较小，同一结构形式的旋风除尘器可以视为具有相同的流体阻力系数。

目前，旋风除尘器的流体阻力系数是通过实测确定的。表 3-4 是旋风除尘器的压力损失系数。

表 3-4　旋风除尘器的压力损失系数值

型号	进口气速 u_i/(m/s)	压力损失 Δp/Pa	压力损失系数 ξ	型号	进口气速 u_i/(m/s)	压力损失 Δp/Pa	压力损失系数 ξ
XCX	26	1450	3.6	XDF	18	790	4.1
XNX	26	1460	3.6	双级涡旋	20	950	4.0
XZD	21	1400	5.3	XSW	32	1530	2.5
CLK	18	2100	10.8	SPW	27.6	1300	2.8
XND	21	1470	5.6	CLT/A	16	1030	6.5
XP	18	1450	7.5	XLT	16	810	5.1
XXD	22	1470	5.1	涡旋型	16	1700	10.7
CLP/A	16	1240	8.0	CZT	15.23	1250	8.0
CLP/B	16	880	5.7	新 CZT	14.3	1130	9.2

注：旋风除尘器在 20 世纪 70 年代以前，C 为旋风除尘器型号第一字母，取自 cyclone。后来改成 X 为旋风除尘器型号第一字母，取自 xuan。在行业标准 JB/T 9054—2000 中恢复使用 C。

（2）**切向流反转旋风除尘器**　切向流反转旋风除尘器阻力系数可按下式估算：

$$\xi=\frac{KF_i\sqrt{D_0}}{D_e^2\sqrt{h+h_1}}$$

（3-10）

式中，ξ 为对应于进口流速的流体阻力系数，无量纲；K 为系数，20～40，一般取 $K=30$；F_i 为旋风除尘器进口面积，m²；D_0 为旋风除尘器圆筒体内径，m；D_e 为旋风除尘器出口管内径，m；h 为旋风除尘器圆筒体长度，m；h_1 为旋风除尘器圆锥体长度，m。

二、影响旋风除尘器性能的主要因素

1. 旋风除尘器几何尺寸的影响

在旋风除尘器的几何尺寸中，以旋风除尘器的直径、气体进口以及排气管形状与大小为最重要影响因素。

① 一般旋风除尘器的筒体直径越小，粉尘颗粒所受的离心力越大，旋风除尘器分离的粉尘颗粒越小（见图 3-13），除尘效率也就越高。但过小的筒体直径会造成较大直径颗粒有可能反弹至中心气流而被带走，使除尘效率降低。另外，筒体太小对于黏性物料容易引起堵塞。因此，一般筒体直径不宜小于 50～75mm；大型化后，已出现筒径大于 2000mm 的大型旋风除尘器。

② 较高除尘效率的旋风除尘器，都有合适的长度比例。合适的长度不但使进入筒体的尘粒停留时间增长有利于分离，且能使尚未到达排气管的颗粒有更多的机会从旋流核心中分离出来，减少二次夹带，以提高除尘效率。足够长的旋风除尘器，还可避免旋转气流对灰斗顶部的磨损，但是过长会占据圈套的空间。因此，旋风除尘器从排气管下端至旋风除尘器自然旋转顶端的距离一般用下式确定：

$$l=2.3D_e\left(\frac{D_0^2}{bh}\right)^{1/3}$$

（3-11）

式中，l 为旋风除尘器筒体长度，m；D_0 为旋风除尘器圆筒体直径，m；b 为除尘器入口宽度，m；h 为除尘器入口高度，m；D_e 为除尘器出口高度，m。

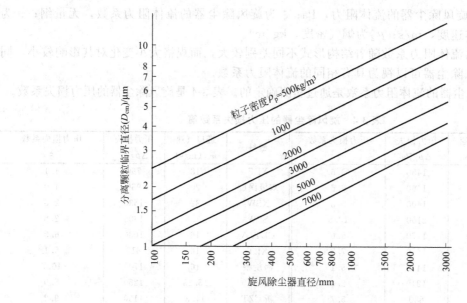

图 3-13　旋风除尘器直径与分离颗粒临界直径关系

　　一般常取旋风除尘器的圆筒段高度 $H=(1.5\sim2.0)D_0$。旋风除尘器的圆锥体可以在较短的轴向距离内将外旋流转变为内旋流，因而节约了空间和材料。除尘器圆锥体的作用是将已分离出来的粉尘微粒集中于旋风除尘器中心，以便将其排入储灰斗中。当锥体高度一定而锥体角度较大时，由于气流旋流半径很快变小，很容易造成核心气流与器壁撞击，使沿锥壁旋转而下的尘粒被内旋流所带走，影响除尘效率。所以，半锥角 α 不宜过大，设计时常取 $\alpha=13°\sim15°$。

　　③ 旋风除尘器的进口有两种主要的进口形式，即轴向进口和切向进口，如图 3-3 所示。切向进口为最普通的一种进口形式，制造简单，用得比较多。这种进口形式的旋风除尘器外形尺寸紧凑。在切向进口中螺旋面进口为气流通过螺旋而进口，这种进口有利于气流向下做倾斜的螺旋运动，同时也可以避免相邻两螺旋圈的气流互相干扰。

　　渐开线（蜗壳形）进口进入筒体的气流宽度逐渐变窄，可以减少气流对筒体内气流的撞击和干扰，使颗粒向壁移动的距离减小，而且加大了进口气体和排气管的距离，减少气流的短路机会，因而提高除尘效率。这种进口处理气量大，压力损失小，是比较理想的一种进口形式。

　　轴向进口是最好的进口形式，它可以最大限度地避免进入气体与旋转气流之间的干扰，以提高效率。但因气体均匀分布的关键是叶片形状和数量，否则靠近中心处分离效果很差。轴向进口常用于多管式旋风除尘器和平置式旋风除尘器。

　　进口管可以制成矩形和圆形两种形式。由于圆形进口管与旋风除尘器器壁只有一点相切，而矩形进口管整个高度均匀与内壁相切，故一般多采用后者。矩形宽度和高度的比例要适当，因为宽度越小，临界粒径越小，除尘效率越高；但过长而窄的进口也是不利的，一般矩形进口管高与宽之比为 2～4。

　　④ 排气管常风的排气管有两种形式：一种是下端收缩式；另一种为直筒式。在设计分离较细粉尘的旋风除尘器时，可考虑设计为排气管下端收缩式。排气管直径越小，则旋风除尘器的除尘效率越高，压力损失也越大；反之，除尘器的效率越低，压力损失也越小。排气管直径对除尘效率和阻力系数的影响如图 3-14 所示。

　　在旋风除尘器设计时，需控制排气管与筒径之比在一定的范围内。由于气体在排气管内剧烈

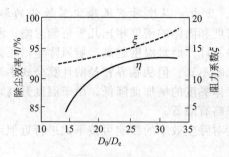

图 3-14　排气管直径对除尘
效率和阻力系数的影响

地旋转，将排气管末端制成蜗壳形状可以减少能量损耗，这在设计中已被采用。

⑤ 灰斗是旋风除尘器设计中不容忽略的部分。因为在除尘器的锥底处气流处于湍流状态，而粉尘也由此排出容易出现二次夹带的机会，如果设计不当，造成灰斗漏气，就会使粉尘的二次飞扬加剧，影响除尘效率。

除尘器处理气量越大，则其直径越大，其关系如图 3-14 所示。

高效旋风除尘器各部分间的比例见表 3-5（表中 D_0 为外筒直径）。

表 3-5　高效旋风除尘器各部分间的比例

序号	项　目	高效旋风除尘器比例	序号	项　目	高效旋风除尘器比例
1	直筒长	$L_1 = 2D_0$	5	入口宽	$B = 0.25D_0$
2	锥体长	$L_2 = 2.5D_0$	6	灰尘出口直径	$D_d = 0.5D_0$
3	出口直径	$D_e = 0.75D_0$	7	内筒长	$L = 0.75D_0$
4	入口高	$H = 0.5D_0$	8	内筒直径	$D_n = 0.5D_0$

2. 气体参数对除尘器性能的影响

气体运行参数对性能的影响有以下几方面。

（1）气体流量的影响　气体流量或者说除尘器入口气体流速对除尘器的压力损失、除尘效率都有很大影响。从理论上说，旋风除尘器的压力损失与气体流量的平方成正比，因而也和入口风速的平方成正比（与实际有一定偏差）。

入口流速增加，能增加尘粒在运动中的离心力，尘粒易于分离，除尘效率提高。除尘效率随入口流速平方根而变化，但是当入口速度超过临界值时，紊流的影响就比分离作用增加得更快，以至除尘效率随入口风速增加的指数小于 1；若流速进一步增加，除尘效率反而降低。因此，旋风除尘器的入口风速宜选取 18～23m/s。

（2）气体含尘浓度的影响　气体的含尘浓度对旋风除尘器的除尘效率和压力损失都有影响。试验结果表明，压力损失随含尘负荷增加而减少，这是因为径向运动的大量尘粒拖曳了大量空气；粉尘从速度较高的气流向外运动到速度较低的气流中时，把能量传递给涡旋气流的外层，减少其需要的压力，从而降低压力降。

由于含尘浓度的提高，粉尘的凝聚与团聚性能提高，因而除尘效率有明显提高，但是提高的速度比含尘浓度增加的速度要慢得多，因此，排出气体的含尘浓度总是随着入口处的粉尘浓度的增加而增加。

（3）气体含湿量的影响　气体的含湿量对旋风除尘器的工况有较大的影响。例如，分散度很高而黏着性很小的粉尘（小于 $10\mu m$ 的颗粒含量为 30%～40%，含湿量为 1%）气体在旋风除尘器中净化不好；若细颗粒量不变，湿含量增至 5%～10% 时，那么颗粒在旋风除尘器内相互黏结成比较大的颗粒，这些大颗粒被猛烈冲击在器壁上，气体净化将大有改善。

（4）气体的密度、黏度、压力、温度对旋风除尘器性能的影响　气体的密度越大，除尘效率越下降，但是，气体的密度和固体的密度相比几乎可能忽略。所以，其对除尘效率的影响较之固体密度来说，也可以忽略不计。通常温度越高，旋风除尘器压力损失越小；气体黏度的影响在考虑除尘器压力损失时常忽略不算。但从临界粒径的计算公式中知道，临界粒径与黏度的平方根成正比，所以除尘效率随气体黏度的增加而降低。由于温度升高，气体黏度增加，当进口气速等条件保持不变时，除尘效率略有降低。

气体流量为常数时，黏度对除尘效率的影响可按下式进行近似计算：

$$\frac{100-\eta_{a}}{100-\eta_{b}}=\sqrt{\frac{\mu_{a}}{\mu_{b}}} \tag{3-12}$$

式中，η_{a}、η_{b} 分别为 a、b 条件下的总除尘效率，%；μ_{a}、μ_{b} 分别为 a、b 条件下的气体黏度，$kg \cdot s/m^2$。

3. 粉尘的物理性质对除尘器的影响

① 粒径对除尘器的性能影响及较大粒径的颗粒在旋风除尘器中会产生较大的离心力，有利于分离。所以大颗粒所占有的百分数越大，总降尘效率越高。

② 粉尘密度对除尘器性能的影响。粉尘密度对除尘效率有着重要的影响，如图 3-15 所示。临界粒径 d_{50} 或 d_{100} 和颗粒密度的平方根成反比，密度越大，d_{50} 或 d_{100} 越小，除尘效率也就越高。但粉尘密度对压力损失影响很小，设计计算中可以忽略不计。

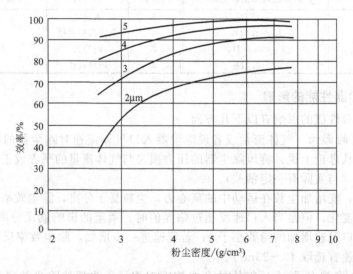

图 3-15　粉尘密度和除尘效率的关系

4. 除尘器内壁粗糙度的影响

增加壁面粗糙度，压力损失会降低。这是因为压力损失的一部分是由涡旋气流产生的，壁面粗糙减弱了涡流的强度，所以压力损失下降。由于减弱了涡旋的作用，除尘效率也受影响，而且严重的壁面粗糙会引起局部大涡流，它们带着灰尘离开壁面，其中一部分进入流往排气管的上升气流中，成为降低除尘效率的原因。在搭头接缝、未磨光对接焊缝、配合得不好的法兰接头以及内表面不平的孔口盖板等处，可能形成这样的壁面粗糙情况。因此，要保证除尘效率，应当消除这些缺陷。所以，在旋风除尘器的设计中应避免有没有打光的焊缝、粗糙的法兰连接点等。

旋风除尘器性能与各影响因素的关系如表 3-6 所列。

表 3-6 旋风除尘器性能与各影响因素的关系

变 化 因 素		性能趋向		投资趋向
		流体阻力	除尘效率	
烟尘性质	烟尘粒径增大	几乎不变	提高	(磨损)增加
	烟尘密度增大	几乎不变	提高	(磨损)增加
	烟气含尘浓度增加	几乎不变	略提高	(磨损)增加
	烟尘温度增高	减少	提高	增加
结构尺寸	圆筒体直径增大	降低	降低	增加
	圆筒体加长	稍降低	提高	增加
	圆锥体加长	降低	提高	增加
	入口面积增大(流量不变)	降低	降低	
	排气管直径增加	降低	降低	
	排气管插入长度增加	增大	提高(降低)	增加
运行状况	入口气流速度增大	增大	提高	
	灰斗气密性降低	稍增大	大大降低	减少
	内壁粗糙度增加(或有障碍物)	增大	降低	

三、旋风除尘器的设计计算

1. 旋风除尘器设计条件

首先收集原始条件包括:含尘气体流量及波动范围、气体化学成分、温度、压力、腐蚀性等;气体中粉尘浓度、粒度分布、粉尘的黏附性、纤维性和爆炸性;净化要求的除尘效率和压力损失等;粉尘排放和要求回收价值;空间场地、水源电源和管道布置等。根据上述已知条件做设备设计或选型计算。

2. 旋风除尘器基本形式

旋风除尘器基本形式见图 3-16。在实际应用中因粉尘性质不同,生产工况不同,用途不同,设计者发挥想象力设计出不同形式的除尘器,其中短体旋风除尘器如图 3-17 所示,长体旋风除尘器如图 3-18 所示,卧式旋风除尘器如图 3-19 所示。旋风除尘器设计百花齐放。

3. 旋风除尘器基本尺寸

旋风除尘器基本尺寸的计算如能计算出外筒直径或入口尺寸,参照表 3-7 即可确定整个除尘器的尺寸(D_c 为除尘器直径)。

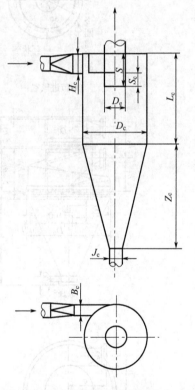

图 3-16 旋风除尘器基本形式

表 3-7 旋风除尘器各部分尺寸的比例

项 目	常用旋风除尘器	项 目	常用旋风除尘器
直筒长	$L_1 = (1.5 \sim 2)D_c$	进口宽	$B = (0.2 \sim 0.25)D_c$
锥体长	$L_2 = (2 \sim 2.5)D_c$	排灰口直径	$D_d = (0.15 \sim 0.4)D_c$
出口直径	$D_d = (0.3 \sim 0.5)D_c$	内筒长	$L = (0.3 \sim 0.75)D_c$
进口高	$H = (0.4 \sim 0.5)D_c$	内筒直径	$D_n = (0.3 \sim 0.5)D_c$

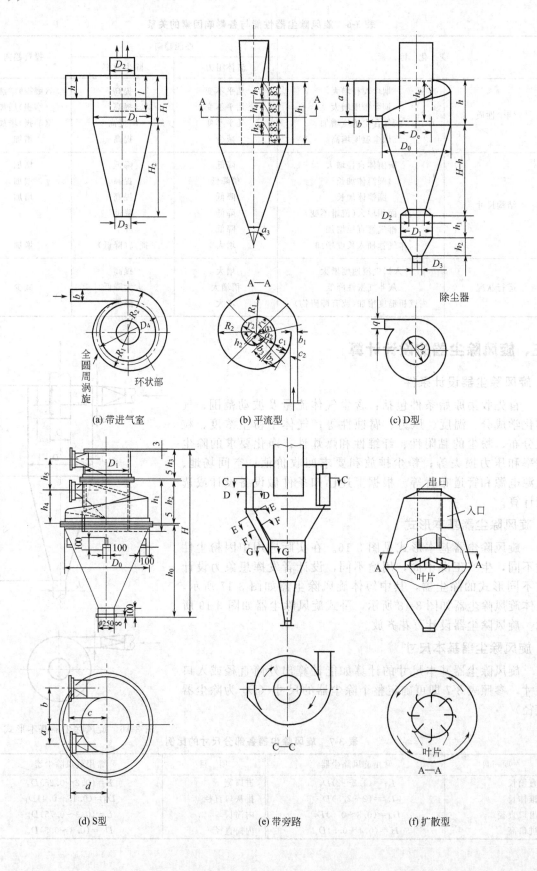

(a) 带进气室   (b) 平流型   (c) D型

除尘器

(d) S型   (e) 带旁路   (f) 扩散型

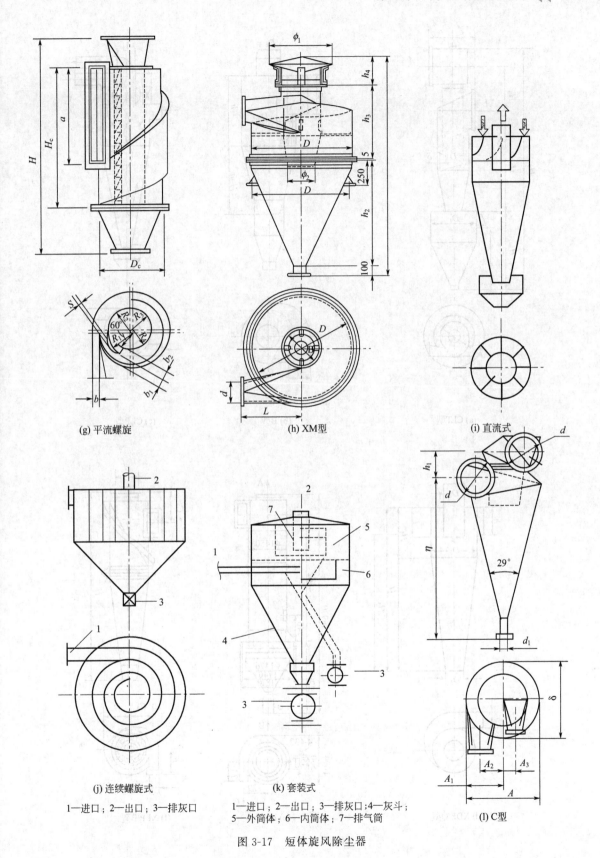

(g) 平流螺旋

(h) XM型

(i) 直流式

(j) 连续螺旋式

1—进口；2—出口；3—排灰口

(k) 套装式

1—进口；2—出口；3—排灰口；4—灰斗；
5—外筒体；6—内筒体；7—排气筒

(l) C型

图 3-17　短体旋风除尘器

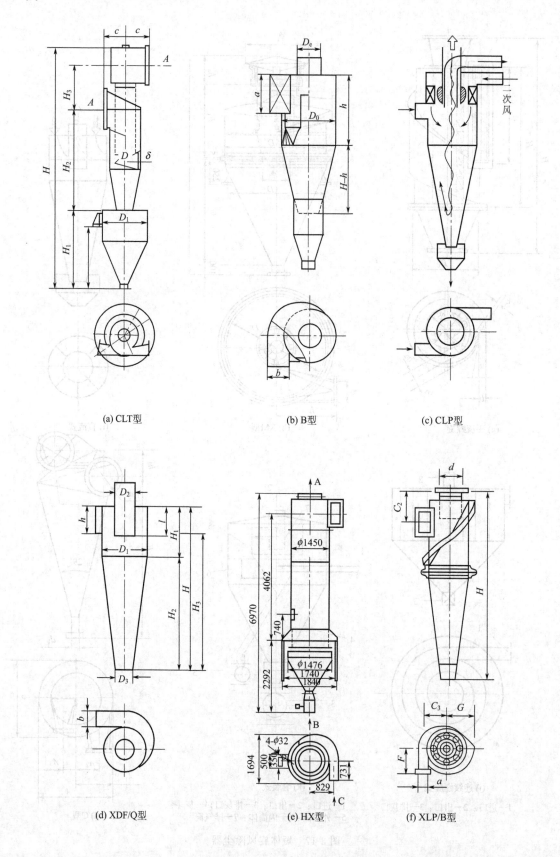

(a) CLT型 (b) B型 (c) CLP型

(d) XDF/Q型 (e) HX型 (f) XLP/B型

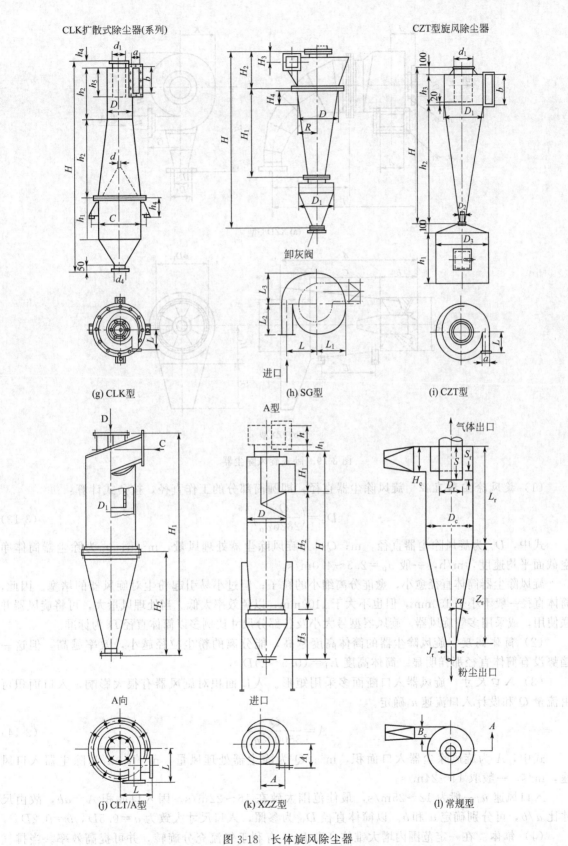

图 3-18 长体旋风除尘器

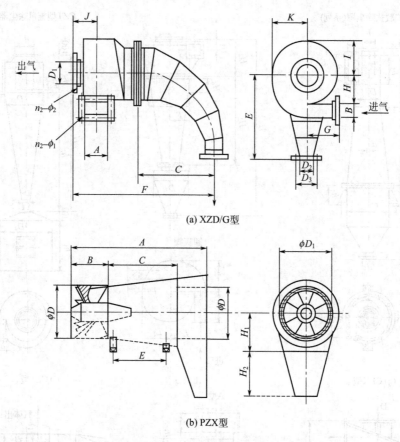

(a) XZD/G型

(b) PZX型

图 3-19 卧式旋风除尘器

（1）**旋风除尘器直径** 旋风除尘器直径，即圆筒部分的工作直径，按公式计算：

$$D_c = \left(\frac{Q_V}{2826 v_p}\right)^{0.5} \tag{3-13}$$

式中，D_c 为旋风除尘器直径，m；Q_V 为旋风除尘器处理风量，m^3/h；v_p 为除尘器筒体净空截面平均速度，m/h，一般 $v_p = 2.5 \sim 4.0 \, m/s$。

旋风除尘器筒体直径愈小，愈能分离细小的粒子；但过小易引起粉尘对旋风器的堵塞。因此，筒体直径一般不小于 150mm，但也不大于 1100mm，以免效率太低。当处理风量大，可将旋风器并联使用，或采用多管旋风器。旋风器型号大小及各部分尺寸比例多以筒体直径 D 为标准。

（2）**筒体高度** 旋风除尘器的筒体高度越高，能分离的粉尘粒径越小，效率越高，但这一趋势没有筒体直径那样明显。筒体高度 $L_1 = (0.5 \sim 2) D_0$。

（3）**入口尺寸** 旋风器入口断面多采用矩形。入口面积对旋风器有很大影响，入口面积可由流量 Q 和设计入口流速 u_i 确定。

$$A = \frac{Q}{3600 \times u_i} \tag{3-14}$$

式中，A 为旋风除尘器入口面积，m^2；Q 为除尘器处理风量，m^3/h；u_i 为除尘器入口风速，m/s，一般取 $14 \sim 24 \, m/s$。

入口风速 u_i 一般为 $12 \sim 25 \, m/s$，最佳范围大致在 $16 \sim 22 \, m/s$。因入口面积 $A = ab$，故由尺寸比 a/b，可分别确定 a 和 b。以筒体直径 D_0 为参照，入口尺寸大致为 $a = 0.5D$，$b = 0.2D$。

（4）**锥体** 在一定范围内增大锥体高度 L_2，有利于气流充分旋转，并可提高效率。当排气管入口到锥底部的高度大于自然长 L 时，常称为长锥形旋风器。一般取 $L_2=2D_0$ 左右。锥体高度和筒体高度应综合考虑，多取 $L_1+L_2=(3\sim3.5)D_0$。并可以用总高度 H 是否大于自然长 L 作为检验，当 $H=L_1+L_2\geqslant L$，设计是合理的，原因是长锥型旋风器会提高除尘效率。

（5）排气管　排气管为圆筒形，且与旋风器筒体同心。一般取排气管直径为 $d_1=(0.4\sim0.6)D$。排气管变细，阻力增加。排气管插入深度 s 是一重要的几何参数，对于切向入口式旋风器，排气管插入越浅，压力损失越小，但效率也越低。为防止进入旋风器的粉尘短路而直接从排气管逃逸，$s\geqslant a$；为防止阻力过大，$s\geqslant D$。

（6）排尘口　排尘口直径 d_3 不宜过小，d_3 过小，黏性粉尘易发生堵塞。一般取 $d_3=(1/5\sim1/3)D_0$。如果排尘口直接接卸灰阀，则考虑卸灰阀具体尺寸。

4. 按风量负荷确定除尘器结构尺寸

按风量负荷及要达到的除尘效率，一般旋风除尘器的主要尺寸可按图 3-20～图 3-22 确定。对于特种要求的旋风除尘器的尺寸及外形尺寸，按相关规定执行。

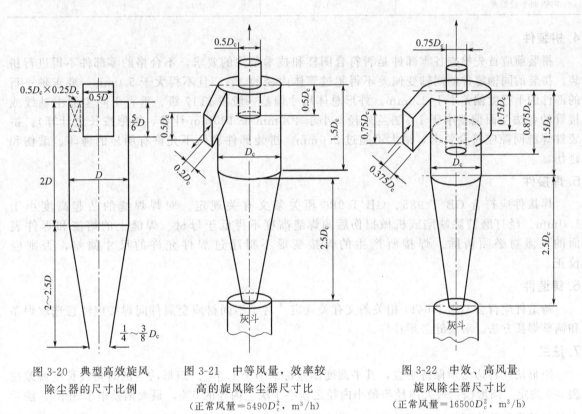

图 3-20　典型高效旋风　　图 3-21　中等风量，效率较　　图 3-22　中效、高风量
　除尘器的尺寸比例　　　　高的旋风除尘器尺寸比　　　　旋风除尘器尺寸比
　　　　　　　　　　　（正常风量 $=5490D_c^2$，m^3/h）　（正常风量 $=16500D_c^2$，m^3/h）

四、旋风除尘器的制造技术

1. 材料

根据使用场合和条件不同选用合适材料进行除尘器加工，金属材料应符合国家相关条文和设计选材要求。对捕集燃煤烟尘、铸造生产粉尘、水泥粉尘等硬度较大的粉尘，在大于 15m/s 含尘气流速度接触面的部位应采用耐磨措施。对腐蚀性强的含尘气体除尘应采用防腐措施。

2. 钢板件

钢板件符合图样要求，基本尺寸大于 80～600mm 时其公差符合 IT13 级；当基本尺寸等于或小于 80mm 时其公差值为 0.5mm；当基本尺寸大于 1600mm 时其公差值为 2.5mm。

钢板拼接最小宽度不得小于 300mm，拼接错边不允许超过 20% 板厚。拼接后的钢板应校平，钢板平面度偏差每米小于 1.5‰ 且长度不超过 5mm。

方形部件对角线偏差：当对角线尺寸小于 1000mm 时，两对角线之差小于 3mm；当对角线尺寸等于或大于 1000mm 时，两对角线之差小于 5mm。

3. 卷板件

圆形卷件的内径偏差应符合表 3-8 的规定。锥台形卷件同一截面上最大内径和最小内径的差值应小于设计内径的 5‰。圆形、锥台形卷件的端面错边小于 2.0mm。卷件校正锤击深度不得超过 0.5mm，筒体部分每 2500cm² 内、锥体部分每 200cm² 内不得多于 3 个锤印。

表 3-8　圆形卷件的内径偏差　　　　　　　　　　　　　　　　单位：mm

筒体内径 D	≤500	500～1200	>1200
内表面半径偏差	±1.0	±1.5	±2.0

4. 拼装件

拼装前应首先检查各零部件是否符合图样和技术条件的要求，不合格的零部件不得进行拼装。拼装的同轴零件的同轴变偏差不得超过筒体内径的 3‰，且不得大于 5.0mm。要求轴平行的部件的平行度偏差小于 2.0mm。外形总体尺寸偏差一般按 IT17 级。垂直于除尘器主轴线或接管的各法兰面偏差小于 1% 法兰外径（小于 100mm 按 100mm 计算，矩形按长边计算）。拼装件焊缝间隙应符合要求，最大不超过 2.0mm。拼装部件表面不允许有明显的锤印、敲伤和碰伤。

5. 焊接件

焊接件应符合 GB/T 985、GB/T 986 相关条文有关规定。对焊焊缝的凸起高度小于 1.0mm。经打磨清除缺陷或机械损伤后的焊缝高度不得低于母材。焊缝上的熔渣和焊件表面的飞溅物必须清除。焊接所产生的焊接变形不得超过焊件允许的尺寸偏差，否则应校正。

6. 铸造件

铸造件应符合 GB/T 6414 相关条文有关规定。对于不同材质金属件间焊接应注意选取焊条和调整焊接方法。对裂缝必须补焊。

7. 法兰

矩形法兰各边必须保持平直，其平面度偏差每米小于 1.5‰。矩形法兰的对角线长度偏差按表 3-9 规定。圆形法兰最大内径与最小内径之差小于法兰内径的 5‰，最大偏差小于 5mm。法兰内径与接管间隙小于 1mm，角钢法兰向外翻边不大于 2mm。法兰孔表面粗糙度不得大于 $\overset{25}{\vee}$。圆形法兰螺栓孔中心圆直径，相邻两螺栓孔弦长偏差为 ±0.6mm，法兰任意两螺栓孔弦长偏差按表 3-10 的规定，矩形法兰两螺栓孔中心距偏差按表 3-11 的规定。圆形法兰螺栓孔的中心与法兰内径中心的偏差，对轧制法兰小于 2.0mm，对气割法兰小于 3.0mm。法兰外沿表面粗糙度不得大于 $\overset{100}{\vee}$。

表 3-9　矩形法兰的对角线长度偏差　　　　　　　　　　　　　　单位：mm

长度尺寸 L	≤500	500～1200	1200～2000	2000～3150	>3150
长度偏差	≤1.5	≤2.0	≤3.0	≤3.5	≤4.0

表 3-10　圆形法兰任意两螺栓孔弦长距偏差　　　　　　　　单位：mm

螺栓孔中心圆直径 D	≤500	500~1200	>3150
弦长偏差	±1.0	±1.5	±2.0

表 3-11　矩形法兰任意两螺栓孔中心距偏差　　　　　　　　单位：mm

孔距设计尺寸 S	≤250	250~500	500~1000	1000~3150	>3150
中心距偏差	±1.0	±1.5	±2.0	±2.5	±3.0

8. 耐磨层

严格按照设计图样及工艺要求对除尘器耐磨层进行处理，必须从结构上确保除尘器在运输过程中耐磨层不发生穿透性裂缝和脱落。耐磨层应按要求的形状与尺寸制成实物试块，以备检查。

除尘器内衬耐磨层厚度不允许有正偏差，且负偏差最大不得超过 3mm。敷砌完毕的耐磨层必须表面平滑，不允许有明显的凹凸，局部凹凸量 C 应符合表 3-12 的要求。耐磨层纵向接缝，当筒体直径小于 1.0m 时，不得多于 2 条；大于或等于 1.0m 时不得多于 3 条。应严格按工艺要求进行养护，经过养护的耐磨层表面不得有起灰或龟裂现象。有条件尽可能现场敷砌。

表 3-12　耐磨层的局部凹凸量　　　　　　　　单位：mm

耐磨层内径 D	≤500	500~800	>800
局部凹凸量 C	≤1.0	≤1.5	≤2.0

9. 涂装

除尘器经制造厂的质量管理部门各项制造质量检查合格后，方可进行涂装。涂料质量应符合相关规定。选用的涂料耐温应满足使用温度。分段出厂的除尘器在离焊缝坡口边缘 100mm 区域内可以不涂涂料。除尘器内表面、随除尘器整体出厂的部件内表面可以不涂涂料。

涂装前金属表面应干燥，清除污油、铁锈、焊接飞溅物、毛刺和其他影响质量的杂物。喷涂涂料应避免在烈日、雨雪及浓雾下进行。除尘器外表面的涂层应均匀，不应有气泡、龟裂和剥落等缺陷。除尘器的外表面涂防锈漆一道，底漆和面漆各一道，后道涂料应在前道涂料干燥后进行。

第三节
单筒旋风除尘器

单筒旋风除尘器类型很多，有许多形式雷同或近似，本节仅介绍有代表性并且应用较多的旋风除尘器，即标准型旋风除尘器、木工旋风除尘器、牛角形旋风除尘器、旁路式旋风除尘器、扩散式旋风除尘器、直流式旋风除尘器。

单筒旋风除尘器可以分为 3 种类型。

一、标准比例的旋风除尘器

在众多的旋风除尘器中丹尼森（Danielson）提出了使用一套标准的或通用的旋风除尘器的比例。如图 3-23 和表 3-13 列出了用直径 D_c 表示的标准旋风除尘器的比例。这种比例关系为除尘器尺寸和性能比较提出一种可能。

表 3-13 标准旋风除尘器的比例

圆柱体的长度	$L_1 = 2D_c$	进气口的宽度	$B = 1/4D_c$
锥体的长度	$L_2 = 2D_c$	排尘口的直径	$D_d = 1/4D_c$
排气口的直径	$D_c = 1/2D_c$	排气管的长度	$L_3 = 1/8D_c$
进气口的高度	$H = 1/2D_c$		

莱波尔（Lappler）提出了一个普通旋风除尘器除尘效率的经验公式。该效率公式是以效率为 50% 时的颗粒尺寸为基础的。这个尺寸以 d_{50} 表示，该颗粒直径称为颗粒分割尺寸。

颗粒分割粒径 d_{50} 的计算方程为

$$d_{50} = \sqrt{\frac{g\mu B^2 H}{\rho_p Q \theta_1}} \qquad (3-15)$$

旋风除尘器的除尘效率与颗粒直径的关系绘在图 3-24，上式中的 θ_1 值，表示气体在穿过旋风除尘器时的有效回转数；θ_1 值是个变量，但在缺乏精确的数据时，可由下式得到近似值

$$\theta_1 = 2\pi \frac{L_1 + \frac{L_2}{2}}{H} = \frac{\pi}{H}(2L_1 + L_2) \qquad (3-16)$$

上式适用于切向、螺旋形或绕线形进气。轴向进气采用下列方程：

$$d_{50} = \sqrt{\frac{27\pi\mu B^3}{\rho_p Q \theta_1 \tan a}} \qquad (3-17)$$

对于标准比例的旋风除尘器，式中给出 $\theta_1 = 12\pi$。

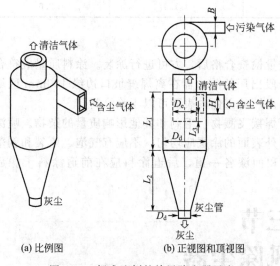

(a) 比例图　　(b) 正视图和顶视图

图 3-23　标准比例的旋风除尘器示意

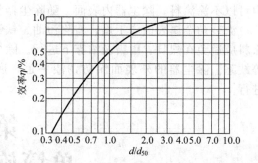

图 3-24　旋风除尘器的除尘效率与颗粒直径的关系

二、木工旋风除尘器

1. XM 型木工旋风除尘器

XM 型除尘器是专为捕集木材加工车间中的刨花，锯末片、木屑等木质粉尘而研制的一种新型木工旋风除尘器。

（1）结构特点及工作原理　XM 型除尘器依照旋风分离的基本规律，为消除二次气流产生的"上灰环"所造成的不良影响，通过优选试验，采用了异形进口和螺旋顶的蜗壳结构。芯管入口处装有特殊的旋流挡板。这种结构形式对于改善除尘器的性能具有明显的作用。

（2）主要技术指标　主要技术指标见表 3-14。

表 3-14 XM 型除尘器主要技术指标

除尘器型号	筒体内径 /mm	处理风量 /(m³/h)	进口流速 /(m/s)	除尘器阻力 /Pa	除尘效率 /%	设备质量 /kg
XM-1	φ1200	1920～3010				370
XM-2	φ1400	2610～4090				487
XM-3	φ1600	3400～5350				623
XM-4	φ1900	4800～7540		150.92～381.22 (在 20℃, 760mmHg 时)		869
XM-5	φ2200	6440～10120	14～22		91～97	1360
XM-6	φ2500	8310～13060				1741
XM-7	φ3000	11930～18750				2513
XM-8	φ3500	16260～25560				3373
XM-9	φ4100	22270～34990				4729

（3）外形尺寸　XM 型除尘器外形尺寸见图 3-25 和表 3-15。

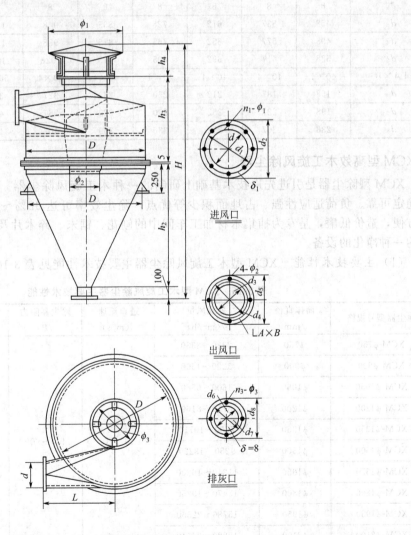

图 3-25　XM 型除尘器外形尺寸（单位：mm）

表 3-15 XM 型除尘器尺寸　　　　　　　　　　　单位：mm

尺寸 型号规格	$\phi1200$	$\phi1400$	$\phi1600$	$\phi1900$	$\phi2200$	$\phi2500$	$\phi3000$	$\phi3500$	$\phi4100$
H	2389	2768	3150	3720	4292	4862	5813	6764	7908
h_2	1300	1500	1700	2000	2300	2600	3100	3600	4200
h_3	704	837	972	1172	1374	1574	1909	2243	2647
h_4	280	326	373	443	513	583	699	816	956
D	1200	1400	1600	1900	2200	2500	3000	3500	4100
ϕ_1	710	829	947	1125	1302	1480	1776	2072	2427
ϕ_2	320	374	427	507	587	668	801	935	1095
ϕ_3	450	525	600	713	825	938	1125	1313	1538
L	700	817	933	1108	1283	1458	1750	2042	2392
d	228	270	305	360	415	472	563	655	764
d_1	272	310	345	400	455	512	603	695	814
d_2	308	350	385	440	495	552	643	675	864
$n_1-\phi_1$	8-ϕ12	8-ϕ12	8-ϕ12	12-ϕ12	12-ϕ12	12-ϕ12	16-ϕ12	16-ϕ12	20-ϕ12
δ_1	8	8	8	8	8	8	10	10	10
d_3	458	537	612	725	835	948	1135	1323	1550
d_4	498	577	652	765	875	988	1175	1337	1600
d_5	538	617	692	805	915	1028	1215	1423	1650
$LA\times B$	40×4	40×4	40×4	40×4	40×4	40×4	50×4	50×5	63×6
d_6	158	187	212	250	289	327	389	452	525
d_7	198	227	252	290	329	367	429	492	565
d_8	238	267	292	330	369	407	469	532	605

2. XCM 型高效木工旋风除尘器

XCM 型除尘器是引进先进技术基础上研制的一种木工旋风除尘器。它具有高效、中阻、运行稳定可靠、负荷适应性强、占地面积少等优点，除尘效率可达 92%～96%，其结构简单，维护方便，造价低廉，是专为捕集木材加工车间中的刨花、锯末、碎木片及木屑等木质粉尘较为理想的一种净化的设备。

（1）主要技术性能　XCM 型木工旋风除尘器主要技术性能见表 3-16。

表 3-16 XCM 型木工旋风除尘器主要技术性能

除尘器型号规格	筒体直径 /mm	处理风量 /(m³/h)	进口流速 /(m/s)	除尘器阻力 /Pa	除尘效率 /%	设备总重/kg
XCM-ϕ750	ϕ750	2330～3330				192
XCM-ϕ900	ϕ900	3220～4600				261
XCM-ϕ1050	ϕ1050	4600～6560				340
XCM-ϕ1200	ϕ1200	5710～8160				427
XCM-ϕ1350	ϕ1350	7500～10710				538
XCM-ϕ1500	ϕ1500	9250～13220	14～20	450～900	92～96	645
XCM-ϕ1650	ϕ1650	11340～16200				772
XCM-ϕ1800	ϕ1800	13470～19250				1143
XCM-ϕ1950	ϕ1950	15780～22550				1330
XCM-ϕ2100	ϕ2100	18280～26110				1518

（2）外形尺寸　按旋转方向 XCM 型高效木工旋风除尘器可制成右旋 S 型，左旋 N 型，图 3-26所示为 S 型，该设备的安装尺寸见表 3-17 和表 3-18 系列，安装基础图见图 3-27。

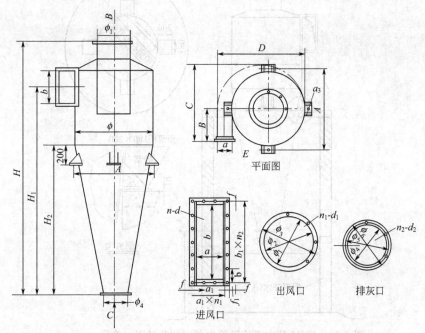

图 3-26　XCM 型木工旋风除尘器外形

表 3-17　XCM 型木工旋风除尘器主要外形尺寸

型号规格	外形尺寸/mm									
	ϕ	A	a_3	H	H_1	H_2	B	C	D	E
XCM-ϕ750	750	830	14	2600	2085	1500	300	745	890	445
XCM-ϕ900	900	980	14	3050	2500	1800	300	830	1060	530
XCM-ϕ1050	1050	1130	14	3500	2910	2100	400	1020	1240	620
XCM-ϕ1200	1200	1280	14	3950	3330	2400	400	1105	1410	705
XCM-ϕ1350	1350	1470	18	4400	3740	2700	500	1295	1590	795
XCM-ϕ1500	1500	1620	18	4850	4160	3000	500	1385	1770	885
XCM-ϕ1650	1650	1770	18	5300	4575	3300	600	1575	1950	975
XCM-ϕ1800	1800	1960	18	5750	4995	3600	700	1765	2130	1065
XCM-ϕ1950	1950	2110	18	6200	5415	3900	700	1855	2310	1155
XCM-ϕ2100	2100	2260	18	6650	5835	4200	800	2045	2490	1245

表 3-18　XCM 型木工旋风除尘器进风口、出风口、排灰口法兰尺寸

除尘器型号规格	进风口法兰/mm									出风口法兰/mm					排灰口法兰/mm				
	a	b	f	n	d	a_1	n_1	b_1	n_2	ϕ_1	ϕ_2	ϕ_3	n_1	d_1	ϕ_4	ϕ_5	ϕ_6	n_2	d_2
XCM-ϕ750	142	332	15	10	10	86	2	120	3	322	352	382	6	10	202	232	262	6	10
XCM-ϕ900	162	402	15	12	10	96	2	108	4	382	412	442	6	10	242	272	302	6	10
XCM-ϕ1050	192	482	15	16	10	74	3	102	5	442	472	502	6	10	272	302	332	8	10
XCM-ϕ1200	212	542	15	16	10	80	3	114	5	502	532	562	8	10	312	342	372	8	10
XCM-ϕ1350	242	622	15	16	110	80	3	108	5	572	612	652	8	10	352	392	412	8	10
XCM-ϕ1500	272	682	20	18	12	104	3	120	5	632	672	712	8	10	392	432	472	8	10
XCM-ϕ1650	302	752	20	18	12	114	3	132	5	702	742	782	12	12	432	472	512	8	10
XCM-ϕ1800	332	812	20	22	12	93	4	122	7	762	802	842	12	12	472	512	552	12	10
XCM-ϕ1950	362	872	20	22	12	100	4	130	7	822	862	902	12	12	502	542	582	12	10
XCM-ϕ2100	392	932	20	24	12	108	4	121	8	892	932	972	12	12	542	582	622	12	10

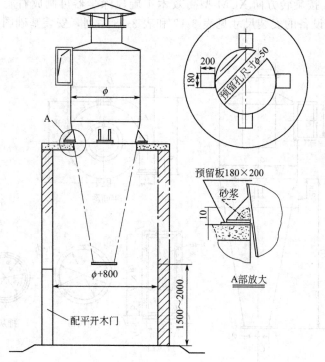

图 3-27 XCM 型木工旋风除尘器安装基础图（单位：mm）

三、XZD/G 型旋风除尘器

XZD/G 型旋风除尘器适用于蒸发量为 1～20t/h 燃烧良好的（烟气含尘较少）层燃锅炉的烟气除尘。该除尘器按卧式安装设计，若需立式安装时，只需将牛角锥体改为直锥体即可，直锥体的总高度等于牛角锥体中心线伸直长度。

1. 结构特点及工作原理

XZD/G 型旋风除尘器采用锥形底板的蜗壳结构，并装有螺旋形进口连接底板。

含尘烟气在进入除尘器后首先经过 π/2 弧度的涡旋形进口过渡底板。这种结构形式对于控制除尘器内回转气流中的"次流"，提高除尘效率，减低阻力具有良好效果。

2. 主要技术性能

主要技术性能见表 3-19。

表 3-19 XZD/G 型除尘器技术性能

名　称	XZD/G 型旋风除尘器					
筒体直径/mm	φ578	φ810	φ1100	φ950×2	φ778×5	φ778×9
用途	配 1T/h 锅炉	配 2T/h 锅炉	配 4T/h 锅炉	配 6T/h 锅炉	配 10T/h 锅炉	配 20T/h 锅炉
处理烟气量/(m³/h)	3300	6500	12000	18000	30000	60000
进口流速/(m/s)	21	21	21	21	21	21
阻力/Pa	852.6（200℃） 774.2（250℃烟气）					
除尘效率/%	80～95					
总质量/kg	250	450	780	2700	5100	11200
配用引风机型号	Y5-47 № 4c	Y5-47 № 5c	Y5-47 № 6c	Y5-47 № 8c	Y5-47 № 9c	Y5-47 № 12c

XZD/G 型旋风除尘器曾是国家城乡建设环保部、机械工业部关于锅炉除尘推荐选用十一种除尘器之一。随着环保要求日益严格，使用者日渐减少。

3. 外形尺寸

XZD/G 型旋风除尘器的 1 型、2 型、4 型外形尺寸见图 3-28 和表 3-20。6 型、10 型和 20 型见图 3-29～图 3-31。

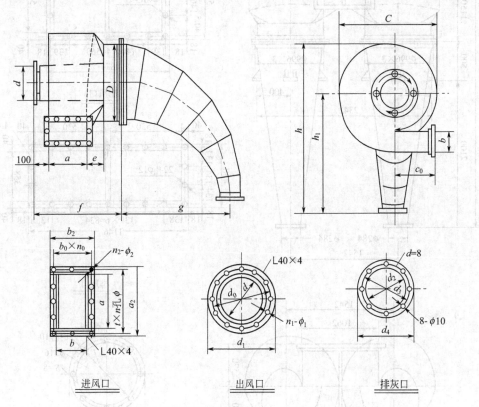

进风口　　　　　　　出风口　　　　　　　排灰口

图 3-28　XZD/G 型旋风除尘器 1 型、2 型、4 型外形尺寸

表 3-20　XZD/G 型旋风除尘器 1 型、2 型、4 型外形尺寸　　　单位：mm

尺寸＼型号	$\phi578$	$\phi810$	$\phi1100$	尺寸＼型号	$\phi578$	$\phi810$	$\phi1100$
D	624	856	1146	d_1	378	493	638
d	298	413	558	n_1-ϕ_1	12-ϕ10	12-ϕ10	16-ϕ12
a	324	446	592	d_2	193	251	353
b	176	235	310	d_3	223	281	353
c_0	350	480	650	d_4	253	311	384
e	174	231	308	$b_0\times n_0$	110×2	93×3	118×3
f	744	984	1314	b_2	256	315	390
g	931	1281	1756	$t\times n$ 孔ϕ	92×4ϕ10	98×5ϕ10	106×6ϕ12
h	1374	1869	2527	a_2	404	526	672
h_1	975	1325	1800	n_2-ϕ_2	12-ϕ10	16-ϕ10	18-ϕ12
d_0	342	457	602	C	823	1123	1508

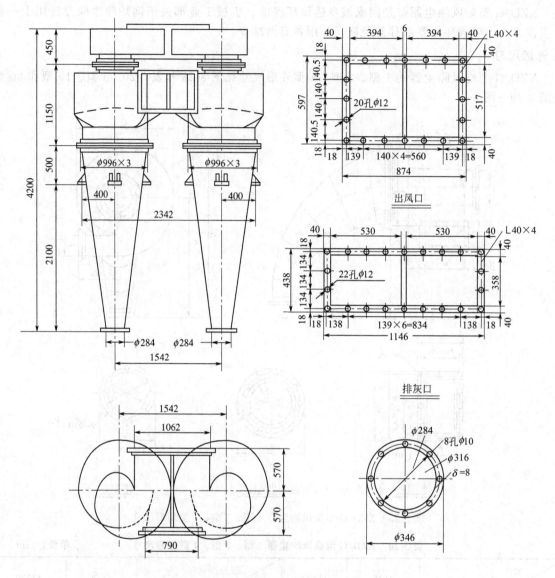

图 3-29　XZD/G-6 型除尘器尺寸（单位：mm）

四、CLT/A 型旋风除尘器

CLT/A 型旋风除尘器为立式离心旋风除尘器，标准图号 T505-1。

1. 工作原理

普通型旋风除尘器的工作原理是含尘气体从进口处沿切向并向下 15°斜度进入，气流急速旋转运动，气流中的粉尘产生强烈的离心分离作用。相当部分颗粒的粉尘先后被分离到器壁，碰撞后沿外壁落下至锥体和卸灰阀处排出。分离粉尘后的气体旋转向中心从排气管排出。为了减少气体出口的阻力损失，把出口设计成蜗壳形是该除尘器的特点之一。

2. 结构和性能

CLT/A 型旋风除尘器圆筒直径每 150～800mm 为一级。同一圆筒直径又有单筒、双筒、三筒、四筒、六筒五种组合形式。每种组合按其出口方式又有 X、Y 两种：X 型一般用于负压操作系统；Y 型可用于正压或负压操作系统。

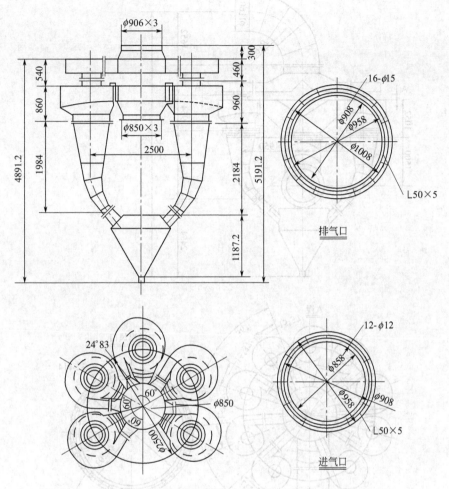

图 3-30　XZD/G-10 型除尘器尺寸（单位：mm）

当单独使用时，进口粉尘浓度以不大于 1.5g/m³ 为宜；当它作为多级除尘系统的第一级使用时，进口含尘浓度以不大于 30g/m³ 为宜。如果含尘质量浓度过高，应采用必要的粗分离装置。

该除尘器的净化能力可按下式计算：

$$V = 3600\frac{\pi}{4}D^2 nv = 2826nvD^2 \tag{3-18}$$

式中，V 为除尘器的处理能力，m³/h；n 为旋风筒个数；v 为旋风筒截面上假想气流速度，m/s，一般为 2.5～4m/s；D 为旋风筒直径，m。

该除尘器的阻力按下式计算：

$$\Delta p = \xi \frac{v_i^2}{2}\rho_i \tag{3-19}$$

式中，Δp 为流体阻力，Pa；ξ 为阻力系数，对于 X 型 $\xi = 5.5$，对于 Y 型 $\xi = 5.0$；v_i 为除尘器进口气流速度，m/s；ρ_i 为进口含尘气体密度，kg/m³。

当处理的气体量较大时，需要多台单筒除尘器并联使用，其阻力为单个除尘器阻力的 1.1 倍。

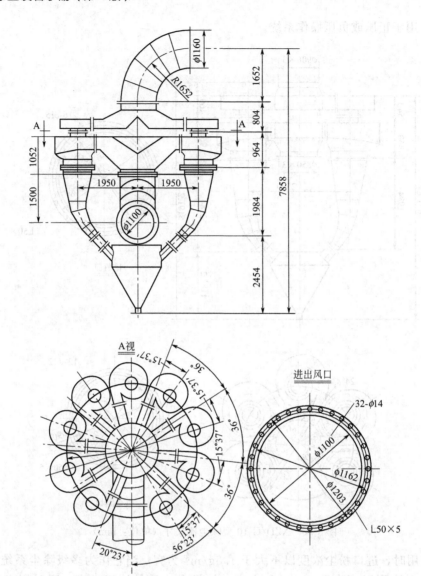

图 3-31　XZD/G-20 型除尘器尺寸（单位：mm）

CLT/A 型旋风除尘器 1966 年收录入《全国通用建筑标准设计图集》，图号为 T505-1，其结构特点为：①有 15°向下倾斜的螺旋切线气体进口，对 15°向下的倾斜进口对分离粉尘是有利的，因为它使粉尘受到一个向下运动的分氛围，可以使粉尘降落快，并不易再混入向上气流；②圆筒体细长、锥体较长、锥角较小等，器壁钢板厚 3.5～6mm。

3. 技术性能

带出口蜗壳的 CLT/A 型旋风除尘器的进口气速与除尘效率和压力损失的关系见图 3-32，压力损失与除尘效率的关系见图 3-33。流体阻力系统 X 型为 5.5，Y 型为 5.0。这些参数是在进口含尘浓度为 $3g/m^3$，如下所列粒度分布的滑石粉条件下试验得出的：

平均粒径/μm	2	4	7.5	15	25	35	45	55	65
粒级分布/%	3	11	17	27	12	9.5	7.5	6.4	6.6

CLT/A 型旋风除尘器的筒体直径在 300～800mm 之间共 11 种规格，有单筒、双筒、三筒、四筒和六筒五种组合形式。每种组合有两种排气形式，即水平 X 型排气和上部 Y 型排气。

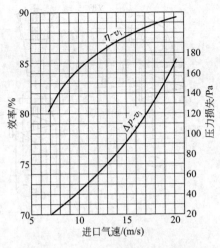

图 3-32　CLT/A 型旋风除尘器进口
气速与除尘效率和压力损失的关系

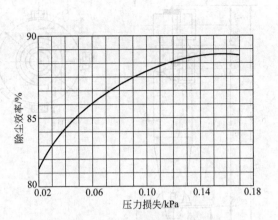

图 3-33　CLT/A 型旋风除尘器
压力损失与除尘效率的关系

CLT/A 型旋风除尘器的处理气量和压力损失按表 3-21 选取。各种组合形式及组合尺寸分别见图 3-34～图 3-37 和表 3-22～表 3-25。

表 3-21　CLT/A 型旋风除尘器的处理气量和压力损失

组合式	进口气速 /(m/s)	CLT/ A-3.0	CLT/ A-3.5	CLT/ A-4.0	CLT/ A-4.5	CLT/ A-5.0	CLT/ A-5.5	CLT/ A-6.0	CLT/ A-6.5	CLT/ A-7.0	CLT/ A-7.5	CLT/ A-8.0
		ϕ300mm	ϕ350mm	ϕ400mm	ϕ450mm	ϕ500mm	ϕ550mm	ϕ600mm	ϕ650mm	ϕ700mm	ϕ750mm	ϕ800mm
		处理气量/(m³/h)										
单筒	12	670	910	1180	1500	1860	2240	2670	3130	3630	4170	4750
	15	830	1140	1480	1870	2320	2800	3340	3920	4540	5210	5940
	18	1000	1360	1780	2250	2780	3360	4000	4700	5440	6250	7130
双筒	12	1340	1820	2360	3000	3720	4480	5340	6260	7260	8340	9500
	15	1660	2280	2960	3740	4640	5600	6680	7840	9080	10420	11880
	18	2000	2720	3560	4500	5560	6720	8000	94.0	10880	12500	14260
三筒	12	2010	2730	3540	4500	5580	6720	8010	9390	10890	12510	14250
	15	2490	3420	4440	5610	6960	8400	10020	11760	13620	15630	17820
	18	3000	4080	5340	6750	8340	10080	12000	14100	16320	18750	21390
四筒	12	2680	3640	4720	6000	7440	8960	10680	12520	14520	16680	19000
	15	3320	4480	5920	7480	9280	11200	13360	15680	18160	20840	23760
	18	4000	5440	7120	9000	11120	13440	16000	18800	21760	25000	28520
六筒	12	4020	5460	7080	9000	11160	13440	16020	18780	21780	25020	28500
	15	4980	6840	8880	11220	13920	16800	20040	23520	27240	31260	35640
	18	6000	8160	10680	13500	16680	20160	24000	28200	32640	37500	42780

进口气速 /(m/s)	压力损失/Pa	
	X 型	Y 型
12	480	431
15	755	676
18	1078	970

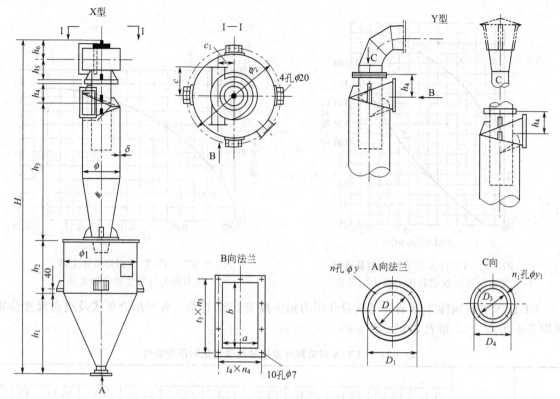

图 3-34　单筒 CLT/A 型旋风除尘器尺寸（单位：mm）

表 3-22　单筒 CLT/A 型旋风除尘器组合尺寸

单位：mm

参　数		φ300mm	φ350mm	φ400mm	φ450mm	φ500mm	φ550mm	φ600mm	φ650mm	φ700mm	φ750mm	φ800mm
H		2501	2869	3241	3610	3981	4350	4720	5093	5460	5829	6192
h_1		470	535	600	665	70	795	860	925	990	1055	1120
h_2		330	385	440	495	550	605	660	715	770	825	880
h_3		1161.5	1354.5	1548	1740.5	1934.5	2127.5	2320.5	2513.5	2706	2898	3084
h_4		144.5	167.5	192	215.5	239.5	262.5	286.5	310.5	333	357	381
h_5		221	237	254	270.5	287	303.5	320	338	354	370.5	387
h_6		169	185	202	218.5	235	251.5	268	286	302	318.5	335
c_1		111	130	148	166.5	185	203.5	222	240	259	277.5	296
c		180	210	240	270	300	330	360	390	420	450	480
ϕ_1		457	532	608	683	159	834	910	985	1060	1135	1212
ϕ_2		637	712	808	883	999	1074	1150	1225	1300	1375	1452
D		70	70	70	70	70	100	100	100	100	150	150
D_1		126	126	126	126	156	156	156	156	156	206	206
D_3		180	210	240	270	300	330	360	390	420	450	480
D_4		220	250	280	310	340	376	406	436	466	496	526
a		78	90	104	117	130	143	156	170	182	195	208
b		198	230	264	297	330	363	396	430	462	495	528
$t_3 \times n_3$		113×2	86×3	102×3	115×3	128×3	103×4	114×4	120×4	130×4	138×4	146×4
$t_4 \times n_4$		53×2	60×2	73×2	82.5×2	92×2	96×2	108×8	110×2	121×2	126×2	132×2
n 孔 ϕy		4 孔 φ7	4 孔 φ7	4 孔 φ7	4 孔 φ7	4 孔 φ7	6 孔 φ7	6 孔 φ7	6 孔 φ7	6 孔 φ7	6 孔 φ7	6 孔 φ7
n_1 孔 ϕy_1		8 孔 φ7	8 孔 φ7	8 孔 φ7	8 孔 φ7	8 孔 φ7	12 孔 φ7	12 孔 φ7	12 孔 φ7	12 孔 φ7	12 孔 φ7	12 孔 φ7
δ		3.5	3.5	4	4	4.5	4.5	5	5	5	5	6
质量 /kg	X 型	116	144	190	232	298	367	463	547	617	706	946
	Y 型	106	133	176	214	276	340	432	500	564	646	879

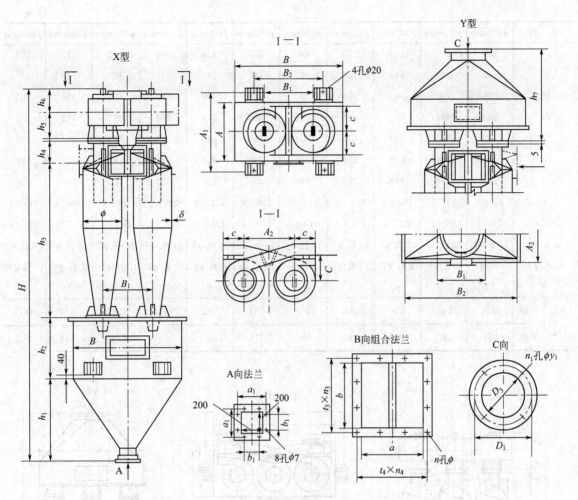

图 3-35　双筒 CLT/A 型旋风除尘器尺寸（单位：mm）

表 3-23　双筒 CLT/A 型旋风除尘器组合尺寸　　　　单位：mm

参　数	φ300mm	φ350mm	φ400mm	φ450mm	φ500mm	φ550mm	φ600mm	φ650mm	φ700mm	φ750mm	φ800mm
H	2711	3114	3521	3925	4331	4735	5140	5548	5950	6354	6752
h_1	680	780	880	980	1080	1180	1280	1380	1480	2580	1680
h_2	330	385	440	495	500	605	600	715	770	825	880
h_3	1161.5	1354.5	1548	1740.5	1934.5	2127.5	2320.5	2513.5	2706	2898	3084
h_4	144.5	167.5	192	215.5	239.5	262.5	286.5	310.5	333	357	81
h_5	221	237	254	270.5	287	303.5	320	338	354	370.5	387
h_6	169	185	202	218.5	235	251.5	268	286	302	318.5	33.5
h_7	560	620	680	740	900	920	960	980	1040	1100	1160
A	458	533	608	683	759	834	909	984	1060	1135	1212
A_1	718	793	828	943	1000	1075	1149	1224	1300	1374	1452
A_2	304	354	404	444	454	499	544	591	636	681	726
B	758	883	1008	1133	1259	1384	1509	1634	1760	1885	2012
B_1	320	370	420	470	522	572	624	674	724	774	828
B_2	450	550	700	800	850	900	1000	1250	1350	1400	1500
C	180	210	240	270	300	330	360	390	420	450	480

续表

参　数		$\phi 300mm$	$\phi 350mm$	$\phi 400mm$	$\phi 450mm$	$\phi 500mm$	$\phi 550mm$	$\phi 600mm$	$\phi 650mm$	$\phi 700mm$	$\phi 750mm$	$\phi 800mm$
a_1		270	270	270	270	270	270	270	270	270	270	270
b_1		140	140	140	140	140	140	140	140	140	140	140
D_3		240	290	340	380	400	420	500	550	600	650	700
D_4		284	334	384	424	444	464	544	602	652	702	752
ϕ		300	350	400	450	500	550	600	650	700	750	800
a		176	200	228	254	282	308	336	364	388	414	444
b		198	230	264	297	330	303	396	430	462	495	528
$t_3 \times n_3$		82×3	93×3	104×3	115×3	126×3	103×4	112×4	120×4	128×4	136×4	145×4
$t_4 \times n_4$		75×3	83×3	92×3	101×3	111×3	119×3	129×3	104×3	109×4	116×4	124×4
n 孔 ϕy		12 孔 $\phi 7$	12 孔 $\phi 7$	12 孔 $\phi 7$	12 孔 $\phi 7$	12 孔 $\phi 7$	14 孔 $\phi 7$	14 孔 $\phi 7$	16 孔 $\phi 7$	16 孔 $\phi 7$	16 孔 $\phi 7$	16 孔 $\phi 7$
n_1 孔 ϕy_1		6 孔 $\phi 7$	8 孔 $\phi 7$	8 孔 $\phi 7$	10 孔 $\phi 7$	10 孔 $\phi 7$	10 孔 $\phi 7$	10 孔 $\phi 10$	10 孔 $\phi 10$	12 孔 $\phi 10$	12 孔 $\phi 10$	12 孔 $\phi 10$
δ		3.5	3.5	4	4	4.5	4.5	5	5	5	5	6
质量 /kg	X 型	208	268	344	435	562	694	862	1028	1217	1444	1871
	Y 型	216	280	359	449	584	719	887	1062	1245	1456	1920

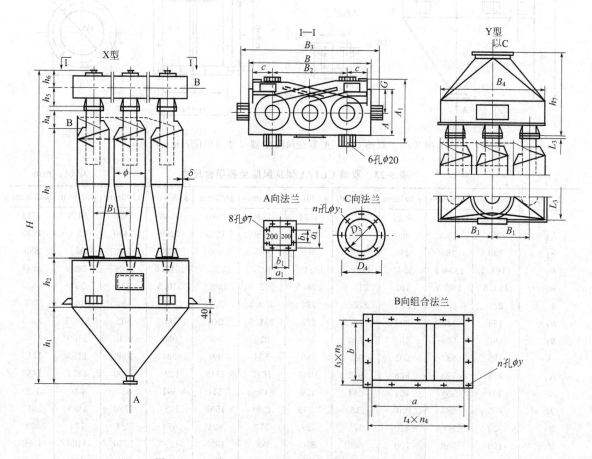

图 3-36 三筒 CLT/A 型旋风除尘器尺寸（单位：mm）

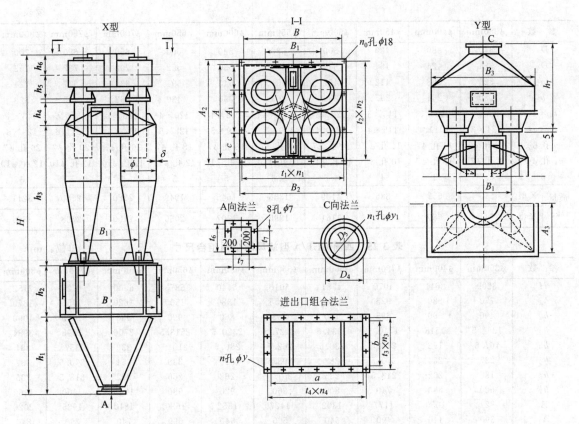

图 3-37 四筒 CLT/A 型旋风除尘器尺寸（单位：mm）

表 3-24 三筒 CLT/A 型旋风除尘器组合尺寸 单位：mm

参 数	$\phi350mm$	$\phi400mm$	$\phi450mm$	$\phi500mm$	$\phi550mm$	$\phi600mm$	$\phi650mm$	$\phi700mm$	$\phi750mm$	$\phi800mm$
H	3569	4041	4510	4981	5450	5920	6393	6860	7329	7792
h_1	1235	1400	1565	1730	1895	2060	2225	2390	2555	2720
h_2	385	440	495	550	605	660	715	770	825	880
h_3	1354.5	1548	1740.5	1934.5	2127.5	2320.5	2513.5	2706	2898	3084
h_4	167.5	192	215.5	239.5	262.5	286.5	310.5	333	357	381
h_5	237	254	270.5	287	303.5	320	338	354	370.5	387
h_6	185	202	218.5	235	251.5	268	286	30.2	318.5	335
h_7	725	800	875	950	1025	1100	1175	1250	1325	1400
A	533	608	685	760	835	910	985	1062	1137	1212
A_1	793	868	925	1000	1075	1150	1225	1302	1377	1452
ϕ	350	400	450	500	550	600	650	700	750	800
B	1393	1568	1745	1920	2095	2270	2445	2622	2797	2972
B_1	430	480	530	580	630	680	730	780	830	880
B_2	860	960	1060	1160	1260	1360	1460	1560	1660	1760
B_3	1653	1828	1985	2160	2335	2510	2685	2862	3037	3212
B_4	1214	1364	1514	1664	1814	1964	2116	2266	2416	2566
c	210	240	270	300	330	360	390	420	450	480
G	247.5	280	314	348.5	382.5	417	450.5	484.5	518.5	554
a_1	270	270	270	270	270	270	270	270	270	270
b_1	140	140	140	140	140	140	140	140	140	140

续表

参数	φ350mm	φ400mm	φ450mm	φ500mm	φ550mm	φ600mm	φ650mm	φ700mm	φ750mm	φ800mm
D_3	340	380	420	500	530	580	600	650	680	700
D_4	384	424	464	544	574	630	652	702	732	752
a	325	368	412	457	501	546	591	635	677	724
b	230	264	297	330	363	396	430	462	495	528
$t_3 \times n_3$	93×3	104×3	115×3	126×3	103×4	112×4	120×4	128×4	136×4	145×4
$t_4 \times n_4$	124×3	104×4	115×4	127×4	110×5	119×5	128×5	114×6	121×6	129×6
n 孔 ϕy	12孔φ7	14孔φ7	14孔φ7	14孔φ7	18孔φ7	18孔φ7	18孔φ7	20孔φ7	20孔φ7	20孔φ7
n_1 孔 ϕy_1	8孔φ7	10孔φ7	10孔φ7	10孔φ10	10孔φ10	10孔φ10	12孔φ10	12孔φ10	12孔φ10	12孔φ10
δ	3.5	4	4	4.5	4.5	5	5	5	5	6
质量/kg　X型	515	652	886	1109	1336	1645	1949	2280	2580	3211
质量/kg　Y型	541	689	927	1161	1395	1707	2050	2400	2708	3366

表 3-25　四筒 CLT/A 型旋风除尘器组合尺寸　　单位：mm

参数	φ350mm	φ400mm	φ450mm	φ500mm	φ550mm	φ600mm	φ650mm	φ700mm	φ750mm	φ800mm
H	3209	3641	4070	4581	5010	5440	5873	6300	6729	7152
h_1	770	880	925	1130	1255	1380	1500	1620	1755	1870
h_2	490	560	695	750	805	860	920	980	1025	1090
h_3	1354.5	1548	1740.5	1934.5	2127.5	2320.5	2513.5	2706	2898	3084
h_4	167.5	192	215.5	239.5	262.5	286.5	310.5	333	357	381
h_5	237	254	270.5	287	303.5	320	338	354	370.5	387
h_6	185	202	218.5	235	251.5	268	286	302	318.5	335
h_7	620	680	740	800	860	920	980	1040	1100	1160
A	924	1050	1177	1302	1427	1552	1680	1810	1935	2020
A_1	390	440	490	540	590	640	690	740	790	840
A_2	1104	1230	1357	1482	1607	1732	1860	1990	2115	2200
A_3	704	804	904	1004	1104	1204	1306	1406	1506	1606
B	1060	1210	1362	1512	1662	1812	1966	2120	2270	2420
B_1	568	648	724	800	880	960	1036	1112	1188	1272
B_2	1240	1390	1542	1692	1842	1992	2146	2300	2450	2600
B_3	879	1001	1029	1254	1379	1504	1626	1756	1881	2006
c	210	240	270	300	330	360	390	420	450	480
ϕ	350	400	450	500	550	600	650	700	750	800
D_3	360	420	530	600	620	140	800	850	900	920
D_4	404	464	574	650	670	790	852	908	958	978
n_0	10	10	12	12	12	16	16	18	20	20
a	398	456	508	560	616	672	726	776	828	888
b	230	264	297	330	363	396	430	462	495	528
$t_1 \times n_1$	388×3	438×3	488×3	538×3	588×3	418×4	516×4	444×5	414×5	504×5
$t_2 \times n_2$	512×2	575×2	427×3	468×3	509×3	413×4	446×4	478×4	407×5	424×5
$t_3 \times n_3$	93×3	104×3	115×3	126×3	103×4	112×4	120×4	128×4	136×4	145×4
$t_4 \times n_4$	111×4	126×4	111×5	122×5	133×5	120×6	130×6	118×7	125×7	133×7
n 孔 ϕy	14孔φ7	14孔φ7	16孔φ7	16孔φ9	18孔φ9	20孔φ9	20孔φ9	22孔φ9	22孔φ9	22孔φ9
n_1 孔 ϕy_1	8孔φ7	10孔φ7	10孔φ10	12孔φ10	12孔φ10	12孔φ10	16孔φ10	16孔φ10	16孔φ10	16孔φ10
δ	3.5	3.5	4	4	4.5	4.5	5	5	5	6
质量/kg　X型	597	780	1032	1285	1568	2011	2555	3127	3556	4335
质量/kg　Y型	616	805	1053	1321	1604	2059	2609	3190	3626	4411

五、旁路式旋风除尘器

旁路式旋风除尘器是在一般旋风除尘器上增设旁路分离室的一种除尘器。加设旁路后与一般除尘器相比，压力损失减小，除尘效率提高。

1. 工作原理

旋风除尘器加设旁路后其工作原理是含尘气体从进口处切向进入，气流在获得旋转运动的同时，气流上、下分开形成双旋涡运动，粉尘在双旋涡分界处产生强烈的分离作用，较粗的粉尘颗粒随下旋涡气流分离至外壁，其中部分粉尘由旁路分离室中部洞口引出，余下的粉尘由向下气流带入灰斗。上旋涡气流对细颗粒粉尘有聚集作用，从而提高除尘效率。这部分较细的粉尘颗粒，由上旋涡气流带入上部，在顶盖下形成强烈旋转的上粉尘环，并与上旋涡气流一起进入旁路分离室上部洞口，经回风口引入锥体内与内部气流汇合，净化后的气体由排气管排出，分离出的粉尘进入料斗。旁路式旋风除尘器原理如图 3-38 所示。

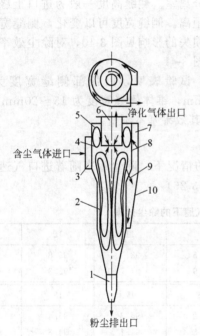

图 3-38　旁路式旋风除尘器原理

1—灰斗；2—筒体外壁；3—含尘气体出口；4—下粉尘环；
5—上粉尘环；6—排气管；7—旁路分离室上部洞口；8—双
旋涡分界处；9—旁路分离室中部洞口；10—回风口

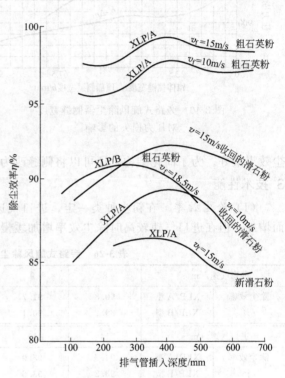

图 3-39　旁路式旋风除尘器排气管插入
深度对除尘效率的影响

2. 结构特点

（1）构造　具有螺旋形旁路分离室。该旋风除尘器进口位置低，使在除尘器顶部有充足的空间形成上旋涡并形成粉尘环，从旁路分离室引至锥体部分，从而提高了除尘效率。同时，把旁路分离室设计成螺旋形，使进入的含尘气体切向进入锥体，防止再次尘化现象，也起到提高除尘效率的作用。旁路式除尘器在通用图中有 2 种形式：XLP/A 型呈半螺旋形；XLP/B 型呈全螺旋形。

XLP/A 型外形呈双锥体。上锥体圆锥角较大，有利于生成粉尘环，降低径向速度，减小设备阻力，避免将分离出来的粉尘随中心气流排出去。

XLP/B 型是单锥体形，且只有较小的圆锥角，锥体较长的单锥体形，从而能提高除尘效率，但相应的压力损失也较大。

（2）结构尺寸

① 排气管的尺寸。排气管插入深度应在上、下气流旋涡的分界面处。排气管插入深度和除尘效率的关系见图3-39。由图可见，插入深度约为进气口断面高度的1/3；且与粉尘种类、颗粒质量分布及进口气速无关。排气管插入深度越深，压力损失也越大。

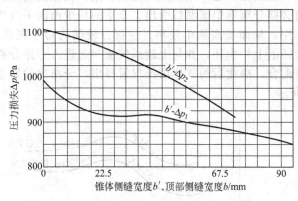

图3-40 旁路式旋风除尘器侧缝宽度对压力损失的影响

排气管的管径一般取筒体直径的0.5D和0.6D，从降低阻力出发，以选用d为0.6D为宜。旁路式旋风除尘器在进口气速为15m/s。

② 旁路分离室侧缝尺寸 旁路分离室顶部侧缝将上旋涡气流引入旁路分离室。锥体侧缝将下旋涡在上锥体形成的粉尘环引入旁路分离室。侧缝高度一般为进口上缘至顶盖的距离。侧缝宽度可以变化，侧缝宽度对压力损失的影响见图3-40，对除尘效率的影响见图3-41。

试验表明，以顶部侧缝宽度为25～35mm，锥体侧缝宽度为15～20mm时，除尘效果最好。为了简化结构，还可以将侧缝改为洞口，其效果基本不变。

3. 技术性能

（1）除尘效率 在粉尘种类一定、进口气速不同的情况下，除尘效率随着进口气速的增加而增加，但在进口气速较高时除尘效率增加缓慢（见表3-26）。

表3-26 旁路式旋风除尘器不同气速下的除尘效率

进口气速/(m/s)		8	9	10	11	12	13
除尘效率/%	XLP/A型	90.8	91.7	92.5	93.2	93.8	94.3
	XLP/B型	89.2	90.1	90.9	91.7	92.3	92.8
进口气速/(m/s)		14	15	16	17	18	19
除尘效率/%	XLP/A型	94.7	95.0	95.2	95.3	95.4	95.5
	XLP/B型	93.2	93.6	93.8	94.1	94.3	94.4

XLP/A型旁路式旋风除尘器以石英粉为试样，在压力损失为1100Pa、进口气速为1.54m/s时，其分级除尘效率如表3-27所列。这种除尘器对5μm以下的粉尘效率较低。

表3-27 XLP/A型旁路式旋风除尘器在一定工况下的分级除尘效率

粒径/μm	0～5	5～10	10～20	20～40	40～60	>60
分级除尘效率/%	27.5	87.8	96.9	97.9	98.5	100

（2）压力损失 旁路式旋风除尘器的压力损失按下式计算：

$$\Delta p = \xi \frac{\rho_k v_j}{2} \tag{3-20}$$

式中，Δp 为压力损失，Pa；ρ_k 为空气密度，kg/m³；v_j 为进口气速；m/s；ξ 为阻力系数，按表3-28选取。

旁路式旋风除尘器不同进出口形式条件下进口气速与压力损失的关系见图3-42，不同出口形式条件下的阻力系数如表3-28所列。

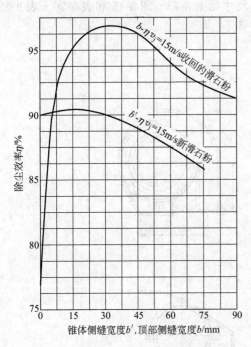

图 3-41 旁路式旋风除尘器侧缝宽度
对除尘效率的影响

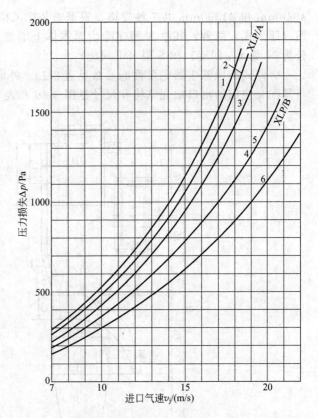

图 3-42 旁路式旋风除尘器进口气速与压力损失关系
1,5—压出带风帽；2—吸入带蜗壳；
3,6—压出不带风帽；4—吸入不带蜗壳

表 3-28 旁路式旋风除尘器不同出口形式条件下的阻力系数

型 号	出 口 形 式		
	出口不带蜗壳或风帽	出口带蜗壳	出口带风帽
XLP/A 型	7.0	8.0	8.5
XLP/B 型	4.8	5.8	5.8

4. 旁路式旋风除尘技术参数和外形尺寸

旁路式旋风除尘器系列有直径为 $\phi300mm$、$\phi420mm$、$\phi540mm$、$\phi700mm$、$\phi820mm$、

表 3-29 旁路式旋风除尘器主要性能参数

项目	规 格	进口气速/(m/s)			质量/kg		项目	规 格	进口气速/(m/s)			质量/kg	
		12	15	17	X 型	Y 型			12	15	17	X 型	Y 型
气量/(m³/h)	XLP/A-3.0	750	935	1060	52	42	气量/(m³/h)	XLP/B-3.0	630	840	1050	46	36
	XLP/A-4.2	1460	1820	2060	94	77		XLP/B-4.2	1280	1700	2130	84	66
	XLP/A-5.4	2280	2850	3230	151	122		XLP/B-5.4	2090	2780	3480	135	106
	XLP/A-7.0	4020	5020	5700	252	204		XLP/B-7.0	3650	4860	6080	222	174
	XLP/A-8.2	5500	6870	7790	347	279		XLP/B-8.2	5030	6710	8380	310	242
	XLP/A-9.4	7520	9400	10650	451	366		XLP/B-9.4	6550	8740	10920	397	313
	XLP/A-10.6	9520	11910	13500	601	461		XLP/B-10.6	8370	11170	13980	498	394

$\phi940mm$ 和 $\phi1060mm$ 共 7 种规格。根据安装在风机前后位置的不同又分为 X 型（吸出式）和 Y 型（压入式）两种，其中 X 型在除尘器本体上增加了出口蜗壳。又按出口蜗壳旋转方向的不同分为 N 型（左回旋）和 S 型（可回旋）。

旁路式旋风除尘器主要性能参数见表 3-29。外形尺寸见图 3-43～图 3-45 和表 3-30～表 3-32，与其配套使用的出口蜗壳结构和尺寸见图 3-46 和表 3-33。

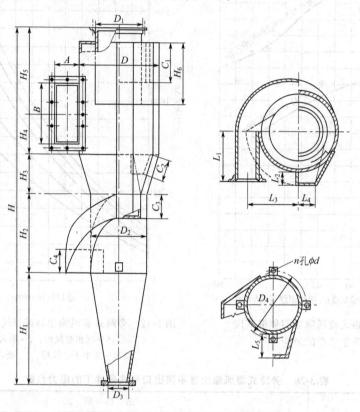

图 3-43 XLP/A 型旋风除尘器外形尺寸

表 3-30 XLP/A 型旋风除尘器尺寸 单位：mm

型 号	尺 寸											
	D	D_1	D_2	D_3	D_4	H	H_1	H_2	H_3	H_4	H_5	H_6
XLP/A-3.0	300	180	210	114	270	1380	420	300	150	170	340	230
XLP/A-4.2	420	250	300	114	360	1880	590	420	210	215	445	320
XLP/A-5.4	540	320	380	114	440	2350	750	540	270	250	540	400
XLP/A-7.0	700	420	500	114	580	3040	980	700	350	320	690	530
XLP/A-8.2	820	490	580	165	660	3540	1150	820	410	365	795	620
XLP/A-9.4	940	560	660	165	740	4055	1320	940	470	417.5	907.5	715
XLP/A-10.6	1060	630	750	165	830	4545	1480	1060	530	462.5	1012.5	805

型 号	尺 寸											
	L_1	L_2	L_3	L_4	L_5	C_1	C_2	C_3	C_4	A	B	n 孔 ϕd
XLP/A-3.0	190	50	190	58	95	151.5	75	96	96	80	240	3 孔 $\phi14$
XLP/A-4.2	260	70	265	81	130	211.5	105	126	126	110	330	3 孔 $\phi14$
XLP/A-5.4	350	90	340	104	170	271.5	135	166	166	140	400	3 孔 $\phi14$
XLP/A-7.0	440	120	440	133	220	351.5	175	206	206	180	540	3 孔 $\phi18$
XLP/A-8.2	500	140	515	156	260	411.5	205	246	246	210	630	3 孔 $\phi18$
XLP/A-9.4	590	160	592.5	179	300	471.5	235	286	286	245	735	3 孔 $\phi18$
XLP/A-10.6	670	180	667.5	200	335	531.5	265	316	316	275	825	3 孔 $\phi18$

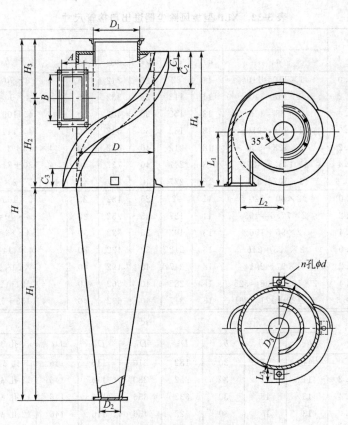

图 3-44　XLP/B 型旋风除尘器外形尺寸

表 3-31　XLP/B 型旋风除尘器尺寸　　　　　　　　单位：mm

型　号	尺寸																	
	D	D_1	D_2	D_3	H	H_1	H_2	H_3	H_4	L_1	L_2	L_3	C_1	C_2	C_3	A	B	n 孔 ϕd
XLP/B-3.0	300	180	114	360	1360	780	335	245	510	200	167.8	50	75	145	75	90	180	3 孔 $\phi14$
XLP/B-4.2	420	250	114	480	1875	1090	475	310	715	280	234.5	70	105	195	105	125	250	3 孔 $\phi14$
XLP/B-5.4	540	320	114	600	2395	1405	610	380	920	360	301	90	135	255	135	160	320	3 孔 $\phi14$
XLP/B-7.0	700	420	114	780	3080	1820	785	475	1190	470	391.5	116	175	340	175	210	420	3 孔 $\phi18$
XLP/B-8.2	820	490	165	900	3600	2130	925	545	1400	550	458.5	135	205	395	205	245	490	3 孔 $\phi18$
XLP/B-9.4	940	560	165	1020	4110	2440	1055	615	1600	630	525	156	235	450	235	280	560	3 孔 $\phi18$
XLP/B-10.6	1060	630	165	1140	4620	2750	1185	685	1800	710	591.5	175	265	510	265	315	630	3 孔 $\phi18$

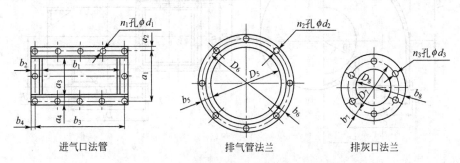

进气口法管　　　　　排气管法兰　　　　　排灰口法兰

图 3-45　XLP 型旋风除尘器进出口接管

表 3-32　XLP 型旋风除尘器进出口接管尺寸　　　　　　单位：mm

型号		尺　　寸								
		a_1	a_2	a_3	a_4	b_1	b_2	b_3	b_4	b_5
XLP/A 型	XLP/A-3.0	1×110=110	11	82	25	242	25	3×90=270	11	25
	XLP/A-4.2	2×70=140	11	112	25	332	25	4×90=360	11	25
	XLP/A-5.4	2×88=176	13	142	30	402	30	4×109=436	13	30
	XLP/A-7.0	2×108=216	13	182	30	542	30	4×144=576	13	30
	XLP/A-8.2	2×128=256	18	212	40	632	40	4×113+2×112=676	18	40
	XLP/A-9.4	2×145.5=291	18	247	40	737	40	4×130+2×130=780	18	40
	XLP/A-10.6	3×107=321	18	277	40	827	40	4×145+2×145.5=871	18	40
XLP/B 型	XLP/B-3.0	2×60=120	11	92	25	182	25	2×105=210	11	25
	XLP/B-4.2	2×77.5=155	11	127	25	252	25	4×70=280	11	25
	XLP/B-5.4	2×98=196	13	162	30	322	30	4×89=356	13	30
	XLP/B-7.0	2×123=246	13	212	30	422	30	4×114=456	13	30
	XLP/B-8.2	3×97=291	18	247	40	492	40	5×107.2=536	18	40
	XLP/B-9.4	2×109+108=325	18	282	40	562	40	4×121+122=606	18	40
	XLP/B-10.6	2×120+121=361	18	317	40	632	40	4×135+136=676	18	40

型号		尺　　寸									
		b_6	b_7	b_8	D_5	D_6	D_7	D_8	n_1 孔 ϕd_1	n_2 孔 ϕd_2	n_3 孔 ϕd_3
XLP/A 型	XLP/A-3.0	11	15	30	182	210	116	146	8 孔 ϕ11	6 孔 ϕ11	6 孔 ϕ11
	XLP/A-4.2	11	15	30	252	280	116	146	12 孔 ϕ11	8 孔 ϕ11	6 孔 ϕ11
	XLP/A-5.4	13	15	30	332	356	116	146	12 孔 ϕ11	8 孔 ϕ11	6 孔 ϕ11
	XLP/A-7.0	13	15	30	422	456	116	146	12 孔 ϕ11	12 孔 ϕ11	6 孔 ϕ11
	XLP/A-8.2	18	15	30	492	536	167	197	16 孔 ϕ13	12 孔 ϕ13	6 孔 ϕ11
	XLP/A-9.4	18	15	30	562	606	167	197	16 孔 ϕ13	16 孔 ϕ13	6 孔 ϕ11
	XLP/A-10.6	18	15	30	632	676	167	197	18 孔 ϕ13	16 孔 ϕ13	6 孔 ϕ11
XLP/B 型	XLP/B-3.0	11	15	30	182	210	116	146	8 孔 ϕ11	6 孔 ϕ11	6 孔 ϕ11
	XLP/B-4.2	11	15	30	252	280	116	146	12 孔 ϕ11	8 孔 ϕ11	6 孔 ϕ11
	XLP/B-5.4	13	15	30	322	356	116	146	12 孔 ϕ11	8 孔 ϕ11	6 孔 ϕ11
	XLP/B-7.0	13	15	30	422	456	116	146	12 孔 ϕ11	12 孔 ϕ11	6 孔 ϕ11
	XLP/B-8.2	18	15	30	492	536	167	197	16 孔 ϕ13	12 孔 ϕ13	6 孔 ϕ11
	XLP/B-9.4	18	15	30	562	606	167	197	16 孔 ϕ13	16 孔 ϕ13	6 孔 ϕ11
	XLP/B-10.6	18	15	30	632	676	167	197	16 孔 ϕ13	16 孔 ϕ13	6 孔 ϕ11

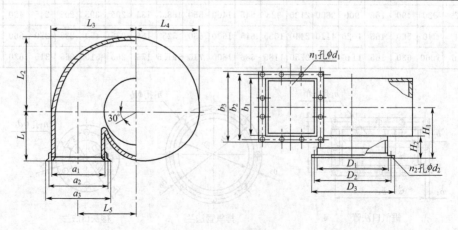

图 3-46　出口蜗壳

表 3-33 出口蜗壳尺寸 单位：mm

规 格	尺 寸								
	D_1	D_2	D_3	H_1	H_2	L_1	L_2	L_3	L_4	L_5
$\phi300mm$	180	210	232	145	70	130	190	222	158	154.5
$\phi420mm$	250	280	302	170	70	175	262	306	218	213.5
$\phi540mm$	320	356	382	195	70	230	334	390	278	272.5
$\phi700mm$	420	456	482	245	70	290	435.5	508.5	362.5	356
$\phi820mm$	490	536	572	270	70	350	510	594	426	416.5
$\phi940mm$	560	606	642	295	70	390	577	673	481	470.5
$\phi1060mm$	630	676	712	320	70	440	647	757	541	529.5

规 格	尺 寸								质量 /kg
	a_1	a_2	a_3	b_1	b_2	b_3	n_1 孔 ϕd_1	n_2 孔 ϕd_2	
$\phi300mm$	135	165	187	150	180	202	8 孔 $\phi11$	6 孔 $\phi11$	11
$\phi420mm$	185	215	237	200	230	252	8 孔 $\phi11$	8 孔 $\phi11$	18
$\phi540mm$	235	271	297	250	286	312	12 孔 $\phi11$	8 孔 $\phi11$	30
$\phi700mm$	305	341	367	350	386	412	12 孔 $\phi11$	12 孔 $\phi11$	49
$\phi820mm$	355	401	437	400	446	482	12 孔 $\phi13$	12 孔 $\phi13$	68
$\phi940mm$	405	451	487	450	496	432	16 孔 $\phi13$	16 孔 $\phi13$	85
$\phi1060mm$	455	501	537	500	546	582	16 孔 $\phi13$	16 孔 $\phi13$	141

六、CLK 扩散式旋风除尘器

扩散式旋风除尘器的特点是锥体上小下大，底部有反射屏。具有除尘效率高、结构简单和压力损失适中等优点。适用于捕集干燥的、非纤维性的颗粒粉尘。

1. 工作原理

扩散式旋风除尘器工作原理是含尘气体经矩形进气管沿切向进入除尘器筒体，粉尘在离心力的作用下分离到器壁，并随气流向下旋转运动，大部分气流受反射屏的反射作用，旋转上升经排气管排出。小部分气流随粉尘经反射屏和锥体之间的环隙进入灰斗，进入灰斗的气体速度降低，由于惯性作用，粉尘落入灰斗内由卸灰阀排出，气体则经反射屏的透气孔上升至排气管排出（见图 3-47）。

2. 结构特点

扩散式旋风除尘器与一般旋风除尘器最大的区别有两点：一是具有呈倒锥体形状的锥体；二是在锥体的底部装有反射屏。倒锥体的作用是，它具有逐渐增大自锥体壁至锥体中心的距离，减小了含尘气体由锥体中心短路到排气管的可能性。反射屏的作用可使已经被分离的粉尘沿着锥体与反射屏之间的环缝落入灰斗，防止上升的净化气体重新把细微粉尘卷起带走，因而提高了除尘效率，当取消反射屏后除尘效率有明显下降。例如，在进口气速为 21m/s、进口气体含尘浓度为 $50g/m^3$ 时，无反射屏的除尘效率仅为 81%～86%；采用 60°反射屏时，除尘效率为 93%～95%。反射屏的锥角一般采用 60°，试验证明，它较 45°锥角的反射屏有除尘效率高、压力损失低的优点。

反射屏顶部的透气孔直径，以取 0.05 倍的筒体直径时除尘效率最佳（见图 3-48）。透气孔

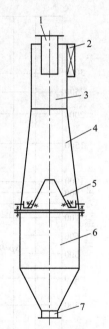

图 3-47 扩散式旋风除尘器结构示意
1—排气管；2—进气管；
3—筒体；4—锥体；
5—反射屏；6—灰斗；
7—排灰口

中心线的不对中或不水平对除尘效率有明显的影响。反射屏的压力损失为 150Pa。

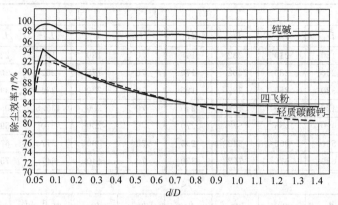

图 3-48　扩散式旋风除尘器反射屏顶部透气孔直径与除尘效率的关系

　　扩散式旋风除尘器的另一特点是有一个较大的灰斗。由于粉尘夹带少量气体从锥体底部旋转进入灰斗，灰斗圆柱体直径一般取筒体直径的 1.65 倍。灰面上部的空间高度取筒体直径的 1 倍。灰斗存灰以后粉尘面升高会导致气流携带出粉尘，所以，要及时清灰或连续排灰。

3. 压力损失

　　扩散式旋风除尘器压力损失 Δp 与含尘气进口气速 v_j 的关系符合 $\Delta p = \xi \dfrac{\rho v^2}{2}$（见图 3-49）规

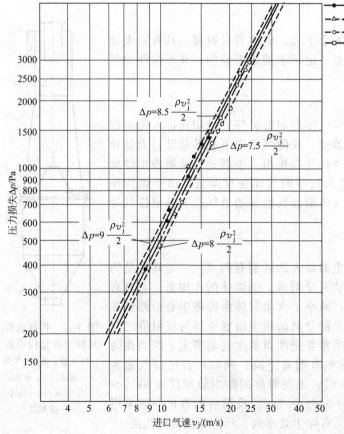

图 3-49　扩散式旋风除尘器进口气速与压力损失的关系

律。压力损失与进口气速的平方成正比。阻力系数 ξ 在 7.5～9 之间，平均值为 8.5，误差在 ±15% 以内。在进口气体含尘浓度不变时，进口气速增加，阻力系数基本不变。45°反射屏的阻力系数略低于 60°反射屏的，直径大的除尘器阻力系数值也大。在进口气速不变的情况下，随进口气体含尘浓度的增加，其阻力系数略有减小，洁净气体的阻力系数最大。

4. 除尘效率

（1）进口气体含尘浓度与除尘效率的关系　用滑石粉为试样，分别在气量为 300m³/h、压力损失为 350～370Pa 和气量为 600m³/h、压力损失为 1500Pa 的条件下，进口气体中含尘浓度在 1.7～200g/m³ 范围内变化，除尘效率见图 3-50。压力损失在 350Pa 以上时除尘效率平稳。

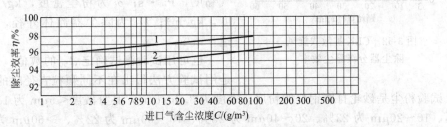

图 3-50　扩散式旋风除尘器进口气体含尘浓度与除尘效率的关系
1—滑石粉 Δp=1500Pa，60°反射屏；2—滑石粉；Δp=350Pa，60°反射屏

（2）进口气速与除尘效率的关系　随着进口气速的增加除尘效率略有提高（见图 3-51），同时，进口气速增加后，除尘器动压损失增加很大，因此，用提高进口气速来提高除尘效率是不可取的。

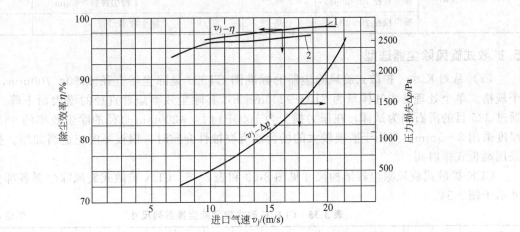

图 3-51　扩散式旋风除尘器进口气速与除尘效率和压力损失的关系
1—进口截面 200mm×48mm；2—进口截面 200mm×30mm

（直径 ϕ200，粉尘：滑石粉，60°反射屏，开孔 10mm，进口含尘量 6～8g/m³，气体：空气 15℃）

扩散式旋风除尘器除尘效率用下式计算：

$$\eta = 1 - \frac{1}{\sqrt{2\pi}} \int e^{t^2/2 - \alpha e^{bt}} \, dt \tag{3-21}$$

$$\alpha = a d_m$$

$$b = 1n\sigma$$

式中，d_m 为颗粒重量平均粒径；α 为系数；σ 为几何平均方差，大多数工业粉尘在细粒粉尘部分在 2～3 之间，粗粒粉尘部分 σ 接近于 1，在实际计算时 σ 值取 2～3。

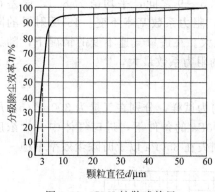

图 3-52　CLK 扩散式旋风
除尘器分级除尘效率

α 与 d_{50} 有一定的比例关系，$\alpha = \dfrac{0.693}{d_{50}}$。

（3）分割粒径 d_{50} 的估算　扩散式旋风除尘器分离效率为 50% 的切割粒径 d_{50} 的计算，可采用下式，按结构尺寸，经换算后为

$$d_{50} = 1.4 \times \frac{\mu}{\rho_0 - \rho} \times \frac{D_w}{v_j} \qquad (3\text{-}22)$$

式中，d_{50} 为分离效率为 50% 的粒径，μm；μ 为空气黏度，$Pa \cdot s$；ρ_0 为粉尘密度，kg/m^3；ρ 为空气密度，kg/m^3；D_w 为除尘器筒体外径，m；v_j 为进口气速，m/s。

也可用试验测试确定 d_{50} 的数值。图 3-52 和表 3-34 是用试验方法得出在不同颗粒直径时的分级除尘效率曲线。试验粉尘是砂轮打磨钢材的粉屑，密度为 $3.6g/cm^3$，其分散度 <$5\mu m$ 为 13%、$5\sim10\mu m$ 为 12%、$10\sim20\mu m$ 为 23%、$20\sim40\mu m$ 为 23%、$40\sim60\mu m$ 为 22%、>$60\mu m$ 为 7%。由图 3-52 查得，扩散式旋风除尘器的 d_{50} 为 $3\mu m$。

表 3-34　扩散式旋风除尘器分级除尘效率

分级除尘效率/%（按质量百分比）	粉尘粒径<$5\mu m$	90	分级除尘效率/%（按质量百分比）	粉尘粒径 $40\sim60\mu m$	99
	粉尘粒径 $5\sim10\mu m$	94		粉尘粒径>$60\mu m$	100
	粉尘粒径 $10\sim20\mu m$	95	总除尘效率/%		96.4
	粉尘粒径 $20\sim40\mu m$	98			

5. 扩散式旋风除尘器选型

（1）系列尺寸　扩散式旋风除尘器的标准图 CT533 是除尘器直径 $\phi150\sim700mm$，共有 10 个规格。单个处理含尘气体量为 $210\sim9200m^3/h$，其除尘效率随着直径的增大而下降。以 98% 通过 325 目的滑石粉为试样，在压力损失为 1000Pa 时，$\phi200mm$ 直径的除尘效率约 95%。钢板厚度采用 $3\sim5mm$，当用于磨损较大的场合或有腐蚀性介质时，钢板厚度应适当加厚。排料装置采用翻板式排料阀。

CLK 扩散式旋风除尘器结构尺寸见图 3-53 和表 3-35。CLK 扩散式旋风除尘器各部分比例尺寸示于图 3-54。

表 3-35　CLK 扩散式旋风除尘器系列尺寸　　　　　　单位：mm

公称直径 D	H	H₁	H₂	H₃	H₄	H₅	H₆	H₇	H₈	D₁	D₂	D₃	D₄	D₅	D₆	D₇	S	S₁
150	1210	50	250	450	300	30	168	108	180	113	75	7.5	250	346	106	146	3	6
200	1619	50	330	600	400	40	223	143	180	138	100	10	330	426	106	146	3	6
250	2039	50	415	750	500	50	278	178	180	163	125	12.5	415	511	106	146	3	6
300	2447	50	495	900	600	60	333	213	180	188	150	15	495	591	106	146	3	6
350	2866	50	580	1050	700	70	388	248	180	213	175	17.5	580	676	106	146	3	6
400	3277	50	660	1200	800	80	444	284	200	260	200	20	662	768	106	146	4	8
450	3695	50	745	1350	900	90	499	319	200	285	225	22.5	747	853	106	146	4	8
500	4106	50	825	1500	1000	100	554	354	220	310	250	25	827	943	106	146	4	8
600	4934	50	990	1800	1200	120	665	425	220	363	300	30	992	1110	106	146	5	8
700	5716	50	1155	2100	1400	140	775	490	240	413	350	35	1157	1285	150	191	5	8

续表

公称直径 D	S_2	S_3	S_4	C_1	C_2	l_1	l_2	l_3	l_4	t_1	t_2	a	b	n_1-d_1	n_2-d_2	n_3-d_3	n_4-d_4	质量/kg
150	6	6	3	94.5	113	77	184	107	218	38.5	46	39	150	6-ϕ9	6-ϕ9	12-ϕ9	4-ϕ14	31
200	6	6	3	125.5	150	90	235	119	268	45	47	51	200	6-ϕ9	6-ϕ9	14-ϕ9	4-ϕ14	49
250	6	6	3	158	188	104	285	134	318	52	57	66	250	10-ϕ12	6-ϕ9	14-ϕ12	4-ϕ14	71
300	6	6	3	189	255	116	336	146	368	58	56	78	300	12-ϕ12	6-ϕ9	16-ϕ12	4-ϕ14	98
350	6	6	3	220	263	128	387	158	418	64	64.5	90	350	12-ϕ12	6-ϕ9	16-ϕ12	4-ϕ14	136
400	6	8	3	252.5	300	165	460	215	510	82.5	92	104	400	10-ϕ14	6-ϕ9	14-ϕ14	4-ϕ14	214
450	6	8	3	283.5	338	177	510	227	560	88.5	85	117	450	12-ϕ14	6-ϕ9	16-ϕ14	4-ϕ14	266
500	6	8	3	314.5	375	189	560	239	610	63	80	129	500	12-ϕ14	6-ϕ9	20-ϕ14	4-ϕ18	330
600	6	8	4	378	450	216	657	268	712	72	73	156	600	16-ϕ14	6-ϕ9	24-ϕ14	4-ϕ18	583
700	6	8	4	441.5	525	243	756	295	812	81	84	183	700	16-ϕ14	6-ϕ9	24-ϕ14	4-ϕ23	780

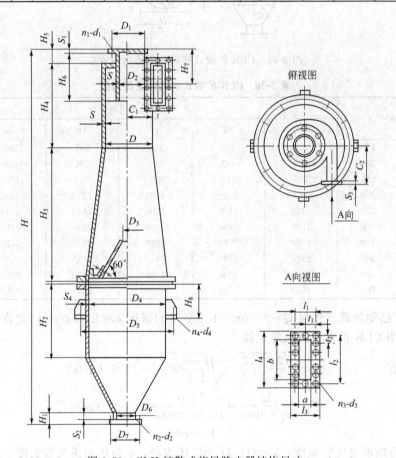

图 3-53　CLK 扩散式旋风除尘器结构尺寸

（2）**性能规格**　CLK 扩散式旋风除尘器的选型见表 3-36。一般常用下面两式进行计算后选型。

$$Q = v_j F_j \times 3600$$

$$\Delta p = \xi \frac{\rho v_j^2}{2} \tag{3-23}$$

式中，Q 为单个除尘器的处理气体量，m^3/h；v_j 为进口气速，m/s；F_j 为进口截面积，m^2；Δp 为压力损失，Pa；ρ 为空气密度，kg/m^3；ξ 为阻力系数，$\xi = 9.0$。

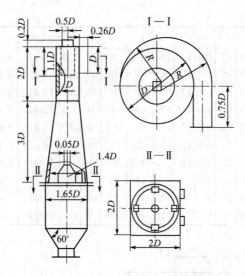

图 3-54　CLK 扩散式旋风除尘器比例示意

表 3-36　CLK 扩散式旋风除尘器选型

处理气量/(m³/h)		气速/(m/s)					
		10	12	14	16	18	20
公称直径 ϕ/mm	150	210	250	295	335	380	420
	200	370	445	525	590	660	735
	250	595	715	835	955	1070	1190
	300	840	1000	1180	1350	1510	1680
	350	1130	1360	1590	1810	2040	2270
	400	1500	1800	2100	2400	2700	3000
	450	1900	2280	2660	3040	3420	3800
	500	2320	2780	3250	3710	4180	4650
	600	3370	4050	4720	5400	6060	6750
	700	4600	5520	6450	7350	8300	9200

【例 3-1】　已知处理气体量 $Q=5000\text{m}^3/\text{h}$，空气的密度 $\rho=1.2\text{kg/m}^3$，允许压力损失 $\Delta p=1500\text{Pa}$，试选用 CLK 扩散式旋风除尘器。

解： 按式有

$$v_j=\sqrt{\frac{\Delta p}{\rho}\times\frac{2}{\xi}}=\sqrt{\frac{1500}{1.2}\times\frac{2}{9}}=16.5\ (\text{m/s})$$

根据式有

$$F_j=\frac{Q}{v_j\times3600}=\frac{5000}{16.5\times3600}=0.084\ (\text{m}^2)$$

又　　　　　　　　　　　　　　　$F_j=ab$

式中，a 为矩形进气管宽度，$a=D$；D 为筒体直径；b 为矩形进气管长度，$b=0.26D$。

$F_j=D\times0.26D=0.26D^2=0.084\ (\text{m}^2)$，$D=0.57\ (\text{m})$

查表 3-36，选用直径为 $\phi600\text{mm}$ 的除尘器。

此时，实际进口气速为

$$v_j=\frac{5000}{3600}\times\frac{1}{0.26\times0.6^2}=15\ (\text{m/s})$$

如考虑选用两台 CLK 扩散式旋风除尘器并联，则每个除尘器的处理风量为 2500m³/h，用上述方法进行计算得 $D=400\text{mm}$，查表 3-36 选用两台 $\phi400\text{mm}$ 的除尘器。

（3）扩散式旋风除尘器组合使用　CLK 扩散式旋风除尘器标准图 CT533 中没有组合形式。

在除尘工程中也有根据处理烟气量将其组合使用的。图 3-55 是双筒 $\phi550\text{mm}$ 扩散式旋风除尘器。图 3-56 是四筒 $\phi550\text{mm}$ 扩散式旋风除尘器。

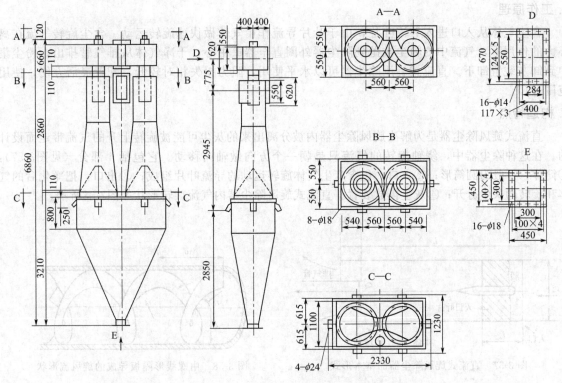

图 3-55　双筒 $\phi550\text{mm}$ 扩散式旋风除尘器（单位：mm）

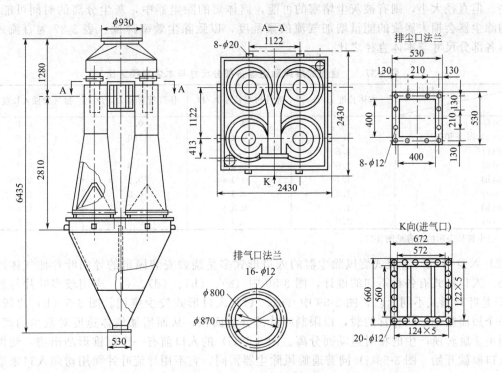

图 3-56　四筒 $\phi550\text{mm}$ 扩散式旋风除尘器（单位：mm）

七、直流式旋风除尘器

1. 工作原理

含尘气体从入口进入导流叶片，由于叶片导流作用气体做快速旋转运动。含尘旋转气流在离心力的作用下，气流中的粉尘被抛到除尘器外圈直至器壁中心，干净气体从排气管排出，粉尘集中到卸灰装置卸下。直流式旋风除尘器可以水平使用，阻力损失相对较低，配置灵活方便，使用范围较广。

2. 构造特点

直流式旋风除尘器是为解决旋风除尘器内被分离出来的灰尘可能被旋转上升的气流带走而设计的。在这种除尘器中，绕轴旋转的气流只是朝一个方向做轴向移动。它包括 4 部分（见图3-57）：①筒体，一般为圆筒形；②入口，包含产生气体旋转运动的导流叶片组成；③出口，把净化后的气体和旋转的灰尘分开；④灰尘排放装置。直流式旋风除尘器内气流旋转形状如图3-58所示。

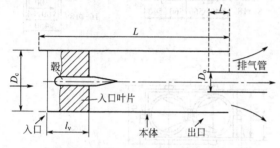

图 3-57　直流式旋风除尘器的基本形式

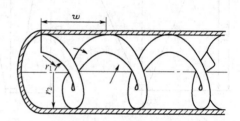

图 3-58　由螺线形隔板导成的旋风流形状

（1）除尘器筒体　筒体形状一般只是直径和长度有所变化。其直径比较小的，除尘效率要高一些。但直径太小，则有被灰尘堵塞的可能，筒体短的除尘器中，灰尘分离的时间可能不够，而长的除尘器会损失涡旋的能量增加气流的紊乱度，以致除尘效率降低。表 3-37 为直流式旋风除尘器各部分尺寸与本体直径之比。

表 3-37　　直流式旋风除尘器各部分尺寸与本体直径之比

形式	本体长度 L/D_c	叶片占有长度 l_v/D_c	排气管直径 D_0/D_c	排气管插入长度 l/D_c
图 3-59(f)	4.8	0.4	0.8	0.1
图 3-59(g),图 3-60(d)	3.0	0.4	1.0	1.0
图 3-59(c)	2.8	0.4	0.6	0.1
图 3-59(d)	2.6	0.5	0.6	0.7
图 3-59(h)	1.7	0.6	0.6	0.3
图 3-59(a)	1.5	0.3	0.6	0.1
图 3-59(b)	1.5	0.5	0.7	0.1
图 3-59(e)	3.0	0.5	0.6	0.8

注：表中符号表示的内容见图3-57。

（2）入口形式　直流式旋风除尘器的入口形式多是绕毂安装固定的导向叶片使气体产生旋转运动。入口形式有各种不同的设计，图 3-59 中（a）、（b）、（d）、（f）应用较多叶片与轴线呈45°，只是叶片形式不同而已，图 3-59 中（c）、（f）入口形式较少应用。图 3-59（h）比较特殊，它有一个短而粗的形状异常的毂，以限制叶片部分的面积，从而增加气体速度对灰尘的离心力；灰尘则由于旋转所产生的相对运动而分离。图 3-59（i）的入口前有一个圆锥形凸出物，使涡旋运动在入口前就开始。图 3-59（j）同普通旋风除尘器雷同，它不用导流叶片而用切向入口来造成强烈旋转，目的在于使大粒子以小的角度和壁碰撞，结果只是沿着壁面弹跳，而不是从壁面弹回，因而可以提高捕集大粒子的效率。图 3-59(k) 与旋流除尘器近似，它是环绕入口周围按一定间隔排列许多喷嘴 1，用一个风机向环形风管 2 供给气体，再经过这些喷嘴喷射出来，使进入旋风除尘器的含尘气体 3 处旋转。来自二次系统的再循环气体经过交叉管道 4 在 5 处轴向喷射出来。

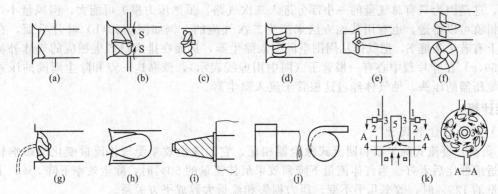

图 3-59　直流式除尘器的各种入口形式

（3）**出口形式**　图 3-60 所示是气体和灰尘出口的几种形式。图 3-60 中（a）、（b）、（c）是最常用的排气和排灰形式，都是从中间排出干净气体，从整个圆周排出灰尘。图 3-60(d) 在末端设环形挡板，用以限制气体，让它从中央区域排出，阻止灰尘漏进洁净气体出口，灰尘只从圆周的两个敞口排出去。图 3-60(e) 的排气管带有几乎封闭了环形空间的法兰，它只容许灰尘经过周围条缝出去。图 3-60(f) 则用法兰完全封住环形空间，灰尘经一条缝外逸。

对除尘器管体和干净气体排出管之间的环形空间的宽度和长度，差别很大，除尘器的宽度从 $0.1D_c$ 到 $0.2D_c$ 或更大，长度从 $0.1D_c$ 到 $0.6D_c$ 再到 $1.3D_c$。

（4）**粉尘排出方式**　从气体中分离出来的灰尘的排出方式有 3 种方法可以利用：①没有气体循环；②部分循环；③全部循环。

第 1 种方法没有二次气流，从除尘器中出来的灰尘在重力作用下进入灰斗，简单实用，优点明显。从洁净气体排出管的开始端到灰尘离开除尘器的通道必须短，而且不能太窄，以免被沉降的灰尘堵塞。

第 2 种方法是从每个除尘器中吸走一部分气体（见图 3-61），粗粒尘在重力作用下落入灰斗，而较细的灰尘则随同抽出的气体经管道至第二级除尘器。这种方法可以增加除尘效率。

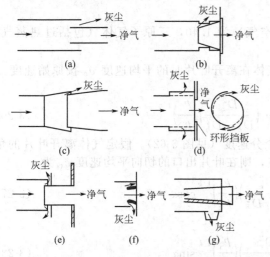

图 3-60　直流式旋风除尘器气体和灰尘出口的形式

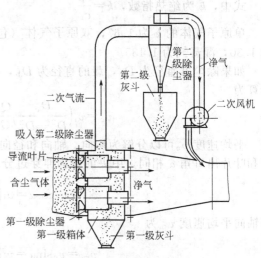

图 3-61　直流式除尘器的排尘方法

第 3 种方法是把全部灰尘随同气体一起吸入第二级除尘器。这种方法不用灰斗，而是从设备底部吸二次气流；再回到直流式除尘器组后面的主管道内。

循环气体系统的优点在于一次系统和二次系统的总效率比不用二次系统时高，而功率消耗增加不多，这是因为只有总气量的一小部分进入二次气路，虽然压力损失可能大，但风量小，用小功率风机就可以输送。也有用其他方法来产生二次气流的。例如图 3-59（b）叶片后面，在除尘器筒体上有若干条缝 S，把气体从周围空间引入除尘器，从而在排尘口产生相应的气体外流。再如图 3-59（g）在叶片毂中心有一根管子（图中用虚线表示），依靠这一点和除尘周围的压差提供二次系统所需的压头，使气体经过这根管子流入除尘器。

3. 性能计算

（1）影响性能的因素

① 负荷。直流式除尘器和回流式除尘器相比，它的除尘效率受气体流量变化的影响轻，对负荷的适应性比后者好。当气体流量下降到效果最佳流量的 50％时，除尘效率下降 5％；上升到最佳流量的 125％时，效率几乎不变。压力损失和流量大致成平方关系。

② 叶片角度和高度。除尘器导流叶片设计是直流式旋风除尘器的关键环节之一，其最佳角度似乎是和气流最初的方向成 45°，因为把角度从 35°增加到 45°，除尘效率有显著的提高，再多倾斜 5°，对效率就无影响，而阻力却有所增加。如果把叶片高度降低（从叶片根部起沿径向方向到顶部的距离），由于环形空间变窄，以致速度增加，而使离心力加大效率提高。

③ 排尘环形空间的宽度。除尘效率随着排气管直径的缩小，或者说随着环形空间的加宽而提高。除尘效率的提高，是因为在除尘器截面上从轴心到周围存在着灰尘浓度梯度，也就是靠近轴心的气体比较干净；另一方面，靠近壁面运动的气体，在进入洁净气体排出管时在环形空间入口处形成灰尘的惯性分离，如果环形空间比较宽，气体的径向运动更显著，这种惯性分离就更有效。从排尘口抽气有提高除尘效率的作用，而且对细粒子的作用比对粗粒子大。

（2）分离粒径　设气流经过入口部分的导流叶片时为绝热过程，在分离室中（出口侧）气体的压力 p、温度 T 和体积 Q（用角标 c 表示）可以根据叶片前面的原始状况（用角标 i 表示）来计算。

$$Q_c = Q_i \left(\frac{p_i}{p_c}\right)^{1/k} \tag{3-24}$$

$$T_c = T_i \left(\frac{p_i}{p_c}\right)^{1/k} \tag{3-25}$$

式中，k 为绝热指数，$k = \frac{c_p}{c_r}$。

单原子气体的 k 为 1.67，双原子气体（包括空气）为 1.40，三原子气体（包括过热蒸气）为 1.30，湿蒸气为 1.135。

如果除尘器直径为 D_c，毂的直径为 D_b，则气体在离开叶片时的平均速度 v_c 按原始速度 v_i 计算为

$$v_c = v_i \left(\frac{D_c^2}{D_c^2 - D_b^2}\right)\frac{Q_c}{Q_i} = v_t \left(\frac{D_c^2}{D_c^2 - D_b^2}\right)\left(\frac{p_i}{p_c}\right)^{1/k} \tag{3-26}$$

平均速度 v_c 可以分解为切向、轴向和径向三个分速度（见图 3-62）。假定气体离开叶片的角度和叶片出口角 α 相同，中央的毂延伸穿过分离室，则在叶片出口的切向平均速度 v_{cr} 为

$$v_{cr} = v_c \cos\alpha = v_i \left(\frac{D_c^2}{c_c^3 - D_b^2}\right)\left(\frac{p_i}{p_c}\right)^{1/k} \cos\alpha \tag{3-27}$$

而轴向平均速度 v_{ca} 为

$$v_{ca} = v_c \sin\alpha = v_i \left(\frac{D_c^2}{c_c^2 - D_b^2}\right)\left(\frac{p_i}{p_c}\right)^{1/k} \sin\alpha \tag{3-28}$$

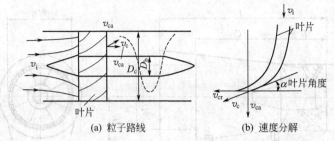

(a) 粒子路线　　　　　(b) 速度分解

图 3-62　脱离除尘器导流叶片的粒子路线和速度的分解

设粒子和流体以同一速度通过分离室，且已知分离室的长度 l_s 和轴向速度 v_{ca} 就可以求出粒子在分离室内的逗留时间

$$t_1 = \frac{l_s}{v_{ca}} = \frac{l_s}{v_i \sin\alpha}\Big[1 - \Big(\frac{D_b}{D_c}\Big)^2\Big]\Big(\frac{p_c}{p_i}\Big)^{1/k} \tag{3-29}$$

在斯托克斯区域内直径为 d 的粒子由于离心力从毂表面（$D_b/2$）到外筒壁（$D_c/2$）所需时间为

$$t_r = \frac{9}{8}\Big(\frac{\mu_f}{\rho_p - \rho}\Big)\Big(\frac{D_c}{v_{ct}d}\Big)\Big[1 - \Big(\frac{D_b}{D_c}\Big)^4\Big] \tag{3-30}$$

式中，μ_f 为气体黏度；ρ 为气体密度；ρ_p 为粒子密度。

在直流式旋风除尘器中根据 $t_r = t_i$ 可以分离的最小界限粒径 d_{100}，用下式表示：

$$d_{100} = \frac{3}{4}\times\frac{D_c}{\cos\alpha}\Big[1 - \Big(\frac{D_b}{D_c}\Big)^2\Big]\Big\{\frac{2\mu_f\sin\alpha}{l_s v_i(\rho_p - \rho)}\Big(\frac{\rho_c}{D_c}\Big)^{1/r}\Big[1 + \Big(\frac{D_b}{D_c}\Big)^2\Big]\Big\}^{1/2} \tag{3-31}$$

4. 直流式旋风除尘器规格性能

直流式 PZX 型旋风除尘器主要由蜗壳、螺旋型斜板进风口、水平型倒锥体和具有减阻型扩张管组成，适用于工业部门净化含尘气体或回收物料。其优点是作为预除尘器时，便于与管道系统连接和安装。

直流式 PZX 型旋风除尘器主要性能如表 3-38 所列，其外形尺寸见图 3-63 和表 3-39。

表 3-38　直流式 PZX 型旋风除尘器主要性能

项目	型号	流速						
		16m/s	18m/s	20m/s	22m/s	24m/s	26m/s	28m/s
流量/(m³/h)	PZXφ200	1800	2000	2300	2500	2700	2900	3200
	PZXφ300	4100	4600	5100	5600	6100	6600	7100
	PZXφ400	7200	8100	9000	9900	10900	11800	12700
	PZXφ500	11300	12700	14100	15500	17000	18400	19800
	PZXφ600	16300	18300	20300	22400	24400	26500	25800
	PZXφ800	28900	32600	36200	39800	43400	47000	50600
	PZXφ1000	45200	50900	56500	62200	67800	73500	79100
	PZXφ1200	65100	73200	81400	89500	97700	105800	113900
	PZXφ1400	88600	99700	110800	121900	132900	144000	155100
	PZXφ1600	11580	130200	144700	159200	173600	188100	202600
	PZXφ1800	146500	164800	183100	201400	2219700	238100	256400
	PZXφ2000	180900	203500	226100	248700	271300	293900	316500
阻力/Pa	PZXφ200～PZXφ2000	300～320	350～370	350～390	400～420	460～480	530～560	650～680

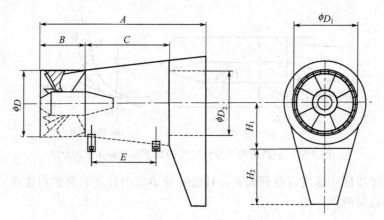

图 3-63　直流式 PZX 型旋风除尘器外形尺寸

表 3-39　直流式 PZX 型旋风除尘器外形尺寸　　　　　　　　单位：mm

型　号	D	D_1	A	B	C	D_2	E	H_1	H_2
PZXϕ200	200	280	580	160	270	140	210	170	190
PZXϕ300	300	380	820	260	410	210	315	275	285
PZXϕ400	400	480	1160	320	540	280	420	340	380
PZXϕ500	500	580	1450	400	675	350	825	425	475
PZXϕ600	600	680	1640	480	820	420	630	510	570
PZXϕ800	800	880	2320	640	1080	540	840	680	760
PZXϕ1000	1000	1080	2900	800	1350	700	1050	850	950
PZXϕ1200	1200	1300	3280	960	1640	840	1260	1020	1140
PZXϕ1400	1400	1500	4060	1120	1840	980	1470	1140	1330
PZXϕ1600	1600	1700	4640	1280	2160	1080	1680	1360	1520
PZXϕ1800	1800	1900	5220	1440	2430	1260	1890	1530	1710
PZXϕ2000	2000	2100	5800	1600	2700	1400	2100	1700	1990

这种除尘器阻力较低，流量减少不大时除尘效率不会降低。使用于磨损较大的情况时，加耐磨内衬后其内净尺寸应不变。长时间于低负荷运行，不会积尘，高负荷运行增加阻力不多。为保证正常运行，含尘浓度大时应采用耐磨材料制作。

5. 其他形式直流旋风除尘器

直流旋风除尘器与逆流旋风除尘器的操作原理相同，与之不同的只是气体保持相同的运动方向，因而在旋转运动过程中无方向改变。常用设计可有渐开线型、切线型、带有固定螺旋桨叶片的轴线型及带有旋转型叶片的轴线型设计。

（1）带涡轮的直流旋风除尘器（见图 3-64）　在离心分离机的外壳与固定入口间的间隙及在离心分离机的外壳与出口管道间的间隙，可允许离心分离机自由转动。

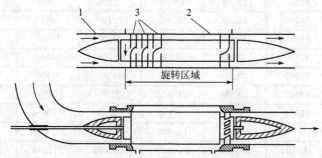

图 3-64　带有轴向涡轮的直流旋风除尘器
1—固定式圆柱形入口管道；2—离心分离器的旋转内部套管；3—压缩器涡轮叶片

（2）带分离器的直流旋风除尘器　有两种形式如图 3-65 所示：一种带有重力沉降分离器；另一种带有离心分离器。

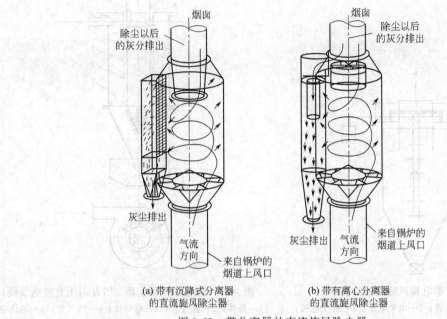

(a) 带有沉降式分离器
的直流旋风除尘器

(b) 带有离心分离器
的直流旋风除尘器

图 3-65　带分离器的直流旋风除尘器

（3）下流型直流旋风除尘器　改变逆流式旋风除尘器内气体的流动方向，使之成为直流旋风除尘器，只要改动其出气口方向就可以了，如图 3-66 所示。这种直流旋风除尘器的优点是设备阻力低，便于安装布置。

八、静电旋风除尘器

由于静电旋风除尘器具有在旋风除尘器结构简单、体积较小、安装方便的基础上，能弥补普通旋风除尘器效率不高等优点，国内外对其均有研究。最早的电旋风除尘器是在旋风除尘器排气管中心加一根放电极，以抑制粉尘随气流逸出。还有一种静电旋风除尘器把放电极加在排气管周围。

1. 结构

静电旋风除尘器是具有旋风除尘器和线管式静电除尘器两方面特征的复合式除尘器，粉尘微粒在静电旋风

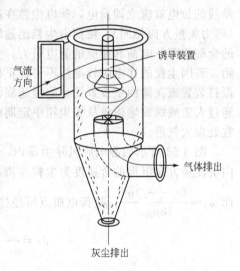

图 3-66　下流型直流旋风除尘器

除尘器中受到离心力和静电力的复合作用而分离，因此它的除尘效率比单一旋风除尘器高，并且能够捕集粒径更小的尘粒，而且由于入口风速较高，其处理的烟气量比线管式静电除尘器大得多。

静电旋风除尘器的结构如图 3-67 所示。它由进气管、出气管、筒体、电晕电极、收尘电极、高压电源、排灰阀等部分组成。另一种如图 3-68 所示，所不同的只是在除尘器内中心排气管周围增设了高压直流电晕线。此外，还有卧式电旋风除尘器，其除尘原理完全相同。

2. 除尘效果

（1）理论分析　当气-固非均一系以切线方向进入静电旋风除尘器时，其中的尘粒受高压电

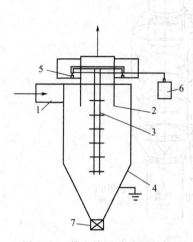 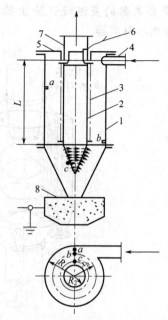

图 3-67　静电旋风除尘器结构　　　　图 3-68　静电旋风除尘器（增设高压直流电晕线）

1—进气管；2—出气管；3—电晕电极；4—收尘电极；　　1—筒体；2—排气管；3—电晕线；4—进气管；5—绝缘盖；

5—绝缘子；6—高压电源；7—排灰阀　　　　6—高压电缆；7—绝缘筒；8—集尘箱

晕线的放电效应立即荷电，荷电尘粒在高压电场和旋风作用下，同时受静电引力和离心力的作用（两力矢量方向相同），使荷电尘粒迅速沉降于作为正极的外筒内壁上，并随即失去吸附于尘粒上的全部或部分电荷和相应的静电引力，尘粒因自重和受下旋气流的冲刷自动脱落而掉入器底集尘箱。若因尘粒的比电阻较高而不易在正极的外筒内壁上失去电荷，则因在筒体外壁上设置必要的振打装置或在筒内壁设置简易的慢速旋转的刮灰装置，使尘粒强行脱落而掉入器底集尘箱，然后通过人工或螺旋输送机从集尘箱中定期或连续地排出灰尘。其基本结构类似旋风除尘器，因此不宜处理大气量。

图 3-68 所示的静电旋风除尘器内，荷电尘粒同时在电场和离心力场的合力作用下，因而其向沉淀极方向沉淀的合速度为尘粒在离心力作用的沉降速度 ω_2 和荷电尘粒的沉降速度 ω_3 之和。而 $\omega_2 = \dfrac{(r_1 - r_2)u^2}{18\mu g x}$，故荷电质点所经过的途径对时间的微分式为

$$d\tau = \frac{dx}{\omega_3 + \omega_2} = \frac{dx}{\omega_3 + \dfrac{d^2(\rho_1 - \rho_2)u^2}{18\mu g x}} \tag{3-32}$$

式中，τ 为尘粒分离的时间，s；x 为尘粒所处某一曲率半径，m；ω_3 为尘粒荷电沉降速度，m/s；ω_2 为尘粒的离心沉降速度，m/s；d 为尘粒半径，m；ρ_1 为尘粒的密度，kg/m³；ρ_2 为气体的密度，kg/m³；u 为气体的切向速度，m/s；μ 为气体的黏度，Pa·s；g 为重力加速度，9.8m/s²。

由于 $u = x\omega$，式中 ω 为气流在器内的旋转角速度，x 为任何一曲率半径。将 u 值代入上式得

$$d\tau = \frac{dx}{\dfrac{d^2(\rho_1 - \rho_2)x^2\omega^2}{18\mu g x} + \omega_3} \tag{3-33}$$

若令 $A=\dfrac{d^2(\rho_1-\rho)\omega^2}{18\mu g}$ 代入上式后，简化为 $\mathrm{d}\tau=\dfrac{\mathrm{d}x}{Ax+\omega_3}$。因此，对部分沉淀管壁的尘粒来说，根据图 3-68 所示，可得如下积分式：

$$\int_0^\tau \mathrm{d}\tau=\frac{1}{A}\int_{x_h}^{R_1}\frac{d(Ax+\omega_3)}{Ax+\omega_3}$$

所以

$$\tau=\frac{1}{A}\ln\frac{AR_1+\omega_3}{Ax_h+\omega_3}$$

$$x_h=\left(R_1+\frac{\omega_3}{A}\right)\mathrm{e}^{-A\tau}-\frac{\omega_3}{A}$$

式中，A 为尘粒沉降面积，m^2；R_1 为旋风除尘器筒体半径，m；其他符号意义同前。

由于 $\tau\leqslant\dfrac{L}{v}$，将其代入上式，然后再代入式的分离效率表达式便可得到静电旋风除尘器的理论分离效率公式为

$$\eta=\frac{R_1^2-\left[\left(R_1+\dfrac{\omega_3}{A}\right)\mathrm{e}^{-\frac{AL}{v}}-\dfrac{\omega_3}{A}\right]^2}{R_1^2-R_2^2}\tag{3-34}$$

式中，v 为筒体内气流平均上升速度，$\mathrm{m/s}$；R_2 为旋风除尘器内筒半径，m；其他符号意义同前。

当 $E=0$ 或 $\omega_3=0$ 时，即关闭高压电场，则上式变为 $\eta=R_1^2\dfrac{\left[1-\exp\left(\dfrac{-2AL}{v}\right)\right]}{R_1^2-R_2^2}$，这就是旋风除尘器的理论分离效率公式。由此可见，上式是综合了静电除尘器和离心除尘器两种特性的一个理论分离效率公式。

上述所推导和论证的公式均以球形质点，斯托克斯沉降定律和质点群动态分布律作为基本条件。当雷诺数 $Re>1$ 和为非球形质点时，均需对公式中的阻力系数 $\xi(\xi=2.55\psi)$ 或准数 ψ 进行修正。例如，当质点群为长形、片形和圆形等形状质点的混合物时，其准数 ψ 应比球形质点的大 2.9 倍。

（2）试验结果　静电旋风除尘器的效率变化规律基本与普通旋风除尘器相同。即随着入口风速的增大，除尘效率也增大。施加电场后静电旋风除尘器的效率较未加电场时的效率有所提高，在相同风速下，外加电压越高，除尘效率也越高；随着风速降低，施加电场后效率提高的幅度逐渐增大。风速增加越大，施加电场后使效率提高的程度变小，效率曲线渐趋平缓，加电和不加电的静电旋风除尘器效率曲线将随入口风速的提高最终趋向于一致。

试验中，采用加热炉飞灰的真密度为 $2.17\times10^3\mathrm{kg/m^3}$；几乎平均粒径为 $10.14\mu m$；几乎标准偏差 2.3311，其中飞灰中含有氧化铁。粉尘浓度控制在 $5\mathrm{kg/m^3}$ 左右，效率与施加电压的关系曲线见图 3-69。

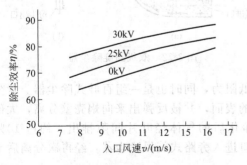

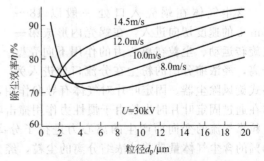

图 3-69　不同工况的除尘效率　　　　图 3-70　加电后各风速的分级效率

施加电场后，各试验风速下的分组效率数据整理在图 3-70 中。

图 3-70 表明，在较高的入口风速量，加电前、后的分组效率规律相同，都是指数函数形式，但入口风速降低时，加电后在某一粒径范围内的分组效率较其他粒径的低。在较低入口风速情况下，所有颗粒的惯性离心力都较小，电场力对微细粉尘分离的作用表现很明显，对较粗的尘粒，离心力仍占主要地位，电场力对其分离作用不很明显，结果使得某一粒径范围内粉尘效率偏低。偏低的原因主要是这部分粉尘的离心力没粗颗粒的大，而电场力对其分离作用与细粉尘相比又不是很明显。入口风速升高后，惯性离心力增大，电场力对效率的贡献所占份额仍比离心力小，因而加电前的分组效率曲线一致。

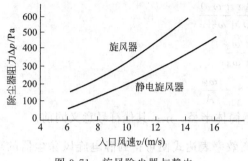

图 3-71 旋风除尘器与静电
旋风除尘器阻力对比

3. 除尘器阻力

静电旋风除尘器与原旋风除尘器的阻力试验结果见图 3-71，可以看出由于电晕极同时也是减阻构件，静电旋风除尘器的阻力比原旋风除尘器阻力平均下降约 40%，在试验风速（8.0～15.0m/s）范围内，压力损失小于 420Pa，当入口风速再高时压力损失继续上升，试验也显示静电旋风除尘器的阻力与外加电压无关。

第四节
双筒旋风除尘器

双筒旋风除尘器不是两个相同单体旋风除尘器的并联或串联，而是两个大小不同筒体除尘器的串联，其目的是在于提高除尘效率，满足严格的环保要求。

一、双级涡旋除尘器

双级涡旋除尘器是惯性除尘器和旁路式旋风除尘器组合的除尘装置。它除尘效率较高，压力损失适中，结构精巧，适用于锅炉等粗尘粒较多的烟气除尘。双级涡旋除尘器由蜗壳、固定叶片和旁路式旋风除尘器组成（见图 3-72）。

1. 工作原理

含尘气体在蜗壳入口处一般以 18～25m/s 的速度切向进入，在蜗壳内形成第一次旋转运动、尘粒在离心力的作用下向壳壁分离，经浓缩分离的粉尘在分流口处进入旁路式旋风除尘器。固定叶片对气体有导向作用，降低阻力，同时也是一组百叶式除尘器。含尘气体在通过固定叶片时尘粒由于惯性力作用撞击叶片的表面，并被反弹出来向蜗壳壁分离，大部分尘粒靠气流的变向而产生的离心力进行了分离，净化后的气体经叶片间隙排出。约占 10%～20% 的含尘气体量带着被浓缩分离的尘粒，经分流口进入旁路式旋风除尘器，经再次分离后干净气体从排气口排出。

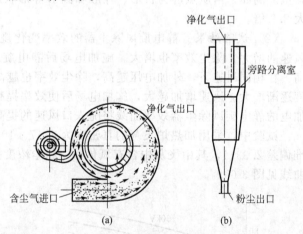

图 3-72 双级涡旋除尘器

2. 结构对性能的影响

在第一段分离过程中固定叶片的设置对双级涡旋除尘器起着重要的作用。它为百叶片除尘器而提高蜗壳的浓缩分离作用；它起到气流导向作用，使之合理组织气流而降低除尘器的压力损失。由于叶片非常重要，为保证形状应冲压成型。

叶片的密度分布，一般由进口逐渐向后加密，以采用 6°、5°、4°、3°的分布形式比较合理。如采用同一角度分布，可以减少安装和制造的复杂性，对除尘效率和压力损失均没有明显的影响。叶片的弧度，采用同一曲率的弧度，也能取得较理想的除尘效率。

（1）蜗壳进口截面的确定

$$F_j = a_j b_j = \frac{Q}{3600 v_j} \tag{3-35}$$

式中，F_j 为蜗壳进口截面积，m^2；a_j、b_j 分别为蜗壳进口的宽度和高度，$a_j : b_j = 1 :$（2.5～3）；v_j 为蜗壳进口气速，m/s；Q 为除尘器处理气量，m^3/h。

（2）分流口截面尺寸和旁路式旋风除尘器进口截面尺寸的确定　分流口截面尺寸按下式计算：

$$F_f = a_f b_f = \frac{Q_f}{3600 v_f} \tag{3-36}$$

式中，F_f 为由蜗壳进入旁路式旋风除尘器的分流截面积，m^2；Q_f 为蜗壳出分流口或进入旁路式旋风除尘器的气量，m^3/h；v_f 为分流口处或进入旁路式旋风除尘器的含尘气体速度，m/s；a_f、b_f 分别为分流口的高度和宽度，$b_f = b_j$，$a_f = \dfrac{F_f}{b_f}$，m。

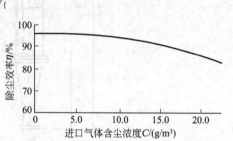

图 3-73　进口气体含尘浓度对除尘效率的影响

3. 双级涡旋除尘器的性能

双级涡旋除尘器的除尘效率随着气体含尘浓度的变化而变化。试样分散度如表 3-40 所列。粉尘试验进口气体含尘浓度对除尘效率的影响如图 3-73 所示。由图可知浓度增加效率有所下降，为此浓度情况下，如采用两个旁路式旋风除尘器并用增大流量比，除尘效率在运转良好时也能达 90% 左右。

表 3-40　试样分散度

粉尘粒径/μm	250～100	100～50	50～10	<10
质量百分比/%	18	25	52	5

双级涡旋除尘粉径较粗的含尘气体处理，这是因为蜗壳的浓缩效率较低的缘故。推荐处理粉尘径在 20～100μm 范围内。粉尘粒径与除尘效率的关系如图 3-74 所示。

进口气速 v_1 对除尘效率 η 与压力损失 Δp 的关系如图 3-75 所示。从图可知，进口气速高，

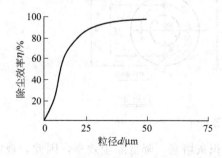

图 3-74　粉尘粒径对除尘效率的影响

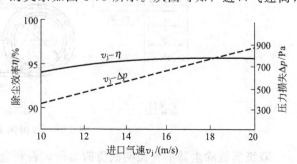

图 3-75　进口气速对除尘效率和压力损失的影响

除尘效率也就越高，相应的损失也增大。一般以进口气速计算的阻力系数为 2.4～3.6，当气速低于 13m/s 时，除尘效率有明显下降，并有部分粉尘沉积。

考虑到在蜗壳内必须达到粉尘浓缩分离作用，并不应有粉尘沉积或停留，根据试验，蜗壳进口气速 v_j 在 15～25m/s 时能够得到较好的除尘效果和较低的压力损失。一般 v_j 取 18～20m/s。

4. CR205 双级涡旋除尘器系列

CR205 双级涡旋除尘器的系列有 6500m³/h、13000m³/h、18000m³/h 和 30000m³/h 共 4 种规格。粉尘粒径在 20μm 以上，进口气体含尘浓度在 15g/m³ 以下，可按处理烟气量（见表 3-41）选用。结构尺寸见图 3-76 和表 3-42。

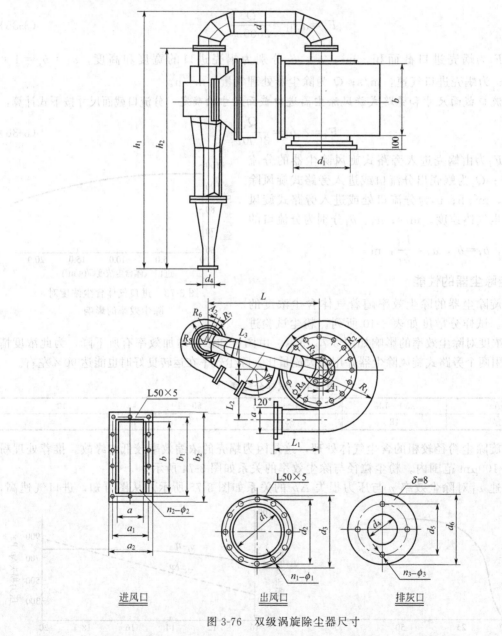

进风口　　　　出风口　　　　排灰口

图 3-76　双级涡旋除尘器尺寸

双级涡旋除尘器不宜长期低负荷运行，否则会造成积灰堵塞，降低除尘效率，因此，规定蜗壳进口气速不低于 15m/s。一般处理气量为 6500m³/h、13000m³/h 时采用 18m/s，处理气量为

18000m³/h、30000m³/h 时采用 20m/s。

表 3-41　双级涡旋除尘器性能

名　称	双 级 涡 旋 除 尘 器			
型号规格	双级涡旋-2	双级涡旋-4	双级涡旋-6.5	双级涡旋-10
处理烟气量/(m³/h)	6500	1300	1800	30000
进口流速/(m/s)	18	18	20	20
阻力/Pa	617.4			
效率/%	86.5			
金属总质量/kg	450	950	1200	1900
配用风机	y5-47No5c	y5-47No6c	y5-47No8c	y5-47No9c

　　双级涡旋除尘器其特点是二级分离。第一级是在蜗壳中间设一组由固定百叶片组成的惯性分离器。第二级是由一条狭缝和灰尘隔离旁室组成的 C 型除尘器进一步除尘净化。

表 3-42　双级涡旋除尘器尺寸

尺寸	双级涡旋-2	双级涡旋-4	双级涡旋-6.5	双级涡旋-10	尺寸	双级涡旋-2	双级涡旋-4	双级涡旋-6.5	双级涡旋-10
h_1	1849.5	2554	2784	3538.5	A_2	22	28.5	31	40
h_2	1517.5	2130	2309	2982.5	a	192	270	302	385
d	170	250	260	338	a_1	242	318	354	435
L	916	1226	1324	1731	a_2	292	370	402	485
L_1	330	520	580	740	b	555	786	882	1132
L_2	407	551	621	792.5	b_1	605	836	936	1182
L_3	227	299	317.5	420	b_2	655	886	982	1232
R_1	463	631	704	903	$n_2\text{-}\phi_2$	14-ϕ10	22-ϕ12	24-ϕ12	28-ϕ12
R_2	427	578	644	826	d_1	446	624	686	883
R_3	391	525	584	749	d_2	496	674	736	933
R_4	311	422	470	600	d_3	546	724	786	983
A_1	36	53	60	77	$n_1\text{-}\phi_1$	12-ϕ10	16-ϕ12	16-ϕ12	24-ϕ12
R_5	208	285.5	308	402	D_4	76	108	118	149
R_6	186	257	277	362	D_5	116	146	156	189
R_7	164	228.5	246	322	D_6	156	186	196	229
R_8	188	259	275	364	$n_3\text{-}\phi_3$	4-ϕ10	4-ϕ12	4-ϕ12	8-ϕ12

二、XS 型双旋风除尘器

　　XS 型双旋风除尘器的主要特点是具有下排气口和灰口的结构。含尘气体从入口进入大蜗壳，在旋转气流离心力的作用下，粉尘逐渐浓缩至大蜗壳的边壁上，同时在旋转过程中气流向下扩散变薄。当旋转到 270°时，最边缘上的约 15%～20% 的浓缩气流携带大量粉尘进入小旋风分离器，未进入小旋风分离器的内层气流，一部分进入平旋蜗壳，在大旋风筒中继续旋转分离，另一部分通过芯管壁之间的间隙与新进入除尘器的气体汇合，形成新的旋转气流，以增加细颗粒粉尘的捕集机会。这两部分气流净化后进入大旋风排气芯管，它与小旋风排气汇合后一同排出除尘器，粉尘则分别收集在大、小旋风筒下部的灰斗中。

　　XS 型双旋风除尘器可分为 XS1-20A 型和 XS0.5-4B 型两种，其主要技术性能见表 3-43、表 3-44，外形尺寸见图 3-77、图 3-78、表 3-45 和表 3-46。

表 3-43　XS1-20A 型旋风除尘器主要技术性能

项　目	型　号	大旋风筒直径/mm	进口风速/(m/s)							质量/kg
			24	26	28	30	32	34	36	
风量/(m³/h)	XS-1A	250	2770	3000	3230	3460				200
	XS-2A	495	5540	6000	6460	6920	7380			356
	XS-4A	700	11080	12000	12920	13850	14770	15690		686
	XS-65A	800	14467	15673	16879	18084	19290	20495	21701	900
	XS-10A	920	19134	20728	22323	23917	25511	27422	29035	1180
	XS-20A	1320	39844	42666	46484	49805	53125	56445	59766	2300
压力损失/Pa			304	253	412	470	534	604	676	

表 3-44　XS0.5-4B 型双旋风除尘器主要技术性能

项　目	型　号	大旋风筒直径/mm	进口风速/(m/s)					质量/kg
			23	25	27	29	31	
风量/(m³/h)	XS-1B	460	2733	2970	3208	3446	3683	193
	XS-2B	650	5466	5940	6416	6892	7366	365
	XS-4B	920	10932	11880	12832	13784	14732	699
	XS-0.5B	325	1346	1483	1600	1720	1838	90
	XS-0.7B	400	2067	2246	2426	2606	2785	130
压力损失/Pa			498	588	686	791	905	

表 3-45　XS1-20A 型双旋风除尘器外形尺寸　　　　　　单位：mm

型　号	D_0	D_1	d_0	B	H_0	H_1	H_2	R_1	L_0	L
XS-1A	356	306	226	240	2219	1126	770	281	367	550
XS-2A	501	430	317	340	2960	1590	950	268	505	778
XS-4A	706	606	446	480	4196	2246	1400	536	702	1100
XS-6.5A	836	756	539	620	4757	2568	1550	636	834.5	1350
XS-10A	956	856	514	750	5422	2952	1750	727	954	1500
XS-20A	1356	1206	866	1070	7388	4232	2170	1027	1346	2150

型　号	B_1	b	ϕ	ϕ_0	ϕ_1	$n-\phi_2$	ϕ_2	ϕ_5	$n-\phi_4$
XS-1A	297	99	12	307	350	12-12	100	57	4-12
XS-2A	396	132	12	431	474	12-12	120	77	4-12
XS-4A	537	179	12	607	660	12-12	160	107	8-12
XS-6.5A	688	172	12	757	800	12-12	200	150	8-12
XS-10A	618	136	12	857	900	12-12	200	150	8-12
XS-20A	1136	142	12	1207	1250	24-24	250 280	200	8-12

表 3-46　XS0.5-4B 型双旋风除尘器外形尺寸　　　　　　单位：mm

型　号	D_0	D_1	d_0	B	H	H_0	H_1	H_2	R_3	L_0
XS-1B	466	306	206	150	600	1998	1050	600	322	410
XS-2B	656	436	296	210	850	2801	1490	850	457	580
XS-4B	926	606	406	300	1200	3899	2100	1200	638	780
XS-0.5B	331	218	147	105	425	1439	748	425	242	310
XS-0.7B	417	274	185	134	537	1798	940	537	299	370

型　号	L	$n-z$	$m \times n_1$	$c \times n_2$	ϕ_0	ϕ_1	$n-\phi_4$	ϕ_2	ϕ_3	$n-\phi_5$
XS-1B	500	16-12	110×6	104×2	307	366	12-12	126	57	6-12
XS-2B	700	20-12	114×8	134×2	437	496	12-12	146	77	6-12
XS-4B	1000	26-12	126×10	120×2	607	666	12-12	176	107	8-12

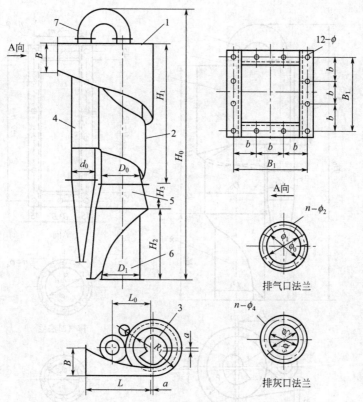

图 3-77　XS1-20A 型双旋风除尘器

1—大蜗壳；2—平旋蜗壳；3—大芯管；4—小旋风筒；5—变径管；6—斜锥及排气管；7—排气连续管

三、XPX 型下排烟式旋风除尘器

本除尘器主要由平旋及小旋风除尘器分别收尘所组成的双级旋风除尘器，采用下排烟方式。按气体在平旋除尘器旋转方向（顶视），分为左旋（N）和右旋（S）两种。适用于蒸发量为 1t/h、2t/h、4t/h、5t/h 层燃锅炉的烟气除尘。

1. 技术性能

① 冷态试验测定数据。额定负荷下（进口速度 $v=25\text{m/s}$）阻力为 $H=700\sim800\text{Pa}$，用 200 目烟煤粉，中位径 $d_{50}=39.7\mu\text{m}$ 分效率为：

粒径：5μm 时，$\eta_{5\mu\text{m}}=62.24\%$
　　　10μm 时，$\eta_{10\mu\text{m}}=82.83\%$
　　　20μm 时，$\eta_{20\mu\text{m}}=95.87\%$
　　　40μm 时，$\eta_{40\mu\text{m}}=99.69\%$

② 在往复炉排锅炉。额定负荷下测定的除尘效率 $\eta=89\%$，阻力 $H_{t200}=720\text{Pa}$。

③ 能适应锅炉负荷的变化，在额定负荷的 60%～120% 范围内除尘效率变化为 1% 左右。

④ 能适应烟气浓度的变化，含尘浓度为 2～3g/m³ 时除尘效率变化仅为 2% 左右。

⑤ 主要规格见表 3-47。

表 3-47　XPX 型除尘器规格

型号	配用锅炉蒸发量/(t/h)	烟气处理量/(m³/h)	型号	配用锅炉蒸发量/(t/h)	烟气处理量/(m³/h)
XPX-Ⅱ-1	1	3000	XPX-Ⅱ-4	4	12000
XPX-Ⅱ-2	2	6000	XPX-Ⅱ-5	5	15000

注：XPX-Ⅱ-5 两台并联可用于 10t/h 锅炉。

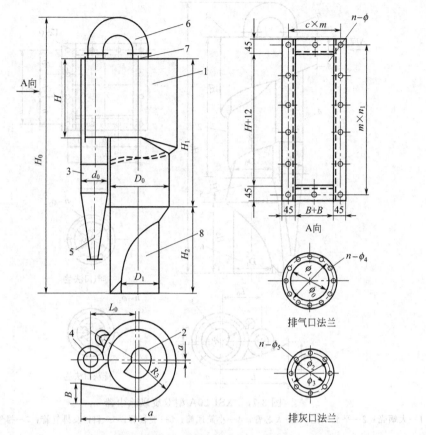

图 3-78　XS0.5-4B 型双旋风除尘器（单位：mm）

1—大旋风壳体；2—大芯管；3—小旋风壳体；4—小芯管；5—小旋风锥体；6—排气连接管；
7—连接管；8—斜锥及排气管

2. 外形尺寸

XPX 型除尘器外形尺寸见图 3-79 及表 3-48。

表 3-48　XPX 型除尘器主要尺寸　　　　　　　　单位：mm

尺寸 \ 配用锅炉	1t/h	2t/h	4t/h	6～6.5t/h	10t/h(2×5t/h)
L_1	2746	3756	4954	6452	5538
L_2	2150	2945	3900	5115	4385
L_3	803	1003	1203	1603	1353
L_3'	600	870	1200	1560	1350
L_4	442	544	665	900	750
L_5	550	760	1040	1320	1120
L_5'/u'	463/10	652/13	861/16	1085/19	952/17
L_6	255	325	450	572	505
L_7	400	500	600	750	650
L_8	124	174	242	310	266
L_8'	80	100	100	120	100
D	466	656	926	1186	1036
D'	240	350	440	560	490
D''	316	446	598	806	696
E/ϕ	500/420	630/550	830/730	1030/920	900/800

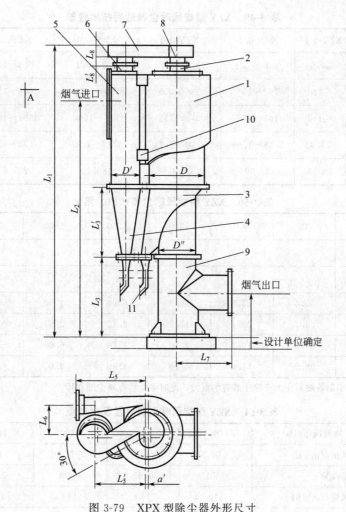

图 3-79　XPX 型除尘器外形尺寸

1—蜗管；2—大芯管；3—大灰斗；4—小灰斗；5—小旋风筒；6—小芯管；7—蜗壳连接管；
8—连接管；9—排气连接管；10—加强板；11—舌板式锁气器
注：本图为右旋，左旋时按尺寸反向制作。

四、XZY 型旋风除尘器

XZY 型除尘器是带有双级引射器的直流旋风除尘器，适用于高温烟气的除尘和非常窄小的锅炉房内安装，可直接安装在立炉烟箱上或铁制烟囱上。使用时不需要引风机，可从鼓风机引一风管与该除尘器喷射管相接；如无鼓风机，可选用一小型风机，其出风管直接接喷射管。

XZY 型旋风除尘器的工作原理是热气自然上升，并由引射器加速，导流叶片使气流旋转、离心分离。

1. XZY 型旋风除尘器技术性能

　① XZY 型旋风除尘器适用技术性能见表 3-49。
　② XZY 型旋风除尘器效率、阻力见表 3-50。
　③ XZY 型旋风除尘器风量及耗电量见表 3-51。

2. 外形尺寸

XZY 型旋风除尘器的外形见图 3-80 和表 3-52。

表 3-49 XZY 型旋风除尘器适用技术性能

除尘器型号	XZY-0.05	XZY-0.1	XZY-0.2	XZY-0.4	XZY-0.5	XZY-1.0
适用蒸气锅炉/(t/h)	≤0.05	0.05～0.1	0.1～0.2	0.2～0.4	0.4～0.5	0.5～1.0
适用热水锅炉/(kg/h)	≤130	130～250	250～500	500～1000	1000～1250	1250～2500
处理烟气量/(m³/h)	≤188	189～375	376～750	751～1500	1501～1875	1876～3750
进口烟气流量/(m³/h)	≤3.93	2.06～1.09	2.09～1.18	2.17～4.33	4.32～4.44	2.49～4.98
质量/kg	16.33	32.99	64.49	183.10	227.65	531.36

表 3-50 XZY 型旋风除尘器效率、阻力

喷射风压		700	900	1200	1500	1800	2100	3000
冷态效率/%					68.7～75.7			
热态效率/%					82～88			
阻力/Pa	200℃	40.4	28.5	15.9	6.60	1.60	−6.30	−19.0
	250℃	34.7	23.4	11.2	2.10	2.90	−11.1	−23.1
	300℃	30.1	19.2	7.10	1.70	6.60	−15.1	−27.0
	350℃	26.2	15.6	4.10	4.90	9.80	−18.2	−30.2

注：风为负值，表示引射器喷射压大于除尘装置的阻力，此时除尘器有减少的作用。

表 3-51 XZY 型旋风除尘器风量及耗电量

除尘器型号	喷射风压/Pa	700	900	1100	1200	1500
XZY-0.05	喷射风量/(m³/h)	60	65	70	75	80
	耗电量/kW	0.01	0.02	0.02	0.03	0.04
XZY-0.1	喷射风量/(m³/h)	110	140	140	150	180
	耗电量/kW	0.02	0.04	0.04	0.06	0.07
XZY-0.2	喷射风量/(m³/h)	215	260	270	300	315
	耗电量/kW	0.04	0.07	0.08	0.11	0.13
XZY-0.4	喷射风量/(m³/h)	430	515	540	590	630
	耗电量/kW	0.03	0.13	0.16	0.21	0.26
XZY-0.5	喷射风量/(m³/h)	540	650	680	750	800
	耗电量/kW	0.10	0.16	0.20	0.27	0.33
XZY-1.0	喷射风量/(m³/h)	1080	1300	1300	1490	1590
	耗电量/kW	0.20	0.32	0.40	0.54	0.66

五、XSW 型旋风除尘器

XSW 型旋风除尘器是一种带有浓缩段的卧式双涡旋风除尘器，它由大旋风（卧式平旋式旋风器）为第一级、小旋风（卧式离心式旋风器）为第二级以及烟气调节阀及水封冲灰器等部分组成。除尘器卧式布置，可与引风机进口直接相连。

XSW 型旋风除尘器主要用于蒸发量为 2～20t/h 的块煤机烧锅炉的烟气除尘，其主要性能见表 3-53，除尘器的外形尺寸见图 3-81 及表 3-54。

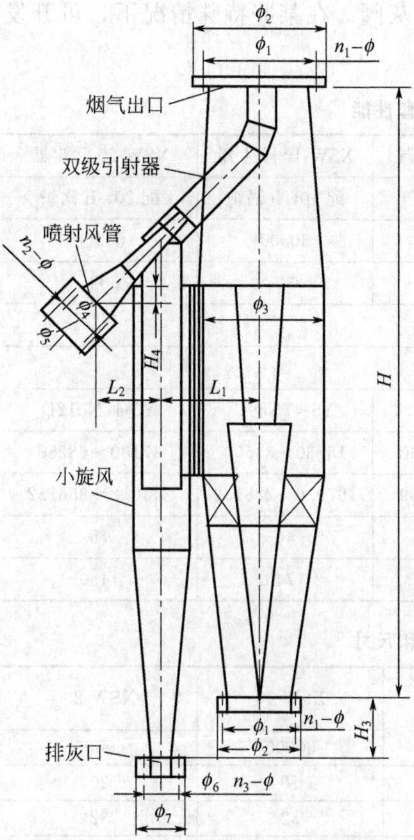

图 3-80　XZY 型旋风除尘器外形

表 3-52　XZY 型旋风除尘器外形尺寸　　单位：mm

型号	XZY-0.05	XZY-0.1	XZY-0.2	XZY-0.4	XZY-0.5	XZY-1.0
尺寸符号 n_1-ϕ	4-ϕ10	4-ϕ10	6-ϕ10	6-ϕ10	8-ϕ10	12-ϕ10
ϕ_1	150	200	377	385	410	555
ϕ_2	165	216	377	414	458	585
ϕ_3	185	255	358	506	565	798
n_2-ϕ	4-ϕ8	4-ϕ8	6-ϕ8	6-ϕ8	6-ϕ8	8-ϕ8
ϕ_4	92	121	161	222	245	338
ϕ_5	108	137	177	238	261	354
n_3-ϕ	4-ϕ8	4-ϕ8	4-ϕ8	4-ϕ8	4-ϕ8	4-ϕ8
ϕ_6	50	58	104	104	104	130
ϕ_7	66	74	120	120	120	146
H	856	1179	1660	2345	2627	3704
H_3	157	213	303	430	480	676
L_1	158	217	302	427	477	670
L_2	107	148	236	291	326	459

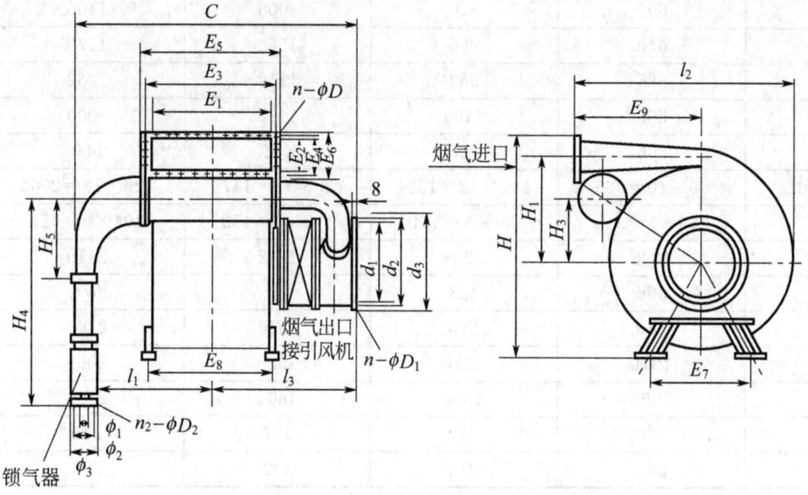

图 3-81　XSW 型旋风除尘器

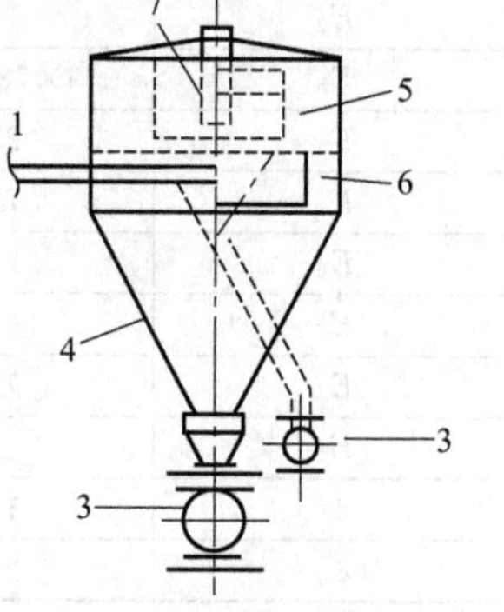

图 3-82　套装双级旋风除尘器示意

1—含尘烟气进口；2—烟气出口；3—卸灰阀；4，5—二级旋风器；6—内围板；7—排气管

六、套装双级旋风除尘器

图 3-82 是套装双级旋风除尘器示意。其实质是将两种规格的旋风除尘器套装在一个空间内，

形成串联结构。可以设一个共同的卸灰阀，也可以分别设置卸灰阀。在某些特殊情况下，可开发使用。

表 3-53　XSW 型旋风除尘器与锅炉配套性能

名称	XSW-2 除尘器	XSW-4 除尘器	XSW-6 除尘器	XSW-10 除尘器	XSW-20 除尘器
用途	配 2t/h 锅炉	配 4t/h 锅炉	配 6t/h 锅炉	配 10t/h 锅炉	配 20t/h 锅炉
处理烟气/(m³/h)	6000	12000	20000	30000	60000
进口流速/(m/s)	32	32	32	32	32
阻力/Pa			490～588		
除尘效率			约 85%		
选用引风机 型号	Y5-47No5C	Y5-47No6C	Y5-47No8C	Y5-47No9C	Y5-47No12D
风量/(m³/h)	5360～9870	8378～151410	13780～25360	18780～34550	37100～68250
风压/Pa	1548.4～2263.8	1822.8～2655.8	1705.2～2499	1979.6～2881.2	2440.2～3567.2
功率/kW	7.5	13	22	40	75
转速/(r/min)	2900	2620	1820	1740	1450

表 3-54　XSW 型旋风除尘器结构性能和尺寸

尺寸/mm　　型号	XSW-2	XSW-4	XSW-6.5	XSW-10	XSW-20
处理烟气量/(m³/h)	6000	12000	20000	30000	60000
配用锅炉/(t/h)	2	4	6.5	10	20
进口速度/(m/s)	32	32	32	32	32
进口截面/mm²	83×632	111×892	151×1160	166×1420	263×2000
d_1	500	608	840	1000	1100
d_2	540	640	990	1060	1170
d_3	580	686	952	1112	1232
E_1	638	908	1160	1422	2000
E_2	178	256	328	402	560
E_3	9×78=702	96×10=960	102×12=1224	123×12=1476	129×16=2064
E_4	237	105×3=315	96×4=384	113×4=452	104×6=624
E_5	738	1008	1268	1522	2119
E_6	278	356	428	502	676
E_7	630	860	970	1140	2400
E_8	706	1016	1276	1530	2009
E_9	800	1050	1300	1600	2100
ϕ_1	156	160	167	167	220
ϕ_2	225	242	242	242	280

第五节
多管旋风除尘器

多管旋风除尘器是将若干相同的旋风子并联组合在一体的旋风除尘器，使用共同的进、出管道和灰斗。其中的旋风子造成含尘气流旋转并分离粉尘的除尘器元件，通常具有较小的直径和较高的除尘效率,适用于捕集 $10\mu m$ 以上或更小的非黏性的干燥粉尘。

一、多管旋风除尘器的特点

多管旋风除尘器是指多个旋风除尘器并联使用组成一体并共用进气室和排气室,以及共用灰斗,而形成多管除尘器。多管旋风除尘器中每个旋风子应大小适中,数量适中,内径不宜太小,因为太小容易堵塞。

1. 主要特点

多管旋风除尘器的特点是:①因多个小型旋风除尘器并联使用,在处理机同风量情况下除尘效率较高;②节约安装占地面积;③多管旋风除尘器比单管并联使用的除尘装置阻力损失小。

多管旋风除尘器中的各个旋风子一般采用轴向入口,利用导流叶片强制含尘气体旋转流动,因为在相同压力损失下,轴向入口的旋风子处理气体量约为同样尺寸的切向入口旋风子的 $2\sim3$ 倍,且容易使气体分配均匀。轴向入口旋风子的导流叶片入口角 $90°$,出口角 $40°\sim50°$,内外筒直径比 0.7 以上,内外筒长度比 $0.6\sim0.8$。

多管除尘器中各个旋风子的排气管一般是固定在一块隔板上,这块板使各根排气管保持一定的位置,并形成进气室和排气室之间的隔板。

多个旋风除尘器共用一个灰斗,容易产生气体倒流。所以有些多管除尘器被分隔成几部分,各有一个相互隔开的灰斗。在气体流量变动的情况下,可以切断一部分旋风子,照样正常运行。

灰斗内往往要储存一部分灰尘,实行料封,以防止排尘装置漏气。为了避免灰尘堆积过高,堵塞旋风子的排尘口,灰斗应有足够的容量,并按时放灰;或者采取在灰斗内装设料位计,当灰尘堆积到一定量时给出信号,让排尘装置把灰尘运走。通常,灰斗内的料位应低于排尘管下端至少为排尘管直径 $2\sim3$ 倍的距离。灰斗壁应当和水平面有大于安息角的角度,以免灰尘在壁上堆积起来。

2. 工作原理

如图 3-83 所示,含尘气体由总进气管进入气体分布室,随后进入旋风体和导流片之间的环形空隙。导流片使气体产生旋转并使粉尘被出来,被分离的粉尘经排灰口进入总灰斗。被净化的气体经旋风体排气管进入排气室,由总排气口排出。

根据安装要求总排气管可以设置在测向也可以安装在顶部。

3. 构造特征

多管旋风除尘器不同于一般的并联旋风除尘器。多管旋风除尘器筒径小,有共同的进气管、排气管和灰斗。

(1)多管旋风除尘器的内部布置 在多管旋风除尘器内旋风子有各种不同的布置方法,见图 3-84。图 3-84(a)、(b)、(c)分别为旋风子垂直布置的箱体内、把旋风子倾斜布置在箱体内,以及在箱体内增加了重力除尘作用的空间减少旋风子的入口浓度负荷。图 3-85 为多管旋风除尘器入口和出口方向自由布置的实例。

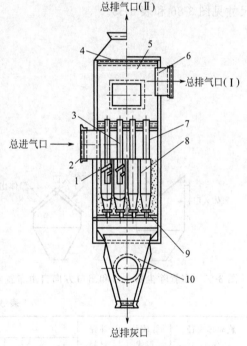

图 3-83 多管旋风除尘器
1—导流片;2—总进气管;3—气体分布室;4—总排气口(Ⅱ);5—排气室;6—总排气口(Ⅰ);7—旋风体排气管;8—旋风体;9—旋风体排灰口;10—总灰斗

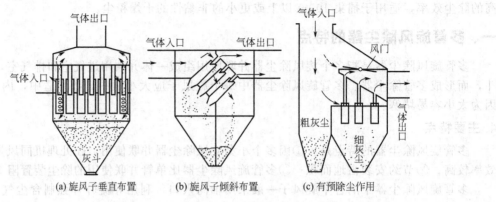

图 3-84 多管除尘器的布置形式

（2）旋风子 多管旋风除尘器是由若干个旋风子组合在一个壳体内的除尘设备。这种除尘器因旋风子直径小，除尘效率较高；旋风子个数可按照需要组合，因而处理量大。

旋风子直径有 100mm、150mm、200mm、250mm 以 $\phi250$mm 使用较普遍。旋风子的详细尺寸见图 3-86 和表 3-55。

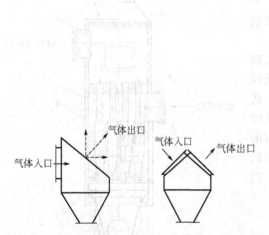

图 3-85 多管除尘器入口和出口方向自由布置实例

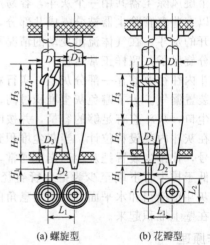

图 3-86 旋风子及其导流片结构

表 3-55 旋风子尺寸   单位：mm

旋风体直径 /mm	导流片 形式	外壳 材料	尺　寸									
			H_1	H_2	H_3	H_4	D	D_1	D_2	D_3	L_1	L_2
100	花瓣型	铸铁 铸钢	50	150	220	140	98 100	53	40	$\phi100$	130	125 100
150	花瓣型	铸钢	100	200	325	200	148 150	89	55	$\phi160$	180	75
250	花瓣型	铸钢	120	350	520	315	254 259	133	80	$\phi230$ □230×230	280	160 275
250	螺旋型	铸铁 铸钢	120	380	700	490	254 259	159	80	$\phi230$ □230×230	280	275
270	切向型	铸钢	120	200	360	310	273	133	142	273	364	300

单个旋风的除尘效率随其直径的减少而提高。但是，由各个旋风子在制造时几何尺寸予以保

证，同时，使用小直径的旋风体会相应增加旋风体的数量，这样会增加气体分布不均匀的可能性，还会增加旋风体之间气体经过总灰斗的溢流。

(3) 导向叶片结构 轴向进气的旋风子的导向叶片有螺旋型和花瓣型两种，螺旋型导向叶片的流体阻力小，不易堵塞，但除尘效率低；花瓣型导向叶片有较高的除尘效率，但流体阻力大，且花瓣易堵塞。切向进气的旋风子，在工业中得到应用。切向进气的多管旋风除尘器较轴向进气的多管旋风除尘器有较大的处理量，较高的除尘效率和较大的流体阻力（见图3-87）。

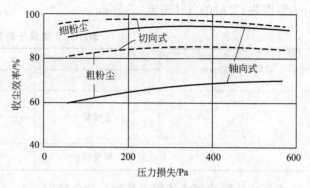

图 3-87 进气方向对效率和阻力的影响

导向叶片和旋风子的倾角采用 25°或 30°。倾角 25°有利于提高除尘效率，但是，压力损失要比倾角 30°的大。以催化剂为试料，螺旋型导流叶片在倾角为 20°时除尘效率较高。旋风子技术性能见表 3-56。

表 3-56 旋风子技术性能

旋风体直径 /mm	导 流 片		含尘气允许浓度/(g/m³)			放风体能力/(m³/h)	
	形 式	叶片倾角	Ⅰ	Ⅱ	Ⅲ	最大	最小
100	花瓣型	25°		15	—	110/114	94/98
		30°			—	129/134	100/115
150	花瓣型	25°	100	35	18	250/257	214/226
		30°				294/302	251/258
250	花瓣型	25°	200	75	33	735/765	630/655
		30°				865/900	740/770
270	螺旋型	25°	250	100	50	755/790	650/675

注：1. 旋风体处理能力为处理气温为 200℃时的能力。分母为钢制旋风体，分子为铸铁旋风体。

2. Ⅰ、Ⅱ、Ⅲ为粉尘黏度分类。Ⅰ为不黏结性的，Ⅱ为黏结性弱的，Ⅲ为中等黏结性的；属于强黏结性的不宜用多管式旋风除尘器。

4. 技术性能

(1) 旋风子的处理能力 单个旋风子的处理气量用下式计算：

$$Q = 3600 \times \frac{\pi}{4} D^2 v \tag{3-37}$$

式中，Q 为单个旋风子的处理气量，m³/h；D 为旋风子直径，m；v 为旋风子截面气速，m/s。

一般旋风子截面气速轴向进气在 3.5～4.75m/s 之间。切向进气时在 4.5～5.4m/s 之间。进一步增加气速不能提高除尘效率，反而会增加旋风体的磨蚀。当气速小于 3.5m/s 时，除尘效率会明显下降，并有可能被粉尘堵塞的危险。旋风子技术性能见表 3-56。

组合多管式旋风除尘器总的处理气量由下式确定：

$$Q_z = nQ \tag{3-38}$$

式中，Q_z 为多管式旋风除尘器总处理气量，m³/h；Q 为单个旋风子的处理气量，m³/h；n 为旋风体数量。

(2) 旋风子压力损失

$$\Delta p = \xi \frac{v \rho_t}{2} \tag{3-39}$$

式中，Δp 为旋风子压力损失，Pa；ξ 为阻力系数，查表 3-57；υ 为旋风子截面气速，m/s；ρ_t 为温度为 t℃时的气体密度，kg/m³。

表 3-57　旋风子的阻力系数

旋风体直径/mm	导流片		阻力系数
	形式	导流片倾角	
100 150 250	花瓣型	25°	90
		30°	65
250	螺旋型	25	85

多管旋风除尘器流体阻力系数，轴向流时，$\xi=90$，切向流时 $\xi=115$。

（3）旋风体除尘效率　单个旋风体的除尘效率由下式计算：

$$\eta = 1 - \frac{1}{1+\dfrac{d_{\mathrm{m}}}{d_{50}}} \tag{3-40}$$

在 Stokes 区：

$$d_{50} = \frac{1}{a}\sqrt{\frac{9\mu D_{\mathrm{w}}F_{\mathrm{b}}}{\rho_{\mathrm{c}}H_{\mathrm{b}}\upsilon_i g}} \tag{3-41}$$

在 Allen 区

$$d_{50} = \frac{F_{\mathrm{b}}}{H_{\mathrm{b}}}\left(\frac{255\mu\rho D_{\mathrm{w}}^2}{32\rho_{\mathrm{c}}^2 a^4 \upsilon_i g}\right)^{1/3} \tag{3-42}$$

式中，d_{m} 为粉尘的中位粒径，m；d_{50} 为分离效率为 50%的分割粒径，m；μ 为气体黏度，Pa·s；D_{w} 为排气管外径，m；F_{b} 为进气管和排气管面积之比；H_{b} 为排气管末端到排灰口的距离和排气管外径之比；υ_i 为旋转体进口气速，m/s；ρ_{c} 为颗粒真密度，kg/m³；ρ 为气体密度，kg/m³；a 为在叶片出口处气流切向速度和轴向速度之比。

多管旋风除尘器的除尘效率，轴向流的约为 80%～85%，切向流的约达 90%～95%。

二、GQX 型多管除尘器

GQX 型多管除尘器性能、外形图及尺寸，分别见表 3-58、图 3-88、图 3-89、表 3-59。

表 3-58　GQX 型除尘器性能

规　格	锅炉蒸发量/(t/h)	处理烟气量/(m/h)	除尘器阻力损失/Pa	除尘器效率/%
GQX-B0.5-2×1	0.5		900～1200	90～95
GQX-B1-2×2	1		900～1200	90～95
GQX-B2-4×2	2	6000	900～1200	90～95
GQX-B4-4×4	4	12000	900～1200	90～95
GQX-B6.5-4×6	6.5	18000	900～1200	90～95
GQX-B10-5×8	10	30000	900～1200	90～94
GQX-B20-10×10	20	60000	900～1200	90～94
GQX-B35-10×10(2)	35	110000	900～1200	90～94
GQX-B65-10×10(2)	65	150000	900～1200	90～94
GQX-B75-10×10(3)	75	180000	900～1200	90～92
GQX-B130-10×10(4)	130	240000～260000	900～1200	90～92

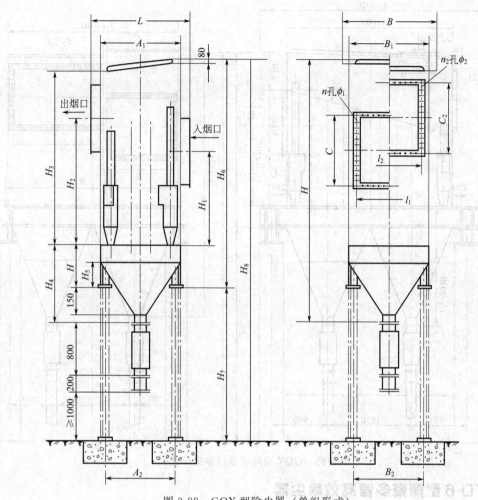

图 3-88　GQX 型除尘器（单组形式）

表 3-59　GQX 型除尘器外形尺寸　　　　　　　　　　　　　　单位：mm

除尘器型号	锅炉尺寸	外形尺寸			分离子个数		进烟口高度	出烟口高度	箱体高度	灰斗高	腿高	箱体支撑高	支架高	安装总高	除尘器组数
		长	宽	高	排	行									
代号-容量-排×行(组)	t/h	L	$B=N\times B_1$	H	U	V	H_1	H_2	H_3	H_4	H_5	H_6	H_7	H_8	N
GQX-B0.5-2×1	0.5	690	420	2120	2	1	966	1244	1380	740	820	2200	≥1920	≥4120	1
GQX-B1-2×2	1	690	720	2149	2	2	1000	1150	1356	792	820	2176	≥1973	≥4149	1
GQX-B2-4×2	2	1440	790	2600	4	2	1100	1250	1557	1033	620	2177	≥2413	≥4590	1
GQX-B4-4×4	4	1440	1390	2680	4	4	1100	1250	1633	1033	620	2253	≥2413	≥4666	1
GQX-B6.5-4×6	6.5	1440	1990	3157	4	6	1100	1250	1637	1528	620	2257	≥2908	≥5165	1
GQX-B10-5×8	10	1730	2580	4007	5	8	1150	1330	1787	2150	620	2407	≥3530	≥5937	1
GQX-B20-10×10	20	3920	3160	4660	10	10	1420	1920	2620	2030	280	3060	≥3750	≥6810	1
GQX-B35-10×10(2)	35	3920	6200	4660	10	10	1420	1920	2620	2030	280	3060	≥3750	≥6810	2
GQX-B65-10×12(2)	65	3920	7400	4660	10	12	1420	1920	2620	2030	280	3060	≥3750	≥6810	2
GQX-B75-10×10(3)	75	3920	9240	4660	10	10	1420	1920	2620	2030	280	3060	≥3750	≥6810	3
GQX-B130-10×10(4)	130	3920	12280	4660	10	10	1420	1920	2620	2030	280	3060	≥3750	≥6810	4

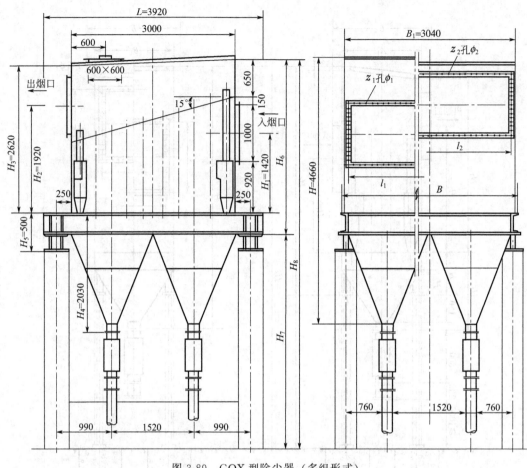

图 3-89 GQX 型除尘器（多组形式）

三、XZTD-6 型陶瓷多管高效除尘器

1. 适应范围

本除尘器，适用于各种型号、各种燃烧方式锅炉的烟尘治理。如链条炉、往复炉、抛煤机炉、煤粉炉、热电厂的旋风炉和流化床炉的烟尘治理。也可用于其他工业粉尘治理及实用价值的粉尘回收利用。可根据锅炉炉型、吨位、煤种等条件设计单级或双级除尘器。

2. 工作原理

含尘气体进入除尘器气体分布室入口，通过导向器在旋风子内部旋转，气体在离心力的作用下，粉尘被分离。降落在集尘箱内，经锁气器排出。净化了的气体，形成上升的旋流。经排气管汇于汇风室，由出口经引风机抽到烟囱排入大气中。各种参数见表 3-60～表 3-62 所列。

表 3-60　单级陶瓷多管除尘器主要技术参数

吨位 /(t/h)	处理风量 /(m³/h)	除尘效率 /%	阻力 /Pa	林格曼黑度/级	吨位 /(t/h)	处理风量 /(m³/h)	除尘效率 /%	阻力 /Pa	林格曼黑度/级
0.5	1500	95～99	650～900	<1	10	30000	95～99	650～900	<1
1	3000	95～99	650～900	<1	15	45000	95～99	650～900	<1
2	6000	95～99	650～900	<1	20	60000	95～99	650～900	<1
4	12000	95～99	650～900	<1	35	105000	95～99	1000～1400	<1
6	18000	95～99	650～900	<1	40	120000	95～99	1000～1400	<1
8	24000	95～99	650～900	<1					

表 3-61　单级钢体钢支架除尘器尺寸　　　　　　　　　单位：mm

吨位 /(t/h)	外　形		主要部位尺寸				进出烟口尺寸			基础尺寸				基础承重 /t
	L	H	H_1	H_2	H_3	H_4	a	b	c	L_1	F_1	L_2	F_2	
0.5	720	3386	2828	3183	600	1650	300	300	100	657	657	1257	1257	0.5
1	1030	3926	3293	3698	800	2090	350	600	100	967	657	1567	1257	1
2	1030	3926	3293	3698	800	2090	350	800	100	967	967	1567	1567	1.8
4	1390	4235	3622	4022	800	2419	350	1000	100	1390	1315	1990	1915	3.5
6	1700	4622	3955	4371	800	2750	350	1400	100	1592	1592	2192	2192	5.5
8	1935	4987	4299	4735	800	3084	370	1480	100	1935	1932	2475	2475	7.5
10	2350	5687	4720	5341	800	3415	550	1150	100	2242	1932	2842	2532	9
15	2696	7096	6439	6761	1200	3730	450	2100	100	2656	2656	3100	3100	16
20	3316	7983	6209	7637	1200	4360	550	2300	100	3276	2656	3800	3100	17

表 3-62　双级钢体陶瓷多管除尘器尺寸　　　　　　　　　单位：mm

吨位 /(t/h)	外　形				主要部位尺寸				进出烟口尺寸			基础尺寸				基础承重 /t
	L	F	H	H_3	H_4	H_5	H_6	H_7	a	b	c	L_1	F_1	L_2	F_2	
10	4550	2076	6996	1399	2827	2166	1650	3180	550	1150	100	2411	2101	2036	250×250	20
15	5222	2696	7428	1399	2827	2498	1950	2980	450	2100	100	2746	2436	2656	300×300	40
20	6462	2696	8290	1399	2827	3160	1950	3180	550	2300	100	3366	3056	2656	300×300	45
35	7442	3626	11320	1605	3620	3560	3540	4220	800	3420	200	4011	3391	3586	350×350	80
40	8062	3936	11663	1625	3720	3893	3540	4230	800	4100	200	4321	3701	3896	350×300	95
75	10902	5486	13262	1826	3478	5222	3750	4290	1200	5100	200	5586	5276	5446	400×400	95
80	11522	5486	13927	1826	3478	5887	3750	4290	1200	5100	200	6206	5276	5446	400×400	100

注：1. 20t/h 以下除尘器（包括 20t/h）采用钢支架。35t/h 以上除尘器采用混凝土支架，基础均由用户设计制造。

2. $H_1 = H_3 + H_5 + H_6$，$H_2 = H_4 + H_5 + H_6$。

3. 特点

除尘器机芯是采用陶瓷材料制成的具有耐磨损、耐腐蚀、耐高温、寿命长、运行性能稳定安全可靠、节省能源、占地面积小、造价低、操作简单、管理方便、无运行费用等特点，适用范围广。其结构见图 3-90 和图 3-91。

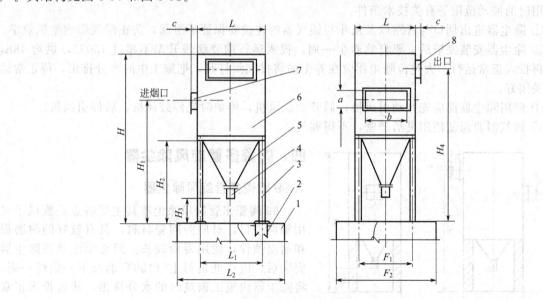

图 3-90　单级钢体钢支架除尘器

1—基础；2—基础预埋件；3—钢支架（混凝土均可）；4—锁气器；5—集尘器；6—主体；7—进烟口；8—出烟口

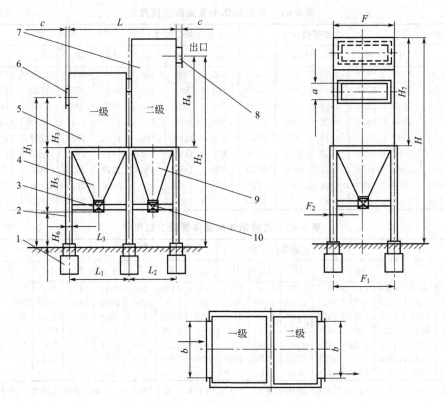

图 3-91　双级钢体钢支架除尘器

1—基础；2—钢支架；3——级锁气器；4——级集尘器；5——级主体；6—进烟；7—二级主体；
8—出烟；9—二级集尘箱；10—二级锁气器

4. 注意事项

① 用户应提供锅炉炉型、烟气量、烟气温度、燃料种类、烟气含尘浓度、筛分累积量、锅炉应用时的波动范围等有关技术条件。

② 除尘器进出烟口与管路以及灰斗与锁气器的连接要保证不泄漏，防止漏气影响整机效率。

③ 除尘器安装完毕后，要自然养生一周。投入运行前要缓慢升温不超过 150℃，烘烤 48h，然后再投入正常运行。大吨位除尘器应在养生前将排气阀打开，把施工中的水分排出，待正常运行前关闭好。

④ 使用除尘器前应先开动引风机，后开动鼓风机，停炉时先停鼓风机，后停引风机。

⑤ 锁气器要保证使用灵活严密，不得漏气。

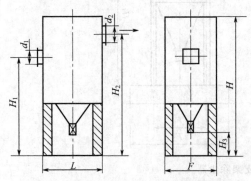

图 3-92　99 陶瓷多管旋风除尘器外形示意

四、陶瓷多管旋风除尘器

1. 99 陶瓷多管旋风除尘器

99 陶瓷多管旋风除尘器其主要特点是旋风子采用轴向进口，材质为陶瓷材料，具有较好的耐磨损和耐腐蚀性，使用寿命较长。但必须注意在除尘器安装后，应在低负荷上（150℃烟温下）烘烤一周，将除尘器内施工砌筑时的水分排出，然后投入正常运行。

该型除尘器用于沸腾炉、煤粉炉、旋风炉时，可采用 99 陶瓷多管除尘器（二级除尘）前组合一级惯性除尘，以提高大颗粒烟尘的捕集性能。

99 陶瓷多管旋风除尘器外形见图 3-92，外形尺寸见表 3-63。

表 3-63　99 陶瓷多管旋风除尘器外形尺寸　　　　　　　　　　　单位：mm

锅炉容量/(t/h)	F	L	H	H_1	H_2	H_3
1	1230	1230	3740	2910	3390	800
2	1470	1470	4000	3170	3650	800
4	1950	1950	4600	3705	4235	800
6	2430	2190	5220	4240	4820	800
10	2670	2430	5670	4540	5220	800
20	3150	2740	6810	5465	6330	1200
35	6720	3280	$7190+H_3$	$5600+H_3$	$6550+H_3$	H_3
40	6720	3760	$7390+H_3$	$5800+H_3$	$6750+H_3$	H_3

99 陶瓷多管旋风除尘器主要技术性能指标：除尘效率 η：95%；折算阻力：800～1000Pa（一级），1300～1600Pa（二级）；分割粒径：3～3.2μm。

2. KL 高效陶瓷多管除尘器

KL 高效陶瓷多管除尘器为第三代陶瓷多管除尘器产品，它降低了进口风速，并分别对芯管导向器和旋风子的结构进行了改进，减小了撞击，降低了阻力、减缓了磨损，延长了使用寿命。

KL 高效陶瓷多管除尘器可以单级单用，也可以二级串联使用，如图 3-93 所示。该除尘器分成四个部分。

（1）支撑构件　用于除尘器支撑和固定。角钢焊成的钢支架用于 1～4t/h 锅炉的除尘器；红砖砌筑的机座用于 20t/h 以下锅炉的除尘器；钢筋混凝土筑成的框架用于 20t/h 以上大吨位锅炉除尘器。

（2）灰斗和排灰装置　排灰装置有多种，小吨位锅炉除尘器可配舌板式锁气器；用户也可自购或自配电动回转排灰阀和螺旋输送机排灰阀。排灰装置和灰斗间的密封状态对除尘效率影响极大，要注意观察并做好日常保养工作。

（3）箱体　箱体上有进烟口及芯管，是除尘器的关键部件。

（4）上盖　其上有出烟口，内有气室。

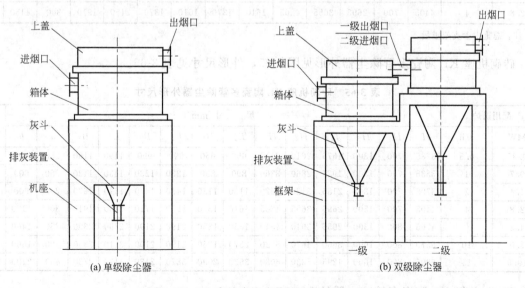

图 3-93　KL 高效陶瓷多管除尘器构造示意

钢支架 KL 陶瓷多管除尘器外形见图 3-94，外形尺寸见表 3-64。

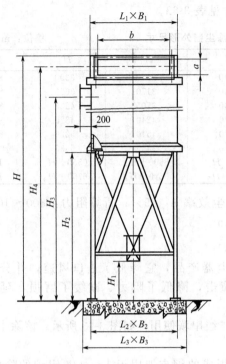

图 3-94　钢支架 KL 陶瓷多管除尘器外形　　　　图 3-95　砖砌机座 KL 陶瓷多管除尘器外形

表 3-64　钢支架 KL 陶瓷多管除尘器外形尺寸

| 配用锅炉 | | 尺　寸/mm | | | | | | | | | | | | 总重 |
MW	t/h	H	H_1	H_2	H_3	H_4	L_1	B_1	L_2	B_2	L_3	B_3	a	b	/t
0.35	0.5	3285	700	1675	2610	3110	650	650	650	650	1190	1190	250	400	1.8
0.7	1	3535	700	1925	2860	3360	890	890	890	890	1430	1430	250	600	2.3
1.4	2	3795	700	2185	3120	3620	1130	1130	1130	1130	1670	1670	250	900	3.1
2.8	4	4405	700	2695	3655	4205	1610	1370	1610	1370	2150	1910	300	1150	4.4

注：总重中含支架重量。

砖砌机座 KL 陶瓷多管除尘器外形见图 3-95，外形尺寸见表 3-65。

表 3-65　砖砌机座 KL 陶瓷多管除尘器外形尺寸

| 配用锅炉 | | 尺　寸/mm | | | | | | | | | | | | | 总重 |
MW	t/h	H	H_1	H_2	H_3	H_4	H_5	L_1	B_1	L_2	B_2	L_3	B_3	a	b	/t
0.35	0.5	3285	700	1300	1675	2610	3110	650	650	990	990	1190	1190	250	400	3.8
0.7	1	3535	700	1300	1925	2860	3360	890	890	1230	1230	1430	1430	250	600	5
1.4	2	3795	700	1300	2185	3120	3620	1130	1130	1470	1470	1670	1670	250	900	6.5
2.8	4	4405	700	1500	2695	3655	4205	1610	1370	1950	1710	2150	1910	300	1150	12
4.2	6	4765	800	1500	2955	3940	4540	1850	1850	2190	2190	2390	2390	350	1400	15.5
7.0	10	5570	800	1600	3660	4670	5320	2570	1850	2190	2190	3110	2390	400	1600	23.5
10.5	15	6305	800	1600	4295	5330	6030	3530	2090	3870	2430	4170	2730	450	2100	35

20t/h 单级 KL 陶瓷多管除尘器见图 3-96。

20t/h双级KL陶瓷多管除尘器见图3-97。

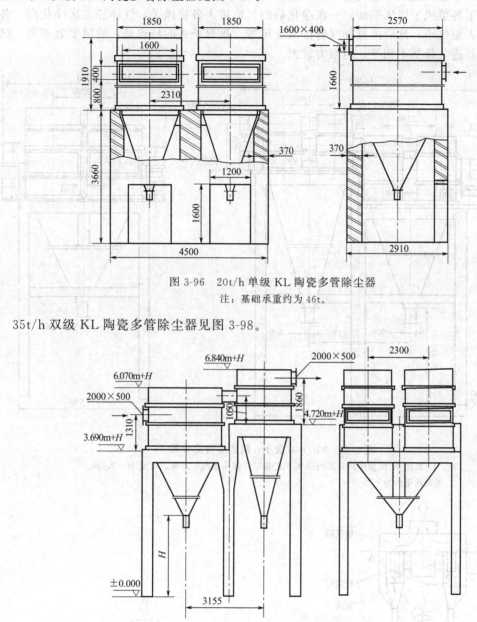

图 3-96　20t/h单级KL陶瓷多管除尘器
注：基础承重约为 46t。

35t/h双级KL陶瓷多管除尘器见图3-98。

图 3-97　20t/h双级KL陶瓷多管除尘器
注：1. 高度 H 根据用户采用的运灰方式确定，若采用汽车运灰，可取 $H=3.3$m。
2. 基础承重约为 50t。

KL陶瓷多管除尘器的主要技术性能指标：除尘效率 η 单级可达 95%，双级可达 98%；阻力 800～1000Pa；允许入口温度≤250℃。

五、母子式旋风除尘器

母子式旋风除尘器实际上是套装式旋风除尘器的发展，只不过旋风除尘器多一些而已。如图3-99所示，母子式旋风除尘器由一个大旋风除尘器和若干小旋风除尘器组成。所有除尘器都有切向入口和旋转出口，小旋风按圆形布置在大旋风体内。其工作原理如下：含尘气流进入旋风母，经一次分离后进入旋风母出气管，出气口上端封死，在旋风母出气管四周均布旋风子进气管，从而保证了各旋风子风压平衡。一次净化后的气流进入各旋风子，气体经二次净化后，各旋风子排气管进入集气箱，然后由总排气管排出旋风器。该母子式的特点是：旋风器效率高、结构紧凑、各旋风器进气量基本相等，但阻力较大。

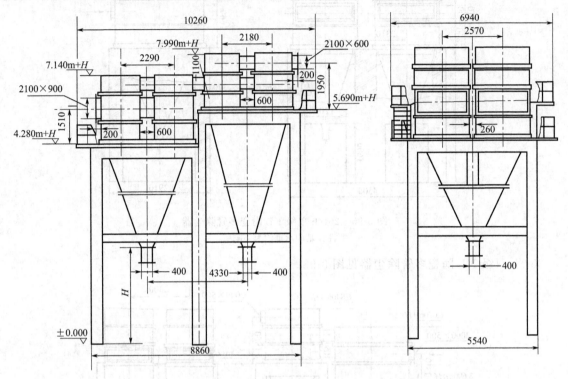

图 3-98　35t/h 双级 KL 陶瓷多管除尘器

注：1. 高度 H 根据用户采用的运灰方式确定，若采用汽车运灰，可取 $H=3.3\text{m}$。
　　2. 基础承重约为 120t。

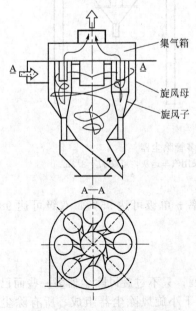

图 3-99　母子式旋风除尘器

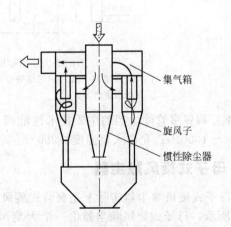

图 3-100　捆绑式多管旋风除尘器

为降低母子式多管旋风器的阻力，采用捆绑式多管旋风除尘器，如图 3-100 所示。即在总进气管四周均布小旋风除尘器，其结构更加紧凑。

第六节
旋流除尘器

旋流除尘器是一种加入二次风以增加旋转强度的离心式除尘设备。

旋流除尘器是德国公司在 20 世纪 60 年代开发的。由于采用二次气流，不但加速了气流的旋转速度，增强了分离尘粒的离心力，而且其湍流扰动的影响比一般旋风除尘器小，使旋流除尘器的分离粒径可小于 $5\mu m$。主要缺点是压损大耗能多且需要补给二次气。

一、旋流除尘器的分类和工作原理

1. 旋流除尘器分类

按结构形式，旋流除尘器有切向和轴向的多喷嘴型、切向单喷嘴型、导向叶片型和反射型 4 种形式。

按配置方式，旋流除尘器分为 4 种，详见表 3-66。

表 3-66 旋流除尘器二次配置方式

方式	配置简图	优缺点	方式	配置简图	优缺点
含尘气作二次气流		设备尺寸小;可用同一个风机增压;二次气流量大;收尘效率较低	部分净化气与部分含尘气作二次气流		清洁空气约为总风量的 10%,且可用一台风机;收尘效率可提高
部分净化气作二次气流		收尘效率高,二次气流量大,设备能力降低	二次气流为清净空气		二次气流量小,但需二台风机;收尘效率高;总风机风量大,设备处理能力低

2. 构造

旋流除尘器结构如图 3-101 所示，它由一次风部分（包括进气管、导向叶片、稳流体）、二次风部分（包括夹套和喷嘴或导向叶片）、分离室、净化气出口管和灰斗等组成。

3. 工作原理

含尘气体分两路进入除尘器：其一为一次风，由下部一次风管导入；一次风导入管是一圆管，内装若干导向叶片，中间插入笔状稳流体。当气体以 $25\sim35m/s$ 的速度流经导向叶片时，被强制旋转流入分离室。稳流体的作用是避免粉尘进入设备的中心轴，并使旋转的气流产生一稳定的旋流源。另一路称之为二次风，由夹套分配后，以 $50\sim80m/s$ 的高速从分离室壁上均匀分布的若干喷嘴（或由顶上导向叶片）切向喷入分离室内并旋转向下流动。两股气流旋转方向一致，组成一个旋流源，并加强了中心气流的旋转速度。由其产生的曳力和离心力方向一致，增强了离心力，使粉尘向壁面沉降，以螺旋状的粉尘环随二次风带入灰斗内被分离出来。

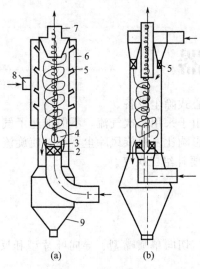

图 3-101　旋流除尘器结构示意

1—气体入口；2—主气流导向叶片；3—进口
流线；4—稳流体；5—二次气体喷嘴；6—二
次气流分配夹套；7—净化气体出口；
8—二次气进口；9—集尘斗

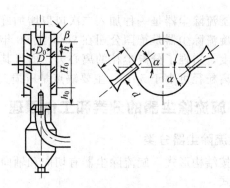

图 3-102　喷嘴型旋流除尘器结构示意

二、喷嘴型旋流除尘器

1. 主要结构尺寸

喷嘴型旋流除尘器结构见图 3-102。推荐的各部分尺寸列于表 3-67。

表 3-67　喷嘴型旋流除尘器主要尺寸比例

参　数	与筒体直径 D 的比例关系
喷嘴区高度 H_0 和下分离区高度 h_0	$H_0+h_0=(3.3\sim3.6)D$　$h_0=1.2D$
喷嘴直径 D	$D=(0.05\sim0.07)D$
喷嘴立面与水平面夹角 β	$\beta=30°$
喷嘴水平方向与法线夹角 α	$\alpha=53°$
喷嘴纵向间距 h	$h=0.4D(D<\phi700)$　$h=0.3D(\phi700\leqslant D\leqslant\phi1000)$
喷嘴导入长度 L	$L=3d$
喷嘴个数 n	由计算确定
喷嘴迎风口喇叭口曲率半径 R	$R=0.2D$

2. 技术参数

主要包括：① 二次气流占总处理量的百分数 m，当用含尘气体时，$m=80\%$；当用清洁空气时，$m=50\%\sim60\%$；②二次气流喷嘴速度，$v_2=50\sim80\text{m/s}$，烟尘越细，v_2 越应取大一些；③空气流速 $v=4.5\sim5.5\text{m/s}$；④一次气流速度 $v_1=25\sim35\text{m/s}$；⑤旋流除尘器的流体阻力，一般情况下 $\Delta p=4900\sim6900\text{Pa}$。

3. 技术性能和规格尺寸

各种规格的喷嘴型旋流除尘器技术性能见表 3-68。喷嘴型旋流除尘器外形结构尺寸见图 3-103和表 3-69。

表 3-68 喷嘴型旋流除尘器技术性能

直径/mm	处理气量/(m³/h)	二次风量/(m³/h)	二次风速/(m/s)	直径/mm	处理气量/(m³/h)	二次风量/(m³/h)	二次风速/(m/s)
200	500	400	60	700	7600	6080	70
300	1150	920	60	800	9950	7950	70
400	2050	1640	70	900	12600	10100	70
500	3200	2560	70	1000	15550	12500	70
600	4580	3660	70				

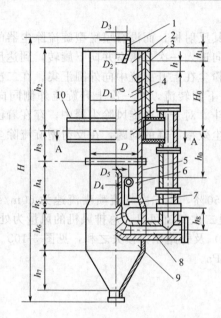
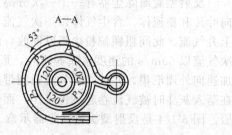

图 3-103 喷嘴型旋流除尘器外形结构尺寸

1—出口管；2—上筒体；3—夹套；4—喷嘴；5—下筒体；6—围管；7—稳流体；8——次进风口；9—灰斗；10—二次风进口

表 3-69 喷嘴型旋流除尘器主要尺寸　　　　　　　　　　　　　　　　单位：mm

参　数	200	300	400	500	600	700	800	900	1000
D	200	300	400	500	600	700	800	900	1000
D_1	390	390	520	650	780	910	1040	1170	1300
D_2	90	135	180	225	270	315	360	405	450
D_3	120	180	240	300	360	420	480	540	600
D_4	60	90	120	150	180	280	320	360	400
D_5	100	140	189	228	267	358	437	497	545
h_1	46	70	96	120	146	169	194	219	244
h_2	465	698	930	1163	1395	1448	1654	1861	2068
h_3	166	252	337	423	508	564	645	726	808
h_4	245	381	508	635	752	819	936	1053	1170
h_5	40	60	80	100	120	140	160	180	200
h_6	180	270	360	450	540	630	720	810	900
h_7	125	225	330	435	540	600	700	805	910
h_8	100	150	200	250	300	435	495	555	625
h	80	120	160	200	240	210	240	270	300
h_0	240	360	480	600	720	840	960	1080	1200

续表

参　数	200	300	400	500	600	700	800	900	1000
H_0	480	720	960	1200	1440	1470	1680	1890	2100
H	1365	2040	2700	3360	4010	4355	4970	5590	6210
d	13	20	25	31	36	36	41	46	51
l	52	70	80	100	117	117	131	148	164

三、反射型旋流除尘器

反射型旋流除尘器有一个一次分离室及其反射板，而没有喷嘴型旋流除尘器的一次气流的导向叶片和稳流体。含尘气体以一次气流从切向进入一次分离室并向下旋转，到达反射板后反射成上升气流。此间粗颗粒粉尘得以回收，细粒粉尘在上升旋流中向外围汇集。在二次分离室中，二次气流以60m/s的速度从喷嘴喷入，形成向下旋转流，在一次上升旋流外侧同向旋转，使粉尘加速向外周汇集，并被二次气流强制带入灰斗。对于普通旋风除尘器中，存在着已被分离的烟尘在落入灰斗时被气流卷起（再飞扬）而使除尘效率下降的问题，在反射型旋流除尘器中已基本克服。图3-104是反射型旋流除尘器示意。

1. 技术参数

反射型旋流除尘器二次气流为处理量的50%，当二次气流喷嘴流速为60m/s时，所需压力比一次气流进口处高2300Pa以上，一般要设二次气流风机。总排风机的风量为处理量的1.5倍，风压为旋流除尘器本体压力损失（约1500Pa）及管路压力损失之和，见图3-105。如用旋流除尘器出口的净气作二次气流，则需增压至3800Pa。

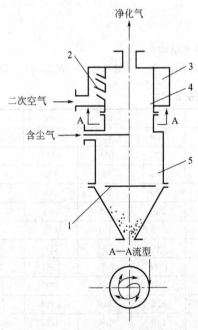

图 3-104　反射型旋流除尘器
1—反射板；2—喷嘴；3—夹套；
4—二次分离室；5—一次分离室

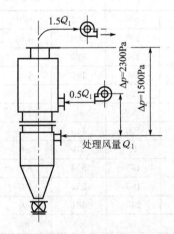

图 3-105　反射型旋流除尘器风压关系示意

反射型旋流除尘器捕收10μm烟尘的效率一般达99.9%。直径为1000的反射型旋流除尘器的分级除尘效率曲线见图3-106。

2. 性能及规格

反射型旋流除尘器的外形尺寸见图 3-107 和表 3-70。处理气量可作选型参考。

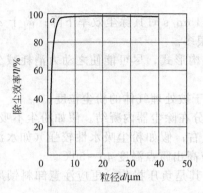

图 3-106　φ1000mm 反射型旋流除尘器的
分级除尘效率曲线

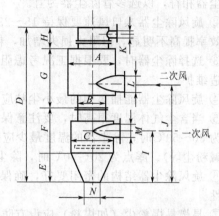

图 3-107　反射型旋流除尘器

表 3-70　反射型旋流除尘器主要尺寸　　　　　　　　　　　　单位：mm

项目	规格/mm								
	200	300	400	500	600	700	800	900	1000
	处理气量/(m³/h)								
	300	600	900	1500	2400	3600	4500	5700	8600
A	390	500	600	750	950	1100	1200	1300	1400
B	200	300	400	500	600	700	800	900	1000
C	250	380	500	650	750	900	1100	1150	1250
D	1240	1837	2385	3220	3150	3800	4390	4970	5400
E	180	317	455	500	650	900	1000	1150	1300
F	370	585	600	928	970	1240	1237	1245	1350
G	500	675	1000	2332	1000	1070	1498	1845	2000
H	190	260	330	400	530	590	660	730	750
I	355	605	850	1070	1250	1600	1800	2070	2310
J	730	1112	1485	1870	2200	2750	3065	3490	3870
K	110	170	225	280	330	400	440	480	550
L	85	110	130	160	200	280	290	320	360
M	85	125	155	195	240	300	340	390	420
N	150	200	200	250	255	250	300	300	300

第七节
旋风除尘器的选用

一、旋风除尘器选型

1. 选型原则

选型原则有以下几方面。

① 旋风除尘器净化气体量应与实际需要处理的含尘气体量一致。选择除尘器直径时应尽量小些，如果要求通过的风量较大，可采用若干个小直径的旋风除尘器并联为宜；如气量与多管旋风除尘器相符，以选多管除尘器为宜。

② 旋风除尘器入口风速要保持 15～23m/s，低于 15m/s 时其除尘效率下降；高于 23m/s 时除尘效率提高不明显，但阻力损失增加，耗电量增高很多。

③ 选择除尘器时，要根据工况考虑阻力损失及结构形式，尽可能使之动力消耗减少，且便于制造维护。

④ 旋风除尘器能捕集到的最小尘粒应等于或稍小于被处理气体的粉尘粒度。

⑤ 当含尘气体温度很高时，要注意保温，避免水分在除尘器内凝结。假如粉尘不吸收水分、露点为 30～50℃时，除尘器的温度最少应高出 30℃左右；假如粉尘吸水性较强（如水泥、石膏和含碱粉尘等）、露点为 20～50℃时，除尘器的温度应高出露点温度 40～50℃。

⑥ 旋风除尘器结构的密闭要好，确保不漏风。尤其是负压操作，更应注意卸料锁风装置的可靠性。

⑦ 易燃易爆粉尘（如煤粉）应设有防爆装置。防爆装置的通常做法是在入口管道上加一个安全防爆阀门。

⑧ 当粉尘黏性较小时，最大允许含尘质量浓度与旋风筒直径有关，即直径越大其允许含尘质量浓度也越大。

⑨ 选用旋风除尘器忌讳风量过大或过小。风量过大则阻力过大，风量过小，则效率过低。

2. 选型步骤

旋风除尘器的选型计算主要包括类型和简体直径及个数的确定等内容。一般步骤和方法如下所述。

① 除尘系统需要处理的气体量，当气体温度较高、含尘量较大时其风量和密度发生较大变化，需要进行换算，若气体中水蒸气含量较大时亦应考虑水蒸气的影响。

② 根据所需处理气体的含尘质量浓度、粉尘性质及使用条件等初步选择除尘器类型。

③ 根据需要处理的含尘气体量 Q，按下式算出除尘器直径。

$$D_0 = \sqrt{\frac{Q}{3600 \times \frac{\pi}{4} v_p}} \tag{3-43}$$

式中，D_0 为除尘器直径，m；v_p 为除尘器筒体净空截面平均流速，m/s；Q 为操作温度和压力下的气体流量，m^3/h。

或根据需要处理气体量算出除尘器进口气流速度（一般在 12～25m/s 之间）。由选定的含尘气体进口速度和需要处理的含尘气体量算出除尘器入口截面积，再由除尘器各部分尺寸比例关系选出除尘器。

当气体含尘质量浓度较高，或要求捕集的粉尘粒度较大时应选用较大直径的旋风除尘器；当要求净化程度较高，或要求捕集微细尘粒时，可选用较小直径的旋风除尘器并联使用。

④ 必要时按给定条件计算除尘器的分离界限粒径和预期达到的除尘效率，也可直接按有关旋风除尘器性能表选取，或将性能数据与计算结果进行核对。

⑤ 除尘器必须选用气密性好的卸尘阀，以防除尘器本体下部漏风，否则效率急剧下降。除尘器底部设置集尘箱和空心隔离锥，可减少漏风和涡流造成的二次扬尘，使除尘效率有较大的提高。

⑥ 旋风除尘器并联使用时应采用同型号旋风除尘器，并需合理地设计连接风管，使每个除尘器处理的气体量相等，以免除尘器之间产生串流现象，降低效率。彻底消除串流的办法是为每一除尘器设置单独的集尘箱。

⑦ 旋风除尘器一般不宜串联使用，必须串联使用时应采用不同性能的旋风除尘器，并将低

效者设于前面。

二、旋风除尘器的应用范围

旋风除尘器是应用广泛的除尘器之一。在应用中可以单独供用，也可以并联或串联供用。串联中既有旋风除尘器自身进行串联，也有旋风除尘器与其他类型除尘器的串联使用，在应用中对旋风除尘器采用防磨损措施也很重要。

1. 作污染控制设备

旋风除尘器作为主要的污染物排放控制设备，可用于许多工业领域。在木工加工领域及木材处理中，旋风除尘器常用作主要的空气污染控制设备。在金属打磨、切割领域及塑料制品生产领域，也有大量的旋风除尘器用于同样目的。作为主要的颗粒物控制设备，旋风除尘器也大量应用于小型锅炉的除尘设备。对是否适合使用旋风除尘器作为一个工业应用过程中的污染物控制设备进行事先的考查评估是非常必要的，若采用旋风除尘器所带来的效益大且能满足环保要求，那才有必要使用旋风除尘器，否则就没有必要使用旋风除尘器。此外，还必须要尽量收集准确数据，验证采用旋风除尘器合理可靠。

【例 3-2】　在切样机除尘中的应用。

① 除尘工艺。切样机在钢材切割过程中，随着高速飞转的砂轮片切割样钢，损耗的砂轮片颗粒和铁屑形成尘源。除尘工艺流程如图 3-108 所示。将吸尘罩与切样机出口连上，然后通过管道连接第一级除尘设备沉降箱和第二级除尘设备 XLP/B 型旋风除尘器，除尘后配置离心通风机和排放烟囱。

② 切样机除尘系统主要技术参数如下：

系统风量　　　　　　6500m³/h
管道设计风速　　　　25m/s
入口含尘质量浓度　　1000mg/m³
沉降箱外形尺寸　　　800mm×800mm×800mm
旋风除尘器型号　　　XLP/B-8.2
通风机功率　　　　　10kW
总除尘效率　　　　　95%

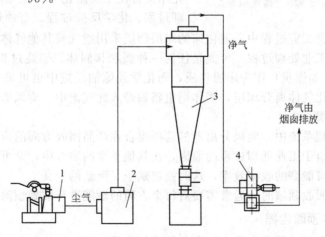

图 3-108　切样机除尘系统
1—切样机；2—沉降箱；3—旋风除尘器；4—通风机

③ XLP/B-8.2 旋风除尘器外形尺寸为 φ820mm×3600mm；入口尺寸为 490mm×245mm。其技术性能如下：

除尘器处理风量　　　5030～8380m³/h
除尘器阻力系数　　　5.68
入口风速　　　　　　12～20m/s
出口排放质量浓度　　50mg/m³
本体质量　　　　　　242kg

④ 除尘系统的特点有以下几点：a. 切样机除尘系统为二级除尘系统，二级除尘设备均为机械式除尘器，设备无运动部件，故障少，便于维护管理；b. 第二级除尘设备运用 XLP/B 型旋风除尘器，其特点是适于清除气体中非纤维性及非黏着性干燥粉尘，设备结构简单，操作方便，阻力较小，效率较高；c. 沉降箱和旋风除尘器都要求密封性好，特别是取灰口和法兰连接处不得漏气，否则会影响吸尘罩风量和除尘效果。

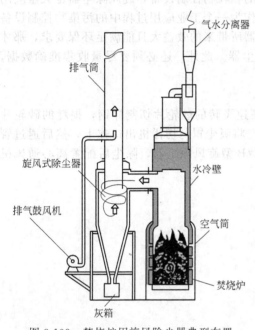

图 3-109　焚烧炉用旋风除尘器典型布置

【例 3-3】 在垃圾焚烧炉的应用。

小型垃圾焚烧炉几乎都用旋风除尘器净化燃烧气体中的烟尘，典型布置如图 3-109 所示。把焚烧炉与旋风除尘器组合为一体既合理又经济，在良好燃烧的条件下排放浓度能满足环保要求。

2. 生产过程应用旋风除尘器

旋风除尘器在整个工业工艺过程使用非常广泛。在这些领域中，旋风除尘器已经成为整个行业领域中的一个组成部分，并且已经延伸到生产过程。尽管此应用与空气污染控制领域的应用并不完全相同，但对旋风除尘器应用来说，其具体特点有许多共同之处。工业过程中旋风除尘器作为分离设备的应用实例有许多。旋风除尘器作为处理设备，常与其他干燥、冷却及磨粉系统配合使用。旋风除尘器在粉体工业中成为必不可少的设备。

对旋风除尘器来说，最常用的应用过程为与流化床配合使用。流化床广泛地应用于许多的燃烧处理过程、化学反应过程、石油炼制及产品的冷却及干燥等过程中。在此类工业过程中，液化床的床层物质采用空气或其他气体进行流化处理。床层物质，按照其具体的工业处理过程，可能是任何一种颗粒状固体。燃烧过程中通常采用石灰石、沙子和/或燃料本身（如煤炭）作为床层物质，而化学及炼油反应中也可采用颗粒状的催化剂作为床层物质。随着液化气体离开床层，固体则重新被带入此气流中。旋风除尘器则用于将所带的固体恢复及返回到床层上去。

在许多的工业处理系统中，旋风分离器的选择组合在产品回收方面的应用比在所有其他方面的应用都更为重要。由于工业处理过程的原因，在其他类型的装置中，则可能回收不到产品。采用旋风分离器获得尽可能高的收集效率，这时就被赋予了更新的含义。

应用于物质产品回收领域时，通常需要对每个方面的性能进行准确预测。

3. 将旋风除尘器用作预除尘器

旋风除尘器在环保领域最普遍的应用之一就是作为其他污染物控制设备的预除尘器。在每个实际应用中的使用原因有所不同，最常见的是将旋风除尘器用作袋式除尘器、电除尘器或其他颗粒物控制设备之前预除尘器。

通常，对用作预除尘器的旋风除尘器的性能要求比其他应用要低一些。甚至在有些情况下，旋风除尘器一直在降级使用，或者其使用的实际效率受到简化，作为预除尘器的旋风除尘器，对其选择的依据通常是以其价格、尺寸、能耗及制造成本为基础。

【例 3-4】　某有色金属冶炼厂用旋风除尘器作袋式除尘器的预除尘器，组成锑白炉除尘系统，系统组成如图 3-110 所示，除尘系统生产数据见表 3-71。

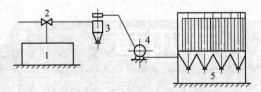

图 3-110　锑白炉除尘流程
1—锑白炉；2—文氏管混风器；3—慢速旋风除尘器；4—风机；5—袋式除尘器

表 3-71　锑白炉除尘系统生产数据

操作条件及指标	锑白炉 5.4m²	文氏管混风器喉管 φ300mm×200mm	慢速旋风除尘器 φ1200mm	风机 Y9-35N0.10D Q=11350~22750 N=22kW	袋式除尘器 2000m²
烟气量/(m³/h)	1000	3000	4000	5000	
烟气温度/℃	650	220	200	110	100
含尘量/(g/m³)	150	150	η=60%	60	排放<0.03

4. 作为液体分离器使用

工业领域中也大量地应用旋风除尘器来除去气流中携带的小液滴。此类应用中，最常见的是用作气旋式除尘器。通常，此类设备都是直流式旋风除尘器，而非逆流式旋风除尘器。这是因为被分离液滴有一些独特性质，会影响除尘器对其进行的收集。此类特性如下：

① 若与某个表面接触后，此类液滴一般会牢牢地粘于表面，而同样情况的灰尘则会被弹出去。而液滴及液膜一般会沿固体表面四处蔓延。在多数情况下，液滴的运行方向均与气流的运行方向相反。

② 液滴一般会有着聚集成大团的倾向。

③ 液滴和/或接合聚集成团的液体团块，可轻易地在气流剪切力的作用下被击碎，再次分裂成新的小液滴。尽管固体颗粒物团块可以很轻易地被击碎，但对单个的小颗粒物却很难被击碎。

对使用逆流型的旋风除尘器进行液体携带物分离的大量研究一直在实施当中。通常，此类研究显示，与直流型的旋风除尘器相比，逆流型的旋风除尘器在对液体与气体进行分离时的效果要差一些。若需用到逆流型的旋风除尘器时，其入口的操作速度设计应低于 20m/s。此外，在出口管道处安装一个套筒装置或折流板，可以防止液滴沿着前面所述管道向下流淌。也可在较低区域处安装一个折流板或外罩，用以防止将液滴切断及防止轴心处的液滴被重新携带的情况。

5. 用作火花捕集器使用

虽然火花捕集器有多种形式，但用直流式 PZX 型除尘器便于和管道连接，投资较少，安装方便，节省空间，分离最小火花颗粒直径约 50μm，阻力仅 300~400Pa；非常可靠。

【例 3-5】　旋风除尘器用作火花捕集器在钢厂的应用。某不锈钢工程袋式除尘系统，烟气流量 $Q=270000m³/h$，烟气温度 300~350℃，颗粒密度 $\rho_p=2100kg/m³$，为防止火花进入除尘系统烧毁滤袋，试选择 1 台直流式旋风除尘器作为袋式除尘器的预除尘器，兼作火花捕集器，并计算分离最小颗粒的粒径。

根据处理烟气量计算得出，选用 φ2000mm 直流式旋风除尘器 1 台，其尺寸为入口和出口直径 $D_c=2m$，长度 $L=5.8m$，设毂的外径 $D_b=0.7m$，分离室长度 $l_s=1.6m$，出口管长度 $l=1.4m$，叶片角度仪 $α=45°$。

根据计算，预除尘器可以分离的最小颗粒为 41.4μm，能避免火花颗粒进入袋式除尘器，作为火花捕集器捕集火花颗粒是安全可靠的；同时它具有将高浓度含尘气体进行预除尘的作用。

第四章

袋式除尘设备

袋式除尘器是利用由过滤介质制成袋状或筒状过滤元件来捕集含尘气体中粉尘的除尘设备。1852 年美国 S. T. Jones 取得第一个袋式除尘器专利。袋式除尘器的除尘性能不受尘源的粉尘浓度和气体量的影响。净化细颗粒物的除尘效率可达 99.0% 以上。因此，出口气体的粉尘浓度可达到国家规定的排放标准，例如能降低到 0.01g/m³ 以下，实现超低排放。另外，压力损失的大小与操作条件和机种有关，一般在 500~2000Pa 以内，因此袋式除尘器在除尘工程中有广泛应用。

第一节
袋式除尘器的分类和工作原理

一、袋式除尘器分类

现代工业的发展，对袋式除尘器的要求越来越高，因此在滤料材质、滤袋形状、清灰方式、箱体结构等方面也不断更新发展。在除尘器中，袋式除尘器的类型最多，根据其特点可进行不同的分类。

1. 按除尘器的结构形式分类

袋式除尘器的示意简图如图 4-1 所示。

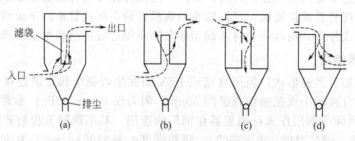

滤袋　　出口

入口

排尘

(a)　　　　　(b)　　　　　(c)　　　　　(d)

图 4-1　袋式除尘器的结构

除尘器的分类，主要是依据其结构特点，如滤袋形状、过滤方向、进风口位置以及清灰方式进行分类。

（1）按过滤方向分类　按过滤方向分类，可分为内滤式袋式除尘器和外滤式袋式除尘器两类。

① 内滤式袋式除尘器。图 4-1 中（b）、（d）为内滤式袋式除尘器，含尘气流由滤袋内侧流向外侧，粉尘沉积在滤袋内表面上，优点是滤袋外部为清洁气体，便于检修和换袋，甚至不停机即可检修。一般机械振动、反吹风等清灰方式多采用内滤形式。

② 外滤式袋式除尘器。图 4-1 中（a）、（c）为外滤式袋式除尘器，含尘气流由滤袋外侧流向内侧，粉尘沉积在滤袋外表面上，其滤袋内要设支撑骨架，因此滤袋磨损较大。脉冲喷吹，回转反吹等清灰方式多采用外滤形式。扁袋式除尘器大部分采用外滤形式。

（2）按进气口位置分类　按进气口位置分类，可分为下进风袋式除尘器和上进风袋式除尘器两类。

① 下进风袋式除尘器。图 4-1(a)、(b) 为下进风袋式除尘器，含尘气体由除尘器下部进入，气流自下而上，大颗粒直接落入灰斗，减少了滤袋磨损，延长了清灰间隔时间，但由于气流方向与粉尘下落方向相反，容易带出部分微细粉尘，降低了清灰效果，增加了阻力。下进风式除尘器结构简单，成本低，应用较广。

② 上进风袋式除尘器。图 4-1(c)、(d) 为上进风袋式除尘器，含尘气体的入口设在除尘器上部，粉尘沉降与气流方向一致，有利于粉尘沉降，除尘效率有所提高，设备阻力也可降低15%～30%。

（3）按除尘器内的压力分类　按除尘器内的压力分类，可分为正压式除尘器、负压式除尘器和微压式除尘器三类，如表 4-1 所列。

① 正压式除尘器。正压式除尘器，风机设置在除尘器之前，除尘器在正压状态下工作。由于含尘气体先经过风机，对风机的磨损较严重，因此不适用于高浓度、粗颗粒、高硬度、强腐蚀性的粉尘。

② 负压式除尘器。负压式除尘器，风机置于除尘器之后，除尘器在负压状态下工作。由于含尘气体经净化后再进入风机，因此对风机的磨损很小，这种方式采用较多。

③ 微压式除尘器。微压式除尘器在两台风机中间，除尘器承受压力低，运行较稳定。

表 4-1　袋式除尘器按工作压力分类

类　别	图　形	说　明
正压式（压入式）	滤袋 风机吹入	烟气由风机压入,除尘器呈正压,粉尘和气体可能逸出,污染环境,外壳可视情况考虑密闭或敞开,适用于含尘浓度很低的工况,否则风机磨损
负压式（吸出式）	风机吸出 滤袋	烟气由风机吸出,除尘器呈负压,周围空气可能漏入设备,增加了设备和系统的负荷,外壳必须密闭,负压式是最常用的形式
微压式	风机吸出 滤袋 风机吹入	除尘器进出口均设风机,烟气由前风机压入,后风机吸出,除尘器呈微压,有少量空气漏入设备,设备和系统的负荷增加不大。设计中应当注意两台风机的匹配

2. 按滤袋形状分类

按滤袋形状，袋式除尘器分为四类，即圆形袋除尘器、扁袋除尘器、双层袋除尘器和菱形袋除尘器，袋形及特点如表 4-2 所列。

表 4-2 袋式除尘器的滤袋形状和特点

类　别	图　形	特　点
圆形袋	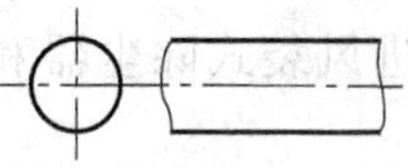 ⊕	普通型、普遍使用，清灰较易，外滤式其直径为 120～160mm，内滤式其直径为 ϕ150～300mm 或更大，它是应用最广泛的滤袋形式
扁袋	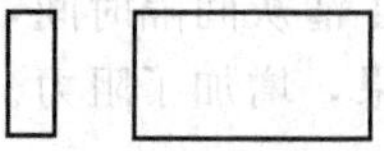 ▯	袋宽 35～50mm，面积 1～4m²，可以排得较密，单位体积内过滤面积较大，为外滤式，有框架，主要用于回转反吹清灰方式和侧插袋安装方式
双层袋	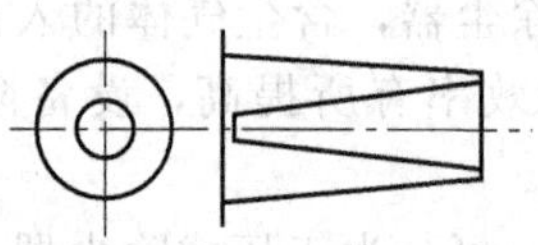 ◎	为在圆袋基础上增加过滤面积将长袋折成双层，可增加面积近一倍（主要用在脉冲袋上）。主要用于反吹清灰方式
菱形袋	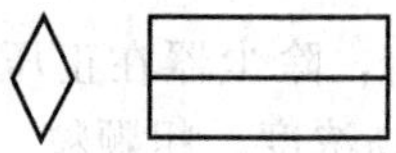 ◇	较普通圆形滤袋体积小，可在同样箱体内增加过滤面积，只适用于外滤式

3. 按清灰方式分类

清灰方式是决定袋式除尘器性能的一个重要因素，它与除尘效率、压力损失、过滤风速及滤袋寿命均有关系。国家颁布的袋式除尘器的分类标准就是按清灰方式进行分类的。按照清灰方式，袋式除尘器可分为机械振动类、分室反吹类、喷嘴反吹类、振动反吹并用类及脉冲喷吹类 5 大类。各类除尘器的特点见表 4-3。

表 4-3 袋式除尘器的特点

类别		优　点	缺　点	说　明
自然落灰人工拍打		设备结构简单，容易操作，便于管理	过滤速度低，滤袋面积大，占地大	滤袋直径一般为 300～600mm，通常采用正压操作，捕集对人体无害的粉尘，多用于中小型工厂
机械振打	机械凸轮（爪轮）振打	清灰效果较好，与反气流清灰联合使用效果更好	不适于玻璃布等不抗褶的滤袋	滤袋直径一般大于 150mm，分室轮流振打
	压缩空气振打	清灰效果好，维修量比机械振打小	同上，工作受气流限制	滤袋直径一般为 220mm，适用于大型除尘器
	电磁振打	振幅小，可用玻璃布	清灰效果差，噪声较大	适用于易脱落的粉尘和滤布
反向气流清灰	下进风大滤袋	烟气先在斗内沉降一部分烟尘，可减少滤布的负荷	清灰时烟尘下落与气流逆向，又被带入滤袋，增加滤袋负荷	低能反吸（吹）清灰，大型的为二状态清灰和三状态清灰，上部可设拉紧装置，调节滤袋长度，袋长 8～12m
	上进风大滤袋	清灰时烟尘下落与气流同向，避免增加阻力	上部进气箱积尘须清灰	低能反吸，双层花板，滤袋长度不能调，滤袋伸长要小
	反吸风带烟尘输送	烟尘可以集中到一点，减少烟尘输送	烟尘稀相运输动力消耗较大，占地面积大	长度不大，多用笼骨架或弹簧骨架高能反吸
	回转反吹	用扁袋过滤，结构紧凑	机构复杂，容易出现故障，需用专门反吹风机	用于中型袋式除尘器，不适用于特大型或小型设备，忌袋口漏风
	停风回转反吹	离线清灰效果好	机构复杂，需分室工作	用于大型除尘器，清灰力不均匀

续表

类别		优　点	缺　点	说　明
脉冲喷吹	中心喷吹	清灰能力强,过滤速度大,不需分室,可连续清灰	要求脉冲阀经久耐用	适于处理高含尘烟气,滤袋直径120~160mm 长度2000~6000mm 或更大,须笼骨架
	环隙喷吹	清灰能力强,过滤速度比中心喷吹更大,不需分室,可连续清灰	安装要求更高,压缩空气消耗更大	适于处理高含尘烟气,滤袋直径120~160mm 长2250~4000mm,须笼骨架
	低压喷吹	滤袋长度可加大至6000mm,占地减少,过滤面积加大	消耗压缩空气量相对较大	滤袋直径120~160mm,可不用喷吹文氏管,安装要求严格
	整室喷吹	减少脉冲阀个数,每室1~2个脉冲阀,换袋检修方便,容易	清灰能力稍差	喷吹在排气清洁室,滤袋<3000mm 为宜,且每室滤袋数量不能多
喷嘴反吹	气环移动清灰	与其他清灰方式比,滤袋过滤面积处理能力最大	滤袋和气环摩擦损坏滤袋,传动箱和软管存在耐温问题	适用于含尘大的烟气,烟气走向为内滤顺流式,袋直径一般为200~450mm,不分室,应用很少

二、袋式除尘器构造

袋式除尘器由框架、箱体、滤袋、清灰装置、压缩空气装置、差压装置和电控装置组成。如图 4-2 所示为脉冲袋式除尘器的构造。

1. 框架

袋式除尘器的框架由梁、柱、斜撑等组成,框架设计的要点在于要有足够的强度和刚度支撑箱体、灰重及维护检修时的活动荷载,并防范遇到特殊情况如地震、风、雪等灾害不至于损坏。

2. 箱体

袋式除尘器的箱体分为滤袋室和洁净室两大部分,两室由花板隔开。在箱体设计中主要是确定壁板和花板。

箱体外形有各种形状,如圆形、方形、长方形。不同形状是由除尘工艺条件和除尘器大小决定的,其中以长方形居多。

3. 清灰装置

不同除尘器的主要区别在清灰装置。各种清灰装置将在本章后面各节详述。

4. 除尘器滤袋

（1）安装方式 如图 4-3(a) 所示为反吹风袋式除尘器的滤袋安装方式和袋内气体流向,滤袋为圆筒形。滤袋的下端固定在花板套管上,上端固定在帽盖上。处理气体从滤袋下部的开口处流入,一边上升一边分叉过滤。被过滤的粉尘如图 4-3(b) 所示,黏附、沉积在滤袋里面,形成一种粉尘层;洁净气体流向滤袋外侧,至出口通风管;滤袋上端的帽盖固定在吊架上,吊架通过保持适当张力的弹簧固定在天花板上。设滤袋的内径为 D,有效过滤高度为 H,处理气体量 Q 所需要的滤袋个数为 n,则过滤面积 $A=\pi nDH$。过滤的直径 D 一般在 $125\sim450$mm,高度 H 在 $2\sim12$m 范围内。为了满足过滤要求,其高度和直径比 H/D 取 $4\sim40$。

（2）滤袋的材料 取决于处理气体的温度、气体的酸碱程度、尺寸稳定性、透气性以及滤袋的使用寿命等。滤袋的寿命与使用条件和材料有关,短者几个月,长者几年。材质性能见表 4-4。

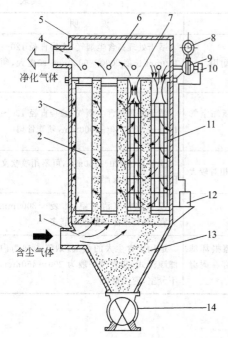

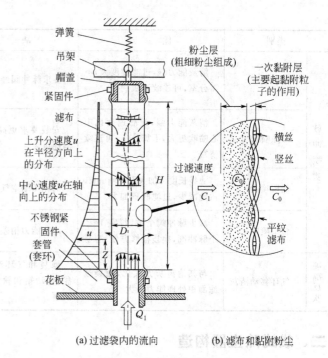

图 4-2　脉冲袋式除尘器

1—进气口；2—滤袋；3—中部箱体；4—排气口；
5—上箱体；6—喷射管；7—文氏管；8—空气包；
9—脉冲阀；10—控制阀；11—框架；12—脉冲
控制仪；13—灰斗；14—排灰阀

图 4-3　滤袋安装示例和
过滤袋内部流向

滤袋一般采用天然纤维、动物纤维如羊毛、化学纤维如尼龙（聚酰胺类）、涤纶（聚酯类）、聚丙烯丝（聚丙烯类）聚四氟乙烯（聚四乙烯类）、玻璃纤维、石墨纤维等材料，如图 4-4 所示。

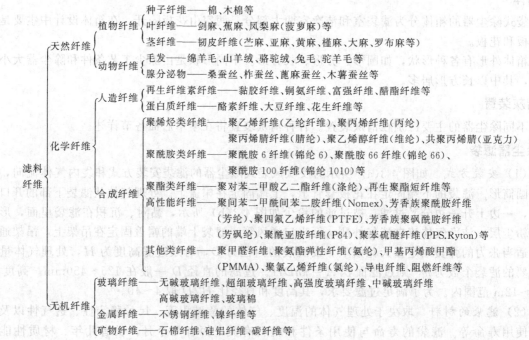

图 4-4　滤料纤维分类

表 4-4　袋式除尘器常用滤料材质理化特性

纤维名称				使用温度/℃		物理特性			化学稳定性					耐温性(体积分数)/%	水解稳定性	热塑性	阻燃性	价格比	
学名	商品名	英文名	简称	连续	瞬时	抗拉	抗磨	抗折	适用pH值	耐无机酸	耐无机碱	耐碱	耐氧化剂					PA=1	PE=1
聚丙烯	丙纶	Polypropylene	PP	90	100	2	1	2	1~14	1~2	1	1~2	2		1	1	4		1.0
聚酰胺	尼龙	Daiamid, polyamide	PA	90	100	1	2	3		3~4	3	1	3		4	1	3	1.0	
共聚聚丙烯腈	亚克力	Polyacrylonitrile copomopolymer	PAC	105	120	2	2	2	6~13	1~2	1	3	2	<5	3~4	1	4		1.6
均聚聚丙烯腈	德拉纶·Dolarlon	Polyacrylonitrile homopolymer	PAH	125	140	2	2	2	3~11	2	2	3	2	<30	1~2	1	4	1.0	1.0
聚酯	涤纶·Daelon	Polyester	PE	130	150	1	2	2	4~12	2	2	2~3	2	<4	4	1	3		2.6
聚间苯二甲酰间苯二胺(芳香族聚酰胺)	芳纶·Nomex, Conex	Aramind	PMIA	180	220	2	2	2	5~9	3	1~2	1	2~3	<3	3	1	2	1.5	5.5
聚酰胺酰亚胺	凯美尔 Kermel Tech	Polyamide imide	KML	220	240	1	2	1	5~19	3	2	2~3	3			3		1.6	4.0
聚苯硫醚	PPS Toreon Procon	Polyphenylene sulfide	PPS	190	220	2	2	2	1~14	3	4	1	4	<30	4	3	2	1.5	4.6
聚酰亚胺	P84	Polyimide	P84	240	260	2	2	2	5~9	1	2	3	2	<10	3	1		2.4	13.2
聚四氟乙烯	特氟纶 Teflon	Polyterafluoroethylen	PTFE	250	280	3	3	2	1~4	1	1	1	1	≤35	1	1	1	4.5	1.6
中碱玻纤	C-玻纤	Medium-alkali fibre glass	GC	260	290	1	3	4		2	1	3	1	15		1			
无碱玻纤	E-玻纤	Alkalia-free fibre glass	GE	280	320	1	2	4		2	3	4	2			1		1.6	3.0
柔性玻纤		Superflex glass	SG	300		1	2	2		1	2	3	1		1	1	1	3.4	
不锈钢纤维		Stainless steel	SS	600		1	3	3		1	1	3	1		1	1	1	6.0	

注：1. 表中适用温度是指在干气体状态，当气体湿量大，且含酸碱成分时，某些纤维耐温性降低。
2. 纤维理化性的优劣性以数值 1、2、3、4 表示，其中 1 为优，2 为良，3 为中，4 为劣。

（3）滤布的编织方法　有平纹织、斜纹织、缎织以及针刺毡等。玻璃纤维主要以拉丝多的缎织为主，这是因为缎织法容易剥落尘饼，并且不容易堵眼。这些滤布的孔眼大约为 10～50μm。针刺毡孔眼的大小约为 10～50μm 的一半。

（4）常用滤料　常用滤料见表 4-5～表 4-7。

表 4-5　常用针刺毡性能指标

名称	材质	厚度 /mm	克重 /(g/m²)	透气性 /[m³/(m²·s)]	断裂强度/kg		断裂伸长率/%		使用温度 /℃
					经向	纬向	经向	纬向	
丙纶过滤毡	丙纶	1.7	500	80～100	>1100	>900	<35	<35	90
涤纶过滤毡	涤纶	1.6	500	80～100	>1100	>900	<35	<55	130
涤纶覆膜过滤毡	涤纶 PTFE 微孔膜	1.6	500	70～90	>1100	>900	<35	<55	130
涤纶防静电过滤毡	涤纶导电纱	1.6	500	80～100	>1100	>900	<35	<55	130
涤纶防静电覆膜过滤毡	涤纶、导电纱 PTFE 微孔膜	1.6	500	70～90	>1100	>900	<35	<55	130
亚克力覆膜过滤毡	共聚丙烯腈 PTFE 微孔膜	1.6	500	70～90	>1100	>900	<20	<20	160
亚克力过滤毡	共聚丙烯腈	1.6	500	80～100	>1100	>900	<20	<20	160
美塔斯	芳纶基布纤维	1.6	500	11～19	>900	>1100	<30	<30	180～200
芳纶过滤毡	芳族聚酰胺	1.6	500	80～100	>1200	>1000	<20	<50	204
芳纶防静电过滤毡	芳族聚酰胺导电纱	1.6	500	80～100	>1200	>1000	<20	<50	204
芳纶覆膜过滤毡	芳族聚酰胺 PTFE 微孔膜	1.6	500	60～80	>1200	>1000	<20	<50	204
PPS 过滤毡	聚苯硫醚	1.7	500	80～100	>1200	>1000	<30	<30	190
PPS 覆膜过滤毡	聚苯硫醚 PTFE 微孔膜	1.8	500	70～90	>1200	>1000	<30	<30	190
P84 过滤毡	聚酰亚胺	1.7	500	80～100	>1400	>1200	<30	<30	240
P84 过覆膜过滤毡	聚酰亚胺 PTFE 微孔膜	1.6	500	70～90	>1400	>1200	<30	<30	240
玻璃针刺毡	玻璃纤维	2	850	80～100	>1500	>1500	<10	<10	240
复合玻纤针刺毡	玻璃纤维 耐高温纤维	2.6	850	80～100	>1500	>1500	<10	<10	240
玻美氟斯过滤毡	无碱基布	2.6	900	15～36	>1500	>1400	<30	<30	240～320
PTFE	超细 PTFE 纤维	2.6	650	70～90	>500	>500	≤20	≤50	250

（5）滤料的选择　滤料在袋式除尘器中的作用越来越受到重视，其中主要的原因是因为环保法律法规的要求越来越严格，要求排放浓度越来越低，同时，环保也正普遍地受到重视。排放达标是企业得以继续生存和持续发展的前提。选择滤料可参考常用滤料适应工况，见表 4-8，同时考虑以下因素。

表4-6 高性能高温滤布性能表

滤料名称	性能指标	克重/(g/m²)	组成纤维层\基布	厚度/mm	透气度/[m³/(m²·min)]	断裂强度/[N/(5cm×20cm)] 经向	断裂强度 纬向	断裂伸长率/% 经向	断裂伸长率/% 纬向	工作温度/℃ 长时	工作温度/℃ 短时	后处理方式
PPS类	PPS耐高温针刺过滤毡	500	PPS\PPS短纤维	1.8	15	>1000	>1500	20	40	190	210	热定型,烧毛及轧光
	PPS表面超细纤维(高效低阻)耐高温针刺过滤毡	500	PPS超细纤维\PPS	1.8	10~12	1000	1500	20	40	190	210	烧毛,轧光和PTFE处理
	PPS纤维(面层复合25%P84纤维)耐高温针刺过滤毡	500	PPS+P84\PPS高强低伸基布	1.8	10	1200	1000	200	30	<190	230	
针刺产品	美塔斯(META MAX)耐高温针刺过滤毡 BGM-1	500	普通纤维/普通基布	2.1	14	1000	1500	20	40	204	240	
	BGM-2	500	2D纤维/高强布	2.1	12	1200	1500	20	35	204	240	
	BGM-3	500	1D或更细纤维/普通基布	2.1	12	1000	1500	20	40	204	240	热定型,烧毛及轧光
	BGM-4	500	国标毡+PTFE涂层	2.1	14	1000	1500	20	40	204	240	
	BGM-5	500	细纤维\高强基布+PTFE涂层	2.1	14	1000	1500	20	35	204	240	
	P84耐高温针刺过滤毡	500	P84\P84	2.4	16	800	1000	25	35	260	280	PTFE涂层
		500	P84\玻纤	2.1	16	1800	1800	<10	<10	260	280	PTFE涂层
	芳纶耐高温针刺过滤毡	500	芳纶\芳纶	2.1	14	900	1200	15	30	204	240	热定型,烧毛及轧光
	玻璃纤维针刺过滤毡	>800	玻纤\玻纤	2.4	8~10	>1800	>1800	<10	<10	244	260	PTFE涂层
水刺产品	涂层超细纤维面层水刺毡	500	超细纤维\PET	1.5	6	>1000	>1200	<30	<50	130	150	热定型,烧毛及轧光
	PPS/PTFE面层水刺过滤毡	550	PPS+PTFE\PPS	1.5	5	1000	1200	<30	<55	190	210	热定型,PTFE涂层

注：摘自上海博格工业用布有限公司样本。

表4-7 聚四氟乙烯微孔薄膜复合滤料技术性能

代码	品名	使用温度/℃ 连续	使用温度/℃ 瞬间	耐无机酸	耐有机酸	耐碱性	单位面积质量/(g/m²)	厚度/mm	透气量(127Pa条件下)/[cm³/(cm²·S)]	断裂强度(N)(样品尺寸 210cm×50cm下) 纵向	横向	断裂伸长/% 纵向	横向	热收缩率/% 150℃下 纵向	横向	表面处理
DGF202/PET550	薄膜/涤纶针刺毡	130	150	良好		一般	550	1.6	2~5	1800	1850	<26	<19	<1	<1	
DGF202/PET500	薄膜/涤纶针刺毡	130	150	良好			500	1.6	2~5	1770	1810	<26	<19	<1	<1	
DGF202/PET350	薄膜/涤纶针刺毡	130	150	良好			350	1.4	2~5	2000	1110	<28	<32	<1	<1	
GDF202/PET/E350	薄膜/抗静电涤纶毡	130	150	良好	良好	一般	350	1.6	2~5	1950	1710	<31	<35	<1	<1	
DGF202/PET/E500	薄膜/抗静电(不锈钢纤维)涤毡	130	150				500	1.6	2~5	2000	1630	<26	<19	<1	<1	
DGF204Nomex	薄膜/偏芳族聚酰胺	180	220	一般	一般	一般	500	2.5	2~5	650	1800	<29	<51			
DGF206/PT(P84)	薄膜/聚酰亚胺	240	260	良好	良好	一般	500	2.4	2~5	670	1030	<19	<31	240℃下 <1	<1	
DGF207/PPS(Ryton)	薄膜/聚苯硫醚	190	200	很好	很好	很好	500	1.5	2~5	809	1245	<25	<30	200℃下 <1.2	<1.5	
DGF208/DT500	薄膜/均聚丙烯腈针刺毡	125	140	良好	良好	一般	500	2.5	2~5	630	1020	<11	<29	125℃下 <1	<1	
DGF-205 550	薄膜/无碱膨体纱玻纤	260	280	良好	良好	一般	680	~0.64	2~5	标准号 JC176N/25(mm) 3165	3290					PTFE微膜,基布孔隙,耐酸处理
DGF-205	薄膜/无碱膨体纱玻纤(黑色)	260	280	良好	良好	一般	750~850	0.8	200Pa时,24.6~30.9L/(dm²·min)	标准号 JC176N/25(mm) ≥3000	≥2100		破裂强度≥50kg/cm²			PTFE微膜,基布孔隙,耐酸处理
DGFC501/PET500	PTFE涤膜/涤纶针刺毡	130	150	良好	良好	一般	500	1.6	200Pa时,40.6L/(dm²·min)	210/50(mm) 1370	1720	<17.6	<23.8	<1	<1	
DGF200/PET500	防水防油涤纶针刺毡	130	150	良好	良好	一般	500	1.4	200Pa时,200L/(dm²·min)	210/50(mm) 1770	1810	<26	<19	<1	<1	针毡,防水防油,单面压光
DGF202/PP	薄膜/聚丙烯针刺毡	90	100	很好	很好	很好										

注：引自大营新材料公司样本。DGF系列薄膜复合滤料的孔径分 0.5μm、1μm、3μm（一般指平均孔径），以适应不同粒径的粉尘和物料。

表 4-8 各种滤料适应工况

滤料材质	滤料性能及适用工况	常用行业以及工况
丙纶(PP)	适于连续温度小于 80℃，瞬间不超过 100℃ 的工况。抗氧化性能一般，允许 pH 值范围为 1～14。有很好的耐水解性	用于食品工业、面粉、制糖、化肥厂、电镀、农药等工况的粉尘收集
共聚丙烯腈 (PAC)	适于连续温度小于 100℃，瞬间不超过 115℃ 的工况。抗氧化性能一般，允许 pH6～13。相对湿度<5%	用于洗涤剂、煤粉等工况的粉尘收集
均聚丙烯腈 (PAH)	适于连续温度小于 120℃，瞬间不超过 140℃ 的工况。抗氧化性能不好，允许 pH 值围为 3～11。相对湿度<30%	用于洗涤剂、垃圾焚烧、沥青、喷雾干燥器、煤磨、电厂等烟气的收尘
涤纶(PET)	适于连续温度小于 130℃，瞬间不超过 150℃ 的工况。具有较好的抗氧化能力，耐酸碱性能一般，允许 pH 值范围为 4～12。相对湿度<4%，在较高湿度时，预期寿命会受烟气含水量的影响	用于矿山、石灰石粉、水泥、钢铁行业诸环节、有色金属冶炼的烟气以及木材加工、粮食加工、制药等行业的粉尘收集
聚苯硫醚(PPS)	适于连续温度小于 160℃，瞬间不超过 200℃ 的工况。抗氧化能力不好，但是具有优异的抗酸碱能力，允许 pH 值范围为 1～14。相对湿度>30%	用于燃煤锅炉、垃圾焚烧、金属熔炼、化工行业等低氧化性烟气收尘
偏芳族聚酰胺 (PMIA)	适于连续温度小于 200℃，瞬间不超过 220℃ 的工况。抗氧化能力一般，允许 pH 值范围为 5～9。相对湿度<10%，在较高温度时，其性能受含水量影响	适用于沥青搅拌、有色金属冶炼、陶瓷、玻璃、水泥行业的窑头(篦冷机)、钢厂高炉煤气等工况收尘
聚酰亚胺(P1/P84)	适于连续温度小于 220℃，瞬间不超过 260℃ 的工况。抗氧化能力一般，允许 pH 值范围为 3～13。相对湿度<25%	用于化工、金属熔炼、垃圾焚烧、水泥窑尾、燃煤锅炉等中等腐蚀烟气的收尘
聚四氟乙烯 (PTFE)	适于连续温度小于 250℃，瞬间不超过 280℃ 的工况。优异的抗各种化学侵蚀性能，允许 pH 值范围为 1～14。相对湿度>30%。滤料具有优良的清灰性能	用于化工行业、燃煤锅炉、垃圾焚烧、有色金属熔炼等含有很高腐蚀性的高温烟气收尘
玻璃纤维	适于连续温度小于 260℃，最高不超过 280℃ 的工况。优异的抗化学侵蚀性能，但抗折性差，适用于弱力清灰	用于化工行业、燃煤锅炉、垃圾焚烧、有色金属熔炼等含有很高腐蚀性的高温烟气收尘。还常用于钢铁、建材行业高温烟气除尘

① 气体性质。含尘气体按相对湿度分为 3 种状态：相对湿度在 30% 以下时为干燥气体；相对湿度在 30%～80% 之间为一般状态；气体相对湿度在 80% 以上即为高湿气体。对于高湿气体，又处于高温状态时，特别是含尘气体中含 SO_3 时，气体冷却会产生结露现象。这不仅会使滤袋表面结垢、堵塞，而且会腐蚀结构材料，因此需特别注意。除尘器含尘气体入口温度应高于气体露点温度 30℃ 以上。

在各种炉窑烟气和化工废气中，常含有酸、碱、氧化剂、有机溶剂等多种化学成分，而且往往受温度、湿度等多种因素的交叉影响。为此，选用滤料时应考虑周全。

② 粉尘性质。粉尘的湿润性、浸润性是通过尘粒间形成的毛细管作用完成的，与粉尘的原子链、表面状态以及液体的表面张力等因素相关，可用湿润角来表征。通常是小于 60° 者称为亲水性，大于 60° 者称为憎水性。吸湿性粉尘当在其温度增加后，粒子的凝聚力、黏性力随之增加，流动性、荷电性随之减小，黏附于滤袋表面，久而久之，清灰失效，尘饼板结。

有些粉尘如 CaO、$CaCl_2$、KCl、$MgCl_2$、Na_2CO_3 等吸湿后进一步发生化学反应，其性质和形态均发生变化，称之潮解。潮解后粉尘糊住滤袋表面，这是袋式除尘器最忌讳的。

某些粉尘在特定的浓度状态下，在空气中遇火花会发生燃烧或爆炸。粉尘的可燃性与其粒径、成分、浓度、燃烧热以及燃烧速度等多种因素有关。粒径越小，比表面积越大，越易点燃。

粉尘燃烧或爆炸火源通常是由摩擦火花、静电火花、炽热颗粒物引起的，其中荷电性危害最大。这是因为化纤滤料通常容易荷电的，如果粉尘同时荷电则极易产生火花，所以对于可燃性和易荷电的粉尘如煤粉、焦粉、氧化铝粉和镁粉等，宜选择阻燃型滤料和导电滤料。

③ 清灰方式。选择滤料必须考虑到袋式除尘器的清灰方式。袋式除尘器可设计为反吹风清灰、脉冲清灰或振动清灰，而清灰方式也可以设计为离线或在线，并且脉冲清灰的启动也可设计为时间控制或是压差控制。这些都影响到滤料选择。另外，清灰压力也是一个对滤料选择具有重要影响的因素。滤料的克重和透气量必须符合对应的清灰方式及清灰压力的要求，为此，比较好的调速方式是在滤袋的整个使用过程中预先设定理想的压差及断裂强度的数值。清灰压力越有效，则应使用越紧密、克重越大的滤料。如果这些因素都被提前充分考虑到了，那么总体的运行成本，例如风机转动所消耗的电能或脉冲清灰所需的压缩空气，将大大节省。

④ 除尘设备的最佳温度。除尘设备在运行时，必须始终保持温度在结露点以上。如果温度低于这一限定，烟气中的水汽就会浓缩，并在滤料表面形成小水珠。这些小水珠混合了污浊的烟气，就可能产生有腐蚀性的酸露。而且，潮湿、有黏性的粉饼层一旦形成，清灰效果就会大大降低。另一个直接的后果就是在运行过程中可能出现压差问题。如果有意外的酸露形成，将会导致对滤料本身及其支撑笼骨、除尘设备的化学侵蚀。

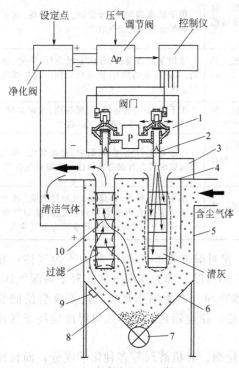

图 4-5 脉冲除尘器工作原理
1—脉冲阀；2—喷吹管；3—净气室；4—花板；5—箱体；6—灰斗；7—回转阀；8—料位计；9—振打器；10—滤袋

另外，过滤设备内的温度不宜太高。操作温度越高，则化学反应的速度越快。而滤料本身对水解、氧化和其他化学变质作用比较敏感，因此在这样的操作条件下极易损坏，从而导致其使用寿命大大缩短。

⑤ 滤料性能。纤维自身的化学和物理性质对于过滤材料的效率和稳定性有着本质的影响。烟气粉尘的物理、化学特性和温度将以不同的方式危害纤维的稳定性。瑞典化学家斯凡特·阿列纽斯发现，温度每升高 10℃，化学反应的速度就增加一倍。也就是说，操作温度每升高 10℃，针对敏感的纤维聚合物的化学攻击就会增加一倍。对纤维稳定性的了解能使我们充分考虑除尘效果和使用工况，选择一种理想的过滤材料。

三、袋式除尘器工作原理

袋式除尘器工作原理就是一个过滤过程和一个清灰过程。以脉冲喷吹袋式除尘器为例，工作原理见图 4-5。

1. 过滤过程

从图 4-5 可以看出，在每个滤袋里面装有圆筒形状的支承袋笼，含有粉尘的气体从滤袋的外侧向内侧流动。所以，粉尘被滤袋的外侧面过滤捕集，洁净气体通过内侧从上部排出。洁净室设有压缩空气管，靠压缩空气管喷出来的脉冲气流抖落粉尘。壳体、灰斗等处于封闭状态。从灰斗上部送进来的含尘气体，分路升至各个滤袋，被过滤捕集。

新滤袋在运行初期主要捕集 1μm 以上的粉尘，捕集机理是惯性作用、筛分作用、遮挡作用、静电沉降或重力沉降等。粉尘的一次黏附层在滤布面上形成后，也可以捕集 1μm 以下的微粒，并且可以控制扩散。这些作用力受粉尘粒子的大小、密度、纤维直径和过滤速度的影响。

袋式除尘器处理空气的粉尘浓度为 0.5～100g/m³，因此，在开始运动的几分钟内，就在滤布的表面和里面形成一层粉尘的黏附层。这层黏附层又叫作一次黏附层或过滤膜。如果形成一次

黏附层，那么该黏附层就起过滤捕集的作用，其原因是粉尘层内形成许多微孔，粉尘层的孔隙率
为 0.8～0.9。这些微孔产生筛分效果。过滤速度越低，微孔越小，粉尘层的孔隙率越大。所以，
高效率捕集过程，在很大程度上依赖于过滤速度。

2. 清灰过程

清灰时由脉冲控制仪（或 PLC）控制脉冲阀的启闭，当脉冲阀开启时，气包内的压缩空气
通过脉冲阀经喷吹管上的小孔，向滤袋口喷射出一股高速高压的引射气流，形成一股相当于引射
气流体积若干倍的诱导气流，一同进入滤袋内，使滤袋内出现瞬间正压，急剧膨胀；沉积在滤袋
外侧的粉尘脱落，掉入灰斗内，达到清灰目的。

在清灰瞬间压缩空气从喷吹管喷嘴中喷出时间很短，只有 0.05～0.1s，但是喷出来的气流
以很高的速度进入滤袋内，在滤袋口处，高速气流能转换成压力能。气流以压力波形式进入滤
袋，到达滤袋底部的压力波使滤袋离开内部的支承框架，瞬间产生局部膨胀，于是破坏黏附在滤
袋外侧上的粉尘层并使其脱落。由于压力波在滤袋内的压力大小是衡量清灰效果的一个重要指
标，所以有经验的设计者经常把到达袋底压力控制在 2000Pa 以上。

四、袋式除尘器性能

1. 除尘效率

袋式除尘器的除尘效率基本是滤袋的捕集效率。袋式除尘器的捕集效率高，主要是靠在滤布
面上黏附粉尘层。但是，清灰方法也要考虑，如果一次粉尘层局部脱落，可能会造成局部过滤速
度过大。所以清灰后重新转入运行时，开始阶段
粉尘捕集效率一般下降，出口的粉尘浓度瞬间增
高。另外，在反复清灰的过程中，粉尘可能浸入滤
布内部堵住孔眼，因此清灰后压力损失偏高。

图 4-6 表示使用单分散气溶胶，测量缎织滤
布对各种粒径 x 的分级捕集效率 η_x 的示例。过滤
风速 v 大约等于 3cm/s。例如，新滤布对粒径
$x=0.3\mu m$ 的粒子的捕集效率 η_x 为 20（%），压力
损失 $\Delta p=190Pa$，但是第十次实验中，$\eta_x=85$
（%）。如果在滤布上预敷一层烟灰，η_x 则等于
99.8%，$\Delta p=910Pa$。对于粒径小于 $0.3\mu m$ 的粉
尘，捕集效率 η_x 基本不受粒径 x 的影响。

2. 压力损失

除尘器的压力损失 Δp 不仅包含过滤物体本身
的阻力，而且还包括气体进入滤袋前后的黏附性和
乱流的摩擦阻力。假设摩擦阻力很小，在此只考虑
过滤前后的压力差，即 Δp 是指在一定过滤速度 v
和一定粉尘负荷 m_d 下的过滤阻力。

预先涂敷烟灰时 $v=2.6cm/s$，$\Delta p=910Pa$。

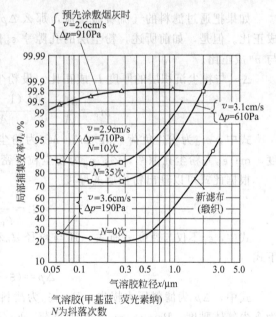

图 4-6　新滤布和黏附有底层粉尘的滤布
对气溶胶的分段捕集效率

如前所述，粉尘清灰后的过滤阻力可用 Δp_0 表示。Δp_0 中包括残留粉尘（一次黏附层）的阻
力，粉尘抖落后重新运行。经过时间 t 之后，在过滤面积 $A(m^2)$ 上又黏附一层新粉尘。假设粉
尘的厚度为 L，孔隙率为 ε_p 时沉积的粉尘质量为 $M_d(kg)$，那么 $M_d/A=m_d(kg/m^2)$ 就叫做粉
尘负荷或表面负荷。因此，$(\Delta p-\Delta p_0)$ 是负荷 m_d 相对应的压力损失，用 Δp_d 表示，即 $\Delta p_d=$
$\Delta p-\Delta p_0$。经过清灰之后，Δp_d 值可以达到零。此时，压力损失可用下式表示：

$$\Delta p = \Delta p_0 + \Delta p_d \tag{4-1}$$

式中，Δp 为滤料压力损失，Pa；Δp_0 为清灰后滤料压力损失，Pa；Δp_d 为粉尘层压力损失，Pa。图 4-7 为除尘器过滤阻力示意。

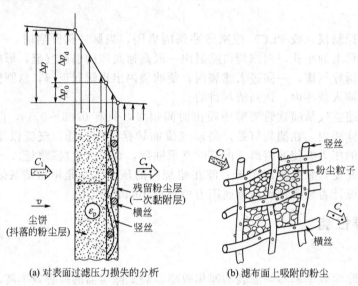

(a) 对表面过滤压力损失的分析　　(b) 滤布面上吸附的粉尘

图 4-7　除尘器过滤阻力示意

如果把通过滤料的气流看做层流，那么 Δp_0 和 Δp_d 均应与气体的黏度 μ 和透过速度 (v/ε_p) 成正比。但是，如前所述，粉尘层的孔隙率 ε_p 随表观过滤速度 v 的大小而变化，压力损失一般与 v^n 成正比。

Δp_d 与粉尘沉积层的厚度 L 成正比。设粉尘粒子的密度为 ρ_p(kg/m³)，则

$$m_d = \frac{M_d}{A} = \frac{AL(1-\varepsilon_p)\rho_p}{A} = \rho_p(1-\varepsilon_p)L$$

式中，m_d 为粉尘负荷，kg/m²；M_d 为粉尘质量，kg；A 为过滤面积，m²；L 为粉尘层厚度，m；ε_p 为粉尘孔隙率，%；ρ_p 为粉尘粒子密度，kg/m³。

根据此式可以算出粉尘层的厚度

$$L = \frac{m_d}{\rho_p(1-\varepsilon_p)} \tag{4-2}$$

式中，ε_p 不仅与速度 v 有关，还与粒径 d_p 和负荷 m_d 有关。根据以上关系，将式(4-1) 改为下式

$$\Delta p = (\xi_0 + \alpha_m m_d)\mu v \tag{4-3}$$

式中，Δp 为滤料压力损失，Pa；ξ_0 为滤料阻力系数；α_m 为粉尘层的平均比阻力，m/kg；μ 为含尘气体黏度，Pa·s；m_d 为粉尘负荷，kg/m²；v 为过滤速度，m/s。

根据式(4-1) 和式(4-2) 得　$\xi_0 = \dfrac{\Delta p_0}{\mu v}$　(1/m)。

ξ_0 为粘有残留粉尘的滤布的阻力系数。

同样，由式(4-1) 和式(4-3) 得出下式：

$$\alpha_m = \frac{\Delta p_d}{m_d \mu v} = \frac{\Delta p_d}{\rho_p(1-\varepsilon_p)L\mu v} \tag{4-4}$$

设粉尘的比表面积粒径为 d_{ps}，那么粒子填充层压力梯度 $\Delta p_d/L$ 可用科兹尼-卡曼公式表示

$$\frac{\Delta p_{d}}{L}=\frac{K(1-\varepsilon_{p})^{2}}{d_{ps}^{2}\varepsilon_{p}^{3}}\mu v \tag{4-5}$$

式中，K 是取决于粒子大小，形状和气体中水分的无量纲常数。当 $\varepsilon_{p}<0.7$ 时，可以使用这个公式。将式(4-5)代入式(4-4)中，得

$$\alpha_{m}=\frac{K(1-\varepsilon_{p})}{\rho_{p}d_{ps}^{2}\varepsilon_{p}^{3}} \quad (m/kg) \tag{4-6}$$

从该式中，可以清楚地看出 α_{m} 的物理意义。α_{m} 又称为粉尘层的平均比阻力。根据式(4-4)可以求出 α_{m} 的实验值。α_{m} 值一般为 $\alpha_{m}=10^{9}\sim10^{12}$ m/kg。

与之比较，不带粉尘的滤布阻力系数则为 $\xi_{0}=10^{7}\sim10^{10}$ 1/m。

袋式除尘器所处理的气体，一般为含尘空气。在这种情况下，式(4-3)中的黏滞系数 μ 必须移到括号内，而且用关系式 $v=\dfrac{Q}{A}$，可以把它改写成下式：

$$\Delta p=(K_{0}+K_{d}m_{d})\frac{Q}{A} \tag{4-7}$$

式中，$K_{0}=\xi_{0}\mu$，$K_{d}=\alpha_{m}\mu$。

μ 的单位在国际单位中为（$N\cdot s/m^{2}=Pa\cdot s$），也可以写为 kg/(m·s)，因此

$$K_{0}=\left[\frac{1}{m}\right]\times\left[\frac{N\cdot s}{m^{2}}\right]=\left[\frac{N\cdot s}{m^{3}}\right]$$

$$K_{d}=\left[\frac{m}{kg}\right]\times\left[\frac{kg}{m\cdot s}\right]=\left[\frac{1}{s}\right]$$

在常温下，空气的黏滞系数 $\mu=1.81\times10^{-5}$ kg/(m·s)，所以 $K_{d}=(10^{9}\sim10^{12})\times1.81\times10^{-5}=10^{4}\sim10^{7}(1/s)$

同样，$K_{0}=10^{3}\sim10^{6}(N\cdot s/m^{3})$

清灰之后，式(4-7)中的 $m_{d}=0$，该式变成

$$\Delta p=\Delta p_{0}=K_{0}\frac{Q}{A} \tag{4-8}$$

测量清灰后的压力损失 Δp_{0} 和气体量 Q，便可算出 K_{0} 值。据美国的实验数据报道，K_{0} 值的范围为 $K_{0}=12000\sim120000$，式(4-7)中的 m_{d} 等于抖落的粉尘量 M_{d} 除以过滤面积 A 的值。如前所述，在灰斗中由于惯性分离而沉积很多未经过滤的粉尘，所以事先要把这些粉尘取出来，然后进行清灰，测量 M_{d} 值。若测出 m_{d} 值，则根据式(4-7)可推导出下式

$$K_{d}=\frac{\dfrac{\Delta pA}{Q}-K_{0}}{m_{d}} \tag{4-9}$$

当 m_{d} 为一定值时，根据总的阻力值 Δp，可以求出 K_{d}。

和 K_{d} 的情况一样，根据式(4-4)，可用实验方法求出比阻力 α_{m} 值。

3. 过滤阻力随时间的变化

随着运行时间的推移，除尘器滤料的性能和强度下降。例如，运行 4 个月，性能下降到新滤布的 1/6，强度下降到 60%，其下降程度决定于粉尘的性状和浓度、过滤速度、处理气体的温度、湿度或腐蚀性等。掌握滤料性能和强度随运行时间推移的变化情况，不仅是制订计划的需要，而且在运行、维修方面也需要。由于老化影响比过滤性能值的影响更加直观。

如果粉尘细、浓度高而且过滤速度快，则滤布的孔隙就容易堵塞。堵塞程度与滤布的编织方法和表面处理有关。据说，清灰后的压力损失 Δp_{0} 达到稳定值时通常至少需要运行 50d。如果损失值急剧增加，就意味着滤布不能再使用。图 4-8 表示滤布用厚毛毡的逆喷吹式除尘器，压力损

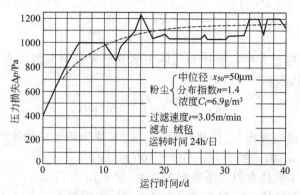

图 4-8 振动式除尘器的压力损失随时间的变化

失 Δp 随运行时间而增加的情况。在图中示出的运行条件下，处理的粉尘粒径非常粗。鉴于这种情况，Δp 大概需要 20d 才能达到稳定值。但是，总的压力损失按指数函数规律增加，运行 40d 后 Δp 值，大约是运行初期的 3 倍。

<h1 style="text-align:center">第二节
脉冲喷吹袋式除尘器</h1>

脉冲袋式除尘器是袋式除尘器的主要形式。在应用中脉冲袋式除尘器占各种袋式除尘器数量的 50% 以上。

一、脉冲袋式除尘器的清灰装置

脉冲袋式除尘器的清灰装置由脉冲阀、喷吹管、贮气包、导流器和控制仪等几部分组成。

1. 清灰装置工作原理

脉冲袋式除尘器清灰装置工作原理如图 4-9 所示。脉冲阀一端接压缩空气包，另一端接喷吹管，脉冲阀背压室接控制阀，脉冲控制仪控制着控制阀及脉冲阀开启。当控制仪无信号输出时，控制阀的排气口被关闭，脉冲阀喷口处于关闭状态；当控制仪发出信号时控制排气被打开，脉冲阀背压室外的气体泄掉，压力降低，膜片两面产生压差，膜片因压差作用而产生位移，脉冲喷

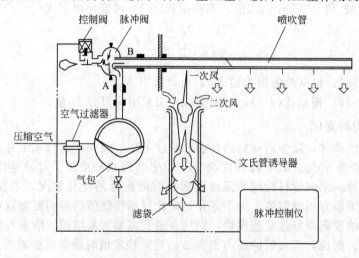

图 4-9 脉冲袋式除尘器清灰装置

吹时打开，此时压缩空气从气包通过脉冲阀经喷吹管小孔喷出（从喷吹管喷出的气体为一次风）。当高速气流通过文氏管导流器一次风和掺入的周围空气（称为二次风）进入滤袋，造成滤袋内瞬时正压引起滤袋变形，粉尘脱离滤袋实现清灰。

2. 气源气包设计

气源气包又称为分气箱，简称气包，它对袋式除尘器脉冲清灰系统而言，起定压作用。原则上讲，如果气包本体就是压缩空气稳压罐，其容积越大越好。对于脉冲喷吹清灰系统而言，所提供的气源气压越稳定，清灰效果越好。然而，从工程实际角度出发，气源气包容积的大小往往受场地、资金等因素限制。因此，设计一个合理的气源气包成为脉冲清灰系统设计的一个重要环节。

（1）气包容积设计计算　根据实践经验，在脉冲喷吹后气包内压降不超过原来储存压力的30%。即根据所选型号脉冲阀一次喷吹最大耗气量来确定气源气包容积。

针对某型号脉冲阀分别配置容积大小不等的两个气源气包，在相同脉冲信号（80ms）、相同气源压力（0.2MPa）下进行喷吹试验，参数见表4-9。

表 4-9　不同容积气包下脉冲喷吹参数对比

气源气包/L	喷吹压力峰值/kPa	耗气量/L	气源气包/压降/%	气脉冲时间/ms
236（大）	40	78	18	106
117（小）	18	74	34	114

由表4-5脉冲喷吹参数对比可知：

① 该脉冲阀在大气包上一次喷吹压降仅为原压力的18%（<30%），其喷吹压力峰值远大于在小气包上的喷吹压力峰值。

② 该脉冲阀在大气包上喷吹气量（耗气量）较大。

可见，脉冲阀配置大气包时，脉冲喷吹效果明显好于小气包。因此，根据脉冲阀最大喷吹耗气量来确定气源气包容积是合理可行的。

气包最小体积计算式如下：

$$V_{min} = \frac{\Delta n \times R \times T}{\Delta p_{min} \times K} \tag{4-10}$$

式中，V_{min} 为气包最小体积，L；Δn 为脉冲阀喷吹耗气量摩尔数，$\Delta n = \frac{Q}{22.4}$；$Q$ 为脉冲阀一次耗气量，L/次；22.4 为标准状态下气体分子摩尔体积，L/mol；R 为气体常数，$R=8.3145$J/(mol·K)；Δp_{min} 为气包内最小工作压力，Pa；T 为气体热力学温度，℃；K 为容积系数，<30%。

例如，计算 3in 脉冲阀在电信号 80ms，气源压力 0.6MPa，一次喷吹气量 428L 条件下的气包最小容积（气包内压降要求低于储存压力的30%）。

本例中，脉冲阀喷吹耗气量 Δn（以 mol 计）为：

$$\Delta n = \frac{428L}{22.4L/mol} = 19.1mol$$

应配置气源气包最小容积 $V_{min} = \frac{\Delta n \times R \times T}{\Delta p_{min} \times K} = \frac{19.1 \times 8.3145 \times 293}{6 \times 10^5 \times 30\%} = 0.259m^3$

计算结果表明，该脉冲阀在上述喷吹条件下，需要配置有效容积大于 259L 的气包，才能实现高效清灰目的。

（2）制作安装　气包有不同形状，不管设计为圆形或方形截面，必须考虑安全可靠和保证质量要求。可参照 JB/T 10191《袋式除尘器安全要求　脉冲喷吹类袋式除尘器分气箱》或压力容器进行设计。

气包的进气管口径尽量选大，满足补气速度。对大容量气包可设计多个进气输入管路。对于大容器气包，可用 3in 以上管道把多个气包连接成为一个贮气回路。

脉冲阀安装在气包的上部或侧面，避免气包内的油污、水分经过脉冲阀喷吹进滤袋。每个气包底部必须带有自动或手动油水排污阀，周期性地把容器内的杂质向外排出。

如果气包按压力容器标准设计，并有足够大容积，其本体就是一个压缩空气稳压罐，可不另外安装贮气罐。当气包前另外带有稳压贮气罐时，需要尽量把稳压贮气罐位置靠近气包安装，防止压缩空气在输送过程中经过细长管道而损耗压力。

气包在加工生产后，必须用压缩空气连续喷吹清洗内部焊渣，然后再安装阀门。在车间测试脉冲阀，特别是 3in 淹没阀时，必须保证气包压缩空气的压力和补充流量。否则脉冲阀将不能打开或者漏气。

如果在现场安装后，发现阀门的上出气口漏气，那么是因为气包内含有杂质，导致小膜片上堆积尘粒、冰块、铁锈等污染物不能闭阀。需要拆卸小膜片清洁。

气包上应配置安全阀、压力表和排气阀。安全阀可配置为弹簧微启式安全阀。

3. 喷吹管设计计算

脉冲袋式除尘器，在滤袋上方设有喷吹管，每个喷吹管上有若干个喷吹孔，每个喷吹孔对准一个滤袋口，清灰时从脉冲阀喷出的脉冲气流通过喷吹孔的喷射作用射入滤袋，并诱导周围的气体，使滤袋产生振动，加上逆气流的作用使滤袋上的粉尘脱落下来，从而完成清灰过程。喷吹管结构设计的合理性直接影响到除尘器的使用效果和滤袋的使用寿命。

（1）喷吹管管径　选择喷吹管时，其直径与脉冲阀出气管的管径相当，由于无须耐压要求，一般都选择薄板无缝管；喷吹管的长度取决于脉冲阀能喷吹的滤袋数、滤袋的直径和滤袋的中心距；喷吹管的壁厚取决于管的长度和材质，选用时要保证喷吹管不会因自重而弯曲即可，如 3″淹没式脉冲阀所选用的喷吹管一般采用无缝钢管，外径为 $\phi89mm$，壁厚 $\leqslant4mm$。

（2）喷吹口孔径　喷吹口孔径大小各生产厂家设计相差甚大，这是其使用脉冲阀性能不同造成的，一般情况下喷吹口孔径按下式计算：

$$\phi_p=\sqrt{\frac{Cd^2}{n}} \tag{4-11}$$

式中，ϕ_p 为喷吹口平均孔径，mm；C 为系数，取 50%～80%；n 为喷吹孔数量；d 为脉冲阀出口直径，mm。

设计喷吹管上喷嘴孔径的大小时，离脉冲阀远的喷吹孔径小，一般比离脉冲阀近的喷吹孔径要小 0.5～2.0mm。上例中近端 3 个孔可取为 $\phi16mm$ 为宜。喷嘴孔径与脉冲阀的对应关系也可以参照表 4-10 选取。

表 4-10　喷嘴孔径与脉冲阀的对应关系

阀直径/in	阀出口直径/mm	截面积/mm²	孔径/mm	截面积/mm²	阀直径/in	阀出口直径/mm	截面积/mm²	孔径/mm	截面积/mm²
3/4	22	380	5～7	19.6～38.4	2～2½	69	3737	9～14	63～153
1	28	615	6～8	28.2～50	3	81	5150	14～18	153～254
1～1½	42	1384	7～9	38.4～63	4	106	8820	16～22	200～380
2	53	2205	8～11	50～95					

注：设计喷嘴孔径时要考虑用高品质脉冲阀。

（3）喷吹口孔形状　设计喷吹管的喷吹口时，喷吹口孔距的公差为 ±0.5mm，喷吹孔应垂直向下,不能倾斜,其轴心线的垂直度≤0.4mm,否则喷吹气流会冲刷滤袋;喷吹口一般是钻孔成型,这种孔易加工,但喷吹阻力大。带翻边的弧形孔阻力较小,详见图 4-10。这种喷吹口不仅减少系统喷吹阻力,而且能使压缩气流尽量汇集于一点喷出,以防气流发散无序冲刷滤袋,从而从结构上减少气流冲刷滤袋的可能性。

4.喷吹管到袋口的距离

喷吹管导流管喷出口与滤袋口的距离 h_1,对喷吹清灰效果至关重要。因为 h_1 值太小,吸进的气流会太少,影响清灰效果;h_1 值太大,喷射气流可能不能有效进入滤袋,所以 h_1 值可根据等温圆射流原理和试验确定。压缩空气从导流管喷出后形成射流,射流不断将周围空气吸入射流之中,射流的断面不断扩大,此时的射流流量也逐渐增加,而射流速度逐渐降低直到消失。射流速度开始从射流周边降低,逐步发展到射流中心。当射流出口为圆形时,射流可向上下左右扩散,这种射流称为圆形射流。图 4-11 为脉冲喷射清灰利用射流原理的示意。

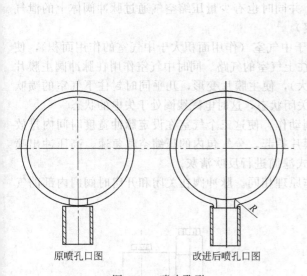

图 4-10　喷吹孔形

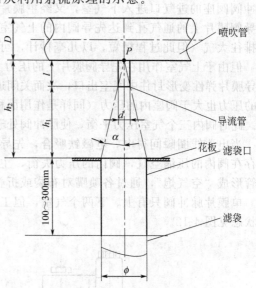

图 4-11　脉冲喷吹清灰利用射流原理的示意
l—导流管长度;d—导流管直径;α—射流扩散角;h_1—导流管出口到花板距离;h_2—喷吹管到花板距离;D—喷吹管直径;ϕ—滤袋直径

5.电磁脉冲阀

所谓电磁脉冲阀是指在给出瞬间电信号时通过这种阀门的气流,如同脉冲现象一样有短暂起伏的变化,故称脉冲阀。行业标准定义的电磁脉冲阀为电磁先导阀和脉冲阀组合在一起,受电信号控制的膜片阀。

脉冲阀是脉冲喷吹清灰装置的执行机构和关键部分,主要有直角式、淹没式和直通式三类,每类有若干规格,接通口从 20mm 至 102mm(0.75~4in),还有更大尺寸。国产脉冲阀的工作压力直角式阀和直通式阀是 0.4~0.6MPa,淹没式阀是 0.2~0.6MPa;进口产品不管哪一种阀,工作压力范围均是 0.06~0.86MPa,没有承受压力和应用压力高低之区别。

(1)电磁脉冲阀结构　除尘器所使用的电磁脉冲阀内部设有两条气路,由电磁先导阀控制其开通和关闭。阀门具有良好的流通特性,压力损失就低。精良的制造工艺,能保证电磁阀在得到脉冲电信号时极为快速地开启(20~30ms)和在完成设定的脉冲宽度后迅速关闭,使得喷吹性能更为强大。

阀体和阀盖用铝合金压铸而成,用不锈钢螺栓互相连接。

通径在 $1\frac{1}{2}''$ 以下的阀门为单膜片阀，$1\frac{1}{2}''$ 以上的阀门（含 $1\frac{1}{2}''$）为双膜片阀。高品质脉冲阀其先导阀膜片和脉冲阀主膜片采用的是内部带有特殊夹织物的加强橡胶制成，使得膜片具有极高的拉伸强度、抗老化性和极低的磨耗量，从而喷吹 100 万次不损坏。

优质的电磁线圈按 F 级的绝缘等级铸成在一个防护等级为 IP65 的插头内，绝不会受到外界条件的干扰，因而 500 万次通电吸合不损坏。电磁线圈可以在脉冲阀芯上 360°旋转并可在任一位置安装，极大方便了使用者的不同需求。外线接线盒也可 $4\times90°$ 旋转，既方便了接线又能防止在露天安装时雨水的进入。

先导阀亦可安装在距脉冲阀体较远的控制盒内对脉冲阀进行远程气动控制。

脉冲阀还可选装消声器使之安静工作，在环保除尘的同时避免噪声对周边环境污染。

(2) 脉冲阀工作原理 膜片将先导阀和脉冲阀体分成三个气室。分气包输出的压缩空气经脉冲阀阀座的进气口进入下气室，又经主膜片的通气孔到达脉冲阀体内的中气室后，又迅速通过先导阀膜片上的通气孔到达先导阀内的上气室，并同时也有少量压缩空气通过脉冲阀体上的泄气孔排往大气（但此过程极短，以几毫秒计，可略）。

但由于上气室作用在先导阀膜片上的压力大于中气室（作用面积大于中气室的作用面积），使先导膜片弹性变形封住中气室出口，故而关闭通往上气室的气路。同时中气室作用在脉冲阀主膜片上的压力也大于阀座内的压力（同样是作用面积大），使主膜片变形，几乎同时封住下气室的喷吹口。此时阀内三个气室压力平衡，使脉冲阀处于关闭状态，这时电磁线圈处于失电的状态。

当电磁线圈瞬间得电，电磁铁吸合，先导阀动作，使这三个气室在设定脉冲宽度时间内排放贮存在阀内的压缩空气，阀内的压力失衡，主膜片抬起，分气包内的压缩空气急速、高压冲出喷吹管形成"空气炮"，通过各喷嘴对布袋或折叠式滤筒进行反吹清灰。

单膜片脉冲阀只有上、下两个气室，但工作原理相同。脉冲阀在关闭和开启时阀门内部的气流状态见图 4-12。

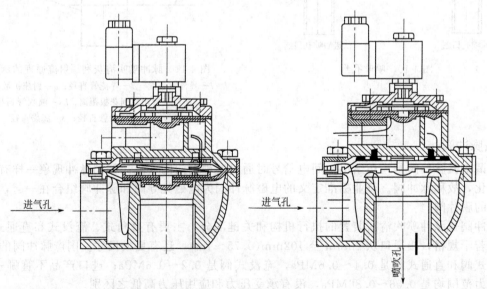

图 4-12 脉冲阀工作原理

(3) 脉冲阀技术性能 优质的脉冲阀应具备以下性能。

① 工作压力范围：$0.05\sim0.80$MPa。

② 工作介质：干燥、无油、洁净的压缩气体。

③ 使用环境：

$-20\sim+80℃$　（丁腈橡胶＋尼龙纤维膜片），

$-30\sim+200℃$　（硅橡胶＋尼龙纤维膜片）。

④ 工作电压：

交流（AC）24-110-230V/50-60Hz　19VA

直流（DC）24V 15W

⑤ 电磁线圈绝缘等级：F级；允许电压波动：$\pm10\%$；安装角度：$360°$。

⑥ 接线盒保护等级：IP65。

⑦ 控制形式：直控式和遥控式两种。

⑧ 阀门开启速度：$20\sim30ms$。

⑨ 使用寿命：膜片100万次喷吹不泄漏，电磁线圈500万次吸合不被击穿，$3/4''\sim1''$阀门为单膜片，$1\frac{1}{2}''\sim3\frac{1}{2}''$阀门为双膜片。

⑩ 可选装消声器使除尘器安静工作，连接螺纹为BN $\frac{3}{4}''$。

（4）防爆型脉冲阀

① 防爆型电磁先导阀，可配装形成防爆型电磁脉冲阀，应用于对防爆等级有特殊要求的场合。

② 防爆电磁头，是用一种特殊的树脂把线圈内所有的金属导线均包容在其内部并牢固黏合，形成一体化结构。这种构造保证了线圈内的导线绝对不会接触到爆炸性环境，从而彻底杜绝了爆炸的可能性。电源线也被胶接密封在电磁头内的接线柱上，防止两者松动时火花的产生。

③ 防爆型电磁脉冲阀的应用场合：有可能因空气和可燃气体混合发生爆炸的环境；有可能因空气和粉尘混合发生爆炸的环境；矿井下容易燃烧的环境除外。

④ 防爆型脉冲阀的技术性能：防爆等级，Ⅱ级；防爆种类，可燃气体或爆炸性粉尘气体；电压波动允许范围为$\pm10\%$。

二、小型脉冲袋式除尘器

小型脉冲袋式除尘器构造和性能大同小异。相差不大，箱体形式是有方形和圆形两种。有些除尘机组自带风机。

1.脉冲除尘机组

（1）主要设计特点　该设计为带风机的小型袋式除尘器，除尘器采用脉冲喷吹的清灰方式，具有清灰效果好、净化效率高、处理风量适当、滤袋寿命长、维修工作量小、运行安全可靠的特点。应用于各种工矿企业非纤维性工业粉尘的除尘净化与物料的回收。

HMC系列除尘器有六种规格。每种规格又可分为标准带灰斗式A型和敞开法兰式（无灰斗）B型两种。

（2）结构　HMC型脉冲单机除尘器主要由过滤室、滤袋、净气室、灰斗、翻板阀、脉冲喷吹装置、电控箱等组成。箱体全部采用焊接结构。检修门用橡胶条密封。

（3）除尘器的工作原理　含尘气体由灰斗（或下部敞开式法兰）进入过滤室，较粗颗粒直接落入灰斗或灰仓内。含尘气体经滤袋过滤，粉尘阻留于滤袋表面，净气经袋口到净气室，由风机排入大气。当滤袋表面的粉尘不断增加，导致设备阻力上升到设定值时，时间继电器（或微差压控制器）输出信号。程控仪开始工作，逐个开启脉冲阀，使压缩空气通过喷口对滤袋进行喷吹清灰，使滤袋突然膨胀，在反向气流作用下，附于滤袋表面的粉尘迅速脱离滤袋落入灰斗（或灰仓），粉尘由翻板阀排出。喷吹只对滤袋逐排清灰，不喷吹的其他排滤袋仍正常进行过滤，不停风机。

（4）HMC型脉冲单机除尘器技术性能及安装外形

① HMC型脉冲单机除尘器技术性能见表4-11。

表 4-11　HMC 型脉冲单机除尘器技术性能

性 能 参 数		HMC-32	HMC-48	HMC-64	HMC-80	HMC-96	HMC-112
处理风量/(m³/h)		1500~2100	2100~3200	2900~4300	4000~6000	5200~7000	6000~9000
总过滤面积/m²		24	36	48	60	72	84
过滤风速/(m/min)		1.00~1.50	1.00~1.50	1.00~1.50	1.10~1.70	1.10~1.70	1.10~1.70
滤袋数量/条		32	48	64	80	96	112
入口气体温度/℃		≤120					
阻力/Pa		≤1200					
入口粉尘浓度/(g/m³)		<200					
出口排放浓度/(mg/m³)		≤100					
压缩空气	压力/MPa	0.5~0.7					
	耗量/(m³/min)	0.10	0.14	0.20	0.24	0.29	0.34
承受负压/Pa		5000					
脉冲阀数量/个		4	6	8	10	12	14
风机	型号	4-68№3.15	4-72№3.6A	4-72№3.6A	4-72№4A	4-72№4A	4-72№4.5A
	配套电机 型号	Y90S-2	Y100L-2	Y100L-2	Y132S₁-2	Y132S₁-2	Y132S₂-2
	功率/kW	1.5	3.0	3.0	5.5	5.5	7.5
质量/kg	A 型(带灰斗)	1350	1620	1850	2360	2800	3200
	B 型(不带灰斗)	1220	1470	1670	2150	2540	2880

② HMC 型脉冲单机除尘器安装外形见图 4-13，外形尺寸见表 4-12。

表 4-12　HMC 型脉冲单机除尘器安装外形尺寸　　　　　　单位：mm

型　　号	HMC-32	HMC-48	HMC-64	HMC-80	HMC-96	HMC-112
E	760	1120	1460	1820	2160	2520
F	828	1188	1528	1888	2228	2588
H	1810	1810	1880	2080	2230	2460
H_1	1300	1300	1300	1500	1750	1980
H_2	310	310	380	380	380	380
H_3	300	330	400	400	400	430
I	986	968	968	988	988	1000
J	2286	2396	2396	2486	2486	2524
L	238	252	252	280	280	315
M	218.6	239	244.5	265	265	297.5
N	$\phi300$	$\phi350$	$\phi400$	$\phi450$	$\phi450$	$\phi500$
N_1	$\phi250$	$\phi300$	$\phi350$	$\phi400$	$\phi400$	$\phi450$
N_2	$\phi200$	$\phi250$	$\phi300$	$\phi350$	$\phi350$	$\phi400$
O	12-$\phi11$	12-$\phi11$	12-$\phi11$	16-$\phi11$	16-$\phi11$	16-$\phi11$
P	283	342	342	374	374	414

型 号	型 号 规 格					
	HMC-32	HMC-48	HMC-64	HMC-80	HMC-96	HMC-112
P_1	4×65	4×80	4×80	5×71	5×71	5×79
P_2	229	288	288	320	320	360
R	14-ϕ7	16-ϕ7	16-ϕ7	20-ϕ7	20-ϕ7	20-ϕ7
Q	231	306	306	334	334	369
Q_1	3×69	4×71	4×71	5×63	5×63	5×70
Q_2	176	252	252	280	280	315
S	270	270	330	330	330	330
S_1	3×76	3×76	3×98	3×98	3×98	3×98
S_2	180	180	240	240	240	240
T	12-ϕ11	12-ϕ11	12-ϕ11	12-ϕ11	12-ϕ11	12-ϕ11
U	860	1220	1560	1920	2260	2620
U_1	820	1180	1520	1880	2220	2580
U_2	760	1120	1460	1820	2160	2520
U_3	4×150	6×150	8×150	10×150	13×150	15×150
V	32-ϕ14	36-ϕ14	40-ϕ14	44-ϕ14	50-ϕ14	54-ϕ14

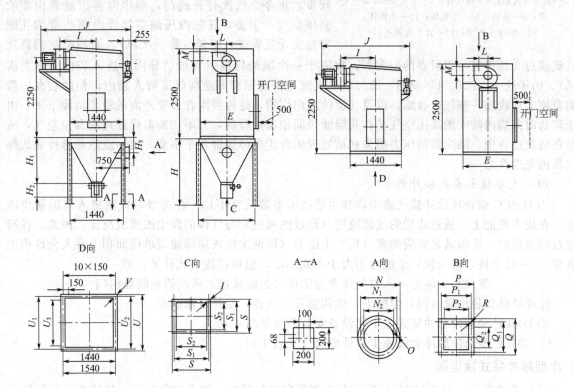

图 4-13 HMC 型脉冲单机除尘器安装外形

2. 仓顶脉冲袋式除尘器

（1）主要设计特点 DMCC 型仓顶脉冲袋式除尘器，按仓顶工作要求设计简化了结构，具有气体处理量大，净化效果好，性能稳定，运行可靠的特点。与机械振动式仓顶除尘器相比，还

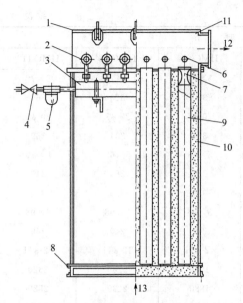

图 4-14　DMCC 型仓顶脉冲
袋式除尘器的结构

1—盖板；2—电磁脉冲阀；3—气包；4—截止阀；
5—油水分离器；6—喷吹管；7—文丘里管；8—底
座；9—滤袋；10—下箱体；11—上箱体；
12—洁净空气室；13—含尘气体进口

具有滤袋使用寿命长，无机械运动磨损件等特点。适宜布置在各种粉料储存库的顶部，用于捕集各种细小干燥的非纤维粉尘，是筒库除尘的常用设备。

（2）仓顶除尘器的结构　DMCC 型仓顶脉冲除尘器的基本结构见图 4-14。由以下几个部分组成：①上箱体，包括盖板、排气口等组成；②下箱体，包括机架、滤袋组件等；③清灰系统，包括电磁脉冲阀、脉冲发生器等。

（3）工作原理　含尘空气由除尘器底下进入除尘箱体中，颗粒较粗的粉尘靠其自身重力向下沉降，落入灰仓，细小粉尘通过各种效应被吸附在滤袋外壁，经滤袋过滤后的净化空气通过文丘里管进入上箱体从出气口排出，被吸附在滤袋外壁的粉尘，随着时间的增长，越积越厚，除尘器阻力逐渐上升，处理的气体量不断减少。为了使除尘器经常保持有效的工作状态，使压力损失保持在一定的范围内，就需要清除吸附在袋壁外面的积灰。

清灰过程是由控制仪按规定要求对各个电磁脉冲阀发出指令，依次打开阀门，顺序向各组滤袋内喷吹高压空气，于是，气包内压缩空气经由喷吹管的孔眼穿过文丘里管进入滤袋（称一次风），而当喷吹的高速

气流通过文丘里管—引射器的一刹那，数倍于一次风的周围空气被诱导同时进入袋内（称二次风）。由于这一、二次风形成的一股与过滤气流相反的强有力逆向气流射入袋内，使滤袋在一瞬间急剧实现收缩—膨胀—收缩，以及气流的反向作用，遂将吸附在袋壁外面的粉尘清除下来。由于清灰时向袋内喷吹的高压空气是在几组滤袋间依次进行的，并不切断需要处理的含尘空气，所以在清灰过程中，除尘器的压力损失和被处理的含尘气体量都几乎不变，这一点就是脉冲袋式除尘器的先进性之一。

（4）主要技术参数和外形

① DMCC 型仓顶脉冲袋式除尘器其主要技术参数见表 4-13。在选型时应注意入口的粉尘浓度。在技术性能上，透过滤袋的气流速度（即过滤风速）与气体的含尘浓度成反比。因此，在确定过滤面积时，还须满足滤袋的聚（积）尘能力（即两次清灰期间滤袋单位面积上最大允许积尘数量）。一般来讲，聚（积）尘能力不大于 $400g/m^2$，也可以按下式计算，即

聚(积)尘能力＝入口气体含尘浓度×过滤风速×两次清灰间隔时间

计算结果如超过聚（积）尘能力，应调整过滤风速，增加过滤面积。

② DMCC 型仓顶脉冲袋式除尘器设备安装外形见图 4-15。

③ DMCC 型仓顶脉冲袋式除尘器外形尺寸见表 4-14。

3. 小型脉冲袋式除尘器

（1）主要特点　DMC 型脉冲袋式除尘器是出现较早的一种小型除尘器。其特点是在原机械控制脉冲袋式除尘器的基础上省去了机构复杂、工作性能不稳定的控制器和控制阀，直接采用电磁阀控制脉冲阀工作。具有结构简单，操作稳定可靠的特点，维护保养方便快捷。

该系列产品适用于粮食加工、建材、冶金、化工、医药制造、机械制造等行业的除尘系统中。DMC 型脉冲袋式除尘器共有 24～156 袋 19 个规格型号。

表 4-13 DMCC 型仓顶脉冲袋式除尘器技术参数

技术参数	型 号 与 规 格								
	DMCC-24	DMCC-36	DMCC-48	DMCC-60	DMCC-72	DMCC-84	DMCC-96	DMCC-108	DMCC-120
过滤面积/m²	18	27	36	45	54	63	72	81	90
滤袋数量/个	24	36	48	60	72	84	96	108	120
滤袋规格/mm	φ120×2000								
工作温度/℃	<120（涤纶）								
设备阻力/Pa	1000～1500								
除尘效率/%	99								
入口含尘浓度/(g/m³)	<15								
过滤风速/(m/min)	0.5～4								
处理风量/(m³/h)	540～4300	810～6480	1080～8640	1350～10800	1620～12900	1890～15100	2160～17200	2430～19400	2700～21600
喷吹气压/MPa	0.5～0.7								
脉冲电磁阀/个	4	6	8	10	12	14	16	18	20
脉冲宽度/s	0.05～0.2								
脉冲周期/s	60～120								
脉冲间隔/s	1～50								
外形尺寸/mm	1100×1685×2527	1500×1685×2527	1900×1685×2527	2300×1685×2527	2700×1685×2527	3100×1685×2527	3600×1685×2527	4000×1685×2527	4400×1685×2527

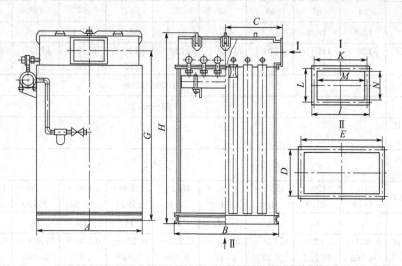

图 4-15 DMCC 型仓顶脉冲袋式除尘器的设备安装外形

（2）结构　除尘器本体由框架壳体、滤袋总成、喷吹清灰装置、排灰装置等部分组成。壳体部分由上箱体、中箱体、灰斗、进出风口组成。

滤袋总成由滤袋、滤袋框架等组成。

喷吹清灰装置由气包、喷吹管、文氏管、脉冲阀、电磁控制阀、脉冲控制仪等组成。

排灰装置由电机、减速器、螺旋输灰机、星形卸料阀组成。

表 4-14　DMCC 型仓顶脉冲袋式除尘器外形尺寸　　　　　　单位：mm

型　号	符　号　及　数　据												
	A	B	C	D	E	G	H	I	J	K	L	M	N
DMCC-24	1450	1000	560	1410	960	2306	2575	466	366	441	339	400	300
DMCC-36	1450	1400	755	1410	1360	2306	2575	466	366	441	339	400	300
DMCC-48	1450	1800	955	1410	1760	2306	2575	870	370	840	339	800	300
DMCC-60	1450	2200	1155	1410	2160	2306	2575	870	370	840	339	800	300
DMCC-72	1450	2600	1400	1410	2560	2306	2575	870	370	840	339	800	300
DMCC-84	1450	3000	1555	1410	2960	2306	2575	1270	370	1240	339	1200	300
DMCC-96	1450	3500	1855	1400	3450	2306	2575	1270	370	1240	339	1200	300
DMCC-108	1450	3900	2035	1400	3850	2306	2575	1450	370	1400	339	1360	300
DMCC-120	1450	4300	2235	1400	4250	2306	2575	1450	370	1400	339	1360	300

（3）工作原理　含尘气体由除尘器中部进风口进入箱体内，部分较粗颗粒的粉尘由于受到重力等因素的作用，直接沉降到灰斗内，另一部分细微粉尘经滤袋过滤附着在滤袋的外表面上，洁净气体则透过滤袋，从上箱体的出气口排出。随着滤袋上粉尘的积聚不断增加，除尘器滤袋粉尘层阻力上升，当除尘器达到预定的阻力范围时（1.0~1.2kPa），脉冲控制仪指令电磁阀启动，脉冲阀工作，并通过喷吹管向各排滤袋进行喷吹，使滤袋瞬时产生加速度急剧膨胀，抖落滤袋外表面的粉尘，掉入下部灰斗，经由输灰装置和卸料阀排出。

（4）主要技术参数　DMC 型脉冲袋式除尘器技术参数见表 4-15。

表 4-15　DMC 型脉冲袋式除尘器主要技术参数

名　称	型　号									
	DMC24	DMC36	DMC48	DMC60	DMC72	DMC84	DMC96	DMC108	DMC120	DMC156
滤袋条数/条	24	36	48	60	72	84	96	108	120	156
过滤面积/m²	18.9	28.5	37.9	47.5	57.1	66.5	76.1	85.5	95	123.5
滤袋直径×长度/mm	$\phi120\times2100$	$\phi120\times2100$	$\phi120\times2100$	$\phi120\times2100$	$\phi120\times2100$	$\phi120\times2100$	$\phi120\times2100$	$\phi120\times2100$	$\phi120\times2100$	$\phi120\times2100$
设备阻力/Pa	1000~1200									
除尘效率/%	99~99.5									
允许入口含尘浓度 $C/(g/m^3)$	<15									
过滤速度/(m/min)	<2									
处理风量/(m³/h)	2270~4540	3420~6840	4550~9100	5700~11400	6852~13700	7980~15960	9130~18260	10280~20520	11400~22800	14820~29640
脉冲阀个数/个	4	6	8	10	12	14	16	18	20	26
压缩空气消耗量/(m³/min)	0.084~0.168	0.126~0.252	0.168~0.336	0.210~0.420	0.252~0.504	0.294~0.588	0.336~0.672	0.378~0.756	0.420~0.810	0.546~1.092
工作温度/℃	<120	<120	<120	<120	<120	<120	<120	<120	<120	<120
设备外形尺寸（长×宽×高）/mm	1030×1520×3620	1390×1520×3620	1750×1520×3620	2110×1520×3620	2470×1520×3620	2830×1520×3620	3190×1520×3620	3550×1520×3620	3910×1520×3620	4990×1520×3620
设备质量/kg	850	1000	1100	1350	1690	1880	2100	2285	2500	3150

（5）外形安装尺寸　DMC 型脉冲袋式除尘器外形尺寸见图 4-16、图 4-17 和表 4-16。

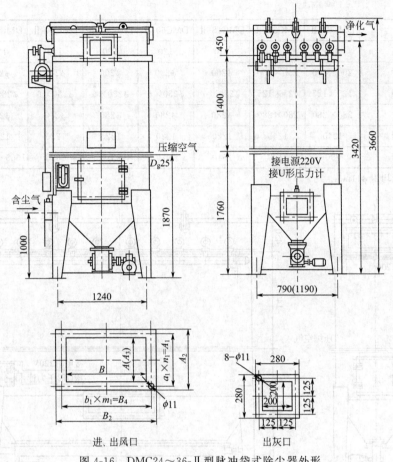

图 4-16 DMC24～36-Ⅱ型脉冲袋式除尘器外形

表 4-16 DMC 脉冲袋式除尘器外形尺寸 单位：mm

名 称			DMC24-Ⅱ	DMC36-Ⅱ	DMC48-Ⅱ	DMC60-Ⅱ	DMC72-Ⅱ	DMC84-Ⅱ	DMC96-Ⅱ	DMC120-Ⅱ
外形尺寸			3650×1370×920	3650×1370×1320	3650×1370×1720	3650×1370×2120	3650×1370×2520	3650×1370×2970	3650×1370×3480	3650×1370×4280
进风口	中心高		1000	1000	1000	1000	1000	1000	1000	1000
	内口尺寸 $A×B$		300×400	300×500	300×600	300×700	300×800	300×500 (二孔)	300×600 (二孔)	300×700 (二孔)
	法兰孔距	$a_1×n_1=A_1$	112×4=448	110×5=550	109×6=654	125×6=750	124×7=868	110×5=550	109×6=654	125×6=750
		$b_1×m_1=B_4$	116×3=348	116×3=348	116×3=348	116×3=348	116×3=348	116×3=348	116×3=348	116×3=348
	外边尺寸 $A_2×B_2$		386×486	386×586	386×686	386×786	386×986	386×586	386×686	386×786
出风口	中心高		3420	3420	3420	3420	3420	3420	3420	3420
	内口尺寸 $A_3×B_3$		300×400	300×500	300×600	300×700	300×800	300×1000	300×1160	300×1260
	法兰孔距	$a_2×n_2=A_4$	112×4=448	110×5=550	109×6=654	125×6=750	124×7=868	118×9=1062	102×12=1224	120×11=1320
		$b_2×m_2=B_4$	116×3=348	116×3=348	116×3=348	116×3=348	116×3=348	116×3=348	116×3=348	116×3=348
	外边尺寸 $A_5×B_5$		386×486	386×586	386×686	386×786	386×986	386×1106	386×1266	386×1366

名　　称		DMC24-Ⅱ	DMC36-Ⅱ	DMC48-Ⅱ	DMC60-Ⅱ	DMC72-Ⅱ	DMC84-Ⅱ	DMC96-Ⅱ	DMC120-Ⅱ
出灰口	离地面高	420	420	120	120	120	120	120	120
	内口尺寸	200×200	200×200	$\phi200$	$\phi200$	$\phi200$	$\phi200$	$\phi200$	$\phi200$（二孔）
	法兰孔距	125×125	125×125	$\phi250×6$	$\phi250×6$	$\phi250×6$	$\phi250×6$	$\phi250×6$	$\phi250×6$
	外边尺寸	280×280	280×280	$\phi280$	$\phi280$	$\phi280$	$\phi280$	$\phi280$	$\phi280$
地脚尺寸	出风口面	1240	1240	1220	1220	1220	1220	1220	1220
	进风口面	790	1190	1540	1970	2370	2820	1665+1665	2065+2065

注：法兰孔直径均用 $\phi11mm$。

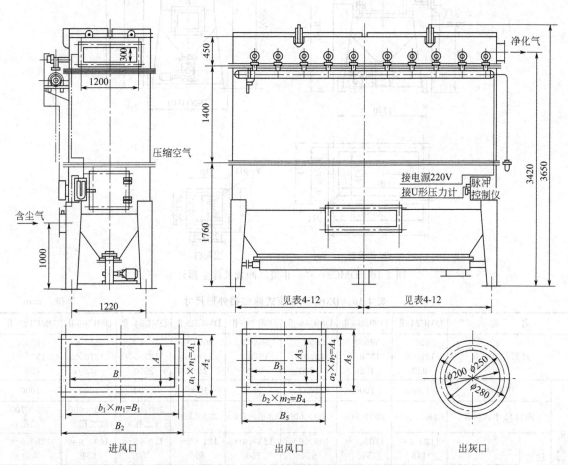

图 4-17　DMC48～120-Ⅱ型脉冲袋式除尘器外形

（6）适用技术条件

① 过滤风速。过滤风速大小主要由含尘气体浓度和粉尘性质两个因素决定，一般在常温下当含尘浓度为 $15g/m^3$ 以下时过滤速度宜为 $1.5～2m/min$。

对于有黏性，粒度较细，相对密度较小的粉尘，如滑石粉、炭黑、面粉等粉尘，其过滤风速可以取更低些。

② 脉冲喷吹周期和喷吹速度选择。脉冲喷吹周期与进入除尘器气体含尘浓度大小、过滤风速及清灰用气源压力大小等因素有关。浓度大、过滤风速高或喷吹压力低时，周期可选择短些，反之，周期可适当延长。如果喷吹清灰气源压力在 $400kPa$ 以上时，脉冲周期可选为 $10～30min$。

具体操作时可根据压力计读数情况作相应调整。

③ 本机承受压力不大于 3.5kPa。

④ 除尘器本体不带检修平台，如有特殊要求配置，按用户要求，由厂商设计时考虑。

⑤ 本机工作时要求气源稳定，并经过油水分离器过滤后方可供除尘器使用。

4. 小型低压袋式除尘器

通常小型脉冲除尘器清灰压力较高，为 0.4～0.7MPa。TBLM 系列低压脉冲袋式除尘器清灰压力为常规小型除尘器的 1/10 左右，即 0.02～0.08MPa，它是技术上不断提高、更新和完善的新一代产品。

该设备可广泛用于温度低于 100℃ 的含尘气体的气、尘分离作业，由于脉冲清灰气源无油、无水、不会污染。故特别适用于食品、粮食、医药、卫生等行业，也可用于冶金、水泥、矿山、铸造等行业。

（1）主要设计特点

① 圆筒形箱体，箱体刚度、强度好。

② 含尘气体切向离心入机，起到初级降尘净化功能，提高了除尘效果。

③ 清灰脉冲气源压力低，本系列设备特有的低压 0.05MPa 喷吹技术使脉冲阀使用寿命大大延长。气源配套：单台滤尘器可配套滑片或低压气泵；多台设备可配套低压气泵，亦可配套罗茨鼓风机集中供气。

④ 占地面积小、噪声低、设备设计紧凑。低压气泵噪声为 78dB。

⑤ 由电子信号直接启动低压脉冲电磁阀实现喷吹，放气量大，性能先进可靠。

⑥ 脉冲控制采用脉冲控制仪，具有智能化，实现了喷吹间隔和脉冲宽度输入数字化，输出监控化，稳定性好，可靠性高。

（2）结构　TBLM 系列袋式除尘器分设上箱体、中箱体、下箱体和支腿等四部分。上箱体内置电磁阀、气包、喷吹管、花板等零部件，周向置净气出口。中箱体内置滤袋，滤袋固定架、弹簧笼骨等零部件，切向置含尘气体入口，周向上置中检修门。下箱体内置刮灰板，下置刮板减速电机和关风器电机，周向设灰斗检修门。各箱体间加垫橡胶垫密封，以螺栓连接。支腿焊接在锥形下箱体上，起支承和固定整个滤尘器的作用。

（3）工作原理

① 当含尘气体从箱体进风口切向进入箱体后，一部分较粗颗粒粉尘由于离心力的作用，沿筒壁旋转落入灰斗，起到初级除尘作用，另一部分较细的粉尘被滞留在袋外，净化后的气体穿过滤袋进入上箱体由排风口排出，当滤袋表面的粉尘在过滤过程中不断增加时，滤尘器阻力亦将增大，为使设备维持在限定（一般为 0.8～1.2kPa）范围内，必须进行清灰以达到抖落粉尘，降低阻力的目的。该系列产品是采用控制器控制的低压脉冲喷吹清灰的办法，使各滤袋在其接受喷吹及诱导气源的作用下造成布袋瞬间鼓胀，抖落粉尘，并由排灰机构排出。

② 脉冲阀工作原理。当低压电磁阀未接通电源时，电磁膜片关闭泄放孔，此时，a 室的压缩空气经由节流孔进入 b 室，大膜片在 b 室内的压缩空气和弹簧的共同作用下（大膜片在 b 室受压面积比 a 室受压面积大），被紧压在喷吹管上，喷吹管不喷吹；当低压电磁阀接通电源时，电磁膜片被吸离泄放孔，排气孔接通，b 室内的压缩空气则经由泄放孔和排气孔排出阀体之外，由于泄放孔截面积远大于膜片上节流孔截面积，故 b 室压力由于空气补足不上而大大降低，使大膜片受 b 室压力（空气压力和弹簧共同作用）小于 a 室压力（压缩空气产生的压力），大膜片被上抬，压缩空气则经由喷吹管喷出喷吹布袋，造成布袋瞬间鼓胀，抖落粉尘。

（4）型号规格参数

① TBLM 系列低压脉冲袋式除尘器基本参数如下：a. 过滤风速：1～2m/min；b. 设备阻

力：0.8～1.2MPa；c. 漏风率：≤5％；d. 除尘效率：粉尘粒度<1μm 时，大于 95％；粉尘粒度>1μm 时，大于 99.5％；e. 脉冲喷吹压力：0.05MPa。

② TBLM-A 型袋式除尘器规格性能见表 4-17。

表 4-17　TBLM-A 型袋式除尘器规格性能

型　号	滤袋长度 /mm	过滤面积 /m²	处理风量 /(m³/h)	功率/kW			质量 /kg
				关风器	刮物器	低压泵	
TBLM39	1800	25.7	1542～7710				1030
	2000	28.7	1722～8610				1080
	2400	34.6	2076～10380			1.5	1120
TBLM52	1800	35.2	2112～10560				1230
	2000	38.2	2292～11460				1288
	2400	46.1	2766～13830	1.1	1.5		1364
TBLM78	1800	51.5	3090～15450				1720
	2000	57.3	3438～17190				1810
	2400	69.1	4146～20730			2.2	1893
TBLM104	1800	68.6	4116～20580				2200
	2000	76.5	4590～22950				2560
	2400	92.1	5526～27630				2920
TBLM130	1800	88.2	5292～26460				2870
	2000	98.9	5934～29670		1.5	3	3012
	2400	117.6	7056～35280	1.5			3160
TBLM168	1800	113.9	6836～34170				3540
	2000	126.6	7596～37980		2.2	7.5	3721
	2400	151.9	9114～45570				3925

③ TBLM-B 型袋式除尘器规格性能见表 4-18。

表 4-18　TBLM-B 型袋式除尘器规格性能

型　号	滤袋长度 /mm	过滤面积 /m²	处理风量 /(m³/h)	功率/kW			质量 /kg
				关风器	刮物器	低压泵	
TBLM4	1800	2.6	156～780				245
	2000	2.9	174～870				260
	2400	3.5	210～1050	0.75		1.5	275
TBLM10	1800	6.6	395～1980				390
	2000	7.4	444～2220				410
	2400	8.9	534～2670		1.5		432
TBLM18	1800	11.9	714～3570				620
	2000	13.2	792～3960				650
	2400	15.9	954～4770				685
TBLM26	1800	17.2	1032～5160	1.1		2.2	710
	2000	19.1	1146～5730				749
	2400	23	1380～6900				794

（5）TBLM 系列除尘器外形尺寸

① TBLM-A 型低压除尘器的外形尺寸见图 4-18 和表 4-19，其进出口尺寸见图 4-19 和表 4-20。

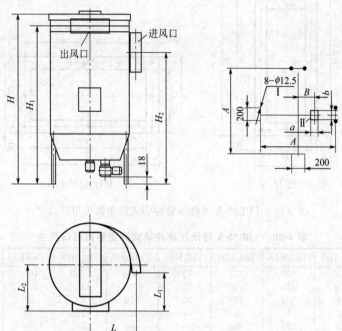

图 4-18　TBLM-A 型低压脉冲袋式除尘器外形尺寸

表 4-19　TBLM-A 型低压脉冲袋式除尘器外形尺寸　　单位：mm

型　号	滤袋长度/mm	H	H_1	H_2	L	L_1	L_2	A	B	a	b
TBLM39	1800	3433	3030	2405	820	470	778	1205	555	140	180
	2000	3633	3230	2605							
	2400	4033	3630	3005							
TBLM52	1800	3433	3030	2350	930	500	858	1360	630		
	2000	3633	3230	2550							
	2400	4033	3630	2950							
TBLM78	1800	3473	3070	2370	1170	550	1028	1685	800		
	2000	3673	3270	2570							
	2400	4073	3670	2970							
TBLM104	1800	3473	3070	2370	1260	570	1118	1910	890	175	200
	2000	3673	3270	2570							
	2400	4073	3670	2970							
TBLM130	1800	3473	3070	2370	1350	600	1200	2160	1030		
	2000	3673	3270	2570							
	2400	4073	3670	2970							
TBLM168	1800	3473	3070	2370	1400	650	1250	2560	1230		
	2000	3673	3270	2570							
	2400	4073	3670	2970							

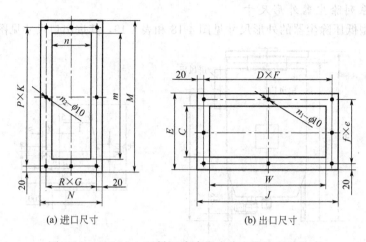

(a) 进口尺寸　　　　　　　(b) 出口尺寸

图 4-19　TBLM-A 型低压脉冲袋式除尘器进出口尺寸

表 4-20　TBLM-A 型低压脉冲袋式除尘器进出口尺寸　　　　单位：mm

型号	TBLM4	TBLM10	TBLM18	TBLM26	TBLM39	TBLM52	TBLM78	TBLM104	TBLM130	TBLM168
J	230	330	500	610	700	1080	1360	1660	1900	2100
W	150	250	420	530	620	1000	1280	1580	1820	2020
C	150	250	300	300	320	320	320	320	320	320
D	2	2	4	5	6	10	12	15	15	20
E	230	330	380	380	400	400	400	400	400	400
F	95	145	115	114	110	104	110	108	124	103
e	95	145	85	85	120	120	120	120	120	120
f	2	2	4	4	3	3	3	3	3	3
n_1	8	8	16	16	14	24	28	34	34	42
M	230	330	480	530	730	840	880	880	950	1000
m	150	250	400	500	650	760	800	800	870	920
N	155	225	295	350	380	440	580	580	600	680
n	75	145	215	270	300	360	500	500	520	600
K	95	145	110	90	115	100	105	105	91	96
P	2	2	4	6	6	8	8	8	10	10
R	115	92.5	127.5	155	85	100	108	108	112	128
G	1	2	2	2	4	4	5	5	5	5
n_2	6	8	8	16	20	24	26	26	30	30

②　TBLM-B 型低压脉冲袋式除尘器外形尺寸见图 4-20 和表 4-21，其进出口尺寸与 TBLM-A 型相同。

表 4-21　TBLM-B 型低压脉冲袋式除尘器外形尺寸　　　　单位：mm

型　号	滤袋长度/mm	H	H_1	H_2	L	L_1	L_2	A	a	b
TBLM4	1800	3045	2617	2217	287	310	358	400	120	150
	2000	3245	2817	2417						
	2400	3645	3217	2817						
TBLM10	1800	3223	2795	2345	447	370	483	620		
	2000	3423	2995	2545						
	2400	3823	3395	2945						
TBLM18	1800	3420	2992	2467	607	415	608	850	140	180
	2000	3620	3192	2667						
	2400	4020	3592	3067						
TBLM26	1800	3520	3092	2517	705	440	678	950		
	2000	3720	3292	2717						
	2400	4120	3692	3117						

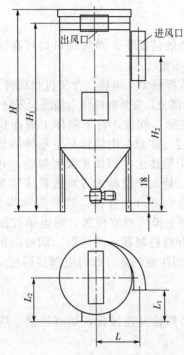
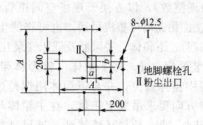

图 4-20 TBLM-B 型低压脉冲袋式除尘器外形尺寸

（6）配套装置

1）配套的 ZLMC 型脉冲控制仪技术参数如下。

① 输入电压 AC：180～240V，50Hz。

② 输出电压 DC：24V。

③ 输出电流：1A。

④ 输出路数：26 路，1～26 任选；39 路，1～39 任选；56 路，1～56 任选；65 路，1～65 任选。

⑤ 输出脉冲间隔：1～60s(1～99s) 可调。

⑥ 输出脉冲宽度：0.01～0.30s(0.01～0.99s) 可调。

⑦ 外形尺寸：210mm×270mm×80mm。

⑧ 使用环境：温度−20～+50℃；空气相对湿度≤80%；无严重腐蚀气体和导电尘埃；无剧烈振动或冲击。

2）配套的 ZYWB 系列滑片式真空压力复合风泵技术参数见表 4-22。

表 4-22 复合风泵技术参数

项　目	ZYWB25	ZYWB40	ZYWB60	ZYWB80	ZYWB100	ZYWB140
排气量/(m^3/h)	25	40	60	80	100	140
排气压力/kPa	50	50	60	80	60	60
吸气真空/kPa	−80	−80	−80	−80	−60	−60
噪声/dB(A)	72	72	72	74	77	80
电机功率/kW	1.1	1.5	2.2	3	3	5.5
质量/kg	65	74	93	100	150	160
外形尺寸/mm	690×360×350	790×430×350	790×430×355	830×490×370	910×490×370	945×487×370

（7）使用注意事项

1）安装

① 根据实际安装需要，在除尘器地脚尺寸不变的情况下，净气出口处可在水平面内任意转动 $n \times 12°$（n 为正整数），以方便于现场空间里管道布置。

② 吊装方法。吊运时可整机吊运，也可将滤尘器拆分为上箱体（含气包和花板及控制分配器）、中箱体（含检修门）、下箱体、关风器及低压气泵几大部分，安装时应注意使滤尘器处于垂直状态。

③ 现场安装顺序。Ⅰ. 将下箱体（锥形体带支腿）就位，将下箱体上表面找水平，上好地脚螺栓。Ⅱ. 将中箱体就位，并与下箱体用螺栓连接（注意在中箱体与下箱体间加橡胶密封垫）。Ⅲ. 按净气出口方向要求吊装上箱体，在中箱体与上箱体法兰间加橡胶密封垫，并用螺栓将两个箱体紧密连接起来。Ⅳ. 选择环境清洁、通风良好、地面平整的地方放置低压气泵。在气泵进风口安装好粉尘过滤装置。Ⅴ. 将关风器与下箱体粉尘出口相连接，并按要求将油箱注入机油。Ⅵ. 连接进出风口管路和压缩空气管路。Ⅶ. 选择便于操作观察位置，将电脑控制器装在滤尘器上。Ⅷ. 接通电脑控制器与低压电磁阀的导电线，并将控制器、关风器、刮板电机和低压气泵的输入导线与相应的电源接线柱连接起来。这里要特别注意的是：此时电源接线柱应呈断开无电状态，以保证人身安全。

2）试车

① 试运转前应将所有的机件检查一遍，尤其是螺栓及连接件，如有松动，应立即拧紧并确认所有的润滑部位都有润滑剂。

② 点动电源按钮以检查关风器、刮板和低压气泵转向是否正确。

③ 接通电脑控制器电源，检查低压电磁阀是否动作，是否与控制器显示相协调；脉冲间隔和脉冲时间调整后反应是否正确可靠。

④ 空车试运转，观察压力表压力是否正常，各低压电磁阀喷吹是否正常，气泵、关风器运转是否平稳。

⑤ 空车试运转正常后，将滤袋装入（滤袋必须包扎紧固以保证密封，并在工作中不至于脱落）。

3）运转

① 开车顺序：关风器→刮板电机→低压气泵→电脑脉冲控制器→风网中的风机。

② 停车顺序：风网中的风机→（在风机停止一个脉冲周期之后）低压气泵→电脑脉冲控制器→刮板电机→关风器。

③ 脉冲喷吹时间和喷吹周期的调整。脉冲喷吹时间在出厂前已调整好，一般无须再调。单独供气时，喷吹周期的调整原则是：观察喷吹气包压力，在每次喷吹后压力升到 0.05MPa 左右，开始下一脉冲喷吹；集中供气时，应将喷吹周期适当调小以控制过滤阻力。

4）维护和保养。为了使滤尘器充分发挥除尘效率，必须适时给以维护和保养：a. 每 1000h 向风泵轴承加一次 LC-250 型高滴点合成润滑脂，每年更换一次润滑脂；b. 每半月对气泵滤清器进行一次清扫，以保持气路畅通；c. 经常检查关风机减速电机的油箱的润滑脂并及时补足；d. 保持脉冲控制器表面清洁；e. 每周打开检查门，检查各滤袋是否正常，表面积粉是否有过多现象，并查找原因，排除故障；f. 发现故障应及时停机，查找原因，修后再用；g. 每年检查1~2次脉冲阀中的大膜片，发现破损、老化的应及时更换。

5）常见故障排除。常见故障分析及排除方法见表 4-23。

5. VLG 型吸料除尘机

VLG 型吸料除尘机主要用于挤出机或其他塑料加工机械的供料，或者给料斗、料仓等储存设备供料。特别适合于输送粉料，或者含有部分粉料的颗粒料或片状料。可以单机使用，也可以同其他设备构成一体化的输送系统。

表 4-23　故障分析及排除

故　障　现　象	产　生　原　因	故障排除方法
出风口空气含粉明显增加	(1)滤袋破损； (2)滤袋框的螺纹连接处松脱	(1)更换破损滤袋； (2)重新上紧滤袋框
除尘器阻力增加并持续上升	(1)气泵出故障，压力达不到 0.5kgf/cm²； (2)管道漏气，压力降低； (3)电脑控制器出故障，不能正确驱动步进电机和电磁阀； (4)电磁阀故障，不动作，致使不发出脉冲喷吹； (5)关风器堵死或出灰通道不畅导致下锥体内积粉过多	(1)检查修整气泵； (2)整修气泵管道； (3)换上新控制器； (4)整修电磁阀； (5)查清积粉原因，排除故障，清理下锥体积粉
气包内压力偏低	(1)气泵发生故障； (2)管道或气包有漏气； (3)阀膜片破损； (4)电磁阀关闭不严； (5)脉冲周期过短； (6)气泵上滤网堵塞	(1)整修气泵； (2)整修漏气处； (3)更换膜片； (4)修理或更换电磁阀； (5)按照脉冲周期调整方法调整； (6)清理滤网
气泵噪声过高	气泵轴承磨损严重	更换轴承
气包压力为零	(1)气泵传动皮带跑脱或断开； (2)气泵电机保险熔断	(1)更换皮带； (2)排除故障，更换新保险

（1）主要特点

① 它由高效的袋式过滤器和压缩空气反吹清灰系统组成。过滤单元可作为整体拆卸，使得滤袋维修更换和物料更换方便合理。

② 接触物料的部件都是不锈钢材，滤袋为经过表面处理滤料。

③ 翻板式排料阀作为排料装置，并配置了位置信号发射器。

④ 料位开关安装在真空料斗上，用于控制循环批次上料。

⑤ 管道和接线在出厂时都已连接好，电控系统可以使用一个负压风机带动多个吸料除尘器。

⑥ 加大的排料口可以用于黏性物料的卸下。

⑦ 使用温度 −10～+80℃。

（2）主要性能和尺寸　VLG 型吸料除尘器性能和尺寸见图 4-21 和表 4-24。

表 4-24　VLG 型吸料除尘器性能和尺寸

型　号	过滤面积/m²	最大容量/dm³	D_1/mm	D_2/mm	H/mm	D_1/mm	H_1/mm	H_2/mm
VLG 400-1.1	1.1	47	400	410	1110	R1¼″/42.2	760	1020
VLG 400-2.2	2.2	65			1285		930	1195
VLG 600-2.2	2.2	75	600	610	1355	R1½″/48.3	920	1190
VLG 600-4.4	4.4	160			1530	R2″/60.3	1095	1365
VLG 800-4.4	4.4	315	830	840	1645	R3″/88.9	1130	1400
VLG 800-8.8	8.8	350			1820		1300	1580

型　号	D_2/mm	F/mm	K/mm	n—φ/mm	T/mm	C/mm	E/mm	L/mm	W/mm	重量/kg
VLG 400-1.1	63	465	435	8—12	4	300	185	300	720	40
VLG 400-2.2								600		48
VLG 600-2.2	75	665	635	12—12	6	400	215	300	980	62
VLG 600-4.4								600		72
VLG 800-4.4	89	895	865	16—12	8	520	245	300	124	115
VLG 800-8.8								600		125

6. 侧喷脉冲袋式除尘器

（1）侧喷脉冲袋式除尘器的主要设计特点

① 取消了喷吹管及每个滤袋上口的文氏管装置，设备安装、维护、换袋方便。

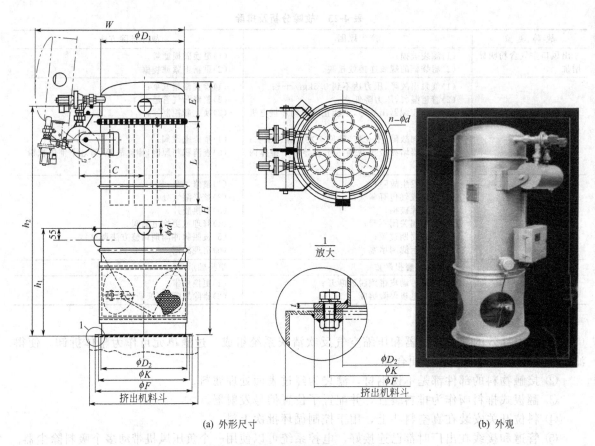

(a) 外形尺寸　　　　　　(b) 外观

图 4-21　VLG 型吸料除尘器尺寸

② 喷吹压力低，只需 100～150kPa 便可实现清灰，并采用了淹没式脉冲阀的结构形式。

③ 滤袋笼骨可分硬骨架和弹簧骨架两种形式，以适用于不同用户的不同需求。

④ 可掀起的精巧检修门，在保证密封的前提下，开启灵活，换袋方便。

⑤ 从清洁室脉冲阀到气包距离近，压缩空气经喉管沿程压力损失偏大。

⑥ 不适用于大中型袋式除尘器。

⑦ 当用户没有空压站集中供气气源的条件下，可自配气源空压机对设备供气。但这种除尘器、压缩空气消耗量偏大。偏大的原因是压缩空气流动距离大，且由于若干阀同时喷吹造成的。

（2）**构造特点**　侧喷脉冲袋式除尘器的构造见图 4-22。其构造特点是气包的喷吹装置放在除尘器侧部，上部不设喷吹管和导流文氏管。

① 上箱体，包括可掀起的小型检修门等。

② 中箱体，包括花板、滤袋及笼骨、矩形诱导管、气包、中箱体检查门、进风管、出风管等。

③ 下箱体及灰斗，包括灰斗检查门、螺旋输送机及传动电机、出灰口、立柱等。

④ 喷吹系统，包括电磁脉冲阀、脉冲控制仪。

（3）**工作原理**　含尘气体由进风口进入进风管内，通过初级沉降后，较粗颗粒尘及大部分粉尘在初级沉降及自身重力的作用下，沉降至灰斗中，并经螺旋输送机构将粉尘从出灰口排出；另一部分较细粉尘在引风机的作用下，进入中箱体并吸附在滤袋表面上，洁净空气穿过滤袋进入上箱体并流经矩形诱导管汇集在出风箱内从出风管口排出。随着过滤工况的不断进行，积附在滤袋表面上的粉尘亦不断增加，相应就会增加设备的运行阻力。为了保证系统的正常运行，必须进行清灰来达到抖落粉尘，降低设备阻力的目的。

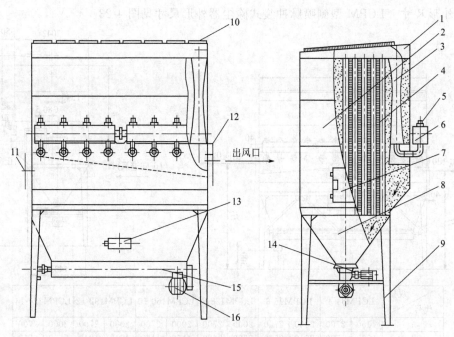

图 4-22 侧喷脉冲袋式除尘器的构造

1—上箱体；2—中箱体；3—矩形诱导管；4—布袋笼骨组合；5—脉冲电磁阀；6—低压气包；

7—中箱体检查门；8—下箱体及灰斗；9—支腿；10—上掀盖；11—进风口；12—出风口；

13—灰斗检查门；14—螺旋输送机电机；15—螺旋输送机；16—卸灰阀

（4）性能参数 该除尘器的性能参数见表 4-25，从性能参数可知，这种除尘器属小型袋式除尘器。

表 4-25 LCPM 型脉冲袋式除尘器性能参数

型号规格	滤袋长度/mm	滤袋数/条	分室数/个	过滤面积/m²	过滤风速/(m/min)	处理风量/(m³/h)	设备阻力/kPa	除尘率/%	耗气量/[m³/(阀·次)]	电机功率/kW	外形尺寸长×宽×高/mm	设备重/kg
LCPM64-4-2000	2000	64	4	48	1～3	2880～8640	0.6～1.2	≥99.5	0.15	1.1	1709×2042×4399	2650
LCPM64-4-2700	2700			64		3840～11520					1709×2042×5099	2880
LCPM96-6-2000	2000	96	6	72	1～3	4320～12960	0.6～1.2	≥99.5	0.15	1.5	2519×2042×4399	3970
LCPM96-6-2700	2700			96		5760～17280					2519×2042×5099	4320
LCPM128-8-2000	2000	128	8	96	1～3	5760～17280	0.6～1.2	≥99.5	0.15	1.5	3329×2042×4399	4710
LCPM128-8-2700	2700			128		7680～23040					3329×2042×5099	5120
LCPM160-10-2000	2000	160	10	120.5	1～3	7200～21600	0.6～1.2	≥99.5	0.15	1.5	4139×2042×4399	5900
LCPM160-10-2700	2700			160		9600～28800					4139×2042×5099	6400
LCPM192-12-2000	2000	192	12	144	1～3	8640～25920	0.6～1.2	≥99.5	0.15	2.2	4949×2042×4439	7070
LCPM192-12-2700	2700			192		11520～34560					4949×2042×5139	7680
LCPM224-14-2000	2000	224	14	168.5	1～3	10080～30240	0.6～1.2	≥99.5	0.15	2.2	5759×2042×4439	8240
LCPM224-14-2700	2700			224		13440～40320					5759×2042×5139	8960
LCPM256-16-2000	2000	256	16	192	1～3	11520～34560	0.6～1.2	≥99.5	0.15	2.2	6569×2042×4439	9420
LCPM256-16-2700	2700			256		15360～46080					6569×2042×5139	10240
LCPM320-20-2000	2000	320	20	240	1～3	14400～43200	0.6～1.2	≥99.5	0.15	3	4139×4084×4399	11800
LCPM320-20-2700	2700			320		19200～57600					4139×4084×5099	12800
LCPM384-24-2000	2000	384	24	288	1～3	17280～51840	0.6～1.2	≥99.5	0.15	4.4	4949×4084×4439	14140
LCPM384-24-2700	2700			384		23040～69120					4949×4084×5139	15360
LCPM448-28-2000	2000	448	28	336	1～3	20160～60480	0.6～1.2	≥99.5	0.15	4.4	5759×4084×4439	16480
LCPM448-28-2700	2700			448		26880～80640					5759×4084×5139	17920
LCPM512-32-2000	2000	512	32	384	1～3	23040～69120	0.6～1.2	≥99.5	0.15	4.4	6569×4084×4439	18840
LCPM512-32-2700	2700			512		30720～92160					6569×4084×5139	20480

注：1. 实际风速选择，应按不同的工况条件进行设计选型。

2. 除尘器排放浓度小于 50mg/m³。

（5）外形尺寸　LCPM 型侧喷脉冲袋式除尘器外形尺寸见图 4-23。

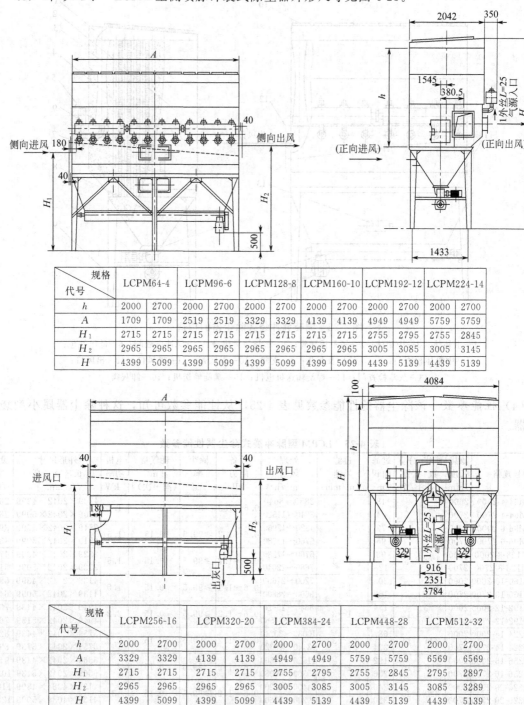

规格 代号	LCPM64-4		LCPM96-6		LCPM128-8		LCPM160-10		LCPM192-12		LCPM224-14	
h	2000	2700	2000	2700	2000	2700	2000	2700	2000	2700	2000	2700
A	1709	1709	2519	2519	3329	3329	4139	4139	4949	4949	5759	5759
H_1	2715	2715	2715	2715	2715	2715	2715	2715	2755	2795	2755	2845
H_2	2965	2965	2965	2965	2965	2965	2965	2965	3005	3085	3005	3145
H	4399	5099	4399	5099	4399	5099	4399	5099	4439	5139	4439	5139

规格 代号	LCPM256-16		LCPM320-20		LCPM384-24		LCPM448-28		LCPM512-32	
h	2000	2700	2000	2700	2000	2700	2000	2700	2000	2700
A	3329	3329	4139	4139	4949	4949	5759	5759	6569	6569
H_1	2715	2715	2715	2715	2755	2795	2755	2845	2795	2897
H_2	2965	2965	2965	2965	3005	3085	3005	3145	3085	3289
H	4399	5099	4399	5099	4439	5139	4439	5139	4439	5139

图 4-23　LCPM 型侧喷脉冲袋式除尘器图示尺寸

三、大中型脉冲袋式除尘器

1. CDFM 系列和 LCMD 系列脉冲袋式除尘器

（1）主要特点　大中型脉冲袋式除尘器是为适应较大风量的需要开发的除尘设备，其特点是滤袋长，数量多，设备紧凑，可处理较大量的含尘气体。

（2）结构 其结构如图4-24所示。含尘气体由中箱体下部引入，被挡板导向中箱体上部进入滤袋。净气由上箱体排出。对大中型而言，气流导向挡板的设计至关重要，良好的挡板可以使除尘器内流场更为合理，从而可以降低设备阻力，并提高除尘效果。

脉冲阀与喷吹管的连接采用插接方式。喷吹管上有孔径不等的喷嘴，对准每条滤袋的中心。按标准设计每15条袋（过滤面积34m²）共用一个脉冲阀，袋口不设引射文氏管。

为清除脉冲喷吹后存在的粉尘再次黏附现象，又有一种停风离线清灰的中型脉冲袋式除尘器。它将上箱体分隔成若干小室，各设有停风阀。当某室的脉冲阀喷吹时，关闭该室停风阀，截断含尘气流，从而增加了清灰效果。每次喷吹时间为65～85ms，较传统小型脉冲清灰方式短50%，能产生更强的清灰效果。清灰控制采用定压差控制方式，也可采用定时控制。

滤袋直径为 ϕ120mm。长度为6m。依靠缝于袋口的弹性胀圈将滤袋嵌压在花板上。换袋时压扁袋口成弯月形，并将滤袋取出。

这种大中型脉冲袋式除尘器有以下优点：①喷吹装置自身阻力小，脉冲阀启闭迅速，因而喷吹压力低至0.15～0.25MPa；②滤袋长度6m，占地面积相对较小；③滤袋拆换方便，人与尘袋接触短暂，操作条件好；④配套的电脑控制仪工作可靠，调节方便。

（3）性能 CDFM系列除尘器的主要性能参数见表4-26和表4-27。

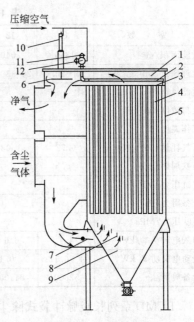

图4-24 长袋低压脉冲袋式除尘器结构

1—上箱体；2—喷吹管；3—花板；4—滤袋；5—中箱体；6—圆盘阀；7—调节风门；8—进风导流板；9—灰斗；10—汽缸；11—脉冲阀；12—稳定气包

表4-26 CDFM系列单排除尘器主要性能

室　　　　数	2	4	6	8	10	12	14	16	18	20
过滤面积/m²	340	680	1020	1360	1700	2040	2380	2720	3060	3400
处理风量/(10⁴m³/h)	4～5.1	8～10.2	12～15.7	16～20.4	20～25.5	24～30.6	28～35.6	32～40.8	36～46.8	40～51
过滤风速/(m/min)	2～2.5									
入口浓度/(g/m³)	<60									
工作温度/℃	<120									
压气耗量/(m³/次)	0.18	0.36	0.54	0.72	0.9	1.08	1.26	1.44	1.62	1.8
喷吹周期/min	1.5～60									
汽缸压力/MPa	0.5～0.7									
设备阻力/Pa	<1470									
喷吹压力/MPa	0.15～0.25									
卸灰电机功率/kW	1.1	2.2	3.3	4.4	5.5	6.6	7.7	8.8	9.9	11
振动电机功率/kW	1×0.12	2×0.12	3×0.12	4×0.12	5×0.12	6×0.12	7×0.12	8×0.12	9×0.12	10×0.12
设备质量/kg	11200	22400	33600	44800	56800	67200	74800	89600	100800	112600

压缩空气 净气 含尘气体

表 4-27　CDFM 系列双排除尘器主要性能

室　　数	8	12	16	20	24	28	32	36	40
过滤面积/m²	1360	2040	2720	3400	4080	4760	5440	6120	6800
处理风量/(10⁴m³/h)	16～20.4	24～30.6	32～40.8	40～51	48～61.2	56～71.4	64～81.6	72～91.8	80～111
过滤风速/(m/min)					2～2.5				
入口浓度/(g/m³)					<60				
工作温度/℃					<120				
压气耗量/(m³/次)	0.72	1.08	1.44	1.8	2.16	2.52	2.88	3.24	3.6
喷吹周期/min					1.5～60				
汽缸压力/MPa					0.5～0.7				
设备阻力/Pa					<1470				
喷吹压力/MPa					0.15～0.25				
卸灰电机功率/kW	4.4	6.6	8.8	11.0	13.2	15.4	17.6	19.8	22.0
振动电机功率/kW	4×0.12	6×0.12	8×0.12	10×0.12	12×0.12	14×0.12	16×0.12	18×0.12	20×0.12
设备质量/kg	52800	84100	104500	125600	147200	168900	189500	210900	232500

LCMD 系列长袋脉冲袋式除尘器，其主要性能参数见表 4-28 和表 4-29。

表 4-28　LCMD 系列单列长袋脉冲除尘器主要性能

除尘器型号	LCMD-1400		LCMD-1850		LCMD-2300		LCMD-2800		LCMD-3250		LCMD-3750		LCMD-4200		LCMD-4700	
室数/个	3		4		5		6		7		8		9		10	
过滤面积/m²	1400		1850		2300		2800		3250		3750		4200		4700	
处理风量/(10⁴m³/h)	8.4～12.6		11.1～16.6		13.8～20.7		16.8～25.2		19.5～29.2		22.5～33.7		25.2～37.8		28.2～42.3	
过滤风速/(m/min)							1～1.5									
清灰方式							离线清灰									
入口浓度/(g/m³)							约20									
出口浓度/(mg/m³)							<50									
滤袋规格(长6m)/mm	130	160	130	160	130	160	130	160	130	160	130	160	130	160	130	160
滤袋数量/条	576	462	768	616	960	770	1152	924	1344	1078	1536	1232	1728	1386	1920	1540
脉冲阀数量/个	36	33	48	44	60	55	72	66	84	77	96	88	108	99	120	110
气源压力/MPa							0.4～0.6									
喷吹压力/MPa							0.25～0.4									
耗气量/(m³/min)							约3									
设备参考质量/kg	44800		59200		73600		89600		104000		120000		134400		150400	

注：表中过滤风速为参考值，具体应按不同工况设计选型。更大规格型号由于版面有限未列入。本表由江苏科林集团有限公司提供。

表 4-29　LCMD 系列双列长袋脉冲除尘器主要性能

除尘器型号	LCMD-2800	LCMD-3750	LCMD-4700	LCMD-5600	LCMD-6550	LCMD-7500	LCMD-8450	LCMD-9400
室数/个	6	8	10	12	14	16	18	20
过滤面积/m²	2800	3750	4700	5600	6550	7500	8450	9400
处理风量/(10⁴m³/h)	16.8～25.2	22.5～33.7	28.2～42.3	33.6～50.4	39.3～58.9	45.0～67.5	50.7～76.0	56.4～84.6
过滤风速/(m/min)				1～1.5				
清灰方式				离线清灰				
入口浓度/(g/m³)				约20				

续表

除尘器型号	LCMD-2800		LCMD-3750		LCMD-4700		LCMD-5600		LCMD-6550		LCMD-7500		LCMD-8450		LCMD-9400	
出口浓度/(mg/m³)	<50															
滤袋规格(长 6m)/mm	130	160	130	160	130	160	130	160	130	160	130	160	130	160	130	160
滤袋数量/条	1152	924	1536	1232	1920	1540	2304	1848	2688	2156	3072	2464	3456	2772	3840	3080
脉冲阀数量/个	72	66	96	88	120	110	144	132	168	154	192	176	216	198	240	220
气源压力/MPa	0.4~0.6															
喷吹压力/MPa	0.25~0.4															
耗气量/(m³/min)	约4															
设备参考质量/kg	86800		116250		145700		173600		203050		232500		261950		291400	

注：表中过滤风速为参考值，具体应按不同工况设计选型。更大规格型号由于版面有限未列入。本表由江苏科林集团有限公司提供。

（4）主要尺寸 CDFM 型脉冲式除尘器的主要外形尺寸见图 4-25 和表 4-30。

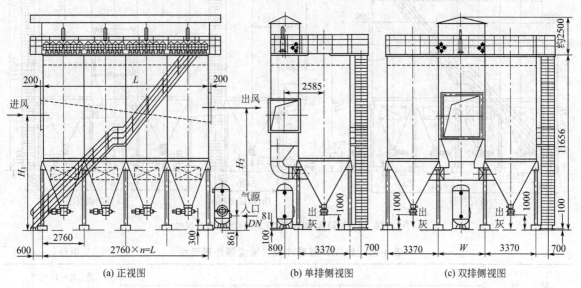

图 4-25 CDFM 型脉冲袋式除尘器外形尺寸

(a) 正视图　　(b) 单排侧视图　　(c) 双排侧视图

表 4-30 CDFM 型脉冲袋式除尘器外形尺寸　　　　单位：mm

尺寸\n型号	L	n	H_1	H_2	进风口(宽×长)	出风口(宽×长)
CDFM2/Ⅰ	2600	1	7326	13326	1400×700	1400×700
CDFM4/Ⅰ	5200	2	7416	8066	1500×1000	1500×1400
CDFM6/Ⅰ	7800	3	7666	8416	1500×1400	1500×2100
CDFM8/Ⅰ	10400	4	7916	8816	1500×2000	1500×2900
CDFM10/Ⅰ	13000	5	8166	9216	1500×2500	1500×3500
CDFM12/Ⅰ	15600	6	8416	9616	1500×3000	1500×4500
CDFM14/Ⅰ	18200	7	8716	10066	1500×3500	1500×5500
CDFM16/Ⅰ	20800	8	9016	10110	1500×4200	1500×5500
CDFM18/Ⅰ	23400	9	9126	10110	1500×4600	1500×5500
CDFM20/Ⅰ	26000	10	9516	10110	1500×5200	1500×5500
CDFM8/Ⅱ	5200	2	7466	8166	2850×1100	2850×1800
CDFM12/Ⅱ	7800	3	7766	8616	2850×1700	2850×2500
CDFM16/Ⅱ	10400	4	8066	9066	2850×2300	2850×3500

尺寸 型号	L	n	H_1	H_2	进风口 （宽×长）	出风口 （宽×长）
CDFM20/Ⅱ	13000	5	8366	9516	2850×2900	2850×4500
CDFM24/Ⅱ	15600	6	8666	9966	2850×3500	2850×5500
CDFM28/Ⅱ	18200	7	8966	10110	2850×4100	2850×5600
CDFM32/Ⅱ	20800	8	9266	10110	2850×4700	2850×5600
CDFM36/Ⅱ	23400	9	9566	10110	2850×5300	2850×5600
CDFM40/Ⅱ	26000	10	7916	10110	2850×5600	2850×5600

LCMD 型脉冲袋式除尘器的主要外形尺寸见图 4-26 和表 4-31。

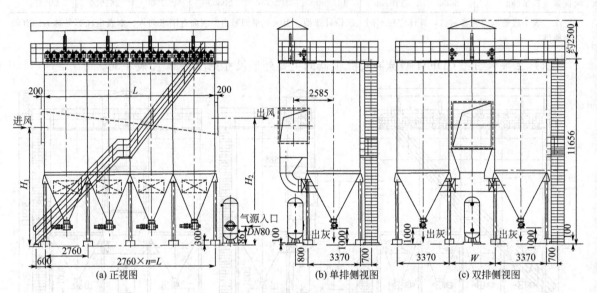

图 4-26　LCMD 系列脉冲袋式除尘器外形尺寸

表 4-31　LCMD 型脉冲袋式除尘器外形尺寸　　　　　单位：mm

型　　号	尺　寸					进、出风口尺寸 （宽×高）/mm×mm
	L	n	H_1	H_2	W	
LCMD-1400	8280	3	7000	7500	—	1500×1400
LCMD-1850	11040	4	7000	7500	—	1500×1800
LCMD-2800	13800	5	7000	7500	—	1800×1900
LCMD-2800	16560	6	7000	7500	—	1800×2300
LCMD-3250	19320	7	7500	8000	—	1800×2600
LCMD-3750	22080	8	7500	8000	—	1800×3000
LCMD-4200	24840	9	7500	8000	—	1800×3400
LCMD-4700	27600	10	7500	8000	—	1800×3800
LCMD-2800	8280	6	7000	7500	2500	2000×2000
LCMD-3750	11040	8	7000	7500	2500	2350×2350
LCMD-4700	13800	10	7000	7500	2500	2500×2800
LCMD-5600	16560	12	7000	7500	2500	2500×3300
LCMD-6550	19320	14	7500	8000	3000	3000×3200
LCMD-7500	22080	16	7500	8000	3000	3000×3600
LCMD-8450	24840	18	7500	8000	3000	3000×4000
LCMD-9400	27600	20	7500	8000	3000	3000×4500

2. LFDM 系列脉冲袋式除尘器

（1）主要设计特点　LFDM 系列大型分室脉冲袋式除尘器主要由钢结构箱体及框架、灰斗、底部支撑框架、阀门（卸灰阀、垂直提升阀、进口检修阀）、风管（排风管、进风管）、脉冲喷吹系统、差压系统、操作和检修平台等八个主要部件组成。

除尘器主要特点如下：①由于把除尘器分成若干滤袋室，所以维护检修方便，当某个室滤袋破损后，把该室进、排风口阀门关闭，即可很方便地更换滤袋或检修；②压缩空气的压力适应范围大，清灰时工作压力为 0.25～0.6MPa，均可进行有效工作；③大型分室脉冲袋式除尘器可以根据工况需要，既能离线脉冲清灰，也可在线运行；④除尘器整体漏风率低，静态漏风率小于 2%，动态漏风率小于 5%；⑤该系列除尘器采用了超声速强力诱导喷嘴，耗气低，喷吹强度大，每排滤袋受到的喷吹压力均匀、合理、滤袋有良好的清灰效果；⑥除尘器排气中含尘质量浓度小于 30mg/m³，符合环保要求。

（2）性能参数　LFDM 系列大型分室脉冲袋式除尘器主要性能参数见表 4-32，外形尺寸和外观见图 4-27 和图 4-28。

表 4-32　LFDM 系列大型分室脉冲袋式除尘器主要性能参数

规格及型号 技术性能	LFDM 401	LFDM 501	LFDM 601	LFDM 701	LFDM 601 双排	LFDM 801 双排	LFDM 1001 双排	LFDM 1201 双排	LFDM 1401 双排
处理风量/(m³/h)	331200	414000	496800	579800	496800	662400	828000	993600	1159200
过滤面积/m²	3680	4600	5520	6440	5520	7360	9200	11040	12880
室数/个	4	5	6	7	8	9	10	12	14
过滤风速/(m/min)	0.6～2								
滤袋材质	ZLN 针刺毡、防水防油滤料或 NOMEX 等								
入口质量浓度/(g/m³)	<15								
出口质量浓度/(mg/m³)	<50								
允许温度/℃	<120(或)<250								
除尘效率/%	>99.5								
阻力/Pa	1200～1500								
漏风率/%	<2								
清灰方式	压缩空气脉冲清灰，压缩空气压力为 0.35～0.6MPa								
耐压等级/Pa	5000～8000								

注：LFDM 型脉冲袋式除尘器还有其他型号，本表技术参数由中冶建筑研究总院提供。

四、旋转式脉冲袋式除尘器

（1）主要设计特点　旋转清灰低压脉冲袋式除尘器首先应用于电厂。它的组成与回转反吹风袋式除尘器相似。其区别在于把反吹风机和反吹清灰装置改为压缩空气或高压空气及脉冲清灰装置，主要设计特点如下。

① 旋转式脉冲袋式除尘器采用分室停风脉冲清灰技术，并采用了较大直径的脉冲阀（8～16in）。喷吹气量大，清灰能力强，除尘效率高，排放浓度低，漏风率低，运行稳定。

② 清灰采用低压脉冲方式，能耗低，喷吹压力 0.02～0.09MPa。

③ 脉冲阀少，易于维护（如 200MN 机组只要采用 6～12 个脉冲阀，而管式脉冲喷吹方式需要数百个脉冲阀）。

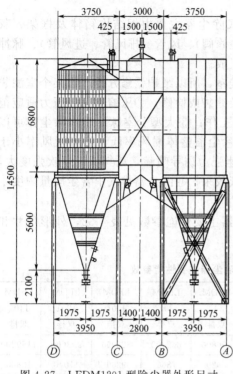

图 4-27 LFDM1201 型除尘器外形尺寸

图 4-28 LFDM1201 型除尘器外观

④ 旋转式脉冲袋式除尘器，滤袋长度可达 8～10m，从而减少除尘器占地面积。袋笼采用可拆装式，极易安装。

⑤ 滤袋与花板用张紧结构，固定可靠，密封性好，有效地防止跑气漏灰现象，保证了低排放的要求。

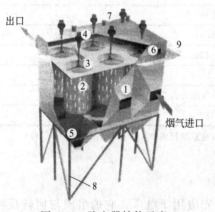

图 4-29 除尘器结构示意

1—进口烟箱；2—滤袋；3—花板；4—隔膜阀驱动电机；5—灰斗；6—人孔门；7—通风管；8—框架；9—平台楼梯

（2）工作原理 旋转式脉冲袋式除尘器由灰斗，上、中、下箱体，净气室及喷吹清灰系统组成。见除尘器结构示意图 4-29。灰斗用以收集、储存由布袋收集下来的粉煤灰。上、中、下箱体组成布袋除尘器的过滤空间，其中间悬挂着若干条滤袋。滤袋由钢丝焊接而成的滤袋笼支撑着。顶部是若干个滤带孔构成的花板，用以密封和固定滤袋。

净气箱是通过由滤袋过滤的干净气体的箱体。其内装有回转式脉冲喷吹管。上部箱体构造见图 4-30。

喷吹清灰系统由贮气罐、大型脉冲阀、旋转式喷吹管、驱动系统组成。该系统压缩空气由脉冲阀将脉冲气体喷入滤袋中。

旋转式脉冲袋式除尘器的工作原理如下：过滤时，带有粉煤灰的烟气，由进气烟道，经安装有进口风门的进气口，进入过滤空间，含尘气体在通过滤袋时，由于滤袋的滞留，使粉煤灰滞留在滤袋表面，滤净后的气体，由滤袋的内部经净气室和提升阀，由出口烟道，经引风机排入烟囱，最终排入大气。

随着过滤时间的不断延长，滤袋外表的灰尘不断增厚，使滤袋内、外压差不断增加，当达到预先设定的某数值后，PLC 自动控制系统发出信号，提升阀自动关闭出气阀，切断气流的通

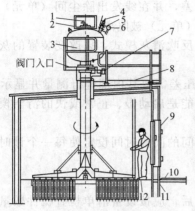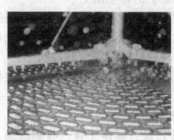

图 4-30 上部箱体结构
1—电磁阀；2—膜片；3—气包；4—隔离阀；5—单向阀；6—压力表；7—驱动电动机；
8—顶部通道；9—检查门；10—通道；11—外壳；12—花板

路，脉冲阀开启，使脉冲气流不断地冲入滤袋中，使滤袋产生振动，变形，吸附在滤袋外部的粉尘，在外力作用下，剥离滤袋，落入灰斗中。存储在灰斗中的粉尘，由密封阀排入工厂的输排灰系统中去。

除尘器的控制系统，整个系统由 PLC 程序控制器控制。该系统可采取自动、定时、手动来控制。当在自动控制时，是由压力表采集滤袋内外的压差信号。当压差值达到设定的极值时，PLC 发出信号，提升阀立即关闭出气阀，使过滤停止，稍后脉冲阀立即打开，回转喷管中喷出的脉冲气体陆续地对滤袋进行清扫，使粉尘不断落入灰斗中，随着粉尘从滤袋上剥离下来，滤袋内外压差不断减小，当达到设定值时（如 1000Pa），PLC 程序控制器发出信号，冲喷阀关闭，停止喷吹，稍后提升阀提起，打开出气阀，此时，清灰完成，恢复到过滤状态。如有过滤室超出最高设定值时，再重复以上清灰过程。如此清灰—停止—过滤，周而复始，使收尘器始终保持在设定压差状态下工作。

除尘器 PLC 控制系统也可以定时控制，即按顺序对各室进行定时间的喷吹清灰。当定时控制时，每室的喷吹时间，每室的间隔时间及全部喷吹完全的间隔时间均可以调节。

（3）主要技术参数

① 脉冲压力 0.05～0.085MPa 喷吹，较普通脉冲除尘器清灰压力低。

② 椭圆截面滤袋平均直径 127mm，袋长 3000～10000mm，袋笼分为 2～3 节，以便于换袋和检修。滤袋密封悬挂在水平的花板上，滤袋布置在同心圆上，越往外圈，每圈的滤袋越多。

③ 每个脉冲阀最多对应布置 28 圈滤袋，每组布袋由转动脉冲压缩空气总管清灰，每个总管最多对应布置 1544 个滤袋，清灰总管的旋转直径最大为 7000mm。单个脉冲阀为每个滤袋束从贮气罐中提供压缩空气，清灰脉冲阀直径为 150～350mm。

④ 压差监测或设定时间间隔进行循环清灰，脉冲时间可调整。袋式除尘器的总压降约为 1500～2500Pa。

⑤ 除尘器采用外滤式。除尘器的滤袋吊在孔板上，形成了二次空气与含尘气体的分隔。滤袋由笼骨所支撑。

⑥ 孔板上方的旋转风管设有空气喷口，风管旋转时喷口对着滤袋进行脉冲喷吹清灰。旋转风管由顶部的驱动电机和脉冲阀控制。

⑦ 孔板上方的洁净室内有照明装置，换袋和检修时，可先关闭本室的进出口百叶窗式挡板阀门，打开专门的通风孔，自然通风换气，降温后再进入工作。

（4）袋式除尘器的反吹清灰控制

① 除尘器的反吹清灰控制由 PLC 执行。

② PLC 监测孔板上方（即滤袋内外）的压差，并在线发出除尘间（单元）的指令，若要隔离和反吹清灰，PLC 将一次仅允许一个除尘间（单元）被隔离。

③ 设计采用 3 种（即慢、正常、快运行）反吹清灰模式，以改变装置的灰尘负荷，来保证在滤袋寿命中维持最低的除尘阻力。

④ 为了控制 3 种反吹清灰模式，除尘器的压差需要其内部进行测量并显示为 0～3kPa 信号传递给 PLC，以启动自动选择程序。PLC 的功能是启动慢、正常或快的清洁模式，来提供一个预编程序的持续循环的脉冲间隔给脉冲阀。

⑤ 在装置运行期间，脉冲输出和脉冲期之间的间隔时间设定使每一个计时器功能可达到额定设置点。

(5) 使用注意事项

① 为便于运输，设备解体交货。收到设备后，应按设备清单检查机件数量及完好程度。发现有运输过程中造成的损坏要及时修复，同时做好保管工作，防止损坏和丢失。卸灰装置和回转喷吹管驱动装置进行专门检查，转动或滑动部分，要涂以润滑脂，减速机箱内要注入润滑油，使机件正常运转。

② 安装时应按除尘器设备图纸和国家、行业有关安装规范要求执行。

③ 安装设备由下而上，设备基础必须与设计图纸一致，安装前应仔细检查进行修整，而后吊装支柱，调整水平及垂直后安装横梁及灰斗，灰斗固定后检查相关误差尺寸，修整误差后，吊装下、中、上箱体、风道，再安装回转喷吹管和脉冲阀贮气罐、压缩空气管路系统及电气系统等。

④ 回转喷吹管安装，严格按图纸进行，保证其与花板间的距离，保证喷管各喷嘴中心与花板孔中心一致，其偏差小于 2mm。

⑤ 在拼焊和吊装花板时，要严格按图纸要求进行，保证所要求的安装精度，防止花板变形、错位。

⑥ 各检查门和连接法兰应装有密封垫，检查门密封垫应粘接，密封垫搭接处应斜接成叠接，不允许有缝隙，以防漏风。

⑦ 安装压缩空气管路时，管道内要除去污物防止堵塞，安装后要试压，试压压力为工作压力的 1.5 倍，试压时关闭安全阀，试压后，将减压阀调至规定压力。

⑧ 按电气控制仪安装图和说明安装电源及控制线路。

⑨ 除尘器整机安装完毕，应按图纸的要求再做检查。对箱体、风道、灰斗处的焊缝做详细检查，对气密性焊缝特别重点检查，发现有漏焊、气孔、咬口等缺陷进行补焊，以保证其强度及密封性，必要时，进行煤油检漏及对除尘器整体用压缩空气打压检漏。

⑩ 在有打压要求时，按要求对除尘器整体进行打压检查。实验压力一般为净气室所受负压乘以 1.15 的系数，最小压力采用除尘器后系统风机的风压值。保压 1h，泄漏率＜2％。

⑪ 最后安装滤袋和涂面漆。滤袋的搬运和停放、安装要注意防止袋与周围的硬物、尖角接触。禁止脚踩、重压，以防破损。滤袋袋口应紧密与花板孔口嵌紧，不得留缝隙。滤袋应垂直，从袋口往下安放。

⑫ 单机调试，在除尘器安装（试压）全部结束后进行，对各类阀门（进排气阀、卸灰阀）送灰机械进行调试，先手动，后电动，各机械部件应无松动卡死现象，应运动轻松灵活，密封性能好，再进行 8h 空载运行。

⑬ 对 PLC 程控仪进行模拟空载实验，先逐个检查脉冲阀、排气阀、卸灰阀等线路是否通畅与阀门的开启是否好，再按定时控制时间，按电控程序进行各室全过程的清灰，应定时准确、准时，各元件动作无误，被控阀门按要求启动。

⑭ 负荷运行，工艺设备正式运行前，应进行预涂层，使滤袋表面涂上一层预涂层，然后正式进行过滤除尘，PLC 控制仪正式投入运行，同时随时检查各运行部件，阀门并记录好运行参数。

五、煤气脉冲袋式除尘器

1. 主要设计特点

高炉煤气中，含 CO 23%～30%，CO_2 9%～12%，N 55%～60% 及其他成分，含尘量＞5g/m^3，煤气热值＞3000kJ/m^3。针对这种情况，高炉煤气除尘器设计的基本要求是防燃防爆，防止煤气泄漏，确保除尘器安全运行。

高炉煤气袋式除尘器的主要设计特点是箱体呈圆筒形，上部装有防爆阀，下部灰斗卸灰装置下有贮灰器，采用先导式防爆脉冲阀清灰。其喷吹系统各部件都有良好的空气动力特性，脉冲阀阻力低、启动快、清灰能力强，且直接利用袋口起作用，省去了传统的引射器，因此清灰压力只需 0.15～0.3MPa；袋长度可达 6m，占地面积小，滤袋以缝在袋口的弹性胀圈嵌在花板上，拆装滤袋方便，减少了人与粉尘的接触。

2. 技术性能

高炉煤气脉冲袋式除尘器过滤速度不高、清灰效果好、操作方便、维护简单、设备运行可靠等优点，适于高炉煤气的除尘。除尘器的单个筒体性能参数见表 4-33。根据处理气量大小，除尘器由多个筒体组成，外形尺寸见图 4-31，外观见图 4-32。

表 4-33　单个筒体性能参数

筒体内径/mm	脉冲阀		滤袋		过滤面积/m^2	处理风量/(m/h)
	型号	数量/个	规格/mm	数量/条		
$\phi2600$		9		99	234	11664
$\phi2700$		10		112	275	13200
$\phi2800$		10		120	294	14112
$\phi2900$		11		131	321	15408
$\phi3000$	YA76	11	$\phi130\times6000$	139	341	16368
$\phi3100$		11		148	363	17424
$\phi3200$		12		160	392	18816
$\phi3300$		12		170	417	20016
$\phi3400$		13		186	456	21888

注：1. 表中处理风量按过滤风速为 0.8m/min 计算而得。

2. 滤袋数量可以根据需要适当减少。

3. 注意事项

① 圆筒形箱体和中间灰斗耐压强度（高炉爆炸压力）应按 0.4MPa 设计；箱体可根据炉顶压力的不同采用相应的防爆卸压方式，保证安全生产。

② 滤袋材质应考虑可长期在 260℃ 的工况下工作，短期可至 280℃，使用寿命可达 24 个月。

③ 除尘器清灰系统采用低压氮气脉冲喷吹系统，氮气作为惰性气体，是易燃易爆气体清灰的良好介质。

④ 控制系统采用 PLC 自动控制，可基本实现无人操作，运行可靠，维护工作量降至最低。

六、气箱脉冲袋式除尘器

（1）主要设计特点　气箱脉冲袋式除尘器的主要设计特点是在滤袋上口不设文氏管，也没有喷吹管，而是用脉冲阀直接往净气室喷压缩空气进而向滤袋清灰。这样既降低喷吹工作阻力，又便于逐室进行检测、换袋。电磁脉冲阀数量为每室 1～2 个，规格为 2～3in。

气箱脉冲袋式除尘器集分室反吹和脉冲喷吹等除尘器的特点，增强了使用适用性。可作为破碎机、烘干机、煤磨、生料磨、箅次冷机、水泥磨、包装机及各库顶收尘设备，也可作为其他行业的设备。

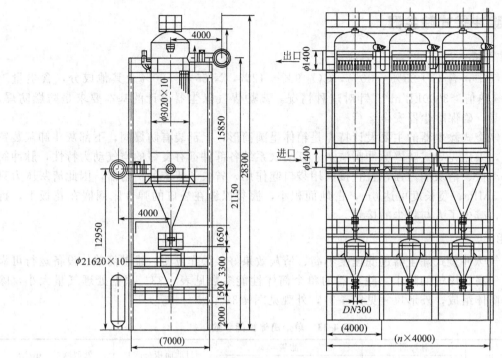

图 4-31 高炉煤气脉冲袋式除尘器外形尺寸
（注：括号内尺寸可以根据需要适当改动）

图 4-32 高炉煤气脉冲袋式除尘器外观

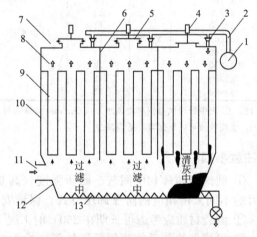

图 4-33 气箱脉冲袋式除尘器

1—气包；2—压气管道；3—脉冲阀；4—提升阀；
5—阀板；6—袋室隔板；7—排风口；8—箱体；
9—滤袋；10—袋室；11—进风口；
12—灰斗；13—输灰机构

（2）结构 气箱脉冲袋式除尘器的主要结构见图 4-33，主体由箱体、袋室、灰斗、进出风口四大部分组成，并配有支柱、楼梯、栏杆、压气管路系统、清灰控制机构等。

① 箱体 箱体主要是固定袋笼、滤袋及气路元件之用，并制成全密闭形式，清灰时，压缩空气管先进入箱体，不再入各滤袋内部。顶部设有人孔检修门，安装和更换袋笼、滤袋全部在这里进行，十分方便，根据规格的不同，箱体内又分成若干个室，相互之间均用钢板隔开，互不透气，以实现离线（off-line）清灰。每个室内均设有一个提升阀，以切换过滤气流。

② 袋室　袋室在箱体的下部，主要用来容纳袋笼和滤袋，且形成一个过滤空间，含尘气体的净化主要在这里进行，同箱体一样，根据规格的不同也分成若干个室，并用隔板隔开，以防在清灰时各室之间的互相干扰，同时形成一定的沉降空间。

③ 灰斗　灰斗布置在袋室的下部，它除了存放收集下来的粉尘以外，还作为下进气总管使用，当含尘气体进入袋室前先进入灰斗，由于灰斗内容积较大，使得气流速度降低，加之气流方向的改变，使得较粗的尘粒在这里就得到分离，灰斗下部布置有粉尘输送设备，出口还设有翻板阀等锁风设备，可连续进行排灰。

④ 进出风口　进出风口根据除尘器的结构形式分为两种，一是进风口为圆筒形，直接焊在灰斗的侧板上，出风口安排在箱体下部，通袋室侧面，通过提升阀板孔与箱体内部相通。二是进出风口制成一体，安排在袋室侧面、箱体和灰斗之间中间用斜隔板隔成互不透气的两部分，分别为进风口和出风口，这种结构形式体积虽大些，但气流分布均匀，灰斗内预除尘效果好，适合于气体含尘浓度较大的场合使用。

（3）工作原理　气箱脉冲袋式除尘器本体分隔成若干个箱区，每箱有 32 条、64 条、96 条……滤袋，并在每箱侧边出口管道上有一个汽缸带动的提升阀。当除尘器过滤含尘气体一定的时间后（或阻力达到预先设定值），清灰控制器就发出信号，第一个箱室的提升阀就开始关闭切断过滤气流，然后箱室的脉冲阀开启；提升阀重新打开，使这个箱室重新进行过滤工作，并逐一按上述程序完成全部清灰动作。

气箱脉冲袋式除尘器是采用分箱室清灰的。清灰时，逐箱隔离，轮流进行。各箱室的脉冲和清灰周期由清灰程序控制器按事先设定的程序自动连续进行，从而保证了压缩空气清灰的效果。整个箱体设计采用了进口和出口总管结构，灰斗可延伸到进口总管下，使进入的含尘烟气直接进入已扩大的灰斗内达到预除尘的效果。所以气箱脉冲袋式除尘器不仅能处理一般浓度的含尘气体，且能处理高浓度含尘气体。

（4）选用注意事项　选用除尘器主要技术参数为风量、气体温度、含尘浓度与湿度及粉尘特性。根据系统工艺设计的风量、气体温度、含尘浓度的最高数值，按略小于技术性能表中的数值为原则，其相对应的除尘器型号即为所选的除尘器型号。滤料则根据入口浓度、气体温度、湿度和粉尘特性来确定。

（5）技术参数及外形尺寸　FPPF32 型气箱脉冲除尘器技术性能参数见表 4-34，外形尺寸见图 4-34；FPPF64 型技术性能参数见表 4-35，外形尺寸见图 4-35。

表 4-34　FPPF32 型气箱脉冲除尘器技术性能参数

技术性能参数		型号	FPPF32-3	FPPF32-4	FPPF32-5	FPPF32-6
处理风量/(m³/h)	A	>100g/m³	5000	6500	9000	11500
	B	≤100g/m³	6900	8030	11160	13390
过滤风速/(m/min)			1.0~1.2			
总过滤面积/m²			96	128	160	192
净过滤面积/m²			64	96	128	160
除尘器室数/个			3	4	5	6
滤袋总数/条			96	128	160	192
除尘器阻力/Pa			1500~1700			
出口气体含尘浓度/(mg/m³)			<5			
除尘器承受负压/Pa			4000~9000			
清灰压缩空气	压力/Pa		(4~6)×10⁵			
	耗气量/(m³/min)		0.27	0.37	0.46	0.6
保温面积/m²			26.5	36.5	41	48.5
设备约重(不包括钢支架和保温层)/kg			2900	3800	4800	5700

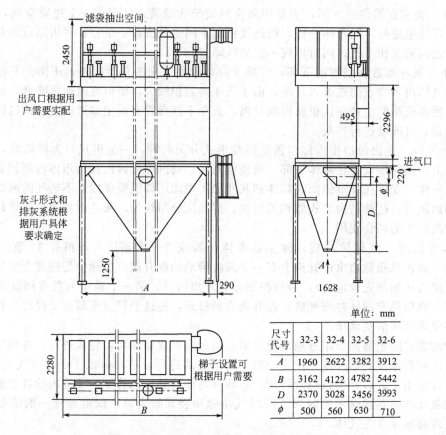

图 4-34　FPPF32 型气箱脉冲除尘器外形尺寸

表 4-35　FPPF64 型气箱脉冲除尘器技术性能参数

技术参数		型号	FPPF64-3	FPPF64-4	FPPF64-5	FPPF64-6
处理风量/(m³/h)	A	>100g/m³	13000	18000	22000	26000
	B	≤100g/m³	17800	22300	26700	31200
过滤风速/(m/min)			1.0~1.2			
总过滤面积/m²			256	320	384	448
净过滤面积/m²			192	256	320	384
除尘器室数/个			4	5	6	7
滤袋总数/条			256	320	384	448
除尘器阻力/Pa			1500~1700			
出口气体含尘浓度/(mg/m³)			<50			
除尘器承受负压/Pa			4000~9000			
清灰压缩空气	压力/Pa		(4~6)×10⁵			
	耗气量/(m³/min)		1.2	1.5	1.8	2.1
保温面积/m²			70	94	118	142
设备约重(不包括钢支架和保温层)/kg			7600	9600	11500	13400

七、静电滤袋除尘器

1. 构造特点

　　静电滤袋除尘器是利用静电力与过滤方式相结合的一种复合式除尘器，其结构建立在现有成

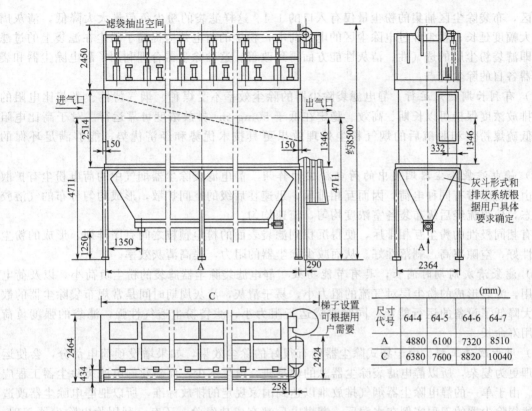

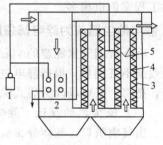

(mm)

尺寸代号	64-4	64-5	64-6	64-7
A	4880	6100	7320	8510
C	6380	7600	8820	10040

图 4-35　FPPF64 型气箱脉冲除尘器外形尺寸

熟的袋式除尘器的基础上并采取静电增强方式，结构形式如图 4-36 所示。

① 静电滤袋除尘器能够捕集比普通袋式除尘器更微细的颗粒，净化效率也极高，通常超过 99.9%。

② 与普通袋式除尘器相比，此复合式除尘器的烟气流速较高、阻力较低。这是因为静电作用使粉尘过滤层更蓬松的缘故。

③ 对微细粒子，特别是对 $0.01\sim1\mu m$ 的气溶胶粒子有极高的捕集效率，常超过 90%。

④ 与静电除尘器相比，静电滤袋除尘器对粉尘比电阻有很宽的适应范围。

图 4-36　静电滤袋除尘器的结构形式

1—电源；2—预荷电区；3—金属网；4—滤料；5—骨架

2. 荷电方式

静电增强纤维过滤的一般形式是：含尘气流通过一预荷电区，尘粒带电。荷电粒子随气流进入过滤段被纤维层捕集。尘粒电荷可以为正电荷，也可以负电荷。滤料可以加电场，也可以不加电场。若加电场，可加与尘粒极性相同的电场，也可加与尘粒极性相反的电场，如果加异性电场则粉尘在滤袋附着力强，不易清灰。试验表明，加相同极性电场，效果更好些。原因是极性相同时，电场力与流向排斥，尘粒不易透过纤维层，表现为表面过滤，滤料内部较洁净，同时由于排斥作用，沉积于滤料表面的粉尘层较疏松，过滤阻力减小，使清灰变得容易些。

3. 静电滤袋除尘器的性能特点

（1）除尘机理特点　由于在静电滤袋除尘器中，烟气先通过电除尘区后再缓慢进入后级布袋除尘区，布袋除尘区捕集的粉尘量仅有入口的 1/4。这样滤袋的粉尘负荷量大大降低，清灰周期得以大幅度延长；粉尘经过电除尘区的电离荷电，粉尘的荷电效应提高了粉尘在滤袋上的过滤特性，即滤袋粉尘层的透气性、清灰性能方面得到改善。这种除尘器合理利用了静电除尘器和袋式除尘器各自的除尘优点。

（2）有利长期稳定运行　静电滤袋除尘器的除尘效率不受煤种、烟气特性、飞灰比电阻的影响，排放浓度保持可以长期、高效、稳定在低于 $50mg/m^3$ 排放浓度可靠运行。对于高比电阻粉尘、低硫煤粉尘和脱硫后的烟气粉尘处理效果更具技术优势和经济优势，能够满足环保的要求。

（3）静电滤袋除尘器烟气中的荷电粉尘的作用　静电滤袋除尘器烟气中的荷电粉尘有扩散作用。由于粉尘带有同种电荷，因而互相排斥，迅速在后级的空间扩散，形成均匀分布的气溶胶悬浮状态，使得流经后级布袋各室浓度均匀，流速均匀。

带有相同极性的粉尘互相排斥，使得沉积到滤袋表面的粉尘颗粒之间有序排列，形成的粉尘层透气性好，空隙率高，剥落性好。从而减少除尘器的阻力，提高清灰效率。

（4）滤袋清灰周期时间长，具有节能功效　静电滤袋除尘器滤袋的粉尘负荷小，以及荷电效应作用，滤袋形成的粉尘层对气流的阻力小，易于清灰，清灰周期时间是常规布袋除尘器的数倍，大大降低了设备的运行能耗；同时滤袋运行阻力小，滤袋粉尘透气性强，滤袋的强度负荷小，使用寿命长。

（5）用于改造工程　由于袋式除尘器已有很好的除尘效果，如果增设预荷电部分，会使运行和管理更为复杂，所以静电滤袋除尘器总的说是研究成果不少，而新建静电滤袋除尘器工程应用不多。由于单一的静电除尘器烟气排放难以达到国家规定的排放标准，所以把静电除尘器改造成静电滤袋除尘器的工程实例在水泥厂、燃煤电厂都有成功经验。还有，利用静电除尘器基础、箱体和输灰部分，直接去掉极板、极线，加进滤袋和清灰装置，把静电除尘器改造为袋式除尘器的工程案例也很多。

4. 静电除尘器改为静电滤袋除尘器

有一台用于水泥窑的 $70m^2$ 三电场静电除尘器处理风量 $180000m^3/h$。由于种种原因，使用效果不甚理想，根据静电过滤复合工作的原理，把它改造成静电滤袋除尘器，即保留第一电场，把二、三电场改为袋式除尘，改造后使用情况很好，能满足极为严格的环保要求。

（1）除尘器的改造　除尘器是在保持原壳体不变的情况下进行改造，包括保留第一电场和进、出气喇叭口，气体分布板、下灰斗、排灰拉链机等。

烟气从除尘器进气喇叭口引入，经两层气流分布板，使气流沿电场断面分布均匀并进入电场，烟气中的粉尘约有 80%～90%被电场收集下来，烟气由水平流动折向电场下部，然后从下向上运动，通过 6 个除尘室。含尘烟气通过滤袋外表面，粉尘被阻留在滤袋的外部，干净气体从滤袋的内腔流出，进入上部净化室，然后汇入排风管排出。

除尘器的气路设计至关重要，它的正确与否关系到设备的阻力大小，即关系到设备运行时的电耗大小。除尘器的结构见图 4-37。

（2）静电除尘部分的技术性能参数

① 电场断面：$70m^2$，极板高度为 9m，通道数为 19 个。

② 同极间距：400mm，电场长度为 4m。

③ 极板形式：C 形，电晕线形式为 R-S 线。

④ 两极清灰均采用侧部挠臂锤打。

⑤ 配电电源：GGAJ0.6A、72kV。

⑥ 电场风速：0.95m/s，收尘极板投影面积为 $138m^2$。

（3）滤袋除尘部分的结构性能

① 室数：6个。

② 滤袋：规格 $\phi160mm \times 6500mm$，数量1248条。

③ 材质：GORE-TEX薄膜，PTFE处理玻璃纤维织物滤料，重量为 $570g/m^2$。

④ 脉冲阀：规格为 GOYEN 淹没阀，数量为78个。

⑤ 离线阀：6个。

⑥ 总过滤面积：$4077m^2$。

⑦ 过滤风速：在线时为 $0.98m/min$，离线时为 $1.13 \sim 1.23m/min$。

⑧ 压缩空气机：2台。

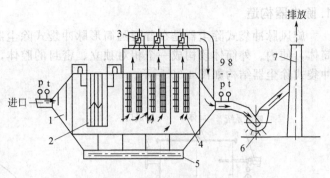

图 4-37　除尘器结构示意

1—气流分布板；2—电场；3—离线阀；4—袋除尘室；5—输灰装置；6—风机；7—排气筒；8—温度计；9—压力计

（4）风机改造参数　静电除尘器改造为"电-袋"除尘器后，由于滤袋阻力较电收尘高，所以原有风机的风压需提高。为满足增产的需要，风机风量也有所提高。

原风机型号为Y4-73-20D，风量为1806050m³/h，风压为998Pa，转数为580r/min，电机功率为95kW。改造后的电机转数为960r/min，电机功率为460kW，风压、风量相应提高。

（5）除尘效果　除尘器的静电部分的电场操作压力稳定在 $50 \sim 55kV$，滤袋除尘部分的清灰压力0.24MPa，脉冲宽度 $0.1 \sim 0.2s$ 可调，脉冲间隔时间为 $5 \sim 30s$，清灰周期暂定为14min。经测定，烟囱排放浓度（标准状态）均低于 $30mg/m^3$，达到了预期效果。

八、旋风脉冲袋式除尘器

旋风除尘器结构简单、占地面积小、投资低、操作维修方便、压力损失适中、动力消耗不大，可用各种材料制造，能用于高温、高压及有腐蚀性气体，并可直接回收干颗粒物等优点。旋风除尘器一般用来捕集 $5 \sim 15\mu m$ 以上的颗粒物，除尘效率可达80%，其主要缺点是对捕集 $<5\mu m$ 颗粒的效率不高。把旋风除尘器与袋式除尘器组合成一体，在反吹风袋式除尘器早有应用，如ZC型回转袋式除尘器，见图4-38。把旋风除尘器与脉冲除尘器组合则是其组合的另一形式。

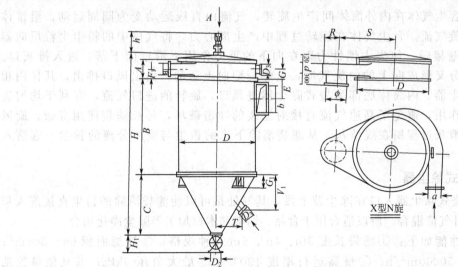

图 4-38　ZC型回转袋式除尘器

1. 除尘器构造

旋风脉冲袋式除尘器是在普通圆筒形脉冲袋式除尘器筒体的下段或上段设置了一定长度的外筒体，使内、外筒体段构成一个相对独立、密封的腔体，并在外筒体上设置切向进风口。旋风脉冲袋式除尘器结构如图 4-39 所示。

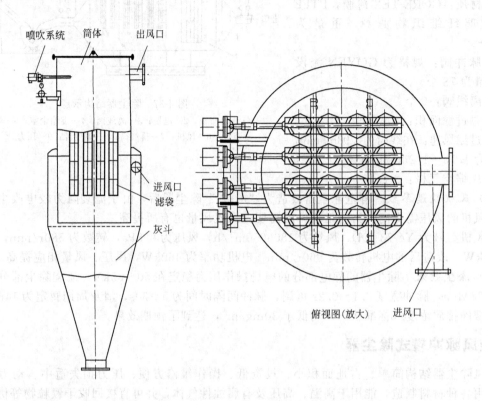

图 4-39 旋风脉冲袋式除尘器结构简图

2. 工作原理

进入除尘器的含尘气体在内外筒体间产生旋转，气流由直线运动变为圆周运动，沿锥体向下运动，形成外旋气流。含尘气体在旋转过程中产生离心力，将气体中的粉尘尘粒甩向器壁；尘粒一旦与器壁接触，便失去惯性力而在向下的重力作用下沿壁面下落，进入排灰口。外旋气流在锥体部分又形成向上的内旋气流，呈螺旋型向上运动，由出风口排出，其作用相当于普通的旋风除尘器。内筒体底部为袋式除尘器进风口，旋转的进口气流，有利于均匀进气；内筒体的阻挡作用，避免了高速气流直接对滤袋的冲击破坏，延长滤袋使用寿命。旋风脉冲袋式除尘器的清灰过程属在线清灰，从滤袋清除下来的粉尘与旋风分离的粉尘一起落入灰斗。

3. LXUE 型旋风袋式除尘器

LXUE 型旋风袋式除尘器入口在除尘器上段，其好处是可以使滤袋清除的粉尘直接落入灰斗，避免与旋风上升气流混合。所以适合用于食品、饲料和木材加工等除尘净化场合。

该除尘器规格性能如下：①滤袋长度 3m、4m、5m 三种规格；②过滤面积 66～304m²；③处理风量 5000～50000m³/h；④最高运行温度 130℃；⑤最大负压 5kPa；⑥其他参数见表 4-36。

表 4-36　LXUE 型除尘器规格性能

除尘器型号	滤袋数量	过滤面积/m²			脉冲阀数量	压缩空气耗量（在 4min 清灰周期时）/(m³/h 自由空气)
		滤袋长度/m				
		3	4	5		
1	55	66	88	110	7	26
2	109	131	174	218	11	41
3	152	182	243	304	13	49

LXUE 型旋风袋式除尘器外形尺寸见图 4-40 和表 4-37。

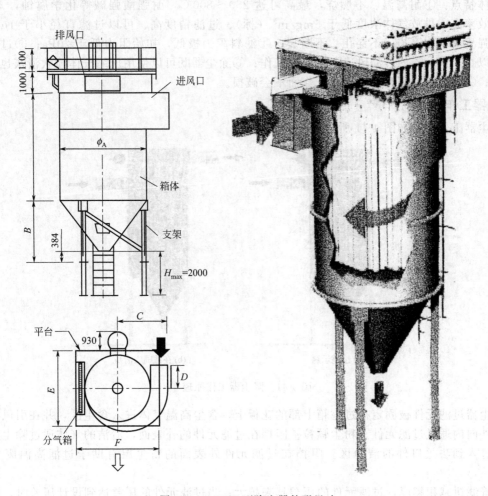

图 4-40　LXUE 型除尘器外形尺寸

表 4-37　LXUE 型除尘器外形尺寸　　　　　　　　　　　　　　单位：mm

除尘器型号	ϕ_A	B	C	D	E	F
1	1905	1734	1353	800	1700	2100
2	2405	2167	1703	900	2200	2600
3	2600	2600	2253	1100	2800	3070

九、金属纤维滤料脉冲袋式除尘器

金属纤维高温脉冲除尘器属于相对比较成熟的高温除尘器，因此逐步用于环境工程。

1. 主要特点

针对高温工业烟气除尘的特点及使用条件，金属纤维烧结毡管式高温烟气除尘器的过滤层由金属板网、粗金属纤维以及细金属纤维三层复合组成，经高温真空烧结成一体而形成网状立体结构。

根据客户不同的需求，可用不同的优质材料，所有产品都具有耐高温、耐腐蚀、耐磨损、寿命长、过滤精度高、透气性好、孔隙率高、抗渗碳、抗气流冲击、抗机械振动等特点。

具体特点：①耐高温、不燃烧，最高可达 $250\sim800℃$，耐强酸强碱等化学腐蚀，寿命长；②过滤效率高，排放气体浓度低于 $5mg/m^3$（标）、过滤精度高、可以过滤直径小于 $1\mu m$ 的粉尘；③强度高、耐磨损、不穿孔、不断裂；④滤料阻力极低，初始阻力低于 $20Pa$；⑤过滤速度高，可以在 $3m/min$ 的过滤风速下轻松地工作；⑥除尘器既可以使用压缩气体喷吹清灰也可以用水清洗；⑦可以在高压环境下正常工作而不会破损。

2. 除尘器工作原理

除尘器工作原理如图 4-41 所示。

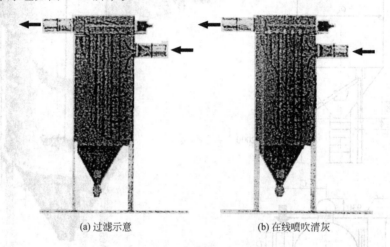

(a) 过滤示意　　　　　　　　(b) 在线喷吹清灰

图 4-41　降尘器工作原理

除尘器过滤元件被固定在过滤箱上部的花板上，含尘高温气体进入含尘区，并在引风机的作用下由外向内通过过滤元件。粉尘颗粒被阻挡在过滤元件的外表面，清洁的气体通过除尘器的过滤元件进入到法兰口外的洁净区。阻挡在过滤元件外表面的粉尘层有助于过滤高温废气中的粉尘。

随着滤饼越积越厚，过滤元件的压差越来越大；当过滤元件的压差达到设计压差时，压差传感器或电子计时器启动先导阀，再由先导阀打开脉冲阀，让压缩气体以脉冲的形式瞬间喷入过滤元件入口。瞬时反向气流及其带来的气压会清除掉吸附在过滤器外表面的滤饼。滤饼脱离过滤元件表面后会落入尘箱。清除了滤饼后除尘器可以开始新一轮的除尘循环。

3. 技术性能

（1）主要技术性能　金属纤维烧结毡过滤介质由金属板网、粗金属纤维、细金属纤维三层复合组成，经高温真空烧结成一体而形成网状立体结构。具有高过滤精度、高孔隙率、高透气性、耐高温、耐腐蚀、抗气流冲击、抗机械振动等特点，其技术性能见表 4-38，过滤风速与压差关系见图 4-42，过滤时间与压差关系见图 4-43。

表 4-38　除尘器技术性能

材料性能		单位	参数		
			316L	310S	0Cr21A16
材料密度		g/cm³(20℃)	7.98	7.98	7.16
熔点		℃	1400~1450		1500
工作温度	氧化性气氛	℃	400	600	800
	还原性或惰性气氛	℃	550	800	1000
烧结毡规格			SSF-1500/0.65		
厚度		mm	0.65		
孔隙率		%	71	71	68
透气系数		1/(m²·s)200Pa	350~450		
过滤效率		%	>99.9	测试粉尘:氧化铝粉,粒径分布 $X_{10}=0.30\mu m, X_{50}=1.71\mu m, X_{90}=6.55\mu m$。风速范围 1.75~3m/min,粉尘浓度 10g/m³	
排放浓度		mg/m³(标)	<5		
抗拉强度		N/mm²	≥20		

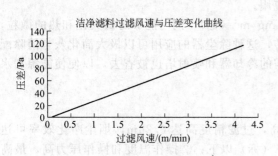

图 4-42　过滤风速与压差关系　　　　图 4-43　过滤时间与压差关系

（2）高温脉冲除尘器与普通脉冲除尘器比较见表 4-39。

表 4-39　高温除尘器与普通除尘器性能比较

除尘器	耐温/℃	耐腐蚀	使用寿命	过滤精度	排放浓度/(mg/m³)	过滤效率	强度	过滤速度/(m/min)	设备阻力/kPa	综合经济效益
高温除尘器	250~80	好	长	高	5	高	好	3	1	好
普通除尘器	250 以下	好	短	高	20	高	差	1	1.5	低

4. 过滤元件外形尺寸

过滤元件尺寸见表 4-40 和图 4-44。

表 4-40　过滤元件规格

型号	过滤面积/(m²/件)	A/mm	B/mm	C/mm	D/mm
SIGF-060/800	0.134	φ60	φ80	φ62	φ56
SIGF-060/1600	0.270	φ60	φ80	φ62	φ56
SIGF-130/800	0.298	φ130	φ150	φ132	φ126

续表

型号	过滤面积/(m²/件)	A/mm	B/mm	C/mm	D/mm
SIGF-130/1600	0.596	φ130	φ150	φ132	φ126
SIGF-130/2240	0.894	φ130	φ150	φ132	φ126
SIGF-150/800	0.335	φ150	φ170	φ152	φ14
SIGF-150/1600	0.674	φ150	φ170	φ152	φ144

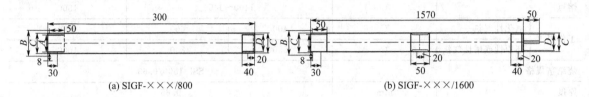

(a) SIGF-×××/800　　　　　　　　　　　　(b) SIGF-×××/1600

图 4-44　过滤元件外形尺寸

十、陶瓷高温脉冲袋式除尘器

高温陶瓷过滤技术其核心部分是高温陶瓷过滤装置及高温陶瓷过滤元件，相对于传统的高温气体净化装置来讲，采用多孔陶瓷做高温热气体过滤介质的高温陶瓷热气体净化装置具有更高的耐温性能、更高的工作压力和更高的过滤效率。高温陶瓷过滤技术目前在国外的化学冶金炉、垃圾焚烧炉、电石气炉、热煤气净化等方面已广泛应用。

高温陶瓷过滤可使过滤后气体杂质浓度小于 $1mg/m^3$（标），同时能够防御火花和热的微粒，并且在高酸性气体浓缩的恶劣情况下依然正常运转，这种除尘器的应用可以极大简化灰尘消除配置，避免使用昂贵的防火系统和火花抑制器，必需的冷却器和喷射塔也被省去，以便使能源和水的消耗量最低。

1. 性能特征

性能特性主要包括：①过滤效率和分离效率高，过滤精度高达 $0.2\mu m$，烟尘净化效率可达99.9%以上，净化后气体中杂质浓度可达 $1mg/m^3$（标）以下；②操作温度和操作压力高，最高使用温度可达 700℃以上，传统滤袋一般使用温度小于 200℃，陶瓷过滤器可以使用更高温度，操作压力可达 3MPa；③过滤速率快，过滤速率 2～8cm/s；④耐化学腐蚀性能（SO_2、H_2S、H_2O、碱金属及盐等）和抗氧化性能优良，使用范围广，适用各种介质过滤；⑤操作稳定，清洗再生性能良好，可在线清洗；⑥高温过滤减少冷却系统，防止低露点物质的凝结；⑦高温过滤可以提高气体净化效率和热利用效率。

2. 应用领域

主要应用于：①石油、化工行业高温、高压气体净化以及高温煤气净化；②化工行业高温粉尘净化、催化剂及有用物料回收；③冶金、冶炼领域高温烟尘净化，特别是金属加工产生的高价值粉尘，如金属铂、铑、镍、锡、铅、铜、钛、铝等，以及其他许多可以从烟气中完全回收并返回再加工的金属；④硅行业的高温粉尘净化及物料回收，硅粉放空等；⑤电力、垃圾焚烧、电石加工等领域高温烟尘气体净化。

3. 过滤元件

高温陶瓷过滤元件是一种由耐火陶瓷骨料（刚玉、碳化硅、堇青石等）及陶瓷结合剂经合理的工艺配比、成型、高温烧结而成的一种具有高气孔率、可控孔径和良好力学性能的陶瓷过滤材料。它具有良好的微孔性能、力学性能、热性能以及适用于各种高压、高温含尘（烟尘）气体中耐各种介质腐蚀性能和高温抗氧化性能。

孔梯度陶瓷纤维复合膜过滤元件是由大孔径、高强度、高透气性陶瓷支撑体和高过滤精度的陶瓷纤维复合过滤膜组成。相比传统的陶瓷过滤材料，陶瓷纤维复合膜过滤材料具有更高的过滤效率和清洗再生性能。

4. 规格型号

　　过滤元件规格型号如表 4-41 和图 4-45 所示。

表 4-41　过滤元件规格性能

产品型号	规格/mm				过滤面积/m²	过滤精度/μm	工作压力/MPa	最大工作温度/℃	主要应用
	D	d	d₁	L					
TG-A 型	140	120	90	1000	0.37	0.5～10	常压～1.0	400	高温高压气体净化
	75	60	40	1000	0.188	0.5～10	常压～1.0	400	
TG-B 型		60	40	1000	0.188	0.5～10	常压～2.0	400	
		50	34	1000	0.15	0.5～10	常压～2.0	400	
TGG-A 型	140	120	90	1000	0.37	0.5～10	常压～1.0	800	高温热气体净化烟气除尘
	85	70	40	1000	0.22	0.5～10	常压～0.6	800	
	75	60	40	1000	0.188	0.5～10	常压～0.6	800	
TGG-B 型		114	76	1000	0.33	0.5～10	常压～0.6	800	
TGXM-A 型	85	70	40	914	0.22	0.5～3	常压～0.6	800	
	75	60	40	1000	0.188	0.5～3	常压～0.6	800	
	75	60	30	1000	0.188	0.5～3	常压～0.6	800	

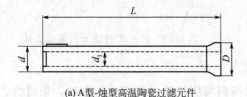　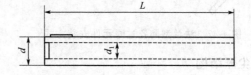

(a) A 型-烛型高温陶瓷过滤元件　　　　　(b) B 型-长管型高温陶瓷过滤元件

图 4-45　过滤元件外形尺寸

5. 过滤元件阻力性能

　　过滤元件阻力性能如图 4-46 所示。

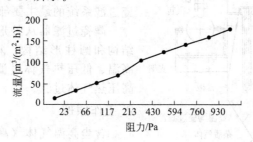

图 4-46　清洁状态 TGXM20 陶瓷过滤元件流量-阻力曲线

6. 不同材质高温过滤材料性能

　　不同材质高温过滤材料性能如表 4-42 所列。

表 4-42　过滤材料性能

材料名称	化学组成	热膨胀系数/(10⁻⁶/℃)	抗热震能力	适宜操作温度	抗氧化能力	机械强度	耐碱金属	耐蒸气	耐煤气
刚玉	Al_2O_3	8.8	低	≤500℃	较好	较高	高	高	高
堇青石	$2Al_2O_3 \cdot 5SiO_2 \cdot 2MgO$	1.8	较好	≤1000℃	较好	一般	中	高	高
硅酸铝纤维	$3Al_2O_3 \cdot 2SiO_2$	低	好	≤1000℃	较好	差	低	高	高
碳化硅	SiC	4.7	较好	≤950℃	差	高	低	中/低	中

7. 过滤元件安装方式和注意事项

过滤元件安装方式和注意事项见图 4-47 和图 4-48。

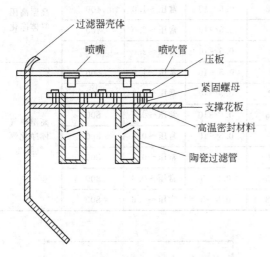

图 4-47　法兰型陶瓷过滤元件安装方式

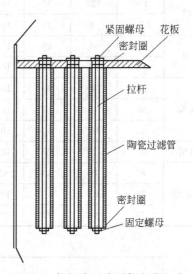

图 4-48　拉杆式过滤元件安装方式

8. 除尘器结构

高温热气体（烟气、煤气等）陶瓷过滤器是以高温陶瓷过滤元件作高温介质，集过滤、清洗再生及自动控制为一体的高性能热气体除尘装置。高温过滤净化系统主要是由高温陶瓷过滤系统、高温高压风机系统、高压脉冲反吹系统及在线自动控制系统组成，其中陶瓷过滤器系统是整个陶瓷过滤系统的最主要部分（见图 4-49）。

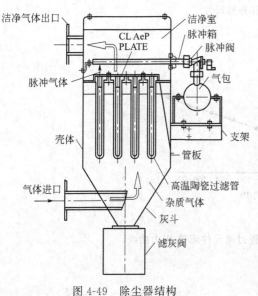

图 4-49　除尘器结构

陶瓷过滤器从外形结构上来讲可分为箱体式结构和圆柱形结构，箱体式结构适用于大风量、高温、低压热气体过滤。圆柱形结构适用于高温高压热气体过滤。

9. 工作原理

含尘高温气体（高温煤气、烟气等）经进气管路流入陶瓷过滤器过滤室内，沿径向渗入每个过滤元件——陶瓷过滤管内腔，并在管内沿轴向汇入洁净气体收集室，最后洁净的高温气体由出气管路排出。在过滤过程中，高温含尘气体中的部分尘粒逐渐堆积在陶瓷过滤元件的外表面上而形成灰饼，随着灰饼的厚度增加，灰饼上的压力降增加，需要利用高压冷气体对陶瓷过滤管进行反吹清洗，将灰饼周期性地从陶瓷过滤元件外表面上清除，实现陶瓷过滤元件的在线再生，陶瓷过滤元件才能继续有效地清除尘粒。在进气管路和出气管路的检测环节分别安装高温压力传感器，对进出口的压力进行实时测量，当进出压差达到设定值时开启控制环节中的电磁阀，进行反向清洗。灰饼经灰斗、卸灰阀定期排放。

10. 除尘器性能

高温陶瓷除尘器性能如表 4-43 所列。

表 4-43　高温陶瓷除尘器性能

气体处理量	气体温度	工作压力	过滤面积	过滤速度	过滤阻力	清灰方式	过滤精度	过滤效率
1000～30000m³(标)/h	200～600℃	约 0.1MPa	15～200m²	1～6cm/s	3.5kPa	在线脉冲	0.5～30μm	>99.5%

11. 高温陶瓷气体过滤系统

高温陶瓷气体过滤系统如图 4-50 和图 4-51 所示。

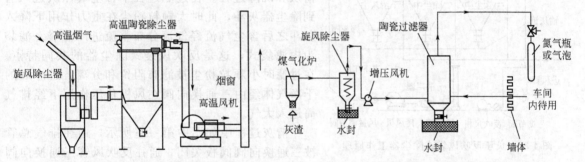

图 4-50　高温烟尘净化用陶瓷过滤器系统　　　图 4-51　高温煤气净化用陶瓷过滤器系统

12. 陶瓷除尘器使用说明

主要包括：①将过滤器外壳、加压风机、组件、陶瓷过滤元件、控制与检测器件等设备运抵安装现场后，现场安装陶瓷过滤元件和其他管路、控制系统；②运行前，详细检查管路连接、各种阀门与密封部位，将连接与密封部位涂敷肥皂水，以便检测系统是否泄漏，要求整个系统不得有气体泄漏；③运行前详细检查电气连线和良好接地、绝缘等，要求符合相关安装运行要求，尤其保证压力传感器动作灵敏，检查脉冲反吹系统各脉冲阀是否工作正常；④启动高温风机，启动高温风机前先检查风机内冷却油加入量是否符合要求，并将风机前的闸阀关闭，再启动风机电源，等风机运行平稳后再将风机前的闸阀逐渐开启；⑤当过滤 30min 或过滤器的进出口压差大于 3000Pa 时，反吹系统自动运行，对过滤元件实现再生，反吹时间 0.2s 左右，反吹间隔 20s；⑥根据排尘量的大小，定期通过手动卸灰阀清理落入灰斗内的灰尘；⑦定期对每个脉冲系统进行检查，保证脉冲阀的正常运转，定期排除反吹气包内的水分；⑧定期检查维修，确保过滤元件，密封元件完好。

第三节
反吹风袋式除尘器

反吹风袋式除尘器是指利用逆向反吹气流进行滤袋清灰的袋式除尘器。反吹清灰方式又称反吹气流或逆洗清灰方式、缩袋清灰方式。反向气流和逆压作用是将滤袋压缩成星形断面并使之产生抖动而将沉积的粉尘层抖落。为保证除尘器连续运转，多采用分室工作制。这种清灰方式的清灰作用比较弱，振动不剧烈，比振动清灰和脉冲清灰方式对滤布的损伤作用要小。所以，反吹清灰方式不仅用于纺织滤布，而且也适用于玻璃纤维滤布。

一、反吹风袋式除尘器清灰机构

1. 反吹风袋式除尘器工作原理

反吹风袋式除尘器由除尘器箱体、框架、灰斗、阀门（卸灰阀、反吹风阀、风量调节阀）、

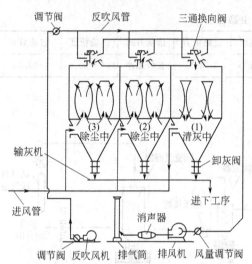

图 4-52 负压反吹风袋式除尘器工作原理

风管（进风管、排风管、反吹风管）、差压系统、走梯平台及电控系统组成。所谓反吹风清灰是利用大气或除尘系统循环烟气进行反吹（吸）风清灰的。它是逆向气流清灰的一种形式。其工作原理如图 4-52 所示。

多数反吹风除尘器工作有 3 个过程，即过滤、清灰和沉降过程。在过滤过程中含尘气体从进风管到除尘器灰斗，此时大颗粒粉尘在重力作用下降入灰斗之后含尘气流经气流分布整流进入滤袋。滤袋为内滤袋式，这是反吹风袋式除尘器的共同特点。在过滤时小颗粒粉尘被滤布阻留和分离，过滤后的干净气体经由三通换向阀在风机负压作用下经排气筒送入大气。

清灰过程中如图中第一室所示，通往排气总管被三通换向阀阀板关闭，通往反吹风管三通换向阀和调节阀的阀板都打开，这时反吹风机工作，反吹风吹向滤袋对滤袋进行与过滤方向相反的吹洗，滤袋上的粉尘层被吹落，清灰完毕。清灰后的沉降过程是关闭调节阀，让滤袋既无过滤过程又无反吹清灰过程，而是处于静止阶段，使从滤袋上吹落的粉尘沉降在灰斗中，之后换向阀换向，沉降过程停止再进入过滤过程。

2. 主要参数的计算

反吹风袋式除尘器清灰时反吹气流通过滤袋的速度平均为 0.6~1.5m/min。反吹一般持续 15~20s，有时长达 50s。

曼德雷卡·A. C 研究认为，没有压密实的粉尘层的脱落阻力不大。对于中位径 $1\mu m$、密度为 $6\times10^3 kg/m^3$ 的粉尘层，其阻力仅有 50Pa。然而，气流压力并不是作用在粉尘层整个面积上，而是只作用在有开孔的地方，因此，为使粉尘脱落，就需要在过滤材料上施加更高的反吹压力。滤材的孔隙率越高，使粉尘层脱开所需的余压越低，其清灰达到阻力下降程度越高。对每种滤材都有反吹清灰的最大流速，再超越该数值并不能明显地增加粉尘的脱离，而只能引起多余的能耗。

如果掌握滤材的孔隙率 ε，则反吹风的速度可以按下式决定：

$$v_{cd}=K\varepsilon$$

式中，v_{cd} 为反吹速度，m/min；K 为系数，对织造布取 1.6~2.0；ε 为滤料孔隙率，0.7~0.95。

按佩萨霍夫·И. л 所给数据，对于过滤布孔隙的反吹流速达到 0.033m/s(约 2m/min) 已足够。柔性滤材在反吹风时总要发生变形，它会引起粉尘积层的移动并助长它脱落。因此反吹清灰时一般耗费的压差值不高。如果滤袋内所收集的粉尘的中位径为 3~15μm，压力差为 500~

1000Pa即可。反吹时，由于变形，滤袋出现瘪缩，袋上出现褶皱，其直径缩小（见图4-53）。被压瘪的滤袋的应力为：

$$G_{cd} = \pi D l \Delta p$$

式中，G_{cd}为滤袋应力，Pa；D为滤袋直径，m；Δp为滤袋内外压差，Pa；l为支撑环之间的长度，m。

作某些简化后，滤袋的弯曲距离（挠度）为：

$$f = \frac{q' l^2}{16 G_n}$$

$$q' = \pi D \Delta P$$

式中，q'为每1m滤袋的压力负荷，N；G_n为滤袋拉力，N；其他符号意义同前。

在反吹过程中，滤袋的收瘪不应导致袋径大量缩减和出现大的褶皱，以免影响吹清气体的流动和粉尘的正常剥落。为此，滤袋都装有横推支撑环，用于增加滤袋拉力和限制喷吹气流压力。

支撑环沿滤袋长度不按平均距离布置，而是在上部，按5～6个袋径从袋顶算起布置定位，并相互间隔；到滤袋底部，其距离缩短为2～3个袋径。这种布置是为了在反吹清灰时，清灰用的逆向气流能自由流通。例如，对直径为ϕ296mm的长型滤袋，（袋长一般为10m），其支撑环的距离分配自上而下分别为（1800±10）mm、（1500±10）mm、（1200±10）mm、（900±10）mm、（700±10）mm等。

为限制滤袋内外压差，换向阀通常采用比排气管更小的直径。除尘器滤袋上部装配有吊挂装置，以保证在清灰过程中滤袋上维持最佳压降。

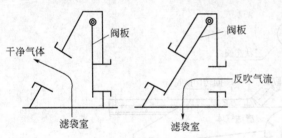

图4-53 处在反吹风中的滤袋

3. 反吹风清灰机构

反吹风袋式除尘器的清灰机构有以下几种形式。分别和不同结构的反吹风除尘器配合使用。

（1）三通换向阀 三通换向阀有3个进出口，除尘器滤袋室正常除尘过滤时气体由下口至排气口、反吹口关闭。反吹清灰时，反吹风口开启，排气口关闭，反吹气流对滤袋室滤袋

图4-54 三通换向阀工作原理

进行反吹清灰。三通换向阀工作原理如图4-54所示。三通阀是最常见的反吹风清灰机构形式。这种阀的特点是结构合理，严密不漏风（漏风率小于1%），各室风量分配均匀。驱动装置为汽缸，较少用电动推杆。

（2）一、二次挡板阀 所谓挡板阀实际是气动轻型蝶阀，气动蝶阀全行程1～3s，而电动蝶阀动作行程约5s所以较少采用。利用一次挡板阀和二次挡板阀进行反吹风袋式除尘器的清灰工作是清灰机构的另一种形式。除尘器某滤袋室除尘工作时，一次阀打开，二次阀关闭；吹清灰时，一次阀关闭，二次阀打开，相当于把三通换向阀一分为二。一、二次挡板阀的结构形式要求阀关闭严密，阀的漏风率小于1%，图4-55是一、二次挡板阀配置在负压反吹风除尘器的实例。图4-56是一、二次挡板阀配置在正压反吹风除尘器的实例。

（3）回转切换阀 回转切换阀由阀体、回转喷吹管、回转机构、摆线针轮减速器、制动器、密封圈及行程开关等组成。回转切换阀工作原理如图4-57所示。当除尘器进行分室反吹时，回转喷吹管装置在控制装置作用下，按程序旋转并停留在清灰布袋室风道位置。此时滤袋处于不过滤状态，同时反吹气流逆向通过布袋，将粉尘清落。该程序依次进行，直至全部滤袋清灰完毕，回转喷吹管自动停留于零位，除尘器恢复气室过滤状态。由于回转切换阀工作时流体阻力比三通

换向阀和挡板阀大，所以除尘系统设计必须考虑这部分阻力，否则会清灰不良。

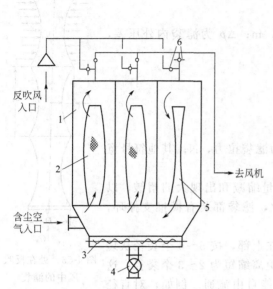

图 4-55　一、二次挡板阀配置在
负压反吹风袋式除尘器

1—除尘器壳体；2—布袋（过滤时）；3—螺旋输送机；
4—旋转卸灰阀；5—布袋（清灰时）；6—反吹风挡板阀

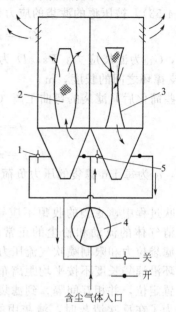

图 4-56　一、二次挡板阀配置在
正压反吹风袋式除尘器

1—二次挡板阀；2—布袋（过滤时）；3—布袋
（清灰时）；4—引风机；5——次挡板阀

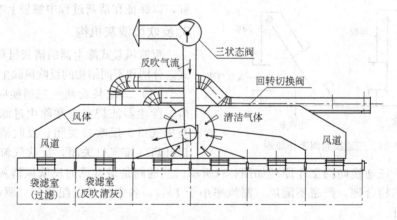

图 4-57　回转切换阀工作原理

（4）盘式提升阀　用于反吹风袋式除尘器的盘式提升阀有两类：一类是用于负压反吹风袋式除尘器，结构同脉冲除尘器提升阀；另一类是用于正压反吹风袋式除尘器，其外形如图 4-58 所示。这两类阀的共同特点是靠阀板上下移动开关进出口。构造简单，运行可靠，检修维护方便。

阀门在出厂前必须进行单机调试，检查主要部件运转的灵活性、密封部位的气密性以及汽缸运行的可靠性。

（5）机械回转装置　回转反吹风袋式除尘器反吹风系统包括：反吹风机、调节阀、反吹风管、机械回转装置和反吹风喷嘴以及风机减振设施。其中主要是机械回转装置。机械回转装置有拨叉式和转动式，通常用转动式，其构造见图 4-59，由无油轴承传递反吹风喷嘴的机械回转。回转反吹风与其他形式反吹风的最大区别是除尘器不分室，回转装置在线工作。反吹风的气流压力必须大于过滤气流的压力才能达到清灰效果，因此反吹风机必须选用高压风机。机械回转装置

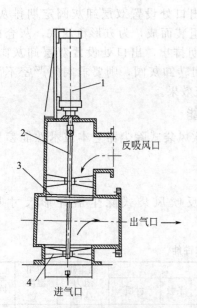

图 4-58　盘式提升阀外形

1—汽缸；2—连杆；3—阀板；4—导轨

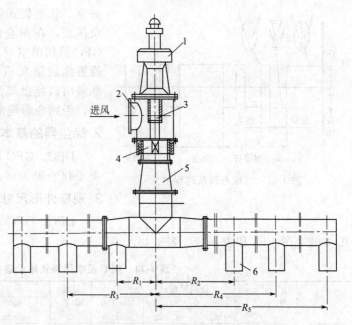

图 4-59　回转反吹风袋式除尘器反吹风装置

1—立式减速机；2—三通管；3—传动轴；
4—转动盘；5—反吹风管；6—喷嘴

在除尘器上的配置见图 4-60。

二、二状态反吹风袋式除尘器

1. 主要设计特点

分室二状态反吹风袋式除尘器是指清灰过程具有"过滤""反吹"两种工作状态。

反吹风内滤袋式除尘器正常运行时，含尘气体由内向外通过滤袋，使滤袋呈鼓胀状态。当滤袋内沉积的粉尘足够厚，需要清灰时，由于关闭该室的净气排气口，打开反吹风口，使滤袋内侧处于负压状态，从滤袋外向内吸入反吹风气体（室外空气或循环烟气），使滤袋变瘪，从而使沉降在滤袋内侧粉尘抖落。采用这种清灰制度，滤袋呈"膨胀""吸瘪"两个状态达到清灰目的，通常称为"二状态清灰法"图4-61为二状态清灰过程示意。

实践证明，滤袋反吹（吸）风的时间不宜过长，只要达到反吹风气流瞬间逆流，使滤袋从过滤时的鼓胀状态变成反吹时的吸瘪状态即可。一般反吹（吸）风时间取 $10\sim20s$ 为宜。清洗期间一般连续进行几次清灰动作，使滤袋连续出现数次"鼓胀—吸瘪—鼓胀—吸瘪"，以取得较好的清灰效果。

分室二状态反吹风袋式除尘器的构造并不特殊，它与分室三状态反吹风袋式除尘器仅仅是少了反吹风沉降阀。由于少了沉降阀，在一定程度上提高了除尘器运行的可靠性，减少了故障率。较早出现的 GFC、DFC 反吹风袋式除尘器均为

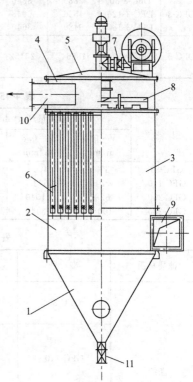

图 4-60　回转反吹风袋式除尘器

1—灰斗；2—下箱体；3—中箱体；4—上箱体；5—顶盖；6—滤袋；7—反吹风机；8—回转反吹装置；9—进风口；10—出风口；11—卸灰装置

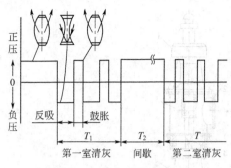

图 4-61　二状态清灰过程示意

分室二状态袋式除尘器。DFC 采用单筒分格式的圆形负压式，在灰仓的出口处设置双层卸灰阀定期排灰。GFC 采用单室双仓组装而成，为方形负压式，灰仓内设置螺旋输灰机定期排出，出口处设置双层卸灰阀。如果出口处设星形回转卸灰阀，则要求阀门严密不漏风，否则会影响清灰效果。

2. 除尘器的基本性能

　　DFC、GFC 反吹风袋式除尘器基本技术性能参见表 4-44～表 4-46。

3. 规格外形尺寸

　　DFC、GFC 型反吹风袋式除尘器外形尺寸见图 4-62、图 4-63 和表 4-47、表 4-48。

表 4-44　DFC 反吹风袋式除尘器技术性能

型　　号		处理风量/(m³/h)			过滤面积/m²	滤　袋			除尘器阻力/kPa	使用温度/℃	室数
		V=0.6 m/min	V=0.8 m/min	V=1.0 m/min		尺寸/mm	条数	材质			
DFC-2	DFC-2-45	1620	2160	2700	45	φ180×2650	30	涤纶或玻璃纤维	1.5～2.0	<130 或 <280	3
	DFC-2-73	2664	3552	4440	73	φ180×4300	30				
	DFC-2-103	3708	4444	6180	103	φ180×6100	30				
DFC-3	DFC-3-80	2880	3840	4800	80	φ180×2650	52	涤纶或玻璃纤维	1.5～2.0	<130 或 <280	4
	DFC-3-126	4536	6048	7560	126	φ180×4300	52				
	DFC-3-180	6480	8640	10800	180	φ180×6100	52				
DFC-6	DFC-6-524	18864	25152	31440	524	φ180×6100	152	涤纶或玻璃纤维	1.5～2.0	<130 或 <280	4

表 4-45　GFC 单室反吹风袋式除尘器技术性能

型　号	处理风量/(m³/h)			单室过滤面积/m²	滤　袋			除尘器阻力/kPa	使用温度/℃
	V=0.6 m/min	V=0.8 m/min	V=1.0 m/min		尺寸/mm	条数	材质		
GFC-83	3000	4000	5000			83	24	涤纶或玻璃纤维	1.5～2.0	<130 或 <280
GFC-140	5040	6720	8400	φ180		140	40			
GFC-230	8280	11040	13800			230	60			
GFC-280	10080	13440	16800			280	80			

表 4-46　GFC 型系列除尘器处理风量　　　　　　　　　单位：m³/h

滤袋材质	型　号	室数	过滤风速/(m/min)		
			0.6	0.8	1.0
涤纶	GFC-83	6	18000	24000	30000
		8	24000	32000	40000
		10	30000	40000	50000
	GFC-140	4	20200	26900	33600
		5	25200	33600	42000
		6	30200	40400	50400
		8	40400	53800	67200
		10	50500	67200	84000
	GFC-230	4	33100	44100	55200
		5	41400	55200	69000
		6	49700	66200	82800
		8	66200	88300	110400
		10	82800	110400	138000

续表

滤袋材质	型　号	室　数	过滤风速/(m/min)		
			0.6	0.8	1.0
涤纶	GFC-280	4	40300	53800	67200
		5	50400	67200	84000
		6	60400	80600	100800
		8	80600	107600	84000
		10	100800	133400	168000

表 4-47　DFC 型反吹风袋式除尘器外形尺寸　　　　　单位：mm

规　格	h	H_1	H_2	H_3	a	b	D
DFC-2-45	690	7300	3210	2820	1710	1710	200
DFC-2-73	690	9456	3210	2820	1710	1710	400
DFC-2-103	690	11256	3210	2820	1710	1710	400
DFC-2-80	695	8530	3690	3190	$\phi 2550$		440
DFC-2-126	695	10175	3690	2970	$\phi 2550$		440
DFC-2-180	695		3690	2970	$\phi 2550$		440
DFC-6-524	810	15398	6060	4920	3938	4012	700

表 4-48　GFC 型反吹风袋式除尘器外形尺寸　　　　　单位：mm

规　格	H	H_1	H_2	A	B	D	D_1	B_1
GFC-83-6	13977	13873	3632	6641	4872	500	600	2280
GFC-83-8	13977	13873	3632	8125	4872	560	800	2280
GFC-83-10	13977	13873	3632	9609	4872	670	900	2226
GFC-140-6	15160	14270	4175	7997	5373	700	680×1250	2350
GFC-140-8	15160	14270	4175	9941	5478	800	630×1600	2400
GFC-140-10	15360	14470	4175	11885	5578	900	630×1980	2450
GFC-230-4	15050	14040	4200	9941	4809	1060	1060	3424
GFC-230-5	15085	14040	4200	11835	4869	1180	1180	3449
GFC-230-6	15085	14040	4200	13829	4869	1320	1320	3519
GFC-230-8	14880	14170	4300	7794	4707	1500	1500	3207
GFC-230-10	14880	14170	4300	11988	5337	1600	1600	3737
GFC-280-4	14995	14140	3875	10044	5114	1180	1180	3934
GFC-280-5	14995	14140	3875	11885	5411	1320	1320	4099
GFC-280-6	14995	14140	3875	13829	5174	1400	1400	3774
GFC-280-8	15055	14270	4175	10044	10164	1060	1600	4384
GFC-280-10	15055	14270	4175	11988	10164	1320	1800	4527

三、三状态反吹风袋式除尘器

1. 主要设计特点

在反吹风式大型袋式除尘器中，一般滤袋都很长（5～10m）。若采用二状态清灰制，由于反吹吸瘪状态时间短，从滤袋上抖落的粉尘还来不及全部降至灰斗，吸瘪动作结束，即转入鼓胀的过滤状态，从而使未落至灰斗的粉尘随过滤气流重新沉积在滤袋上。滤袋越长这种现象越严重。

在二状态清灰的基础上，于吸瘪动作结束后增加一般自然沉降的时间，这就形成了"三状态清灰法"。三状态清灰法可以克服二状态清灰出现的粉尘再返回滤袋沉积现象。

自然沉降可分集中自然沉降和分散自然沉降两种方式。集中自然沉降是在该袋滤室清灰的最后一次吸瘪动作结束后，同时关闭该室排风口和反吹风口的阀门，使滤袋室内暂时处于无流通气流的静止状态，为粉尘沉降创造良好条件。集中自然沉降时间一般为 60～90s。分散自然沉降在滤袋室每一次吸瘪动作以后，安排一段沉降时间，以便粉尘降落。分散自然沉降时间一般为 30～60s。图 4-64 为集中自然沉降的三状态清灰过程示意。图 4-65 是分散自然沉降的三状态清灰过程示意。

LFSF 型反吹风袋式除尘器，是一种下进风、内滤式、分室反吹风清灰的袋式除尘器，除尘器效率可达 99% 以上。维护保养方便，可在除尘系统运行时逐室进行检修、换袋。过滤面积为

$480 \sim 18300\text{m}^2$。适用范围较广，可用于冶金、矿山、机械、建材、电力、铸造等行业及工业锅炉的含尘气体净化。进口含尘浓度（标准状态）不大于 30g/m^3，采用耐温滤袋进口烟气温度最高可达 $200℃$。

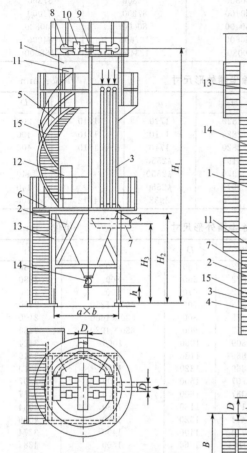

图 4-62 DFC 型反吹风袋式除尘器

1—箱体；2—灰斗；3—滤袋；4—下花板孔；5—上层走台；6—下层平台；7—进风管；8—排风管；9—反吹风管；10—切换阀门；11—上检修门；12—下检修门；13—支架；14—双层排灰阀；15—梯子

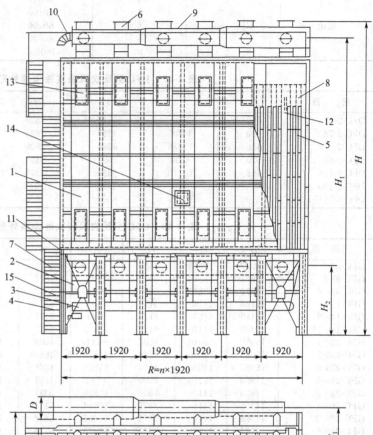

图 4-63 GFC 型反吹风袋式除尘器

1—箱体；2—灰斗；3—螺旋输送机；4—旋转卸灰阀；5—滤袋；6—三通切换阀；7—进风管；8—滤袋吊挂装置；9—排风管；10—吹风管；11—楼梯及检修平台；12—内走台；13—检修门；14—反吹风自动清灰装置；15—支架

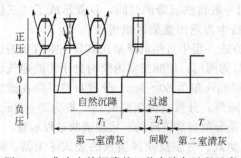

图 4-64 集中自然沉降的三状态清灰过程示意

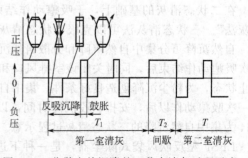

图 4-65 分散自然沉降的三状态清灰过程示意

本系列除尘器分以下 2 种类型。

① LFSF-Z 中型系列采用分室双仓、单排或双排矩形负压结构形式。除尘器过滤面积为 $480\sim3920m^2$，处理风量为 $17280\sim235200m^3/h$。单排或双排按单室过滤面积的不同，分四种类型，共 19 种规格。

② LFSF-D 大型系列采用单室单仓的结构形式，分矩形正压式和矩形负压式两种，共 11 种规格。除尘器过滤面积为 $5250\sim18300m^2$，处理风量可达 $189000\sim1098000m^3/h$。

2. 结构特点

本系列除尘器由箱体、灰斗、管道及阀门、排灰装置、平台走梯以及反吹清灰装置等部分组成。

（1）箱体 包括滤袋室、花板、内走台、检修门、滤袋及吊挂装置等。正压式除尘器的滤袋室为敞开式结构，各滤袋室之间无隔板隔开，箱体壁板由彩色压型板组装而成。

负压式除尘器滤袋室结构要求严密，由钢板焊接而成。除尘器的花板上设有滤袋连接短管，滤袋下端与花板上的连接管用卡箍夹紧；滤袋顶端设有顶盖，用卡箍夹紧并用链条弹簧将顶盖悬吊于滤袋室上端的横梁上。

滤袋内室设有框架，避免了滤袋与框架之间的摩擦，可延长滤袋寿命。滤袋的材质有几种，当用于 130℃ 以下的常温气体时，采用 "729" 或涤纶针刺毡滤袋；当用于 $130\sim280℃$ 高温烟气时，采用膨化玻璃纤维布或 Nomex 针刺毡滤料。

（2）灰斗 采用钢板焊接而成。结构严密，灰斗内设有气流导流板，可使入口粗粒粉尘经撞击沉降，具有重力沉降粗净化作用，并可防止气流直接冲击滤袋，使气流均匀地流入各滤袋中去。灰斗下端设有振动器，以免粉尘在灰仓内堆积搭桥。LFSF-Z 中型除尘器为统仓形式，采用船形灰斗，故不设振动器，灰斗上设有检修孔。

（3）管道及阀门 在除尘器上下设有进风管、排气管、反吹管、入口调节阀等部件。

（4）排灰装置 在除尘器的灰斗下设锁气卸灰阀。LFSF-Z 型，灰斗下设螺旋输灰机，机下设回转卸灰阀；LFSF-D 型（大型），灰斗下设置双级锁气卸灰阀。

（5）反吹清灰装置 反吹清灰装置由切换阀、沉降阀、差压变送器、电控仪表、电磁阀及压缩空气管道等组成。

① 过滤工况。含尘气体经过下部灰斗上的入口管进入，气体中的粗颗粒粉尘经气流缓冲器的撞击，且由于气流速度的降低而沉降；细小粉尘随气流经过花板下的导流管进入滤袋，经滤袋过滤，尘粒阻留在滤袋内表面，净化的气体经箱体上升至各室切换阀出口，由除尘系统风机吸出而排入大气。

② 清灰工况。随着过滤工况的不断进行，阻留于滤袋内的粉尘不断增多，气流通过的阻力也不断增大。当达到一定阻值时（即滤袋内外压差达到 $1470\sim1962Pa$ 时），由差压变送器发出信号，通过电控仪表，按预定程序控制电磁阀带动汽缸动作，使切换阀接通反吹管道，逐室进行反吹清灰。

③ 清灰特点如下。

Ⅰ. 采用先进的 "三状态" 清灰方式，不但清灰彻底，而且延长了滤袋的使用寿命。

Ⅱ. 在控制反吹清灰的三通切换阀结构上，设计了新颖先进的双室自密封结构，使阀板无论是在过滤或反吹时均处于负压自密封状态，大大减少了阀门的漏气现象，改变了原单室单阀板结构中有一阀门处于自启状态而带来的阀门漏气现象，从而降低了设备的漏风率，提高了清灰效果。

Ⅲ. 在控制有效卸灰方面，一是在灰斗中设计了 "防棚板" 结构，有效地防止粉尘在灰斗中搭桥的现象；二是在采用双级锁气卸灰阀机构上，同时增设了导锥机构，不但能解决大块粉尘的卸灰问题，而且能确保阀门的密封性。

Ⅳ. 为了有效提高清灰效果，在三状态清灰的基础上还可以增加辅助性声波清灰装置，提高清灰效果，降低设备阻力。但声波清灰要增加压缩空气消耗量。

3. 性能参数

该系列除尘器的性能参数见表 4-49。

表 4-49　LFSF 型袋式除尘器性能参数

型　　号		室数	滤　袋		过滤面积 /m²	过滤风速 /(m/min)	处理风量 /(m³/h)	设备阻力 /Pa	设备质量 /t
			数量/条	规格/mm					
正压	LFSF-D/Ⅰ-5250	4	592	φ300× 10000	5250	0.6~1.0	189000~315000		203
	LFSF-D/Ⅰ-7850	6	888		7850		282600~471000		299
	LFSF-D/Ⅱ-10450	8	1184		10450		376200~627000		398
	LFSF-D/Ⅰ-13052	10	1480		13050		469800~783000		452
	LFSF-D/Ⅱ-15650	12	1776		15650		563400~939000		530
	LFSF-D/K-18300	14	2072		18300		658800~1098000		620
	LFSF-D/Ⅰ-4000	4	448		4000		144000~240000		230
	LFSF-D/Ⅰ-6000	6	672		6000		216000~360000		331
	LFSF-D/Ⅰ-8000	8	860		8000		288000~480000		406
	LFSF-D/Ⅱ-10000	10	1120		10000		360000~600000		508
	LFSF-D/Ⅱ-12000	12	1344		12000		432000~720000		608
负压	LFSF-Z/Ⅰ-280-1120	4	336	φ180×6000	1120	0.6~1.0	40320~67200	1500~ 2000	42
	LFSF-Z/Ⅰ-280-1400	5	420		1400		50400~84000		51
	LFSF-Z/Ⅰ-280-1680	6	504		1680		60480~100800		56
	LFSF-Z/Ⅱ-280-2240	8	672		2240		80640~134400		77
	LFSF-Z/Ⅱ-280-2800	10	840		2800		100800~168000		95
	LFSF-Z/Ⅱ-280-3360	12	1008		3360		120960~201600		114
	LFSF-Z/Ⅱ-280-3920	14	1176		3920		141120~235200		127
	LFSF-Z/Ⅰ-228-910	4	264		910		32760~54600		41
	LFSF-Z/Ⅰ-228-1140	5	330		1140		41040~68400		46
	LFSF-Z/Ⅰ-228-1370	6	396		1370		49320~82200		51
	LFSF-Z/Ⅱ-280-1820	8	528		1820		65520~109200		67
	LFSF-Z/Ⅱ-280-2280	10	660		2280		82080~136800		85
	LFSF-Z/Ⅱ-138-550	4	160		550		19800~33000		37
	LFSF-Z/Ⅱ-138-830	6	240		830		29880~49800		41
	LFSF-Z/Ⅱ-138-1100	8	320		1100		39600~66000		50
	LFSF-Z/n-138-1380	10	400		1380		49680~82800		63
	LFSF-Z/Ⅱ-80-480	6	144		480		17280~28800		32
	LFSF-Z/Ⅱ-80-640	8	192		640		23040~38400		37
	LFSF-Z/Ⅱ-80-800	10	240		800		28800~48000		50

4. 外形尺寸

① LFSF-Z 型中型负压反吹布袋除尘器　LFSF-Z 型分为 LFSF-Z-80、LFSF-Z-138、LFSF-Z-228 和 LFSF-Z-280 型 4 种型号。按分室不同，各种型号有 4、5、6、8、10、12、14 室组合形式之分；按布置方式不同，又有单排、双排之分。除 LFSF-Z-228、LFSF-Z-280 型中的 4、5、6 室组合为单结构之外，其他均为双排结构。滤袋采用 φ180mm，袋长 6.0m。滤料的采用：当烟气温度小于 130℃时，采用涤纶滤料；当烟气温度为 130~280℃时，采用玻璃纤维滤料。除尘器阻力为 1470~1962Pa，除尘器所用压缩空气的压力为 0.5~0.6MPa，耗气量平均为 0.1m³/min。瞬间最大值为 1.0m³/min。LFSF-Z-280 型外形尺寸见图 4-66。其他形式规格尺寸与此接近。

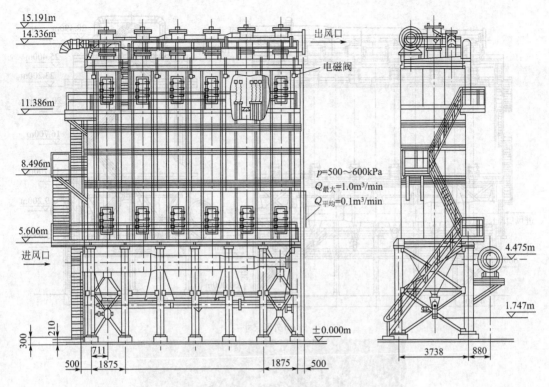

图 4-66 LFSF-Z-280 型除尘器外形尺寸（单位：mm）

② LFSF-D 型大型正负压反吹布袋除尘器 LFSF-D 型设计有两种形式，即矩形正压式和矩形负压式。按分室不同，有 4、6、8、10、12、14 室组合形式之分；按布置方式不同，又有单排、双排之分，其中 4、6 室为单排结构，8、10、12、14 室为双排结构。滤袋采用 ϕ300mm，袋长 10m。当烟气温度小于 130℃ 时，采用涤纶滤料；烟气温度 130～280℃，采用玻璃纤维滤料。除尘器阻力为 1470～1962Pa，除尘器所用压缩空气的压力为 0.5～0.6MPa，耗气量：矩形正压式平均为 1.3～1.5m³/min，最大为 7.6～8.8m³/min；矩形负压式平均为 0.58～0.64m³/min，瞬间最大为 7.27～8.58m³/min。LFSF-D/Ⅱ-8000～12000 型除尘器外形尺寸见图 4-67，其他形式尺寸与此接近。

5. 使用注意事项

① 反吹风袋式除尘器的清灰是靠三通换向阀实现的，在使用中要注意三通换向阀是否完好，动作是否合理，与三通换向阀配套的气动元件有无损坏等。有时三通换向阀出现问题会导致清灰过程失效。

② 卸灰阀必须严密，防止卸灰阀漏风引起的清灰能力不足。

③ 在烟气含尘浓度较高和粉尘黏性较大的场合，反吹风系统应单设反吹风机，以满足良好清灰的需求。

④ 反吹风时间长短和周期是可调的。运行中应根据工况条件作出合理调整，使袋式除尘器在最佳状态运行。

四、菱形袋式除尘器

1. 主要设计特点

菱形袋式除尘器的主要特点是滤袋断面为菱形，它有两种形式，即普通型和防爆型。

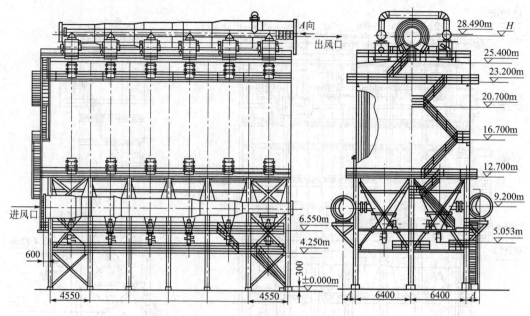

(a) 外形尺寸

(b) 外观

图 4-67 LFSF-D/Ⅱ-8000～12000 型除尘器外形尺寸及外观

　　LBL 型菱形袋式除尘器是防爆型，具有防爆结构，设有泄压阀，适用于煤粉制备系统如煤磨设备以及其他易燃易爆粉尘的收集。

　　LPL 型是普通菱形袋式除尘器，无防爆性能。

　　LBL 及 LPL 两种形式设计，结构紧凑，组合形式灵活，采用菱形布袋，占地面积小，调换布袋方便，程序控制，维修工作量小，除尘效率 99% 以上。

　　该产品采用菱形滤袋，结构有两种形式，每种形式均分为 3～11 室，过滤面积为 400～1535m²，两种形式共 18 种规格。

2. 结构

　　除尘器采用负压式分室组合，滤袋为外滤式，由清洁室、袋滤室、防爆阀、导流板、进出风口等组成的分室的上箱体及反吹风箱体、灰斗、螺旋输灰器、卸灰阀、脉动反吹装置、电磁阀控制的压缩空气汽缸启动的二通阀、保温层等组成。

采用惯性和过滤除尘机理组合型结构，具有二级除尘的作用。入口浓度可较一般袋式除尘器高。

LBL防爆型用防静电滤料，可防止静电电压产生，将由粉尘与滤料的冲击摩擦产生的静电导走。LBL防爆型，内部结构积灰面积较小，检查门等内表与箱体内表相平。清洁室、灰斗内均有吹扫管。各室设有防爆用的防爆阀，壳体接有地线。

LPL普通型用一般的"729"或针刺毡涤纶滤料。菱形布袋布置的过滤面积与其他形式的布袋（如圆形、扁形、梯形）相比要较大，可充分利用箱体空间，因而占地面积也相应较其他形式的袋式除尘器小。

脉动分室反吹清灰，较之一般袋式除尘器清灰能力强，清灰效果好。

3. 工作原理

含尘气流从除尘器中间室经导流板向下进入灰斗，大颗粒粉尘受撞击向下，受惯性力作用而沉降至灰斗内，细小粉尘随气流折向向上进入滤袋室，粉尘附着于滤袋的外表面，被净化了的空气透过滤袋经上部清洁室、排风道由除尘系统主风机吸出而排入大气。

滤袋工作原理如图4-68所示。

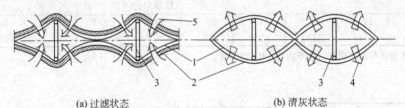

(a) 过滤状态　　　　　　　(b) 清灰状态

图4-68　滤袋工作原理

1—布袋；2—煤粉；3—骨架；4—反吹风；5—含尘风

随着过滤工况的不断进行，滤袋外表的粉尘增多，设备阻力也逐渐增大，当达到一定阻力值时（如1200Pa），可以经过定压或定时反吹电控装置，自动控制启动脉动反吹装置中的反吹风机、脉动阀及电磁三通阀进行反吹清灰。具有足够动量的脉动空气流从过滤粉尘的反向吹入滤袋，并使滤袋产生高频低振幅的振动，以抖落袋外表的粉尘。当阻力下降到一定值（如800Pa）时，由电控装置停止反吹。清灰工作是在单室停风状态下逐室反吹的。

清灰方式为分室风机脉动反吹，由电控装置执行。电控装置分为2种：①定压（差）反吹，即利用除尘器内清洁室与袋滤室（或即花板上下的两个室）之间的压差，由电控仪自动发出信号，以控制反吹清灰装置的开启与关闭；②定时反吹，即按预先设调的间隔时间由电控仪自动按时发出信号，以控制反吹清灰装置的开启与关闭。

反吹清灰系统中的反吹风在高温系统运行时，希望尽可能采用热风进行反吹，以防低温风进入，使除尘器内滤料表面结露，使粉尘黏附于布袋上不易吹落。一般可在反吹风机进口加一连接管路，接至除尘系统主风机出风口管路上。防爆系统要求较高时，可加接氮气管，以氮气进行反吹。

4. 技术性能和外形尺寸

① LBL(LPL)型菱形袋式除尘器技术性能见表4-50。

② LBL(LPL)型菱形袋式除尘器安装外形尺寸见图4-69、图4-70和表4-51。

五、玻璃纤维袋式除尘器

LFSF型玻璃纤维袋式除尘器是专为水泥立窑和烘干机废气除尘开发的产品。该除尘器采用微机控制，分室反吹，定时，定阻清灰，温度检测显示等措施，使玻璃纤维袋式除尘器在立窑、烘干机除尘中能高效、稳定运行。该设备可不停机分室换袋，操作简单，安全可靠，运行费用低，是解决立窑、烘干机废气除尘的有效设备。

表 4-50 LBL(LPL) 型菱形袋式除尘器技术性能

参数＼型号	LBL3-40	LBL4-53	LBL5-66	LBL6-80	LBL7-93	LBL8-112	LBL9-126	LBL10-140	LBL11-154
处理风量/(m³/h)	14400~24000	19080~31800	23904~39900	28800~48800	33480~55800	40176~66960	45216~75360	50220~83700	55260~92100
过滤面积/m²	400	530	664	800	930	1116	1256	1395	1535
过滤风速/(m/min)	0.6~1.0	0.6~1.0	0.6~1.0	0.6~1.0	0.6~1.0	0.6~1.0	0.6~1.0	0.6~1.0	0.6~1.0
单元室数/室	3	4	5	6	7	8	9	10	11
滤袋数量/条	36	48	60	72	84	96	108	120	132
除尘器阻力/Pa	800~1200					800~1200			
除尘效率/%	>99	>99	>99	>99	>99	>99	>99	>99	>99
脉动反吹装置	(1)反吹风机 9-29№0.4.5A，Y160M₁-2,4kW (2)脉动装置 XWD0.4-2,0.4kW								
螺旋输送机	无			电机 Y112M-4,4kW					
压缩空气/MPa	汽缸压力：0.6								
设备质量/t	14.5 (14)	18.7 (18)	21.6 (21)	25.7 (25)	29.2 (28.5)	32.7 (31.5)	35.6 (34.4)	39.1 (33.5)	42 (41.4)

注：设备质量不包括保温层质量，括号内为 LPL 型质量。

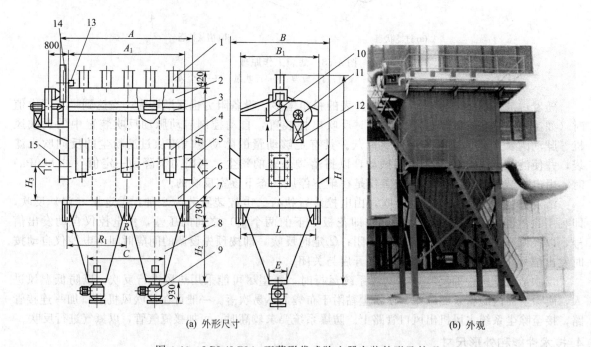

(a) 外形尺寸   (b) 外观

图 4-69 LBL(LPL) 型菱形袋式除尘器安装外形及外观

1—汽缸阀；2—反吹风箱体；3—上箱体；4—防爆阀；5—进风口；6—中箱体；7—支腿；8—灰斗；9—卸灰阀；10—压缩空气管；11—反吹风机；12—反吹风机平台；13—脉动阀电机；14—脉动阀；15—出风口

1. 结构特点

玻璃纤维袋式除尘器的基本结构由以下 3 个部分组成：①进气、排气及反吹系统，包括进气管道、进气室、反吹阀、反吹风管、三通管、排气阀、排气管；②袋室结构，包括灰斗、检修门、本体框架、上下花板、滤袋、袋室；③排灰系统，包括排灰阀、螺旋输送机。

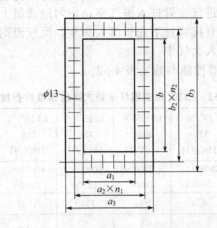

图 4-70 LBL(LPL) 型菱形袋式除尘器进出风法兰

表 4-51 LBL 型菱形袋式除尘器安装外形尺寸 单位：mm

型号 代号	LBL3-40	LBL4-53	LBL5-66	LBL6-80	LBL7-93	LBL8-112	LBL9-126	LBL10-140	LBL11-154
A	3148	3982	4816	5650	6484	7318	8152	8986	9820
A_1	2628	3462	4296	5130	5964	6798	7632	8466	9300
A_2	—	—	1031	1448	1865	1595	2362	2779	3196
B	3980					4372			
B_1	3320	3320	3320	3320	3320	3712	3712	3712	3712
H	7417	7414	7417	7414	7417	8140	8140	8140	8140
H_1	3717	3717	3717	3717	3717	3717	3717	3717	3717
H_2	2550	2550	2550	2550	2550	3273	3273	3273	3273
H_3	605	705	805	905	1005	905	955	1005	1105
L	3190	3190	3190	3190	3190	3582	3582	3582	3582
$C\times E$	400×400	400×400	1362×400	2196×400	3030×400	3090×400	4024×400	4858×400	56902×400
a_1	630	630	630	630	630	810	810	810	810
$a_2\times n_1$	119×6	119×6	119×6	119×6	119×6	119×7	119×7	119×7	119×7
a_3	766	766	766	766	766	946	946	946	946
b_1	810	1010	1210	1410	1610	1410	1510	1610	1810
$b_2\times n_2$	127×7	121×9	129×10	124×12	121×14	124×12	133×13	121×14	126×15
b_3	496	1146	1346	1546	1746	1546	1646	1746	1946

除尘器本体为全钢结构，外壳采用轻质岩棉板保温。保温厚度为 100mm，外壳用厚为 0.5mm 镀锌板保护，花板采用冷冲压成型新工艺，既增加了强度又保证设备制造质量。设计考虑了热膨胀因素，并采取了相应措施，保证了设备在处理高温烟气中安全运行。

2. 工作原理和性能参数

由于立窑、烘干机废气具有含尘浓度高、风量大、污染范围广、湿含量高等特点，给烘干机、立窑烟气的除尘带来了极大的困难。根据烘干机、立窑的特点，采用上进气方式，含尘烟气由上部进入进气室，部分粗颗粒由于惯性落入灰斗，清灰时因气流方向与粉尘沉降方向一致，防止粉尘的二次飞扬。又因为进气室使气流分布均匀、气流速度没有突变，从而保证了各袋室压降平衡，有利于提高滤袋使用寿命。

　　该形式的玻璃纤维袋式除尘器，其排气阀、反吹风阀均设于下面排气管处。含尘气体在排风机作用下吸入进气总管；通过各进气支管进入进气室；均匀地通过上花板；然后涌入滤袋，大量粉尘被滞留在滤袋上；部分粉尘直接穿过下花板落入灰斗，而气流则透过滤袋得到净化，净化后的气流通过排气阀进入引风机排入大气中。

　　LFEF 型玻璃纤维袋式除尘器性能参数见表 4-52。

表 4-52　LFEF 型玻璃纤维袋式除尘器性能参数

性能参数＼型号规格	LFEF4×170-HSY/H	LFEF5×170-HSY/H	LFEF4×230-HSY/H	LFEF5×358-HSY/H	LFEF4×358-HSY/H	LFEF5×358-HSY/H	LFEF6×358-HSY/H	LFEF7×358-HSY/H
处理风量/(m³/h)	15000～20000	20000～26000	20000～31000	10000～43000	40000～52000	50000～52000	50000～64000	65000～73000
过滤面积/m²	680	850	920	1150	1432	1790	2148	2506
单元数	4	5	4	5	4	5	6	7
滤袋总条数	280	350	328	410	352	440	528	616
过滤风速/(m/min)	<0.5							
除尘器阻力/Pa	980～1570							
除尘效率/%	>99							
适用温度/℃	<280							
出口排放浓度/(mg/m³)	<150							
滤袋规格/mm	$\phi150×5250$	$\phi150×5250$	$\phi150×6200$	$\phi150×6200$	$\phi180×7400$	$\phi180×7400$	$\phi180×7400$	$\phi180×7400$
外形尺寸（长×宽×高）/mm	9440×5530×11240	11300×5530×11400	9600×6000×11950	11500×6000×12060	108000×6800×12630	13000×6800×12740	15200×6800×12850	17520×6800×12960
反吹风机	4-72-11 №3.6A Δp=1650Pa, Q=2930m³/h 左旋180° 电机 Y100L-2 3.0kW		4-72-11 №4A Δp=1650Pa, Q=4990m³/h 左旋180° 电机 Y132SI-2 5.5kW		4-72-11 №6A Δp=1160Pa Q=6840m³/h 左旋180° 电机 Y112M-4.4kW			
设备质量/kg	20790	2589	24620	30780	41200	51430	61720	71990

3. 外形尺寸

　　图 4-71、图 4-72 是 LFEF4×230 型和 LFEF4×358 型玻璃纤维袋式除尘器的外形尺寸，其他形式玻璃纤维袋式除尘器的外形尺寸只是增加袋室数量组合而成。

六、回转反吹风袋式除尘器

1. 旁插回转反吹风袋式除尘器

　　（1）主要设计特点　FEF 型旁插回转切换反吹风扁袋除尘器（见图 4-73）是总结同类型除尘器的系列设计和运行实践的基础上研制的。FEF 型旁插回转切换扁袋除尘器具有以下设计特点：①采用单元组合式单层或双层箱体结构，设计选用灵活方便；②采用旁插信封式扁袋，布置紧凑，换袋方便，适宜室内安装；③采用分室轮流切换，停风反吹清灰，清灰能耗小，清灰效果最佳；④滤袋安装座采用成型钢，箱体壁板折边拼缝，表面平整，美观，机械强度高，密封性

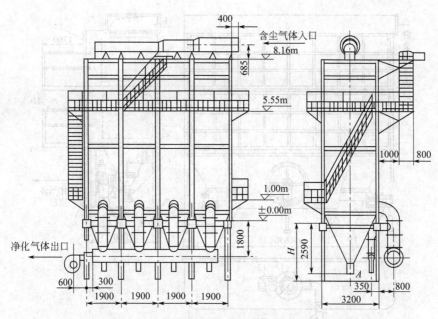

图 4-71　LFEF4×230 型玻璃纤维袋反吹风袋式除尘器外形尺寸

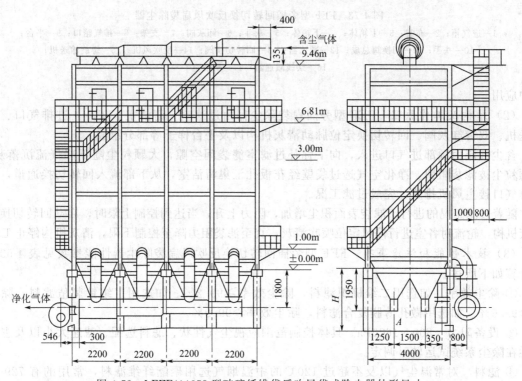

图 4-72　LFEF4×358 型玻璃纤维袋反吹风袋式除尘器外形尺寸

好；⑤滤袋袋口采用特殊纤维材质制成，弹性好，强度高，使除尘室与清洁室有极好的隔尘密封性能；⑥采用 1500mm×750mm×25mm 中等规格扁袋，每层两排布置，单件重量轻，换袋占用空间小，换袋作业极为轻便；⑦袋间设有隔离弹簧，防止滤袋反吹清灰时，滤壁黏附，堵塞落灰通道，确保清灰效果。

FEF 型旁插回转切换扁袋除尘器已在有色冶炼、机械、铸造、水泥、化工等行业的工程实

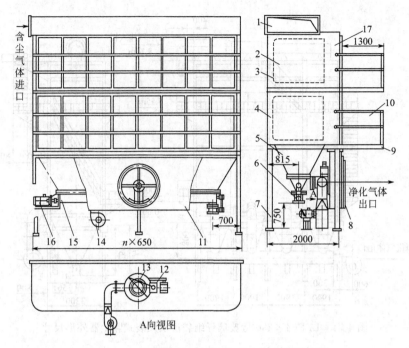

图 4-73　FEF 型旁插回转切换反吹风扁袋除尘器

1—进气箱；2—布袋；3—上箱体；4—下箱体；5—灰斗；6—卸灰阀；7—支架；8—排气管口；9—平台；
10—扶手；11—切换阀总成；12—减速器；13—回转切换阀；14—反吹风机；15—螺旋输送机；
16—摆线减速器；17—清洁室

际中应用。

（2）结构及工作原理　FEF 型旁插扁袋除尘器由过滤室、清洁室、灰斗、进排气口、螺旋输送机、双舌卸灰阀、回转切换定位脉动清灰机构以及平台梯子等部分组成。

含尘气流由顶部进气口进入，向下弥补过滤室滤袋间空隙，大颗粒尘随下降气流沉落灰斗，小颗粒尘被滤袋阻留，净化空气透过袋壁经花板孔汇集清洁室，从下部流入回转切换通道，最后经排气口接主风机排放，完成过滤工况。

随着过滤工况的进行，滤袋表面积尘增加，阻力上升，当达到控制上限时，启动回转切换脉动清灰机构，轮流对各室进行停风定位喷吹清灰，直至滤袋阻力降至控制下限，清灰机构停止工作。

（3）技术性能和注意事项　FEF 型旁插回转切换反吹风扁袋除尘器性能参数见表 4-53。选用计算如下所述。

① 除尘效率　如选用二维机织滤料，除尘效率≥99.2%。如选用三维针刺毡滤料，除尘效率≥99.6%。如选用微孔薄膜复合滤料，除尘效率≥99.9%。

② 设备阻力　800～1600Pa。具体控制范围应视尘气性状、滤料选配、滤速大小以及主风机特性在除尘系统试运转时调定。

③ 滤料　对常温尘气以及不超过 120℃的中温烟气选用聚酯纤维滤料，常用的有 729 滤料（缎纹织物）和针刺毡滤料。对高于 120℃的高温烟气选用芳香族聚酰醛纤维滤料。常用的有 NOMEX、CONEX 以及芳砜纶针刺毡料。对排放要求高，含尘气体湿度大，宜选用各种不同织物基布的微孔薄膜复合滤料。

④ 过滤速度　对于颗粒细，浓度高、黏度大，温度高的含尘气体宜按低档负荷选取 $v = 1.0～1.2 m/min$；对于颗粒粗，浓度低、黏度小，常温的含尘气体宜按高档负荷选取 $v = 1.3～1.5 m/min$；最高为 1.8m/min。

表 4-53　FEF 型旁插回转切换反吹风扁袋除尘器性能参数

| 型　号 | 层次 | 室数 | 单元数 | 袋数 | 过滤面积/m² | | 处理能力 | | 外形尺寸/mm |
					公称	实际	ω/(m/min)	L/(m³/h)	
FEF-3/Ⅰ-$\frac{A}{B}$	1	3	3	42	90	94.5	1~1.5	5400~8100	195×330×4250
FEF-4/Ⅰ-$\frac{A}{B}$	1	4	4	56	130	126	1~1.5	7800~11700	2600×3300×4250
FEF-5/Ⅰ-$\frac{A}{B}$	1	5	5	70	160	157.5	1~1.5	9600~14400	3250×3300×4250
FEF-6/Ⅰ-$\frac{A}{B}$	1	6	6	84	190	189	1~1.5	11400~17100	3900×3300×4350
FEF-7/Ⅰ-$\frac{A}{B}$	1	7	7	98	220	220.5	1~1.5	13200~19800	4550×3300×4350
FEF-8/Ⅰ-$\frac{A}{B}$	1	8	8	112	250	252	1~1.5	15000~22500	5200×3300×4350
FEF-3/Ⅱ-$\frac{A}{B}$	2	3	6	84	190	189	1~1.5	11400~17100	1950×3300×6500
FEF-4/Ⅱ-$\frac{A}{B}$	2	4	8	112	250	252	1~1.5	15000~22500	2600×3300×6500
FEF-5/Ⅱ-$\frac{A}{B}$	2	5	10	140	320	315	1~1.5	19200~28800	3250×3300×6500
FEF-6/Ⅱ-$\frac{A}{B}$	2	6	12	168	380	378	1~1.5	22800~34200	3900×3300×6630
FEF-7/Ⅱ-$\frac{A}{B}$	2	7	14	196	440	441	1~1.5	26400~36900	4550×3300×6630
FEF-8/Ⅱ-$\frac{A}{B}$	2	8	16	224	500	504	1~1.5	30000~45000	5200×3300×6630
FEF-9/Ⅱ-$\frac{A}{B}$	2	9	18	252	570	567	1~1.5	34200~51300	5850×3300×6630
FEF-10/Ⅱ-$\frac{A}{B}$	2	10	20	280	630	630	1~1.5	37800~56700	6500×3300×6700
FEF-11/Ⅱ-$\frac{A}{B}$	2	11	22	308	690	693	1~1.5	41400~62100	7150×3300×6700
FEF-12/Ⅱ-$\frac{A}{B}$	2	12	24	336	760	756	1~1.5	45600~68400	7800×3300×6700

⑤ 过滤面积计算

$$F=\frac{Q}{60v} \tag{4-12}$$

式中，F 为过滤面积，m²；Q 为处理风量，m³/h；v 为过滤速度，m/min。

⑥ 入口含尘浓度　通常入口含尘浓度不超过 30g/m³，对颗粒大的含尘气体均可以酌情放宽，若超过此值，建议前置一级旋风或中效除尘器。

⑦ 反吹风方式　对于干燥、滑爽型粗粒尘，不用配反吹风机和脉动阀，靠自然大气反吹风即可；对于较潮湿的黏性细粒尘，必须配反吹风机和脉动阀，实现风机大气风脉动反吹；对于高温、潮湿的黏性细粒尘，还需将反吹风机入口与主风机出口连接，实现风机循环风脉动反吹。

⑧ 清灰控制方式　本除尘器配带的电控柜按定时清灰控制原理设计，清灰周期可调。如特殊需要，也可专门设计配带定阻力清灰控制柜。除尘器阻力用 U 形压力计显示。

2. 回转反吹风袋式除尘器

回转反吹风袋式除尘器，是应用空气喷嘴、分环采用回转方式、逐个对滤袋进行逆向反吹清灰的袋式除尘器。回转反吹风袋式除尘器结构简单、性能稳定、反吹气源取用方便和维修工作量小。

回转反吹风袋式除尘器采用外滤式原理设计的。按其滤袋断面的不同，分为回转反吹风扁袋除尘器、回转反吹风圆袋除尘器和回转反吹风椭圆袋除尘器。

① 回转反吹风扁袋除尘器　其花板孔洞和滤袋外形为梯形，滤袋长边为320mm，短边分别为80mm和40mm，滤袋长度为3～5m。花板孔洞按环呈辐射状分布，最大限度利用除尘器内部空间，保证钢材利用率最高。本设备多用于中小容量的干式除尘。

② 回转反吹风圆袋除尘器　其滤袋形状为圆形，圆袋直径为φ120、φ130、φ140、φ150、φ160，滤袋长度为3～5m，花板孔间距为50～60mm，花板厚度为6～10mm。花板孔分环呈辐射状分布，除尘器空间利用率虽低于扁袋除尘器，但具有加工方便、质量高、滤袋利用弹簧片与孔壁张紧，具有密封性强等特点，综合功能较好。本设备多用于中小容量的干式除尘。

③ 回转反吹风椭圆袋除尘器　它是在回转反吹风扁袋除尘器的应用基础上，将纵向排列的梯形袋，改为横向排列的椭圆袋除尘器。既发扬了滤袋空间布置的利用优势，又以分室排列的组合方式，扩大了整机过滤能力，为燃煤锅炉烟气脱硫除尘提供了大型除尘装置。本设备多用于大型、特大型烟气脱硫除尘工程、工业炉窑除尘工程和二次烟气除尘工程。

(1) 结构特点　回转反吹风袋式除尘器的构造见图4-74。回转反吹风袋式除尘器大致由下列基本单元组成，分体制作，总体组合。

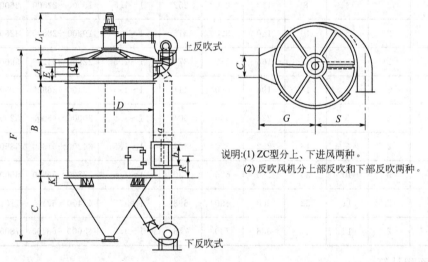

说明:(1) ZC型分上、下进风两种。
(2) 反吹风机分上部反吹和下部反吹两种。

图 4-74　ZC-Ⅲ型回转反吹风袋式除尘器

1) 上部箱体。上部箱体部分包括：上部筒体、顶盖、出风管和护栏与立梯。顶盖为回转式，上部设有滤袋更换与检修人孔；顶盖外侧设有升降式辊轮和围挡式密封槽，方便滤袋更换与筒体密封兼容。在顶盖上设护栏，沿筒身下沿设有立梯或环形爬梯。

2) 中部箱体。中部箱体部分包括：中部筒体，花板，滤袋和滤袋定位板。滤袋定位板，待花板定位焊接后，按滤袋实际位置找正，焊接固定在中箱体下部筒壁上。

3) 下部箱体。下部箱体部分包括：下部筒体，灰斗，人孔，底座和星形卸料器，进风管定位焊接在下部筒体上。底座直接焊接在灰斗上，其螺栓孔位置按设计定位。设备支架按用户需要配设。

4) 反吹风系统。反吹风系统分为上进式和下进式两种形式。推荐应用上进式反吹风系统，反吹风机直接安装在除尘器顶盖上，抽取大气空气或净室气体，循环组织反吹清灰；但应注意防止雨雪混入，特别注意反吹气体可能引起的爆炸危险。

回转反吹风袋式除尘器反吹风系统包括：反吹风机、风量调节阀、反吹风管、机械回转装置和反吹风喷嘴，以及风机减振设施。

① 反吹风机　反吹风机是回转反吹风袋式除尘器的重要配套设备。9-19系列高压离心通风

机、9-26 系列高压离心通风机,是常用的反吹风机;主要是利用其低风量、高风压和结构紧凑的技术特性,非常适合回转反吹风袋式除尘器的反吹清灰需要。

反吹风量约占处理风量的 15%～20%。

② 风量调节阀 风量调节阀安装在反吹风机出口管道上,用以调节反吹风量的大小。

③ 反吹风管 反吹风管分为吸入段和压出段。用以大气空气进行反吹的,可不设吸入管;户外安装时应在风机入口加设防护网,防止雨雪和异物吸入风机。

④ 机械回转装置 机械回转装置有拨叉式和转动式,推荐应用转动式,由无油轴承传递反吹风喷嘴的机械回转。

⑤ 风机减振设施 反吹风机进出口设帆布接口,风机底座设减振器。

⑥ 程序清灰控制系统 定压清灰制度,是设备程序清灰系统的主要内容(见图4-75)。

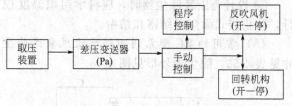

图 4-75　定压清灰控制系统原理

按生产工艺和除尘工艺的综合需要,袋滤器压力损失可预定为 1000～1500Pa,待运行考核中确定最佳值;也可以实施定时清灰,具体按除尘工艺要求设定。

(2) 工作原理 含尘气体由进气口沿切线方向进入除尘器后,气流在下部圆筒段旋转。在离心力和重力作用下,粒度较大的粉尘分离,沿筒壁下移进入灰斗。而较细的粉尘随气流一起上升,经过辐射状布置的梯形(圆形或椭圆形)滤袋过滤,粉尘被阻留在滤袋外侧;净化气体穿过滤袋从滤袋上口进入净气室,由出气管排出。阻留在滤袋外侧的粉尘层不断增厚,阻力达到设定值时,自动启动反吹风机,具有足够动量的反吹风,由悬臂风管经喷嘴吹入滤袋,引起滤袋振动抖落滤饼;当滤袋阻力降到下限时,反吹风机自动停止工作。依次循环,实现除尘器的除尘、清灰和粉尘回收。

(3) 技术计算

① 过滤面积

$$S_A = \frac{Q_{vt}}{60 v_t} \tag{4-13}$$

式中,S_A 为过滤面积,m^2;Q_{vt} 为工况状态下处理风量,m^3/h;v_t 为工况状态下滤袋过滤速度,m/min。

② 单袋过滤面积

$$S_1 = \pi d L_1 \tag{4-14}$$

式中,S_1 为单条滤袋过滤面积,m^2;π 为圆周率,取值 3.1416;d 为滤袋直径,m;L_1 为单袋有效工作长度,m。

③ 滤袋条数

$$n = \frac{S_A}{S_1} \tag{4-15}$$

式中,n 为滤袋条数。

④ 按排列组合修订滤袋条数、长度和过滤面积。

⑤ 按设备强度、刚度和最小安全尺寸,确定设备外形尺寸。

⑥ 设备阻力

$$\Delta p = \Delta p_1 + \Delta p_2 + \Delta p_3 + \Delta p_4 + \Delta p_5 \tag{4-16}$$

式中,Δp 为除尘器总阻力,Pa;Δp_1 为入口管阻力,Pa;Δp_2 为花板孔板阻力,Pa;Δp_3 为出口管阻力,Pa;Δp_4 为滤料阻力,Pa;Δp_5 为粉尘层阻力,Pa。

一般按经验值 $\Delta p = 1200～1500$Pa。

（4）安全设施

① 安全阀　当除尘器用以处理煤粉和可燃气体时，每台设备至少设计并安装两组重锤式安全阀或防爆片。

② 除尘器梯子、栏杆及走台　设计与安装时，必须符合《固定式钢直梯》（GB 4053.1—1993）、《固定式钢斜梯》（GB 4053.2—1993）、《固定式工业防护栏杆》（GB 4053.3—1993）和《固定式工业钢平台》（GB 4053.4—1993）的规定。

③ 设计与安装除尘器时，应科学组织温度控制，保证除尘器内部烟气温度在酸露点以上运行，防止袋式除尘器结露和结垢。

（5）常用的 ZC 型系列回转反吹风袋式除尘器规格性能　主要性能参数见表 4-54，外形尺寸见表 4-55，除尘器外形见图 4-76。

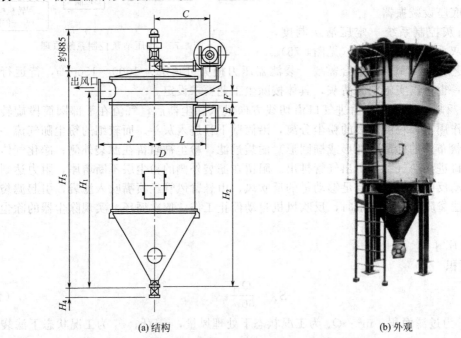

(a) 结构　　　　　　　　　　　　　　　(b) 外观

图 4-76　ZC 型系列回转反吹风袋式除尘器

（6）使用注意事项

① 灰斗、过滤室筒体、清洁室各人孔门、防爆门、观察孔等各法兰间应嵌入密封填料才能拧紧螺栓，防止漏气。

② 花板梯形孔应与下托架上的相应定位圈垂直，防止放入框架滤袋后歪斜漏气。

③ 反吹旋臂传动机构安装时要注意上下垂直，旋臂回转平面与框架导口上平面平行，且保持 2~4mm 距离，转运要灵活，风口翻转装置与撞头位置恰当，翻动确保灵活。

④ 滤袋框架外面套上滤袋，袋口与导口用压条栓紧，防止漏气，然后小心插入花板中（注意不使滤袋划破或划伤），尾端锥销插入下托架相应的定位圈中，在上部导口框架下面放橡胶圈后用压板，斜销压紧。

⑤ 顶盖盖上后，应先试其旋转是否灵活。顶盖与清洁室外圈结合处应用橡胶圈密封，保证顶盖闭合时的密封性。

⑥ 安装完毕后，各传动部分均应加注润滑油，然后试转一下，检查减速器接线是否反转，如反转应立即重新接线，以免损坏机件，确定无误才可正式启动。

⑦ 运行过程中各传动部件均应定期注油，应定期检查反吹风旋臂是否正常，反吹风自控系统应定期检查，防止故障。定期停车检查各滤袋，发现滤袋有破损应及时调换滤袋。

表 4-54 ZC 型系列回转反吹风袋式除尘器性能参数

序号	型号	过滤面积/m² 公称	过滤面积/m² 实际	处理风量 过滤风速/(m/min)	处理风量 风量/(m³/h)	袋长 m	圈数/圈	袋数/袋	反吹风机 型号	反吹风机 风量/(m³/h)	反吹风机 风压/Pa	反吹风机 转速/(r/min)	反吹风机 功率/kW	卸灰阀 规格	卸灰阀 功率/kW	减速器 输出轴转/(r/min)	减速器 功率/kW
1	24ZC200	40	38	1.0~1.5	2400~3600	2.0	1	24	9-19No4A	1209	3720	2900	2.2	φ200×300	0.75	2.0	0.55
2	24ZC300	60	57	1.0~1.5	3600~5400	3.0	1	24	9-19No4.5A	1995	4630	2900	4.0	φ200×300	0.75	2.0	0.55
3	24ZC400	80	76	1.0~1.5	4800~7200	4.0	1	24	9-19No4.5A	1995	4630	2900	4.0	φ200×300	0.75	2.0	0.55
4	72ZC200	110	114	1.0~1.5	6600~9900	2.0	2	72	9-19No4.5A	1995	4630	2900	4.0	φ200×300	0.75	2.0	0.55
5	72ZC300	170	170	1.0~1.5	10200~15300	3.0	2	72	9-19No5A	3113	5580	2900	7.5	φ200×300	0.75	2.0	0.55
6	72ZC400	230	228	1.0~1.5	13800~20700	4.0	2	72	9-19No5A	3113	5580	2900	7.5	φ200×300	0.75	2.0	0.55
7	144ZC300	340	340	1.0~1.5	20400~30600	3.0	3	144	9-19No5A	3113	5580	2900	7.5	φ280×380	1.1	1.2	0.75
8	144ZC400	450	455	1.0~1.5	27000~40500	4.0	3	144	9-19No5A	3113	5580	2900	7.5	φ280×380	1.1	1.2	0.75
9	144ZC500	570	569	1.0~1.5	34200~51300	5.0	3	144	9-19No5.6A	3317	7520	2900	11.0	φ280×380	1.1	1.2	0.75
10	240ZC400	760	758	1.0~1.5	45600~68400	3.0	4	240	9-19No5A	3113	5580	2900	7.5	φ280×380	1.1	1.0	0.75
11	240ZC500	950	950	1.0~1.5	57000~85500	4.0	4	240	9-19No5.6A	3317	7520	2900	11.0	φ280×380	1.1	1.0	0.75
12	240ZC600	1138	1138	1.0~1.5	68400~102600	5.0	4	240	9-19No5.6A	3317	7520	2900	11.0	φ280×380	1.1	1.0	0.75

表 4-55 ZC 型系列回转反吹风袋式除尘器外形尺寸

单位：mm

序号	型号	重量/g	H₁	H₂	H₃	H₄	H₅	C	D	E	F	H	I	J	S	φ₁
1	24ZC200	1820	3926	3313	3666	303		1177.5	1690	260	350	4375	970	1100	1200	360
2	24ZC300	1977	4926	4273	4666	303	1070	1200	2690	300	350	5375	970	1100	1200	360
3	24ZC400	2144	5926	5273	5666	303		1200	1690	300	350	6375	1005	1100	1200	450
4	72ZC200	3942	4586	3818	4286	303		1640	2530	415	350	5035	1425	1600	1700	560
5	72ZC300	4622	5586	4733	5286	303	1690	1672.5	2530	500	350	6035	1465	1600	1700	630
6	72ZC400	5310	6586	5633	6286	303		1672.5	2530	600	350	7035	1465	1600	1800	750
7	144ZC300	8238	6561	5523	6126	383		2172.5	3530	600	435	7164	2015	2100	2400	800
8	144ZC400	8974	7561	6398	7126	383	2850	2172.5	3530	725	435	8164	2080	2100	2400	1000
9	144ZC500	9956	8561	7398	8126	383		2192	3530	725	435	9164	2080	2100	2500	1120
10	240ZC400	15291	8366	7138	7846	383		2597	4380	725	500	9077	2590	2600	2900	1250
11	240ZC500	17125	9366	7763	8846	383	3240	2617	4380	1100	500	10077	2590	2600	3000	1400
12	240ZC600	18945	10366	8763	9846	383		2617	4380	1100	500	11077	2690	2600	3200	1800

第四节
机械振动袋式除尘器

机械振动（打）袋式除尘器是指采用机械振打装置周期性地振打滤袋，用以清除滤袋上的粉尘的除尘器。它有两种类型：一种为连续型；另一种为间歇型。其区别是：连续使用的除尘器把除尘器分隔成几个分室，其中一个分室在清灰时，其余分室则继续除尘；间歇使用的除尘器则只有一个室，清灰时就要暂停除尘，因此，除尘过程是间歇性的。机械振动（打）袋式除尘器是常用的袋式除尘器之一，以微型和小型除尘器为主要形式。

一、机械振动机构

1. 工作原理

图 4-77 是机械振动袋式除尘器结构简图。含尘气体进入除尘器后，通过并列安装的滤袋，粉尘被阻留在滤袋的内表面，净化后的气体从除尘器上部出口排出。随着粉尘在滤袋上的积聚，含尘气体通过滤袋的阻力也会相应增加。当阻力达到一定的数值时，要及时清灰，以免阻力过高，造成除尘效率下降。

在过滤过程中，含尘气体中的粉尘被阻留在滤袋表面上的这种过滤作用通常是通过筛滤、惯性碰撞、直接拦截和扩散等几种除尘机理的综合作用而实现的。

清灰工作原理如下。机械振动清灰是指利用机械振动或摇动悬吊滤袋的框架，使滤袋产生振动而清灰的方法。常见的三种基本方式如图 4-78 所示。图 4-78(a) 是水平振动清灰，有上部振动和中部振动两种方式，靠往复运动装置来完成；图 4-78(b) 是垂直振动清灰，它一般可利用偏心轮装置振动滤袋框架或定期提升滤袋框架进行清灰，图 4-78(c) 是机械扭转振动清灰，即利用专门的机构定期地将滤袋扭转一定角度，使滤袋变形而清灰。也有将以上几种方式复合在一起的振动清灰，使滤袋做上、下、左、右摇动。

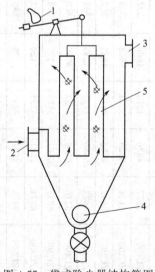

图 4-77 袋式除尘器结构简图
1—凸轮振动机构；2—含尘气体进口；3—净化气体出口；
4—排灰装置；5—滤袋

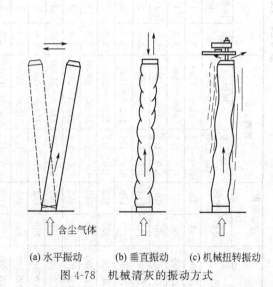

(a) 水平振动　(b) 垂直振动　(c) 机械扭转振动
图 4-78 机械清灰的振动方式

机械清灰时改善清灰效果，要求停止过滤情况下进行振动。但对小型除尘器往往不能停止过滤，除尘器也不分室。因而常常需要将整个除尘器分隔成若干袋组或袋室，顺次地逐室清灰，以保持除尘器的连续运转。

机械清灰方式的特点是构造简单，运转可靠，但清灰强度较弱，故只能允许较低的过滤速度，见图 4-79。

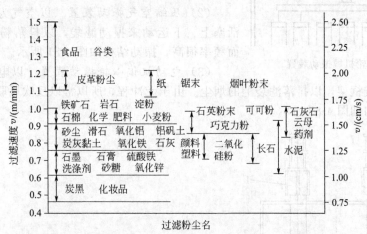

图 4-79　机械振动袋式过滤器过滤各种粉尘的过滤速度

2. 振动参数

机械振动袋式除尘器的振动分类见表 4-56。

表 4-56　机械振动袋式除尘器的分类

序号	名　称	定　　义	序号	名　称	定　　义
1	低频振动	振动频率低于 60 次/min，非分室结构	5	手动振动	用手动振动实现清灰
2	中频振动	振动频率为 60~700 次/min，非分室结构	6	电磁振动	用电磁振动实现清灰
3	高频振动	振动频率高于 700 次/min，非分室结构	7	气动振动	用气动振动实现清灰
4	分室振动	各种振动频率的分室结构			

表 4-56 中，低频振动是指以凸轮机构传动的振动式清灰方式，振动频率不超过 60 次/min；中频振动是指以偏心机械传动的振动式清灰方法，振动频率一般为 100 次/min；高频振动是指用电动振动器传动的微幅清灰方法，一般配用 8 级、6 级、4 级和 2 级电机（或者使用电磁振动器），其频率均在 700 次/min 以上。

不管是哪种振动方式，通常滤布的振幅 a 为 2~10mm，振动频率 f 为 2~30Hz，清灰持续时间 t_c 为 15~60s，清灰周期 T 受粉尘浓度和过滤速度影响，一般为 0.3~3h。如果减少振幅 a，增加频率 f，可减少滤布的损伤，而且可以使整个滤袋振动，防止粉尘层的不均匀脱落。但是，对于黏附性很强的粉尘，只能加大振幅，使滤布折弯松弛，弄碎粉尘层后进行抖落。除尘器压力损失 Δp 达到最小值所需要的振幅、振动频率和振动清灰时间之间大致有下列关系：

$$a(ft_c)^n = K(\text{const}) \tag{4-17}$$

式中，指数 n 和常数 K 是根据粉尘、滤布和运行条件决定的实验常数。

3. 振动清灰装置

微型机械振动袋式除尘器的结构与其他清灰方式的袋式除尘器一样，由箱体、框架、滤袋、灰斗等组成，其区别在于清灰装置不同。机械振动袋式除尘器清灰装置有手工振动装置、电动装置和气动装置，其中电动类装置用得最多。

（1）凸轮机械振动装置　依靠机械力振动滤袋，将黏附在滤袋上的粉尘层抖落下来，使滤

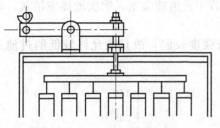

图 4-80　凸轮机械振动装置

袋恢复过滤能力。对小型滤袋效果最好，对大型滤袋效果较差。其参数一般为：振动时间 1~2min；振动冲程30~50mm；振动频率 20~30 次/min。

凸轮机械振动装置结构如图 4-80 所示。

（2）压缩空气振动装置　以空气为动力，采用汽缸活塞上、下运动来振动滤袋，以抖落粉尘。其冲程较小而频率很高，振动结构如图 4-81 所示。

（3）电动机偏心轮振动装置　以电动机偏心轮作为振动器，振动滤袋框架，以抖落滤袋上的烟尘。由于无冲程，所以常以反吹风联合使用，适用于小型滤袋，其结构如图 4-82 所示。

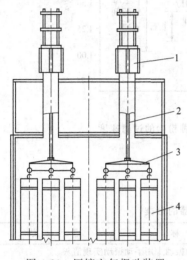

图 4-81　压缩空气振动装置

1—气力传动装置；2—连杆；3—吊架；4—滤袋

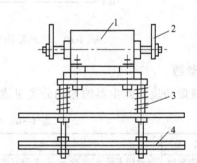

图 4-82　电动机偏心轮振动装置

1—电动机；2—偏心轮；3—弹簧；4—滤袋吊架

（4）横向振动装置　依靠电动机、曲柄和连杆推动滤袋框架横向振动。该方式可以安装滤袋时适当拉紧，不致因滤袋松弛而使滤袋下部受积尘冲刷磨损，其结构如图 4-83 所示。

（5）振动器振动装置　振动器振动清灰是最常用的振动方式（见图 4-84）。这种方式装置

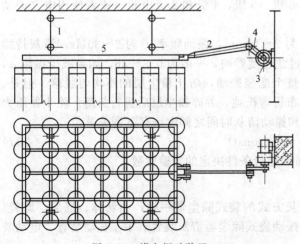

图 4-83　横向振动装置

1—吊杆；2—连杆；3—马达；4—曲柄；5—框架

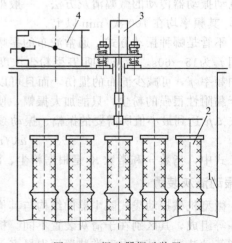

图 4-84　振动器振动装置

1—壳体；2—滤袋；3—振动器；4—配气阀

简单，传动效率高。根据滤袋的大小和数量，只要调速振动器的激振力大小就可以满足机械振动清灰的要求。

（6）传动振动装置　每个滤室的振动机构实行单体传动（见图4-85）。清灰转换是借助独立的传动装置实现的，它只执行一个功能——对滤袋室内的滤袋实行振打。这样就大大简化了机构。过滤器的每个滤室分隔成两个小间，分设两组滤袋，所以该机构可以保证独立振打其中任意一组滤袋。

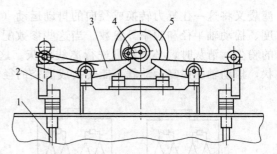

图 4-85　滤室单体传动的振动机构
1—拉杆；2—吊架；3—双臂杠杆；
4—传动臂；5—传动装置

二、振动除尘机组

1. 小型除尘机组

（1）主要设计特点　UF 小型单机袋式除尘机组是内滤式机械振动除尘器。基本设计特点是，结构简单紧凑，安装容易，维护方便。主要用于各种库顶、仓顶及各种输送设备等排放和扬尘点除尘。在多机组合时，又可用于小型磨机，破碎机等连续工作线上的除尘设备。适用于入口浓度 $10g/m^3$ 时，出口排放浓度 $<50mg/m^3$。如有特殊用途，可用不锈钢或铝结构做成耐腐蚀耐温滤料的单机袋式除尘器。

（2）结构　基本结构主要有以下部分组成（见图4-86）：①箱体，包括壳体、滤袋、检修门、花板；②出风系统，包括风机、风机配用电机及传动；③振打机构，包括振打减速电机、拨杆、连杆、振打轴等；④进气和排灰部分，可分为三种，见图4-87。a. UF(STD) 型下接灰斗，主要用于库底及输送设备的扬尘点；b. UF(FB) 型带有储灰箱，主要用于浓度不高的通风口气体净化；c. UF(FM) 型下部为敞开式，花板法兰直接座在库、仓排气口，排气直接通过花板孔进入滤袋。清灰时粉尘直接从花板孔卸出进入库、仓等。

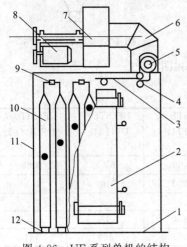

图 4-86　UF 系列单机的结构
1—下花孔板；2—检修门；3—摇动
连杆；4—曲轴；5—摇动电机；
6—出风管；7—风机；8—风机
电机；9—摇动轴；10—滤袋；
11—箱体；12—滤袋套箍

滤袋一般采用 729 涤纶布或涤纶针刺毡，缝制成三袋联体袋（也称三联袋），底部缝有弹性环使其能直接卡入花板孔中，顶部缝有相同材料的挂带使其能将滤袋张紧和吊挂在摇杆上。过滤形式为内滤式。工作时含尘气体由滤袋下口进入内部；过滤后的清洁气体经袋室由排风机排入大气，清灰时先停止过滤工作，再启动摇动清灰机构进行清灰。滤袋与花板连接采用卡箍式或捆绑式。

（3）工作原理　含尘气体由进气口进入灰斗，或储灰箱通过花板孔或直接通过花板孔三种方式进入滤袋。含尘气体经滤袋过滤变为净气，进入箱体，再通过箱体上部排气口，由风机排走。粉尘积附在滤袋的内表面，且不断增加，使袋式除尘器的阻力不断上升。当阻力上升到 1200～1600Pa 时，需对滤袋进行清灰。清灰时，首先关闭顶上风机，启动振打电机，振打电机上偏心作用，带动连杆，使振打轴左右来回转动，滤袋就呈波纹状态，使粉尘掉下，卸出。待清灰完即停止振打，重新启动风机，使袋式除尘器重新开始工作。上述动作是通过控制仪来自动控制完成的。

除尘器清灰方式是摇动清灰。它向其通过摇动轴的往复摇动给滤袋一个轴线方面的往复力，滤袋又将这一往复力转换成径向的抖动运动（见图 4-88），其抖动的幅度和频率取决于滤袋的长度、摇动轴半径和频率等参数。当这些参数配合较好时，其抖动力具有最大值，足以清除滤料上的粉尘。清灰时，必须停机进行离线清灰。这是因为在过滤状态时，滤袋受气流的压力而呈柱状，摇动轴的往复运动就不能转换成滤袋的径向抖动，这是它必须停机清灰的主要原因。

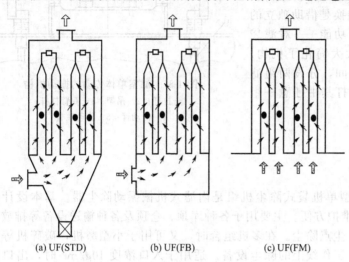

(a) UF(STD)　　　(b) UF(FB)　　　(c) UF(FM)

图 4-87　UF 系列单机的三种组装形式

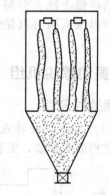

图 4-88　滤袋抖动运动

（4）技术性能及外形尺寸　技术性能及外形尺寸见表 4-57 和图 4-89。

表 4-57　UF 除尘机组性能和外形尺寸

技术性能及尺寸		型号	UF(STD)-2 UF(FM)-2 UF(FB)-2	UF(STD)-3 UF(FM)-3 UF(FB)-3	UF(STD)-4 UF(FM)-4 UF(FB)-4	UF(STD)-5 UF(FM)-5	UF(STD)-6 UF(FM)-6	UF(STD)-7 UF(FM)-7
处理风量/ (m³/h)		最大	1360	2720	4080	5450	6800	8160
		额定	1020	2040	3060	4080	5100	6120
除尘器阻力/Pa			1000~1500					
总过滤面积/m²			18.6	37.2	55.8	74.4	93	111.6
滤袋数			24	48	72	96	120	144
振打减速电机型号			YCJ71B₃-1.1-217			YCJ71B₃-1.5-217		
振打减速电机功率/kW			1.1	1.1	1.1	1.5	1.5	1.5
风机型号			C6-68 型 №3.15	C6-48 型 №3.15	C6-48 型 №4	C6-68 型 №5	C6-68 型 №5	C6-68 型 №5
风机电机型号			Y90S-2	Y100L-2	Y112M-2	Y132S₁-2	Y132S₁-2	Y132S₁-2
风机电机功率/kW			1.5	3	4	5.5	5.5	7.5
卸灰阀型号			YXD-200					
卸灰阀电机功率/kW			0.55	0.55	0.55	0.55	0.55	0.55
外形尺寸/mm	UF(STD)	长 A	800	1446	2080	2080	2080	2090
		宽 B	1166	1179	1186	1476	1776	2081
		高 C	4937	5224	5899	6202	6202	6202
	UF(FM)	长 A	800	1446	2080	2080	2080	2090
		宽 B	1166	1179	1186	1476	1776	2081
		高 C	2838	2838	2998	3174	3174	3174
	UF(FB)	长 A	800	1446	2080			
		宽 B	1166	1179	1186			
		高 C	3311	3311	3471			

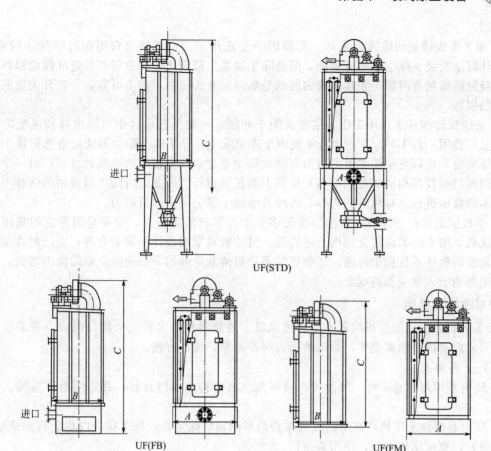

进口

UF(STD)

进口

UF(FB)　UF(FM)

图 4-89　UF 除尘器机组外形尺寸

（5）使用注意事项

① UF 系列单机是一个结构简单、性能优良的除尘设备。这一系列产品主要用于小风量、低浓度和分散的扬尘点的除尘。对没有压缩空气源的地方采用摇动清灰方式是正确的选择。当用于处理含尘浓度较高的气体时，适合于间歇工作的场所，如库顶库底放风和卸灰、散水泥装料等，这样在停机清灰时，工艺线也停止工作，相互就能协调配合。

② 对于需要连续工作的场合，选用这种除尘器时，只能在清灰时牺牲除尘时间，绝不可不停机清灰或增加摇动清灰时间来弥补，这样不但没有清灰效果，还会使摇动机械很快损坏。如工艺场所不允许停机清灰时，可双机或多机组合，轮流操作。以便满足除尘要求，同时也可延长单台设备使用寿命。有一种不用停机清灰的单机，它实质上是将一个单机内部分成两部分。靠两位三通阀的切换轮流停机清灰，对单室来说还是停机清灰。由于将原来的过滤面积一分为二，在清灰时实际过滤面积少了 1/2，此时不但要保证工艺除尘的需要，还要能收集另 1/2 清灰时的粉尘不被散发就比较困难，所以在选择规格大小时要特别注意。

③ 摇动机构坏的原因主要是关节轴承。在实际中，关节轴承的孔如磨成长孔，则摇动电机在运转时摇杆几乎不动。原因是在设计这种机构时，规定摇动时间为 30s，因此这一时间已足够了。摇动机构中的关节轴承共两个，上面一个与电机偏心轮连接，下面一个与摇杆曲柄相联，与偏心轮连接的轴承运转时作圆周运动，而另一个只做往复运动。相应地上面一个与偏心轮连接的轴承运转幅度较大，因而也容易发热。当连续运转时间小于 30s 时，经微发热是不存问题的，如果运转时间延长到 1min 以上就会发热，会严重烧毁轴承，所以在选用 UF 单机时不能随意改变摇动清灰时间。

④ 组合单机是将某种规格的单机进行组合（如 4 台或 5 台）使其成为一台组合机组。存在

下列问题：

a. 用于离线清灰的蝶阀经常坏。其原因一是选用不当，蝶阀只有用在清洁气体的通路上，虽然设计时是安装在除尘器的清洁侧，但是除尘器发生破袋之类的故障就易造成阀的损坏；二是阀的本身制造质量有问题。尤其是阀的转动是靠行程开关控制，很不可靠，一旦开关出问题就造成机构的损坏。

b. 负压设计却成了正压工作。主要有两个问题：一是工艺设计中对除尘器和风机的选型不当，如某厂选用一台 UF4×5 的组合单机用于库顶除尘，经了解是除尘器的规格选得较小，而排风机的压头也不足以克服除尘器的阻力而造成除尘器进口处呈正压状态到处冒烟；另一个问题是除尘器因阀门的损坏和清灰方式不当，使其不能正常运行。因此，对除尘器规格的选择不能简单地按样本的数据进行，对风机的选择，也应考虑除尘器的最大运行阻力。

⑤ 单机机组运行不能吸入粉尘的情况多见于皮带机的运转点，主要是因为它的高压头，如果通用风机，压头不够往往会出现上述情况。另外吸风罩的设计一定要合理，要能封住尘源，使其有其足够的负压不使粉尘外逸。还有就是不停机清灰造成的，致使除尘器的阻力增大，自然就产生粉尘不能吸入除尘器的现象。

2. 机械抖动除尘机组

PL 系列机械抖动除尘机组基本结构由风机、过滤器和集尘器三个部分组成，各部件都安装在一个立式框架内，钢板壳体，烘漆防锈，运行可靠，使用方便。

（1）主要特点

① 风机采用离心通风机，风量大、风压高、风机特性曲线良好，并采用消声措施，使用时噪声小。

② 除尘器部件采用机织涤纶斜纹绒布为滤料的扁袋除尘器，每个布袋内均装有弹簧钢丝网，过滤效果好，更换滤袋方便，使用寿命长。

③ 过滤器部件的清灰机构，是采用电动机带动偏心轮、连杆使布袋抖动而清除粘在滤袋外表面的粉尘。其控制装置分自控和手控两种。自控即在风机连续工作时，清灰机构定时自动振打清灰。手控即风机停止后清灰机构自动工作，数十秒钟后自动停止，也可根据需要随时启动清灰电机振打清灰、清灰时间长短由用户自行调节时间继电器。

④ 除尘器部件装有密封快卸检修门，以便需要时进行检修和移出除尘器。

⑤ 机组有十六种规格，分 A、B、J、P 四型，A 型设灰斗抽屉。B 型不设灰斗抽屉，下部加法兰，由用户直接配接在拆包口，料仓倒料口，混料库，喷砂箱，皮带运输调头处等扬尘设备上就地除尘，粉尘直接回收。J 型如脉冲袋式除尘器有四种，有灰斗，下配卸灰阀。P 型在 A 型基础上设吸尘平衡回转臂。

（2）结构　PL 系列除尘机组的结构由过滤器、风机和集尘器组成，详见图 4-90。

（3）工作原理　含尘气体进入箱体，由扁布袋过滤器进行过滤，粉尘被阻留在滤袋外表面，已净化的气体通过滤袋进入风机，由风机吸入直接排入室内，也可直管排至室外。

随着过滤时间的增加，滤袋外表面黏附的粉尘也不断增加，滤袋阻力也相应增加。从而影响除尘效果，采用自控清灰机构进行定时振打清灰或手控清灰机构停机后自动振打数十秒钟，使粘在滤袋外表面的粉尘抖落下来。落到集尘容器（抽屉）中的粉尘由人工拉出清除。手控清灰和自控清灰分别见图 4-91 和图 4-92。

本系列产品适用于铸造工业，陶瓷工业，玻璃工业以及耐火材料，水泥建材，砂轮制造，化工制品，机械加工等行业的除尘，该产品对密度较大的金属切屑、铸造用砂如车床、磨床、铣床、砂轮机、抛光机等和中等密度的粉尘如水泥、陶瓷粉、石膏粉、石棉粉、炭粉、颜料、胶木粉、塑料粉等，以及密度较小的非纤维性粉尘均有良好的除尘效果。

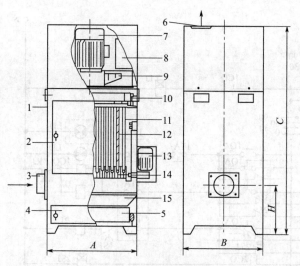

图 4-90 除尘机组结构

1—壳体；2—检修门；3—进风口；4—出灰门；5—抽屉；6—洁净空气出口；7—电机；8—电器控制装置；
9—风机；10—过滤器紧定螺丝；11—扁布袋；12—钢丝网；13—振打清灰机；14—隔袋件；15—灰斗

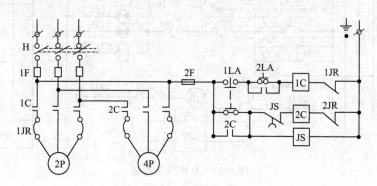

图 4-91 手控清灰电路

H—组合开关；1C，2C—交流接触器；1LA，2LA—按钮；2P—风机电动机；
1F，2F—熔断器；4P—清灰电动机；1JR，2JR—热继电器；JS—时间继电器

（4）技术性能　PL 系列除尘机组的技术性能见表 4-58、表 4-59。

（5）使用注意事项

① PL 型系列单机除尘机组，安装在产生粉尘的机械设备邻近处，并由用户按照除尘机组上的进气口尺寸，可自行配制金属或塑料吸尘管道和吸尘罩，也可由除尘设备配制。

② 除尘机组工作前必须严格检查检修门，出灰门及风管连接系统是否密封，以免泄漏，降低吸尘效果。

③ 除尘机组电压为三相交流电 380V，从机组上的外部电线接上电源后即可开始使用，初运转时，应注意风机是否正转。

④ 除尘机组电控箱盖，在工作时不得随意打开，如需调节清灰时间，或需检查电路时，应停机或切断电源后再进行工作。

⑤ 根据粉尘的性质和容尘量的大小，应定时振打清灰，一般情况每班振打 2～4 次，每次30～45s 为宜，以确保机组正常工作。根据实际需要，定期进行清除灰尘，集尘器内集尘清除时，只需在风机和清灰机构工作停止时打开密封的出灰门，抽出抽屉即可。

⑥ 为了保证设备处于最佳工作状态，应尽量靠近粉尘发源地，一般以 1.5～2m 为宜，连接

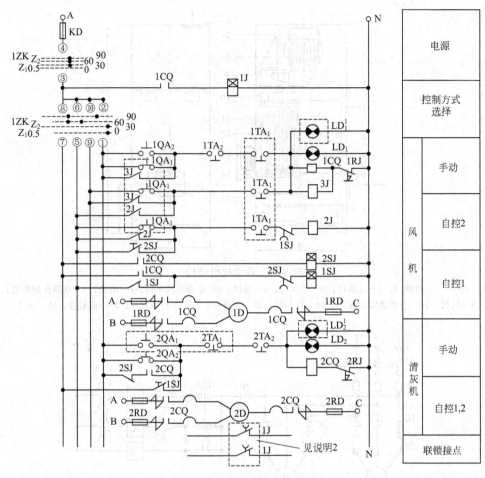

图 4-92　自控清灰电路

附　表

15	1J	时间继电器	JS20-60D/00　~220V	1
14	$LD_2^1 LD_2^1 LD^1 \quad LD^2$	信号灯	XD_2—220V　绿	4
13	$1QA_2 \ 2QA_2 \ QA^1$	—"—	LA20—11　　绿	3
12	$1TA^2 \ 2TA_2 \ 2TA^1$	—"—	LA20—11　　红	3
11	$1QA^1 \ 1TA^1$	按钮	LA18—44　绿红	2
10	2J　3J	中间继电器	JZ7—44　　~220V	2
9	2 S J	—"—	JS11A-21~220V　0~40s	1
8	1 S J	时间继电器	JS11A-51~220V　0~120min	1
7	D K	自动开关	DZ10—100/300	1
6	2 R D	—"—	RL^1—15/6	1
5	1 R D	—"—		1
4	K D	熔断器	RL1—15/10	1
3	2 C Q	—"—	QC12-2/K　I_e=2.4A	1
2	1 C Q	磁力启动器	QC12—2/K	1
1	1 Z K	转换开关	LW6-2/F　190	1
序号	符　号	名　称	型号规格	数量

　　说明：1. 本设备具有 3 种运行方式：①手控分别控制风机电机和清灰电机的开停；②自控 1. 接通电源风机运行，T 时间后风机停，清灰机工作，t 时间后风机工作；③自控 2. 接通电源风机一直运行，但每隔 T 时间清灰机工作 Δt 时间。其中，T 0~120min，Δt 0~30s。

　　2. 图中 1J 供与其他设备联锁之用。

　　3. 虚线内的按钮为供控制室操作使用。

表 4-58　PL-$_B^A$ 型技术性能及外形尺寸

型号规格	项目	风量/(m³/h)	资用压力/Pa	过滤面积/m²	进气口尺寸/mm	进气口中心距 H	风机电机功率/kW	过滤风速/(m/min)	净化效率/%	灰箱容积	噪声/dB(A)	振打电机功率/kW	底法兰尺寸 E×F/mm	外形尺寸 A×B×C/mm	质量/kg
PL-800	A	800	800	4	φ120	318	1.1	3.33	>99.5	20	<75	0.18	598×588	530×520×1300	100
	B													530×520×1040	80
PL-1100	A	1100	850	7	φ140	345	1.5	2.62	>99.5	30	<75	0.18	768×648	700×580×1400	150
	B													700×580×1100	130
PL-1600	A	1600	850	10	φ150	418	2.2	2.66	>99.5	40	<75	0.18	826×666	740×580×1613	200
	B													740×580×1240	170
PL-2200	A	2200	1000	12	φ200	433	3	3.05	>99.5	40	<75	0.18	806×746	720×660×1690	230
	B													720×660×1330	200
PL-2700	A	2700	1200	13.6	200×250	458	4	3.30	>99.5	50	<75	0.18	864×784	760×680×1798	250
	B													760×680×1380	220
PL-3200	A	3200	1000	15.3	200×300	478	4	3.48	>99.5	55	<75	0.18	894×804	790×700×1858	280
	B													790×700×1420	245
PL-4500	A	4500	1000	21.5	200×350	478	5.5	3.49	>99.5	70	<75	0.37	1004×904	900×800×2028	400
	B													900×800×1550	315
PL-6000	A	6000~8000	1200~1500	30	220×450	1295	7.5	3.33	>99.5	105	<80	0.55	1302×1002	1200×900×3190	750
	B								4.44						1200×900×1740	500

注：表中过滤速度偏大，表4-59同。

表 4-59　PL-J 型技术性能及外形尺寸

项目 \ 规格	PL-800/J	PL-1100/J	PL-1600/J	PL-2200/J	PL-2700/J	PL-3200/J	PL-4500/J	PL-6000/J
风量/(m³/h)	800	1100	1600	2200	2700	3200	4500	6000~8000
资用压力/Pa	>80	>85	>85	>100	>120	>100	>100	>150~120
过滤面积/m²	4	7	10	12	13.6	15.3	21.5	30
风机电动功率/kW	1.1	1.5	2.2	3	4	4	5.5	7.5
清灰电动功率/kW	0.18	0.18	0.18	0.18	0.18	0.18	0.37	0.55
过滤风速/(m/min)	3.33	2.62	2.66	3.05	3.30	3.48	3.49	3.33~4.44
净化效率	>99.5%							
噪声/dB(A)	<75							
进气口尺寸/mm	φ120	φ140	φ150	φ200	200×250	200×300	200×350	220×450
H/mm	1867	2000	2245	2335	2415	2455	2785	3175
长×宽(A×B)/mm	530×520	700×580	740×580	720×660	760×680	790×700	900×800	1200×900
C×d/mm	150×150	150×150	150×150	150×150	150×150	150×150	180×180	180×180
E/mm	300	350	400	400	400	400	450	550
h/mm	475	475	525	525	525	525	580	580

管道尽可能短，并尽量减少弯头，以免增加阻力损失。吸尘罩是保证机组处于最佳状态的关键配件；使用单位应根据加工件的外形尺寸及粉尘的性质，按照通、近、顺、封，便设计吸尘罩的原则，制作理想的吸尘罩。

⑦ 应定期检查滤袋磨损情况，如发现有损坏需及时修补或更换过滤器，同时应根据实际情况定期清洗布袋，一般连续使用3～4个月需清洗一次，清洗或更换时只需将过滤器部件的四个紧定螺丝放松即可抽出，重新安装时要注意过滤器部件和风机部件之间的密封（两部件之间有密封填料黏合），同时注意过滤器部件下面的隔袋件是否与扁布袋"对号入座"，装毕后，应开机振打数次，使过滤器恢复原来过滤效果。

⑧ 对机组应勤擦，勤清理，勤检查，保持机组清洁美观，确保机组正常运行。

3. 扁袋除尘机组

（1）主要设计特点 LGZ-22Ⅰ型扁布袋除尘机组是结合电力工业等防尘工作的需要进行研制的，它具有体积小、处理风量大、结构紧凑、噪声低、使用方便可靠等优点。尤其适用于原煤斗、筒仓和皮带运输转运点等除尘，除尘器清除下来的粉尘可直接排入原煤斗或筒仓内，也可直接落在皮带上。

（2）工作原理 含尘气体由除尘器下部进入，经过滤袋过滤，粉尘被吸附在滤袋外表面上，清洁的空气经过滤袋由引风机出口排出，除尘器经过一段时间工作，滤袋上的粉尘逐渐增多致使滤袋阻力也相应上升，当用压力计测得滤袋阻力＞1176Pa，就要进行清灰，使滤袋恢复原来的阻力，使除尘器正常进行工作。

清灰间隔时间决定于含尘浓度大小。清灰时风机需要停转，根据清灰间隔时间可增设时间继电器，以提高清灰自动化程度。

（3）结构及性能

① 总体结构：本产品结构形式分为两种：一种为A型（不带下箱体灰斗部分）；另一种为B型（带下箱体灰斗部分），主要结构组成见图4-93。

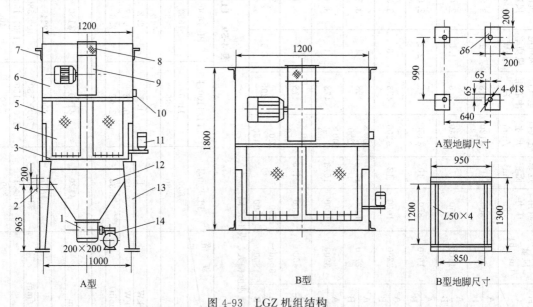

图 4-93 LGZ 机组结构
A 型—直立柱；B 型—无立柱
1—排灰阀；2—进风口；3—清灰装置；4—布袋组件；5—中箱体；6—上箱体；7—吊装钩；8—软接头；9—离心风机；10—接线盒；11—清灰电机；12—灰斗；13—支腿；14—排灰减速器

上箱体包括引风机 4-72-11，5.5kW，风机出口软接头，电源接线盒和除尘器控制开关。

中箱体包括滤袋组合件，清灰结构，清灰电动机，A15634，180W。

下箱体包括灰斗，进风口，排灰阀，减速机，附电机 Y90S-4，1.1kW，除尘器支腿。

② 技术性能（见表 4-60）。

表 4-60　LGZ-22Ⅰ型机组性能

技术性能 ＼ 型号	A 型	B 型	技术性能 ＼ 型号	A 型	B 型
处理风量/(m³/h)	4020～5280	4020～5280	滤袋数量/条	20	20
设备阻力/Pa	981～1176	981～1176	过滤风速/(m/min)	3～4	3～4
除尘效率/%	99.5	99.5	外形尺寸（长×宽×高）/mm	1300×950×1800	1210×862×2890
入口含尘浓度/(g/m³)	<7	<7			
过滤面积/m²	22	22	设备质量/kg	550	730

注：表中过滤速度偏大。

（4）使用注意事项

① 壳体及钣金结构件每年要定期涂漆刷油。

② 排灰减速器按油标位置注油。

③ 破损滤袋要及时进行维修处理，否则会影响除尘效果。

④ 清灰装置的紧固螺钉要经常进行检查，防止松动以防影响清灰效果。

三、高温扁袋振动袋式除尘器

1. 主要设计特点

GP 分室振动除尘器按滤袋室分别进行振打，这种特点使它可以根据风量大小进行组合。GP 型除尘器是一种高温扁袋式除尘器，它采用多室多层独特装配组合结构及清灰振打方式，具有占地面积小、过滤面积大、清灰效率高、耐高温、抗腐蚀等优点。它适宜于冶金、耐火、水泥、铸造等行业粉尘回收，特别是对窑炉和各种机烧锅炉高温烟气净化使用较多。

2. 除尘器构造工作原理

GP 型高温扁袋式除尘器构造见图 4-94。其工作原理是：含尘气体进入各室后，经布袋过滤，净气经出口排出，而粉尘黏附在滤袋外表面上，经冲击拍打浮装在壳体内的单体箱框架，使粉尘脱落，进入灰斗，实现清灰。连续工作时，清灰分室进行。

3. 除尘器技术性能

GP 型高温扁袋式除尘器技术性能参数见表 4-61。

表 4-61　GP 型高温扁袋式除尘器技术性能参数

型号	2GP1	2GP2	2GP3	2GP4	4GP3	4GP4	4GP5	6GP5	6GP6	8GP5	8GP6
过滤面积/m²	132	264	396	528	792	1056	1320	1980	2376	2640	3168
使用温度/℃	200～300										
过滤风速/(m/min)	0.3～0.6										
处理风量/(m³/h)	2376～4752	4572～9504	7128～14256	9504～19008	14256～28512	19008～38016	23760～47520	35640～71280	47268～85536	47520～95040	57024～114048
设备阻力/kPa	0.8～1.5										
入口含尘浓度/(g/m³)	2～50										
除尘率/%	98～99.8										
相对湿度/%	<80										
清灰周期/h	0.5～3										
清灰电机/(台×kW)	2×1.1	2×1.1	2×1.1	2×1.1	4×1.1	4×1.1	4×1.5	6×1.5	6×1.5	8×1.5	8×1.5
排灰电机/(台×kW)	1×1.1	1×1.1	1×1.1	1×1.1	2×1.1	2×1.1	2×1.1	3×1.1	3×1.1	4×1.1	4×1.1
电动阀门/(台×kW)	2×0.4	2×0.4	2×0.4	2×0.4	4×0.4	4×0.4	4×0.4	6×0.4	6×0.4	8×0.4	8×0.4
设备质量/kg	3000	4000	700	8700	13000	16000	19000	28000	33000	38000	44000

注：AGPB 表示 A 层室结构的 GP 型除尘器。

4. 规格、外形尺寸及安装形式

GP 型高温扁袋式除尘器有两种安装形式，分别见图 4-95 和图 4-96。

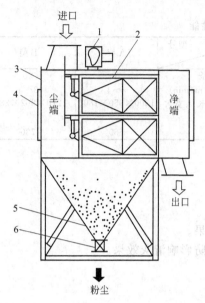

图 4-94　GP 型高温扁袋式除尘器构造
1—清灰振打机构；2—滤袋单体箱；3—壳体；
4—检查门；5—灰斗；6—排灰阀

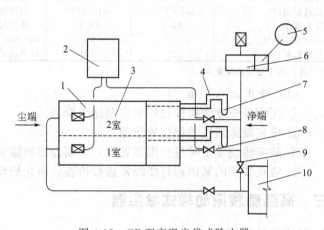

图 4-95　GP 型高温扁袋式除尘器
两个室的安装形式
1—振打机构；2—控制器；3—设备主体；4—乳
胶管；5—烟窗；6—引风机；7—U 形压力计；
8—电动阀门；9—手动阀门；10—尘源

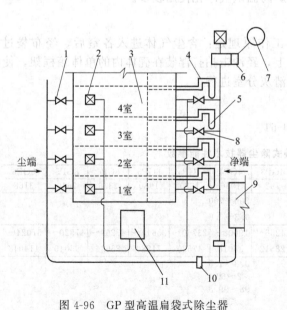

图 4-96　GP 型高温扁袋式除尘器
四个室以上的安装形式
1—手动阀门；2—振打机构；3—设备主体；4—乳胶管；
5—U 形压力计；6—引风机；7—烟窗；8—电动阀门；
9—尘源；10—盲板；11—控制器

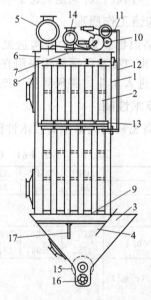

图 4-97　中部振动袋式除尘器
1—过滤室；2—滤袋；3—进风口；4—隔风板；
5—排气管；6—排气管闸门；7—回风管闸门；8—
持袋铁架；9—滤袋下花板；10—振打装置；11—摇
杆；12—打击棒；13—框架；14—回风管；15—螺
旋输送机；16—分格轮；17—热电器

四、中部振动袋式除尘器

中部振动袋式除尘器又称 ZX 型袋式除尘器，主要是由振打清灰装置、滤袋、过滤室（箱体）、集尘斗、进出口风管及螺旋输送机等部分组成，其结构如图 4-97 所示。其设计特点是在除尘器中部振打滤袋。它是将顶部振打传动，通过摇杆、打击棒和框架，在除尘器中部摇晃滤袋而达到清灰的目的。其优点是：具有稳定的较高除尘率和较低的阻力；构造简单，滤袋装卸方便，维护容易。这种除尘器的平均阻力见表 4-62。

表 4-62　ZX 型袋式除尘器平均阻力　　　　　　　　单位：Pa

含尘浓度/(g/m³)	过滤速度/(m/min)				
	0.8	1.25	1.5	2.0	2.5
<10	108	245	441	588	981
150~300	471	1079	1863		

中部振动袋式除尘器与顶部振打的工作过程基本相同，它比顶部振动袋式除尘器简单、可靠。其技术性能及外形尺寸见表 4-63。

表 4-63　ZX 型袋式除尘器技术性能及外形尺寸

型号	袋数	室数	滤袋面积/m²	过滤风速/(m/min)	风量/(m³/h)	阻力/Pa	外形尺寸/mm
ZX50-28	28	2	50		4500		2380×2540×5772
ZX75-42	42	3	75		6750		3190×2540×5772
ZX100-56	56	4	100		9000		4000×2540×5772
ZX125-70	70	5	125	1.5	11250	900	4810×2540×5772
ZX150-84	84	6	150		13500		5620×2540×5842
ZX175-98	98	7	175		15750		6430×2540×5842
ZX200-112	112	8	200		18000		7240×2540×5882
ZX225-126	126	9	225		20250		8050×2540×5882

这种除尘器由于振打滤袋，滤袋经常受到机械作用，损坏较快，更换和检修布袋的工作量大，故较少应用。

五、分室振动袋式除尘器

1. 主要设计特点

LZZF 型分室振动袋式除尘器是采用曲柄带动滑杆的清灰装置对各室分别清灰，同时辅助逆气流反吹清灰，具有清灰效果明显、净化效率高、滤袋磨损小、更换滤袋简单、维修方便、工作稳定可靠等优点，它可用于冶金、铸造、化工、水泥建材、农药、铸件加工等行业。

2. 结构

该除尘器属于机械振动分室除尘器。其结构如图 4-98 所示。

3. 工作原理

含尘气体从尘气进风道进入下箱体后，气流速度显著下降，从而使大颗粒粉尘在重力作用下降落在下箱体的底部，含细微粉尘的气流改变方向，向上经过花板底座进入滤袋内，经过滤袋的过滤，粉尘被吸附在滤袋的内表面上，而净化气体穿过了滤袋由中箱体进入净化空气排气道，由引风机排入大气。

黏附在滤袋内表面粉尘随着工作时间的增长而不断增加，滤袋的工作阻力逐渐加大，引起风量的减小，此时通过差压式反吹控制阀发出指令，进行逐室清灰。清灰过程是由链条带动拨叉（或电动推杆）关闭其中一室的排气道，打开逆气流的进气阀；同时这一室的曲柄摇杆机构开始清灰，清灰 20~30s 后，换一室继续清灰。这样使黏附在滤袋内表面的积灰脱落在下箱体内，经过螺旋输送机排出机外，进入灰尘输送装置。

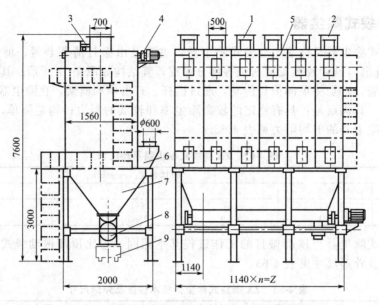

图 4-98　LZZF 型分室振动袋式除尘器结构示意

1—净化空气排气管道；2—逆气流输送管道；3—链条传动—拨叉风门开闭机构（或电动推杆控制风门开闭机构）；
4—曲柄摇杆清灰机构；5—中箱体（包括滤袋、滤袋吊架花板）；6—尘气进气管；7—下箱体
（包括沉降室、螺旋输送减速电机、机架）；8—卸灰阀；9—灰尘输送装置

4. 性能参数

LZZX 型分室振动袋式除尘器的性能参数及配套件型号见表 4-64。

表 4-64　LZZX 型分室振动袋式除尘器的性能参数及配套件型号

型　号	过滤面积 /m^2	过滤风量 /(m/h)	过滤风速 /(m/min)	阻力/Pa	清灰 时间/s	除尘 效率/%	配套件型号	
							电动推杆	清灰减速电机
LZZF$_2$-138HHB	138	8280~16560	1.0~2.0	600~1200	60	99.5	DF3003-1	YTC-112-0.25-100
LZZF$_3$-207HHB	207	12420~24840	1.0~2.0	600~1200	90	99.5	DF3003-1	YTC-112-0.25-100
LZZF$_4$-276HHB	276	16560~33120	1.0~2.0	600~1200	120	99.5	DF3003-1	YTC-112-0.25-100
LZZF$_5$-345HHB	345	20700~41400	1.0~2.0	600~1200	150	99.5	DF3003-1	YTC-112-0.25-100
LZZF$_6$-414HHB	414	24840~49680	1.0~2.0	600~1200	180	99.5	DF3003-1	YTC-112-0.25-100
LZZF$_7$-483HHB	483	28980~57960	1.0~2.0	600~1200	210	99.5	DF3003-1	YTC-112-0.25-100
LZZF$_8$-552HHB	552	33120~66240	1.0~2.0	600~1200	240	99.5	DF3003-1	YTC-112-0.25-100
LZZF$_9$-621HHB	621	37260~74520	1.0~2.0	600~1200	270	99.5	DF3003-1	YTC-112-0.25-100
LZZF$_{10}$-690HHB	690	41400~82800	1.0~2.0	600~1200	300	99.5	DF3003-1	YTC-112-0.25-100
LZZF$_{11}$-759HHB	759	45540~91080	1.0~2.0	600~1200	330	99.5	DF3003-1	YTC-112-0.25-100
LZZF$_{12}$-828HHB	828	49680~99360	1.0~2.0	600~1200	360	99.5	DF3003-1	YTC-112-0.25-100
LZZF$_{13}$-897HHB	897	53820~107640	1.0~2.0	600~1200	390	99.5	DF3003-1	YTC-112-0.25-100
LZZF$_{14}$-966HHB	966	57960~115920	1.0~2.0	600~1200	420	99.5	DF3003-1	YTC-112-0.25-100

除尘器的螺旋连接处应均用橡胶式石棉封垫密封，并用斜螺栓拧紧，以保证除尘器的密封性能。在吊装布袋时，应把摇杆摇至布袋架最上方的位置，以免在清灰时将布袋拉出花板。在试车运行中，要认真检查机械传运部分，如减速电机、链条传运（或电动推杆）换向阀、曲柄摇杆清灰机构、螺旋输送机、卸灰阀等的工作状况和可靠性。如发现有各种不正常现象，应及时排除或调整。在生产工艺设备停运转 5~10min 后才能停止除尘设备，其目的是使除尘器停用前用较为干净的空气代替原来的含尘气体，防止布袋的结露和粉尘沉降在管道内。

六、人工振动袋式除尘器

人工振动袋式除尘器是指无专用清灰装置靠人工振动清灰的除尘设备。人工振动袋式除尘器

的优点是结构简单、寿命长、维护管理方便，防尘效率能满足一般使用要求；缺点是过滤风速低，占地面积大。人工振动袋式除尘器适用于中、小型除尘系统。

1. 人工振动袋式除尘器的设计

（1）过滤面积　除尘器过滤面积取决于处理风量和过滤速度。人工振动袋式除尘器过滤面积按过滤风速确定，过滤速度一般为 $0.25\sim0.5\mathrm{m/min}$，当含尘浓度高或不易脱落时的粉尘过滤速度应取低值。

过滤面积按下式计算：

$$A=\frac{Q}{v_\mathrm{F}} \tag{4-18}$$

式中，A 为过滤面积，$\mathrm{m^2}$；Q 为处理风量，$\mathrm{m^3/min}$；v_F 为过滤速度，$\mathrm{m/min}$。

（2）滤袋规格和数量　滤袋的长径比即滤袋长度与滤袋直径之比值，在袋式除尘器的设计中，也是一个重要的参数。长径比的大小，表明每个滤袋处理风量的能力。当滤袋直径一定时，长径比大，每个滤袋的处理能力大，因而除尘设备的结构就紧凑。长径比的选择，应考虑过滤风速、气体含尘浓度、清灰方式、滤袋材质和工艺布置的空间条件等因素。

入口速度大，袋口阻力就大，特别是含尘浓度高时更容易磨损滤袋。因此，当过滤风速高时，长径比不能太大。

长径比大时，滤袋负荷大，特别是含尘浓度高时滤袋负荷更大，所以必须考虑滤袋材质，即滤袋径向抗折强度。径向抗折强度小的长径比值不宜过大；反之，可取大的长径比。

长径比的大小还应考虑清灰方式，采用简易滤袋清灰的清灰方式，长径比不宜过大，否则滤袋下部清灰效果不好。

长径比的大小直接影响除尘器的外形结构。长径比大，占地面积可以小，而高度增加。长径比小，高度可以降低，而袋数和占地面积需要增加，管理维护也较复杂。因此，在选择长径比时必须综合考虑以上因素。根据现有实际除尘器使用情况，人工振动袋式除尘器推荐滤袋长径比（$L:d$）为 $10\sim20$。

滤袋条数计算如下：

$$N=\frac{A}{\pi dL} \tag{4-19}$$

式中，N 为滤袋条数，条；A 为过滤总面积，$\mathrm{m^2}$；d 为滤袋直径，mm，一般取 $120\sim300\mathrm{mm}$；L 为滤袋长度，m，一般取 $2\sim4\mathrm{m}$。

（3）滤袋材质　人工振动袋式除尘器材质多用薄型滤料，较少用针刺滤料。在薄型滤料中，如果用于糖厂、奶粉厂和面粉厂等食品行业，应尽可能用棉、麻、丝机织织物，以免化纤品进入食品影响人体健康，在其他行业则可用化纤织物。

（4）滤袋的悬挂　滤袋都是采用将端头固定的办法安装的。因此滤袋的端头要求有足够的抗拉和抗折强度。对于玻璃纤维滤袋的端头要进行处理。一般常用的方法是在滤袋端头做成双层布或三层布，加层后使用效果较好。

a. 上口的挂法。除尘器一般较高，为悬挂和更换滤袋的方便，对于上进风袋式除尘器的上口和下进风袋式除尘器的上口的悬挂方法如图 4-99 和图 4-100 所示。

b. 下口的挂法。上口悬挂完毕的滤袋要适当用力拉紧后才能安装下口。一般安装完毕的布袋要成垂直状态，用手压扁放开后自然恢复成圆筒形即可。

（5）除尘器的平面布置　袋式除尘器滤袋平面结构布置尺寸如图 4-101、图 4-102 所示。

（6）除尘器高度　除尘器总高度 H，可按下式计算：

$$H=L_1+h_1+h_2$$

式中，H 为除尘室总高度，m；L_1 为滤袋层高度，m，一般为滤袋长度加吊挂件高度；h_1 为灰斗高度，m，一般需保证灰斗壁斜度不小于 $50°$；h_2 为灰斗粉尘出口距地坪高度，m，一般由粉尘输送设备的高度所确定。

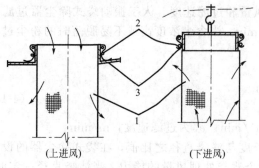

图 4-99　滤袋上口挂法
1—滤袋；2—扎丝；3—固定圈

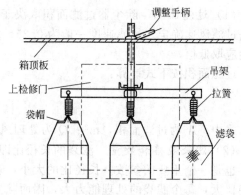

图 4-100　振动清灰滤袋上部安装件

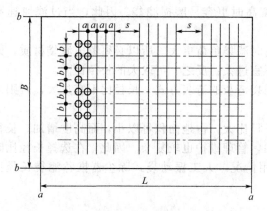

图 4-101　除尘室滤袋平面布置尺寸（一）
a，b—滤袋间的中心距，取 $d+(40\sim60)$，mm；
s—相邻两组通道宽度，$s=d+(600\sim800)$，mm

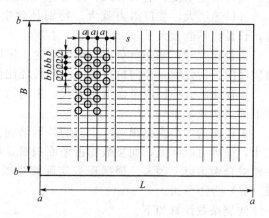

图 4-102　除尘室滤袋布置尺寸（二）
a，b—滤袋间的中心距，取 $d+(40\sim60)$，mm；
s—相邻两组通道宽度，$s=d+(600\sim800)$，mm

(a) L-5.5HCI圆袋除尘机组

(b) L-3HCI圆袋除尘机组

图 4-103　圆袋除尘机组的外形

技术性能：初含尘浓度可达 $5g/m^3$；净化效率大于 99%；压力损失约为 $200\sim600Pa$。

2. 操作制度的选择

人工振动袋式除尘器正压操作比较多，这是因为正压操作对围护结构严密性要求低，但气体含尘浓度高时存在着风机磨损的问题。如果风机并联，当一台停止运行时会产生倒风冒灰现象。负压操作要求有严密的外围结构。

清灰方式靠离线人工拍打清灰或者设计手动清灰装置。

3. 人工振动除尘机组

圆袋除尘机组的外形如图 4-103 所示，其性能分别见表 4-65 和表 4-66。

表 4-65　L-5.5HCI 圆袋除尘机组性能

功率/kW	3	资用压力/Pa	
转速/(r/min)	2900	除尘效率/%	
布袋过滤面积/m²	6	噪声/dB(A)	≤80
电压/V	380	体积(长×宽×高)/mm× mm×mm	500×1350×2000
吸入口直径/mm	φ160		
风量/(m³/h)	2000		

表 4-66　L-3HCI 圆袋除尘机组性能

处理风量/(m³/h)	1500	噪声/dB(A)	≤80
资用压力/Pa	>200	除尘效率/%	>99.9
功率/kW	2.2	体积(长×宽×高)/mm× mm×mm	823×560×2720
吸入口/mm	φ140		

4. 应用实例

（1）便携式扁袋除尘机组　便携式扁袋除尘机组是利用微型汽油机为动力和扁型手动清灰滤袋组成的机组，其主要特点是，质量较轻、携带方便，可以清洁公园、街道、院落、车站等处散落的垃圾、树叶、纸屑和某些尘土、杂物等。其主要组成如图 4-104 所示。该机组采用单汽缸二冲程发动机，油箱容积 400cm³。

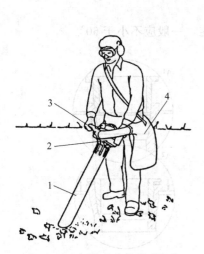

图 4-104　便携式扁袋除尘机组
1—吸尘管；2—风机；3—手柄；4—滤袋

图 4-105　人工振动袋式除尘器

（2）人工振动袋式除尘器在分级机的应用　粉体分级机是粉体工业常用设备，其配套设备之一就是人工振动袋式除尘器，如图 4-105 所示。

第五节
滤筒式除尘器

滤筒式除尘器早在 20 世纪 70 年代已经出现，且具有体积小，效率高等优点，但因其设备容量小，过滤风速低，不能处理大风量，应用范围窄，仅在烟草、焊接等行业中采用，所以多年来未能大量推广。由于新型滤料的出现和除尘器设计的改进，滤筒式除尘器在除尘工程中开始应用，并成为净化细颗粒物和低浓度排放的首选除尘器之一。

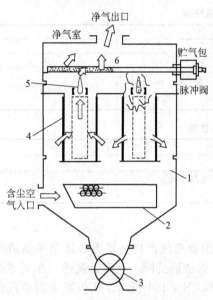

图 4-106　滤筒式除尘器构造示意
1—箱体；2—气流分布板；3—卸灰阀；
4—滤筒；5—导流器；6—喷吹管

一、滤筒式除尘器的特点

滤筒式除尘器的特点如下：①由于滤料折褶成筒状使用，使滤料布置密度大，所以除尘器结构紧凑，体积小；②滤筒高度小，安装方便，使用维修工作量小；③同体积除尘器过滤面积相对较大，过滤风速较小，阻力不大；④滤料折褶要求两端密封严格，不能有漏气，否则会降低效果。

1. 除尘器构造

除尘器由进风管、排风管、箱体、灰斗、清灰装置、滤筒及电控装置组成，见图 4-106。

滤筒在除尘器中的布置很重要，滤筒可以垂直布置在箱体花板上，也可以倾斜布置在花板上，用螺栓固定，并垫有橡胶垫，花板以下部分为过滤室，以上部分为净气室。滤筒除了用螺栓固定外，更方便的办法是自动锁紧装置（见图 4-107）和橡胶压紧装置（见图 4-108），这两种方法，对安装和维修十分方便。

滤筒式除尘器卸灰斗的倾斜角应根据粉尘的安息角确定，一般应不小于 60°。

图 4-107　自动锁紧装置

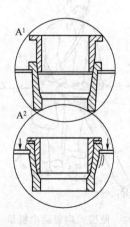

图 4-108　橡胶压紧装置

滤筒式除尘器的卸灰阀应严密。

滤筒式除尘器的净气室高度应能方便脉冲喷吹装置的安装和检修。

2. 滤筒式除尘器工作原理

含尘气体进入除尘器灰斗后，由于气流断面突然扩大，气流中一部分颗粒粗大的尘粒在重力和惯性作用下沉降下来；粒度细、密度小的尘粒进入过滤室后，通过布朗扩散和筛滤等综合效应，使粉尘沉积在滤料表面，净化后的气体进入净气室由排气管经风机排出。

滤筒式除尘器的阻力随滤料表面粉尘层厚度的增加而增大。阻力达到某一规定值时，进行清灰。如图4-109所示，尺寸见表4-67。此时脉冲控制仪控制脉冲阀的启闭，当脉冲阀开启时，气包内的压缩空气通过脉冲阀经喷吹管上的小孔，喷射出一股高速高压的引射气流，从而形成一股相当于引射气流体积1～2倍的诱导气流，一同进入滤筒内，使滤筒内出现瞬间正压并产生鼓胀和微动，沉积在滤料上的粉尘脱落，掉入灰斗内。灰斗内收集的粉尘通过卸灰阀，连续排出。

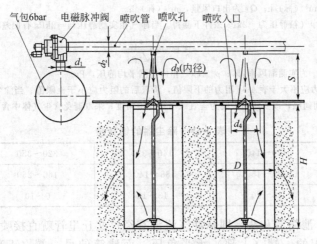

图4-109　除尘器清灰示意

表4-67　清灰装置和滤筒配置尺寸

滤筒直径 D /mm	滤筒高度 H /mm	进气管直径 d_1 /in	喷吹管直径 d_2 /in	进气孔直径 d_3 /mm	喷吹入口 d_4 /mm	喷吹孔至花板距离 S /mm	滤筒数量 n
325	660	1	1	13～16	156	300～350	2～3
	1200	1½	1½	16～20	156	300～350	2～3
218	660	1	1	10～12	92	250	6～7
	1200	¾	¾	10～12	92	250	6～7
145	660	1½	1½	8～10	62	200	6～7
	1200	1	1	10～12	62	200	6～7

这种脉冲喷吹清灰方式，是逐排滤筒顺序清灰，脉冲阀开闭一次产生一个脉冲动作，所需的时间为0.1～0.2s；脉冲阀相邻两次开闭的间隔时间为1～2min；全部滤筒完成一次清灰循环所需的时间为10～30min。由于本设备为高压脉冲清灰，所以根据设备阻力情况，应把喷吹时间适当调长，而把喷吹间隔和喷吹周期适当缩短。

3. 主要性能指标

国家标准规定，滤筒式除尘器的主要性能和指标见表4-68和表4-69。

表 4-68 滤筒式除尘器的主要性能和指标

项目	滤筒材质					
	合成纤维非织造		改性纤维素	合成纤维非织造覆膜		改性纤维素覆膜
入口含尘浓度/[g/m²(标)]	>15	≤15	≤5	>15	≤15	≤5
过滤风速/(m/min)	0.3~0.8	0.6~1.0	0.3~0.6	0.3~1.0	0.8~1.2	0.3~0.8
出口含尘浓度/[mg/m²(标)]	≤30		≤20	≤10		≤10
	≤20		≤10	≤5		≤5
漏风率/%	≤2		≤2	≤2		≤2
设备阻力/Pa	1400~1900		1400~1800	1400~1900		1300~1800
耐压强度/kPa	5					

注：1. 用于特殊工况其耐压强度应按实际情况计算。

2. 实测漏风率按公式(4-20)计算，

$$\varepsilon_1 = \frac{Q_0 - Q_1}{Q_0} \times 100\% \qquad (4-20)$$

式中，Q_0 为入口风量，m³(标)/h；Q_1 为出口风量，m³(标)/h。

3. 除尘器的漏风率宜在净气箱静压为 -2kPa 条件下测得。当净气箱实测静压与 -2kPa 有偏差时，按下列公式计算：

$$\varepsilon = 44.72 \frac{\varepsilon_1}{\sqrt{|p|}} \qquad (4-21)$$

式中，ε 为漏风率，%；ε_1 为实测漏风率，%；p 为净气箱内实测平均静压，Pa。

4. 滤筒式除尘器初始阻力应不大于表 4-68 阻力的下限值，清灰后的阻力应小于上限值。当除尘器运行阻力超过表 4-68 数值时，可以减少喷吹清灰时间间隔；改变滤筒安装为垂直或增加倾斜角度；采取避免含尘气体中含有油、水液滴等措施。

表 4-69 除尘器的钢耗量

滤筒直径 D/mm	120~140	140~320	320~350	320~350
滤筒褶数 n	35~45	88~140	160~250	330~350
钢耗量/(kg/m²)	15~20	13~18	6~10	≤5

如果采用图 4-109 滤筒清灰法，即脉冲气流没有经过文丘里管就直接喷吹进入滤筒内部，将会导致滤筒靠近脉冲阀的一端（上部）承受负压，而滤筒的另一端（下部）将承受正压见图 4-110。这就会造成滤筒的上下部清灰不同而可能缩短使用寿命，并使设备不能达到有效清灰。

为此可在脉冲阀出口或者脉冲喷吹管上安装滤筒用文丘里喷嘴。把喷吹压力的分布情况改良成比较均匀的全滤筒高度正压喷吹。

滤筒用文丘里喷嘴的结构和安装高度见图 4-111。

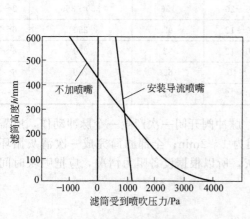

图 4-110 滤筒有无喷嘴对比

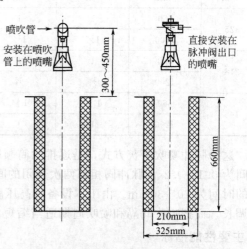

图 4-111 滤筒用文丘里喷嘴的结构和安装高度

灰尘堆积在滤筒的折叠缝中将使清灰比较困难。所以折叠面积大的滤筒（每个滤筒的过滤面积达到20～22m²）一般只适合应用于较低入口浓度的情况。比较常用滤筒尺寸与过滤面积见表4-70。

表4-70　常用滤筒尺寸与过滤面积

序号	外径/mm	内径/mm	高度/mm	过滤面积/m²	序号	外径/mm	内径/mm	高度/mm	过滤面积/m²
1	352	241	660,771	9.4,10.1	5	153	128	1064～2064	2.3～4.6
2	325	216	600,660	9.4,10,15 20,21,22	6	150	94	1000	3.6
3	225	169	500,750 1000	2.5,3.75,5	7	130	98	1000,1400	1.25,2.5
4	200	168	1400	5	8	124	105	1048～2048	1.4～2.7

滤筒式除尘器脉冲喷吹装置的分气箱应符合 JB/T 10191—2000 的规定。洁净气流应无水、无油、无尘。脉冲阀在规定条件下，喷吹阀及接口应无漏气现象，并能正常启闭，工作可靠。

脉冲控制仪工作应准确可靠，其喷吹时间与间隔均可在一定范围内调整。诱导喷吹装置与喷吹管配合安装时，诱导喷吹装置的喷口应与喷吹管上的喷孔同轴，并保持与喷管一致的垂直度，其偏差小于2mm。

4.滤筒构造

（1）构造和技术要求　滤筒式除尘器的过滤元件是滤筒。滤筒的构造分为顶盖、金属框架、褶形滤料和底座四部分。

滤筒是用设计长度的滤料折叠成褶，首尾粘合成筒，筒的内外用金属框架支撑，上、下用顶盖和底座固定。顶盖有固定螺栓及垫圈。圆形滤筒外形见图4-112，扁形滤筒的外形见图4-113。

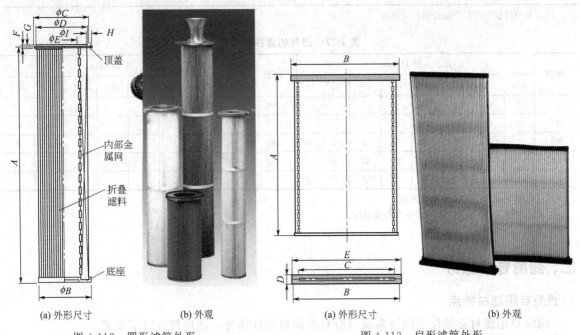

(a) 外形尺寸　　(b) 外观　　　　　(a) 外形尺寸　　(b) 外观

图4-112　圆形滤筒外形　　　　　图4-113　扁形滤筒外形

滤筒的上、下端盖、护网的粘接应可靠，不应有脱胶、漏胶和流挂等缺陷；滤筒上的金属件应满足防锈要求；滤筒外表面应无明显伤痕、磕碰、拉毛和毛刺等缺陷；滤筒的喷吹清灰按需要可配用诱导喷嘴或文氏管等喷吹装置，滤筒内侧应加防护网，当选用 $D \geqslant 320$mm，$H \geqslant 1200$mm 滤筒时，宜配用诱导喷嘴。

（2）滤筒尺寸 滤筒外形尺寸系列见表 4-71，尺寸偏差极限值见表 4-72，滤筒的直径和褶数见表 4-73。

表 4-71 滤筒的尺寸系列　　　　　　　　　　　　　　　　　　　　单位：mm

长度	直 径 D								长度	直 径 D							
	120	130	140	150	160	200	320	350		120	130	140	150	160	200	320	350
660						☆	☆	☆	1000	☆	☆	☆	☆	☆	☆	☆	☆
700						☆	☆	☆	2000	☆	☆	☆	☆	☆	☆		
800						☆	☆	☆									

注：1. 滤筒长度 H，可按使用需要加长或缩短，并可两节串联。

2. 直径 B 是指外径，是名义尺寸。

3. 有标志"☆"为推荐组合。

表 4-72 滤筒外形尺寸偏差极限值　　　　　　　　　　　　　　　单位：mm

直径 D	偏差极限	长度 H	偏差极限
120 130 140 150 160 200	±1.5	600 700 800	±3
320 350	±2.0	1000 2000	±5

注：检测时按生产厂产品外形尺寸进行。

表 4-73 滤筒的直径和褶数　　　　　　　　　　　　　　　　　　单位：mm

褶数	直 径 D/mm								褶数	直 径 D/mm							
	120	130	140	150	160	200	320	350		120	130	140	150	160	200	320	350
35	☆	☆	☆						160							☆	☆
45	☆	☆	☆	☆	☆				250							☆	☆
88			☆	☆	☆	☆	☆	☆	330							☆	☆
120					☆	☆	☆	☆	350								☆
140					☆	☆	☆	☆									

注：1. 有标志"☆"者为推荐组合。

2. 褶数 250～350 仅适应于纸质及其覆膜滤料。

3. 褶深 35～50mm。

二、滤筒专用滤材

1. 滤筒专用滤材特点

滤筒专用滤材必须保证除通常滤材所具备的过滤性能外，还应符合以下要求。

① 有一定的硬挺度。能够摺叠后保证牙纹的形状，并且能够承受一定的负压不变形［如图 4-114 示，图 4-114(a) 为滤材挺度不足的情况。在压力的作用下，摺叠之间没有了间隙。能够透气的地方非常小。大部分滤材已经失去了通风的能力。图 4-114(b) 为正常工作状态的滤材］。

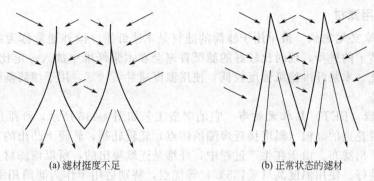

(a) 滤材挺度不足　　　　　　　　(b) 正常状态的滤材

图 4-114　滤材工作状态

② 滤材不能太脆，折叠后叠痕部位不能破损，并在长期经受脉冲作用下也能保证完好，且不变形。

③ 滤材不能过厚（过厚的滤材不利于增加过滤面积）。

④ 必须有足够的强度，能抵抗脉冲长期冲击而不破损，使用寿命长。

⑤ 湿度、温度等条件变化后，滤材的尺寸及形状不能有太大的变化，必须要有较好的稳定性。

⑥ 符合环保要求，在使用过程中，特别是在脉冲冲击下，滤材本身不能有危害人体健康的物质释出。

2. 滤筒专用滤材的过滤机理

新滤筒刚装上除尘器时，很快会有大量的粉尘吸附到滤材表面上，粉尘层不断加厚。当脉冲反吹时，大量的急速气流进入滤筒内框，所产生的瞬间冲击力使滤材产生振动和弯曲变形，滤材表面最外层的粉尘层剥落并伴随着气流排出，从而达到脉冲清灰的效果。当清灰后，我们希望滤材表层能保留一层初始的稳定粉尘层不被清掉。这层粉尘名为初尘饼。它是保证过滤效率的关键，并且它能够最大限度地阻止后来的粉尘进入滤材芯部，有效地保护滤材不被堵塞（见图 4-115），这就是表面过滤的机理。如果初尘饼稳定性不好，粉尘容易进入滤材芯部，即使有脉冲反吹系统，进入滤材芯部的粉尘也会比排出粉尘多，从而导致滤材阻塞及排放超标等现象。所以清灰时必须保证不能过度清灰，否则会造成滤筒寿命缩短和排放超标。但是，当清灰效果不佳时，粉尘层不断增加会使滤材严重堵塞。这也不是我们期望达到的效果，所以脉冲清灰要适当，不能过度清灰或清灰不足。

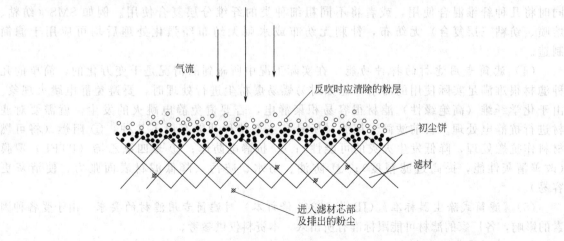

气流

反吹时应清除的粉层

初尘饼

滤材

进入滤材芯部
及排出的粉尘

图 4-115　表面过滤机理示意

3. 常用的滤筒专用滤材

（1）木浆纤维空气滤纸　最早用于滤筒的滤材是木浆纤维（国外通常称为纤维素）的空气滤纸。随着造纸技术的进步，现时比较好的滤纸普遍会在木浆纤维中加入一定比例的合成纤维，以改善滤纸的性能。木浆纤维滤纸强度较低，使用温度通常≤80℃，用于滤筒制造时，使用寿命较短。

（2）纺粘聚酯（PET）热轧无纺布　它的制造工艺如图4-116所示，纤维层在网帘带上成网后再通过一对带花点的高温（温度接近聚酯的熔点）轧辊轧制，轧辊上凸出的花点将纤维层压紧焊合，从而生产出滤布。由于在生产过程中，纤维是连续喷出的，所以该滤材具有强度高、使用寿命长、抗潮性好、使用温度高（≤135℃）等优点，特别适用于作为滤筒用滤材。（图4-117和图4-118为用该工艺生产的热轧无纺布的正面、截面电镜图）

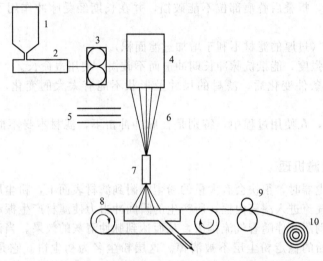

图4-116　制造纺粘聚酯热轧无纺布工艺示意图

1—料斗（加入聚酯切片）；2—熔体螺杆挤出机；3—熔体计量泵；4—纺丝装置（内置喷丝板）；

5—骤冷室（大量冷空气从两边进入并流入气槽7，对纤维冷却并拉伸）；

6—纤维束；7—气槽；8—网帘带；9—轧辊；10—滤布

（3）其他形式的无纺布　由于可以制造无纺布的化学纤维有很多，并且制造工艺也各不相同，为了满足不同的使用要求，可以选用不同的纤维和不同的无纺布制造工艺，可以同时将几种纤维混合使用，或者将不同粗细种类的纤维分层复合使用。例如SMS（纺粘、熔喷、纺粘三层复合）无纺布，针刺无纺布或水刺无纺布经强化处理后均可应用于滤筒制造。

（4）滤筒专用滤材的特种功能　在实际工况中所碰到的情况是千变万化的，简单的几种滤材很难满足实际使用的需求，比如对易燃易爆粉尘进行处理时，要避免静电跳火现象。由于化学纤维（高绝缘性）滤材很容易积聚静电，若要避免静电跳火的发生，就需要对滤材进行抗静电处理。目前滤筒专用滤材所具有主要特种功能有以下几种：① 阻燃（将可燃材料作抗燃处理，降低发生火灾的可能性）；② 抗静电防爆；③ 聚四氟乙烯（PTFE）覆膜（改善清灰性能，提高过滤精度）；④ 防油、防水、防污（降低滤材表面张力，使清灰更容易）。

（5）《滤筒式除尘器标准》（JB/T 10341修订本）对滤筒专用滤材的要求　由于受各种因素的影响，各厂家的滤材可能跟标准有所出入，本资料仅供参考。

① 合成纤维非织造滤料

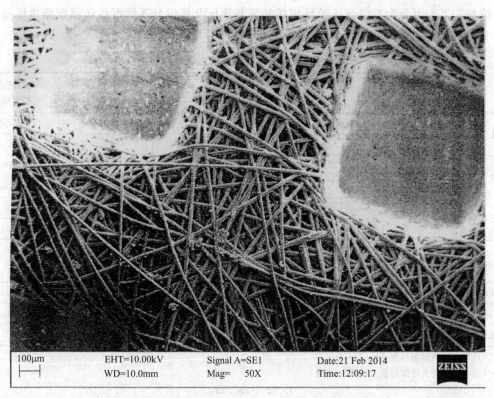

| 100μm | EHT=10.00kV | Signal A=SE1 | Date:21 Feb 2014 | ZEISS |
| | WD=10.0mm | Mag=   50X | Time:12:09:17 | |

图 4-117 纺粘聚酯（PET）热轧无纺布正面电镜放大图

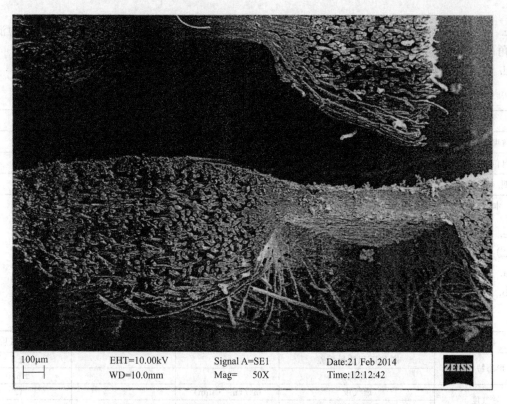

| 100μm | EHT=10.00kV | Signal A=SE1 | Date:21 Feb 2014 | ZEISS |
| | WD=10.0mm | Mag=   50X | Time:12:12:42 | |

图 4-118 纺粘聚酯（PET）热轧无纺布截面电镜放大图

a. 按加工工艺可分为双组分连续纤维纺粘聚酯热压及单组分连续纤维纺粘聚酯热压两类。

b. 合成纤维非织造滤料的主要性能和指标应符合表 4-74 的规定。

表 4-74 合成纤维非织造滤料的主要性能和指标

特性		单位	双组分连续纤维纺粘聚酯热压	单组分连续纤维纺粘聚酯热压
形态特性	单位面积质量偏差	%	±2.0	±4.0
	厚度偏差	%	±4.0	±6.0
断裂强力	经向	N/50mm	>900	>400
	纬向		>1000	>400
断裂伸长率	经向	%	<9	<15
	纬向		<9	<15
透气度	透气度	m³/(m²·min)	15	5
	透气度偏差	%	±15	±15
除尘效率(计重法)		%	≥99.95	≥99.5
PM$_{2.5}$的过滤效率		%	≥40	≥40
最高连续工作温度		℃	≤120	

注：1. 透气度的测试条件为 $\Delta p = 125\text{Pa}$。

2. 透气度与过滤阻力可以用公式(4-22)换算

$$Q_1/Q_2 = \Delta p_1/\Delta p_2 \tag{4-22}$$

式中，Q_1 为透气度，m³/(m²·min) 或 m/min；Q_2 为过滤风速，m/min；Δp_1 为透气度的测试条件，Pa；Δp_2 为过滤阻力，Pa。

c. 滤料做表面防水处理，疏水性能测定应符合 GB/T 4745—1997 的规定，处理后的滤料其浸润角应大于 90°，沾水等级不得低于 Ⅳ 级。

d. 防静电滤料应符合表 4-75 的规定。

表 4-75 滤料的抗静电特性

滤料抗静电特性	最大限值	滤料抗静电特性	最大限值
摩擦荷电电荷密度/(μC/m²)	<7	表面电阻/Ω	<10¹⁰
摩擦电位/V	<500	体积电阻①/Ω	<10⁹
半衰期/s	<1		

① 本项指标根据产品合同决定是否选择。

e. 对高温等其他特殊工况，滤料材质的选用应满足应用要求。

② 改性纤维素滤料

a. 改性纤维素滤料可分为低透气度和高透气度两类。

b. 改性纤维素滤料的主要性能和指标应符合表 4-76 的规定。

表 4-76 改性纤维素滤料的主要性能和指标

特性	项目	单位	低透气度	高透气度
形态特性	单位面积质量偏差	%	±3	±5
	厚度偏差	%	±6.0	±6.0
透气度	透气度	m³/(m²·min)	5	12
	透气度偏差	%	±12	±10

特性	项目	单位	低透气度	高透气度
	除尘效率(计重法)	%	≥99.8	≥99.8
	PM$_{2.5}$的过滤效率	%	≥40	≥40
	耐破度	MPa	≥0.2	≥0.3
	挺度	N·m	≥20	≥20
	最高连续工作温度	℃	≤80	

注：1. 透气度的测试条件为 $\Delta p = 125$Pa。

2. 透气度与过滤阻力可以用公式(4-22)换算

$$Q_1/Q_2 = \Delta p_1/\Delta p_2 \tag{4-22}$$

式中，Q_1 为透气度，m^3/(m^2·min) 或 m/min；Q_2 为过滤风速，m/min；Δp_1 为透气度的测试条件，Pa；Δp_2 为过滤阻力，Pa。

③ 聚四氟乙烯覆膜滤料

a. 合成纤维非织造聚四氟乙烯覆膜滤料的主要性能和指标应符合表 4-77 的规定。

表 4-77 合成纤维非织造聚四氟乙烯覆膜滤料的主要性能和指标

特性	项目	单位	双组分连续纤维纺粘聚酯热压	单组分连续纤维纺粘聚酯热压
形态特性	单位面积质量偏差	%	±2.0	±4.0
	厚度偏差	%	±4.0	±6.0
断裂强力	经向	N/50mm	>900	>400
	纬向		>1000	>400
断裂伸长率	经向	%	<9	<15
	纬向		<9	<15
透气度	透气度	m^3/(m^2·min)	6	3
	透气度偏差	%	±15	±15
除尘效率(计重法)		%	≥99.99	≥99.99
PM$_{2.5}$的过滤效率		%	≥99.5	≥99.0
覆膜牢度	覆膜滤料	MPa	0.03	0.03
疏水特性	浸润角		>90	>90
	沾水等级		≥Ⅳ	≥Ⅳ
最高连续工作温度		℃	≤120	

注：1. 透气度的测试条件为 $\Delta p = 125$Pa。

2. 透气度与过滤阻力可以用公式(4-22)换算

$$Q_1/Q_2 = \Delta p_1/\Delta p_2 \tag{4-22}$$

式中，Q_1 为透气度，m^3/(m^2·min) 或 m/min；Q_2 为过滤风速，m/min；Δp_1 为透气度的测试条件，Pa；Δp_2 为过滤阻力，Pa。

b. 改性纤维素聚四氟乙烯覆膜滤料的主要性能和指标应符合表 4-78 的规定。

表 4-78 改性纤维素聚四氟乙烯覆膜滤料的主要性能和指标

特性	项目	单位	低透气度	高透气度
形态特性	单位面积质量偏差	%	±3	±5
	厚度偏差	%	±6.0	±6.0
透气度	透气度	m^3/(m^2·min)	3.6	8.4
	透气度偏差	%	±11	±12
除尘效率(计重法)		%	≥99.95	≥99.95
PM$_{2.5}$的过滤效率		%	≥99.5	≥99.0

续表

特性	项目	单位	低透气度	高透气度
覆膜牢度	覆膜滤料	MPa	0.02	0.02
疏水特性	浸润角	°	＞90	＞90
	沾水等级		≥Ⅳ	≥Ⅳ
最高连续工作温度		℃	≤80	

注：1. 透气度的测试条件为 $\Delta p = 125$ Pa。

2. 透气度与过滤阻力可以用公式（4-22）换算

$$Q_1/Q_2 = \Delta p_1/\Delta p_2 \tag{4-22}$$

式中，Q_1 为透气度，$m^3/(m^2 \cdot min)$ 或 m/min；Q_2 为过滤风速，m/min；Δp_1 为透气度的测试条件，Pa；Δp_2 为过滤阻力，Pa。

4. 白云美好滤筒专用滤材

广州市白云美好滤清器厂是一家集研发、制造、销售于一体的专业生产除尘滤筒的厂家。该公司一直致力于自主研发高性能优质滤筒专用滤材。经过十多年努力，已开发出五大系列的滤筒专用滤材，并且目前正在不断研发新的产品。

（1）普通系列　普通滤材是未经后处理，不具备特种功能的滤材，主要型号技术参数如表4-79 和表4-80 所示。

表 4-79　聚酯型普通系列滤材技术参数

型号	主要成分	定重/(g/m²)	厚度/mm	透气度①/[L/(m²·s)]	强度 纵向/(N/5cm)	强度 横向/(N/5cm)	工作温度/℃	过滤精度②/μm	除尘效率③/%	精度等级④	备注
MH217	聚酯(PET)	170	0.45	220	250	300	≤135	5	≥99	MERV11 或 F6	可做阻燃处理型号为 MH217Z
MH226	聚酯(PET)	260	0.6	150	380	440	≤135	5	≥99.5	MERV12 或 F6	可做阻燃处理型号为 MH226Z

① 透气度是在 $\Delta p = 200$ Pa 时测得。

② 过滤精度：通常是指在原始状态下未建立初尘饼时，能够有效地阻隔粒子的最小尺寸级别。

③ 除尘效率：采用 325 目中位径 8～12μm 滑石粉，过滤速度≤1.2m/min，粉尘浓度为 (4±0.5)g/m³，经过 5 次以上清灰过程后，滤材有效阻隔粉尘与总进入粉尘的质量比。（JB/T 10341—2002）。

④ 精度等级：为滤材初始时测定的，美国 ASHARE52.2 过滤级别，或欧洲 EN779 过滤级别。

表 4-80　纤维素型普通系列滤材技术参数

型号	主要成分	定重/(g/m²)	总厚度/mm	透气度①/[L/(m²·s)]	耐破度/kPa	工作温度/℃	过滤精度②/μm	除尘效率③/%	精度等级④
MH112	纤维素	120	≥0.6	110	≥200	≤80	5	≥99.5	MERV12 或 F6
MH112A	纤维素及合成纤维	120	≥0.6	110	≥200	≤80	5	≥99.8	MERV13 或 F7

① 透气度是在 $\Delta p = 200$ Pa 时测得。

② 过滤精度：通常是指在原始状态下未建立初尘饼时，能够有效地阻隔粒子的最小尺寸级别。

③ 除尘效率：采用 325 目中位径 8～12μm 滑石粉，过滤速度≤1.2m/min，粉尘浓度为 (4±0.5)g/m³，经过 5 次以上清灰过程后，滤材有效阻隔粉尘与总进入粉尘的质量比（JB/T 10341—2002）。

④ 精度等级：为滤材初始时测定的，美国 ASHARE52.2 过滤级别，或欧洲 EN779 过滤级别。

（2）防静电聚酯无纺布系列　防静电聚酯无纺布滤材是在普通聚酯无纺布上覆上一层导电的铝涂层。主要是起抗静电、防爆的作用。另外可根据实际情况加上防油、防水、防污功能（F2）。该系列材料不适合在有酸碱性或湿度高的场合使用。其性能见表4-81。

表 4-81　防静电聚酯无纺布系列滤材技术参数

型号	基材成分	定重/(g/m²)	厚度/mm	透气度①/[L/(m²·s)]	强度		工作温度/℃	过滤精度②/μm	除尘效率③/%	精度等级④	备注
					纵向/(N/5cm)	横向/(N/5cm)					
MH226AL	聚酯(PET)	260	0.6	150	380	440	65	5	≥99.5	MERV12或F6	
MH226ALF2	聚酯(PET)	260	0.6	150	380	440	65	5	≥99.5	MERV12或F6	具防油、水、污功能

① 透气度是在 $\Delta p=200\text{Pa}$ 时测得。

② 过滤精度：通常是指在原始状态下未建立初尘饼时，能够有效地阻隔粒子的最小尺寸级别。

③ 除尘效率：采用325目中位径8～12μm滑石粉，过滤速度≤1.2m/min，粉尘浓度为（4±0.5）g/m³，经过5次以上清灰过程后，滤材有效阻隔粉尘与总进入粉尘的质量比（JB/T 10341—2002）。

④ 精度等级：为滤材初始时测定的，美国ASHARE52.2过滤级别，或欧洲EN779过滤级别。

（3）防油、防水、防污（F2）系列　防油、防水、防污（F2）系列滤材是使普通聚酯无纺布上每一根纤维都包裹了一层极薄的（纳米级）氟树脂涂层，降低滤材的表面张力，使滤材具有不粘性，因而脉冲反吹除尘时，粉尘更容易脱落，对于高湿度的情况效果更为明显（适用于容易吸湿的大粒径粉尘或高湿度的场合）。但对于处理含油烟的粉尘时（特别是粉尘浓度很小，油烟占的比例较大时），直接过滤的话，效果会很不理想，必须根据实际情况采用特殊工艺进行处理，以降低油脂对滤材的阻塞。其性能见表4-82。

表 4-82　防油、防水、防污（F2）系列滤材技术参数

型号	基材成分	定重/(g/m²)	厚度/mm	透气度①/[L/(m²·s)]	强度		工作温度/℃	过滤精度②/μm	除尘效率③/%	精度等级④	备注
					纵向/(N/5cm)	横向/(N/5cm)					
MH217F2	聚酯(PET)	170	0.45	200	250	300	≤135	5	≥99	MERV11或F6	用于高湿度大气除尘
MH226F2	聚酯(PET)	260	0.6	150	380	440	≤135	5	≥99.5	MERV12或F6	

① 透气度是在 $\Delta p=200\text{Pa}$ 时测得。

② 过滤精度：通常是指在原始状态下未建立初尘饼时，能够有效地阻隔粒子的最小尺寸级别。

③ 除尘效率：采用325目中位径8～12μm滑石粉，过滤速度≤1.2m/min，粉尘浓度为（4±0.5）g/m³，经过5次以上清灰过程后，滤材有效阻隔粉尘与总进入粉尘的质量比（JB/T 10341—2002）。

④ 精度等级：为滤材初始时测定的，美国ASHARE52.2过滤级别，或欧洲EN779过滤级别。

注：防水等级大于V级。（GB/T 4745—1997）。

（4）覆膜（F3、F4、F5）系列　覆膜滤材是一种典型的表面过滤型滤材，它是在滤材表面覆贴上一层非常薄并且微孔非常多的薄膜，其实它就是一种非常稳定的人造初尘饼，对滤材起到保护作用，使其不被堵塞，降低过滤阻力并提高过滤精度（见图4-119）。

图4-120为普通滤材和覆膜滤材的工作阻力与工作时间关系曲线。

① 氟树脂多微孔膜（F3）系列　氟树脂多微孔膜（F3）系列滤材是在普通聚酯无纺布上覆上一层非常薄而均匀的氟树脂多微孔膜（图4-121）。该系列滤材是表面过滤型滤材，它具有价格低、过滤精度高、使用寿命长、透气性和疏水性好等特点（见表4-83）。适用于排放要求较高、粉尘粒度小、湿度大等场合。如粉体输送、重金属粉尘、抛丸除尘、粉末喷涂、大气除尘等。

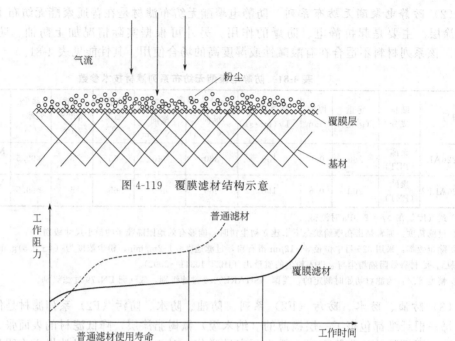

图 4-119　覆膜滤材结构示意

图 4-120　普通滤材和覆膜滤材的工作阻力与工作时间关系曲线

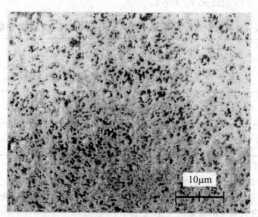

图 4-121　氟树脂多微孔膜电镜放大图

表 4-83　氟树脂多微孔膜（F3）滤材技术参数

型号	基材成分	基材定重/(g/m²)	厚度/mm	透气度①/[L/(m²·s)]	强度		工作温度/℃	过滤精度②/μm	除尘效率③/%	精度等级④
					纵向/(N/5cm)	横向/(N/5cm)				
MH226F3	聚酯（PET）	260	0.6	50～70	380	440	≤135	1	≥99.9	MERV13或F7

① 透气度是在 $\Delta p = 200\text{Pa}$ 时测得。

② 过滤精度：通常是指在原始状态下未建立初尘饼时，能够有效地阻隔粒子的最小尺寸级别。

③ 除尘效率：采用 325 目中位径 8～12μm 滑石粉，过滤速度≤1.2m/min，粉尘浓度为（4±0.5）g/m³，经过 5 次以上清灰过程后，滤材有效阻隔粉尘与总进入粉尘的质量比（JB/T 10341—2002）。

④ 精度等级：为滤材初始时测定的，美国 ASHARE52.2 过滤级别，或欧洲 EN779 过滤级别。

② 聚四氟乙烯（PTFE）覆膜（F4）系列　聚四氟乙烯（PTFE）覆膜（F4）系列滤材是在普通聚酯无纺布上作 PTFE 覆膜处理（图 4-122）。另外，可根据实际的使用场合加上阻燃或防水功能，该系列滤材是表面过滤型滤材。由于聚四氟乙烯覆膜表面极其光滑，是目前世界上最光滑的材料，表面张力特别低，脉冲反吹时粉尘特别容易脱落，并且从电镜放大图中可看到，聚四氟乙烯膜是由很多 $0.2\mu m$ 左右的纤维网所组成，所以它们都具有过滤精度极高、寿命长、透气性好、价格高等特点（见表 4-84），加抗水功能后可适用于高湿度的环境。该系列滤材主要适用于处理各种颗粒小，黏性大的粉尘及要求排放极为严格的场合（焊割、熔炼烟气，重金属粉尘，炭黑，白炭黑等）。

图 4-122　聚四氟乙烯（PTFE）覆膜电镜放大图

表 4-84　聚四氟乙烯（PTFE）覆膜（F4）系列滤材技术参数

型号	基材成分	基材定重/(g/m²)	厚度/mm	透气度①/[L/(m²·s)]	强度 纵向/(N/5cm)	强度 横向/(N/5cm)	工作温度/℃	过滤精度②/μm	除尘效率③/%	精度等级④	备注
MH217F4-ZR	聚酯(PET)	170	0.45		250	300	≤135				有阻燃功能
MH226F4	聚酯(PET)			50~70							
MH226ALF4	聚酯(PET)						≤80			MERV16 或 H11	抗静电功能
MH226F4-ZR	聚酯(PET)	260	0.6		380	440		0.3	≥99.99		有阻燃功能
MH226F4-KC	聚酯(PET)			45~65			≤135				适用于高湿度场合
MH226HF4	聚酯(PET)			55~75						MERV16 或 H12	热压型覆膜(白色)

① 透气度是在 $\Delta p = 200\text{Pa}$ 时测得。

② 过滤精度：通常是指在原始状态下未建立初尘饼时，能够有效地阻隔粒子的最小尺寸级别。

③ 除尘效率：采用 325 目中位径 $8\sim12\mu m$ 滑石粉，过滤速度 $\leqslant1.2\text{m/min}$，粉尘浓度为 $(4\pm0.5)\text{g/m}^3$，经过 5 次以上清灰过程后，滤材有效阻隔粉尘与总进入粉尘的质量比（JB/T 10341—2002）。

④ 精度等级：为滤材初始时测定的，美国 ASHARE52.2 过滤级别，或欧洲 EN779 过滤级别。

③ 纳米海绵膜（F5）系列　纳米海绵膜（F5）系列滤材是在普通聚酯无纺布上覆上一层 $<2\text{g/m}^2$ 的超薄海绵状多孔材料。因而工作时对气流阻力非常低，并能有效地滤除亚微米级的

粉尘。它具有价格较低、过滤精度很高、寿命长等特点（见表 4-85），适用于排放要求很高的场合。如过滤超细粉体、重金属粉末及有要求严格的大气除尘等。

表 4-85　纳米海绵膜（F5）系列滤材技术参数

| 型号 | 基材成分 | 基材定重/(g/m²) | 厚度/mm | 透气度①/[L/(m²·s)] | 强度 | | 工作温度/℃ | 过滤精度②/μm | 除尘效率③/% | 精度等级④ | 备注 |
					纵向/(N/5cm)	横向/(N/5cm)					
MH217F5	聚酯(PET)	170	0.45	55～80	250	300	≤120	0.5	≥99.95	MERV13或F7	大气除尘
MH226F5	聚酯(PET)	260	0.6	55～75	380	440				MERV14或F8	
MH226ALF5	聚酯(PET)						≤65				抗静电功能
MH226HF5	聚酯(PET)			45～65			≤120		≥99.99	MERV15或F9	

① 透气度是在 $\Delta p = 200\mathrm{Pa}$ 时测得。

② 过滤精度：通常是指在原始状态下未建立初尘饼时，能够有效地阻隔粒子的最小尺寸级别。

③ 除尘效率：采用 325 目中位径 $8\sim12\mu\mathrm{m}$ 滑石粉，过滤速度≤1.2m/min，粉尘浓度为 $(4\pm0.5)\mathrm{g/m^3}$，经过 5 次以上清灰过程后，滤材有效阻隔粉尘与总进入粉尘的质量比（JB/T 10341—2002）。

④ 精度等级：为滤材初始时测定的，美国 ASHARE52.2 过滤级别，或欧洲 EN779 过滤级别。

　　（5）高温芳纶系列　高温芳纶系列滤材是用毕达福环境技术（无锡）有限公司生产的芳纶针刺毡作基材，然后进行耐高温硬挺处理及 PTFE 覆膜处理，耐温可达 200℃。其性能见表 4-86。

表 4-86　高温芳纶系列滤材技术参数

| 型号 | 基材成分 | 基材定重/(g/m²) | 厚度/mm | 透气度①/[L/(m²·s)] | 强度 | | 工作温度/℃ | 瞬时温度/℃ | 过滤精度②/μm | 除尘效率③/% | 精度等级④ |
					纵向/(N/5cm)	横向/(N/5cm)					
MH433-NO	芳纶及耐高温树脂	340	1	200	1100	1000	200	220	5	≥99.5	MERV11或F6
MH437F4-NO		380	1	50～70	1100	1000	200	220	0.3	≥99.99	MERV16或H11

① 透气度是在 $\Delta p = 200\mathrm{Pa}$ 时测得。

② 过滤精度：通常是指在原始状态下未建立初尘饼时，能够有效地阻隔粒子的最小尺寸级别。

③ 除尘效率：采用 325 目中位径 $8\sim12\mu\mathrm{m}$ 滑石粉，过滤速度≤1.2m/min，粉尘浓度为 $(4\pm0.5)\mathrm{g/m^3}$，经过 5 次以上清灰过程后，滤材有效阻隔粉尘与总进入粉尘的质量比（JB/T 10341—2002）。

④ 精度等级：为滤材初始时测定的，美国 ASHARE52.2 过滤级别，或欧洲 EN779 过滤级别。

三、横插式滤筒除尘器

　　横插式滤筒除尘器主要特点是滤筒横向安装。是针对小流量的除尘应用系统而设计的产品，具有操作控制简便，性价比高，高效过滤，压差较小，配风机电机功率小等优点。

1. 结构

　　① 对于标准设备，含尘室检修门可进行快捷安全之保养维修。当检修门打开后只需用手转除滤筒末端的丝帽，便可轻易换取滤筒，不需工具。

　　② 宁静运作，含内置式全自动清洁滤筒装置。快速锁扣可使集尘斗保养更容易。

　　③ 结构紧凑，可减少占地面积和设备体积。

　　④ 选配可调风阀以控制空气流量。

2. 工作原理

（1）过滤运行　如图 4-123（a）所示，含尘空气由顶部入口进入除尘器，并通过滤筒。因此，粉尘被捕集在过滤筒外表面，经过滤的清洁空气则经由滤筒中心进入清洁空气室，再经出口排出。

（2）清灰过程　如图 4-123（b）所示，当滤筒清灰时，固态控制定时器将自动选择一个滤筒进行清灰。这时，控制器将操纵电磁阀打开隔膜阀。于是高压空气便可直接冲入所选滤筒的中心，把捕集在滤件表面上的粉尘吹扫一清。而粉尘则随主气流所趋，并在重力作用下向下落入灰斗中。

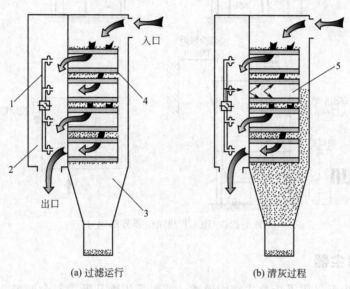

(a) 过滤运行　　　　　(b) 清灰过程

图 4-123　除尘器工作原理

1—喷吹管；2—洁气室；3—灰斗；4—滤筒；5—清灰

3. BLLT 型除尘器的技术性能和外形尺寸

BLLT 型除尘器技术性能和外形尺寸见表 4-87 和图 4-124。

表 4-87　BLLT 型除尘器技术性能规格及外形尺寸

规　格	型　号	PLLT-2CH	PLLT-4CH	PLLT-6CH	PLLT-9CH	PLLT-12CH	PLLT-16CH
处理风量/(m³/h)		630～1080	1270～2160	1900～3240	2850～4860	3800～6480	5070～8640
入风口法兰/mm		400×250	450×250	500×250	650×280	700×280	750×300
出风口法兰/mm		φ280	φ280	φ315	φ400	φ400	φ450
过滤面积/m²		30/17.6	60/35.2	90/52.8	135/79.2	180/105.6	240/140.8
外形尺寸/mm	A	1822	2324	2356	2886	2886	3388
	B	1300	1300	1300	1300	1300	1300
	C	500	500	500	500	500	500
	D	1004	1004	1506	1506	2010	2010
	E	1652	2154	2170	2686	2686	3188
灰箱容积/L		65	65	2×65	2×65	2×65	2×65
质量/kg		300	450	580	890	1050	1260
压缩空气/MPa		0.6～0.7					
喷吹耗气量/(m³/h)		0.8～1.6	1～1.9	1.2～2.1	1.5～2.4	2.0～3.2	2.8～4.0

注：1. 在处理高浓度含尘气体时，过滤面积取低档。

2. 处理风量为在过滤风速 0.6m/min 情况下。

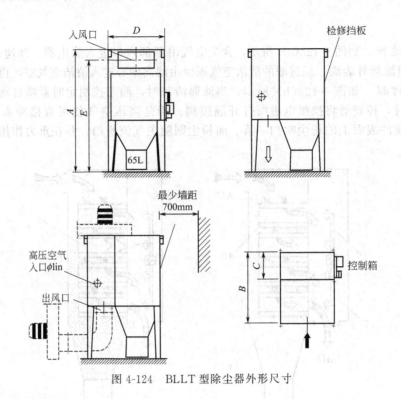

图 4-124　BLLT 型除尘器外形尺寸

四、立式滤筒除尘器

　　立式滤筒式除尘器采用了折叠式结构形式，滤料采用微孔薄膜复合滤料，因而具有独特的技术性能及运行可靠等优点，适合物料回收除尘及空气过滤之用。立式除尘器的滤筒有斜插（LW型）和直插（LL 型）两种安装方式。

1. 主要特点

　　① L 系列滤筒除尘器，由单元体（箱体)1～8 只组成，可根据具体要求灵活地任意组合，单元体本身就是一台完整的除尘器，可以单独使用。

　　② L 系列滤筒除尘器配备有多种规格（过滤面积）和不同滤料，适用于不同粉尘性质、温度、含尘浓度 $0.5～5.0 g/m^3$ 的气体除尘或空气过滤，除尘效率达 99.99%。

　　③ L 系列滤筒除尘器配备有多种安装结构形式，可根据实际情况选用。

　　④ 滤料采用微孔薄膜复合滤料，实现了表面过滤，清灰容易，阻力小，具有运行稳定性及技术可靠性。

2. 工作原理

　　除尘器一般为负压运行，含尘气体由进风口进入箱体，在滤筒内负压的作用下，气体从筒外透过滤料进入筒内，气体中的粉尘被过滤在滤料表面，干净气体进入清洁室从出风口排出。当粉尘在滤料表面上越积越多，阻力就越来越大，达到设定值时（也可时间设定），脉冲阀打开，压缩空气直接吹向滤筒中心，对滤筒进行顺序脉冲清灰，恢复低阻运行。

3. 滤筒的规格性能

　　滤筒的规格性能见表 4-88。

4. 除尘器单室性能参数

　　滤筒在除尘室的布置方式为斜插式布置时性能见表 4-89，直插式布置时性能见表 4-90。

5. 除尘器外形尺寸

LW 式除尘器外形尺寸见图 4-125。

LL 系列滤筒除尘器主要外形尺寸及安装尺寸见图 4-126 和表 4-91。

表 4-88　滤筒规格及参数

外形尺寸(外径×高)/mm		$\phi350\times660$(LW 型)或 1000(LL 型)			
折数/折		88	130	150	200
过滤面积/(m³/只)	高 660	5.8	8.5	9.9	13
	高 1000	8.8	13	15	20
处理风量/(m²/h)	高 660	210	308	356	475
	高 1000	316	468	540	720
适用含尘浓度/(g/m³)		<5.0	<3.0	1.0	0.5

注：处理风量为在过滤风速 0.6m/min 情况下。

表 4-89　LW 型除尘器单元体性能参数

性　能	四　列	三　列	性　能	四　列	三　列
△滤筒数 n/只	16	12	设备阻力/Pa	700~1000	700~1000
△处理风量/(m³/h)	3300~9000	2500~6800	除尘效率/%	99.99	99.99
过滤风速/(m/min)	0.4~0.7	0.4~0.7	△喷吹耗气量/(m³/h)	0.6~1.0	0.45~1.7
含尘浓度/(g/m³)	0.2~2	0.2~2			

注：1. 组合体时带"△"的参数，乘以 n 即可。

2. 每单元体横向为双排，滤筒为 2 只串联。

3. 压缩空气压力为 0.5~0.7MPa。

表 4-90　LL 系列单室性能参数

性　能	3 列系列	4 列系列	5 列系列
△滤筒数 n/只	6	8	10
△处理风量/(m³/h)	1900~5000	2500~6900	3000~8600
过滤风速/(m/min)	0.5~0.7	0.5~0.7	0.5~0.7
含尘浓度/(g/m)	0.5~5	0.5~5	0.5~5
设备阻力/Pa	700~1000	700~1000	700~1000
除尘效率/%	99.99	99.99	99.99
△喷吹耗气量/(m³/h)	0.5~0.8	0.7~1.0	0.9~1.3

注：1. 组合体时带"△"的参数，乘以 n 即可。

2. 每室为单排，滤筒为 2 只串联。

3. 压缩空气压力为 0.5~0.7MPa。

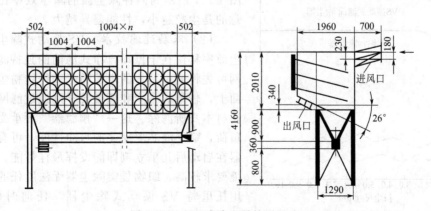

图 4-125　LW 式除尘器外形尺寸

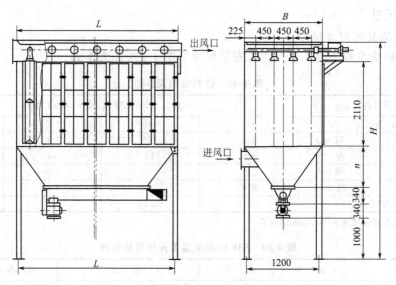

图 4-126　LL 系列滤筒除尘器外形尺寸

表 4-91　LL 系列滤筒除尘器外形尺寸

性　能	排　列　数　量			性　能	排　列　数　量		
单排筒数 m/只	3	4	5	灰斗高度 h/mm	750	1100	1500
箱体室数 n/室	4～10	4～10	4～10	进风口中心位置 b/mm	280	300	350
箱体长度 $L=20+550n$/mm	1670	2220	2770	出风口高度 A/mm	4790	5140	5540
箱体宽度 $B=20+450n$/mm	1370	1820	2270	除尘器总高度 H/mm	5040	5390	5790
螺旋输送机长度 （内口）L/mm	550r～920	550r～1370	550r～1820				

注：r 为转数。

五、振动式滤筒除尘器

1. 主要特点

（1）**高的除尘效率**　试验其有 99.99％ 以上的高效率。而这一切都完全归功于滤芯技术。

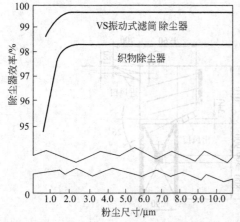

图 4-127　除尘器的除尘效率比较

图 4-127 所示为两种除尘器的除尘效率比较，需要注意的是尘粒越小，性能差异越大。

（2）**双层过滤技术**　VS 振动式除尘器之超级滤尘效率秘诀在于振动自净式滤筒的独特滤网。这一滤网可先将通过其上的粗粒粉尘和纤维粉尘捕集于其表面上，较细的粉尘和超微粒子则通过滤网，为其后的滤材本身所滤除。这一"预滤器"可承受较大的粉尘负荷，赋予滤芯更完美的自净性能，可有助于使除尘器在启动后几乎立刻即能发挥最佳性能。因此，在环境要求较高，织物袋类除尘器无法胜任的情况下，选用托里特 VS 振动式除尘器，任何时候都可确保 99.99％ 的效率。

（3）**自动清灰系统** 托里特VS振动式除尘器具有自动清灰自净方式，离线清灰系统是完全自动化的，不需采取别的步骤或特别的程序，在每一次停机时清灰过程便开始运作。从无故障，没有误动作，只要一关闭风机，振动式除尘器的清灰循环即开始。在极短时间内除尘器便可完成清灰过程，并准备就绪投入下次运行，这就是整个简单的清灰过程。

（4）**特殊的消声技术** 机组上方的消声室采用特殊的吸声材料做了消声处理。采取了这样的措施后，再结合机体的厚重结构和隔离支座，从而保证了机组安静稳定的运行。一旦清灰过程完成，挡尘板将会发生作用，从而可以防止轻细粉尘的二次飞扬和再次沾污滤芯。

（5）**容易维修与安装** 在机组打开进行维修时，展现在面前的是洁净的滤筒，需要更换时，独特的结构设计也可确保实现方便的拆换。不需弄脏或搞乱封装滤芯的袋。只要一打开前门，既可处理滤筒，又可拉出集尘抽屉，从而安全方便地取出收集下来的物料。托里特VS振动式除尘器的安装和其维修一样的简单。其结构设计也考虑到移位的方便，可根据工艺流程和平面布置变化的需要，调整安置部位。在机组的顶面、后面和侧面均备有标准的入口接口，可适应任何工作位置之需。

2. 操作运行系统

（1）**正常运行** 见图4-128（a），含尘气流通过入口进入机组，先通过滤筒外侧绷紧的网状滤层，滤网用于捕集粗粒和纤维性粉尘，而细小的小粒则穿过滤网，并进而为折叠式滤芯的外表所捕集。清洁的空气通过滤筒的中心进入通风机，再经上方的消音室及其顶面上的出风口排出。

（2）**滤筒的清灰** 见图4-128（b），振动式除尘器一般是间断地工作的。其清灰只能在通风机关闭（停车）以后进行。滤筒的清灰利用的是高频振动原理。

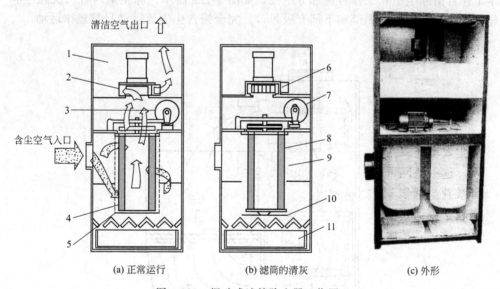

图 4-128 振动式滤筒除尘器工作原理

1—消音室；2—通风机开动；3—振动器电动机关停；4—滤筒；5—滤筒横隔板封闭；6—通风机关停；7—振动器电动机开动；8—折叠状滤料；9—细密的滤网；10—滤筒横隔板打开；11—集尘抽屉

3. VS振动式除尘器技术性能

托里特VS振动式除尘器的技术特性见表4-92。

六、滤筒除尘工作台

滤筒除尘工作台是把滤筒除尘器与工作台结合起来，组成滤筒除尘工作台。其主要优点体积小，节省占地面积，可以随时随地自由移动和工作。

表 4-92　托里特 VS 振动式除尘器的技术特性

性能参数		型号规格				
		VS3000	VS2400	VS1500	VS1200	VS550
过滤风量①/(m³/h)		3000~5500	2588~4138	1677~2542	1167~2072	667~917
机外静压/Pa		1098~2038	608~1676	745~1480	1196~1872	1058~1166
流速/(mm/min)		1000~1834	863~1379	1134~1729	1080~1917	1388~1909
标准入口管径②/mm		254	254	178	152	102
抽风电机功率/kW		5.6	3.7	3.7	2.2	0.75
滤材面积/m²		32.5	24.8	16.3	12.4	6
外形尺寸/mm	高(H)	1910	1757	1732	1580	1326
	深(D)	838	838	781	781	781
	宽(W)	1303	1303	627	627	627
集尘抽屉容积③/m³		0.1	0.1	0.05	0.05	0.05
装箱毛重/kg		353	311	175	168	159
音量/dB(A)		83 (5022m³/h)	81 (4138m³/h)	79 (2583m³/h)	74 (2072m³/h)	69 (905m³/h)

① 此数据是指新装、清净的滤筒情况。
② 也有其他尺寸供应。
③ 所有型号都有集尘抽屉。

1. 构造

除尘工作台由除尘室和工作台两部分组成，如图 4-129 所示。除尘室内有一次除尘和二次除尘。工作台上部有送风口，侧部和下部有吸风口，完全按含尘气流运动自然规律运动。

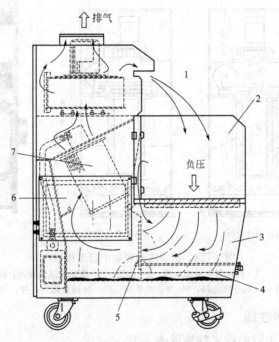

图 4-129　滤筒工作台构造
1—空气幕；2—罩盖；3—一次降尘室；4—集尘箱；5—滤网；6—二次降尘室；7—过滤筒

2. 工作原理

工作时研磨、切削、抛光等作业产生的含尘气体由进风口到第一除尘室，大颗粒和纤维粉尘首先被分离，之后细微粉尘进到第二除尘室由滤筒进行过滤，干净气体一部分排到空气中，另一部分送到工作台台面，补充被吸走的气体。

3. 技术性能

技术性能见表 4-93。

表 4-93 技术性能

项 目	参 数	项 目	参 数
形式	NSP-207	滤筒/个	2
风量/(m³/min)	50~60	本体尺寸/mm	长 1205×宽 1160×高 1661
噪声/dB	76	作业台尺寸/mm	长 1060×宽 573×高 721
功率/kW	1.0	设备质量/kg	200
电源	3 相 200V		

4. 外形尺寸

滤筒除尘工作台外形尺寸见图 4-130。

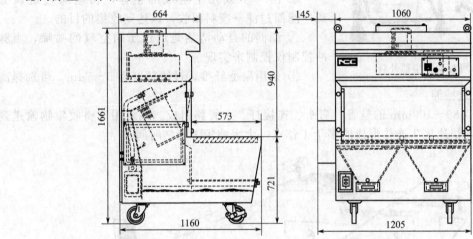

图 4-130 滤筒除尘工作台外形尺寸

七、焊接滤筒除尘器

焊接滤筒除尘器有单台焊机用和多台焊机用之分，下面是单台焊机用的滤筒除尘器。

1. ALFILS 滤筒除尘器构造

焊接滤筒除尘器采用滤筒式过滤器，净化效率高（99.9%），过滤面积大（15m²），更换周期长且更换费用低廉。配置的吸气臂可 360°任意悬停，从焊烟产生的源头直接吸收，不经过人工呼吸区，最大限度保护焊工的健康。高品质电机和风机，正常使用寿命达 15 年以上。

2. 主要技术指标

主要技术指标如下：

（1）风量 1200m³/h

（2）净化效率 ＞99%（焊接烟尘）

（3）电机功率 0.75kW（220V 50Hz）

（4）活动半径 2~3m（根据臂长）

（5）旋转臂 360°任意悬停

（6）过滤筒 可根据粉尘性质自由替换

（7）外形尺寸 长×宽×高 990mm×530mm×640mm

真空发生器　　　过滤主体

图 4-131　可移动除尘器外观

（8）重量　50kg＋15kg

八、RS 型滤筒除尘器

RS 型滤筒除尘器属于移动除尘器。当一个移动式工业吸尘器不能达到清洁要求，如清除或回收的废物量多，持续工作，生产现场大，就必须多个工作点同时收集。适用于橡胶塑料业，制砖陶瓷业，金属加工，电子业等行业。除尘器外观见图 4-131，中央除尘系统见图 4-132。

1. 主要特点

① 真空发生器有一个或几个带有电子控制系统的吸尘装置所组成。

② 由一个或几个组成的主体，粉尘通过旋风分离→滤筒过滤→废料回收，以达到收集的目的。

③ 滤筒的自动清洁是通过压缩空气的喷嘴，由脉冲控制仪控制来实现。

④ 采用聚酯纤维，过滤精度为 $5\sim7\mu m$，可选择高效过滤器 $0.3\mu m$ 过滤筒。

⑤ 由大口径 $\phi80\sim100mm$ 的软管、弯头、连接杆、主管路组成。系统用于将收集物输送到过滤主体吸尘管与快速接头连接形成的多个工作点，大大缩短了清洁时间。

图 4-132　中央除尘系统

2. 主要性能指标

RS 系列滤筒除尘器主要性能指标见表 4-94。

表 4-94　RS 系列滤筒除尘器性能指标

型　号	单　位	RS-130	RS-165	RS-250	RS-250A
电压	V/Hz	380～415/50	345～415/50	345～415/50	345～415/50
功率	kW	13	16.5	25	25
真空度	Pa	30500	48000	62000	44000
空气流量	m³/h	1134	1050	1116	2160
过滤面积	cm²	220000	220000	220000	6000000
噪声	dB(A)	76	74	74	75
收集桶	L	175	175	175	175
吸入口径	mm	100	100	100	100
外形尺寸	mm	1000×970×2650			1400×1380×2850
质量	kg	570	728	775	780

注：根据企业现场，可将真空发生器几个组合，功率为 13×2kW、16.5×2kW、25×2kW、25A×2kW。

第六节
塑烧板除尘器

随着粉体处理技术的发展，对回收和捕集粉尘要求也更为严格。由于微细粉尘，特别是 $PM_{2.5}$ 对人体健康危害最大，在这种情况下，对于除尘器就会提出很高的要求，这就要求除尘器捕集微小颗粒粉尘效率高、设备体积小、维修保养方便、使用寿命长等特点。塑烧板除尘器就是满足这些要求而出现的新一代除尘器。塑烧板除尘器具有捕集细颗粒物效率高、排放浓度极低、体积小、维修保养方便、能过滤吸潮和含水量高的粉尘、能过滤含油及纤维粉尘的独特优点，是其他除尘器无法比拟的。由于塑烧板除尘器是用塑烧板代替滤袋式过滤部件的除尘器，其适合规模不大，气体中含水、含油和超低浓度排放的作业场合。

一、塑烧板除尘器的特点

1. 结构

塑烧板除尘器由箱体、框架、清灰装置、排灰装置、电控装置等部分组成，如图 4-133 所示。其结构特点是：过滤元件是塑烧板，并都用脉冲清灰装置清灰；清灰装置由贮灰罐、管道、分气包控制仪、脉冲阀、喷吹管组成；除尘器箱体小，结构紧凑，灰斗可设计成方形或船形。

2. 工作原理

含尘气流经风道进入中部箱体（尘气箱），当含尘气体由塑烧板的外表面通过塑烧板时，粉尘被阻留在塑烧板外表面的 PTFE 涂层上，洁净气流透过塑烧板外表面经塑烧板内腔进入净气箱，并经排风管道排出。随着塑烧板外表面粉尘的增加，电子脉冲控制仪或 PLC 程序可按定阻或定时控制方式，自动选择需要清理的塑烧板，触发打开喷吹阀，将压缩空气喷入塑烧板内腔中，反吹掉聚集在塑烧板外表面的粉尘，粉尘在气流及重力作用下落入料斗之中。如图 4-133 所示。

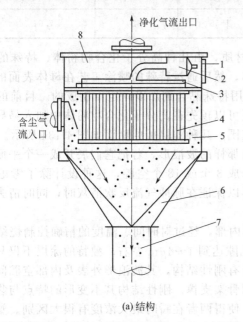

(a) 结构

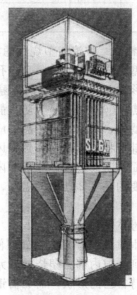

(b) 外形

图 4-133 塑烧板除尘器

1—检修门；2—压缩空气包；3—喷吹管；4—塑烧板；5—中箱体；6—灰斗；7—出灰口；8—净气室

塑烧板除尘器的工作原理与普通袋式除尘器基本相同，其区别在于塑烧板的过滤机理属于表面过滤，主要是筛分效应，且塑烧板自身的过滤阻力较一般织物滤料稍高。正是由于这两方面的原因，塑烧板除尘器的阻力波动范围比袋式除尘器小，使用塑烧板除尘器的除尘系统运行比较稳定。塑烧板除尘器的清灰过程不同于其他除尘器，它完全是靠气流反吹把粉尘层从塑烧板逆洗下来，在此过程没有塑烧板的变形或振动。粉尘层脱离塑烧板时呈片状落下，而不是分散飞扬，因此不需要太大的反吹气流速度。

3. 塑烧板特点

塑烧板是除尘器的关键部件，是除尘器的心脏，塑烧板的性能直接影响除尘效果。塑烧板由高分子化合物粉体经铸型、烧结成多孔的母体，并在表面及空隙处涂上 PTFE（氟化树脂）涂层，再用黏合剂固定而成，塑烧板内部孔隙直径为 $40\sim80\mu m$，而表面孔隙为 $1\sim6\mu m$。

塑烧板的外形类似于扁袋外形，外表面则为波纹形状，因此较扁袋过滤面积有所增加，见表4-95。塑烧板内部有空腔，作为净气及清灰气流的通道。

表 4-95　塑烧板的尺寸

塑烧板型号 SL70/SL160	类 型	外形尺寸/mm			过滤面积 /m²	质量 /kg
		长	高	宽		
450/8	S A	497	495	62	1.2	3.3
900/8	S A	497	950	62	2.5	5.0
450/18	S A·	1047	495	62	2.7	6.9
750/18	S A·	1047	800	62	3.8	10.3
900/18	S A·	1047	958	62	4.7	12.2
1200/18	S A·	1047	1260	62	6.4	16.0
1500/18	S A	1047	1555	62	7.64	21.5

（1）材质特点　波浪式塑烧过滤板的材质，由几种高分子化合物粉体、特殊的结合剂严格组成后进行铸型、烧结，形成一个多孔母体，然后通过特殊的喷涂工艺在母体表面的空隙里填充PTFE涂层，形成 $1\sim4\mu m$ 左右的孔隙，再用特殊黏合剂加以固定而制成的。目前的产品主要是耐热70℃及耐热160℃两种。为防止静电还可以预先在高分子化合物粉体中加入易导电物质，制成防静电型过滤板，从而扩大产品的应用范围。几种塑烧板的剖面如图4-134所示。

塑烧板外部形状特点是具有像手风琴箱那样的波浪形，若把它们展开成一个平面，相当于扩大了3倍的表面积。波浪式过滤板的内部分成8个或18个空腔，这种设计除了考虑零件的强度之外，更为重要的是气体动力的需要，它可以保证在脉冲气流反吹清灰时，同时清去过滤板上附着的尘埃。

塑烧板的母体基板厚约 $4\sim5mm$。在其内部，经过对时间、温度的精确控制烧结后，形成均匀孔隙。然后由喷涂PTFE涂层处理使得孔隙达到 $1\sim4\mu m$ 左右。独特的涂层不仅限于滤板表面，而是深入到孔隙内部。塑烧过滤元件具有刚性结构，其波浪形外表及内部空腔间的筋板具备足够的强度保持自己的形状，而无需钢制的骨架支撑。刚性结构其不变形的特点与袋式除尘器反吹时滤布纤维被拉伸产生形变的不同现象，使得两者在瞬时最大浓度有很大区别。塑烧板结构上的特点，还使得安装与更换滤板极为方便。操作人员在除尘器外部，打开两侧检修门，固定拧紧过滤板上部仅有的两个螺栓就可完成一片塑烧板的装配和更换。

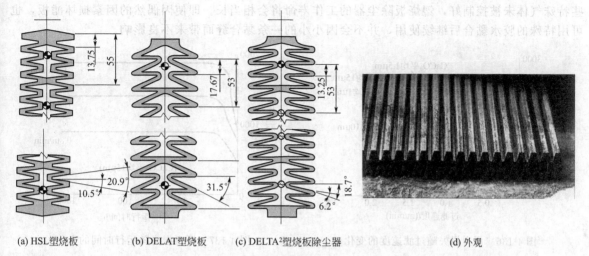

(a) HSL塑烧板　　(b) DELAT塑烧板　　(c) DELTA²塑烧板除尘器　　　　　(d) 外观

图 4-134　几种塑烧板的剖面及外观

（2）性能特点

① 粉尘捕集效率高。塑烧板的捕集效率是由其本身特有的结构和涂层来实现的，它不同于袋式除尘器的高效率是建立在黏附粉尘的二次过滤上。从实际测试的数据看一般情况下除尘器排气含尘浓度均可保持在 $2mg/m^3$ 以下。虽然排放浓度与含尘气体入口浓度及粉尘粒径等有关，但通常对 $2\mu m$ 以下超细粉尘的捕集效率仍可保持 99.9% 的超高效率。如图 4-135 所示。

② 压力损失稳定。由于波浪式塑烧板是通过表面的 PTFE 涂层对粉尘进行捕捉的，其光滑的表面使粉尘极难透过与停留，即使有一些极细的粉尘可能会进入空隙，但随即会被设定的脉冲压缩空气流吹走，所以在过滤板母体层中不会发生堵塞现象，只要经过很短的时间，过滤元件的压力损失就趋于稳定并保持不变。这就表明，特定的粉体在特定的温度条件下，损失仅与过滤风速有关，而不会随时间上升。因此，除尘器运行后的处理风量将不会随时间变化而发生变化，这就保证了吸风口的除尘效果。见图4-136、图 4-137。可以看出压力损失随过滤速度、运行粒径的变化。

图 4-135　DELTA² 型号塑烧板利用 PTFE 涂层捕集粉尘
①—捕集的粉尘；②—PTFE 涂层，孔径 $1\sim2\mu m$；③—塑烧板刚性基体，孔径约 $30\mu m$

③ 清灰效果。树脂本身固有的惰性与其光滑的表面，减少了板面与粉尘层的黏附力，使粉体几乎无法与其他物质发生物理化学反应和附着现象。滤板的刚性结构，也使得脉冲反吹气流从空隙喷出时，滤片无变形。脉冲气流是直接由内向外穿过滤片作用在粉体层上，所以滤板表层被气流托付的粉尘，在瞬间即可被消除。脉冲反吹气流的作用力不会如滤布袋变形后被缓冲吸收而减弱。

④ 强耐湿性。由于制成滤板的材料及 PTFE 涂层具有完全的疏水性，水喷洒其上将会看到有趣的现象是：凝聚水珠汇集成水滴淌下。故纤维织物滤袋因吸湿而形成水膜，从而引起阻力急剧上升的情况在塑烧板除尘器上不复存在。这对于处理冷凝结露的高温烟尘和吸湿性很强的粉尘如磷酸氨、氯化钙、纯碱、芒硝等，将会得到很好的使用效果。由于这一特点，塑烧板使用到阻力较高时除加强清灰密度外，还可以直接用水冲洗再用，而无需更换滤料。

⑤ 使用寿命长。塑烧板的刚性结构，消除了纤维织物滤袋因骨架磨损引起的寿命问题。寿命长的另一个重要表现还在于，滤板的无故障运行时间长，它不需要经常的维护与保养。良好的清灰特性将保持其稳定的阻力，使塑烧板除尘器可长期有效的工作。事实上，如果不是温度或一

些特殊气体未被控制好，塑烧板除尘器的工作寿命将会相当长。即使因偶然的因素损坏滤板，也可用特殊的胶水黏合后继续使用，并不会因小小的一条黏合缝而带来不良影响。

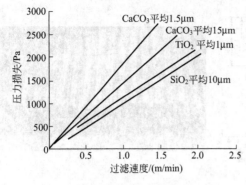

图 4-136　压力损失随过滤速度的变化

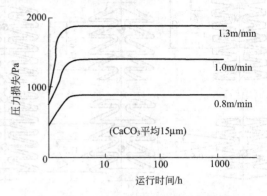

图 4-137　压力损失随运行时间的变化

⑥ 除尘器结构小型化。由于过滤板表面形状呈波浪形，展开后的表面积是其体面积的 3 倍。故装配成除尘器后所占的空间仅为相同过滤面积袋式除尘器的一半，附属部件因此小型化，所以具有节省空间的特点。

二、普通塑烧板除尘器

1. 除尘器的特点

塑烧板属表面过滤方式，除尘效率较高，排放浓度通常低于 $10mg/m^3$，对微细尘粒也有较好的除尘效果；设备结构紧凑，占地面积小；由于塑烧板的刚性本体，不会变形，无钢骨架磨损小，所以使用寿命长，约为滤袋的 2~4 倍；塑烧板表面和孔隙喷涂过 PTFE 涂层，其是由惰性树脂构成，是完全疏水的，不但不沾干燥粉尘，而且对含水较多的粉尘也不易黏结，所以塑烧板除尘器处理高含水量或含油量粉尘是最佳选择；塑烧板除尘器价格昂贵，处理同样风量约为袋式除尘器的 2~6 倍。由于其构造和表面涂层，故在其他除尘器不能使用或使用不好的场合，塑烧板除尘器却能发挥良好的使用效果。

尽管塑烧板除尘器的过滤元件几乎无任何保养，但在特殊行业，如颜料生产时的颜色品种更换，喷涂作业的涂料更换，药品仪器生产时的定期消毒等，均需拆下滤板进行清洗处理。此时，塑烧板除尘器的特殊构造将使这项工作变得十分容易，侧插安装型结构除尘器操作人员在除尘器外部即可进行操作，卸下两个螺栓即可更换一片滤板，作业条件得到根本改善。

2. 安装要求

塑烧板除尘器的制造安装要点是：①塑烧板吊挂及水平安装时必须与花板连接严密，把胶垫垫好不漏气；②脉冲喷吹管上的孔必须与塑烧板空腔上口对准，如果偏斜，会造成整块板清灰不良；③塑烧板安装必须垂直向下，避免板间距不均匀；④塑烧板除尘器检修门应进出方便，并且要严禁有泄漏现象。安装好的除尘器如图 4-138 所示。

在维护方面，塑烧板除尘器比袋式除尘器方便，容易操作，也易于检修。平时应注意脉冲气流压力是否稳定，除尘器阻力是否偏高，卸灰是否通畅等。

3. 塑烧板除尘器的性能

（1）产品性能特点　除尘效率高达 99.99%，可有效去除 $1\mu m$ 以上的粉尘，净化值小于 $1mg/m^3$；使用寿命长达 8 年以上；有效过滤面积大，占地面积仅为传统布袋过滤器的 1/3；耐酸碱、耐潮湿、耐磨损；系统结构简单，维护便捷；运行费用低，能耗低；有非涂层、标准涂

(a) 多台并联　　　　　　　　　(b) 单台安装

图 4-138　安装好的塑烧板除尘器

层、抗静电涂层、不锈钢涂层、不锈钢型等供选择；普通型过滤元件耐热达 70℃。

（2）常温塑烧板除尘器　HSL 型、DELTA 型及 DELTA^2 型各种规格的塑烧板除尘器，过滤面积从小至 $1m^2$ 到大至数千平方米；可根据具体要求，进行特别设计。部分常用 HSL 型塑烧板除尘器外形尺寸见图 4-139，主要性能参数见表 4-96；HSL 型塑烧板除尘器安装尺寸见表 4-97；DELTA1500 型塑烧板除尘器外形尺寸见图 4-140，主要性能参数见表 4-98。

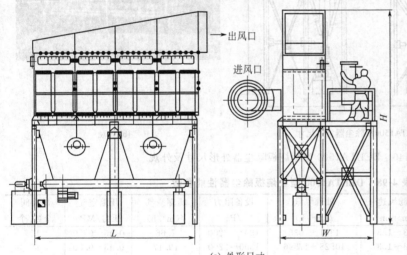

(a) 外形尺寸　　　　　　　　　(b) 应用外观

图 4-139　HSL 型塑烧板除尘器外形尺寸及外观

表 4-96　HSL 型塑烧板除尘器主要性能参数

型 号	过滤面积 /m^2	过滤风速 /(m/min)	处理风量 /(m³/h)	设备阻力 /Pa	压缩空气 /(m³/h)	压缩空气 压力/MPa	脉冲阀 个数/个
H1500-10/18	7.64	0.8~1.3	3667~5959	1300~2200	11.0	0.45~0.50	5
H1500-20/18	152.6	0.8~1.3	7334~11918	1300~2200	17.4	0.45~0.50	10
H1500-40/18	305.6	0.8~1.3	14668~23836	1300~2200	34.8	0.45~0.50	20
H1500-60/18	458.4	0.8~1.3	22000~35755	1300~2200	52.3	0.45~0.50	30
H1500-80/18	611.2	0.8~1.3	29337~47673	1300~2200	69.7	0.45~0.50	40
H1500-100/18	764.0	0.8~1.3	36672~59592	1300~2200	87.1	0.45~0.50	50
H1500-120/18	916.8	0.8~1.3	44006~71510	1300~2200	104.6	0.45~0.50	60
H1500-140/18	1069.6	0.8~1.3	51340~83428	1300~2200	125.0	0.45~0.50	70

注：本表摘自北京柯林柯尔科技发展有限公司样本。

表 4-97　HSL 型塑烧板除尘器安装尺寸

型　号	过滤面积 /m²	设备外形尺寸/mm			入风口尺寸 /mm	出风口尺寸 /mm
		L	W	H		
H1500-10/18	7.64	1100	1600	4000	φ350	φ500
H1500-20/18	152.6	1600	1600	4500	φ450	φ650
H1500-40/18	305.6	3200	3600	4900	2φ450	1600×500
H1500-60/18	458.4	4800	3600	5300	3φ450	1600×700
H1500-80/18	611.2	5400	3600	5700	4φ450	1600×900
H1500-100/18	764.0	7000	3600	6100	5φ450	1600×1100
H1500-120/18	916.8	8600	3600	6500	6φ450	1600×1300
H1500-140/18	1069.6	10200	3600	6900	7φ450	1600×1500

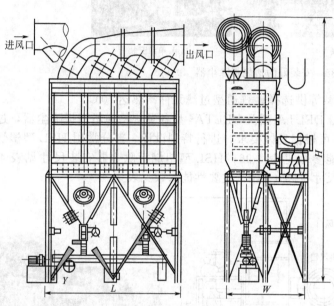

(a) DELTA1500型除尘器外形尺寸

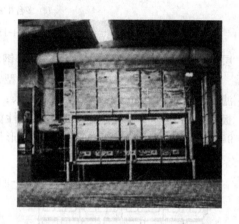

(b) 外观

图 4-140　DELTA1500 型塑烧板除尘器外形尺寸及外观

表 4-98　DELTA1500 型塑烧板除尘器性能参数

型　号	过滤面积 /m²	过滤风速 /(m/min)	处理风量 /(m³/h)	设备阻力 /Pa	压缩空气 /(m³/h)	压缩空气 压力/MPa	脉冲阀 个数/个
D1500-24	90	0.8～1.3	4331～7038	1300～2200	7.66	0.45～0.50	12
D1500-60	225	0.8～1.3	10828～17596	1300～2200	19.17	0.45～0.50	12
D1500-120	450	0.8～1.3	21657～35193	1300～2200	38.35	0.45～0.50	24
D1500-180	675	0.8～1.3	32486～52790	1300～2200	57.52	0.45～0.50	36
D1500-240	900	0.8～1.3	43315～70387	1300～2200	76.70	0.45～0.50	48
D1500-300	1125	0.8～1.3	54114～87984	1300～2200	95.88	0.45～0.50	69
D1500-360	1350	0.8～1.3	64972～105580	1300～2200	115.05	0.45～0.50	72
D1500-420	1575	0.8～1.3	75801～123177	1300～2200	134.23	0.45～0.50	84

　　注：本表摘自北京柯林柯尔科技发展有限公司样本。

三、高温塑烧板除尘器

　　高温塑烧板除尘器与常温塑烧板除尘器的区别在于制板的基料不同，所以除尘器耐温程度亦不同。

　　ALPHASYS 系列高温塑烧板除尘器主要是针对高温气体除尘场合而开发的除尘器，以陶土、玻璃等材料为基质，耐温可达 350℃，具有极好的化学稳定性。圆柱状的过滤单元外表面涂覆无机物涂层可以更好地进行表面过滤。

高温塑烧板除尘器包含一组或多组过滤单元簇，每簇过滤单元由多根过滤棒组成。每簇过滤单元可以很方便地从洁净空气一侧进行安装。过滤单元簇一端装有弹簧，可以补偿滤料本身以及金属结构由于温度的变化所产生的胀缩。过滤单元簇采用水平安装方式，这样的紧凑设计可以进一步减少设备体积，而且易于维护。采用常规的压缩空气脉冲清灰系统对过滤单元簇逐个进行在线清灰。

ALPHASYS 系列高温塑烧板除尘器具有以下优点：①适用于高温场合，耐温可达 350℃；②极好的除尘效率，净化值小于 1mg/m³；③阻力低，过滤性能稳定可靠，使用寿命长；④过滤单元簇从洁净空气室一侧进行安装，安装维护方便；⑤体积小、结构紧凑、模块化设计，高温塑烧板除尘器所用过滤元件参数见表 4-99。高温塑烧板除尘器过滤单元簇从洁净空气室一侧水平安装，并且在高度方向可以叠加至 8 层，在宽度方向也可以并排布置数列。

表 4-99 过滤元件主要参数

过滤元件型号	HERDINGALPHA	过滤元件型号	HERDINGALPHA
基体材质	陶土、玻璃	空载阻力(过滤风速为 1.6m/min)/Pa	约 300
空隙率/%	约 38	最高工作温度/℃	350
过滤管尺寸(外径/内径/长度)/mm	50/30/1200		

高温塑烧板除尘器单个模块过滤面积为 72m²，在过滤风速为 1.4m/min 时，处理风量为 6000m³/h，外形尺寸为 1430mm×2160mm×5670mm。三个模块过滤面积为 216m²，在过滤风速为 1.4m/min 时，处理风量 18000m³/h，外形尺寸为 4290mm×2160mm×5670mm。

四、塑烧板除尘器的应用

1. 除尘器气流分配

塑烧板除尘器的结构设计是非常重要的，气流分配不合理会导致运行阻力上升，清灰效果差。尤其是对于较细、较黏、较轻的粉尘，流场设计是至关重要的。采用一侧进风另侧出风的方式，塑烧板与进风方向垂直，会在除尘器内部造成逆向流场，即主流场方向与粉尘下落方向相反，影响清灰效果，对于 10m 以上长的除尘器而言，难保证气流均匀分配。根据除尘器设计经验，在满足现有场地的前提下，对进气口的气流分配采用多级短程进风方式，通过变径管使气流均匀进入每个箱体中，同时在每个箱体的进风口设置调风阀，可以根据具体情况对进入每个箱体的风量进行控制调整，在每个箱体内设有气流分配板，使气流进入箱体后能够均匀地通过每个过滤单元，同时大颗粒通过气流分配板可直接落入料斗之中。如图 4-141 所示。

2. 清灰系统

脉冲喷吹系统的工作可靠性及使用寿命与压缩空气的净化处理有很大关系，压缩空气中的杂质，例如污垢、铁锈、尘埃及空气中可能因冷凝而沉积下来的液体成分会对脉冲喷吹系统造成很大的损害。如果由于粗粉尘或油滴通过压缩空气系统反吹进入塑烧板内腔（内腔空隙约 30μm），会造成塑烧板堵塞并影响塑烧板寿命。故压缩空气系统设计应考虑良好的过滤装置以保证进入塑烧板除尘器的压缩空气质量。

压缩空气管路及压缩空气贮气罐需有保温措施。尤其是在冬季，过冷的压缩空气在反吹时，会在塑烧板表面与热气流相遇而产生结露，导致系统阻力急剧上升。

3. 耐压和防爆

塑烧板除尘器用于处理高压气体的场合，通常把除尘器壁板加厚并把壳体设计成圆筒形，端部设计成弧形，如图 4-142 所示。根据处理气体的压力大小对除尘器进行压力计算，除尘器耐压至少是气体工作压力的 1.5 倍。

塑烧板除尘器的防爆设计可参照脉冲袋式除尘器进行。

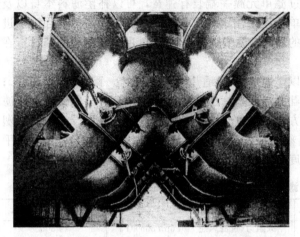

图 4-141　多级短程进风设计工程应用实例

图 4-142　耐高压塑烧板除尘器

第七节
袋式除尘器选用

一、袋式除尘器选型技术要求

① 除尘器在系统中的布置以及所采取的防爆、防冻、降温等措施应符合《建筑设计防火规范》（GB 50016）、《工业企业总平面设计规范》（GB 50187）和《采暖通风与空气调节设计规范》（GB 50019）的有关规定。

② 选择袋式除尘器和滤料时应考虑如下因素：a. 气体的温度、湿度、处理风量、含尘浓度、腐蚀性；爆炸性等理化性质；b. 粉尘的粒径分布、密度、成分、黏附性、安息角、自燃性和爆炸性等理化性质；c. 除尘器工作压力；d. 排放浓度限值及除尘效率；e. 除尘器占地、输灰方式；f. 除尘器运行条件（水、电、压缩空气、蒸汽等）；g. 滤袋寿命；h. 除尘器的运行维护要求及用户管理水平；i. 粉尘回收利用及方式。

③ 除尘系统管道及袋式除尘器工作温度应高于气体露点温度 15～20℃。处理高湿度含尘气体时，除尘系统及设备应保温，必要时灰斗应设置加热装置，加热方式可采取电加热或低压饱和蒸汽加热。

④ 对于高浓度收尘工艺，可设置预除尘器或在袋式除尘器内设置预分离装置。

⑤ 对机械性粉尘或一般性炉窑烟尘，袋式除尘器宜采用在线清灰；对超细及黏性大的粉尘可采用离线清灰。

⑥ 袋式除尘器的净化效果按出口排放浓度评定。

⑦ 袋式除尘器设计阻力应根据粉尘性质、清灰方式及频度、入口浓度、排放浓度、运行能耗、滤袋寿命等因素综合考虑。

⑧ 常规袋式除尘器结构耐温按 300℃ 考虑。

⑨ 袋式除尘器处理风量按其进口工况体积流量计取。过滤面积计算时不考虑系统漏风。

⑩ 袋式除尘器漏风率＜3%，其计算公式为：

$$\alpha = \frac{Q_c - Q_i}{Q_i} \times 100\%$$ (4-23)

式中，α 为漏风率，%；Q_i 为除尘器入口风量，m^3/h（标）；Q_c 为除尘器出口风量，m^3/h（标）。

⑪ 净化含有易燃易爆粉尘的含尘气体，应选择具有防爆和防泄漏功能的袋式除尘器，并配置温度、氧含量、易燃气体浓度等监测仪表和自动灭火保护、静电消除等装置。

⑫ 袋式除尘器清灰方式应根据粉尘的物理性质确定。冶金、水泥和有色行业烟气净化宜采用脉冲喷吹袋式除尘器；原料性粉尘、机械性粉尘除尘可采用反吹风袋式除尘器；燃煤锅炉烟气宜采用脉冲喷吹袋式除尘器或回转脉冲喷吹袋式除尘器。

⑬ 袋式除尘器宜采用外滤式过滤形式。

⑭ 袋式除尘器结构耐压按最大负载压力的 1.2 倍设计，且耐压值不小于引风机铭牌全压的 1.2 倍。

⑮ 袋式除尘器本体结构、支架和基础设计应考虑永久荷载、可变荷载、风荷载、雪荷载、施工与检修荷载和地震作用，并按最不利组合进行设计。支架结构计算时，除尘器的灰荷载按满灰斗储灰量的 1.2 倍计取。灰斗及其连接的结构设计按袋式除尘器满灰斗储灰量的 1.5 倍考虑。

⑯ 袋式除尘器过滤面积按以下公式计算：

$$A = \frac{Q}{60 u_f}$$ (4-24)

式中，A 为过滤面积，m^2（离线清灰时还应加上离线清灰过滤单元的过滤面积）；u_f 为过滤风速，$m^3/(m^2 \cdot min)$；Q 为处理风量（反吹风类除尘器还应包括反吹风量），m^3/h。

⑰ 袋式除尘器滤袋数量按以下公式计算：

$$n = \frac{A}{\pi D L}$$ (4-25)

式中，n 为滤袋袋数，计算后取整；A 为除尘器的过滤面积，m^2；D 为单个滤袋的外径，m；L 为单个滤袋的长度，m。

⑱ 袋式除尘器过滤风速应根据粉尘的特性、清灰方式和排放浓度等综合确定，其数值可按工程经验和同类项目类比取值。以下场合宜选取较低的过滤风速：a. 粉尘粒径小、密度小、黏性大的炉窑烟气净化；b. 粉尘浓度较高、磨琢性大的含尘气体净化；c. 煤气、CO 等工艺气体回收系统；d. 垃圾焚烧烟气净化；e. 含铅、镉、铬等特殊有毒有害物质的烟气净化；f. 贵重粉体的回收。

⑲ 滤袋的长度应根据粉尘的粒度、密度、清灰方式、除尘器进风方式、粉尘沉降时间和占地等因素综合确定。应防止滤袋过长导致滤袋间的碰撞摩擦。

⑳ 袋式除尘器平面尺寸应根据滤袋形状、直径、数量、布置方式、滤袋间距、清灰方式、进风和出风方式及现场条件等综合确定。滤袋最小净间距及滤袋与壳体之间应保持必要的安全距离。袋式除尘器高度应根据排输灰方式、滤袋长度、灰斗锥度、清灰方式、进风和出风方式等因素综合确定。

㉑ 袋式除尘器的进、出风方式应根据工艺要求、除尘器类型和结构形式、现场总图布置综合确定。除尘器进风、出风总管和支管的风速宜取 12~14m/s。

㉒ 除尘器过滤仓室进、出风口应设置切换阀，并具有自动和手动、阀位识别、流向指示等功能。

㉓ 切换阀应可靠、灵活和严密，阀体和阀板应具有良好的刚性。关闭时漏风率小于 1%。

㉔ 袋式除尘器宜采用上进风或中部进风方式。若采用灰斗进风方式，应设置有效的气流分布装置。

㉕ 除尘器灰斗容积应考虑输灰设备检修期内的储灰能力，锥度应保证粉尘流动顺畅，灰斗斜面与水平面之间的夹角宜大于 60°。

㉖ 袋式除尘器灰斗卸灰口尺寸应根据粉尘的性质、输灰方式、灰斗容积等方式确定，一般可取 200mm×200mm～450mm×450mm；大型袋式除尘器及垃圾焚烧袋式除尘器灰斗卸灰口尺寸不宜小于 400mm×400mm。

㉗ 根据袋式除尘工艺要求，除尘器灰斗可设置料位计、加热和保温装置、破拱装置。料位计与破拱装置不宜设置在同一侧面。

㉘ 对流动性差或黏性大的粉尘，除尘器灰斗应设空气炮、振打机构等破拱装置。破拱装置距卸灰口的高度宜为灰斗高度的 1/3。

㉙ 当粉尘含湿量较大或粉尘易吸湿结块和易冻结时，除尘器灰斗应设置保温和加热器，卸灰和输灰设备应采用电或蒸汽等热源伴热。

㉚ 当下列情况同时出现时，袋式除尘器可采用滑动支座，其进出口可设置补偿器：a. 除尘器工作温度大于 150℃；b. 除尘器的长度大于 15m；c. 处理风量大于 $40×10^4 m^3/h$。

㉛ 大型袋式除尘器顶部宜设置起吊装置。起吊重量不小于最大检修部件的重量。

㉜ 滤料选择

a. 滤料的选择应遵循如下基本原则：ⓐ所选滤料的连续使用温度应高于除尘器入口烟气温度及粉尘温度；ⓑ根据烟气和粉尘的化学成分、腐蚀性和毒性选择适宜的滤料材质和结构；ⓒ选择滤料时应考虑除尘器的清灰方式；ⓓ对于烟气含湿量大，粉尘易潮结和板结、粉尘黏性大的场合，宜选用表面光洁度高的滤料结构。ⓔ对微细粒子高效捕集、车间内空气净化回用、高浓度含尘气体净化等场合，可采用覆膜滤料或其他表面过滤滤料，对爆炸性粉尘净化，应采用抗静电滤料，对含有火星的气体净化，应选用阻燃滤料；ⓕ高温滤料应进行充分热定型，净化腐蚀性烟气的滤料应进行防腐后处理，对含湿量大、含油雾的气体净化，所选滤料应进行疏油疏水后处理；ⓖ当滤料有耐酸、耐氧化、耐水解和长寿命等的组合要求时，可采用复合滤料。

b. 当烟气温度小于 130℃时，可选用常温滤料；当烟气温度高于 130℃时，可选用高温滤料；当烟气温度高于 260℃时，应对烟气冷却后方可使用高温滤料或常温滤料。滤料的主要性能指标如下：ⓐ材质与组分；ⓑ结构和加工方法；ⓒ单位面积质量、体积密度和厚度；ⓓ均匀性；ⓔ透气性；ⓕ强力特性；ⓖ耐温性；ⓗ导电性；ⓘ伸长特性与稳定性；ⓙ阻燃性；ⓚ耐酸、碱、氧化等化学稳定性；ⓛ过滤效率；ⓜ清灰剥离性；ⓝ阻力特性；ⓞ经济性。

二、袋式除尘器选用步骤

正确选用袋式除尘器是保证袋式除尘系统正常运行并达到预定处理效果的最重要环节，也是获得最佳滤袋寿命的关键措施。选用步骤如下（见图 4-143）。

1. 掌握原始资料

掌握的原始资料主要包括：①含尘气体特性，包括气体的化学成分、温度、含湿量、腐蚀性、可燃易爆性、含尘浓度；②粉尘的理化特性，包括粉尘的粒径、分散度、腐蚀性、磨琢性、黏性、易燃易爆性等；③要求除尘器的处理风量、系统主风机的风量、风压；④对排放浓度的要求；⑤对除尘器使用寿命的要求；⑥袋式除尘器安装现场位置及场地面积。

2. 选用袋式除尘器形式

袋式除尘器的形式较多，有机械振动类、振动反吹并用类、分室反吹类、喷嘴反吹类、脉冲喷吹类、复合机理类以及袋式除尘机组。

目前，绝大多数都采用脉冲喷吹类，对于分室反吹类，在高温窑炉烟气方面应用不少，在中小型除尘器的应用中，外滤式反吹风除尘器（如旁插扁袋）以及回转反吹喷嘴反吹类也应用不少。复合机理类电袋结合式除尘器尚在发展，主要用于电站锅炉除尘。

脉冲喷吹类袋式除尘器的主要特点是采用压缩空气脉冲喷吹清灰，清灰强度大，对积附在滤袋表面的黏性尘、潮湿粉尘层均能清落；袋底压力对袋长 6～8mm 的滤袋能达 1500～2000Pa 以上。清灰强度能调整。有高、低压脉冲清灰，在线、离线脉冲清灰之分，还有新出现的复式清灰，清灰形式多样，效果好。脉冲除尘器结构形式多样，有下进风式、上进风式、端面及侧面进风。滤袋以圆袋为主，还有各种扁袋。由于清灰强度大，相应过滤风速也大，可达 1～2m/min，一般为 0.8～1.5m/min。处理风量范围大，小到 1000m³/h，大到 2.0×10⁶m³/h 以上。适宜于各类针刺毡、各类复合滤料及纬二重膨体玻纤过滤布玻纤毡以至刚性滤料的应用。适用于高低温各种粉尘及烟尘的除尘净化。过去工业炉窑、电站锅炉高温烟尘不能用脉冲除尘器，现由于滤料行业的发展，不断开发出各种适用于炉窑应用的高温滤料，经过实践也都可应用脉冲袋式除尘器了。因而在选用袋式除尘器时应首选脉冲袋式除尘器。

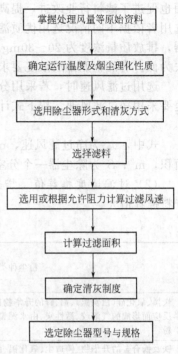

图 4-143　袋式除尘器选用步骤

3. 选择滤料

滤料是袋式除尘器的核心，选用正确与否，决定着袋式除尘器的效率、排放浓度与滤袋的阻力、寿命。滤料的品种繁多，有机织、针刺毡、复合针刺毡、梯度针刺毡、覆膜、玻纤以及刚性滤料。袋式除尘器除尘滤料常用纤维的品种及其理化特性见本章第一节。

滤料的选用应据各种生产工艺所产生的含尘气体中尘与气的理化特性和所配的袋式除尘器清灰形式来分析选用，主要考虑因素是保证所要求过滤后的排放浓度及长滤袋寿命，还需考虑尽量低的费用。

4. 确定过滤风速

袋式除尘器的过滤速度可以根据经验选取，也可以根据允许阻力大小进行计算，或者把经验和计算结合起来进行。

(1) 根据经验选取过滤速度　过滤风速的大小，取决于粉尘特性及浓度大小、气体特性、滤料品种以及清灰方式。对于粒细、浓度大、黏性大、磨琢性强的粉尘，以及高温、高湿气体的过滤，过滤风速宜取小值，反之取大值。对于滤料，机织布阻力大，过滤风速取小值，针刺毡开孔率大，阻力小，可取大值；覆膜滤料较之针刺毡还可适当加大。对于清灰方式，如机械振打、分室反吹风清灰，强度较弱，过滤风速取小值（如 0.6～1.0m/min）；脉冲喷吹清灰强度大，可取大值（如 0.8～1.5m/min）。

选用过滤风速时，若选用过高，处理相同风量的含尘气体所需的滤料过滤面积小，则除尘器的体积、占地面积小，耗钢量也小，一次投资也小；但除尘器阻力大，耗电量也大，因而运行费用就大，且排放质量浓度大，滤袋寿命短。反之，过滤风速小，一次投资大，但运行费用小，排放质量浓度小，滤袋寿命长。近年来，袋式除尘器的用户对除尘器的要求高了，既关注排放质量浓度，又关注滤袋寿命，不仅要求达到 10～30mg/m³ 的排放质量浓度，还要求滤袋的寿命达到 2～4 年，要保证工艺设备在一个大检修周期（2～4 年）内，除尘器能长期连续运行，不更换滤袋。这就是说，滤袋寿命要较之以往 1～2 年延长至 3～4 年。因此，过滤风速不宜选大而是要选小，从而阻力也可降低，运行能耗低，相应延长滤袋寿命，降低排放质量浓度。这一情况，一方面也促进了滤料行业改进，提高滤料的品质，研制新的产品；另一方面也促进除尘器的设计者、选用者依据不同情况选用优质滤料，选取较低的过滤风速。如火电厂燃煤锅炉选用脉冲袋式除尘器，排放质量浓度为 $20\sim30\mathrm{mg/m^3}$，滤袋使用寿命 4 年，过滤风速为 $0.8\sim1.2\mathrm{m/min}$，较之过去为低。有的企业排放浓度要求 $<10\mathrm{mg/m^3}$，过滤速度应 $<1\mathrm{m/min}$。

选用过滤风速时，若采用分室停风的反吹风清灰或停风离线脉冲清灰的袋式除尘器，过滤风速要采用净过滤风速。按下式计算：

$$v_\mathrm{n}=Q/[60(S-S')] \tag{4-26}$$

式中，v_n 为净过滤风速，$\mathrm{m/min}$；Q 为处理总风量，$\mathrm{m^3/h}$；S 为按过滤速度计算的总过滤面积，$\mathrm{m^2}$；S' 为除尘器一个分室或两个分室清灰时的过滤面积，$\mathrm{m^2}$；

（2）过滤速度推荐值　袋式除尘器常用过滤速度见表 4-100。因排放标准要求不同，有的资料推荐值大。

表 4-100　袋式除尘器常用过滤速度　　　　　　单位：m/min

粉尘种类	清灰方式			
	自动脱落或手动振动	机械振打	反吹风	脉冲喷吹
炭黑、氧化硅(白炭黑)、铝、锌的升华物以及其他在气体中由于冷凝和化学反应而形成的气溶胶、活性炭、由水泥窑排出的水泥、化妆品、焦粉、烧结矿粉	0.25～0.4	0.3～0.5	0.33～0.60	0.5～0.8
铁及铁合金的升华物、铸造尘、氧化铝、由水泥磨排出的水泥、碳化炉升华物、石灰、刚玉、塑料、可可粉、洗涤剂、淀粉、糖、皮革粉	0.28～0.45	0.4～0.65	0.45～0.80	0.6～1.2
滑石粉、煤、喷砂清理尘、飞灰、陶瓷生产的粉尘、炭黑(二次加工)、颜料、高岭土、石灰石、矿尘、铝土矿、锯末、水泥(来自冷却器)、谷物、饲料、烟草、肥料、面粉	0.30～0.50	0.50～0.80	0.6～1.0	0.7～1.5

注：随着国家大气污染物排放标准日趋严格，过滤风速渐取低值。

（3）按经验公式计算过滤速度

$$q_\mathrm{f}=q_\mathrm{n}C_1C_2C_3C_4C_5 \tag{4-27}$$

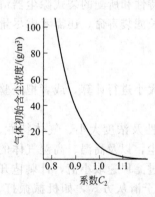

图 4-144　系数 C_2 随含尘浓度而变化的曲线

式中，q_f 为气布比，$\mathrm{m^3/(m^2 \cdot min)}$；$q_\mathrm{n}$ 为标准气布比，$\mathrm{m^3/(m^2 \cdot min)}$ 该值与要过滤的粉尘种类、凝集性有关，一般对黑色和有色金属升华物质、活性炭采用 $0.8\sim1.2\mathrm{m^3/(m^2 \cdot min)}$，对焦炭、挥发性渣、金属细粉、金属氧化物等取值 $1.0\sim1.7\mathrm{m^3/(m^2 \cdot min)}$，对铝氧粉、水泥、煤炭、石灰、矿石灰等取值为 $1.2\sim2.0\mathrm{m^3/(m^2 \cdot min)}$，有的 q_n 值根据设计者经验确定；C_1 为考虑清灰方式的系数，脉冲清灰（织造布）取 1.0，脉冲清灰（无纺布）取 1.1，反吹加振打清灰取 $0.7\sim0.85$；单纯反吹风取 $0.55\sim0.7$；C_2 为考虑气体初始含尘浓度的系数，从图 4-144 所示曲线可以查找；C_3 为考虑要过滤的粉尘粒径分布影响的系数（见表 4-101），所列数据以粉尘质量中位径 d_m 为准，将粉尘按粗细划分为 5 个等级，越细的粉尘其修正系数 C_3 越小；C_4 为考虑气体温度的修正系数，其值见表 4-102；C_5 为考虑气体净化质量要求的系数，以净化后气体含尘量估计，其含尘浓度大于 $30\mathrm{mg/m^3}$ 的系数 C_5 取 1.0，含尘浓度低于 $20\mathrm{mg/m^3}$ 以下时 C_5 取 0.95。

表 4-101　C_3 与粉尘粒径大小的关系

粉尘中位径 $d_\mathrm{m}/\mu\mathrm{m}$	>100	100～50	50～10	10～3	<3
修正系数 C_3	1.2～1.4	1.1	1.0	0.9	0.9～0.7

表 4-102　温度的修正系数

温度 t/℃	20	40	60	80	100	120	140	160
系数 C_4	1.0	0.9	0.84	0.78	0.75	0.73	0.72	0.70

（4）根据流体阻力计算过滤速度　根据流体阻力计算过滤速度，应使用 A.C. 孟德里柯和 H·П·毕沙霍夫的公式：

$$\Delta p = \frac{817\,\mu v_F(1-m)}{d^2 m^3}\left[0.82\times10^{-6} d^{0.25} m_T^3(1-m) h_0^{2/3} + \frac{v_F t z}{\rho}\right] \tag{4-28}$$

式中，μ 为气体黏度，Pa·s；v_F 为按滤布全部面积计算的气体速度（气体负荷），m/s；d 为粉尘平均粒径（用空气渗透法测定），m；m 为粉尘层的气孔率，以小数表示；m_T 为滤布气孔率，以小数表示；ρ 为粉尘密度，kg/m³；z 为气体含尘量，kg/m³；t 为清灰间隔时间（清灰周期），s；h_0 为新滤料过滤速度为 1m/s 时的单位流体阻力，Pa。

几种滤布的 m_T 和 h_0 标准值列于表 4-103。

表 4-103　m_T 和 h_0 值

滤布	m_T（小数表示）	$h_0/10^5$Pa	滤布	m_T（小数表示）	$h_0/10^5$Pa
21 号 UⅢ 纯毛厚绒布	0.91~0.86	0.84	HUM 尼特纶	0.83	1.8
83 号 UM 滤袋	0.89	1.8	聚酚醛纤维布	0.66	8.8

注：m_T、h_0 值由滤料生产厂家提供。

按流体阻力计算过滤速度 v_F，举例如下。

【例 4-1】　如果已知粉尘密度为 6400kg/m³，粒子分散度 $d=0.35\times10^{-6}$m，粉尘层气孔率为 0.94，气体温度为 90℃，清灰间隔时间为 15min，过滤器采用 HUM 滤袋的滤布。滤布气孔率 $m_T=0.83$，$h_0=1.8\times10^5$Pa。假定流体阻力 $\Delta p=900$Pa；90℃ 时气体 $\mu=22\times10^{-6}$Pa·s。求对于含尘量为 1.4×10^{-3}kg/m³ 气体的允许过滤速度。

解：将这些数据代入公式(4-28)：

$$900 = \frac{817\times22\times10^{-6} v_F\times(1-0.94)}{(0.36\times10^{-6})^2\times0.94^3}\left[0.82\times10^{-6}(0.35\times10^{-6})^{0.25}\times\right.$$

$$\left. 0.83^3\times(1-0.94)(1.8\times10^5)^{2/3} + \frac{15\times60\times v_F 1.4\times10^{-3}}{6400}\right]$$

$$= 10600 v_F\,(2.18+197 v_F)$$

得 $v_F=0.016$m/s$=0.96$m/min

5. 计算过滤面积

过滤面积按下式计算

$$A = \frac{Q}{60v} \tag{4-29}$$

式中，A 为袋式除尘器的过滤面积，m²；Q 为除尘器的处理风量，m³/h；v 为除尘器的过滤风速，m/min。

一般来说，计算过滤面积均采用净过滤速度，由于脉冲式的清灰时间很短，也可以用毛过滤风速计算。当采用净过滤风速时，上式计算的结果是净过滤面积，离线清灰时实际需要的总过滤面积还要加上清灰室的过滤面积；当采用毛过滤风速时，上式的计算结果就是总过滤面积。

6. 确定清灰制度

袋式除尘器的清灰周期与除尘器的清灰方式、烟气和粉尘的特性、滤料类型、过滤风速、压力损失等因素有关。与设备阻力一样，清灰周期通常根据各种因素并参照类似的除尘工艺初步确定，再根据实际运行情况加以调整。

若采用定压差清灰控制方式（即达到设定的设备阻力时开始清灰），则清灰周期不是人为地确定，而是在运行过程中随工况波动而自行调节。

对于脉冲袋式除尘器，清灰制度主要包括喷吹周期和脉冲间隔，是否停风喷吹（在线或离线）；对于分室反吹袋式除尘器主要包括反吹、过滤、沉降三状态的持续时间和次数。

7. 确定除尘器型号规格

依据上述结果查找样本，确定所需的除尘器型号、规格，或者进行非标设计。如采用离线清灰方式，还要计算净过滤风速。

对于脉冲袋式除尘器而言，按下式计算清灰的压缩气体耗量：

$$Q_a = k \frac{qn}{T} \tag{4-30}$$

$$q = 18.9 K_v [\Delta p(2p - \Delta p)]^{0.5} \tag{4-31}$$

式中，Q_a 为脉冲袋式除尘器清灰的压缩气体耗量，m^3/min；k 为附加系数；q 为一个脉冲阀喷吹一次的压缩气体量，$m^3/$个；K_v 为流量系数；p 为阀进口管的压力，$10^5 Pa$；Δp 为阀进出口压差，$10^5 Pa$；n 为除尘器拥有的脉冲阀总数，个；T 为除尘器的清灰周期，min。

附加系数 k 主要考虑漏气，并考虑空气压缩机的运转应有一定时间的间歇等因素，通常取 $k = 1.2 \sim 1.4$。

根据耗气量 Q_a 确定空气压缩机的规格、型号和数量。

压缩空气中的油和水分离不净，带有水分和油的空气喷入滤袋内，无疑会引起滤袋堵塞，致使除尘器的阻力增大，处理风量降低，最终导致除尘器无法运行。此外空气中的水分大，也会加速脉冲阀内的弹簧锈蚀，脉冲阀在短时期内失灵。为了保证压缩空气能满足脉冲阀性能的要求，对于压缩空气干燥器的选择，当厂内除尘器处的温度低于10℃时应采用冷冻剂干燥器。装在户外的除尘器达到冻结温度而没有保温设施时，可采用再生干燥剂的干燥器。在室内正常工作条件下一般不需要干燥器。

第五章

静电除尘设备

静电除尘器是利用静电力（库仑力）将气体中的粉尘或液滴分离出来的除尘设备，也称电除尘器、电收尘器。静电除尘器在冶炼、水泥、煤气、电站锅炉、硫酸、造纸等工业中得到了广泛应用。

静电除尘器是实现低浓度排放的除尘器之一，与其他除尘器相比其显著特点是：几乎对各种粉尘、烟雾等，直至极其微小的细颗粒物都有很高的除尘效率；即使是高温、高压气体也能应用；设备阻力低（200～300Pa），耗能小；维护检修不复杂。

第一节
静电除尘器分类和工作原理

一、静电除尘器的分类

静电除尘器分类按除尘极形式、气体运动方向、清灰方式、收尘区域、极间距、温度、压力等有各种分类方法。

① 按除尘的形式可分为管筒式静电除尘器与平板式静电除尘器。

② 按气体在电场内的运动方向可分为立式静电除尘器（垂直流动）和卧式静电除尘器。

③ 按电极的清灰方式可分为干式静电除尘器和湿式静电除尘器。

④ 按粉尘荷电和除尘区域可分为单区静电除尘器和双区静电除尘器。

⑤ 按极板间距（通道宽度）分为窄间距静电除尘器、常规（普通）间距静电除尘器和宽间距静电除尘器。

⑥ 按处理气体的温度分为常温型（≤300℃）静电除尘器和高温型（300～400℃）静电除尘器。

⑦ 按处理的气体压力分为常压型（≤10000Pa）静电除尘器和高压型（10000～60000Pa）静电除尘器。

以上分类关系可以用图 5-1 表示。

静电除尘器的分类及应用特点如表 5-1 所列。

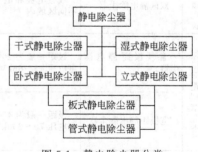

图 5-1　静电除尘器分类

表 5-1　静电除尘器的分类及应用特点

分类方式	设备名称	主要特性	应用特点
按除尘器清灰方式分类	干式静电除尘器	除下的烟尘为干燥状态	(1)操作温度为 250～400℃或高于烟气露点 20～30℃； (2)可用机械振打、电磁振打和压缩空气振打等； (3)粉尘比电阻有一定范围
	湿式静电除尘器	除下的烟尘为泥浆状	(1)操作温度较低,一般烟气需先降温至 40～70℃,然后进入湿式静电除尘器； (2)烟气含硫时等有腐蚀性气体时,设备必须防腐蚀； (3)清除收尘电极上烟尘采用间断供水方式； (4)由于没有烟尘再飞扬现象,烟气流速可较大
	酸雾静电除雾器	用于含硫烟气制硫酸过程捕集酸雾除下物为稀硫酸和泥浆	(1)定期用水清除收尘电极电晕电极上的烟尘和酸雾； (2)操作温度低于 50℃； (3)收尘电极和电晕电极必须采取防腐措施
	半湿式静电除尘器	除下粉尘为干燥状态	(1)构造比一般静电除尘器更严格； (2)水应循环； (3)适用高温烟气净化场合
按烟气流动方向分类	立式静电除尘器	烟气在除尘器中的流动方向与地面垂直	(1)烟气分布不易均匀； (2)占地面积小； (3)烟气出口设在顶部直接放空,可省烟管
	卧式静电除尘器	烟气在除尘器中的流动方向和地面平行	(1)可按生产需要适当增加电场数； (2)各电场可分别供电,避免电场间互相干扰,以提高收尘效率； (3)便于分别回收不同成分、不同粒级的烟尘分类富集； (4)烟气经气流分布板后比较均匀； (5)设备高度相对低,便于安装和检修,但占地面积大
按收尘电极形式分类	管式静电除尘器	收尘电极为圆管、蜂窝管	(1)电晕电极和收尘电极间距相等,电场强度比较均匀； (2)清灰较困难,不宜用作干式静电除尘器,一般用作湿式静电除尘器； (3)通常为立式静电除尘器
	板式电除尘器	收尘电极为板状,如网、棒帏、槽形、波形等	(1)电场强度不够均匀； (2)清灰较方便； (3)制造安装较容易
按收尘极电晕极配置	单区静电除尘器	收尘电极和电晕电极布置在同一区域内	(1)荷电和收尘过程的特性未充分发挥,收尘电场较长； (2)烟尘重返气流后可再次荷电,除尘效率高； (3)主要用于工业除尘
	双区静电除尘器	收尘电极和电晕电极布置在不同区域内	(1)荷电和收尘分别在两个区域内进行,可缩短电场长度； (2)烟尘重返气流后无再次荷电机会,除尘效率低； (3)可捕集高比电阻烟尘； (4)主要用于空调空气净化
按极间距宽窄分类	常规极距静电除尘器	极距一般为 200～325mm,供电电压 45～66kV	(1)安装、检修、清灰不方便； (2)离子风小,烟尘驱进速度低； (3)适用于烟尘比电阻为 $10^4～10^{10}\Omega \cdot cm$； (4)使用比较成熟,实践经验丰富
	宽极距静电除尘器	极距一般为 400～600mm,供电电压 70～200kV	(1)安装、检修、清灰不方便； (2)离子风大,烟尘驱进速度大； (3)适用于烟尘比电阻为 $10～10^4\Omega \cdot cm$； (4)极距不超过 500mm 可省材料
按其他标准分类	防爆式静电除尘器	防爆式静电除尘器有防爆装置,能防止爆炸	防爆式静电除尘器用在特定场合,如转炉烟气的除尘、煤气除尘等
	原式静电除尘器	原式静电除尘器正离子参加捕尘工作	原式静电除尘器是静电除尘的新品种
	移动电极式静电除尘器	可移动电极式静电除尘器顶部装有电极卷取器	可移动电极式静电除尘器常用于净化高比电阻粉尘的烟气

二、静电除尘器的工作原理

静电学是一门既悠久又崭新、既简单又错综复杂的科学。早在公元前 600 年前后古希腊泰勒斯（Thales）发现，如用毛皮摩擦琥珀棒，棒就能吸引某些轻的颗粒和纤维。静电吸引现象的形成，是现代静电除尘器理论依据。第一次成功利用静电学是在 1907 年由美国人乔治·科特雷尔（George Cottrell）实行的，是用于硫酸酸雾捕集的静电除尘器。他在 1908 年发明的一种机械整流器，提供了为成功进行粉尘的静电沉降所必需的手段。这一发明导致了他的成功并使他成为实用静电除尘的创始人。1922 年德国的多依奇（Deutsch）由理论推导出静电除尘效率指数方程式并沿用至今。这些为静电除尘器的发展和应用奠定了基础。

1. 粉尘分离过程

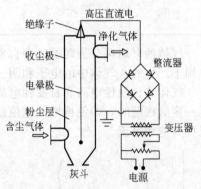

图 5-2　管极式静电除尘器工作原理示意

　　静电除尘器的种类和结构形式很多，但都基于相同的工作原理。图 5-2 是管极式静电除尘器工作原理示意。接地的金属管叫作收尘极（或集尘极），和置于圆管中心靠重锤张紧的放电极（或称电晕线）构成的管极式静电除尘器。工作时含尘气体从除尘器下部进入，向上通过一个足于使气体电离的静电场，产生大量的正负离子和电子并使粉尘荷电，荷电粉尘在电场力的作用下向集尘极运动并在收尘极上沉积，从而达到粉尘和气体分离的目的。当收尘极上的粉尘达到一定厚度时，通过清灰机构使灰尘落入灰斗中排出。静电除尘的工作原理包括下述几个步骤（见图 5-3）：①除尘器供电电场产生；②电子电荷的产生，气体电离；③电子电荷传递给粉尘微粒，尘粒电荷；④电场中带电粉尘微粒移向收尘电极，尘粒驱进；⑤带电粉尘微粒黏附于收集电极的表面，尘粒黏附；⑥从收集电极清除粉尘层，振打清灰；⑦清除的粉尘层降落在灰斗中；⑧从灰斗中清除粉尘，用输排装置运出。

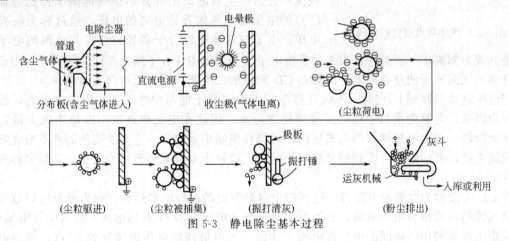

图 5-3　静电除尘基本过程

2. 气体的电离

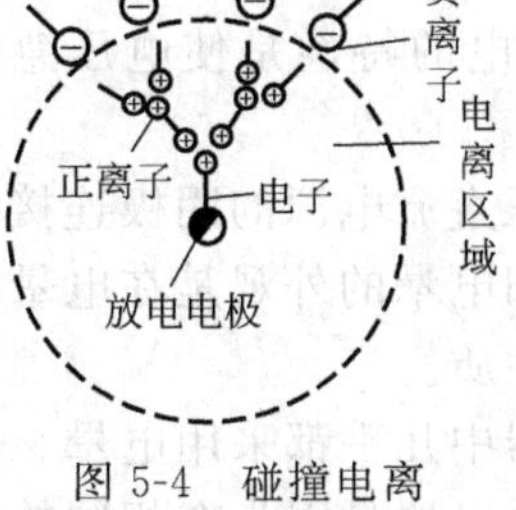

　　空气在正常状态下几乎是不能导电的绝缘体，气体中不存在自发的离子，因此实际上没有电流通过。它必须依靠外力才能电离，当气体分子获得能量时就可能使气体分子中的电子脱离而成为自由电子，这些电子成为输送电流的媒介，此时气体就具有导电的能力。使气体具有导电能力的过程称之为气体的电离。

图 5-4　碰撞电离

　　如图 5-4 所示。由于气体电离所形成的电子和正离子在电场作用下，朝向反的方向运动，于是形成电流，此时的气体就导电了，从而失去了气体通常状态下的绝缘性能。能使气体电离的能量称为电离能，见表 5-2。

表 5-2　一些气体的激励能和电离能　　　　　　单位：eV

气体	激励能 W_e	电离能 W_i	气体	激励能 W_e	电离能 W_i
氧 O_2^O	7.9	12.5	汞 Hg_2^{Hg}	4.89	10.43
	19.7　9.15	13.61			9.6
氮 N_2^N	6.3	15.6	水 H_2O	7.6	12.59
	2.38　10.33	14.54			
氢 H_2^H	7.0	15.4	氦 He	19.8	24.47
	10.6	13.59			

气体的电离可分为两类，即自发性电离和非自发性电离。气体的非自发性电离是在外界能量作用下产生的，气体中的电子和阴、阳离子发生的运动形成了电晕电流。

气体非自发性电离和自发性电离，与通过气体的电流并不一定与电位差成正比。当电流增大到一定的程度时，即使再增加电位差，电流也不再增大而形成一种饱和电流，在饱和状态下的电流称为饱和电流。

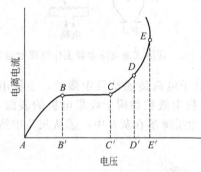

图 5-5　气体导电过程的曲线

3. 气体导电过程

气体导电过程可用图 5-5 中的曲线来描述。

图 5-5 中在 AB 阶段，气体导电仅借助于大气中所存的少量自由电子。在 BC 阶段，电压虽升高到 C' 但电流并不增加，此时使全部电子获得足够的动能，以便碰撞气体中的中性分子。当电压高于 C' 点时，由于气体中的电子已获得的能量足以使与发生碰撞的气体中性分子电离，结果在气体中开始产生新的离子并开始由气体离子传送电流，故 C' 点的电压就是气体开始电离的电压，通过称为临界电离电压。电子与气体中性分子碰撞时，将其外围的电子冲击出来使其成为阳离子，而被冲击出来的自由电子又与其他中性分子结合而成为阴离子。由于阴离子的迁移率比阳离子的迁移率大，因此在 CD 阶段的二电离，称为无声自发放电。

当电压继续升高到 C' 点时，不仅迁移率较大的阴离子能与中性分子发生碰撞电离，较小的阳离子也因获得足够能量与中性分子碰撞使之电离。因此在电场中连续不断地生成大量的新离子，在此阶段，在放电极周围的电离区内，可以在黑暗中观察到一连串淡蓝色的光点或光环，或延伸成刷毛状，并伴随有可听到的"咝咝"响声。这种光点或光环被称为电晕。电晕名称来源于王冠（Crown）一字。

在 CE 阶段称为电晕放电阶段，达到产生电晕阶段的碰撞电离过程，称为电晕电离过程。此时通过气体的电流称为电晕电流，开始发生电晕时的电压（即 D' 点的电压）称为临界电晕电压。静电除尘也就是利用两极间的电晕放电而工作的。如电极间的电压继续升到 E' 点，则由电晕范围扩大，致使电极之间可能产生剧烈的火花，甚至产生电弧。此时，电极间的介质全部产生电击穿现象，E' 点的电压称为火花放电电压，或称为弧光放电电压。火花放电的特性是使电压急剧下降，同时在极短的时间内通过大量的电流，从而使电除尘停止工作。

根据电极的极性不同，电晕有阴电晕和阳电晕之分，当电晕极与高压直流电源的阴极连接时就产生阴电晕；当电晕极与高压直流电源的阳极连接时就产生阳电晕。阳电晕的外观是在电晕极表面被比较光滑均匀的蓝白色亮光包着，这证明这种电离过程具有扩散性质。

上述两种不同极性的电晕都已应用到除尘技术中，在工业静电除尘器中几乎都采用电晕。对于空气净化的所谓静电过滤器考虑到阳电晕产生的臭氧较少而采用阳电晕，这是因为在相同的电压条件下，阴电晕比阳电晕产生的电流大，而且火花放电电压也比阳电晕放电要高。静电除尘器为了达到所要求的除尘效率，保持稳定的电晕放电过程是十分重要的。

在静电除尘器中，当一个高压电加到一对电极上时就建立起一个电场。图 5-6（a）、（b）表明在一个管式和板式静电除尘器中的电场线。带电微粒，如电子和离子，在一定条件下沿着电场线运动。带负电荷的微粒向正电极的方向移动，而带正电荷的微粒向相反方向的负电极移动。在工业静电除尘器中，电晕电极是负极，收尘电极是正极。

图 5-6(c) 表示了靠近放电电极产生的自由电子沿着电场线移向收尘极的情况，这些电子可能直接撞击到粉尘微粒上，而使粉尘荷电并使它移向收尘电极。也可能是气体分子吸附电子，而电离成功为一个负的气体离子，再撞击粉尘微粒使它移向收尘电极。

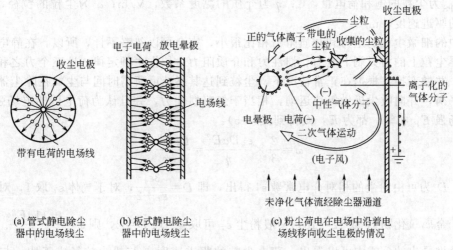

(a) 管式静电除尘器中的电场线尘　(b) 板式静电除尘器中的电场线尘　(c) 粉尘荷电在电场中沿着电场线移向收尘电极的情况

图 5-6　静电除尘粉尘荷电

4. 尘粒的荷电

收尘空间尘粒荷电是静电除尘过程中最基本的过程，虽然有许多与物理和化学现象有关的荷电方式可以使尘粒荷电，但是，大多数方式不能满足净化大量含尘气体的要求。因为在静电除尘中使尘粒分离的力主要是静电力即库仑力，而库仑力与尘粒所带的电荷量和除尘区电场强度的乘积成比例。所以，要尽量使尘粒多荷电，如果荷电量加倍，则库仑力会加倍。若其他因素相同，这意味着静电除尘器的尺寸可以缩小 1/2。虽然在双极性条件下能使尘粒荷电实现，但是理论和实践证明，单极性高压电晕放电使尘粒荷电效果更好，能使尘粒荷电达到很高的程度，所以静电除尘器都采用单极性荷电。

在静电除尘器的电场中，尘粒的荷电机理基本有两种：一种是电场中离子的吸附荷电，这种荷电机理通常称为电场荷电或碰撞荷电；另一种则是由于离子扩散现象的荷电过程，通常这种荷电过程为扩散荷电。尘粒的荷电量与尘粒的粒径、电场强度和停留时间等因素有关。就大多数实际应用的工业静电除尘器所捕集的尘粒范围而言，电场荷电更为重要。

5. 荷电尘粒的运动

粉尘荷电后，在电场的作用下，带有不同极性电荷的尘粒则分别向极性相反的电极运动，并沉积在电极上。工业电除尘多采用负电晕，在电晕区内少量带正电荷的尘粒沉积到电晕极上，而电晕外区的大量尘粒带负电荷，因而向收尘极运动。

处于收尘极和电晕极之间荷电尘粒，受到 4 种力的作用，其运动服从于牛顿定律。这 4 种力如下。

① 尘粒的重力

$$F_g = mg \tag{5-1}$$

② 电场作用在荷电尘粒上的静电力

$$F_c = E_c q_{PS} \tag{5-2}$$

③ 惯性力

$$F_i = \frac{m\, d\omega}{dt} \tag{5-3}$$

④ 尘粒运动时介质的阻力（黏滞力），服从斯托克斯定律（Stokes）

$$F_c = 6\pi a \eta \omega \tag{5-4}$$

式中，F_g、F_c、F_i 分别为重力、静电力和惯性力，N；g 为重力加速度，m/s^2；E_c 为电场强度；q_{PS} 为尘粒的饱和荷电量，C；η 为介质的黏度系数，V/m；a 为尘粒的粒径，m；ω 为荷电尘粒的驱进速度，m/s。

气体中的细微尘粒的重力和介质阻力相比很小，完全可以忽略不计，所以，在静电除尘器中作用在悬浮尘粒上的力只剩下电力、惯性力和介质阻力。依据牛顿定律，这三个力之和为零，解微分方程，并做变换，根据在正常情况下，尘粒到达其终速度所需时间与尘粒在除尘器中停留的时间达到平衡，并向收尘极做等速运动，相当于忽略惯性力，并且认为荷电区的电场强度 E_c 和收尘区的场强 E_P 相等，都为 E，则得到式(5-5)：

$$\omega = \frac{2}{3} \times \frac{\varepsilon_o DaE^2}{\eta} = \frac{DaE^2}{6\pi\eta} \tag{5-5}$$

式中，D 为可由粉尘的相对介电常数 ε_r 得出，即 $D = \frac{3\varepsilon_r}{\varepsilon_r + 2}$，对于气体 ε_r 取 1，对于金属 ε_r 取 ∞，对于金属氧化物 ε_r 取 12~18，一般粉尘 ε_r 可取 4。取 $D = 2$，则 $\omega = \frac{0.11aE^2}{\eta}$。

从理论推导出的公式中可以看出，荷电尘粒的驱进速度 ω 与粉尘粒径成正比，与电场强度的平方成正比，与介质的黏度成反比。粉尘粒径大、荷电量大，驱进速度大是不言而喻的。由于介质的黏度是比较复杂的因素，实际驱进速度与计算值相差尚较大，约小于 1/2，所以在设计时还常采用试验或实践经验值。

6. 尘粒的捕集

在静电除尘器中，荷电极性不同的尘粉在电场力的作用下分别向不同极性的电极运动。在电晕区和靠近电晕区很近的一部分荷电尘粒与电晕极的极性相反，于是就沉积在电晕极上。电晕区范围小，捕集数量也小。而电晕外区的尘粒，绝大部分带有电晕极极性相同的电荷，所以，当这些电荷尘粒接近收尘极表面时，在极板上沉积而被捕集。尘粒的捕集与许多因素有关，例如尘粒的比电阻、介电常数和密度，气体的流速、温度、电场的伏-安特性，以及收尘极的表面状态等。

尘粒在电场中的运动轨迹，主要取决于气流状态和电场的综合影响，气流的状态和性质是确定尘粒被捕集的基础。

气流的状态原则上可以是层流或紊流。层流条件下尘粒运行轨迹可视为气流速度与驱进速度的向量和，如图 5-7 所示。

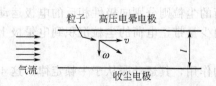

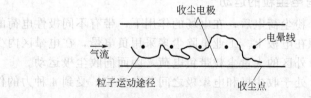

图 5-7　层流条件下电场中尘粒的运动示意　　　图 5-8　紊流条件下电场中尘粒的运动

紊流条件下电场中尘粒的运动如图 5-8 所示，尘粒能否被捕集应该说是一个概率问题。就单个粒子来说，收尘效率或者是零，或者是100％。电除尘尘粒的捕集概率就是除尘效率。

除尘效率是电除尘器的一个重要技术参数，也是设计计算、分析比较评价静电除尘器的重要依据。通常任何除尘器的除尘效率 $\eta(\%)$ 均可按下式计算：

$$\eta = 1 - \frac{c_1}{c_2} \tag{5-6}$$

式中，c_1 为电除尘器出口烟气含尘浓度，g/m^3；c_2 为电除尘器入口烟气含尘浓度，g/m^3。

1922年德国人多依奇（Deutsch）做了如下的假设，推导了计算静电除尘器除尘效率的方程式。图5-9和图5-10分别为管式静电除尘器除尘效率公式推导示意和板式静电除尘器粉尘捕集示意。

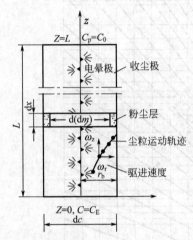

图5-9　管式静电除尘器除尘效率公式推导示意

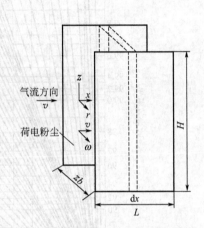

图5-10　板式静电除尘器粉尘捕集示意

管式静电除尘器多依奇效率公式为

$$\eta = 1 - e^{\frac{\omega}{v} \times \frac{A_c}{V} L} \tag{5-7}$$

或

$$\eta = 1 - e^{-\frac{2L}{r_b v} \omega} \tag{5-8}$$

板式静电除尘器多依奇效率公式为

$$\eta = 1 - e^{-\frac{L}{bv} \omega} \tag{5-9}$$

或

$$\eta = 1 - e^{-f\omega} = 1 - e^{-\frac{A}{Q} \omega} \tag{5-10}$$

式中，A_c 为管式静电除尘器管内壁的表面积，m^2；V 为管式静电除尘器管内体积，m^3；v 为气流速度，m/s；e 为自然对数的底；A 为收尘极板表面积，m^2；Q 为烟气流量，m^3/s；f 为收尘极板比表面积，$m^2/(m^3 \cdot s^2)$。

比较式(5-7)，除尘效率和电场强度成正比，而当管式和板式静电除尘器的电场长度和导极间距相同时，管式静电除尘器的气流速度是板式静电除尘器的2倍。

除尘效率随驱进速度 ω 和比表面积 f 值的增大而提高，随烟气流量 Q 的增大而降低。

表5-3表示了不同指数值的除尘效率。

表5-3　不同指数值的除尘效率

指数 $\frac{A}{Q}\omega$	0	1.0	2.0	2.3	3.0	3.91	4.61	6.91
除尘效率 η/%	0	63.2	86.5	90	95	98	99	99.9

图 5-11 和图 5-12 表示了除尘效率 η、驱进速度 ω 和比表面积 f 值的列线图。在效率公式中 4 个变量，如 η、Q 和 ω 确定后，则可计算出收尘极面积 A。或根据所要求的除尘效率和选定的驱进速度，从列线图上可查出 f 值。

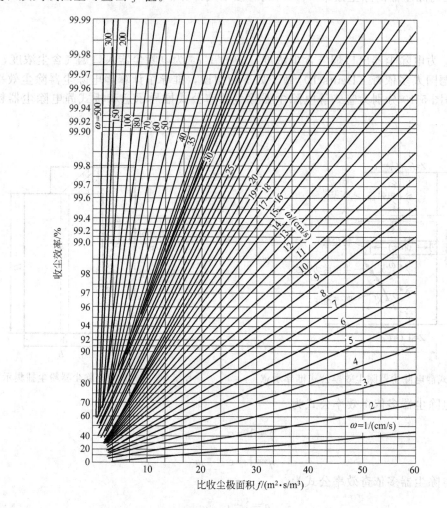

图 5-11　除尘效率 η、驱进速度 ω 和比表面积 f 值的列线图（一）

由于多依奇公式是在许多假设条件下推导出的理论公式，因此与实测结果有差异。为此很多学者对其理论公式进行了修正，使其尽可能与实测接近。但仍用上述公式作为分析、评价、比较静电除尘器的理论基础。

7. 被捕集尘粒的清除

随着除尘器的连续工作，电晕极和收尘极上会有粉尘颗粒沉积，粉尘层厚度为几毫米，粉尘颗粒沉积在电晕极上会影响电晕电流的大小和均匀性。收集尘极板上粉尘层较厚时会导致火花电压降低，电晕电流减小。为了保持静电除尘器连续运行，应及时清除沉积的粉尘。

收尘极清灰方法有湿式、干式和声波三种方法。湿式静电除尘器中，收尘极板表面经常保持一层水膜，粉尘沉降在水膜上随水膜流下。湿法清灰的优点是无二次扬尘，同时可净化部分有害气体；缺点是腐蚀结垢问题较严重，污水需要处理。干式静电除尘器由机械撞击或电磁振打产生的振动力清灰。干式振打清灰需要适合的振打强度。声波清灰对电晕极和收尘极都较好，但能耗较大的声波清灰机，理论研究落后于应用实践。

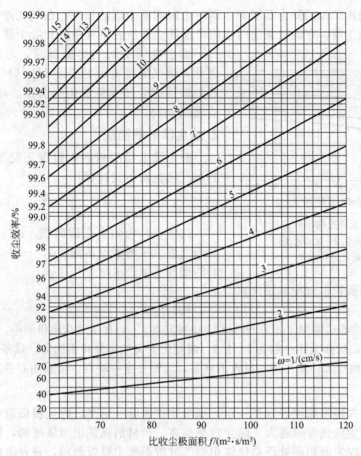

图 5-12　除尘效率 η、驱进速度 ω 和比表面积 f 值的列线图（二）

8. 粉尘排出

粉尘落入静电除尘器灰斗后，要靠输排灰装置把粉尘从灰斗中排出来。为使粉尘顺利排出，必须在灰斗上装振打电机和卸灰阀门。用振打电机松动粉尘，用卸灰阀排出粉尘并配套输灰装置运走。输灰装置详见第八章。

三、静电除尘器的性能及影响因素

(一) 静电除尘器性能参数

主要参数包括电场内烟气流速、有效截面积、比收尘面积、电场数、电场长度、极板间距、极线间距、临界电压、驱进速度、除尘效率等。

1. 电场烟气流速

在保证除尘效率的前提下，流速大，可减小设备，节省投资，有色冶金企业静电除尘器的烟气流速一般为 0.4~1.0m/s，电力和水泥行业可达 0.8~1.5m/s，烧结、原料厂 1~1.5m/s，化工厂为 0.5~1m/s。选择流速也与除尘器结构有关，对无挡风槽的极板、挂锤式电晕电极，烟气流速不宜过大，对槽形极板或有挡风槽、框架式电晕电极，烟气流速大一些，其相互关系见表 5-4。

表 5-4　烟气流速与极板、极线形式的关系

除尘极形式	电晕电极形式	烟气流速/(m/s)	除尘极形式	电晕电极形式	烟气流速/(m/s)
棒帏状、网状、板状	挂锤式电极	0.4~0.8	袋式、鱼鳞状	框架式电极	1~2
槽形（C 型、Z 型、CS 型）	框架式电极	0.8~1.5	湿式静电除尘器、静电除雾器	挂锤式电极	0.6~1

　　烟气流速影响所选择的除尘器断面，同时也影响除尘器的长度，在烟气停留时间相同时，流速低则需较长的除尘器，在确定流速时也应考虑除尘器放置位置条件和除尘器本身的长宽比例。

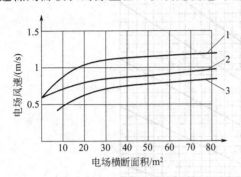

图 5-13　电场风速的经验曲线
1—发电厂锅炉；2—湿式水泥窑
及烘干机；3—干法窑

　　由于电场中烟气速度提高，可以增加驱进速度，因此，烟气速度并非越低越好，烟气速度的确定应以达到最佳综合技术经济指标为准。电场风速的经验曲线见图 5-13。

2. 除尘器的截面积

　　静电除尘器的截面积根据工况下的烟气量和选定的烟气流速按下式计算：

$$F = \frac{Q}{v} \tag{5-11}$$

　　式中，F 为除尘器截面积，m^2；Q 为进入除尘器的烟气量（未考虑设备漏风），m^3/s；v 为除尘器截面上的烟气流速，m/s。

　　静电除尘器截面积也可按下式计算：

$$F = HBn \tag{5-12}$$

　　式中，F 为除尘器截面积，m^2；H 为收尘电极高度，m；B 为收尘电极间距，m；n 为通道数。

　　静电除尘器截面的高宽比一般为 1～1.3，高宽比太大气流分布不均匀，设备稳定性较差。高宽比太小，设备占地面积大，灰斗高，材料消耗多，为弥补这一缺点，可采用双进口和双排灰斗。

3. 比收尘面积

　　根据多依奇公式静电除尘器气量一定，烟尘驱进速度一定时，收尘极板总面积是保证除尘效率的唯一因素。收尘极板面积越大，除尘效率越高，钢材消耗量也相应增加，因此，选择收尘极板面积要适宜。比收尘面积即处理单位体积烟气量所需收尘极板面积，是评价静电除尘器水平的指标，比收尘面积与其他参数的关系为：

$$\frac{A}{Q} = \frac{1}{W} \ln \frac{1}{1-\eta} \tag{5-13}$$

　　式中，$\frac{A}{Q}$ 为比收尘面积，$m^2/(m^3 \cdot s)$；W 为烟尘驱进速度，m/s；η 为除尘效率。

　　实际生产中常用比收尘面积为 10～20$m^2/(m^3 \cdot s)$。驱进速度小，除尘效率要求高时，应选取较大值；反之可用较小值。收尘极板面积是指其投影面积而不是展开面积。

4. 临界电压

　　在管式静电除尘器有效区电晕放电之前的电场实际是静电场，电场中任何一点经 x 的电场强度 E_x 可按圆柱形电容器计算：

$$E_x = \frac{U}{x \ln \dfrac{R_2}{R_1}} \tag{5-14}$$

　　式中，E_x 为在 x 处的电场强度，kV/cm；U 为外加电压，kV；R_2 为圆筒形沉淀极内半径，cm；R_1 为电晕极导线半径，cm；x 为由中心线到确定电场强度的距离，cm。

　　由此可知，电晕极导线与沉淀极之间各点的电场强度是不同的，越靠近电晕线，电场强度就越大。故 $x = R_1$ 处的电强度为最大，即

$$E_x = \frac{U}{R_1 \ln \dfrac{R_2}{R_1}} \tag{5-15}$$

根据经验，当电晕极周围有电晕出现时，对于空气介质来说，临界电场强度可用经验公式计算：

$$E_0 = 31\delta \left(1 + \frac{0.308}{\sqrt{SR_1}} \right) \tag{5-16}$$

式中，E_0 为临界电场强度，kV/cm；R_1 为电晕极导线半径，cm；δ 为空气相对密度，$\delta = (T_0 p)/(T p_0)$，其中 $T_0 = 298K$，$p_0 = 0.1MPa$，T、p 分别为运行状况下空气的温度和压力；S 为系数，当负电晕周围空气介质接近大气压时，

$$S = \frac{392p}{273 + t} \tag{5-17}$$

式中，p 为空气介质压力，kPa；t 为空气温度，℃。

由式(5-15) 和式(5-16) 即可求出临界电压：

$$V_0 = E_0 R_1 \ln \frac{R_2}{R_1} \tag{5-18}$$

式中，V_0 为临界电压，kV；其他符号意义同前。

用求出板极式静电除尘器的临界电压后，再乘以系数 1.5～2，即可作为静电除尘器的实际工作电压。

5. 驱进速度

尘粒随气流在电除尘中运动，受到电场作用力、流体阻力、空气动压力及重力的综合作用，尘粒由气体驱向于电极称为沉降。沉降速度是在电场力作用下尘粒运动与流体之间阻力达到平衡后的速度。沉降速度常称驱进速度，它的大小由其获得的荷电量来决定。尘粒上的最大荷电量可由下式计算：

$$nl_0 = E_x \frac{d^2}{4} \left(1 + 2 \times \frac{\varepsilon - 1}{\varepsilon + 2} \right) \tag{5-19}$$

式中，ε 为一个电子的电荷电量，静电单位（1 静电单位 $= 2.08 \times 10^9$ 电子电荷）；n 为附着在尘粒上的基本电荷数；l_0 为尘粒上的最大荷电量，静电单位；E_x 为电场强度，绝对静电单位；d 为尘粒直径，cm；ε 为尘粒的介电常数，见表 5-5。

表 5-5　某些物质的介电常数 ε

名　称	介电常数 ε	名　称	介电常数 ε
水	81	石灰石	6～8
空气	1	石膏	5
金属	∞	地沥青	2～7
玻璃	5.5～7	瓷	5.7～6.3
金属氧化物	12～18	绝缘物质	2～4

由式(5-19) 可见，尘粒荷电量是由电场强度、尘粒尺寸和介电常数（电容率）决定的。尘粒荷电后，在电场力的作用下，由电晕极向沉淀极转移，作用在尘粒上的电场力为 $F = neoE_x$。运动中尘粒需克服的介质阻力为 $S = 3X\mu d\omega$。当尘粒稳定运行时，电场力与介质阻力相等，即等式 $neoE_x = 3X\mu d\omega$。由此式可得出尘粒的驱进速度：

$$\omega = \frac{neoE_x}{3\pi\mu d} \tag{5-20}$$

在求得尘粒受电场力作用的驱进速度之后即可求出尘粒运动 x 距离所需的时间 τ：

$$d\tau = \frac{dx}{\omega} \tag{5-21}$$

以管式静电除尘器为例，电晕极导线半径为 R_1，圆管半径为 R_2，则时间为：

$$\tau = \int_{R_1}^{R_2} \frac{dx}{\omega} = \frac{L}{\omega} \int_{R_2}^{R_1} dx = \frac{R_2}{\omega} \tag{5-22}$$

气流在静电除尘器中停留时间为 τ'，而 $\tau' = \dfrac{L}{v}$，设计时应满足：

$$\tau \leqslant \tau'，即 \frac{R_2}{\omega} \leqslant \frac{L}{v} 或 W \leqslant \frac{L}{R_2}v \tag{5-23}$$

式中，L 为气流在静电除尘器中经过的路程，m；v 为气流速度，m/s；R_2 为沉淀极管内半径，m。

在一般情况下，管式静电除尘器 $v=0.8\sim1.5$m/s，板式静电除尘 $v=0.5\sim1.2$m/s；$\tau'=2\sim4\tau$。

6. 电场数

卧式静电除尘器常采用多电场串联，在电场总长度相同情况下，电场数增加，每一电场电晕线数量相应减少，因而电晕线安装误差影响概率也少，从而可提高供电电压、电晕电流和除尘效率。电场数多还可以做到当某一电场停止运行，对除尘器性能影响不大，由于火花和振打清灰引起的二次飞扬不严重。

静电除尘器供电一般采用分电场单独供电，电场数增加也同时增加供电机组，使设备投资升高，因此，电场数力求选择适当。串联电场数一般为 2~5 个，常用除尘器一般为 3~4 个，对于难收尘的场合，用 4~5 个电场。

7. 电场长度

各电场长度之和为电场总长度。一般每个电场长度为 2.5~6.2m；其中 2.5~4.5m 为短电场，4.5~6.2m 为长电场。短电场振打力分布比较均匀，清灰效果好。长电场根据需要可采取打动打，极板高的除尘器可采用多点振打。对处理气量大环保要求高的场合用长电场，如矿石烧结厂和燃煤电厂。

8. 极距、线距、通道数

20 世纪 70 年代以前静电除尘器极板间距一般为 260~325mm，后来开始采用宽极板静电除尘器，极板间距至 400~600mm，有的达 1000mm。截面积相同时，极距加宽，通道数减少，收尘极板面积亦减少，当提高供电电压后，尘驱进速度加大，能够提高比电阻烟尘的除尘效率，故对高比阻烟尘可选用极距为 450~500mm，配用 27kV 电源即能满足供电要求。继续加大极距，则需配备更高的供电设备。

电除尘器的通道数按下式计算：

$$N = \frac{\dfrac{F}{H} - 2S}{B} \tag{5-24}$$

式中，N 为通道数；F 为除尘器截面面积，m^2；H 为收尘极板高度，m；B 为极板间距，m；S 为最外边收尘极板中心至外壳内壁距离，m。

相邻晕线的距离为线距，一般根据异极距来确定。根据试验，异极距和线距之比为 0.8~1.2，线距太小，相邻两电极会产生干扰屏蔽，抑制电晕电流的产生；线距太小，相邻两电晕极会产生干扰屏蔽，抑制电晕电流的产生；线距太大，总电晕功率减少，影响除尘效率。线距还要根据收尘极板宽度进行调整，可参照以下实例选择。

小 C 型板宽 190mm，每块板配一根线，之间间隙 10mm，线距为 200mm，又如 Z 型板宽 385mm，间隙 15mm，每块极板配两根线，线距为 200mm；大 C 型板宽 480mm 两板间隙 20mm，每块极板配线，线距 250mm。上述两种板亦可配一根管状芒刺线，因其水平刺间距超过 100mm，相当于线的效果。

9. 除尘效率

静电除尘器的除尘效率和其他除尘器一样，定义为进入除尘器烟气中含尘量与捕集下来的粉尘量之比，它与含尘浓度、粒度、比电阻、电场长度及电极的构造等有关。除尘效率的表达式如下：

对管式除尘器
$$\eta = 1 - e^{\frac{4\omega LK}{v_p D}}\qquad(5\text{-}25)$$

对板式除尘器
$$\eta = 1 - e^{\frac{\omega LK}{v_p b}}\qquad(5\text{-}26)$$

式中，ω 为粉尘驱进速度，m/s；v_p 为含尘气体的平均流速，m/s；L 为气流方向收尘极的总有效长率，m；b 为收尘极和电晕极之间的距离，m；D 为管式收尘极的内径，m；K 为由电极的几何形状，粉尘凝聚和二次飞扬决定的经验系数。

由上述计算式可以看出，静电除尘器的效率与 L/v_p 关系甚大，或者说除尘效率与静电除尘器的容积关系甚大。假如除尘效率为 90% 时，除尘器的容积为 1，则效率为 99% 的除尘器的容积将增大为 2。

(二) 影响静电除尘器性能的因素

影响静电除尘器性能有诸多因素，可大致归纳为烟尘性质、设备状况和操作条件 3 个方面。这些因素之间的相互联系如图 5-14 所示。由图可知，各种因素的影响直接关系到电晕电流、粉尘比电阻、除尘器内的粉尘收集和二次飞扬这 3 个环节，而最后结果表现为除尘效率的高低。

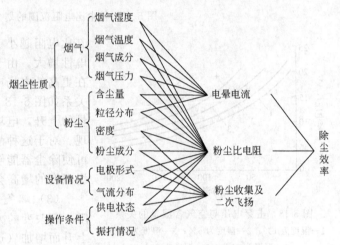

图 5-14　影响除尘器性能的主要因素及其相互关系

1. 烟尘性质的影响

(1) 粉尘的比电阻　适用于静电除尘器的比电阻值为 $10^4 \sim 10^{11}$ $\Omega \cdot cm$。比电阻值小于 10^4 $\Omega \cdot cm$ 的粉尘，其导电性能好，在除尘器电场内被收集时，到达收尘极板表面后会快速释放其电荷，变为与收尘极同性，然后又相互排斥，重新返回气流，可能在往返跳跃中被气流带出，所以除尘效果差，如图 5-15 所示。相反，比电阻大于 10^{11} $\Omega \cdot cm$ 以上的粉尘，在到达收尘极以后不易释放其电荷，使粉尘层与极板之间可能形成电场，产生反电晕放电，如图 5-16 所示。

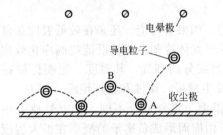

图 5-15　低比电阻粉尘的跳跃现象

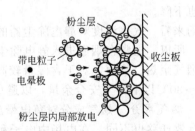

图 5-16　高比电阻粉尘的反电晕现象

对于高比电阻粉尘可以通过特殊方法进行静电除尘器除尘，以达到气体净化。这些方法是：气体调质；采用脉冲供电；改变除尘器本体结构——拉宽电极间距并结合变更电气条件。粉尘比电阻与除尘效率的关系如图 5-17 所示。

(2) 烟气湿度　烟气湿度能改变粉尘的比电阻，在同样温度条件下，烟气中所含水分越大，

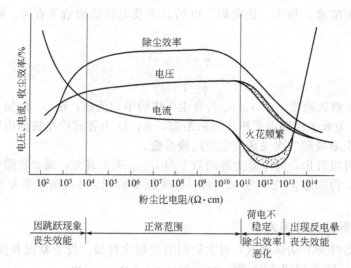

图 5-17　粉尘比电阻范围的划分及其影响

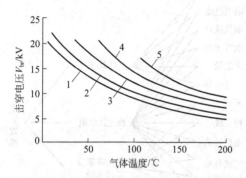

图 5-18　击穿电压与空气含湿量的关系
1—湿度为 1%；2—湿度为 5%；3—湿度为 10%；
4—湿度为 15%；5—湿度为 20%

其比电阻越小。粉尘颗粒吸附了水分子，粉尘层的导电性增大。由于湿度增大，击穿电压上升，这就允许在更高的电场电压下运行。击穿电压与空气含湿量的关系如图 5-18 所示。由图 5-18 可知，随着空气中含湿量的上升，电场击穿电压相应提高，火花放电较难出现。对于这种静电除尘器来说，是有实用价值的，它可使除尘器能够在提高电压的条件下稳定地运行。电场强度的增高会使除尘效果显著改善。

（3）烟气温度　气体温度也能改变粉尘的比电阻，而改变的方向却有几种可能：表面比电阻随温度上升而增加（这只在低温区段）；到达一定温度值之后，体积比电阻相反，随着温度上升而下降。在这温度交界处有一段过渡区，即表面和体积比电阻的共同作用区。电除尘工作温度可由粉尘比电阻气体温度关系曲线来选定。烟气温度影响还表现在对气体黏滞性的影响。气体黏滞性随着上升而增大，这将影响驱进速度的下降。

气体温度越高，其密度越低，电离效应加强，击穿电压下降（从图 5-18 也可看出），火花放电电压也下降。

总的来看，气体温度对静电除尘器的影响是负面的。如果有可能，还是在较低温度条件下运行较好。所以，通常在烟气进入静电除尘器之前先要进行气体冷却，降温既能提高净化效率，又可利用烟气余热。然而，对于含湿量较高和有 SO_3 之类成分的烟气，其温度一定要保持在露点温度 20～30℃ 以上作为安全余量，以避免冷凝结露，发生糊板，腐蚀和破坏绝缘。

（4）烟气成分　烟气成分对负电晕放电特性影响很大，烟气成分不同，在电晕放电中，荷载体的有效迁移也不同。在电场中电子和中性气体分子相撞而形成负离子的概率在很大程度上取决于烟气成分。据统计，其差别是很大的。氦、氢分子不产生负电晕；氯与二氧化硫分子能产生较强的负电晕；其他气体互有区别。不同的气体成分对静电除尘器的伏安特性及火花放电电压影响甚大。尤其是在含有硫酐时，气体对电除尘器运行效果有很大影响。

（5）烟气压力　有经验公式表明，当其他条件确定以后，起晕电压随烟气密度而变化，烟气的温度和压力是影响烟气密度主要因素。烟气密度对除尘器的放电特性和除尘性能都有一定影响。如果只考虑烟气压力的影响，则放电电压与气体压力保持一次性（正比）关系。在其他条件相同的情况下，净化高压煤气时静电除尘器的压力比净化常压煤气时要高。电压高，其除尘效率也高。

（6）粉尘浓度　静电除尘器对所净化的气体的含尘浓度有一定的适应范围，如果超过一定范围，除尘效果会降低，甚至中止除尘过程。因为在静电除尘器正常运行时，电晕电流是由气体离子和荷电后尘粒（离子）两部分组成的，但前者的驱进速度约为后者的数百倍（气体离子平均速度为 60～100m/s；粉尘速度大体在 60cm/s 以下），一般粉尘离子形成的电晕电流仅占总电晕电流的 1%～2%。粉尘质量比气体分子大得多，而离子流作用在荷电尘粒上所产生的运动速度远不如气体离子上所产生的运动速度高。烟气中所含粉尘浓度越大，尘粒离子也越多，然而单位体积中的总空间电荷不变，所以粉尘离子越多，气体离子所形成的空间电荷必然相应减少，于是电场内驱进速度降低，电晕电流下降。当含尘浓度达到某一极限值时，通过电场的电流趋近于零，发生电晕闭塞，除尘效率显著下降。所以静电除尘器净化烟气时，其气体含尘浓度应有一定的允许界限。

静电除尘器允许的最高含尘粉尘的粒径质量组成有关，如中位径为 24.7μm 的粉尘，入口质量浓度大于 30g/m³ 电流下降不明显；而对中位径为 3.2μm 的粉尘，入口质量浓度大于 8g/m³ 的吹氧平炉粉尘，电晕电流比通烟尘之前下降 80% 以上。有资料认为粒径为 1μm 左右的粉尘对电除尘效率的影响尤为严重。

克服因烟气含尘量过大引起静电除尘器效率下降的较好办法是设置预级除尘器。先降低烟气的含尘浓度，使之符合要求后再送入静电除尘器。也有人认为，预级除尘会使粉尘凝聚，因而降低静电除尘器效率。

（7）粉尘粒径分布　试验证明，带电粉尘向收尘极移动的速度与粉尘颗粒半径成正比。粒径越大，除尘效率越高，尺寸增至 20～25μm 之前基本如此，尺寸至 20～40μm 阶段，可能出现效率最大值；再增大粒径，其除尘效率下降。原因是大尘粒的非均匀性，具有较大导电性，容易发生二次扬尘和外携。也有资料表明，粒径在 0.2～0.5μm 之间，由于捕集机理不同，会出现效率最低值（带电粒子移动速度最低值）。

（8）粉尘密度、黏附力　含尘的烟气在电场内的最佳流速及二次扬尘有密切关系。尤其是堆积密度小的粉尘，由于体积内的孔隙率高，更容易形成二次扬尘，从而降低除尘效率。

粉尘黏附力是由粉尘与粉尘之间，或粉尘颗粒与极板表面之间接触时的机械作用力、电气作用力等综合作用的结果。附着力大的不易振打清除，附着力小的又容易产生二次扬尘。机械附着力小、电阻低、电气附着力也小的粉尘容易发生反复跳跃，影响静电除尘器效率。粉尘黏附力与颗粒的物质成分有一定关系。矿渣粉、氧化铝粉、黏土熟料等粉尘的黏附力就小，水泥粉尘、无烟煤粉尘等，通常有很大的黏附力。黏附力与其他条件，如粒径大小、含湿量高低等有密切关系。

2. 设备状况对除尘效率的影响

（1）电极几何因素　影响板式静电除尘器电气性能的几何因素包括极板间距、电晕线间距、电晕线的半径，电晕线的粗糙度和每台供电装置所担负的极板面积等，这些因素各自对电气性能产生不同的影响。

① 极板间距。当作用电压、电晕线的间距和半径相同，加大极板间距会影响电晕线临近区所产生离子电流的分布，以及增大表面积上的电位差，将导致电晕外区电密度，电场强度和空间电荷度的降低。

② 电晕线间距。当作用电压、电晕线半径和极板间距相同，增大电晕线的间距所产生的影响是增大电晕电流密度和电场强度分布的不均匀性。但是，电晕线的间距有一个增大电晕电流的最佳值。若电晕线间距小于这最佳值，会导致由于电晕线附近场的相互屏蔽作用而使电晕电流减少。

③ 电晕线半径。增大电晕线的半径，会导致在开始产生电晕时使电晕始发电压升高，而使电晕线表面的电场强度降低。若给定的电压超过电晕始发电压，则电晕电流会随电晕线半径的加大而减少。电晕线表面粗糙度对电气性能的影响是由于对电晕始发电压，电晕始发电晕线表面的电场强度以及电晕线附近空间电荷密度有影响。

④ 极板面积。每台供电装置所负担的极板面积是确定静电除尘电气特性的又一重要因素，因为它影响火花放电电压。对 n 根电晕线的火花率与 1 根电晕线火花率是相同的，因为 n 根电晕线中的任何一根产生火花都将引起所有电晕线上的电压瞬时下降。为了使电除尘获得最佳的性能，一台单独供电装置所担负的极板面积应足够小。

（2）气流分布程度　静电除尘器内气流分布不均对静电除尘器除尘效率的影响是比较明显的，主要有以下几方面原因。

① 在气流速度不同的区域内所捕集的粉尘是不一样的。即气流速度低的地方可能除尘效率高，捕集粉尘量多，气流速度高，除尘效率低，可能捕集的粉尘量少。但因风速低而增大粉尘捕集并不能弥补由于风速过高而减少的粉尘捕集量。

② 局部气流速度高的地方会出现冲刷现象，将已沉积在收尘极板上和灰斗内的粉尘二次大量扬起。

③ 除尘器进口的含尘不均匀，导致除尘器内某些部位堆积过多的粉尘，若在管道、弯头、导向板和分布板等处存积大量粉尘，会进一步破坏气流的均匀性。

静电除尘器内气流不均与导向板的形状和安装位置，气流分布板的形式和安装位置，管道设计以及除尘器与风机的连接形式等因素有关。因此对气流分布要予以重视。

（3）漏风　除尘器一般多用于负压操作，如果壳体的连接处和法兰处等密封不严，就会从外部漏入冷空气，使通过电除尘的风速增大，烟气温度降低，这二者都会使烟气露点发生变化，其结果是粉尘比电阻增高，使除尘性能下降。尤其在除尘器入口管道的漏风，除尘效果更为恶化。静电除尘器捕集的粉尘一般都比较细，如果从灰斗或排灰装置漏入空气，将会造成收下的粉尘飞扬，除尘效率降低，还会使灰受潮、黏附灰斗造成卸灰不流畅，甚至产生堵灰。若从检查门、烟道、伸缩节、烟道阀门、绝缘套管等处漏入气体，不仅会增加除尘器的烟气处理量，而且还会由于温度下降出现冷凝水，引起电晕线肥大，绝缘套管爬电和腐蚀等后果。

（4）气流旁路　气流旁路是指在静电除尘器的气流不通过收尘区，而是从收尘极板的顶部、底部和极板左右最外边与壳体壁形成的道中通过。产生气体旁路现象的主要原因是由于气流通过除尘器时产生气体压力降，气流分流在某些情况下则是由于抽吸作用所致。防止气流旁路措施是用阻流板迫使旁路气流通过除尘区，将除尘区分成几个串联的电场，以及使进入除尘器和从除尘器出来的气流保持设计的状态等。否则，只要有 5% 的气流气体旁路，除尘效率就不能大于 95%。对于要求高效率的除尘器来说，气流旁路是一个特别严重的问题，只要有 1%～2% 的气体旁路，就达不到所要的除尘效率。装有阻流板，就能使旁路气流与部分主气流重新混合。因此，由于气流旁路、对除尘效率的影响取决于设阻流板的区数和每个阻流的旁路气流量以及旁路气流重新混合的程度。气流旁路在灰斗内部和顶部产生涡流，会使灰斗内大量集灰和振打时的粉尘重返气流。因此，阻流板应予合理设计和布置。为防止污染，新除尘器不再设气流旁路。

（5）设备的安装质量　如果电极线的粗细不匀，则在细线上发生电晕时粗线上还不能晕；为了使粗线发生电晕而提高电压，又可能导致细线发生击穿。

如果极板（或线）的安装没有对好中心，则在极板间距较小处的击穿。可能比其他地方开始稳定的电晕还会提前发生。电晕线与沉淀极板之间即一个地方过近，都必然降低电除尘器电压，因为这里有击穿危险。

同样，任何偶然的尖刺、不平和卷边等也会有影响。

3. 操作条件对除尘效率的影响

（1）气流速度　气流速度的大小与所需电除尘器的尺寸有反比关系。为了节省投资，除尘器就应设计得紧凑，尺寸小。这样，气流速度必然大，粉尘颗粒在除尘器电场内的逗留时间就短。气流速度增大的结果，气体紊流度增大，二次扬尘和粉尘外携的概率增大。气流速度对尘粒的驱进速度有一定影响，其有一个相应的最佳流速，在最佳流速下驱进速度最大。在大多数情况下，在电场有效作用区间逗留 8~12s，电除尘器就能得到很好的除尘效果。这种情况的相应气流速度为 1.0~1.5m/s。

（2）振打清灰　电晕线积尘太多会影响其正常功能。收尘极板应该有一定的容尘量，而极板上积尘过多或过少都不好。积尘太少或振打方向不对，会发生较大的二次扬尘；而积尘到一定程度，振打合适，所打落的粉尘容易形成团块状而脱落，二次扬尘较少。存在着某个最佳容尘量 m_{opt} 越小，当比电阻在 $10^{10}\Omega\cdot cm$ 以下时，m_{opt} 值则高于 $1.0kg/m^2$，在 m_{opt} 积尘量时进行振打应获得最好效果的。由此出发，还可以计算出振打的最佳周期，见图 5-19。

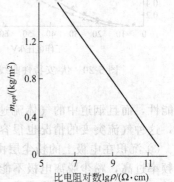

图 5-19　粉尘比电阻与沉降极板的最佳容尘量的关系

清灰振打的方向、力度、振打力的分布是否均匀，电场风速与电场长度等都与清灰效果有一定关系。总之，清灰良好、保持极板的高效运行是静电除尘器运行的重要环节。

（3）供电条件　静电除尘器的除尘效率在很大程度上决定于电气条件，其中就有在电极上保持最大可能电压的要求。因为尘粒的迁移率与所施加电压的平方成正比。

一般工业静电除尘器的电晕电极是在负极性下运行，原因是这种设置比电晕电极为正极性时的击穿电压值高，电晕放电有更为稳定的特性。

电压波形对除尘效率有实质性影响。静电除尘器工作的基本条件之一，是对在除尘器中经常发生的击穿要迅速熄灭。为此，最佳电压就该是脉动电压，因为在第一个半周期中电位下跌，就容易切断电压。最流行的是采用全波整流。半波整流推荐在下列情况中采用：a. 粉尘比电阻在 $10^{11}\Omega\cdot cm$ 以上；b. 在第一电场中，气体含尘浓度较高。

在续后的电场中，粉尘浓度较低，电晕电流较大，工作相对较为稳定，可以供给全波整流而得的直流电。为保证供电具体条件，电除尘器一般区分为若干电场，各配备自己的供电机组，巨型静电除尘器可分为平等工作室，这便于供电，容易切除某部分局部设备，而且简化了大断面的除尘器结构，改善断面的气流均布。在施加的电压和收尘效率方面，交流供电和脉冲供电的除尘器有良好的应用前景。在专门的脉冲电源应用时，每秒钟能产生 25~400 个脉冲，把这种高压脉冲叠加在直流电压上就形成脉冲供电。使用脉冲电源可以得到更高的工作电压而不发生电弧击穿。

（4）伏-安特性　在火花放电或反电晕之前所获得的伏-安特性，能反映出静电除尘器从气体中分离粉尘粒子的效果。在理想的情况下，伏-安特性曲线在电晕始发和最大有效电晕电流之间，其工作电压应有较大的范围，以便选择稳定的工作点，电压和电晕电流达到高的有效值。低的工作电压或电晕电流会导致电除尘性能降低。伏-安特性曲线示意如图 5-20 所示。

（5）粉尘二次飞扬　沉积在除尘极板上的粉尘如果黏附力不够，容易被通过静电除尘器的气流带走，这就是所谓的二次飞扬。由于粉尘二次飞扬所产生的损失有时高达已沉积粉尘的 40%~50%，粉尘二次飞扬的原因如下。

① 粉尘沉积在收尘极板上时，粉尘的荷电是负电荷，就会由于感应作用而获得与收尘极板极性相同的正电荷，粉尘便受到离开收尘极的吸力作用，所以粉尘所受到净电力是吸力和斥力之

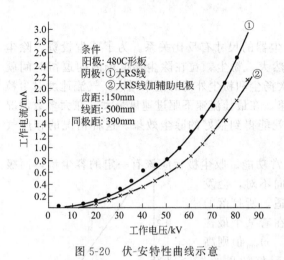

图 5-20　伏-安特性曲线示意

差。如果离子流或粉尘比电阻较大，净电力可能是吸力，如果离子流或粉尘比电阻较小，净电力就可能是斥力，这种斥力就会使粉尘产生二次飞扬，当粉尘比电阻很高时，粉尘和收尘极之间的电压降使沉积粉尘层局部击穿而产生反电晕时，也会使粉尘产生二次飞扬。

② 当气流沿收尘极板表面向前流动的过程中，由于气流存在速度梯度，沉积在收尘板表面上的粉尘层将受到离开极板的升力。速度梯度越大，升力越大，为减少升力，必须减小速度梯度，减少速度梯度，降低主气流速度是主要措施之一。静电除尘器中的气流速度分布以及气流的紊流和涡流都能影响粉尘二次飞扬。静电除尘器中，如果局部气流很高，就有引起紊流和涡流的可能性，而且烟道中的气体流速一般为 $10\sim15m/s$，而进入静电除尘器后突然降低到 $1m/s$ 左右，这种气流突变的情况也很容易产生紊流和涡流。

③ 沉积在电极上的粉尘层由于本身重量和运动所产生的惯性力而脱离电极。振打强度过大或频率过高，粉尘脱离电极不能成为较大的片状或块状，而是成为分散的小的片状单个粒子，容易被气流重新带出静电除尘器，形成粉尘的二次飞扬。

④ 除尘器有漏风或气流不经电场而是通过灰斗出现旁路现象，也是产生二次飞扬的原因。

为防止粉尘二次飞扬损失，可采取以下措施：a. 使电除尘器内保持良好状态和使气流均匀分布；b. 使设计出的收尘电极具有良好空气动力学屏蔽性能；c. 采用足够数量的高压分组电场，并将几个分组电场串联，对高压分组电场进行轮流均衡振打；d. 严格防止灰斗中气流有环流现象和漏风。

（6）电晕线肥大　电晕线越细，产生的电晕越强烈，但因在电晕极周围的离子区有少量的粉尘粒子获得正电荷，便向负极性的电晕极运动并沉积在电晕线上，如果粉尘的黏附性很强不容易振打下来，于是电晕线的粉尘越积越多，即电晕线变粗，大大地降低电晕放电效果，形成电晕线肥大。消除电晕线肥大现象，可适当增大电极的振打力，或定期对电极进行清扫，使电极保持清洁。电晕线肥大的原因如下：a. 静电荷的作用，粉尘因静电荷用而产生的附着力，最大为 $280N/m^2$；b. 工艺生产设备低负荷或停止运行时，静电除尘器的温度低于露点，水或硫酸凝结在尘粒之间以及尘粒与电极之间，使其表面溶解，当设备再次正常运行时，溶解的物质凝固成结块，产生大的附着力；c. 由于粉尘的性质，如黏结性大、水解而黏附或由于分子力而黏附；d. 粉尘之间以及尘粒与电极之间有水或硫酸凝结，由于液体表面张力而黏附，粉尘粒径在 $3\sim4\mu m$ 时最大附着力为 $1N/m^2$，$3\sim4\mu m$ 以下附着力剧增，如粉尘粒径为 $0.5\mu m$ 时约为 $10N/m^2$。

第二节
卧式静电除尘器

一、卧式静电除尘器构造

在静电除尘器中卧式除尘器应用最为广泛，它是由本体和供电电源两部分组成的（见图5-21）。本体包括除尘器壳体、灰斗、放电极、收尘极、气流分布装置、振打清灰装置、绝缘子及保温箱等。这里介绍卧式静电除尘器的主要组成和外观（见图 5-22）、静电除尘器构造（见图5-23）。

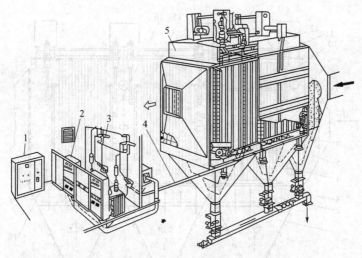

图 5-21 卧式静电除尘器及其控制系统
1—低压控制柜；2—高压供电机组；3—高压隔离开关；4—电缆；5—电除尘器

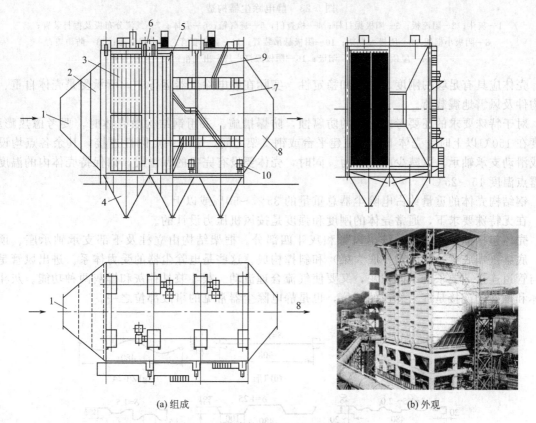

(a) 组成　　　　　　　　　　(b) 外观

图 5-22 卧式静电除尘器组成和外观
1—进风口；2—进口气流分布装置；3—电晕电极；4—灰斗；5—收尘极；6—顶部保温箱、加热装置、
电压电缆装置；7—壳体；8—出风口；9—梯子平台；10—人孔门

1. 静电除尘器壳体

　　壳体的作用是引导含尘气体通过高压电场，减少热损失，支撑阴阳电极系统及其振打装置，形成与外界环境隔离的独立空间。因此要求壳体气密性要好，漏风率不大于 2%~5%。

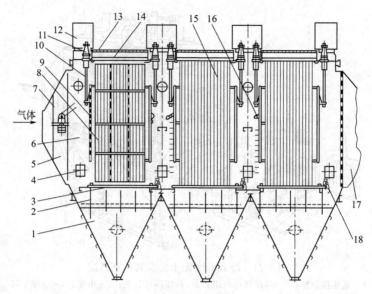

图 5-23 静电除尘器构造

1—灰斗；2—阻流板；3—阳极振打杆；4—检查门；5—进气箱；6—壳体；7—气流分布板及振打装置；
8—阴极小框架；9—阴极大框架；10—阴极悬吊装置；11—高压套管；12—保温箱；13—防雨盖；
14—屋顶骨架；15—阳极；16—阴极振打；17—出气箱；18—阳极振打

壳体应具有足够的刚度、强度和稳定性。实际在静电除尘器运行中，所承受是壳体自重、内部构件及风雪地震载荷。

对于特殊要求的还要考虑壳体的防腐蚀，防爆措施。采用钢结构做壳体时，要考虑热膨胀。温度在 150℃ 以上时，壳体下部与土建平台或钢支架之间，采取一点刚性连接，其余各点均设滚动或滑动支承轴承，以减少摩擦推力。同时，壳体要设有完备的保温层，以保持壳体内的温度高于露点温度 15～25℃。

钢结构壳体的重量约占电除尘器总重量的 35%～50% 或以上。

在无特殊要求下，通常壳体的刚度和强度是按风机压力设计的。

壳体包括框架、墙板、进出风管和灰斗四部分。框架结构由立柱及下部支承轴承座、顶大梁、底梁（端底梁、侧底梁、底大梁）和斜撑构成。这些是电除尘器的受力体系。进出风管是箱体与管道连接部要求既不能积灰，又要使气流合理流动。灰斗兼具存灰和排灰两种功能。灰斗与箱体和框架的连接是容易忽视的部位，也是静电除尘器常见的事故部位之一。

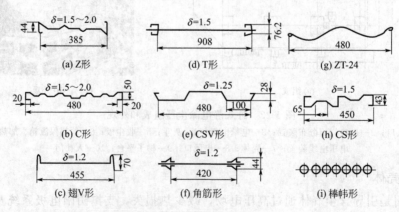

图 5-24 各种断面形状的收尘极板（单位为 mm）

2. 收尘极

收尘极是静电除尘器的主要部件之一。对收尘极提出的基本要求是：a. 板面场强分布和板面电流分布要尽可能均匀；b. 防止二次扬尘的性能好，在气流速度较高和振打清灰时产生的二次扬尘少；c. 振打性能好，在较小的振打力作用下，在板面各点获得足够的振打加速度，且分布较均匀；d. 机械强度好（主要是刚度）、耐高温和耐腐蚀，只有有足够的刚度才能保证极间距的准确距离；e. 消耗钢材少，加工及安装精度高。

在卧式静电除尘器中，目前几乎都采用型板式极板，它是用厚度为 1.2~2.0mm 的钢板在专用轧机上轧制成各种断面形状的极板（见图 5-24）。

每块极板的宽度随不同的形式而不同，但必须与放电极的间距相对应。极板高度一般为 2~15m。每一电场中，在长度方向每排由若干块极板拼装而成，其长度称为有效电场长度，一般为 2.5~4.5m。极板组成的除尘极系统见图 5-25。

两排相邻极板之间形成通道，通道的宽度在常规的静电除尘器中通常采用 300mm。在超高压宽间距除尘器中，间距可以增加，但供电电压要相应提高，通常认为间距为 400~600mm 较合理。

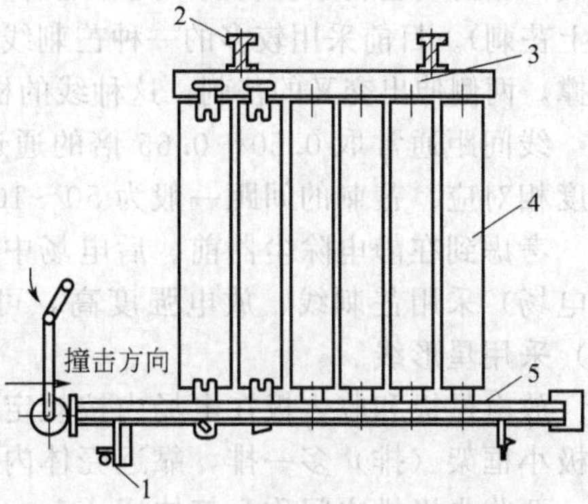

图 5-25　除尘极系统示意
1—导轨；2—支承大梁；3—支承小梁；
4—极板；5—撞击杆

3. 放电极（电晕极）

对放电极提出的基本要求有：a. 放电性能好（起晕电压低、击穿电压高、电晕电流强）；b. 机械强度高、耐腐蚀、耐高温、不易断线；c. 清灰性能好，振打时，粉尘容易脱落，不产生结瘤和肥大现象。

放电极的形式很多，可以分成以下几种（见图 5-26）。

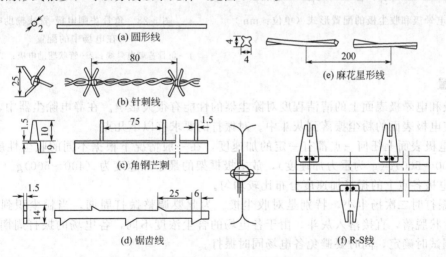

图 5-26　各种形式的放电极

（1）圆形放电极　通常用直径 1.5~2.5mm 的高强镍铬合金做成［见图 5-26(a)］，上部悬挂在框架上，下部用重锤保持其垂直位置。圆线也可以做成螺旋弹簧形，此时将其拉伸，上、下部都固定到框架上，使其内部保持一定的张力，放电线处于绷张状态。也有用数根圆线绞到一起的另加针刺的放电线［见图 5-26(b)］。

（2）星形放电极　用直径 4~6mm 的圆钢冷拉成断面为星形的放电极，由于四角上的曲率半径小，可以保证必要的放电强度。有的星形放电极做成麻花形［见图 5-26(e)］可以增加放电极放电的总长度，对清灰也有利。

（3）带形、刀形及锯齿放电极　通常用薄钢条（厚约 1.5mm）；两侧做成刀状即为刀形电极；如在两侧冲出锯齿则形成锯齿电极［见图 5-26(d)］。锯齿线的放电强度高，是应用较多的一种放电线。

（4）芒刺放电极　芒刺线是依靠芒刺的尖端进行放电。形成芒刺的方式很多，除了上述的针刺线，锯齿线也属于芒刺线，此外还有角钢芒刺［见图 5-26(c)］和圆芒刺（在圆棒或圆管上直接焊上芒刺）。目前采用较多的一种芒刺线是 R-S 线［见图 5-26(f)］。它是以直径为 20mm 的圆管作支撑，两侧伸出交叉的芒刺。这种线的机械强度高，放电强，从而提高了除尘器的性能和可靠性。

线间距通常取 0.50～0.65 倍的通道宽度，对常规电除尘器可取 160～200mm，并与极板的宽度相对应。芒刺的间距一般为 50～100mm。

考虑到在静电除尘器前、后电场中的粉尘浓度相差很大，也可以在浓度高的电场（如第一、二电场）采用芒刺线、放电强度高，可以防止产生电晕闭塞，而浓度低的电场（如第三、四电场）采用星形线。

放电晕极和收尘极在电场内按规定的极间距排列（见图 5-27 和图 5-28）收尘极排数总比电晕极小框架（排）多一排，靠近壳体内的一排是收尘极。放电极小框架位于两收尘极排的中心线上，两收尘极排之间称为气体通道。

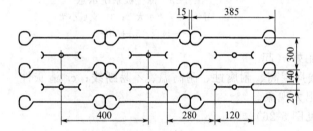

图 5-27　放电晕极和收尘极的配置形式（单位：mm）

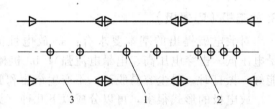

图 5-28　鱼骨芒刺电极-管式辅助电极在电场中的配置

1—鱼骨芒刺电晕线；2—管状辅助电极；3—收尘极

4. 清灰装置

收尘极和电晕极表面上的清洁程度对除尘器的性能有很大影响。在静电除尘器中，要定期振打清灰，使电极表面的粉尘振落到灰斗中。对振打的要求有以下几点。

①在电极表面上任何一点都有一定的加速度，在一般情况下根据不同的收尘性质的最小加速度为（200～500）g（g 为重力加速度），放电极框架的最小加速度为（400～500）g。

②在电极各点上的振打加速度分布比较均匀。

③在振打时二次扬尘小，特别是对收尘极。为此要调整振打周期，当粉尘积到一定厚度，振打时成片状脱落，直接落入灰斗。由于各电场的含尘浓度不同，各电场的振打周期也应不同，可在现场调试时确定，同时要避免各电场同时振打。

主要的振打方式有摇臂锤振打（见图 5-29）、电磁振打、气动振打和振动器振打等。

除了振打清灰外，还可采用钢刷清灰，喷水清灰（湿式电除尘器）和声波清灰等。

5. 气流分布装置

除尘器的除尘效率取决于气流速度的大小。当电场内气流速度分布不均时，流速低处获得的效率提高，远不能弥补速度高处的效率降低，从而导致总效率的降低。常用的气流分布板结构形式见图 5-30 和图 5-31。

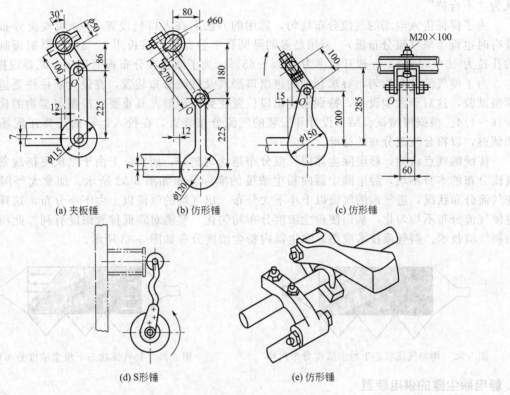

(a) 夹板锤　　(b) 仿形锤　　(c) 仿形锤

(d) S形锤　　(e) 仿形锤

图 5-29　除尘极振打锤头（单位：mm）

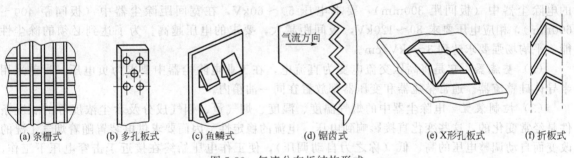

(a) 条栅式　(b) 多孔板式　(c) 鱼鳞式　(d) 锯齿式　(e) X形孔板式　(f) 折板式

图 5-30　气流分布板结构形式

目前评定气流分布的均匀性尚没有统一的方法，常用的是相对均方根法，其判定公式为：

$$\sigma = \sqrt{\frac{1}{n}\sum_{i=1}^{n}\left(\frac{v_i - \bar{v}}{\bar{v}}\right)^2} \quad (5\text{-}27)$$

式中，v_i 为断面上各测点的流速，m/s；$\bar{v}$ 为断面上的平均流速，m/s；n 为断面上的测点数；σ 为相对均方根差。

式(5-27)中，当 $\sigma \leq 0.1$ 时，气流分布为"优"；$\sigma \leq 0.15$ 时为"良"；$\sigma \leq 0.25$ 时为"合格"；当 $\sigma > 0.25$ 即

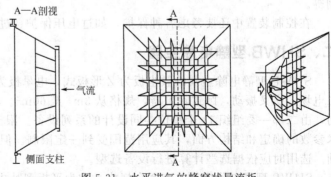

图 5-31　水平进气的蜂窝状导流板

认为"不合格"。

为了保证进入电场的气流分布均匀，常用的方法是在入口处设置1~3块气流分布板（出口处有时也设1块气流分布板）。采用最多的是圆孔形分布板，该板用3~5mm厚钢板制作，其上的孔径为40~60mm，一般开孔率为50%~65%。为了防止在分布板上积灰，需要设振打装置。

为了使气流分布均匀，寻求合理的进出口形式及气流分布装置，在设计前往往要进行气流的模型试验，这对于大型设备，特别是进出口位置受到限制时尤其重要。模型与实物的比例一般取1/16~1/4。根据模型试验结果设计和安装的气流分布装置，在投入运行前还要在现场进行测试和调整，以符合气流分布的标准。

传统的观点认为，静电除尘器内气流分布越均匀越好，而实际上由于二次飞扬现象的存在和气流分布的本身不均，静电除尘器内粉尘浓度的实际分布如图5-32所示。加拿大等国家试验改变气流分布状况，进气端的气流以上小下大分布，出气端的气流以上大下小分布，这样有序地通过使气流分布不均匀化，从而使粉尘浓度分布均匀化，实测对降低排放浓度有利。此项技术被称为斜气流技术。斜气流技术应用后除尘器内粉尘浓度分布如图5-33所示。

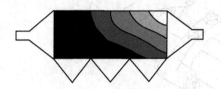
图5-32 均匀气流状态下粉尘浓度分布规律

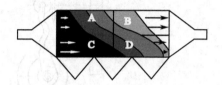
图5-33 斜气流状态下粉尘浓度分布规律

6. 静电除尘器的供电装置

供电装置包括升压变压器、整流器和控制装置三部分。

（1）升压变压器 它是将380V或220V的交流电压升到除尘器所需要的高压电压，在常规的电除尘器中（板间距300mm），要求电压50~60kV，在宽间距除尘器中（板间距400~600mm），相应电压要求80~120kV，板间距越大，要求的电压越高。为了达到必须的除尘性能，平均场强要求达到3~4kV/cm。

（2）整流器 它是将高压交流电变为直流电，在工业电除尘器中要求为负电压。目前采用半导体硅整流器。通常整流器和变压器都放置在同一油箱内。

（3）控制装置 电除尘器中的烟气温度、湿度、烟气量、烟气成分及含尘浓度等的工况条件是经常变化的，这些变化直接影响到电压、电流的稳定性。因而要求供电装置随着烟气工况的改变而自动调整电压的高、低（称之为自动调压），使工作电压始终在接近于击穿电压下工作，从而保证除尘器的高效稳定运行。

目前采用的自动调压的方式有火花频率控制，火花积分值控制，平均电压控制，定电流控制等。

在控制装置中还要考虑各种保护，如过电压保护、过电流保护以及各种信号装置。

二、SHWB型静电除尘器

SHWB型静电除尘器的收尘板为Z形板式，电晕极为框式星形线（螺旋线）。除尘器为单室二电场，交叉振动，卧式除尘器，规格从3m² 至60m²。SHWB型静电除尘器在20世纪70年代初，由二部一委组织11个单位共同设计的系列设备。限于当时的技术水平，使该系列设备在技术参数的确定和结构方面，其应用范围受到一定限制。但它奠定了国内卧式静电除尘器的设计基础。选用时应依据选型计算进行设备选型。

SHWB型静电除尘器共有9个规格，均为平板型卧式单室两电场结构。技术参数见表5-6。

表 5-6 SHWB 型静电除尘器技术参数

型 号	SHWB$_3$	SHWB$_5$	SHWB$_{10}$	SHWB$_{15}$	SHWB$_{20}$	SHWB$_{30}$	SHWB$_{40}$	SHWB$_{50}$	SHWB$_{60}$
有效面积/m²	3.2	5.1	10.4	15.2	20.11	30.39	40.6	50.3	63.3
生产能力/(m³/h)	6900~9200	11000~14700	30000~37400	43800~54700	57900~72400	109000~136000	146000~183000	191000~248000	228000~296000
电场风速/(m/s)	0.6~0.8	0.6~0.8	0.6~0.8	0.6~0.8	0.6~0.8	1~1.25	1~1.25	1~1.3	1~1.3
正负极距离/mm	140	140	140	140	150	150	150	150	150
电场长度/m	4	4	5.6	5.6	5.6	6.4	7.2	8.8	8.8
每个电场沉淀极排数	5	9	12	15	16	18	22	22	26
每个电场电晕极排数	6	8	11	14	15	17	21	21	25
沉淀极板总面积/m²	106	159	448	647	776	1331	1932	3168	3743
沉淀极板长度/mm	2300	2300	3400	4000	4500	6000	6500	8500	8500
沉淀极板振打方式	挠臂锤机械振打	挠臂锤机械振打	挠臂锤机械振打	挠臂锤机械振打	挠臂锤机械振打(双面)	挠臂锤机械振打(双面)	挠臂锤机械振打(双面)	挠臂锤机械振打(双面)	挠臂锤机械振打(双面)
电晕极板振打方式	电磁振打	电磁振打	提升脱离机构	提升脱离机构	提升脱离机构	提升脱离机构	提升脱离机构	提升脱离机构	提升脱离机构
电晕极线形式	星形	星形	星形	星形	星形	星形	星形或螺旋形	星形或螺旋形	星形或螺旋形
每个电场电晕极线长度/m	105	147	459	725	861	1491	星形 2264 螺旋形 2485	星形 3351 螺旋形 4897	星形 4290 螺旋形 5275
烟气通过电场时间/s	5~6.7	5~6.7	5~6.7	5~6.7	5~6.7	5.1~6.4	5.8~7.2	6.8~8.8	6.8~8.8
电场内烟气压力/10Pa	+20~-200	+20~-200	+20~-200	+20~-200	+20~-200	+20~-200	+20~-200	+20~-200	+20~-200
阻力/Pa	<200	<200	<300	<300	<300	<300	<300	<300	<300
气体允许最高温度/℃	300	300	300	300	300	300	300	300	300
设计效率/%	98	98	98	98	98	98	98	98	98
硅整流装置规格	GGAJ(02) 0.1A/72kV	GGAJ(02) 0.1A/72kV	GGAJ(02) 0.1A/72kV	GGAJ(02) 0.1A/72kV	GGAJ(02) 0.1A/72kV	GGAJ(02) 0.1A/72kV	GGAJ(02) 0.1A/72kV	GGAJ(02) 0.1A/72kV	GGAJ(02) 0.1A/72kV
设备外形尺寸/mm	2730×5475× 8175	3589×6545× 9250	6500×9893× 10100	6950×10547× 10900	7700×11116× 11800	8500×13225× 13400	9500×14500× 19950	9830×16430× 15850	10950×18452× 17520
设备总质量/kg	7790	12375	39097	48208	64551	73828	118231	134921	172742

SHWB$_{3、5}$型静电除尘器外形尺寸分别见图 5-34 及表 5-7。SHWB$_{10、15}$型静电除尘器外形尺寸分别见图 5-35 及表 5-8。SHWB$_{20、30、40、50、60}$型静电除尘器外形尺寸分别见图 5-36 及表 5-9。SHWB 型静电除尘器配置见表 5-10。

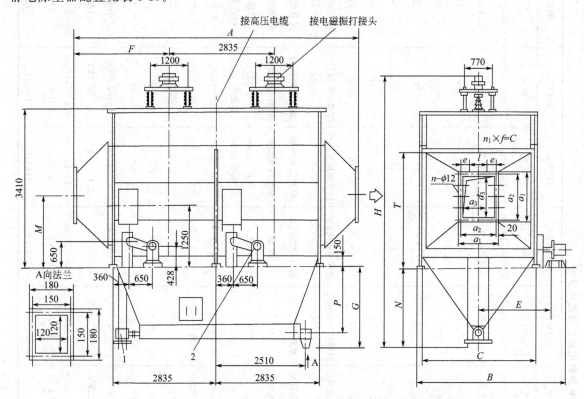

图 5-34　SHWB$_{3、5}$型静电除尘器外形及电器配置（单位：mm）

1—减速电机；2—行星摆线针减速器

表 5-7　SHWB$_{3、5}$型静电除尘器外形尺寸　　　　　　　　　单位：mm

型号	A	B	C	D	E	F	G	H	K	M	N	P	a_1	a_2	a_3	e	f	n	n_1
SHWB$_3$	7240	2730	1850	160	1271	16425	1330	5805	1020	1625	1400	2530	500	460	400	150	160	12	1
SHWB$_5$	7436	3589	2726	260	1691	1695	2060	6545	1750	1600	2135	2490	560	520	460	130	130	16	2

表 5-8　SHWB$_{10、15}$型静电除尘器外形尺寸　　　　　　　　　单位：mm

尺寸	SHWB$_{10}$	SHWB$_{15}$	尺寸	SHWB$_{10}$	SHWB$_{15}$
A	11400	11630	R	3630	4500
C	4000	4900	T	685	680
D	3545	3730	S	912.5	862.5
E	4590	4600	Q	1960	2240
F	3305	3300	a_1	976	1085
G	2900	3130	a_2	920	1020
H	9893	10547	a_3	850	960
K	1448	1450	b	115	170
L	1340	1530	d	28	33
M	3000	3060	n	32	24
N	4300	4900	n_1	8	6
P	2113	2533			

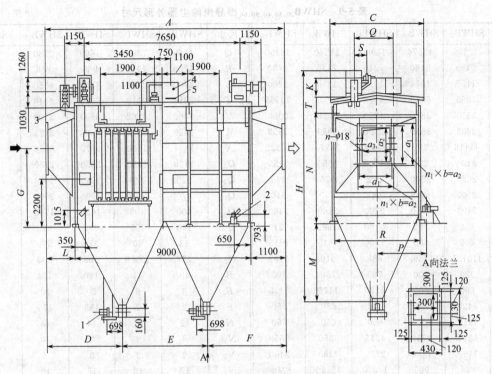

图 5-35 SHWB$_{10、15}$型静电除尘器外形及电器配置（单位：mm）

1—减速电机；2—行星摆线针减速器；3—高压电缆接头；4—温度继电器；5—管状电加热器

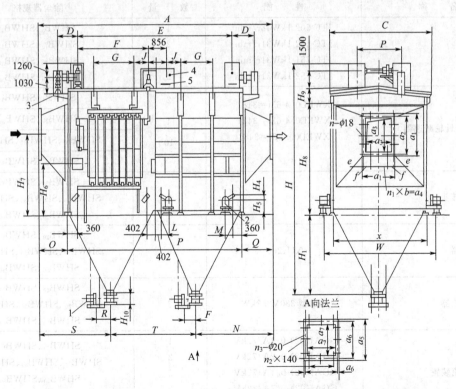

图 5-36 SHWB$_{20、30、40、50、60}$型静电除尘器外形及电器配置（单位：mm）

1—减速电机；2—行星摆线针减速器；3—高压电缆接头；4—温度继电器；5—管状电加热器

表 5-9　SHWB$_{20、30、40、50、60}$型静电除尘器外形尺寸　　　　单位：mm

尺寸	SHWB$_{20}$	SHWB$_{30}$	SHWB$_{40}$	SHWB$_{50}$	SHWB$_{60}$	尺寸	SHWB$_{20}$	SHWB$_{30}$	SHWB$_{40}$	SHWB$_{50}$	SHWB$_{60}$
A	12376	13576	14980	18040	18360	Q	4189	4730.5	1660	2280	2480
C	5450	6160	7240	7456	8750	R	4758	4975	935	935	935
D	1157	1074	1074	1260	1260	S	2700	2700	6355	6350	6470
E	7956	8556	9356	10956	10965	T	2814	3113	6380	6340	6340
F	3550	3850	4250	5050	5050	V	5062	1762	3300	3300	3300
G	2203	3630	2550	2950	2950	W	1426	1072	3693	3723	4323
H	11116	222	14510	16270	18222	X	1374	1600	6870	6990	8190
H_1	3100	839	4360	4550	5480	Q_1	1120	1395	2050	2150	2302
H_4	2080	2200	222	375	375	Q_2	530	530	1990	2090	2200
H_5	3760	4682	887	850	850	Q_3	470	470	1900	2000	1980
H_6	5400	6950	2300	2460	2460	Q_4	400	400	1620	1740	630
H_7	656	713	5400	5558.5	6210	Q_5	140	155	630	630	570
H_8	600	600	7500	9615	9615	Q_6	26	30	570	570	500
H_9	1101.5	11756.5	688	910	1162	Q_7	127	153.5	500	500	165
H_{10}	320	400	760	760	760	B	40	44	180	174	30
J	600	500	1275	1475	1475	E	8	9	30	30	161
L	3429	3867.5	400	650	650	F	2	2	185	175	58
M	1910	2343	650	650	650	N	12	12	44	48	12
N	9316	9750	4245	5350	5550	N_1	8	9	9	10	3
O	1150	1480	2770	3280	3400	N_2	2	2	3	3	16
P	865	965	10550	12480	12480	N_3	12	12	16	16	16

表 5-10　SHWB 型静电除尘器配置

名　称	性　能	数　量	除尘器规格
减速电机	JTC-502 1kW48r/min	1	SHWB$_5$、SHWB$_4$
	JTC-562 1kW31r/min	2	SHWB$_{10}$、SHWB$_{15}$
	JTC-751 1kW31r/min	2	SHWB$_{20}$、SHWB$_{30}$
	JTC-752 1kW31r/min	2	SHWB$_{40}$、SHWB$_{50}$
行星摆线针轮减速器	XWED0.4-63i＝3481	2	SHWB$_4$、SHWB$_5$
	XWED0.4-63i＝3481	4	SHWB$_{20}$、SHWB$_{30}$
	XWED0.4-63i＝3481	10	SHWB$_{20}$、SHWB$_{30}$、SHWB$_{40}$
			SHWB$_{50}$、SHWB$_{60}$
高压电缆接头		2	SHWB$_{20}$、SHWB$_{15}$
			SHWB$_{20}$、SHWB$_{30}$、SHWB$_{40}$
			SHWB$_{50}$、SHWB$_{60}$
温度继电器	XU、200	5	SHWB$_{20}$、SHWB$_{15}$
		6	SHWB$_{20}$、SHWB$_{30}$、SHWB$_{40}$
			SHWB$_{50}$、SHWB$_{60}$
管状电加热器	SR2 型 380V2.2kW	6	SHWB$_{20}$、SHWB$_{15}$
		8	SHWB$_{20}$、SHWB$_{30}$、SHWB$_{40}$
			SHWB$_{50}$、SHWB$_{60}$
高压硅整流装置	GGAJ(02)-0.1A/72kV	1	SHWB$_{20}$、SHWB$_{15}$
	GGAJ(02)-0.2A/72kV	2	SHWB$_{20}$、SHWB$_{30}$、SHWB$_{40}$
	GGAJ(02)-0.4A/72kV	2	SHWB$_{50}$、SHWB$_{60}$
	GGAJ(02)-0.7A/72kV	2	SHWB$_{50}$、SHWB$_{60}$
	GGAJ(02)-1.0A/72kV	2	

三、WDJ 型卧式静电除尘器

WDJ 型卧式静电除尘器是在总结静电除尘器运行经验和学习先进技术后设计的，适用于工业废气的净化和有用物质的回收。

1. 工作原理

本除尘器的净化作用主要是依靠电晕极和沉淀极两个系统来完成。当含尘气体进入进气喇叭口时，含尘气体受到气流分布板以及导流板的调整后，使气流能较均匀地进入电场。在横断面不断扩大的作用下，气流速度迅速降低，其中一些较重的粗颗粒粉尘便失去速度而沉降下来。进入电场的含尘气流由于电晕极通入高压直流电，在阴极和阳极间形成一个相对稳定的高压电场，并在电晕极（本设备是阴极）附近产生电晕现象（放电），使进入电场的含尘气体被电离。电离后的气体中存在大量的电子和正负离子，这些电子和离子与进入电场的尘粒相结合，使尘粒带电。带电尘粒在电场力的作用下趋向本设备阳极（正极板）和阴极（负极），附着在阳极上的尘粒释放出电子或负电荷，附着在阴极上的尘粒释放出正电荷后，分别沉积在正负电极上。当粉尘沉淀到一定厚度，通过阴、阳极振打系统的振打，将沉积的粉尘振落，进入集灰斗，通过排灰装置放出，回收有用物料，被净化的气体排入大气。实践证明，静电场场强越高，电除尘器效果越好，且以负电晕捕集灰尘的效果较好。所以，本设备设计为高压负电晕电极形式。

2. 基本结构

WDJ 系列除尘器结构见图 5-37。

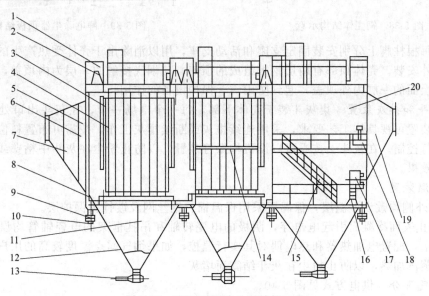

图 5-37 WDJ 系列除尘器结构示意

1—绝缘子室；2—阴极吊挂装置；3—阴极大框架；4—集尘极部件；5—气流分布板；6—分布板振打装置；7—进口变径管；8—内部分走道；9—支座接头；10—支座；11—灰斗阻流板；12—灰斗；13—星形卸灰阀或拉链输灰机；14—电晕极振打部件；15—梯子平台；16—集尘极振打；17—检修门；18—电晕极振打；19—出口变径管；20—壳体

（1）气流分布板 为使含尘气体均匀地进入电场，在除尘器进口喇叭内按照需要设置 1～3 道气流分布板和导流板，导流板可以根据气流分布板模拟实验或现场实验结果设置吊挂，挂在多孔板的孔位上。实践证明，这种形式有着良好的分布效果和不易堵孔等优点。

（2）阴极（电晕极）及其振打装置 本系列电晕线采用新型 "R-S" 系列芒刺线，它具有良好的放电效果和强度。每一电场电晕框架由 4 根吊竿悬于上部锥形绝缘电瓷套管上，不会因受热而引起的不规则变形影响其异极间距，而且还具有足够的机械强度和耐压、耐热性能。

阴极振打根据设备大小，分别采用顶部或侧面传动绕臂回转振打机构，由于传动轴带电，所以采用瓷轴绝缘，瓷轴通过万向接头与传动轴连接，采用摆线针轮减速电机驱动。此振打机构性能可靠，它避免了提升脱离式的振打机构容易卡死的现象。

（3）阳极（沉淀极）及振打装置 阳极采用钢板轧制成"C"形极板，它具有一定的强度，并能自由膨胀而不致产生较大的热应力，又能克服粉尘的二次飞扬，阳极振打采用侧面绕臂回转振打机构，由摆线针轮减速电机驱动，具有体积小、结构紧凑、安装维护方便、稳定可靠等优点。

（4）壳体 本系列除尘器采用钢结构外壳（见图5-38、图5-39），结构轻巧，便于安装和检修。壳体一侧和灰斗均设有检修门，以便工人进入内部安装和检修，壳体的灰斗部分设有阻流板，顶部大梁下和电场两外侧均有挡风板，以防含尘气体绕过电场由入口直达出口而降低除尘效率。

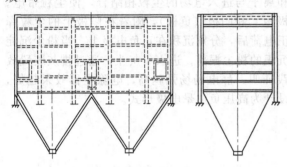 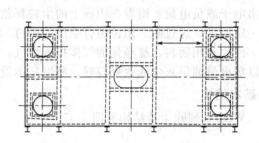

图 5-38 钢壳体结构示意　　　　　　　　图 5-39 静电除尘器顶板结构

壳体的每根柱脚上分别安装固定支座和活动支座，用以消除由于壳体受热产生的热应力。

适宜户外安装。壳体顶部有两层钢板组成的顶盖，与烟气接触的一层为内顶盖，起密封电场的作用；最上面的一层为外顶盖，起到防雨雪、保护设备的作用。

（5）灰斗和排灰装置 集灰斗装于壳体下部，每一个电场一个，在灰斗出口处装有星形排灰阀。排灰装置可视具体工艺要求，采用连续排灰或断续排灰工作，按需可布置料位控制装置对排灰多少实行控制。在灰斗上按需可以设机构振打装置，以防止粉尘在灰斗中粘壁或架桥，影响排灰和除尘效果。

（6）保温装置

① 设备外侧均敷设保温层，保温层采用保温棉、钢丝网及镀锌板保护层。

② 为防止表面冷凝而引起电击穿，阴极的电瓷转轴和吊挂框架的电瓷轴管均设置保温箱和绝缘子保温室，配置电加热器和热电偶对其实行温控，如果烟气露点温度较高的用户灰斗，可采用电加热或蒸汽加热，以防止粉尘在灰斗结露而堵灰。

（7）电气部分 供电方式见图5-40。

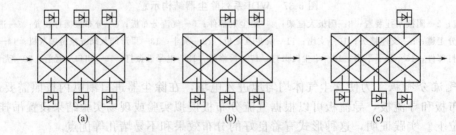

图 5-40 静电除尘器常用的供电方式

① 电场采用高压硅整流供电装置，实行单电场供电。

②　高压硅整流供电装置由升压部分、整流部分和控制部分组成。

③　通过升压二次电压可达（6～8）×10⁴V，采用火花自动跟踪，实现自动控制调压，确保电除尘器在最佳运行曲线下运行，获得最佳除尘效果。

（8）安全装置　为保证设备可靠运行和人身安全，本设备设有接地保护，长期接地电阻应小于4Ω。

本设备外壳、电源装置应可靠接地并联锁。

3. 设备性能和技术参数

（1）型号的标记含义

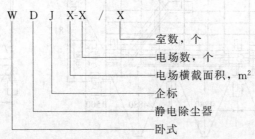

（2）WDJ型卧式静电除尘器的设备技术性能和参数　见表5-11。

表 5-11　WDJ 型卧式静电除尘器设备技术性能和参数

除尘器型号	WDJ40-3/1 型	WDJ20-3/2 型	WDJ58-3/1 型
有效断面积/m²	40	2×20	58.1
处理烟气量/(m³/h)	950000	2×60000	160000
电场通道数/个		2×9	18
电场数/个	3	2×3	3
电场有效长度/m	10.5	10.5	10.5
烟气最高温度/℃	250(最佳操作温度 150±30)	250(最佳操作温度 150±30)	250(最佳操作温度 150±30)
含尘浓度(标准状态)/(mg/m³)	≤60000(进口允许)	≤160(出口)	≤30000(允许进口) ≤150mg(出口)
除尘效率/%	≥99.7	≥99.7	≥99.5(设计) ≥99.2(保证)
允许操作压力/Pa	−2000		
运行阻力/Pa	≤200	≤200	≤250
除尘漏风率/%	<3	≤3	≤3
电场数/个	3	3×2(室)	3
同极间距/mm	400	400	400
电场高度/m	7		
沉淀极板总面积/m²	1882	1016×2	3157
沉淀极板形式	480C 形	480C 形极板 (δ=1.5mm 冷轧板)	480C 形极板 (δ=1.5mm 冷轧板)
沉淀极板尺寸/mm	7000×480(高×宽)		
放电电极形式	新型"R-S"芒刺线	新型"R-S"芒刺线	新型"R-S"芒刺线
沉淀极板振打方式	机械绕臂式振打	挠臂锤振打	挠臂锤振打
放电电极振打方式	机械绕臂式振打	挠臂锤振打	挠臂锤振打
灰斗下卸灰口尺寸/mm	400×400	400×400	400×400
高压整流器规格型号	GGAJ02E2-0.3/72-W	GGAJ02-0.15/72	GGAJ02-0.4/72
电压/kV	72	72	72
电流/mA	300	150	400
总容量/kW	21.6	2×64	128.5

注：本设备需要一个混凝土基础，设备对基础垂直载荷见相应的外形图。设备对基础的水平载荷主要有两类：第一类是风载荷，风载荷系数等于1；第二类是热膨胀引起的载荷，建议按垂直载荷×滚动摩擦因数。

4. 除尘器外形尺寸和安装

(1) WDJ20-3/1 静电除尘器外形　见图 5-41。

(2) WDJ40-3/2 静电除尘器外形　见图 5-42。

(3) WDJ58-3/1 静电除尘器外形　见图 5-43。

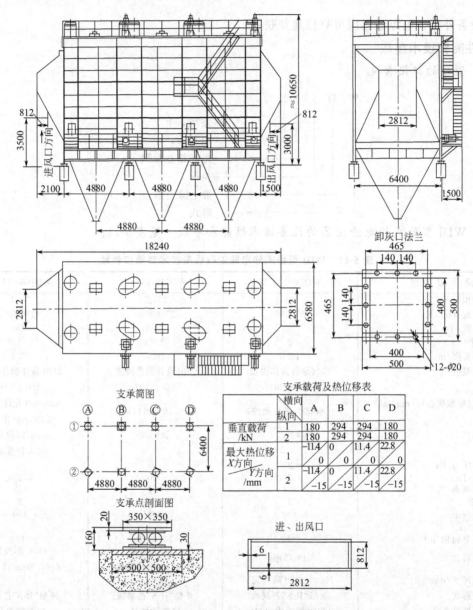

支承载荷及热位移表					
横向 纵向		A	B	C	D
垂直载荷 /kN	1	180	294	294	180
	2	180	294	294	180
最大热位移 X方向 Y方向 /mm	1	-11.4 / 0	0 / 0	11.4 / 0	22.8 / 0
	2	-11.4 / -15	0 / -15	11.4 / -15	22.8 / -15

图 5-41　WDJ20-3/1 静电除尘器外形

　　除尘器要达到预期效果，不但设计合理，制作精良，还要正确安装（详见图 5-44）。由于电除尘器结构庞大，要解体运输，现场组装成整体。为确保安装质量，安装人员必须严格按图纸施工安装，特别要保证电场极板、极线的安装精度，同极之间、异极之间均应保持垂直平行；凡是在运输中损坏的零件都必须修正，调直调平方可安装；外壳连续施焊达到不漏风，内部焊点要牢固可靠，去净尖刺焊渣；检修门安装开启要灵活，并严密不漏风，各振打机构要转动灵活。通电检查安装质量，应在未装出口封头前进行观察，直到通电合格才可以封口。

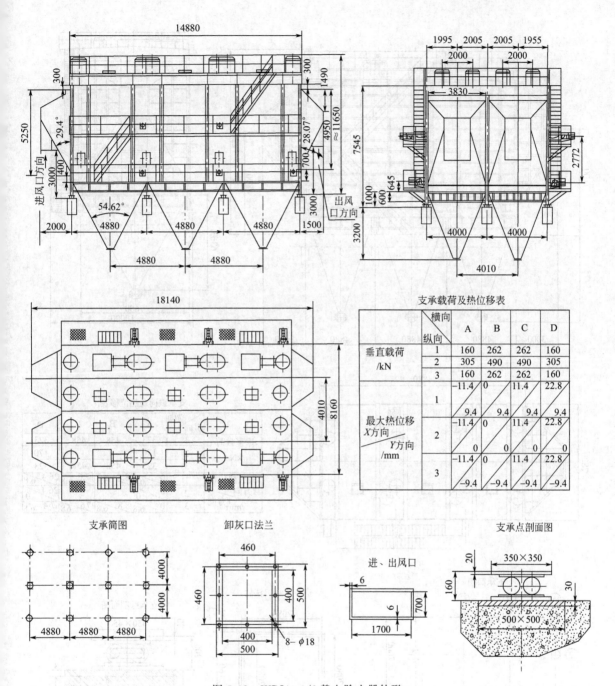

图 5-42　WDJ40-3/2 静电除尘器外形

5. 设备的操作说明

静电除尘器应有专业人员进行操作管理，专业人员必须对本设备的性能、操作要求、安全和维护保养知识有较全面的了解，并熟悉 WDJ 卧式静电除尘器使用说明书。

开车前必须对安装好设备再一次进行严格的检查。逐项做好检查记录。

（1）开车步骤

① 投入运行前的检查工作完毕，所有的安全措施要得以落实，有关人员要就位。

② 各加热器至少在开始启动前 8h 投运，以确保灰斗内和各绝缘件（绝缘瓷套、电瓷转轴

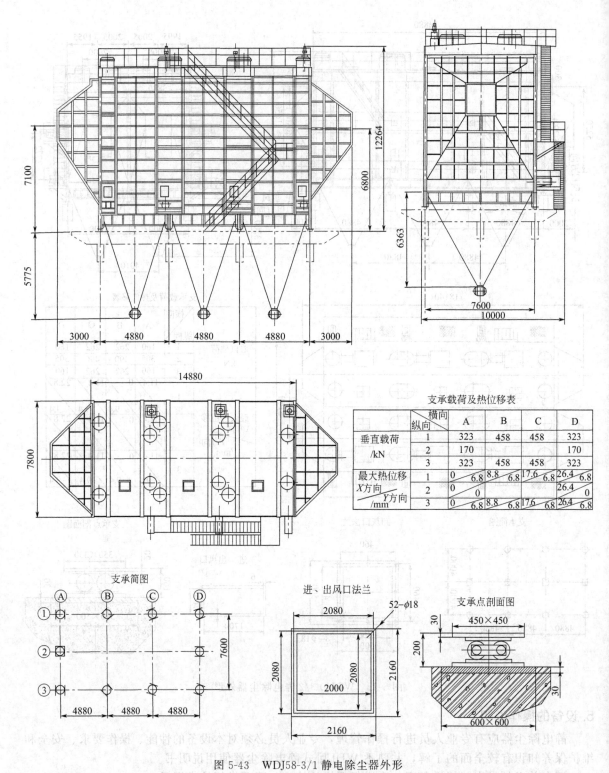

支承载荷及热位移表

	横向 纵向	A	B	C	D
垂直载荷 /kN	1	323	458	458	323
	2	170			170
	3	323	458	458	323
最大热位移 X方向 Y方向 /mm	1	0 6.8	8.8 6.8	17.6 6.8	26.4 6.8
	2	0 0			26.4 0
	3	0 6.8	8.8 6.8	17.6 6.8	26.4 6.8

图 5-43　WDJ58-3/1 静电除尘器外形

等）的干燥，防止因结露爬电而引起的任何损害。检查各加热器系统的电流是否正常。

　　③ 启动引风机。向电场通烟气预热以消除静电除尘器内部机件上的潮气，预热时间依电场内气体的温度和湿度而定，一般以末电场出口端温度达到烟气露点以上即可。此时注意放掉各绝

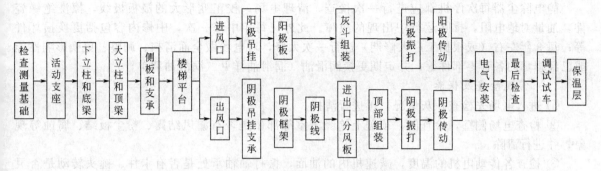

图 5-44　WDJ 卧式静电除尘器安装工艺流程

注：每个部件安装前都必须检查、校正

缘子室内的水汽。如静电除尘器出口烟气温度低于露点温度，则不应启动高压硅整流变压器。

④ 启动所有振打机构。

⑤ 开动低压操作系统的各种功能，使报警和安全联锁、测温控温装置、料位检测处于自动控制运行状态。

⑥ 为防止油灰混合物粘在板极、极线上而影响以后静电除尘器的运行，静电除尘器应该在锅炉燃烧完全正常、撤去油枪、运行稳定之后才合上高压控制柜的电源开关。然后按启动按钮，开动高压控制系统各种功能，静待电场电压升至闪络点，使电场投入运行。

（2）运行过程　控制室应有足够的人员值班。当班人员应经常观察设备运行情况。如发现异常情况，均应立即找出原因，排除故障。除控制室值班外，每班至少有两次巡回检查变压器和各旋转部件工作情况。主要检查内容如下：a. 各加热系统工作电流是否正常，电流偏低加热器可能损坏；b. 检查各指示灯及报警控制板的功能是否良好；c. 整流器指示的一次侧电流 A，二次测电流 mA 和电压 kV 是否正常；d. 经常检查振打轴是否转动，锤头锤击是否正常（在外面可以听到）；e. 观察电场火花率、振打制度的运行情况，并在实际运行中逐步调到最佳状态，直至达到满意的除尘效率；f. 必须定时对设备的运行情况进行认真记录，尤其是一次电压电流值。二次电压电流值的记录要完整（一般可以 2h 记录一次）。

（3）停车步骤

① 临时关闭：a. 关闭风机、切断烟道烟气，静待 3～5min；b. 按电场顺序关掉各供电单元的高压电源，并将高压控制柜锁定；c. 关闭进出口烟道中的所有风门；d. 让振打系统和加热系统在暂停阶段断续运行；e. 如需人员进入电场检修，则应高压部件接地，阴阳极振打停转，并等电场内降温后，穿着防护服装有照明方可进入。

② 长期关闭：a. 完成"临时关闭"中所要求的 a～c 的步骤；b. 切断各供电单元的高压隔离开关并锁定；c. 关掉所有加热器系统、温控系统、料位控制系统；d. 振打系统和排灰系统在高压电源切断后再继续运行，直至让所有粉尘从静电除尘器内消除干净为止；e. 开启人孔门，以便壳体内通风降温，从而防止烫伤和减少腐蚀的危险；f. 切断总电源开关（不包括照明线路）；g. 将高压部件接地后并在有照明的条件下人方可进入静电除尘器内；h. 检修完毕后关闭所有人孔门。

③ 电气部分的操作规程以及电气产品的《说明书》为准。

6. 设备的维护和保养

为了使静电除尘器长期有效地运行，达到预期的除尘效率，必须设专人对静电除尘器的运行和保养负责，操作人员必须对静电除尘器做到"四懂三会"："四懂"，即懂结构、懂原理、懂性能、懂作用；"三会"，即会操作、会维护保养、会排除故障。

　　静电除尘器每次停机都应进行一次检查，清理电场，校正变形大的极板极线，擦洗绝缘瓷件，油量对地电阻，排除运行中出现的故障。此外，每年中修一次，中修内容包括更换损坏件等；每3年左右（或根据工厂大修期）进行一次大修，对电场做全面清扫、调整、更换影响性能或已经损坏的各种零部件等；并定期更换润滑油（润滑油详见《润滑油清单》）。

　　(1) 常规检查及保养

　　① 进入电场先检查积灰情况，再进行清扫。

　　② 检查电场侧壁，检查门、顶盖上绝缘子室等部位是否有漏风结露、粉尘板结、腐蚀等现象，并进行清除。

　　③ 检查各传动电机的温度，减速机内的油面，振打轴轴承处是否有卡住、锤头转动是否灵活、有无脱落现象，击打接触位置是否正确。对电机、减速机按要求进行增加润滑油。

　　④ 有时烟气流速较低部位的进气口、气流分布板有可能积灰堵塞，要进行检查并清扫。

　　⑤ 检查阴极框架以及电晕线的弯曲情况和积灰情况。

　　⑥ 检查阳极板及振打杆的弯曲情况和积灰情况。

　　⑦ 绝缘瓷套用来支承和绝缘放电系统。运行中，瓷套表面往往会沉积一层灰尘和潮气，这就容易导致表面高压电击穿，从而击裂绝缘子。所以瓷套表面应保持清洁。每次停机应抹擦一次，并用手电筒仔细检查是否有细小裂缝。

　　⑧ 电晕线的振打电瓷转轴也应检查有无裂缝并抹擦干净。

　　⑨ 检查高压硅整流变压器（按产品说明书）、接触器、断电器、加热元件、温测温控仪表、报警装置、接地装置是否正常，并消除故障。

　　(2) 常见故障分析和处理

　　① 电晕线断裂。电晕线处于恶劣的工作环境中，如果电晕线断裂，就可能造成电极短路，从而迫使整个电场关闭，失去除尘能力。必须及时更换电晕线。

　　② 振打失灵。如果振打机发生故障，就会使放电电极和集尘极上大量积灰，导致运行电流下降，火花增加，电晕封闭和电场短路。造成振打失灵的原因，有可能是电气故障，也有可能是机械故障，需要仔细检查，进行修复。

　　③ 绝缘子破裂。绝缘子包括支承瓷套、电晕线瓷转轴、穿墙瓷套管等。当锅炉启动时燃油点火时间过长或电加热器损坏，保温不良时，灰尘和湿气积聚在绝缘子表面后，表面绝缘子电阻减小，在高压下容易产生表面击穿；同时，可能使绝缘子受热不均匀而破裂，此时就需更换。

　　④ 灰斗堵灰，电场因积灰形成短路。电场中大量积灰通常是由于灰斗和排灰系统故障而引起的。由于灰斗加热装置损坏或保温不良，使落入灰斗的灰尘黏结成"塔桥"，或者是由于排灰系统失灵，使粉尘不能及时排出，形成大量粉尘在灰斗内堆积，当灰尘达到电极时，形成电场短路。此时应及时清理灰斗内的粉尘。

　　⑤ 二次工作电流大，二次电压升不高，甚至接近于零。高压开关合上后重复性跳闸。

　　故障原因：a. 放电电极高压部分被导电性异物接地；b. 折断的电晕线与阳极板塔通，造成短路；c. 高压回路已经短路；d. 某处绝缘子严重积灰而击穿。

　　排除措施：a. 清除异物；b. 更换已经断裂的电晕线；c. 检修高压回路；d. 清除绝缘子积灰结露，更换已击穿的绝缘子。

　　⑥ 电压升不高，电流很小，或电压升高就产生严重闪络而跳闸（二次电流很大）。

　　故障原因：a. 由于绝缘子加热元件失灵和保温不良而使绝缘子表面结露，绝缘性能下降，引起爬电，或电场内烟气温度低于实际露点温度，导致绝缘子结露引起爬电；b. 阴、阳极上严重积灰，使两极之间的实际距离变近；c. 极间距安装偏差太大；d. 壳体、人孔门密封性差，导致冷空气吸入，使阴、阳极结露变形，极间距变小；e. 不均匀的烟气气流冲击，加上振打的冲击，引起极板极线晃动，产生低电压严重闪络；f. 灰斗内灰已满，接近或碰到阴极部分，造成两极间绝缘性下降；g. 高压整流装置输出电压较低；h. 在回路中其他部分电压降低较大（如接地不良）。

排除措施：a. 更换修复加热元件或保温措施，擦干净绝缘子表面，调整烟气温度；b. 检修振打系统；c. 检查调整极间距；d. 检查、修补壳体漏风处，紧闭人孔门；e. 调整导流板和分布板；f. 疏通排灰系统，清理积灰；g. 检修高压整流装置；h. 检修系统回路。

⑦ 二次电流不规则变动。

故障原因：电极积灰，某个部位极间距变小产生火花放电。

排除措施：清除积灰。

⑧ 二次电流周期性变动。

故障原因：电晕线折断后，残余部分晃动。

排除措施，更换断线。

⑨ 有二次电压而无二次电流，或二次电流值反常的小。

故障原因：a. 粉尘浓度过大出现电晕闭塞；b. 阴、阳极积灰严重；c. 高压回路电流表测量回路断路；d. 高压输出与电场接触不良；e. 毫安表指针卡住。

排除措施：a. 改进工艺流程，降低烟气的粉尘浓度；b. 加强振打，清除积灰；c. 使接地电阻达到规定要求；d. 修复断路；e. 检修接触部位，使其接触良好；f. 修复毫安表。

⑩ 火花过多。

故障原因：人孔门漏风，湿空气进入；锅炉泄漏水分，绝缘子脏。

排除措施：采取相应措施排除。

⑪ 除尘效率不高。

故障原因：a. 极间距相差过大；b. 气流分布不均匀，分布板堵灰；c. 漏风率大，工况改变，使烟气流速增加，温度下降，从而使尘粒荷电性能减弱；d. 尘粒比电阻过高，甚至产生反电晕，使电场驱动性能下降，并且使沉积在电极上的灰尘中和很慢，黏附力很大，使振打难于脱落；e. 高压电源不稳定，电压自动调节系统灵敏度下降或失灵，使实际操作电压低；f. 进入电除尘器的烟气条件不符合设备原始设计条件，工况改变；g. 设备有机械方面的故障，如振打功能不好等；h. 灰斗阻流板脱落，气流旁路。

排除措施：a. 调整极间距；b. 清除堵灰或更换分布板；c. 补焊或堵塞漏风处；d. 对烟气进行调质（如增加湿度），或调整工作点；e. 检修或更换高压电源；f. 根据修正曲线按实际工况调整二次电压和电流；g. 检修振打装置，或适当加大重锤；h. 检查阻流板并做处理。

四、组合式静电除尘器

1. ZGJ 系列组合式静电除尘器的结构

含尘气体从集灰斗底部进入，通过集灰斗内渐缩管引向位于截面中心惯性转流分离器进行预处理，经处理后的较低浓度的含尘气体均匀可靠地进入，伸入集灰斗内一定深度的电场筒体，气体向上不断得到净化，最后通过上罩出风口排出。

2. ZGJ 系列组合式静电除尘器的特点

① 在集灰斗设悬挂预处理装置——惯性转流分离器，对水泥磨产生粉尘的分离效率达 98%，入磨水分在 4% 时分离器也不会堵塞，即使有少量的黏结，随着振打器的定时振打会自动脱落。

② 进入电场的气体始终均匀一致，稳定可靠。

③ 分离器阻力低于其他形式的组合除尘器。

④ 电耗省，运行费用少。

3. 型号说明

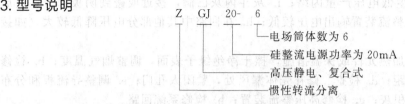

```
Z  GJ  20- 6
                └─ 电场筒体数为 6
            └───── 硅整流电源功率为 20mA
      └────────── 高压静电、复合式
   └───────────── 惯性转流分离
```

4. ZGJ 系列组合式静电除尘器的技术性能和外形

ZGJ 系列组合式静电除尘器的技术性能见表 5-12，外形见图 5-45。

表 5-12 ZGJ 系列组合式静电除尘器的技术性能

型 号	ZGJ5-2	ZGJ10-4	ZGJ20-6
筒体直径/mm	700	700	700
筒体数量/个	2	4	6
截面积/m²	0.770	1.540	2.310
处理风量/(m³/h)	1970~3650	3940~7320	5910~10980
风速/(m/s)		0.7~1.3	
除尘效率/%		99.98	
压力损失/Pa		800	
振打方式		芒刺采用横向或纵向振打,筒壁采用仓壁振打器振打	
高压硅整流电源规格/(kV/mA)	100/5	100/10	100/20
设备质量/kg	2500	4000	6000

5. 安装注意事项

① 硅高压整流器应设隔离区（即四周设屏蔽栅栏），屏蔽栅栏要可靠接地，定装安全开关门，当安全门打开时使电源断开，硅高压整流器与四周其他物体（如屏蔽栅栏等）间隔距离应大于 1000mm。

② 硅整流出线高度应与电场进线高压瓷瓶大致高度相等，电场内电晕线、连接线及高压电源接线连线应可靠，连线（裸铜线）与筒体应全方位保持间隔距离 350mm 以上，各连线应在筒体部件就位后进行。

③ 筒体安装完毕后，筒体垂直偏差不大于 1/1000 筒体高度，且总偏差不大于 15mm。

④ 集灰斗上的支座可承受筒体本身及部分管道自重传来的垂直荷载，支座可以直接支承在楼面上，无需地脚螺栓固定或预埋钢板焊接。

⑤ 硅高压整流器及其附属电气设施的安装按配套制造商使用说明书进行。

五、宽间距静电除尘器

1. 宽间距静电除尘器的特点

宽间距静电除尘器是当前世界上最先进的高效除尘器之一。所谓宽间距就是静电除尘器的极板间距大于 300mm，具体指 400mm 以上的极板间距。CDPK 系列宽间距静电除尘器除了常规间距静电除尘器的特点外，还具有以下的特点。

① 捕集粉比电阻的范围由 $1\times10^4\sim5\times10^5\Omega\cdot cm$ 扩容至 $10\sim10^{14}\Omega\cdot cm$，亦即能捕集像新型干法回转窑、熟料篦式冷却机的高比电阻粉尘，减缓或消除反电晕故障。

② 随极间距的加宽，有效驱进速度与除尘面积成比例增高，同时还存在 1.1~1.3 改善系数。因此除尘效率有所提高，并能保持长时期稳定高效运行。

③ 在几乎不产生火花放电的状态下，电压可长得很高，减少电蚀而烧断电晕线的概率，从而也避免了电极之间的弧光放电。

④ 极间距加宽后，极板表面的电场分布与电晕电流密度分布均匀了，减少了反电晕故障的概率，同时增强粉尘静电凝聚效应。

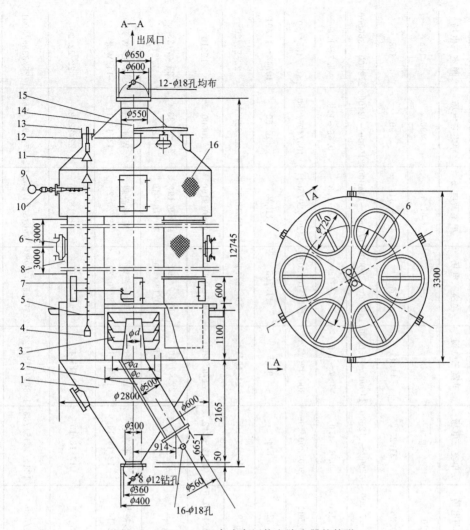

图 5-45　ZGJ20-6 组合式高压静电除尘器的外形

1—集灰斗；2—进风管；3—悬挂转流分离器；4—重锤；5—聚四氟乙烯径向固定环；6—仓壁振打器；7—电晕线部；
8—筒体；9—硅整流高压电源发生器；10—高压进线瓷瓶；11—高压绝缘子或瓷吊挂；12—DZ15 芒刺振打器；
13—Ⅲ型垂直振打拉结杆；14—垂直振打横旦；15—上罩部；16—硅酸铝维板黏结保温

⑤ 依电场顺序可以设计不同的极间距，这对捕集微细粉尘有利，从而提高除尘效率。对于处理水泥工业各种废气和粉尘，最佳极间距是 400～560mm。极间距再加宽，除尘效率反而下降。电场内设置槽形电极后，对气流产生屏蔽作用，提高了除尘效率。

⑥ 采用 "W" 芒刺电晕极，具有起晕电压低，电晕电流密度大，刚性强，不断线，易清灰，成本低的特点。对提高电场强度、电晕电流密度和除尘效率有利。

⑦ 采用热风清扫装置，防止了含尘气体对高压绝缘子污染而导致积灰，爬灰击穿故障，稳定了电场的供电。

⑧ 高压供电机组的整流变压器置于静电除尘器顶部，省去了高压电缆和控制室的这部分费用，从而也消除了由于高压电缆所产生的故障。

2. CDPK 型宽间距静电除尘器的技术性能和外形

CDPK 型宽间距静电除尘器的技术性能见表 5-13。CDPK-10/2 型宽间距静电除尘器设备外形见图 5-46。CDPK-45/3 型宽间距静电除尘器设备外形见图 5-47。

表 5-13　CDPK 型宽间距静电除尘器技术性能

型号规格	CDPK-10/2	CDPK-15/3	CDPK-20/2	CDPK-30/3	CDPK-45/3	CDPK-55/3	CDPK-67.5/3	CDPK-90/3	CDPK-108/3
电场数	单室两电场	单室三电场	单室两电场	单室三电场	单室三电场	单室三电场	单室两电场	单室三电场	单室三电场
公称电场面积/m²	10	15	20	30	45	55	67.5	90	108
电场有效断面积/m²	10.4	15.6	20.25	31.25	44.43	56.8	67.54	90	108
处理气体量/(m³/h)	26000~36000	39000~56000	50000~70000	67000~112000	110000~160000	143000~200000	170000~244000	210000~324000	272000~360000
电场风速/(m/s)	0.7~1.0	0.7~1.0	0.7~1.0	0.6~1.0	0.7~1.0	0.7~1.0	0.7~1.3	0.65~1.0	0.7~1.0
板极间距(按电场顺序)/mm	280/500	280/390/490	300/500	300/390/500	300/420/520	410/410/500	420/420/500	405/405/450	405/405/450
电场长度/m	5.35	6.95	5.32	8.15	9.35	11.765	11.80	10.50	10.44~14.91
通道数(按电场顺序)	11/6	14/10/8	15/9	17/13/10	21/15/12	16/16/13	18/18/15	22/22/20	22/22/20
Z形/槽形极板长度/mm	33441/3378	4042/4042	4447.5/4447.5	6242/6242	7179/7200	8650/8650	9080/9160	10000	12210
每电场沉尘排数×每排块数	12×6/7×7	15×5/10× 6/8×6	16×6/10×7	18×6/14× 7/11×7	22×7/16× 8/13×8	16×9/16× 10/13×10	19×9/19× 10/16×10	23×7/23× 7/21×7	23×7/23× 7/21×7
电晕线形式及每根排数(按电场分)	W形芒刺 12/14	W形芒刺 10/12/12	W形芒刺 12/14	W形芒刺 12/14/14	W形芒刺 14/16/16	W形芒刺 18/20/20	W形芒刺 18/20/20	W形芒刺 14/14/14	R-S>W形 14/W形 14
每电场电晕板排数(按电场分)	11/6	14/10/8	15/9	17/18/10	21/15/12	16/16/13	18/18/15	22/22/20	22/22/20
每电场有效电晕线长度/m	441/225	260/422/338	781/580	1244/1045/783	1938/1538/1228	2357/2560/2080	2796/3024/2520	2957/2957/2688	1728/3389/3081
总收尘面积/m²	316	620	593	1330	1960	3125	3739	4547	5324
最高允许气体温度/℃	<250	<250	<250	<250	<250	<250	<250	<250	<250

续表

型 号 规 格	CDPK-10/2	CDPK-15/3	CDPK-20/2	CDPK-30/3	CDPK-45/3	CDPK-55/3	CDPK-67.5/3	CDPK-90/3	CDPK-108/3
最高允许气体压力/Pa	+200～-2000	+200～-2000	+200～-2000	+200～-2000	+200～-2000	+200～-2000	+200～-2000	+200～-2000	+200～-2000
阻力损失/Pa	<200	<300	<200	<300	<300	<300	<200	<300	<300
最高允许含尘浓度(标准状态)/(g/m³)	30	60	30	80	80	80	80	80	80
设计除尘效率/%	99.5	99.7	99.5	99.8	99.8	99.6	99.8	99.8	99.45～99.8
配用高压电源容量(按电场分)/mA×kV	200×60/200×100	200×60/200×72/200×100	200×60/200×100	400×60/400×72/400×100	600×60/600×72/600×100	700×72/700×72/700×100	800×72/800×72/700×100	800×72/800×72/800×80	1000×72/1000×72/1000×80
沉尘级振打方式及减速传动电机规格(台数)	侧向摆臂锤(2) XWED0.4-63	侧向摇臂锤(3)	侧向摇臂锤(2) XWED0.4-63	侧向摇摆锤(6) 减速机同前	侧向摇摆锤(6) 减速机同前	侧向摇摆锤(6) 减速机同前	侧向摇摆锤(6) 减速机同前	侧向摇摆锤(6) 减速机同前	侧向摇摆锤(6) 减速机同前
电晕极振打方式及减速传动电机规格(台数)	顶部提升脱钩(2) XWED0.4-63	侧向摇臂锤(3)	顶部提升脱钩(2) XWED0.4-63	侧向摇臂锤(3) 减速机同前	侧向摇摆锤(6) 减速机同前	侧向摇摆锤(6) 减速机同前	侧向摇摆锤(6) 减速机同前	侧向摇摆锤(6) 减速机同前	侧向摇摆锤(6) 减速机同前
卸灰装置及减速传动电机规格(台数)	250×250星形 阀 JTC-561 1.1kW(2)	300×300叶轮 给料器 JTC-562 1.6kW(2)	400×400叶轮 给料器 JTC-715 2.6kW(2)	400×400叶轮 给料器 JTC-751 2.6kW(2)	500×500叶轮 给料器 JTC-752 4.2kW(3)	500×500叶轮 给料器 JTC-752 4.2kW(3)	500×500叶轮 给料器 JTC-752 4.2kW(3)	400×400叶轮 给料器 JTC-751 2.6kW(6)	400×400叶轮 给料器 JTC-751 2.6kW(6)
设备外形尺寸(长×宽×高)/mm	11440×10784×4016	15730×1009×4960	23760×11765×5662	18268×12599×6196	20080×14604×8270	23492×16531×8686	24620×19832×9290	25108×9700×17200	25180×9700×19200
设备本体总质量/kg	38077	70000	590400	94389	124656	150000	180418	230000	304254
备注	已为φ(1.9/1.6×36)m窑配套		φ(2.4×44)m五级预热器窑配套		已为φ(4×60)m预热窑和立波尔窑配套		已为φ(3×48)m预分解窑配套	为1000t/d预分解炉窑配套	已为立波尔窑配套

注：CDPK(H)-10/2型适用于回转式烤干机，CDPK-10/2型适用于小型中空干法回转窑，CDPK-30/3型适用于五级预热器回转窑，CDPK-45/3型适用于立筒式或窑四级预热器回转窑，CDPK-90/3型两台并适用于立筒式四级预热器回转窑，CDPK-108/3型两台并适用于立筒式四级预热器回转窑。

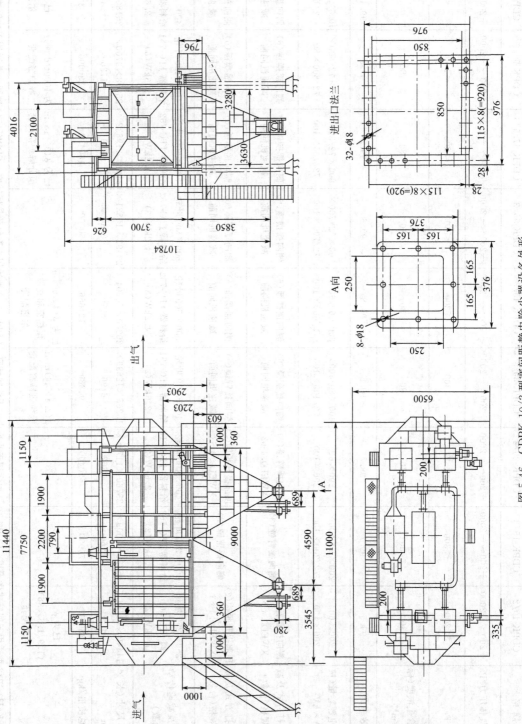

进出口法兰

32-φ8

115×8(=920)

A向

8-φ18

出气

进气

图5-46 CDPK-10/2型瓷间距静电除尘器设备外形

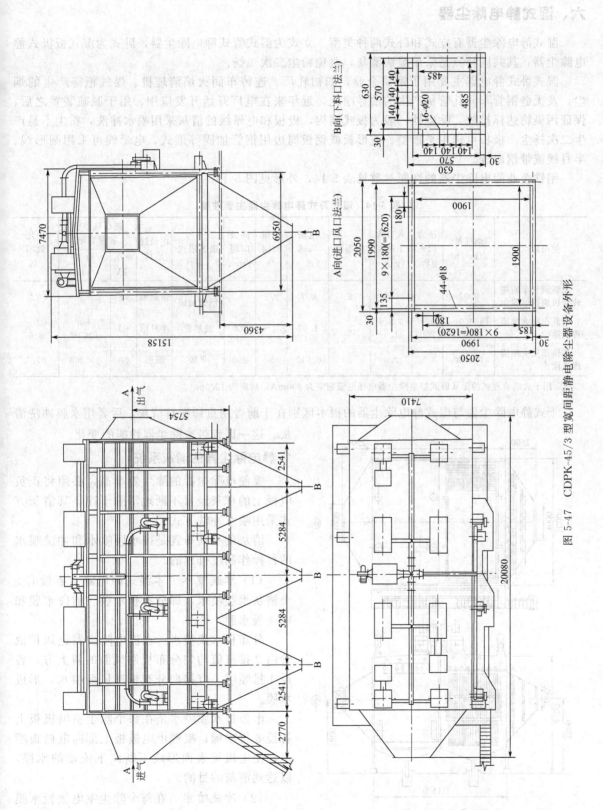

图 5-47 CDPK-45/3 型宽间距静电除尘器设备外形

六、湿式静电除尘器

湿式静电除尘器有立式和卧式两种类型。立式为湿式管式静电除尘器，卧式为湿式板极式静电除尘器，其共同特点是采用湿法清灰，避免粉尘二次飞扬。

湿式卧式静电器主要用于钢铁企业，如初轧厂、连铸车间火焰清理机、煤气柜等产生的烟尘，及无缝钢管车间轧管机产生的油雾净化，近年来在电厂开始开发应用，用于脱硫装置之后，保证污染物达标排放。除尘器一般为板式结构，极板和电晕线的清灰采用喷水冲洗，粉尘不易产生二次扬尘。极板可选用平板型、波形板或钢板周边用钢管加固等形式，电晕线可采用圆形线、半月线或带钢形线。

钢铁企业静电除尘器的性能参数见表 5-14，外形见图 5-48。

表 5-14　湿式卧式静电除尘器主要性能

使用地点	烟气量 /(m³/h)	压力损失 /Pa	入口含尘浓度 /(g/m³)	电场数	电场风速 /(m/s)	停留时间 /s	同极间距 /mm	极板形式	电晕线形状	高压硅整流装置容量 电压 /kV	高压硅整流装置容量 电流 /mA	净化效率 /%
无缝钢管车间连轧管机组排烟除尘	9000		0.5	2	0.7	9.1		钢板、周边钢管加固	带钢形	78	2×300	92
初轧车间火焰清理机除尘	186000~210000	200~250	0.8~1.5	2	1.02	7.1~8	250	波形管	半月形	60	2×800~1200①	83~96.67
连铸车间火焰清理机除尘	150000		2.0	2	0.915	8	250	平板	圆形	60	2×300	97.5

① 用于火焰清理机的湿式卧式静电除尘器电场电流前室为 800mA，后室为 1200mA。

干式静电除尘器与湿式静电除尘器的根本区别在于前者用重锤振打清灰，后者用水膜冲洗清灰。这一区别带来除尘器性能的变化。

1. 静电除尘器的清灰系统

要使电除尘器的除尘效率高，必须将正负电极上的积灰经常不断地清除干净。其清灰方式采用喷水冲洗方式。

清灰的喷嘴布置是按水膜喷水和冲洗喷水两种操作制度排列的。

（1）水膜喷水　本湿式静电除尘器设有 3 个清灰水膜喷水，即分布板水膜、前段水膜和电极板水膜。

分布板水膜喷水　在静电除尘器进风扩散管内 2 排气流均匀分布板迎风面的斜上方，各设 1 排喷嘴，直接向分布板迎风面喷水，形成水膜。

电极板水膜喷水是在每个除尘室电极板上各设 8 排喷嘴，喷嘴由电极板上部向电极板喷水，使电极板表面形成不断向下流动的水膜，以达到清灰的目的。

（2）冲洗喷水　在每个除尘室电极板水膜喷水管的上部，设有 4 排冲洗喷嘴，每排装喷

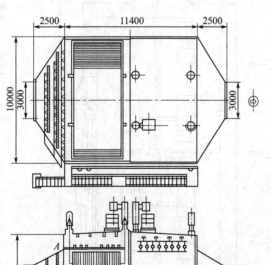

图 5-48　湿式卧式静电除尘器（单位：mm）

嘴若干个，每个除尘室共装喷嘴若干个，两个除尘室共装 128 个喷嘴。

根据操作程序规定，当电除尘工作室进行水膜喷水，停止后立即进行前区冲洗 3min，接着后区冲洗 3min。

（3）供水要求

耗水指标：0.4～0.5L/m³ 空气，平均为 0.4L/m³ 空气。

供水压力：0.49MPa。

温度：低于 50℃。

供水水质：悬浮物低于 50mg/L，全硬度低于 200mg/L。

2. 供水和排水系统（见图 5-49）

（1）静电除尘器的供水系统　电除尘器清灰及冲洗用的喷水，由生产工艺污循环水系统供给，接管位置处于静电除尘器的旁侧。

流量计后供水管分为三路向电除尘器供水：一路供给分布板水膜，前段水膜，电极板水膜喷嘴用水；一路供给前区收尘室冲洗喷嘴用水；一路供后区收尘室冲洗喷嘴用水。在三路管线上的起点处各设有一个气动球阀，控制其流量。

（2）静电除尘器的排水系统　由静电除尘器排出的含尘污水流入集水槽内，然后用水泵压入混合槽加药搅拌流入浓缩池内进行沉淀。经过沉淀处理的澄清水流入澄清槽内，再用水泵送入电除尘器。

沉淀下来的泥浆经真空脱水处理后，由皮带运输机装车，用汽车运往全厂含油泥渣焚烧设施进行处理。

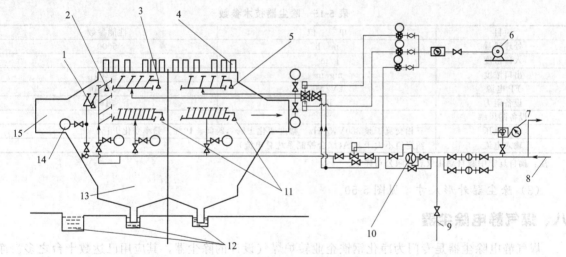

图 5-49　供水排水系统流程

1—分布 6 板喷嘴；2—前段喷嘴；3—前室水洗喷嘴；4—绝缘子箱共 12 个；5—后室水洗喷嘴；
6—电动机；7—水道设备；8—污循环水；9—排水管；10—流量水板；11—前后室水膜喷嘴；
12—排水坑；13—湿式静电除尘器；14—阀门；15—含尘气体入口

3. 绝缘套管保温箱送风

为防止周围温度过低时表面出现凝结水和灰尘进入保温箱内，造成绝缘体产生沿面放电，以致影响静电除尘器电压的升高，使静电除尘器不能正常工作，为此将这些套管等绝缘体安装在保温箱内，并设有一套送风系统向保温箱内送风，保持箱内一定的正压和温度，送风温度比室外大气温度高 20℃。

保温箱送风系统设在静电除尘器顶部，该系统吸室外空气，空气先经空气过滤器净化，再由通风机压入电加热器加温后，沿管道送入每个绝缘保温箱内。

七、转运站声波静电除尘器

转运站环境治理系统是针对不同行业转运站的工况条件，以各类型粉尘捕集设备的设计选型为主体，结合特殊的导料槽密封装置改造，对转运站的环境进行综合整治，使其达到岗位排放要求。

由于各工况转运站皮带运输机输送的物料特性不一，选择除尘方式时要考虑各具体工况的粉尘特性，特别是粉尘成分、温度和湿度以及除尘效率、投资成本等要求，选择静电捕集或过滤处理的粉尘捕集设备。

其次，根据粉尘捕集设备的形式，结合工况粉尘的特点（温度、湿度、黏附性、粒度），综合确定粉尘捕集设备的清灰形式，主要以对设备无损害的非接触清灰方式——声波清灰为主，辅以脉冲清灰或振打清灰。对于高黏、高湿的粉尘采用移动电极钢刷清灰。

(1) 除尘器特点　主要包括：a. 集尘极采用蜂窝状结构，同比板式静电除尘器，相比有效捕尘面积增大 5～6 倍，与同类产品相比可节能 60%，节省一次性投资 50% 以上；b. 电晕线采用高镍不锈钢材质，耐腐蚀且放电均匀；c. 气流分布采用低阻力导流板技术，阻力小，刚性强，气流分布均匀；d. 清灰系统采用声波清灰技术，保证集尘极、电晕线清灰要求，缩小设备体积，节省空间；e. 配用恒流电源，输出电压和输出功率随粉尘浓度增加而增大，实现电压自动跟踪；f. 设备采用气密性焊接技术，部件表面采用航天航空专用重防腐漆技术，保证使用寿命；g. 用于冶金、矿山、建材、化工、锅炉等场所及皮带运输过程中落差点的粉尘治理。

(2) 技术参数　转运站声波静电除尘器技术参数见表 5-15。

表 5-15　除尘器技术参数

项目	单　位	性能参数
处理风量	m^3/h	5000
入口浓度	g/m^3	<30
出口浓度	mg/m^3	<100
EP电源	kV/Ma	45/100
设备阻力	Pa	<150
设备漏风率	%	<5
输入电压	三相交流工频 380V，50Hz。幅度变化±5%，瞬间±10%。频率变化±1%	
输入电流	额定值不大于 80A（综合控制系统总电流）	

注：摘自辽宁中鑫自动化仪表有限公司样本。

(3) 除尘器外形尺寸　见图 5-50。

八、煤气静电除尘器

煤气静电除尘器是专门为净化钢铁企业转炉煤气设计的除尘器，其应用已达数十台之多。净化的转炉煤气中含尘几百毫克，含 CO 平均 70%，H_2 约 3%，CO_2 约 16%。煤气静电除尘器用于高炉煤气净化也获得成功。

1. 除尘器构造

煤气静电除尘器是由圆筒形外壳、气体分布板、收尘极、电晕极、振打清灰机构、电源和出灰装置七部分组成，见图 5-51。在圆筒形壳体的两端是气体的进、出口，进出口有气体分布板，收尘极由悬挂装置、垂直吊板、C335 板及腰带组成，沿气流方向布置。每排收尘极连接在共同的顶部及底部支撑件上，底部通过导杆加以导向。在筒体内垂直排列，与气流方向平行。两排收尘极之间悬挂着放电极，放电极为圆钢（或扁钢）芒刺线。放电极与高压供电系统连接，由变压器直接供电。放电极框架通过安装支架、支撑框架及支撑管道固定在顶部外壳上的绝缘子上。绝缘子通过电加热，用氮气进行吹扫，以防粉尘集聚或绝缘子内壁形成冷凝物而导致电气击穿。振

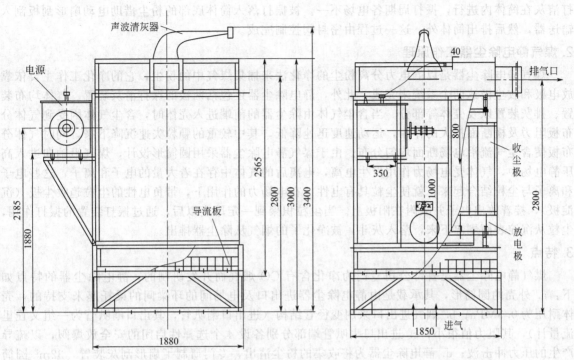

图 5-50 声波静电除尘器外形尺寸（单位：mm）

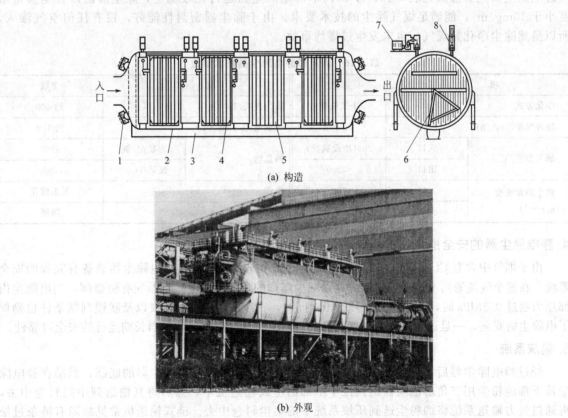

(a) 构造

(b) 外观

图 5-51 煤气静电除尘器构造和外观

1—防爆阀；2—外壳；3—出灰装置；4—电晕极；5—收尘机；6—清灰装置；7—电源；8—安全阀

打清灰在筒体内进行，振打周期各电场不一。被振打落入筒体底部的粉尘借助电动扇形刮板刮入输送器，然后排出筒体外，这一过程由密封阀控制完成。

2. 煤气静电除尘器工作原理

煤气静电除尘器是以静电力分离粉尘的净化法来捕集煤气中的粉尘，它的净化工作主要依靠放电极和收尘极这两个系统来完成。此外，静电除尘器还包括两极的振打清灰装置、气体均布装置、排灰装置以及壳体等部分。当含尘气体由除尘器的前端进入壳体时，含尘气体因受到气体分布板阻力及横断面扩大的作用，运动速度迅速降低，其中较重的颗粒失速沉降下来，同时气体分布板使含尘气流沿电场断面均匀分布。由于煤气静电除尘器采用圆筒形设计，煤气沿轴向进入高压静电场中，气体受电场力作用发生电离，电离后的气体中存在着大量的电子和离子，这些电子和离子与尘粒结合起来，就使尘粒具有电性。在电场力的作用下，带负电性的尘粒趋收尘极（沉淀极），接着放出电子并吸附在阳极上。当尘粒积聚到一定厚度以后，通过振打装置的振打作用，尘粒从沉淀表面剥离下来，落入灰斗，被净化了的烟气从除尘器排出。

3. 特点

煤气静电除尘器是鲁奇公司专门为净化含有 CO 烟气而开发研制的，静电除尘器的特点如下：a. 外壳的圆筒形，其承载是由静电除尘器进出口及电场间的环梁间的梁托座来支持的，壳体耐压为 0.3MPa；b. 烟气进出口采用变径管结构（进出口喇叭管，其出口喇叭管为一组文丘里流量计），其阻力值很小；c. 进出口喇叭管端部分别各设 4 个选择性启闭的安全放爆阀，以疏导产生的压力冲击波；d. 静电除尘器为将收集的粉尘清出，专门研制了扇形刮灰装置，$32m^2$ 圆筒形静电除尘器主要参数见表 5-16；e. 圆筒形静电除尘器运行比较稳定，除尘器出口含尘质量浓度小于 $10mg/m^3$，能满足煤气除尘的技术要求。由于除尘器密封性能好，没有任何空气渗入，所以虽然除尘净化是煤气，也未发生过爆炸事故。

表 5-16 圆筒形静电除尘器技术参数

项 目		参数	项 目		参数
净化方式		干式流程	压力损失/Pa		约 400
处理风量/(m³/h)		210000	吨钢电耗/(kW·h)		约 1.2
烟气温度/℃	入口	200（增设锅炉）	捕集物	形状/分级	粉尘
	出口	<200		数量/(t/a)	75000
粉尘质量浓度 /(mg/m³)	入口	200	操作		无水作业
	出口	<10	维修		简便

4. 静电除尘器的安全措施

由于烟气中含有 CO 和 O_2，因此整个系统的安全是最重要的，静电除尘器装备有完善的安全系统。在整个气流通道上设计为柱塞流，以减少爆炸的危险；静电除尘器配有防爆阀，当电除尘内部压力超过 0.3MPa 时，防爆阀会打开卸压；同时，在线压力仪、温度仪以及联锁判断条件也确保了电除尘的安全，一旦达到设定值，就启动安全系统。从而保证了除尘器长期运行的安全可靠性。

5. 输灰系统

经过静电除尘器后，经振动锤打下来的细颗粒粉尘聚积在静电除尘器的底部，黏结在静电除尘器下部的粉尘用三角形刮灰器刮到位于下部的链式输送机中，然后将其输送到中间料仓中去，再通过气力输送系统将细粉尘送到压块系统中的集尘料仓中去。链式输送机常见故障有链条过松过紧、有异物、电机故障。通过中央监控画面能报出链式输送机速度故障查明原因，采取打开人孔及事故排灰口进行放灰，排除故障，恢复正常。

6. 静电除尘器常见的故障排除

静电除尘器常见的故障有电场短路、电流电压异常、进出口刮灰板异常、防爆阀异常打开未复位等。

① 静电除尘器电场短路引起电场跳电而无法复位，通过检修时排除短路铁条即可复位。

② 定期进行清灰作业，改善电场工作环境，这样可以预防电流电压过低等问题。

③ 到现场进行手动操作刮灰板直至故障排除。

④ 到现场确认防爆阀状态，确认各限位工作是否正常，直至故障排除。

九、双区静电除尘器

收尘电极和电晕电极配置在同一区域内称单区静电除尘器，目前普遍使用的即为此种。如将收尘电极和电晕电极置于两个区域，前区为荷电区，后区为收尘区，这类静电除尘器称双区静电除尘器。

1. 双区静电除尘器构造

双区静电除尘器本体部分主要有电晕收尘区、收尘区、槽形电极收尘区及电极清灰等系统组成。其构造如图5-52所示。

2. 工作原理

当含尘气流由气流分布板进入放电极和栅板收尘极组成的电晕区时，粉尘被预荷电，在电场力作用下向栅板收尘极移动，大部分粉尘被收集到栅板收尘极板上。

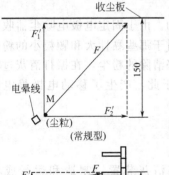

图 5-52 双区静电除尘器构造

1—电磁铁；2—保温箱；3—高压进线板；4—顶盖；5—阴极框架；6—栅形收尘极；7—刀刃状电晕极；8—进口喇叭；9—阳极振打轴；10—阳极振打锤；11—灰斗阻流板；12—灰斗；13—减速机；14—支座；15—阴极振打锤；16—石英套管；17—阴极吊杆；18—外壳；19—槽形板吊梁；20—阴极收尘板；21—出口喇叭；22—槽形板；23—阳极收尘板；24—传递杆；25—螺旋输灰机；26—灰封

未被收集的粉尘到后面的收尘区被收集到平行电极上。为了防止二次扬尘，在收尘区后面增设了槽形电极收尘区，在槽形电极收尘区，第一组槽形极板接负高压，后面两组槽形极板接地，构成一组完整的收尘区域。

（1）电晕收尘区　见图5-53，它由栅板形收尘极板和放电极线组成，通常放电极线采用刀片形。在该区域内主要作用是粉尘荷电，其次是收尘。

（2）收尘区　由带正负极性的多块平行板交错排列构成的电极。在此区域主要是收尘，由于采用平行板式电极，电场均匀，有利于抑制和延缓反电晕的发生，对粉尘比电阻有广泛的适应性。

（3）槽形电极收尘区　该区域由槽形极板组成，在布置方式上与常规电除尘器尾部设置的槽形极板不同，槽形电极依次侧迎向气流布置，第一排槽形极板接负高压的目的在于构成独立的电场并增加区域内的电场强度，提高粉尘的收集效率。

3. 双区静电除尘器特点

双区静电除尘器特点如下。

① 缩短带电尘粒向收尘板移动的距离，在通用的电除尘器的系列设计中，异极间距一般为150mm，所以荷电尘粒向收尘

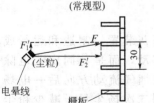

图 5-53　栅板收尘极

极板移动的最大垂直距离也为 150mm。在双区电除尘器中，多孔栅板和平行板间的距离很小（见图 5-54），带负电荷的尘粒 M 在电场力 F_1' 和其他外力 F_2' 的作用下，向栅板和平行板移动的垂直距离也较短，则荷电尘粒运动到极板上的时间通用电除尘器少。

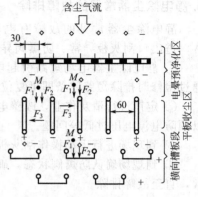

图 5-54　含尘气体净化过程示意

② 烟尘荷电过程需要在不均匀电场中进行，而除尘过程则需要在均匀电场中进行，在单区静电除尘器中不易解决此矛盾，而双区静电除尘器可以较好地创造两个不同的电场，满足收尘过程的不同需要。

③ 荷电过程比除尘过程进行速度要快得多，故双区静电除尘器的总长度比单区的短些。

④ 可避免高比电阻烟尘的反电晕现象。

⑤ 重返气流的烟尘很难再次荷电，因此还需设法弥补这一缺陷，试验生产的除尘效率暂时只能达到 95%～98%。

4. SQ 型双区静电除尘器

SQ 型双区静电除尘器的主要技术特性见表 5-17。双区静电除尘器多用于空调、室内气体净化系统以及酸雾净化。

表 5-17　SQ 型双区静电除尘器的技术特性

项　目	截面积/m²		项　目	截面积/m²	
	2.5	5.0		2.5	5.0
处理烟气量/(km³/h)	7～10	14～20	平行极板间距/mm	150	
外形(长×宽×高)/m	3.33×1.64×5.16	3.33×2.9×7.336	槽形收尘极板间距/mm	440	
设备质量/kg	376	931	烟尘比电阻/(Ω·cm)	10^{11}～10^{12}	
电场风速/(m/s)	0.8～1.1		设备阻力/Pa	300	
停留时间/t	2.5～1.67		入口烟气含尘量/(g/m³)	8	
操作温度/℃	350		出口烟气含尘量/(g/m³)	0.15	
允许操作压力/Pa	−2000～0		收尘效率/%	约98	
电场长度/m	2		电能消耗/[kW·h/(K·m³)]	0.5	

十、移动电极静电除尘器

移动电极静电除尘器，即收尘电极是移动的，放电极是固定的。由于固定电极电除尘器收尘和清灰过程处在同一区域内，在清灰过程中存在两个问题：一是对于那些黏性大和颗粒小的粉尘其黏附性就很大，难以将其从收尘极板上清除掉；二是对于那些好清除的粉尘，在振打清灰过程中也不可避免地会产生二次扬尘，粉尘又重新返回烟气中。鉴于此，产生了移动电极静电除尘器。

1. 移动电极静电除尘器构造

移动电极静电除尘器构造如图 5-55 所示。

由于移动式静电除尘器结构较复杂，内部设有转动部件和清灰装置，制造和运行成本较高，维护工作量较大，因此很少单独使用，不是每个电场都移动，而是与固定式电除尘器串联布置使用。沿烟气流动方向前两电场采用固定电极，而在烟气流动方向后一电场采用移动电极。这种布置方式可以充分发挥移动电极的作用，控制二次扬尘量，减少粉尘逃逸量。

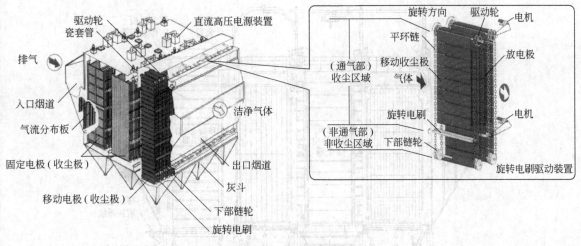

图 5-55　移动电极静电除尘器构造

2. 工作原理

将静电除尘器设计得足够大和足够长，其除尘效率完全可以做到接近 100%，但在工程上是根本实现不了的。在工程应用中，逸出静电除尘器的粉尘主要由两部分组成。一是难以收集的微细粉尘。这些粉尘通过电场时可能由于荷电量不足或者在荷电过程中又被异性电荷中和，粉尘在未获得足够的电荷之前就已经逃逸出电除尘器。从理论分析得知，当粉尘进入电场后在 0.1～0.01s 内能获得极限电荷的 90%，而在 1s 内能获得极限电荷量的 99%。仍有极少量的粉尘未能被收集。二是虽然已经被收集到收尘极板上，因烟气流动的冲刷而再次进入烟气中，或因振打瞬间产生的扬尘，或经振打粉尘剥离收尘极板后在下落过程中产生的再飞扬，或反电晕等其他原因引起的二次扬尘，使本该收集到的粉尘逃逸出电除尘器。因此为减少或避免产生二次扬尘就出现移动电极。基本想法是将收尘和清灰分开完成。将收尘极板做成移动式的，在驱动装置的带动下，沿高度方向做移动，并在下部设置清灰室，收尘极板以 50cm/min 的移动速度，当转动到清灰室后，用旋转电丝刷清除收尘极板上的积灰，从而避免因清灰而引起的二次扬尘，提高静电除尘器的效率，降低烟尘排放浓度。同时，移动电极用旋转电刷与收尘极相反方向进行旋转，以防止粉尘二次扬尘。

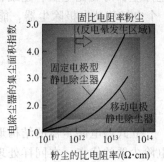

图 5-56　移动电极静电除尘器清除高比电阻粉尘

3. 移动电极静电除尘器特点

① 可以清除高比电阻的微细粉尘，见图 5-56。

② 移动电极静电除尘器是将收尘极板平行于烟气流动方向布置，如图 5-57 所示。移动电极由若干块分离开的极板组成并柔性固定，两端与链条相连，由驱动链轮带动链条，使收尘极板移动。为防止运行中传动链条松动和移动平稳，下部被动链轮处设有张紧装置。

③ 在灰斗上部设置清灰滚刷。收尘极板被一组旋转的圆柱形旋转钢丝刷紧密挟持，圆柱形钢丝刷与收尘极板做反方向运动，收尘极板上的粉尘被圆柱形旋转钢丝刷清除，达到清洁收尘极板的目的。

④ 移动电极静电除尘器的放电极与固定电极的放电极布置形式相同，都布置在收尘极板之间，由于移动电极的清灰多是采用剥离式，清灰装置设置在无烟气流动的灰斗内，所以产生二次扬尘显著减小，可以显著提高除尘效率。

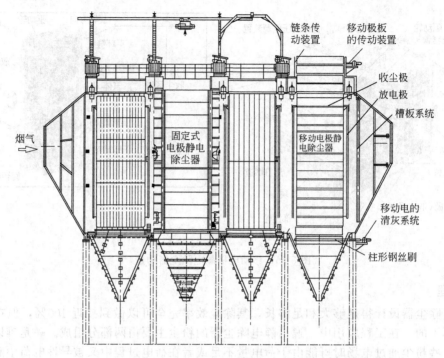

图 5-57　典型三个固定电极和一个移动电极组合式静电除尘器布置

⑤ 移动电极与固定电极型除尘器配套，可以扩展用途并实现小型化，从而建设成本低，设置空间减小。某锅炉除尘系统上应用证明，采用固定电极＋移动电极静电除尘器，可弥补常规静电除尘器对高比电阻、超细粉尘、高黏度粉尘难收难清的不足，采用 2 个电场固定电极除尘器和 1 个电场移动电极除尘器，能实现达标排放。

第三节
立式静电除尘器

立式静电除尘器的结构形式与卧式电除尘器有所不同，主要是适应气流的竖向流动。立式静电除尘器的优点：在同样处理能力时，占地面积较少；允许较大的气流；气流分布较均匀。立式静电除尘器的缺点：电场长度受限制，多数是单电场。

一、立式静电除尘器的分类

立式静电除尘器的分类有很多种，可按电极形式来分类，见表 5-18。

二、立管式静电除尘器

管式极板形成了立管式静电除尘系列，有单管、双管、四管、六管、多管。立管式静电除尘器应用冶金、电力、建材、化工、机械等最为广泛。最早利用除尘系统的排气管或烟囱作为阳极，在管子中间加吊阴极（电晕线），使烟尘就地净化，见图 5-58。

单管的静电除尘器由圆形立管，电晕线和高压电源组成。普通型圆形立管（阳极）直径在 $\phi400mm$ 以下，单管超高压静电除尘器的圆形立管（阳极）直径 $\phi400\sim500mm$；一根立管排风量比较小的，多是用多管并联，这样就出现二管、六管、多管（见图 5-59、图 5-60）。

表 5-18 按电极形式分类

类别			名称	特性	使用地点
电极形式	阳极形状	管式	管式静电除尘器	阳极为圆管	通常为立式正压静电除尘器,电场强度比较均匀,多用于湿式静电除尘器;应用于高温有色系统,如炭黑的除尘、硫酸工业除酸雾
			圆管立式静电除尘器	圆管	
			同心圆式静电除尘器	同心圆管	
			蜂窝形立式静电除尘器	蜂窝管	
		板式	立板式静电除尘器	阳极为型板式、网状、波形、平板等	相对圆式电场强度不易均匀,容易制造。安装简便,容易清灰,应用广泛
			立袋式静电除尘器	阳极为中空袋,上升气流不会带走下落的灰尘	应用于水泥行业
	电极的间距/mm		窄间距静电除尘器	同极间距:200~325	清灰要求严格;离子风大,驱进速度大;应用广泛
			宽间距静电除尘器	400~1000	应用范围:粉(烟)尘电阻力率为 $10^4 \sim 10^{14}\,\Omega \cdot$ cm,安装、检修、清灰方便,离子风大,驱进速度大;应用在水泥、玻璃、石灰等并逐渐扩大范围
	电极的清灰方式		干式静电除尘器	收来的烟尘为干灰	应用广泛
			湿式静电除尘器	收来的烟尘为泥浆状	应用在高电阻率和易爆气体净化系统或者工艺系统有泥浆处理设备的优越条件,如高炉煤气、转炉煤气、轧钢线上的屋顶除尘

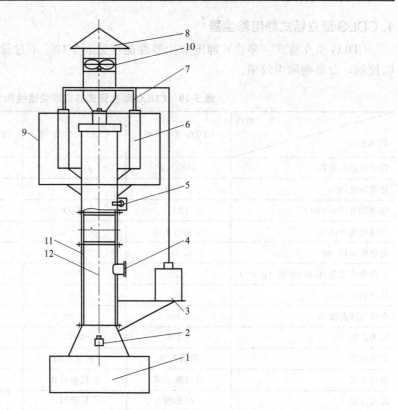

图 5-58 立管式静电除尘器

1—尘源;2—重锤;3—高压电源;4—观察孔;5—振打装置;6—绝缘子;
7—吊架;8—风帽;9—平台;10—风机;11—烟管;12—电晕线

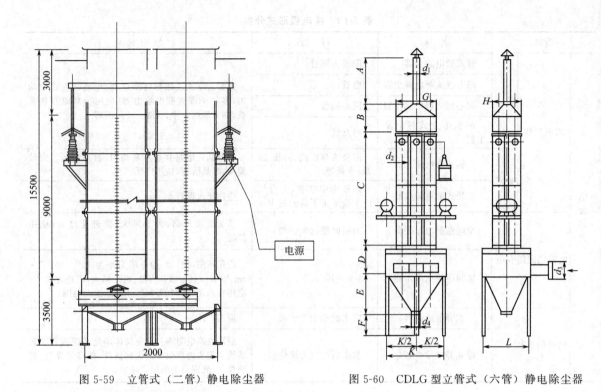

图 5-59　立管式（二管）静电除尘器　　　　图 5-60　CDLG 型立管式（六管）静电除尘器

1. CDLG 型立管式静电除尘器

　　CDLG 型立管式（多管）静电除尘器性能可见表 5-19，不过管数太多，对于气流均匀分布难以控制，会影响除尘效率。

表 5-19　CDLG 型立管式静电除尘器性能

技术性能 \ 规格	CDLG-700/1 型	CDLG-700/2 型	CDLG-700/4 型	CDLG-700/6 型
管子直径×根数	$\phi700\times1$	$\phi700\times2$	$\phi700\times4$	$\phi700\times6$
管筒高度/mm	＞600	＞600	＞600	＞600
处理烟量/(m³/h)	1250	2500	5000	8000～8300
气体风速/(m/s)	0.75～1.0	0.75～1.0	0.75～1.0	0.75～1.0
电场断面积/m²	0.385	0.77	1.54	2.31
允许粉尘质量(标准)浓度/(g/m³)	＜20	＜20	＜15	＜15
除尘效率/%	98	98	98	98
允许气体温度/℃	＜200	＜200	＜200	＜200
阻力损失/Pa	＜200	＜200	＜200	＜200
阴极形式	角钢芒刺	角钢芒刺	角钢芒刺	角钢芒刺
振打方式	电机振动式	电机振动式	电机振动式	电机振动式
卸灰方式	星形阀	星形阀	星形阀	星形阀
电源形式/(kV/mA)	GGAJO₂-100/5	GGAJO₂-100/10	GGAJO₂-100/20	GGAJO₂-100/30

　　立管式静电除尘器特点：管子是阳极也是烟尘的维护结构（烟尘的通道），管子是由 3～

6mm钢板卷制焊接而成，为便于粉尘脱落，焊渣应彻底清除，保证管子内壁光滑，无毛刺，同时要杜绝漏风，管子间连接均采取连续焊接，采用法兰连接时应加垫片，对管子上、下端的检查门、高压进线以及放电极的振打的所有开孔处，均需采取密封措施。

2. GL型立管式静电除尘器

立管式静电除尘器由圆形立管、鱼刺形电晕线和高压电源组成。它的主要优点是结构简单、效率较高、阻力低、耗电省等。

GL系列立管式静电除尘器有4种形式：A、B型适合于正压操作，其中A型可安放于单体设备之旁，B型可安放于烟上部；C型适合于正压操作；D型可安放于烟上部。其外形如图5-61所示。

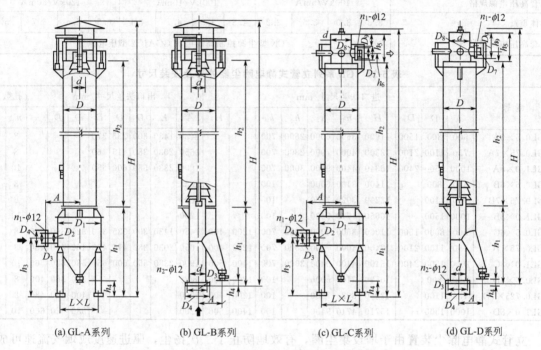

(a) GL-A系列　　(b) GL-B系列　　(c) GL-C系列　　(d) GL-D系列

图 5-61　GL系列立管式静电除尘器外形

GL系列立管式静电除尘器技术参数、外形及安装尺寸如下所述。

① 阴极电晕线。阴极电晕线由不锈钢鱼骨形线构成，它具有强度大、易清灰、耐腐蚀等优点，并能得到强大的电晕流和离子风以及良好的抗电晕闭塞性能。

② 伞形集尘圈。使用伞形圈，可使气流和灰流分路，从而有可能防止二次飞扬，提高电场风速。

③ 机械振打清灰。阳极采用带配重的落锤振打，使振打点落在框架上，振打力分布在整个集尘部分框架上，提高清灰效果；阴极采用配置绝缘材料的落锤振打，也使清灰良好。

④ GL系列的性能参数、外形及安装尺寸见表5-20及表5-21。

3. 带集尘圈的管式静电除尘器

带集尘圈的管式静电除尘器是立管式静电除尘器系列派生出来的，管内增设了1组或2组的集尘圈（见图5-62），集尘圈由数十个呈圆台形的圈一层层叠加构成阳极，圆台夹角大于60°，防止积尘。圆台是由1.5～2.0mm钢板制作，最大直径应与烟管保持一定距离，大约30～40mm，所有的集尘圈用角钢或圆钢串联吊挂在烟管颈部，安装时应保持集尘圈与烟管同心并固定。

表 5-20 GL 系列立管式静电除尘器性能参数

参数 \ 型号	GL0.5×6				GL0.75×7				GL1.0×8			
	A	B	C	D	A	B	C	D	A	B	C	D
处理风量/(m³/h)	1411～2544				2545～5727				4521～10173			
电场风速/(m/s)	2～3.6				1.6～3.6				1.6～3.6			
粉尘比电阻/(Ω·cm)	10^4～10^{11}				10^4～10^{11}				10^4～10^{11}			
入口含尘浓度/(g/m³)	<35				<35				<35			
工作温度/℃	<250				<250				<250			
阻力/Pa	200				200				200			
配套高压电源规格	100kV/5mA				100kV/10mA				120kV/30mA			
本体重/t	3.3	3.0	3.5	3.2	4.5	3.9	4.7	4.1	6.5	5.4	6.7	5.6
配套高压电源型号	CK 型尘源控制高压电源 GGAJO2 型压电源											

表 5-21 GL 系列立管式静电除尘器外形及安装尺寸

型 号	进口法兰尺寸/mm										出口法兰尺寸/mm								孔数/个		
	d	D	D_1	H	h_1	h_2	h_3	h_4	h_5	H_6	A	L	D	D	D	D	D	n	n_1	n_2	
GL0.5×6A	500	800	1500	11900	3600	6000	2600	700			1450	1430	300	335	370			8			
GL0.75×7A	750	1100	2100	13300	4000	7000	2800	700			1650	2030	380	415	460			8			
GL1.0×8A	1000	1500	2400	16340	4400	9400	3000	700			1900	2330	550	600	650			10			
GL0.5×6B	500	800		11400	3100	6000		100			800							8	10		
GL0.75×7B	750	1100		13200	3920	7000		100			1000							8	16		
GL1.0×8B	1000	1500		16650	4710	9400		100			1200							10	20		
GL0.5×6C	500	8000	1500	11000	3600	6000	2600	700	1200	400	1450	1430	300	335	370	320	360	400	8		
GL0.75×7C	750	1100	2100	12400	4000	7000	2800	700	1200	400	1650	2030	380	415	460	400	440	480	8		
GL1.0×8C	1000	1500	2400	15400	4400	9400	3000	700	1400	500	1900	2330	550	600	650	580	620	560	10		
GL0.5×6D	500	800		10500	3100	6000		100	1200	400	800					320	360	400	8	10	
GL0.725×7D	750	1100		12300	3920	7000		100	1200	400						400	440	480	8	16	
GL1.0×8D	1000	1500		15710	4710	9400		100	1400	500	1200					580	620	660	10	20	

　　立管式静电除尘装置由于增设集尘圈，有效地防止了二次扬尘，驱进速度或烟气流速可成倍提高，同时给阳极清灰创造了良好的条件，保证除尘装置持久高效运行。这种带集尘圈的管式静电除尘器用于 2～4t 小型锅炉烟气除尘，均取得良好的效果。1997 年，一台 4t 热水锅炉转烟囱内安装电晕线，并套装集尘圈，收尘区高 12m，集尘圈高 900mm，小口直径 900mm，大口直径 1000mm，运行电压 80～140kV，电流 3～5mA，阳极用电磁铁振打清灰，高压引线由上部引入，穿壁绝缘用石英玻璃管，悬吊放电线的绝缘子用石英玻璃棒，烟气量为 10034m³/h，电场风速 4.5m/s，入口含尘质量浓度 0.418g/m³，除尘效率 97.37%。

　　现在该除尘装置已广泛应用于冶金、化工、建材、轻工等部门。

4. 同心圆式静电除尘器

　　立管式静电除尘器阳极还可由同心圆管组成，同心圆式立管静电除尘器见图 5-63。

　　高压的同心圆式立管静电除尘器一般有 2～3 层筒形阳极，内筒中心管为管式阳极，外筒则近似板式静电除尘的阳极。同心圆式立管静电除尘器普通型筒形阳极层数比较多，见示意图 5-64。这是一台 7 层同极间距 400mm 配置 127 根电晕线 5.4m² 立式静电除尘器的沉淀极布置图。

　　为了处理大风量，也可 2 台、3 台、4 台、6 台，多台同心圆立管静电除尘器并联使用，但是要注意气流分布问题。见示意图 5-65。

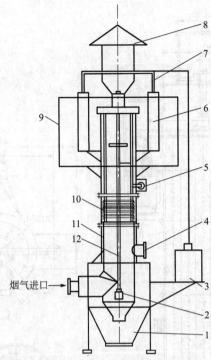

图 5-62　带集尘圈的管式静电除尘器

1—灰斗；2—重锤；3—高压电源；4—观察孔；5—振打装置；6—绝缘子；
7—吊架；8—风帽；9—平台；10—集尘圈；11—烟管；12—阴极

三、屋顶静电除尘器

屋顶静电除尘器是安装在排放尘源上方车间屋顶上的一种轻型的立式静电除尘器，它是控制阵发性粉尘的有效装置之一。

屋顶静电除尘器具有以下优点：a. 不占用地面总图面积；b. 因为半湿式操作不会发生反电晕和二次扬尘。所以操作稳定，除尘效率高；c. 安装费用低，因为不需要大型风机和管道系统；d. 能耗低；e. 维护费用低。因其构造简单，无活动部件，维修工作量极小。

1. 结构形式

屋顶静电除尘器结构示意见图 5-66。

主要结构如下。

（1）气流分布板　利用含尘热气流的浮力使烟气从除尘器下部经排水漏斗和集水槽之间空隙进入电场。因气体垂直上升阻力小，仅 29～49Pa，烟气通过电场的流量，由设在下部的手动可调节，待基本均匀后即可将分布板固定。

（2）阳极板　阳极板由宽 420mm，厚 0.6mm 的不锈钢制作，上下端用扁钢夹紧，螺栓固定，每块极板两侧压制（或轧制）成 C 形，并相互勾接在一起。同极距 450mm。

（3）阴极　阴极为框架结构，框架用 $\phi34mm$ 的钢管制作，放电线为 $\phi2.6mm$ 的不锈钢丝，两端用螺栓固定在框架上。线间距 200mm，相当于每块收尘极板配置两根放电线。

放电线用横梁组合成一整体，由瓷柱支撑吊挂在绝缘室内。绝缘室内用风机送热风吹扫，防止积灰及爬电。

（4）清灰装置　屋顶静电除尘器用湿法清灰，定期喷水冲洗阳极和阴极上聚积的粉尘。整个屋顶电除尘器由许多单元组成，每个单元的流通面积为 2.5×7.0＝17.5m²，逐个轮流冲洗，根据粉尘的初始浓度，每个单元每天冲洗 1～4 次，每次 10min，耗水量为 0.1～0.6m³/min，冲

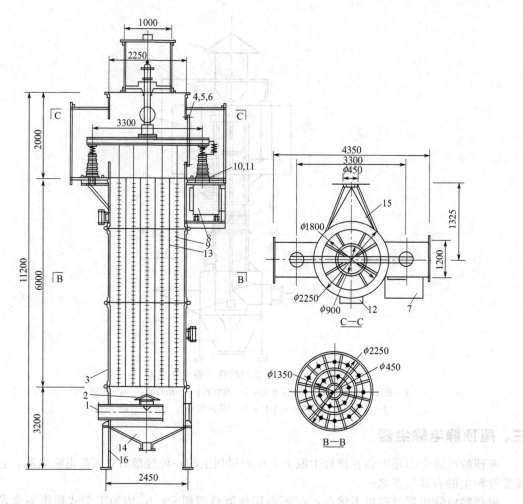

图 5-63 同心圆式立管静电除尘器

1—进风管；2—风帽；3—箱体；4—螺栓；5—螺母；6—垫片；7—平台；8—电源；9—阴极系统；10—电加热器；
11—继电器；12—直爬梯；13—阳极系统；14—锥形灰斗；15—出风管；16—支架

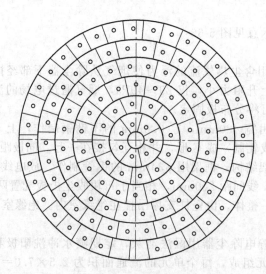

图 5-64 同心圆式阳极布置（普通型）

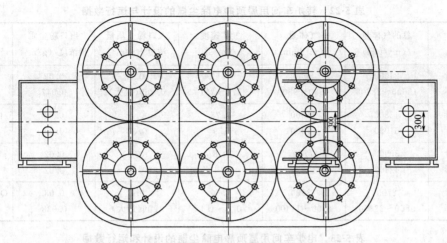

图 5-65　多台同心圆立管静电除尘器组合

洗过程由计算机进行程序控制。

　　湿法清灰有很多优点：有效地避免了由于高电阻率粉尘产生的反电晕以及由于机械振打而发生的二次扬尘；省掉机械振打机构及灰斗和输灰机；减轻了设备重量和维修工作量；它的顶部是敞开式的，避免因含有煤粉和一氧化碳的烟尘引起爆炸的危险。

　　（5）供电装置　高压电源安装在车间屋顶上。每台供电装置和各单元绝缘子室之间分别装有电磁切换开关，这样，发生故障时能分别自动断电，而不致影响整机工作。

　　同极距为 450mm 时，电源容量为 65kV，500mA，板电流密度为 20mA/m²。

2. 实际应用

　　屋顶静电除尘技术是日本住友重工业公司首先开发的，迄今有数十台投入运行。根

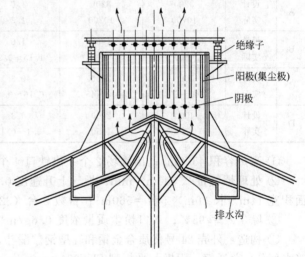

图 5-66　屋顶静电除尘器

据我国某厂屋顶静电除尘器中试装置测定结果，主要技术参数如下：当入口烟尘浓度在 0.9g/m³ 左右，烟气温度 60℃ 左右，进入电场烟气速度 1.2～1.6m/s，供电电压 57～60kV 时，除尘效率达 92% 以上，出口烟尘排放浓度可控制在 60mg/m³ 以下，除尘器阻力小于 35Pa。以下是日本应用屋顶静电除尘器的一些实例。

　　（1）转炉车间　转炉车间产生的含尘气体量很大，而且气体温度、气流速度和粉尘浓度的变化都非常大。在这种条件下，屋顶静电除尘器不仅能处理大的烟气量，并能适应这些变化。表 5-22 给出了其某些设计与实测资料。

　　（2）电炉车间　根据电炉车间条件，可以单独使用屋顶静电除尘器，也可以和其他除尘器联合使用。屋顶静电除尘器入口处气体温度、气流速度和粉尘浓度的变化也是很大的，表 5-23 是其某些设计与运行数据。

　　（3）高炉出铁场　高炉出铁场的二次烟尘控制，是为进一步解决一次除尘系统无法解决的高炉出铁产生的烟气。此处空间狭小，生产设备和操作人员集中，设置局部排烟罩是比较困难的。高炉出铁场屋顶静电除尘器的技术规格与性能如下所述。

表 5-22　转炉车间用屋顶静电除尘器的设计与运行数据

设　备		总的气体量 /(m³/min)	气体量 /(m³/min)	气体速度 /(m/s)	入口粉尘质量浓度/(g/m³)	出口粉尘质量浓度/(g/m³)	备注
A	设计	24000	8000	1.77	0.1	0.02	LD：80t/炉
	实际	13600～28600	4500～9500	1.0～2.1	0.269(最大)	0.047	3座
B	设计	43800	14600	1.78	0.4	0.03	LD：250 t/炉
	实际	51000	17000	1.9	0.33		3座
C	设计	30900	7700	0.8	0.4	0.02	LD：160t/炉
	实际	42400	10600	1.1	0.35	0.02	3座
D	设计	2700	13500	1.66	0.4	0.03	Q-BOP：80t/炉
	实际	9800～22800	4900～11400	0.6～1.4	1.09(最大)	0.038	3座

表 5-23　电炉车间用屋顶静电除尘器的设计和运行数据

设　备		总的气体量 /(m³/min)	气体量 /(m³/min)	气体速度/(m/s)	入口粉尘质量浓度/(g/m³)	出口粉尘质量浓度/(g/m³)	备　注
A	设计	8200	8200	1.0	0.2	0.02	100t/炉
	实际	10700	10700	1.3	0.2～0.4	0.01～0.03	1座
B	设计	4900	4900	1.0	0.3	0.03	30t/炉
	实际	4600	4600	1.15～0.29	0.15～0.29	0.01～0.02	1座
C	设计	5600	2800	0.3	0.3	0.03	18t/炉
	实际	6800～9000	3400～4500	0.16～0.42	0.16～0.42	0.01～0.03	2座
D	设计	4000	2000	0.3	0.3	0.03	8t/炉
	实际	3700	1050	0.1～0.16	0.1～0.16	0.01～0.015	2座

① 高炉容积 4500m³；出铁场 2 个；出铁口 4 个。

② 处理烟气量 25000m³/min；烟气上升速度 0.92m/s(60℃时)；烟气温度 40～90℃；电场面积宽 14m×长 20m×2 台＝560m²；台数 2 台（32 单元）。

③ 除尘效率 95%；入口粉尘质量浓度 0.6g/m³；出口粉尘质量浓度 0.03g/m³；

④ 构造：外壳 24 号优质合金钢和轻型钢。漏斗，水槽（接水部分）SUS316L t＝1.5mm（非接水部分）普通钢。阳极：平板型 SUS304 t＝0.6mm。放电极：箍型框架式 SUS304φ2.6mm。绝缘子室：普通钢 64 个。绝缘子室通风机：50m³/min×2000Pa，4 台，3.7kV。

⑤ 高压电源装置 35kV×1000mA×5 台；高压电源装置电力消耗 225kW；电机类电力消耗 22kW。

⑥ 水冲洗装置：系统数 192，耗水量 1.2m³/min(1382m³/d)，循环使用。

四、立式双电场静电除尘器

立式双电场静电除尘器很少，只有组合式才出现双电场静电除尘器，如 SZD 型双电场旋风式静电除尘器是一例。

SZD 型组合静电除尘器是将电旋风、电抑制、电凝聚等三种复式除尘机理组合为一体。SZD 型组合静电除尘器适用于建材、冶金、化工、电力等行业，治理污染，回收物料。环境效益、社会效益、经济效益均异常显著，深受用户和环保部门欢迎。

1. 技术指标

SZD 型组合静电除尘器除尘设备，经实测技术经济指标（标态）如下：a. 入口粉尘质量浓度 176.24g/m³ 和 192.96g/m³；b. 排放粉尘质量浓度 85.4m³ 和 35m³；c. 除尘效率 99.95% 和

99.98%；d. 钢耗 $400 \sim 550 kg/(1000m^3/h)$；e. 电耗 $236 \sim 260 W/(m^3/s)$。

2. 主要特点

SZD 型组合静电除尘器设计独到，结构创新，具有如下特点：a. 内、外两电场旋风和电抑制另加电凝聚三次除尘，使用可靠；b. 除尘效率高；c. 处理粉尘浓度大；d. 钢材耗量少，节约投资；e. 占地少，便于老厂改造；f. 电耗低，运行费用少；g. 适于高电阻率粉尘；h. 不同风量，匹配灵活；结构简单，便于检修、制造和批量生产。

3. 结构

双电场旋风式静电除尘器见图 5-67。SZD 型组合静电除尘器结构示意见图 5-68。

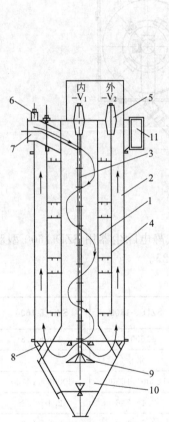

图 5-67 双电场旋风式静电除尘器

1—内电场；2—外电场；3—内电晕线；
4—外电晕线；5—支撑瓷套；6—电源；
7—进风口；8—挡风板；9—重锤；
10—灰斗；11—出风口

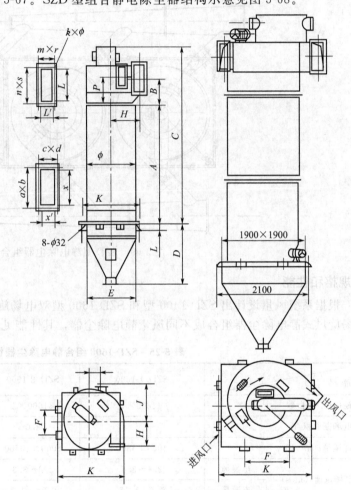

图 5-68 SZD 型组合静电除尘器单筒外形

类似同心圆立式静电除尘器结构，其内外管式静电除尘器上端由进风筒隔开，下端由灰斗贯通。烟气由进风筒切向进入内管电场形成电旋风第一次除尘，再在灰斗中进行电抑制第二次除尘。外管为电凝聚除尘器，在空间凝聚和电场凝聚完成净化处理。最后由出风筒排出。SZD 型组合静电除尘器可灵活多元组合以匹配不同的风量，及时采用变径管路和调风阀等气流均布系统，简单易调。其单筒外形尺寸见图 5-68 和表 5-24。其组合见图 5-69。

表 5-24　SZD 型组合静电除尘器外形尺寸/mm

型号	A	B	C	D	E	F	H	J	K	L	φ
SZD-1370	4000	850	5850	2000	1550	800	711	950	1850	90	1370
SZD-1600	4000	850	5850	2100	1900	1000	811	650	2100	90	1600

型号	L×L'	x×x'	m×r'	n×s	a×b	c×d	k×φ
SZD-1370	500×200	700×320	2×126	4×138	6×125	3×142	30×φ14
SZD-1600	600×200	700×360	3×84	6×109	7×107	4×103	40×φ14

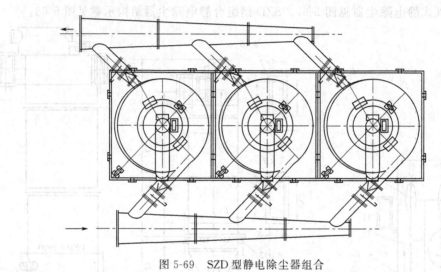

图 5-69　SZD 型静电除尘器组合

4. 规格和性能

根据系统风量设计出 SZD-1400 型和 SZD-1600 型双电场旋风式静电除尘器用 SZD-1600 型双电场旋风式静电除尘器组合成不同风量静电除尘器，其性能见表 5-25。

表 5-25　SZD-1600 组合静电除尘器性能

性能 　　　　　规格		SZD/1-1600	SZD/2-1600	SZD/3-1600	SZD/8-1600
筒径(mm)×台数		φ1600×1	φ1600×2	φ1600×3	φ1600×8
主电场断面积/m²		1.5	3.0	4.5	12
处理风量/(m³/h)		4000×5500	8000×10500	12000×16500	30000×14000
电场风速/(m/s)	电旋风	2.4～3.4	2.2～3.3	2.4～3.6	2.4～3.2
	电凝聚	0.8～1.15	0.74～1.1	0.8～1.2	0.8～1.2
允许粉尘质量浓度/(g/m³)		100			
除尘效率/%		>99			
允许烟气温度/℃		200			
允许负压/Pa		2000			
压力损失/Pa		100			
振打方式		振动式			
设备重量/kg		2840	5700	8550	22800
高压电源/(kV/mA)		100/10 或 100/10+100/5	2 台 100/10	2 台 100/20	3 台 100/30

五、湿式立管式静电除尘器

湿式管式静电除尘器主要用于发生炉煤气和沥青烟气净化，收尘极为钢管，采用连续供水清灰，使管壁保持一层水膜；电晕线为圆线，采用间断喷水清洗。

SGD 型湿式管式静电除尘器主要性能见表 5-26，外形尺寸见图 5-70～图 5-72。

表 5-26　SGD 湿式管式静电除尘器主要性能

型号	处理风量 /(m³/h)	压力损失 /Pa	净化效率 /%	电场风速 /(m/s)	集尘极	电晕线	允许压力/Pa	连续供水量 /(t/h)	间断供水量 /(t/h)	高压硅速流装置容量 电压/kV	高压硅速流装置容量 电流/mA	除尘器质量/kg
SGD-3.3	6000～8000			0.5～0.67	φ325mm×8 长 4.5m	φ3mm×198m	(2～2.5)×10⁴	20	30	60kV	100	31200
SGD-7.5	2000	100～200	93～99	0.75	φ325mm×8 长 4m	φ3mm×400m	(2～2.5)×10⁴	50	60	60kV	200	60837
SGD-9.0	24000			约 0.75	φ325mm×8 长 4m	φ3mm×480m	(2～2.5)×10⁴	65	75	60kV	200	72592

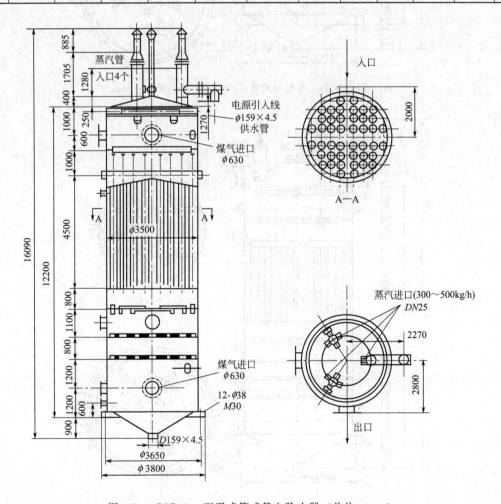

图 5-70　SGD-3.3 型湿式管式静电除尘器（单位：mm）

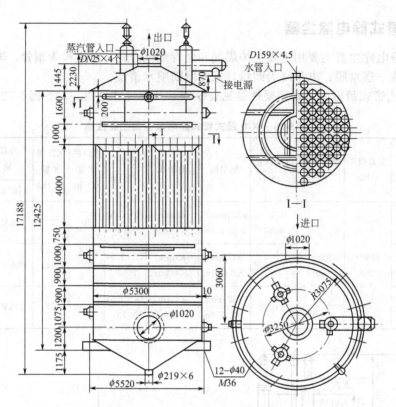

图 5-71　SGD-7.5 型湿式管式静电除尘器（单位：mm）

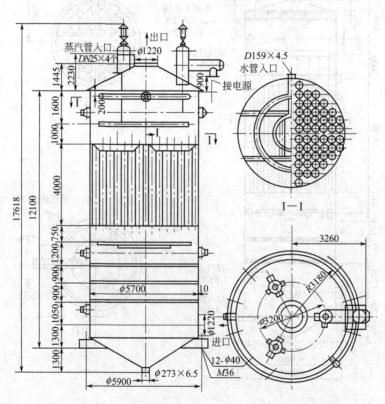

图 5-72　SGD-9.0 型湿式管式静电除尘器（单位：mm）

第四节
静电除尘器供电设备

一、静电除尘器供电设备的特点和组成

1. 静电除尘器供电的特点

静电除尘器获得高效率，需有合理而可靠的供电系统，其特点如下。

① 要求供给直流电，且电压高（40～100kV），电流小（150～1500mA）。

② 电压波形应有明显峰值和最低值，以利用峰值提高收尘效率，低值熄弧，不宜用三项全波整流，静电除尘器大多采用单相全波整流，效果较好。比电阻高的烟尘宜采用半波整流，脉冲供电或间歇供电。

③ 静电除尘器是阻容性负载，当电场闪络时，产生振荡过电压，因此硅整流设备及供电回路须选配适当电阻、电容和电感，使回路限制在非周期振荡和抑制过压幅度，同时硅堆设计制作中需考虑均压、过载等问题，以免设备在负载恶化的情况下损坏。

④ 收尘电极、壳体等均须接地，电晕电极采用负电晕。

⑤ 供电须保持较高的工作电压和较大的电晕电流，供电参数与收尘效率的关系如下：

$$\eta = 1 - e^{-\frac{A}{Q}\omega} \tag{5-28}$$

$$\omega = K_1 \frac{P_c}{A} = K_1 \frac{u_P + u_m}{2A} i_0 \tag{5-29}$$

式中，η 为除尘效率，%；A 为收尘极极板面积，m^2；Q 为处理气量，m^3/s；ω 为驱进速度，m/s；K_1 为随气体、粉尘性质和静电除尘器结构不同而变化的常数；P_c 为电晕功率，kV；u_P 为电压峰值，kV；u_m 为电压最低值，kV；i_0 为电流平均值，mA。

2. 静电除尘器对供电设备性能的要求

① 根据火花频率，临界电压能进行自动跟踪，使供电电压和电流达到最佳值。

② 具有良好的联锁保护系统，对闪络、拉弧、过流能及时做出反应。

③ 自动化水平高。

④ 机械结构和电气元件牢固可靠。

3. 供电设备组成

供电设备的系统结构方框图见图 5-73。静电除尘器供电系统如图 5-74 所示。

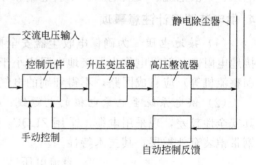

图 5-73 供电设备系统结构方框图

供电设备一般包括如下部分。

（1）升压变压器 将外部供给的低压交流电（380V）变为高压交流电（60～150kV）。

（2）高压整流器 将高压交流电整流成高压直流电的设备，常用的高压整流器有机械整流器、电子管整流器、硒整流器和高压硅整流器。高压硅整流器具有较低的正向阻抗，反向耐压高、耐冲击，整流效率高，轻便可靠，使用寿命长，无噪声等优点。

（3）控制装置 静电除尘器供电设备的控制系统。

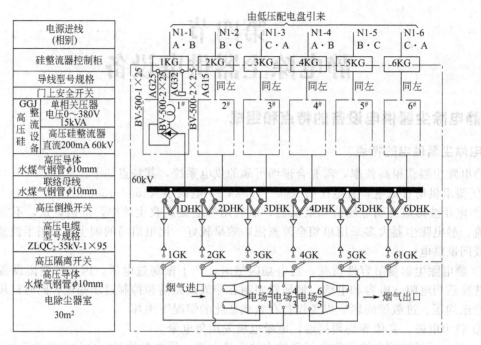

图 5-74　双室三电场静电除尘器的供电系统

（4）调压装置　为维护静电除尘器正常运行而不被击穿，需采用自动调压的供电系统，以适应烟气、烟尘条件变化时供电电压亦随之变化的需要，自动调压装置。

（5）保护装置　为防止因静电除尘器局部断路和其他故障，造成对升压变压器或整流器的损害，供电系统必须设置可靠的保护装置，此装置包括过流保护、灭弧保护、久压延时、跳闸、报警保护和开路保护。

（6）显示装置　控制系统应把供电系统的各项参数用仪表显示出来，应显示的内容为一次电压、一次电流、二次电压、二次电流和导通角等。

4. 供电装置设计注意事项

（1）接地电阻　为确保电收尘器安全操作，供电器与除尘器均须设接地装置，且需有一定接地电阻。一般静电除尘器接地电阻应小于 4Ω，除尘器的接地线（包括收尘电极、壳体人孔门和整流机等）应自成回路，不得和别的电气设备，特别是烟囱地线相连。

（2）供电系统至电晕电极的电源线　早期的静电除尘器都采用裸线外罩以 400mm 的钢管，其安全性较差，现采用电缆。采用 $ZLQC_2$ 型铝导电线芯，油浸纸绝缘，金属化纸屏蔽，铅皮及钢带铠装有外被层，其技术特性为：

直流电压　　　　　$(75\% + 15\%)kV$
公称截面积　　　　$95mm^2$
计算外径　　　　　$49.5mm$
重量　　　　　　　约 $5.9kg/m$

（3）供电系统的安全　除尘器运行中常易发生电击事故，故设计需对其安全操作做充分考虑。

① 设置安全隔离开关。当操作人员需接触高压系统时，先拉开隔离开关，确保电源电流不能进入高压系统。高压隔离开关可附设在电收尘器上，亦可由供电系统另外设置，但其位置必须便于操作。

② 壳体人孔门、高压保护箱的人孔门启闭应和电源联锁。即人孔门打开时，电源断开；人孔门关闭时，电源供电。

③ 装设安全接地装置。人孔门打开时，安全接地装置接地，导走高压部分残留的静电，保证操作人员不受静电危害，同时可在前两种安全措施发生误操作或失灵时起双保险作用。

静电除尘器供电设备包括高压供电设备和低压供电设备两类，高压供电设备还包括升压变压器、整流器等，低压供电设备包括自控设备和输排灰装置、料位计、振打电机等供电设备。

二、高压供电设备

(一) 升压变压器

升压变压器是变换交流电压、电流和阻抗的器件，静电除尘器用的变压器，一般由 380V 交流电升压到 60～150kV。当初级线圈中通有交流电流时，铁芯中便产生交流磁通，使次级线圈中感应出电压。

变压器由铁芯和线圈组成，线圈由两个或两个以上的绕组，其中接电源的绕组叫初级线圈，其余的绕组叫次级线圈。

1. 变压器工作原理

变压器工作的基本原理是电磁感应原理，如图 5-75 所示，当初级侧绕组上加上电压 U_1 时，流过的电流 I_1，在铁芯中就产生交变磁通 ϕ_1，这些磁通称为主磁通，在它的作用下，两侧绕组分别感应电势 E_1、E_2，感应电势公式为：

$$E = 4.44 f N \phi_m \qquad (5-30)$$

式中，E 为感应电势有效值；f 为频率；N 为匝数；ϕ_m 为主磁通最大值。

由于次级绕组与初级绕组匝数不同，感应电势 E_1 和 E_2 大小也不同，当略去内阻抗压降后，电压 U_1 和 U_2 大小也就不同。

当变压器次级侧空载时，初级侧仅流过主磁通的电流

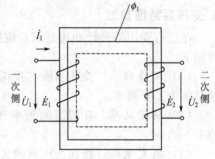

图 5-75　变压器工作原理

(I_0)，这个电流称为激磁电流。当二次侧加负载流过负载电流 I_2 时，也在铁芯中产生磁通，力图改变主磁通，但一次电压不变时，主磁通是不变的，初级侧就要流过两部分电流，一部分为激磁电流 I_0，一部分为用来平衡 I_2，所以这部分电流随着 I_2 变化而变化。当电流乘以匝数时，就是磁势。

上述的平衡作用实质上是磁势平衡作用，变压器就是通过磁势平衡作用实现了一、二次侧的能量传递。

2. 变压器构造

变压器的核心部件由其内部的铁芯和绕组两部分组成。铁芯是变压器中主要的磁路部分。通常由晶粒取向冷轧硅钢片制成。硅钢片厚度为 0.35mm 或 0.5mm、表面涂有绝缘漆。铁芯分为铁芯柱和铁轭两部分，铁芯柱套有绕组，铁轭闭合磁路之用，铁芯结构的基本形式有芯式和壳式两种，其结构示意如图 5-76 所示。绕组是变压器的电路部分，它是用纸包的绝缘扁线或圆线绕成。

如果将不计变压器初级、次级绕组的电阻和铁

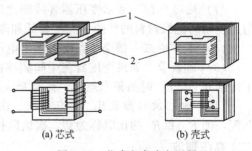

(a) 芯式　　　(b) 壳式

图 5-76　芯式和壳式变压器

1—铁芯；2—绕组

耗，其耦合系数 $K=1$ 的变压器称之为理想变压器。其电动势平衡方程式为：

$$e_1(t) = -\frac{N_1 \mathrm{d}\phi}{\mathrm{d}t}$$

$$e_2(t) = -\frac{N_2 \mathrm{d}\phi}{\mathrm{d}t}$$

若初级、次级绕组的电压、电动势的瞬时值均按正弦规律变化，则有：

$$\frac{U_1}{U_2} = \frac{E_1}{E_2} = \frac{N_1}{N_2}$$

不计铁芯损失，根据能量守恒原理可得：

$$U_1 I_1 = U_2 I_2$$

由此得出初级、次级绕组电压和电流有效值的关系：

$$U_1 U_2 = I_2 I_1$$

令 $k = \frac{N_1}{N_2}$，称为匝比（也称电压比），则

$$\frac{U_1}{U_2} = k$$

$$\frac{I_1}{I_2} = k$$

3. 变压器特性参数

在进行变压器设计和选型以及应用中，都需知道其运行工作中的一些特性参数，主要性能参数如下。

（1）**工作频率**　变压器铁芯损耗与频率关系很大，故应根据使用频度来设计和使用，这种频率称为工作频率。

（2）**额定功率**　在规定的频率和电压下，变压器能长期工作，而不超过规定温升的输出功率。

（3）**额定电压**　指在变压器的线圈上允许施加电压，工作时不得大于规定值。变压器初级电压和次级电压的比值称电压比，它有空载电压比和负载电压比的区别。

（4）**空载电流**　变压器次级开路时，初级仍有一定的电流，这部分电流称为空载电流。空载电流由磁化电流（产生磁通）和铁损电流（由铁芯损耗引起）组成。对于 $50\mathrm{Hz}$ 电源变压器而言，空载电流基本上等于磁化电流。

（5）**空载损耗**　指变压器次级开路时，在初级测得功率损耗。主要损耗是铁芯损耗，其次是空载电流在初级线圈铜阻上产生的损耗，这部分损耗很小。

（6）**效率**　指次级功率 P_2 与初级功率 P_1 比值的百分比。通常变压器的额定功率越大，效率就越高。

（7）**绝缘电阻**　表示变压器各线圈之间、各线圈与铁芯之间的绝缘性能。绝缘电阻的高低与所使用的绝缘材料的性能、温度高低和潮湿程度有关。

（8）**频率响应**　指变压器次级输出电压随工作频率变化的特性。

（9）**通频带**　如果变压器在中间频率的输出电压为 U_0，当输出电压（输入电压保持不变）下降到 $0.707U_0$ 时的频率范围，称为变压器的通频带 B。

（10）**初、次级阻抗比**　变压器次、次级接入适当的阻抗 R_0 和 R_i，使变压器初、次级阻抗匹配，则 R_0 和 R_i 的比值称为初、次级阻抗比。

(二) 高压整流

将高压交流电整流成高压直流电的设备称高压整流器。整流器有机械整流器、电子管整流

器、硒整流器和高压硅整流器等。前三种因固有缺点逐渐被淘汰，现在主要用高压硅整流器。在静电除尘器供电系统中采用各种半导体整流器电路如图 5-77 所示。

可控硅调压工作原理如图 5-78 所示，GGAJO$_2$B 型可控硅自动控制高压硅整流设备系列及技术参数见表 5-27。

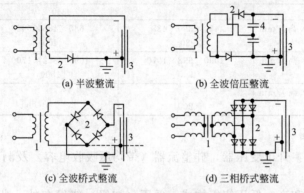

(a) 半波整流　　(b) 全波倍压整流

(c) 全波桥式整流　　(d) 三相桥式整流

图 5-77　几种半导体整流器电路

1—变压器；2—整流器；3—静电除尘器；4—电容

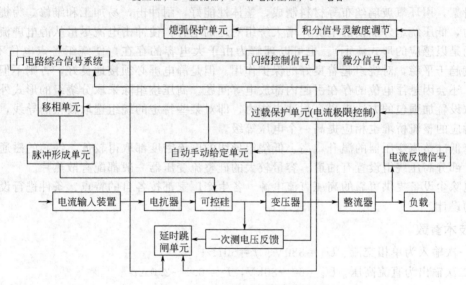

图 5-78　可控硅调压工作原理

表 5-27　GGAJO$_2$B 型可控硅自动控制高压整流设备系列技术参数

名　称	0.2/60	0.4/72	1.0/60	0.2/140	0.2/300
交流输入电压	单相 50Hz,380V				
交流输入电流/A	45(A)	100	220	120	250
直流输出电压(平均值)/kV	60	72	60	140	300
直流输出电流(平均值)/mA	200	400	1000	200	200
输出电压调节范围/%	0~100				
输出电流调节范围/%	0~100				
输出电流极限整定范围/%	≥50~100				
稳流精度/%	<5				
输出电压上升率调节范围	0~10 分度可调				

名　　称		0.2/60	0.4/72	1.0/60	0.2/140	0.2/300
输出电流上升率调节范围		0~10 分度可调				
延时跳闸整定值/s		3~15				
偏励磁保护最大极限整定值		55~60	120~130	240~250	140~150	260~280
开路保护允许电网最低值/V		340				
电抗器	体积（长×宽×高）/mm	430×390×435		680×486×992		790×460×1100
	质量/kg	80		400		500
整流变压器	体积（长×宽×高）/mm	1090×698×1570		1090×852×1700		1260×876×1815
	质量/kg	900		1500		1800
控制柜	体积（长×宽×高）/mm					800×100×1800
	质量/kg	200				230

(三) 高压硅整流变压器

高压硅整流变压器集升压变压器，硅整流器（带均压吸收电容）及测量取样电路于一体，装置于变压器筒体内。

升压变压器由铁芯和高、低压绕组构成，低压（初级）绕组在外，高压（次级）绕组在内。考虑均压作用，一般把次级绕组分成若干个绕组，分别通过若干个整流桥串联输出。高压绕组一般都有骨架，用环氧玻璃丝布等材料制成，整体性能好，耐冲击，易加工和维修。为提高线圈抗冲击能力，低压绕组外加设静电屏，增大绕组对地的电容，使冲击电流尽量从静电屏流走（不是击穿，而是以感应的形式流走）。也可以理解为由于大电容的存在，使绕组各点电位不能突变，电位梯度趋于平稳，对绕组起着良好的保护作用。但是静电屏必须接地良好，否则不但起不了保护作用，还会因悬浮电位的存在引起内部放电等问题。高压绕组除采取分绕组的形式外，有些厂家还采取设置加强包的方法来提高耐冲击能力，即对某些特定的绕组选取较粗的导线，减少绕组匝数；对应的整流桥堆也相应提高一个电压等级。

为降低硅整流变压器的温升，高、低绕组导线的电流密度都取得较低，铁芯的磁通密度也取得较低，部分高压绕组设置有油道。容量较大的硅整流变压器一般都配有散热片。

为电除尘设备提供可靠的高压直流电源。各生产厂家都按各自的特点、条件进行设计。下面是龙净的设计。

1. 产品技术参数

① 一次输入为单相交流、$U_1 = 380\text{V}$，$f = 50\text{Hz}$；

② 二次输出为直流高压，$U_2 = 60 \sim 80\text{kV}$，$I_2 = 0.1 \sim 2.0\text{A}$；

③ 整流回路为全被整流，桥串联。

2. 产品使用条件

① 海拔高度不超过 1000m，若超过 1000m 时，按 GB 3859 做相应修正。

② 环境温度不高于 40℃，不低于变压器油所规定的凝点温度。

③ 空气最大相对湿度为 90%〔在相对于空气＝(20±5)℃时〕。

④ 无剧烈振动和冲击，垂直倾斜度不超过 5%。

⑤ 运行地点无爆炸尘埃，没有腐蚀金属和破坏绝缘的气体或蒸汽。

⑥ 交流正弦电压幅值的持续波动范围不超过交流正弦电压额定值的±10%。

⑦ 交流电压频率波动范围不超过±2%。

3. 产品结构

GGAJO2 系列高压硅整流变压器由升压变压器和整流器两大部分组成。高压绕组采用分组式结构，各自整流，直流串联输出，适用于较大容量的变压器。它按全绝缘的结构设计，散热条件好，运行可靠性高。本系列变压器根据阻抗值的大小，分为低阻抗和高阻抗变压器两种。

4. 低阻抗变压器

低阻抗变压器外形见图 5-79，工作原理见图 5-80。

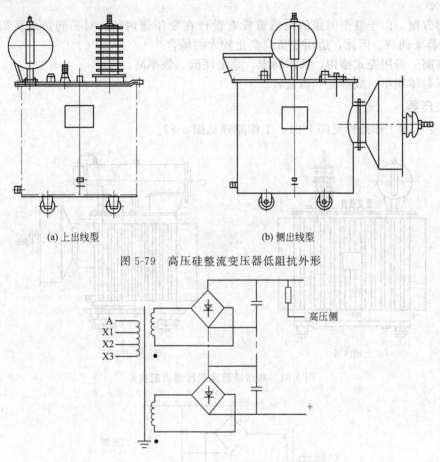

(a) 上出线型　　　　　　　(b) 侧出线型

图 5-79　高压硅整流变压器低阻抗外形

图 5-80　高压硅整流变压器低阻抗原理

这种变压器的阻抗较小，必须配电护器才能使用，电抗器上备有抽头，所以阻抗值调整方便。

（1）名称

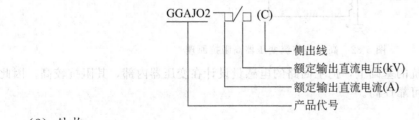

侧出线
额定输出直流电压(kV)
额定输出直流电流(A)
产品代号

（2）结构

① 铁芯：该变压器的铁芯采用壳式结构，由高导磁材料的冷轧硅钢片（DQ151-35）组成，其截面采用多级圆柱形，只有一个芯柱。铁轭为矩形截面。

② 绕组：有一个低压绕组，低压绕组上共有 3 个抽头，其输出分别为额定电压的 100%、90%、80%。高压绕组的数量根据电压等级的不同分为 n 个不等。高压绕组分别与整流桥连接。

③ 整流器：各整流桥为串联，其数量根据电压等级的不同而分为 n 个不等，变压器与整流

器同于一个箱体内，每个整流桥都接有一个均压电容。

④ 油箱：由于阻抗电压较小，变压器体积小、损耗小，所以它可利用平板油箱进行散热，不需加散热片。

（3）特性

① 调整方便。由于整个回路的电感量没有设计在变压器内部，对不同负载所需的电感量，由平波电抗器来调节。因此，适用于负载变化较大的场合。

② 效率高。采用壳式结构，铁多铜少，总损耗低，效率高。

③ 变压器体积小，成本低，质量轻。

5. 高阻抗变压器

高阻抗变压器工作外形见图 5-81，工作原理见图 5-82。

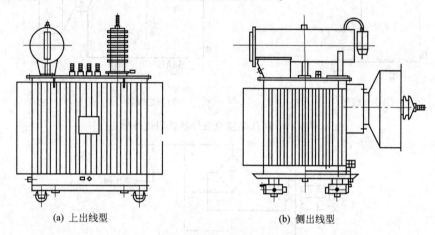

(a) 上出线型 (b) 侧出线型

图 5-81　高压硅整流变压器高阻抗形

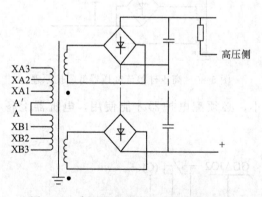

图 5-82　高压硅整流变压器高阻抗原理

这种变压器是在低阻抗的基础上，把主回路的电感量设计在变压器内部，其阻抗较高。因此不需要平波电抗器，运行可靠性高。

（1）名称

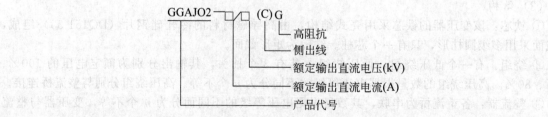

GGAJO2 □□ (C) G

高阻抗
侧出线
额定输出直流电压(kV)
额定输出直流电流(A)
产品代号

（2）结构

① 铁芯：该变压器的铁芯采用芯式结构，由高导磁材料的冷轧硅钢片（DQ151-35）组成，其截面采用多级圆柱形，有 2 个铁芯柱。

② 绕组：有两个相互串联的低压绕组，每个低压绕组上有 3 个抽头，其输出分别为额定电压的 100%、90%、80%。有 n 个高压绕组。高压绕组分别与整流桥连接。

③ 整流器：各整流桥为串联，有 n 个整流桥，变压器与整流器同装于一个箱体内，每个整流桥都接有一个均压电容。

④ 油箱：由于阻抗电压较大，变压器体积大、损耗大，所以它必须通过波纹片进行散热。

（3）特性

① 由于整个回路的电感量设计在变压器内部，不需要平波电抗器，因此安装方便。

② 阻抗高，阻流能力强，抗冲击。

③ 体积大，成本高，质量重。

6.电抗器

电抗器对于低阻抗的高压硅整流变压器是必不可少的，它分为干式和油浸式两种；其中电流在 $0.1 \sim 0.4A$ 的为干式，其余为油浸式，每台电抗器备有 5 个抽头。电抗器的主要作用如下：a. 电抗器是电感元件，而电流在电感中不能突变，可以改善二次电流波形，使之平滑；b. 减少谐波分量，有利于电场获得较高的运行电流；c. 限制电流上升率，对一二次瞬间电流变化起缓冲作用；d. 抑制电网高效谐波，改善可控硅的工作条件。

闭合铁芯的导磁系数随电流变化而做非线性变化，当电流超过一定值后铁芯饱和，导磁系数急剧下降，电感及电抗也急剧下降。增加气隙，铁芯不易饱和，使其工作在线性状态。

因电流大，当受到冲击电压时，它承受的电压较高。故工作时，因磁滞伸缩会有噪声是正常的，但若装配不紧，气隙或抽头选择不当，也会增大噪声。

按火花放电频率调节电极电压的方式也有不足之处。系统是按给定火花放电的固定频率而工作的，而随着气流参数的改变，电极间击穿强度的改变，火花放电最佳频率也要发生变化，系统对这些却没有反应，若火花放电频率不高，而放电电流很大的话容易产生弧光放电，也就是说这仍是"不稳定状态"。

随着变压器初级电压的上升，在电极上电压平均值先是呈线性关系上升，达到最大值之后开始下跌。原因是火花放电强度上涨。电极上最大平均电压相应于除尘电极之间火花放电的最佳频率。所以，保持电极上平均电压最大水平就相应于将静电除尘器的运行工况保持在火花放电最佳的频率之下。而最佳频率是随着气流参数在很宽限度内的变化而变化的，这就解决了单纯按火花电压给定次数进行调节的"不稳定状态"。在这种极值电压调节系统下，而工作电压曲线则距击穿电压曲线更接近。

总之，在任何情况下，工作电压与机组输出电流的调节都是通过控制信号对主体调节器（或称主体控制元件）的作用而实施的。而这主体调节器可能是自动变压器、感应调节器、磁性放大器等，现在为最普遍的则是硅闸流管（可控硅管）。

三、低压供电设备

低压供电设备包括高压供电设备以外的一切用电设施，低压自控装置是一种多功能自控系统，主要有程序控制、操作显示和低压配电三个部分。按其控制目标，该装置有如下部分。

（1）电极振打控制 指控制同一电场的两种电极根据除尘情况进行振打，但不要同时进行，而应错开振打的持续时间，以免加剧二次扬尘、降低除尘效率。目前设计的振打参数，振打时间在 $1 \sim 5min$ 内连续可调。停止时间 $5 \sim 30min$ 连续可调。

（2）卸灰、输灰控制 灰斗内所收粉尘达到一定程度（如到灰斗高度的 1/3 时），就要开动卸灰阀以及输灰机，进行输排灰。也有的不管灰斗内粉尘多少，卸灰阀定时卸灰或螺旋输送机、卸灰阀定时卸灰。

（3）绝缘子室恒温控制　为了保证绝缘子室内对地绝缘的配管或瓷瓶的清洁干燥，以保持其良好的绝缘性能，通常采用加热保温措施。加热温度应较气体露点温度高 20～30℃左右。绝缘子室内要求实现恒温自动控制。在绝缘子室达不到设定温度前，高压直流电源不得投入运行。

（4）安全联锁控制和其他自动控制　一台完全的低压自动控制装置还应包括高压安全接地开关的控制、高压整流室通风机的控制、高压运行与低压电源的联锁控制以及低压操作信号显示电源控制和静电除尘器的运行与设备事故的无距离监视等。

四、脉冲供电装置

静电除尘器高压脉冲供电装置于 20 世纪 80 年代有了新的发展。这种供电设备向除尘器电场提供的电压是在一定直流高压（或称基础电压）的基础上叠加了一定的重复频率、宽度很窄而电压峰值又很高的脉冲电压。这种供电技术对于克服静电除尘器在收集高比电阻粉尘时电场中形成的反电晕很有作用，从而能提高静电除尘器处理高比电阻粉尘的除尘效率，对处理正常比电阻的粉尘也能取得节约电能的好效果。

在干法水泥生产、金属冶炼、烧结及低硫煤发电等窑炉中排放的高比电阻粉尘净化中，用普通电除尘器净化这种含尘烟气，由于容易出现反电晕现象，除尘效果欠佳。而改用静电除尘器脉冲供电设备以后，其结果可大有改观。

以国产电除尘器脉冲供电设备 KGYAJ-115/50/40 为例，将这种供电设备做一简介。

1. 产品型号意义

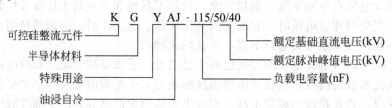

2. 设备主要技术参数

额定脉冲峰值电压　　50kV
脉冲宽度　　　　　　100～300μs
脉冲重复频率　　　　20～300 脉冲/s
额定基础直流电压　　40kV
额定基础直流电流　　400mA
额定负载电容量　　　115nF

3. 设备工作原理

脉冲供电设备的原理电路如图 5-83 所示。

由图 5-83 看出，脉冲供电设备由基础直流电源与脉冲电源两部分组合成。基础电源就是常规静电除尘器用的整流设备，它提供直流基础高压；脉冲电源部分由直流充电电源、储能电容 C_1、耦合电容 C_2、谐振电感 L、脉冲形成开关 V_1（晶闸管）、续流二极管 V_2、隔离二极管 V_3 及脉冲变压器等主要部件组成。

图 5-83 所示电路图工作过程：晶闸管受触发导通后，储能电容 C_1 通过开关元件（晶闸管）、谐振电感 L、脉冲变压器与耦合电容 C_2 将能量快速传递到静电除尘器电容上，该电路与除尘器电容一起形成 LC 振荡电路，并在完成一个周期的振荡后关断，LC 振荡形成的脉冲电压由耦合电容耦合叠加在基础直流电源提供的直流电压上。这样，除尘器电极上就获得了带有基础直流电

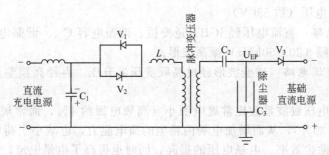

图 5-83　脉冲供电设备的原理电路

V₁—晶闸管；V₂—二极管；V₃—隔离二极管；C₁—储能电容；C₂—耦
合电容；C₃—除尘器电容；L—谐振电感；U_EP—静电除尘器

压的脉冲电压。图 5-84 是脉冲供电设备的输出电压波形。

脉冲供电设备由脉冲控制柜、脉冲高压柜、脉冲变压器和基础电源整流变压器四个部分组成。

4. 脉冲供电设备的主要特点

主要特点有：a. 施加在电场上的峰值电压比常规供电高1.5 倍左右；b. 增加了粉尘的荷电概率，可提高除尘效率；c. 对粉尘性质的变化具有良好的适应性，有利于克服反电晕现象；d. 节电效果显著；e. 当粉尘比电阻高于 $10^{12}\,\Omega\cdot cm$ 时，脉冲供电与常规供电相比，改善系数可达1.6～2。

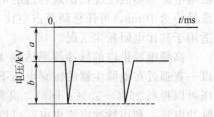

图 5-84　脉冲供电设备电压波形

a—基础电压；b—脉冲电压

随着电子计算机技术迅速发展，其应用范围已经深入各生产和科研领域。计算机技术在电除尘器的应用方面，微机自动控制高压装置已经广泛应用。从另一方面，环境质量标准渐趋提高，各国对污染物排放标准控制越来越加严格，对环保事业更为重视。静电除尘器在除尘技术中占有重要地位，它又是以电力为能量，自动化要求高、投资较大的除尘设备，所以在高压供电、自动控制、自动监测，还是信息传递和集中管理等方面必然有崭新的前景。

五、高频电源新技术

除尘器高频高压电源是国际上先进的电除尘器供电新型电源。高频高压电源与传统的可控硅控制工频电源相比性能优异，具有输出纹小、平均电压电流离、体积小、质量轻、集成一体化结构、转换效率与功率因数高、采用三相平衡供电对电网影响小等多项显著优点。特别是可以较大幅度地提高除尘效率，所以它是传统可控硅工频电源的革命性的更新换代产品，实现了静电除尘器供电电源技术水平质的飞跃。高频电源具有高达93％以上的电能转换效率，在电场所需相同的功率下，可比常规电源更小的输入功率（约20％），具有节能效果；有更好的荷电强度，在保证了粉尘充分荷电的基础上，可以大幅度减少电场供电功率，从而减少无效的电场电功率。

高频电源的工作原理主回路见图 5-85。

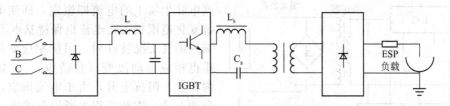

图 5-85　高频电源的工作原理主回路

（1）工频整流和滤波　二相 380V 交流（50Hz）经整流桥得到直流电压。再经充电电感 L、滤波电容 C 输出直流电压（约 530V）。

（2）谐振逆变电路　直流电压经 IGBT 逆变桥、谐振电容 C_s、谐振电感 L_s 组成高频谐振式逆变电路，得到高频（20～50kHz）振荡波形。

（3）高频升压整流电路　逆变波形经过高频变压器升压，再经高频整流桥整流，最后输出所需波形至电除尘器。

高频电源的输出电压纹波系数比常规电源小（离频电源约 1％，而常规电源约 30％），可大大提高电晕电压（约 30％），从而增加电场内粉尘的荷电能力，也减小了荷电粉尘在电场中的停留时间，从而可提高除尘效率。电晕电压的提高，同时也提高了电晕电流，增加了粉尘荷电的概率，进一步提高除尘效率，特别适用于高浓度粉尘场合。

与工频电源相比，高频电源的适应性更强。高频电源的输出由一系列的高频脉冲构成，可以根据电除尘器的工况提供最合适的电压波形。间歇供电时，供电脉宽最小可达到 1ms，而工频电源最小为 10ms，可任意调节占空比，具有更灵活的间歇比组合，可有效抑制反电晕现象，特别适用于高比电阻粉尘工况。

高频电源供电的脉冲频率达到 40kHz 以上，脉冲间隔很小，因而电场电压跌落也很小，可以一直逼近在电除尘器的击穿电压下工作，这样就使供给电场内的平均电压比工频电源供给的电压可以提高 25％～30％；同时，高频电源供给电除尘器电场的电流，是宽度为几十微秒的高压脉冲电流，利用脉冲电流供电，可以有效提高电除尘器内粉尘所带的电荷量，从而增加粉尘所受的电场力，增加粉尘向极板移动的速度，最终提高电除尘器的除尘效率。厦门天源兴公司开发了具有自主知识产权的调幅式高频电源。该电源的输出电压和频率可独立调节，能更好地适应电除尘设备的需要。

调幅高频高压电源与调频高频电源对比，具有以下显著优点。

（1）适应能力强　调压高频电源采用母线电压控制技术，使得输入高频变压器的一次侧输入电压连续可调。在相同工况条件下，调幅高频电源比调频高频电源输出电晕功率大 20％以上。

（2）最高的电效率——节能　调幅调压模式高频电源的变压器长期工作于设计频率，可保证变压器转换效率＞93％不变，不受工况变化的影响。使用调幅高频电源，电源总效能比调频高频电源提高 15％以上，更加节能。

（3）实现少火花控制　闪络控制由调幅和调频共同修用，电流冲击小，恢复可靠，可以实现少火花控制，纹波系数小。

六、恒流源技术

恒流电源系统的电路原理见图 5-86。

如图 5-86 所示，工频 380V 电源连接于 A、B 相，经 L-C 恒流控制元件后将恒流输出至高压发生器一次侧，再经变压和整流后变换成电流恒定的高压直流电。

恒流电源有以下特点：a. 根据负载电除尘器反馈信号可以调节投入工作的 LC 变换器组数，但是不管投入多少组，一旦组数已定，则输送到电除尘器上的电流即恒定，即使电除尘器阻抗变化范围很大，电流也保持基本不变；b. 电场内烟气工况波动时，阻抗相应变化，输出电压也相应自动改变（自适应），例如电除尘器内积尘，阻抗上升，由于电流恒定，输出电压自动上升，弥补了积尘所引起的电压降而维持了除尘极向不变的电场强度；c. 电场内出现火花倾向时，阻抗急速下降，这时输出电压也自

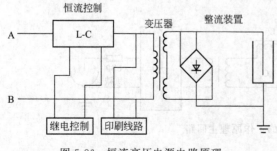

图 5-86　恒流高压电源电路原理

动下降，抑制了火花的产生，如是输出端短路，电源的输入和输出均为 0，不会出现过流损坏元器件；d. 变换器输入端的电流与电压接近于同相位，功率因数近似等于 1。

较之根据火花信号可控硅移相调压的电源，这种自适应调压、允许长时间短路，功率因数高的电源，确有在烟气工况变化剧烈的条件下（如转炉炼钢）输入功率较高、除尘效率较高，易于操作，维护工作量少等优点。

采用恒流源技术可以有效地增加输入电场的电晕功率。由于恒流源供电控制量是电流电压是随机性，电流可以根据需要设定，并不完全受电场限制。其供电电流、电场阻抗和运行电压二者的关系可以用欧姆定律来描述。当电场负载增大时，相当于电除尘器的等效阻抗增大，因为由外电路所提供的电流不变，所以能引起电压的相应上升。这种供电特性，对运行电流较小的工况非常适合。当电场负载减小时，随着电场离子浓度增加，阻抗变小，电源向放电极输送的功率也减小，这样就有利于抑制放电的进一步发展，避免发生火花及产生拉弧。这种特性，可以实现电压自动跟踪，有利于维持电场取得高的运行电压，对提高除尘效率有利。

第五节
静电除尘器的设计与选用

静电除尘器的应用有别于其他任何一种除尘器，这是因为静电除尘器对烟气性质特别是对粉尘比电阻值十分敏感，而且静电除尘器电特性的控制因素比较多。所以选用静电除尘器要注意特殊情况。静电除尘器的定型产品相对较少，每种产品都有其适用范围，这也是设计和选用中要注意的。

一、静电除尘器基本设计

静电除尘器的基本设计是基于其基本原理和构造的基础上，经过综合考虑了影响静电除尘器性能的因素，包括粉尘选择性、烟气性质、结构因素以及操作因素等，来确定静电除尘器的主要参数及各部分的尺寸，并画出静电除尘器的外形图、载荷图、电气及自动控制资料图等。

1. 用户提供的原始数据

主要包括：a. 需净化的烟气量；b. 烟气温度；c. 烟气湿度，通常用烟气的露点值表示；d. 烟气的成分，即各种气体分子的体积百分组成；e. 烟气中的含尘浓度；f. 要求排放浓度；g. 烟尘性质，包括粉尘的颗粒级配、化学组成、容重、自然休止角、比电阻等；h. 用于电站锅炉尾部的电除尘器必须注意燃煤的含硫量，当 $S<1\%$ 时比电阻 $\rho>10^{11}\Omega \cdot cm$（偏高），当 $S=1\%\sim2\%$ 时 ρ 比较适中，当 $S>2\%$ 时 ρ 偏高；i. 气温（与保温层厚度相关），如北方冬天寒冷地区多采用 150mm 厚的保温层厚度，而南方则多采用 100mm；j. 工艺流程，包括静电除尘器的进、出气方式、电源布置及外部负载等；k. 除尘器的风载、雪载及地震载荷等。

2. 静电除尘器的主要参数

静电除尘器的主要参数包括电场风速、收尘极板的极间距、电晕线的线距以及粉尘的驱进速度等。设计用主要技术参数见表 5-28，辅助设计因素见表 5-29。

表 5-28　静电除尘器设计用主要技术参数

主要参数	符号	单位	一般范围	主要参数	符号	单位	一般范围
总除尘效率	η	%	95～99.99	单位收尘板面积	A/Q	s/m	7.2～180
有效驱进速度	ω_p	cm/s	3～30	通道宽度	$2b$	m	0.15～0.40
电场风速	v	m/s	0.4～4.5	单位电晕功率（按气体量）	P_c/Q	W/(100m³·h)	30～300

续表

主要参数	符号	单位	一般范围	主要参数	符号	单位	一般范围
单位电晕功率(按收尘板面积)	P_c/A	W/m²	3.2～32	压力损失	ΔP	Pa	200～500
电晕电流密度	i	mA/m	0.07～0.35	电场数	N	个	1～5
单位能量消耗(按气量)	P/Q	kJ/(100m³·h)	180～3600	电场断面积	A_c	m²	3～200
粉尘在电场内停留时间	t	s	2～10	气体温度	T	K	<673
				电压	V	kV	50～70

表 5-29　静电除尘器辅助设计因素

电晕电极:支撑方式和方法	壳体和灰斗的保温,静电除尘器顶盖的防雨措施
收尘电极:类型、尺寸、装配、机械性能和空气动力学性能	便于静电除尘器内部检查和维修的检修门
整流装置:额定功率、自动控制系统、总数、仪表和监测装置	高强度框架的支撑体绝缘器:类型、数目、可靠性
电晕电极和收尘电极的振打机构:类型、尺寸、频率范围和强度调整、总数和排列	气体入口和出口管道的排列
灰斗:几何形状、尺寸、容量、总数、位置、夹角	需要的建筑和基础
输灰系统:类型、能力、预防空气泄漏和粉尘起速	获得均匀的低湍流流气流分布的措施

3. 静电除尘器的电场风速

合理的电场风速对于正确设计和选用静电除尘器断面及减少粉尘的二次飞扬是至关重要的。在实际设计计算时可参考表 5-30 初步确定。

表 5-30　静电除尘器的电场风速

主要工业窑炉的静电除尘器		电场风速 v/(m/s)	主要工业窑炉的静电除尘器		电场风速 v/(m/s)
电厂锅炉飞灰		0.7～1.4	水泥工业	湿法窑	0.9～1.2
纸浆和造纸工业锅炉黑液回收		0.8～1.8		立波尔窑	0.8～1.0
钢铁工业	烧结机	1.2～1.5		干法窑(增温)	0.8～1.0
	高炉煤气	0.8～3.3		干法窑(不增温)	0.4～0.7
	碱性氧气顶吹转炉	1.0～1.5		烘干机	0.8～1.2
	焦炉	0.6～1.2		磨机	0.7～0.9
			硫酸雾		0.9～1.5
			城市垃圾焚烧炉		1.1～1.4
			有色金属炉		0.6

4. 粉尘的驱进速度

粉尘的驱进速度是静电除尘器设计的重要参数之一。常见粉尘的驱进速度见表 5-31。影响驱进速度的因素主要有电场的极间距、粉尘颗粒大小、电场数、电流电压、粉尘比电阻及收尘极面积等,分别参见图 5-87～图 5-92。

表 5-31　各种粉尘的驱进速度

粉尘名称	$\bar{\omega}$/(ms/s)	粉尘名称	$\bar{\omega}$/(ms/s)
电站锅炉飞灰	0.04～0.2	闪烁炉尘	0.076
粉煤炉飞灰	0.1～0.14	冲天炉尘	0.3～0.4
纸浆及造纸锅炉尘	0.065～0.1	热炎焰清理机尘	0.0596
铁矿烧结机头烟尘	0.05～0.09	湿法水泥窑尘	0.08～0.115
铁矿烧结机尾烟尘	0.05～0.1	立波尔水泥窑尘	0.065～0.086
铁矿烧结粉尘	0.06～0.2	干法水泥窑尘	0.04～0.06
碱性氧气顶吹转炉尘	0.07～0.09	煤磨尘	0.08～0.1
焦炉尘	0.67～0.161	焦油	0.08～0.23
高炉尘	0.06～0.14	硫酸雾	0.061～0.071

粉尘名称	$\bar{\omega}/(m/s)$	粉尘名称	$\bar{\omega}/(m/s)$
石灰回转窑尘	0.05~0.08	铜焙烧炉尘	0.0369~0.042
石灰石	0.03~0.055	有色金属转炉尘	0.073
镁砂回转窑尘	0.045~0.06	镁砂	0.047
氧化铝	0.064	硫酸	0.06~0.085
氧化锌	0.04	热硫酸	0.01~0.05
氧化铝熟料	0.13	石膏	0.16~0.2
氧化亚铁(FeO)	0.07~0.22	城市垃圾焚烧炉尘	0.04~0.12

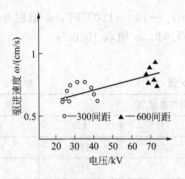

图 5-87　驱进速度与极板间距关系

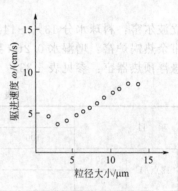

图 5-88　驱进速度与粉尘颗粒大小的关系

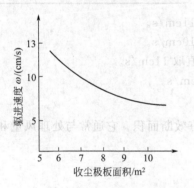

图 5-89　驱进速度与收尘极板面积的关系

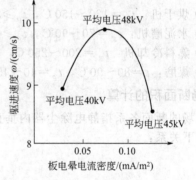

图 5-90　驱进速度与电流电压的关系

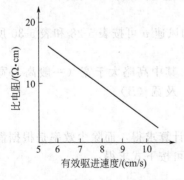

图 5-91　驱进速度与粉尘比电阻的关系

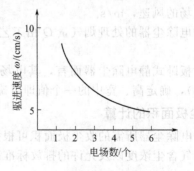

图 5-92　驱进速度与电场数目的关系

　　由于驱进速度 ω 值受诸多因素影响，不能精确地进行计算，工程设计中一般不采用理论计算结果，而是采用经验数值或经验公式。例如，当极间距为 400mm 时驱进速度对于电厂燃煤锅炉电除尘器，$\omega(cm/s)$ 值按下式计算：

$$\omega = 9.65 K S^{0.63} \tag{5-31}$$

式中，S 为煤的含硫量，%；K 为平均粒度影响系数，按表 5-32 选取。

表 5-32　平均粒度影响系数

粒度平均直径 α	10	15	20	25	30	35
系数 K	0.9	0.95	1	1.05	1.1	1.15

对于水泥工业用静电除尘器，ω 值如下。

① 湿法回转窑：烟气温度 $t_g = 160 \sim 200℃$，露点温度 $t_\rho = 65 \sim 75℃$ 时，ω 值取 $10 \sim 12 \text{cm/s}$。

② 立波尔窑：料球水分 $13\% \sim 14\%$，漏风率 $< 40\%$，$t_g = 100 \sim 120℃$ 时，ω 值取 9cm/s。

③ 带余热锅炉窑：增湿水 0.2t/t 熟料，$t_g = 90 \sim 130℃$ 时，ω 值取 10cm/s。

④ 悬浮预热器窑：参见表 5-33。

表 5-33　悬浮预热器窑 ω 值　　　　　　　　　　　　　　　单位：cm/s

项　目			烟气温度/℃				
			100	110	115	120	130
联合操作	露点/℃	50	13		12.2	11.5	10.5
		55	13			13.2	13
直接操作			14				

⑤ 烘干机：$t_g = 120 \sim 150℃$，$t_\rho \geqslant 50℃$ 时，ω 值取 11cm/s。

⑥ 水泥磨机：$t_g = 70 \sim 90℃$，$t_\rho \geqslant 45℃$ 时，ω 值取 10cm/s。

⑦ 熟料冷却机：$t_g = 200 \sim 250℃$，$t_\rho \geqslant 25℃$ 时，ω 值取 11cm/s。

⑧ 煤磨：$t = 80 \sim 90℃$，$t_\rho = 40 \sim 45℃$ 时，ω 值取 9cm/s。

5. 电场断面积的计算

电场的断面各系指静电除尘器内垂直于气流方向的有效断面积。它通常与处理风量和电场风速有如下关系：

$$F = \frac{Q}{v} \tag{5-32}$$

式中，F 为电除尘器电场的有效断面积，m^2；Q 为通过电除尘器烟气量，m^3/s；v 为烟气通过电场的风速，m/s。

静电除尘器的处理烟气量 Q 由工艺计算确定，电场的风速 v 可按表 5-28 和表 5-30 所列数值选取。

对板卧式静电除尘器而言，其电场断面接近正方形，其中高略大于宽（一般高与宽之比为 $1 \sim 1.3$），确定高、宽中的一个值即可确定电场的高（H）及宽（B）。

6. 收尘极面积的计算

静电除尘器所需的收尘极面积可根据要求由除尘效率计算求得，而除尘效率是根据静电除尘器的烟气含尘浓度以及允许的排放标准确定，收尘极面积可按下式求得：

$$A = \frac{-Q \ln(1-\eta)}{\omega} \times K \tag{5-33}$$

$$\eta = 1 - \frac{Q_E C_E}{Q_B C_B} \tag{5-34}$$

式中，A 为收尘极面积，m^2；Q 为处理的烟气量，m^3/s；K 为设备储备系数；ω 为带电尘

粒向收尘极的驱进速度，m/s，可按表 5-31 选取；η 为除尘效率，%；Q_E 为静电除尘器出口烟气量，m^3/s；C_E 为静电除尘器出口处的烟气含尘浓度，g/m^3；Q_B 为静电除尘器进口的烟气量，m^3/s；C_B 为静电除尘器进口处的烟气含尘浓度，g/m^3。

7. 电场段面面积

电场段面面积 A_C 可按式（5-35）求得：

$$A_C = \frac{Q}{v} \tag{5-35}$$

式中，A_C 为电场段面面积，m^2；v 为气体平均流速，m/s。

对于一定结构的静电除尘，当气体流速高时除尘效率降低，因此气体流速不宜过大；但如其过小又会使除尘器体积增加，造价提高。故一般 $v=1.0$ m/s 左右。

8. 收尘极与放电极的间距和排数

除尘极与放电极的间距对电除尘器的电气性能及除尘效率均有很大影响，如间距太小，由于振打引起的位移、加工安装的误差和积尘等对工作电压影响大；如间距太大，要求工作电压高，往往受到变压器、整流设备、绝缘材料的允许电压的限制，过去除尘极的间距（2b）多采用 200～300mm，即放电极与除尘极之间的距离（b）为 100～150mm。现在多采用 400mm。

放电极间的距离对放电强度也有很大影响，间距太大会减弱放电强度；但电晕线太密，也会因屏蔽作用而使其放电强度降低。考虑与除尘极的间距相对应，放电极间距过去也采用 200～300mm，现在可采用 400mm。极间距 400mm 代替 300mm 后，由于极间距加大，从而可在电极施加更高的电压，使驱进速度 ω 增加 1.33 倍，电除尘器的效率可以提高。

除尘极的排数可以根据电场段面宽度和收尘极的间距确定：

$$n = \frac{B}{\Delta B} + 1 \tag{5-36}$$

式中，n 为除尘极排数；B 为电场断面宽度，m；ΔB 为收尘极板间距，m。

则放电极的排数为 $n-1$，通道数（每两块集尘极之间为一个通道）为 $n-1$。

9. 电晕线线距及板线配置

电晕线的线距及板线配置方式对电场放电的均匀性及消除电流死区起主要影响。为此经常使用的电晕线的型式为芒刺线或螺纹麻花线，而收尘极板采用 C 形板，则根据极板宽度大小可适当布置 1～2 根电晕线，见图 5-93。

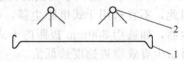

图 5-93　电场板线配置形式
1—C 形板；2—电晕线

10. 电场长度

根据净化要求、有效驱进速度和气体流量，可以算出除尘极的总面积，再根据除尘极排数和电场高度算出必要的电场长度。在计算除尘板面积时，靠近除尘器壳体壁面的收尘极，其除尘面积按单面计算；其余除尘极按双面计算。故电场长度的计算公式为：

$$L = \frac{A}{2(n-1)H} \tag{5-37}$$

式中，L 为电场长度，m；A 为收尘极板面积，m^2；H 为电场高度，m；n 为收尘极排数。

11. 静电除尘器结构设计

确定静电除尘器的参数后必须对静电除尘器进行结构设计，通常，把静电除尘器划分为壳体、灰斗、进口烟箱、出口烟箱及电场等五大部分。设计中必须重视以下问题。

（1）壳体　设计时必须考虑电场长度、高度及宽度要求，包括电场的有效放电距离及必要的壳体强度等。

（2）灰斗　分棱台状和槽形灰斗两种，要求壁斜度不小于60°。

（3）进、出口烟箱　进口风速越小越有利于电场气流分布，一般控制在10～15m/s之间。烟箱的大、小口尺寸基本按10∶1的比例进行设计，烟箱的底板斜度不小于粉尘的溜角（≥55°）。为确保气流分布均匀，在进口烟箱内设置2～3道气流分布孔板，在出口烟箱内设置一道槽形板。

二、静电除尘器的选用

选用静电除尘器，首先必须要了解和掌握生产中的一些数据，通常包括被处理烟气的烟气量、烟气温度、烟气含湿量、含尘浓度、粉尘的级配、气体和粉尘的成分、理化性质、比电阻值、要求达到的除尘效率、静电除尘器的最大负压以及安装的具体条件等。根据这些条件就可以考虑静电除尘器选用形式（立式或卧式）、极板形式（板式或管式）及运行方式（湿法或干法）。其次就应当考虑静电除尘器选用的规格，在选用中应注意，目前设计的静电除尘器一般仅适用于烟气温度低于250℃、负压值小于2kPa的情况；一般结构的静电除尘器仅适用一级除尘，这样可以节省投资、减少占地面积。反之，若超过这个限度，则必须考虑采用二级除尘；目前设计的电收尘器一般仅能处理比电阻在10^4～$10^{10}\Omega\cdot cm$之间，因此，在通往静电除尘器之前必须对高比电阻的粉尘烟气进行必要的调质预处理。

静电除尘器选用注意事项如下。

① 静电除尘器是一种高效除尘设备，除尘器随效率的提高，设备造价也随之提高。

② 静电除尘器压力损失小，耗电量少，运行费低。

③ 静电除尘器适用于大风量、高温烟气及气体含尘浓度较高的除尘系统。当含尘浓度超过$60g/m^3$时一般应在除尘器前设预净化装置，否则会产生电晕闭塞现象，影响净化效率。

④ 静电除尘器能捕集细粒径的粉尘（小于$0.14\mu m$）但对粒径过小、密度又小的粉尘，选择静电除尘器时应适当降低电场风速，否则易产生二次扬尘，影响除尘效率。

⑤ 静电除尘器适用于捕集比电阻在10^4～$5\times10^{10}\Omega\cdot cm$范围内的粉尘，当比电阻低于$10^4\Omega\cdot cm$时，或积于极板的粉尘宜重返气流；比电阻高于$5\times10^{10}\Omega\cdot cm$时，容易产生反电晕。因此，不宜选用干式电除尘器，可采用湿式静电除尘器。高比电阻粉尘也可选用干式宽极距电除尘器，如选用300mm极距的干式静电除尘器，可在静电除尘器进口前对烟气采取增湿措施，或对粉尘有效驱进速度选低值。

⑥ 电除尘器的气流分布要求均匀，为使气流分布均匀，一般在电除尘器入口处设气流分布板1～3层，并进行气流分布模拟试验。气流分布板必须按模拟试验合格后的层数和开孔率进行制造。

⑦ 净化湿度大或露点温度高的烟气，静电除尘器要采取保温或加热措施，以防结露；对于湿度较大的气体或达到露点温度的烟气，一般可采用湿式静电除尘器。

⑧ 静电除尘器的漏风率尽可能小于2%，减少二次扬尘，使净化效率不受影响。

⑨ 黏结性粉尘，可选用干式静电除尘器，但应提高振打强度；对沥青与尘混合物的黏结粉尘，宜采用湿式静电除尘器。

⑩ 捕集腐蚀性很强的物质时，宜选择特殊结构和防腐性好的静电除尘器。

⑪ 电场风速是静电除尘器的重要参数，一般在0.4～1.5m/s范围内。电场风速不宜过大，否则气流冲击极板造成粉尘二次扬尘，降低净化效率。对比电阻、粒径和密度偏小的粉尘，电风速应选择较小值。

⑫ 选用静电除尘器的处理风量应是实际风量的1～1.1倍，若风量波动大时，应取最大值。

第六章

湿式除尘设备

湿式除尘器是通过分散洗涤液体或分散含尘气流而生成的液滴、液膜或气泡，使含尘气体中的尘粒得以分离捕集的一种除尘设备。湿式除尘器在 19 世纪末的钢铁工业开始应用，1892 年格斯高柯（G. Zschhocke）被授予一种湿式除尘器专利权，之后在各行业有较多应用。

湿式除尘器的主要优点如下：a. 设备简单，制造容易，占地较小，适于处理高湿或潮湿的气体，这是其他除尘器不易做到的；b. 除尘效率较高，一般可达 90% 左右，有的会更高一些；c. 同时具有除尘、降温、增湿等效果，特别是可以同时处理易燃易爆和有害气体；d. 如果材料选择合适，并预先已考虑防腐蚀措施时，一般不会产生机械故障；e. 只要保证供应一定的水量，可连续运转、工作可靠。

湿式除尘器的主要缺点是：a. 消耗水量较大，需要给水、排水和污水处理设备；b. 泥浆可能造成收集器的黏结、堵塞；c. 尘浆回收处理复杂，处理不当可能成为二次污染源；d. 处理有腐蚀性含尘气体时，设备和管道要求防腐，在寒冷地区使用应注意防冻危害；e. 对疏水性的尘粒捕集有时较困难。

第一节
湿式除尘器分类和工作原理

湿式除尘器与其他类型除尘器的主要区别在于其种类和工作原理相差很大。

一、湿式除尘器的分类

湿式除尘器按照水气接触方式、除尘器构造或用途不同有多种分类方法。

1. 按接触方式分类

湿式除尘器按水气接触方法分类见表 6-1。

2. 按不同能耗分类

湿式除尘器分低能耗、中能耗和高能耗三类。压力损失不超过 1.5kPa 的除尘器属于低能耗湿式除尘器，这类除尘器有喷淋式除尘器、湿式（旋风）除尘器、泡沫式除尘器。压力损失为 1.5~3.0kPa 的除尘器属于中能耗湿式除尘器，这类除尘器有动力除尘器和水浴式除尘器；压力损失大于 3.0kPa 的除尘器属于高能耗湿式除尘器，这类除尘器主要是文丘里洗涤除尘器和喷射式除尘器。

3. 按构造分类

按除尘器构造不同，湿式除尘器有 7 种不同的结构类别，见图 6-1。

表 6-1 湿式除尘器分类

分 类	设 备 名 称	主 要 特 性
贮水式	水浴式除尘器 卧式水膜除尘器 自激式除尘器 湍球塔除尘器	使高速流动含尘气体冲入液体内,转折一定角度再冲出液面,激起水花、水雾,使含尘气体得到净化。压降为$(1\sim5)\times10^3$Pa,可清除几微米的颗粒或者在筛孔板上保持一定高度的液体层,使气体从下而上穿过筛孔鼓泡入液层内形成泡沫接触,它又有无溢流及有溢流两种形式。筛板可有多层
淋水式	喷淋式除尘器 水膜除尘器 漏板塔除尘器 旋流板塔除尘器	用雾化喷嘴将液体雾化成细小液滴,气体是连续相,与之逆流运动,或同相流动,气液接触完成除尘过程。压降低,液量消耗较大。可除去大于几个微米的颗粒。也可以将离心分离与湿法捕集结合,可捕集大于$1\mu m$的颗粒。压降约为$750\sim1500$Pa
压水式	文氏管除尘器 喷射式除尘器 引射式除尘器	利用文氏管将气体速度升高到$60\sim120$m/s,吸入液体,使之雾化成细小液滴,它与气体间相对速度很高。高压降文氏管$(10^4$Pa)可清除小于$1\mu m$的亚微颗粒,很适用于处理黏性粉体

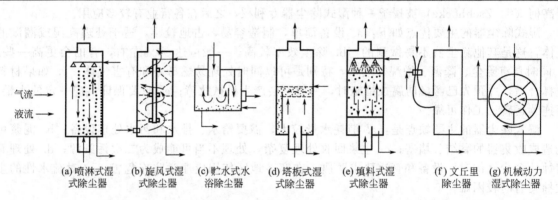

气流 →
液流 →

(a) 喷淋式湿式除尘器　(b) 旋风式湿式除尘器　(c) 贮水式水浴除尘器　(d) 塔板式湿式除尘器　(e) 填料式湿式除尘器　(f) 文丘里除尘器　(g) 机械动力湿式除尘器

图 6-1 7 种类型湿式除尘器的工作示意

二、湿式除尘器的工作原理

湿式除尘是尘粒从气流中转移到另一种流体中的过程。这种转移过程主要取决于 3 个因素：a. 气体和流体之间接触面面积的大小；b. 气体和液体这两种流体状态之间的相对运动；c. 粉尘颗粒与流体之间的相对运动。

1.利用液滴收集尘粒

首先对于液滴收集尘粒过程需做如下假设：a. 气体和尘粒有同样的运动；b. 气体和液滴有同一速度方向；c. 气体和液滴之间有相对运动速度；d. 液滴有变形。

图 6-2(a) 中用流线和轨迹表示气体和尘粒的运动。由于惯性力, 接近液滴的尘粒将不随气流前进, 而是脱离气体流线并碰撞在液滴上。尘粒脱离气体流线的可能性将随尘粒的惯性力和减小流线的曲率半径而增加［见图 6-2(b)］。一般认为所有接近液滴的尘粒如图 6-2(c) 所示, 在直径 d_0 的面积范围内将液滴碰撞。尘粒在吸湿性不良情况下将积累在液滴表面［见图 6-2(d)］, 若吸湿性较好时则将穿透液滴［见图 6-2(e)］。碰撞在液滴表面上的尘粒将移向背面停滞点, 并积聚在那里［见图 6-2(d)］。而那些碰撞在接近液滴前面停滞点的尘粒将停留在此, 因为靠近前面停滞点处, 液滴分界面的切线速度趋向零。

试验表明, 湿式除尘器的除尘效率主要不是取决于粉尘的湿润性, 而是取决于所有到达液滴表面或者进入并穿过液滴, 或者黏附在液滴表面的尘粒的数量。这个过程不受分界面的张力支配。因此吸湿性不是一个重要的尘粒-液体系统特性。

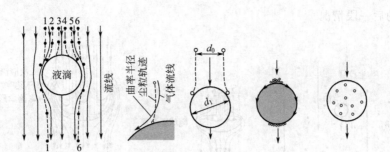

图 6-2　最简单类型流场中用液滴收集尘粒

实线━━➤气体流线；虚线━━·➤尘粒运动轨迹

直径比$\dfrac{d_0}{d_1}$称为碰撞因数

$$\varphi_i = \frac{d_0}{d_1} \tag{6-1}$$

这个因数在 0~1 之间变化。它可表示为惯性参数 φ 的函数，也叫斯托克斯（Stokes）数，其定义为：

$$\varphi = \frac{W_r \rho_p d_p^2}{18 \eta_g d_1} \tag{6-2}$$

式中，W_r 为尘粒与液滴之间的相对速度；ρ_p 为尘粒密度；d_p 为尘粒直径；η_g 为气体动力黏度；d_1 为液滴直径。

如图 6-3 所示碰撞因数对惯性参数有依赖关系。参数是 Re 雷诺数。

$$Re = \frac{W_r d_1 \rho_g}{\eta_g} \tag{6-3}$$

在这个定义中，ρ_g 是气体密度。由于尘粒的惯性作用碰撞因数将随相对速度 W_r、尘粒密度 ρ_p 和粒径 d_p 的增加而增加。而当气体的黏度 η_g 和液滴的直径 d_1 增加时，碰撞力、摩擦力占支配地位，气体将携带尘粒离去。

图 6-3 中给出的碰撞因数仅是定性的数值。气体、尘粒和液滴运动的实际情况与假设的条件很不相同。

在高效率的湿法除尘器中，气体、尘粒、液滴运动处于支配地位的 2 种情况：a. 高速液滴运动垂直于低速气体和尘粒运动（液滴接近尘粒）；b. 高速气体和尘粒运动平行汇合低速液滴运动（尘粒接近液滴）。

上述两种情况下，碰撞因数 φ_i 较图 6-3 中给出的值高很多。

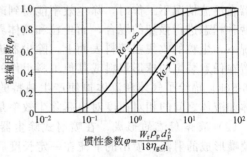

图 6-3　碰撞因数 φ_i 与惯性参数 φ 和参变数雷诺数 Re 的关系曲线

2. 用高速气体和尘粒运动收集尘粒

尘粒与液滴的相互作用是发生在文氏管湿式除尘器喉口中的典型情况，文氏管湿式除尘器是最有效的湿式除尘器。图 6-4(a) 表示液滴、尘粒和气体以相差悬殊的速度平行地流动。在这种情况中，更确切地说是大的液滴在垂直方向上被推进到气流里。液滴的轨迹是从垂直于气流的方向改变为平行气流的方向。图 6-4(a) 描绘了大颗粒液滴运动的后一段情况。

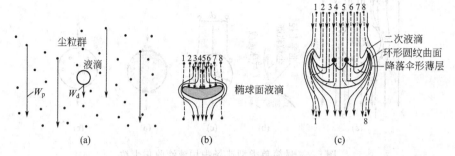

图 6-4 用低速液滴和高速气体/尘粒流平地运动收集尘粒

由于高速气流摩擦力的作用，将迫使大颗粒液滴分裂成若干较小的液滴，这些液滴假设仍保留球面形状。这种分裂过程的中间步骤，在图 6-4(b) 和图 6-4(c) 中说明。这个过程包括了下面几个步骤：a. 球面液滴变形为椭球面液滴；b. 进一步变形为降落伞薄层；c. 伞形薄层分裂为细丝状液体和液滴；d. 丝状液体分裂为液滴。

变形和分裂过程所需要的能量由高速气流供给。图 6-4(b) 是围绕着一个椭球面液滴的气体流和尘粒运动的情况。因为接近椭球面液滴上面的流线曲率半径很小，故除尘效率很高。

3. 气体和液体间界面的形成

气体和液体间的界面具有一种潜在的收集作用，它能否有效地收集尘粒取决于界面的大小和在载尘气流中的分布，以及尘粒和界面的相对运动状况。在所有情况下，气-液界面的形成都密切地与它所在空间里的分布有关。

含尘气流和液体间的界面的形成与液膜、射流、液滴和气泡的形成密切相关。

(1) 液膜的形成　湿法除尘仅靠喷淋液体往往是不够的，因此，人为地往除尘器内添加各种各样的填充材料和组件增加接触表面，以形成更多的液膜。常见的填料式除尘器中填充组件是拉西环和球形体。拉西环是空心圆柱体，其外径等于其高度。一般而言，在浸湿的填料中液体和气体是平行运动的。气流的方向主要是平行于液膜的表面，当气体和液体从一个拉西环到另一个环时仅有少数的中断现象发生。气流垂直于液流现象几乎观察不到。气体和液体的运动，可以是反向或者顺向地通过填料塔。在顺向流动的情况中，流动方向可以向上或者向下。当湿式填料除尘器在泛流情况下工作时，除尘效率能得到改善。液体向下流动被上升的气流所阻碍。在填料内部两种相态进行强烈的混合，而尘粒和液体界面之间的相对速度是很小的。这就是为什么在多数情况下，尘粒的收集在填料表面上，除尘器进一步改进除尘效率可用紧密相靠的平行管束。管束布置在任意装填的球形填料或其他填料组件的顶部，如图 6-5(a) 所示，气体和液体呈同向运动。图 6-5(b) 描绘了气体和流体迫使产生独特的柱形气泡和液膜。这些气泡被压差推动通过管束，气体和液体之间的相对速度对提高除尘效率是有利的。

(2) 液体射流的形成　在喷射式除尘器中，用液体射流来产生界面。图 6-6 表示由一个压力喷嘴形成的射流。喷出的射流在一定长度后，破碎为直径分布范围很大的液滴群。气体平行于射流而运动。在射流破碎过程中，气体和液滴发生强烈混合。在更远的下游，气/液混合射流冲击在液体贮存器的表面上，贮存器中的流体也部分被分裂。因为尘粒和液体表面之间的相对速度很小，这种系统的除尘效率比湿式填料除尘器高。由于水的喷射抽吸作用，避免了气流中的压降。

(3) 液滴的形成　要把一定量的液体变为液滴主要依靠摩擦力和惯性力来完成。

摩擦力来分散液体可由两种过程之一来完成。第一种情况，首先是使载尘的高速气流平行于液体表面来分散液体，如图 6-7 所示。液滴是被平行于液体表面流入的高速气流从大量的流体中

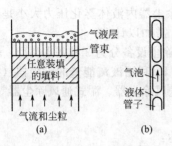

图 6-5 任意装填的填料和管束的排列

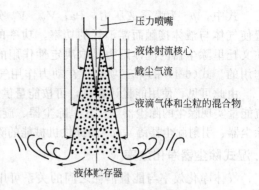

图 6-6 液体射流的破碎

分离出来的。气体和液滴通过一个旋涡室，在旋涡室里整个流动方向发生改变，从而产生了必要的尘粒和液滴的相对运动，成为一种有效的除尘过程。离开旋涡室后，载尘的液滴和净化后的气体发生分离。此法形成的液滴比较大，这取决于气体的速度。因为在工业应用中，允许的压力降限定了液滴的大小，因而也限制了其除尘效率。

（4）气泡的形成　如果不是在大量的气体中分散少量的液体，而是在大量的液体中分散少量载尘的气体，必然产生气泡。但一般这个系统被证明无效，因为在气泡里气体和尘粒间相对速度非常低。这样的低效率对除尘而言可不做主要考虑。

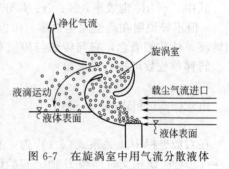

图 6-7 在旋涡室中用气流分散液体

三、湿式除尘器的性能

1. 消耗能量

实践表明，湿式除尘器的效率主要决定于净化过程的能量消耗。虽然这一关系缺乏严密理论依据，但已被许多实验研究证明。

湿式除尘器中气体和液体接触能 E_T，在一般情况下可能包含以下 3 个部分：表征设备内气液流紊流程度的气流能，表征液体分散程度的液流能，以及动力气体洗涤器所显示的设备旋转构件的机械能。接触能总是小于湿式除尘器的能耗总量，因为接触能不包含除尘器、进气和排气烟道、液体喷雾器、引风机、泵等各种设备内部摩擦所造成的能量损失。对于引射洗涤器来说，情况也是如此，这种除尘设备有部分能量被引入流体而不能用来捕集粉尘微粒。因为这部分能量传递给气流，保证气流通过除尘设备。因此，要精确计算接触能 E_T，对于所有湿式除尘器有一定困难。

通常假设气流能量值等于设备的流体阻力 Δp（Pa），而实际上，如果计入干法除尘设备内的摩擦损耗，气流能量值应略小于流体阻力。

在高速湿式除尘器内，有效能量大大超过不洒水时的摩擦损耗，完全可以认为它等于 Δp。在低压设备中，这样的计算方法可能导致有效能量明显偏高。因此，很多作者认为，湿式除尘器能量计算法只适用于高效气体洗涤器。

在总能量 E_T 中被液流和旋转装置带入的能量的精确计算，由于难于估算液体雾化摩擦损耗和这一能量部分地转化为气体通过设备的引力而变得十分复杂。所以，总能量 E_T 值一般按近似公式计算。该公式的通式如下：

$$E_T \approx \Delta p + p_y \frac{V_y}{V_g} + \frac{N}{V_1} \tag{6-4}$$

式中，p_y 为喷雾液压力，Pa；V_y、V_g 分别为液体和气体的体积流量，m^3/s；N 为旋转装置使气体与液体接触而需消耗的功率，功率的大小对 E_T 值的影响因设备类型不同而异。例如，在文丘里除尘器内流体阻力是取决定性作用的，而在喷淋除尘器内液体雾化压力大小是起决定性作用的。式(6-4) 的第三项只有在动力作用气体除尘器中才需加以计算。

由此可见，使用能量计算法，可按能量供给原理将湿法除尘设备分为 3 种基本类型：a. 借助气流能量实现除尘的除尘器（文丘里除尘器、旋风喷淋塔等）；b. 利用液流能量的除尘器（空心喷淋除尘器、引射除尘器等）；c. 需提供机械能的除尘器（喷雾送风除尘器、湿式通风除尘器等）。

2. 湿式除尘器净化效率

气体净化效率与能量消耗之间的关系可用下列公式表达：

$$\eta = 1 - e^{-BE_T^k} \tag{6-5}$$

式中，η 为除尘效率，%；B、k 分别为取决于粉尘分散度组成的常数。

η 值不好说明在高值除尘效率（0.98～0.99）范围内的净化质量，所以在上述情况下常常使用转移单位数的概念，它与传热与传质有关工艺过程中使用的概念相似。

转移单位数可按公式求出：

$$N = \ln(1-\eta)^{-1} \tag{6-6}$$

由式(6-5) 和式(6-6) 得出

$$N = BE_T^k \tag{6-7}$$

在对数坐标中，关系式(6-4) 为一直线，其倾角对横坐标轴的正切等于 k，当这条直线与 $E_T = 1.0$ 对应线相交时即得 B 值。实验证明，数值 B 和 k 只取决于被捕集的粉尘种类，而与湿式除尘器的结构、尺寸和类型无关。在关系式(6-7) 的曲线图中可以观察到某些离散的点，其原因是粉尘分散度组成发生波动，这种波动现象对任何反应器实际都是存在的。E_T 值考虑了液体进入设备的方法、液滴直径，以及像黏度和表面张力这样一些流体特性。

由此可见，在湿法设备的除尘过程中，能量消耗是决定性因素。设备结构起主要作用，且在每种具体情况下结构的选择应当根据除尘器的费用和机械操作指标来确定。

数值 B 和 k 只能用实验方法确定。现将若干灰尘和雾气的 B 和 k 值列举如下：

	B	k
转炉粉尘（氧气顶吹时）	9.88×10^{-2}	0.4663
化铁炉粉尘	1.355×10^{-2}	0.6210
石灰窑粉尘	6.5×10^{-4}	1.0529
黄铜炼炉排放的含锌氧化物粉尘	2.34×10^{-2}	0.5317
石灰窑排放的碱性气溶胶	5.53×10^{-5}	1.2295
高炉排放的粉尘	0.1925	0.3255
碱性转炉排放的粉尘	0.268	0.2589
封闭式电炉熔炼 45%硅铁时产生的粉尘	2.42×10^{-5}	1.26
封闭式铁合金电炉熔炼硅锰合金时产生的粉尘	6.9×10^{-3}	0.67
鼓风炉排放的铅锌升华物	6.74×10^{-3}	0.4775
熔炼含碳铬铁合金的封闭式炉粉尘	6.49×10^{-5}	1.1

3. 湿式除尘器的流体阻力

湿式除尘器的流体阻力一般表示式为：

$$\Delta p \approx \Delta p_i + \Delta p_o + \Delta p_p + \Delta p_g + \Delta p_y \tag{6-8}$$

式中，Δp 为湿式除尘器的气体总阻力损失，Pa；Δp_i 为湿式除尘器进口的阻力，Pa；Δp_o 为湿式除尘器出口的阻力，Pa；Δp_p 为含尘气体与洗涤液体接触区的阻力，Pa；Δp_g 为气体分布板的阻力，Pa；Δp_y 为挡板阻力，Pa。

Δp_i、Δp_o、Δp_p、Δp_g、Δp_y 可按《除尘工程设计手册》中有关公式进行计算。

只有在空心喷淋除尘器中装有气流分布板，在填料或板式塔中一般不装气流分布板。因为在这些塔中填料层和气泡层都有一定的流体阻力，足以使气体分布均匀，因而不需设置气流分布板。

含尘气体与洗涤液体接触区的阻力与除尘器结构形式和气液两相流体流动状态有关。两相流体的流动阻力可用气体连续相通过液体分散相所产生的压降来表示。此压力降不仅包括用于气相运动所产生的摩擦阻力，而且还包括必须传给气流一定的压头以补偿液流摩擦而产生的压力降。在两相流动接触区内的流体阻力可按下式计算：

$$\Delta p_p = \xi_g \frac{\rho_g u_g}{2\varphi^2} + \xi_L \frac{\rho_L u_L}{2(1-\varphi)^2} \tag{6-9}$$

式中，ξ_g、ξ_L 分别为气体与流体的流体阻力系数；u_g、u_L 分别为气体和液体的线速度，m/s；φ 为流区气体占有设备截面积的分数。

四、湿式除尘器的选用

湿式除尘器的选择依据主要有以下几点。

(1) 除尘效率 湿式除尘器效率高不高是选择的一项最重要的性能指标，一定状态下的气体流量、粉尘污染物性质、气体的状态对捕集效率都直接影响。根据计算：净化后烟气排放应满足环保要求。

(2) 操作弹性 任一操作设备，都要考虑到它的负荷在超过或低于设计值时对捕集效率的影响如何，同样，还要掌握含尘浓度不稳定或连续地高于设计值时将如何进行操作。

(3) 疏水性 湿式除尘器对疏水性粉尘的净化效率不高，一般不宜用于疏水性粉尘的净化。

(4) 黏附性 湿式除尘器可净化黏附性粉尘，但应考虑冲洗和清理，以防堵塞。特别是使用喷嘴时要防止堵塞。

(5) 腐蚀性 净化腐蚀性气体时应考虑防腐措施。

(6) 耗水量和泥浆处理 应考虑除尘器耗水多少及排出的污水处理，水的冬季防冻措施等。泥浆处理是湿式除尘器必然遇到的问题，应当力求减少污染的危害程度。

(7) 运行和维护 一般应避免在除尘器内部有运动或转动部件，注意气体通过流道断面不会引起堵塞。

第二节
贮水式湿式除尘器

贮水式湿式除尘器是含尘气体冲击向贮存的水中完成除尘过程。贮水式湿式除尘器包括水浴除尘器、卧式水膜除尘器、湍球除尘器、泡沫除尘器、自激式除尘器等。贮水式湿式除尘器构造简单，用水量少，容易维护管理。

一、水浴除尘器

1. 工作原理

水浴除尘器是使含尘气体在水中进行充分水浴作用的湿式除尘器。其特点是结构简单、造价较低，但效率不高。主要由水箱（水池）、进气管、排气管、喷头和脱水装置组成。其工作原理如图 6-8 所示。当具有一定速度的含尘气体经进气管在喷头处以较高速度喷出，对水层产生冲击作用后进入水中。改变了气体的运动方向，而尘粒由于惯性的作用则继续按原来方向运动，其中大部分尘粒与水黏附后留在水中。在冲击水浴作用后，有一部分尘粒仍随气体运动并与大量的冲击水滴和泡沫混合在一起，池内形成一抛物线形的水滴和泡沫区域，含尘气体在此区域进一步净化。在这一过程中，含尘气体中的尘粒被水所捕集，净化气体中含尘的水滴经脱水装置与气流分离，干净的气体由排气管排走。

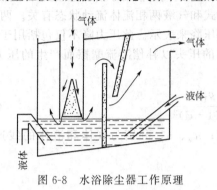

图 6-8　水浴除尘器工作原理

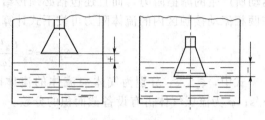

图 6-9　喷头的埋入深度

2. 喷头

为了使含尘气体能较均匀受到水的洗涤，在进气管末端装置喷头（散流器）。喷头有多种形状，有的由喇叭口和伞形帽组成（见图 6-9）。喷头与水面的相对位置至关重要，它影响除尘效率及压力损失，也与其出口气速有关。当喷头气速一定时，除尘效率、压力损失随埋入深度的增加而增加；当埋入深度一定时，除尘效率、压力损失随喷头气速增加而增加。但对不同性质粉尘的影响是不同的，密度小、分散度大的粉尘，由于在净化过程中粉尘产生的惯性力提高不大，故提高冲击速度对提高除尘效率意义不大；对密度大、分散度小的粉尘，由于粉尘惯性力增加，而易与水黏结，提高气速成为提高除尘效率的途径。进口气速可取大于 11m/s。出口气速一般取 8～12m/s，气体离开水面上升速度不大于 2m/s，以免带出水滴。

喷头的埋入深度一般情况下可取表 6-2 所列数值。

表 6-2　喷头的埋入深度

粉尘性质	埋入深度/mm	冲击速度/(m/s)	粉尘性质	埋入深度/mm	冲击速度/(m/s)
密度大粒径大的粉尘	−30～0	10～14	密度小粒径小的粉尘	−100～−50	5～8
	0～+50	14～40		−50～−30	8～10

注：喷头的埋入深度"＋"表示离水面距离，"−"表示插入水层深度。

水浴除尘器的喷头环形窄缝不宜过大，也不宜太窄。一般窄缝为喷头上端管径的 1/4，喇叭口圆锥角度为 60°。

挡水板有多种形状，一般用板式和折板式。板式又分直板和曲板两种。挡水板下缘距运行时水面应有适应的距离，一般采用≥0.5m，以免水花直接溅入挡水板。另外，挡水板出气方向应与除尘器出气口方向相反。为方便检修挡水板除尘器的外壁或顶上应开手孔。

水浴除尘器的用水量可根据粉尘性质、粉尘量及排水方式确定。污水排放可定期或连续，由实际需要确定。根据经验，液气比大致在 0.1～0.2L/m³。

增加喷头与水面接触的周长与含尘气体量之比，可提高除尘效率。因此改进喷头结构形式是提高除尘的一个有效途径。图 6-10 是一种锯齿形喷头结构，它的喷头内还增设了一个锥形

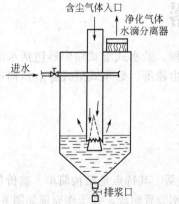

图 6-10　锯齿形喷头水浴除尘器

分流器。

3. 常用水浴除尘器

图 6-11 是一种常用的水浴除尘器。含尘气体从进气管进入，经喷头喷入水中，此时造成的水花和泡沫与气体一起冲入水中，经过一个转弯以后进入筒体内，气体再经过挡水板由排气管排出。水从进水管进入，水面用溢流管控制并可以调节。压力损失为 1000Pa 左右。

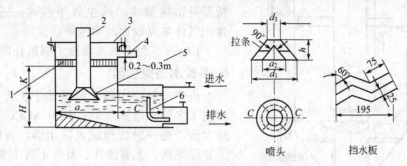

图 6-11　水浴除尘器（单位：mm）

1—挡水板；2—进气管；3—盖板；4—排气管；5—喷头；6—溢水管

常用水浴除尘器的性能及结构尺寸见表 6-3 和表 6-4。

表 6-3　水浴除尘器性能

喷口速度 /(m/s)	型　号									
	1	2	3	4	5	6	7	8	9	10
	净化空气量/(m³/h)									
8	1000	2000	3000	4000	5000	6400	8000	10000	12800	16000
10	1200	2500	3700	5000	6200	8000	10000	12500	16000	20000
12	1500	3000	4500	6000	7500	9600	12000	15000	19200	24000

表 6-4　水浴除尘器结构尺寸　　　　　　　　　　　　　　　单位：mm

项　目	喷　头　尺　寸				水　池　尺　寸			
	d_1	d_2	d_3	h	$a \times b$(b 宽度)	C	H	K
1	270	170	170	85	430×430	800	800	1000
2	490	390	276	195	680×680	800	800	1000
3	720	590	340	295	900×900	800	800	1000
4	730	620	400	310	980×980	800	800	1000
5	860	720	440	360	1130×1130	800	1000	1000
6	900	730	480	365	1300×1300	1000	1000	1500
7	1070	890	540	445	1410×1410	1200	1000	1500
8	1120	900	620	450	1540×1540	1200	1000	1500
9	1400	1180	720	590	1790×1790	1200	1200	1500
10	1490	1230	780	615	2100×2100	1200	1200	1500

图 6-12 是一种带有反射盘的水浴除尘器。含尘气体从进气管进入，经喷头喷入水中，此时造成的水花和泡沫与气体一起冲到反射盘上，经过一个转弯以后进入筒体内，气体再经过挡水板由排气管排出。水从进水管进入，水面用溢流管控制，反射盘用调节螺栓加以调节。图示的尺寸用于设计气量 800m³/h 时，除尘效率可达 99%；当喷头埋入深度 8～14mm 时，压力损失为 1～1.06kPa。

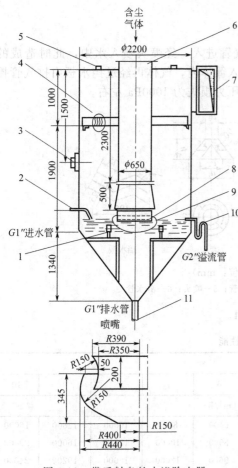

图 6-12 带反射盘的水浴除尘器

1—调节螺丝；2—供水管；3—人孔；4—挡水板；
5—冲洗小孔；6—进气管；7—排气管；8—喷
头；9—反射盘；10—溢流管；11—排水管

4. 双级水浴除尘器

为提高除尘效率出现了图 6-13 所示的一种由双级水浴组成的湿式除尘器。该除尘器用于鱼雷罐车高温烟气除尘，它由两个水箱、两个喷头、三个脱水装置、一台风机和一个消声器组成。该除尘器的特点是结构紧凑、除尘效率较高，适合温度较高、含尘气体浓度较大的除尘场合。

EL-75-S 型双级水浴除尘器的性能见表 6-5。

5. 多管水浴除尘器

由于单管除尘器受风量难于扩大的限制，所以出现了多管水浴除尘器，其中 XDCC 系列多管水浴除尘器，是一种新型湿式除尘器，该除尘器主要用于非纤维性、无腐蚀性、温度不高于 300℃ 的含尘气体净化处理，广泛适用于矿山、化工、煤炭建材、冶金、电力等行业。经环保部门测试，该除尘器各项性能指标均达到先进水平。

（1）总体结构　该除尘器分为上、下箱体两大部分。上箱体包括进出风管、分配送风管、两道挡水板、喷头、离心机（Ⅰ型不包括离心机）。下箱体包括泥浆斗、喷水管等。

该除尘器另外装有电动推杆、液位开关、电磁阀和 U 形压力计等。

（2）工作原理　除尘器原理见图 6-14，含尘气体由入口进入后，较大的粉尘颗粒被挡灰板 1 阻挡下落后被除掉，较小的粉尘颗粒随着气流一同进入联箱 2，这时含尘气体经过送风管 3，以较高的速度从喷头 4 处喷出，冲击液面撞击起大量的泡沫和水滴，以此达到净化含尘空气。净化后的空气在负压的作用下（图中虚线箭头），通过第一挡水板 5 和第二挡水板 6 由排风口排出。净化后的气体中所含的水滴由第一、第二挡水板除掉。

表 6-5　双级水浴除尘器性能

性　　能		EL-75-S 型的参数	
风量/(m³/min)		70	
静压/MPa		0.034	
动力/kW		75	
一次除尘	分离方式 需水容量/L	湿式 600	
二次除尘	分离方式 需水容量/L	湿式 600	
连接管直径/mm		150	
设备尺寸/mm		3400(长)×2900(宽)×2900(高)	

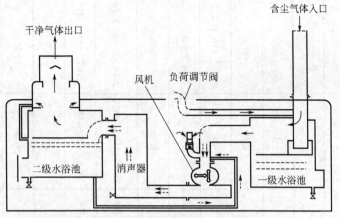

(a) 原理

(b) 外形

图 6-13　双级水浴除尘器

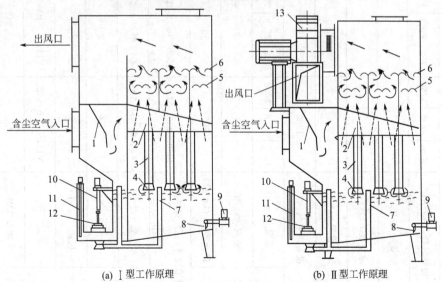

(a) Ⅰ型工作原理　　　　　　　　(b) Ⅱ型工作原理

图 6-14　XDCC 型多管水浴除尘器工作原理

1—挡灰板；2—联箱；3—送风管；4—喷头；5—第一挡水板；6—第二挡水板；7—溢流管；8—冲洗喷头；
9—电磁阀；10—电动推杆；11—水位控制仪；12—密封装置；13—离心风机

表 6-6　I 型多管水浴除尘器技术性能

序号	项 目		XDCC-4-I			XDCC-7-I			XDCC-11-I			XDCC-14-I			XDCC-19-I			XDCC-24-I			XDCC-33-I		
1	喷口速度/(m/s)		8	10	12	8	10	12	8	10	12	8	10	12	8	10	12	8	10	12	8	10	12
2	设计风量/(m³/h)		3840	4800	5760	5760	7200	8640	8640	10800	12960	11520	14400	17280	15360	19200	23040	19200	24000	28800	26880	33600	40320
3	设备阻力/Pa		1600~2000																				
4	除尘效率/%		>99																				
5	充水容积/m³		0.9			1.05			1.53			2.01			3.35			4.12			5.66		
6	设备净重/kg		1280			1557			1921			2346			3322			3849			4743		
7	耗水量	蒸发/(kg/h)	13.5	16.8	20.2	20.2	25.2	30.3	30.3	37.8	45.4	40.4	50.4	60.5	53.8	67.2	80.7	67.2	84	101	94.1	118	142
		溢流/(kg/h)	144			216			324			432			576			720			1008		
		排灰带出/(kg/班)	900			1050			1530			2010			3350			4120			5660		
8	外形尺寸(长×宽×高)/mm		1600×930×3120			2000×930×3120			2000×1360×3120			2000×1790×3120			2850×1950×3560			2850×2400×3560			2850×3300×3560		
9	通风机	型 号	4-72型 No4.5A			4-72型 No4.5A			4-72型 No5A			4-79型 No5A			G4-73-12No9D			G4-73-12No9D			G4-73-12No10D		
		全压/Pa	2606			2408			2970			2910			2686			2660			3292		
		风量/(m³/h)	4800			7200			10800			14400			19200			24000			33600		
10	电动机	型 号	Y132S₂-2-B35型			Y132S₂-2-B35型			Y160M₂-2-B35型			Y160M₂-2-B35型			Y200L-4型			Y200L-4型			Y250M-4型		
		功率/kW	7.5			7.5			15			15			30			30			55		
		转速/(r/min)	2900			2900			2900			2900			1450			1450			1450		

含尘气体的整个除尘过程是在负压状态下进行的，而液面的高度是由溢流管的水位控制仪 11 控制。

净化气体用的水在使用一定的时间后，由于水中含有大量的粉尘而需更换，更换水时，由电动推杆 10 将排水处的活塞提起，含有大量粉尘的污水经排污水口排出，当污水基本排完后；水位控制仪控制设在进水总管上的电磁阀 9，水通过进水管由设在除尘器箱体下部的冲洗喷头 8 喷出，将箱体底部冲洗干净，然后电动推杆将活塞放下，排水口关闭；箱体内的水面上升；待水面上升到除尘所需高度时，水位控制仪控制电磁阀开闭，让水中断，箱体内多余的水由溢流管排出，此时除尘器可进入工作状态。

（3）除尘器技术性能及安装尺寸 该除尘器性能见表 6-6、表 6-7。

表 6-7 Ⅱ型多管水浴除尘器技术性能

序号	项 目		XDCC-4-Ⅱ			XDCC-7-Ⅱ			XDCC-11-Ⅱ			XDCC-14-Ⅱ		
			喷口速度/(m/s)											
			8	10	12	8	10	12	8	10	12	8	10	12
1	设计风量/(m³/h)		3840	4800	5760	5760	7200	8640	8640	10800	12960	11520	14400	17280
2	设备阻力/Pa		1600～2000											
3	除尘效率/%		>99											
4	充水容积/m³		0.9			1.05			1.53			2.01		
5	设备净重/kg		1408			1713			2113			2580		
6	耗水量	蒸发/(kg/h)	13.5	16.8	20.2	20.2	25.2	30.3	30.3	37.8	45.4	40.4	50.4	60.5
		溢流/(kg/h)	144			216			324			432		
		排灰带出/(kg/班)	900			1050			1530			2010		
7	外形尺寸(长×宽×高)/mm		1600×930×3320			2000×930×3320			2000×1360×3380			2000×1790×3380		
8	通风机	型 号	4-72 型 No4.5A			4-72 型 No4.5A			4-72 型 No5A			4-79 型 No5A		
		全压/Pa	2606			2408			2970			2910		
		风量/(m³/h)	4800			7200			10800			14400		
9	电动机	型 号	Y132S₂-2-B35 型			Y132S₂-2-B35 型			Y160M₂-2-B35 型			Y160M₂-2-B35 型		
		功率/kW	7.5			7.5			15			15		
		转速/(r/min)	2900			2900			2900			2900		

注：1. 设备阻力按喷头插入深度 $h=20\sim30mm$ 考虑。

2. 表中设备净重指除尘器本体结构重量不包括充水重量。

该除尘器外形尺寸见图 6-15、图 6-16。这两个图所示的是Ⅰ型和Ⅱ型系列中最小的一种，其他除尘器只是把长宽尺寸放大而已，不再给出每台的尺寸。

（4）除尘器电线接线图 电线接线见图 6-17。

电线控制箱尺寸 510mm×340mm×730mm（宽×深×高）

（5）使用注意事项

① 除尘器型号、规格及装配方式标法。

例：

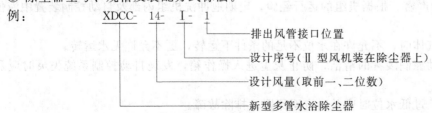

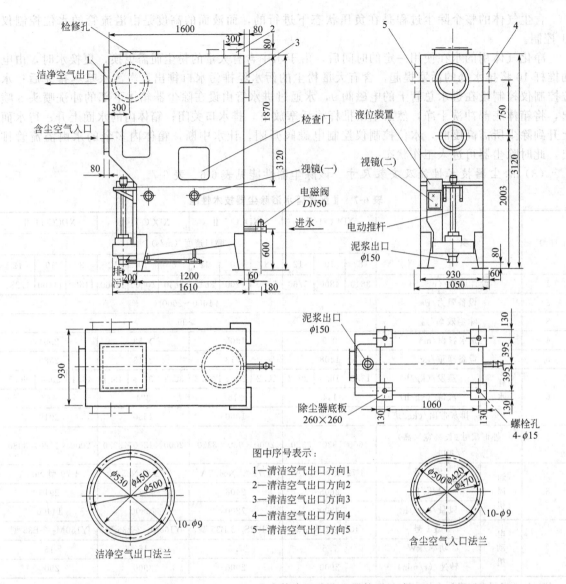

图 6-15　XDCC-4-Ⅰ多管水浴式除尘器外形尺寸

　　② 箱体内风管喷头插入深度可由选用者任意选择，但插入水中深度最大不能超过 10cm（有关因素由选用者考虑）。

　　③ 接到控制箱的电源，只需按风机电动机的容量即可。

　　④ 安装前应检查机组的完好性，重新拧紧各连接螺栓。

　　⑤ 安装前应注意检修门开启方便，供水管路及排污装置便于观察、维修。

　　⑥ 除尘系统工作时，应使通过机组的风量保持在额定风量左右，且尽量减少风量的波动。经常注意各检查门的严密。根据机组的运行经验，定期地冲洗机组内部及自动控制装置中液位仪上电极杆上的积灰。

　　⑦ 在通入含尘气体时，不允许在水位不足的条件下运转，更不允许无水运转。

　　⑧ 经常保持自动控制装置的清洁，防止灰尘进入操作箱，发现自动控制系统失灵时应及时检修。

　　⑨ 当出现过高、过低水位时应及时查明原因，排除故障。

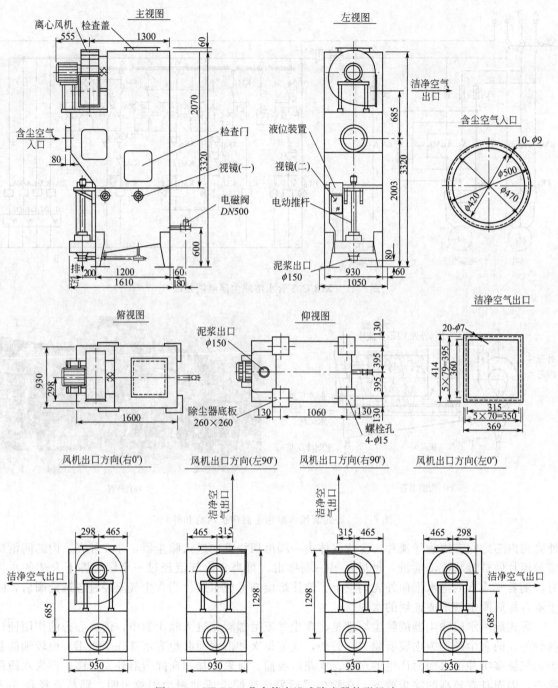

图 6-16 XDCC-4-Ⅱ多管水浴式除尘器外形尺寸

二、卧式旋风水膜除尘器

卧式旋风水膜除尘器是平置式除尘设备。它的特点是：除尘效率较高、阻力损失较小、耗水量少和运行、维护方便等，但也存在除尘效率不稳定、难以控制合适水位等问题。

1. 除尘器构造和除尘原理

除尘器构造如图 6-18 所示。它具有横置筒形的外壳和内芯，横断面为倒卵形或倒梨形。在

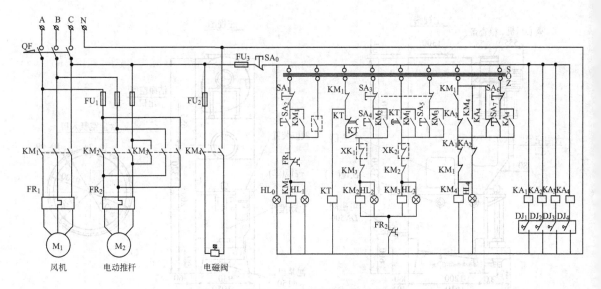

图 6-17　XDCC 多管水浴除尘器电线接线

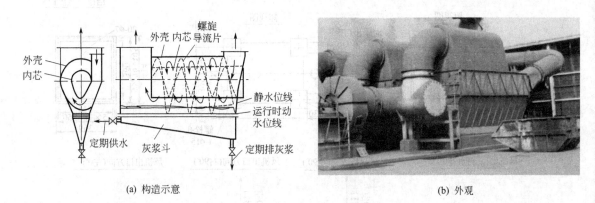

(a) 构造示意　　　　　　　　　　　(b) 外观

图 6-18　卧式旋风水膜除尘器构造示意和外观

外壳与内芯之间有螺旋导流片。含尘气体由一端沿切线方向进入除尘器，并在外壳、内芯间沿螺旋导流片做螺旋状流动前进，最后从另一端排出。每当含尘气流经过一个螺旋圈下合适的水面时，随着气流方向把水推向外壳内壁上，使该螺旋圈形成水膜。当含尘气流经过各螺旋圈后，除尘器各螺旋圈也就形成连续的水膜。

卧式旋风水膜除尘器的除尘原理是，含尘气流呈螺旋状进入除尘器中，借离心力的作用使位移到外壳的灰尘颗粒为水膜所除去。另外，气流每次冲击水面时也有清洗除尘作用，而较细的灰尘为气流多次冲击水面而产生的水雾、水花所吸捕、凝聚，加速向除尘器外壳位移，亦为水膜所除去，因而具有较高的除尘效率。在除尘器后采样滤膜上所滤粉尘颗粒表明：颗粒直径在 $5\mu m$ 以上的灰尘极少，大部分为 $3\mu m$ 以下。至于水膜形状，据试验中观察，水膜上升侧较为紊乱，如煮沸的稀粥状，而水膜下降侧较为平滑。当一定速度的含尘气流离开合适的各圈水面时带有大量的水雾、水花，根据它不同的重量被离心力先后甩到外壳内壁的水膜上。除尘器一般使用的横断面形状如图 6-19 所示。

除尘器横断面应符合除尘原理要求，即在较低的阻力损失下，使各螺旋圈形成完整的水膜；在气流冲击水面后引起更多的水雾、水花，使气、水混合得越激烈、越均匀；另外气流在螺旋通道中前进，产生较大的离心力，以取得较高的除尘效率。

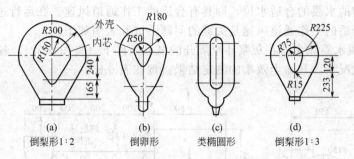

图 6-19　除尘器一般使用的横断面形状（单位：mm）

2. 阻力与风量关系

　　除尘器的阻力与风量或螺旋通道风速的关系试验见图 6-20，在 $1250 \sim 1750 \mathrm{m}^3/\mathrm{h}$ 风量范围内，在形成等流量水膜各自相应的工作通道风速下（即除尘器内芯底至水面的通道截面处平均风速），[D] 型除尘器阻力损失较小，[B] 型阻力损失较大。在 $1500 \mathrm{m}^3/\mathrm{h}$ 设计额定风量下，三种横断面的阻力损失分别为 620Pa、710Pa、770Pa。

　　总的说来，三种横断面的除尘器在图 6-20 的试验风量范围内，阻力损失是随着风量的提高而提高的，当超过 $1750 \mathrm{m}^3/\mathrm{h}$ 时，其阻力损失提高的幅度逐渐增大，也说明了这种除尘器有它合适的风量使用范围。

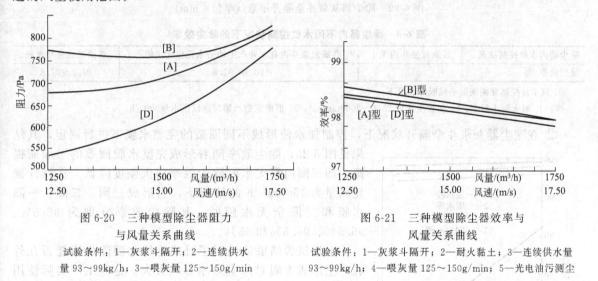

图 6-20　三种模型除尘器阻力
与风量关系曲线

试验条件：1—灰浆斗隔开；2—连续供水
量 93～99kg/h；3—喂灰量 125～150g/min

图 6-21　三种模型除尘器效率与
风量关系曲线

试验条件：1—灰浆斗隔开；2—耐火黏土；3—连续供水量
93～99kg/h；4—喂灰量 125～150g/min；5—光电油污测尘

3. 除尘效率与风量关系

　　除尘效率随粉尘的性质而定，对比试验以耐火黏土作为试验粉尘，试验控制条件同上。在设计额定风量下，三种模型的除尘效率为 98.1%～98.3%，详见图 6-21。在 $1250 \sim 1750 \mathrm{m}^3/\mathrm{h}$ 试验风量范围内，除尘效率无大差异，图 6-21 中 [B] 型稍高，[A] 型稍低，它们共同试验结果是随着风量的提高，除尘效率略有降低。

　　以上试验结果，说明各圈在形成完整、强度均匀、适当的水膜条件下，三种横断面的性能差异不大，主要考虑加工方便，占地面积小的特点，故推荐图 6-21 [D] 型的横断面进行工业试验，根据工业性试验结果，列为国家重复使用图的横断面。

4. 除尘器的水位控制

　　卧式旋风水膜除尘器要有较高的除尘效率，要求除尘器具有合理的横断面，各螺旋圈具有形成完整且强度均匀的水膜的合适水位，即具有合适的工作通道风速。在运行过程中，保持除尘器各螺旋圈都具有合适的工作通道风速是关键的问题。试验表明如下。

① 当卧式旋风水膜除尘器在灰浆斗全隔开的试验条件下（见图 6-22），各螺旋圈控制在无水或水膜形不成等状况下，其除尘效率的测定结果整理在表 6-8 中。

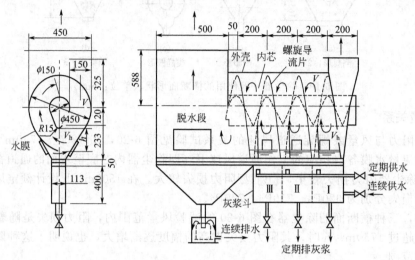

图 6-22 除尘器灰浆斗全隔开示意（单位：mm）

表 6-8 除尘器内不同水位控制状况下的除尘效率

除尘器内水位控制状况	各圈灰浆斗内无水	各圈灰浆斗内有水并产生冲击水花但无水膜①	各圈形成完整水膜
除尘效率/%	95	90.1~91.6	97.2~97.8

① 该水位控制在刚刚形不成膜的状况下。

注：1. 耐火黏土粉尘；2. 初含尘浓度 2500~3000mg/m³；3. 形成完整水膜时连续供水量 96L/h。

② 在除尘器灰浆斗全隔开状况下，控制加水使形成不同圈数的完整水膜下进行测定，其结果见图 6-23，除尘效率随着形成完整水膜圈数的增加而提高，而三圈内都无水时除尘效率将大幅度降低。在设计额定风量为 1500m³/h 的情况下，当形成三圈、二圈、一圈水膜和三圈全无水膜时，其除尘效率分别为 98.5%、96.5%、94.5% 和 65%。

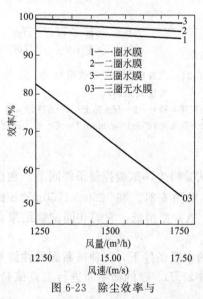

图 6-23 除尘效率与
形成水膜圈数关系

上述试验结果都说明了卧式旋风水膜除尘器能否在外壳内壁形成水膜对除尘效率影响极大。这同工厂实际使用中的情况是一致的，只要除尘器在运行中能形成完整水膜，它就能取得较高的除尘效率，反之，除尘效率就降低。

另外，也可看出，在采用耐火黏土作粉尘时，卧式旋风水膜除尘器一般为三圈是比较合适的。当进入除尘器粉尘初浓度较大或粉尘分散度较高时，可适当再增一到二圈，以取得更高的除尘效率，使一定范围内对排出口含尘浓度有所控制，这也是该除尘器的一个特点。

水位控制的最后目的是使各螺旋圈形成完整且强度均匀、适当的水膜。各圈形成完整的水膜、保持高的效率；各圈水膜强度均匀、适当，保持低的阻力损失，此外还要求除尘器能长期、稳定地在低阻损、高效率工况下运行。

5. 形成水膜的关键

在除尘器已定的条件下，其运行风量一定时螺旋通道内风速是固定不变的。随着水位的高低，将出现不同的工作通道高度 h，得到相应的工作通道风速 V_h（见图 6-22），此时水膜形成与否，由 V_h 的值而定。

卧式旋风水膜除尘器存在着型号大小不同，每一种型号又存在着实际使用的风量不同的问题，合适的 V_h 是随上述的因素而变化的，因此很难给出一系列的合适的 V_h 来控制水位。但从理论上分析，以上各种情况下总存在着某一相对应的合适的 V_h。在除尘器灰浆斗全隔开时（见图 6-24），使风量固定在某一风量，以固定一个供水量连续加入 I 灰浆斗内，则I灰浆斗内水位将不断提高。当 V_h 增大并接近合适的 V_h 时，水膜逐渐形成，但不完整，此时以水膜形式通过螺旋通道排至 II 灰浆斗的水量尚大于连续供水量，水位仍在上升，当水位达到合适工作通道高度时即得到合适的 V_h。此时形成完整水膜，以水膜形式排出水量同连续供水量相等，使水位保持不变。因而除尘器在合适的 V_h 下长期运行，这个平衡，称为自动平衡。第二圈、第三圈的水位平衡亦以此类推。水膜强度是由连续供水量所控制的，通过试验找到合适的螺距水量比，即形成适当强度水膜的连续供水量与螺距的比值，以这个供水量连续加入 I 灰浆斗，以达到各圈水膜完整均匀，强度适当。

当风量变小时，要求相应的合适工作通道高度变小，在原通道高度下，工作通道风速过小，就形不成水膜，这时 I 灰浆斗只有连续进水，使于是水位上升。当达到新风量相应的合适工作通道高度时，水膜又完整地形成，以水膜形式带走的水量与供水量再呈相等，就建立起新的平衡。反之当风量变大时，其相应的合适通道高度将增大，就出现水膜强烈且流速加快，以水膜形式排出水量大于连续供水量，促使灰浆斗内水位下降，很快又在新的风量下再建立新的平衡。因此灰浆斗在采取全隔开措施后，各圈都能随使用风量自动调至合适的 V_h，并长期、稳定地保持。

合适的螺距水量比是卧式旋风水膜除尘器各圈形成完整水膜且强度均匀、适当的一个控制手段。

当螺距水量比太小时，不能形成完整的水膜，既降低了除尘效率，又出现螺旋通道内的干湿交界面产生结灰；当螺距水量比太大时，则各圈水膜过于强烈，阻损增大，而效率提高甚微。

另外，除尘器的连续供水压力要比较稳定，由供水压力显著造成连续供水量的大幅度波动，会引起除尘器运行工况和性能的不稳定，这是应当避免的。采取灰浆斗全隔开措施，并改变供水操作制度，能使除尘器长期、稳定地在各圈都形成完整且强度均匀、适当的水膜。由于水膜完整，也消除了螺旋通道内的结灰现象。而且会长期、稳定地保持除尘器的高效、低阻工况，这是由于通道高度能自动平衡的结果。

6. 脱水装置

卧式旋风水膜除尘器，用重力脱水，或加挡水板。大部分存在着程度不同的带水现象。经反复试验改为离-脱水装置。

（1）檐式挡水板脱水装置　在图 6-24 模型进行了檐式挡水板脱水试验（额定风量为 1500m³/h），将两块类似房檐的挡板（见图 6-24）装在脱水段内，使挟水气流在脱水段内先后与下部和上部的檐式挡水板相撞，被迫拐弯，利用惯性力使气水离。两檐板间风速为 4.3m/s。有很好的脱水效果，结构简单，不易粘泥，维护方便，阻力 150Pa 左右。

（2）旋风脱水装置　利用气流在卧式入口除尘器内作旋转运动，并以切线方向进入脱水段的特点，在除尘器端部中心插入一圆管导出气流，这使脱水段本身就构成一个卧式旋风脱水器。这种结构使除尘后的气流在脱水段继续作旋转运动，在离心惯性力作用下，将它挟带的水甩至外壳内壁，再落入最后一个灰浆斗，脱水后的气流从中心插入管排出。

（3）泄水管　不论采取什么脱水方法，难免造成除尘器出口带水。为防止上述现象发生时把水带入风机，在除尘器后的水平管道上装上泄水管十分有利。

卧式旋风水膜除尘器（暖通标准图 CT—531），其横断面为倒梨形，内芯与外壳直径比为

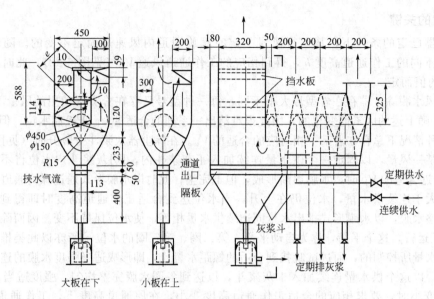

大板在下　　　小板在上

图 6-24　檐式挡水板脱水（单位：mm）

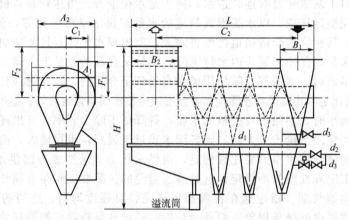

图 6-25　卧式旋风水膜除尘器（檐板脱水）

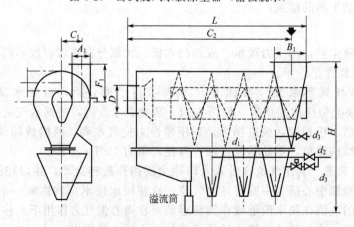

图 6-26　卧式旋风水膜除尘器（旋风脱水）

1∶3。三个螺旋圈，等螺旋圈等螺距水平安装。全隔开式灰浆斗。螺旋通道长宽比，即通道宽度与螺距之比为 0.7～0.8。按其脱水方式分檐板脱水和旋风脱水两种；按导流板旋转方向分右旋和左旋；按进口方式分上进的 A 式和水平的 B 式。图 6-25 为右旋、A 式、檐板脱水（用于 1～11 号除尘器）形式；图 6-26 为右旋、B 式、旋风脱水（用于 7～11 号除尘器）形式。

除尘效率一般不小于 95%，除尘器风量变化在 20% 以内，除尘效率几乎不变。除尘器额定风量按风速 14m/s 计算。其主要性能和外形尺寸见表 6-9、表 6-10。

表 6-9 卧式旋风除尘器主要性能

型 号		风量/(m³/h)		压力损失/Pa	耗水量及供水管路						除尘器质量/kg
					定期换水			连续供水			
		额定风量	风量范围		流量/(t/h)	d_1/mm	d_2/mm	流量/(t/h)	d_1/mm	电磁阀/in	
檐板脱水	1	1500	1200～1600	<750	0.17	25	40	0.12	15	1/2	193
	2	2000	1600～2200	<800	0.17	25	40	0.12	15	1/2	231
	3	3000	2200～3300	<850	0.27	32	50	0.14	15	1/2	310
	4	4500	3300～4800	<900	0.40	32	50	0.20	15	1/2	405
檐板脱水	5	6000	4800～6500	<950	0.53	32	50	0.24	25	1	503
	6	8000	6500～8500	<1050	0.67	32	50	0.28	25	1	621
	7	11000	8500～12000	<1050	1.10	40	65	0.36	25	1	969
	8	15000	12000～16500	<1100	1.15	40	65	0.45	25	1	1224
	9	20000	16500～21000	<1150	2.34	40	65	0.56	25	1	1604
	10	25000	21000～26000	<1200	2.86	40	65	0.64	25	1	2481
	11	30000	25000～33000	<1250	3.77	40	65	0.70	25	1	2926
檐板脱水	12	11000	8500～12000	<1050	1.10	40	65	0.36	25	1	893
	13	15000	12000～16500	<1100	1.50	40	65	0.45	25	1	1125
	14	20000	16500～21000	<1150	2.34	40	65	0.56	25	1	1504
	15	25000	21000～26000	<1200	2.85	40	65	0.64	25	1	2264
	16	30000	25000～33000	<1250	3.77	40	65	0.70	25	1	2636

表 6-10 卧式旋风除尘器尺寸　　　　单位：mm

型 号		A_1	A_2	B_1	B_2	C_1	C_2	F_1	F_2	H	L	D
檐板脱水	1	125	365	140	410	120	1105	282.5	380	1742	1430	
	2	175	515	240	400	170	1100	357.5	530	2010	1420	
	3	210	635	280	490	210	1295	417.5	630	2204	1680	
	4	265	785	332	570	260	1529	492.5	770	2561	1980	
	5	305	905	380	670	300	1760	552.5	880	2765	2285	
	6	355	1055	440	750	350	2025	627.5	1030	3033	2620	
	7	406	1206	520	930	400	2415	703	1200	3420	3140	
	8	456	1356	640	1130	450	2965	778	1340	3678	3850	
	9	556	1656	700	1180	550	3215	928	1660	4333	4155	
	10	608	1808	800	1340	600	3670	1004	1770	4500	4740	
	11	658	1958	880	1580	650	4090	1079	1890	4898	5352	
旋风脱水	12	406		520		400	2890	703		2920	3150	600
	13	456		640		450	3500	778		3113	3820	670
	14	556		700		550	3885	928		2598	4235	850
	15	608		800		600	4360	1004		3790	4760	900
	16	658		880		650	1760	1079		4083	5200	1000

三、自激式除尘机组

自激式除尘器常与风机、清灰装置和水位自动控制装置组成一个机组称为自激式除尘机组。它具有结构简单紧凑、占地面积小、便于安装、维护管理简单、用水量少等优点，适用于净化各种非纤维性粉尘。但除尘器叶片制作要求高，且安装要保证水平，水位控制要求严格。

1. 工作原理

自激式湿法除尘器有单室。双室等多种不同的设计。粉尘的清除机理主要发生在旋涡室。图6-27(a) 描绘了一个旋涡湿式除尘器。图 6-27(b) 所示为一个叶片旋涡室工作原理。输入的气体进入入口腔后，冲击水的表面，从而使一些水被分散开，气流携带液滴通过旋涡通道流动。随着水被分散的过程，开始用水收集粉尘，并在旋涡通道中完成。分离过程在旋涡通道之后进行。大的液滴向下气流直接返回到水池。水的液滴在液滴分离器里从气流中分离出。

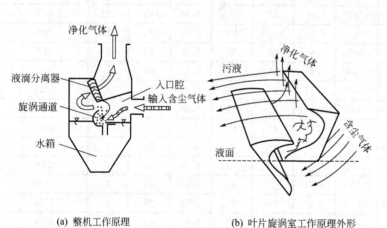

(a) 整机工作原理　　(b) 叶片旋涡室工作原理外形　　(c) 外形

图 6-27　自激式除尘器工作原理和外形

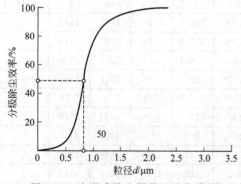

图 6-28　自激式除尘器分级效率曲线

旋涡通道中气体的平均速度大约是 $10\sim30\text{m/s}$。压力降 Δp 达 $1500\sim3000\text{Pa}$。液气比约为 $1\sim3\text{L/m}^3$ 气体。用密度为 2.6kg/cm^3、平均粒径为 $2.7\mu\text{m}$ 石英粉试验，可得到图 6-28 所示分级效率曲线。

2. 工作过程

图 6-29 所示由通风机、除尘器、排泥浆设备和水位自动控制装置等部分组成。含尘气体进入进气室后冲击于洗涤液上，按惯例以 $10\sim35\text{m/s}$ 的速度通过 "S" 形叶片通道（"S" 形叶片的具体尺寸见图 6-30），使气液充分接触，尘粒就被液滴所捕获。净化后的气体通过气液分离室和挡水板，去除水滴后排出。尘粒则沉至漏斗底部，并定期排出。机组内的水位由溢流箱控制，在溢流箱盖上设有水位自动控制装置，以保证除尘器的水位恒定，从而保证除尘效率的稳定。如除尘器较小，则可用简单的浮漂来控制水位。

3. 主要技术性能及其与影响因素的关系

① 阻力、除尘效率与处理风量的关系　当溢流堰高出 "S" 形叶片上叶片下沿 50mm 时，设备阻力随风量（按每米长叶片计）增长的关系见图6-31。而除尘效率与处理风量的关系见图

6-32和表6-11。

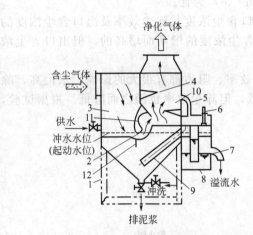

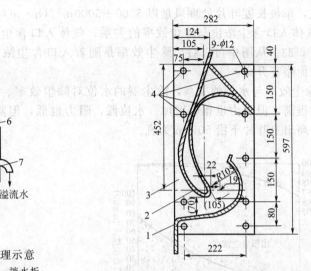

图 6-29 自激式除尘机组工作原理示意

1—支架；2—S型通道；3—进气室；4—挡水板；
5—通气管；6—水位自动控制装置；7—溢
流管；8—溢流箱；9—连通管；10—气液
分离室；11—上叶片；12—下叶片

图 6-30 叶片尺寸（单位：mm）

1—下叶片；2—上叶片；3—端板；4—这些
开孔仅在安装时绑固胶垫用

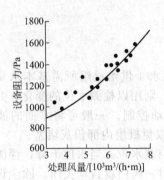

图 6-31 阻力与风量的关系
（溢流堰高＋50mm）

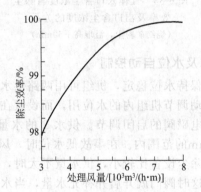

图 6-32 处理风量与除尘效率的关系
（烧结矿粉尘，溢流堰高＋50mm）

表 6-11 各种尘粒的净化效率

粉尘名称	密度/(g/cm³)	分散度/%								净化效率		
		>40 μm	40~30 μm	40~30 μm	30~20 μm	20~10 μm	10~5 μm	5~3 μm	<3 μm	入口含尘浓度/(mg/m³)	出口含尘浓度/(mg/m³)	效率/%
硅石	2.37	8.7	17.5	14.6	6.2	11.1	13.8	9.2	18.9	2359~8120	10~72	98.7~99.8
煤粉	1.693	50.8	10.8	12.0	7.6	4.6	5.8	8.4		2820~6140	13.3~32.5	99.2~99.7
石灰石	2.59	11.6	13.6	51.2	11.7	6.8	4.2	0.7	0.2	2224~8550	5.8~54.5	99.2~99.9
镁矿粉	3.27	3.3	3.7	78.4	9.7	3.1	1.6	0.1	0.1	2468~19020	8.3~20.0	99.6~99.9
烧结矿粉	3.8	>37.9 24.2	37.9~28.6 52.9	28.6~18.7 17.2	18.7~14.5 1.2	14.5~9.8 0.5	9.8~4.8 1.0	4.8~2.9 0.5	2.9~0 1.0	5430~10200	10.8~15.7	98~99.9
烧结返矿		23.8	35.1	21.9	7.9	9.8	7.6	3.5	0.2	8700~19150	13.1~79.8	>99

从图中可以看出：当 1m 长的叶片处理风量 6000m³/h 时，效率基本不变，而阻力则显著增加。因此，单位长度叶片处理风量以 5000～6000m³/(h·m) 为宜。

② 气体入口含尘浓度与除尘效率的关系，气体入口含尘浓度与除尘效率及出口含尘浓度的关系见图 6-33。从图中可以看出除尘效率是随着入口含尘浓度的增高而增高的，但出口含尘浓度也随之而略有升高。

③ 除尘效率与水位的关系，除尘器的水位对除尘效率、阻力都有很大的影响。水位高，除尘效率就提高，但阻力也相应增加。水位低，阻力也低，但除尘效率也随之降低。根据试验，以溢流堰高出上叶片下沿 50mm 为宜。

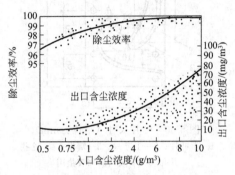

图 6-33　气体入口含尘浓度与除尘
效率及出口含尘浓度的关系
（烧结矿粉尘，溢堰高＋50mm）

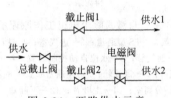

图 6-34　两路供水示意

4. 供水及水位自动控制

为保持水位稳定，机组可用两路供水（见图 6-34），供水 1 供给机组所需基本水量，拿新水作为自动调节机组内的水位用，而设置在溢流箱上的电极，则用以检测水位的变化，并通过继电器控制电磁阀的启闭调节。供水 2 的水量，可实现水位自动控制。一般可将水面的波动控制在 3～10mm 的范围内。在事故低水位时，风机应自动停转，以免机组内部积灰堵塞。

当除尘设备比较小，供水量不大时，一般可用浮漂来控制水位。当水位下降，浮漂也随之而下降，这时阀门就开启并补充水量，当水位上升到原水位时，阀门就自动关闭。除尘设备所需水量可按下式计算：

$$G = G_1 + G_2 + G_3 \tag{6-10}$$

式中，G 为除尘设备所需总水量，kg/h；G_1 为蒸发水量，kg/h；G_2 为溢流水量，kg/h；G_3 为排泥浆带走的水量，kg/h。

5. 自激式除尘机组的性能

CCJ 型自激式除尘机组的技术性能见表 6-12，外形尺寸见图 6-35～图 6-39 和表 6-13～表 6-17。

表 6-12　自激式除尘机组的主要技术性能

| 型 号 | 除尘器 | | | | 通风机 | | | | 电动机功率 /kW |
| | 气量/(m³/h) | | 压力损失 | 除尘率 /% | 4-72-11 通风机 | | | | |
	设计	允许波动			型号	转速/ (r/min)	风量 /(m³/h)	风压 /Pa	
CCJ-5 CCJ/A-5	5000	4300～6000	100～160	＞99	4A	2900	4020～7240	204～134	5.5
CCJ-7 CCJ/A-7	7000	6000～8450	100～160	＞99	4.5A	2900	5730～10580	258～170	7.5

型　号	除尘器				通风机					电动机功率
	气量/(m³/h)		压力损失	除尘率 /%	4-72-11 通风机					/kW
	设计	允许波动			型号	转速/ (r/min)	风量 /(m³/h)	风压 /Pa		
CCJ-10 CCJ/A-10	10000	8100~12000	100~160	>99	5A	2900	7950~14720	324~224		13
CCJ-14 CCJ/A-14	14000	12000~17000	100~160	>99	6C	2400	11900~17100	272~229		17
CCJ-20 CCJ/A-20	20000	17000~25000	100~160	>99	8C	1600	17920~31000	252~188		22
CCJ-30 CCJ/A-30	30000	25000~36200	100~160	>99	8C	1800	20100~38400	318~241		40
CCJ-40 CCJ/A-40	40000	35400~48250	100~160	>99	10C	1250	38400~50150	239~190		40
CCJ-50	50000	44000~60000	100~160	>99	12C	1120	53800~77500	277~219		75
CCJ/A-60	60000	53800~72500	100~160	>99	12C	1120	53800~77500	277~219		75

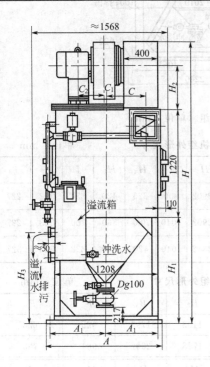
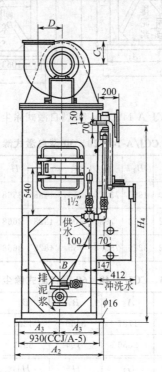

(a) 结构尺寸　　　　　　　　　　　　　　　　(b) 外形

图 6-35　CCJ/A-5、7、10 型自激式除尘机组（单位：mm）

表 6-13　CCJ/A-5、7、10 型自激式除尘机组外形尺寸　　　　　单位：mm

型号及规格	A	A₁	A₂	A₃	B	C	C₁	C₂	C₃	D	H	H₁	H₂	H₃	H
CCJ/A-5	1332	632	986	—	872	431	25	297	262	320	3124	1165	489	1001	2205
CCJ/A-7	1336	636	1350	645	1222	430	39.5	333.5	294.5	360	3244	1165	534	1001	2175
CCJ/A-10	1342	637	1734	833	1600	400	27	386	927	400	3579	1450	589	1286	2430

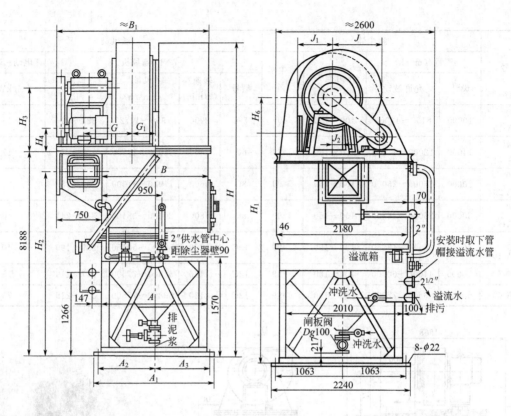

图 6-36　CCJ/A-14、20、30 型自激式除尘机组（单位：mm）

表 6-14　CCJ/A-14、20、30 型自激式除尘机组外形尺寸　　　单位：mm

型号规格	A	A₁	A₂	B	B₁	G	G₁	H	H₁	H₂	H₃	H₄	H₅	J	J₁	J₂
CCJ/A-14	1202	1432	660	1200	1965	734.5	256	4488	3568	2902	800	325	420	834	392	227
CCJ/A-20	1744	1974	930	1742	2513	798	406	4828	3668	2902	1040	380	560	700	523	227
CCJ/A-30	2584	2814	1350	2582	3279	753.5	736	4828	3668	2842	1040	420	560	822	523	327

表 6-15　CCJ/A-40、60 型自激式除尘机组外形尺寸　　　单位：mm

型号及规格	A	A₁	A₂	B	B₁	B₂	B₃	F	F₁
CCJ/A-40	3458	3688	1787	3456	4200	1103	1793	925	653
CCJ/A-60	5196	5426	2656	5194	5973	1778	2507	984	783

型号及规格	F₂	G	G₁	H	H₁	H₂	H₃	H₄	H₅
CCJ/A-40	400	815.5	1169	2862	320	1180	5196	3843	700
CCJ/A-60	440	1069	1689	2977	350	1420	5566	3943	840

表 6-16　CCJ-5、10 型自激式除尘机组外形尺寸　　　单位：mm

型号	A	A₁	B	B₁	B₂	C	D	E	F	M	N	H₀	H	H₁	S	S₁	h
CCJ-5	872	929	1208	1265	1322	629	297	280	635	280	366	2516	664	3430	1239	2337	2334
CCJ-10	1602	1679	1208	1275	1342	386	386	315	1001	400	498	2460	829	3605	1251	2712	2150

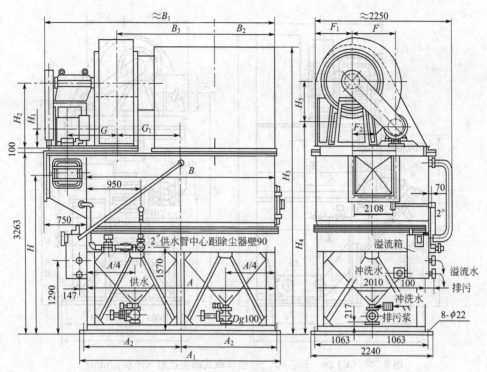

图 6-37　CCJ/A-40、60 型自激式除尘机组（单位：mm）

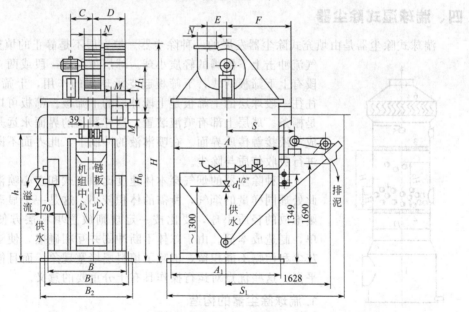

图 6-38　CCJ-5、10 型自激式除尘机组（单位：mm）

表 6-17　CCJ-20、30、40、50 型自激式除尘机组外形尺寸　　　单位：mm

型号	H	H_1	H_2	H_3	h	h_0	S	S_0	S_1	S_2	S_3	S_4	S_5	S_6	S_7	M	M_1	M_2
CCJ-20	4928	3668	2805	3568	1819	1223	2495	617	402	1742	1058	755	2139	630	3257	560	640	560
CCJ-30	4928	3668	2842	3568	1819	1223	3335	756	731	2582	1587	755	2559	730	4097	680	640	560
CCJ-40	5386	3843	2862	3683	1840	1359	4413	819	1098	3458	2009	727	2982	1250	4961	790	800	700
CCJ-50	5756	3943	2917	2713	1840	1359	5060	1074	1333	4328	2444	727	3417	2120	5831	880	960	840

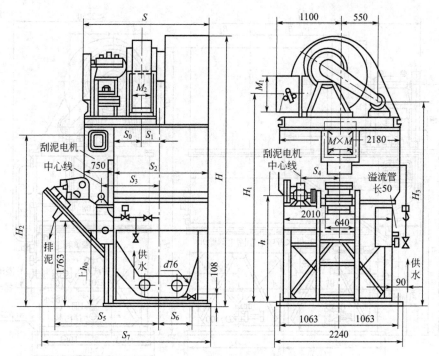

图 6-39　CCJ-20、30、40、50 型自激式除尘机组（单位：mm）

四、湍球湿式除尘器

湍球式除尘器是由填充式除尘器发展的一种除尘器。填充层不是静止的填充物，而是一些受气流冲击上下翻腾的轻质小球。球层可以是一段或两三段乃至数段。每段有上下筛板两块，下筛板起支承球层的作用，上筛板起拦球的作用。往往一段球层的上筛板是上段球层的下筛板。筛板可以是孔板，也可以是栅条。球层上部有喷液装置，这样翻动的界面永远是湿润的，从而形成气液接触传质界面。在喷淋液的冲刷下，此界面不断更新，能有效地进行吸收传质与除尘。

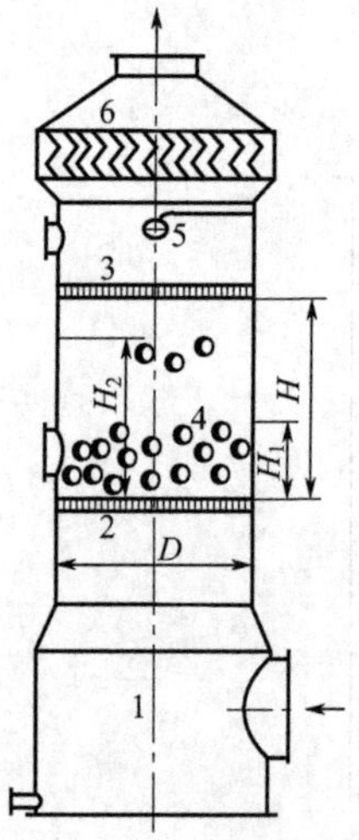

这种除尘器的烟气穿本体速度比填充式和空心喷淋式除尘器快。因此处理同样量的烟气，所需的体积较小，这是一个显著优点。填充无规则堆放的轻质小球，要比按一定规则放置填料层方便得多，且结构简单，制造成本低。由于球体不断冲刷并互相碰撞，使被清洗下来的烟气灰尘和污物不能积留，消除了填料层堵塞现象，而且能使除尘器的压力平衡。这些优点对运行操作具有十分重要的意义。

1. 湍球除尘器的构造

湍球除尘器的主要部分是由筛板和小球所组成的，其结构见图 6-40。

（1）球层上下筛板（或栅条）　筛板的孔径或栅条的间隙，不应大于球直径的 2/3，以免将球卡住。开孔率一般在 45%～60% 之间，过小会拦液，过多则增加阻力。筛板或栅条有使气流均布的作用，还能增进气液的接触，有利于传质。上板主要防止小球被气流带走，故也可以使用纺织的网状物，如用塑料绳或尼龙丝编制的网。

图 6-40　湍球除尘器
结构

1—塔体；2—下支承筛板；
3—上支承筛板；4—小球；
5—喷淋装置；6—除沫器

（2）上下筛板的间距　决定上下筛板间距前，必须首选决定球层堆放高度 H_1 过大会产生塞流和沟流现象，影响净化效率并增大塔的阻力。为保证传质时间，可采取增加球层层数的办法。

球层受气流的冲力而向上运动，升起高度称为球层的膨胀高度。此值主要与气流速度有关。另外，诸如喷淋密度、筛板开孔率等因素也有影响，很难准确计算。当空体烟气流速达 4～5m/s 时，最大膨胀高度可达 900mm。计算膨胀高度的经验公式如下：

$$H_2=Kv_s^{1.147}L^{0.7}H_1 \tag{6-11}$$

式中，H_1 为球层堆放高度，m；H_2 为床层膨胀高度，m；L 为喷淋密度，$m^3/(m^2 \cdot h)$；v_s 为塔内烟气实际流速，m/s；K 为系数，当 v_s 为 2～5m/s，K 值在 0.045～0.08 之间，一般取 0.06。

在求得 H_1 和 H_2 值后，一般取大于膨胀高度的 25% 为筛板间距：

$$H_3=1.25H_2$$

也可采用

$$H_3=(2.5-5.0)H_1$$

实际工作中多采用筛板间距为 1000～1500mm。

常用填料小球的性能见表 6-18。

表 6-18　填料小球的性能

直径/mm	重量/(g/个)	堆密度/(kg/m³)	材　料	使用温度/℃
15	0.636	360	聚乙烯	<80
20	1.817	430	聚乙烯	<80
25	2.822	248	聚乙烯	<80
30	4.034	285	聚乙烯	<80
38	4.437	160	聚乙烯	<80
			聚丙烯	<120
38	2.764	101	赛璐珞	<50

注：小球材料可耐酸、碱腐蚀。

（3）除尘器筒体径（D）与球径（d_h）之比应大于 10　球径的大小，对传热、传质都有影响，小球的比表面积大，床层液量大，所以接触的界面也大。但同样材料、同样壁厚的球，小球的堆密度较大，因此，同样堆放高度时的阻力也略大。对填料小球的材质要求是：耐腐蚀性好，不溶于所处理的介质，耐磨性好，在一定的温度下长期操作不会软化变形，密度小，便于加工成形。

2. 湍球除尘器的主要工艺参数

湍球除尘器主要参数见表 6-19。

表 6-19　湍球除尘器的主要工艺参数

操作条件	空塔速度/(m/s)	喷淋密度/[m³/(m²·h)]	充填高度/mm	层　数
吸　收	3～4.5	20～60	200～350	1～4
收　尘	2.5～3.5	20～50	300～450	1～2

3. 湍球除尘器的设计计算

（1）临界速度　球体由静止状态变为运动状态所需之最低速度称为临界速度。湍球除尘器的特点是填充的轻质小球能在气流冲击力与液体浮力的作用下，向上运动。同时又能因其本身自重与来自上方喷淋液的冲击力面向下运动，加上互相碰撞，结果形成球的剧烈运动与旋转。如果气流速度快而喷淋量又小，则球体上浮不下来，这样就使球层变成一种固定的填充层，与普通的填充塔毫无差异。气固二相的临界速度按下式计算：

$$v_k = \sqrt{\frac{2 g d_k (\rho_k - \rho_g) \varepsilon^3}{\zeta \rho_g (1-\varepsilon)}} \tag{6-12}$$

式中，v_k 为临界气速，m/s；d_k 为填料球直径，m；ρ_k 为球的堆密度，kg/m³；ρ_g 为烟气密度，kg/m³；ε 为孔隙率，取 $0.4 \sim 0.55$；ζ 为阻力系数，由表 6-20 查得。

表 6-20 阻力系数 ζ 值

球体直径/mm	材　料	ζ	球体直径/mm	材　料	ζ
38	赛璐珞	14.6	29	聚乙烯	5.0
38	聚乙烯	12.0	15	聚乙烯	8.0

（2）操作气速　在二相存在的情况下，操作气速 v 按下式计算：

$$v = A v_k ms \tag{6-13}$$

式中，A 为系数，取 $1.5 \sim 3$，喷淋量越大 A 值越小。

操作气速可按同类型的生产经验数据选取。

（3）筒体直径　按下式计算：

$$D = 0.0188 \sqrt{\frac{Q}{v}} \tag{6-14}$$

式中，D 为湍球除尘器筒体直径，m；Q 为操作时烟气量，m³/h；v 为操作气速，m/s。

（4）阻力损失　湍球除尘器的阻力损失应包括下支承筛板的干板阻力、球体湍动所引起的阻力及持液球层所引起的阻力三部分。由于影响阻力的因素很多，分段计算较为复杂，一般以气固系统为基础，在不同喷淋量的情况下，按不同的流体力学操作状态分别处理。

① 气固系统床层阻力计算

$$\Delta p = \frac{G}{F} = 9.8 H_0 (\rho_k - \rho_g)(1-\varepsilon) \tag{6-15}$$

式中，Δp 为气固系统床层阻力降，Pa；G 为球体质量，kg；F 为塔截面积，m²；H_0 为球层堆放高度，m；ρ_k 为小球的堆密度，kg/m³；ρ_g 为烟气的密度，kg/m³；ε 为孔隙率，%。

② 气、液、固三相存在时的床层阻力。三相流时，可能存在两种流体力学操作状态：一种是液体只润湿球体表面而无积聚（或少量积聚）；另一种是液体在内大量积聚，球体浸没在气液混合物中，前者相当于大开孔率，小喷淋量；后者相当于大喷淋量、高液量的条件。

喷淋密度小于 20m³/(m²·h)，可按下式计算：

$$\Delta p = 98 H_0 (2.92 \mu^{\frac{1}{3}} d_k^{-\frac{2}{3}} L^{\frac{1}{3}} \rho_1 + \rho_k + \rho_g)(1-\varepsilon) \tag{6-16}$$

式中，Δp 为阻力，Pa；H_0 为表态填料高度，m；μ 为液体动力黏度，kg·s/m²；d_k 为球的直径，m；L 为喷淋密度，m³/(m²·s)；ρ_1 为液体密度，kg/m³；ρ_k 为小球的堆密度，kg/m³；ρ_g 为烟气的密度，kg/m³；ε 为孔隙率，%。

上式计算误差不大于 25%，且喷淋量越小，误差也越小。喷淋密度大于 5m³/(m²·h)，可按下式计算：

$$\Delta p = 98 A_2 v^{0.38} L^{0.44} \tag{6-17}$$

式中，v 为操作气速，m/s；L 为喷淋密度，m³/(m²·h)；A_2 为系数，其值可参照下列数值：

填料静态高度/mm	150	200	250	300
A_2 值	12.5	15.2	18.0	20.6

上式在 $L = 25 \sim 100 \text{m}^3/(\text{m}^2 \cdot \text{h})$ 时较为合适，对于过渡情况 $[20 \sim 25 \text{m}^3/(\text{m}^2 \cdot \text{h})]$ 误差

较大。

(5) 喷淋水量　喷淋水量根据湍球除尘器的使用情况不同，相关很大，很难精确计算，用在降温时，喷淋量可按下式计算：

$$W = \frac{Q_0(i_1 - i_2)\rho_0 B}{t_{w2} - t_{w1} B - p_1}$$ (6-18)

式中，W 为喷淋量，kg/h；Q_0 为进湍球塔的烟气量，m^3/h；i_1、i_2 分别为进、出塔气体的热焓量，kJ/kg；t_{w1}、t_{w2} 分别为供、排水温度，℃；ρ_0 为气体密度，kg/m^3；B 为大气压力，Pa；p_1 为湍球塔阻力，Pa。

如按经验数据决定喷淋密度后，喷淋量可按下式计算：

$$W = LF$$ (6-19)

式中，L 为喷淋密度，$m^3/(m^2 \cdot h)$，$20 \sim 60 m^3/(m^2 \cdot h)$；$F$ 为湍球除尘器截面积，m^2。

喷淋时要求液体分布均匀，避免喷淋液体沿壁流下。喷头形式可采用喷洒型或喷溅型。湍球除尘器烟气流速较高，雾沫夹带量较大，雾沫夹带量随操作气速与喷淋密度大小而异。雾沫夹带量按下式计算：

$$G = 1.15 \times 10^{-4} v^{6.25} L^{1.2}$$ (6-20)

式中，G 为单位体积的雾沫夹带量，g/m^3；v 为操作气速，m/s；L 为喷淋密度，$m^3/(m^2 \cdot h)$。

(6) 脱水装置　湍球除尘器上部设除尘捕沫装置，通常采用瓷环填料脱水器、折板脱水器或丝网脱水器等。

第三节
淋水式湿式除尘器

淋水式湿式除尘器的共同特点都是通过向除尘器内不断淋喷水，使水、气有效接触完成除尘过程。淋水式湿式除尘器包括漏板塔除尘器、喷淋式除尘器、旋风水膜除尘器、磨石水膜除尘器等不同形式。

一、漏板塔除尘器

漏板塔是洗涤塔的一种派生结构，在筒体内增设多层水气均布板，逆流工作流程，具有洗涤、除尘和降温的功能；洗涤液改为碱溶液后，具有明显的中和作用，可用于有害气体净化和烟气脱硫除尘。

1. 分类

按制作材料属性分类，可分为钢结构漏板塔除尘器和非钢结构漏板塔除尘器。非钢结构材料主要是玻璃钢和混凝土；混凝土结构的漏板塔，内表面应涂抹耐酸砂浆面层。

按其漏板塔除尘器的结构形式（见图6-41），可分为平底结构（A型）和锥形底结构（B型）。

2. 结构

漏板塔除尘器（见图6-42）由底盘、下塔体、中塔体、上塔体、出口管、漏板及喷淋管组成；附设排风机、排气管路、循环水池、循环水泵及循环管路配套设施。

(1) 漏板　漏板为大孔径多孔板，可为钢结构或非钢结构，钢板厚度为6~8mm；孔径为$\phi 10 \sim 20mm$，开孔率为30%~50%；漏板呈多层板设置时，板间距为750~1000mm。漏板塔采用的是大孔径多层塔，实践证明不必担心孔板结垢与堵塞。

有腐蚀性危害时，漏板材料建议用不锈钢或玻璃钢、聚氯乙烯塑料板。

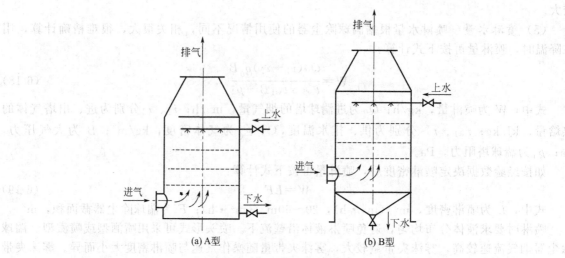

图 6-41　漏板塔除尘器形式

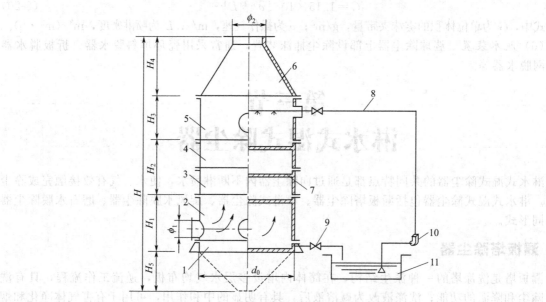

图 6-42　BLT 型玻璃钢漏板塔除尘器结构

1—底盘；2—下塔体；3,4—中塔体；5—上塔体；6—出口管；7—漏板；
8—喷淋管；9—排水管；10—循环水泵；11—循环水池

　　（2）喷淋设施　漏板塔的喷淋强度，应根据其用途（除尘、降温、脱硫）的不同，按净化工艺计算相应设定，运行考核中最终核定。一般应按除尘、降温、脱硫工艺计算确定，液气比为 $0.5 \sim 1.0 L/m^3$。

3. 工作原理

　　漏板塔除尘器是利用水洗原理，在洗涤液强化洗涤的作用下，全面完成气体的洗涤、除尘、降温和中和反应，实现气体除尘、降温、净化和烟气脱硫脱硝（氮）。

　　热烟气进入漏板塔，历经 3 层漏板，在洗涤液强化喷淋作用下（特别是漏板的作用，将洗涤与冲激强度提高 2 ～ 3 倍以上），粉尘粒子凝结并沉降，洗涤液强化中和反应，有害气体同步净化，高效完成气体除尘、降温、净化和烟气脱硫脱氮。

4. 设计计算

(1) 烟气工况流量换算 烟气工况流量换算:

$$Q_{V_t} = 1.013 \times \frac{10^9 Q_{V_0}}{p + p_2} \times \frac{273}{273 + t} \times \frac{0.804 + \rho_d}{0.804} \tag{6-21}$$

式中, Q_{V_t} 为处理工况烟气量, m^3/h; Q_{V_0} 为处理标况烟气量, m^3/h; p 为大气压力, Pa; p_2 为设备内部静压, Pa, 可视为设备出口压力; t 为设备内部气体温度, ℃; ρ_d 为设备内部气体含湿量, kg/m^3。

(2) 塔内上升速度 塔内上升速度计算如下:

$$v = \frac{Q_{V_t}}{3600 S} \tag{6-22}$$

式中, v 为塔内气流上升速度, m/s; S 为塔净截面积, m^2。

(3) 喷淋强度 喷淋强度计算如下:

$$q = \frac{Q_W}{S} \tag{6-23}$$

式中, q 为喷淋强度, $kg/(m^2 \cdot h)$; Q_W 为按设计确定的不饱和状态或饱和状态的耗水量, kg/h; 可按工艺计算冷却耗热量计算确定; S 为塔净截面积, m^2。

(4) 开孔率 开孔率计算如下:

$$m = \frac{n S_i}{S} \times 100\% \tag{6-24}$$

式中, m 为开孔率, %, 约30%~50%; n 为孔板开孔数; S_i 为单板上单孔截面积, m^2。

$$S_i = 0.785 d^2 \tag{6-25}$$

式中, d 为单孔直径, m, 通常为10~25mm。

(5) 设备阻力 设备阻力计算如下:

$$p = p_1 + p_2 + p_3 + p_4 \tag{6-26}$$

式中, p 为设备阻力, Pa; p_1 为入口局部阻力, Pa; p_2 为漏塔板局部阻力, Pa; p_3 为脱水器阻力, Pa; p_4 为出口局部阻力, Pa; 设备阻力, Pa, 一般为750~1000Pa。

(6) 漏板塔直径 漏板塔直径计算如下:

$$D_0 = \left(\frac{Q_{V_t}}{2826 v_t} \right)^{0.5} \tag{6-27}$$

式中, D_0 为漏板塔除尘器直径, m; Q_{V_t} 为工况处理烟气量, m^3/h; v_t 为塔内气体上升速度, m/s, 一般取1.0~2.5m/s, 小于1.5m/s不带水。

(7) 塔高 高度计算如下:

$$H = 2.5 D_0 \tag{6-28}$$

式中, H 为塔内喷嘴至塔下部气流入口分布板的有效高度, m; D_0 为塔直径, m。

(8) 喷嘴数量 按喷嘴能力计算确定:

$$m = \frac{Q_W}{q} \tag{6-29}$$

式中, m 为喷嘴个数, 个; Q_W 为设计供水量, kg/h, Q_W 可按工艺计算确定; q 为单个喷嘴喷水量, kg/h。

5. BLT型漏板塔除尘器技术性能

BLT型漏板塔除尘器技术性能见表6-21。

表 6-21　BLT 型玻璃钢漏板塔除尘器技术参数

型　号	不同塔速(m/s)的净化能力/(m³/h)			气体温度 /℃	压力损失 /Pa	净化效率 /%	主要尺寸 $\phi \times H$/mm×mm	概略质量 /kg
	1.5	2.0	2.5					
BLT1.0A(B)	4240	5650	7065	＜85	800～1200	90～95	ϕ1000×2000	320
							(ϕ1000×3050)	338
BLT1.5A(B)	9540	12720	15890	＜85	800～1200	90～95	ϕ1500×3000	718
							(ϕ1500×4350)	760
BLT2.0A(B)	16990	22610	28260	＜85	800～1200	90～95	ϕ2000×4000	1277
							(ϕ2000×5350)	1349
BLT2.5A(B)	26490	35320	44150	＜85	800～1200	90～95	ϕ2500×5000	1755
							(ϕ2500×6350)	1855
BLT3.0A(B)	38150	50870	63580	＜85	800～1200	90～95	ϕ3000×6000	2873
							(ϕ3000×7800)	3035
BLT3.5A(B)	51930	69240	86540	＜85	800～1200	90～95	ϕ3500×7000	3352
							(ϕ3500×9050)	3542

6. 外形尺寸

BLT 型漏板塔除尘器的外形尺寸见图 6-42 和表 6-22。

表 6-22　BLT 型玻璃钢漏板塔除尘器结构尺寸　　　　单位：mm

型　号	塔径 d_0	设备高度 H	底盘(锥) $h(H_5)$	下塔体 H_1	中塔体 H_2	上塔体 H_3	出口管 H_4	进出口法兰				
								ϕ_1	ϕ_{1-1}	ϕ_{1-2}	螺孔	δ
BLT1.0A	ϕ1000	2000	250	490	2×250	360	400	ϕ350	ϕ420	ϕ470	12-ϕ14	14
BLT1.0B	ϕ1000	2550	800	490	2×250	360	400	ϕ350	ϕ420	ϕ470	12-ϕ14	14
BLT1.5A	ϕ1500	3000	250	800	2×380	540	650	ϕ560	ϕ570	ϕ620	16-ϕ14	14
BLT1.5B	ϕ1500	3800	1050	800	2×380	540	650	ϕ560	ϕ570	ϕ620	16-ϕ14	14
BLT2.0A	ϕ2000	4000	250	1120	2×520	720	870	ϕ630	ϕ700	ϕ750	18-ϕ14	14
BLT2.0B	ϕ2000	5050	1300	1120	2×520	720	870	ϕ630	ϕ700	ϕ750	18-ϕ14	14
BLT2.5A	ϕ2500	5000	250	1400	2×650	900	1150	ϕ800	ϕ870	ϕ920	24-ϕ14	14
BLT2.5B	ϕ2500	6300	1550	1400	2×650	900	1150	ϕ800	ϕ870	ϕ920	24-ϕ14	14
BLT3.0A	ϕ3000	6000	250	1740	2×750	1080	1430	ϕ1000	ϕ1070	ϕ1120	24-ϕ14	16
BLT3.0B	ϕ3000	7550	1800	1740	2×750	1080	1430	ϕ1000	ϕ1070	ϕ1120	24-ϕ14	16
BLT3.5A	ϕ3500	7000	250	2000	2×900	1260	1690	ϕ1250	ϕ1320	ϕ1370	28-ϕ14	16
BLT3.5B	ϕ3500	8800	2050	2000	2×900	1260	1690	ϕ1250	ϕ1320	ϕ1370	28-ϕ14	16

7. 应用

漏板塔除尘器可以用于除尘，也可以用于有害气体的净化和气体降温。在净化有害气体时依有害气体不同应配置相应的净化洗涤液。

二、空心喷淋式除尘器

虽然空心喷淋式除尘器又称喷淋塔，它比较古老，具有设备体积大、效率不高、对灰尘捕集效率仅达 60% 等缺点，但是还有不少工厂仍沿用，这是因为空心喷淋式除尘器几个显著优点造成的：结构简单、便于制作、便于采取防腐蚀措施、阻力较小、动力消耗较低、不易被灰尘堵塞等。

1. 空心喷淋式除尘器的结构

图 6-43 所示为一种简单的代表性结构。本体一般用钢板制成，也可以用钢筋混凝土制作。本体底部有含尘气体进口、液体排出口和清扫孔。本体中部有喷淋装置，由若干喷嘴组成，喷淋

装置可以是一层或两层以上，视底部高度而定。本体的上部为除雾装置，以脱去由含尘气体夹带的液滴。本体上部为净化气体排出口，直接与烟筒连结或与排风机相接。

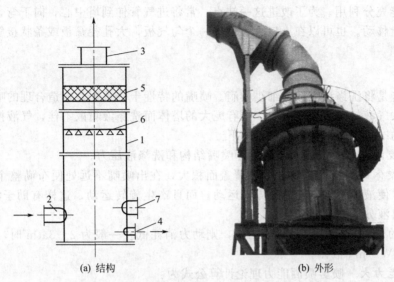

(a) 结构　　　　　(b) 外形

图 6-43　空心喷淋式除尘器

1—塔体；2—进口；3—烟气排出口；4—液体排出口；5—除雾装置；6—喷淋装置；7—清扫孔

塔直径由每小时所需处理气量与气体在塔内通过速度决定。计算公式如下：

$$D = \sqrt{\frac{Q}{900\pi v}} = \frac{1}{30}\sqrt{\frac{Q}{\pi v}} \qquad (6\text{-}30)$$

式中，D 为塔直径，m；Q 为每小时处理的气量，m^3/h；v 为烟气穿塔速度，m/s。

空心喷淋式除尘器的气流速度越小对吸收效率越有利，一般在 1.0～1.5m/s 之间。

除尘器本体由以下 3 个部分组成。

（1）进气段　进气管以下至塔底的部分，使烟气在此间得以缓冲，均布于塔的整个截面。

（2）喷淋段　自喷淋层（最上一层喷嘴）至进气管上口，在此段进行接触传质，是塔的主要区段。氟化氢为亲水性气体，传质在瞬间即能完成。但在实际操作中，由于喷淋液雾化状况、气体在本体截面分布情况等条件的影响，此段的长度仍是一个主要因素。因为在此段，塔的截面布满液滴，自由面大大缩小，从而所流实际速度增大很多倍，因此不能按空塔速度计算接触时间。

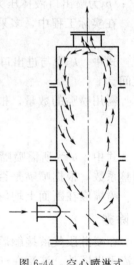

图 6-44　空心喷淋式除尘器气流状况

（3）脱水段　喷嘴以上部分为脱水段，作用是使大液滴依靠自重降落，其中装有除雾器，以除掉小液滴，使气液较好地分离。塔的高度尚无统一的计算方法，一般参考直径选取，高与直径比 $\dfrac{H}{D}$ 在 4～7 范围以内，而喷淋段占总高的 1/2 以上。

2. 匀气装置

据库里柯夫等人形容空心除尘器中的气体运动情况指出：气体在本体内各处的运动速度和方向并不一致，如图 6-44 所示。

气流自较窄的进口进入较大的塔体后，气体喷流先沿塔底展开，然后沿进口对面的塔壁上升，至顶部沿着顶面前进，然后折而向下。这样，便沿塔壁发生环流，而在塔心产生空洞现象。于是，在塔的横断面上气体分布很不均匀，而且使得喷流气体在本体内的停留时间亦不相同，致使塔的容积不能充分利用。为了改进这一缺点，常将进气管伸到塔中心，向下弯，使气体向四方扩散，然后向上移动。也可以在入口上方增加一个匀气板，大孔径筛板或条状接触面积增加，有利于吸收。

3. 喷嘴

喷嘴的功能是将洗涤液喷散为细小液滴。喷嘴的特性十分重要，构造合理的喷嘴能使洗涤液充分雾化，增大气液接触面积。反之，虽有庞大的塔体而洗涤液喷散不佳，气液接触面积仍然很小，影响设备的净化效率。理想的喷嘴如下。

(1) 喷出液滴细小　液滴大小决定于喷嘴结构和洗涤液压力。

(2) 喷出液体的锥角大　锥角大则覆盖面积大，在出喷嘴不远处便布满整个塔截面。喷嘴中装有旋涡器，使液体不仅向着前进方向运动，而且产生旋转运动，这样有助于将喷出液洒开，也有利于将喷出液分散为细雾。

(3) 所需的给液压力小　给液压力小，则动力消耗低。一般为 2～3atm 时，喷雾消耗能量约为 0.3～0.5kW·h/t 液体。

(4) 喷洒能力大　喷雾喷洒能力理论计算公式为：

$$q = \mu F \sqrt{\frac{2gp}{\rho_{\text{液}}}} \tag{6-31}$$

式中，q 为喷嘴的喷洒能力，m^2/s；μ 为流量系数，取值 0.2～0.3；F 为喷出口截面面积，m^2；p 为喷出口液体压力，Pa；$\rho_{\text{液}}$ 为液体密度，kg/m^3；g 为重力加速度，m/s^2。

在实际工程中，多采用经验公式，其形式如下：

$$q = kp^n \tag{6-32}$$

式中，k 为与进出口直径有关的系数；n 为压力系数，与进口压力有关，一般在 0.4～0.5之间。

需用喷嘴的数量，根据单位时间内所需喷淋液量决定，计算公式如下：

$$n = \frac{G}{q\Phi} \tag{6-33}$$

式中，n 为所需喷嘴个数；G 为所需喷淋液量 m^2/h；q 为单个喷嘴的喷淋能力 m^2/h；Φ 为调整系数，根据喷嘴是否容易堵塞而定，可取 0.8～0.9。

喷嘴应在断面上均匀配置，以保证断面上各点的喷淋密度相同，而无空洞或疏密不均现象。

4. 除雾

在喷淋段气液接触后，气体的动能传给液滴一部分，致使一些细小液滴获得向上的速度而随气流飞出塔外。液滴在气相中按其尺寸大小分类为：直径在 $100\mu m$ 以上的称为液滴；在 $100～50\mu m$ 之间的称为雾滴；在 $50～1\mu m$ 的称为雾沫状；而 $1\mu m$ 以下的为雾气状。

如果除雾效果达不致要求，不仅损失洗涤液，增加水的消耗，而且还降低净化效率，飞溢出的液滴加重了厂房周围的污染程度，更重要的是损失掉已被吸收的成分。在回收冰晶石的操作中，对吸收液的最终深度都有一定要求，若低于此深度，则回收合成无法进行。当夹带损失很高时，由于不断地添加补充液，结果使吸收液浓度稀释，有可能始终达不到要求的浓度。因此，除雾措施是不可缺少的步骤。常见的除雾装置有以下几种。

(1) 填充层除雾器　在喷嘴至塔顶间增加一段较疏散填料层，如瓷环、木格、尼龙网等。借助液滴的碰撞，使其失去动能而沿填料表面下落。也可以是一层无喷淋的湍球。

(2) 降速除雾器　有的吸收器上部直径扩大，借助断面面积增加而使气流速度降低，使液滴靠自重下降。降速段可以与除尘器一体，也可以另外配置。这是阻力最小的一种除雾器。

（3）折板除雾器 使气流通过曲折板组成的曲折通路，其中液滴不断与折板碰撞，由于惯性力的作用，使液滴沿折板下落。折板除雾器一般采用3～6折，其阻力按下式计算：

$$H = \xi \frac{v^2 \rho}{20} \tag{6-34}$$

式中，ξ 为阻力系数，视折板角度、波折数和长度而异，图6-45列出几种折板形式及其阻力系数；v 为穿过折板除雾器的烟气流速，m/s；ρ 为气体密度，kg/m³。

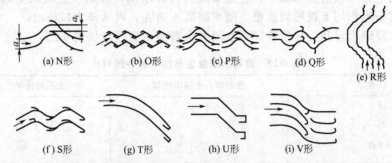

(a) N形　　(b) O形　　(c) P形　　(d) Q形

(e) R形

(f) S形　　(g) T形　　(h) U形　　(i) V形

折流式分离器形式	宽 度		长度 L/mm	角 α/(°)	ξ
	a/mm	a_i/mm			
N形	20	6	150	2×45+1×90	4
O形	20	10	250	1×45+7×60	17
P形	20	10	2×150	4×45+2×90	9
Q形	23	9	140	2×45+3×90	9
R形	22	12	255	2×45+1×90	4.5
S形	20	12	160	1×45+3×60	13
T形	16	7	100	1×45	4
U形	33	21	90	1×45	1.5
V形	30	7	160	2×45	16

图 6-45 工业用各种形式折板式分离器

（4）旋风除雾器 烟气经过喷淋段后，依切线方向进入旋风除雾器。其原理与旋风除尘器一样，液滴借旋转而产生的离心力将液滴甩到器壁，而后沿壁下落。

（5）旋流板除雾器 是一种喷淋除尘器常用的除雾装置。

5. 除尘器效率与操作条件的关系

水气比是与净化效率关系最密切的控制条件，其单位为 L 液/m³ 烟气。在其他条件不变时，水气比越大，净化效率越高。特别是水气比在 0.5 以下时，净化效率随水气比提高而剧增，这是因为水量还不能满足吸收要求的缘故。但增大到一定程度之后，再增加喷淋量已无必要，反而会使气流夹带量增加。试验确定，空心塔的水气比以 0.7～0.9 为宜。当然这不是一个固定的数值，而与很多条件有关，例如，洗涤液雾化不好，即使水气比较大，传质效果仍然不好。图 6-46 为水气比与净化效率的关系曲线。

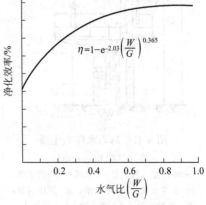

$$\eta = 1 - e^{-2.03\left(\frac{W}{G}\right)^{0.365}}$$

水气比$\left(\dfrac{W}{G}\right)$

图 6-46 水气比与净化效率的关系曲线

影响净化效率的另一个重要因素是含尘气体浓度，浓度稍有增加，效率明显下降。这是由于排气中夹带雾滴造成的。

三、麻石水膜除尘器

麻石水膜除尘器有两种形式，即普通麻石水膜除尘器和文丘里管麻石水膜除尘器。普通麻石水膜除尘器是一种圆筒形的离心式旋风除尘器；文丘里管麻石水膜除尘器是在普通的麻石水膜除尘器增加文丘里管，当烟气通过文丘里管时，压力水喷入文丘里管喉部入口处，呈雾状充满整个喉部，烟气中的尘粒被吸附在水珠上，并凝聚成大颗粒水滴，随烟气进入除尘器筒体进行分离，水滴和尘粒在离心力作用下被甩到筒壁，随水膜流入筒底，再从排水口排出。

普通麻石水膜除尘器和文丘里管麻石水膜除尘器的一般性能见表 6-23。

表 6-23　麻石水膜除尘器的一般性能对比

性　　能	普通麻石水膜除尘器	文丘里管麻石水膜除尘器
进口烟气流速/(m/s)	18～22	9.5～13
文丘里管喉部流速/(m/s)	—	55～70
筒体内上升流速/(m/s)	3.5～4.5	3.5～4.5
除尘器效率 η/%	≥90	≥95
除尘器阻力/Pa	490	780～1200
除尘器内烟气温降/℃	约50	约60

麻石水膜除尘器对降低烟气中的含硫成分也有一定的效果，如果烟气中含有硫或其他有害气体，向麻石水膜除尘器添加碱性废水作为补充水，或加入适量碱性物质，则脱硫率可以有所提高。

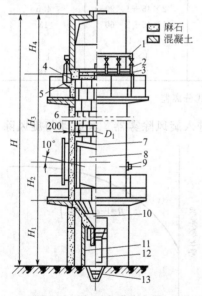

图 6-47　麻石水膜除尘器
结构（单位：mm）

1—环形集水管；2—扩散管；3—挡水槽；
4—水进入区；5—溢水槽；6—筒体内壁；
7—烟道进口；8—挡水槽；9—通灰孔；
10—锥形灰斗；11—水封池；
12—插板门；13—灰沟

麻石水膜除尘器的构造见图 6-47，它是由圆筒、溢水槽、水跃入区和水封锁气器等组成。其工作原理是，含尘气体从圆筒下部进口沿切线方向以很高的速度进入筒体，并沿筒壁成螺旋式上升，含尘气体中的尘粒在离心力的作用下被甩到筒壁，在自上而下筒内壁产生的水膜湿润捕获后随水膜下流，经锥形灰斗，水封锁气器排入排灰水沟。净化后的气体经风机排入大气。除尘器的筒体内壁能否形成均匀、稳定的水膜是保证除尘性能的必要条件。水膜的形成与筒体内烟气的旋转方向、旋转速度，烟气的上升速度有关。供水方式有喷嘴、内水槽溢流式、外水槽溢流式三种。应用较多的是外水槽溢流式供水。它是靠除尘器内外的压差溢流供水，只要保持溢水槽内水位恒定，溢流的水压就为一恒定值，这就可以形成稳定的水膜。为了保证在内壁的四周给水均匀，溢水槽给水装置采用环形给水总管，由环形给水总管接出若干根竖直管，向溢流槽给水。

1. 单筒麻石水膜除尘器

性能规格见表 6-24，外形见图 6-48，结构尺寸见表 6-25。

表 6-24 麻石水膜除尘器性能规格

项 目	单位	性 能 参 数				
除尘器内/外径	mm	$\phi1400/\phi1500$	$\phi1600/\phi1750$	$\phi1850/\phi2100$	$\phi2900/\phi3100$	$\phi3400/\phi3600$
处理烟气量	m³/h	15000～18000	25000～30000	50000～60000	87500～105000	172500～201000
烟气进口速度	m/s	10～12				
烟气上升速度	m/s	3.5～4.5				
烟气出口速度	m/s	8～12				
用水量	t/h	3～3.5	5.5～6	8～9	13～15	21～23
除尘器阻力	Pa	600～800				
除尘效率	%	90～92				
配套锅炉容量	t/h	6	10	20	35	65

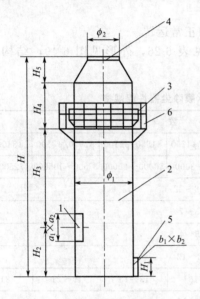

图 6-48 麻石水膜除尘器外形
1—烟气进口；2—筒体；3—溢水槽；
4—烟气出口；5—溢灰口；6—钢平台

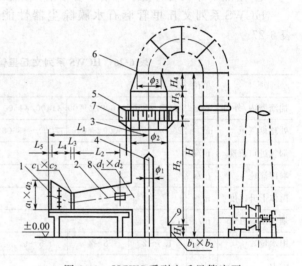

图 6-49 HCWS 系列文丘里管麻石
水膜除尘器结构示意
1—烟气进口；2—文丘里管；3—捕滴器；4—立芯柱；
5—环形供水管；6—烟气出口；7—钢平台；
8—人孔门；9—溢灰门

表 6-25 麻石水膜除尘器结构尺寸

配用锅炉/(t/h)	处理烟气量/(m³/h)	尺寸/mm					
		H	H_1	H_2	H_3	H_4	H_5
6	18000	7450	200	1180	3770	1650	850
10	30000	9490	250	1400	5190	1850	1050
20	55000	11768	300	1600	6080	2400	1680
35	96250	15315	350	1850	8565	2800	2100
65	187500	18840	400	2100	10790	3450	2500

配用锅炉/(t/h)	处理烟气量/(m³/h)	尺寸/mm					
		ϕ_1	ϕ_2	a_1	a_2	b_3	b_2
6	18000	1400	850	800	520	280	70
10	30000	1650	1000	920	760	350	90
20	55000	1850	1300	1420	970	400	100
35	96250	2900	1620	1650	1200	450	120
65	187500	3400	2500	2280	1680	500	140

2. HCWS 系列文丘里麻石水膜除尘器

其工作原理是烟气喷入筒体之前通过文丘里管，在喉管入口处与喷入的压力水雾充分混合接触，烟气中的尘粒凝聚成大颗粒，并随烟气一起由筒体下部切向或蜗向引入，螺旋式上升，灰粒在离心力的作用下，被筒体内壁自上而下流动的水膜吸附，与烟气分离随水膜送到底部灰斗，从排灰口排出，达到除尘目的。

该系列除尘器有如下特点。

① 文丘里喉部两侧采用了多个反射屏装置，使水雾喷出均匀，促使水雾与含尘烟气充分混合，提高除尘效率。

② 环形集水系统结构位于筒体上部外围，管上有若干与筒体垂直或切向排列的不锈钢喷嘴，喷出的水雾沿筒体内壁旋转下降，容易与筒体内烟气混合，提高除尘效率。

③ 有独特的气水分离装置，使除尘器带水很少。

④ 增加了冲灰管，使水封槽不易堵塞，保证设备的正常运转。

HCWS 系列文丘里管麻石水膜除尘器性能规格见表 6-26，外形见图 6-49，结构尺寸见表 6-27。

表 6-26　HCWS 系列文丘里管麻石水膜除尘器性能规格

项目	单位	参数						
捕滴器内/外径	mm	$\phi 800/\phi 950$	$\phi 1000/\phi 1200$	$\phi 1400/\phi 1500$	$\phi 1600/\phi 1750$	$\phi 1850/\phi 2100$	$\phi 2900/\phi 3100$	$\phi 3400/\phi 3600$
处理烟气量	m³/h	2000～2500	5000～6000	15000～18000	25000～30000	50000～60000	87500～105000	172500～201000
烟气进口流速	m/s	18～22						
喉部流速	m/s	55～70						
筒体上升速度	m/s	3.5～4.5						
烟气出口流速	m/s	8～12						
用水量	t/h	1.5～2	3～4	5～6	9～10	13～15	19～21	31～35
阻力	Pa	800～1200						
除尘效率	%	96～98						
配用锅炉	t/h	2	4	6	10	20	35	65

表 6-27　HCWS 系列文丘里管麻石水膜除尘器结构尺寸

配用锅炉 /(t/h)	尺寸/mm																				
	H	H_1	H_2	H_3	H_4	ϕ_1	ϕ_2	ϕ_3	L_1	L_2	L_3	L_4	L_5	a_1	a_2	c_1	c_2	d_1	d_2	b_1	b_2
6	7450	250	4700	1650	850	180	1400	850	3925	190	250	650	250	800	520	360	220	540	410	70	270
10	9490	280	6300	1850	1050	240	1650	1000	4480	2200	250	830	250	920	760	450	330	650	480	100	300
20	11760	320	7840	2400	1200	300	1850	1200	6500	3150	250	1430	250	1420	970	630	420	980	710	120	350
35	15325	400	10775	2800	1350	450	2900	1620	7650	3535	250	1845	250	1650	1200	840	550	1450	850	150	400
65	18840	450	11980	4450	1960	550	3400	2500	9520	4410	250	2390	250	2280	1680	1060	810	2080	1120	200	500

3. HNPSC 系列内外喷淋式麻石水膜除尘器

这种除尘器为双筒结构分两个除尘室。其工作原理是烟气从除尘器上部切向进入内除尘室，在离心力的作用下旋转向下运动，尘粒被甩向周边的同时与内喷淋装置喷出的水雾相遇被捕集，随水膜向下流至水封槽，完成一级除尘；经一级净化后的烟气由内除尘室下部的导流板向外除尘室运动时，冲击水封槽的水面，产生的雾滴与烟气再次相遇，接触凝聚后完成二级除尘；外喷淋装置喷出的水雾在处除尘室内壁形成自上完成三级除尘。净化后的烟气由出口排入烟囱。该系列除尘器结构见图6-50。

该系列除尘器有如下特点：a. 采用内外筒结构，使烟气在设备内的停留时间延长一倍；b. 筒壁呈倒锥形，水膜稳定；c. 采用了较低的筒体上升速度，可减少烟气携带的液滴；d. 水封槽处配有冲灰管，使捕集的尘粒能顺利排出；e. 水气分离稳定，避免了除尘器尾部带水；改善引风机的安全运行；f. 当除尘用水采用冲渣水或添加适量碱性物质时，还具有一定的脱硫功能，脱硫效率可达30%～60%。

HNPSC系列内外喷淋式麻石水膜除尘器性能规格见表6-28，结构尺寸见表6-29。

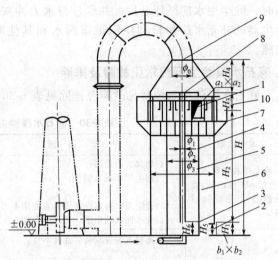

图 6-50 HNPSC 系列内外喷淋式麻石
水膜除尘器结构示意

1—烟气进口；2—溢灰门；3—导流板；4—立芯柱；
5—内除尘室；6—外除尘室；7—钢平台；
8—内喷淋；9—烟气出口；10—外喷淋

表 6-28 HNPSC 系列内外喷淋式麻石水膜除尘器性能规格

项 目	单位	参 数					
筒体外径	mm	$\phi 1600$	$\phi 2450$	$\phi 2800$	$\phi 3500$	$\phi 4500$	$\phi 6500$
处理烟气量	m³/h	11000	19500	30000	55000	87500	187500
烟气进口流速	m/s	18～22					
烟气上升速度	m/s	3.5～4.5					
烟气出口流速	m/s	8～12					
阻力	Pa	800～1000					
用水量	t/h	1.5～2	2.5～3.5	5～6.5	8～9.5	12～14	28～31
除尘效率	%	96～98					
脱硫效率	%	30～60					
配用锅炉	t/h	4	6.5	10	20	35	75

表 6-29 HNPSC 系列内外喷淋式麻石水膜除尘器结构尺寸

配用锅炉 /(t/h)	尺寸/mm														
	H	H_1	H_2	H_3	H_4	H_5	H_6	ϕ_1	ϕ_2	ϕ_3	ϕ_4	b_1	b_2	a_1	a_2
6.5	5600	250	3300	1050	1000	260	570	180	1600	2450	850	70	180	620	430
10	7070	280	4240	1350	1200	340	700	265	1880	2800	1000	100	250	780	530
20	8800	320	5380	1600	1500	490	960	270	2350	3500	1300	120	300	1020	730
35	11300	400	6900	2100	1900	640	1210	290	3100	4500	1620	150	450	1310	910
75	16040	450	10590	2600	2400	760	1605	380	4100	6500	2500	180	550	1830	1420

4. 麻石水膜除尘器用于锅炉烟气除尘时注意事项

主要包括：a. 麻石水膜除尘系统排出的含尘废水必须进行沉淀处理，不得直接排入下水道；

同时，除尘用水应循环利用，并尽量与水力冲灰渣系统结合，以减少灰水处理量；b. 麻石水膜除尘器的补充水应尽量利用锅炉排污水和其他碱性工业废水；c. 麻石水膜除尘器应有防腐蚀措施。

5. 麻石水膜除尘系统常见故障及排除

麻石水膜除尘系统常见故障及排除见表 6-30。

表 6-30　麻石水膜除尘系统常见故障及排除

常见故障	主　要　原　因	排　除　措　施
废水排放水质污染（包括 pH 值超标、硫化物超标、悬浮物超标等）	(1)燃煤含硫量高； (2)除尘用水碱性偏低； (3)含尘废水分离设备设计或使用不当； (4)灰水回收利用系统设计不合理	(1)改用低含硫量煤种； (2)利用锅炉排污水或碱性工业废水作为除尘系统补充水； (3)利用水力冲渣系统的循环水作为除尘用水； (4)采用高效灰水分离器
烟气带水	(1)无脱水装置或装置性能不良； (2)除尘器设计参数不合理； (3)除尘器内表面粗糙，进水装置不合理，除尘器筒壁未能形成水膜； (4)除尘器内烟气温降过大，致使除尘器后和风机中有凝结水析出	(1)水膜除尘器后加装脱水装置，如旋流板、脱水副筒等或改善性能； (2)正确设计水膜除尘器，选择合理参数； (3)水膜除尘器加工、安装时应保证内表面的光滑平整； (4)正确设计、安装溢流口，提高给水槽水封高度，以利在筒壁形成完整的水膜，运行中不被吹散
腐蚀	(1)除尘用水的 pH 值偏低，致使水泵管道和设备腐蚀； (2)烟气温度低于酸露点，造成除尘器后烟道、引风机和水管的腐蚀	(1)尽量利用锅炉排污水、冲灰渣水、其他碱性工业废水或添加碱性物质，以提高 pH 值； (2)选用防腐设备，例如陶瓷泵和耐腐蚀渣浆泵
引风机挂灰引起振动	(1)烟气带水； (2)引风机处有凝结水	(1)提高脱水装置效率； (2)风机定期清扫

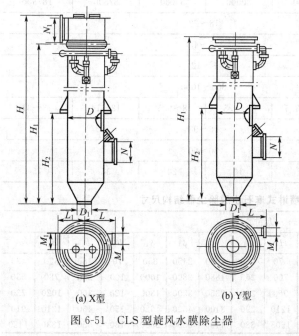

(a) X型　　　(b) Y型

图 6-51　CLS 型旋风水膜除尘器

四、旋风水膜除尘器

CLS 型旋风水膜除尘器是一种标准型除尘器，如图 6-51 所示。含尘气体沿切线方向进入除尘器筒体后，粉尘因离心作用而初步分离，接着被除尘器壁从上部淋下的水膜所黏附，随水流至筒体底部经排浆口排出。该除尘器分为吸入式与压入式两种。前者安装在排风机前，后者安装在排风机后。安装在风机之后的需考虑风机的磨损问题。

CLS 型旋风水膜除尘器按出口方式分为 X 型和 Y 型（X 型带蜗壳，Y 型不带蜗壳）；按入口气流的旋转方向不同，以上两型中又分为逆时针（N 型）和顺时针（S 型）旋转两种，旋转方向按顶视判断。

CLS 型旋风水膜除尘器适用于温度 200℃以下、中等含尘（小于 20g/m³）烟气的收尘。如果参数选择合适，除尘效率可达 90% 以上。

这种除尘器的优点是结构简单，耗水量及阻力均较小，缺点是设备较高。

1. 结构特点与工作原理

该除尘器有两种形式：X 型，用于通风机前；Y 型，用于通风机后。

CLS 型水膜除尘器主要由蜗型管、喷嘴、进水管组、外圆壳、支座等组成。

其工作原理是含尘气体从筒体下部切向引入除尘器内，旋转上升，从圆筒上部排出，由于离心力作用而分离下来的粉尘，被甩上除尘器内壁，被器壁上部自上而下流动着的水膜所黏附，污水经排污口排出。

2. 主要技术指标

CLS 型水膜除尘器主要技术经济指标见表 6-31。

表 6-31 CLS 型水膜除尘器主要技术指标

型　号	进口流速/(m/s)	处理风量/(m³/h)	阻力/Pa	效率/%	质量/kg	耗水量/(kg/h)
CLSφ315	18~21	1600~1900	519.4~744.8	90~95	130	504
CLSφ443	18~21	3200~3700	519.4~744.8	90~95	160	720
CLSφ570	18~21	4500~5250	519.4~744.8	90~95	250	864
CLSφ634	18~21	5800~6800	519.4~744.8	90~95	310	972
CLSφ730	18~21	7500~8750	519.4~744.8	90~95	355	1080
CLSφ793	18~21	9000~10400	519.4~744.8	90~95	405	1180
CLSφ888	18~21	11300~13200	519.4~744.8	90~95	455	1296

3. CLS 型水膜除尘器外形尺寸

CLS 型水膜除尘器外形尺寸见图 6-52 和表 6-32。

表 6-32 CLS 型水膜除尘器外形尺寸 单位：mm

型　号	φ315	φ443	φ570	φ634	φ730	φ793	φ888
D	315	443	570	634	730	793	888
A	224	314	405	450	520	560	630
B	1075	1585	2080	2340	2725	3080	3335
C	204	295	352	392	452	492	552
E	122	165	202	228	258	282	318
F	260	370	450	490	610	670	742
G	96.5	140	184	203	236	255.5	285
H	1993	2684	3327	3627	4187	4622	5007
ϕ_p	512	604	702	754	840	894	980
L	1150	1550	1890	2100	2400	2640	2880
d_1	323	451	578	642	738	801	896
d_2	353	481	618	682	778	841	936
d_3	383	511	658	722	818	881	976
n_1-ϕ	8-φ10	10-φ10	12-φ12	16-φ12	16-φ12	16-φ12	20-φ12
$LA \times B$	30×4	30×4	40×4	40×4	40×4	40×4	40×4
a_1	130	173	210	236	266	290	326
a_2	160	203	240	266	296	320	356
a_3	190	233	270	296	326	350	386
b_1	212	303	360	400	460	500	560
b_2	242	333	390	430	490	530	590
b_3	272	363	420	460	520	560	620
n_2	10	10	12	14	14	16	16

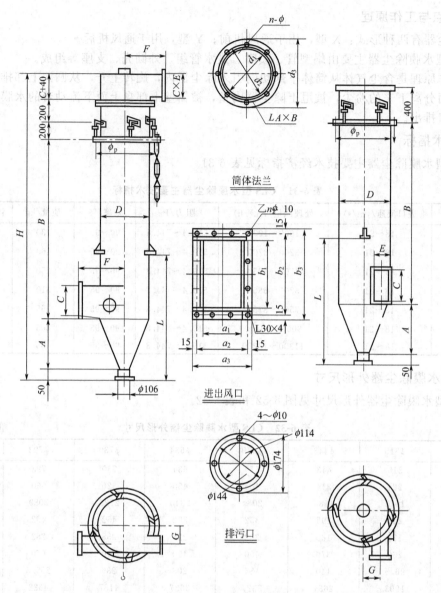

图 6-52 CLS 型水膜除尘器外形

4. 选择计算

（1）除尘器的直径

$$D = 0.0188\sqrt{\frac{Q}{v}} \tag{6-35}$$

式中，D 为除尘器的直径，m；Q 为操作状态下进入除尘器的烟气量，m^3/h；v 为操作状态下除尘器的筒体截面速度，m/s，一般取 4～6m/s。

根据计算结果，选择标准公称直径的旋风水膜除尘器。

（2）除尘器的阻力

$$\Delta p = \xi \frac{v_s^2 \rho}{2} \tag{6-36}$$

式中，Δp 为除尘器阻力，Pa；ξ 为阻力系数，由表 6-33 中查得；v_s 为收尘器进口气速度，

m/s；ρ 为气体的密度，kg/m³。

表 6-33　旋风水膜除尘器的阻力系数

除尘器内径/m	0.3	0.4	0.5	0.6	0.7	0.8	0.9	1.0
进除尘器的最大烟气量/(m³/s)	0.53	1.01	1.45	1.69	2.30	3.01	3.84	4.70
阻力系数 ξ	3.90	3.72	3.55	3.38	3.17	3.04	2.94	2.87

（3）淋洗用水量　旋风水膜除尘器的用水量按除尘器直径可从表 6-34 中查出。

表 6-34　旋风水膜除尘器的淋洗用水量

除尘器内径/m	0.3	0.4	0.5	0.6	0.7	0.8	0.9	1.0
淋洗用水量/(kg/s)	0.15	0.17	0.20	0.22	0.28	0.33	0.39	0.45

注：用水量指用于 200℃ 以下的烟气淋洗耗水。

5.材质

水膜除尘器主要有两种材质，一种是 Q235 钢质塔体，另一种是麻石塔体；前者多于工业，后者多用于锅炉含硫烟气除尘系统。其优点是，运行简单、维护管理方便。其缺点是，耗水量比较大，废水需经处理才能排放。

五、泡沫除尘器

泡沫除尘器是一种以液体泡沫洗涤含尘气体的除尘设备，见图 6-53。该除尘器具有结构简单、维护工作量少、净化效率高、耗水量小、防腐蚀性能好等特点。它适用于净化亲水性不强的粉尘，如硅石、黏土、焦炭等，但不能用于石灰、白云石熟料等水硬性粉尘的净化，以免堵塞筛孔。除尘器筒体风速应控制在 2～3m/s 内，风速过大易产生带水现象，影响除尘效率。

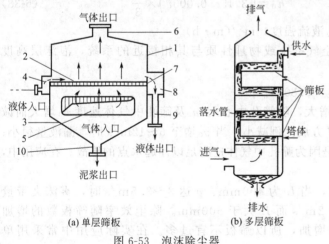

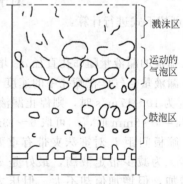

图 6-53　泡沫除尘器
（a）单层筛板　　（b）多层筛板

图 6-54　筛板上气液状态的
三个区域

1—塔体；2—筛板；3—锥形斗；4—液体接受室；5—气体分布器；
6—排气管；7—挡板；8—溢流室；9—溢流管；10—排泥浆管

1.工作原理

泡沫除尘器内装有能使液体形成泡沫的筛板和防止泡沫随气体带出的挡水板。当含尘气体以较小速度通过筛板液层时，在孔眼处形成气泡，待气泡本身浮力超过气泡与板间的附着力时，便离开孔眼上升，以一个个不连接的气泡通过液层。这样在筛板上可分为三个区域（见图 6-54）：最下面是鼓泡区，主要是液体；中间是运动的气泡区，由运动着的气泡连接在一起组成，主要是气泡；上部是溅沫区，液体变成了不连接的溅沫，大液滴仍然落下，小液滴被气流携带至挡水板而分离出来。

当气体速度增加时，鼓泡区的高度降低，气泡区增加，溅沫夹带亦增加。实践表明，当筛板无泄漏时，泡沫层的高度与空塔速度高低有关，孔眼速度会影响到液体泄漏的速度，使筛板上液层高度改变。以空气和水进行试验时，当空塔气速在 $0.5\sim1\text{m/s}$ 时发生泡沫，运动不剧烈；当空塔气速为 $1\sim3\text{m/s}$ 时，逐渐变成强烈运动；当空塔气速为 $2\sim1.3\text{m/s}$ 时，运动泡沫层高度与气速成比例上升；当空塔气速在 $3\sim4\text{m/s}$ 时，发生大量气泡飞溅现象。稳定运动泡沫层的气流速度下限是 1m/s，上限是 3m/s，最好是 $1.3\sim2.5\text{m/s}$。但这一数据与塔内淋洒水量大小及孔眼气速有很大关系。

由于气泡提供巨大的气液接触表面，以及这些表面在气泡合并、增大、破裂、再形成的激烈过程中不断更新，提供了使气体中夹带的尘粒碰撞黏附到液膜上的条件，达到洗涤分离气体中尘粒的效果。

泡沫除尘器中表示泡沫层效果的指标是泡沫层的比高度 $\overline{H}$，即泡沫层高度 H_p 与原液层高度 h_0 之比，即

$$\overline{H}=\frac{H_\text{p}}{h_0}=\frac{v_\text{p}}{v_\text{l}}=\frac{\rho_\text{l}}{\rho_\text{p}} \tag{6-37}$$

式中，v_p、v_l 分别为泡沫层及液体的体积，m^3；ρ_p、ρ_l 分别为泡沫层及液体的密度，kg/m^3。

一般情况下，$\overline{H}=2\sim10$。

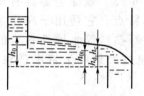

图 6-55 原液层与挡板的关系

原液层高 h_0' 与溢流挡板高度 h_d、液流强度 i 有关（见图 6-55）。对于无溢流管的淋降板塔 $h_\text{d}=0$，原液层 h_0' 高出挡板高度的称为 h_0，可按下式计算：

$$h_0=\left(3.15-0.005i\right)\times\frac{2}{3} \tag{6-38}$$

式中，i 为液流强度，$\text{m}^3/(\text{m}\cdot\text{h})$。

对于水和空气系统或物理性质与其相接近的系统，泡沫层高度 H_p 可按下式进行计算：

$$H_\text{p}=0.806h_0^{0.6}v^{0.5}$$

筛板的漏液量随筛孔直径 d_0 增大而增大，随筛孔中心距 m 及筛孔中气体速度 v_0 增大而减小。漏液量与气体在筛孔中的速度 v_0 的平方成比例减小。当 v_0 增至 $6\sim12\text{m/s}$ 时，漏液量很小；而 v_0 为 $10\sim17\text{m/s}$ 时，则停止漏液。这是因为筛孔中气体速度足以浮起水点的缘故。在应用中，当 $d_0=4\sim6\text{mm}$ 时，v_0 可取 $6\sim13\text{m/s}$。

筛板间距 L 对雾沫夹带有重要影响，当 L 为 400mm、v 达 $3\sim3.5\text{m/s}$ 时，雾沫夹带量不多。为减少带走液滴，最好是 v 小于 2m/s 而 L 大于 500mm。除尘效率随筛板数的增加而增加，但增加值却不大。但压力损失增加，所以筛板不宜过多。在实际应用中常采用单板泡沫除尘器。

泡沫除尘器筛板的截面积过大会恶化泡沫的形成。为了分布均匀，液体在筛板上流过的长度不应超过 1.5m。由于矩形筛板比圆形筛板更能保证液体分布均匀，所以对截面不大的泡沫除尘器，采用圆形筛板。对组合式泡沫除尘器，采用矩形筛板。

筛板上圆形孔眼的直径 d_0 可取 $2\sim8\text{mm}$。筛孔中心距 m 为 $2\sim3d_0$。筛板的自由截面积 F 的百分数值可表示如下。

当孔眼做正三角形排列时

$$F = 90.7 \left(\frac{d_0}{m} \right)^2 \qquad (6\text{-}39)$$

式中，F 为筛板截面积，m^2；d_0 为筛孔直径，m；m 为筛孔中心距，m。

当孔眼做正方形排列时

$$F = 78.5 \left(\frac{d_0}{m} \right)^2 \qquad (6\text{-}40)$$

一般 F 可大于截面积的 18%，经便有较大的泄漏量。

一般可选用的 $\frac{d_0}{m}$ 数值为 $\frac{2}{4}$、$\frac{2}{5}$、$\frac{3}{6}$、$\frac{3}{8}$、$\frac{4}{6}$、$\frac{4}{8}$、$\frac{5}{10}$、$\frac{5}{12}$、$\frac{6}{12}$、$\frac{6}{14}$。如果希望筛板阻力较小，可选用较大比值。

筛板的厚度可影响干板阻力及泄漏液量。通常钢制筛板取 $4 \sim 6mm$，而其他材料制筛板，其厚度可达 $15 \sim 20mm$。

2. 压力损失

泡沫除尘器的流体压力损失由五部分组成，即干板压力损失 Δp_1、泡沫层压力损失 Δp_2、进出口压力损失 Δp_3、Δp_4 和脱水器的压力损失 Δp_5 等，即

$$\Delta p = \Delta p_1 + \Delta p_2 + \Delta p_3 + \Delta p_4 + \Delta p_5 \qquad (6\text{-}41)$$

干板的流体压力损失可按局部压力损失公式计算。

$$\Delta p_1 = \xi \frac{\rho_g v_0^2}{2} \qquad (6\text{-}42)$$

式中，ξ 为局部阻力系数；ρ_g 为气体密度，kg/m^3；v_0 为筛孔气体流速，m/s。

当筛板厚度 $\delta = 12mm$ 时，$\xi = 1.45$。为了表明板厚对 Δp_1 的影响，可将式改成

$$\Delta p_1 = 1.45 K_0 \frac{\rho_g v_0^2}{2} \qquad (6\text{-}43)$$

式中，K_0 值如表 6-35 所列。

表 6-35 板厚 δ 与其相应的 K_0 值

δ/mm	1	3	5	7.5	10	15	20
K_0	1.25	1.1	1.0	1.15	1.3	1.5	1.7

泡沫层的流体损失 Δp_2 与原液层高 h_0、液体密度 ρ_1 及表面张力 σ 之间有如下关系式：

$$\Delta p_2 = 0.85 h_0 \rho_1 + 0.2\sigma \times 10^3 \qquad (6\text{-}44)$$

在工程应用中，Δp_1 约为 $100 \sim 200Pa$，Δp_2 为 $200 \sim 1500Pa$，气体进出口的压力损失应不超过 $100Pa$，脱水装置的压力在 $100 \sim 300Pa$ 范围。

3. 液气比

泡沫除尘器操作时的液气比是根据洗涤液出口含尘浓度要求，通过物料平衡计算确定的，一般取 $2L/m^3$ 左右。液气比大，原始液层高，因而在同样孔速下泡沫层也高些、稳定些，对除尘效率有利。但液气比过大，会增加压力损失和耗水量，增加污水排出量，对除尘效率提高也没多大好处。

4. 除尘效率

在给定的泡沫层高度下，泡沫除尘器与表示除尘过程尘粒捕集的惯性参数 ψ 有关。

对于亲水性粉尘及 ψ 大于 1 的憎水性粉尘

$$\eta = 0.89z^{0.005}\psi^{0.04} \tag{6-45}$$

对于 ψ 小于 1 的拒水性粉尘

$$\eta = 0.89z^{0.005}\psi^{0.233} \tag{6-46}$$

$$\psi = \frac{\rho_a dzv}{\mu d_0} \tag{6-47}$$

$$z = \frac{v}{g(a_0 - h_d)^2} \tag{6-48}$$

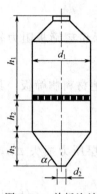

图 6-56　单板泡沫
除尘器的高度

式中，ψ 为惯性参数；ρ_a 为尘粒的密度，kg/m^3；d 为尘粒的平均直径，m；μ 为气体的黏度，$Pa \cdot m$；d_0 为筛孔直径，m；z 为表示当粉尘和洗涤液的物理性质一定时，此过程的流体力学条件对除尘效率影响的特征数；a_0 为溢流孔高度（由挡板上部边缘算起的溢流孔高度），mm，一般取 100mm；其他符号意义同前。

5. BPC 型泡沫除尘器

单板泡沫除尘器的高度由三部分组成：筛板上面高度 h_1、筛板下面高度 h_2 和锥底高度 h_3。筛板上、下面间距越大，则气体分布越好。锥底 h_3 高度与除尘器大小及锥体倾斜角有关，为了使湿的粉尘不沉淀在锥底壁上，锥底壁与水平的倾斜角应大于 $45°$。泥浆越浓，则倾斜角也应越大。见图 6-56。锥底高度可用下式确定：

$$h_3 = \frac{d_1 - d_2}{2}\tan\alpha \tag{6-49}$$

式中，d_1、d_2 分别为泡沫器及泥浆导出管的直径，m。

（1）BPC 型除尘器结构特点及工作原理　主要由挡水板、淋水管、筛板、溢流管、检查门、排污阀等组成。

本除尘器适用于净化亲水性不强的灰尘，如硅石、黏土、白云石、镁砂、煤、焦炭等粉尘。对于一般性灰尘的净化，采用单层筛板建立泡沫层，净化率一般可达到 98% 左右。

泡沫除尘器的工作原理是含尘气体由底部进入筒体，由于惯性的作用，较粗的颗粒落入筒体。当含尘气体通过多孔板的筛板时与筛板上面的水接触，形成扰动较大的泡沫层，泡沫层就使含尘气体和液体接触面也大大地增加，借此达到气体水浴的目的。清洗气体的污水经除尘器底部的锥体经水封排至沉淀池。

（2）BPC 型除尘器技术性能　BPC 型除尘器技术性能见表 6-36。

表 6-36　BPC 型除尘器技术性能

直径/mm	风量范围/(m³/h)	耗水量/(m³/h)	阻力/Pa	效率/%
φ500	1000~2500	0.25~0.6		
φ600	2000~4500	0.5~1.1		
φ800	4000~6500	1.0~1.6	245~539	98~99
φ900	6000~8500	1.5~2.1		
φ1000	8000~11000	2.0~2.7		
φ1100	10000~14000	2.5~3.5		

（3）BPC 型泡沫除尘器外形尺寸　BPC 型泡沫除尘器外形尺寸见图 6-57 和表 6-37、表 6-38。

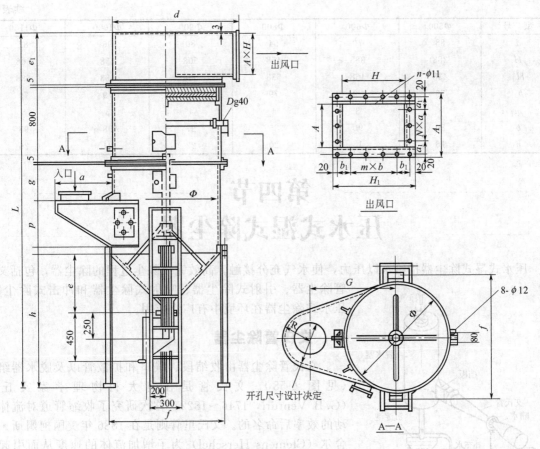

图 6-57　BPC 型泡沫除尘器尺寸

表 6-37　BPC 型泡沫除尘器结构尺寸　　　　单位：mm

型　号	Φ500	Φ600	Φ800	Φ900	Φ1000	Φ1100
L	3011	3091	3261	3361	3461	3551
e_1	300	330	400	450	500	540
G	500	470	440	410	380	350
P	320	350	380	410	440	470
h	1000	1050	1150	1200	1250	1300
d	700	800	1000	1100	1200	1300
A	200	230	300	350	400	440
H	350	380	450	500	550	600
a	350	400	450	500	550	600
e	290	340	440	490	540	590
f	612	712	912	1012	1112	1212
G	468	543	668	743	818	893
R	135	160	185	210	235	260
重量/kg	350	400	510	555	605	725

表 6-38　BPC 型泡沫除尘器出口法兰尺寸　　　　单位：mm

型　号	Φ500	Φ600	Φ800	Φ900	Φ1000	Φ1100
A	208	238	308	358	408	448
A_1	288	318	388	438	488	528
a_1	80	69	80	79	80	80
N	1	2	2	3	3	4

续表

型　号	Φ500	Φ600	Φ800	Φ900	Φ1000	Φ1100
a	88	70	94	80	96	82
H	358	388	458	508	558	608
H_1	438	468	538	588	638	688
b_1	79	79	79	80	79	79
m	3	3	4	4	5	5
b	80	90	85	97	98	98
n	16	18	20	22	24	26

第四节
压水式湿式除尘器

压水式湿式除尘器指给水以压力，使水气充分接触，高效完成除尘过程的除尘器，包括文氏管除尘器、引射式除尘器、喷射式除尘器和冲击式除尘器，压水式除尘器在环境中有广泛应用。

一、文氏管除尘器

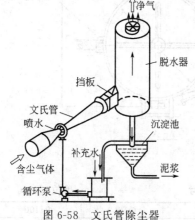

图 6-58　文氏管除尘器

文氏管除尘器由收缩段、喉口和扩散管以及脱水器组成（见图 6-58）。文氏管是在意大利物理学家文丘里（G. B. Venturi，1746～1822）首次研究了收缩管道对流体流动的效率后命名的。文氏里管则是在 1886 年美国柯姆斯·霍舍尔（Clemens Herschel）为了增加流体的速度从而引起压力的减小而发明的。文氏管除尘器于 1946 年开始在工业中应用。

湿式除尘器要得到较高的除尘效率，必须造成较高的气液相对运动速度和非常细小的液滴，文氏管除尘器就是为了适应这个要求而发展起来的。它能满足低浓度要求。

文氏管除尘器是一种高能耗高效率的湿式除尘器。含尘气体以高速通过喉管，水在喉管处被调整气流雾化，尘粒与水滴之间相互碰撞使尘粒沉降，这种除尘器结构简单，对 0.5～5μm 的尘粒除尘效率可达 99% 以上，但其费用较高。该除尘器常用于高温烟气降温和除尘，也可用于吸收气体污染物。

1. 文氏管除尘器的工作原理

文氏管除尘器的除尘过程，可分为雾化、凝聚和脱水三个环节，前两个环节在文氏管内进行，后一环节在脱水器内完成。含尘气体由进气管进入收缩管后流速逐渐增大，在喉管气体流速达到最大值。在收缩管和喉管中气液两相之间的相对流速达到最大值。在收缩管和喉管中气液两相之间的相对流速很大。从喷嘴喷射出来的水滴，在高速气流冲击下雾化，能量由高速气流供给。

在喉口处气体和水充分接触，并达到饱和，尘粒表面附着的气膜被冲破，使尘粒被水湿润。发生激烈的凝聚。在扩散管中，气流速度减小，压力回升，以尘粒为凝结核的凝聚作用使之凝聚成较大的含尘水滴，更易于被捕集。粒径较大的含尘水滴进入脱水器后，在重力、离心力等作用下干净气体与水尘分离，达到除尘之目的。

　　文氏管的结构形式是除尘效率高低的关键。文氏管结构形式有多种类型，如图 6-59 所示，可以分为若干种类。

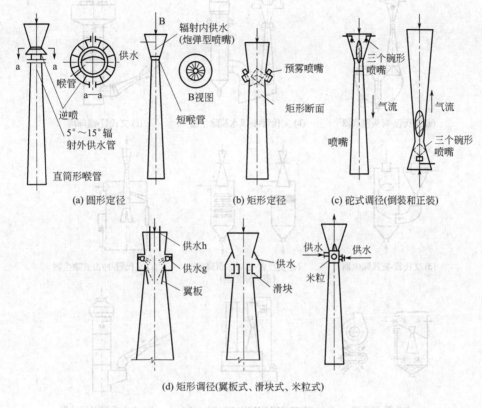

图 6-59　文氏管结构形式

　　(1) **按断面形状分**　有圆形和矩形两类。

　　(2) **按喉管构造分**　有喉口部分无调节装置的定径文氏管，有喉头部分装有调节装置的调径文氏管。调径文氏管，要严格保证净化效率，需要随气体流量变化调节喉径以保持喉管气流速率，需要随气体流量变化调节喉径以保持喉管气速不变。喉径的调节方式，圆形文氏管一般采用砣式调节；矩形文氏管可采用翼板式、滑块式和米粒式（R-D 型）调节。

　　(3) **按水雾化方式分**　有预雾化和不预雾化两类方式。

　　(4) **按供水方式分**　有径向内喷、径向外喷、轴向喷雾和溢流供水四类。各种供水方式皆以利于水的雾化并使水滴布满整个喉管断面为原则。

　　(5) **按使用情况分**　有单级文氏管和多管文氏管等。

　　(6) **按文氏管与脱水装置的配套装置分**　又可分为若干类型，见图 6-60。

2. 文氏管的供水装置

　　文氏管的供水采用外喷、内喷及溢流三种形式。溢流供水常与内喷或外喷配合使用，亦有单独使用的。

　　(1) **外喷文氏管喷嘴**　圆形外喷文氏管采用针型喷嘴呈辐射状均匀布置（见图 6-61）。喷嘴角 θ 一般为 $15°\sim25°$，亦有取 θ 值为零，即喷嘴在靠近喉管一端的收缩管上与文氏管中心线垂直布置。θ 值越大，水雾化越好，但阻力也越大。对喉管较大的文氏管，应注意水流受高速气流冲击下仍能喷射到喉管中心，构成封闭的水幕。必要时喷嘴可分两层错列布置。

　　(2) **内喷文氏管喷嘴**　内喷文氏管采用碗形喷嘴，其布置见图 6-62。喷嘴的喷射角 θ_0 约

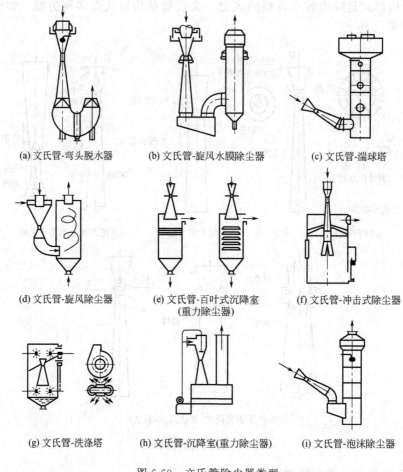

(a) 文氏管-弯头脱水器　　(b) 文氏管-旋风水膜除尘器　　(c) 文氏管-湍球塔

(d) 文氏管-旋风除尘器　　(e) 文氏管-百叶式沉降室　　(f) 文氏管-冲击式除尘器
　　　　　　　　　　　　　　　　（重力除尘器）

(g) 文氏管-洗涤塔　　(h) 文氏管-沉降室(重力除尘器)　　(i) 文氏管-泡沫除尘器

图 6-60　文氏管除尘器类型

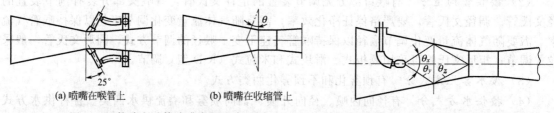

(a) 喷嘴在喉管上　　　　(b) 喷嘴在收缩管上

图 6-61　外喷文氏管喷嘴布置示意　　　　图 6-62　内喷文氏管喷嘴布置

60°，喷嘴口与喉口之间的距离约为喉管直径的 1.3～1.5 倍，根据入射角 θ_1 等于反射角 θ_2 并使反射后的流股汇集于喉管中心，用作图法确定。圆形文氏管喉径在小于 $\phi500\text{mm}$ 时用单个喷嘴，大于 $\phi500\text{mm}$ 时可用 3～4 个喷嘴。

采用碗形喷嘴时，要求水质清净，避免喷嘴堵塞。在水质不良的情况下，宜使用螺旋型喷嘴。

（3）溢流文氏管　图 6-63 为溢流装置，溢流水沿收缩管内壁流下，溢流水量按收缩管入口每 1m 周边 0.5～1.0t/h 考虑。炼钢氧气顶吹转炉文氏管的溢流水按喉管边长计算，每 1m 周边用水量为 5～6t/h。

为了使溢流口四周均匀给水，在收缩管入口应安装可调节水平的球面架。水封罩插入溢流面以下的深度必需大于文氏管入口处的负压值。

3. 文氏管除尘器的设计与计算

文氏管除尘器的设计包括两个内容：确定净化气体量和文氏管的主要尺寸。

（1）净化气体量确定　净化气体量可根据生产工艺物料平衡和燃烧装置的燃烧计算求得。也可以采用直接测量的烟气量数据。对于烟气量的设计计算均以文氏管前的烟气性质和状态参数为准。一般不考虑其漏风、烟气温度的降低及其中水蒸气对烟气体积的影响。

（2）文氏管尺寸确定　文氏管几何尺寸确定主要有收缩管、喉管和扩张管的截面积、圆形管的直径或矩形管的高度和宽度以及收缩管和扩张管的张开角等，见图 6-64。

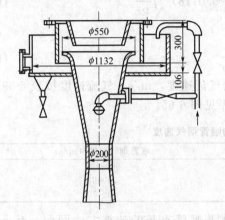

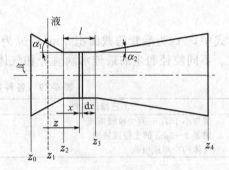

图 6-63　文氏管溢流装置　　　　　　　　　图 6-64　文氏管示意
（单位：mm）

① 收缩管进气端截面积，一般按与之相连的进气管道形状计算。计算式为：

$$A_1 = \frac{Q_1}{3600 v_1} \tag{6-50}$$

式中，A_1 为收缩管进气端的截面积，m^2；Q_1 为温度为 t_1 时进气流量，m^3/h；v_1 为收缩管进气端气体的速度，m/s，此速度与进气管内的气流速度相同，一般取 $15\sim22m/s$。

收缩管内任意断面处的气体流速为：

$$v_g = \frac{v_a}{1 + \frac{(z_2 - z)}{r_a}\tan\alpha} \tag{6-51}$$

圆形收缩管进气端的管径可用下式计算：

$$d_1 = 1.128\sqrt{A_1} \tag{6-52}$$

对矩形截面收缩管进气端的高度和宽度可用下式求得：

$$a_1 = \sqrt{(1.5\sim2.0)A_1} = (0.0204\sim0.0235)\sqrt{\frac{Q_1}{v_1}} \tag{6-53}$$

$$b_1 = \sqrt{\frac{A_1}{1.5\sim2.0}} = (0.0136\sim0.0118)\sqrt{\frac{Q_1}{v_1}} \tag{6-54}$$

式中，$1.5\sim2.0$ 是高宽比经验数值。

② 扩张管出气端的截面积计算式：

$$A_2 = \frac{Q_2}{3600 v_2} \tag{6-55}$$

式中，A_2 为扩张管出气端的截面积，m^2；v_2 为扩张管出所端的气体流速，m/s，通常可取 $18\sim22m/s$。

圆形扩张管出气端的管径计算：

$$d_2 = 1.128\sqrt{A_2}$$

矩形截面扩张管出口端高度与宽度的比值常取 $\dfrac{a_2}{b_2} = 1.5 \sim 2.0$，所以 a_2、b_2 的计算可用：

$$a_2 = \sqrt{(1.5 \sim 2.0)A_2} = (0.0204 \sim 0.0235)\sqrt{\dfrac{Q_2}{v_2}} \tag{6-56}$$

$$b_2 = \sqrt{\dfrac{A_2}{1.5 \sim 2.0}} = (0.0136 \sim 0.0118)\sqrt{\dfrac{Q_2}{v_2}} \tag{6-57}$$

③ 喉管的截面积计算式：

$$A_0 = \dfrac{Q_1}{3600 v_0} \tag{6-58}$$

式中，A_0 为喉管的截面积，m^2；v_0 为通过喉管的气流速度，m/s。气流速度按表 6-39 条件选取。不同粒径粉尘的最佳水滴直径和气体速度的关系见图 6-65。

表 6-39　各种操作条件下的喉管烟气速度

工艺操作条件	喉管烟气速度/(m/s)
捕集小于 1μm 的尘粒或液滴	90～120
捕集 3～5μm 的尘粒或液滴	70～90
气体的冷却或吸收	40～70

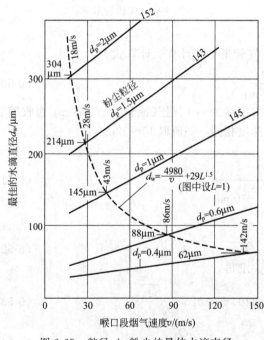

图 6-65　粒径 d_p 粉尘的最佳水滴直径 d_w 和烟气速度 v_0 的关系

圆形喉管直径的计算方法同前。对小型矩形文氏管除尘器的喉管高宽比仍可取 $a_0/b_0 = 1.2 \sim 2.0$，但对于卧式通过大气量的喉管宽度 b_0 不应大于 600mm，而喉管的高度 a_0 不受限制。

④ 收缩和扩张角的确定。收缩管的收缩角 α_1 越小，文氏管除尘器的气流阻力越小，通常 α_1 取用 23°～30°。文氏管除尘器，用于气体降温时，α_1 取 23°～25°；而用于除尘时，α_1 取 25°～28°，最大可达 30°。

扩张管扩张角 α_2 的取值通常与 v_2 有关，v_2 越大，α_2 越小，否则不仅增大阻力且捕尘效率也将降低，一般 α_2 取 6°～7°。α_1 和 α_2 取定后，即可算出收缩管和扩张管的长度。

⑤ 收缩管和扩张管长度的计算。圆形收缩管和扩张管的长度分别按下式计算：

$$L_1 = \dfrac{d_1 - d_0}{2} \cot \dfrac{\alpha_1}{2} \tag{6-59}$$

$$L_2 = \dfrac{d_2 - d_0}{2} \cot \dfrac{\alpha_2}{2} \tag{6-60}$$

矩形文氏管的收缩长度 L_1 可按下式计算（取最大值作为收缩管的长度）：

$$L_{1a} = \dfrac{a_1 - a_0}{2} \mathrm{con} \dfrac{\alpha_1}{2} \tag{6-61}$$

$$L_{1b} = \dfrac{b_1 - b_0}{2} \mathrm{con} \dfrac{\alpha_2}{2} \tag{6-62}$$

式中，L_{1a}为用收缩管进气端高度a_1和喉管高度a_0计算的长度，m；L_{1b}为用收缩管进气端宽度b_1和喉管宽度b_0计算的长度，m。

⑥ 喉管长度的确定。在一般情况下，喉管长度取$L_0=015\sim0.30d_0$，d_0为喉管的当量直径。喉管截面为圆形时，d_0即喉管的直径；管截面为矩形时，喉管的当量直径按下式计算：

$$d_0=\frac{4A_0}{q} \tag{6-63}$$

式中，A_0为喉管的截面积，m²；q为喉管的周边，m。

一般喉管的长度为$200\sim350mm$，最大不超过$500mm$。

确定文氏管几何尺寸的基本原则是保证净化效率和减小流体阻力。如不做以上计算，简化确定其尺寸时，文氏管进口管径D_1，一般按与之相联的管道直径确定，流速一般取$15\sim22m/s$。文氏管出口管径D_2，一般按其后连接的脱水器要求的气速确定，一般选$18\sim22m/s$。由于扩散管后面的直管道还具有凝聚和压力恢复作用，故最好设$1\sim2m$的直管段，再接脱水器。喉管直径D按喉管内气流速度v_0确定，其截面积与进口管截面积之比的典型值为$1:4$。v_0的选择要考虑粉尘、气体和液体（水）的物理化学性质，对除尘效率和阻力的要求等因素。在除尘中，一般取$v_0=40\sim120m/s$；净化亚微米的尘粒可取$90\sim120m/s$，甚至$150m/s$；净化较粗尘粒时可取$60\sim90m/s$，有些情况取$35m/s$也能满足。在气体吸收时，喉管内气速v_0一般取$20\sim30m/s$。喉管长L一般采用$L/D=0.8\sim1.5$左右，或取$200\sim300mm$。收缩管的收缩角α_1越小，阻力越小，一般采用$23°\sim25°$。扩散管的扩散角α_2一般取$6°\sim8°$。当直径D_1、D_2和D及角度α_1和α_2确定之后，便可算出收缩管和扩散管的长度。

4. 文氏管除尘器性能计算

（1）**压力损失** 估算文氏管的压力损失是一个比较复杂的问题，有很多经验公式，下面介绍目前应用较多的计算公式。

$$\Delta p=\frac{v_t^2\rho_t S_t^{0.133}L_g^{0.78}}{1.16} \tag{6-64}$$

式中，Δp为文氏管的压力损失，Pa；v_t为喉管处的气体流速，m/s；S_t为喉管的截面积，m²；ρ_t为气体的密度，kg/m³；L_g为液气比，L/m³。

（2）**除尘效率** 对$5\mu m$以下的粒尘，其除尘效率可按下列经验公式估算：

$$\eta=(1-9266\Delta p^{-1.43})\times100\%$$

式中，η为除尘效率，%；Δp为文氏管压力损失，Pa。

文氏管的除尘效率也可按下列步骤确定。

① 据文氏管的压力损失Δp由图6-66求得其相应的分割粒径（即除尘效率为50%的粒径）d_{c50}。

② 据处理气体中所含粉尘的中位径d_{c50}/d_{50}。

③ 根据d_{c50}/d_{50}值和已知的处理粉尘的几何标准偏差σ_g，从图6-67查得尘粒的穿透率τ。

④ 除尘效率的计算如下：

$$\eta=(1-\tau)\times100\% \tag{6-65}$$

（3）**文氏管除尘器的除尘效率图解** 除了计算外，典型文氏管除尘器的除尘效率还可以由图6-68来图解。此外在图6-69图中，条件为粉尘粒径$d_p=1\mu m$、粉尘密度$\rho_p=2500kg/m^3$、喉口速度为$40\sim120m/s$试验结果，表明了水气比、阻力、效率及喉口直径间的相互关系。

5. 文氏管设计和使用注意事项

① 文氏管的喉管表面光洁要求一般为∇6。其他部分可用铸件或焊件，但表面应无飞边毛刺。

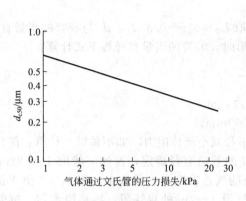

图 6-66 文氏管压力损失

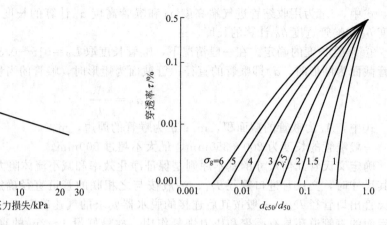

图 6-67 尘粒穿透率与 d_{c50}/d_{50} 的关系

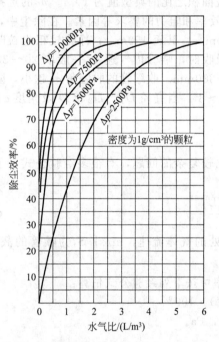

图 6-68 典型的文氏管除尘器除尘效率

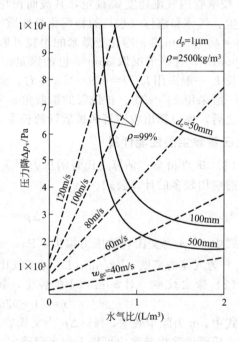

图 6-69 文氏管除尘器的除尘效率

② 文氏管法兰连接处的填料不允许内表面有突出部分。

③ 不宜在文氏管本体内设测压、测温孔和检查孔。

④ 对含有不同程度的腐蚀性气体，使用时应注意防腐。措施：避免设备腐蚀。

⑤ 采用循环水时应使水充分澄清，水质要求含尘量在 0.01% 以下，以防止喷嘴堵塞。

⑥ 文氏管在安装时各法兰连接管的同心度误差不超过 ±2.5mm。圆形文氏管的椭圆度误差不超过 ±1mm。

⑦ 溢流文氏管的溢流口水平度应严格调节在水平位置，使溢流水均匀分布。

⑧ 文氏管用于高温烟气除尘时，应装设压力、温度升高警报信号，并设事故高位水池，以确保供水安全。

6. 文氏管除尘技术新进展——环隙洗涤器

环隙洗涤器是中冶集团建筑研究总院环保分院开发的新技术，是第四代转炉煤气回收技术的核心部件,具有占地少、寿命长、噪声低等优点,最初在20世纪60年代用于转炉煤气除尘。环隙洗涤器结构如图6-70所示。其关键部件是由文丘里外壳和与之同心的圆锥两部分组成,后者可在文丘里管内由液压驱动沿轴上下运动,在外壳和圆锥体之间构成环缝形气流通道,通过圆锥体的移动来调节环缝的宽度,即调节环缝的通道面积和气体的流速,以适应转炉的不同操作工况,达到除尘和调节炉顶压力的目的。为了获得较强的截流效应,环缝最窄处的宽度设计的非常小,在此形成高速气流以保证好的雾化效果,足够的通道长度有利于液滴的聚合,提高除尘效率。

从目前来看,不管是塔文一体还是塔文分离的配置,分别在承德钢铁厂和新余钢铁厂的转炉一次除尘系统中得到应用,第四代转炉煤气回收技术应该作为我国转炉煤气回收系统的主要发展方向。

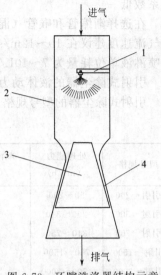

图6-70 环隙洗涤器结构示意
1—喷嘴;2—外壳;3—内锥;4—环隙

二、引射式除尘器

引射式除尘器与普通文氏管除尘器不同之处在于后者是用风机造成高速气流,而前者是利用水泵造成液体带动气流。在引射式除尘器中(见图6-71),气体净化所消耗的能量全部注入喷淋液中,喷淋液是在600~1200kPa压力下,通过渐缩管中的喷嘴送入文氏管喷雾器的,也就是说,引射式器的工作原理类似射流泵。因为在引射式文氏管喷雾器中,气体靠液滴输送并造成正压,气体净化装置的总流体阻力(把液滴捕集器考虑在内)可能等于零。所以,在安设抽风机或排烟机有困难的场合(例如在净化有爆炸危险气体或含有放射性粉尘的气体时)最好使用这类设备。

引射式除尘器的缺点是对高分散性粉尘尺寸小于2~3μm的粒子捕集效率不高,以及能量利

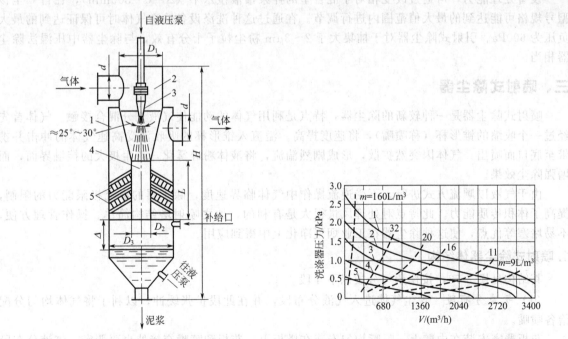

图6-71 引射式除尘器
1—壳体和拌浆槽;2—吸气室;3—喷嘴;
4—混合室;5—网状液滴捕集器

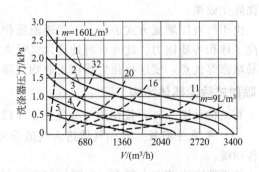

图6-72 引射式除尘器的流体动力学特性
1—700(表示除尘器规格尺寸,后同);
2—560;3—420;4—280;5—140

用系数低。

在选择渐缩管和喉管（混合室）断面时要考虑为液流对气体的引射作用创造条件。混合室断面气流速度建议在 10～12m/s 范围内选择，而混合室长度应为其直径的 3 倍左右。引射式除尘器喷淋液单位耗量为 7～10L/m³。喷嘴射出的液体速度为 15～30m/s。

引射式除尘器的液体动力学特性见图 6-72。

引射式除尘器的型号规格系列包括六种型号规格（见表 6-40），气体处理能力自 50～500m³/h。

表 6-40 引射型除尘器的主要技术指标

型号规格	处理能力 /(m³/h)	喷淋液耗量 /(m³/h)	外形尺寸(见图 6-71)/mm						喷嘴的喷口 直径/mm
			H	D	D_2	D_3	d	L	
引射-200	50～200	1.6	1100	120	70	200	90	350	4.0
引射-300	200～340	2.1	1500	180	100	315	110	400	4.6
引射-700	340～750	5.25	2000	280	150	450	160	450	7.2
引射-1500	750～1500	10.5	2700	400	200	630	250	600	10.2
引射-3000	1500～3000	21.0	3600	560	280	900	320	840	14.4
引射-5000	3000～5000	35.0	4500	710	370	1120	450	1100	18.6

工作液在 0.6～0.8MPa 压力下送入系列设备，用类似喷雾器的一种喷嘴喷散成雾，流量系数 $\mu=0.8～0.9$，喷射角为 25°～30°。喷嘴中采用螺旋型，螺旋线上升角为 68°。液体单位流量为 8～10L/m³。

除尘器采用网状液滴捕集器，它是由两层波纹网板装配而成的一个箱体。每层厚度为 100～150mm，两层的间距为 60～80mm。液体捕集器安设在距离混合室外面 $(1.0～1.5)d_2$ 处，其安装角与设备中心线成 25°～30°。

设备处理能力，可通过改变相对于混合室的拌浆槽液位水平（$\Delta=0～300mm$），在自 0 至该型号规格可能达到的最大值范围内进行调节。在通过这种洗涤设备输送气体时可保证达到的最大负压为 600Pa。引射式除尘器对于捕集大于 2～3μm 粉尘粒子十分有效，与除尘器中压湿法除尘器相当。

三、喷射式除尘器

喷射式除尘器是一种较新的除尘器，特点是利用气体的动能使气液充分混合接触。气体首先经过一个收缩的锥形杯（称喷嘴），将速度提高。溢流入锥形杯的吸收液受高速气体的冲击并携带至底口而喷出。气体因突然扩散，形成剧烈湍流，将液体粉碎雾化，产生极大的接触界面，而增强除尘效果。

由于气液以顺流方式进行，不受逆流操作中气体临界速度，除尘器的液流极限能力的限制，提高了体积传质能力。此特点对处理风量很大是有利的，加之喷射塔结构简单、操作管理方便、不易堵塞等优点，使这种除尘器在工业烟气净化上中得到应用。

1.喷射式除尘器体结构

其结构见图 6-73，按作用可分成以下 4 段。

（1）气液分布段 含尘气体进入气液分布段，并在此段扩张缓冲，以利于将气体均匀分配给各喷嘴。

花板严密安装在内壁上，喷嘴均匀安装在塔板上。花板和喷嘴交接处也要严密。气液分布段的另一个作用，是使来自循环系统的洗涤液保持向每个喷嘴稳定均匀供水。花板和喷嘴的安装必须保持水平，否则洗涤液不能沿喷嘴四周均匀流下。还有用喷头供水的方法，洗涤液喷淋在此段上部，与气体混合进入喷嘴和喷射式除尘器，如图 6-74 所示。

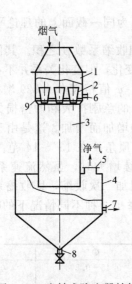

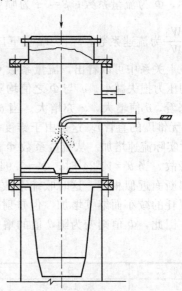

图 6-73　喷射式除尘器结构

图 6-74　上部喷液的喷射除尘

1—气液分布段；2—喷嘴；3—吸收段；4—气液分离段；
5—排气管；6—进液管；7—排液口；8—排污口；9—花板

　　喷嘴直径不应太大，烟气量大时可采取多喷嘴方案。除尘器截面较大时，为了使各喷嘴达到水平，可将分布室隔成几个小区，分区供水。

　　喷嘴是喷射除尘器最重要的部件，直接关系到除尘器的净化效率与阻力损失。因此，要求相对尺寸合理，内壁光滑。最简单的喷嘴结构形式如图 6-75(a) 所示。

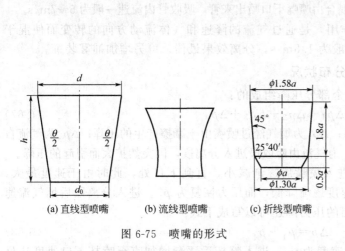

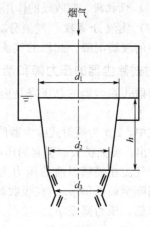

(a) 直线型喷嘴　　(b) 流线型喷嘴　　(c) 折线型喷嘴

图 6-75　喷嘴的形式　　　　　图 6-76　喷嘴工作示意

　　喷嘴上下口多为圆形，但也有正方形或矩形的。其尺寸应有一定比例，即上口径 d_1 大于下口径 d_2，能使气流收缩而提高流速。喷嘴高度 n 与 d_2 之比应大于 2.5。当 $\frac{h}{d_2}<1.5$ 时，气流在喷嘴内分布不均，就不能达到较好的喷雾效果。喷嘴工作示意见图 6-76。气流喷出后，继续收缩至一定距离才扩张散开，此收缩截面直径以 d_3 表示。水力学中提出用流量系数研究喷嘴结构对单相流动压头损失的影响，这有助于研究合理的喷嘴结构。

$$\Phi = \beta\,\varphi \tag{6-66}$$

式中，Φ 为流量系数；$\beta = \dfrac{f}{F}$ 为喷嘴收缩系数，其中 f 为收缩截面积，F 为喷嘴下口截面积；$\varphi = \dfrac{W_1}{W_2}$ 为流速系数，W_1 为喷嘴下口处实际平均流速，W_2 为同一截面上的理论平均流速。

从以上关系中可以看出，流量系数 Φ 正比于流速系数 φ 和收缩系数 β 之积。其值大，即意味着喷嘴的压力损失减小。φ 与 Φ 之值均随锥顶角 θ 值的变化而变化，但变化关系并不相同。从流速系数 φ 来看，θ 值增大，φ 亦增大。当 θ 值由 $0°$ 增至 $48°50'$ 时，φ 值相应由 0.829 增至 0.984（$\theta = 0°$，即为无锥度的直管）。这是由于锥度增加，气流排出喷嘴后的急剧扩大和冲击损失都减小的缘故，因此实际流速增加。从流量系数 Φ 来看，开始亦随 θ 值的增加而增加。这是由于速度系数 φ 增加的缘故。当 $\theta = 13°24'$ 时，$\Phi = 0.946$，为最大值。因为锥顶角 θ 在 $13° \sim 14°$ 范围内，收缩断面与下口断面近似相等。这时收缩系数最大（$\beta = 1$）。θ 值继续增大时，虽然流速系数 φ 因喷嘴内摩擦损耗的减小而继续增加，但是射流在喷嘴外却产生了附加二次收缩，即收缩系数 β 开始逐渐减小。因此，Φ 值则变为随 θ 值的增加而减小。表 6-41 列举了 3 种不同情况下的喷嘴系数。

表 6-41　喷嘴系数

结构形式	β	φ	Φ	ζ
$\theta = 5° \sim 7°$	1.0	0.45～0.50	0.45～0.50	0.40～0.30
$\theta = 13°$	0.98	0.96	0.94	0.09
流线型喷嘴	1.0	0.98	0.98	0.04

图 6-75(b) 所示喷嘴的外壁呈流线型，在下口处稍有扩张，避免了二次收缩，制作比较复杂。选择喷嘴结构形式，仅从单相流动角度来分析显然是不全面的。还必须结合双相流动压力损失、雾化混合与传质效果综合分析，才能得到有实际意义的结论。

图 6-75(c) 所示为折线型喷嘴。其特点是下部收缩角大于上部收缩角，出口风速为 $27 \sim 30 \text{m/s}$ 时，能使喷淋液充分雾化。为了提高净化效率，还可以上喷嘴串联起来使用。

（2）吸收段　吸收段的作用是充分混合由喷嘴下口喷出来管。吸收管内流速一般为 $5 \sim 7 \text{m/s}$。

（3）气液分离段　气液分离段的作用，是通过气流的降速和气体流动方向的转变而使混于气体中的液滴沉降。此段的气流速度一般为 1.5m/s，分离效果最佳，可另增加捕雾装置。

2. 喷射式除尘器的压力降和烟气流速分布状况

喷射式除尘器的总压降是由以下几个部分压降组成的：

$$\Delta p = \Delta p_1 + \Delta p_2 + \Delta p_3 + \Delta p_4 \tag{6-67}$$

式中，Δp 为喷射式除尘器的总压降；Δp_1 为烟气经过喷嘴由于摩擦产生的压降；Δp_3 为气流自喷嘴喷出，突然扩大而引起的压降；Δp_4 为气流由吸收段进入分离段，因突然扩大而引起的压降。

设气流在喷嘴以前的压力为 p_1，进入喷嘴后逐渐减小，直到下口处，此时由于速度最大，压力则降至最低值 p_2。在吸收段由于速度逐渐降低，而压力恢复为 p_3。进入分离段后烟气流速再次降低，压力降至 p_4。喷射式除尘器的压力降还可以写成下式：

$$\Delta p = p_1 - p_4 \tag{6-68}$$

烟气速度的变化情况是：喷杯前的速度为 v_1，进入喷杯后逐渐增加直至喷杯下口速度达最大值 v_2。烟气进入吸收段后速度恢复到 v_3，进入气液分离段后又降到 v_4。

压力与速度的这种变化过程，可以用图 6-77 的曲线来表示。

上述为单相流动的流体力学范畴，其阻力计算推导十分复杂。在实际工作中，多用实验方法确定其阻力系数。阻力系数值取决于喷嘴的构造与气液比。

3. 喷射式除尘器操作条件

为保持较高的净化效率和较低的阻力，操作条件如下：a. 喷嘴下口烟气速度是决定喷射塔工况的重要参数，以 26～30m/s 为宜；b. 气液分离段烟气速度应低于 1.5m/s；c. 气液比为 1～2L/m³。

四、冲击式除尘器

冲击式除尘器是利用含尘烟气以一定的速度冲击水面而捕集烟尘的装置。这种除尘器的特点是结构简单、不易堵塞、维护方便、耗水量较小，但速度增大时阻力较大。它与水浴式、自激式除尘器的区别。是冲击式除尘器出口速度高，而自激式除尘器为中速冲击及水浴式除尘器为低速冲击见表 6-42。

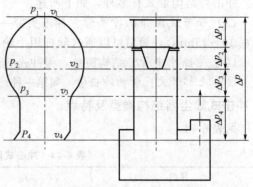

图 6-77　喷射除尘器内压力和速度分布

表 6-42　冲击式除尘器特点

项　目	冲击式除尘器	自激式除尘器	水浴式除尘器
冲击气速/(m/s)	40～80	18～30	8～12
阻力/kPa	2～4	1～1.6	0.4～0.7
收尘效率/%	>90	>90	90

冲击式除尘器属于高效湿式除尘设备之一。含尘烟气通过喷头以 40～80m/s 流速出时冲击水面，形成泡沫和水雾，烟尘在惯性力的作用下在水面上被捕集，细小尘粒还可以在水雾中得到净化。因此，除尘效率较高，但耗能较大。

1. 冲击式除尘器的技术性能

冲击式除尘器的技术性能见表 6-43。

表 6-43　冲击式除尘器的技术性能

序　号	项　目	单位	技术性能	备　注
1	冲击管烟气流速	m/s	10～12	
2	冲击头烟气流速	m/s	40～80	
3	空塔烟气流速	m/s	0.4～0.8	
4	冲击头与浴槽液面差	mm	10～15	
5	液体深度	mm	400～700	
6	阻力	kPa	2～3	冲击管外进水
		kPa	2.5～3.5	冲击管内进水
7	收尘效率	%	90～97	

冲击式除尘器的阻力可按下式计算：

$$\Delta H = \xi \frac{v^2 \rho_g}{2} \tag{6-69}$$

式中，ΔH 为冲击式除尘器的阻力，Pa；ρ_g 为在进口处操作状态下的烟气密度，kg/m³；v 为冲击头的烟气流速，m/s；ξ 为阻力系数，对带节流圆锥形冲击头的洗涤器，冲击速度为 60～104m/s 时 ξ=13～15。

2. 冲击式除尘器的结构

冲击式除尘器主要由壳体和冲击管组成。

壳体结构形式有立式和卧式两种：立式壳体结构，占地少，冲击管较长，冲击速度大时易震动；卧式壳体结构，设备较矮，冲击管较短，便于装设捕沫装置。一般采用卧式结构较多。

冲击管结构形式有多种，如下所述。

（1）带节流圆锥的冲击管　冲击头带一个节流圆锥，锥体与冲击头之间形成环形窄缝（环缝宽10～15mm），缝隙可以通过丝杆用手轮或螺母来调节，以控制冲击速度，但结构较复杂。

（2）变径冲击管　结构简单，但冲击速度不能调节。

（3）上部带文氏管的冲击管　属第一种形式，上部采用文氏管，增加除尘效果，但阻力增大。

3. 冲击式除尘器结构类型及特点

见表6-44。

表6-44　冲击式除尘器的结构类型及特点　　　　　　　　　单位：mm

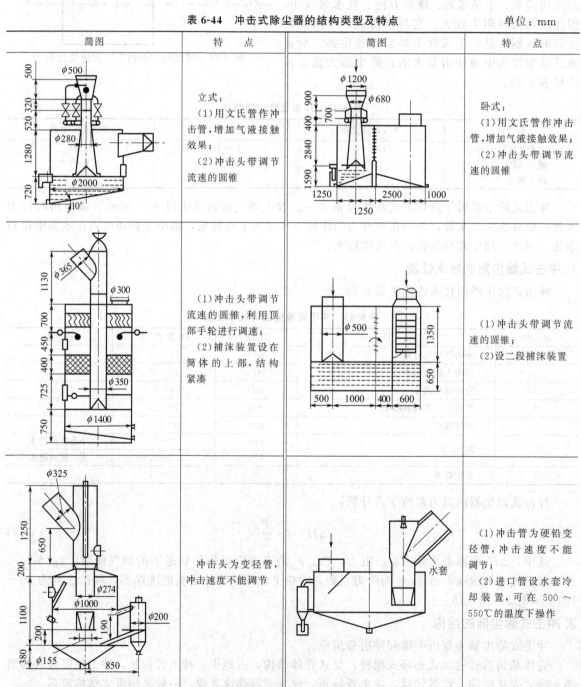

简图	特点	简图	特点
	立式： （1）用文氏管作冲击管，增加气液接触效果； （2）冲击头带调节流速的圆锥		卧式： （1）用文氏管作冲击管，增加气液接触效果； （2）冲击头带调节流速的圆锥
	（1）冲击头带调节流速的圆锥，利用顶部手轮进行调速； （2）捕沫装置设在筒体的上部，结构紧凑		（1）冲击头带调节流速的圆锥； （2）设二段捕沫装置
	冲击头为变径管，冲击速度不能调节		（1）冲击管为硬铅变径管，冲击速度不能调节； （2）进口管设水套冷却装置，可在500～550℃的温度下操作

冲击式洗涤器的材质在腐蚀性、温度较高的条件下，冲击管可采用 K 合金、硅铸铁或石墨，温度较低时可用硬铅。壳体可用钢板衬铅、衬橡胶或塑料。

五、风送式喷雾除尘机

近年来，随着大气污染日益严重，$PM_{2.5}$ 浓度时有超标，造成大气雾霾现象时有发生。大气粉尘污染是雾霾形成的罪魁祸首，"贡献率"高达 18%，远高于机动车污染。工矿企业露天粉尘的排放是造成大气污染的主要原因之一，工矿企业露天除尘至关重要。风送式喷雾除尘机，能有效地解决露天粉尘治理问题。

1. 工作原理及特点

（1）工作原理 风送式喷雾除尘机由筒体、风机、喷雾系统组成。如图 6-78 所示。JJPW 系列风送式喷雾除尘机采用两级雾化的高压喷雾系统，将常态溶液雾化成 $10\sim150\mu m$ 的细小雾粒，在风机的作用下将雾定向抛射到指定位置，在尘源处及其上方或者周围进行喷雾覆盖，最后粉尘颗粒与水雾充分的融合，逐渐凝结成颗粒团，在自身的重力作用下快速沉降到地面，从而达到降尘的目的。

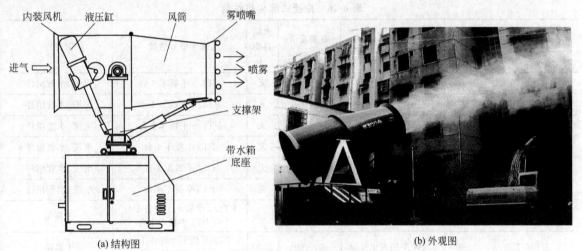

(a) 结构图　　　　(b) 外观图

图 6-78　风送式喷雾除尘机

（2）特点

① 风送式喷雾除尘机工作方式灵活，有车载式、固定式和拖挂式等类型。

② 风送式喷雾除尘机不需要铺设管道，不需要集中泵房。维护方便，节省施工和维护成本。

③ 水枪喷出的水成束状，水覆盖面窄，对粉尘的捕捉能力较差，风送式喷雾除尘机喷出为水雾，水雾粒度和粉尘粒度大致相同（$30\sim300\mu m$），能有效地对粉尘进行捕捉，除尘效果明显。

④ 当除尘地点搬迁时，风送式喷雾除尘机可随地点的不同而随时移动，喷枪预埋管道则被废弃，而且要从新预埋，浪费资源。

⑤ 风送式喷雾除尘机比传统喷枪节水 90% 以上，属于环保型产品。

2. 固定式除尘机

固定型风送式喷雾除尘机降尘效果好、易安装、易操作、维护方面。可直接接入供水管路或者配置水箱（$1\sim10t$）性能见表 6-45。

3. 拖挂式除尘机

拖挂型风送式喷雾除尘机适用于产尘点移动变化，它具体机动性强，降尘效果好等优点。可根据现场客户需求是否配置发电机组和水箱。拖挂式除尘机性能见表 6-46。

表 6-45　固定式除尘机性能

产品型号	最大射程/m	水平转角/(°)	俯仰转角/(°)	覆盖面积/m²	耗水量/(L/min)	雾化粒度/μm	设备型式	控制方式	防护等级	适用环境/℃
JJPW-G30(T/H)	30	360	−10～45	2800	20～30	10～150	固定型	手动/遥控/自动/远程集中	IP55	−20～+50
JJPW-G40(T/H)	40	360	−10～45	5020	25～40	10～150				
JJPW-G50(T/H)	50	360	−10～45	7850	30～50	10～150				
JJPW-G60(T/H)	60	360	−10～45	10000	60～80	10～150				
JJPW-G80(T/H)	80	360	−10～30	20010	70～100	10～150				
JJPW-G100(T/H)	100	360	−10～30	31400	90～120	10～150				
JJPW-G120(T/H)	120	360	−10～30	45200	110～140	10～200				
JJPW-G150(T/H)	150	360	−10～30	70650	120～150	10～200				

注：T 为塔架式，塔架高度根据客户现场制定；H 为升降式，升降高度根据客户现场制定。

表 6-46　拖挂式除尘机性能

产品型号	最大射程/m	配套动力/水箱	喷雾流量/(L/min)	水箱容积/L	拖车型号数量	配套件
JJPW-T50	50	现场接电源、水源	30～50	无	PT1.5 平板车 1 台	电缆、水管组件
JJPW-T60	60	现场接电源、水源	60～80	无	PT1.5 平板车 1 台	电缆、水管组件
JJPW-T80	80	现场接电源、水源	70～100	无	PT1.5 平板车 1 台	电缆、水管组件
JJPW-T100	100	现场接电源、水源	90～120	无	PT3 平板车 1 台	电缆、水管组件
JJPW-T120	120	现场接电源、水源	110～140	无	PT3 平板车 1 台	电缆、水管组件
JJPW-T150	150	现场接电源、水源	120～160	无	PT3 平板车 1 台	电缆、水管组件
JJPW-T50	50	30kW 柴油发电机组	30～50	2000	PT1.5 平板车 2 种各 1 台或 PT5 平板车 1 台	工具箱
JJPW-T60	60	50kW 柴油发电机组	60～80	2000	PT2 平板车 2 种各 1 台或 P75 平板车 1 台	工具箱
JJPW-T80	80	50kW 柴油发电机组	70～100	3000	PT2 平板车 2 种各 1 台或 PT5 平板车 1 台	工具箱、变频器
JJPW-T100	100	75kW 柴油发电机组	90～120	3000	PT2、PT3 平板车各 1 台	工具箱
JJPW-T120	120	100kW 柴油发电机组	110～140	4000	PT2、PT5 平板车各 1 台	工具箱、变频器
JJPW-T150	150	150kW 柴油发电机组	120～160	4000	PT3、PT5 平板车各 1 台	工具箱、8t 洒水车

4. 车载式除尘机

车载型多功能风送式喷雾除尘车适用于产尘点多且移动变化，它配备有前冲（喷）后洒、侧顶、绿化洒水高压炮、风送式喷雾除尘机等。具备路面洒水除尘和喷雾除尘功能。所以它有机动性强、功能齐全、降尘效果好等优点，同时可根据客户要求可选择普通车载型和多功能车载型。其性能见表 6-47。

5. 抑尘剂

抑尘剂是以颗粒团聚理论为基础，利用物理化学技术和方法，使矿粉等细小颗粒凝结成大胶团，形成膜状结构。

表 6-47　车载式除尘机性能

产品型号	最大射程/m	配套动力/水箱	喷雾流量/(L/min)	变频器	水箱容积/L	底盘车	其他配置
JJJPW-C50(D)	50	30kW 柴油发电机组	30～50	无	8～10	东风 145	
JJPW-C60(D)	60	50kW 柴油发电机组	60～80	无	8～10	东风 145	
JJPW-C80(D)	80	50kW 柴油发电机组	70～100	30KW	10～12	东风 153	电缆、水管组件
JJPW-C100(D)	100	75kW 柴油发电机组	90～120	45KW	10～12	东风加长 153	
JJPW-C120(D)	120	100kW 柴油发电机组	110～140	75KW	12～15	天锦小三轴	
JJPW-C150(D)	150	150kW 柴油发电机组	120～160	90KW	12～15	天锦后八轮	

　　抑尘剂产品的使用，可以极其经济的改善：矿山开采和运输的环境，火电厂粉煤灰堆积场的污染问题，煤和其他矿石的堆积场损耗和环境问题，众多简易道路的扬尘问题，市政建设中土方产生的扬尘问题。抑尘剂的特点和应用范围见表 6-48，同时抑尘剂应符合以下要求：a. 融合了化学弹性体技术、聚合物纳米技术、单体三维模块分析技术；b. 不易燃，不易挥发；具有防水特性，形成的防水壳不会溶于水；c. 抗压，抗磨损，不会粘在轮胎上，抗紫外线 UV 照射，在阳光下不易分解；d. 水性产品，无毒，无腐蚀性，无异味，环保；e. 使用方便，只需按照一定比例与水混合即可使用，水溶迅速，无需额外添加搅拌设备。

表 6-48　抑尘剂种类、特点和应用范围

抑尘剂型号及种类	抑尘原理	抑尘特点	应用领域
JJYC-01 运输型抑尘剂	以颗粒团聚理论为基础，使小扬尘颗粒在抑尘剂的作用下表面凝结在一起，形成结壳层，从而控制矿粉在运输中遗撒	(1)保湿强度高、喷洒方便，不影响物料性能；(2)耐低温，一年四季均可使用；(3)使用环境友好型材料	散装粉料的表面抑尘固化，铁路或长途公路运输的矿粉矿渣、砂砾黄土
JJYC-02 耐压型抑尘剂	以颗粒团聚及络合理论为基础，利用物理化学技术，通过捕捉、吸附、团聚粉尘微粒，将其紧锁于网状结构之内，起到湿润、黏结、凝结、吸湿、防尘、防浸蚀和抗冲刷的作用	(1)保温强度高，耐超低温；(2)效果持续，耐重载车辆反复碾压，不粘车轮；(3)使用环境友好型材料	临时道路、建筑工地、货场行车道路、市政工程等。对被煤粉、矿粉、砂石、黄土，或混合土壤覆盖的地表均适用
JJYC-03 接壳型抑尘剂	抑尘剂具有良好的成膜特性，可以有效地固定尘埃并在物料表面形成防护膜，抑尘效果接近 100%	(1)抑尘周期长，效果最多可持续12 个月以上；(2)并有浓缩液和固体粉料多种选择；(3)结壳强度大，不影响物料性能；(4)使用环境友好型材料	裸露地面、沙化地面、简易道路等

六、静电干雾除尘器

　　静电干雾除尘是基于国外在解决 PM$_{2.5}$ 控制相关研究中提出"水雾颗粒与尘埃颗粒大小相近时吸附、过滤、凝结的概率最大"这个原理，在静电荷离子作用下，通过喷嘴将水雾化到 $10\mu m$ 以下，这种干雾对流动性强、沉降速度慢的粉尘是非常有效的，同时产生适度的打击力，达到抑尘、控尘的效果。粉尘与干雾结合后落回物料中，无二次污染。系统用水量非常少，物料含水量增加＜0.5%；系统运行成本低，维护简单，省水、省电、省空间，是一种新型环保节能减排产品。

1. 静电干雾除尘特点

① 在污染的源头，起尘点进行粉尘治理；每年阻止被风带走的煤炭数以百万元计。

② 抑尘效率高，无二次污染。无需清灰，针对 $10\mu m$ 以下可吸入粉尘治理效果高达 96%，避免尘肺病危害。

③ 水雾颗粒为干雾级，在抑尘点形成浓密的雾池，增加环境负离子。

④ 节能减排，耗水量小，与物料质量比仅 $0.02\% \sim 0.05\%$，是传统除尘耗水量的 $1/100$，物料（煤）无热值损失。对水含量要求较高的场合亦可以使用。

⑤ 占地面积小，全自动 PLC 控制，节省基建投资和管理费用。

⑥ 系统设施可靠性高，省去传统的风机、除尘器、通风管、喷洒泵房、洒水枪等，运行、维护费用低。

⑦ 适用于无组织排放，密闭或半密闭空间的污染源。

⑧ 大大降低粉尘爆炸概率，可以减少消防设备投入。

⑨ 冬季可正常使用且车间温度基本不变（其他传统的除尘设备，使用负压原理操作，带走车间内大量热量，需增加车间供热量）。

⑩ 大幅降低除尘能耗及运营成本，与常用布袋除尘器相比，设备投资不足其 $1/5$；运行费用不足其 $1/10$；维护费用不足其 $1/20$。

⑪ 安装方便，维护方便。

2. 除尘主机参数

见表 6-49。

表 6-49 除尘主机参数

TBV-Q 干雾主机	TBV-Q-1	IBV-Q-3	IBV-Q-5	TBV-Q-7	TBV-Q-9
喷雾器数量	$10\sim20$	$20\sim60$	$50\sim100$	$100\sim150$	$150\sim250$
最大耗水量	1000L/h	3000L/h	5000L/h	7500L/h	12500L/h
最大耗气量	$4.2nm^3/min$	$12.6nm^3/min$	$21nm^3/min$	$31.5nm^3/min$	$52.5nm^3/min$
功率	33kW	78kW	135kW	188kW	318kW
系统组成	泵,空压机,贮气罐、万向节喷雾器、喷雾箱,汽水分配器、水过滤器、保温伴热系统、水汽管路、分组控制器、现场控制箱,配电箱、控制系统等				
TBV-G 干雾主机	TBV-G-2	TBV-G-4	TBV-G-6	TBV-G-8	TBV-G-10
喷雾器数量	$10\sim20$	$20\sim60$	$50\sim100$	$100\sim150$	$150\sim300$
最大耗水量	200L/h	600L/h	1000L/h	1500L/h	3000L/h
最大耗气量	0	0	0	0	0
功率	1kW	3kW	5kW	10kW	20kW
系统组成	泵、水箱、喷雾箱、喷雾器、生物膜水净化系统、离子交换、保温伴热系统、管路、分组控制器、现场控制箱、配电箱、控制系统等				
TBV-F 干雾主机	TBV-F	TBV-C 干雾主机	TBC-C-24	TBC-C-30	系统组成
喷雾器数	1	喷雾器数	30m	30m	水净化
最大耗水量	250L/h	最大耗水量	24L/h	30L/h	干雾发生器
最大耗气量	0	最大耗气量	0	0	管道
功率	11kW	功率	3kW	3kW	风机
系统组成	泵、水箱、风压喷雾器、水净化系统、保温伴热系统、管路、现场控制箱、配电箱、控制系统等				

注：摘自辽宁中鑫自动仪表有限公司样本。

3. 静电干雾除尘应用

静电干雾除尘系统适用于选煤、矿业、火电、港口、钢铁、水泥、石化、化工等行业中污染物治理。例如，翻车机、火车卸料口、装车楼、卡车卸料口、汽车受料槽、筛分塔、皮带转接塔、圆形料仓、条形料仓、成品仓、原料仓、均化库、震动给料机、振动筛、堆料机、混匀取料机、抓斗机、破碎机、卸船机、装船机、皮带堆料车、落渣口、落灰口、排土机等，如图 6-79、图 6-80 所示。

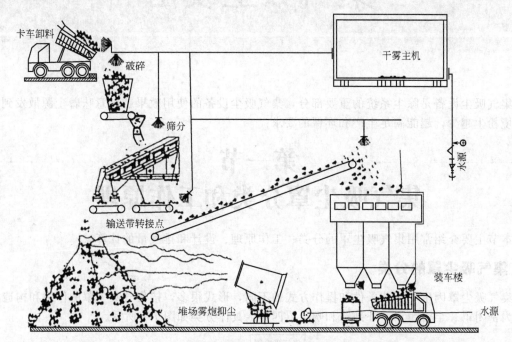

图 6-79　静电干雾除尘的应用

(a) 装车

(b) 卸车

图 6-80　静电干雾除尘用于装卸灰车

第七章

集气吸尘设备

集气吸尘设备是除尘系统的重要部分，集气吸尘设备的使用效果越好意味着尘源散发到车间或环境粉尘越少，越能满足生产和环保的要求。

第一节
集气吸尘罩分类和工作原理

本节主要介绍常用集气吸尘罩的分类、工作原理、设计和排气量的计算。

一、集气吸尘罩的分类

集气吸尘罩因生产工艺条件和操作方式的不同，形式很多，按集气吸尘罩的作用和构造，主要分为密闭罩、半密闭罩、外部罩和吹吸罩四类。具体分类如图 7-1 所示。

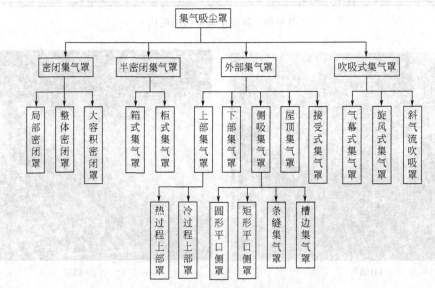

图 7-1 集气吸尘罩的分类

二、集气吸尘的原理

集气吸尘罩罩口气流运动方式有两种：一种是吸气口气流的吸入流动；另一种是吹气口气流的吹出流动。对集气吸尘罩多数的情况是吸气口吸入气流。

（1）吸气口气流　一个敞开的管口是最简单的吸气口，当吸气口吸气时，在吸气口附近形成负压，周围空气从四面八方流向吸气口，形成吸入气流或汇流。当吸气口面积较小时，可视为"点汇"，形成以吸气口为中心的径向线和以吸气口为球心的等速球面。如图 7-2（a）所示。

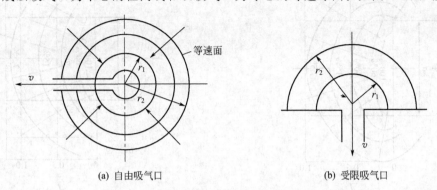

（a）自由吸气口　　　　　　　　　　　（b）受限吸气口

图 7-2　点汇气流流动情况

由于通过每个等速面的吸气量相等，假定点汇的吸气量为 Q，等速面的半径分别为 r_1 和 r_2，相应的气流速度为 v_1 和 v_2，则有

$$Q = 4\pi r_1^2 v_1 = 4\pi r_2^2 v_2 \tag{7-1}$$

式中，Q 为气体流量，m^3/s；v_1、v_2 分别为球面 1 和球面 2 上的气流速度，m/s；r_1、r_2 分别为球面 1 和球面 2 的半径，m。

$$\frac{v_1}{v_2} = \left(\frac{r_1}{r_2}\right)^2 \tag{7-2}$$

由式（7-2）可见，点汇外某一点的流速与该点至吸气口距离的平方成反比。因此设计集气吸尘罩时，应尽量减少罩口到污染源的距离，以提高捕集效率。

若在吸气口的四周加上挡板，如图 7-2（b）所示，吸气范围减少 1/2，其等速面为半球面，则吸气口的吸气量为：

$$Q = 2\pi r_1^2 v_1 = 2\pi r_2^2 v_2 \tag{7-3}$$

式中，符号意义同前。

比较式（7-1）和式（7-3）可以看出，在同样距离上造成同样的吸气速度时，吸气口不设挡板的吸气量比加设挡板时大 1 倍。因此在设计外部集气罩时，应尽量减少吸气范围，以便增强控制效果。

实际上，吸气口有一定大小，气体流动也有阻力。形成吸气区气体流动的等速面不是球面而是椭球面。根据试验数据，绘制了吸气区内气流流线和速度分布，直观地表示了吸气速度和相对距离的关系，如图 7-3～图 7-5 所示。图 7-3、图 7-4 中的横坐标是 x/d（x 为某点距吸气口的距离，d 为吸气口直径），等速面的速度值是以吸气口流速 v_0 的百分比。

根据试验结果，吸气口气流速度分布具有以下特点。

① 在吸气口附近的等速面近似与吸气口平行，随离吸气口距离 x 的增大，逐渐变成椭圆面，而在 1 倍吸气口直径 d 处已接近为球面。因此，当 $x/d>1$ 时近似当作点汇，吸气量 Q 可按式（7-1）、式（7-2）计算。

当 $x/d=1$ 时，该点气流速度已在约降至吸气口流速的 7.5%。如图 7-4 所示。当 $x/d<1$ 时，根据气流衰减公式计算。

② 对于结构一定的吸气口，不论吸气口风速大小如何，其等速面形状大致相同。而吸气口结构形式不同，其气流衰减规律则不同。

（2）吹出气流运动规律　空气从孔口吹出，在空间形成一股气流称为吹出气流射流。据空

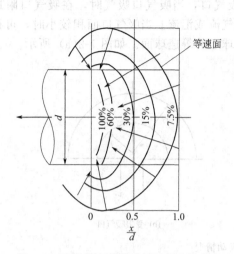

图 7-3　四周无边圆形吸气口的速度分布

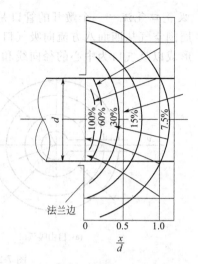

图 7-4　四周有边圆形吸气口的速度分布

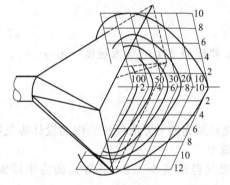

图 7-5　宽长比为 1∶2 的矩形吸气口的速度分布

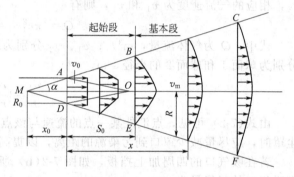

图 7-6　射流结构示意

间界壁对射流的约束条件，射流可分为自由射流（吹向无限空间）和受限射流（吹向有限空间）；按射流内部温度的变化情况可分为等温射流和非等温射流；在设计热设备上方集气吸尘罩和吹吸式集气吸尘罩时，均要应用空气射流的基本理论。

等温圆射流是自由射流中的常见流型。其结构如图 7-6 所示。圆锥的顶点称为极点，圆锥的半顶角 α 称为射流的扩散角。射流内的轴线速度保持不变并等于吹出速度 v_0 的一段，称为射流核心段（图 7-6 的 AOD 锥体）。由吹气口至核心被冲散的这一段称为射流起始段。以起始段的端点 O 为顶点，吹气口为底边的锥体中，射流的基本性质（速度、温度、浓度等）均保持其原有特性。射流核心消失的断面 BOE 称为过渡断面。过渡断面以后称为射流基本段，射流起始段是比较短的，在工程设计中实际意义不大，在集气吸尘罩设计中常用到的等温圆射流和扁射流基本段的参数计算公式列于表 7-1 中。

等温自由射流一般具有以下特征。

① 由于紊流动量交换射流边缘有卷吸周围空气的作用，所以射流断面不断扩大，其扩散角 α 约为 $15°\sim20°$。

② 射流核心段呈锥形不断缩小。对于扁射流，距吹气口的距离 x 与吹气口高度 $2b_0$ 的比值 $x/2b_0=2.5$ 以前为核心段。核心段轴线上射流速度保持吹气口上的平均速度 v_0。

③ 核心段以后（扁射流 $x/2b_0>2.5$），射流速度逐渐下降。射流中的静压与周围静止空气的压强相同。

表 7-1　等温圆射流和扁射流基本段参数计算公式

参　数　名　称	符号	圆射流	扁射流	公式编号
扩散角	α	$\tan\alpha = 3.4\alpha$	$\tan\alpha = 2.44\alpha$	式(7-4)
起始段长度	S_0/m	$S_0 = 8.4R_0$	$S_0 = 9.6b_0$	式(7-5)
轴心速度	$v_{\mathrm{m}}/(\mathrm{m/s})$	$\dfrac{v_{\mathrm{m}}}{v_0} = \dfrac{0.996}{\dfrac{\alpha x}{R_0}+0.294}$	$\dfrac{v_{\mathrm{m}}}{v_0} = \dfrac{1.2}{\sqrt{\dfrac{\alpha x}{b_0}+0.41}}$	式(7-6)
断面流量	$Q_x/(\mathrm{m^3/s})$	$\dfrac{Q_x}{Q_0} = 2.2\left(\dfrac{\alpha x}{R_0}+0.294\right)$	$\dfrac{Q_x}{Q_0} = 1.2\sqrt{\dfrac{\alpha x}{R_0}}+0.294$	式(7-7)
断面平均速度	$v_x/(\mathrm{m/s})$	$\dfrac{v_x}{v_0} = \dfrac{0.1915}{\dfrac{\alpha x}{R_0}+0.294}$	$\dfrac{vx}{v_0} = \dfrac{0.492}{\sqrt{\dfrac{\alpha x}{b_0}+0.41}}$	式(7-8)
射流半径或半高度	R_b/m	$\dfrac{R}{R_0} = 1+3.4\dfrac{\alpha x}{R_0}$	$\dfrac{b}{b_0} = 1+2.44\dfrac{\alpha x}{b_0}$	式(7-9)

注：表中 α 为射流紊流系数，圆射流 $\alpha = 0.08$，扁射流 $\alpha = 0.11\sim0.12$；R_0 为圆形吹气口的半径；b_0 为扁矩形吹气口半高度；表中各符号角标 0 表示吹气口处起始段的有关参数；角标 x 表示离吹气口距离 x 处断面上的有关参数。

　　④ 射流各断面动量相等。根据动量方程式，单位时间通过射流各断面的动量应相等。对于圆射流，单位时间内喷吹口的动量应为 $\rho Q_0 v_0 = \rho\pi R_0^2 v_0^2$。射流基本段的断面速度分布是不均匀的，任取对称于轴心的微环面积 $2\pi y\mathrm{d}y$（见图 7-7），单位时间内通过微环面积的质量为 $e\rho(2\pi y\mathrm{d}y)v$，动量为 $\rho(2\pi y\mathrm{d}y)v^2$。因此，整个断面的动量为 $\int_0^R 2\rho\pi yv^2\mathrm{d}y$ 。由上得出：

$$\rho\pi R_0^2 v_0^2 = \int_0^R 2\rho\pi yv^2\mathrm{d}y \tag{7-10}$$

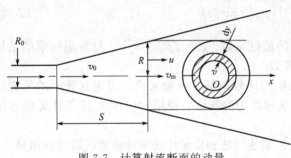

图 7-7　计算射流断面的动量

　　（3）吹吸气流　图 7-8 是三种基本的吹吸气流形式。图中 H 表示吹气口和吸气口的距离；D_1、D_3、F_1、F_3 分别表示吹气口、吸气口的大小尺寸及其法兰边宽度；Q_1、Q_2、Q_3 分别表示吹气口的吹气量、吸入的室内空气量和吸气口的总排风量；v_1、v_3 分别为吹气口和吸气口的气流速度。吹吸气流是组合而成的合成气流，其流支状况随吹气口和吸气口的尺寸比（H/D_1、D_3/D_1、$F_3/D_1\cdots$）以及流量比（Q_2/Q_1、Q_3/Q_1）而变化。图 7-8 分别是倒三角形、正三角形和柱形，受力后，图 7-8(a) 立即倒下，图 7-8(b)、(c) 则难以推倒。吹吸气流的情况亦完全相同，吹气口宽度大，抵抗以箭头表示的侧风、侧压的能力就大。所以现在已把 $H/D_1<30$ 定为吹吸式集气罩的设计基准值。

三、集气罩吸尘的性能

　　集气罩的排风量、捕集效率和压力损失是它的 3 个主要性能指标。

1.排风量

　　排风量可用现场测定的方法来确定，也可以通过计算来确定集气罩的排风量。通常是用计算和设计者的经验来确定。

　　（1）排风量的测定方法　运行中的集气罩排风量 $Q(\mathrm{m^3/s})$ 可以通过实测罩口上的平均吸

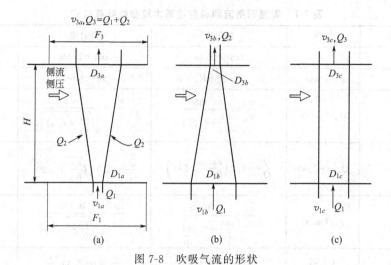

图 7-8　吹吸气流的形状

注：图 7-8 中，① $H/D_1<30$，一般 $2<H/D_1<15$；② v_1、v_3 越小越好，但是 $v_1>0.2\text{m/s}$；③ v_1 越小越好；④ $F_1=D_1$ 最好；⑤ 采用经济设计式，使 Q_3 或 (Q_1+Q_3) 最小。

气速度 $v_0(\text{m/s})$ 和罩口面积 $A_0(\text{m}^2)$ 来确定：

$$Q=A_0v_0(\text{m}^3/\text{s}) \tag{7-11}$$

也可以通过实测连接集气罩直管中的平均速度 $v(\text{m/s})$、气流动压 $p_d(p_a)$ 或静压 $p_s(\text{Pa})$，以及管道断面面积 $A(\text{m}^2)$ 来确定（如图 7-9 所示）：

$$Q=vA=A\sqrt{\left(\frac{2}{\rho}\right)p_d}(\text{m}^3/\text{s}) \tag{7-12}$$

或

$$Q=\varphi A\sqrt{\left(\frac{2}{\rho}\right)|p_s|}(\text{m}^3/\text{s}) \tag{7-13}$$

式中，ρ 为气体密度，kg/m^3；φ 为集气罩的流量系数，$\varphi=\sqrt{p_d/|p_s|}$，只与集气罩的结构形状有关，对于一定结构形状的集气罩，φ 为常数。

在实际中，测定气流平均速度 v 或平均动压 p_d 比较麻烦，一般来说，测定直管中的气流静压并按式(7-13)计算排风量比较方便，这种方法称之为静压法，而用式(7-12)进行计算的方法称为动压法，这是工程中常用的两种测定方法。

(2) 排风量计算方法　实际应用中，常用控制速度法和流量比法来计算集气罩的排风量。

① 控制速度法。污染物从污染源散发出来以后都具有一定的扩散速度，该速度随污染物扩散而减小。当扩散速度减小到零的位置称为控制点。控制点处的污染物较容易便吸走，集气罩能吸走控制点处污染物的最小吸气速度称为控制速度，控制点距罩口的距离称为控制距离，如图 7-10 所示。

在设计中，应首选根据设计工艺设备及操作要求，确定集气罩形状及尺寸，由此可确定罩口面积 A_0；其次根据控制要求安排罩口与污染源相对位置，确定罩口几何中心与控制点的距离 x。当确定了控制速度 v_x 后，即可根据不同形式集气罩口的气流衰减规律，求得罩口上的气流速度 v_0，这样便可按式(7-11)求得集气罩的排风量。

控制速度值与集气罩结构、安装位置以及室内气流运动情况有关，一般要通过类比调查、现场测试确定。

控制速度法一般适用于污染物发生量较小的冷过程的外部集气罩设计，详见本章第四节。

② 流量比法。是把集气罩的排风量 Q 看做是含尘污染气流量 Q_1 和从罩口周围吸入室内空气

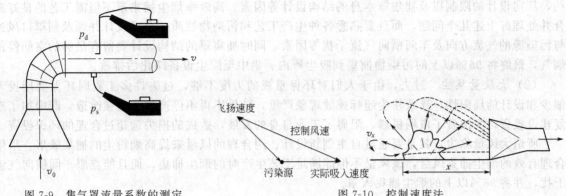

图 7-9 集气罩流量系数的测定　　　　　　　图 7-10 控制速度法

量 Q_2 之和，即：

$$Q=Q_1+Q_2=Q_1\left(\frac{1+Q_2}{Q_1}\right)=Q_1(1+K) \tag{7-14}$$

比值 $K=Q_2/Q_1$ 称为流量比。显然，K 值越大，污染物越不易溢出罩外，但集气罩排风量 Q 也随之增大。考虑到设计的经济合理性，把能保证污染物不溢出罩外的最小 K 值称为临界流量比或极限流量比，用 K_v 表示。

$$K_v=\left(\frac{Q_2}{Q_1}\right)_{\min} \tag{7-15}$$

依据 K_v 值计算集气罩排风量的方法称为流量比法，而 K_v 值是决定集气罩控制效果的主要因素。研究结果表明，K_v 与污染物发生量无关，只与污染源和集气罩的相对尺寸有关，K_v 值的计算公式需要经过实验研究求出，在工程计算中 K_v 值计算式可参看有关设计资料和专业书籍。

考虑到室内横向气流的影响，在设计时应增加适当的安全系数，则式(7-14) 可变成下式：

$$Q=Q_1(1+mK_v\Delta t)(\text{m}^3/\text{s}) \tag{7-16}$$

式中，m 为考虑干扰气流影响的安全系数，可按表 7-2 确定。

表 7-2　流量比法的安全系数

横向干扰气流速度/(m/s)	安　全　系　数	横向干扰气流速度/(m/s)	安　全　系　数
0~0.15	5	0.30~0.45	10
0.15~0.30	8	0.45~0.50	15

应用流量比法计算应注意以下事项：a. 临界流量比 K_v 的计算式都是在特定条件通过实验求得的，应用时应注意其适用范围；b. 流量比法是以污染气体发生量 Q_1 为基础进行计算的，Q_1 应根据实测的发散速度和发散面积计算确定，如果无法确切计算出污染气体发生量，建议仍按照控制速度法计算；c. 从表 7-2 可以看出，周围干扰气流对排风量的影响很大，应尽可能减弱周围横向气流干扰。

2. 捕集效率

与严格的大气排放标准相呼应，在工业清洁生产中，国家不但对工艺生产设备提出清洁生产的先进性指标要求，而且将车间操作区卫生标准一般粉尘也由过去的 10mg/m^3 提高到 8mg/m^3。这就意味着各污染源的粉尘捕集效率必须大幅度提高。实践表明，提高 5%~10% 的集气效率比提 1%~3% 除尘净化器净化效率要容易得多，所以设计中应当把主要尘源的捕集由 85%~90% 提高到 96% 以上，以体现各生产操作区岗位洁净，厂房外无烟尘外溢现象。高效率的烟尘捕集取决于良好的集气吸尘罩和大风量除尘系统设计。

(1) 集气吸尘罩　集气吸尘罩形式有多种，有与工艺设备直接相连的捕集罩，与设备脱开式集气罩、高悬罩、密闭罩和厂房屋顶烟罩及竖井式气楼烟罩等。

影响捕集罩设计的因素有：工艺生产人员对烟罩认识的局限性，工艺操作和设备维护的制约，厂房设计的限制以及捕集罩本身的结构设计等因素。高效率烟尘捕集罩不但需工艺的良好配合并处理好上述几个问题，而且要熟悉各种生产工艺和污染物性质，合理设计并顾及到罩口风速与污染源的气流方向及车间横向气流干扰等因素，同时捕集罩的结构设计要留有足够的空间停留烟气，最终将96%以上的污染物捕集到吸尘罩内、集中至除尘设备净化后排放。

（2）大风量集尘 过去，由于人们对环保重视的力度不够，过去许多工程因环保费用投入偏少和设计的局限性，导致粉尘超标排放现象严重，结果不得不停产进行整顿改造，既增加了重复建设投资，又浪费了市场机遇，阻碍了工业自身的发展，造成的损失远超过合理的环保投资。

所谓大风量除尘，就是要通过自主创新设计、用合理的风量来提高烟粉尘的捕集效果。采用合理有效的烟尘捕集风量，该风量不但能满足工艺生产时的烟尘捕集，而且能克服车间横向气流干扰，并将96%以上的烟尘捕集入罩。

3. 压力损失

集气罩的压力损失 Δp 一般表示为压力损失系数 ξ 与直管中的动压 p_d 之乘积的形式，即：

$$\Delta p=\xi p_d=\xi\frac{\rho v^2}{2}\quad(\text{Pa})\tag{7-17}$$

式中，ξ 为压力损失系数；p_d 为气流的动压，Pa；ρ 为气体密度，kg/m³；v 为气流速度，m/s。

因为集气罩罩口处于大气中，所以罩口的全压等于零，这样，集气罩的压力损失便可以写为：

$$\Delta p=0-p=-(p_d+p_s)=|p_s|-p_d\tag{7-18}$$

式中，p 为连接集气罩直管中的气体全压，只要测出连接直管中的动压 p_d 和静压 p_s，便可以求得集气罩的流量系数 φ 值：

$$\varphi=\sqrt{\frac{p_d}{|p_s|}}\tag{7-19}$$

由式(7-17)～式(7-19)便可以求得流量系数 φ 与压力损失系数 ξ 之间的关系式：

$$\varphi=\frac{1}{\sqrt{1+\xi}}\tag{7-20}$$

因此，上述系数 φ、ξ 中，只要知道其中一个，便可求出另一个。而对于结构、形状一定的集气罩，φ 与 ξ 值均为常数。

表 7-3 给出了几种罩口的流量系数和局部阻力系数。

四、集气吸尘罩设计原则

① 改善排放粉尘有害物的工艺和工作环境，尽量减少粉尘排放及危害。

② 吸尘罩尽量靠近污染源并将其围罩起来。形式有密闭型、围罩型等。如果妨碍操作，可以将其安装在侧面，可采用风量较小的槽型或桌面型。

③ 决定吸尘罩安装的位置和排气方向。研究粉尘发生机理，考虑飞散方向、速度和临界点，用吸尘罩口对准飞散方向。如果采用侧型或上盖型及尘罩，要使操作人员无法进入污染源与吸尘罩之间的开口处。比空气密度大的气体可在下方吸引（见图7-11）。

④ 决定开口周围的环境条件。一个侧面封闭的吸尘罩比开口四周全部自由开放的吸尘罩效果好。因此，应在不影响操作的情况下将四周围起来，尽量少吸入未被污染的空气。

⑤ 防止吸尘罩周围的紊流。如果捕集点周围的紊流对控制风速有影响，就不能提供更大的控制风速，有时这会使吸尘罩丧失正常的作用。

⑥ 吹吸式（推挽式）利用喷出的力量将污染气体排出。

⑦ 决定控制风速。为使有害物从飞散界限的最远点流进吸尘罩开口处，而需要的最小风速被称为控制风速。

表 7-3　几种罩口的流量系数和局部阻力系数

罩子名称	喇叭口	圆台或天圆地方	圆台或天圆地方	管道端头	有边管道端头
罩子形状					
流量系数 φ	0.98	0.09	0.82	0.72	0.82
压损系数 ξ	0.04	0.235	0.40	0.93	0.49

罩子名称	有弯头的管道端头	有弯头有边的管道端头	排风罩（例如加在化铅炉上面）	有格栅的下吸罩	砂轮罩
罩子形状					
流量系数 φ	0.62	0.74	0.9	0.82	0.80
压损系数 ξ	1.61	0.825	0.235	0.49	0.56

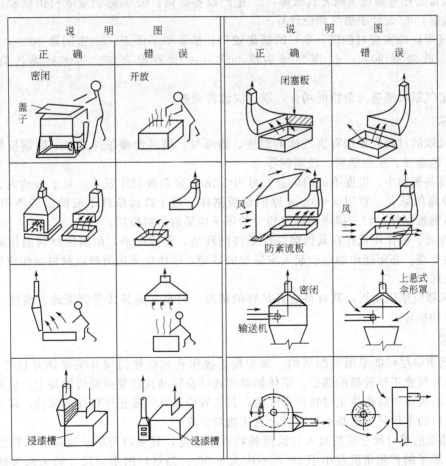

图 7-11　吸尘罩位置正确与错误对照

五、集气罩技术要求

1. 性能要求

① 应对无组织排放的烟（粉）尘污染源设置集气罩。集气罩的形式和设置应满足生产操作和检修的要求。

② 对产生烟（粉）尘的生产设备和部位，应优先考虑采用密闭罩或排气柜，并保持一定的负压。当不能或不便采用密闭罩时，可根据生产操作要求选择半密闭罩或外部集气罩，并尽可能包围或靠近污染源，必要时采取增设软帘围挡，以防止粉尘外溢。逸散型热烟气的捕集应优选采用顶部集气罩；污染范围较大，生产操作频繁的场合可采用吹吸式集气罩；无法设置固定集气罩，生产间断操作的场合，可采用活动（移动）集气罩。

③ 集气罩的排风口不宜靠近敞开的孔洞（如操作孔、观察孔、出料口等），以免吸入大量空气或物料。

④ 集气罩设计时应充分考虑气流组织，避免含尘气流通过人的呼吸区。

⑤ 集气罩设计时应考虑穿堂风等干扰气流对排烟效果的影响。

⑥ 集气罩、屋顶集气罩的外形尺寸和容积较大时，罩体宜设置多个排风出口。集气罩收缩角不宜大于60°。

⑦ 集气罩的排风量应按照防止粉尘或有害气体扩散到环境空间的原则确定。排风量为工况风量，排风量大小可通过下列方式获得：a. 生产设备提供；b. 实际测量或模拟试验；c. 工程类比和经验数据；d. 设计手册与理论计算。

⑧ 集气罩应能实现对烟气（尘）的捕集效果，捕集率不低于：a. 密闭罩100%；b. 半密闭罩95%；c. 吹吸罩90%；d. 屋顶排烟罩90%；e. 含有毒有害、易燃易爆污染源控制装置100%。

⑨ 在集气罩可能进入杂物的场合，罩口应设置格栅。

2. 材质要求

① 排风罩的材料应根据有害气体的温度、磨琢性、腐蚀性等条件选择。除钢板外，罩体材料可采用有色金属、工程塑料、玻璃钢等。

② 对设备振动小、温度不高的场合，可用≤2mm薄钢板制作罩体；对于振动大、物料冲击大或温度较高的场合，宜用3～8mm厚的钢板制作。对于高温条件下或炉窑旁使用的排风罩，宜采用耐热钢板制作。对于捕集磨琢性粉尘的罩子应采取耐磨措施。

③ 在有酸、碱作用或存在其他腐蚀性条件的环境，罩体应采用耐腐蚀材料制作或在材料表面作耐腐蚀处理。在可能由静电引起火灾爆炸的环境，罩体应采用防静电材料制作或在材料表面做防静电处理。

④ 排风罩应坚固耐用，其材料应有足够的强度，避免在拆装或受到振动、腐蚀、温度剧烈变化时变形和损坏。

3. 结构要求

① 密闭罩应尽可能采用装配结构、观察窗、操作孔和检修门应开关灵活并且具有气密性，其位置应躲开气流正压较高的部位。罩体如必须连接在振动或往复运动的设备上，应采用柔性连接。密闭罩的吸风口应避免正对物料飞溅区，其位置应避开气流正压较高的部位，保持罩内均匀负压，吸风口的平均风速以基本上不吸走有压物料为准。

② 外部罩的罩口尺寸应按吸入气流流场特性来确定，其罩口与罩子连接管面积之比不应超过16：1，罩子的扩张角度宜小于60°，不应大于90°。当罩口的平面尺寸较大而又缺少容纳适宜扩张角所需的垂直高度时，可以将其分成几个独立的小排风罩；对中等大小的排风罩，可在罩

口内设置挡板、导流板或条缝口等。

③ 为提高捕集率和控制效果，外部罩可加法兰边。

④ 对于悬挂高度 $H \leqslant 1.5\sqrt{F}$（H 为罩口至热源上沿的距离，F 为热源水中投影面积）或 $H \leqslant 1m$ 的接受罩，罩口尺寸应比热源尺寸每边扩大 $150 \sim 200mm$；对于悬挂高度 $H > 1.5\sqrt{F}$ 或 $H > 1m$ 的接受罩，应将计算所得的罩口处热射流直径增加为 $0.8H$（H 悬挂高度）作为罩口直径。

4. 设计要求

① 排风罩应能将有害物源放散的有害物予以捕集，在使工作场所有害物浓度达到相应卫生标准要求的前提下，提高捕集效率，以较小的能耗捕集有害物。

② 对可以密闭的有害物源，应首先采用密闭的措施，尽可能将其密闭，用较小的排风量达到较好的控制效果。

③ 当不能将有害物源全部密闭时可设置外部罩，外部罩的罩口应尽可能接近有害物源。

④ 当排风罩不能设置在有害物源附近或罩口至有害物源距离较大时，可设置吹吸罩。对于有害物源上挂有遮挡吹吸气流的工件或隔断吹吸气流作用的物体时应慎用吹吸罩。

⑤ 排风罩的罩口外气流组织宜有利于有害气流直接进入罩内，且排气线路不应通过作业人员的呼吸带。

⑥ 外部罩、接受罩应避免布置在存在干扰气流之处。排风罩的设置应方便作业人员操作和设备维修。

第二节
密闭集气吸尘罩

密闭集气吸尘罩是把污染源局部或整体密闭起来，使污染物的扩散被限制在一个很小的密闭空间内，仅在适当的位置留出必要的缝隙。通过从罩中排出一定量的空气，使罩内保持一定的负压，罩外的空气经罩上的缝隙流入罩内，以达到防止污染物外逸的目的。与其他类型集气罩相比，密闭集气罩所需的排风量最小，控制效果最好，且不受室内横向气流干扰。因此，在设计时应优先选用密闭集气罩。

一、密闭集气罩的分类和结构

1. 密闭集气罩的分类

（1）局部密闭罩 将设备产尘地点局部密闭，工艺设备露在外面的密闭罩。适用于产尘气流速度较小，且集中、连续扬尘的地点，如胶带机受料点、磨机的受料口等，如图 7-12 所示。

（2）整体密闭罩 将产生粉尘的设备或地点大部密闭，其特点是密闭罩本身为独立整体，易于密闭。这种密闭方式适用于有振动的设备、产尘气流速度较大的产尘地点，如振动筛等，如图 7-13 所示。

（3）大容积密闭罩 将产生粉尘的设备或地点进行全部封闭的密闭罩。它的特点是罩内容积大，可以缓冲含尘气流，减小局部正压。这种密闭方式适用多点产尘、阵发性产尘和产尘气流速度大的设备或地点，如多交料点的胶带机转运点等，如图 7-14 所示。

2. 密闭罩的结构

密闭罩的材料和结构形式应坚固耐用，严密性好，卸拆方便。由于小型型钢和薄钢板等组成

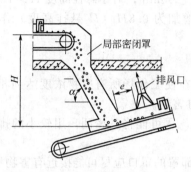

图 7-12　局部密闭罩

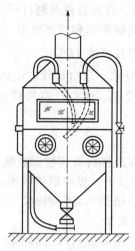

图 7-13　整体密闭罩

的凹槽盖板是一种性能良好的密闭罩结构。

（1）凹槽盖板密闭罩　凹槽盖板适用于做成装配式结构。对于较小的密闭罩可全部采用凹槽盖板；对大型密闭罩为便于生产设备的检修，可局部采用凹槽盖板。

凹槽盖板密闭罩由许多装配单元组成，各单元的几何形状（矩形、梯形、弧形等）按实际需要决定，每个单元的边长不宜超过 1.5m。每个单元由凹槽框架、密闭盖、压紧装置和密封填料等构件组成，如图 7-15 所示。

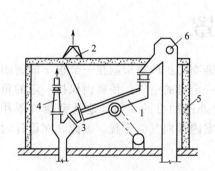

图 7-14　大容积密闭罩

1—振动筛；2—小室排风口；3—卸料口；
4—排风口；5—密闭小室；6—提升机

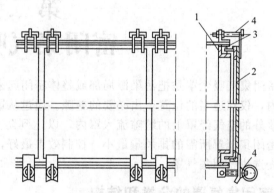

图 7-15　凹槽盖板密闭结构

1—凹槽框架；2—密闭盖；
3—密封填料；4—压紧装置

① 凹槽宽度在加工误差允许范围内，要使盖板能自由嵌入凹槽，但不宜过宽，凹槽最小宽度可按表 7-4 选取。

表 7-4　凹槽宽度

密闭盖长边尺寸/mm	凹槽最小宽度/mm	密闭盖长边尺寸/mm	凹槽最小宽度/mm
<500	14	1000~1500	25
500~1000	17	>1500	40

② 凹槽密封填料，应采用弹性好、耐用、价廉的材料，一般可用硅橡胶海绵、无石棉橡胶绳、泡沫塑料等。硅橡胶海绵压缩率不超过 60%，耐温 70~80℃ 以上，1kg 可处理 40mm×17mm 的缝隙 8~9m。填料可用胶粘在凹槽内。

③ 压紧装置如图 7-16 所示，它有 4 种不同形式的联结，可根据实际需要加以组合：图 7-16

（a）为密闭盖可整个拆除的联结装置；图7-16（b）为密闭盖打开后，一端仍联在凹槽框架上的联结装置；图7-16（c）为启闭不很频繁的大密闭盖的压紧装置；图7-16（d）为经常启闭或小密闭盖的压紧装置。

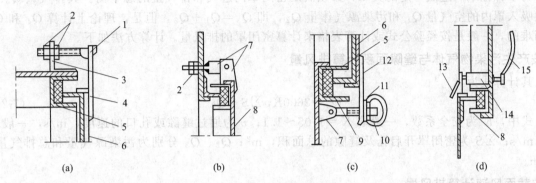

图 7-16　压紧装置

1—铁钩；2—螺母；3—角钢支座；4—铁环；5—凹槽框架；6—密闭盖；7—铰链；
8—带凹槽边框的门盖；9—丝杆；10—元宝螺帽；11—垫片；12—Ⅱ形压板；
13—扇形斜面板；14—套管；15—手柄

④ 凹槽密闭盖板可按表7-5中所列材料采用。

表 7-5　凹槽盖板用料选择

密闭盖长边尺寸/mm	平密闭盖			弧形密闭盖		
	凹槽角钢	盖板角钢	填料厚度/mm	凹槽角钢	盖板角板	填料厚度/mm
>1700	45×4	40×4	17	—	—	—
1500~1700	45×4	40×4	17	40×4	40×4	17
1200~1500	30×4	30×4	17	30×4	30×4	17
1000~1200	30×4	30×4	10	30×4	30×4	10
500~1000	25×3	25×3	10	25×3	25×3	10
<500	25×3	25×3	10	25×3	25×3	10

（2）提高密闭罩严密性的措施

① 毡封轴孔。对密闭罩上穿过设备传动轴的孔洞，可用毛毡进行密封。

② 砂封盖板。适用于封盖水平面上需用经常打开的孔洞，如图7-17所示。

③ 柔性连接。振动或往复移动的部件与固定部件之间，可用柔性材料进行封闭，如图7-18所示，一般采用挂胶的帆布或皮革、人造革等材料。当设备运转要求柔性连接件有较大幅度的伸缩时，连接件可做成手风琴箱形。

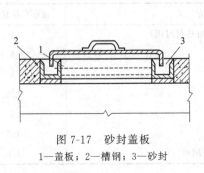

图 7-17　砂封盖板

1—盖板；2—槽钢；3—砂封

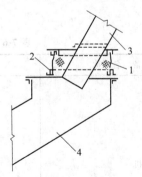

图 7-18　帆布连接管

1—帆布管；2—卡子；3—固定部件；4—运动部件

二、密闭罩的设计计算

为了保证罩内造成一定的负压，必须满足密闭罩内进气和排气量的总平衡。其排气量 Q_3 等于被吸入罩内的空气量 Q_1 和污染源气体量 Q_2，即 $Q_3 = Q_1 + Q_2$，但是，理论上计算 Q_1 和 Q_2 是困难的，一般是按经验公式或计算表格来计算密闭罩的排风量。计算方法如下。

1. 按产生污染物气体与缝隙面积计算排风量

其计算式为

$$Q_3 = 3600 Kv \sum S + Q_2 \tag{7-21}$$

式中，K 为安全系数，一般取 $K = 1.05 \sim 1.1$；v 为通过缝隙或孔口的速度，m/s，一般取 $1 \sim 4$m/s；$\sum S$ 为密闭罩开启孔及缝隙的总面积，m^2；Q_2、Q_3 分别为污染源气量和总排气量，m^3/h。

2. 按截面风速计算排风量

此法常用于大容积密闭罩，一般吸气口设在密闭室的上口部。其计算式为

$$Q = 3600 Sv \tag{7-22}$$

式中，Q 为所需排风量，m^3/h；S 为密闭罩截面积，m^2；v 为垂直于密闭罩面的平均风速，m/s，一般取 $0.25 \sim 0.5$m/s。

3. 按换气次数计算法计算排风量

该方法计算较简短，关键是换气次数确定，换气次数的多少视有害物质的浓度、罩内工作情况（能见度等）而定，一般有能见度要求进换气次数应增多，否则可少。其计算式为

$$Q = 60 nV \tag{7-23}$$

式中，Q 为排风量，m^3/h；n 为换气次数，当 $V > 20m^3$ 时取 $n = 7$；V 为密闭罩容积，m^3。

4. 某些设备尘源密闭罩计算

破碎机、振动筛、给料机、皮带机等生产设备尘源，必须设置密闭罩，密闭罩中最小负压值按表 7-6 所列数值选取。密闭罩内形成负压，才能防止罩内粉尘通过上的孔口缝隙处外逸，孔口缝隙处必须保持一定流速，气流通过孔口缝隙进入密封罩，流入孔口缝隙进入罩内的空气产生局部阻力，空气要克服该阻力才能进入罩内。也就是说密封罩的内外存在一个压力差 Δp（如表 7-6 所列的最小值），该 ξ 值可从表 7-7 内选取。

$$\Delta p = \xi \frac{v^2 \rho}{2} \tag{7-24}$$

式中，ξ 为孔口缝隙处局部阻力系数；v 为孔口缝隙处的空气流速，m/s；ρ 为空气的密度，kg/m^3。

表 7-6 常用设备密闭罩中的最小负压值

设备名称	密闭方式	最小负压值 p/Pa
胶带运输机	局部密闭上部罩（仅对热料时用）	5
	下部罩	8
	整体密闭罩	5
	大容积密闭罩	2.5
回转式包装机	大容积密闭罩	5
振动筛	局部密闭罩	1.5
	整体式或大容积密闭罩	1.0

设 备 名 称	密 闭 方 式	最小负压值 p/Pa
回转筛	局部密闭罩	1.5
	整体式或大容积式密闭罩	1
颚式破碎机	上部罩	2
	下部罩(胶带机)	8
圆锥破碎机	上部罩	2
	下部罩(胶带机)	8
辊式破碎机	上部罩	2
	下部罩(胶带机)	6
可逆式锤式破碎机	上部罩	15
	下部罩	—
不可逆锤式破碎机	上部罩	—
	下部罩(胶带机)	10
鼠笼式破碎机	下部罩	15
圆盘给料机	上部罩(仅对热料)	6
	下部局部密闭	8
	给料机及受料设备整体密闭	2.5
电磁振动给料机	与受料胶带整体密闭	2.5
球磨机	出料轴气密闭罩,风量由工艺要求定	$\Delta p = \left(\dfrac{Q}{1000}\right)^2 \xi$ $\xi = 4.5 \sim 5.5$

表 7-7　局部尘源的密封罩和抽风口的 C_λ、ξ 值

名　　称	图　形	C_λ	ξ(按 v 值计算)
反击式破碎机		0.8	0.55
颚式破碎机		0.82	0.5
对辊破碎机		0.71	1.0
球磨机		头部 0.58	2.0
		尾部 0.66	1.3
装袋		0.89	0.25

续表

名　称	图　形	C_λ	ξ（按 v 值计算）
包装机		0.89	0.25
皮带机（不全密闭）		0.87	0.33
皮带机（全密闭）		0.53	1.5
密闭皮带机有导向槽		0.56	2.2
皮带转换密闭罩		0.89	0.25
皮带受料点密闭罩		0.89	0.25

应当注意一个现象是，当物料落下到达底面时会产生冲击力，这个冲击力又造成正压气流，该正压值由下式求出：

$$p_2 = K \frac{\rho v_1^2}{2} \tag{7-25}$$

式中，p_2 为物料落下在设备内造成的正压，Pa；v_1 为物料落下速度，m/s；ρ 为空气密度，kg/m^3；K 为动能转化为静压的空气动力系数，取 $K=0.65$。

这时罩内的含尘气体在该正压作用下，将以 v_y 的速度在孔口缝隙处外逸。

$$v_y = C_\lambda v_1 \sqrt{K} \quad (m/s) \tag{7-26}$$

式中，C_λ 为孔口缝隙处的流量系数。

为了收尘，孔口缝隙处的空气流入速度 v 必须大于或等于 v_y，一般 $v=1.1v_y$，这时所需的抽风量 Q_1 为：

$$Q_1 = 3600 \sum f \times 1.1 v_y = 3600 \sum f \times 1.1 C_\lambda v_1 \sqrt{K} \tag{7-27}$$

C_λ 值从表 7-7 内选取。对大容积密闭的缝隙一般都是锐边形，C_λ 取 0.6，当 $K=0.65$ 时其抽风量 Q 为：

$$Q = 1916 \sum f v_1 \quad (\mathrm{m^3/h}) \tag{7-28}$$

式中，$\sum f$ 为罩壁孔口缝隙的总面积，$\mathrm{m^2}$。

实际应用中，Δp 是实测值，也可按表 7-6 选取，利用 ΔH 确定抽风量 Q_1。

$$Q_1 = 3600 \sum f C_\lambda \sqrt{\frac{2\Delta p}{\rho}} \tag{7-29}$$

在常温下，$\rho = 1.2$，当 $C_\lambda = 0.6$ 时，式(7-19) 简化为：

$$Q_1 = 8734 \sum f \sqrt{\Delta p} \quad (\mathrm{m^3/h}) \tag{7-30}$$

上述可见，在保持同样负压时，Q_1 随 $\sum f$ 增大而增大，罩子密闭性越好，则抽风量也越小。

5. 密闭罩和设计注意事项

（1）密闭罩应力求严密，尽量减少罩上的孔洞和缝隙　a. 密闭罩上通过物料的孔口应设弹性材料制作的遮尘帘；b. 密闭罩应尽可能避免直接连接在振动或往复运动的设备机体上；c. 胶带机受料点采用托辊时，因受物料冲击会使胶带局部下陷，在胶带和密闭栏板之间形成缝隙，造成粉尘外逸，因此受料点下的托辊密度应加大或改用托板；d. 密闭罩上受物料撞击和磨损的部分，必须用坚固的材料制作。

（2）密闭罩的设置应不妨碍操作和便于检修　a. 根据工艺操作要求，设置必要的操作孔、检修门和观察孔，门孔应严密，关闭灵活；b. 密闭罩上需要拆卸部分的结构应便于拆卸和安装。

（3）应注意罩内气流运动特点　a. 正确选择密闭罩形式和排风点位置，以合理地组织气流，使罩内保持负压；b. 密闭罩需有一定的空间，以缓冲气流，减少正压；c. 操作孔、检修门应避开气流速度较高的地点。

三、半密闭集气吸尘罩

1. 半密闭集气吸尘罩的形式

半密闭集气吸尘罩有两种形式：一种是箱式罩；另一种是矩式罩。该吸尘罩主要是上排风，也有下排风和上下结合的排风方式。图 7-19 所示为常用的几种柜式集气吸尘罩的形式。

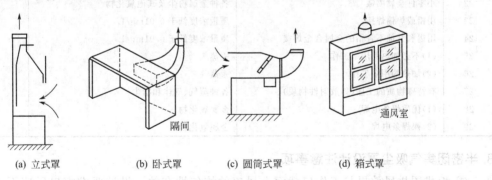

　　　(a) 立式罩　　　　　(b) 卧式罩　　　　　(c) 圆筒式罩　　　　　(d) 箱式罩

图 7-19　半密闭集气吸尘罩的形式

2. 半密闭集气吸尘罩排风量的计算

$$Q = 3600 v \beta \sum S + V_B \tag{7-31}$$

式中，Q 为排风量，$\mathrm{m^3/h}$；v 为工作口截面处平均吸气速度（表 7-8），$\mathrm{m/s}$；β 为泄漏安全系数，一般取 $1.05 \sim 1.10$，若有活动设备，经常需拆卸时可取 $1.5 \sim 2.0$；$\sum S$ 为工作口、观察孔及其他孔口的总面积，$\mathrm{m^2}$；V_B 为产生的有害物容积，$\mathrm{m^3}$。

此外半密闭吸尘罩还可以用图 7-20 计算。

表 7-8　半密闭罩工作口最低吸气速度

序号	生产工艺	有害物的名称	速度/(m/s)
一、金属热处理			
1	油槽淬火、回火	油蒸气、油分解产物(植物油为丙烯醛)热	0.3
2	硝石槽内淬火 $t=400\sim700℃$	硝石、悬浮尘、热	0.3
3	盐槽淬火 $t=80\sim900℃$	盐、悬浮尘、热	0.5
4	熔铅 $t=400℃$	铅	1.5
5	氰化 $t=700℃$	氰化合物	1.5
二、金属电镀			
6	镀镉	氢氰酸蒸气	1~1.5
7	氰铜化合物	氢氰酸蒸气	1~1.5
8	汽油、氯化烃、电解脱脂	汽油、氯化氢化合物蒸气	0.5~0.7
9	镀铅	铅	1.5
10	硝酸酸洗	酸蒸汽和硝酸	0.7~1.0
11	盐酸酸洗	酸蒸气(氯化氢)	0.5~0.7
12	镀铬	铬酸雾气和蒸气	1.0~1.5
13	氰化镀锌	氢氰酸蒸气	1.0~1.5
三、涂刷和溶解涂料			
14	苯、二甲苯、甲苯	溶解蒸气	0.5~0.7
15	煤油、白节油、松节油	溶解蒸气	0.5
16	己酸戊酯和甲烷的涂料	溶解蒸气	0.7~1.0
17	喷涂料	漆悬浮物和溶解蒸气	1.0~1.5
四、使用粉散材料的生产过程			
18	装料	粉尘允许质量浓度低于 $10mg/m^3$	0.7~1.5
19	手工筛分和混合筛分	粉尘允许质量浓度低于 $10mg/m^3$	1.0~1.5
20	称量和分装	粉尘允许质量浓度低于 $10mg/m^3$	0.7~1.0
21	小件喷硅处理	硅酸盐	1~1.5
22	小零件金属喷镀	各种金属粉尘及其他氧化物	1~1.5
23	用铅或焊锡焊接	质量浓度低于 $0.01mg/L$	0.5~0.7
24	用锡和其他不含铅的金属合金焊接	质量浓度低于 $0.01mg/L$	0.3~0.5
25	(1)不必加热的用泵工作	汞蒸气	0.7~1.0
26	(2)加热的用泵工作	汞蒸气	1.0~1.25
27	有特殊物质的工序(如放射性物质)	各种蒸气、气体和粉尘	2~3
28	(1)优质焊条电焊	金属氧化物	0.5~0.7
29	(2)裸焊条电焊	金属氧化物	0.5

3. 半密闭集气吸尘罩设计注意事项

① 柜式罩排风效果与工作口截面上风速的均匀性有关。设计要求柜口风速不小于平均风速的 80%。当柜内同时产生热量时，为防止含尘气体由工作口上缘逸出，应在柜上抽气；当柜内无热量产生时，可在下部抽风。此时工作口截面上的任何一点风速不宜大于平均风速的 10%，下部排风口应紧靠工作台面。

② 柜式罩一般设在车间内或试验室，罩口气流容易受到环境的干扰，通常按推荐入口速度计算出的排风量，再乘以 1.1 的安全系数。

③ 柜式罩不宜设在来往频繁的地段、窗口或门的附近。防止横向气流干扰。当不可能设置单独排风系统时，每个系统连接的柜式罩不应过多，最好单独设置排风系统。

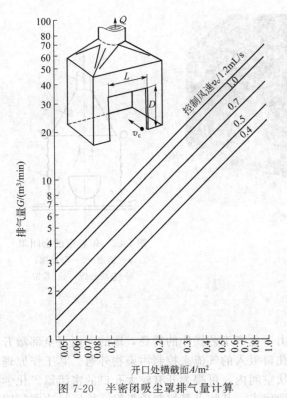

图 7-20 半密闭吸尘罩排气量计算

四、热过程密闭罩

在低伞形罩的四周设挡板，使污染源处于罩内，形成密闭罩或半密闭罩。它的排风量计算可以基于与低伞形罩相同的原则。但与冷过程不同，排风量要适应热气流抽力的作用，否则就会有污染物从罩的不严密处逸出。

热过程的排风罩本身应是不漏风的，如果罩上有孔口（见图 7-21）则由热抽力而成为漏风口。

其漏风量可按下式计算：

$$v_0 = 2.16 \left[\frac{l_0 q_0}{S_0 (255.5 + t_m)} \right]^{\frac{1}{3}} \quad (7\text{-}32)$$

式中，v_0 为通过孔口向外漏风的气流速度，m/s；l_0 为罩口以上到孔口的垂直距离，m；q_0 为由热源传给罩内空气的热量，kW；S_0 为所有孔口的面积，m^2；t_m 为罩内空气的平均温度，℃。

为使密闭罩不漏风，需要保证各孔口向内的流速都大于 v_e。因而需要增加抽风量以防止漏风：

$$Q = v_e A_0 \times 3600 \quad m^3/h$$

【例 7-1】 烧油坩埚的半密闭罩如图 7-21 所示。罩长 6.5m。罩顶部有一孔口，面积为 0.1m^2。燃油量为 113.6L/h，热值为 39000kJ/L。周围空气温度为 27℃，罩内平均温度为 65.5℃。

解：计算所需的排风量：$q_0 = 113.6 \times 39000 = 443 \times 10^4$ kJ/h = 1230kW

总开口面积：$S_0 = (6.5 \times 2.0) + 0.1 = 13.1 m^2$

通过孔口外逸的气流速度为：

$$v_0 = 2.16 \times \left[\frac{3.35 \times 1230}{13.1 \times (255.5 + 65.5)} \right]^{\frac{1}{3}} = 2.145 \text{m/s}$$

所需的排风量：

$$Q = v_0 S_0 \times 3600 = 2.145 \times 13.1 \times 3600 = 100000 m^3/h$$

已知排风量，利用下式可以计算出罩内的平均气温：

$$q_e = Q \rho c_p \Delta t$$

式中，ρ 为混合气体的平均密度，1.2kg/m^3；c_p 为混合气体的平均比热容，1.0kJ/(kg·℃)；Δt 为罩内空气与周围空气的温度差，℃。

$$\Delta t = \frac{1230}{100000 \times 1.2 \times 2.778 \times 10^{-4}} = 37℃$$

罩内温度 $t_m = 37 + 27 = 64℃$，与开始时设定的 65.5℃ 很接近。

当工艺操作不是非常频繁，可以采用活动密闭罩的形式，如采用柔性帘子挂在产尘设备的四周。图 7-22 为熔槽上采用活动帘罩，柔性帘子卷在钢管上。通过传动机构使钢管转动，以使罩帘上下活动，升降的高度视工艺条件而定，必要时可在罩帘上设观察孔，此时排风量要较大。

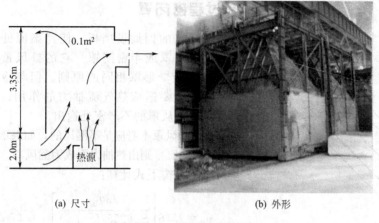

(a) 尺寸   (b) 外形

图 7-21　热过程密闭罩

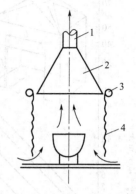

图 7-22　带卷帘的密闭罩
1—烟道；2—伞形罩；
3—卷绕装置；4—卷帘

五、柜式集气罩

　　柜式集气罩也称箱式集气罩或柜式排气罩。由于生产工艺操作的需要，罩的一面可全部敞开或在罩上开有较大面积的操作孔。操作时，通过孔口吸入的气流来控制污染物外逸。其工作原理和密闭罩相类似，即将有害气体发生源围挡在柜状空间内，可视为开有较大孔口的密闭罩。化学实验室的通风柜和小零件喷漆箱就是排气柜的典型代表。其特点是控制效果好，排风量比密闭罩大，而小于其他形式集气罩。

　　柜式集气罩的操作孔口是被围挡的柜状空间与罩外的唯一通道，防止有害气体从操作孔口泄出是设计排气柜首先要考虑的。排气柜排气点位置，对于有效地排除有害气体，不使之从操作口泄出有着重要影响。一般设计时应考虑下列各点。

　　① 柜式集气罩操作口的速度分布对其排风效果影响很大，如当速度分布不均匀，污染气流会从吸入风速低的部位逸入室内。当柜式集气罩内没有发热量（冷污染源），且有害气体的密度较大时，一般不应采用上部排气，否则操作口的上缘处风速偏大，可达孔口平均风速的 150%；而操作口下部风速偏低，低至孔口平均风速的 60%，有害气体会从操作口下部泄出。为了改善这种情况，应排气点设在排气柜的下部，如图 7-23 所示。其中图 7-23(b) 所示下部排风条缝紧靠操作台面；图 7-23(a) 和图 7-23(c) 所示下部排风条缝比操作台面略高一些，以避免吸入气流直接影响操作台面的工艺反应。

　　② 当工艺过程产生一定热量时（热污染源），柜内的热气流自然要向上浮升。如果仍在下部排气，热气流可能从操作口的上部逸出。因此，必须在柜的上部进行排气，如图 7-24 所示。图 7-24(a) 所示为上部排气；图 7-24(b) 表示柜内发热体使气流上升，并用导风板调节其排风量；图 7-24(c) 表示利用导风板可进一步改善气流和排风效果。

　　③ 对于柜内产热不稳定的，为了适应各种不同工艺和操作情况，应在柜式集气罩的上、下部均设置排气点，并装设调节阀，以便根据柜内发热量的变化调节上、下部排风量的比例，也即采用上下联合排风的作用，使操作口的速度分布比较均匀，如图 7-25 所示。这样设置排气点的特点是使用灵活，但结构较复杂。图 7-25(a) 表示上、下排风口采用固定导风板，使 1/3 的排风量由上部排风口排走，2/3 的排风量由下部排风口排走。图 7-25(b) 和图 7-25(c) 表示由风量调节板来调节上、下排风量的比例。图 7-25(d) 表示柜内具有上、中、下三个位置的排风条缝口，各自设有风量调节板，可按不同的工艺操作情况进行调节，并使操作口风速保持均匀。一般各排风条缝口的最大

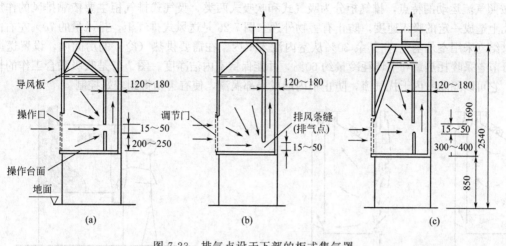

图 7-23　排气点设于下部的柜式集气罩

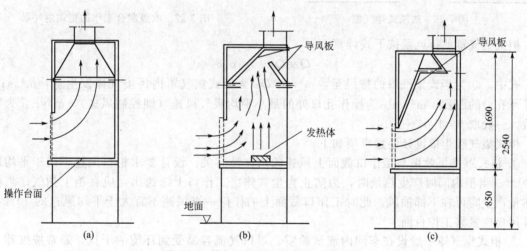

图 7-24　排气口设于上部的柜式集气罩

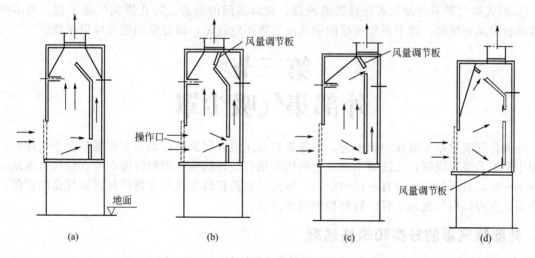

图 7-25　上下部均设有排气点的柜式集气罩

开启面积相等，且为柜后垂直风道截面积的 1/2。排风条缝口处的风速一般取 5～7.5m/s。

　　按照气流运动的特点，排气柜分为吸气式和吹吸式两类。吸气式排气柜主要依靠排风的作用，在工作孔上造成一定的吸入速度，防止有害物外逸。图 7-26 是送风式排气柜，排风量的 70% 左右由上部风口供给（采用室外空气），其余 30% 从室内流入罩内。在需要供热（冷）的房间内，设置送风式排气柜可节省采暖耗热量和空调耗冷量约 60%，并能保持室内洁净度。图 7-27 是吹吸联合工作的柜式集气罩。它可以隔断室内干扰气流，防止柜内形成局部涡流，使有害物得到较好控制。

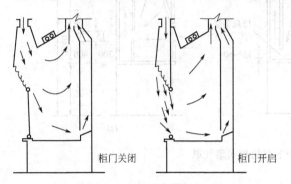

图 7-26　送风式排气柜

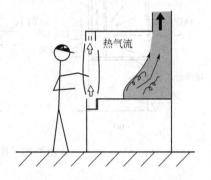

图 7-27　吹吸联合工作的柜式集气罩

　　柜式集气罩的排风量按下式计算：

$$Q = Q_1 + A_0 v_0 \beta \tag{7-33}$$

　　式中，Q 为柜式集气罩的排风量，m^3/s；Q_1 为柜式集气罩内污染气体发生量，m^3/s；A_0 为操作孔口的面积，m^2；v_0 为操作孔口处的最小平均吸气风速（即控制风速），m/s；β 为安全系数，一般取 $\beta = 1.05 \sim 1.10$。

　　柜式集气吸尘罩设计注意事项如下。

　　① 柜式罩排风效果与工作口截面上风速的均匀性有关。设计要求柜口风速不小于平均风速的 80%。当柜内同时产生热量时，为防止含尘气体由工作口上缘逸出，应在柜上抽气；当柜内无热量产生时可在下部抽风。此时工作口截面上的任何一点风速不宜大于平均风速的 10%，下部排风口应紧靠工作台面。

　　② 柜式集气罩一般设在车间内或试验室，罩口气流容易受到环境的干扰，通常按推荐入口速度计算出的排风量，再乘以 1.1 的安全系数。

　　③ 柜式集气罩不宜设在来往频繁的地段、窗口或门的附近。防止横向气流干扰。当不可能设置单独排风系统时，每个系统连接的柜式集气罩不应过多，最好单独设置排风系统。

第三节
外部集气吸尘罩

　　外部集气吸尘罩安装在尘源附近，依靠罩口负压吸入气流的运动而实现捕集含尘气体的。它适用于受工艺条件限制，无法对尘源进行密闭的场合。外部集气罩吸气方向与含尘气流运动方向往往不一致，且罩口与尘源有一定的距离，因此一般需要较大风量才能控制污染气流的扩散，而且容易受室内横向气流的干扰，致使捕集效率降低。

一、外部集气罩的分类和吸捕速度

1. 外部集气罩分类

　　按集气罩与污染源的相对位置可将其分为四类，即上部集气罩、下部集气罩、侧吸罩和槽边集气罩，见图 7-28。

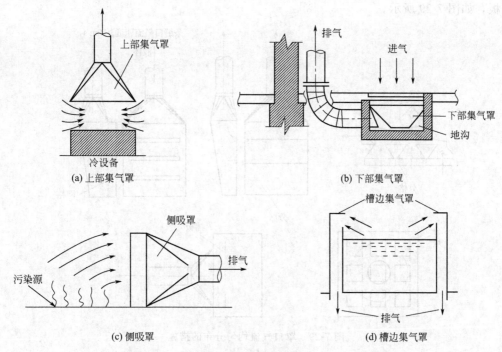

图 7-28　外部集气罩

（1）**上部集气罩**　上部集气罩位于污染源的上方，如图 7-28（a）所示，其形状多为伞形，又称上部伞形集气罩，其罩子边还有挡板和无挡板之分。

（2）**下部集气罩**　下部集气罩位于污染源的下方。当污染源向下方抛射污染物时，或由于工艺操作上的限制在上部或侧面不容许设置集气罩时，才采用下部集气罩。它在木工车间较为多见，如图 7-28（b）所示。

（3）**侧吸罩**　位于污染源一侧的集气罩称为侧吸罩。按罩口的形状可分为圆形侧吸罩、矩形侧吸罩、条缝侧吸罩。为了改进吸气效果，可在圆形、矩形、条缝侧罩口上加法兰边框，或不加法兰边框，或把其放到工作台上，分别称为有边侧吸罩、无边侧吸罩、台上侧吸罩［见图 7-28（c）］。

（4）**槽边集气罩**　槽边集气罩则是外部集气罩的一种特殊形式，主要用于各种工业坑或槽上，以防止槽内向周围散发有害气体，如图 7-28（d）所示。

2. 外部集气罩设计注意事项

① 为了有效地控制和捕集粉尘或有害气体，在不妨碍生产操作的情况下，应尽量可能使外部排风罩的罩口靠近扬尘点，以使所有的扬尘点都处于控制风速范围之内。

② 罩口外形尺寸应以有效控制污染源和不影响操作为原则，只要条件允许，罩口边缘应加设法兰边框，提高排风效果。法兰边的宽度不宜少于 150mm，加设后可减少 15%～30%的排风量。另外，上部集气罩最好靠墙布置，或在罩口四周加设活动挡板。

③ 含尘气流，应不再经过人员操作区，并防止干扰气流将其再吹散（可采用罩口外加设挡风板等措施），要使气流的流程最短，尽快地吸入罩口内。

④ 连接罩子的吸风管应尽量置于粉尘或污染气体散发中心。罩口大而罩身浅的罩子气流会集中驱向吸风管口正中，为获得均匀的罩口气流，可采用条缝罩，管口前加挡板或改用多吸风管的方法。

⑤ 为保证罩口吸气速度均匀，集气罩的扩张角 α 不应大于 60°。当污染源平面尺寸较大时可

采取以下措施：将一个大排风罩分割成若干个小排风罩；在罩内设分层板；在罩口加设挡板或气流分布板，如图 7-29 所示。

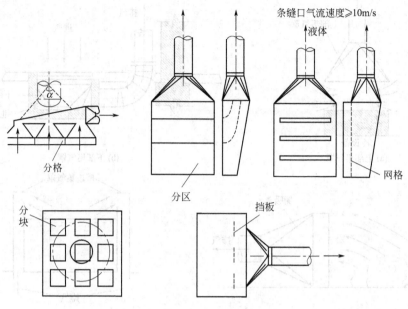

图 7-29　罩口气流均匀分布的措施

　　⑥ 充分了解工艺设备的结构及运行操作的特点，使所设计的外部集气罩既不影响生产操作，又便于维护、检修及拆装设备。

3. 吸捕速度

　　吸捕速度又称控制风速，是指克服该污染源散发含尘气体的扩散力再加上适当的安全系数的风速。只有当集气罩在该污染源点造成的风速大于控制风速时，才能使污染气体吸入到罩内而排走。控制风速不仅同工艺设备类别与污染物散发条件有关，也同污染物的危害程度，以及周围干扰气流的情况等因素有关。正确和适当地选取控制风速是计算排气罩排风量的重要环节。表 7-9～表 7-12 列出了控制风速的一些参考数值。控制距离与控制风度关系见图 7-30。

表 7-9　按污染物散发条件选择的控制风速

污染物散发条件	实　　例	最小控制风速/(m/s)
以轻微的速度散发到几乎静止的空气中	蒸气的蒸发、气体或烟气从敞口容器中外逸等	0.25～0.5
以较低的速度散发到较平静的空气中	喷漆室内喷漆、间断粉料装袋、焊接台、低速带式输送机、电镀槽、酸洗等	0.5～1.0
以较大的速度散发到气流运动大的区域	高压喷漆、快速装料、高速(大于 1m/s)带式输送机的转运点、破碎机破碎、冷落砂机等	1.0～2.5
以高速度散发到气流运动很迅速的区域	抛光、研磨、喷砂、滚动重破碎、热落砂机、在岩石表面工作等	2.5～10

表 7-10　按周围气流情况和污染物危害性选择风速

周围气流情况	控制风速/(m/s)		周围气流情况	控制风速/(m/s)	
	危害性小时	危害性大时		危害性小时	危害性大时
无气流或容易安装挡板的地方	0.20～0.25	0.25～0.30	强气流的地方	0.5	0.5
中等程度气流的地方	0.25～0.30	0.30～0.35	非常强气流的地方	1.0	1.0
较强气流或不安挡板的地方	0.35～0.40	0.38～0.50			

表 7-11 按污染物危害性及集气罩形式选择控制

危害性	圆形罩		侧面方形罩	伞形罩	
	一面开口	两面开口		三面敞开	四面敞开
大	0.38	0.50	0.5	0.63	0.88
中	0.33	0.45	0.38	0.50	0.78
小	0.30	0.38	0.25	0.38	0.63

表 7-12 某些特定作业的控制风速

作业内容	控制风速/(m/s)	说明	作业内容	控制风速/(m/s)	说明
研磨喷砂作业 在箱内 在室内	0.25 0.3~0.5	具有完整集气罩 从该室下面排气	有色金属冶炼 铝 黄铜	0.5~1.0 1.0~1.4	集气罩的开口面 集气罩的开口面
装袋作业 纸袋 布袋 粉砂业	0.5 1 2	装袋室及集气罩 装袋室及集气罩 污染源处外设集气罩	研磨机 手提式 吊式	1.0~2.0 0.5~0.8	以工作台下方排气 研磨箱开口面
围斗与围仓	0.8~1	集气罩的开口面	金属精炼(对于有毒物质必须戴防毒面具) 有毒金属(铅、镉等) 无毒金属(铁、铝等) 无毒金属(铁、铝等)	1.0 0.7 1.0	精炼室开口面 精炼室开口面 外装精炼室开口面
带式输送机	0.8~1	转运点处集气罩的开口面			
铸造型芯抛光	0.5	污染源处			
手工锻造场	1	集气罩的开口面			
铸造用筛 圆筒筛 平筛	2 1	集气罩的开口面 集气罩的开口面	混合机(砂等)	0.5~1.0	混合机开口面
			电弧焊	0.5~1.0 0.5	污染源(吊式集气罩)电焊室开口面
铸造拆模	1.0~2.0	集气罩的开口面	砂轮机	10~30	集气罩口≥75%砂轮面

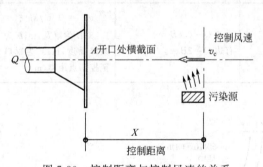

图 7-30 控制距离与控制风速的关系

控制速度是影响集气罩控制效果和系统经济性的重要指标,控制速度选得过小,污染物不能完全被吸入罩内,而污染周围环境。选取过大,则必然增大排气量,并使系统负荷和设备均要增加。

二、侧部吸气罩

1. 一般侧部吸气罩

当污染物不能密闭、上部也不能设置集气罩时可设侧吸罩,但侧吸罩的效果要比上部伞形集气罩差,同时要求的排风量也较大。

对于冷过程,侧吸罩也是采用抽吸作用原理,因此安装时应尽量接近污染源,否则排气量将大为增加。侧吸罩的形式很多,选用时主要以不妨碍操作为原则。不同形式的侧吸罩,其排风量的计算有所不同,表 7-13 列出了部分计算公式。图 7-31 是为侧部吸气罩的线算图。

2. 槽边吸气罩

槽边吸气罩是侧吸罩的一种特殊形式,罩子设在槽子的侧旁,是一种较常用的形式。

(1)槽边吸气罩的形式 槽边吸气罩分单侧、双侧及周边吸气罩等形式,如图 7-32~图 7-35 所示。

表 7-13　各种侧气罩排气量的计算公式

名称	形式	罩　形	罩子尺寸比例	排气量计算公式 $Q/(\mathrm{m^3/s})$	备　注
矩形及圆形侧吸罩	无边		$h/B \geqslant 0.2$ 或圆口	$Q=(10x^2+A)v_x$	罩口面积 $A=Bh$ 或 $A=\pi d^2/4$ d 为罩口直径,m
	有边		$h/B \geqslant 0.2$ 或圆口	$Q=0.75(10x^2+A)v_x$	罩口面积 $A=Bh$ 或 $A=\pi d^2/4$ d 为罩口直径,m
	台上或落地式		$h/B \geqslant 0.2$ 或圆口	$Q=0.75(10x^2+A)v_x$	罩口面积 $A=Bh$ 或 $A=\pi d^2/4$ d 为罩口直径,m
	台上		$h/B \geqslant 0.2$ 或圆口	有边 $Q=0.75(5x^2+A)v_x$ 无边 $Q=(5x^2+A)v_x$	罩口面积 $A=Bh$ 或 $A=\pi d^2/4$ d 为罩口直径,m
条缝侧吸罩	无边		$h/B \leqslant 0.2$	$Q=3.7Bxv_x$	$v_x=10\mathrm{m/s};\xi=1.78;B$ 为罩宽,m;h 为条缝高度,m;x 为罩口至控制点距离,m
	有边		$h/B \leqslant 0.2$	$Q=2.8Bxv_x$	$v_x=10\mathrm{m/s};\xi=1.78;B$ 为罩宽,m;h 为条缝高度,m;x 为罩口至控制点距离,m
	台上		$h/B \leqslant 0.2$	无边 $Q=2.8Bxv_x$ 有边 $Q=2Bxv_x$	$v_x=10\mathrm{m/s};\xi=1.78;B$ 为罩宽,m;h 为条缝高度,m;x 为罩口至控制点距离,m

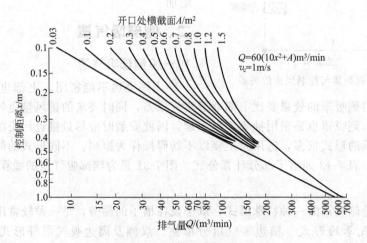

图 7-31　侧部吸气罩排气量计算

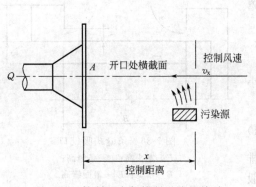

图 7-32　控制距离与控制风速的关系

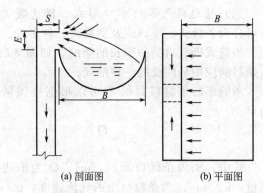

图 7-33　单侧槽边吸气罩

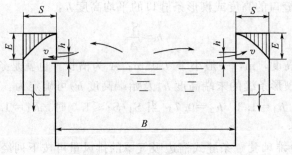

图 7-34　双侧槽边吸气罩

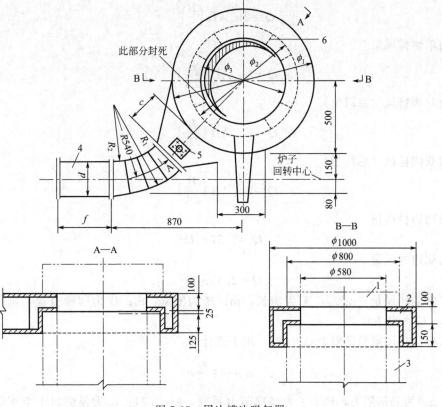

图 7-35　周边槽边吸气罩

1—炉盖；2—环形罩；3—炉体；4—排气管；5—测孔；6—加强筋

（2）槽边吸气罩的罩口形式　槽边吸气罩的罩口可分为条缝式、平口式及倒置式三种形式。

条缝式吸气口为一窄长的条缝，如图 7-36 所示。这是目前应用最广泛的一种形式。

条缝罩的条缝口面积 S_f 可以根据排风量的大小确定：

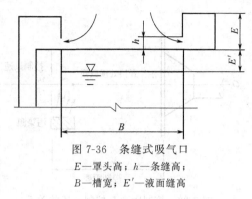

图 7-36　条缝式吸气口
E—罩头高；h—条缝高；
B—槽宽；E'—液面缝高

$$S_f = \frac{Q}{v_0} \qquad (7\text{-}34)$$

式中，S_f 为条缝口面积，m^2；Q 为槽边一侧排风量，m^3/s；v_0 为条缝口上的气流速度，m/s，一般取 $7 \sim 10 m/s$。

由此可得出等高条缝口的高度或楔形条缝口的平均高度 h：

$$h = \frac{S_f}{A} \qquad (7\text{-}35)$$

式中，h 为条缝口高度，m，一般小于 $0.05m$；A 为槽长，也就是条缝口长度，m。

根据平均高度 h，楔形条缝的末端高度 h_1 及始端高度 h_2 可确定为：

当 $S_f/S_1 \leqslant 0.5$ 时，$h_1 = 1.3$，$h_2 = 0.7$；当 $S_f/S_1 \leqslant 1.0$ 时，$h_1 = 1.4$，$h_2 = 0.6$。罩头的断面流速一般取 $5 \sim 10 m/s$。

（3）槽边吸气罩的排风量　条缝式槽边吸气罩的排风量可按下列经验式计算。

高截面单侧排风量

$$Q = 2v_x AB \left(\frac{B}{A} \right)^{0.2} \qquad (7\text{-}36)$$

低截面单侧排风量

$$Q = 3v_x AB \left(\frac{B}{2A} \right)^{0.2} \qquad (7\text{-}37)$$

高截面双侧排风（总风量）

$$Q = 2v_x AB \left(\frac{B}{2A} \right)^{0.2} \qquad (7\text{-}38)$$

低截面双侧排风（总风量）

$$Q = 3v_x AB \left(\frac{B}{2A} \right)^{0.2} \qquad (7\text{-}39)$$

高截面周边排风量

$$Q = 1.57 v_x D^2 \qquad (7\text{-}40)$$

低截面周边排风量

$$Q = 2.35 v_x D^2 \qquad (7\text{-}41)$$

式中，Q 为排风量，m^3/s；A 为槽长，m；B 为槽宽，m；D 为圆槽直径，m；v_x 为控制风速，m/s，可查表 7-12。

条缝式槽边排风罩局部阻力 $\Delta \rho(Pa)$ 用下式计算：

$$\Delta \rho = \xi \frac{v_0^2}{2} \rho \qquad (7\text{-}42)$$

式中，$\Delta \rho$ 为局部阻力，Pa；ξ 为局部阻力系数，$\xi = 2.34$；v_0 为条缝口上空气流速，m/s；ρ 为周围空气的密度，kg/m^3。

三、上部集气吸尘罩

上部气集吸尘罩是从把它置于尘源上方，因其形状多为伞形状，所以又称作伞形罩。伞形罩又分为冷过程伞形罩和热过程伞形罩。

1. 冷过程伞形罩

冷过程伞形罩的尺寸的安装形式如图 7-37 所示。通常罩口距尘源的距离 H 以小于或等于 $0.3A$ 为宜（A 为口长边尺寸）。为了保证排气效果，罩口尺寸大于尘源的平面投影尺寸：

$$A = a + 0.8H \tag{7-43}$$
$$B = b + 0.8H \tag{7-44}$$
$$D = d + 0.8H \tag{7-45}$$

式中，a、b 分别为尘源长、宽，m；A、B 分别为罩口的长、宽，m；H 为罩口距尘源的距离，m；d 为圆形尘源直径，m；D 为罩口直径，m。

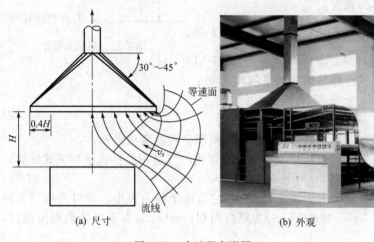
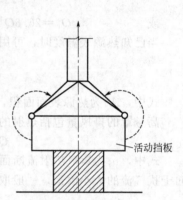

(a) 尺寸　　　　　　(b) 外观

图 7-37　冷过程伞形罩　　　　　　图 7-38　设有活动挡板的伞形罩

伞形罩的开口角通常为 $90° \sim 120°$。伞形罩四周应尽可能设挡板（见图 7-38），挡板可以在罩口的一边、两边及三边上设置，挡板越多，吸气范围越小，排气效果越好。

对于图 7-37 所示的伞形罩推荐采用下式计算

$$Q = KCHv_0 \tag{7-46}$$

式中，Q 为排风量，m^3/s；C 为尘源的周长，m，当罩口设有挡板时，C 为未设挡板部分的有尘源的周长；v_0 为罩口上平均流速，m/s，按表 7-14 选用；K 为取决于伞形罩几何尺寸的系数，通常取 $K = 1.4$。

表 7-14　开口断面流速

罩子形式	断面流速/(m/s)	罩子形式	断面流速/(m/s)
未设挡板	$1.0 \sim 1.27$	两面挡板	$0.76 \sim 0.9$
一面挡板	$0.9 \sim 1.0$	三面挡板	$0.5 \sim 0.76$

2. 热过程伞形罩

热过程伞形罩根据罩口距污染源的高度的大小可分为两类，当高度等于或大于 $1.5\sqrt{S}$ 时，称作高悬罩，当高度等于或小于 $1.5\sqrt{S}$ 或小于 1m 时，称为低悬罩。

（1）高悬伞形罩的设计计算　图 7-39 所示为高悬伞形罩，图中 d 表示圆形热源的直径。如果是矩形热源，d 为边长或宽，"O" 点即为假想热点源。热点源 "O" 至罩口距离为（$H +$

Z)处的热射流直径 D_c 为:

$$D_c = 0.434(H+Z)^{0.88} \qquad (7-47)$$

式中，D_c 为热射流直径，m；H 为热源上表面至罩口距离，m；Z 为热点源至热源上表面的距离，m。

罩口尺寸和罩口处热射流的直径有关，在干扰气流或大或小总是存在时，可用下式确定罩口尺寸：

$$D_f = D_c + KH \qquad (7-48)$$

式中，D_f 为罩口直径，m；K 为根据室内横向干扰气流大小确定的系数，通常取 $0.5\sim0.8$，当干扰气流时，该系数取 1.0。

高悬罩罩口处的热射流平均流速 v_c 为:

$$v_c = 0.05(H+Z)^{-0.29}Q_c^{1/3} \qquad (7-49)$$

式中，Q_c 为热源的对流散热量，W。

于是罩口处热射流流量的计算公式为:

$$Q_c = \frac{\pi}{4}D_c^2 \times v_c \times 3600 \qquad (7-50)$$

或

$$Q_c = 26.6Q_c^{1/3}(H+Z)^{1.47} \qquad (7-51)$$

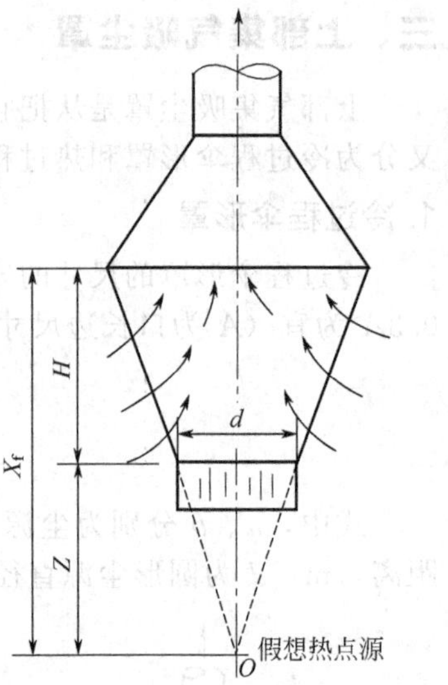

图 7-39 高悬伞形罩

当已知热源表温度时，可用下式计算热射流的平均流速 v_c:

$$v_c = 0.085\frac{A_s^{1/3}\Delta t^{5/12}}{(H+Z)^{1/4}} \quad \text{m/s} \qquad (7-52)$$

式中，A_s 为热源表面面积，m^2；Δt 为热源表面温度与周围空气温度与温差，℃。

高悬罩的排风量包括热射的流量和罩口从周围空气吸及罩内的气量，总排风量用下式计算：

$$Q = Q_c + v_r(S_z - S_c) \times 3600 (\text{m}^3/\text{h}) \qquad (7-53)$$

式中，v_r 为罩口热射流断面多余面积上的流速，m/s，它取决于抽力大小、罩口高度以及横向干扰气流的大小因素，一般取 $0.5\sim0.75$m/s；S_z 为罩口面积，m^2；S_c 为罩口处热射流截面，m^2，$S_c = \frac{\pi}{4}D_c^2$。

(2) 低悬伞形罩的设计计算 由于低悬罩接近热源，上升气流卷入周围空气很少，热气流的尺寸基本上等于热源尺寸。考虑横向气流的影响，罩口尺寸应比热源尺寸每边扩大 150～200mm 以上。图 7-40 为工业滤布厂烧毛机伞形罩。图 7-41 为钢厂轧机伞形罩。

图 7-40 烧毛机伞形罩

图 7-41 钢厂轧机伞形罩

低悬罩的排风量可用下式计算：

对圆形罩 $$Q = 162D_f^{2.33}(\Delta t)^{5/12} \tag{7-54}$$

对矩形 $$Q = 215.3B^{4/3}(\Delta t^{5/12})A \tag{7-55}$$

式中，Q 为总排风量，m^3/h；D_f 为圆罩口直径，m；Δt 为热源与周围空气温差，℃；A、B 分别为矩形罩口的长和宽，m。

（3）计算实例

【例 7-2】　一矩形熔铅槽长为 1.2m，宽为 0.9m，铅液温度 540℃，周围空气温度 32℃，槽子上方装一低悬矩形排风罩，求罩口尺寸及排风量。

解：罩口长　$A = 0.2 + 1.2 = 1.4m$

罩口宽　$B = 0.2 + 0.9 = 1.1m$

排风量　$Q = 215.3B^{4/3}(\Delta t)^{5/12}A = 215.3 \times (1.1^{4/3}) \times (540 - 32)^{5/12} \times 1.4$

$\qquad\qquad = 3278.3 m^3/h$

3. 炉口伞形罩

工业企业中的工业炉，在生产过程中炉口常冒出大量烟尘，污染车间空气。为了捕集这些烟尘，通常是在炉口的上方设置伞形罩（见图 7-42）。罩口尺寸的确定，应考虑炉口喷出的热射流的特点：a. 罩口的大小应能全部接受炉内排出的烟气，并考虑因烟气温度与周围空气温度不同而产生的浮力影响；b. 排风量的确定包括炉内排出的烟气和混入的周围空气；c. 为使气流在罩内整个断面上均匀分布，罩子的扩散角不应大于 60°；d. 考虑到炉口帽出烟气很不稳定，罩的容积要足够大。其计算方法如下例所示。

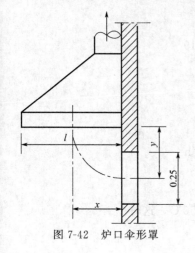

图 7-42　炉口伞形罩

设炉内温度为 1200℃，炉内余压 3Pa，周围空气温度为 +27℃，炉口面积 1.0×0.25m²。排风罩设置在离炉轴线 1.5B（B 为炉口高）的高度上。

即 $y = 0.25 \times 1.5 = 0.375m$

烟气由炉口喷出的速度为

$$v = \mu\sqrt{\frac{2\Delta p}{\rho}} \quad (m/s) \tag{7-56}$$

式中，μ 为炉口的流量系数，取 0.75；Δp 为炉内余压，Pa；ρ 为烟气密度，在 1200℃ 时为 0.239kg/m³。

于是

$$v = 0.75\sqrt{\frac{2 \times 3}{0.239}} \approx 3.8 \quad (m/s)$$

进入罩口时射流轴线至炉壁的距离为：

$$\bar{x} = \frac{x}{d_0} = \sqrt[5]{\frac{\bar{y}^2}{0.81Ar^2 \cdot a}} \tag{7-57}$$

式中，d_0 为炉口当量直径，$d_0 = \frac{2 \times 1 \times 0.25}{1 + 0.25} = 0.4m$；$a$ 为气流紊流系数，取 0.1；$\bar{y}$ 为 $\frac{y}{d_0} = \frac{0.375}{0.4} = 0.935$；$Ar$ 为阿基米德数；

$$Ar = \frac{gd_0(T_0 - T_c)}{v^2 T_0} \tag{7-58}$$

式中，g 为重量加速度，$g = 9.81\text{m/s}^2$；T_0 为炉内热力学温度，K；T_c 为周围空气热力学温度，K；v 为烟气由炉口的喷出速度，m/s。

$$Ar = \frac{9.8 \times 0.4 \times (1473 - 300)}{3.8^2 \times 300} = 1.06$$

所以

$$\overline{x} = \sqrt{\frac{0.935^2}{0.81 \times 1.06^2 \times 0.1}} = 1.57$$

$$x = 1.57 \times 0.4 = 0.63\text{m}$$

确定 $x = 0.63\text{m}$ 处射流的半个宽度 b_x：

$$\frac{b_x}{b_0} = 2.4\left(a\frac{x}{b_0} + 0.41\right) \tag{7-59}$$

式中，b_0 为炉口的半个高度$\left(b_0 = \frac{1}{2}B = 0.125\text{m}\right)$。

$$\frac{b_x}{b_0} = 2.4\left(0.1 \times \frac{0.63}{0.125} + 0.41\right) = 2.19$$

$$b_x = 2.19 \times 0.125 = 0.27\text{m}$$

于是伞形罩必需的最小伸出长度 l：

$$l = x + d_x = 0.63 + 0.27 = 0.9\text{m}$$

炉口排出的起始烟气量 L：

$$L = 1 \times 0.25 \times 3.8 \times 3600 = 3400\text{m}^3/\text{h}$$

当温度为 1200℃时，其烟气质量 G_g 为：

$$G_g = 3400 \times 0.239 = 815\text{kg/h}$$

为避免伞形罩过热，必须吸入周围的空气 G_a，使温度降至 350℃，这时

$$350 = \frac{G_g \times 1200 + G_a \times 27}{G_g + G_z}$$

式中，G_a 为空气的质量，kg/h。

因此混入的空气量为：

$$G_a = 815 \times \frac{1200 - 350}{350 - 27} = 2143\text{kg/h}$$

伞形罩所接收的总风量为

$$G_0 = 815 + 2143 = 2958\text{kg/h}$$

当温度为 350℃时其密度为 0.567kg/m^3，因而总的气体体积为：

$$L = \frac{2958}{0.567} = 5217\text{m}^3/\text{h}$$

四、屋顶集气吸尘罩

（1）屋顶集气吸尘罩的形式 屋顶集气罩是布置在车间顶部的一种大型集气罩，是伞形罩的一种特殊形式，它不仅抽出了烟气，而且还兼有自然换气的作用。下面介绍几种不同形式的屋顶集气罩（见图 7-43），图 7-44 为屋顶罩的外观。

| (a) 集尘罩方式 | (b) 屋顶密闭方式 | (c) 开窗开闭型
屋顶密闭方式 | (d) 集尘屋顶密
闭公用方式 | (e) 屋顶上设电除尘器 |

图 7-43　屋顶集气吸尘罩的形式

（2）**屋顶罩设计计算**　屋顶集气吸尘罩原理上是高悬罩的一个特例，只是罩口较大较高而

图 7-44　屋顶罩的外观

已，所以屋顶罩还可以计算高悬罩的方法进行设计计算高悬罩（见图 7-39）。

屋顶罩罩口的热射流截面直径（D_c）可按下式计算：

$$D_c = 0.43 X_f^{0.88} \tag{7-60}$$

式中，D_c 为热射流直径，m；X_f 为假想点源到排气罩罩口的距离，m。

$$X_f = H + Z \tag{7-61}$$

式中，H 为物体表面至罩口的距离，m；Z 为假想热点源距热表面的距离，m。

采用高悬罩来排除热气流时，必须考虑安全系数。对于水平热源表面，取 15% 的安全系统。热气流平均流速可以用下式的热源表面积与周围空气的空气温度差表示：

$$v_f = 0.085 \frac{F_s^{1/3} \cdot \Delta t^{5/12}}{X_f^{1/4}} \tag{7-62}$$

式中，v_f 为热射流速度，m/s；F_s 为热源面积，m²；Δt 为热源与周围空气的温差，℃。

考虑到上升热气流可能的偏斜及横向气流的影响等因素，罩口尺寸和排风量都必须加大。按式（7-49）计算所得的气流直径 D_c 再加 $0.8H$，即

$$D_f = D_c + 0.8H \tag{7-63}$$

$$Q = [v_f S_c + v_r (S_z - S_c)] \times 3600 \tag{7-64}$$

式中，D_f 为气流罩口直径，m；S_c 为上升气流在罩口处的横断面积，m²；S_z 为罩口面积，m²；v_r 为罩口其余面积（$S_z - S_c$）上面所得的空气流速，m/s，通常取 0.5～1m/s，除特殊情况外一般应大于 0.5m/s。

（3）**计算实例**

【**例 7-3**】　已知电炉容量 150t，直径 8m，电炉炉顶到吸尘罩入口的距离 16m。热源和周围空气的温差 $150-32=115$℃。试求电炉屋顶罩排烟量。

解：电炉假想点源到排烟罩罩口距离

$$X_f = H + Z = 16 + 2 \times 8 = 32m$$

按式（7-47）气流直径

$$D_c = 0.434 X_f^{0.88} = 0.434 \times 32^{0.88} = 9.15m$$

按式（7-48）屋顶排烟罩罩口直径

$$D_f = D_c + 0.8H = 9.15 + 0.8 \times 16 = 22m$$

热源面积

$$S_s=0.78D_s^2=0.785\times8^2=50m^2$$

屋顶排烟罩罩口面积

$$S_z=0.785D_f^2=0.785\times22^2=380m^2$$

气流断面面积

$$S_c=0.785D_c^2=0.785\times9.15^2=65.7m^2$$

按式(7-62)，罩口气流速度

$$v_f=0.085\frac{F_s^{1/3}\Delta t^{5/12}}{(X_f)^{1/4}}$$

$$=0.085\times\frac{(50)^{1/3}\times(115)^{5/12}}{(32)^{1/4}}=\frac{0.085\times3.68\times7.2}{2.38}=1m/s$$

按式(7-64)，屋顶排烟罩实际排烟量为：

$$Q=[v_fS_c+v_r(S_z-S_c)]\times3600$$
$$=[1\times65.7+0.5(380-65.7)]\times3600=802260m^3/h$$

五、外部集气吸尘罩的设计注意事项

① 在不妨碍工艺操作的前提下，罩口应尽可能靠近污染物发生源，尽可能避免横向气流干扰。

② 在排风罩口四周增设法兰边，可使排风量减少。在一般情况下，法兰边宽度为150～200mm。

③ 集气吸尘罩的扩张角 α 对罩口的速度分布及罩内压力损失有较大影响。扩张角在 $\alpha=30°\sim60°$，压力损失最小设计外部集气吸尘罩时，其扩张角 α 应小于（或等于)60°。

④ 当罩口尺寸较大，难于满足上述要求时，应采取适当的措施。例如把一个排风罩分隔成若干个小排风罩；在罩内设挡板；在罩口上设条缝口，要求条缝口处风速在10m/s以上，而静压箱内风速不超过条缝的速度的1/2；在罩口设气流分布板，以便确保集气吸尘罩的效果。

第四节
吹吸式集气吸尘罩

一、吹吸式集气吸尘罩的形式

吹吸罩需要考虑到吸气口吸气速度衰减很快，而吹气气流形成的气幕作用的距离较长特点，在槽面的一侧设喷口喷出气流，而另一侧为吸气口，吸入喷出的气流以及被气幕卷入的周围空气和槽面污染气体。这种吹吸气流共同作用的集气罩称为吹吸罩。图7-45所示，吸罩的形式及其槽面上气流速度分布情况。吹吸罩具有风量小，控制污染效果好，抗干扰能力强，不影响工艺操作等特点，在环境工程中得到广泛的应用。吹吸式集气吸尘罩除了图7-45所示的气幕式形式外，还有旋风式和斜气流式的气幕式等，如图7-46、图7-47所示。

二、吹吸罩的设计计算

1. 气幕式吹吸罩计算

① 确定吹气射流终点平均速度 v_1，该气流速度必须大于尘源气流上升速度 v_y，即 $v_1>v_y$，并不小于 $0.75\sim1.0m/s$。对于热气流上升速度 v_y 可按下式确定：

$$v_y=0.003(t_y-t_n)t \tag{7-65}$$

式中，v_y 为热气流上升速度，m/s；t_y 为高温热气温度,℃，可近似按热流温度采用；t_n 为周围空气温度,℃。

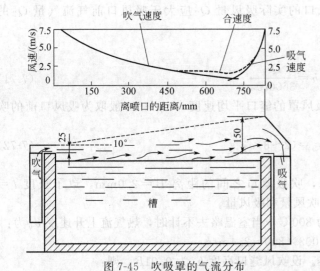

图 7-45　吹吸罩的气流分布

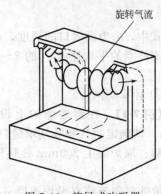

图 7-46　旋风式吹吸罩

图 7-47　斜气流吹吸罩

吹气射流终点的平均速度还取决于槽内气流温度和槽的宽度，因此对于下列温度的工艺槽，吸风口前必需的吹气射流平均速度 v_1 可按以下经验数值确定：

槽温 $t=70\sim95℃$，$v_1=B$（B 为吹风口间距，即槽宽，m，下同）m/s

$t=60℃$，$v_1=0.85B$　　m/s

$t=40℃$，$v_1=0.75B$　　m/s

$t=20℃$，$v_1=0.5B$　　m/s

假定吹气射流终点截面内的轴心速度 v_{zh} 为平均速度 v_1 的 2 倍。

于是：

$$v_{zh}=\frac{v_1}{0.5} \tag{7-66}$$

② 吹风缝口高度 h_1。h_1 与吹气射流的初速度 v_0 和吹风量 Q_1 有关，为了保证一定的吹风口吹出的气流流速 v_0，通常取吹风缝口的高度 h_1（m）为：

$$h_1=(0.01\sim0.015)B \tag{7-67}$$

根据平面射流的原理，吹气射流的初速度 v_0 为：

$$v_0=\frac{v_{zh}\sqrt{\frac{aB}{h_1}+0.41}}{1.2} \tag{7-68}$$

式中，v_0 为射流动速度，m/s；a 为紊流系数，条缝式吹风口吸风口取 $a=0.2$。

根据 v_0 及 h_1 即可计算吹风量 Q_1：

$$Q_1=3600lb_1v_0 \tag{7-69}$$

式中，Q_1 为吸出风量，m^3/h；l 为罩子长度，m。

③ 根据吹风口的吹风量 Q_1 确定吸风量 Q_2 和吸风缝口高度 h，根据平面射流的原理，在吸风口前的吹气射流终点的流量 Q_2' 为：

$$Q_2'=1.2Q_1\sqrt{\frac{aB}{h_1}+0.41} \tag{7-70}$$

式中，Q_2' 为射流终点流量，m^3/h。

为了避免吹出气流溢出吸风外，吸风口的实际吸风量 Q_2 应大于吸风口前气流气量 Q_2' 的 $1.1\sim1.25$ 倍，即 $Q_2=(1.1\sim1.25)Q_2'$

吸风缝口高度 h 为：

$$h=\frac{Q_2}{3600lv_2} \tag{7-71}$$

式中，h 为风缝口的高度，m；v_2 为吸风罩的缝口平均速度，m/s；一般取为吸风口前的吹气射流终点的平均速度 v_1 的 $2\sim3$ 倍，即

$$v_2=(2\sim3)v_1 \tag{7-72}$$

④ 计算实例

【例 7-4】 在铜熔炼炉上设置吹吸罩，吹吸罩口之间的距离 $B=2.0$mm，罩子长度 $l=3.0$m，试确定吹气和吸气罩缝口的高度及吹风量和吸风量。

解：取炉面上 200mm 处热气流温度为 $800℃$，当室温略去不计时，热气流上升速度 v_y 为：

$$v_y=0.003\times800=2.4\text{m/s}$$

取吹气射流终点平均速度 $v_1=3.0$m/s。设吹风缝口高度 h_1 为 $0.01B$，则：

$$h_1=0.01\times2.0=0.02\text{m}$$

吹气射流终点截面内的轴心速度 v_{zh} 为：

$$v_{zh}=\frac{v_1}{0.5}=\frac{3.0}{0.5}=6.0\text{m/s}$$

当紊流系数 $a=0.2$ 时，吹气射流和初速度 v_0 为：

$$v_0=\frac{v_{zh}\sqrt{\dfrac{aB}{h_1}+0.41}}{1.2}=\frac{6.0\sqrt{\dfrac{0.2\times2.0}{0.02}+0.41}}{1.2}=22.6\text{m/s}$$

计算吹风量 Q_1 为：

$$Q_1=3600v_0h_1l=3600\times22.6\times0.02\times3.0=4881\text{m}^3/\text{h}$$

计算吸风口前吹气气流终点的流量：

$$Q_2'=1.2Q_1\sqrt{\frac{aB}{h_1}+0.41}=1.2\times4881\times\sqrt{\frac{0.2\times2.0}{0.02}+0.41}\approx26420\text{m}^3/\text{h}$$

取 $Q_2=1.1Q_2'$

$$Q_2=1.1\times26420=29062\text{m}^3/\text{h}$$

确定排风口高度 h：

取 $v_2=3v_1$，即 $v_2=3\times3=9$m/s，则

$$h=\frac{Q_2}{3600lv_1}=\frac{29062}{3600\times3\times9}=0.3\text{m}$$

2. 吹吸罩简易计算法

送风气流的半扩散角取 $10°$，见图 7-48。

条缝吸风口的高度（H）为：

$$H=B\times\tan10°=0.18B \tag{7-73}$$

式中，B 为槽面宽度，即吹风口的间距，m。

一般吹风口射流的自然半扩散角为 $14°\sim16°$，在本公式中取 $10°$，主要是考虑射流靠近吸风口处，受到周围吸入气流的影响，使射流边

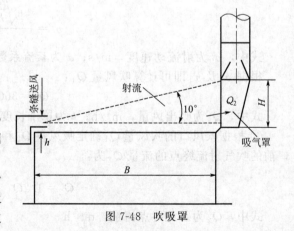

图 7-48 吹吸罩

界在吸入口处有一定的收敛。

吸风量 Q_2 取决于槽面面积、液温和横向气流的干扰等因素。通常每平方米槽面面积的吸风量范围为 $Q_2 = 1830 \sim 2753 \, \mathrm{m^3/h}$。当液温低于 70℃时取下限，液温高于 70℃时取上限。

吹风量（Q_1）计算：

$$Q_1 = \frac{1}{B \times E} \times Q_2 \tag{7-74}$$

式中，Q_2 为吸入风量，$\mathrm{m^3/h}$；B 为槽面宽度，m；E 为槽宽修正系数，见表 7-15。

表 7-15 槽宽修正系数

槽宽 B/m	0~2.4	2.4~4.9	4.9~7.3	7.3 以上
修正系数	6.6	4.6	3.3	2.3

吹口风速选取范围 5~10m/s。

【例 7-5】 已知污染源宽 $B = 1.2\mathrm{m}$，长 $l = 2\mathrm{m}$，温度 80℃。试求吹吸罩的送风量和排风量。

解： 吸风口高度： $H = 0.18 \times 1.2 = 0.216 \,（\mathrm{m}）$

槽面面积： $S = 1.2 \times 2 = 2.4 \,（\mathrm{m^2}）$

吸风量： 取 $2000（\mathrm{m^3/h}）$

则 $Q_2 = 2000 \times 2.4 = 4800 \,（\mathrm{m^3/h}）$

送风量： $Q_1 = \dfrac{1}{1.2 \times 6.6} \times 4800 = 606.1 \,（\mathrm{m^3/h}）$

式中，槽宽修正系数可查表 7-15，其值为 6.6。

送风口高度：

取风口速度为 7m/s，则 $h = \dfrac{606.1}{3600 \times 7} = 0.024 \,（\mathrm{m}）$

三、气幕式吹吸罩

气幕式集气罩是吹吸集气罩的一种形式，它是利用射流形成的气幕将尘源罩住，即利用射流的屏蔽作用，阻止排风罩吸气口前方以外的空气进入抽吸区，从而缩小排风罩的吸气范围，达到以较小的吸气量进行远距离控制抽吸的目的。这种排风罩目前有两种基本形式：一种是气幕带旋的；另一种是气幕不带旋的。

1. 普通气幕集气罩

图 7-49 所示是一种不带旋的普通气幕罩工作原理示意。这种集气罩有内外两层，送风机通过集气罩有内外两层的夹层，将空气从喷口喷出，形成一伞形气幕将吸气区屏蔽起来，再在排风机的抽吸作用下，通过集气罩中心吸气口将有害物气流排走。

2. 旋转气幕集气罩

如图 7-50 所示，是一种旋转气幕式集气罩结构示意。它是在罩四角安装四根送风立柱，以 20°的角度按同一旋转方向向内侧吹出连续的气幕，形成气幕空间。在气幕中心上方设有排风口。它的控尘原理与上述不带旋的普通气幕集气罩有所不同，它除了利用气幕屏蔽作用之外，更主要的是还利用了"龙卷风"效应。即在旋转气流中心由于吸气而产生负压，这一负压核心是旋转气流受到向心力作用；同时，气流在旋转过程中将受到离心力的作用。在向心力和离心力的平衡范围内，旋转气流形成涡流，涡流收束于负压核心四周并朝向排风口。由于利用了龙卷风原理，涡流核心具有较大的上升速度。有利于捕集远距离排风口的有害物。气幕式集气罩具有以下主要优点：a. 可以用较远距离捕集含尘气体；b. 由于有一个封闭的气幕空间，含尘气流与外界隔开，

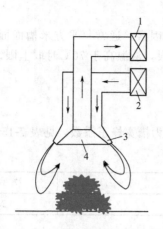

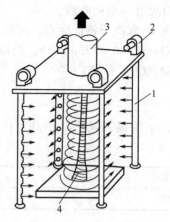

图 7-49　普通气幕集气罩工作原理示意
1—排风机；2—送风机；3—喷口；4—吸口

图 7-50　旋转气幕集气罩
1—送风立柱；2—送风机；3—排风管；4—涡流核心

可以用较小的排风量排除污染空气；c. 有抗横向气流能力，较小受横向气流干扰。

四、设计和应用注意事项

① 吸入气流的速度衰减很快，而吹出气流的速度衰减缓慢。吸气气流在外部吸气罩罩口外的气流速度衰减很快，吸气气流在离吸气口 1 倍直径处，轴线上的气流速度已经降低到吸气口风速的 10%，而在吹出气流（喷射气流）中，只有当距离达到 30 倍直径时，才降低到出口风速的 10%。因此，当外部集气罩与污染源距离较大，单纯依靠罩口的抽气作用往往控制不了污染物的扩散，则可把吹吸气流很好地配合起来，即在一侧吸气的同时在另一侧设吹出气流，形成气幕，从而组成吹吸式集气罩以提高控制效果，阻止有害物向外散逸。

② 吹吸式集气罩（简称吹吸罩）是依靠吹、吸气流的联合作用进行有害物的控制和输送。吹吸式集气罩适用于槽宽超过 1200mm 以上的槽，但不适用于以下 3 种情况：a. 加工件频繁地从槽内取出或放入时；b. 槽面上有障碍物扰乱吹出气流（如挂具，加工件露出液面等）；c. 操作人员经常在槽子两侧工作时。

③ 比一般集气罩具有较高的效能。冷过程集气罩的罩口风速随距离的增加衰减很快，其排风口的能量利用率是很低的。吹吸式集气罩主要用吹出射流来提高污染源处的控制风速，射流的特点是速度分布比较集中，能量或动能的有效利用率就可以提高。

比接受式集气罩有较稳的效果。接受式集气罩利用了工艺产生的气流来收集污染气体，如上悬式罩口收集上升热气流，但是这种热气流有时是不稳定的，受到干扰的气流，可能逸出罩外。吹吸式集气罩的吹出气流可以根据需要来进行设计，在运行中可保持较稳定的效果。

④ 吹吸罩适用于大面积、强扩散的污染源。当一般集气罩对于面积范围大，扩散速度较大的污染源难于控制时，吹吸式集气罩将利用射流有效射程，扩大控制范围，提高控制速度。

⑤ 吹气口应布置在操作人员一侧。此外吹吸式集气罩在应用中还应防止吹向障碍物时，引起污染气体逸出。

第八章

输排灰设备

输排灰设备是除尘系统的重要设备，无论除尘器规模大小，都要配不同规格型号的输排灰设备。输排灰设备的质量和匹配效果，直接影响除尘器的正常运行。

第一节
输排灰设备分类和工作原理

一、输排灰设备的分类

1. 输灰设备组成

大中型除尘器输灰系统由卸灰阀、刮板输送机、斗式提升机、贮灰罐、吸引装置、加湿机、运灰汽车等组成。根据除尘器大小不同，输灰装置有较大差异。图8-1是大型除尘器常用的输灰装置组成。

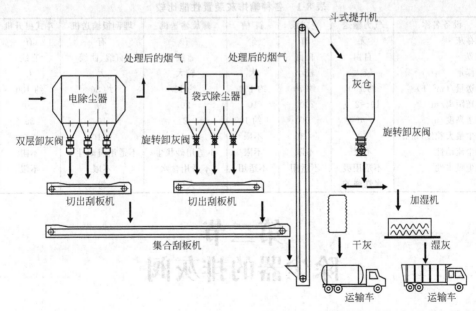

图 8-1　输灰系统组成

2. 输排灰设备分类

输排灰设备分为排灰设备和输灰设备两类。排灰设备主要是卸灰阀。输灰设备可按下述方式分类。

按输灰设备的动力，分为机械输送装置和气力输送装置。

按输灰设备的性能，分为：a. 向下输送，如卸灰装置；b. 水平输送，如刮板输送机、皮带输送机、螺旋输送机；c. 向上输送，如斗式提升机。

按输送是否用水，分为干式输送装置和湿式输送装置。

二、输排灰设备的工作原理

除尘器各灰斗的粉尘首先分别经过卸灰阀排到刮板输送机上，如果有两排灰斗则由两个切出刮板输送机送到一个集合刮板输送机上，并把卸灰到斗式提升机下部。粉尘经提升机提升到一定高度后卸至贮灰罐。贮灰罐的粉尘积满（约4/5灰罐高度）后定时由吸尘车拉走，无吸尘车时，可由贮灰罐直接把粉尘经卸灰阀卸到拉尘汽车上运走。为了避免粉尘飞扬可用加湿机把粉尘喷水后再卸到拉尘汽车上。

对小型除尘器而言，输排灰装置比较简单。排灰用卸灰阀，输灰用螺旋输送机直接排到送灰小车，定时把装着灰的小车运走。也有的小型除尘器把灰排到地坑里，定时进行清理。这种方法比把灰排到小车里操作复杂，可能造成粉尘的二次污染。

除机械输送以外，气力输送系统也是输灰的常用方式。其工作动力是高压风机吸引的强力气流。主要设备是卸灰阀、气力输送管道、贮灰罐及气固分离装置及高压引风机等。

三、输排灰装置的性能

输排灰装置选用的原则主要是考虑除尘器的规模大小，依照除尘器的需要确定输排灰装置；其次是应注意避免粉尘在输送过程的飞扬；最后是输送装置要求简单，便于维护管理，故障少，作业率高。

各种输排灰装置的性能见表 8-1。

表 8-1 各种输排灰装置性能比较

序号	设备名称	气力输送	仓式泵	斜槽	螺旋输送机	埋刮板输送机	斗式提升机	车辆
1	积存灰	无	有	少	有	有	有	无
2	布置	自由	自由	斜	直线	直线、曲线	直线	自由
3	维修量	较大	较小	大	较大	大	大	较小
4	输送量/(m³/h)	约100	约70	约150	约10	约50	约100	约10
5	输送距离/m	10~250	2000	10	20	50	20	不限
6	输送高度/m	50	50	约1	2	10	30	—
7	粉尘最大粒度/mm	30	<30	不限	<10	<10	<30	—
8	粉尘流动性	不限	不限	不限	不适用砂状尘	不适用流动性尘	不限	不限
9	粉尘吸水性	不适用吸水性强的	不适用	不适用	不适用含水大的	不限粉	不限	不限

第二节
除尘器的排灰阀

一、排灰阀的分类和工作原理

1. 排灰阀分类

除尘器的排灰装置是除尘设备的一个重要配件，它的工作状况会直接影响除尘器的运行和除尘效率。排灰装置选择不当，会使空气经排尘口吸入，破坏除尘器内的气流运动，恶化操作，还会使回收的粉尘再次飞扬，降低净化效率；或者造成排灰口堵塞，使除尘系统造成困难。

除尘器设计中，应根据袋式除尘器类型确定排灰装置形式，灰斗内压力状态和粉尘的性质，以保证除尘器正常工作和顺利地排灰。

排灰装置分干式排灰装置和湿式排灰装置两类。除尘器一般均配用干式排灰装置，干式排灰装置又分为翻板式卸灰阀和回转式卸灰阀两类。此外，在卸灰阀前面，为方便卸灰阀的检修，一般要安装插板阀。

按动力分类，还可以分为手动卸灰阀、气动卸灰阀和电动回转卸灰阀三类。

2. 排灰阀工作原理

排灰阀的工作原理是，在重力作用下依靠粉尘的重力向下自行降落完成卸灰过程。对于手动卸灰阀和气动卸灰阀而言，粉尘卸下完全依靠重力，对电动回转卸灰阀来说，卸灰过程除了受重力影响之外还受到卸灰阀阀片转动速度的影响，卸灰量与阀门转运速度成正比。

二、插板阀

根据除尘器在功能上的不同，插板阀可分为手动型插板阀、气动型插板阀和电动型插板阀等形式。各类形插板阀的规格和要求比较简单，可查找资料，也可以单独设计制造。

（1）手动插板阀 根据其操作结构形式又分为螺杆型和手柄型两种，一般与旋转阀配套使用，仅作为旋转阀检修时的灰斗切断作用，如除尘器灰斗的卸灰等。手柄型插板阀外形见图8-2，外形尺寸见表8-2。

表8-2 手柄型插板阀外形尺寸 单位：mm

型 号	A	B_1	C_1	H_1	L_1	D	n_1	d_1	B_2	C_2	H_2	L_2	n_2	d_2
ZFLF200	200	130×2	306	120	765	$\phi300$	8	$\phi14$	$\phi340$	306	150	795	8	$\phi12$
ZFLF300	300	120×3	406	120	965	$\phi300$	12	$\phi14$	$\phi440$	406	150	1015	8	$\phi14$
ZFLF350	350	135×3	456	120	1065	$\phi300$	12	$\phi14$	$\phi490$	456	150	1115	8	$\phi14$
ZFLF400	400	115×4	520	140	1235	$\phi300$	16	$\phi18$	$\phi540$	506	150	1205	8	$\phi16$
ZFLF500	500	112×5	620	140	1435	$\phi300$	18	$\phi18$	$\phi640$	606	150	1405	8	$\phi18$

（2）气动插板阀 用于粉尘自动排出控制。在电炉除尘系统中可用于沉降室或燃烧室灰斗的排灰。

（3）电动插板阀 用于粉尘和浆液等的自动排出控制。在电炉除尘系统中可用于沉降室或燃烧室灰斗的排灰。电动型插板阀外形见图8-3，外形尺寸见表8-3。该阀使用压力小于0.05MPa，温度小于300℃。

三、翻板式卸灰阀

1. 翻板式卸灰阀的分类

（1）按其翻板层数分 单层翻板式卸灰阀、双层翻板式卸灰阀。

（2）按翻板式卸灰阀的操作方式分 机械式翻板卸灰阀、电动式翻板卸灰阀和气动式翻板卸灰阀。

2. 单层翻板式卸灰阀

（1）工作原理 单层翻板式卸灰阀是靠杠杆原理工作的，它是一种最简单的机械式卸灰阀。翻板式卸灰阀的斜板与杠杆系统连接，固定在轴上，轴的另一端杠杆上配有平衡重锤，使斜板紧贴排灰口。如图8-4所示。

机械式单层翻板卸灰阀的工作原理是，在斜板上积存一定量的粉尘时斜板被压下，粉尘被排

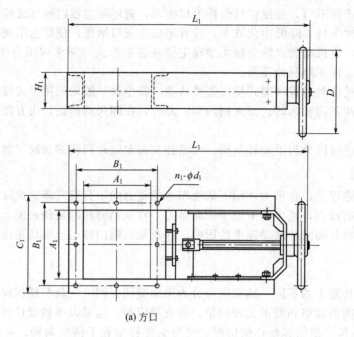

(a) 方口

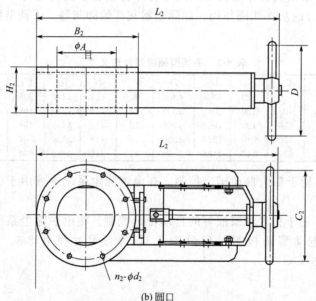

(b) 圆口

图 8-2 手柄型插板阀外形

出，然后依靠重锤作用复位，这是一种周期性地间歇排尘（灰）装置。这种卸灰阀是靠斜板与排灰口的紧密接触和一定高度的灰柱来保证密封性的。由于单翻板式卸灰阀在周期性地间歇排灰，当阀板开启排灰时容易漏风。

（2）翻板式卸灰阀的计算 翻板式卸灰阀的结构原理是靠重力作用的杠杆机构密封作用主要取决于灰柱高度。其灰柱高度按下式确定，即

$$H = \frac{\Delta p}{\rho_d g} + 0.1 \tag{8-1}$$

式中，H 为灰柱高度，m；Δp 为灰斗中的负压值，Pa；ρ_d 为粉尘的堆积密度，kg/m^3；g 为重力加速度，m/s^2。

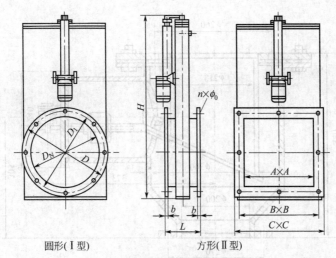

圆形(Ⅰ型)　　　　　方形(Ⅱ型)

图 8-3　电动型插板阀外形

表 8-3　电动型插板阀外形尺寸　　　　　　　　　　　单位：mm

DN(A×A)	D₁(B×B)	D(C×C)	b	H	L	n×φ₀	电动推杆 型号	电动推杆 功率/kW
200	240	270		845				
210	250	280		865				
220	260	290		885			DTLA63-M	0.06
230	270	300		905	120	8×φ10		
240	280	310		925				
250	290	320	6	1215				
260	300	330		1235				
280	320	350		1275			DTLA100-M	0.25
300	345	380		1325				
320	365	400		1365				
340	385	420		1405	140			
360	405	440		1445				
380	425	460		1485		8×φ12		
400	445	480		1525				
420	465	500		1565			DTLA300-M	0.37
450	495	530		1625				
480	525	560	8	1586				
490	535	570		1705	160			
500	545	580		1780				
530	575	610		1840		12×φ12		
560	605	640		1900			DTLA500-M	0.75
600	645	680	10	1980	180	16×φ14		
700	745	780		2180				

H $n×\phi_0$ D_1 D_N D b b L $A×A$ $B×B$ $C×C$

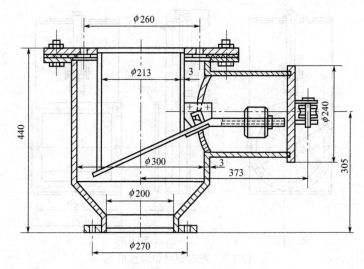

图 8-4　单层翻板式卸灰阀

翻板式卸灰阀的进口接管直径可由下式确定，即

$$D = 1.12\sqrt{\frac{Q_b}{q}} \qquad (8\text{-}2)$$

式中，D 为翻板式卸灰阀进口接管直径，m；Q_b 为捕集的粉尘量，kg/s；q 为翻板式卸灰阀的单位负荷，kg/(m² · s)，可在 60～100kg/(m² · s) 范围内选取。

3. 双层翻板式卸灰阀

双层翻板式卸灰阀有两个翻板结构，每一层翻板都是斜板与杠杆或动力系统连接，固定在轴上，轴的另一端杠杆上配有平衡重锤，使斜板紧贴排灰口。即是机械式双层卸灰阀将平衡重锤改为电动推杆、电动机凸轮或汽缸驱动，则变成电动翻板式卸灰阀或气动翻板式卸灰阀。

（1）机械式双层翻板卸灰阀　双翻板式卸灰阀亦是靠重力作用的杠杆机构实现密封和排灰，密封好坏主要取决于阀板形式和灰柱高度。由于该阀有两层斜板，当第一层斜板上积存一定量的粉尘时，斜板被压下，粉尘被排出时，第二层斜板仍然紧贴排灰口，防止漏风。当第一层斜板依靠重锤作用复位后。第二层斜板上积存一定量的粉尘后，斜板被压下，粉尘被排出，然后依靠重锤作用复位。这也是一种周期性地间歇排尘（灰）装置，同样靠斜板与排灰口的紧密接触和一定高度的灰柱来保证密封性，但由于有双层翻板，其漏风量比单层翻板式卸灰阀要少得多。

机械式翻板卸灰阀在使用过程中由于粉尘及结构原因，斜板与料管的密闭达不到要求，造成漏风，机械式翻板卸灰阀对粉尘的性能要求比较高，只适合流动性较好、干燥的粉料，而且需要经常检查其翻板是否卡住，所以袋式除尘工程中很少使用机械式翻板卸灰阀，都使用电动的或气动的翻板式卸灰阀。

（2）电动或气动式翻板卸灰阀　电动的或气动的翻板式卸灰阀为双层翻板，其排灰工作过程同机械式双层卸灰阀，但动作原理不是依靠粉尘重力与重锤的平衡原理交替进行排灰及密封，而是采用电机、电动推杆或汽缸来控制两个翻板交替间隔动作，实现排灰及密封，其动作时间及每次排灰时间都可调。

4. 技术性能和外形尺寸

（1）锁气翻板卸灰阀　锁气翻板卸灰阀适用于干燥粉尘状物料的卸灰，适用温度分别为不大于 150℃、不大于 300℃。作为除尘设备灰斗和料仓卸料的锁气翻板卸灰阀，多采用摆线针轮减速器，交叉启闭锁，卸灰彻底，锁气性好，卸灰能力大，通常在 12～25m³/h，开闭次数一般为 16 次/min。

翻板卸灰阀外形见图 8-5，外形尺寸见表 8-4。

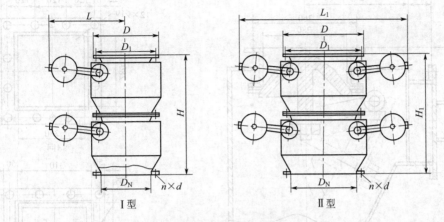

图 8-5　翻板卸灰阀外形
Ⅰ型—单门外形；Ⅱ型—双门外形

表 8-4　翻板卸灰阀外形尺寸　　　　　　　　　　单位：mm

DN	D_1	D	H	H_1	L	L_1	$n \times \phi_0$
150	196	226	460		460		$6 \times \phi 11$
200	245	280	580		500		$8 \times \phi 11$
220	265	300	580		520		$12 \times \phi 11$
250	300	340	580		560		$12 \times \phi 11$
300	350	390	620		600		$12 \times \phi 13$
320	370	410	700		620		$12 \times \phi 13$
400	450	490	800	660	815	1630	$12 \times \phi 13$
450	500	540	800	740	840	1680	$12 \times \phi 13$
500	560	600	950	800	870	1740	$12 \times \phi 13$
600	660	700		800		1920	$16 \times \phi 13$
720	780	820		1060		2220	$16 \times \phi 13$
800	870	920		1150		2520	$16 \times \phi 18$
1000	1000	1140		1450		2940	$20 \times \phi 18$

（2）双层卸灰阀　双层卸灰阀主要有电动卸灰阀、气动卸灰阀和重锤卸灰阀 3 种形式。电动卸灰阀和气动卸灰阀通常适用于规模较大的贮存灰斗卸灰，重锤卸灰阀一般适用于规模较小的贮存灰斗卸灰。

气动型双层卸灰阀外形见图 8-6 和图 8-7，该阀配用汽缸工作压力为 0.4～0.5MPa，耗气量 0.015m³/min，汽缸行程 100～160mm，使用温度小于 120℃。泄漏率小于 1%。该阀卸灰彻底，因双层阀板交替动作密封性好，阀板的动作也可以用电动推杆推动，阀板设计主要有锥形和板式形。适用介质为固体小颗粒、粉末物料等。

四、回转卸灰阀

回转卸灰阀又称星形卸灰阀。根据叶轮的结构形式分弹性的和刚性的两种。

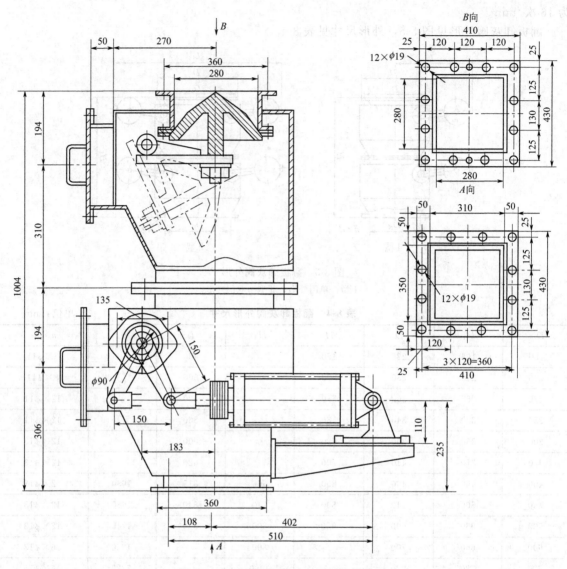

图 8-6　气动型锥形阀板双层卸灰阀外形

　　回转阀适用于粉状或细粒状的非黏性干物料，如生料粉、水泥、干矿渣、煤粉等，通常安装在料库或灰仓下面。对于块状物料，则由于容易卡住叶轮而不能使用。其特点是结构简单、紧凑，体积小，密封性能较好。配用调速电动机，可方便地调节给料量。

1. 结构

　　回转卸灰阀结构如图 8-8 和图 8-9 所示。

　　（1）机壳　回转阀的机壳由壳体和端盖组成，两只端盖均以法兰与壳体用螺栓连接，壳体和端盖都由铸铁制成，在端盖的中心孔里装有整体式滑动轴承。进出料口均与壳体铸造成整体形式，分别有法兰可与进出料溜管相连接。壳体侧面还设有检查孔，便于处理卡住叶轮的杂物。

　　（2）叶轮转子

　　① 弹性叶轮　弹性叶轮由轴、轮芯和弹性叶片组成。叶片用弹簧钢板制作；轮芯为铸铁的多棱柱体，每一个侧面上装一片叶片；一般有 6～12 个叶片，规格越大，叶片数越多。弹性叶轮在机壳的回转腔内密封性能较好，故喂料的均匀性和准确性也较好。

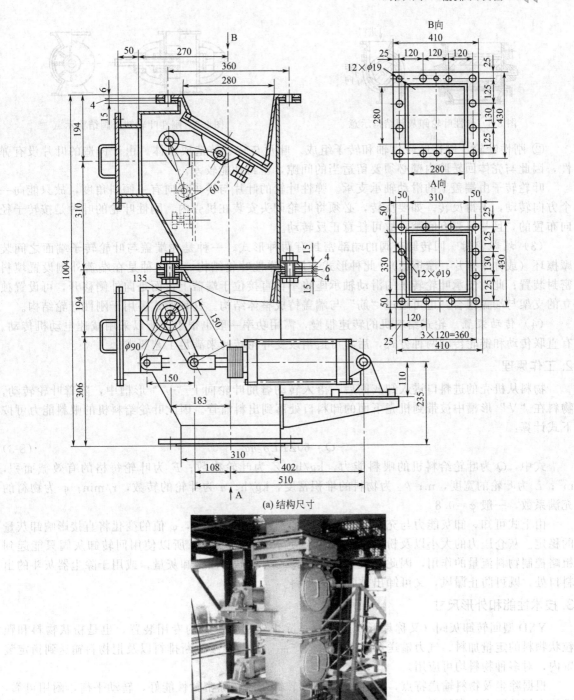

(a) 结构尺寸

(b) 外观

图 8-7　气动型平面阀板双层卸灰阀外形

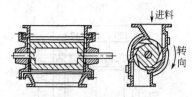

图 8-8　弹性叶轮卸灰阀结构示意

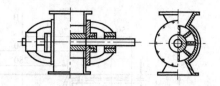

图 8-9　刚性叶轮卸灰阀结构示意

② 刚性叶轮　刚性叶轮由轴和转子组成。叶片与转子铸造成整体。由于铸造的叶片没有弹性，因此与壳体回转腔内壁必须要留适当的间隙，密封性能较差。

叶轮转子由端盖上的滑动轴承支承。弹性叶轮的叶片与转子径向有一倾斜角度，故只能向一个方向转动，不得反转。如要反转，必须将叶轮调头安装在机壳内。刚性叶轮的叶片是按转子径向布置的，且与机壳有间隙，故可任意正反转动。

（3）端部密封　回转卸灰阀的端部密封有两种形式。一种是在端盖与叶轮转子端面之间装摩擦环（或称摩擦片、摩擦盘）；此种形式多用于弹性叶轮结构。另一种是在端盖外侧设置填料密封装置；此时支承叶轮转子的滑动轴承座将不再直接位于端盖上，而是向外侧移开，可设置独立的支架与端盖组合，也可通过"筋"与端盖铸成整体结构。这种形式多用于刚性叶轮结构。

（4）传动装置　轮式给料机的转速很慢，需用功率一般也很小，所以采用减速电动机传动。有直联传动和链轮传动两种方式，后者可适当改变叶轮转速来满足工艺要求。

2. 工作原理

物料从机壳的进料口进入卸灰阀后，落入转动着的叶轮向上"∨"形槽中，随着叶轮转动，物料在"∨"形槽中被带到机壳下面的卸料口处落到出料溜管。因此叶轮给料机的喂料能力可按下式计算：

$$Q = 60ZFL\rho_r n\varphi \tag{8-3}$$

式中，Q 为叶轮给料机的喂料能力，kg/h；Z 为叶轮格数；F 为叶轮每格的有效截面积，m^2；L 为叶轮的宽度，m；ρ_r 为物料的堆积密度，kg/h；n 为叶轮的转数，r/min；φ 为物料的充满系数，一般 $\varphi = 0.8$。

由上式可知，卸灰能力与充满系数 φ 有关，当转速 n 恒定时，φ 值的变化将直接影响卸灰量的稳定。灰仓压力的大小以及粉尘黏结成都会使 φ 值发生变化，所以使用回转卸灰阀只能起到粗略控制物料流量的作用，因此多数安装在料仓或灰斗下面控制卸灰量，或用于除尘器灰斗的出料口处，既可防止漏风，又可卸出被收集的粉料。

3. 技术性能和外形尺寸

YXD 型回转卸灰阀（又称星形卸灰阀）是除尘器密封卸料的专用装置，也是粉状物料和颗粒状物料的定量加料、气力输送和密闭出料的产品。它能连续不断排料以及把物料输送到指定装置内，对多种物料均可应用。

根据除尘及物料输送特点，YXD 型系列回转卸灰阀，除密封性能好，转动平衡，耐用可靠，维修方便外还有如下特点：a. 采用弹性叶轮、增强柔性密封，消除叶轮卡住现象；b. 轴承座移位阀体外侧，隔断尘粒直接来源，延长轴承使用寿命，方便维修；c. 配用摆线针轮减速机，结构紧凑，稳定可靠。

YXD 型回转卸灰阀的技术性能见表 8-5，外形尺寸见图 8-10 和表 8-6。

这种卸灰阀一般都安装在除尘器灰斗下部，为保证连接处的严密不漏风，在回转卸灰阀的上部应经常保持（贮存）一定高度的粉尘。因为叶轮转动时，卸完粉尘后叶轮转上的那一面经常是没有粉尘的，所以容易使空气漏入。为了保持一定高度的灰柱，而且不致卸空，最好在灰斗内装设料位信号设施，并与卸灰阀的电动机建立联锁。

表 8-5 YXD 型回转卸灰阀技术性能

序号	型号	每转体积 V/L	转速 n/(r/min)	减速机 型号	电机功率 /kW	电机转速 /(r/min)	工作温度 /℃	质量/kg
1	YXD-200	6	25	BWD11-59	0.55	1500	<120	200
2	YXD-300	24	25	BWD12-59	1.1	1500	<120	370
3	YXD-350	35	25	BWD13-59	1.5	1500	<120	450
4	YXD-400	50	25	BWD13-59	2.2	1500	<120	575
5	YXD-500	94	25	BWD14-59	3.0	1500	<120	965
6	YXD-600	159	25	BWD14-59	4.0	1500	<120	1550

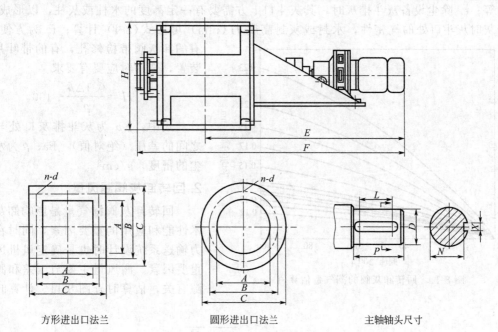

方形进出口法兰   圆形进出口法兰   主轴轴头尺寸

图 8-10 YXD 型回转卸灰阀外形及安装尺寸

表 8-6 YXD 型回转卸灰阀外形及安装尺寸   单位：mm

序号	型号	法兰 形式	进出口法兰				H	E	F	P	D	L	N	X
			A	B	C	n-d								
1	YXD-200	方形	200	250	300	8-M10	360	700	920	50	φ35	25	30	10
	YXD-200	圆形	φ200	φ260	φ300	8-M10								
2	YXD-300	方形	300	360	400	12-M12	470	960	1250	50	φ40	30	35	12
	YXD-300	圆形	φ300	φ360	φ400	12-M12								
3	YXD-350	方形	350	405	450	12-M12	520	1120	1400	60	φ45	40	39.5	14
4	YXD-400	方形	400	460	520	16-M16	580	1170	1450	70	φ55	50	49	16
5	YXD-500	方形	500	560	620	20-M16	680	1320	1600	80	φ60	60	53	18
6	YXD-600	方形	600	660	720	24-M20	780	1440	1720	90	φ65	70	57.5	20

　　回转卸灰阀使用中应注意粉尘在灰斗内架空或落入刚性物料时被卡住，以致破坏操作和设备；对磨琢性粉尘叶轮的磨损较快，要及时维修叶轮。

五、排灰装置的选用要求

1. 选用要求

排灰装置设于除尘设备的灰斗之下，根据系统设定要求定期或定时排除灰斗内的积灰，以保证除尘设备的正常运行。排灰装置的选用，一般应视粉尘的性质和排尘量的多少、排尘制度（间歇或连续）以及粉尘的状态（是干粉状还是泥浆状）等情况，分别进行不同型号的选择。排灰装置的选用要求如下：a. 排灰装置运转应灵活且气密性好；b. 排灰装置的材料应满足粉尘的性质和温度等使用要求，设备耐用；c. 排灰装置的排灰能力应和输灰设备的能力相适应；d. 对系统采用搅拌装置或加湿机排出的粉尘时，要选用能均匀定量给料的排灰装置，如回转卸灰阀、螺旋卸灰阀等；e. 除尘设备灰斗排灰时，其灰斗口上方需要有一定高度的水柱或灰柱，以形成灰封，保证排灰时灰斗口处的气密性，水封或灰封高度 H（mm）可按式(8-4)计算；f. 为方便检修，有的卸灰阀带检修孔，有的带叶片调整装置，选用时应要有要求。

$$H = \frac{0.1\Delta p}{\rho} + 100 \qquad (8\text{-}4)$$

式中，Δp 为灰斗排灰口处与大气之间的差压（绝对值），Pa；ρ 为水或粉尘的密度，g/cm^3。

2. 回转卸灰阀漏风量

回转卸灰阀漏气量是影响卸灰阀技术性能和应用的重要因素，同时在对气力输送系统设计时也是确定风机风量的重要因素。漏风量主要与压差和阀板间隙有关，估算时查图 8-11。计算时按下

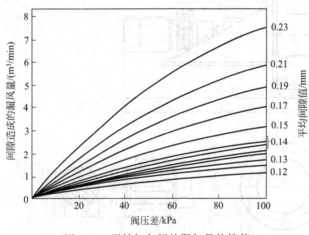

图 8-11　回转卸灰阀的漏气量估算值

式计算：

$$Q = b \times L \times \sqrt{2\rho\Delta p K} \qquad (8\text{-}5)$$

式中，Q 为漏风量，m^3/h；b 为叶片缝隙宽度，m；L 为叶片缝隙长度，m；ρ 为气体密度，kg/m^3；Δp 为卸灰阀压差，Pa；K 为叶片系数，叶片为 6～12 片时取 1.2～0.6。

第三节
机械输灰设备

机械输灰设备是以机电设备为动力进行输灰的，包括螺旋输送机、埋刮板输送机、斗式提升机等。其中螺旋输送机用于中小型除尘器，埋刮板输送机和斗式提升机用于大中型除尘器及超大型除尘器。

一、螺旋输送机

1. 螺旋输送机的输送原理

螺旋输送机是依靠带有螺旋叶片的轴在封闭的料槽中连续旋转从而推动物料移动的输送机械。此时的物料就好像不旋转的螺母一样沿着轴向逐渐向前推进，最后在下卸口处卸下。

2. 螺旋输送机的结构

螺旋输送机的结构如图 8-12 所示。主要由驱动装置、出料口、旋转螺旋轴、中间吊挂轴承、壳体和进料口等组成。通常螺旋轴在物料运动方向的终端（即出口处）装有正推轴承，以承受物料给螺旋叶片的轴向反力。在机身较长时应加中间吊挂轴承。

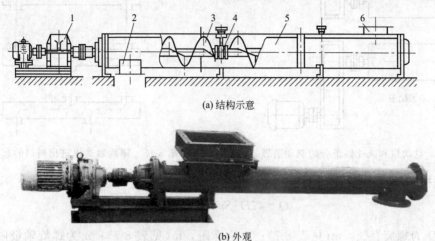

(a) 结构示意

(b) 外观

图 8-12　螺旋输送机总体结构和外观
1—驱动装置；2—出料口；3—旋转螺旋轴；4—中间吊挂轴承；5—壳体；6—进料口

（1）螺旋　普通螺旋输送机的最主要部件是螺旋体，它由轴和焊接在轴上的螺旋叶片组成。螺旋叶片和螺纹一样，也可分为右旋和左旋两种。根据所输送物料的特性不同，螺旋叶片的形状可分为实体螺旋、带式螺旋、叶片式螺旋和齿形螺旋，如图 8-13 所示。其中实体螺旋叶片是最常用的一种形式，适宜于输送干燥的、小颗粒或粉尘物料；带式螺旋叶片适宜于输送带水分的、中等黏性、小块状的物料；叶片式以及齿形螺旋叶片适宜于输送黏性较大及块状较大的物料。

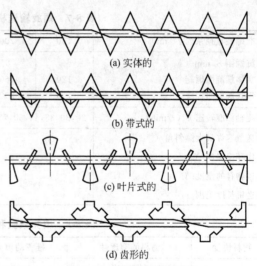

(a) 实体的

(b) 带式的

(c) 叶片式的

(d) 齿形的

图 8-13　螺旋叶片的形状

（2）壳体　螺旋输送机的壳体通常用钢板制作，当输送强磨琢性和强腐蚀性物料时应采用耐磨、耐腐蚀的合金材料或非金属材料等。此外，螺旋叶片与壳体内表面之间要保持一定的间隙，这个间隙较物料的直径要大些，一般为 2～10mm。留有间隙的目的是补偿制造及安装误差，减少螺旋叶片与壳体之间的相互磨损，但间隙加大相应地也会使输送效率降低。

（3）驱动装置　常用的驱动装置采用电动机和减速器组合的驱动装置，如图 8-14 所示。此外还有采用电动机和轴装减速器用三角带传动的驱动装置、采用齿轮减速电动机直接驱动的装配形式。

3. 螺旋输送机的布置形式

螺旋输送机的安装，最普遍的通常是水平安装形式。根据被输送物料的流向不同，其加卸料装置可以布置成多种形式，以适应不同的进出料要求。4 种典型的布置形式如图 8-15 所示。

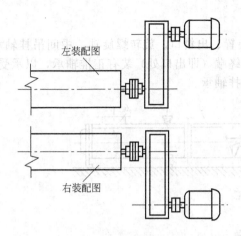

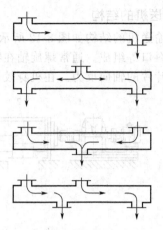

图 8-14　电动机和减速器组合的驱动装置　　图 8-15　螺旋输送机进出料口的布置形式

4. 螺旋输送机输送能力 Q 的计算

$$Q = 47D^2 Sn\rho_r \psi C \quad (\text{t/h}) \tag{8-6}$$

式中，D 为螺旋直径，m（见表 8-7）；S 为螺距，m（见表 8-7）；n 为螺旋轴极限转速（见表 8-7，$n = \dfrac{A}{\sqrt{D}}$），r/min；A 为物料特性系数（见表 8-8）；ρ_r 为物料堆积密度，t/m³；ψ 为填充系数（见表 8-8）；C 为倾斜工作时输送量校正系数（见表 8-9）。

表 8-7　螺旋输送机标准系列及其技术特性

标准螺旋直径系列 D/mm	150	200	250	300	400	500	600
螺旋螺距 S/mm							
实体螺旋面螺旋	120	160	200	240	320	400	480
带式螺旋面螺旋	150	200	250	300	400	500	600
螺旋轴标准转速 n/(r/min)	20,30,35,45,60,75,90,120,150,190						
输送机容许最大倾斜角/(°)	≤20						
工作环境温度/℃	−20～50						
输送物料的温度/℃	<200						
输送机长度范围/m	3～70						

表 8-8　填充系数和物料特性系数 ψ、A 值

物料块度	物料的磨琢性	推荐的填充系数 ψ	推荐的螺旋面形式	物料特性系数 A
粉尘	无磨琢性、半磨琢性	0.35～0.40	实体螺旋面	75
	磨琢性	0.25～0.30		35
粒状	无磨琢性、半磨琢性	0.25～0.35	实体螺旋面	50
	磨琢性	0.25～0.30		30
小块状（<60mm）	无磨琢性、半磨琢性	0.25～0.30	实体螺旋面	40
	磨琢性	0.20～0.25	实体螺旋面或带式螺旋面	25
中等及大块度（>60mm）	无磨琢性、半磨琢性	0.20～0.25	实体螺旋面或带式螺旋面	30
	磨琢性	0.125～0.20		15

表 8-9 倾斜工作时输送量校正系数 *C* 值

倾斜角 β/(°)	0	≤5	5~10	10~15	15~20
C	1.0	0.9	0.8	0.7	0.65

二、埋刮板输送机

1. 埋刮板输送机输送原理

埋刮板输送机的料槽是封闭的，如图 8-16 所示。料槽中充满了物料，刮板和链条都埋在物料之中，从图上还可看出刮板只占料槽断面的一部分。

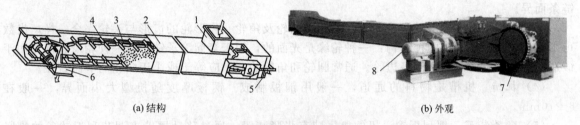

(a) 结构　　　　　　　　　　　(b) 外观

图 8-16　埋刮板输送机结构和外观
1—入口；2—机槽；3—链条；4—刮板；5—张紧装置；6—出口；7—头轮；8—电动机

埋刮板输送机在水平方向输送时，物料受到刮板链条沿运动方向的推力作用，当刮板所切割料层间的内摩擦力大于物料与槽壁间的外摩擦力时，物料便随刮板链条向前推进。料层高度与料槽宽度之比在一定范围时，通常料流是稳定的，这样当源源不断的物料被输送到卸料口，最后借助重力的作用而卸出。

2. 刮板输送机

埋刮板输送机的总体结构如图 8-16 所示，主要由驱动装置、刮板链条、头轮、尾轮、机槽、张紧装置及加卸料装置等组成。从图中可出，头轮和尾轮分别装在两端，一条闭合成环形的刮板链条分别与两轮相啮合。当电机开动后，经减速器使头轮转动，从而带动刮板链条连续不断地推动物料进行输送。

（1）链条　常用的链条主要有套筒滚子链、单板链［见图 8-17(a)］、锻造链和双板链［见图 8-17(b)］。

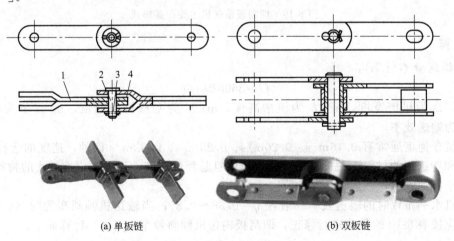

(a) 单板链　　　　　　　　　　(b) 双板链

图 8-17　板链
1—链杆；2—销轴；3—垫圈；4—开口销

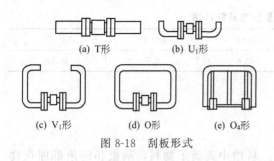

(a) T形   (b) U₁形

(c) V₁形   (d) O形   (e) O₄形

图 8-18 刮板形式

（2）刮板 刮板一般由圆钢、扁钢、方钢或角钢等型钢制成，并与链条固接在一起。刮板的形状有多种，以适用于输送不同的物料，如图 8-18 所示。刮板形式直接关系到输送机的性能，对于某种物料采用哪种形式的刮板可根据实际生产需要加以确定。刮板通常与链条成 90°焊接；但对于输送易产生浮链的刮板则可采用倾斜 70°焊接到链条上。

（3）头轮和尾轮 头轮和驱动装置相连，是主动轮，轮齿通常为 6~12 个，其齿轮随使用链条而异。

尾轮的结构形式较多，常见的有齿形轮、圆轮及角轮。齿形轮的齿形与头轮完全一样，齿数可少于头轮。圆轮又有两种结构：一种轮缘是光面的，用于套筒滚子链；另一种轮缘有槽，用于锻造链和双板链。角轮也称多边轮。通常圆轮和角轮的大小应等于或小于头轮的节圆直径。

（4）机槽 机槽是物料的通道，一般用钢板制成。钢板厚度随机型大小而异，一般在 6~10mm。

（5）张紧装置 埋刮板输送机的机尾装有张紧装置，通过移动尾轮来调节刮板链条的松紧程度。其原理和结构与胶带输送机所用的螺旋张紧机构相同。

3. 埋刮板输送机的布置形式

埋刮板输送机根据不同的工艺需要可以有不同的布置形式，常见的有水平型（MS 型）、垂直型（MC 型）、Z 型（MZ 型）、扣环型（MK 型）、立面循环型（ML 型）和平面循环型（MP 型），如图 8-19 所示。

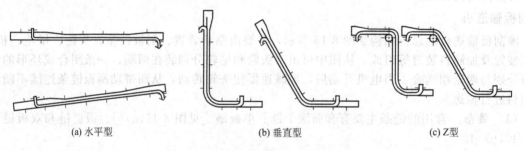

(a) 水平型   (b) 垂直型   (c) Z型

图 8-19 埋刮板输送机主要布置形式

4. 选型计算

（1）输送量 $G(\mathrm{t/h})$：

$$G = 3600Bhv\rho\eta \tag{8-7}$$

式中，B 为机槽宽度，m；h 为机槽高度，m；v 为刮板链条速度，m/s；ρ 为物料密度，t/m³；η 为输送效率，%。

刮板链条速度通常有 0.16m/s、0.20m/s、0.25m/s、0.32m/s 四种，速度的选择和输送物料的性质和所选用的材料有关。对于流动性较好且悬浮性比较大以及磨损性较大的物料一般宜选低速；对于其他物料，一般取中速。

输送机水平布置时的输送效率一般在 $\eta = 0.65 \sim 0.85$；当输送机倾斜布置时（$\alpha \leqslant 15°$），其输送效率应按表 8-10 的数值进行修正，即刮板输送机倾斜效率 η_x（%）计算如下：

$$\eta_x = K_0\eta \tag{8-8}$$

式中，K_0 为倾斜系数，见表 8-10。

表 8-10　输送机倾斜系数 K_0

倾斜角 α	0°～2.5°	2.5°～5°	5°～7.5°	7.5°～10°	10°～12.5°	12.5°～15°
倾斜系数 K_0	1.0	0.95	0.90	0.85	0.8	0.70

（2）刮板链条张力 $T(\text{N})$　当埋刮板输送机倾斜角度在 0°～1.5°范围时，

$$T=9.8M(2.1f'L-0.1H)+9.8M_v\left\{\left[f+f_1\left(\frac{nh'}{B}\right)\right]L+H\right\} \tag{8-9}$$

当 $\alpha=0$，$f'=0.5$ 时，

$$T=9.8L\left\{1.1M+M_v\left[f+f_1\left(\frac{nh'}{B}\right)\right]\right\} \tag{8-10}$$

$$M_v=\frac{G_{max}}{3.6v} \tag{8-11}$$

$$h'=\frac{G_{max}h}{G} \tag{8-12}$$

$$f=\tan\beta \tag{8-13}$$

$$f_1=\tan\beta_1 \tag{8-14}$$

$$n=\frac{x}{1+\sin\beta} \tag{8-15}$$

式中，M 为刮板链条每米的质量，kg/m；f' 为输送物料时刮板链条与壳体的摩擦系数，一般取 $f'=0.5$；L 为输送机水平投影长度，m；H 为输送机垂直投影高度，m；M_v 为物料每米的质量，kg/m；G_{max} 为要求的最大输送量，t/h；v 为刮板链条速度，m/s；h' 为输送物料层高度，m；h 为机槽高度，m；G 为计算输送量，t/h；f 为物料的内摩擦系数，它与物料的堆积角有关；f_1 为物料的外摩擦系数，即物料与壳体的摩擦系数，它与物料的外摩擦角有关；β 为物料内摩擦角，即堆积角；β_1 为物料外摩擦角；n 为物料对机槽两侧的侧压系数；x 为动力系数，当 $v\leqslant0.32\text{m/s}$ 时，$x=1.0$；$v>0.32\text{m/s}$ 时，$x=1.5$。

（3）电动机功率 $P(\text{kW})$：

$$P=K_1\frac{Tv}{9.8\times102\eta_m} \tag{8-16}$$

式中，K_1 为备用系数，$K_1=1.1\sim1.3$；η_m 为传动效率，%；

$$\eta_m=\eta_1\eta_2 \tag{8-17}$$

式中，η_1 为减速器的传动效率，一般取 $\eta_1=0.92\sim0.94$；η_2 为开式链传动的传动效率，一般取 $\eta_2=0.85\sim0.90$。

5. 主要技术参数

埋刮板输送机作为除尘器等灰斗下连续封闭输送灰尘的理想设备，输送过程没有二次污染。其结构简单、体积小、安装维修方便；可多点进料，多点卸料，工艺布置灵活。表 8-11 中所列的为各种埋刮板输送机产品参数。

三、斗式提升机

1. 斗式提升机工作原理

斗式提升机是一种垂直向上的输送设备，用于输送粉状、颗粒状、小块状的散状物料。斗式提升机可分为外斗式胶带传动和外斗式板链传动两种，按料斗形式分为深斗式、浅斗式和鳞斗式；按装载特性分为掏取式（从物料内掏取）及流入式；按运送货物分为直立式和倾斜式。

表 8-11 埋刮板输送机技术性能参数

类型	规格	输送能力 /(m³/h)	承受负压/Pa	物料密度 /(t/m³)	物料粒度 /mm	长度/m
水平型	YD160	1～2	≤1400	0.5～2.5	≤12	6～50
	YD200	2～4	≤1400	0.5～2.5	≤12	6～50
	YD250	4～6	≤1400	0.5～2.5	≤12	6～50
倾斜型	YD310	6～9	≤1400	0.5～2.5	≤12	6～50
	YD370	9～12	≤1400	0.5～2.5	≤12	6～50
	YD430	12～15	≤1400	0.5～2.5	≤12	6～50
	YD450	15～18	≤1400	0.5～2.5	≤12	6～50
L型	YDL160	1～2	≤1400	0.5～2.5	≤12	水平/高<20/30
	YDL200	2～4	≤1400	0.5～2.5	≤12	水平/高<20/30
	YDL250	4～6	≤1400	0.5～2.5	≤12	水平/高<20/30
	YDL310	6～9	≤1400	0.5～2.5	≤12	水平/高<20/30
Z型	ZS160	0.5～2.5	≤1400	0.5～1.5	≤12	水平/高<20/30
	ZS200	2.5～10	≤1400	0.5～1.5	≤12	水平/高<20/30
	ZS250	5～20	≤1400	0.5～1.5	≤12	水平/高<20/30
	ZS320	10～30	≤1400	0.5～1.5	≤12	水平/高<20/30

斗式提升机的料斗和牵引构件等行走部分，以及提升机头轮和尾轮等均安置在提升机的封闭罩壳内，而驱动装置与提升机头轮相连，紧张装置与尾轮相连，当物料从提升机的底部进入时，牵引构件动作使一系列料斗向上提升至头部，并在该处进行卸载，从而完成物料垂直向上输送的要求。

斗式提升机在横截面上的外形尺寸较小，可使输送系统布置紧凑；其结构简单、体积小、密封性能好、提升高度大、安装维修方便；当选用耐热胶带时，允许使用温度在120℃左右。

2. 斗式提升机结构

由图8-20可看出，斗式提升机主要由驱动装置、头轮（即传动滚筒或传动链轮）、张紧装置、尾轮（即尾部滚筒或尾部链轮）、牵引件（胶带或链条）、进料口、出料口和机壳等组成。进料口有两种，见图8-21。

（1）驱动装置 斗式提升机的驱动装置由传动滚筒（或链轮）、电机、减速器、联合器、逆止器及驱动平台等组成。传递牵引力的驱动方式一般可分为两种：一种是通过摩擦传递牵引力的摩擦驱动方式；另一种是通过齿啮合传递牵引力的啮合驱动方式。

（2）牵引件 带式斗式提升机的牵引件是胶带，料斗通常用螺钉与胶带紧固。常用的胶带有普通橡胶带、尼龙芯橡胶带等，链式斗式提升机所用的牵引件是圆环链或套筒滚子链，其中有的采用圆环链，有的是套筒滚子链。

（3）料斗 料斗是一个承载部件，料斗形状的选择取决于物料的性质（如粉状或块状、干湿程度及黏性等），同时也受装料方法的影响。通常采用的料斗形式有3种，即深斗、浅斗和角斗，如图8-22所示。

3. 选用要求

包括：a. 斗式提升机一般采用直立式提升机，其输送物料的高度一般为15～25m；b. 根据所选用的斗式提升机型号，来确定牵引构件的结构形式；c. 根据被输送物料的温度要求，来选择不同型号的斗式提升机；d. 根据物料的输送量要求，选择斗式提升机的规格和型号。

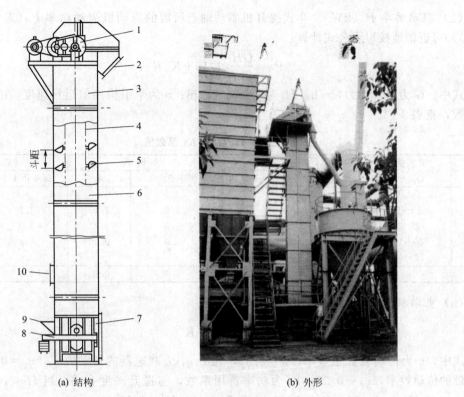

(a) 结构　　　　　　　　　　　　　(b) 外形

图 8-20 斗式提升机

1—驱动装置；2—出料口；3—上部区段；4—牵引件；5—料斗；6—中部机壳；
7—下部区段；8—张紧装置；9—进料口；10—检视门

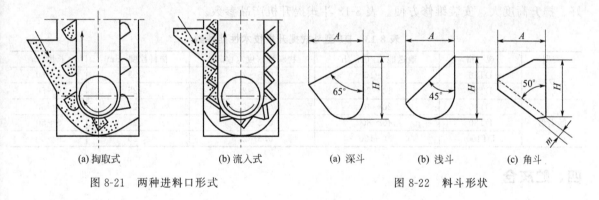

(a) 掏取式　　　　　　(b) 流入式　　　　　　　(a) 深斗　　(b) 浅斗　　(c) 角斗

图 8-21 两种进料口形式　　　　　　　　　图 8-22 料斗形状

4. 造型计算

（1）提升能力 G　斗式提升机运输物料时的提升能力 $G(\text{t/h})$ 可按下式计算：

$$G = 3.6 \frac{V_0}{a} v \rho \phi \qquad (8\text{-}18)$$

式中，V_0 为料斗容积，L；a 为相邻两料斗距离，m；v 为料斗的提升速度，m/s；ρ 为物料堆积密度，t/m^3；ϕ 为填充系数。

根据所输送的物料粒状大小不同，填充系数也不尽相同；物料由粉末状到 100mm 的大块物料，随着粒状越大，则填充系数越小，通常的范围在 $0.4 \sim 0.95$。电炉除尘系统的粉尘一般认为是粉末状，其填充系数为 $0.75 \sim 0.95$。

（2）驱动功率 P_0（kW） 斗式提升机驱动轴上所需的原动机驱动功率 P_0（未考虑驱动机构效率），可近似地按以下公式计算：

$$P_0 = \frac{GH}{367}(1.15 + K_1 K_2 v) \tag{8-19}$$

式中，G 为提升能力，t/h；H 为提升高度，m；v 为牵引构件的运行速度，m/s；K_1、K_2 为系数，查表 8-12。

表 8-12　K_1、K_2 系数值

系数	生产能力 $Q/(t/h)$	带　　式		单 链 式		双 链 式	
		深斗和浅斗	三角斗	深斗和浅斗	三角斗	深斗和浅斗	三角斗
K_1	<10	0.6		1.1			
	10～25	0.5		0.8	1.10	1.2	
	25～50	0.45	0.6	0.6	0.83	1.0	
	50～100	0.40	0.55	0.5	0.30	0.8	1.10
	>100	0.35	0.50			0.6	0.9
K_2		1.60	1.10	1.3	0.80	1.3	0.80

（3）电动机功率 P（kW）

$$P = \frac{P_0}{\eta} K' \tag{8-20}$$

式中，η 为传动装置总效率，$\eta = \eta_1 \eta_2$，其中 η_1 为减速器的传动效率，$\eta_1 = 0.94$；η_2 为三角皮带的传动效率，$\eta_2 = 0.95$；K' 为功率备用系数，与提升高度有关，当 $H < 10m$ 时，$K' = 1.45$；$10m < H < 20m$ 时，$K' = 1.25$；$H > 20m$ 时，$K' = 1.15$。

5. 主要技术参数

DT 型斗式提升机是一种常用的连续封闭型输灰设备。该设备结构简单、体积小、密封性能好、提升高度大、安装维修方便。表 8-13 斗式提升机产品参数。

表 8-13　DT 型斗式提升机技术性能参数

类型	规格	输送能力/(m³/h)	物料堆密度/(t/m³)	物料粒度/mm	长度/m
水平形	DT16	4～10	0.5～2.5	≤25	6～50
	DT30	10～20	0.5～2.5	≤25	6～50
倾斜形	DT45	20～40	0.5～2.5	≤25	6～50
	DT80	40～80	0.5～2.5	≤25	6～50
	DT100	80～100	0.5～2.5	≤25	6～50

四、贮灰仓

1. 贮灰仓的组成

贮灰仓是输灰系统中贮存粉尘的一种常用装置，它由设备本体和辅助设备这两大部分组成：设备本体部分包括灰斗、筒体和梯子平台、料位计、简易布袋除尘器、防闭塞装置等；辅助设备部分包括检修插板阀和卸灰阀（前面已有叙述）、卸尘吸引嘴、加湿机和汽车运输等。

2. 贮灰仓选用要求

① 贮灰仓用作贮存除尘器收得粉尘时，其计算容积通常不少于除尘器运行两天连续产生时的产尘量。当需要计量除尘系统的收尘量时，则贮灰仓设计可采用称量装置。

② 为反映仓内粉尘量的多少，便于输送系统的正常工作，贮灰仓通常设计料位计，并与输送系统进行联锁。

③ 贮灰仓顶部应设置简易布袋除尘器，或设置排气管与除尘管道连接。

④ 在灰斗外壁的适当位置处宜设助灰防闭塞装置，如空气炮或振打电机。

3. 贮灰仓技术规格

根据除尘系统粉尘回收量的大小，设计或选用合适的贮灰仓容积，其规格和电气参数分别见表 8-14 和表 8-15，其设备外形见图 8-23。

表 8-14　贮灰仓规格

贮灰能力/m³	17	20	25	36	48
D/mm	$\phi3000$	$\phi3200$	$\phi3500$	$\phi3500$	$\phi3700$
H_1/mm	3200	3200	3400	3400	3700
H_2/mm	2200	2200	2450	3300	3300

表 8-15　贮灰仓电器参数

参数 ＼ 项目	卸灰阀	上料位仪	下料位仪	振打电机
电源电压	380V,50Hz	220V,50Hz	220V,50Hz	380V,50Hz
功率	1.5kW	4W	8W	0.37～1.5kW

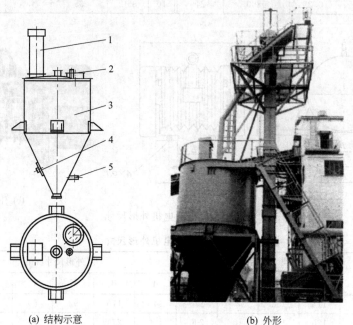

(a) 结构示意　　　　　　　　(b) 外形

图 8-23　贮灰仓外形

1—简易除尘器；2—上料位仪；3—本体；4—防闭塞装置；5—下料位仪

4. 贮灰仓配套件

(1) **料位计**　料位计设置的目的是为了与粉尘输送系统进行联锁，避免贮灰仓粉尘发生空仓和满仓现象。贮灰仓料位计的设计和选型应与仪表专业配合，根据所选用的料位计型号不同，其信号传送可分为：连续检测料位的 4～20mA 模拟信号；上、下料位检测的 ON/OFF 开关信号。

(2) **简易布袋除尘器**　设置在贮灰仓顶上的布袋除尘器，因其处理的气量很小，故只需采用简易的布袋除尘器。除尘器的清灰一般由工人完成。

(3) **振打电机**　料仓振动防闭塞装置是利用可调激振力的 YZS 型振打电机为激振源的通用

型防闭塞装置，作为防止和消除料仓、料罐或料斗内的物料起拱、管状通道、黏仓等闭塞现象的专用设备，它能保证物料畅通，提高物料输送自动化程度。其基本结构形式为：上部是 YZS 型振动电机，下部是台架，中间是螺栓联结。

① 安装。振打电机应安装在安装面的振动波腹段上，振动波腹段距料斗下部与料斗总长度的 1/3 至 1/4 部位。

② 对钢板料仓，振打电机装置应当焊接在料仓外壁上。

③ 对上部为混凝土料仓和下部为钢制料斗，振打电机装置应焊接在钢制料斗外壁面上。

④ 对混凝土料仓，在仓内应敷设振动板，振打电机装置应焊在振动板上。

⑤ 技术规格和参数，见表 8-16。振打电机电源为三相 50Hz/380V。除尘系统的贮灰仓壁厚一般在 4.5～8mm，电机功率在 0.25～5.5kW。振打电机外形尺寸见图 8-24 和表 8-17。

表 8-16　振打电机参数

序号	型号	激振力/kN	功率/kW	转速/(r/min)	质量/kg	序号	型号	激振力/kN	功率/kW	转速/(r/min)	质量/kg
1	0.7-2	0.7	0.075	2860	13	6	5-2	5	0.4	2860	35
2	1.5-2	1.5	0.15	2860	17	7	8-2	8	0.75	2860	55
3	1.5-2D	1.5	0.15	2860	17	8	16-2	16	1.5	2860	88
4	2.5-2	2.5	0.25	2860	21	9	30-2	30	3.0	2860	115
5	2.5-2D	2.5	0.25	2860	21	10	35-2	35	4.0	2860	280

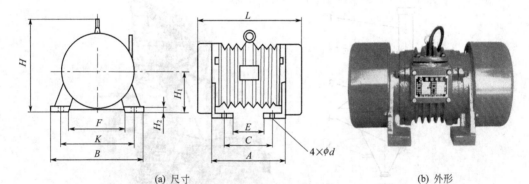

(a) 尺寸　　　　　　　　　　　　　　　　(b) 外形

图 8-24　振动电机外形尺寸

表 8-17　振动电机外形尺寸

序号	型号	安装尺寸/mm			外形尺寸/mm							
		C	K	ϕd	L	A	B	E	F	H	H_1	H_2
1	0.7-2	116	152	8	270	140	175	92	60	170	70	22
2	1.5-2	126	180	10	290	150	214	102	70	196	80	25
3	1.5-2D	126	180	10	290	150	214	102	70	196	80	25
4	2.5-2	140	180	12	318	168	214	112	70	196	80	30
5	2.5-2D	140	180	12	318	168	214	112	70	196	80	30
6	5-2	175	220	14	358	208	270	142	90	216	90	40
7	8-2	180	235	18	400	250	292	123	160	280	125	30
8	16-2	224	280	20	522	298	330	182	120	374	170	27
9	30-2	240	280	24	540	315	330	195	120	374	170	27
10	35-2	340	280	26	640	340	340	160	120	380	190	27

（4）空气炮　贮存在料仓内的粉尘，在往下移动卸灰时，往往会发生在仓内物料互相挤压形

成拱形阻塞在料仓的锥形部位，影响了物料输送的连续性和可动性，因此这类料仓都需要破拱，如敲击、振动等，而采用空气炮对料仓进行破拱，则是当前比较先进有效的一种手段。

除尘器灰斗卸灰也经常采用空气炮；另外对利用管道输送物料的气力输送系统，在易堵塞部位安放空气炮，也可进行排堵，推动物料前进。

空气炮的工作原理是在一定容积贮气筒内贮进 0.4~0.8MPa 左右的压缩空气，当与贮气筒连通的冲击阀快速打开时，筒内压缩空气将达到声速沿管道向料仓内冲击，使成拱的物料松动。空气炮的外形尺寸见图 8-25。

空气炮特点如下。

① 较差的空气炮在每次放炮后，料仓

图 8-25　空气炮外形

内被冲击后的一小部分细颗粒粉尘会逆向飞进炮体，久而久之沉积在容器内将影响其排污并减少容器有效容积。而先进型的空气炮，对冲击阀的要求是在放炮结束时能有效地关闭，以阻止粉尘流进炮体的通道。

② 空气炮的冲击阀不采用间隙密封，炮体不会因混入部分粉尘而影响开闭的灵活性，空气炮也不需要油料润滑。

③ 空气炮中可动件惯性小，耐冲击，因此使用寿命长。

使用条件如下：a. 环境温度为 -20~60℃；b. 工作压力范围为 0.2~0.8MPa；c. 最大工作压力为 0.88MPa；d. 压缩空气供气温度 -20~60℃；e. 控制电压为交流 220V±10%，50Hz。

空气控制要求较为严格，其操作模式选择开关有：自动、手工和遥控模式。只有在控制器"断开"的状态下才能变换模式。

① 模式手动。当控制器在手动模式下每个空气炮可手动爆炸，每个空气炮的按钮按动 2s 空气炮被激活爆炸。然后空气炮关闭 30s 后再动作。

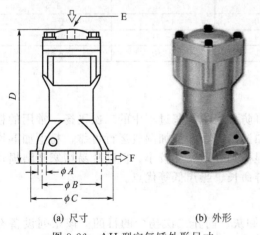

(a) 尺寸　　　　　(b) 外形

图 8-26　AH 型空气锤外形尺寸

② 自动模式。空气炮相继爆炸。爆炸间隔时间设置了每两次爆炸间隔时间。循环间隔时间设置了最后一次爆炸与新的一个周期的第一个爆炸之间间隔的时间（循环有效时间＝爆炸间隔时间＋循环间隔时间）。在自动模式下只要系统供有电源就重复动作。电源消失，系统重新设置到第一个空气炮位置。

③ 遥控模式。当在辅助面板上的电路板右上方的输入/接地终端接点闭合时遥控模式与自动模式完全一样。打开和重新关闭这些终端，将重新设置到第一个空气炮的位置。

（5）空气锤　空气锤的作用是防止输送系统中，粉尘在局部突变管道内发生阻塞现象。

空气锤一般用于粉尘输送系统的设备或管道的出口段上，如在刮板输送机的出口管道上设置空气锤；在斗式提升机的出口管道上（贮灰仓的进出管道上）设置空气锤等。AH 型空气锤外形尺寸见图 8-26，AH 型空气锤技术性能见表 8-18。

表 8-18 AH 型空气锤技术性能

型号	A	B	C	D	E	F	使用压力/MPa	空气消耗量/(L/次)	冲击力/(kg·m/s)	质量/kg
AH-30	9	60	80	138	1/4″PT	1/8″PT	0.3～0.6	0.028	1.0	1.1
AH-40	11	75	100	166	1/4″PT	1/8″PT	0.3～0.6	0.082	2.8	1.8
AH-60	15	105	140	208	1/4″PT	1/8″PT	0.4～0.7	0.228	7.4	4.0
AH-80	19	140	172	269	3/8″PT	1/4″PT	0.4～0.7	0.455	12.5	8.4

（6）卸尘吸引装置 吸引装置的构造如图 8-27 所示。它松动仓中的灰时由吸尘车给以压缩空气。在卸灰时由吸尘车给以真空靠负压把灰抽走。

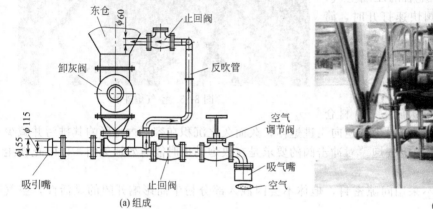

(a) 组成

(b) 外形

图 8-27 吸引装置组成和外形

吸引装置作为排送贮灰仓和除尘器的干式粉尘的专用设备，它可将有用粉尘吸引出并用运输工具运走。其技术性能见表 8-19。

表 8-19 卸尘吸引嘴技术性能

型 号	XY-15A	XY-15B	XY-15C	XY-15D
工作能力/(t/h)	3.5～30	3.5～30	3.5～30	3.5～30
堆密度范围/(t/m³)	1.0～1.4	1.0～1.4	1.0～1.4	1.0～1.4
电机功率/kW	1.5	1.5	1.5	1.5
电机转速/(r/min)	4～40	4～40	4～40	4～40
旋转阀转速/(r/min)	2～19	2～19	2～19	2～19
旋转阀直径/mm	φ350	φ350	φ350	φ350

五、加湿机

加湿机可与贮灰仓或除尘器卸灰配套使用，它可防止粉尘卸灰过程中的二次飞扬。常用的粉尘加湿设备有圆筒加湿机、螺旋加湿机和双轴搅拌加湿机等，圆筒加湿机运行可靠，粉尘加湿均匀，不易堵塞和磨损，但设备外形尺寸大；螺旋加湿机则外形尺寸较小，但叶片易堵塞和磨损较快；而双轴搅拌加湿机设备具有耐磨、搅拌均匀、寿命长、噪声低等优点。

（一）YS 型粉尘加湿机

YS 型粉尘加湿机是通过滚筒旋转，以达到加湿卸灰、防止二次扬尘的目的。该系列设备有如下特点：a. 不易粘灰、不堵灰、性能稳定、运行可靠、使用寿命较长；b. 根据粗、细灰亲水性的差异，分为 C 型、X 型两类产品，均能达到防止二次扬尘的目的。

YS 型粉尘加湿机应用于冶金、发电厂、建材、供热等部门的重力除尘、旋风除尘、袋式除尘及电除尘装置的粉尘排放，防止二次扬尘污染。

1. 性能参数

YS 型加湿机性能见表 8-20。

表 8-20　YS 型加湿机性能参数

型号	卸灰量 /(m³/h)	喷水量 /(L/min)	供水压力 /MPa	送料电机 功率/kW	卸灰电机 功率/kW	水泵电机 功率/kW	适用温度 /℃	质量 /t
YS-70X	15～25	35	0.5～0.6	2.2	7.5	7.5	≤300	3.2
YS-80C	40～50	80	0.5～0.6	2.2	7.5	7.5	≤300	5.5
YS-80X	30～40	80	0.5～0.6	2.2	7.5	7.5	≤300	6.5
YS-100C	70～120	125	0.5～0.6	4	11	11	≤300	7.7
YS-100X	60～100	125	0.5～0.6	4	11	11	≤300	8.9

注：C 型设备适用于重力除尘灰、旋风除尘灰，X 型适用于布袋、电除尘灰；喷水量根据介质不同做相应的变动。

2. YS 型外形加湿机外形尺寸

YS 型加湿机主要外形尺寸见图 8-28 和表 8-21，加湿机管路连接方式见图 8-29。

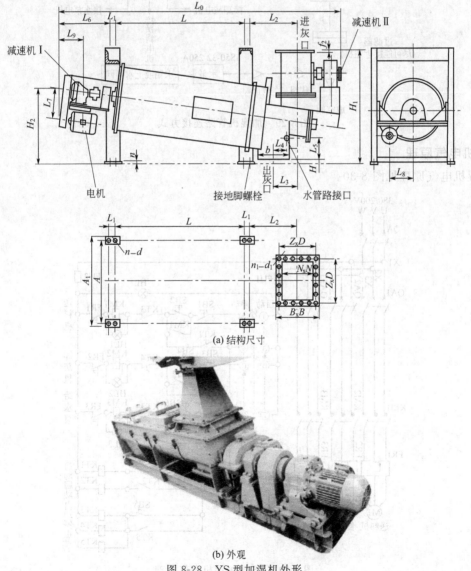

(a) 结构尺寸

(b) 外观

图 8-28　YS 型加湿机外形

表 8-21 YS 型加湿机外形尺寸 单位：mm

型号	A	A_1	L_0	L	L_1	L_2	L_3	L_4	L_5	L_6	L_7	L_8	L_9	H	H_1
YS-70X	950	1050	3160	1320	75	668	280	178	220	590	390	183	270	60	1250
YS-80C / YS-80X	1090	1190	3021 / 3560	1700	75	672	328	190	262	240 / 750	390	183	270	60 / 60	1350 / 1400
YS100$_x^c$	1296	1400	4253	2300	127	864	450	248	252	580	456	63.5	400	60	1700

型号	H_2	f_2	f_2	$B \times B$	$N \times N$	$Z \times D$	$n \times d$	$n_1 \times d_1$	水管路接口
YS-70X	770	15	16	520×520	300×300	5×97	8-ϕ23	20-ϕ18	DN40
YS-80C / YS-80X	1070	15	16	520×520	300×300	5×97	8-ϕ23	20-ϕ18	DN40
YS100$_x^c$	1290	20	20	520×520	380×380	4×116	8-ϕ23	20-ϕ18	DN50

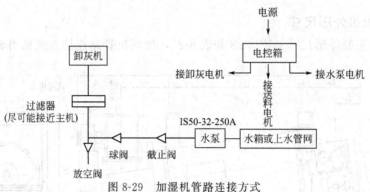

图 8-29 加湿机管路连接方式

3. 加湿机电气原理

加湿机电气原理见图 8-30。

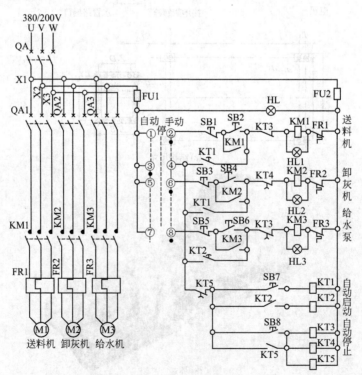

图 8-30 YS 型加湿机电气原理

4. 加湿机使用注意事项

注意事项包括：a. 转运部位都装有油嘴，使用时应定期加注润滑脂；b. 要保持料仓下灰顺畅，不得反复出现结拱现象，根据气温情况酌情考虑供水管路及整机保温；c. 加湿机在运行过程中发生停电停机时，应及时将搅拌桶内积灰清除干净，防止下次启动时困难；d. 供水管路中应在最低点安装泄水用阀门，以防存水冻结，供水管路中应安装球阀，截止阀各一个，为防止杂质堵塞喷嘴，应在水管路中加过滤器；e. 设备严禁湿灰进入。

（二）YJS 型加湿机

YJS 型加湿机采用双轴螺旋搅拌方式，使加湿更均匀，对保护环境、防止粉尘在装卸运输过程中的二次飞扬有良好的效果。其性能见表 8-22，其设备外形见图 8-31，表 8-23。电气控制原理见图 8-32。

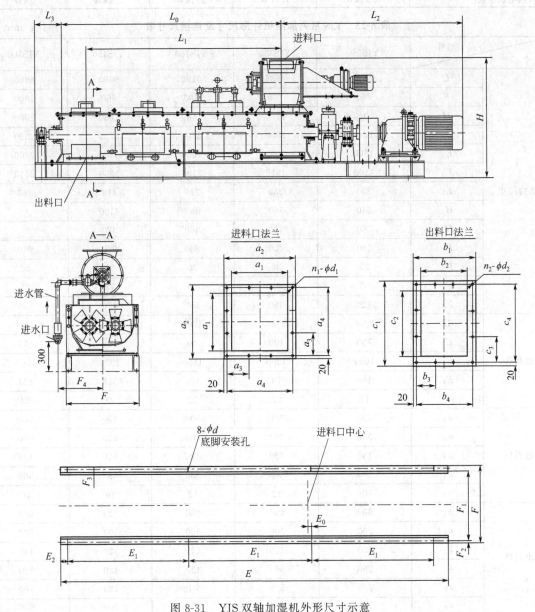

图 8-31 YJS 双轴加湿机外形尺寸示意

表 8-22　YJS 系列加湿机主要性能参数

型号 项目	YJS250	YJS350	YJS400	YJS450	YJS500
生产能力/(m³/h)	15	30	50	80	100
加湿方式	双轴复合式搅拌				
主从动轴转速/(r/min)	85	63	85	85	85
电机参数	7.5kW,380V,4p	11kW,380V,4p	18.5kW,380V,4p	22kW,380V,4p	37kW,380V,4p
平均加水量/(m³/h)	2.2~3.7	4.5~7.5	7.5~12.5	12~20	18~30
粉尘加湿后平均含水量/%	15~25				
水压范围/MPa	0.3~0.6				
适用温度/℃	≤300				
水管接口尺寸	D_g25	D_g32	D_g40	D_g40	D_g50
给料阀电机参数	0.55kW	1.1kW	2.2kW	2.2kW	3kW

表 8-23　YJS 系列加湿机外形尺寸及连接尺寸表　　　　单位：mm

	型号 尺寸	YJS250	YJS350	YJS400	YJS450	YJS500
结构尺寸	L	3450	4636	5196	6360	6900
	F	560	760	860	960	1000
	H	1060	1170	1580	1880	2080
	L_0	1750	2500	2750	3750	3800
	L_1	1500	2000	2500	3450	3400
	L_2	1400	1856	2136	2300	2740
	L_3	300	280	310	310	360
	H_1	640	760	1000	1100	
	H_2	360	410	460	520	
	F_1	510	700	800	900	940
	F_2	25	30	30	30	30
	F_3	53	65	65	75	75
	F_4	420	460	550	650	725
地脚孔	E	3300	3980	4700	6095	6331
	E_0	100	100	40	0	471
	E_1	1000	1280	1500	1900	1500
	E_2	150	70	100	325	131
	d	17	22	22	28	28
进料口	a_1	200	300	300	400	500
	a_2	300	400	400	520	600
	a_3	130	120	120	120	140
	a_4	260	360	360	480	560
	n_1	8	12	12	16	16
出料口	b_1	300	400	460	520	600
	b_2	200	300	360	400	500
	b_3	130	120	140	120	140
	b_4	260	360	420	480	560
	c_1	370	520	600	720	700
	c_2	250	400	500	600	600

续表

尺寸	型号	YJS250	YJS350	YJS400	YJS450	YJS500
出料口	c_3	165	160	140	136	110
	c_4	330	480	560	680	660
	n_2	8	12	14	18	20

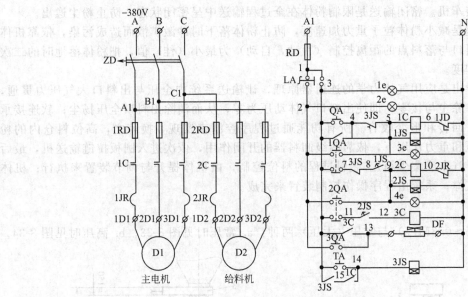

图 8-32　YJS 系列加湿机电控原理

六、运灰汽车

收集在各种除尘设备灰斗或贮灰仓内的粉尘，可通过多种运输工具对粉尘进行外运：a. 对小量粉尘采用编织袋装卸粉尘并通过汽车或人力车外运；b. 采用密闭槽罐车装卸粉尘；或采用汽车改造槽罐车装卸粉尘；c. 采用进口或国产气动式真空吸引罐车。它与卸尘吸引装置配合，能自动迅速地完成对贮灰仓粉尘真空吸引和压力卸载任务。真空吸引罐车的最大特点是：对粉尘进行真空吸引和压力卸载速度快，自动化程度高，劳动强度低，特别是可防止卸灰时的粉尘二次污染。

真空吸引罐车是利用压缩空气进行装卸粉尘，汽车可采用外接气源，亦可按要求配备空气压缩机。常用的空压机技术性能如下。

（1）WB-4.8/2 空压机　形式为往复摆杆式空气压缩机；额定转速为 1200r/min；排量为 4.8m³/min；工作压力为 196kPa。

（2）WB-4.8/2 空压机　形式为无油润滑滑片式压缩机；额定转速为 1500r/min；排量为 4.5m³/min；工作压力为 196kPa。

（3）WB-4.8/2 空压机　形式为无油滑片空气压缩机；额定转速为 1200r/min；排量为 5.2m³/min；工作压力为 196kPa。

七、粉体无尘装车机

按工艺流程设置，需要汽车运输或火车运输，也就是高位料仓（包括高温不大于 250℃，高压 0.15~0.30MPa）的粉体放料，目前国内采取 3 种方式：a. 高位溜管向车厢（火车或汽车）内自由放料，放料时粉尘四处飞扬，严重污染环境；b. 经加湿装置，提高粉体含水率，实行湿式装车，从而抑制粉尘逸散，但有局限性，在北方地区因冬季高寒结冻不能应用；c. 真空抽吸箱子化装车机，受工艺匹配关系的约束，有一定的局限性。

3GY 型粉体无尘装车机是采用高新技术而研制的最新专利产品，适用于各工业行业高温、高压、高位料仓放料的无尘装车，也适用于一般作业高位料仓放料无尘装车。

1. 工作原理

3GY 型粉体无尘装车机，基于密闭输送，最小落差，零压输送，软连接及程序控制，综合研制成功的新型装车机。密闭输送是限制粉体在全过程输送中呈密闭状态，防止粉尘逸出。

采用最小落差是减小粉体粒子重力加速度，防止粉体落下时冲激扩散而造成污染，依靠机体升降装置，将出料口与落料点的距离控制（手动，自动）为最小（佳）值，把粉体落地时的二次飞扬减低为最低程度。

而零压输送导出是应用气体力学的连通器原理，让输送系统内全压与出料口大气压力贯通，依靠袋滤器泄压，除尘与接零，即使出料口气体动压为零，从而消除出料口全压扬尘；软连接承担机体铰接升降、回转和形变收容。所有功能通过程序控制来实现，换言之，高位料仓内的粉体，在高温、高压和重力作用下，依靠两级卸料器的开闭作用，依次进入圆板拉链输送机，最后进入车厢（火车、汽车或集尘箱）。装料过程的料位控制，由机体提升与调节装置来执行；机体转位由链接支座支撑；系统由程序操作控制装置来完成。

2. 分类与结构

分高压（0.15～0.3MPa）与常压（无压）两种：a. 常压时见图 8-33；b. 高压时见图 8-34。

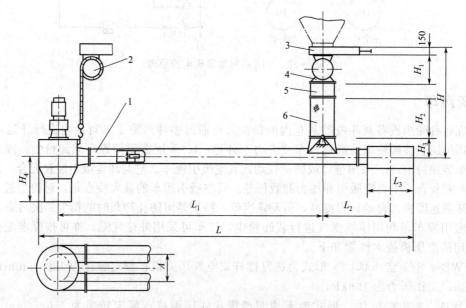

图 8-33　常压时 3GY 型粉体无尘装车机安装形式
1—圆板拉链机；2—电动葫芦；3—插板阀；4—星形卸料器；5—调节器；6—柔性弯管

3. 选型

（1）粉体输送量、压力、温度、长度、落差的选用　根据粉体输送量和压力、温度、长度、落差的不同选用之，3GY 型粉体无尘装车机技术特性见表 8-24。

（2）电力负荷分布　电力负荷分布见表 8-25。

（3）配套件安装尺寸　配套件安装尺寸见表 8-26。

（4）3GY 型粉体无尘装车机安装尺寸　3GY 型粉体无尘装车机安装尺寸见表 8-27。

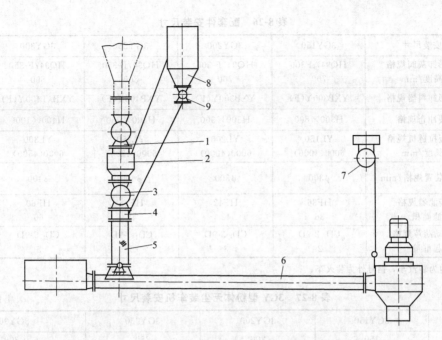

图 8-34 高压时 3GY 型粉体无尘装车机安装形式

1,3—星形卸料器；2—缓冲仓；4—调节管；5—柔性弯管；6—圆板拉链机；
7—电动葫芦；8—除尘器；9—星形卸灰阀

表 8-24 3GY 型粉体无尘装车机技术特性

序号	型号	输送量 /(m³/h)	输送管直径 /mm	输送长度 /m	主机容量 /kW	外形尺寸 /mm×mm×mm	质量 /kg
1	3GY150-3.5-4	15～25	150	3.5	4	5650×800×2500	2750
	3GY150-5-4			5	4	7150×800×2500	2900
	3GY150-7.5-5.5			7.5	5.5	9650×800×2500	3100
2	3GY200-3.5-5.5	25～40	200	3.5	5.5	5750×900×2600	3130
	3GY200-5-5.5			5	5.5	7250×900×2600	3350
	3GY200-7.5-7.5			7.5	7.5	9750×900×2600	3600
3	3GY250-4-7.5	45～70	250	4	7.5	6550×1040×3050	3630
	3GY250-5-7.5			5	7.5	7550×1040×3050	3750
	3GY250-7.5-11			7.5	11	10050×1040×3050	4050
4	3GY300-4-11	75～100	300	4	11	6750×1200×3150	4420
	3GY300-5-11			5	11	7750×1200×3150	4580
	3GY300-7.5-11			7.5	11	10250×1200×3150	4950

表 8-25 电力负荷

产品型号	电力负荷/kW				适用条件
	圆板拉链输送机	星形卸料器	电动葫芦	合计	
3GY150	4～5.5	1×2.2	4.5	10.7～12.2	无压
3GY200	5.5～7.5	1×2.2	4.5	12.2～14.2	无压
3GY250	7.5～11	2×3.0	7.5	21～24.5	有压
3GY300	11	2×4.0	7.5	36.5	有压

表 8-26　配套件安装尺寸

序号	安装尺寸	3GY150	3GY200	3GY250	3GY300	备注
1	球形卸灰阀规格 高度/mm	HQ947-F300 700	HQ947F-300 700	HQ947F-350 800	HQ947F-350 800	原有工艺设备
2	星形卸料器规格	YXB300Y(F)	YXB300Y(F)	YXB400Y(F)	YXB/T400Y(F)	
3	缓冲仓规格	H300×800	H300×900	H400×950	H400×1000	
4	圆板拉链机规格 长度/mm	YL150 6000(4000)	YL200 6000(4000)	YL250 6000(4500)	YL300 6000(4500)	
5	柔性装置规格/mm	$\phi300$	$\phi300$	$\phi400$	$\phi400$	
6	袋滤器规格 过滤面积/m²	HF36 36	HF42 42	HF48 48	HF60 60	
7	电动葫芦规格 起重量/t	CD₁ 2-9D 2	CD₁ 3-9D 3	CD₁ 5-9D 5	CD₁ 5-9D 5	

注：括号内为装汽车，括号外为装火车。

表 8-27　3GY 型粉体无尘装车机安装尺寸　　　　　　单位：mm

尺寸代号	3GY150	3GY200	3GY250	3GY300
d	150	200	250	300
A	420	470	540	640
L	6250	6400	7150	7300
L_1	4000	4000	4500	4500
L_2	800	1900	2100	2200
L_3	850	850	850	850
ϕ	900	1000	1100	1200
H	1800	2050	2400	2400
H_1	400	600	700	700
H_2	800	800	1000	1000
H_3	300	300	350	350
H_4	800	800	900	1000

第四节
气力输灰设备

气力输灰设备是以气体为动力的输灰系统，它包括气力输灰装置、风动溜槽和仓式泵输送装置等，气力输送装置和风动溜槽是以高压风机产生的气体动能输送粉尘，而仓式泵是以空压机产生的压气动能输送粉尘。

一、气力输送装置

气力输送装置主要是依靠强大的气流把粉状或粒状物料流态化，使之在气流中形成悬浮状态，然后按工艺要求沿着相应的输送管路将散料从一处输送到另一处。气力输送装置按其工作原理可分为吸送式、压送式和混合式 3 种类型。气力输送装置主要特点如下：a. 设备简单，结构紧凑，操作方便，工艺布置灵活，选择输送线路容易，从而使工艺配置合理；b. 系统的密闭性好，可防止粉尘及有害气体对环境的污染；c. 有较高的生产能力，并可进行长距离输送；d. 动力消耗较大，此外还需另外配备压气系统和分离系统，设备费用较大。

1. 气力输送装置的类型

（1）吸送式气力输送装置 吸送式气力输送装置如图 8-35 所示。它的原理是，依靠风机或真空泵首先使整个系统形成一定的真空度，然后在压差的作用下空气与物料同时被吸入输料管内，而后再输送到卸料器，此时空气和物料分离，物料由卸料器底部卸出，而含有粉尘的气流继续输送到除尘器以清除其中的粉尘，最后经除尘的气流通过鼓风机直接排入大气中。

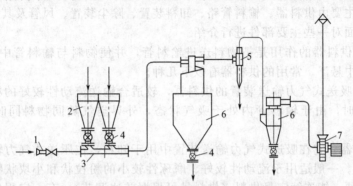

图 8-35 低压吸送式气力输送装置
1—进气口；2—除尘器灰斗；3—受料器；4—给料器；5—闭风器；6—分离器；7—风机

这种装置的主要特点是动力消耗较大，输送量较小，输送距离不能过长。因为距离一旦过长，其阻力也会相应加大，这时就要提高系统的真空度，而吸送系统的真空度通常不能超过 50.7～60.8kPa(0.5～0.6atm)，否则空气将变得稀薄而使携带能力降低，从而影响正常工作。此外，该装置可以同时在多次装料，然后再集中在一处卸料。适用于输送堆积面积广或存放在深处、低处且无黏性的粉粒状物料。

需要注意的是，吸送式气力输送机要求管路系统严格密封，避免漏气。为了减少鼓风机的磨损，通常要对进入鼓风机的空气进行严格的除尘。

（2）压送式气力输送装置 压送式气力输送装置如图 8-36 所示。它的原理是，依靠鼓风机产正压力将供料器内的物料压送到卸料器，并在卸料器内把物料从空气中分离出来，再经卸料器底部卸出，而含有粉尘的气流经除尘器净化后直接排入大气中。

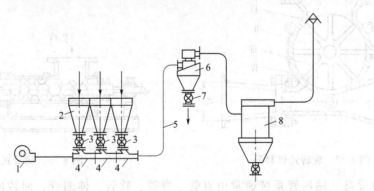

图 8-36 低压压送式气力输送装置
1—风机；2—除尘器灰斗；3—供料器；4—受料器；5—输料管；6—卸料器；7—闭风器；8—分离器

这种装置的主要特点是输送量大，输送距离长，输送速度较高；能在一处装料，然后在多处卸料；但动力消耗也较大。适用于输送粉粒状略带黏性的物料。此外，通过鼓风机的是清洁空气，所以鼓风机的工作条件较好。但由于这种装置的供料器要把物料输送到高于大气压的输料管中，因而它的结构较复杂。

（3）混合式气力输送装置　混合式气力输送装置是将吸送式和压送式两种气力输送装置组合在一起构成的。它具有两者的共同特点：能在多处装料又能在多处卸料，输送量较大，输送距离较远。它的缺点是结构较为复杂，另外进入风机中的空气含尘较多，使得鼓风机的工作条件变得较差。

2. 气力输送装置的主要部件

气力输送装置主要由供料器、输料管路、卸料装置、除尘装置、风管及其附件、消声器及气源设备等组成。下面对一些主要部件进行介绍。

（1）供料器　供料器的作用是把物料送进输料管，并使物料与输料管中的空气充分混合，使物料在空气气流中悬浮。常用的供料器有以下几种。

① 吸嘴。它是吸送式气力输送装置的供料器，较适合输送流动性较好的粉粒状物料。当吸嘴插入到物料堆中时，由于输料管内处于吸气状态，外界空气随同物料同时被吸送到输料管里面。

② 旋转式供料器。它在吸送式气力输送装置中用于卸料，在压送式气力输送装置中用于供料，如图8-37所示。一般适用于流动性较好、磨琢性较小的粉粒状和小块状物料。它的优点是结构紧凑，维修方便，能连续定量供料（供料量可根据转速调节），有一定程度的气密性；缺点是转子与壳体磨损后易漏气。

从图8-37可看出，该供料器的主要构件是转子和壳体，其中转子上的叶片将供料器分成若干个空间，当转子在壳体内旋转时，物料从上部料斗下落到空间Ⅰ，再转到空间Ⅱ、Ⅲ，而后在空间Ⅳ将物料排出，这样逐次进行，使供料器无论在什么时刻均能保证最少有两个叶片起密闭作用，以防止输料管中的气体漏出。

③ 螺旋式供料器。这种供料器壳体内有一段变螺距的螺旋，如图8-38所示，由于螺旋的螺距从左至右逐渐减少，使进入螺旋的物料越压越紧，这样可以防止压缩空气通过螺旋倒回泄漏。在混合室的下部设有压缩空气的喷嘴，当物料进入混合室时，压缩空气将其吹散并使物料加速呈悬浮状态进入输料管。

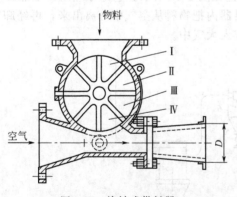

图8-37　旋转式供料器

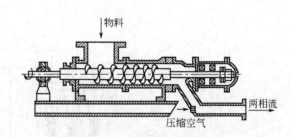

图8-38　螺旋式供料器

（2）输料管路　输料管系统通常由直管、弯管、软管、伸缩管、回转接头、增速器、管道联结部件等根据工艺要求配置组成。通常对管路的要求是密封性应良好，管路长度力求短些，弯管要尽量少，弯管处曲率半径应大于管径的5～10倍。

（3）卸料装置　卸料器是把随气流一起进入的物料从气流中分离出来的一种设备，因此也叫分离器。常用的卸料器可分为重力式、离心式等。

① 重力式卸料器。物料和气体混合物同时进入卸料器后，由于卸料器的容积很大，使得物料和气体混合物的速度骤然降低，同时也使气流失去对物料的携带能力，最后物料受重力作用从

混合物中沉降分离出来，而细尘则随空气从卸料器顶部排出。

② 离心式卸料器。离心式卸料器又叫旋风分离器。这种卸料器在分离粉状物料时效率可达到 80% 以上，且结构简单，容易制造，在气力输送方面应用得非常广泛。

（4）气源设备 对气源设备的要求是：能供应必需的风量和风压；在风压变化时风量变动要小；有少量粉尘通过时也不发生故障；耐用，操作和维修方便；用于压送装置的气源设备，排气中不能含油分和水汽。吸送式气力输送装置常采用离心式风机和罗茨鼓风机，而压送式气力输送装置常采用空气压缩机。低压压送式装置也可使用罗茨鼓风机。

3. 气力输送系统计算

（1）设计参数

① 粉尘颗粒的计算直径（d_c）。粉尘颗粒较细又不均匀时，取粉尘的平均直径作为计算直径。粉尘粒径较大时，用粉尘的最大直径作为计算直径。

② 质量混合比（m）。质量混合比（m），即单位时间内输送的粉尘质量 G_c（kg/h）与所需空气质量 G（kg/h）的比值，即

$$m=\frac{G_c}{G}$$

$$(8-21)$$

质量混合比与粉尘特性、输送系统形式和输送距离等因素有关，设计时可参考表 8-28。

表 8-28　几种常见物料的质量混合比

物料名称	质量混合比		物料名称	质量混合比	
	低压吸入式	低压压送式		低压吸入式	低压压送式
旧砂	1~4	4~10	石灰石	0.37~0.45	
干新砂	1~4	4~10	铁矿粉	0.8~1.2	
黏土	1~1.5	6~7	焦末		3~4
煤粉	1~1.5	6~7	石墨粉	0.3~0.85	

③ 粉尘颗粒的悬浮速度（v_x）。粉尘颗粒的悬浮速度，一般应通过试验或计算确定；为简化计算，可用线解图 8-39、图 8-40 求得球形颗粒的悬浮速度，然后用形状修正系数修正，即

$$v_x=0.6v_g$$

$$(8-22)$$

式中，v_g 为悬浮速度，m/s；v_x 为修正后的悬浮速度，m/s。

在图 8-39、图 8-40 中 t 为空气温度，当输送常温粉尘时，用室外空气温度；当输送高温粉尘时，用粉尘与室外空气的混合温度。混合温度可按下式计算：

$$t_h=\frac{G_c \cdot t_c \cdot c_c+Gt_c}{G_c \cdot c_c+G \cdot c}=\frac{mt_c \cdot c_c+t \cdot c}{mc_c+c}(\text{℃})$$

$$(8-23)$$

式中，t_h 为混合温度，℃；G_c 为粉尘输送量，kg/h；G 为空气量，kg/h；m 为混合比，kg/kg；t_c 为粉尘温度，℃；t 为室外空气温度，℃；c_c 为粉尘的比热容，kJ/(kg·℃)，可查表 8-29；c 为空气比热容，kJ/(kg·℃)。

表 8-29　粉尘的比热容

粉尘种类	c_c/[kJ/(kg·℃)]	粉尘种类	c_c/[kJ/(kg·℃)]
烧结矿粉 t_c=100~500℃	0.67~0.84	石灰	0.75
干矿石粉尘	0.80~0.92	镁砂	0.94
氧化铁（FeO）粉尘	0.72	白云石	0.87
三氧化二铁（Fe_2O_3）粉尘	0.63		

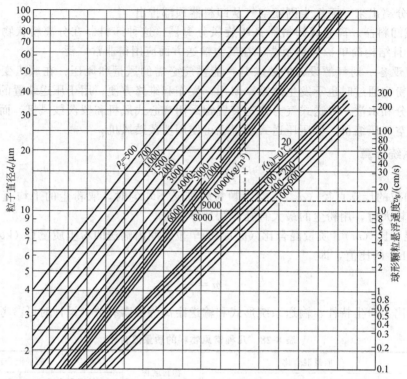

图 8-39　求解球形颗粒粉尘悬浮速度（v_g）线解图（适用于 d_c 小于 $100\mu m$）

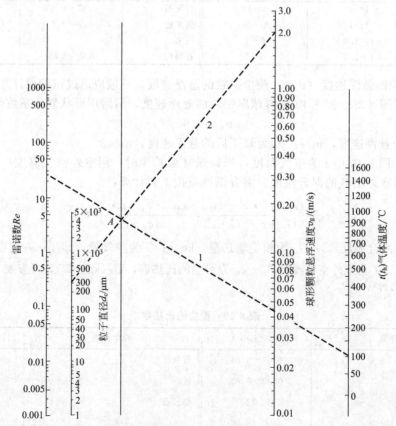

图 8-40　求解球形颗粒粉尘悬浮速度（v_g）的线解图（适用于 $100\mu m < d_c < 500\mu m$）

④ 粉尘的输送速度（v）。粉尘的输送速度可采取经验数据，当缺乏数据时，对于吸入式系统的始端（给料端）的空气速度及压送式系统末端（卸料端）的气流速度（v）按下式估算：

$$v = \alpha \sqrt{\rho_c} + \beta L_z^2 \tag{8-24}$$

式中，v 为输送粉尘的气流速度，m/s；α 为速度修正系数，按表 8-29 取值；ρ_c 为粉尘的密度，t/m³，取物料真密度值；β 为系数，$\beta = (2 \sim 5) \times 10^{-5}$，干燥粉尘取小值，湿的、易成团的、摩擦性大的粉尘取大值；L_z 为输送管道的折算长度，为输送管道（水平、垂直或倾斜）几何长度（$\sum L$）和局部构件的当量长度（$\sum L_t$）之和，m。

各种局部构件的当量度见表 8-30、表 8-31、表 8-32。

表 8-29 速度修正系数 α

物料种类	颗粒最大直径/mm	α
粉状物料	0.001～1	10～16
均匀的颗粒物料	1～10	16～20
均匀的块状物料	10～20	17～22

表 8-30 $\alpha = 90°$ 时弯管的当量长度 L_t

物料性质	$R(D)$/m			
	4	6	10	20
粉尘类		5～10	6～10	8～10
粒度相同的粒料		8～10	12～16	16～20
粒度不同的小块料	4～8		28～35	38～45
粒度不同的大块料			60～80	70～90

注：1. 密度大的物料取表中大值，密度小的物料取小值。

2. 当 $\alpha < 90°$ 时表 8-30 数值按表 8-31 修正。

表 8-31 $\alpha < 90°$ 时的修正值

度数/(°)	15	30	45	60	70	80
修正值	0.15	0.20	0.35	0.55	0.70	0.90

表 8-32 其他构件的当量长度

名 称	L_t/m	名 称	L_t/m
两路换向阀	8	金属软管	两倍软管长度
旋塞开关	4		

当输送管道总长不超过 100m 时，上式中的 βL_z^2 可不考虑。

按经验，常温粉尘的输送速度，一般不超过 20～25m/s，最大不超过 50m/s。

（2）系统的压力损失计算 气力输送装置的总压力损失可按下式计算：

$$\Delta p = \varphi \left(\Delta p_g + \Delta p_{gi} + \Delta p_t + \Delta p_m + \Delta p_w + \Delta p_j + \Delta p_L \right) \tag{8-25}$$

式中，Δp 为管路总压力损失，Pa；φ 为安全系数，取 1.1～1.2；Δp_g 为给料装置的压力损失，Pa；Δp_{gi} 为给料启动的压力损失，Pa；Δp_t 为物料提升的压力损失，Pa；Δp_m 为输送管道的摩擦阻力，Pa；Δp_w 为弯管的压力损失，Pa；Δp_j 为构件（分离器、除尘器）的压力损失，Pa；Δp_L 为净空气管道或排气管道的压力损失，Pa。

① 净空气管道或排气管道的压力损失（Δp_L）。净空气管道或排气管道的压力损失（Δp_L）为管道摩擦阻力（$\Delta p_{(L)}$）和局部阻力（$\Delta p_{s(z)}$）之和，可按除尘管道计算。

② 输送管道的摩擦阻力（Δp_m）

$$\Delta p_m = \Delta H_m(1+km) \tag{8-26}$$

式中，Δp_m 为输送管道摩擦阻力，Pa；m 为质量混合比，kg/kg；k 为由试验确定的系数，当缺乏试验数据时，可按下式计算：

$$k = 1.25D\frac{\alpha_1}{\alpha_1-1} \tag{8-27}$$

$$\alpha_1 = \frac{v}{v_x} \tag{8-28}$$

式中，D 为净气管道摩擦阻力，Pa；α_1 为系数；v 为输送速度，m/s；v_x 为悬浮速度，m/s。

③ 给料装置的压力损失（Δp_g）

$$\Delta p_g = (c+m)\frac{\rho v^2}{2} \tag{8-29}$$

式中，Δp_g 为给料装置压力损失，Pa；c 为由给料装置形式确定系数，按表 8-33 采取；m 为质量混合比，kg/kg；ρ 为气体的密度，kg/m³；v 为输送物料气流速度，m/s。

表 8-33　系数 c 值

给料装置形式	c	给料装置形式		c
L 形喉管	4～5	吸嘴	物料由下向上	10
水平型喉管	5		物料由上向下	1
回转式给料管	1			

④ 物料启动的压力损失（Δp_{gi}）

对负压系统

$$\Delta p_{gi} = (1+\beta_1 m)\frac{\rho v^2}{2} \tag{8-30}$$

对正压系统

$$\Delta p_{gi} = \beta_1 m\frac{\rho v^2}{2} \tag{8-31}$$

式中，Δp_{gi} 为物料运动的压力损失，Pa；β_1 为物料在输送管道内运动的速度（v_c）与输送管道内气流速度（v）比值的平方，即

$$\beta_1 = \left(\frac{v_c}{v}\right)^2, v_c \approx v - v_x \tag{8-32}$$

其他符号意义同前。

⑤ 物料提升的压力损失（Δp_t）

$$\Delta p_t = 9.8\frac{v}{v_c}m\rho h \tag{8-33}$$

式中，Δp_t 为物料提升压力损失，Pa；h 为物料的提升高度，m；其他符号意义同前。

⑥ 弯管的压力损失（Δp_w）

$$\Delta p_w = \xi(1+K_w m)\frac{\rho v^2}{2} \tag{8-34}$$

式中，Δp_w 为弯管压力损失，Pa；ξ 为净空气管道弯管的局部阻力系数，按除尘管道计算中有关数据采取；K_w 为系数，按表 8-34 采取；其他符号意义同前。

⑦ 构件（分离器、除尘器）的压力损失（Δp_j）。气力输送装置的分离器、除尘器的压力损失计算方法与除尘系统的除尘器相同，其阻力系数为：重力分离器，$\xi = 1.5～2.0$；离心分离器

（座式分离器）$\xi=2.5\sim3.0$；袋式除尘器 $\xi=3.0\sim5.0$。

表 8-34 系数 K_w 值

弯管布置形式	水平面内 90°	由垂直转向垂直向上	由垂直转向水平	由水平转向垂直	由向下垂直转为水平
K_w	1.5	2.2	1.6	1.0	1.0

（3）动力设备的选择和功率计算

① 动力设备的选择。选择动力设备所依据的压力 Δp（Pa）应考虑输送气体温度，当地大气压力与标准状况不同，应加以修正。考虑到系统漏风和系统压力的变化，选用风机的风量和全压应比计算值大 $10\%\sim20\%$。

② 动力设备的功率计算。

离心通风机（9-26 型）功率（P）

$$P=\frac{\Delta p Q_0}{3600\times102\eta} \tag{8-35}$$

罗茨风机功率（P）

$$P=\frac{KQ_0}{3600\times102\eta}\times35000\left[\left(\frac{\Delta p}{10^5}\right)^{0.29}-1\right] \tag{8-36}$$

式中，K 为容量安全系数；Q_0 为选择风机所依据的风量，m^3/h；Δp 为系统计算压力损失，以绝对压力（Pa）代入；η 为风机绝热效率，$\eta=0.7\sim0.9$。

（4）设计步骤

包括：a. 分析原始资料，掌握粉尘特性，如颗粒直径、密度、温度、流动性及含湿量等；b. 根据输送距离、提升高度、输送量和其他特点确定气力输送装置形式；c. 绘制系统布置草图；d. 选定质量混合比（m）；e. 计算空气量（G、Q）；f. 计算粉尘颗粒的悬浮速度（v_x）；g. 确定输送管道内气流速度（v），并计算管道直径（D）；h. 确定分离器、除尘器型号；i. 计算系统压力损失；j. 计算动力设备功率并选定设备型号。

4. 气力输送计算举例

【例 8-1】 已知条件：除尘器收集下来的铁矿粉用气力输送装置输送，粉尘输送量 $G_c=3000kg/h$；粉尘平均计算直径 $d_c=34.4\mu m$；粉尘堆积密度 $\rho_c=3.89t/m^3$；粉尘温度 $t_c=50℃$；当地大气压 $B=101963Pa$；空气温度 $t=20℃$；水平输送距离 $L=108.7m$（水平管100m，倾斜水平投影长8.7m）；提升高度 $h=15m$（倾斜管与水平夹角60°）。系统布置如图 8-35 所示。计算系统压力损失，并选择风机。

解：（1）选定质量混合比（m） 由表 8-28 查得，负压式系统输送铁矿粉取 $m=1.0kg/kg$。

（2）空气量（G）

$$G=\frac{G_c}{m}=\frac{3000}{1.0}=3000\ (kg/h)$$

（3）粉尘颗粒的悬浮速度（v_x） 因 $d_c<100\mu m$ 用图 8-39 求解 v_g，其中粉尘与空气的混合温度（t_h），由表 8-29 取粉尘比热容 $c=0.67kJ/(kg\cdot℃)$，查资料得空气比热容为 $1.005kJ/(kg\cdot℃)$。

$$t_h=\frac{mt_c\cdot c_c+tc}{mc_c+c}=\frac{1\times50\times0.67+20\times1.005}{1\times0.67+1.005}=32℃$$

混合温度下空气密度（ρ_h）

$$\rho_h=1.293\times\frac{273}{273+t_h}\times\frac{B}{103323}=1.293\times\frac{273}{273+32}\times\frac{101963}{103323}=1.15\ (kg/m^3)$$

由 d_c、ρ_c、t_h，从图 8-39 查得 $v_g = 13 \text{cm/s}$，

$$v_x = 0.6 \times 0.13 = 0.078 \ (\text{m/s})$$

（4）确定输送管道内气流速度（v）及输送管道直径（D）　输送管道上弯管 $R/D = 5$，$\alpha = 60°$，当量长度由表 8-32 查得为 9，并按表 8-33 修正，则输送管道折算长度

$$L_z = L + l + \sum l_t = 100 + \frac{15}{\sin 60°} + 9 \times 0.55 \approx 122 \ (\text{m})$$

由表 8-30 取 $\alpha = 10$，并取 $\beta = 2 \times 10^{-5}$，$\rho_c = 3.89 \text{t/m}^3$

$$v = \alpha \sqrt{\rho_c} + \beta L_z^2 = 10\sqrt{3.89} + 2 \times 122^2 \times 10^{-5} = 20 \ (\text{m/s})$$

计算输送管道内径

$$D = \frac{1}{5.31}\sqrt{\frac{\sqrt{G_c}}{m\rho_h v}} = \frac{1}{53.1}\sqrt{\frac{3000}{1 \times 1.15 \times 20}} = 0.214 \ (\text{m})$$

取输送管道内径 $D = 0.215 \text{m}$，管道内气流速度：

$$v = \frac{G}{\rho_h \times 3600 \times 0.785(D)^2} = \frac{3000}{1.15 \times 3600 \times 0.785 \times 0.215^2} \approx 20 \ (\text{m/s})$$

（5）系统压力损失（Δp）

① 给料装置的压力损失（Δp）　选用 L 形喉管，由表 8-34 查得 $c = 4.5$

$$\Delta p = (c + m)\frac{\rho v^2}{2} = (4.5 + 1.0)\frac{1.15 \times 20^2}{2} = 1266 \ (\text{Pa})$$

② 粉尘启动的压力损失（Δp_{gi}）

$$\beta = \left(\frac{v_c}{v}\right)^2 = \frac{v - v_x}{v} = \left(\frac{20 - 0.078}{20}\right)^2 = 0.99$$

$$\Delta p_{gi} = (1 + \beta_1 m)\frac{\rho v^2}{2}(1 + 0.99 \times 1.0)\frac{1.15 \times 20^2}{2} = 456 \ (\text{Pa})$$

③ 粉尘提升的压力损失（Δp_t）

$$\Delta p_t = 9.8 \times \frac{v}{v_c}m\rho h = 9.8 \times \frac{20}{20 - 0.078} \times 1.0 \times 1.15 \times 15 = 170 \ (\text{Pa})$$

④ 倾斜输送管道（与水平夹角 60°）的摩擦阻力（$\Delta p'_m$）

$$\lambda = K\left(0.0125 + \frac{0.0011}{D}\right) = 1.3\left(0.0125 + \frac{0.0011}{0.125}\right) = 0.0228$$

$$\alpha_1 = \frac{v}{v_x} = \frac{20}{0.078} = 257$$

$$K = 1.25D\frac{\alpha_1}{\alpha_1 - 1} = 1.25 \times 0.215 \times \frac{257}{257 - 1} = 0.269$$

倾斜管道长度 $L_1 = 15/\sin 60° = 17.3 \text{m}$

$$\Delta p'_m = \lambda \frac{L}{D}\frac{\rho v^2}{2}(1 + km)$$

$$= 0.0228 \times \frac{17.3}{0.215} \times \frac{1.15 \times 20^2}{2}(1 + 0.269 \times 1.0)$$

$$= 535 \ (\text{Pa})$$

⑤ 弯管的压力损失（Δp_w）　弯管 $R/D = 5$，$\alpha = 60°$，$\xi \approx 0.062$，并按表 8-34 取 $K_w = 1.6$，

$$\Delta p_w = \xi(1 + K_w m)\frac{\rho v^2}{2} = 0.062(1 + 1.6 \times 1.0)\frac{1.15 \times 20^2}{2} = 37 \ (\text{Pa})$$

⑥ 水平输送管道的摩擦阻力（$\Delta p''_L$）

$$\Delta p_{L}'' = \lambda \frac{L}{D} \frac{\rho v^{2}}{2}(1+Km)$$

$$= 0.0228 \times \frac{100}{0.215} \times \frac{1.15 \times 20^{2}}{2}(1+0.269 \times 1.0) = 3100(Pa)$$

⑦ 分离器、除尘器的压力损失（$\sum \Delta p$） 用 CLK 型旋风除尘器作为分离器，排气净化采用脉冲袋式除尘器，压力损失均按除尘器（第四章）资料采用，即分离器（CLK 型旋风除尘器）1030Pa；脉冲袋式除尘器 1373Pa

$$\sum \Delta p_{j} = 1030 + 1373 = 2403 \text{（Pa）}$$

⑧ 排气管道的压力损失 排气管道的压力损失按除尘管道计算，按经验数据，每米排气管（包括局部构件）压力损失 13~15Pa。排气管总长 23.5m，则

$$\Delta H = 15 \times 23.5 = 352 \text{（Pa）}$$

⑨ 系统总压力损失（Δp）
取 $\varphi = 1.2$

$$\Delta p = \varphi \left(\Delta p_{g} + \Delta p_{gi} + \Delta p_{t} + \Delta p_{m} + \Delta p_{w} + \Delta p_{j} + \Delta p_{L} \right)$$

$$= 1.2 \times \left(1266 + 456 + 170 + 535 + 37 + 3100 + 2403 + 352 \right)$$

$$= 9983(Pa)$$

（6）风机和电机 选择风机所依据的风量和风压：

$$Q_{0} = 1.15Q = 1.15 \frac{G}{\rho_{h}} = 1.15 \times \frac{3000}{1.15} = 3000 \text{（m}^{3}/\text{h）}$$

$$\Delta p_{0} = \Delta p \frac{273 + t_{h}}{273 + 20} \times \frac{B}{103323} = 9983 \times \frac{273 + 32}{273 + 20} \times \frac{101963}{103323} = 10255 \text{（Pa）}$$

电动机功率由有关内容查得：

$$P = \frac{Q_{0} \Delta p_{0} K}{3600 \times 102 \times \eta \times \eta s_{T} \times 9.81} = \frac{3000 \times 10255 \times 1.15}{3600 \times 102 \times 0.595 \times 0.95 \times 9.81} = 17.5 \text{（kW）}$$

由此选用 9-19 型 No.7D 型高压离心风机，$Q = 3320\text{m}^{3}/\text{h}$，$\Delta p = 10500\text{Pa}$。
配用 Y180M-2 型电动机，$P = 22\text{kW}$。

二、风动溜槽

1. 风动溜槽的特点

当空气进入料层使之流化时，物料的安息角减小，流动性增加，呈现类似流体的性质。利用物料在倾斜槽中借助重力作用而流动的性质，以达到输送的目的，故称为风动溜槽，或简称斜槽。如图 8-41 所示。

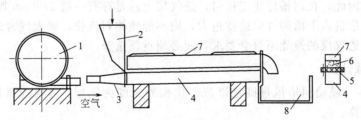

图 8-41 风动溜槽
1—风机；2—灰斗；3—风管；4—下槽体；5—孔板；6—料层；7—上槽体；8—贮槽

风动溜槽具有以下优点：a. 操作方便，维修容易，除尘了风机以外，无运动件，不易堵塞，

使用寿命长；b. 动力消耗小，在同等生产能力的条件下，动力消耗仅为螺旋输送机的 1%～3%；c. 设备简单，生产能力大，可以远距离和水平变向输送。

风动溜槽缺点如下：a. 输送的物料有一定限制，只适用于各种干燥粉尘等容易流化的粉状物料，对于粒度大，含水多、易黏结的粉尘，不能用风动溜槽输送；b. 槽体配置受限制，只能在一定坡度下输送，垂直输送无能为力。

2. 结构及工作原理

（1）结构　风动溜槽的主要构件有以下内容。

① 上下槽体。槽体一般用 2～3mm 钢板压制成矩形断面的段节，每节的标准长度为 2m，两端由扁铁制作的法兰。

② 透气层。透气层有帆布透气层和多孔板透气层两种。帆布透气层采用质地均匀的棉质 21 支纱 5×5 白色帆布（2#工业帆布）三层缝合制成。多孔板透气层有陶瓷多孔板或水泥多孔板两种，可根据需要选用不同规格的多孔板。为确保上、下槽体和透气层接合面之间的密封性能良好，用厚度 3～5mm 的工业毛毡制成垫条，安装时置于连接法兰之间。

③ 进风口。进风口由圆柱形风管和矩形断面扩大垂直相接组成。扩大口与下槽体的侧面相接，高压空气由此进入斜槽。

④ 进料口。进料口位于上槽体顶面，可以是矩形，也可以是圆形，根据供料设备的出料口形状确定。使用帆布透气层时，在进料口处的透气层下面应设置一段（长度比进料口略大）钢丝网或用 2mm 钢板制成的多孔板，用来承受物料的冲击力，防止帆布被冲凹或损坏。

⑤ 出料口。出料口可以是多个，末端出料的只需将槽体的末端与出料管相连接即可，中间出料口则位于槽体的侧面，并配有插板挡料。

⑥ 截气阀。用于多路输送的斜槽本体之内，位于三通或四通处，阀板装在下槽体中；关闭阀板时起隔绝空气之用。

⑦ 窥视窗。位于上槽体侧面，用来观察槽内物料流动情况，一般装在进料和出料处。

⑧ 槽脚支架。用铸铁制成，由地脚螺栓固定在基础上（砖柱或钢支架），槽体卡装在槽脚支架上，可浮动伸缩。

（2）工作原理　风动溜槽及其中被输送物料的断面情况如图 8-42 所示。鼓风机鼓入的高压空气经过软管从进风口进入下槽体，空气能通过透气层向上槽体扩散，被输送的粉尘物料从进料口进入上槽后，在透气层上面被具一定流速的气流，充满粉粒之间的空隙而呈流态化。由于斜槽是倾斜布置的，流态化的粉状物料便从高处向低处流动。在正常输送情况下，料层断面从下向上分四层，即固定层、汽化层、流动层和静化层；固定层是不流动的。因此，在斜槽停止工作时，透气层上总是存有一层 1～2cm 厚的料层。

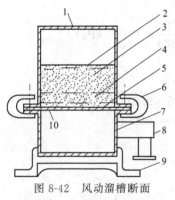

图 8-42　风动溜槽断面

1—上槽体；2—净化层；3—流动层；
4—汽化层；5—固定层；6—卡子；
7—下槽体；8—进风口；9—支架；
10—透气层

如果通过透气层进入上槽的气流速度过大，则不能使物料汽化，而表现为穿孔，物料就不能被输送。这就说明透气层的性能不符合要求，而必须重新选择。

3. 技术性能及参数计算

（1）参数计算　风动溜槽风量确定以流态化临界速度为依据。起流速度需根据物料性质、颗粒尺寸等进行计算：

$$v_g = \frac{v}{d} Re \tag{8-37}$$

式中，v_g 为物料起流速度，m/s；v 为气体运动黏度系数，m^2/s；d 为物料颗粒直径，m；

Re 为雷诺数。

通常，表现速度是指风量与多孔板面积之比，用 v_b 表示，v_b 与起流速度 v_q 的关系是：

$$v_b = 1.4v_q$$

风量则按下式计算：

$$Q = 0.36v_b BL \tag{8-38}$$

式中，Q 为风动溜槽风量，m^3/h；v_b 为表观速度，m/s；B 为风动溜槽宽度，cm；L 为风动溜槽长度，m。

溜槽所需的风压即系统的压损，按下式计算：

$$\Delta p = \Delta p_1 + \Delta p_2 + \sum \Delta p_3 \tag{8-39}$$

式中，Δp_1 为透气层阻力，多孔板约为 2000Pa；Δp_2 为物料层的阻力，单位孔板面积上的床层质量即层高与料重的乘积；$\sum \Delta p_3$ 为风管阻力之和（包括乏汽净化设备）。

根据风量和风压，可以选用合适的工作风机。

气体压力应等于或大于多孔板与料层阻力之和。实验表明，流化床总阻力大约相当于单位孔板面积上的床层质量。根据风量与风压，可以选用合适的风机。

计算槽度，首先要计算物料平均流速。流速与斜度有关，物料的平均流速可近似计算如下：

$$v_p = Kh_L \rho_L \sin\phi \tag{8-40}$$

式中，v_g 为物料平均流速，cm/s；K 为系数，表征物料流动的难易，是风速的函数；ρ_L 为物料的体积密度，g/cm^3；ϕ 为倾斜角度，(°)；h_L 为料层厚度，cm。

输送物料量：

$$G_L = 3.6v_p Bh_L \rho_L \tag{8-41}$$

槽宽：

$$B = \frac{G_L}{3.6v_p h_L \rho_L} = \frac{G_L}{3.6Kh_L^2 \rho_L^2 \sin\phi} \tag{8-42}$$

式中，G_L 为输送物料量，kg/h；其他符号意义同前。

风动溜槽所需的风压一般在 3500~6000Pa 之间。帆布透气层取较低值，多孔板透气层或大规格、长度大时取较高值。一般情况下按 5000Pa 考虑。

（2）风机配置　风动溜槽均配用高压离心式鼓风机，如 9-26 型高压离心通风机。

槽宽度为 250mm 或 315mm，长度达 150m 的斜槽配用 1 台风机；槽宽度为 400mm、长度小于 80m，或宽度为 500mm、长度小于 60m 的槽需配用 1 台助吹风机；槽宽度为 400mm、长度大于 80m，或宽度为 500mm、长度大于 60m 溜槽需配用 2 台助吹风机。

4. KC 型风动溜槽

KC 型风动溜槽是定型产品，其尺寸见图 8-43 及表 8-35。

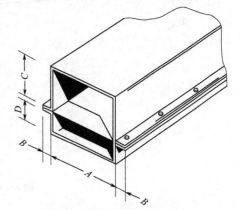

图 8-43　KC 型空气输送溜槽

5. 风动溜槽输送系统示意

如图 8-44 所示，物料从多个料斗由给料机连续定量的进入风动溜槽，在重力分力的作用下向下流动，落入气力提升泵，在气力喷嘴的作用下将物料通过输料管提升到需要高度，在膨胀仓内扩容减速，料气分离，物料在重力作用下，落入料库。该系统可连续输送、控制简单、运作操作方便。

表 8-35　KC 型空气输送溜槽尺寸

型号	产量/(m³/h)	A/mm	B/mm	C/mm	D/mm	重量/(kg/m)
KC100	13	100	30	100	50	10.5
KC150	34	150	30	100	50	13.5
KC200	71	200	30	150	75	16.5
KC250	99	250	30	150	75	19.5
KC300	170	300	32	200	75	22.5
KC350	227	350	32	250	75	25.5
KC400	283	400	32	250	75	37.5
KC450	453	480	40	280	75	60.5
KC600	630	600	55	300	100	112
KC700	1200	600	55	600	100	119.5
KC800	1500	850	75	455	100	149

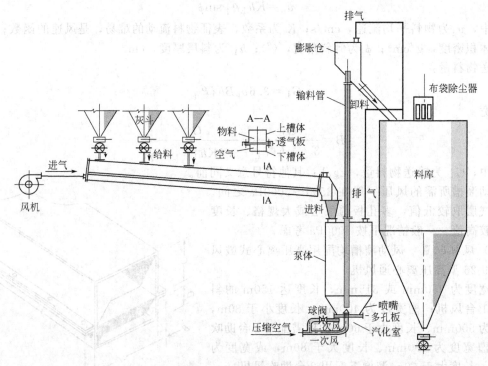

图 8-44　风动溜槽输送系统

6. 风动溜槽的常见故障及排除方法

　　风动溜槽最常见的故障是堵塞。其原因有下列几点：a. 下槽体封闭不好、漏风，使透气层上、下的压力差降低，物料不能汽化；b. 物料含水分大（一般要求物料水分<1.5%），潮粉堵塞了透气层的孔隙，使气流不能均匀分布，因此物料不能汽化；c. 被输送的物料中含有较多的（相对）密度大的铁屑或粗粒，这些铁屑或粗粒滞流在透气层上，积到一定厚度时，便使物料不能汽化。

　　针对上述原因，处理办法如下：a. 检查漏风点，采取措施，例如增加卡子，或临时用石棉绳堵缝；严重时局部拆装，按要求垫好毛毡；b. 更换被堵塞的透气层，严格控制物料的水分；c. 定时清理出积留在槽中的铁屑或粗粒。

三、仓式泵输送装置

1. 仓式泵输送装置的特点

仓式泵输送装置是另一种常用气力输送装置。仓式泵输送系统，属于一种正压浓相气力输送系统，主要特点如下：a. 灰气比高，一般可达 $25\sim35\text{kg}$ 灰/kg 气，空气消耗量为稀相系统的 $1/3\sim1/2$；b. 输送速度低，为 $6\sim12\text{m/s}$，是稀相系统的 $1/3\sim1/2$，输灰直管采用普通无缝钢管，基本解决了管道磨损、阀门磨损等问题；c. 流动性好，粉尘颗粒能被气体充分流化而形成"拟流体"从而改善了粉尘的流动性，使其能够沿管道浓相顺利输送；d. 助推器技术用于正压浓相流态化小仓泵系统，从而解决了堵管问题；e. 可实现远距离输送，其单级输送距离达 1500m，输送压力一般为 $0.15\sim0.22\text{MPa}$，高于稀相系统；f. 关键件，如进出料阀、泵体、控制元件等寿命长，且按通用规范设计，互换性、通用性强。

2. 仓式泵分类

仓式泵按出料方式分为脉冲式、上引式、下引式和流态化式等。分别见图 8-45～图 8-48 按布置方式一般又分为单仓布置和双仓布置。单仓布置的仓泵每台可单独进料或数台同时进料，但每条灰管只能供一台仓泵排灰，双仓布置的仓泵进出料是相互交替进行的。

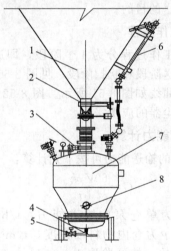

图 8-45 脉冲式气力输灰系统

1—灰斗；2—进料阀；3—气动阀；4—进气阀；5—出料阀；6—平衡管；7—汽化罐；8—检修孔

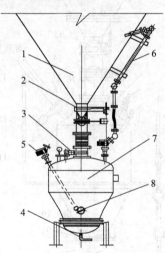

图 8-46 上引式气力输灰系统

1—灰斗；2—进料阀；3—气动阀；4—进气阀；5—出料阀；6—平衡管；7—汽化罐；8—检修孔

① 脉冲气力输送仓泵适用于短距离输送，输送浓度高、流速低、配用的输灰管道直径小、磨损轻微。

② 上引式仓泵则比较适于长距离输送，输送浓度较低、输送稳定性好、流速较高，管道易磨损。

③ 下引式气力输送仓泵适用于中短距离输送，输送浓度高、出力大。

④ 流态化仓泵适用于中距离输送，输送浓度高、流动工况好、出力大。

3. 仓式泵的结构

仓式泵的结构如图 8-49 所示，它由灰路、气路、仓泵体及控制等部分组成。流态化仓式泵的出口位于仓式泵上方，采用上引式。它的优越性是灰块不会造成仓式泵的堵塞。流态化仓泵采用多层帆布板或宝塔形多孔钢板结构。压缩空气通过气控进气阀进入仓式泵底部的汽化室，

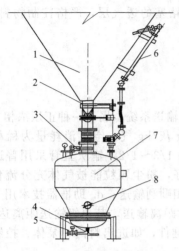

图 8-47 下引式气力输灰系统
1—灰斗；2—插板门；3—进料阀；4—进气阀；
5—出料阀；6—平衡管；7—汽化罐；8—检查门

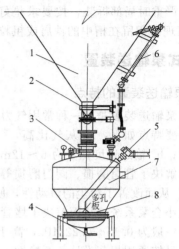

图 8-48 流态化气力输灰系统
1—灰斗；2—插板门；3—进料阀；4—进气阀；
5—出料阀；6—平衡管；7—汽化罐；8—进料口

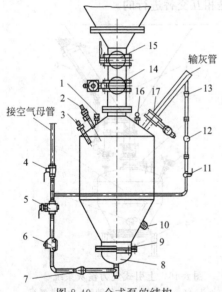

图 8-49 仓式泵的结构
1—压力开关；2—安全阀；3—料位计；4—球阀
$DN40$；5—旋塞阀 $DN40$；6—二位二通截止阀；
7—单向阀 $DN40$；8—汽化室；9—流化盘；
10—检查孔；11—旋塞阀 $DN20$；12—二位二通
截止阀；13—单向阀；14—进料阀；15—检修蝶阀；
16—压力表；17—出料阀

粉尘颗粒在仓式泵内被流化盘透过的压缩空气充分包裹，使粉尘颗粒形成具有流体性质的"拟流体"，从而具有良好的流动性，它能将浓相输送，从而达到顺利输送的目的。

4. 仓式泵的工作过程

仓式泵的工作过程分为 4 个阶段，即进料阶段、流化阶段、输送阶段和吹扫阶段，见图 8-50。工作过程形成的压力曲线如图 8-51 所示。图 8-52 是仓式泵输灰在袋式除尘器的应用实例。

5. 仓式泵输送能力计算

① 单仓泵的输送能力可按下式计算：

$$G = \frac{60V\rho k}{t_1 + t_2} \tag{8-43}$$

式中，G 为单仓泵的输送能力，t/h；V 为仓的容积，m^3；ρ 为仓内物料堆密度，t/m^3；k 为仓内物料填充系数，按经验取 $k = 0.7 \sim 0.8$；t_1 为装满一仓料所需时间，min；t_2 为卸空一仓料所需时间，min。

② 双仓泵输送能力可按下式计算：

$$G = \frac{60V\rho k}{t_1 + t_2'} \tag{8-44}$$

式中，t_2' 为压缩空气由关泵压力回升至输送压力所需时间，min，可按 $t_2' = 1 \sim 3min$ 考虑。

t_1 与 t_2 的推荐值，见表 8-37。

6. 技术性能

泵的技术性能见表 8-38、表 8-39，NCD 型仓式泵为流态化上引式，NCP 型仓式泵为流态化下引式。

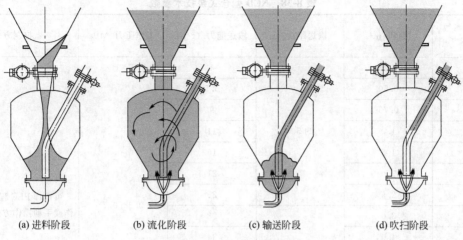

(a) 进料阶段　　　(b) 流化阶段　　　(c) 输送阶段　　　(d) 吹扫阶段

图 8-50　仓式泵工作过程

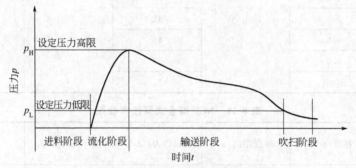

图 8-51　仓式泵工作过程压力曲线

图 8-52　仓式泵外观

表 8-37　t_1 和 t_2 的推荐值

仓容积/m³	装料或卸料时间/min	输送距离/m		
		<400	400~800	800~1200
2.5~3.5	t_1	按喂料能力进行选取,对双仓泵 $t_1 < t_2$		
	t_2	4~5	5~6	6~7

表 8-38　NCD 型仓式泵技术参数

参数 规格	容积/m³	输送距离/m	输送能力/(t/h)	工作压力/MPa	控制方式
MCD0.25	0.25		4		
MCD0.50	0.50		6.5		
MCD0.75	0.75		9		
MCD1.0	1.0	约500	11		
MCD1.5	1.5		16		
MCD2.0	2.0		21		
MCD2.5	2.5		25	0.2~0.7	可选择 PLC 程控、远程操作或手动操作方式
MCD3.0	3.0		28		
MCD4.0	4.0		34		
MCD4.5	4.5		38		
MCD5.0	5.0	约1000	42		
MCD6.0	6.0		46		
MCD8.0	8.0		58		
MCD10.0	10.0		71		

表 8-39　NCP 型仓式泵技术参数

参数 规格	容积/m³	输送距离/m	输送能力/(t/h)	工作压力/MPa	控制方式
NCP2.0	2.0		26		
NCP3.0	3.0		30		
NCP4.0	4.0	约1000	35	0.2~0.6	可选择 PLC 程控、远程操作或手动操作方式
NCP5.0	5.0		47		
NCP8.0	8.0		62		

第九章
高温烟气冷却器和管道补偿器

　　在冶金、建材、电力、机械制造、耐火材料及陶瓷工业等生产过程中排放的烟气，其温度往往在130℃以上，在除尘工程中称为高温烟气。高温烟气的除尘困难性和复杂性，不仅是因为烟气温度高而需要采取降温措施或使用耐高温的除尘器，而且还因为烟气温度高会引起烟气和粉尘性质的一系列变化。所以，在高温烟气除尘时要对高温烟气用冷却器进行降温处理，并对高温引起的管道膨胀用补偿器进行补偿。

第一节
冷却器的分类和工作原理

一、冷却器分类

　　冷却高温烟气的介质可以采用温度低的空气或水，称为风冷器或水冷器，不论风冷水冷，可以直接冷却，或间接冷却。所以冷却器用以下方法分类（见图9-1）。

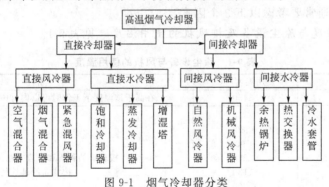

图 9-1　烟气冷却器分类

　　(1) 直接风冷器　将常温的空气直接混入高温烟气中（掺冷方法）的设备。
　　(2) 间接风冷器　用空气冷却在管内流动的高温烟气的设备。用自然对流空气冷却的风冷称为自然风冷器，用风机强迫对流空气冷却称为机械风冷器。
　　(3) 直接水冷器　即往高温烟气中直接喷水，用水雾的蒸发吸热，使烟气冷却的设备。
　　(4) 间接水冷器　即用水冷却在管内流动的烟气的设备，可以用水冷夹套或间接冷却器等形式。

二、烟气冷却原理

　　凡是温差存在的地方就有热量转移的发生，这种热量转移是由温度高的地区转移到温度低的地区。烟气冷却就是利用热量转移现象把高温烟气的热量转移和传递到温度较低的水、空气或其他介质中。在热量传递过程中，高温烟气散发的热量与冷却介质吸收的热量两者应该相等，达到热的平衡。

烟气量为 $Q(\mathrm{m^3/h})$ 的烟气由温度 t_{g1} 冷却到 t_{g2} 所放出的热流量为：

$$Q = \frac{Q_g}{22.4}(C_{pm1}t_{g1} - C_{pm2}t_{g2}) \tag{9-1}$$

式中，Q 为热流量，kJ/h；Q_g 为烟气量，$\mathrm{m^3/h}$；C_{pm1}、C_{pm2} 分别是烟气为 $0 \sim t_{g1}$ 及 $0 \sim t_{g2}$ 时的平均定压摩尔热容，kJ/(kmol·K)；t_{g1}、t_{g2} 分别为烟气冷却前后温度，℃。

热流量 Q 应为冷却介质所吸收，这时冷却介质的温度由 t_{g1} 上升到 t_{g2}，于是：

$$Q = G_0(C_{p1}t_{c2} - C_{p2}t_{c1}) \tag{9-2}$$

式中，G_0 为冷却介质的质量，kg/s；C_{p1}、C_{p2} 分别为冷却介质在温度为 $0 \sim t_{c1}$、$0 \sim t_{c2}$ 下的质量热容，kJ/(kg·K)；t_{c1}、t_{c2} 分别为冷却介质在烟气冷却前后的温度，℃。

如果冷却介质为空气时，上式可写成为：

$$Q = \frac{Q_h}{22.4}(C_{pc2}t_{c2} - C_{pc1}t_{c1}) \tag{9-3}$$

式中，Q_h 为冷却气体的气体量，$\mathrm{m^3/h}$；C_{pc1}、C_{pc2} 分别为冷却空气在温度为 $0 \sim t_{c1}$、$0 \sim t_{c2}$ 时的平均定压摩尔热容，kJ/(kmol·K)；t_{c1}、t_{c2} 分别为冷却介质在烟气冷却前后的温度，℃。

三、冷却方式选择

1. 冷却方式的特点

烟气冷却方式分间接冷却与直接冷却两类，其特点如下。

(1) 间接冷却　烟气不与冷却介质直接接触，一般不改变烟气性质。

(2) 直接冷却　烟气与冷却介质接触，并进行热交换，烟气量及其成分可能改变。

2. 冷却方式选择

冷却方式的选择通常要考虑以下 3 个因素。

(1) 烟气出炉温度与除尘设备及排风机的使用温度　见表 9-1。

表 9-1　除尘设备与风机的使用温度

设备名称	使用温度/℃	备注
旋风除尘器	<450	在高于该温度下工作时可以内衬砖或筒体用水套制作
袋式除尘器		
棉织物	<80	
毛呢、柞蚕丝	<90	
玻璃	<250	按玻璃的种类和处理方法的不同而异
一般化纤布	<130	按滤布纤维性能
高温化纤布	<300	
电除尘器		
干式	<450	
湿式	<80	主要考虑防腐材料的耐温性能
湿式除尘器	<400	按设备结构及防腐材料性能不同而异
排风机		
高温排风机	<450	
锅炉引风机	<250	
其他排风机	<200	对于水冷轴承
	<100	对于滚动轴承

注：除湿式除尘器外各种除尘器的操作温度均应高于烟气露点 15～20℃以上。

表 9-2　冷却方式的特性

冷却方式		优点	缺点	漏风率/%	压力损失/Pa	适用温度/℃	用途
间接冷却	水套冷却	可以保护设备,避免金属氧化物结块而有利清灰;热水可利用	耗水量很大,一般出水温度不大于45℃,如提高出水温度则会产生大量水垢,影响冷却效果和水套寿命	<5	<300	出口>450	冶金炉出口处的烟罩,烟道,高温旋风除尘器的壁和出气管
	汽化冷却	具有水套的优点,可生产低压蒸汽,用水量比水套约节约几十倍	制造,管理比水套要求严格,投资较水套大	<5	<300	出口>450	冶金炉出口处的烟罩,烟道,高温旋风除尘器的壁和出气管
	余热锅炉	具有汽化冷却的优点,蒸汽压力较大	制造,管理比汽化冷却要求严格	10~30	<800	进口>700 出口>300	冶金炉和其他工业炉窑出口的高温烟气余热回收利用
	表面淋水	设备简单,可以按生产和气候情况调节水量以控制温度	分水板和淋水孔易堵,影响分水均匀,以致设备变形,氧化,缩短寿命	<5	<300	>500	冶金炉出口处或临时措施
	风套冷却	热风可利用	动力消耗大,冷却效果不如水冷	<5	<300	600~800	冶金炉出口
	冷却烟道	管道集中,占地比水平烟道少,出灰集中	钢材耗量大,热量未利用	10~30	<900	进口>600 出口>100	袋式除尘的烟气冷却
直接冷却	喷雾冷却	设备简单,投资较省,水和动力消耗不大	增加烟气量,含湿量,腐蚀性及烟尘的黏结性;湿式运行要增设泥浆处理	5~30	<900	一般干式运行进口>450,高压干式,运行>150,湿式运行不限	湿式除尘及需要改善烟尘比电阻的电除尘前的烟气冷却
	吸风冷却	结构简单,可自动控制使温度严格维持在一定值	增加烟气量,需加大收尘设备及风机容量	—	—	一般<200~100	袋式除尘前的温度调节及减小冶金炉的烟气冷却

注:漏风率及阻力视结构不同而异。

（2）余热的利用　当烟气温度高于 $500\sim700℃$ 时，可根据供水、供电的具体条件分别选用风套、水套、汽化冷却或余热锅炉冷却烟气并产生热风、热水或蒸汽。

（3）冷却方式的特性　见表 9-2。

第二节
直接冷却器

一、直接风冷器

直接风冷是最为简单的一种冷却方式，它是在除尘器的入口前的风管上另设一冷风入口，将外界的常温空气吸入到管道内与高温烟气混合，使混合后的温度降至设定温度达到烟气降温的目的。

直接风冷在实际应用一般要在冷风入口处设置自动调节阀，并在冷风入口处设置温度传感器来控制调节阀开启的时间，从而控制吸入的冷风量。温度传感器应设在冷风入口前 5m 以上的距离。

这种方法通常适用于较低温度（200℃以下）及要求降温量较小的情况，或者是用其他方法将高温烟气温度大幅度下降后仍达不到要求，再用这种方法作为防止意外事故性高温的补充降温措施，作为防止出现意外高温的情况应用最为广泛。

1. 冷风量计算

直接冷风的冷风量，可根据热平衡方程来计算，混入冷空气后，混合气体的温度为 $t_h = t_{g2} = t_{c2}$，于是可得：

$$\frac{Q_g}{22.4}(t_{g1}C_{pm1} - t_hC_{pm2}) = \frac{Q_h}{22.4}(t_hC_{pc2} - t_{c1}C_{pc1}) \tag{9-4}$$

或

$$Q_h = \frac{Q_g(t_{g1}C_{pm1} - t_hC_{pm2})}{t_hC_{pc2} - t_{c1}C_{pc1}} \tag{9-5}$$

式中，Q_g 为烟气量，m^3/h；Q_h 为冷却气体的气体量，m^3/h；t_{g1} 为烟气冷却前温度，℃；t_h 为冷却气体温度，℃；t_{c1} 为冷却气体开始温度，℃；C_{pm1}、C_{pm2} 分别为烟气为 $0\sim t_{g1}$、$0\sim t_{g2}$ 时的平均定压摩尔热容，$kJ/(kmol \cdot K)$；C_{pc1}、C_{pc2} 分别为冷却气体为 $0\sim t_{c1}$、$0\sim t_{c2}$ 时的平均定压摩尔热容，$kJ/(kmol \cdot K)$。

若烟气温度变化范围不大，或计算结果不要求十分精确，一般可将理想气体摩尔热容近似看作常数，称为气体的定值摩尔热容。根据能量按自由度均分的理论可知：凡原子数相同的气体，摩尔热容也相同，其数值见表 9-3。

表 9-3　定值摩尔热容（压力：101.3kPa）

原　子　数	定压摩尔热容/[kJ/(kmol·℃)]
单原子气体	20.934
双原子气体	29.3076
多原子气体	37.6812

对于多种气体组成的混合气体的平均定压摩尔热容 C_p 按下式计算：

$$C_p = \sum r_1 C_{pi}$$

式中，r_1 为混合气体中某一成分所占体积百分数，%；C_{pi} 为混合气体中某一成分的平均定压摩尔热容，kJ/(kmol·K) 见表 9-4。

表 9-4　定压摩尔热容（压力：101.3kPa）

$t/℃$	N_2	O_2	空气	H_2	CO	CO_2	H_2O
0	29.136	29.262	29.082	28.629	29.104	35.998	33.490
25	29.140	29.316	29.094	28.738	29.148	36.492	33.545
100	29.161	29.546	29.161	28.998	29.194	38.192	33.750
200	29.245	29.952	29.312	29.119	29.546	40.151	34.122
300	29.404	30.459	29.534	29.169	29.546	41.880	34.566
400	29.622	30.898	29.802	29.236	29.810	43.375	35.073
500	29.885	31.355	30.103	29.299	30.128	44.715	35.617
600	30.174	31.782	30.421	29.370	30.450	45.908	36.191
700	30.258	32.171	30.731	29.458	30.777	46.980	36.781
800	30.733	32.523	31.041	29.567	31.100	47.934	37.380
900	31.066	32.845	31.388	29.697	31.405	48.902	37.974
1000	31.326	33.143	31.606	29.844	31.694	49.614	38.560
1100	31.614	33.411	31.887	29.998	31.966	50.325	39.138
1200	31.862	33.658	32.130	30.166	32.188	50.953	39.699
1300	32.092	33.888	32.624	30.258	32.456	51.581	40.248
1400	32.314	34.106	32.577	30.396	32.678	52.084	40.799
1500	32.527	34.298	32.783	30.547	32.887	52.586	41.282

【例 9-1】 要求用直接风冷的方法将温度为 $t_{h1}=200℃$ 的烟气冷却至 $t_{g2}=130℃$，烟气量为 $Q_g=3200m^3/h$，混入的空气 $t_{c1}=25℃$ 温度。烟气成分为 $CO_2=13\%$。$H_2O=11\%$，$N_2=76\%$。要求计算混入的冷风量 Q_h。

解： 按表 9-4 计算，0～200℃时，烟气的摩尔定压热容：$C_{pm1}=40.151×0.13+34.122×0.11+29.245×0.76=31.199kJ/(kmol·K)$

0～130℃时，烟气的摩尔定压热容：$C_{pm2}=38.78×0.13+33.862×0.11+29.186×0.76=30.948kJ/(kmol·K)$

0～130℃时的空气摩尔定压热容：$C_{pc2}=29.206kJ/(kmol·K)$

0～25℃时的空气摩尔定压热容：$C_{pc1}=29.094kJ/(kmol·K)$

按式(9-5)，混入的冷风量为：

$$Q_h=\frac{3200×(31.199×200-30.948×130)}{29.206×130-29.094×25}=2310.8m^3/h$$

由此可见混入的冷风量很大，约为原烟气量的 72%，因此在烟气量大、要求降温幅度大时不宜采用直接风冷。

2. 吸风支管截面积计算

（1）吸入点空气流速

$$v_k=\sqrt{\frac{2\Delta p}{\zeta\rho_g}}$$

式中，v_k 为吸入点空气流速，m/s；Δp 为吸入点管道负压值，Pa；ζ 为吸入支管局部阻力系数；ρ_g 为空气密度，kg/m³。

（2）吸风支管截面积

$$F_k=\frac{Q_h}{3600v_k}$$

式中，F_k 为吸风支管截面积，m²；Q_h 为冷却空气的气体量，m³/h。

（3）吸风支管直径

$$D_k = \sqrt{\dfrac{4F_k}{\pi}}$$

式中，D_k 为吸风支管直径，m。

3. 混风阀

混风阀又名冷风阀，主要用于气流温度不稳定的除尘系统，使除尘设备的温度控制在设定范围内运行，从而提高设备的使用寿命，确保系统的正常运行。

混风阀一般安装在袋式除尘器入口前的气流管道上。当气流温度高于控制温度时，混风阀自动开启，混入冷风，当气流温度低于控制温度时，混风阀就自动关闭。

（1）混风阀的技术特征

① 为保护袋式除尘器，当系统高温烟气温度超过滤袋能承受的温度时，即打开混风阀吸进冷风，降低烟气温度，以保护滤袋的正常运行。

② 混风阀采用电动推杆（或气缸）传动，并在除尘系统中设有检测烟气温度的信号装置，按此信号驱动电动推杆（或气缸）传动装置进行开闭操作。

③ 混风阀是全闭、全开动作，一般不作系统的风量调节控制。

④ 混风阀一般有蝶阀型混风阀和盘型提升型混风阀两种类型。

（2）混风阀分类

混风阀分为蝶阀和提升阀两类，每一类又分为气动型和电动型两种。

（3）蝶阀型混风阀

① DQT 型气动推杆蝶阀。该阀设计新颖、启闭灵活、切换迅速、流阻系数小、使用维修方便。该阀配用气动推杆作为驱动，启闭迅速平稳，是快速切断的设备，主要性能参数见表 9-5。外形见图 9-2 和表 9-6。

表 9-5　DQT 型气动推杆蝶阀性能参数表

公称压力/MPa	介质流速/(m/s)	适用温度/℃	适用介质
0.05	≤28	≤350	粉尘气体、冷热空气、含尘烟气等

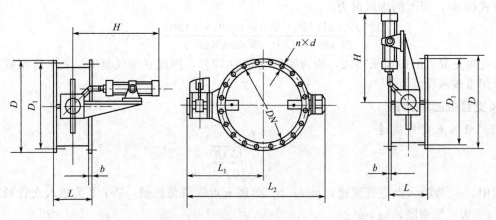

图 9-2　DQT-A（水平安装）外形及 DQT-B（垂直安装）外形

② DDT 型电动推杆蝶阀。阀门设计新颖、启闭灵活、切换迅速、流阻系数小、使用维修方便；该阀还装有电动推杆自动保护装置，在推力超过额定指标时，自动停止工作，保护整机不致损坏。DDT 型电动推杆蝶阀主要性能参数见表 9-7，外形尺寸见图 9-3 和表 9-8。

表9-6 DQT-A（水平安装）、DQT-B（垂直安装）外形尺寸 单位：mm

DN	D	D_1	b	L	$n \times d$	H	L_1	L_2	气动推杆	质量/kg
200	320	280			8×φ17.5	385	400	600		59
225	345	305	10			385	415	630	10A-5TC32B	65
250	375	335			12×φ17.5	385	430	660		68
280	415	375		200		385	450	700		78
300	440	395				420	460	725		84
320	460	415	12		12×φ22	420	470	750		90
350	490	445				420	485	780		105
360	500	455				420	490	790	10A-5TC40B	119
400	540	495			16×φ22	450	510	830		130
450	595	550				450	540	885		146
500	645	600			20×φ22	450	565	935		159
550	705	655	14	250		525	645	1160		183
560	715	665			20×φ26	525	650	1170		196
600	755	705				525	670	1210		217
650	810	760				525	700	1270		240
700	860	810			24×φ26	570	725	1320		272
800	975	920			24×φ30	570	785	1440	10A-5TC50B	319
900	1075	1020	16			570	835	1540		362
1000	1175	1120		300		570	915	1680		416
1100	1275	1220			28×φ30	570	965	1780		477
1120	1295	1240	18			570	985	1820		505
1200	1375	1320			32×φ30	640	1050	1950		555

表9-7 DDT型电动推杆蝶阀性能表

公称压力/MPa	介质流速/(m/s)	适用温度/℃	适用介质
0.05	≤28	≤350	粉尘气体、冷热空气、含尘烟气等

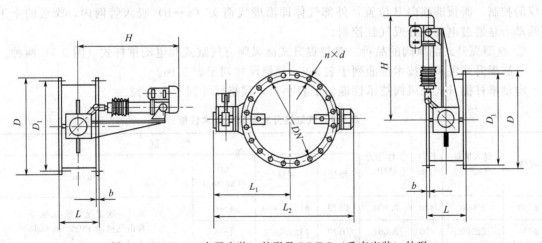

图9-3 DDT-A（水平安装）外形及 DDT-B（垂直安装）外形

表 9-8 DDT-A（水平安装）、DDT-B（垂直安装）外形尺寸　　　　　　单位：mm

DN	D	D₁	b	L	n×d	H	L₁	L₂	电动推杆	功率 /kW	质量 /kg
200	320	280	10	200	8×φ17.5	500	400	600	DTⅠ25-M	0.025	56
225	345	305				500	415	630			62
250	375	335			12×φ17.5	500	430	660			68
280	415	375				500	450	700			75
300	440	395	12			520	460	725			82
320	460	415			12×φ22	520	470	750			90
350	490	445				520	485	780			98
360	500	455				520	490	790	DTⅠ63-M	0.06	102
400	540	495			16×φ22	570	510	830			125
450	595	550				570	540	885			138
500	645	600			20×φ22	570	565	935			153
550	705	655	14	250		795	645	1160			170
560	715	665			20×φ26	795	650	1170			178
600	755	705				795	670	1210			199
650	810	760				795	700	1270			222
700	860	810			24×φ26	840	725	1320	DTⅡ100-M	0.25	261
800	975	920	16		24×φ30	840	785	1440			300
900	1075	1020		300		840	835	1540			345
1000	1175	1120				840	915	1680			396
1100	1275	1220	18		28×φ30	840	965	1780			455
1120	1295	1240				840	985	1820			472

（4）盘型提升型混风阀

① 盘型提升型混风阀的结构类型。盘型提升型混风阀结构动作如图 9-4 所示。

一般在系统正常运行时，混风阀阀板位于 A 位置上，当系统高温烟气超温后，通过系统温控仪的控制，阀板即移向 B 位置，外部气体即沿虚线箭头（a→b）吸入管网内，阀板的上下动作的动力是通过电动推杆或气缸控制。

② 盘型提升式混风阀的品种。盘型提升式混风阀有气缸式和电动推杆式（图 9-5）两种。气缸提升式混风阀技术性能列于表 9-9，规格尺寸列于表 9-10。

电动推杆提升式混风阀技术性能列于表 9-11，规格尺寸列于表 9-12。

表 9-9 气缸提升式混风阀技术性能

规格	混入风量 /(m³/h)	行程 /mm	工作压力 /MPa	气缸				
				型号	规格	气压 /(kg/m²)	气量/m³
φ700	20000	400	0.004	JB 型	φ125×400	4～6	来往一次工况气量：0.0008
φ750	22500	400	0.004	JB 型	φ125×400	4～6	自由气量：0.0032～0.0048

表 9-10　气缸提升式混风阀规格尺寸　　　　　　　　　　单位：mm

ϕ	ϕ_1	ϕ_2	ϕ_3	H	H_1	H_2	L	$n-\phi$ 孔	重量/kg
700	916	844	916	2369	398	—	—	24-ϕ417	489.3
750	916	844	916	2369	398	—	—	24-ϕ17	529.2

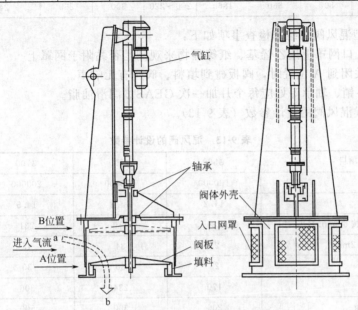

图 9-4　盘型提升型混风阀结构动作

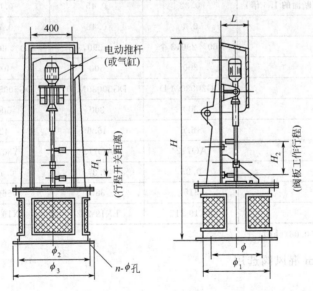

图 9-5　电动推杆或气缸提升式混风阀

表 9-11　电动推杆提升式混风阀技术性能

规格 /mm	混入风量 /(m³/h)	行程 /mm	工作压力 /MPa	电动机			
				型号	规格	电机功率/kW	额定推力/kg
ϕ500	10000	300		DG20030H-D	IA07124	0.25	200
ϕ600	15000	300	0.004	DG30030H-D	IA07134	0.37	300
ϕ700	20000	400		DG50050M-B	Y801-4	0.75	500
ϕ800	25000	400		DG50050M-B	Y801-4	0.75	500

表 9-12　电动推杆提升式混风阀规格尺寸

ϕ	ϕ_1	ϕ_2	ϕ_3	H	H_1	H_2	L	n-ϕ 孔	重量/kg
500	640	700	760	1860	200～220	300	260	24-ϕ23	315
600	740	800	860	1860	200～220	300	260	24-ϕ23	390

③ 盘型提升型混风阀的维修检查事项如下：

a. 检查时在入口网罩上用乙烯基、纸等异物来观测是否黏附于网罩上。

b. 检查阀板关闭到 A 位置时，阀板碰到填料、阀座有无响声。

c. 在阀体的各销、轴承等处应每个月加一次 GEAS-2 润滑油脂。

④ 盘型提升式混风阀的设计参数（表 9-13）。

表 9-13　混风阀的设计参数

序号	项目	ϕ500	ϕ600	ϕ700	ϕ800
1	混风量/（m³/h）	100000	150000	200000	350000
2	风速/（m/s）	14.2	14.8	14.5	13.8
3	阀板吸力①/kg（按 600mmH₂O 计）	120	170	231	302
4	阀板重量/kg（δ-12mm）	25	34	45	57
5	其他重量/kg	25	30	30	31
6	总重/kg	170	234	306	390
7	电动推杆推力/kg	200	300	500	500
8	混风口面积/m²（按管断面的 1.6 倍）	0.32	0.45	0.62	0.80
9	选用混风口面积/m²	0.4	0.48	0.72	0.82
10	选用混风口规格/mm	460×290,3 个	560×290,3 个	450×390,4 个	525×390,4 个
11	混风阀行程/mm	300	300	400	400
12	电动推杆	DG20030M-D	DG30030M-D	DG50050M-B	DG50050M-B
13	推杆行程/mm	300	300	500	500
14	额定速度/（m/s）	46.6	46.6	42	42
15	电机	IAO7124	IAO7134	Y801-4	Y801-4
16	电机容量/kW	0.25	0.37	0.75	0.75
17	设备总重/kg	315	380	560	650
18	行程开关	LX19-212	LX19-212	LX19-222	LX19-222

① 阀板吸力 $=(\pi/4)D^2\times0.06$（kg）。

【例 9-2】　ϕ800mm 混风阀选用

（1）已知：

设计风量 25000m³/h

选用 ϕ800mm 管径的流速

$$V=\frac{25000}{(\pi/4)\times(0.8)^2\times3600}=13.8(\text{m/s})$$

（2）推力计算

工作压力 4000Pa，设计按 6000Pa 计。

阀板负压（P）为：

$$P=(\pi/4)D^2\times6000=(\pi/4)\times0.8^2\times6000=3020\text{Pa}\cdot\text{m}^2=3020\text{N}$$

阀板重量（G）产生的力为：

$$G=(\pi/4)\times0.87^2\times12\times8=57(kg)=570N$$

式中，0.87 为阀板直径，比管径 0.80m 大 70mm；12 为阀板采用 12mm 厚的钢板；8 为阀板每厚度 1mm 每平方米的质量为 8kg。

其他质量为 310N

$$需总推力=3020+570+310=3900N$$

选用 5000N 推力的电动推杆。

（3）混风口面积确定

混风口面积按管口面积的 1.6 倍计，则：

$$(\pi/4)\times0.8^2\times1.6=0.8(m^2)$$

选用 525×390mm 孔 4 个，混风口总面积（F）则为：

$$F=0.525\times0.39\times4=0.82m^2>0.8m^2$$

阀板行程为 400mm，行程开关型号：$\phi800$mm 为 LX19-222

选用 DG50050M-B 电动推杆：

推　　力	5000N
速　　度	42m/s
行　　程	500mm
电机型号	Y801-4
功　　率	0.75kW
质　　量	60kg

二、直接水冷器

1. 饱和冷却塔

饱和冷却塔是通过向高温烟气大量喷水，液气比高达 1~4kg/m³，使高温烟气在瞬间冷却到相应的饱和温度，在高温烟气湿式净化系统中，如转炉煤气净化系统，一般均采用该冷却装置。在冷却降温的同时也起到了粗除尘的作用，大量烟尘被水捕集形成污水进入污水处理系统。转炉湿式净化系统中的溢流文氏管（简称一文），即饱和冷却的一种典型装置。

电炉除尘装置采用的是布袋除尘器，即除尘系统为干法除尘，要求高温烟气冷却采用干法冷却或不是饱和冷却。所以饱和冷却塔设备不适用电炉等干法除尘。

2. 蒸发冷却塔

蒸发冷却塔是通过向高温烟气喷入适当的气水混合颗粒，使高温烟气在瞬间冷却到相应的不饱和气体，在冷却降温的同时，也起到粗除尘的作用，即粉尘被凝结成较大的干颗粒沉降在灰斗内，没有了水的二次污染问题和强制吹风冷却器的能耗及冷却管阻塞问题。

冷却塔多用于干法除尘系统，可与布袋除尘器和静电除尘器等配套使用。根据工艺形式和除尘方案，冷却塔设计一般可分为以冷却水为介质的和以气水混合为介质的冷却塔。

（1）设计要求　以冷却水为介质的蒸发冷却塔。喷雾冷却塔的形式如图 9-6 所示。烟气自塔的顶部或下部进入、由底部或顶

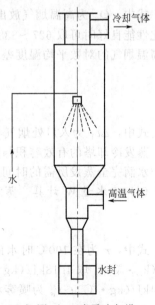

图 9-6　喷雾冷却塔

部排出，喷雾装置设计为顺喷，即冷却水雾流向与气流相同。一般情况下，塔内断面气流速度宜取 4.0m/s 以下。若气流速度增大，则必须增大塔体的有效高度，以便烟气在塔内有足够的停留时间，使其水雾容易达到充分蒸发的目的。停留时间一般为 5s 以上。蒸发冷却塔的有效高度决定于喷嘴喷入的水滴的蒸发时间，而蒸发时间取决于水滴粒径的大小和烟气的热容量。因此，为降低蒸发冷却塔的高度，必须尽可能减小水滴粒径，即对喷嘴喷入的水滴直径要求很细，使其雾粒在与高温烟气接触的很短时间内，吸收烟气显热后全部汽化，并被烟气再加热而形成一种不饱和气体。且应能适应烟气热量调节而不影响喷雾的粒径，同时保持有较高的水压，并要求喷嘴有较高的使用寿命。一般可采用带回流的压力喷嘴，喷嘴的技术性能可查有关资料。

以气水混合为介质的蒸发冷却塔。蒸发冷却塔的结构形式基本类同于喷淋式除尘器以冷却水为介质的蒸发冷却塔。所不同的是它采用气液双相流喷嘴来强化喷嘴的雾化能力，即采用具有一定压力的蒸汽或压缩空气与水混合，使喷嘴喷入的水滴直径更细，冷却效果更好。而且与高温烟气接触时间可以缩短，即蒸发冷却塔塔内的断面气流速度可以适当提高，这样可降低冷却塔的高度，便于设备的布置等。

该蒸发冷却塔适用范围较广，也可用于转炉煤气的干法净化系统和其他场合的高温烟气冷却，并可与静电除尘器配套使用。对电炉干法除尘系统而言，蒸发冷却塔所降低的烟气温度绝对不能低于烟气的饱和温度，即烟气的露点温度，以免出现结露现象而影响系统的正常运行。为安全考虑，当烟气进口温度低于 150℃时，喷嘴应停止工作；并要求降温后的烟气温度应高于烟气露点湿度 30~50℃；出口烟气相对湿度要求低于 30%。

（2）烟气放出热量 Q_g 的计算　高温气体从 t_{g1} 下降到 t_{g2} 所放出的热量 Q_g，按下式计算：

$$Q_g = \frac{V_0}{22.4} \int_{t_{g2}}^{t_{g1}} C_p \Delta t = \frac{V_0}{22.4}(C_p t_{g1} - C_p t_{g2}) \tag{9-6}$$

式中，Q_g 为烟气放出热量，kJ/h；V_0 为标准状态下气体的体积流量；m^3/h；C_p 为 0~t℃范围内气体的平均定压摩尔热容，kJ/(kmol·℃)。

（3）有效容积 V 计算　在喷嘴喷出的水滴全部蒸发的情况下，蒸发冷却塔的有效容积 V 可按下式计算：

$$Q_g = sV\Delta t_m \tag{9-7}$$

式中，Q_g 为高温烟气放出热量，kJ/h；s 为蒸发冷却塔的热容系数，kJ/(m³·h·℃)，当雾化性能良好时可取 627~838kJ/(m³·h·℃)；V 为蒸发冷却塔的有效容积，m³；Δt_m 为水滴和高温烟气的对数平均湿度差，℃。

$$\Delta t_m = \frac{\Delta t_1 - \Delta t_2}{\ln \dfrac{\Delta t_1}{\Delta t_2}} \tag{9-8}$$

式中，Δt_1 为入口处烟气与水滴的温差，℃；Δt_2 为出口处烟气与水滴的温差，℃。

蒸发冷却塔的有效容积与塔直径和高度有关，高度可根据塔内水滴完全蒸发所需的时间来确定，水滴完全蒸发所需的时间由图 9-7 查得。

（4）喷水量 W 计算　蒸发冷却塔的喷水量 W(kg/h)，可按下式计算：

$$W = \frac{Q_g}{r + c_w(100 - t_w) + c_v(t_{g2} - 100)} \tag{9-9}$$

式中，r 为在 100℃时水的汽化潜热，kJ/kg，一般取 2257kJ/kg；c_w 为水的质量比热容，kJ/(kg·℃)，取 4.18kJ/(kg·℃)；c_v 为在 100℃时水蒸气的比热容，kJ/(kg·℃)，一般取 2.14kJ/(kg·℃)；t_w 为喷雾水温度，℃；t_{g2} 为高温烟气出口温度，℃。

（5）水蒸气容积流量 V_w 计算　出蒸发冷却塔时，烟气中所增加的水蒸气容积 V_w(m³/h)，

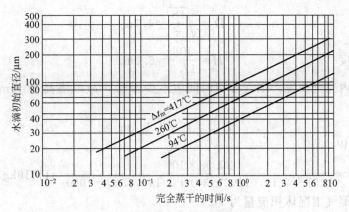

图 9-7 水滴完全蒸发所需的时间

可按下式计算：

$$V_w = \frac{w \times (273 + t_{g2})}{\rho \times 273}$$ (9-10)

式中，ρ 为水蒸气的密度，kg/m^3，$\rho = H_2O/22.4$。

【例 9-3】 已知：某电炉排出的烟气量（标态）$V_0 = 8500 m^3/h$，进入喷雾冷却塔的烟气温度 $t_{g1} = 550℃$，要求在出口处烟气温度 $t_{g2} = 300℃$，冷却水温 $t_w = 30℃$。

求：蒸发冷却塔规格和冷却水量。

解：（1）烟气放热量 Q_g

烟气组成：

CO	CO$_2$	N$_2$	O$_2$
3%	19%	68%	10%

烟气入口 0～550℃ 的平均定压摩尔热容 C_{p1} 的计算，可查表 9-4 得：

$C_{p1} = 30.298 \times 3\% + 45.312 \times 19\% + 30.03 \times 68\% + 31.569 \times 10\% = 32.19 kJ/(kmol \cdot ℃)$

在冷却塔内烟气放出的热量 Q_g

$$Q_g = \frac{85000}{22.4} \times (33.41 \times 550 - 32.19 \times 300) = 33.08 \times 10^6 kJ/h$$

（2）冷却塔规格

$$\Delta t_2 = 550 - 30 = 520℃$$
$$\Delta t_1 = 300 - 30 = 270℃$$
$$\Delta t_m = \frac{520 - 270}{\ln \frac{520}{270}} = 381.4℃$$

取冷却塔热容量系数 s 值为 $800 kJ/(m^3 \cdot h \cdot ℃)$，冷却塔的有效容积 V：

$$V = \frac{33.08 \times 10^6}{800 \times 381.4} = 108 m^3$$

冷却塔内烟气的平均工况体积流量 Q_p 为：

$$Q_p = \frac{85000 \times \left[\frac{1}{2}(550 + 300) + 273 \right]}{273} = 217326 m^3/h$$

取烟气在蒸发冷却塔内的平均流速 $v = 3.5 m/s$，则冷却塔的断面积 S：

$$S = \frac{217326}{3600 \times 3.5} = 17.3 m^2$$

冷却塔直径 $$D = \sqrt{\frac{4S}{\pi}} = 4.7\text{m}$$

冷却塔有效高度 $$H = \frac{108}{17.3} = 6.2\text{m}$$

为使烟气在塔内完全蒸发，烟气停留时间应不少于 5s，故取塔高为 10m，则冷却塔的有效容积 V 应为：

$$17.3 \times 18 = 311.4\text{m}^3$$

（3）冷却水量 W

$$W = \frac{33.08 \times 10^6}{2257 + 4.18 \times (100-30) + 2.14 \times (300-100)} = 11110\text{kg/h}$$

烟气中增加水蒸气工况体积流量为 V_w：

$$V_w = \frac{111100}{\frac{18}{22.4}} \times \frac{273+300}{273} = 29000\text{m}^3/\text{h}$$

冷却塔出口处湿烟气实际体积流量 V 为：

$$V = 85000 \times \frac{273+300}{273} + 29000 = 207407\text{m}^3/\text{h}$$

3. 增湿塔

增湿塔是回转窑窑尾静电收尘系统一个不可或缺的设备。采取增湿塔喷水降温既简单有效，又经济实用。

增湿塔是一个圆筒形的构筑物，其中设有若干个喷雾嘴。高压水由喷嘴以雾状喷出，细小的水滴与通过增湿塔的热烟气进行热交换，使小水滴完全汽化。这种增湿方式既降低了烟气的温度，又减少了粉尘的比电阻，有利于电收尘器的操作。

（1）分类　增湿塔分为单筒式与套筒式两种。按进出气方向与喷水方式分为上进气上喷水的顺流式、下进气下喷水的顺流式、上进气下喷水的逆流式、下进气水喷水的逆流式 4 种。目前各水泥厂普遍采用的是上进气上喷水的顺流方式。

（2）增湿塔规格的确定

① 增湿塔内径的确定。增湿塔的内径是由通过塔的烟气量和烟气在塔内的流速确定的，即

$$D = \sqrt{\frac{Q}{0.785 \times 3600 \times v}} \tag{9-11}$$

式中，D 为增湿塔直径，m；Q 为通过增湿塔的烟气量，m^3/h；v 为烟气流速，m/s，可取 1.5～2m/s。

烟气量由窑的热工计算求得。在有部分烟气用于生料烘干时，仍须按全部烟气量通过增湿塔来计算。

② 增湿塔的有效高度。增湿塔的有效高度是指喷嘴出口到塔出口中心线的距离。增湿塔的有效高度，取决于喷嘴喷入水滴所需的蒸发时间。而蒸发时间与水滴的大小和烟气的进出口温度有关。在水泥生产上对于增湿塔的水滴蒸发时间可取 7～10s。增湿塔的有效高度可按下式确定：

$$h = vt \tag{9-12}$$

式中，h 为增湿塔的有效高度，m；v 为烟气流速，m/s；t 为水滴蒸发时间，可取 7～10s。

（3）增湿塔喷水量的计算　增湿塔计算喷水量的原则是应保证烟气的露点温度达到 50℃ 以上，然后通过热平衡计算，校验增湿塔出口处的烟气是否符合 120～150℃ 的要求。

烟气的露点是指烟气中的水蒸气压力达该温度下的饱和压力，它与烟气中的含水量和成分有关。

对于水泥窑烟气的喷雾增湿，一般可按每增加 1% 湿含量，约需喷水 $9\sim10\mathrm{g/m^3}$ 烟气进行估算。

（4）CZS 增湿塔　增湿塔结构形式很多，CZS 系列增湿塔主要性能参数见表 9-14，作为电除尘器配套使用。

表 9-14　CZS 系列增湿塔主要性能

参数名称	单位	型号									
		CZS2.8	CZS3.2	CZS3.6	CZS4	CZS5	CZS6	CZS7	CZS8	CZS9	CZS9.5
筒体内径	m	2.8	3.2	3.6	4	5	6	7	8	9	9.5
筒体有效高度	m		20			24		26		28	30
处理烟气量	m³/h	33200~43300	43400~58000	55000~73300	67800~90000	106000~142000	153000~204000	208000~277000	271000~362000	343000~458000	640000~700000
进口温度	℃				350				350		
出口温度	℃				120~150				120~150		
塔内烟气流速	m/s				120~150				120~150		2.5~2.75
沉降效率	%				120~150				120~150		
最大喷水量	g/m³	2.4	3.2	3.7	4.9	7.8	11.2	15.2	19.8	28	40
喷嘴 形式			压力式（或回流式）		回流式			回流式		内外流式（或回流式）	
喷嘴 压力	MPa		4~6（或 3.3）		3.3			3.3		2（或 3.3）	

CZS 系列增湿塔喷水系统如图 9-8 所示，系统中采用回流式喷嘴，其喷雾雾滴较粗并有良好调节性能，调节范围可达 1:10，单个喷嘴流量大，适用于大规格喷水量大的增湿塔，由高压离心式水泵供水。

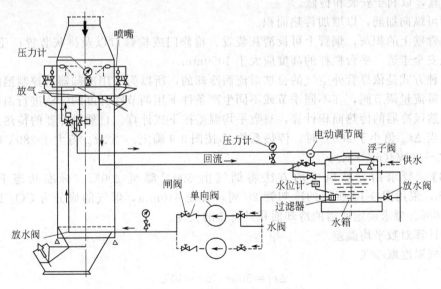

图 9-8　CZS 系列增湿塔喷水系统

（5）主要参数确定　不同类型回转窑其出口的废气温度也不同，四级预热器窑或预分解窑的废气温度为 340~400℃，五级预热器窑的废气温度为 320~350℃，立筒预热器窑的废弃温度为 400~450℃，余热锅炉废气温度为 180~220℃，而要求增湿塔出口废气在 130~150℃，其露点

温度在 $50 \sim 55$℃以上。喷水量一般按 $1m^3/h$ 废气降低 1℃需供 $0.5g$ 水 [即 $0.5g/(m^3 \cdot$℃$)$]，并根据烧成系统的密封情况留有 $5\% \sim 20\%$ 水量的裕度作为实际水量调节。也可以按每 $1kg$（熟料）需要水量 $0.15 \sim 0.2kg$ 来计算。增湿塔的断面积和有效高度按气流速度 $1.5 \sim 2m/s$、气体在塔内停留时间 $8 \sim 16s$ 进行计算求得。水压的确定：单流体喷嘴取 $5MPa$ 以上，回流式喷嘴取 $4MPa$，带内外流式喷嘴取 $2MPa$。根据上述参数选择增湿塔和水泵。

第三节
间接冷却器

一、间接风冷器

1. 自然风冷器

自然风冷器一般做法是使高温烟气在管道内流动，管外靠自然对流的空气将其冷却。由于大气温度较低，降温比较容易，当生产设备与除尘器之间相距较远时，则可以直接利用风管进行冷却。自然风冷器的装置构造简单，容易维护，主要用于烟气初温为 500℃以下、要求冷却到终温 120℃的场合。这种冷却器在工矿企业中有着广泛应用。

自然风冷器的管内平均流速一般取 $v_p=16 \sim 20m/s$，出口端的流速不低于 $14m/s$。管径一般取 $D=200 \sim 800mm$。烟气温度高于 400℃的管段应选用耐热合金钢或不锈钢；400℃以下的管段应选用低合金钢或锅炉用钢。

高度与管径比由冷却器的机械稳定性决定，一般高度 $h=20 \sim 50D$。当 $h>40D$ 时，应设计管道框架加以固定，此时要对框架进行受力计算。

管束排列通常采用顺列的较多，以便于布置支架的梁柱。管间节距应使净空为 $500 \sim 2800mm$ 为宜，以利于安装和检修。

冷却管可纵向加筋，以增加传热面积。

为清除管壁上的积灰，烟管上可设清灰装置、检修门或检修口以及排灰装置；还要设梯子、检修平台及安全走道，平台栏杆的高度应大于 $1050mm$。

由于这种方式是依靠管外空气的自然对流而冷却的，所以为了用冷却器来控制温度，要在冷却器上装设带流量调节阀，在不同季节或不同生产条件下用调节阀开度的方法进行温度控制。

间接自然风冷器的传热面积计算，对数平均温差按下式计算。自然风冷器的传热系数计算复杂，近似地当 Δt_m 值小于 280℃时，传热系数 K 按图 9-9 确定；当 Δt_m 值大于 280℃时，可近似地取值为 $20 \sim 30W/(m^2 \cdot K)$。

【例 9-4】　要求用自然风冷的方法将烟气由 500℃降至 200℃。标准状态下的烟气量 $170000m^3/h$，采用图 9-10 所示的冷却管 20 列，管径 $610mm$，烟气的成分为 CO_2 13%、H_2O 11%、N_2 76%。要求确定所需的冷却面积及每排的长度。

　　解：①计算对数平均温差
周围空气温度取 50℃

$$\Delta t_1 = 500 - 50 = 450℃$$

$$\Delta t_2 = 200 - 50 = 150℃$$

$$\Delta t_m = \frac{450 - 150}{\ln \dfrac{450}{150}} = 273℃$$

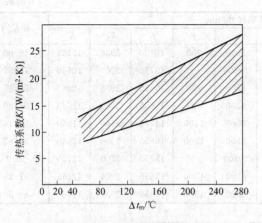

图 9-9　烟气间接空冷时的传热系数

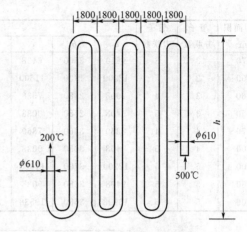

图 9-10　自然风冷冷却排管

② 计算烟气放出的热量

0～500℃时烟气的平均摩尔热容

$$C_{\text{pm1}} = 44.715 \times 0.13 + 35.617 \times 0.11 + 29.885 \times 0.76 = 32.443 \text{kJ/(kmol} \cdot \text{K)}$$

0～200℃时烟气的平均摩尔热容

$$C_{\text{pm2}} = 40.15 \times 0.13 + 34.122 \times 0.11 + 29.245 \times 0.76 = 31.199 \text{kJ/(kmol} \cdot \text{K)}$$

烟气的放热量 Q

$$Q = \frac{170000}{22.4}(32.443 \times 500 - 31.199 \times 200) = 7.5 \times 10^7 \text{kJ/(kmol} \cdot \text{K)}$$

③ 传热系数近似取值为 $20\text{W/(m}^2 \cdot \text{K)}$

④ 计算冷却器所需的冷却面积

$$F = \frac{7.5 \times 10^7}{20 \times 3.6 \times 273} = 3834 \text{m}^2$$

冷却器共 20 排排管，每排的面积为

$$a = \frac{3834}{20} = 192 \text{m}^2$$

⑤ 计算每排的总长度

$$l = \frac{192}{3.14 \times 0.61} = 101 \text{m}$$

每排设 8 根平行管，每根的高度为

$$h = \frac{101}{8} = 13 \text{m}$$

2. 自然风冷器外形尺寸

常用自然风冷器外形尺寸见图 9-11 和表 9-15。

表 9-15　常用自然风冷器规格与外形尺寸

冷却面积 /m²	管子并联数	管子串联数	外形尺寸/mm									质量/t
			a	b	c	d	e	f	h	h_1	h_2	
54	2	3	5020	1700	4520	1200	4000		7125	1550	5575	4.13
106	3	5	7100	2200	6600	1700	6100	900	6740	2240	4500	9.64
120	3	4	6000	2200	5500	1700	5000	900	7746	2046	5700	9.99
180	3	3	6860	2760	6392	2260	5300	900	11310	2760	8550	17.92

冷却面积 /m²	管子并联数	管子串联数	外形尺寸/mm									质量/t
			a	b	c	d	e	f	h	h_1	h_2	
270	3	3	6810	2800	6438	2428	5600	900	15100	2936	12164	19.00
300	2	5	12200	1900	11600	1300	10800		15750	3200	12550	19.52
360	3	4	7908	2480	7538	2110	6800	900	15655	2986	12669	22.15
450	3	5	9408	2480	9038	2110	8300	900	15655	2986	12669	26.89
470	4	4	8360	3360	7860	2860	6860	1400	14710	2760	11950	27.16
600	4	5	9408	3080	9038	2710	8300	1200	15655	2986	12669	33.82
700	5	5	12200	3700	11600	3100	10800		15750	3200	12750	40.2
750	5	5	9408	3680	9038	3310	8300	1500	15655	2986	12669	41.20
900	5	6	10908	3680	10538	3310	9800	1500	15655	2986	12669	49.30

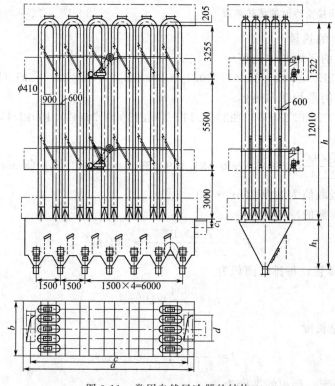

图 9-11 常用自然风冷器的结构

3. 自然风冷器阻力计算

自然冷却器烟气流速为 6～10m/s 时，阻力为 150～900Pa，亦可按下式计算：

$$\Delta H = \left(\xi + \lambda \frac{2h}{D} \right) \frac{v^2 \rho_g (n+1)}{2} - H \tag{9-13}$$

式中，ΔH 为冷却烟道阻力，Pa；ξ 为一根 U 形管的局部阻力系数，约为 2；n 为冷却烟道串联 U 形管数；λ 为摩擦系数，在粗糙度为 0.01～0.05 时

$$\lambda = \frac{0.025}{D^{0.25}} \tag{9-14}$$

式中，D 为 U 形冷却管内径，m；ρ_g 为烟气的密度，kg/m³；v 为烟气流速，m/s；h 为冷却曲管的高度，m；H 为冷却曲管的自然抽力，Pa；

$$H = h\rho_0 \frac{(t_1 - t_2) \times 273g}{2\left(273 + \dfrac{t_1 + t_2}{2}\right)} \tag{9-15}$$

式中，t_1 为冷却烟道烟气进口温度，℃；t_2 为冷却烟道烟气出口温度，℃；ρ_0 为标准状态下烟气密度，kg/m^3（见表 9-16）；g 为重力加速度，m/s^2。

表 9-16　若干气体的密度（0.1MPa）

名称	分子式	分子量	密度/(kg/m³) 测定值	密度/(kg/m³) 按 mol 体积为 22.4L 计算值	名称	分子式	分子量	密度/(kg/m³) 测定值	密度/(kg/m³) 按 mol 体积为 22.4L 计算值
空气		28.97	1.294	1.292	氟	F_2	37.997	1.696	1.696
二氧化碳	CO_2	44.01	1.9768	1.965	甲烷	CH_4	16.043	0.7168	0.716
一氧化碳	CO	28.01	1.250	1.250	水蒸气	H_2O	18.015	0.806	0.804
氧	O_2	31.999	1.42895	1.429	二氧化硫	SO_2	64.059	2.927	2.860
氢	H_2	2.016	0.090	0.090	硫化氢	H_2S	34.076	1.539	1.521
氮	N_2	28.134	1.251	1.251	氯	Cl_2	70.906	3.220	3.165
乙炔	C_2H_2	26.038	1.171	1.162	苯	C_6H_6	78.103	3.582	3.487
氨	NH_3	17.091	0.771	0.763	氯化氢	HCl	36.461	1.639	1.628
乙烷	C_2H_6	30.069	1.357	1.342	氦	He	4.0026	0.1782	0.1787
乙烯	C_2H_4	28.054	1.2605	1.252	汞蒸气	Hg	200.59	9.021	8.054

【例 9-5】 冶炼炉烟气经自然冷却器冷却降温后进袋式除尘器收尘，试计算烟气通过冷却器阻力。其原始条件如下：

冷却烟道入口烟气量　　　　　7500m³/h
冷却烟道入口烟气温度　　　　500℃
冷却烟道出口烟气温度　　　　200℃
冷却烟道漏风率　　　　　　　5%
烟气流速　　　　　　　　　　8m/s
烟气成分：　CO_2　　H_2O　　SO_2　　O_2　　N_2
　　　%　　11　　5.5　　6.5　　1.4　　75.6
冷却烟管内径　　　　　　　　400mm
当地气压 10^5 Pa
夏季平均温度 30℃

解： 首先从表 9-16 中查得各种烟气组分密度，计算混合烟气密度。

组分	%	ρ_0		ρ_{350}	
CO_2	11	1.9767	0.2174	0.873	0.0960
H_2O	5.5	0.804	0.0442	0.355	0.0195
SO_2	6.5	2.926	0.1902	1.291	0.0839
O_2	1.4	1.429	0.0200	0.631	0.0088
N_2	75.6	1.251	0.9458	0.5525	0.4177
漏风	5	1.293	0.0646	0.5700	0.0143

$\rho_0 = 1.4116$　　　　$\rho_{350} = 0.6097$

按式（9-15）冷却曲管自然抽力为：

$$H = h\rho_0 \frac{(t_1-t_2)\times 273g}{2\left(273+\dfrac{t_1+t_2}{2}\right)} = 10\times 1.4116 \times \frac{(500-200)\times 273\times 9.81}{2\times\left(273+\dfrac{500+200}{2}\right)^2} = 14.61\text{Pa}$$

按式（9-14）摩擦系数

$$\lambda = \frac{0.025}{D^{0.25}} = \frac{0.025}{0.4^{0.25}} = 0.0314$$

按式（9-13）冷却烟道阻力

$$\Delta H = \left(\xi+\lambda\frac{2h}{D}\right)\frac{v^2\rho_g(n+1)}{2} - H = \left(2+0.0314\frac{2\times 10}{0.4}\right)\frac{8^2\times 0.6097\times(3+1)}{2} - 14.61 = 264\text{Pa}$$

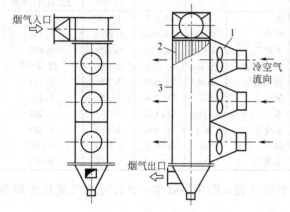

图 9-12　机械风冷器
1—轴流风机；2—管束；3—壳体

4. 间接机械风冷器

机械风冷器的管束装在壳体内，高温烟气从管内通过，用轴流风机将空气压入壳体内，从管外横向吹风，与其进行热交换，将高温烟气冷却到所需的温度，如图 9-12 所示。被加热了的热空气有的加于利用，有的直接放散到大气中。由于采用风机送风，可以根据室外环境的变化，调节风机的风量，达到控制温度的目的。选择冷却风机应静压小、风量大，以利减少动力消耗。

采用机械风冷时，管与管之间的间距可比自然风冷时小一些（最小间距可减至 200mm，一般不大于烟气管直径）。冷却管的排列方式可以是顺排或叉排，如图 9-13 所示。

机械风冷时对流换热的准则方程式列入表 9-17。

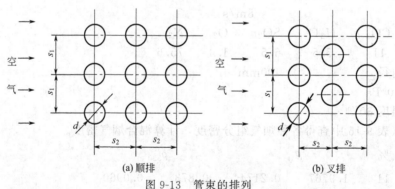

(a) 顺排　　　　(b) 叉排

图 9-13　管束的排列

表 9-17　管束平均热准则方程式

排列方程	适宜范围		准则方程式对空气或烟气的简化式（PR=0.7）	公式号
顺排	$Re=10^3\sim 2\times 10^5$		$Nu=0.24Re^{0.63}$	(9-23)
	$Re=2\times 10^5\sim 2\times 10^6$		$Nu=0.018Re^{0.84}$	(9-24)
叉排	$Re=10^3\sim 2\times 10^5$	$\dfrac{s_1}{s_2}\leqslant 2$	$Nu=0.31Re^{0.6}\left(\dfrac{s_1}{s_2}\right)^{0.2}$	(9-25)
		$\dfrac{s_1}{s_2}>2$	$Nu=0.35Re^{0.6}$	(9-26)
	$Re=2\times 10^5\sim 2\times 10^6$		$Nu=0.019Re^{0.84}$	(9-27)

当管子在气流方向的排数不同时，所求得的 Nu 值应乘以修正系数 ε，其值列入表 9-18。

表 9-18　管列数修正系数 ε

排列	1	2	3	4	5	6	8	12	16	20
顺排	0.69	0.80	0.86	0.90	0.93	0.95	0.96	0.98	0.99	1.0
叉排	0.62	0.76	0.84	0.88	0.92	0.95	0.96	0.98	0.99	1.0

当计算机械风冷器的换热时，需要确定冷热气体间的计算平均温差，由于冲刷气体与热气流成直角相交，用数学解析法求平均温差是相当复杂的，实际计算时采用逆流时的对数平均温差 Δt_m 乘以修正系数 F，F 值根据 P、R 不同由图 9-14 中查出。

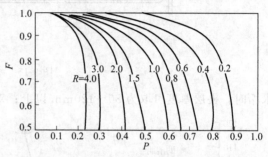

图 9-14　修正系数 F

$$P=\frac{t_{c1}-t_{c2}}{t_{c2}-t_{c1}}, R=\frac{t_{g2}-t_{g1}}{t_{c1}-t_{c2}} \qquad (9\text{-}16)$$

式中，t_{g1}、t_{g2} 分别为热气流的进、出温度，℃；t_{c1}、t_{c2} 分别为冷气流的进、出温度，℃。

二、间接水冷器

1. 间接水冷计算

间接水冷是高温烟气通过管壁将热量传出，由冷却器或夹层中流动的冷却水带走的一种冷却装置。常用的设备有水冷套管、水冷式热交换器和密排管式水冷器。

高温烟气在冷却的同时应充分回收其热能，一般温度高于 650℃ 时，应考虑设废热锅炉回收热能。

间接水冷所需的传热面积，可按下式计算：

$$F=\frac{Q}{K\Delta t_m} \qquad (9\text{-}17)$$

式中，F 为传热面积，m^2；Q 为烟气在冷却器内放出的热量，kJ/h；K 为传热系数，$W/(cm^2 \cdot K)$；Δt_m 为当进、出口温度之比大于 2 时采用的对数平均温差，℃。

传热系数（K）可按下式计算：

$$K=\frac{1}{\dfrac{1}{\alpha_1}+\dfrac{\delta_d}{\lambda_d}+\dfrac{\delta_0}{\lambda_0}+\dfrac{\delta_i}{\lambda_i}+\dfrac{1}{\alpha_2}} \qquad (9\text{-}18)$$

式中，K 为传热系数，$W/(m^2 \cdot K)$；α_1 为烟气与金属壁面的换热系数，$kJ/(m^2 \cdot h \cdot ℃)$；α_2 为金属壁面与水的换热系数，$kJ/(m^2 \cdot K)$；δ_d 为管内壁灰层厚度，m；δ_0 为管壁厚度，m；δ_i 为水垢厚度，m；λ_d 为管内壁灰层的热导率，$W/(m \cdot K)$；λ_0 为管金属的热导率，$W/(m \cdot K)$；λ_i 为水垢的热导率，$W/(m \cdot K)$。

式中 α_1、α_2 对传热系数影响较大。上述数据可由传热学及试验数据得出，但是情况迥异，变化较大，计算非常烦琐。在实际应用中，可用经验数据。通常可取 K 值为 $30\sim60W/(m^2 \cdot K)$ 或 $108kJ/(m^2 \cdot h \cdot ℃)$。烟气温度越高，$K$ 值越大。

2. 水冷套管冷却器

水冷套管冷却器如图 9-15 所示。水冷式套管冷却烟气具有方法简单、实用可靠、设备运行费用较低等特点，是一种常用冷却装置，但其传热效率较低、需要较大的传热面积。

水冷套管水套中夹层的厚度应视具体条件而定。当冷却水的硬度大，出水温度高，需要清理

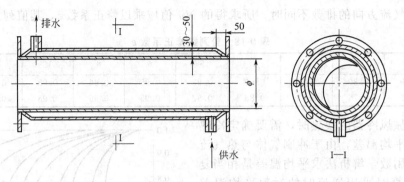

图 9-15　水冷套管冷却器

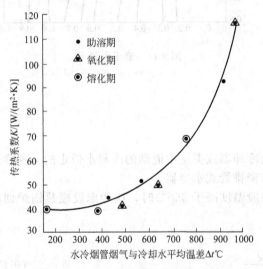

图 9-16　水冷套管的传热系数 K 值

水垢时，夹层厚度可取为 80～120mm 以上；对软化水，出水温度较低，不需要清理水垢时，则可取为 40～60mm。为防止水层太薄、水循环不良、产生局部死角等，水冷夹层厚度不应太小。水套的进水口应从下部接入，上部接出。烟管水套内壁采用 6～8mm 钢板制作，外壁用 4～6mm 钢板制作，全部采用连续焊缝焊制，并要求严密不漏水。冷却水进水温度一般为 30℃ 左右，最高出水温度不允许超过 45℃。水冷套管每段管道通常为 3～5m，水压 0.3～0.5MPa；对于直径较大的管道，夹套间宜用拉筋加固，一般可设水流导流板。管道直径按烟气在工况下的流速计算，一般为 20～30m/s。

炼钢电炉的高温烟气水冷套管传热系数（K）可按图 9-16 选取，该曲线系在烟管直径为 300mm，烟气量 2660m³/h 条件下测得。

【例 9-6】 已知某厂 30t 电炉 1 套，水冷套管进口热量 33.6×10^6 kJ/h，出口热量 23×10^6 kJ/h。

传热系数 58W/(m²·K)，烟气进口温度 840℃，烟气出口温度 600℃，冷却水进口温度 32℃，冷却水出口温度 47℃，烟气量27000m³/h，烟气流速 30m/s，求传热面积和冷却水量。

解：将已知条件代入下式，传热面积计算如下：

$$F=\frac{Q}{K\Delta t_{\mathrm m}}=\frac{33.6\times10^6-23\times10^6}{\dfrac{58\times4.2}{1.163}\times\dfrac{(840-47)+(600-32)}{2}}=\frac{10\times10^6}{210\times680}=70\ (\mathrm m^2)$$

水冷套管直径

$$D=\sqrt{\frac{4Q_{\mathrm g}}{3600\pi v}}=\sqrt{\frac{4\times27000\times\dfrac{273+\dfrac{(840+600)}{2}}{273}}{3.1416\times30\times3600}}=\sqrt{\frac{393120}{339293}}=\sqrt{1.16}=1.1\ (\mathrm m)$$

每米长度冷却面积

$$f=\pi Dl=3.1416\times1.1\times1=3.46\ (\mathrm m^2)$$

水冷套管总长度　$L=\dfrac{70}{3.46}=20\mathrm m$

分 5 段制作，每段长度　$L_1 = \dfrac{20}{5} = 4\mathrm{m}$

冷却水量

$$G = \frac{Q}{c\Delta t} = \frac{10 \times 10^6}{4.18 \times 15 \times 1000} = 160 \ (\mathrm{m^3/h})$$

3. 表面淋水冷却器

表面淋水冷却器是在设备或管道里淋水进行冷却烟气的设备，见图 9-17。设计时应注意以下问题。

（1）分水板　为使设备外表布满水膜，每隔 1～2m 设一层分水板，图 9-18 为分水板结构形式。

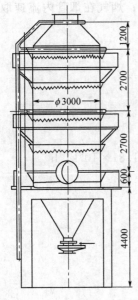

图 9-17　ϕ3m 表面淋水冷却器

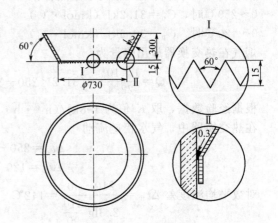

图 9-18　分水板

（2）喷水管　按喷水量大小，通常采用直径为 40～50mm 的喷水管。管壁设孔径为 2～3mm、间距为 10～20mm 的喷水孔，以 45°向下喷淋在设备外表面。

（3）清理铁锈　为防止铁锈等堵塞喷水孔和分水板，影响水膜均匀性，应考虑清理方便。

（4）用水量　可参照水套的用水量确定，但必须布满表面。

4. 水冷式热交换器

水冷式热交换器（见图 9-19）是利用钢管内通水，在钢管外通过高温烟气进行气水平流热交换的一种间接水冷式冷却器。

水冷式热交换器的传热量（Q）为：

$$Q = Q_g(C_{p1}T_1 - C_{p2}T_2) \ (\mathrm{kJ/h}) \qquad (9\text{-}19)$$

其与式相比，则得：

$$Q_g(C_{p1}T_1 - C_{p2}T_2) = KF\Delta t_m \qquad (9\text{-}20)$$

式中，Q_g 为烟气量，$\mathrm{m^3/h}$；C_{p1}、C_{p2} 分别为烟气进、出口平均摩尔热容，$\mathrm{kJ/(kmol \cdot ℃)}$，由计算确定；$T_1$、$T_2$ 分别为烟气进、出口温度，℃；K 为传热系数，$\mathrm{kJ/(m^2 \cdot h \cdot ℃)}$，通常

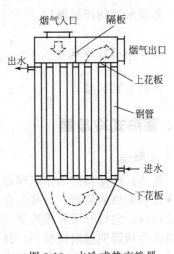

图 9-19　水冷式热交换器

取 108～216kJ/(m²·h·℃)；F 为水冷段的传热面积，m²；Δt_m 为对数平均温度差，℃，且满足

$$\Delta t_m = \frac{\Delta t_a - \Delta t_b}{2.3\lg\left(\dfrac{\Delta t_a}{\Delta t_b}\right)} \quad (\text{℃}) \tag{9-21}$$

式中，Δt_a 为进口气温与出口水温差，℃；Δt_b 为出口气温与出口水温差，℃。

【例 9-7】 高温烟气量为 $1\times10^4 \text{m}^3/\text{h}$，烟气温度 $t_2=250$℃。要求烟气进入袋式除尘器前的温度不超过 120℃。采用水冷式热交换器进行烟气冷却，计算该热交换器所需传热面积。

解： 热交换器冷却用水的供水温度 $t_{w1}=30$℃，排水温度 $t_{w2}=40$℃；水管外径 $d_1=60\text{mm}$，内径 $d_2=54\text{mm}$；烟气平均温度 $t_p=\frac{1}{2}\times(250+120)=185$℃；烟气在烟管内流速取 $v=10\text{m/s}$。

实际流速 $v'=10\times\dfrac{273+135}{273}=16.8\text{m/s}$。

根据表 9-3 计算为烟气平均摩尔热容：

0～250℃时，$C_p=31.2\text{kJ/(kmol·℃)}$

0～120℃时，$C_p=30.6\text{kJ/(kmol·℃)}$

烟气在热交换器放出热量为：

$$Q=\frac{1\times10^4}{22.4}\times(31.2\times250-30.6\times120)=1.81\times10^6\text{kJ/h}$$

根据经验数据，取 K 值为 108kJ/(m²·h·℃)。

在热交换器中，气水相逆流动

$$\Delta t_a=250-40=210\text{℃}$$
$$\Delta t_b=120-30=90\text{℃}$$

对数平均温度差 $\Delta t_m=\dfrac{210-90}{2.3\lg\dfrac{210}{90}}=142$℃

需要的传热面积 $F=\dfrac{1.84\times10^6}{108\times142}=120\text{m}^2$

烟气所需的流通面积 $f=\dfrac{1\times10^4}{3600\times10}=0.278\text{m}^2$

每根水管的流通面积 $f'=\dfrac{\pi}{4}(0.054)^2=2.3\times10^{-3}\text{m}^2$

需要的水管根数 $n=\dfrac{f}{f'}=\dfrac{0.278}{0.0023}=120.7$ 根（取 120 根）

每根水管长度 $l=\dfrac{F}{\pi d_1 n}=\dfrac{120}{3.14\times0.06\times120}=5.3\text{m}$

三、蓄热式冷却器

1. 工作原理

蓄热式冷却器的工作原理是通过设备本身具有的吸收贮存和释放热量的功能来实现对流体介质冷却和加热的装置。当高温介质流过时，它吸收介质热量，使流出介质的温度下降；当低温介质流过时，它对介质释放热量，使流出介质的温度上升。总之，对于瞬间温度变化很大的介质，蓄热式冷却器能够削峰填谷，使流经介质的温度变化幅度变小，以满足下游设备的入口温度条件。如焦炉推焦除尘，在拦焦不足 1min 的时间内，平均温度可达 200℃以上，瞬间烟气温度可

达 500℃以上，而一次推焦的时间间隔约为 8min，所以在拦焦的 1min 时间内，蓄热式冷却器可吸收烟气的热量，使进入袋式除尘器的烟气温度降到 100℃左右，防止瞬间高温烟气进入袋式除尘器损坏滤料。不拦焦期间，除尘系统吸入部分室外环境空气，蓄热式冷却器对其放热，提高进入除尘器气体的入口温度，能够有效地防止袋式除尘器结露，同时使冷却器降温，基本恢复到原来的温度，这一点在北方的冬季尤为重要。由此可见，蓄热式冷却器特别适用于短时间内温度剧烈波动的烟气净化系统中，具有缓冲介质温度突变的功能。钢板蓄热式冷却器由于缝隙小吸热快，有很好的阻火能力，工程上常用来作为阻火器使用。

2. 蓄热式冷却器结构形式

蓄热式冷却器主要有两种结构形式：一是管式结构；二是板式结构。管式结构蓄热式冷却器与管式间接自然对流空气冷却器的结构和工作原理都很相似，它既是自然对流冷却器，又是蓄热式冷却器，对于连续的高温气体起到自然对流冷却的作用；对于瞬时的高温气体又起到蓄热式冷却器的作用，设计应按蓄热式冷却器计算，其放热期间要考虑对环境自然对流放热部分按自然对流的散热作用计算，管式蓄热式冷却器结构外形见图 9-20。

板式结构蓄热式冷却器，也称百叶式冷却器或钢板冷却器，是真正的蓄热式冷却器。它由几十或上百片的钢板组成，烟气从钢板的缝隙通过，使进入的气体温度变化，进行蓄热或放热。百

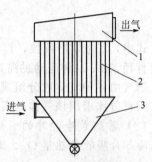

图 9-20　管式蓄热式冷却
器结构外形示意
1—集气箱；2—冷却管；3—灰斗

叶式冷却器的传热效率要高于管式结构，相对体积可小很多，因此，在许多场合百叶式冷却器替代了管式冷却器，由于钢板蓄热式冷却器有快速吸热功能和小的缝隙，能有效起到阻火作用，所以它又是很好的阻火设备。钢板蓄热式冷却器进出风有两种形式：一种是水平进出形式，见图 9-21；另一种是上进下出形式，见图 9-22。

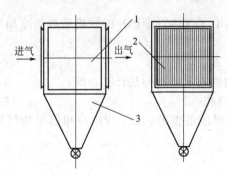

图 9-21　水平进出形式钢板蓄热式冷却器外形
1—箱体；2—冷却片；3—灰斗

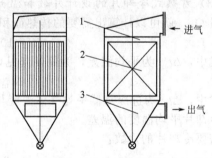

图 9-22　上进下出形式钢板蓄热式冷却器外形
1—箱体；2—冷却片；3—灰斗

3. 钢板蓄热式冷却器的设计计算

钢板蓄热式冷却器的吸热和放热过程中各种参数都随时间在变化，使计算变得十分复杂。下面从传热学的原理出发，定性分析推导蓄热式冷却器的设计计算公式和方法，来满足工程应用的需要。

（1）冷却钢板的放热系数　要降低瞬间通过冷却器的气体温度，就要有高的气体对钢板的导热系数，而且要有高的流通面积、传热面积和小的结构体积，百叶式钢板蓄热式冷却器就具有以上特点。其分析计算如下：设百叶式钢板宽 b、高 h、钢板间隙 e，见图 9-23。

两钢板间的传热面积：　　　　　　$S_c = 2 \times b \times h$

两钢板间的流道截面积：　　　　　$S_j = h \times e$

其当量直径：　　　　　　　　　　$d = 4S_j / U$

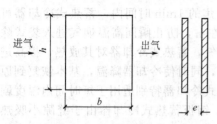

图 9-23　百叶式钢板布置示意

式中，U 为流体润湿的流道周边，m。

所以 $d=4 \times h \times e/2h=2e$

当钢板的宽度取 $d/e>60$，对气体 $Pr=0.7$，气体在钢板间流动为 $Re=(1\sim12)\times10^4$ 的旺盛紊流时，定性温度取气体的平均温度，可采用管内受迫流放热公式计算。

当为冷却气体时，其放热系数为 α $[J/(m^2 \cdot s \cdot ℃)]$

$$\alpha=0.023\lambda/dRe^{0.8}Pr^{0.4} \tag{9-22}$$

当加热气体时，其放热系数为：

$$\alpha=0.023\times\lambda/d\times Re^{0.8}Pr^{0.3} \tag{9-23}$$

式中，λ 为导热系数，$J/(m^2 \cdot s \cdot ℃)$；Re 为雷诺数，$Re=wd/\nu$；w 为流速，m/s；d 为当量直径，m；ν 为运动黏滞系数，m^2/s；Pr 为普朗特准则数，$Pr=\nu/\lambda$。

烟气由各种气体成分组成，可分别按要求查出各种气体的物理参数，并按各种气体在烟气中所占的百分比求出该气体的实际物理参数。

（2）蓄热式冷却片的吸热量　进入蓄热式冷却器的单位气体热量减去气体离开冷却器的热量是冷却片吸收的热量 Q_g，即：

$$Q_g=Q_1-Q_2 \tag{9-24}$$
$$Q_g=G_g \cdot G_{pg} \cdot \Delta T_g$$
$$Q_1=G_1 \cdot G_{p1} \cdot t_1$$
$$Q_2=G_1 \cdot G_{p2} \cdot t_2$$

式中，G_g 为冷却片的质量，kg；C_{pg} 为钢的比热容，$kJ/(kg \cdot ℃)$；C_{p1} 为进入冷却器的气体比热容，$kJ/(kg \cdot ℃)$；C_{p2} 为离开冷却器的气体比热容，$kJ/(kg \cdot ℃)$；G_1 为通过冷却器的气体质量，kg/s；t_1 为计算时间段进入冷却器的气体平均温度，℃；t_2 为计算时间段离开冷却器的气体平均温度，℃；ΔT_g 为吸热后冷却片的温升，℃。

（3）蓄热式冷却片的设计片数和温升计算　计算出了气体对冷却片的放热系数和冷却片的吸热量 Q_g，就可以计算出需要的传热面积 S，即：

$$S=1000\times Q_g/(\alpha \cdot \Delta t_m) \tag{9-25}$$

式中，Δt_m 为平均温差，为简便起见，用算术平均温差来进行传热计算，即：

$$\Delta t_m=(\Delta t_1+\Delta t_2)/2 \tag{9-26}$$

式中，Δt_1 为进冷却器平均气体温度与冷却片平均温度的温差；Δt_2 为出冷却器平均气体温度与冷却片平均温度的温差。

需要冷却片的片数：

$$n=S/(2hb)+1 \tag{9-26}$$

冷却片的厚度可取 $e/4$，那么冷却片的总质量：

$$G_g=hben\rho_b/4$$

式中，ρ_b 为钢的密度，t/m^3；e 为钢板间隙，m。

吸热后冷却片升温：

$$\Delta T_g=\frac{G_1(C_{p1}t_1-C_{p2}t_2)t}{1000G_gC_{pg}} \tag{9-27}$$

式中，t 为计算时间段，s

气体在冷却片间的平均流速 w （m/s）为：

$$w=G_1/[\rho he(n-1)] \tag{9-28}$$

式中，ρ 为气体在冷却器进出端的平均温度下的密度，kg/m^3。

设计时可先设定气体在冷却片间的平均流速为 $12\sim18m/s$。如计算出的流速与设定的流速差别大，可调整冷却片的尺寸后重算，钢板的宽与钢板间隙大小和烟气流速决定了烟气进出口的温度差。

（4）蓄热式冷却片压力损失计算　蓄热式冷却片的压力损失可分成两部分：一是气体在冷却片间流动的沿程损失；二是进出冷却片组的突缩和突扩的局部损失，见图9-24。

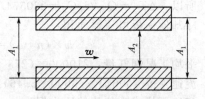

图9-24　气体在冷却片间流动示意图

气体通过冷却片的压力损失可以表示为：

$$\Delta P_m(\mathrm{Pa}) = (\lambda b/d + \zeta_1 + \zeta_2)w^2\rho/2 \tag{9-29}$$

式中，λ 为摩擦系数；w 为管道内气体速度，m/s；ρ 为气体的密度，$\mathrm{kg/m^3}$；d 为当量直径，m；ζ_1 为突缩局部阻力系数，$\zeta_1 = 0.5(1 - A_2/A_1)$；$\zeta_2$ 为突扩局部阻力系数，$\zeta_2 = (1 - A_2/A_1)$；A_1、A_2 分别是两钢板的中心距尺寸和间隙尺寸；b 为冷却片宽度，m。

摩擦系数 λ 可以用使用较普遍的粗糙区的经验公式计算：

$$\lambda = 0.11(K/d)^{0.25} \tag{9-30}$$

式中，K 取钢板的粗糙度，为 0.15mm。

由于冷却片组在冷却器内布置的不同会形成其他的一些压力损失，所以冷却器本体的压力损失要略大于冷却片的压力损失。

【例 9-8】　钢板蓄热式冷却器计算

（1）基本参数确定

已知某焦炉推焦除尘工程推焦时进入蓄热式冷却器的烟气平均温度为 150℃，进烟气时间为 1min，烟气出蓄热式冷却器口平均温度为 100℃，平均烟气量 $210000\mathrm{m^3/h}$；推焦 8min 一次，其他时间进入冷却器为空气，平均温度 40℃，平均空气量 $50000\mathrm{m^3/h}$。初步确定冷却器蓄热钢板的尺寸为宽 $b = 2.25\mathrm{m}$、高 $h = 3.25\mathrm{m}$，取钢板间隙 $e = 0.02\mathrm{m}$。烟气在钢板中的平均流速取 $w = 15\mathrm{m/s}$。

（2）求雷诺数 Re

烟气主要成分是空气，按空气查得其物理参数，定性温度按 125℃ 考虑，那么

$$\nu = 25.5 \times 10^{-6} \mathrm{m^2/s}, Pr = 0.70$$

当量直径：$d = 4S_j/U = 2e = 0.04$ （m）

$$Re = wd/\nu = 15 \times 0.04/25.5 \times 10^{-6} = 2.353 \times 10^4$$

按公式（9-22）求放热系数

$$\alpha = 0.023\lambda/d Re^{08} Pr^{0.4} = 0.023 \times 0.033/0.04 \times 3143 \times 0.867 = 51.7 \ [\mathrm{J/(m^2 \cdot s \cdot ℃)}]$$

（3）求需要的传热面积 S

推焦时，60s 烟气平均温度从 150℃ 降到 100℃ 钢板吸收的热量按式（9-24）得：

$$Q_g = Q_1 - Q_2 = 210000 \times 1.293 \times (1.015 \times 150 - 1.013 \times 100) \times 1000/60 = 230574225 \ (\mathrm{J})$$

（4）需要的换热面积

冷却片的平均温度设为 65℃，换热平均温差 $\Delta t_m = 60℃$，按公式（9-25）得：

$$S = Q_g/(60\alpha\Delta t_m) = 230574225/(60 \times 51.7 \times 60) = 1239 \ (\mathrm{m^2})$$

（5）冷却片钢板片数 n

按式（9-26）

$$n = 1239/(2 \times 2.25 \times 3.25) + 1 = 85 \ (\text{片})$$

如果采用 $\dfrac{e}{4} = 5\mathrm{mm}$ 厚钢板，则冷却片的总质量为：

$$G_g = 5 \times 2.25 \times 3.25 \times 85 \times 7.85 = 24396 \ (\mathrm{kg})$$

根据以上计算可以求出蓄热冷却片组的外形尺寸为：宽 2250mm，高 3250mm，厚 2105mm。

（6）冷却片吸热后的温升和流速

因为：$Q_g = G_g C_{pg} \Delta T_g$

所以：$\Delta T_g = Q_g/G_g C_g = 230574/(24396 \times 0.46) = 20.5℃$

冷却器钢板可流通面积：

$$e \times h \times (n-1) = 0.02 \times 3.25 \times (85-1) = 5.46 \ (m^2)$$

平均工况烟气量：$210000 \times (273+125)/273 = 306154 \ (m^3/h)$

流速：$w = 306154/(3600 \times 5.46) = 15.58 \ (m/s)$

（7）蓄热式冷却片的压力损失

$$\Delta P_m = (\lambda b/d + \zeta_1 + \zeta_2)w^2 \rho/2$$
$$= (0.0272 \times 2.25/0.04 + 0.1 + 0.2) \times 15.58^2 \times 0.387/2 = 197 \ (Pa)$$

4. 应用注意事项

① 板式蓄热式冷却器利用钢板对气体的吸热和放热作用来调节瞬间高温气体的温度，可应用在间断的、瞬间高温气体出现的场合，通过把瞬间高温气体温度降低，以达到后续净化设施的要求，同时可提高间隔期间进入净化设施的气体温度，防止气体温度过低结露。对于连续高温烟气或高温间断时间较长的除尘设施，其不能起到冷却烟气的作用。由于冷却片组有很好的吸热作用和比较好的阻火作用，可设计成除尘系统的阻火器。

② 在同样气体处理的条件下，板式蓄热式冷却器要比管式蓄热式冷却器体积小，质量轻，效率高，应优先采用板式蓄热式冷却器。

③ 根据除尘工况以及烟气的特性，对蓄热式冷却器进行计算和设备设计，更好地满足各种除尘系统冷却烟气的需要，同时又做到经济合理。

④ 蓄热式冷却器计算过程中，放热计算和试算是十分重要的，是冷却器计算不可忽略的部分，计算结果与除尘系统操作方法和生产工艺过程是分不开的，要注意放热过程中的气体流量、温度和放热时间。

第四节
余 热 锅 炉

随着工业的进一步发展，能源越来越紧张，节能降耗将是今后很长一段时期工业企业的重要管理目标和任务，以余热锅炉作为余热回收的主要手段必将得到更加重视。

一、余热锅炉分类和特点

1. 余热锅炉分类

（1）按烟气的流动分　水管余热锅炉、火管余热锅炉。

（2）按锅筒放置位置分　立式余热锅炉、卧式余热锅炉。

（3）按使用载热体分　蒸汽余热锅炉、热水余热锅炉和特种工质余热锅炉。

（4）按用途分　冶炼余热锅炉、焚烧余热锅炉、熄焦余热锅炉等。

2. 余热锅炉特点

（1）工作原理特点　一般锅炉设备是将燃料的化学能转化为热能，又将热能传递给水，从而产生一定温度和压力的蒸汽和热水的设备。余热锅炉用的是烟气中的余热（废热），所以不用燃料，也不存在化学能转化为热能问题。

（2）构造特点　通常，锅炉一般由"锅"和"炉"两大部分构成。锅是容纳水或蒸汽的受压部件，其中进行着水的加热和气化过程。炉子是由炉墙、炉排和炉顶组成的燃烧设备和燃烧空间。其作用是使燃料不断地充分燃烧。余热锅炉不用燃料，也没有炉子的构造特征，只有锅的特

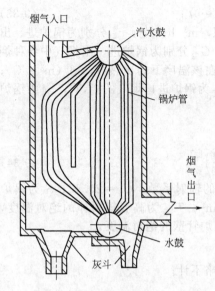

图 9-25　锌沸腾炉余热锅炉构造

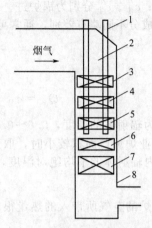

图 9-26　干熄焦余热锅炉结构

1—悬吊管；2—转向室；3—二级过热器；4——级过热器；5—光管
蒸发器；6—鳍片管蒸发器；7—鳍片管省煤器；8—水冷壁

征，如图 9-25 所示；有的其至类似换热器，如图 9-26 所示。

二、余热锅炉热力计算

余热锅炉热力计算的任务是在确定的烟气及蒸汽参数下，确定锅炉各部件的尺寸及产气量；选择辅助设备，并为强度计算、水循环计算、烟道阻力计算提供基础数据。

热力计算分结构热力计算和校核热力计算。

结构热力计算是在给定烟气量、烟气特性、烟气进出口温度，以及锅炉的蒸汽参数等为条件，确定锅炉的受热面积和尺寸。

校核热力计算的目的：a. 在给定锅炉尺寸、蒸汽参数、烟气参数的条件下，校核锅炉各个受热面及进出口烟气温度等是否合适；b. 校核在烟气参数变化时，锅炉各处的烟气温度以及过热蒸汽温度参数等是否符合要求。

结构热力计算和校核热力计算的计算方法基本上相同，仅计算的目的和所求的数据不同。

从冶炼专业需要出发，仅计算以下 3 个方面：a. 余热锅炉可有效利用的热量；b. 余热锅炉的蒸气产量；c. 余热锅炉有效受热面积。

（一）余热锅炉有效利用热量计算

余热锅炉可用于生产蒸汽的热量可用下式计算：

$$Q_蒸 = Q_{进烟} + Q_辐 + Q_空 + Q_介 + Q_循 - Q_{出烟} - Q_灰 - Q_散 \tag{9-31}$$

式中，$Q_蒸$ 为余热锅炉可有效利用的热值，kJ/h；$Q_{进烟}$、$Q_{出烟}$ 分别为进、出锅炉烟气的总热值，即锅炉进口和出口烟气中各种气体组分的热值和烟气中的烟尘各组分热值的总和，kJ/h；$Q_辐$ 为锅炉进口辐射导入的热值，kJ/h；$Q_空$ 为漏入空气带入的热值，kJ/h；$Q_介$ 为吹灰介质带入的热值，kJ/h；$Q_循$ 为再循环烟气带入的热值，kJ/h；$Q_灰$ 为沉降在锅炉的灰渣中带出的热值，kJ/h；$Q_散$ 为锅炉散热损失。

1. $Q_{进烟}$、$Q_{出烟}$ 的计算

$$Q_{进烟} = (\sum V'_烟 c'_烟 \cdots + \sum G'_尘 c'_尘 \cdots) t_进 \tag{9-32}$$

$$Q_{出烟}=(\sum V''_{烟}c''_{烟}\cdots+\sum G''_{尘}c''_{尘}\cdots)t_{出} \tag{9-33}$$

式中，$V'_{烟}$、$V''_{烟}$分别为锅炉进、出烟气中各种气体的容积，m^3/h；$c'_{烟}$、$c''_{烟}$分别为锅炉进、出口烟气中各种气体在该温度下的比热容，$kJ/(m^3\cdot℃)$；$G'_{尘}$、$G''_{尘}$分别为锅炉进、出烟气中各种烟尘的含量，kg/h；$c'_{尘}$、$c''_{尘}$分别为锅炉进、出烟气中各种烟尘在该温度下的比热容，$kJ/(m^3\cdot℃)$；烟尘的比热容按成分不同略有差别，通常可取$0.55\sim0.60$；$t_{进}$为锅炉进口烟气的温，℃；$t_{出}$为锅炉出口烟气的温度，℃。

2. $Q_{辐}$ 的计算

$$Q_{辐}=a_{辐}C_oS\left[\left(\frac{T_{辐}}{100}\right)^4-\left(\frac{T_{绝}}{100}\right)^4\right] \tag{9-34}$$

式中，$a_{辐}$为辐射体的黑度，$0.6\sim0.9$；C_o为绝对黑体的辐射系数，$C_o=20.43$；S为锅炉炉口面积，当工业炉炉口面积较小时，取工业炉出口面积，m^2；$T_{辐}$为高温辐射体的绝对温度，K；$T_{绝}$为锅炉内辐射体的平均绝对温度，K，可近似取其锅炉管壁的绝对温度。

3. $Q_{空}$ 的计算

由于漏入锅炉的空气所带入的热量很小，一般$Q_{空}$可忽略不计。

4. $Q_{介}$ 的计算

吹灰介质带入的热量$Q_{介}$只有在使用蒸汽作为吹灰介质并连续运行时考虑。

$$Q_{介}=G_{介}(I_q-2508) \tag{9-35}$$

式中，$Q_{介}$为吹灰介质带入的热量，kJ/h；$G_{介}$为连续吹灰时蒸汽耗量，kg/h；I_q为蒸汽的热值，kJ/kg。

5. $Q_{循}$ 的计算

$$Q_{循}=V_{循}c_{循}t_{循} \tag{9-36}$$

式中，$Q_{循}$为再循环烟气带入锅炉的热量，kJ/h；$V_{循}$为再循环烟气量，m^3/h；$c_{循}$为再循环烟气的体积热容，$kJ/(m^3\cdot℃)$；$t_{循}$为再循环烟气的温度，℃。

6. $Q_{散}$ 的计算

余热锅炉炉墙散热损失$Q_{散}$主要与炉内温度、炉墙结构及保温情况有关，散热损失一般为入废热锅炉总热量的$1\%\sim5\%$。

7. $Q_{灰}$ 的计算

$$Q_{灰}=G_{灰}c_{灰}t_{灰} \tag{9-37}$$

式中，$Q_{灰}$为灰渣的热损失，kJ/h；$G_{灰}$为在锅炉沉降的烟尘量，kg/h；$c_{灰}$为烟尘的比热容，$kJ/(kg\cdot℃)$；$t_{灰}$为烟尘温度，℃，一般从辐射冷却室排出的烟尘可取$600℃$左右，从对流受热面排除的烟尘可取$200\sim300℃$

（二）余热锅炉饱和蒸汽的产气量计算

$$D_{bz}=\frac{Q_1}{i_{bz}-i_{gs}} \tag{9-38}$$

式中，D_{bz}为余热锅炉饱和蒸汽的产气量，kg/h；Q_1为锅炉的有效利用热量，kJ/h；i_{bz}、i_{gs}分别为饱和蒸汽及给水的热值，kJ/kg。

（三）余热锅炉受热面的计算

1. 辐射冷却室受热面的计算

$$H_f=\frac{Q_{zf}}{C'\left[\left(\frac{T_{yp}}{100}\right)^4-\left(\frac{T_b}{100}\right)^4\right]} \tag{9-39}$$

式中，H_f 为辐射冷却室有效辐射受热面积，m^2；Q_{zf} 为辐射冷却室应吸收的热量，kJ/h；C' 为辐射系数，$kJ/(m^2 \cdot h \cdot k^4)$；$T_{yp}$ 为辐射冷却室中烟气的平均绝对温度，K；T_b 为受热面管壁的平均绝对温度，K。

（1）辐射冷却室应吸收的热量计算　在冷却室，由于烟温较高，烟气流速较低，因而对周围水冷壁的辐射放热非常强烈，对流放热量很少。辐射冷却室的换热计算，主要是辐射传热计算，不计算对流传热。当不同于上述情况时，则要计入对流传热部分。

辐射冷却室应吸收的热量按下式确定：

$$Q_{Lf} = Q_L - I''_L V''_{LY} - Q'_{散} - Q'_{灰} \tag{9-40}$$

式中，Q_{Lf} 为辐射冷却室应吸收的热量，kJ/h；$Q'_{散}$ 为辐射冷却室的散热损失，kJ/h；Q_L 为烟气在冷却室内的有效总热量，kJ/h；I''_L 为冷却室出口处烟气的热焓，kJ/m^3；V''_{LY} 为冷却室出口处的烟气量，m^3/h；$Q'_{灰}$ 为辐射冷却室沉降灰尘带走热量，kJ/h。

（2）辐射系数 C' 的计算　影响辐射系数 C' 值与烟气中三原子气体的含量、烟尘的多少以及受热面污染的程度有关。一般可参阅同类型锅炉的实际选取，也可按下式计算：

$$C' = \phi' k_h k_s C_o \tag{9-41}$$

式中，C' 为辐射系数，$kJ/(m^2 \cdot h \cdot K^4)$；$\phi'$ 为水冷壁的积灰系数；k_h 为烟尘的辐射系数；k_s 为三原子气体的辐射系数；C_o 为绝对黑体的辐射系数，$20.40 kJ/(m^2 \cdot h \cdot K^4)$。

三原子气体的辐射系数等于各辐射系数之和：

$$k_s = k_{CO_2} + k_{SO_2} + k_{H_2O} \tag{9-42}$$

式中，k_s 为三原子气体的辐射系数；k_{CO_2} 为 CO_2 气体的辐射系数；k_{SO_2} 为 SO_2 气体的辐射系数；k_{H_2O} 为水蒸气的辐射系数。

三原子气体的辐射系数与三原子气体的吸收或辐射能力有关，三原子气体的辐射能力与气体的辐射厚度 s 及气体的分压力 p 成正比，还与气体的温度有关，故需先求出气体的吸收能力 ps，然后再根据气体的温度，由相应气体辐射系数的图 9-27、图 9-28 及图 9-29 查得。

辐射冷却室的有效辐射层厚度 s 按下式计算：

$$s = 3.6 \frac{V_L}{F_L} \text{ (m)} \tag{9-43}$$

式中，V_L 为冷却室容积，m^3；F_L 为冷却室炉墙面积，m^2。

当在冷却室内包含有屏时，考虑到屏的面积 F_b，其有效辐射层厚度按下式确定：

$$s = \frac{3.6 V_L}{F_{L1} + F_{L2} + F_b}\left(1 + \frac{F_b}{F_{L1} + F_{L2}} \frac{V_{L1}}{V_L}\right) \tag{9-44}$$

式中，s 为有效辐射层厚度，m；V_L 为冷却室容积，m^3；V_{L1} 为与屏无关的部分冷却室容积，m^3；F_{L1} 为与屏无关的部分冷却室炉墙的面积，m^2；F_{L2} 为有屏冷却室的部分炉墙面积，m^2；F_b 为屏的面积，m^2。

有效辐射层厚度，也可以根据辐射室的形状，直接从表 9-19 中的算式算出，也可以根据辐射室的形状或几何尺寸的比例关系、管束排列方式等因素，从表 9-20 中，以代表长度及系数两项的乘积算出。

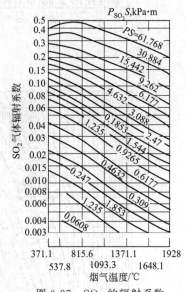

图 9-27　SO_2 的辐射系数

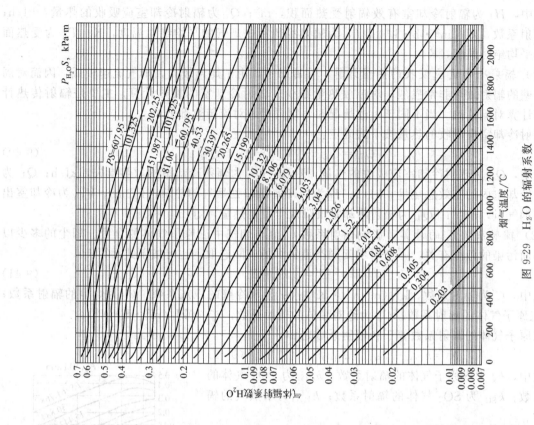

图 9-29 H₂O 的辐射系数

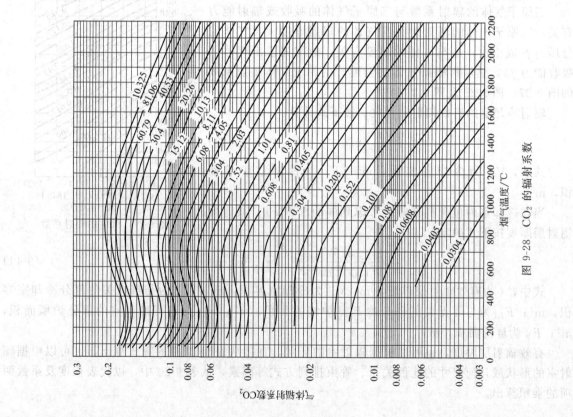

图 9-28 CO₂ 的辐射系数

表 9-19　各种形状辐射空间的辐射层厚度计算

空间或管束形状	算式
球体	$s = 2/3 \times$ 球的直径
无限长度的圆柱体	$s =$ 圆柱直径
无限大的平行板间的烟气空间	$s = 1.8 \times$ 板间的距离
顺列管束：当管于直径 d 等于管表面间的距离	$s = 2.8 \times$ 管表面间的距离
当 d 等于表面间的距离的 1/2	$s = 3.8 \times$ 管表面间的距离
边长为 1：2：6 的平行六面体辐射到宽面	$s = 1.3 \times$ 最短的边长
正六面体	$s = 2/3$ 边长

表 9-20　各种形状辐射空间的辐射层厚度计算

空间形状	受热面	代表长度	系数
球	球面	直径	0.6
无限长的圆柱体	周壁	直径	0.9
无限长的圆柱体	底面中央	直径	0.9
高度与直径相同的圆筒	底面中央	直径	0.77
高度与直径相同的圆筒	全面	直径	0.6
无限大的平行平面的空间	一个方向的面	平行面间的距离	1.8
正六面体	全面	一边的长度	0.6
箱体空间（长：宽：高）			
(1：1：4)～(1：1：∞)	全面	最小边的长度	1.0
(1：2：5)～(1：2：∞)	全面	最小边的长度	1.3
(1：3：3)～(1：∞：∞)	全面	最小边的长度	1.8
(1：1：3)～(1：1：3)	全面	$\sqrt[3]{空间容积}$	2/3
(1：2：1)～(1：2：4)	全面	$\sqrt[3]{空间容积}$	2/3
无限长的管束周围的空间			
错列（正三角形），外径＝管间距	管表面	管间的距离	2.8
错列（正三角形），外径＝$\frac{1}{2}$管间距	管表面	管间的距离	3.8
顺列（方形），外径＝管间距	管表面	管间的距离	3.5

烟尘的辐射系数 k_n，一般根据烟气的含尘量，按下列经验数据选取：

烟尘含量/(g/cm³)	k_n
0～50	1.0
50～100	1.05
100～200	1.1
200～300	1.25
＞300	1.4

积灰系数 ϕ' 主要与烟尘在水冷壁上的积灰厚度有关，积灰厚度与工业炉种类，烟尘数量、性质及清灰设施的强弱有关。计算积灰系数时，先估计管子的积灰厚度值，再根据干净管子的积灰系数从图 9-30 查得。

管子积灰厚度一般取 5mm，尘量大、烟尘黏结性强（如铜闪速炉）的余热锅炉积灰厚度可取大一些。

干净管子的辐射放热系数 a_f：

$$a_f = k_s C_o f_\varphi \quad W/(m^2 \cdot ℃) \qquad (9-45)$$

$$f_\varphi = \frac{\left(\dfrac{T_{yp}}{100}\right)^4 - \left(\dfrac{T_b}{100}\right)^4}{t_{yp} - t_b}$$

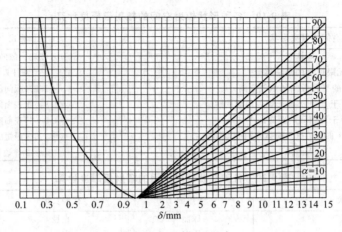

图 9-30　积灰系数 ϕ'

$\dfrac{1}{k}=\dfrac{1}{a_r}+\dfrac{\delta}{\lambda}$　δ—烟尘厚度，m；λ—导热系数，取 2.1kJ/(m·h·℃)；a_f—放热系数，W/(m²·℃)

式中，k_s 为三原子气体的辐射系数；C_o 为绝对黑体的辐射系数，20.40kJ/(m²·h·k⁴)；f_φ 为温度系数，k⁴/℃（K）；t_{yp}、T_{yp} 为冷却室烟气的平均温度，℃（K）；t_b、T_b 为受热面管壁的平均温度，℃（K）。

烟气的平均温度取冷却至烟气进出口烟温的平均值。受热面管壁温度可取管内工作介质温度加 20~60℃。

2. 对流受热面计算

对流受热面吸收的热量按下式计算：

$$H=\frac{Q}{K\Delta t}\qquad(9\text{-}46)$$

式中，H 为对流受热面，m²；Q 为受热面对流和辐射吸收的热量，kJ/h；K 为传热系数，W/(m²·℃)；Δt 为温差，℃。

计算对流受热管束的受热面时，均取其管子外侧的全部表面积。

（1）受热面吸热量计算

对于有辐射吸热的对流过热器：

$$Q=D(i''-i')-Q_{nf}\qquad(9\text{-}47)$$

对于布置在对流烟道中的过热器及对流管束：

$$Q=D(i''-i')\qquad(9\text{-}48)$$

式中，Q 为受热面吸收的热量，kJ/h；D 为流过受热面的蒸汽或水的流量，kg/h；i''、i' 分别为受热面出口或进口处蒸汽或水的焓，kJ/kg；Q_{nf} 为从冷却室获得辐射热量，kJ/h。

布置在冷却室出口处的凝渣管或对流过热器从冷却室中获得的辐射热量计算式为 $Q_{nf}=q_f y H_{nf}$，其中，q_f 为辐射冷却室受热面平均热负荷，kJ/(²·h)；y 为冷却室热负荷分布不均匀系数，冷却室出口处取 $y=0.6$；Q_{nf} 为凝渣管或对流过热器的有效受热面，m²。

对于前面无屏的凝渣管：$H_{nf}=X_n F_n$；

对于前面有凝渣管的对流过热器，而且凝渣管的排数少于 5 排时 $H_{nf}=(1-X_n)F_n$

上式中，F_n 为凝渣管所在出口窗的断面积，m²；X_n 为凝渣管的角系数，当凝渣管的排数等于或大于 5 排时，可认为冷却室辐射出的热量全部被凝渣管吸收，$X_n=1$；当凝渣管的排数少于 5 排时，就会有部分辐射热量穿过凝渣管而辐射到后边的管束中，因此 $X_n=1-(1-x_1)(1-x_2)\cdots(1-x_z)$；其中 x_1、x_2、$\cdots$、x_z 分别为第 1，2，$\cdots$，z 排管的角系数。

（2）传热系数计算　传热系数与烟气流速、传热温差、受热面的状况及其污染程度等许多因素有关，可参阅同类型锅炉实际运行数据选取，也可按以下各式计算：

1）多层平壁的传热系数。多层平壁的传热系数按下式计算

$$K=\cfrac{1}{\cfrac{1}{\alpha_1}+\cfrac{\delta_n}{\lambda_n}+\cfrac{\delta_j}{\lambda_j}+\cfrac{\delta_g}{\lambda_g}+\cfrac{1}{\alpha_2}} \tag{9-49}$$

式中，K 为传热系数，$W/(m^2 \cdot ℃)$；α_1、α_2 分别为加热介质对管壁及管壁对受热介质的放热系数，$W/(m^2 \cdot ℃)$；δ_n、λ_n 分别为管子外表面的灰或烟尘层的厚度及导热系数，m、$kJ/(m \cdot h \cdot ℃)$；δ_j、λ_j 分别为金属管壁厚度及导热系数，m、$W/(m \cdot ℃)$；δ_g、λ_g 分别为管子内壁水垢的厚度及导热系数，m、$W/(m \cdot ℃)$。

如果换热介质中之一或两种都是烟气或空气，那么烟气侧或空气侧的热阻（$\frac{1}{\alpha_1}$ 或 $\frac{1}{\alpha_2}$）将大大超过金属的热阻，因而后者可以忽略不计，即 $\frac{\delta_j}{\lambda_j}=0$；对汽-汽热交换器，金属管壁的热阻仍应计算。

在正常运行工况下，水垢厚度不致沉积到会使热阻及壁温严重增高的地步，因此水垢的热阻也可不计；$\frac{\delta_n}{\lambda_n}$ 为烟尘的热阻，可用污染系数 ζ 代替。

由于省煤器受热面和蒸发受热面 $\frac{1}{\alpha_2} \ll \frac{1}{\alpha_1}$，管子内侧的热阻 $\frac{1}{\alpha_2}$ 可忽略不计，其传热系数计算简化如下：

$$K=\cfrac{\alpha_1}{1+\zeta\alpha_1} \tag{9-50}$$

式中，K 为传热系数，$W/(m^2 \cdot ℃)$；α_1 为加热介质对管壁的放热系数，$W/(m^2 \cdot ℃)$；ζ 为污染系数，$m^2 \cdot h \cdot ℃/kJ$。

污染系数与烟尘性质、烟气速度、管子直径及布置方式、灰粒大小等因素有关。为了简化计算，在确定实际的传热系数时，引入积灰系数 ϕ'，它是考虑了各种因素后的一个综合系数，其等于积灰管子的传热系数与洁净管子的传热系数的比值。在引入积灰系数以后，对流受热面的传热系数计算如下：

① 对于过热器

$$K=\Phi'\cfrac{1}{\cfrac{1}{\alpha_1}+\cfrac{1}{\alpha_{12}}}=\Phi'K' \tag{9-51}$$

$$\alpha_1=\alpha_d+\alpha_f$$

式中，K 为传热系数，$W/(m^2 \cdot ℃)$；K' 为未修正的传热系数，$W/(m^2 \cdot ℃)$；α_1 为烟气对管壁的放热系数，$W/(m^2 \cdot ℃)$；α_d 为烟气对管壁的对流放热系数，$W/(m^2 \cdot ℃)$；α_f 为烟气对管壁的辐射放热系数，$W/(m^2 \cdot ℃)$；α_2 为管壁对蒸气的放热系数，$W/(m^2 \cdot ℃)$；Φ' 为积灰系数。

② 凝渣管、蒸发管束及省煤器的传热系数

$$K=\Phi'\alpha_1 \tag{9-52}$$

对余热锅炉的对流受热面，Φ' 值一般在 0.5～0.8。

在计算传热系数时，不可避免地要计算放热系数，放热系数按下述计算：

2）对流放热系数

① 全部受热面被烟气作横向冲刷时的对流放热系数

$$\alpha_d = c d_w^{n-1} W^n b_1 \qquad (9\text{-}53)$$

$$t_{bj} = \frac{t_{yp} + t_b}{2}$$

$$W = \frac{V_y(t_{yp} + 273)}{3600F \times 273}$$

$$t_{yp} = 0.5(t' + t'')$$

$$F = ab - Z_1 L d_w$$

式中，α_d 为对流放热系数，W/(m² · ℃)；c 为管子排列修正系数，由表 9-21 查得；n 为排列系数，管子交错排列时 $n = 0.69$，管子顺列排列时 $n = 0.654$；d_w 为管子外径，m；b_1 为烟气的热传导率，根据边界层平均温度 t_{bj} 由表 9-22 查得；边界层平均温度 t_{bj} 等于烟气平均温度 t_{yp} 与受热面外壁温度 t_b 的算术平均值，即 $t_{bj} = \frac{t_{yp} + t_b}{2}$；$t_{bj}$ 为边界层平均温度，℃；t_{yp} 为烟气平均温度，℃；t_b 为受热面外壁温度，℃；W 为烟气的平均流速，m/s；V_y 为烟气量，m³/h；t_{yp} 为烟气的平均温度，℃，当烟气温降不超过 300℃时，$t_{yp} = 0.5(t' + t'')$；t'、t'' 分别为受热面入口、出口烟温，℃；F 为烟气流通断面的面积，m²，断面 F 在介质横向冲刷光滑管束时，a、b 分别为所求烟道断面尺寸，m；Z_1 为每排管子的管数；L、d_w 分别为管子的长度及外径，m；如系弯管，取其投影长度作为管长 L。

表 9-21 管子排列修正系数 c 值

排数	错列	顺列	排数	错列	顺列
指数 n	0.69	0.654	6 列	0.136	0.132
2 列	0.1	0.122	7 列	0.147	0.134
3 列	0.113	0.126	8 列	0.147	0.134
4 列	0.123	0.129	9 列	0.147	0.135
5 列	0.131	0.131	10 列	0.147	0.135

表 9-22 b 及 b_1 数值表

边界层平均温度 t_{bj}，℃	纵向冲刷 b 值	横向冲刷 b_1 值		边界层平均温度 t_{bj}，℃	纵向冲刷 b 值	横向冲刷 b_1 值	
		错列	顺列			错列	顺列
0	0.17	47.7	31.8	600	0.088	31.1	22.2
100	0.142	42.4	28.8	700	0.083	29.7	21.45
200	0.124	39.2	27.0	800	0.080	28.8	20.8
300	0.111	36.5	25.0	900	0.078	28.0	20.2
400	0.101	34.2	24.1	1000	0.076	27.2	19.7
500	0.093	32.6	23.1				

② 烟气纵向冲刷全部受热面时对流放热系数

$$\alpha_d = 23.7 L^{-0.05} d_d^{-0.16} (WP)^{0.79} b \qquad (9\text{-}54)$$

$$b = \lambda^{0.21} (c_p \gamma)^{0.79} \qquad (9\text{-}55)$$

式中，α_d 为对流放热系数，W/(m² · ℃)；L 为受热面管子的曝光长度，m；W 为烟气的流速，m/s；P 为烟气的绝对压力，对非正压运行的锅炉为 0.1MPa；b 为烟气热传导率，可从表 9-22 查得也可按下式计算 $b = \lambda^{0.21}$ $(c_p \gamma)^{0.79}$；λ 为烟气的导热系数，W/(m · ℃)；c_p 为烟气的比热容，kJ/(kg · ℃)；γ 为烟气的换算密度，kg/m³；d_d 为管子的当量直径，m。

当烟气在管内流动时 d_d 为管子内径；当烟气沿管子间流动时，

$$d_d = 4F/u \qquad (9\text{-}56)$$

对布满对流管束的方形烟道，

$$d_d = \frac{4\left(ab - Z\dfrac{\pi d^2}{4}\right)}{2(a+b) + Z\pi d} \tag{9-57}$$

式中，d 为管子外径，m；u 为烟气接触的管子全部外周长，m；F 为烟气流通横断面积，m^2。如介质在管内流动，F 可按下式计算：

$$F = Z\frac{\pi d_n^2}{4} \tag{9-58}$$

如介质在管间流动，F 可按下式计算：

$$F = ab - Z_z\frac{\pi d_w^2}{4} \tag{9-59}$$

式中，Z_z 为管束中管数；a 为烟气所接触的管子全部外周长，m；a、b 为烟道横断面净尺寸，m；d_n 为管子的内径，m；Z 为单行并列的管数；d_w 为管子外径，m。

3）辐射放热系数。由于对流受热面除按对流传热外，还受辐射的作用，故尚应考虑辐射传热，计算该条件下的辐射传热涉及的两个主要参数：辐射层厚度，辐射放热系数，分别计算如下。

① 辐射层厚度。密闭空间内的烟气向其周围表面辐射时的辐射层厚度可根据下述情况分别计算。

对于光滑管束：
$$s = 0.9d\left(\frac{d}{\pi}\frac{s_1 s_2}{d^2} - 1\right) \tag{9-60}$$

式中，s 为辐射层厚度，m；d 为管外径，m；s_1、s_2 分别为受热面管束平均横向及纵向管节距，m。

对翅片管束，可将按式（9-60）求得的 s 值再乘以 0.4。

② 烟气辐射放热系数
$$\alpha_f = \frac{Q_{RO_2}}{\Delta t} \tag{9-61}$$

式中，α_f 为烟气辐射放热系数，$W/(m \cdot ℃)$；Q_{RO_2} 为三原子气体的传热量，W/m^2；Δt 为温差，℃。

三原子气体的传热量 Q_{RO_2} 由 CO_2、H_2O、SO_2 等三原子气体的传热量 Q_{CO_2}、Q_{H_2O}、Q_{SO_2} 组成，它们分别等于各种烟气在平均烟气温度下的传热量与管壁温度下传热量的差。可根据各种气体的吸收能力 $P_{CO_2}S$、$P_{H_2O}S$、$P_{SO_2}S$，从图 9-31，图 9-32，图 9-33 查得。

3. 温度 Δt

温差 Δt 是参与换热的两种介质在整个受热面中的平均温度差。其值与两种介质相互间的流动方向有关。若介质之一的温度在受热面范围内不变，那么温差值与该两种介质相互间的流动方向无关。

两种介质在整个流通路程中的流向彼此相反的叫"逆流"，而彼此相同的叫"顺流"。这两种情况的温差可按对数平均温差求得：

$$\Delta t = \frac{\Delta t_d - \Delta t_x}{2.3 \lg \dfrac{\Delta t_d}{\Delta t_x}} \tag{9-62}$$

式中，Δt_d 为受热面中具有较大的温差的那一端的介质温度差，℃；Δt_x 为上述受热面的另一端的温度差，℃。

当 $\dfrac{\Delta t_d}{\Delta t_x} \leqslant 1.7$ 时，Δt 值可按算术平均温差计算：

$$\Delta t = \frac{\Delta t_d - \Delta t_x}{2} \tag{9-63}$$

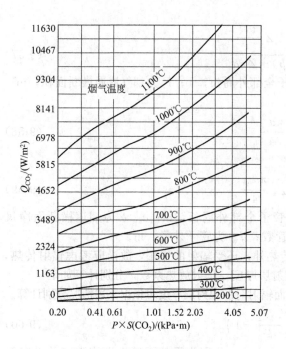

图 9-31 CO_2 的辐射传热量

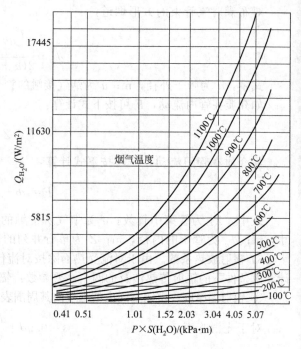

图 9-32 H_2O 的辐射传热量

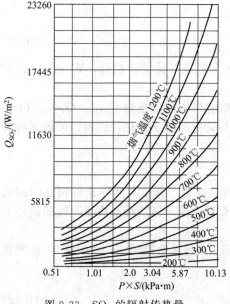

图 9-33 SO_2 的辐射传热量

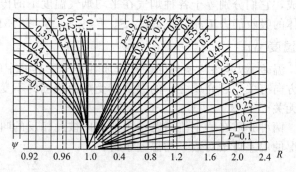

图 9-34 串联混合流状况下的温差换算系数 ψ

$$A=\frac{H_{sh}}{H} \quad H、H_{sh}—总受热面及顺流部分的受热面，m^2；$$

$$P=\frac{\tau_2}{t'-t_1} \quad R=\frac{\tau_1}{\tau_2} \quad \tau_1、\tau_2—总温降，℃；$$

$$t'—烟气进口温度，℃；t_1—介质进口温度，℃$$

"逆流"得到的温差值最大，"顺流"最小，其他任何流通方案得到的温差值介于两者之间。因此。如符合下述条件：

$$\Delta t_{sn}\geqslant0.92\Delta t_{ni} \tag{9-64}$$

任何复杂连接方案均可按下式求温差：

$$\Delta t = \frac{\Delta t_{sh} - \Delta t_{nl}}{2} \qquad (9\text{-}65)$$

式中，Δt_{sh}、Δt_{nl} 分别为顺流及逆流情况下的平均温差，℃。

如果介质流通方案既非纯逆流，也非纯顺流，且不符合式(9-66)的条件时，Δt 按下式计算：

$$\Delta t = \psi \Delta t_{ni} \qquad (9\text{-}66)$$

式中，ψ 为逆流方案与复杂方案间的换算系数，用于复杂流通方案可根据各种流通方案分别按图 9-34、图 9-35、图 9-36 选取。

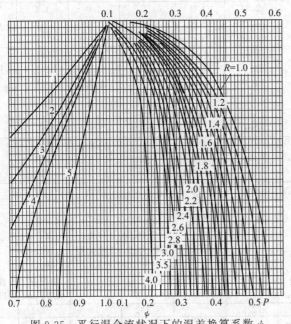

图 9-35　平行混合流状况下的温差换算系数 ψ

$P = \dfrac{\tau_x}{t' - t_1}$　$R = \dfrac{\tau_d}{\tau_z}$　t'、t_1—加热介质和受热介质的初温，℃；1—多行程介质的两个行程均为顺流；2—多行程介质的三个行程，两个为顺流一个为逆流；3—多行程介质的两个行程，一个逆流，一个为顺流；4—多行程介质中三个行程，两个为逆流，一个为顺流；5—多行程介质的两个行程均为逆流

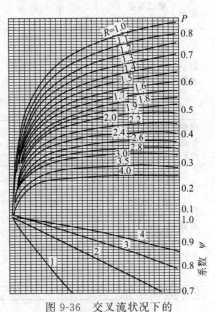

图 9-36　交叉流状况下的温差换算系数 ψ

（R、P 与图 9-35 相同，1、2、3、4 线分别代表 1～4 次交叉流）

【例 9-9】　余热锅炉实例

余热锅炉实例见表 9-23，其中铜闪速炉余热锅炉的结构剖面如图 9-37 所示。

表 9-23　余热锅炉实例

名称		单位	1200 型铜反射炉余热锅炉	350 型锡反射炉余热锅炉	1000 型铜闪速炉余热锅炉	240 型硫酸流态化炉余热锅炉	400 型硫酸流态化炉余热锅炉	850 型锌精矿流态化炉余热锅炉	530 型锌精矿流态化炉余热锅炉
烟气条件	烟气量	m^3/h	35000	9940	20000	11845	16132	27000	15600
	SO_2	%	2	0.05	9.9	1.1	11.27	9.1	9.8
	N_2	%	70.63	76.31	73.5	78.23	77.7	75	67.8
	H_2O	%	6	4.0	9.5	7	5.9	9.9	19.4
	O_2	%	5.07	3.64	0.6	3.4	4.96	5.5	3
	CO_2	%	16	15.6	6.4				
	CO	%	0.3	0.4					
	SO_3	%				0.37	0.1	0.3	
	烟气含尘量	g/m^3	50	11.2	85	250~300	250	300	260

续表

名称		单位	1200型铜反射炉余热锅炉	350型锡反射炉余热锅炉	1000型铜闪速炉余热锅炉	240型硫酸流态化炉余热锅炉	400型硫酸流态化炉余热锅炉	850型锌精矿流态化炉余热锅炉	530型锌精矿流态化炉余热锅炉
烟气温度	锅炉进口温度	℃	1200	1050	1300	916	900	850	850~900
	第二烟道进口温度	℃	660	750	770	779	585	670	640
	第三烟道进口温度	℃	500	650	670	596	415	570	540
	第四烟道进口温度	℃		570	520	472	415		450
	锅炉出口温度	℃	370	350	350	452	400(350)	400	400
烟气流速	第一烟道(冷却室)	m/s	1.38	2.31	1.8		4.9	4.4	5.15
	第二烟道	m/s	3.3	4.23	3.8	6.84~5.3	5.0	5.7	5.07
	第三烟道	m/s	4.4	4.96	2.6			5.5	5.22
	蒸发烟道	m/s	17.22	5.518	3.88~19.7	5.4	8.6	598	5.622
锅炉参数	锅炉蒸汽压力	MPa	2.9	1.5	4.5	4.1	3.2	2.6	2.8
	过热蒸汽出口压力	MPa	2.8	1.4	4.4	3.4	饱和	2.5	饱和
	第一过热器出口温度	℃	310		500	300			
	第二过热器出口温度	℃	410	370	500(再热)	420		370	
	锅炉给水温度	℃	105	104		104	120	105	105
锅炉受热面积	蒸发受热面积	m²	1150	284	780	210	400	784	520
	第一过热器面积	m²	32	60	214	29		61	
	第二过热器面积	m²	260		204(再热)	28.5			
传热系数 K	第一烟道(冷却室)	W/(m²·℃)	11.9	6.9	5.5~103	8.3~9.7	3.9	11.1	10.8
	第二烟道	W/(m²·℃)	5.5	5.8	6.1	5.5~6.9	8.4	10	10
	第三烟道	W/(m²·℃)	6.1	8.9	5.5	5.5~6.9		3.9	4.7
	第四烟道	W/(m²·℃)	4.4	5.8	5.3	5.5~6.9	6.8	3.9	4.7
	第一过热器	W/(m²·℃)	11.9	7.8	6.1	8.3~9.7	流态化层	10.5	
	第二过热器	W/(m²·℃)	5.8	8.3	5.5	69	69	10.5	
			按管壁积灰5mm					按管壁积灰5mm	按管壁积灰5mm
锅炉通风阻力		Pa	<196	1275		<392		<392	<392
锅炉水循环方式			强制循环水泵功率55kW扬程0.4MPa流量：250t/h	自然循环	自然循环	强制循环水泵功率14kW扬程0.4MPa流量：45t/h	自然循环	强制循环水泵功率37kW扬程0.4MPa流量：150t/h	强制循环

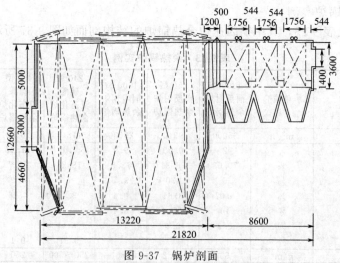

图 9-37　锅炉剖面

三、余热锅炉的水循环

1. 余热锅炉的水循环选择

余热锅炉的水循环可分为自然循环和强制循环两种。

（1）自然循环的优缺点

① 自然循环的优点。锅炉水容量大，负荷变动时，对水位的影响较小，所以突然停电时危险性小；操作方法与自然循环的普通锅炉相同，简单易行；对水质不像强制循环要求那么严；运行费用比强制循环少。

② 自然循环的缺点。大型废热锅炉的结构比较复杂，受热面布置较麻烦，投资较大；锅炉启动时间长，需要装设启动专用燃烧装置；死角处附着的烟尘较多，不易清除。

（2）强制循环的优缺点

① 强制循环的优点。锅炉紧凑、体积小；大型废热锅炉造价低，容易清灰，启动升压容易，不需专门的启动燃烧器。

② 强制循环的缺点。强制水循环泵，电耗较大，维护检修工作量大，供电的等级高，不允许突然停电，水质要求严，水处理设备的投资和运行费用较高。

通常根据废热锅炉的规模、烟气性质以及厂地条件等确定水循环的方式。一般小型废热锅炉用自然循环为好。

2. 余热锅炉对水质的要求

根据锅炉对水质的要求不同，通常把处理好的水分为软化水、脱盐水、纯水及高纯水等4种。

（1）4种水质

① 软化水。一般系指将水中的硬度（暂时硬度及永久硬度）降低或除去至一定程度的水。水在软化过程中，仅硬度降低，而总含盐量不变，软化水中的剩余硬度与软化方法有关，一般为 $0.1 \sim 5$ 度。

② 脱盐水。一般系指将水中易于除去的强电解质除去或减少至一定程度的水。脱盐水中的剩余含盐量一般为 $1 \sim 5 mg/L$，$25 ℃$ 时，水的电阻率应为 $(0.1 \sim 1.0) \times 10^6 \Omega \cdot cm$。

③ 纯水。又称去离子水或深度脱盐水。一般系指除去了水中的强电解质，又将水中难以去除的硅酸及二氧化碳等弱电解质除至一定程度的水。纯水中的剩余含盐量一般应在 $1 mg/L$ 以下，$25 ℃$ 时，水的电阻率应为 $(1 \sim 10) \times 10^6 \Omega \cdot cm$。

④ 高纯水。又称超纯水。一般系指几乎完全除去了水中的导电介质，又将水中不离解的胶体物质、气体及有机物均除去至很低程度的水。高纯水中的剩余含盐量应在 $0.1 mg/L$ 以下，$25 ℃$ 时，水的电阻率应在 $10 \times 10^6 \Omega \cdot cm$ 以上。

软化水一般用于低压锅炉的补给水。脱盐水及纯水用于高、中压锅炉及强制循环锅炉的补给水。

（2）水处理的几个常用术语

① 硬度。水的硬度主要是由于水中有钙、镁的碳酸盐、重碳酸盐、硫酸盐、氯化物及硝酸盐等存在而形成的。钙、镁的碳酸盐（主要是重碳酸盐）形成的硬度叫暂时硬度。钙、镁的非碳酸盐形成的硬度叫永久硬度。暂时硬度与永久硬度之和称为总硬度。

目前常用的硬度单位为 mmol/L。

② 含盐量。水中各种阳、阴离子的总和，称为总含盐量（有的又称总矿化度），单位为 mg/L。

③ 碱度。指水中含有能与强酸作用的物质含量，也即能与氢离子化合的物质含量称碱度。水中的碱度主要是由碱土金属及碱金属的重碳酸盐、碳酸盐及氢氧化物形成的。天然水中大多都

有碳酸盐存在，因此，一般呈碱性。碱度单位为"度"或 mmol/L。

3. 余热锅炉的用水量

余蒸锅炉的补充给水量与蒸汽的用途和补给水的水质有关，情况较为复杂，通常有以下 3 种情况。

蒸汽用作冷凝式汽轮机发电时，锅炉补充水量按下式估算：

$$G=(0.15\sim 0.25)D \tag{9-67}$$

蒸汽用作全部不回水的工艺用汽、锅炉补充水量按下式估算：

$$G=(1.15\sim 1.25)D \tag{9-68}$$

有部分回水的锅炉补充水量按下式估算：

$$G=(1.15\sim 1.25)D-G_回 \tag{9-69}$$

式中，G 为锅炉补充水量，t/h；D 为锅炉的蒸发量，t/h；$G_回$ 为蒸汽凝结水回至锅炉房的水量，t/h。

四、余热锅炉的辅助设备

余热锅炉的辅助设备主要是清灰设备和除灰设备。

1. 清灰设备

余热锅炉的清灰设施是保证废热锅炉正常安全运行的重要环节。常用的清灰方法有吹灰和振打。

（1）吹灰　吹灰主要是通过吹灰器完成。吹灰器是利用吹灰介质喷射的动压头，以清扫受热面上黏结的烟尘的一种清灰设备。

吹灰介质的选用是根据烟气的特性、尾气是否制酸、介质的来源及废热锅炉的具体工作条件等进行技术经济比较后确定的。目前可供选择的吹灰介质有蒸汽、压缩空气、压缩氮气和水等。介质压力一般为 $(9.807\sim 15.691)\times 10^5 Pa$，吹灰有效半径为 1.5～2.5m。蒸汽吹灰多用于烟气温度在 500℃ 以上的烟道。

吹灰器的种类有长伸缩式、短伸缩式、固定式和省煤式吹灰器。可根据吹灰的要求和使用温度选用。

（2）振打　振打清灰是借振打装置或振动器的作用，周期性地振击锅炉受热面，被黏结的烟尘在瞬时冲击力和反复应力的作用下，产生裂痕并逐渐不断扩大，同时使烟尘与受热面之间的附着力遭到破坏，黏结的烟尘被振落。

振打清灰在投资、动力消耗、清灰效果等方面有很多优点，因此被广泛采用。目前的废热锅炉大都采用全振打清灰。

常用振打清灰设备有锤击型振打清灰装置和振动器。

2. 除灰设备

除灰设备是指从余热锅炉冷灰斗的出口将灰渣排出锅炉本体的设备。由于各种工业窑炉的工艺特点不同，对除灰设备的要求也不同，通常应考虑以下几点：a. 落入冷灰斗中的灰渣一般有回收价值，应考虑灰渣的回收利用；b. 若进入余热锅炉的烟气含有较多的二氧化硫和三氧化硫，烟气用于制酸时，除灰设备必须考虑防腐和密封；c. 灰渣的密度较大、温度较高或结焦后渣块硬度较高，除灰设备要有较好的耐高温及耐磨性能；d. 余热锅炉的冷灰斗沿锅炉长度方向开口，要求除灰设备的结构与其相配，同时要考虑大渣块的清除。

为满足上述要求，余热锅炉通常采用水平布置的干式机械除灰设备。常用的有刮板除灰机、框链式除灰机、埋刮板输送机和螺旋输送机等。此类输送机可参阅有关设备的选用手册和样本，并根据灰渣的密度、温度、磨损等条件进行校核，并做必要修改。

第五节
自然补偿器

高温烟气管道的补偿首先应利用弯道的自然补偿作用，当管内介质温度不高，管线不长且支点配置正确时，则管道长度的热变化可以其自身的弹性予以补偿，这种是管道长度热变化自行补偿的最好办法。

补偿时应该是每隔一定的距离设置一个补偿装置，减少并释放管道受热膨胀产生的应力，保证管道在热状态下的稳定和安全工作。

一、管道的热伸长

管道膨胀的热伸长，按下式计算：

$$\Delta L = L\alpha(t_2 - t_1) \tag{9-70}$$

式中，ΔL 为管道的伸长量，mm；α 为管材平均线膨胀系数，mm/(m·℃)，见表 9-24；L 为管道的计算长度，m；t_2 为输送介质温度，℃；t_1 为管道安装时的温度，℃，当管道架空敷设时 t_1 应采取室外计算温度。

表 9-24　各种管材的线膨胀系数 α 值　　　　　　　　单位：mm/(m·℃)

管 道 材 料	α	管 道 材 料	α
普通钢	12×10^{-6}	铜	15.96×10^{-6}
钢	13.1×10^{-6}	铸铁	11.0×10^{-6}
镍铬钢	11.7×10^{-6}	聚氯乙烯	70×10^{-6}
不锈钢	10.3×10^{-6}	聚乙烯	10×10^{-6}
碳素钢	11.7×10^{-6}		

对于一般钢管 $\alpha_1 = 12 \times 10^{-6}$ 代入式(9-70)，得

$$\Delta L = 0.012(t_2 - t_1)L \quad \text{mm}$$

低碳钢管道热膨胀见图 9-38。

二、L 形补偿器

L 形补偿器由管道的弯头构成。充分利用这种补偿器作热膨胀的补偿，可以收到简单方便的效果。

L 形补偿器如图 9-39 所示，其短臂 L_2 的长度可按下式计算：

$$L_2 = 1.1\sqrt{\frac{\Delta L D_w}{300}} \tag{9-71}$$

式中，L_2 为 L 形补偿器的短臂长度，mm；ΔL 为长臂 L 的热膨胀量，mm；D_w 为管道外径，mm。

L 形补偿器的长臂 L 的长度应取 $20 \sim 25$m 左右，否则会造成短臂的侧向移动量过大而失去了作用。

对固定支架 b 的推力（F_x）按下式计算：

$$F_x = \frac{\Delta L_1 EJK}{L_2^3}\varepsilon \tag{9-72}$$

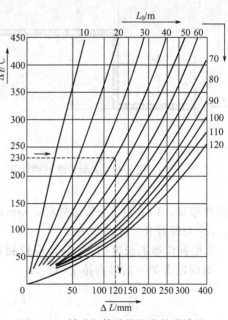

图 9-38　低碳钢管道热膨胀的诺谟图
Δt—温度变化值；L_0—管道长度，m；
ΔL—管道的伸长，mm

$$J = \frac{\pi}{64}(D_w^2 - d^2) \qquad (9-73)$$

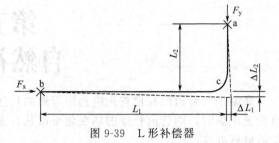

图 9-39　L 形补偿器

式中，F_x 为对支架 b 的推力，N；ΔL_1 为长臂的外补偿量，cm；L_2 为短臂侧的计算臂长，cm；E 为钢材弹性模量，Pa，对 Q235 钢，$E = 21000$MPa；J 为管道断面惯性矩，mm^2；D_w 为管道外径，mm；d 为管道内径，mm；K 为修正系数，$D > 900$mm 时 K 取 2，$D < 800$mm 时 K 取 3；ε 为安装预应力系数，大气温度安装调整时 ε 取 0.63，不调整时 ε 取 1.0。

对固定支架 a 的推力（F_y）按下式计算：

$$F_y = \frac{\Delta L_2 EJK}{L_1^3} \varepsilon \qquad (9-74)$$

式中，F_y 为对支架 a 的推力，N；ΔL_2 为短臂的补偿量，cm；其他符号意义同前。

对最不利的 c 点的弯曲应力（σ_1）为：

$$\sigma_1 = \frac{\Delta L_2 EDK}{2L_1^2} \qquad (9-75)$$

式中，σ_1 为 c 点的弯曲应力，Pa；其他符号意义同前。

【例 9-10】　用 D108×4 碳钢无缝钢管制作 L 形补偿器，如其长臂的热膨胀量为 50mm，求其短臂的长度 L_2。

解：按式（9-71）计算：

$$L_2 = 1.1\sqrt{\frac{\Delta L D_w}{300}} = 1.1\sqrt{\frac{50 \times 108}{300}} \approx 4.67 \text{m}$$

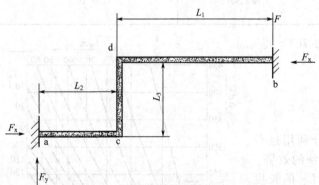

图 9-40　Z 形自然补偿计算

三、Z 形补偿器

Z 形补偿器是常用的自然补偿器之一。Z 形补偿器的优点在于管道设计和安装中很容易实现补偿。如图 9-40 所示。

Z 形补偿器的垂直臂 L_3 的长度可按下式计算：

$$L_3 = \left[\frac{6\Delta t E D_w}{10^3 \sigma (1 + 12K)}\right]^{1/2} \qquad (9-76)$$

式中，L_3 为 Z 形补偿器的垂直臂长度，mm；Δt 为计算温差，℃；E 为管材的弹性模量，Pa；D_w 为管道外径，mm；σ 为允许弯曲应力，Pa；K 为等于 L_1/L_2，L_1 为长臂长，L_2 为短臂长。

Z 形补偿器的长度 $L_1 + L_2$，应控制在 40～50m 的范围内。

对固定支架 b 的轴向推力（F_x）

$$F_x = \frac{KEJ(\Delta L_3 + \Delta L_2)}{L_3^3} \qquad (9-77)$$

式中，F_x 为支架 b 的轴的推力，N；其他符号意义同前。

对支架 b 的横向推力 F_y 是由 L_3 管段的补偿量 ΔL 所产生的力按静力平衡的原则表示如下：

表 9-25 Ⅱ形补偿器常用规格尺寸

单位：mm

注：管径 D_g、弯曲半径 R、构结尺寸（B、H）

补偿能力 ΔL	型号	25 (R=134)		32 (R=168)		40 (R=192)		50 (R=240)		65 (R=304)		80 (R=356)		100 (R=432)		125 (R=532)		150 (R=636)		200 (R=876)		250 (R=1690)	
		B	H	B	H	B	H	B	H	B	H	B	H	B	H	B	H	B	H	B	H	B	H
25	1	780	520	830	580	860	620	820	650	—	—	—	—	—	—	—	—	—	—	—	—	—	—
	2	600	600	650	650	680	680	700	700	—	—	—	—	—	—	—	—	—	—	—	—	—	—
	3	470	680	530	720	570	740	620	750	—	—	—	—	—	—	—	—	—	—	—	—	—	—
	4	—	800	—	820	—	830	—	840	—	—	—	—	—	—	—	—	—	—	—	—	—	—
50	1	1200	720	1300	800	1280	830	1280	880	1250	930	1290	1000	1400	1130	1550	1300	1550	1400	—	—	—	—
	2	840	840	920	920	970	970	980	980	1000	1000	1050	1050	1200	1200	1300	1300	1400	1400	—	—	—	—
	3	650	980	700	1000	720	1050	780	1080	830	1100	930	1150	1060	1250	1200	1300	1350	1400	—	—	—	—
	4	—	1250	—	1250	—	1280	—	1300	—	1120	—	1200	—	1300	—	1300	—	1400	—	—	—	—
75	1	1500	880	1600	950	1660	1020	1720	1100	1700	1150	1730	1220	1800	1350	2050	1550	2000	1680	2450	2100	2250	2200
	2	1050	1050	1150	1150	1200	1200	1300	1300	1300	1300	1350	1350	1450	1450	1600	1600	1750	1750	2100	2100	2200	2200
	3	750	1250	830	1320	890	1380	970	1450	1030	1450	1110	1500	1260	1650	1410	1750	1550	1800	1950	2100	2200	2200
	4	—	1550	—	1650	—	1700	—	1750	—	1500	—	1600	—	1700	—	1800	—	1900	—	2100	—	2200
100	1	1750	1000	1900	1100	1920	1150	2020	1250	2000	1300	2130	1420	2350	1600	2450	1750	2650	1950	2850	2300	3020	2600
	2	1200	1200	1320	1320	1400	1400	1550	1550	1500	1500	1600	1600	1700	1700	1900	1900	2050	2050	2380	2380	2600	2600
	3	860	1400	950	1550	1010	1630	1070	1650	1180	1700	1280	1850	1460	2050	1600	2100	1750	2200	2080	2400	2390	2600
	4	—	—	—	1950	—	2000	—	2050	—	1850	—	1950	—	2100	—	2150	—	2300	—	2550	—	2900
150	1	2150	1200	2320	1320	2420	1400	2520	1500	2600	1600	2790	1750	2950	1900	3250	2150	3550	2400	3750	2750	3100	3100
	2	1500	1500	1640	1640	1730	1730	1800	1800	1850	1850	2000	2050	2150	2150	2450	2450	2600	2600	2950	2950	2840	3500
	3	—	—	1150	1920	1210	2030	1290	2100	1460	2300	1580	2450	1760	2650	1950	2800	2080	2880	2480	3200	—	3600
	4	—	—	—	—	—	—	—	2650	—	2400	—	2550	—	2750	—	2850	—	3000	—	3250	—	—
200	1	—	—	2730	1530	2860	1620	3020	1750	3100	1850	3390	2050	3550	2150	3950	2500	4350	2800	4500	3150	3700	3700
	2	—	—	1900	1900	2000	2000	2100	2100	2200	2200	2350	2350	2550	2550	2800	2800	3050	3050	3500	3500	3090	4000
	3	—	—	—	—	1350	2300	1480	2400	1680	2750	1860	3000	2060	3250	2200	3300	2400	3500	2850	3900	—	4300
	4	—	—	—	—	—	—	—	—	—	2950	—	3100	—	3300	—	3450	—	3600	—	4000	—	—
250	1	—	—	—	—	—	—	—	—	3500	2050	3900	2300	4050	2450	4550	2800	4950	3100	5250	3500	4400	4400
	2	—	—	—	—	—	—	—	—	2450	2450	2700	2700	2850	2850	3200	3200	3500	3500	4000	4000	3290	4400
	3	—	—	—	—	—	—	—	—	1900	3150	2110	3500	2350	3800	2450	3900	2750	4200	3180	4600	—	4900
	4	—	—	—	—	—	—	—	—	—	3400	—	3600	—	3850	—	4050	—	4250	—	4700	—	—

$$F_y = \frac{KEJ\,\Delta L'}{L_1^3} = \frac{KEJ\,\Delta L''}{L_2^3} \qquad (9\text{-}78)$$

式中，F_y 为支架 b 的横向推力，N；$\Delta L'$ 为由力臂 L_1 吸收 L 管段的补偿量；$\Delta L''$ 为由力臂 L_2 吸收 L 管段的补偿量。

对于应力最大位置 c 点应力按下式计算：

$$\sigma_c = \frac{KED(\Delta L_1 \varepsilon + \Delta L_2)}{2L} \qquad (9\text{-}79)$$

式中，σ_c 为 c 点最大弯曲应力，MPa；其他符号意义同前。

四、Π形（Ω形）补偿器

1.分类和组成

Π形补偿器由 4 个 90°弯管组成，其常用的 4 种类型如图 9-41 所示，常用规格尺寸见表 9-25。

Π形（Ω形）补偿器广泛用于碳钢，不锈钢管道、有色金属管道和塑料管道。

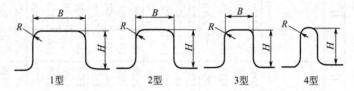

图 9-41　Π形补偿器的类型

1 型（$B=2H$）；2 型（$B=H$）；3 型（$B=0.5H$）；4 型（$B=0$）

Π形补偿器的补偿性能见表 9-26。

表 9-26　Π形补偿器的补偿性能

补偿能力 ΔL/mm	型号	公 称 通 径/mm											
		20	25	32	40	50	65	80	100	125	150	200	250
		臂 　长　 H/mm											
30	1	450	520	570	—	—	—	—	—	—	—	—	—
	2	530	580	630	670	—	—	—	—	—	—	—	—
	3	600	760	820	850	—	—	—	—	—	—	—	—
	4	—	760	820	850	—	—	—	—	—	—	—	—
50	1	570	650	720	760	790	860	930	1000	—	—	—	—
	2	690	750	830	870	880	910	930	1000	—	—	—	—
	3	790	850	930	970	970	980	980	—	—	—	—	—
	4	—	1060	1120	1140	1050	1240	1240	—	—	—	—	—
75	1	680	790	860	920	950	1050	1100	1220	1380	1530	1800	—
	2	830	930	1020	1070	1080	1150	1200	1300	1380	1530	1800	—
	3	980	1060	1150	1220	1180	1220	1250	1350	1450	1600	—	—
	4	—	1350	1410	1430	1450	1450	1350	1450	1530	1650	—	—
100	1	780	910	980	1050	1100	1200	1270	1400	1590	1730	2050	—
	2	970	1070	1070	1240	1250	1330	1400	1530	1670	1830	2100	2300
	3	1140	1250	1360	1430	1450	1470	1500	1600	1750	1830	2100	—
	4	—	1600	1700	1780	1700	1710	1720	1730	1840	1980	2190	—
150	1	—	1100	1260	1270	1310	1400	1570	1730	1920	2120	2500	—
	2	—	1330	1450	1540	1550	1660	1760	1920	2100	2280	2630	2800
	3	—	1560	1700	1800	1830	1870	1900	2050	2230	2400	2700	2900
	4	—	—	—	2070	2170	2200	2200	2260	2400	2570	2800	3100

续表

补偿能力 ΔL/mm	型号	公称通径/mm											
		20	25	32	40	50	65	80	100	125	150	200	250
		臂长 H/mm											
200	1	—	1240	1370	1450	1510	1700	1830	2000	2240	2470	2840	—
	2	—	1540	1700	1800	1810	2000	2070	2250	2500	2700	3080	3200
	3	—	—	2000	2100	2100	2220	2300	2450	2670	2850	3200	3400
	4	—	—	—	2720	2750	2770	2780	2950	3130	3400	3700	
250	1	—	—	1530	1620	1700	1950	2050	2230	2520	2780	3160	—
	2	—	—	1900	2010	2040	2260	2340	2560	2800	3050	3500	3800
	3	—	—	—	2370	2500	2600	2800	3050	3300	3700	3800	
	4	—	—	—	3000	3100	3230	3450	3640	4000	4200		

表中的补偿能力 ΔL 是按安装时冷拉 $\Delta L/2$ 计算的。如采用折皱弯头，补偿能力可增加 $1/3 \sim 1$ 倍。

2. Ⅱ形补偿器的计算

（1）Ⅱ形补偿器的尺寸计算

$$L = \left[\frac{1.5\Delta LED_w}{R(1+6K)} \right]^{\frac{1}{2}} \tag{9-80}$$

式中，L 为补偿器伸出距离，cm；R 为管子弯曲许可应力，碳钢管取 $R = 70 \sim 80$MPa；E 为管材弹性模量，MPa；D_w 为管子外径，cm；ΔL 为两固定支架间管道热伸长量的 $1/2$，cm。

$$K = \frac{L_1}{L} \tag{9-81}$$

式中，L_1 为补偿器的开口距离，cm。

【例 9-11】 用 D108×4 碳钢无缝钢管制作 Ⅱ 形补偿器，其长臂长度为 1700mm，计算其补偿能力。

解： 按式（9-80）变换得

$$\Delta L = \frac{R(1+6K)L^2}{1.5ED_w} = \frac{75 \times (1+6\times 1) \times 170^2}{1.5 \times 2 \times 10^5 \times 10.8} \approx 5\text{cm}$$

（2）Ⅱ形补偿器的弹性力计算 Ⅱ形补偿器的弹性力可按下式计算：

$$P_K = \frac{\sigma W}{H} \tag{9-82}$$

式中，P_K 为弹性力，N；σ 为管材的许用应力（见表 9-27），MPa；W 为管子的抗弯矩（见表 9-28），cm³；H 为补偿器垂直臂长，cm。

【例 9-12】 一 Ⅱ形补偿器使用 D108×4 碳钢无缝钢管制作，其垂直臂长为 1000mm，试求该补偿器的弹性力。

解： $\sigma = 1130$MPa，$W = 39.83$cm³ 代入式（9-82）中：

$$P_K = \frac{\sigma W}{H} = \frac{1130 \times 39.83}{100} = \frac{45007.9}{100} \approx 450\text{N}$$

3. Ⅱ形补偿器的制作

Ⅱ形补偿器须用优质无缝管制作。整根补偿器用一根管子弯制而成。制作尺寸大的补偿器也可以用两根或三根管子焊接制成。管道常用计算数据见表 9-28。

表 9-27　常用钢管与钢板额定许用应力

钢号	厚度/mm	下列温度(℃)下的材料额定许用应力/MPa																
		≤20	100	150	200	250	300	350	400	425	450	475	500	520	540	560	580	600
常用钢管																		
10	≤10	113	113	112	106	106	94	88	81	78	62	41						
	>10~20	107	107	103	97	91	84	78	72	67	62	41						
20	≤10	133	133	133	131	122	112	103	97	87	62	41						
	>10~20	127	127	125	119	112	106	97	91	87	62	41						
16Mn	≤10	167	167	167	167	156	144	135	127	95	67	43						
	>10~20	160	160	160	159	150	138	128	122	95	67	43						
15MnV	≤10	173	173	173	173	173	169	156	147	142	100	65	38					
	>10~20	167	167	167	167	167	162	150	141	138	100	65	38					
12CrMo		140	140	131	125	119	113	100	100	97	94	89	84	61	40			
15CrMo		150	147	138	131	125	119	113	106	103	100	95	91	68	51	36		
12Cr1MoV		160	147	138	131	125	119	113	106	103	100	95	91	87	83	67	53	
Cr2Mo		113	107	105	103	101	98	95	92	89	85	80	75	60	44	33	24	18
Cr5Mo		125	113	106	103	100	97	94	91	89	88	84	80	60	45	35	29	23
1Cr18Ni9Ti		140	140	140	131	123	117	112	110	109	108	107	106	103	95	74	57	43
Cr18Ni13Mo2Ti		140	140	140	135	127	121	116	113	112	110	109	108	107	106	102	92	80
常用钢板																		
Q235F	≤20	127	127	127	125	116												
	>21~26	127	127	122	116	106												
Q235	≤20	127	127	127	125	116	106	97	91									
	>21~26	127	127	125	119	109	100	94	88									
20g	6~16	137	137	137	131	122	113	103	97	87	62	41						
	17~25	137	137	131	125	119	109	100	94	87	62	41						
16Mn	≤16	173	173	173	173	166	153	144	127	95	67	43						
	17~25	167	167	167	167	156	144	134	127	95	67	43						

表 9-28　管道常用计算数据

公称直径 D_g/mm	外径 D_w/mm	壁厚 S/mm	管壁截面 f/cm²	惯性矩 J/cm⁴	抗弯矩 W/cm³	惯性半径 i/cm
15	21.25(1/2″)	2.75	1.60	0.70	0.66	0.66
	18	2.5	1.22	0.38	0.42	0.55
20	26.75(3/4″)	2.75	2.07	1.51	1.13	0.85
	25	2.5	1.77	1.13	0.91	0.79
25	33.5(1″)	3.25	3.09	3.57	2.13	1.08
	32	2.5	3.32	2.54	1.59	1.04
		3	2.73	2.90	1.82	1.03
32	$42.25\left(1\frac{1}{4}''\right)$	3.25	3.98	7.62	3.61	1.39
	38	2.5	2.79	4.41	2.32	1.25
		3	3.30	5.09	2.68	1.24
40	$48\left(1\frac{1}{2}''\right)$	3.5	4.89	12.19	5.08	1.57
	45	3	0.96	8.77	3.90	1.48
		3.5	4.56	9.89	4.40	1.47
50	60(2″)	3.5	6.21	24.88	8.30	2.01
	57	3.5	5.88	21.14	7.42	1.90
		4	6.66	23.52	8.25	1.89

续表

公称直径 D_g/mm	外径 D_w/mm	壁厚 S/mm	管壁截面 f/cm²	惯性矩 J/cm⁴	抗弯矩 W/cm³	惯性半径 i/cm
70	$75.5\left(2\frac{1}{2}''\right)$ 76	3.75 4 5	8.45 9.05 11.15	54.54 58.81 70.62	14.45 15.48 18.59	2.52 2.54 2.52
80	88.5(3″) 89	4 4 5	10.62 10.68 13.19	95.0 96.68 116.79	21.47 21.78 26.24	2.98 3.00 2.98
100	114(4″) 108	4 4 5	13.82 13.07 16.18	209.35 176.95 215.06	36.73 32.77 39.83	3.88 3.67 3.65
125	140(5″) 138	4.5 4 5 6	19.16 16.21 20.11 23.94	440.11 337.53 412.41 483.72	62.87 50.76 62.02 72.74	4.79 4.55 4.53 4.51
150	165(6″) 159	4.5 4.5 6	22.69 21.84 28.84	731.20 652.26 845.19	88.63 82.05 106.31	5.65 5.44 5.41
200	219	6 7	40.15 46.62	2278.74 2622.03	208.1 237.46	7.50 7.50
250	273	7 8	58.50 66.60	5177.24 5851.64	379.29 428.69	9.39 9.37
300	325	8 9	79.07 83.35	10013.91 11161.32	616.42 686.85	11.20 11.18
350	377	9	104.05	17624.03	434.96	13.03
400	426	9	117.90	25639.67	1203.74	14.75

（1）**技术条件**　制作Ⅱ形补偿器的主要技术条件及尺寸如下：接头连接时，公称通径小于200mm的，焊缝与长臂轴线垂直，如图9-42（a）所示；公称通径大于或等于200mm的，焊缝与长臂轴线成45°角，如图9-42（b）所示。

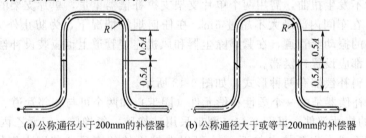

(a) 公称通径小于200mm的补偿器　　　(b) 公称通径大于或等于200mm的补偿器

图 9-42　Ⅱ形补偿器的焊缝位置

（2）制作Ⅱ形补偿器的技术条件和具体尺寸规定

① 公称通径不大于150mm的Ⅱ形补偿器，用冷弯法弯制；公称通径大于150mm的用热弯法弯制，也可以采用折皱弯头。

② 用管子弯制的弯头直径通常为（3~4）D_g；急弯弯头为（1~1.5）D_g；焊接弯头为（1~1.5）D_g。

③ 补偿器的椭圆率，壁厚减薄率、波浪度和角度偏差应符合有关要求。

Ⅱ形补偿器4个弯头的角度都必须保持90°，并要求处于一个平面内。平面歪扭偏差不应大于3mm/m，且不得大于10mm。垂直长臂长度偏差应小于±10mm，但两条臂的长度必须一样长，水平臂长度偏差应小于±20mm。

④ Ⅱ形补偿器每个元件的焊缝应位于管道直段处，距弯头弯由开始点的距离（除急弯弯头外）应等于管子外径，但 $D_g < 150mm$ 的管子不小于 $100mm$；$D_g \geqslant 150mm$ 的管子则不小于 $200mm$。

4. Ⅱ形补偿器的安装

① 制作好的补偿器经过检验合格后始允许安装。

② Ⅱ形补偿器通常成水平安装，只有在空间上较狭窄不能水平安装时才容许垂直安装；水平安装时平行臂应与管线坡度及坡向相同，垂直臂应呈水平。

Ⅱ形弯可朝上也可以朝下，朝上配置时应在最高点安装排气装置；朝下配置时应在最低点安装疏水装置。不论怎样安装，需保持整个补偿器的各个部分处在同一平面上。

③ 补偿器预拉伸或预压缩值必须符合设计的规定，允许偏差为 $\pm 10mm$。

安装补偿器时，把撑拉补偿器用的螺丝撑杆和补偿器一起安装好。在补偿器撑拉好并把管道紧固到固定支架上后，再从补偿器上取下。

④ Ⅱ形补偿器的安装距离必须在 3 个活动支架以上。当其安装在有坡度的管线上时，补偿器的两侧垂直臂应以水平仪测量安装成水平；补偿器的中间水平臂与管道段连接的端点允许有坡度。

⑤ 在设置固定支架时，还必须考虑到支管的位移，一般不得使支管的位移超过 $50mm$。

第六节
机械补偿器

在自然补偿不能满足要求时要进行机械补偿。常用的机械补偿器有柔性材料补偿器、波纹补偿器和鼓形补偿器等。

一、柔性材料补偿器

当输送的烟气温度高于 $70℃$ 时，且在管线的布置上又不能靠自身补偿时，需设置补偿器。补偿器一般布置在管道的两个固定支架中间，但必须考虑到不要因为补偿器本身的重量而在烟气管道膨胀与收缩时不发生扭曲，需用两个单片支架支撑补偿器重量，单片支架的间距在车间外部时一般为 $3 \sim 4m$；在车间内部最大不超过 $6m$。在任何烟气情况下，为防止外力作用到设备上，以及防止机械设备的振动给管道，在紧靠除尘器和风机连接管道上也应装设补偿器。对大型除尘器和风机，其前后都应设置补偿器。

常用的柔性材料补偿器有两种形式，如图 9-43 所示。

NM 型非金属补偿器是由一个柔性补偿元件（圈带）和两个可与相邻管道、设备相接的端管（或法兰）等组成的挠性部件，见图 9-44。圈带采用硅橡胶、氟橡胶、三元乙丙烯橡胶和玻璃纤维布压制硫化处理而成，主要特点如下：a. 可以在较小的长度尺寸范围内提供多维位移补偿，与金属波纹补偿器相比，简化了补偿器结构形式；b. 无弹性力。由于补偿器元件采用橡胶、聚四氟乙烯与无碱玻璃纤维复合材料，它具有万向补偿和吸收热膨胀推力的能力，几乎无弹性反力，可简化管路设计；c. 消声减振。橡胶玻璃纤维复合材料能有效地减少锅炉、风机等系统产生噪声和振动；d. 适用温度范围较宽。采用不同橡胶复合材料和圈带内部设置隔热材料，可达到较宽的温度范围；e. 在允许的范围内，可补偿一定的施工安装误差。

1. 设计技术条件

（1）设计压力 p　除尘系统管道内的气体设计压力一般在 $0.01MPa$ 以下，选型时一般取设备的承受压力 $p \leqslant 0.03MPa$。

（2）设计温度等级　设计温度范围可从常温到高温，共分为 9 个等级，见表 9-29。

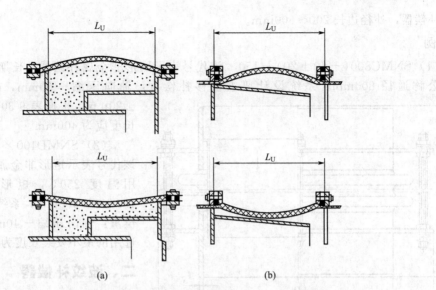

图 9-43　柔性材料补偿器

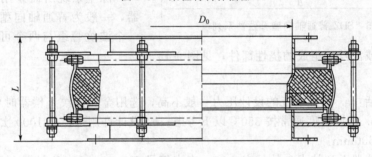

图 9-44　NM 型非金属补偿器

表 9-29　设计温度等级

设计温度等级	A	B	C	D	E	F	G	H	T
工作温度/℃	常温	≤100	≤150	≤250	≤350	≤450	≤550	≤700	≥700

2. 结构形式

非金属补偿器有圆形（SNM）和矩形（CNM）两种类型，补偿元件（圈带）与端管或垫环连接通常用直筒形，亦可采用翻边形式。根据使用温度和位移补偿要求，结构相应有变化。

3. 安装长度与连接尺寸

（1）安装长度　非金属补偿器的安装长度与位移量的大小有直接关系，安装长度与位移补偿量见表 9-30。

表 9-30　安装长度与位移补偿量　　　　单位：mm

位移方向	安装长度	300	350	400	450	500	550	600	700
轴向位移	压缩−X	−30	−45	−60	−70	−90	−100	−120	−150
	拉伸+X	+10	+15	+20	+25	+30	+35	+40	+50
横向位移	圆形（SNM）	±15	±20	±25	±30	±35	±40	±45	±50
	矩形（CNM）	±8/±4	±10/±6	±12/±8	±16/±10	±18/±12	±20/±14	±22/±16	±25/±18

（2）非金属补偿器的连接尺寸　非金属补偿器的连接尺寸，是指与管道连接的端管公称通径 DN 或矩形端管的外径边长。圆形非金属补偿器，端管公称通径 DN200～6000mm；矩形非

金属补偿器，外径边长 200～600mm。

4. 举例

（1）SNMC800（－60±20）－150 该代号表示圆形非金属补偿器，长期使用温度150℃，接管公称通径 800mm，系统设计要求位移补偿量：轴向压缩－60mm，横向位移补偿量±20mm，根据表 9-30 选用的最小安装长度应为 400mm。

（2）SNMD400×600（－40）－250 该代号表示矩形非金属补偿器，长期使用温度 250℃，矩形管道外径边长 400mm×600mm，系统设计要求位移补偿量：轴向压缩－40mm，根据表 9-30 选用的最小安装长度为 350mm。

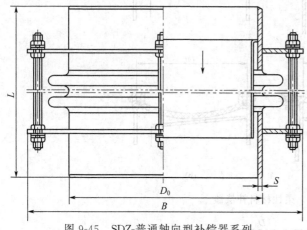

图 9-45 SDZ-普通轴向型补偿器系列

二、波纹补偿器

除尘系统所需采用的金属波纹补偿器，一般为普通轴向型补偿器。它是由一个波纹管组与两个可与相邻管道、设备相接的端管（或法兰）组成的挠性部件，见图 9-45。

1. 设计条件

设计条件包括：a. 除尘系统的设计压力一般不高，选用金属波纹补偿器时可按 $P=0.1$MPa 查取样本资料；b. 设计温度通常按 350℃ 以下考虑；c. 设计许用寿命按 1000 次考虑；d. 公称通径在 DN 600～4600mm。

金属波纹补偿器系列技术参数见表 9-31，表中符号 D_0，S，L，B 见图 9-45。

表 9-31 金属波纹补偿器系列技术参数 （设计压力：$P=0.1$MPa）

公称通径/mm	型 号	轴向位移 X/mm	轴向刚度 K_x/(N/mm)	有效面积 A/cm²	焊接端管		总长 L/mm	总宽度 B/mm	参考重量 /kg
					外径 D_0/mm	壁厚 S/mm			
600	SDZ1-600 I	42	373	3475	630	8	420	900	108
700	SDZ1-700 I	54	297	4670	720	10	450	980	141
800	SDZ1-800 I	55	1428	5960	820	10	480	1100	173
900	SDZ1-900 I	55	452	7390	920	10	530	1210	212
1000	SDZ1-1000 I	65	413	8990	1020	10	580	1320	252
1100	SDZ1-1100 I	75	337	10940	1120	10	560	1450	269
1200	SDZ1-1200 I	85	314	13070	1220	12	570	1550	299
1300	SDZ1-1300 I	70	324	15070	1320	12	570	1650	322
1400	SDZ1-1400 I	40	550	17580	1420	12	500	1750	395
1500	SDZ1-1500 I	45	564	20000	1520	12	500	1850	423
1600	SDZ1-1500 I	45	991	22730	1620	12	500	1950	447
1700	SDZ1-1600 I	50	924	25620	1720	12	520	2080	501
1800	SDZ1-1800 I	50	949	28360	1820	12	520	2180	528
2000	SDZ1-2000 I	42	1225	34700	2020	12	500	2360	582

续表

公称通径/mm	型 号	轴向位移 X/mm	轴向刚度 K_X/(N/mm)	有效面积 A/cm²	焊接端管		总长 L/mm	总宽度 B/mm	参考重量/kg
					外径 D_0/mm	壁厚 S/mm			
2200	SDZ1-2200 I	38	1355	41350	2220	14	520	2560	715
2300	SDZ1-2300 I	32	1368	44990	2320	14	500	2660	743
2400	SDZ1-2400 I	36	1443	48790	2420	14	510	2760	764
2500	SDZ1-2500 I	26	3326	53380	2520	14	600	2860	914
2600	SDZ1-2600 I	42	1769	57766	2620	16	580	2960	963
2800	SDZ1-2800 I	60	1618	66250	2820	16	620	3160	1028
3000	SDZ1-3000 I	58	1720	76110	3020	16	620	3360	1099

型号 SDZ1-6001，表示普通轴向型补偿器，公称压力 $P_N=0.1$MPa，公称通径 $DN=600$mm，轴向额定位移 $[X]=42$mm，疲劳寿命 $N=1000$ 次，刚度 $K_Y=373$N/mm，接管为焊接，无保温层，接管材料为碳钢。

2. 计算举例

【例 9-13】 已知某管段两端为固定管架或设备，管道公称通径 $DN1400$，设计压力 $P=0.1$MPa，介质温度 $t=300℃$，轴向位移 $X=30$mm。求选型并计算推力。

解：选型号为 SDZ1-1400-1。

该型号轴向补偿能力 $X=40$mm，轴向刚度 $K_X=550$N/mm，有效面积 $A=17580$m²，总长 $L=500$mm，总宽 $B=1750$mm，端管规格 $\Phi1420\times12$，弹性反力：轴向 $FK_X=XK_X=30\times550=16500$N。

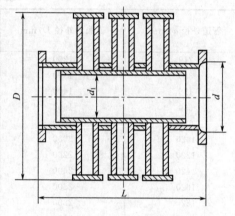

图 9-46　鼓形补偿器示意

两端管道的盲端，拐弯处的固定支架或设备所承受的压力推力（工作时）为：
$$F_p=100pA=100\times0.1\times17580=175800\text{N}$$

三、鼓形补偿器

鼓形补偿器见图 9-46。一般用于户外管道。鼓形补偿器分一级、二级和三级三种，根据所需补偿量选用，图中 L 值：一级为 500mm；二级为 1000mm；三级为 1500mm。波纹补偿器多用不锈钢制作，鼓形补偿器用 Q235 钢制作。

鼓形补偿器的计算如下。

（1）补偿器的压缩或拉伸量
$$L=\Delta Ln \tag{9-83}$$
$$\Delta L=\frac{3\alpha}{4}\times\frac{\sigma_T d^2}{E\delta K} \tag{9-84}$$

式中，L 为补偿器压缩或拉伸量，mm；n 为补偿器的级数；ΔL 为一级最大压缩或拉伸量，mm；α 为系数，查表 9-32 确定；σ_T 为屈服极限，Pa，用 Q235 材料时为 21000MPa；d 为补偿器内径，cm；E 为弹性模量，用 Q235 材料时为 21000MPa；δ 为补偿器的鼓壁厚度，cm；K 为安全系数，可取 1.2。

（2）当一级压缩或拉伸为 ΔL 时，补偿器最大的压缩或拉伸力（弹性力或延伸力）：

$$F_s = 1.25 \frac{\pi}{1-B} \times \frac{\sigma_T \delta^2}{K} \tag{9-85}$$

式中，F_s 为补偿器最大压缩或拉伸力，N；B 为系数，等于补偿器内径 d 与外径 D 之比 $B = \dfrac{d}{D}$；其他符号意义同前。

（3）补偿器的内壁上，由烟气工作压力引起推力：

$$F_T = \Phi \frac{pd^2}{K} \tag{9-86}$$

式中，F_T 为烟气压力对补偿器的推力，N；p 为管道内部烟气的计算压力，Pa；Φ 为系数，查表 9-32 确定。

表 9-32　α 及 Φ 系数

管道外径 d/mm	膨胀器外径 D/mm	$B = \dfrac{d}{D}$	系数	
			α	Φ
219	1200	0.183	140	0.632
325	1300	0.25	61	4.65
426	1400	0.305	34.48	3.107
630	1600	0.394	14.918	1.797
820	1800	0.456	8.67	1.289
1020	2000	0.51	5054	0.892
1220	2200	0.555	3.387	0.786
1420	2400	0.592	2.775	0.655
1620	2600	0.623	2.17	0.563
1820	2800	0.65	1.65	0.491
2020	3000	0.673	1.3	0.437
2420	3400	0.711	0.9399	0.357
2520	3500	0.72	0.829	0.341

（4）管道鼓形膨胀器安装时，因受空气温度影响，已经延伸或收缩，为减少推力，规定按当地最高或最低温度预先予以压缩或延伸。

第十章

除尘通风机

通风机是除尘系统的重要设备。通风机的作用在于把含尘气体输送到除尘器并把经过净化后的气体排至大气中。通风机包括主机、电机以及配套的执行机构、调速装置、冷却装置、润滑装置、振动装置等。风机的良好运行不仅是提高除尘系统作业率，而且可以节约能耗，降低运行成本。

第一节
通风机的分类和工作原理

一、通风机的分类

因通风机的作用、原理、压力、制作材料及应用范围不同，所以通风机有许多分类方法。按其在管网中所起的作用分，起吸风作用的称为引风机，起吹风作用的称为鼓风机。按其工作原理，分为离心式通风机、轴流式通风机和混流式通风机。在除尘工程中主要应用离心式通风机。按风机压力大小，通风机分为低压通风机（$p < 1000\text{Pa}$）、中压通风机（p 为 $1000 \sim 3000\text{Pa}$）和高压通风机（$p > 3000\text{Pa}$）三种，环境工程中应用最多的是后两种。按其制作材料，通风机分为钢制通风机、塑料通风机、玻璃钢通风机和不锈钢通风机等。按其应用范围，通风机分为排尘通风机、排毒通风机、锅炉通风机、排气扇及一般通风机等。

二、通风机的工作原理

通风机是将旋转的机械能转换成流动空气总压（增加）而使空气连续流动的动力驱动机械，能量转换是通过改变流体动量实现的。

空气在离心式通风机内的流动情况如图 10-1 所示。叶轮安装在蜗壳 4 内。当叶轮旋转时，气体经过进气口 2 轴向吸入，然后气体约折转 90°流经叶轮叶片构成的流道间。当气体通过旋转叶轮的叶道间时，由于叶片的作用获得能量，即气体压力提高，动能增加。而蜗壳将叶轮甩出的气体集中，导流，从通风机出气口 6 经出口扩压器 7 排出。当气体获得的能量足以克服其阻力时，则可将气体输送到高处或远处。

三、通风机的结构和形式

离心式通风机一般由集流器、叶轮、机壳、传动装置和电机等组成。

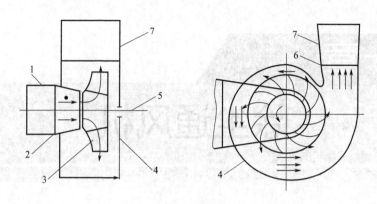

图 10-1 离心式通风机简图
1—进气室；2—进气口；3—叶轮；4—蜗壳；5—主轴；6—出气口；7—出口扩压器

1. 集流器

集流器是通风机的进气口，它的作用是在流动损失较小的情况下，将气体均匀地导入叶轮。图 10-2 示出了目前常用的 4 种类型的集流器。

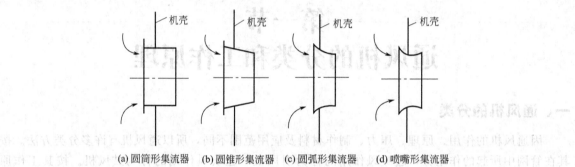

(a) 圆筒形集流器　(b) 圆锥形集流器　(c) 圆弧形集流器　(d) 喷嘴形集流器

图 10-2 集流器形式示意

圆筒形集流器本身流体阻力较大，且引导气流进入叶轮的流动状况不好。其优点是加工简便。圆锥形集流器的流动状况略比圆筒形好些，但仍不佳。圆弧形集流器的流动状况较前两种形式好些，实际使用也较为广泛。喷嘴形集流器流动损失小，引导气流进入叶轮的流动状况也较好，广泛采用在高效通风机上。但加工比较复杂，制造要求高。

2. 叶轮

叶轮是通风机的主要部件，通风机的叶轮由前盘、后盘、叶片和轮毂组成，一般采用焊接和铆接加工。它的尺寸和几何形状对通风机的性能有着重大的影响。

叶片是叶轮最主要的部分，它的出口角、叶片形状和数目等对通风机的工作有很大的影响。

离心式通风机的叶轮，根据叶片出口角的不同，可分前向、径向和后向三种，如图 10-3 所示。在叶轮圆周速度相同的情况下，叶片出口角 β 越大，则产生的压力越低。而一般后向叶轮的流动效率比前向叶轮高，流动损失小，运转噪声也低。所以，前向叶轮常用于风量大而风压低的通风机，后向叶轮适用于中压和高压通风机。当流量超过某一数值后，后向叶轮通风机的轴功率具有随流量的增加而下降的趋势，表明它具有不过负荷的特性；而径向和前向叶轮通风机的轴功率随流量的增大而增大，表明容易出现超负荷的情况。如果在除尘系统工作情况不正常时，径向叶轮和前向叶轮的通风机容易出现超负荷，以致发生烧坏电动机的事故。

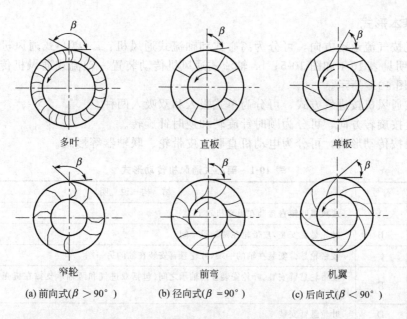

(a) 前向式($\beta > 90°$)　　　(b) 径向式($\beta = 90°$)　　　(c) 后向式($\beta < 90°$)

图 10-3　离心式通风机叶轮结构及叶片形状

离心式通风机的叶片形状如图 10-3 所示，分板型、弧型和机翼型几种。板型叶片制造简单。机翼型叶片具有良好的空气动力性能，强度高，刚性大，通风机的效率一般较高。但机翼型叶片的缺点是输送含尘气流浓度高的介质时，叶片磨穿后杂质进入内部会使叶轮失去平衡而产生振动。

3. 机壳

机壳的作用在于收集从叶轮甩出的气流，并将高速气流的速度降低，使其静压增加，以此来克服外界的阻力将气流送出。图 10-4 为机壳及出口扩压器的外形。

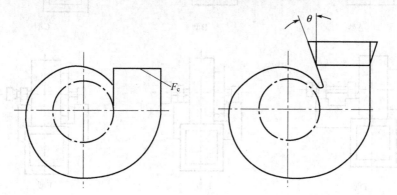

图 10-4　机壳及出口扩压器

离心式通风机的螺旋形机壳，其正确形状是对数螺线。但由于对数螺线作图较繁，在实际作图时常以阿基米德螺线来代替对数螺线。机壳断面沿叶轮转动方向呈渐扩形，在气流出口处断面为最大。随着蜗壳出口面积的增加，通风机的静压有所增加。

如果 F_c 截面上速度仍很大，为了对这部分能量有效地予以利用，可以在蜗壳出口后增加扩压器。经验表明，扩压器应向着蜗舌方向扩散（见图 10-4）。出口扩压器的扩散角 $\theta = 6° \sim 8°$ 为佳，有时为减少其长度，也可取 $\theta = 10° \sim 12°$。

4. 通风机的基本形式

① 通风机按气流运动方向，可分为离心式和轴流式通风机：a. 离心式通风机传动形式代表符号与结构说明见表 10-1 和图 10-5；b. 轴流式通风机传动装置。轴流式通风机传动装置的连接及结构形式如图 10-6 所示。

② 离心式通风机按进气方式，可分为单式吸入和双吸入两种。

③ 通风机按旋转方向，可分为顺时针旋转和逆时针旋转。

④ 通风机按传动形式，可分为电动机直联、皮带轮、联轴器等形式。

表 10-1 离心式通风机传动形式

传动形式	符号	结 构 说 明
电动机直联	A	通风机叶轮直接装在电动机轴上
皮带轮	B	叶轮悬臂安装，皮带轮在两轴承中间
	C	皮带轮悬臂安装在轴的一端，叶轮悬臂安装在轴的另一端
	E	皮带轮悬臂安装，叶轮安装在两轴承之间（包括双进气和两轴承支撑在机壳或进风口上）的结构形式
联轴器	D	叶轮悬臂安装
	F	叶轮安装在两轴承之间

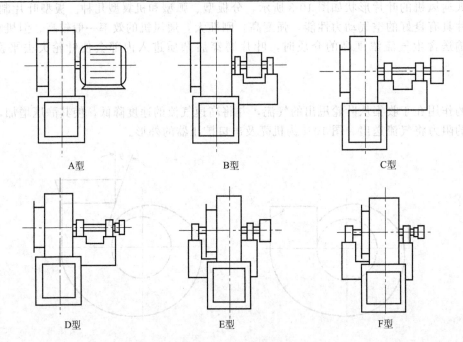

A型　　　　　　　　　B型　　　　　　　　　C型

D型　　　　　　　　　E型　　　　　　　　　F型

图 10-5 离心式通风机传动形式

5. 离心式通风机进气箱位置

离心式通风机进气箱的位置，按叶轮旋转方向，并根据安装角度的不同各规定 5 种基本位置（从原动机侧看），如图 10-7 所示。

6. 离心式通风机出风口位置

离心式通风机出风口的安装位置，按叶轮旋转方向，并根据安装角度的不同各规定 8 种基本位置（从原动机侧看），如图 10-8 所示。当不能满足使用要求时，则允许采用表 10-2 所列的补

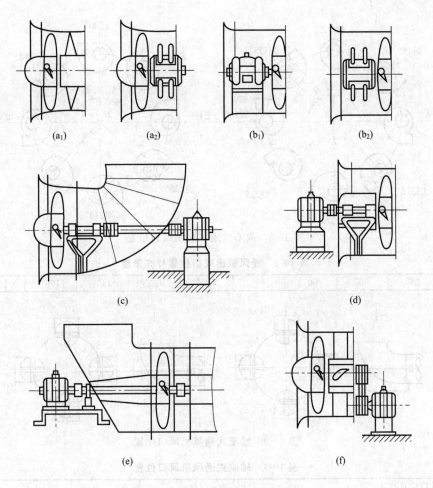

图 10-6　轴流式通风机传动装置

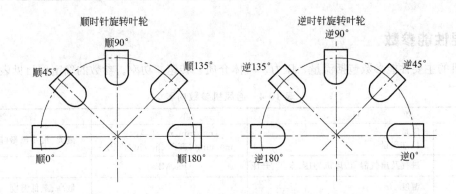

图 10-7　离心式通风机进气箱位置

充角度。

7. 轴流式通风机出口位置

　　轴流式通风机的风口位置,用气流入出的角度表示,如图 10-9 所示。基本风口位置有 4 个,特殊用途可增加,见表 10-3。轴流式通风机气流风向一般以"入"表示正对风口气流的入方向,以"出"表示对风口气流的流出方向。

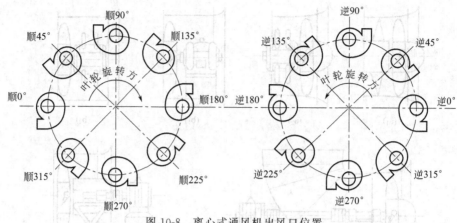

图 10-8　离心式通风机出风口位置

表 10-2　通风机出风口位置补充角度

补充角度	15°	30°	60°	75°	105°	120°	150°	165°	195°	210°

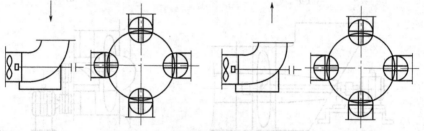

图 10-9　轴流式通风机风口位置

表 10-3　轴流式通风机风口位置

基本出风口位置/(°)	0	90	180	270
补充出风口位置/(°)	45	135	225	315

四、主要性能参数

通风机的主要性能参数包括流量、压力、气体介质、转速、功率。参数的确定项目见表 10-4。

表 10-4　通风机参数内容

项　　目		单　　位	备　　注
流量	风量 标准风量	m^3/min、m^3/h、kg/s $m^3/min(NTP)$、$m^3/h(NTP)$	最大、最小风量喘振点
压力	进气及出气静压、风机静压、全压、升压	Pa、MPa	
气体介质	温度 湿度 密度 灰尘量及灰尘的种类 气体的种类	℃ %、kg/h $kg/m^3(NTP)$ g/m^3、$g/m^3(NTP)$、g/min	最高、最低温度 相对湿度和绝对湿度 附着性、磨损性、腐蚀性 腐蚀性、有毒性、易爆性
转速		r/min	滑动 定速、变速（转速范围）
功率	有效功率 内部功率 轴功率	kW	带动 驱动方法　直联 液力联轴器

1. 通风机流量

所说的通风机流量是用出气流量换算成其进气状态的结果来表示的，通常以 m^3/min、m^3/h 表示，但在压比为 1.03 以下时，也可将出气风量看作为进气流量；在除尘工程中以 m^3/h（常温常压）来表示的情况居多。为了对比流量的大小，常把工况流量换算成标准状态，即 0℃、0.1MPa 气体干燥状态；另外，还可以用质量流量 kg/s 来表示。

2. 气体密度

气体的密度指单位体积气体的质量，由气体状态方程确定

$$\rho = \frac{p}{RT} \tag{10-1}$$

在通风机进口标准状态情况下，其气体常数 R 为 288J/(kg·K)；$\rho = 1.2kg/m^3$。

3. 通风机的压力

（1）**通风机的全压** p_{tF}　气体在某一点或某截面上的总压等于该点或截面上的静压与动压之代数和，而通风机的全压则定义为通风机出口截面上的总压与进口截面上的总压之差，即

$$p_{tF} = \left(p_{sF_2} + \rho_2 \frac{v_2^2}{2} \right) - \left(p_{sF_1} + \rho_1 \frac{v_1^2}{2} \right) \tag{10-2}$$

式中，p_{sF_2}、ρ_2、v_2 分别为通风机出口截面上的静压、密度和速度；p_{sF_1}、ρ_1、v_1 分别为通风机进口截面上的静压、密度和速度。

（2）**通风机的动压** p_{dF}　通风机的动压定义为通风机出口截面上气体的动能所表征的压力，即

$$p_{dF} = \rho_2 \frac{v_2^2}{2} \tag{10-3}$$

（3）**通风机的静压** p_{sF}　通风机的静压定义为通风机的全压减去通风机的动压，即

$$p_{sF} = p_{tF} - p_{dF} \tag{10-4}$$

或

$$p_{sF} = (p_{sF_2} - p_{sF_1}) - \rho_1 \frac{v_1^2}{2} \tag{10-5}$$

从上式看出，通风机的静压既不是通风机出口截面上的静压 p_{sF_2}，也不等于通风机出口截面与进口截面上的静压差（$p_{sF_2} - p_{sF_1}$）。

4. 通风机的转速

通风机的转速是指叶轮每秒钟的旋转速度，单位为 r/min，常用 n 表示。

5. 通风机的功率

（1）**通风机的有效功率**　通风机所输送的气体，在单位时间内从通风机中所获得的有效能量，称为通风机的有效功率。当通风机的压力用全压表示时，称为通风机的全压有效功率 P_e(kW)，则

$$P_e = \frac{p_{tF} q_v}{1000} \tag{10-6}$$

式中，q_v 为风机额定风量，m^3/s；p_{tF} 为风机全压，Pa。

当用通风机静压表示时，称为通风机的静压有效功率 P_{esF}(kW)，则

$$P_{esF} = \frac{p_{sF} q_v}{1000} \tag{10-7}$$

式中，p_{sF} 为风机的静压，Pa；其他符号意义同前。

（2）**通风机的内部功率**　通风机的内部功率 P_{in}(kW)，等于有效功率 P_e 加上通风机的内

部流动损失功率 ΔP_{in}，即

$$P_{in}=P_e+\Delta P_{in} \tag{10-8}$$

（3）通风机的轴功率 通风机的轴功率 P_{sh}（kW），等于通风机的内部功率 P_{in} 加上轴承和传动装置的机械损失功率 ΔP_{me}（kW），即

$$P_{sh}=P_{in}+\Delta P_{me} \tag{10-9}$$

或

$$P_{sh}=P_e+\Delta P_{in}+\Delta P_{me} \tag{10-10}$$

通风机的轴功率又称通风机的输入功率，实际上它也是原动机（如电动机）的输出功率。

6. 通风机的效率

（1）通风机的全压内效率 η_{in} 通风机的全压内效功率 η_{in} 等于通风机全压有效功率 P_e 与内部功率 P_{in} 的比值，即

$$\eta_{in}=\frac{P_e}{P_{in}}=\frac{p_{tF}q_v}{1000P_{in}} \tag{10-11}$$

（2）通风机静压内效率 $\eta_{sF\cdot in}$ 通风机静压内效率 $\eta_{sF\cdot in}$ 等于通风机静压有效功率 P_{esF} 与通风机内部功率 P_{in} 之比，即

$$\eta_{sF\cdot in}=\frac{P_{esF}}{P_{in}}=\frac{p_{sF}q_v}{1000P_{in}} \tag{10-12}$$

通风机的全压内效率或静压内效率均表征通风机内部流动过程的好坏，是通风机气动力设计的主要标准。

（3）通风机全压效率 η_{tF} 通风机全压效率 η_{tF} 等于通风机全压有效功率 P_e 与轴功率 P_{sh} 之比，即

$$\eta_{tF}=\frac{P_e}{P_{sh}}=\frac{p_{tF}q_v}{1000P_{sh}} \tag{10-13}$$

或

$$\eta_{tF}=\eta_{tn}\eta_{me} \tag{10-14}$$

其中，η_{me} 称为机械效率，且

$$\eta_{me}=\frac{P_{in}}{P_{sh}}=\frac{p_{tF}q_v}{1000\eta_{in}P_{sh}} \tag{10-15}$$

机械效率是表征通风机轴承损失和传动损失的大小，是通风机机械传动系统设计的主要指标，根据通风机的传动方式，表10-5列出了机械效率选用值，供设计时参考。当风机转速不变而运行于低负荷工况时，因机械损失不变，故机械效率还将降低。

表 10-5 传动方式与机械效率

传动方式	机械效率 η_{me}	传动方式	机械效率 η_{me}
电动机直联	1.0	减速器传动	0.95
联轴器直联传动	0.98	V带传动	0.92

（4）通风机的静压效率 η_{sF} 通风机的静压效率 η_{sF} 等于通风机静压有效功率 P_{esF} 与轴功率 P_{sh} 之比，即

$$\eta_{sF}=\frac{P_{esF}}{P_{sh}}=\frac{p_{sF}q_v}{1000P_{sh}} \tag{10-16}$$

或

$$\eta_{sF}=\eta_{sF\cdot in}\eta_{me} \tag{10-17}$$

7. 电动机功率的选用

电动机的功率 P 按下式选用

$$P \geqslant KP_{sh} = K\frac{p_{tF}q_v}{1000\eta_{tF}} \quad (10\text{-}18)$$

$$P \geqslant KP_{sh} = K\frac{p_{sF}q_v}{1000\eta_{sF}} \quad (10\text{-}19)$$

式中，K 为功率储备系数，按表 10-6 选择。

表 10-6　功率储备系数 K

电动机功率/kW	离 心 式 风 机			轴流式风机
	一般用途	粉　尘	高　温	
<0.5	1.5			
0.5~1.0	1.4			
1.0~2.0	1.3	1.2	1.3	1.05~1.10
2.0~5.0	1.2			
>5.0	1.15			

8. 通风机特性曲线

在通风系统中工作的通风机，仅用性能参数表达是不够的，因为风机系统中的压力损失小时，要求的通风机的风压就小，输送的气体量就大；反之，系统的压力损失大时，要求的风压就大，输送的气体量就小。为了全面评定通风机的性能，就必须了解在各种工况下通风机的全压和风量，以及功率、转速、效率与风量的关系，这些关系就形成了通风机的特性曲线。每种通风机的特性曲线都是不同的，图 10-10 为 4-72-11№5 通风机的特性曲线。由图可知通风机特性曲线通常包括（转速一定）全压随风量的变化、静压随风量的变化、功率随风量的变化、全效率随风量的变化、静效率随风量的变化。因此，一定的风量对应于一定的全压、静压、功率和效率，对于一定的风机类型，将有一个经济合理的风量范围。

由于同类型通风机具有几何相似、运动相似和动力相似的特性，因此用通风机各参数的无量纲量来表示（其特性是比较方便）并用来推算该类风机任意型号的风机性能。

图 10-11 为风机的无量纲特性曲线。

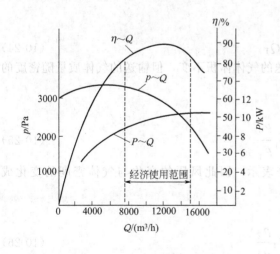

图 10-10　4-72-11№5 通风机的特性曲线

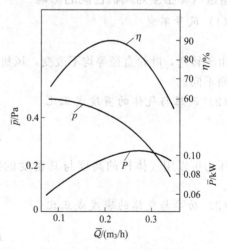

图 10-11　风机无量纲特性曲线

通风机特性曲线是在一定的条件下提出的。当风机转速、叶轮直径和输送气体的密度改变时，对风压、功率及风量都会影响。

9. 风机叶轮转速对性能的影响

① 压力（全压或静压）的改变与转速改变的平方成正比，即

$$\frac{p_2}{p_1}=\frac{p_{j2}}{p_{j1}}=\left(\frac{n_2}{n_1}\right)^2 \tag{10-20}$$

式中，p 为风机全压，Pa；n 为风机转速，r/min；p_j 为风机静压，Pa。

在离心力作用下，静压是圆周速度的平方的函数，同时动压也是速度平方的函数，因此全压也随速度的平方而变化。

② 当压力与风量 Q 的变化满足 $p=KQ^2$（K 为常数）的关系时，风量的改变与转速的改变成正比，即

$$\frac{p_2}{p_1}=\left(\frac{Q_2}{Q_1}\right)^2=\left(\frac{n_2}{n_1}\right)^2，即\frac{Q_2}{Q_1}=\frac{n_2}{n_1} \tag{10-21}$$

③ 功率 P 的改变（轴承、传动皮带上的功率损失忽略不计）与转速改变的立方成正比，即

$$\frac{P_2}{P_1}=\left(\frac{n_2}{n_1}\right)^3 \tag{10-22}$$

功率是风量与风压的乘积，风量与转速成正比，风压与转速平方成正比，故功率与转速的立方成正比。

④ 风机的效率不改变，或改变得很小，即

$$\eta_1=\eta_2 \tag{10-23}$$

因为叶轮转速改变使风量、风压均改变，同时轴功率也成比例改变，因而其比值不变。

由此可以看出，通风机转速改变时，特性曲线也随之改变。因此，在特性曲线图上需要做出不同转速的特性曲线以备选用。需要指出的是，风机转速的改变并不影响管网特性曲线，但实际工况点要发生变化，在新转速下的特性曲线与管网特性曲线的交点即为新的工况点。

从理论上可以认为，改变转速可获得任意风量，然而转速的提高受到叶片强度以及其他机械性能条件的限制，功率消耗也急剧增加，因而不可能无限度提高。

10. 输送气体密度对风机性能的影响

（1）风量不变

$$Q_2=Q_1 \tag{10-24}$$

由于转速，叶轮直径等均不改变，风机所输送的气体体积不变，但输送的气体质量随密度的改变而不同。

（2）风压与气体的密度成正比

$$p_2=p_1\frac{\rho_2}{\rho_1} \tag{10-25}$$

压力可以用气体柱的高度与其密度的乘积来表示，因此风压的变化与气体密度的变化成正比。

（3）功率与气体的密度成正比

$$P_2=P_1\frac{\rho_2}{\rho_1} \tag{10-26}$$

由于风量不随气体密度而变化，故功率与风压成正比，而后者与气体密度成正比。

（4）效率不变

$$\eta_2=\eta_1 \tag{10-27}$$

现将以上各类关系式以及当转速、叶轮直径、气体密度均改变时的关系式列于表 10-7 中，这些关系式对于风机的选择及运行都非常重要。

表 10-7 风机 Q、p、P 及 η 与 ρ、n 的关系

项　目	计 算 公 式	项　目	计 算 公 式
空气密度 ρ 的换算	$Q_2 = Q_1$ $p_2 = p_1 \dfrac{\rho_2}{\rho_1}$ $P_2 = P_1 \dfrac{\rho_2}{\rho_1}$ $\eta_2 = \eta_1$	对转速 n 的换算	$Q_2 = Q_1 \dfrac{n_2}{n_1}$ $p_2 = p_1 \left(\dfrac{n_2}{n_1}\right)^2$ $P_2 = P_1 \left(\dfrac{n_2}{n_1}\right)^3$ $\eta_2 = \eta_1$

【例 10-1】 通风机在一般的除尘系统中工作，当转速为 $n_1 = 720 \text{r/min}$ 时，风量为 $Q_1 = 4800 \text{m}^3/\text{h}$，消耗功率 $N_1 = 3\text{kW}$。当转速改变为 $n_2 = 950\text{r/min}$ 时，风量及功率为多少？

解： 查表 10-7 可知

$$\frac{Q_2}{Q_1} = \frac{n_2}{n_1}$$

$$Q_2 = 4800 \times \frac{950}{720} = 6300 \text{m}^3/\text{h}$$

$$\frac{N_2}{N_1} = \left(\frac{n_2}{n_1}\right)^3$$

$$N_2 = 3\left(\frac{950}{720}\right)^3 = 7\text{kW}$$

【例 10-2】 除尘系统中输送的气体温度从 100℃ 降为 20℃，通风机风压为 600Pa，如果流量不变，通风机压力如何变化？

解： 查资料可知气体温度降低后密度由 0.916kg/m^3 升为 1.164kg/m^3。

查表 10-7 可知

$$p_2 = p_1 \frac{\rho_2}{\rho_1}$$

$$p_2 = 600 \times \frac{1.164}{0.916} = 762\text{Pa}$$

五、通风机的选型要点

1. 选型原则

① 在选择通风机前，应了解国内通风机的生产和产品质量情况，如生产的通风机品种、规格和各种产品的特殊用途，以及生产厂商产品质量、后续服务等情况综合考察。

② 根据通风机输送气体的性质不同，选择不同用途的通风机。如输送有爆炸和易燃气体的应选防爆通风机；输送煤粉的应选择煤粉通风机；输送有腐蚀性气体的应选择防腐通风机；在高温场合下工作或输送高温气体的应选择高温通风机等。

③ 在通风机选择性能图表上查得有两种以上的通风机可供选择时，应优先选择效率较高、机号较小、调节范围较大的一种。

④ 当通风机配用的电机功率 ≤75kW 时，可不装设启动用的阀门。当排送高温烟气或空气而选择离心锅炉引风机时，应设启动用的阀门，以防冷态运转时造成过载。

⑤ 对有消声要求的通风系统，应首先选择低噪声的风机，例如效率高、叶轮圆周速度低的通风机，且使其在最高效率点工作；还要采取相应的消声措施，如装设专门消声设备。通风机和电动机的减振措施，一般可采用减振基础，如弹簧减振器或橡胶减振器等。

⑥ 在选择通风机时，应尽量避免采用通风机并联或串联工作。当通风机联合工作时，尽可能选择同型号同规格的通风机并联或串联工作；当采用串联时，第一级通风机到第二级通风机之间应有一定的管路联结。

⑦ 原有除尘系统更换新风机应考虑充分利用原有设备、适合现场安装及安全运行等问题。根据原有风机历年来的运行情况和存在问题，最后确定风机的设计参数，以避免采用新型风机时所选用的流量、压力不能满足实际运行的需要。

2. 通风机的选型计算

① 风量（Q_f）

$$Q_f = k_1 k_2 Q \quad (m^3/h) \tag{10-28}$$

式中，Q 为系统设计总风量，m^3/h；k_1 为管网漏风附加系数，管网漏风率按 $10\% \sim 15\%$ 计算，即 k_1 按 $1.1 \sim 1.15$ 取值；k_2 为设备漏风附加系数，设备漏风率按有关设备样本选取，或取 $5\% \sim 10\%$。

② 全压（p_f）

$$p_f = (pa_1 + p_s)a_2 \tag{10-29}$$

式中，p 为管网的总压力损失，Pa；p_s 为设备的压力损失，Pa，可按有关设备样本选取；a_1 为管网的压力损失附加系数，可按 $1.15 \sim 1.2$ 取值；a_2 为通风机全压负差系数，一般可取 $a_2 = 1.05$（国内风机行业标准）。

③ 电动机功率（N）

$$N = \frac{Q_f P_f K}{1000 \eta \eta_{me} 3600} \quad (kW) \tag{10-30}$$

式中，K 为容量安全系数，按表 10-6 选取；η 为通风机的效率，按有关风机样本选取；η_{me} 为机械传动效率，按表 10-5 选取。

3. 选择通风机注意事项

① 如果选定的风机叶轮直径较原有风机的叶轮直径偏大很多时，为了利用原有电动机轴、轴承及支座等，必须对电动机启动时间、风机原有部件的强度及轴的临界转速等进行核算。

② 通风机在非标准状态时的性能参数换算关系见表 10-8。

表 10-8　通风机性能换算表

改变密度（ρ）、转速（n）	改变转速（n）、大气压（B）、气体温度（t）
$\dfrac{Q_1}{Q_2} = \dfrac{n_1}{n_2}$	$\dfrac{Q_1}{Q_2} = \dfrac{n_1}{n_2}$
$\dfrac{p_1}{p_2} = \left(\dfrac{n_1}{n_2}\right)^2 \dfrac{\rho_1}{\rho_2}$	$\dfrac{p_1}{p_2} = \left(\dfrac{n_1}{n_2}\right)^2 \left(\dfrac{B_1}{B_2}\right)\left(\dfrac{273+t_2}{273+t_1}\right)$
$\dfrac{N_1}{N_2} = \left(\dfrac{n_1}{n_2}\right)^3 \dfrac{\rho_1}{\rho_2}$	$\dfrac{N_1}{N_2} = \left(\dfrac{n_1}{n_2}\right)^3 \left(\dfrac{B_1}{B_2}\right)\left(\dfrac{273+t_2}{273+t_1}\right)$
$\eta_1 = \eta_2$	$\eta_1 = \eta_2$

注：Q 为风量；p 为全压；N 为轴功率；η 为效率；ρ 为密度；n 为转速；B 为大气压力；t 为温度。

③ 选择风机必须是振动较小的风机。风机运行最佳状态其振动值为≤2.8mm/s，良好状态为<2.8~4.0mm/s，需调查状态为<4.0~6.3mm/s，当振动值>6.3mm/s则要停机检修。

【例 10-3】 皮带转运点除尘系统风量 14000m³/h，管道总压力损失 1010Pa 的管网计算结果，选择该系配用通风机。

解：（1）通风机风量计算　系统设计风量为 $Q=14000$m³/h，取管网漏风附加率为 15%，即 $K_1=1.15$；除尘设备选用脉冲袋式除尘器，设备漏风率按 5% 考虑，即 $K_2=1.05$。由此，风机的风量计算值为

$$Q_f=K_1K_2Q=1.15\times1.05\times14000=16905\ (\text{m}^3/\text{h})$$

（2）通风机风压计算　管网计算总压损为 $p=1010$Pa，取管网压损附加率为 15%，即 $a_1=1.15$；除尘器设备阻力取 $p_s=1200$Pa；风机全压负差系数取 $a_2=1.05$。由此，风机的全压计算值为

$$p_f=(pa_1+p_s)a_2=(1010\times1.15+1200)\times1.05=2480\ (\text{Pa})$$

（3）通风机选型　根据上述风机的计算风量和风压，查表选得 4-72 №8D 离心式通风机 1 台，风机的名牌参数为风量 17920~31000m³/h；风压 2795~1814Pa；转速 1600r/min；配用电机 Y180M-2；功率 22kW。

第二节
除尘用通风机

除尘用通风机（风机）因除尘系统的复杂性和多样性，使用的风机范围很广，除了常规通风机之外还要用排尘风机、高压风机、高温风机、耐磨风机及防爆风机等。

一、除尘常用通风机

除尘工程用的通风机有两个明显特点：一是通风机的全压相对较高，以适应除尘系统阻力损失的需要；二是输送气体中允许有一定的含量。因此选用除尘风机时要特别注意气体密度变化引起的风量和风压的变化。气体密度变化的因素有：①气体温度变化；②气体含尘浓度变化；③风机在高原地区使用；④除尘器装在风机负压端，且阻力偏高。除尘常用通风机的性能见表 10-9。

二、4-72 型、B4-72 型离心通风机

4-72 型离心通风机，适用于工矿厂房通风换气和中小型阻力较低的除尘系统既可用作输入气体，也可用作输出气体。输送的气体不超过 80℃ 的空气和其他不自燃的、对人体无害的、对钢铁材料无腐蚀性的气体，气体内不许有黏性物质，所含的尘土及硬质颗粒不大于 150mg/m³。

B4-72 型离心通风机，又称防爆离心通风机（以"B"表示），作为易燃挥发性气体的通风换气用，但不适于工艺流程中使用，输送气体的温度亦不得超过 80℃。

1. 风机形式

4-72 型离心通风机有 4-72-11 和 4-72-12 两种型号，它们有 №2.8、3.2、3.6、4、4.5、5、6、10、12、16、20 等共 11 个机号。

B4-72 型离心通风机的空气性能和外形结构与 4-72 同一机号完全相同，B4-72 型离心通风机有 B4-72-11 和 B4-72-12 两种型号，它们有 №2.8~12 共 9 个机号。除电动机采用防爆型电动机

外，4-72 型和 4-72-12 型同一机号的空气性能完全相同，只是外形结构略有不同，因此均可按 4-72 型通风机性能与选用件表选择使用。

表 10-9　除尘常用通风机性能

风机类型	型号	全压/Pa	风量/(m³/h)	功率/kW	备注
普通中压风机	4-47	606~2300	1310~48800	1.1~37	输送小于 80℃ 且不自燃气体，常用于中小型除尘系统
	4-79	176~2695	990~406000	1.1~250	
	6-30	1785~4355	2240~17300	4~37	
	4-68	148~2655	565~189000	1.1~250	
锅炉风机	G、Y4-68	823~6673	15000~153800	11~250	用于锅炉，也常用于大中型除尘系统
	G、Y4-73	775~6541	16150~810000	11~1600	
	G、Y2-10	1490~3235	2200~58330	3~55	
	Y8-39	2136~5762	2500~26000	3~37	
排尘风机	C6-48	352~1323	1110~37240	0.76~37	主要用于含尘浓度较高的除尘系统
	BF4-72	225~3292	1240~65230	1.1~18.5	
	C4-73	294~3922	2640~11100	1.1~22	
	M9-26	8064~11968	33910~101330	158~779	
	C4-68	410~1934	2221~36417	1.5~30	
高压风机	9-19	3048~9222	824~41910	2.2~410	用于压损较大的除尘系统
	9-26	3822~15690	1200~123000	5.5~850	
	9-15	16328~20594	12700~54700	300	
	9-28	3352~17594	2198~104736	4~1120	
	M7-29	4511~11869	1250~140820	45~800	
高温风机	W8-18	2747~7524	2560~20600	22~55	用于温度超过 200℃ 的除尘系统
	W4-73	589~1403	10200~61600	22~55	
	FW9-27	1790~4960	19150~24000	37~75	
	W4-66	2040~2040	47920~125500	55~132	

注：1. 除表列常用风机外，许多风机厂家还生产多种型号风机，据统计国产风机型号约 400 多种，其中多数可用除尘系统。此外对大中型除尘系统还委托风机厂家设计适合除尘用的非标准风机。

2. 风机出厂的合格品性能是在给定流量下全压值不超过±5%。

3. 性能表中提供的参数，一般无说明的均系按气体温度 $t=20℃$、大气压力 $p_a=100kPa$、气体密度 $\rho=1.2kg/m^3$ 的空气介质计算的。引风机性能按烟气的温度 $t=200℃$，大气压力 $p_a=100kPa$、气体密度 $\rho=0.745kg/m^3$ 的空气介质计算。

风机可制成右旋和左旋两种形式，从电机端看叶轮旋转方向，按顺时针旋转为右旋，逆时针旋转为左旋。

风机的转运方式为 A、B、C、D 四种。

在便于用户安装、调试的基础上，同时风机厂可供应钢结构的整体支架及减振支架。

2. 风机性能

4-72 型风机的性能见表 10-10。

表 10-10　4-72 型离心通风机的性能及选用件

机号 No	传动方式	转速/(r/min)	全压/Pa	风量/(m³/h)	电动机		联轴器(1套) 代号 F2504	轴孔		地脚螺栓(4套)
					型号	kW		风机	电机	规格
2.8	A	2900	951~588	1330~2450	Y90S-2 B35	1.5				M8×160

机号 No	传动 方式	转速 /(r/min)	全压 /Pa	风量/(m³/h)	电动机		联轴器(1套)			地脚螺栓(4套)
					型号	kW	代号 F2504	轴孔		规　格
								风机	电机	
3.2	A	2900	1245~784	1975~3640	Y90S-2 B35	1.5				M8×160
		1450	313~196	991~1910	Y90S-4 B35	1.1				M8×160
3.6	A	2900	1618~1069	2930~5408	Y100L-2 B35	3				M10×220
		1450	402~274	1470~2710	Y90S-4 B35	1.1				M8×220
4	A	2900	2001~1314	4020~7420	Y132S₁-2 B35	5.5				M10×220
		1450	500~333	2010~3710	Y90S-4 B35	1.1				M8×160
4.5	A	2900	2530~1667	5730~10580	Y132S₂-2 B35	7.5				M10×220
		1450	637~421	2860~5280	Y90S-4 B35	1.1				M8×160
5	A	2900	3178~2197	7950~14720	Y160M₂-2 B35	15				M12×300
		1450	794~549	3977~7358	Y100L₁-4 B35	2.2				M10×220
5.5	A	1450	961~657	5310~9790	Y100₂-4 B35	3				M10×220
		960	421~284	3490~6500	Y90L-6 B35	1.1				M10×220
6	A	1450	1137~784	6840~12720	Y112M-4 B35	4				M10×220
		960	500~343	4520~8370	Y100L-6 B35	1.5				M10×220
6	D	1450	1137~784	6840~12720	Y112M-4	4	08.0300	45	28	M10×220
		960	500~343	4520~8370	Y100L-6	1.5	08.0300	45	28	M10×220
8	D	1450	2020~1530	16200~27990	Y180M-4	18.5	08.0400	55	48	M10×300
		960	892~676	10730~18560	Y132Mz-6	5.5	08.0400	55	38	M10×220
		730	519~392	8150~14150	Y132M-8	3	08.0400	55	38	M10×220
10	D	1450	3158~2501	40400~58200	Y250M-4	55	08.0400	55	65	M20×500
		960	1383~1098	26730~38500	Y200L₁-6	18.5	08.0400	55	55	M16×400
		730	804~637	20800~29300	Y160L-8	7.5	08.0400	55	42	M12×300
12	D	960	1991~1579	46100~66500	Y280S-6	45	08.0600	75	75	M20×500
		730	1147~922	35000~50500	Y225S-8	18.5	08.0600	75	60	M16×400

续表

机号 No	传动方式	转速 /(r/min)	全压 /Pa	风量/(m³/h)	选 用 件 电动机 型号	kW	三角皮带 型号	根数	带号	风机滑轮 代号	电机槽轮 代号	电机滑轨 (2套) 代号
6	C	2240	2727~1883	10600~19600	Y180M-4	18.5	B	5	112	45-B₅-240	48-B₅-370	05.0500
		2000	2177~1942	9500~14100	Y160M-4	11	B	3	105	45-B₃-240	48-B₃-330	05.0500
			1795~1500	15250~17600	Y160L-4	15	B	4	105	45-B₄-240	42-B₄-330	
		1800	1765~1216	8520~15800	Y132M-4	7.5	B	2	90	45-B₂-240	38-B₂-300	05.0400
		1600	1393~961	7560~14000	Y132S-4	5.5	B	2	90	45-B₂-240	38-B₂-266	05.0400
		1250	843~578	5920~11000	Y100L₂-4	3	B	2	90	45-B₂-240	28-B₂-210	05.0400
		1120	686~470	5300~9800	Y100L₁-4	2.2	A	2	90	45-A₂-240	28-A₂-190	05.0400
		1000	539~372	4730~8750	Y100L₁-4	2.2	A	2	90	45-A₂-240	28-A₂-165	05.0400
		900	441~304	4250~7850	Y100L₁-4	2.2	A	2	90	45-A₂-240	28-A₂-150	05.0400
		800	333~225	3780~7000	Y90S-4	1.1	A	2	90	45-A₂-240	24-A₂-130	05.0300
8	C	1800	3119~3070	20100~22600	Y200L₁-2	30	B	6	105	55-B₆-320	55-B₆-200	05.0600
			3011~2933	25000~27450	Y200L₁-2	30	B	7	105	55-B₇-320	55-B₇-200	05.0600
			2795~2364	29900~34800	Y200L₂-2	37	B	7	105	55-B₇-320	55-B₇-200	05.0600
		1600	2472~1814	17920~31000	Y180M-2	22	B	5	90	55-B₅-320	48-B₅-175	05.0500
		1250	1510~1412	14000~19100	Y160M-4	11	B	3	105	55-B₃-320	42-B₃-275	05.0500
			1343~1137	20800~24200	Y160L-4	15	B	3	105	55-B₃-320	42-B₃-275	05.0500
		1120	1206~1079	12500~18620	Y132M-4	7.5	B	2	105	55-B₂-320	38-B₂-250	05.0400
			1000~912	20120~21650	Y160M-4	11	B	2	105	55-B₂-320	42-B₂-250	05.0400
		1000	961~902	11200~15300	Y132S-4	5.5	B	2	97	55-B₂-320	38-B₂-220	05.0400
			863~725	16600~19300	Y132M-4	7.5	B	2	97	55-B₂-320	38-B₂-220	05.0400
		900	774~696	10050~14950	Y112M-4	4	B	2	90	55-B₂-320	28-B₂-200	05.0400
			647~588	16200~17400	Y132S-4	5.5	B	2	90	55-B₂-320	38-B₂-200	05.0400
		800	618~461	8960~15500	Y100L₂-4	3	B	2	90	55-B₂-320	28-B₂-175	05.0400
		710	485~372	7920~13710	Y100L₁-4	2.2	B	2	85	55-B₂-320	28-B₂-155	05.0400
			382~284	7040~12200	Y100L₁-4	2.2	B	2	85	55-B₂-320	28-B₂-140	05.0400
10	C	1250	2344~2118	34800~44050	Y225M-4	45	B	7	144	55-B₇-400	60-B₇-345	05.0600
			2001~1863	47100~50150	Y225M-4	45	C	5	144	55-C₅-400	60-C₅-345	05.0600
		1120	1883~1785	31200~36700	Y200L-4	30	B	5	120	55-B₅-400	55-B₅-310	05.0600
			1697~1491	39450~45000	Y200L-4	30	B	6	120	55-B₆-400	55-B₆-310	05.0600
		1000	1500~1187	27800~40100	Y180L-4	22	B	4	120	55-B₄-400	48-B₄-275	05.0500
		900	1216~961	25050~36100	Y160L-4	15	B	3	120	55-B₃-400	42-B₃-250	05.0500
		800	961~765	22150~32100	Y160M-4	11	B	3	112	55-B₃-400	42-B₃-400	05.0500
		710	755~598	19780~28490	Y132M-4	7.5	B	3	105	55-B₂-400	38-B₂-195	05.0400
		630	598~470	17540~25280	Y132S-4	5.5	B	2	105	55-B₂-400	38-B₂-175	05.0400
		560	470~372	15600~22470	Y112M-4	4	B	2	97	55-B₂-400	28-B₂-155	05.0400
		500	382~294	13910~20100	Y100L₂-4	3	B	2	97	55-B₂-400	28-B₂-140	05.0400

续表

机号 No	传动方式	转速 /(r/min)	全压 /Pa	风量 /(m³/h)	选用件						
					电动机		三角皮带			风机滑轮	电机槽轮	电机滑轨(2套)
					型号	kW	型号	根数	带号	代号	代号	代号
12	C	1120	2717~2570	53800~63280	Y280S-4	75	C	7	160	$75\text{-}C_7\text{-}480$	$75\text{-}C_7\text{-}370$	05.0700
			2442~2148	68020~77500	Y280S-4	75	C	8	160	$75\text{-}C_8\text{-}480$	$75\text{-}C_8\text{-}370$	05.0700
		1000	2168~1952	48100~60820	Y250M-4	55	C	5	144	$75\text{-}C_5\text{-}480$	$65\text{-}C_5\text{-}320$	05.0700
			1844~1716	65060~69300	Y250M-4	55	C	6	144	$75\text{-}C_6\text{-}480$	$65\text{-}C_6\text{-}320$	05.0700
		900	1746~1657	43200~50800	Y225M-6	30	C	4	160	$75\text{-}C_4\text{-}480$	$60\text{-}C_4\text{-}450$	05.0600
			1579	54600	Y250M-6	37	C	4	160	$75\text{-}C_4\text{-}480$	$60\text{-}C_4\text{-}450$	05.0700
			1383~1226	58400~62200	Y250M-6	37	C	4	160	$75\text{-}C_4\text{-}480$	$65\text{-}C_4\text{-}450$	05.0700
		800	1383~1245	38600~58860	Y200L$_2$-6	22	C	3	106	$75\text{-}C_3\text{-}480$	$55\text{-}C_3\text{-}400$	05.0600
			1177~1098	52300~55700	Y225M-6	30	C	3	106	$75\text{-}C_3\text{-}480$	$60\text{-}C_3\text{-}400$	05.0600
		710	1088~1039	34200~40260	Y200L$_1$-6	18.5	C	2	144	$75\text{-}C_2\text{-}480$	$55\text{-}C_2\text{-}360$	05.0600
			1000~863	43320~49500	Y200L$_1$-6	18.5	C	3	144	$75\text{-}C_3\text{-}360$	$55\text{-}C_3\text{-}360$	05.0600
		630	863~686	30400~43900	Y180L-6	15	C	2	144	$75\text{-}C_2\text{-}480$	$48\text{-}C_2\text{-}310$	05.0500
		560	676~647	27000~31750	Y160M-6	7.5	C	2	144	$75\text{-}C_2\text{-}480$	$42\text{-}C_2\text{-}280$	05.0500
			618~539	34140~38900	Y160L-6	11	C	2	144	$75\text{-}C_2\text{-}480$	$42\text{-}C_2\text{-}280$	05.0500
		500	539~519	24100~28380	Y132M$_2$-6	5.5	C	2	144	$75\text{-}C_2\text{-}480$	$38\text{-}C_2\text{-}250$	05.0400
			490~431	30520~34800	Y160L-6	7.5	C	2	144	$75\text{-}C_2\text{-}480$	$42\text{-}C_2\text{-}280$	05.0500
		450	441~392	21600~27380	Y132M$_1$-6	4	C	2	144	$75\text{-}C_2\text{-}480$	$38\text{-}C_2\text{-}225$	05.0400
			372~343	29200~31200	Y132M$_2$-6	5.5	C	2	144	$75\text{-}C_2\text{-}480$	$38\text{-}C_2\text{-}225$	05.0400
		400	353~274	19280~27800	Y132S-6	3	C	2	120	$75\text{-}C_2\text{-}480$	$38\text{-}C_2\text{-}200$	05.0400

3. 风机安装尺寸

4-72 型 No2.8~6A 通风机安装尺寸见图 10-12 和表 10-11,4-72 型 No6~12$_C^D$ 通风机安装尺寸见图 10-13 和表 10-12。

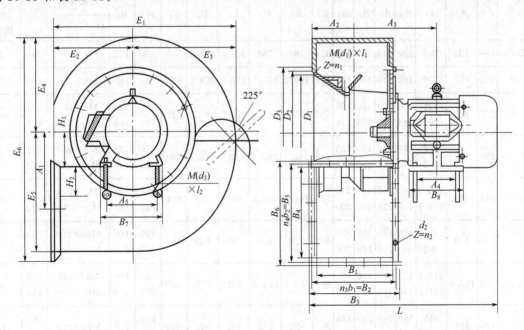

图 10-12 4-72 型 No2.8~6A 离心通风机

表 10-11　4-72 型 №2.8～6A 离心通风机安装及外形尺寸　　　　单位：mm

机号	配用电机 B35	进风口			连接螺栓		出风口						螺栓孔			
		D_1	D_2	D_3	规格	个数	B_1	B_2	B_3	B_4	B_5	B_6	直径	个数	间距	
					$M(d_1) \times l_1$	n_1							d_2	n_2	$n_3 b_1$	$n_4 b_2$
№2.8	Y90S-2	280	306	324	M8×16	8	196	228	250	224	256	227	7	16	3×55	3×63
№3.2	Y90S-4 Y90S-2	320	350	367	M6×16	16	224	256	278	256	288	309	7	16	3×60	3×72
№3.6	Y90S-4 Y100L-2	360	394	416	M6×16	16	252	284	306	288	320	341	7	16	4×71	4×80
№4	Y90S-4 Y132S$_1$-2	400	440	462	M6×16	16	280	315	336	320	355	375	7	20	4×60	4×70
№4.5	Y90S-4 Y132S$_2$-2	450	490	512	M8×16	16	315	350	371	360	395	414	7	20	5×70	5×79
№5	Y100L$_1$-4 Y160M$_2$-2	500	550	572	M8×16	16	350	385	406	400	435	456	7	20	4×75	4×88
№5.5	Y90L-6 Y100L$_2$-4	550	600	622	M8×16	16	385	420	441	440	475	449	7	20	5×84	5×95
№6	Y100L-6 Y112M-4	660	650	676	M8×16	16	420	456	476	480	510	534	7	24	6×76	6×85

安装及外形尺寸

机号	A_1	A_2	A_3	A_4	A_5	B_7	B_8	E_1	E_2	E_3	E_4	E_5	E_6	H_1	H_2	地脚螺栓 $M(d_3) \times L_2$	L	质量(不含电机)/kg
№2.8	196	101	206	100	140	180	130	454	184	268	225.5	309.5	560	90	130	M8×160	480	20
№3.2	224	115	220	100	140	180	130	518	209.5	305.5	257.5	353.5	636	90	130	M8×160	509	25
№3.5	275	129	234 261	100 140	140 160	180 205	130 176	582	235.5	343.5	289.5	397.5	712	90 100	130 180	M8×160 M10×220	541 601	31
№4	280	143	249 302	100 140	140 216	180 280	130 200	648	262.5	382.5	322.5	442.5	790	90 132	130 180	M8×160 M10×220	571 706	54
№4.5	315	160.5	266.5 319.5	100 140	140 216	180 280	130 200	725	294.5	429.5	963	497	884	90 132	130 190	M8×160 M10×220	609 744	64
№5	350	178	311 391	140 210	160 254	205 325	176 276	809	328	476	403	553	981	100 160	180 253	M10×220 M12×300	701 871	76
№5.5	385	197.5	317.5 331.5	125 140	140 160	180 205	155 176	884	359.5	524.5	442	607	1074	90 100	135 190	M8×160 M10×220	699 734	88
№6	420	213	346 353	140 140	160 190	205 245	176 180	967	392	572	482	662	1169	100 112	180	M10×220	767 787	100

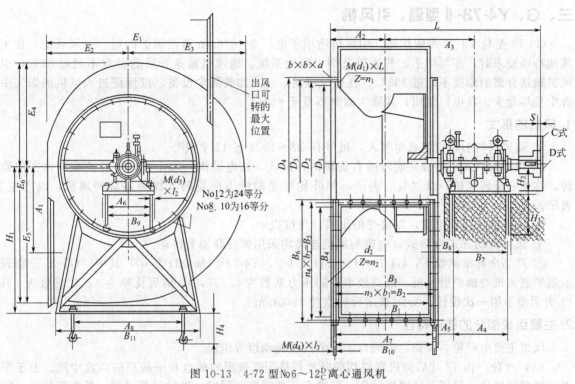

图 10-13 4-72 型 №6~12$_C^D$ 离心通风机

表 10-12 4-72 型 №6~12$_C^D$ 离心通风机安装及外形尺寸 单位: mm

机 号	进 风 口				连接螺栓		出 风 口						连接螺栓孔			
	D_1	D_2	D_3	D_4	规格	个数	B_1	B_2	B_3	B_4	B_5	B_6	直径	个数	间 距	
					$M(d_1) \times l_1$	n_1							d_3	n_2	$n_3 \times b_1$	$n_4 \times b_2$
№6	600	650	676	720	M8×18	16	420	458	475	480	510	534	7	24	6×76	6×85
№8	800	860	904	950	M12×20	16	560	625	669	640	700	746	15	200	5×125	5×140
№10	1000	1065	1115	1150	M12×20	16	700	765	809	800	860	906	15	20	5×153	5×172
№12	1200	1270	1334	1370	M12×20	24	840	904	949	960	1024	1066	15	24	8×113	8×128

机号	安装及外形尺寸																
	A_1	A_2	A_3	A_4	A_5	A_6	A_7	A_8	B_7	B_8	B_9	B_{10}	B_{11}	E_1	E_2	E_3	E_4	E_5
№6	420	263	587	460	163	410	482	550	530	105.5	480	526	700	967	392	572	482	662
№8	560	344.5	680	520	172	440	635	740	590	109.5	510	689	920	1291	523	763	643	883
№10	700	414.5	759	520	164	440	788	920	590	108.5	510	829	1150	1611	653	953	803	1103
№12	840	494.5	921	700	198	620	926	1110	780	126	700	989	1380	1943	789	1143	969	1329

机号	安 装 及 外 形 尺 寸								地脚螺栓		质量(不含电机)/kg
	E_6	H_1	H_2	H_3	H_4	L	S	$b \times b \times d$	$M(d_3) \times l_2$	$M(d_4) \times l_3$	
№6	1144	700	250	380	270	1314.5	2	L50×50×5	M24×500	M12×300	C366 D337
№8	1526	940	280	400	280	1556.5	2	L60×60×6	M24×500	M16×300	C720 D710
№10	1906	1180	280	520	360	1695.5	2	L60×60×6	M24×630	M16×400	C850 D840
№12	2298	1420	375	500	350	2087.5	5	L70×70×7	M30×630	M16×400	C1180 D1180

三、G、Y4-73-Ⅱ型通、引风机

G4-73 型与 Y4-73 型锅炉通、引风机适用于电厂 2～670t/h 蒸汽锅炉的通、引风系统；在无其他特殊要求时，亦可用于矿井通风及烟尘净化系统。通风机输送介质的温度不超过 80℃，引风机输送介质的温度不超过 250℃。在引风机前，必须加装除尘设备，以保证进入风机的烟气中含尘量尽量少。在电厂使用，其除尘效率不低于 85%。

1. 风机的形式

① 通风机与引风机制成单吸入，机号有 No8～No28 各 12 个机号。

② 每种风机又可制成左旋转或右旋转两种形式，从电动机一端正视，叶轮按顺时针方向旋转，称为右旋转风机，以"右"表示；如叶轮按逆时针方向旋转，称为左旋转风机，以"左"表示。

③ 风机的出风口位置，以机壳的出风口角度表示。

④ 风机传动方式为 D 式，电机与风机连接均采用弹性联轴节传动。

⑤ 产品全称举例如下：G4-73-11 No18D 右 90°，Y4-73-11 No18D 左 0°，其中，G、Y 分别表示锅炉通风机与锅炉引风机，最高效率点的压力系数为 0.437，10 倍后化整为 4；比转数为 73；11 表示单节第一次设计；No18 表示叶轮直径 1800mm。

2. 主要组成部分的结构特性

风机主要由叶轮、机壳、进风口、调节门及传动组等组成。

（1）叶轮 由 12 片后倾机翼斜切的叶片焊接于弧锥形的前盘和平板形的后盘中间。由于采用了机翼形叶片，保证了风机高效率、低噪声、高强度；同时，叶轮又经过动、静平衡校正，因此运转平衡。

（2）机壳 机壳是用普通钢板焊接而成的蜗形体。单吸入风机的机壳做成 3 种不同形式：No8～No12 机壳做成整体结构，不能上下拆开；No14～No16 机壳做成两开式；No18～No28 机壳做成三开式。对于引风机，蜗形板做了适当加厚以防磨。

（3）进风口 收敛式流线的进风口制成整体结构，用螺栓固定在风机入口侧。

（4）调节门 用于调节风机流量的装置，轴向安装在进风口前面，由 11 片花瓣形叶片组成，调节范围由 90°（全闭）到 0°（全开）。调节门的扳把位置，从进风口方向看，在右侧，对右旋转风机，扳把由下往上推是由全闭到全开方向；对左旋转风机，扳把由上往下拉是由全闭到全开方向。

（5）传动组 传动组的主轴由优质钢制成，本风机均采用滚动轴承。轴承箱有 2 种形式：No8～No16 用整体的筒式轴承箱；No18～No28 用两个独立的枕式轴承箱，轴承箱上装有温度计和油位指示器。润滑油采用 30 号机械油，加入油量按油位标志的要求。引风机备有水冷却装置，因此，需要装输水管，耗水量随温度不同而异，一般按 0.5～1m³/h 考虑。

3. 风机性能选择与应用

风机的性能与流量、全压、主轴转数、轴功率和效率等参数表示。选择曲线和性能表中所给出的性能是：①通风机按温度 20℃，大气压 100kPa，气体密度 1.2kg/m³；②引风机按温度 200℃，大气压 100kPa，气体密度 0.745kg/m³；③调节叶片为全开 0°。如使用条件变化时则应进行相应换算。

电动机容量储备系数对通风机取 1.15，对引风机取 1.3。

风机出厂检验性能是在设计流量下，全压值的偏差不超过全压设计值的 ±5%。

G、Y4-73-11 锅炉通风机、引风机的无量纲性能曲线见图 10-14，应用中要由无量纲性能换算为有量纲性能，推荐采用的性能点见表 10-13。G、Y4-73-11 风机的性能分别见表 10-14 和表 10-15。

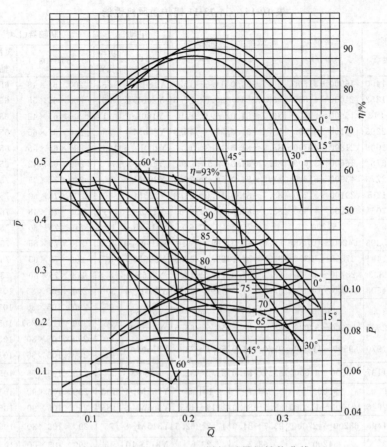

图 10-14　G、Y4-73-11 风机无量纲性能曲线

表 10-13　G、Y4-73-11 风机推荐采用性能

序　号	全压系数 $\overline{H}$	流量系数 $\overline{Q}$	空气效率 $\eta/\%$	比转数 $\overline{n}$
1	0.470	0.154	83.7	56.5
2	0.470	0.173	88.5	61.5
3	0.465	0.192	91.2	64
4	0.454	0.211	92.5	68
5	0.437	0.230	93	73
6	0.408	0.249	90.5	80.5
7	0.372	0.268	87.2	89
8	0.333	0.287	84.0	100

4. 外形及安装尺寸

　　G、Y4-73-11 锅炉通、引风机的外形及安装尺寸因机号不同而不同，№8、№9、№10、№11、№12D 风机的外形及安装尺寸见图 10-15、表 10-16；№8～№16D 风机安装尺寸见图 10-16、表 10-17；№14、№16D 风机的外形及安装尺寸见图 10-17、表 10-18；№18、№20D 风机的外形及安装尺寸见图 10-18、表 10-19 和图 10-19、表 10-20；№22、№25D 风机的外形及安装尺寸见图 10-20、表 10-21 和图 10-21、表 10-22。

表 10-14　G4-73-11 锅炉通风机性能

机号 No.	转速 /(r/min)	全压 /Pa	流量 /(m³/h)	效率 /%	轴功率 /kW	电动机 型号	电动机 功率/kW	联轴器(1套) ST0103	联轴器 风机轴	联轴器 电机轴	电机地脚螺栓 GB799—76
8D	1450	2068~1460	16900~31500	83.7~84.0	11.5~15.3	Y180M-4	18.5	200×65×48	65	48	M12×300
9D	1450	2617~1852	24000~44800	83.7~84	20.8~27.6	Y200L-4	30	200×65×55	65	55	M16×400
9D	960	1147~813	15900~29700	83.7~84.0	6.1~8.0	Y160L-6	11	200×65×42	65	42	M12×300
10D	1450	3234~2293	33100~61600	83.7~84.0	35.3~46.8	Y250M-4	55	240×65×65	65	65	M20×500
10D	960	1421~1009	21800~40700	83.7~84.5	10.3~13.0	Y200L$_1$-6	18.5	200×65×55	65	55	M16×400
10D	730	823~578	16600~31000	83.7~84.0	4.5~5.95	Y160L-8	7.5	200×65×42	65	42	M12×300
11D	1450	3920~2773	43900~81800	83.7~84.0	56.9~75.4	Y280M-4	90	240×75×75	75	75	M20×500
11D	960	1715~1215	29100~54200	83.7~84.0	16.5~21.8	Y225M-6	30	200×75×60	75	60	M16×400
11D	730	990~705	22200~41300	83.7~84.0	7.3~9.6	Y180L-8	11	200×75×48	75	48	M12×300
12D	1450	4655	57200	83.7	87.6	Y315M$_1$-4	132	240×75×80	75	80	M24×630
12D	1450	4655~3293	64200~107000	88.5~84.0	94.9~116	Y315M$_2$-4	160	240×75×85	75	85	M24×630
12D	960	2038~1441	37800~70300	83.7~84.0	25.4~33.6	Y250M-6	37	200×75×65	75	65	M20×500
12D	730	1176~833	28700~53500	83.7~84.0	11.2~14.8	Y225S-8	18.5	200×75×60	75	60	M16×400
14D	1450	6360~4508	90500~169000	83.7~84.0	190~252	Y355L$_2$-4	300	290×105×85	105	85	M30×800
14D	960	2783	60000	83.7	55	Y315S-6	75	290×105×80	105	80	M24×630
14D	960	2783~2635	67300~82000	88.5~92.5	59.5~66.5	Y315S-6	75	(290×105×85)	105	85	(M24×630)
14D	960	2587~1970	89500~113000	93.0~84.0	69.1~73.0	Y315M$_1$-6	90 (95)	290×105×80 (290×105×85)	105	80 (85)	M24×630 (M20×500)
14D	730	1607~1137	45500~84800	83.7~84.0	24.2~32.1	Y280-8	37	290×105×75	105	75	M20×500
16D	960	3626	90000	83.7	101.5	Y355M$_1$-6	160	290×105×90	105	90	M30×630
16D	960	3626~2646	101000~168000	88.5~84.0	119~143	Y355M$_2$-6	185	290×105×90	105	90	M30×630
16D	730	2097~1490	68200~127000	83.7~84.0	47.2~62.5	Y315M$_1$-8	75	290×105×80	105	80	M24×630
16D	580	1323	54200	83.7	23.6	Y315S-10	45	290×105×80	105	80	M24×630
16D	580	1323~940	61000~101000	88.5~84.0	25.6~31.3	Y315S-10	45	(290×105×85)	105	(85)	M24×630
18D	960	4596	127000	83.7	194	Y355M$_3$-6	250	350×130×90	130	90	M24×630
18D	960	4596~4430	143000~175000	88.5~92.5	209~234	Y355L-6	280	(350×130×100)	130	90	(M30×800)
18D	960	4273~3256	190000~238000	93.0~84.0	243~257	Y400-466	310	350×130×110	130	110	(M36×1000)
18D	730	2656	97000	83.7	84.7	Y355M$_1$-8	132	350×130×90	130	90	M24×630
18D	730	2656~1881	109000~181000	88.5~94.0	91.6~112	Y315M$_2$-8	132	(350×130×90)	130	90	(M30×800)
18D	580	1676	77000	83.7	42.6	Y315M$_3$-10	70	350×130×80	130	80	M24×630
18D	580	1676~1186	86500~144000	88.5~84.0	46.1~6.55	Y315M$_1$-10	75	(350×130×85)	130	(85)	(M24×630)
20D	960	5684~5478	175000~240000	83.7~92.5	328~396	Y450-464	460	410×130×120	130	120	M36×1000
20D	960	5263~4038	262000~326000	93.0~84.0	411~435	Y450-50-6	500	410×130×120	130	120	M36×1000
20D	730	3273~3156	133000~182000	83.7~92.5	144~174	Y355L$_1$-8	220	350×130×110	130	110	M36×1000
20D	730	3038~2323	199000~248000	93.0~84.0	180~190	Y355L$_2$-8	250	350×130×110	130	110	M36×1000
20D	580	2058~1460	105000~196000	83.7~84.0	72~95.5	Y355M$_2$-10	115	350×130×90	130	90	M30×800
20D	960	6860~4861	233000~434000	83.7~84.0	527~698	Y500-54-6	800	500×160×120	160	120	M36×1000
22D	730	3969~3842	177000~242000	83.7~92.5	232~280	Y450-50-8	315	500×160×120	160	120	M36×1000
22D	730	3695~3793	264000~332000	93~84.0	290~307	JS158-8	380	500×160×120	160	120	M36×1000
22D	580	2499~2420	141000~193000	83.7~92.5	116~140	Y355L$_1$-10	155	500×160×100	160	100	M30×800
22D	580	2332~1774	210000~263000	93~84.0	146~154	Y355L$_2$-10	180	500×160×100	160	100	M30×800
22D	480	1715~1215	116000~217000	83.7~84.0	66~87	Y355L-12	140	500×160×110	160	110	M36×1000
25D	730	5135~4949	260000~356000	83.7~92.5	440~531	Y151L-8	570	550×160×120	160	120	M36×1000
25D	730	4773~3646	388000~484000	93.0~84.0	552~583	Y630-8	630	550×160×150	160	150	M36×1000
25D	580	3234~3116	206000~282000	83.7~92.5	220~266	Y450-59-10	315	500×160×120	160	120	M36×1000
25D	580	2999~2293	308000~384000	93.0~84.0	276~292	Y450-64-10	355	500×160×120	160	120	M36×1000
25D	480	2215~1578	171000~318000	83.7~84.0	125~165	Y450-54-12	200	500×160×120	160	120	M36×1000

表 10-15　Y4-73-11 锅炉引风机性能

机号 No	转速 /(r/min)	全压 /Pa	流量 /(m³/h)	效率 /%	轴功率 /kW	电动机 型号	功率 /kW	联轴器(1套) ST0103 风机轴	电机轴	电机地脚螺栓 GB799—76
8D	1450	1284~911	16900~31500	83.7~84.0	7.2~9.5	Y160L-4	15	200×65×42	65	42	M12×300
9D	1450	1617~1147	24000~44800	83.7~84	12.9~17.1	Y180L-4	22	200×65×48	65	48	M12×300
9D	960	706~500	15900~29700	83.7~84.0	3.8~5.0	Y160M-6	7.5	200×65×42	65	42	M12×300
10D	1450	2009~1421	33100~61600	83.7~84.0	21.8~29	Y225S-4	37	200×65×60	65	60	M16×400
10D	960	882~627	21800~40700	83.7~84.0	6.36~8.44	Y160L-6	11	200×65×42	65	42	M12×300
10D	730	510~363	16600~31000	82.7~84.0	2.78~3.7	Y160M$_2$-8	5.5	200×65×42	65	42	M12×300
11D	1450	2430~2342	43900~60100	83.7~92.5	35.2~42.6	Y250M-4	55	240×75×65	75	65	M20×500
		2254~1666	65500~81800	93.0~84.0	44.3~46.7	Y280S-4	75	240×75×75	75	75	M20×500
11D	960	1049~745	29100~54200	83.7~84.0	10.2~13.6	Y200L$_1$-6	18.5	200×75×55	75	55	M16×400
11D	730	617~588	22200~30400	83.7~92.5	4.5~5.4	Y160L-8	75	200×75×42	75	42	M12×300
		578~431	33100~13400	93.0~84.0	4.5~5.4	Y180L-8	11	200×75×48	75	48	M12×300
12D	1450	2881~2038	57200~107000	83.7~84.0	54.4~72	Y280M-4	90	240×75×75	75	75	M20×500
12D	960	1264~892	37800~70300	83.7~84.0	15.7~20.8	Y225M-6	30	200×75×60	75	60	M16×400
12D	730	735~519	28700~53500	83.7~84.0	6.9~9.2	Y200L-8	15	200×75×55	75	55	M16×400
14D	1450	3940	90500	83.7	118	Y355M$_1$-4	200	290×105×90	105	90	M24×630
		3940~2793	103000~169000	88.5~80.4	127~156	Y126-4	225	290×105×85	105	85	M30×800
14D	1450	1725~1666	60000~82000	83.7~92.5	34.0~41.2	Y280M-6	55	290×105×75	105	75	M20×500
		1597	89500	93.0	42.8	Y315S-6	75	290×105×80	105	80	M24×630
		1499~1225	96800~113000	90.5~84.0	44.0~45.1	Y115-6	75	290×105×85	105	85	M24×630
14D	1450	1000~706	45500~84800	83.7~84.0	15.1~20.0	Y250M-8	30	290×105×65	105	65	M20×500
16D	960	2252	90000	83.7	63.5	Y315M$_2$-6	110	290×105×80	105	80	M24×630
		2252~1597	101000~168000	88.5~84.0	72~88.2	Y117-6	115	290×105×85	105	85	M24×630
16D	730	1303	68200	83.7	29.2	Y315S-8	55	290×105×80	105	80	M24×630
		1303~921	76600~127000	88.5~84.0	31.6~38.8	Y115S-8	60	290×105×85	105	85	M24×630
16D	580	823	54200	83.7	14.1	Y315S-10	45	290×105×80	105	80	M24×630
		823~588	61000~101000	88.5~84.0	15.8~19.4	Y115S-10	45	290×105×85	105	85	M24×630
18D	960	2852~2019	127000~238000	83.7~84.0	120~159	Y355M$_2$-6	200	350×130×90	130	90	M24×630
18D	730	1646~1166	97000~181000	83.7~84.0	52.5~69.5	Y315M$_2$-8	90	350×130×80	130	80	M24×630
18D	580	1039~735	77000~144000	83.7~84.0	26.5~35.1	Y315S-10	45	350×130×80	130	80	M24×630
20D	960	3773~3391	175000~240000	83.7~92.5	203~246	Y148S-6	310	350×130×110	130	110	M36×1000
		3254~2489	262000~326000	93.0~84.0	255~269	Y141S-6	380	350×130×110	130	110	M36×1000
20D	580	1284~911	105000~196000	83.7~84.0	44.5~59	Y315M$_2$-10	75	350×130×80	130	80	M24×630
22D	960	4253~3018	233000~434000	83.7~84.0	325~433	JS158-6	500	500×160×120	160	120	M36×1000
22D	730	2470~1744	177000~332000	83.7~84.0	144~190	JS148-8	240	500×160×110	160	110	M36×1000
22D	580	1548~1098	141000~263000	83.7~84.0	72.0~95.4	Y355M$_3$-10	132	500×160×90	160	90	M24×630
22D	480	1068~755	116000~217000	83.7~84.0	40.9~54.1	JSQ147-12	140	500×160×110	160	110	M36×1000
25D	730	3185~2254	260000~484000	83.7~84.0	272~360	JS1510-8	475	500×160×120	160	120	M36×1000
25D	580	1999~1930	206000~282000	83.7~92.5	137~166	JS1410-10	200	500×160×110	160	110	M36×1000
		1862~1421	308000~384000	93.0~84.0	172~182	JS157-10	260	500×160×120	160	120	M36×1000
25D	480	1382~980	171000~318000	83.7~84.0	77.2~103	JSQ147-12	140	500×160×110	160	110	M36×1000

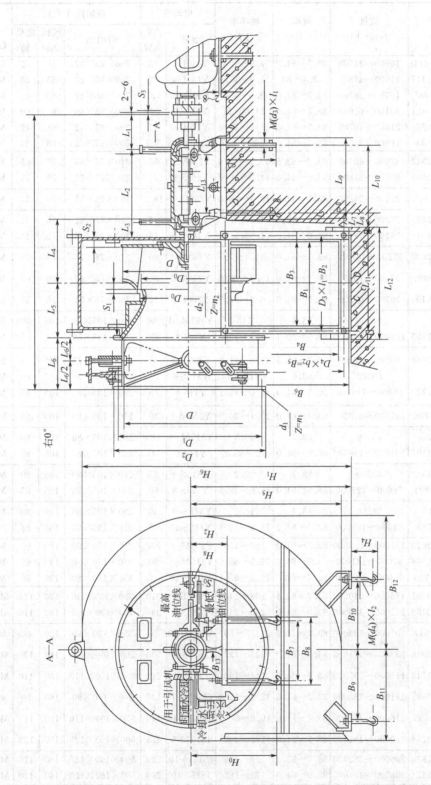

图 10-15 G、Y4-73-11№8、№9、№10、№11、№12D 风机外形及安装尺寸

表 10-16　G、Y4-73-11№8、№9、№10、№11、№12D 风机外形及安装尺寸　单位：mm

机号 $\left(\dfrac{D}{100}\right)$	进风口			连接螺栓孔		出风口						连接螺栓孔				安装及外形尺寸			
	D	D_1	D_2	直径	个数	B_1	B_2	B_3	B_4	B_5	B_6	直径	个数	间距		D_0	B_7	B_8	B_{11}
				d_1	n_1							d_2	n_2	$n_3 \times b_1$	$n_4 \times b_2$				
№8	φ800	φ860	φ910	φ15	16	520	580	629	720	777	826	φ15	24	5×116	7×111	φ584	440	510	531
№9	φ900	φ960	φ1010	φ15	16	585	650	694	810	868	916	φ15	24	5×130	7×124	φ657	440	510	597
№10	φ1000	φ1065	φ1110	φ15	16	650	710	759	900	959	1006	φ15	24	5×142	7×137	φ730	440	510	663
№11	φ1100	φ1170	φ1220	φ15	24	715	780	824	990	1048	1096	φ15	28	6×130	8×131	φ803	620	700	729
№12D	φ1200	φ1270	φ1320	φ15	24	780	846	889	1080	1144	1186	φ15	28	6×141	8×143	φ876	620	700	795

机号 $\left(\dfrac{D}{100}\right)$	安装及外形尺寸																					
	B_{12}	B_{13}	H_0	H_2	H_3	H_4	H_5	H_6	H_7	H_8	L_0	L	L_1	L_2	L_3	L_4	L_5	L_6	L_7	L_8	L_9	L_{10}
№8	787	272.5	552	280	530	360	915	1659	65	60	272	1756	272	500	167	427	317.5	240	114.5	177.5	590	520
№9	885	272.5	621	280	530	360	1029	1851	65	60	306	1847	272	500	163	455.5	349.5	270	110.5	173.5	590	520
№10	983	272.5	690	280	530	360	1143	2043	65	60	340	1948	272	500	159	484	392.5	300	106.5	169.5	590	520
№11	1081	315	759	375	670	360	1257	2240	85	75	374	2272	327	650	192	549.5	415.5	330	145.5	213.5	780	700
№12	1179	315	828	375	670	360	1371	2437	85	75	408	2382	327	650	188	578	467.5	360	141.5	209.5	780	700

机号 $\left(\dfrac{D}{100}\right)$	安装及外形尺寸								地脚螺栓				叶轮质量/kg	转动惯量/(kg/m²)	滚动轴承型号	风机质量(不包括电机)/kg
	L_{11}	L_{12}	L_{13}	S_1	S_2	S_3	S_4	S_5	$M(d_3)\times l_1$	个数	$M(d_4)\times l_2$	个数				
№8	599	655	470	8	32	2	1.8	16	M24×630	4	M16×400	4	120	46	3616	(G)815 (Y)902
№9	664	720	470	9	36	2	2.0	16	M24×630	4	M16×100	4	134	55	3616	(G)908 (Y)1018
№10	729	785	470	10	40	2	2.0	16	M24×630	4	M16×400	4	160	90	3616	(G)1000 (Y)1132
№11	794	850	630	11	44	2	2.2	16	M30×800	4	M16×400	4	225	145	3620	(G)1371 (Y)1535
№12	859	915	630	12	48	2	2.2	16	M30×800	4	M16×400	4	270	212	3620	(G)1500 (Y)1693

注：1. B_9、B_{10}、H_1 见图 10-16、表 10-17。

2. 引风机通水冷却的冷却管径№8、№10 为 20mm；№11、№12D 为 25mm。

表 10-17　G、Y4-73-11№8～№16D 风机安装尺寸　单位：mm

机号	0°			45°			90°			135°			180°			225°			270°		
	H_1	B_9	B_{10}	H_1	B_9	B_{10}	H_1	B_9	B_{10}	H_1	B_9	B_{10}	H_1	B_9	B_{10}	H_1	B_9	B_{10}	H_1	B_9	B_{10}
№8	1000	400	450	890	400	450	830	400	450	750	400	450	700	400	450	650	400	450	570	470	1080
№9	1110	450	500	990	450	500	920	450	500	860	450	500	780	450	500	720	450	500	30	500	1190
№10	1220	500	550	1100	500	550	1010	500	550	940	500	550	860	500	550	760	500	550	700	500	1310
№11	1335	550	600	1200	550	600	1110	550	600	1020	550	600	940	550	600	850	550	600	760	550	1420
№12	1450	600	660	1300	600	660	1210	600	660	1110	600	660	1010	600	660	920	600	660	800	600	1530
№14	1700	740	800	1600	1050	800	1440	1050	800	1320	1050	680	1210	1050	800	1100	1050	800	1000	1050	1840
№16	1900	850	900	1730	1200	900	1650	1200	900	1510	1200	900	1380	1200	900	1240	1200	900	1150	1200	2100

注：1. 1№8～№12D 机壳为整体。

2. 图 10-16 中，№14、№16 出风口至轴中心线垂直距离分别为 928.5、1060.5。

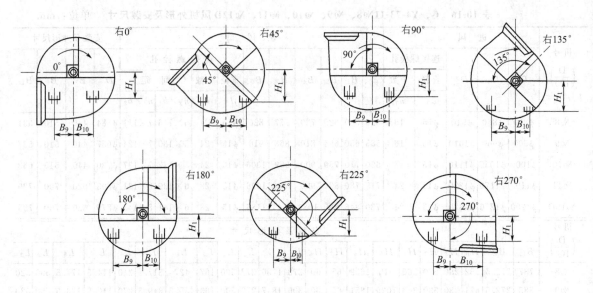

图 10-16　G、Y4-73-11№8～№16D 风机安装尺寸

四、9-19 型、9-26 型通风机

9-19 型、9-26 型离心通风机，广泛用于输送物料、输送空气及无腐蚀性不自燃、不含黏性物质的气体。介质温度一般不超过 50℃（最高不超过 80℃）。介质中所含尘土及硬质颗粒不大于 150mg/m³。

1. 风机型号

本风机为单吸入式，有 №4、№4.5、№5、№5.6、№6.3、№7.1、№8、№9、№10、№11.2、№12.5、№14、№16 共 13 个机号。

通风机可制成右旋和左旋两种形式，从电动一端正视，如叶轮顺时针旋转称右旋风机，以"右"表示；逆时针旋转称为左旋风机，以"左"表示。

风机的出口位置以机壳的出口角度表示，"左"、"右"均可制成 0°、45°、90°、135°、180°、225°共 6 种角度。

风机的传动方式为 A 式（№4～№6.3）和 D 式、C 式（№7.1～№16）3 种。

2. 结构

№4～№6.3 主要由叶轮、机壳、进风口、支架等组成；№7.1～№16 主要由叶轮、机壳、进风口、传动组等组成。

（1）叶轮　9-19 型风机叶片为 12 片，9-26 型风机叶片为 16 片，均属前向弯曲叶型。叶轮扩压器外缘最高圆周速度不超过 140m/s。叶轮成型后经静、动平衡校正，故运转平衡。

（2）机壳　用普通钢板焊接成蜗形壳整体。

（3）进风口　做成收敛式流线型的整体结构，用螺栓固定在前盖板组上。

（4）传动组　由主轴、轴承箱、联轴器或皮带轮等组成。主轴由优质钢制成，轴承箱整体结构，采用滚动轴承，润滑油选用 N32（原 22# 透平油或机油），运动黏度 40℃时为 28.8～36.2mm²/s。

3. 性能

9-19 型通风机的性能见表 10-23；9-26 型通风机的性能见表 10-24。

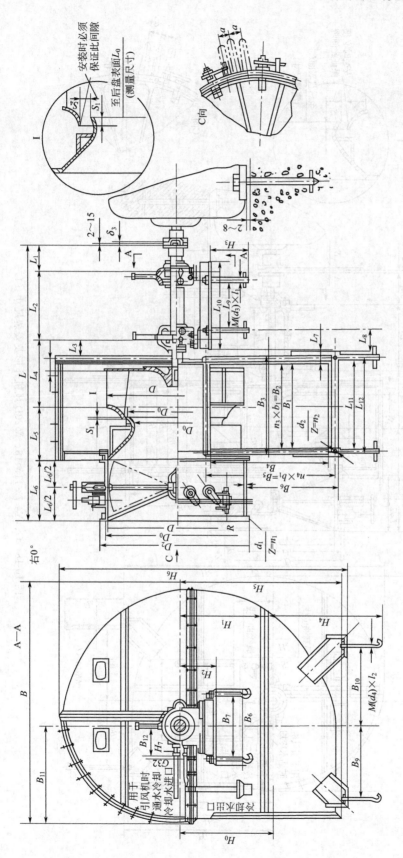

图 10-17 G、Y4-73-11№14、№16D 风机外形及安装尺寸

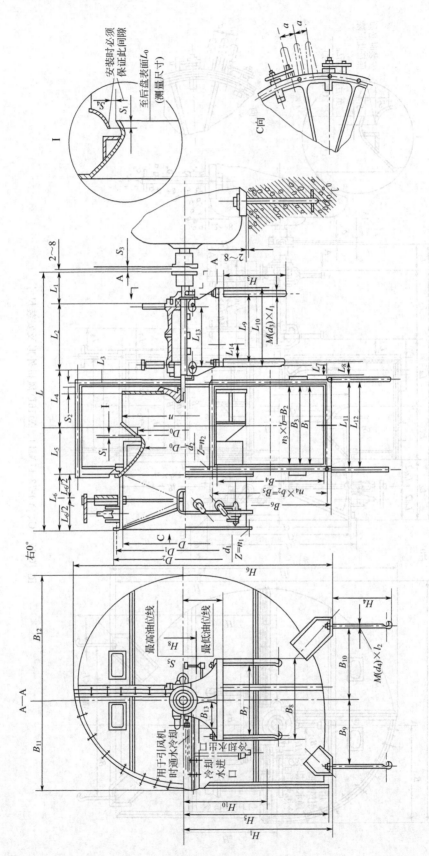

图 10-18 G、Y4-73-11№18、№20D 风机外形及安装尺寸 (1)

表 10-18　G、Y4-73-11№14、№16D 风机外形及安装尺寸

单位：mm

机号 ($\frac{D}{100}$)	进风口 D	D1	D2	连接螺栓孔 直径 d_1	个数 n_1	出风口 B1	B2	B3	B4	B5	B6	连接螺栓孔 直径 d_2	个数 n_2	间距 S_1	S_2	$n_3 \times b_1$	S_3	$n_4 \times b_2$	S_4	S_5	安装及外形尺寸 D0	B7	B8	B11	B12	B13	H0	H2	H3	H4	H5	H6	H7	H8
No14	φ1400	φ1470	φ1520	φ15	24	910	990	1042	1260	1336	1389	φ15	28	14	56	6×165	5	8×167	2.4	16	φ1022	900	1000	980	1377	370	960	500	650	580	1600	2852.5	120	105
No16	φ1600	φ1660	φ1700	φ15	28	1040	1120	1172	1440	1512	1569	φ15	32	16	64	7×160	5	9×168	2.4	16	φ1168	900	1000	1110	1573	370	1104	500	650	580	1828	3216.5	120	105

机号	安装及外形尺寸 L	L1	L2	L3	L4	L5	L6	L7	L8	L9	L10	L11	L12	地脚螺栓 $M(d_3) \times l_1$	个数	$M(d_4) \times l_2$	个数	叶轮质量 /kg	转动惯量 /(kg·m²)	滚动轴承型号	风机质量(不包括电机)/kg
No14	2940	455	820	256	534	420	186.5	271.5	900	1000	1022	1092	770	M36×1000	4	M30×800	4	460	360	3626	(G)2570 (Y)2810
No16	3133	455	820	248	610	480	178.5	263.5	900	1152	1222	1222	770	M36×800	4	M30×800	4	590	820	3626	(G)3260 (Y)3610

注：1. 图10-17中 L_0 尺寸 No14 为476；No16 为544。

2. B_9、B_{10}、H_1 见图10-17，表10-20。

3. 引风机通水冷却的冷却管径为 32mm。

表 10-19　G、Y4-73-11№18、№20D 风机外形及安装尺寸

单位：mm

机号 ($\frac{D}{100}$)	进风口 D	D1	D2	连接螺栓孔 直径 d_1	个数 n_1	出风口 B1	B2	B3	B4	B5	B6	连接螺栓孔 直径 d_2	个数 n_2	间距 S_1	S_2	$n_3 \times b_1$	S_3	$n_4 \times b_2$	S_4	安装及外形尺寸 D0	B	B7	B8	B11	B12	H0	H2	H3	H4	H5	H6	H7
No18	φ1800	φ1860	φ1900	φ15	28	1170	1260	1332	1620	1710	1779	φ15	32	18	72	7×180	5	9×190	2.6	φ1314	3094	960	1060	1250	375	1242	500	710	580	2056.5	3660	170
No20	φ2000	φ2070	φ2140	φ15	32	1300	1386	1462	1800	1890	1959	φ15	32	20	80	7×198	5	9×210	2.6	φ1460	3380	960	1060	1340	375	1380	500	710	580	2284.5	4044	170

机号	安装及外形尺寸 L0	L	L1	L2	L3	L4	L5	L6	L7	L8	L9	L10	L11	L12	地脚螺栓 $M(d_3) \times l_1$	个数	$M(d_4) \times l_2$	个数	叶轮质量 /kg	转动惯量 /(kg·m²)	滚动轴承型号	风机质量(不包括电机)/kg
No18	612	3591	550	950	287	585	679	540	26	281	850	1290	1282	1352	M36×1000	4	M30×800	4	764	1320	3632	(G)4380 (Y)4966
No20	630	3789	550	950	270	650	760	600	18	273	850	1290	1412	1482	M36×1000	4	M30×800	4	1000	2270	3632	(G)4940 (Y)5724

注：B_9、B_{10}、H_1 见表 10-20。

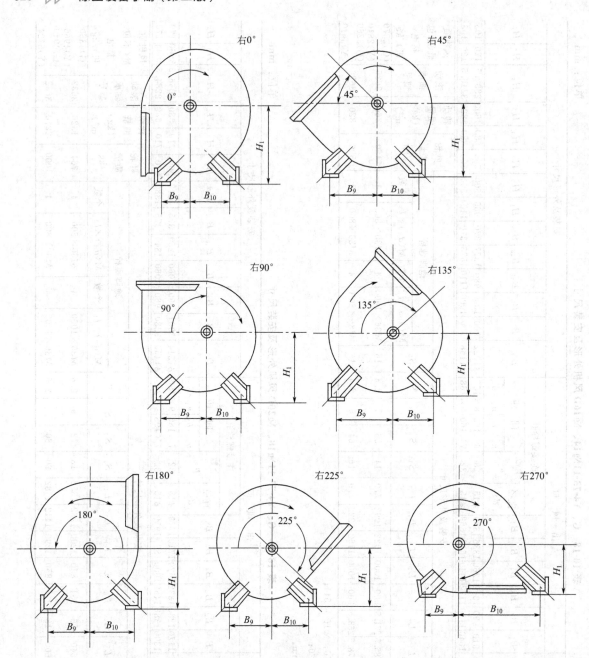

图 10-19 G、Y4-73-11№18、№20D 风机外形及安装尺寸（2）

表 10-20 G、Y4-73-11№18、№20D 风机安装尺寸   单位：mm

机号	0°			45°			90°			135°			180°			225°			270°		
	H_1	B_9	B_{10}	H_1	B_9	B_{10}	H_1	B_9	B_{10}	H_1	B_9	B_{10}	H_1	B_9	B_{10}	H_1	B_9	B_{10}	H_1	B_9	B_{10}
№18	2180	900	1000	1920	1200	1000	1830	1300	950	1680	1200	900	1540	1200	900	1400	1200	650	1260	1000	2400
№20	2400	1000	1300	2170	1200	1150	2000	1450	900	1850	1350	1000	1700	1300	1000	1350	1300	800	1325	1100	2600

注：图 10-18 中，№18、№20 出风口至轴中心线垂直距离分别为 1192mm 和 1325mm。

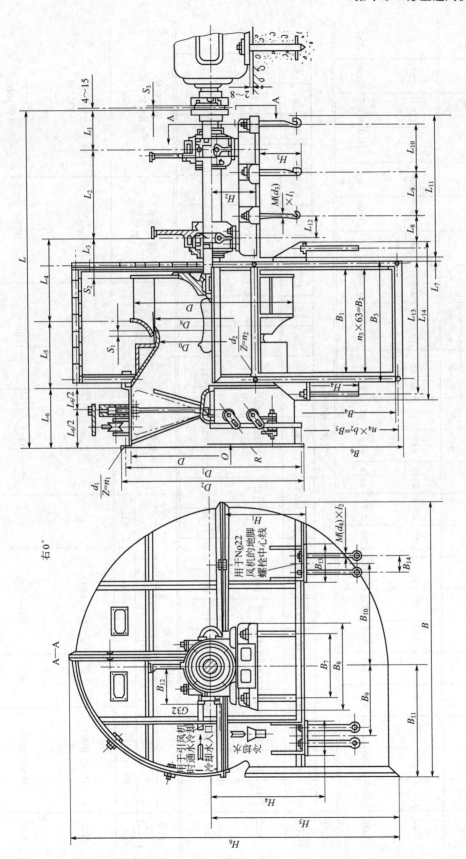

图 10-20 G、Y4-73-11№22、№25D 风机外形及安装尺寸

表10-21　G、Y4-73-11№22、№25D风机外形及安装尺寸

单位：mm

机号 ($\frac{D}{100}$)	进风口			连接螺栓孔		出风口						连接螺栓孔				D_0	安装及外形尺寸						
	D	D_1	D_2	个数 n_1	直径 d_1	B_1	B_2	B_3	B_4	B_5	B_6	直径 d_2	个数 n_2	间距 $n_3 \times b_1$	$n_4 \times b_2$		B	B_7	B_8	B_{11}	B_{12}	B_{13}	B_{14}
№22	$\phi2200$	$\phi2260$	$\phi2300$	36	$\phi19$	1430	1560	1596	1980	2070	2139	$\phi19$	36	8×190	10×270	$\phi1606$	3692	780	990	1456.5	426.0	320	0
№25	$\phi2500$	$\phi2560$	$\phi2600$	36	$\phi19$	1625	1755	1841	2250	2376	2459	$\phi19$	42	9×195	12×198	$\phi1825$	4209	780	990	1654.0	426.5	420	280

安装及外形尺寸

机号 ($\frac{D}{100}$)	H_0	H_2	H_3	H_4	H_5	H_6	H_7	L	L_1	L_2	L_3	L_4	L_5	L_6	L_7	L_8	L_9	L_{10}	L_{11}	L_{12}	L_{13}	L_{14}	S	S_2	S_3	S_4
№22	1518	735	680	580	2512.5	4471	170	4401	650	1200	337	1052	839	660	45	282	560	600	1770	280	2100	2300	22	88	5	3
№25	1725	735	680	580	2854.5	5109	170	4689	650	1200	325	1137.5	951.5	750	17	267.5	560	600	1770	280	2300	2500	25	100	5	3

安装及外形尺寸

机号 ($\frac{D}{100}$)	地脚螺栓				叶轮质量 /kg	转动惯量 /(kg·m²)	滚动轴承型号	风机质量（不包括电机）/kg
	$M(d_3)\times l_1$	个数	$M(d_4)\times l_2$	个数				
№22	M36×1000	6	M30×800	4	1600	4240	3638	(G)7580 (Y)8789
№25	M36×1000	6	M30×800	8	2140	10160	3638	(G)9210 (Y)10460

注：B_9、B_{10}、H_1、L_0 见图10-21，表10-22。

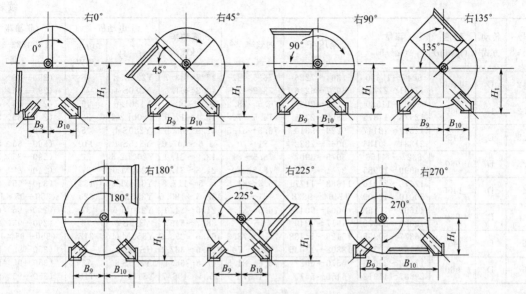

图 10-21　G、Y4-73-11№22、№25D 风机安装尺寸

表 10-22　G、Y4-73-11№22、№25D 风机安装尺寸　　单位：mm

机 号	0°			45°			90°			135°			180°			225°			270°		
	H_1	B_9	B_{10}	H_1	B_9	B_{10}	H_1	B_9	B_{10}	H_1	B_9	B_{10}	H_1	B_9	B_{10}	H_1	B_9	B_{10}	H_1	B_9	B_{10}
№22	1500	800	1300	1700	1300	800	1500	1300	800	1600	1300	650	1500	1100	650	1350	1100	650	800	1300	1500
№25	1700	1000	1200	2000	1000	900	1700	1300	900	1800	1300	900	1700	1200	700	1700	1200	710	800	1500	1800

注：图 10-21 中№22、№25 至后盘表面 L（测量尺寸）分别为 748mm、850mm、952mm。

表 10-23　9-19 型通风机性能

机号（№）	传动方式	转速/(r/min)	流量/(m³/h)	全压/Pa	内效率/%	所需功率/kW	电动机型号	功率/kW
4	A	2900	824～1704	3584～3253	70～70	1.5～2.6	Y90L-2 Y100L-2	2.2 3
4.5	A	2900	1174～2504	4603～4112	71.2～70	2.5～4.8	Y112M-2 Y132S1-2	4 5.5
5	A	2900	1610～3166 3488	5697～5323 5080	72.7～74.5 70.5	4.1～7.1 7.9	Y132S2-2 Y160M1-2	7.5 11
5.6	A	2900	2262～4901	7182～6400	72.7～70.5	7.0～13.9	Y160M1-2 Y160L-2	11 18.5
6.3	A	2900	3220～5153 5690～6978	9149～9055 8857～8148	72.7～78.5 77.2～70.5	12.5～18.4 20.2～25.1	Y160L-2 Y200L1-2	18.5 30

机号（№）	传动方式	转速/(r/min)	流量/(m³/h)	全压/Pa	内效率/%	所需功率/kW	电动机型号	功率/kW	联轴器 GB 4323—84（一套）
7.1	D	2900	4610～7376 8144～9988	11717～11596 11340～10426	72.7～78.5 77.2～70.5	23.3～34.1 37.5～46.5	Y200L2-2 Y250M-2	37 55	(200—65×55) (200—65×60)
8	D	2900	6594～11649 12968～14287	15034～14546 14021～13362	72.7～77.2 74.5～70.5	42.3～68.2 75.9～84.4	Y280S-2 Y315S-2	75 110	(200—65×65) (200—65×65)
8	D	1450	3297～4616 5275～7144	3620～3647 3584～3231	72.7～78.2 78.5～70.5	5.5～6.9 7.7～10.6	Y-132M-4 Y160L-4	7.5 15	(200—65×38) (200—65×42)
9	D	1450	4695～7511 8294～10171	4597～4521 4453～4101	72.7～78.5 77.2～70.5	9.5～14.0 15.4～19.0	Y160L-4 Y180L-4	15 22	(200—65×48) (200—65×48)
10	D	1450	6440～12450 13952～15455	5840～5495 5244～4958	76.5～78.2 74.5～70	15.7～28.0 31.4～35.1	Y200L-4 Y225S-4	30 37	(200—65×55) (200—65×60)

机号 （№）	传动 方式	转速 /(r/min)	流量 /(m³/h)	全压/Pa	内效率/%	所需功率 /kW	电动机 型号	电动机 功率/kW	联轴器 GB 4323—84 （一套）
11.2	D	1450	9047～15380 17491～21713	7364～7236 6927～6246	76.5～81 78.2～70	27.7～43.7 49.3～61.8	Y225M-4 Y280S-4	45 75	(290—85×60) (290—85×75)
11.2	D	960	5990～11580 12978～14375	3182～2996 2860～2705	76.5～78.2 74.5～70	8.0～14.3 16.1～17.9	Y180L-6 Y200L2-6	15 22	(240—85×48) (240—85×55)
12.5	D	1450	12577～18447 21381～30186	9229～9310 9068～7822	76.5～81.5 81～70	47.9～66.6 75.6～107.0	Y280S-4 Y315S-4	75 110	(290—85×75) (290—85×80)
12.5	D	960	8327～14156 16099～19985	3975～3907 3741～3377	76.5～81 78.2～70	13.9～21.9 24.8～31.1	Y200L2-6 Y250M-6	22 37	(290—85×55) (240—85×65)
14	D	1450	17670～25916 30040～42409	11668～11771 11464～9878	76.5～81.5 81～70	84.5～117.3 133.3～188.6	Y315M-4 Y355M-4	132 220	(350—95×80) (350—95×100)
14	D	960	11699～17158 19888～28078	5004～5047 4917～4249	76.5～81.5 8～70	24.5～34.0 38.7～54.7	Y250M-6 Y315S-6	37 75	(290—95×65) (290—95×80)
16	D	1450	26377～50995 57150～63305	15425～14488 13808～13035	76.5～78.2 74.5～70	164.6～293.3 329.6～367.6	Y355M34 JS138-4	315 410	(350—95×100) (350—95×85)
16	D	960	17463～25613 29687～41912	6570～6627 6456～5575	76.5～81.5 81～70	47.8～66.4 75.4～106.7	Y315S-6 Y315L1-6	75 110	(350—95×80) (350—95×80)

表 10-24　9-26 型通风机性能

机号 （№）	传动方式	转速 /(r/min)	流量 /(m³/h)	全压/Pa	内效率/%	所需功率 /kW	电动机 型号	电动机 功率/kW
4	A	2900	2198～3215	3852～3407	74.70～70	3.7～5.2	Y132S1-2	5.5
4.5	A	2900	3130～3685 3963～4792	4910～4776 4661～4256	76.1～77.1 76～70	6.3～7.2 7.6～9.2	Y132S2-2 Y160M1-2	7.5 11
5	A	2900	4293～6349 6762	6035～5381 5180	77.2～72.7 70	10.5～14.7 15.7	Y160M2-2 Y160L-2	15 18.5
5.6	A	2900	6032～7185 7766～9500	7610～7400 7218～6527	77.2～78 76.7～70	18.5～21.2 22.8～27.7	Y180M-2 Y200L1-2	22 30
6.3	A	2900	8588～11883 12699～13525	9698～8915 8636～8310	28.99～38.12 40.67～43.35	33.3～43.8 46.8～49.9	Y225M-2 Y250M-2	45 55

机号 （№）	传动 方式	转速/ (r/min)	流量 /(m³/h)	全压/Pa	内效率/%	所需功率 /kW	电动机 型号	电动机 功率/kW	联轴器 GB 4323—84 （一套）
7.1	D	2900	12292～14643 15826～19360	12427～12078 11776～10635	77.2～78 76.7～70	61.8～71.0 76.1～92.5	Y280S-2 Y315S-2	75 110	(200—65×65) (200—65×65)
8	D	2900	17584～20947 22640～27696	15955～15504 15112～13634	77.2～78 76.7～70	112.3～128.9 138.2～168.0	Y315M-2 Y315L2-2	132 200	(200—65×65) (200—65×65)
8	D	1450	8792～12166 13001～13848	3834～3529 3421～3294	77.2～78 76.7～70	14.0～18.5 19.7～21.0	Y180M-4 Y200L-4	18.5 30	(200—65×48) (200—65×55)
9	D	1450	12518～14913 16118～19717	4869～4736 4620～4181	77.2～78 76.7～70	25.3～29.0 31.1～37.8	Y200L-4 Y225M-4	30 45	(200—65×55) (200—65×60)
10	D	1450	17172～21465 23612～30052	6143～5920 5761～5065	80.4～78.6 78.6～70	41.9～50.5 55.3～69.6	Y250M-4 Y280S-4	55 75	(200—65×65) (200—65×75)
11.2	D	1450	24126～36189 39205～42221	7747～7009 6691～6382	80.4～76 73～70	73.8～106.2 114.5～122.7	Y315S-4 Y315M-4	110 132	(240—85×80) (240—85×80)
11.2	D	960	15973～21963 23959～27953	3346～3140 3031～2763	80.4～78.6 76～70	21.4～28.3 30.8～35.6	Y225M-6 Y250M-6	30 37	(240—85×60) (240—85×65)

续表

机号(№)	传动方式	转速/(r/min)	流量/(m³/h)	全压/Pa	内效率/%	所需功率/kW	电动机 型号	电动机 功率/kW	联轴器 GB 4323—84 (一套)
12.5	D	1450	33540~41925 46117~58695	9713~9356 9103~7993	80.4~80.4 78.6~70	127.8~154.1 168.7~212.5	Y315L1-4 Y355M2-4	160 250	(240—85×80) (290—85×100)
12.5	D	960	22206~27757 30533~38860	4179~4028 3921~3450	80.4~80.4 78.6~70	37.1~44.7 49.0~61.7	Y280S-6 Y315S-6	45 75	(240—85×75) (240—85×80)
14	D	1450	47121~53011 58902~82463	12285~12109 11830~10095	80.4~81.2 80.4~70	225.2~247.3 271.5~374.5	Y355M2-4 JS-138-4	250 410	(290—95×100) (350—95×85)
14	D	960	3197~35097 38997~54596	5262~5188 5071~4341	80.4~81.2 80.4~70	65.4~71.8 78.8~108.7	Y315S-6 Y315L1-6	75 110	(240—95×80) (240—95×80)
16	D	1450	70339~79131 87923~123090	16250~16014 15640~13324	80.4~81.2 80.4~70	439.1~482.2 529.4~730.2	JSQ-147-4 (300V) JSQ-158-4 (300V)	500 850	(350—95×110) (350—95×90)
16	D	960	46569~69854 75675~81496	6911~6254 5971~5696	80.4~76 73~70	127.4~183.3 197.6~211.9	Y355M1-6 Y355M3-6	185 220	(350—95×90)

4. 安装及外形尺寸

9-19 型、9-26 型通风机安装及外形尺寸：4～6.3D 安装及外形尺寸见图 10-22 和表 10-25；7.1～16D 安装及外形尺寸见图 10-23 和表 10-26 和图 10-24、表 10-27。

表 10-25　9-19 型、9-26 型 4～6.3D 通风机安装及外形尺寸　　　单位：mm

型号	机号(代号)	D_1	D_2	n_1-d_1	A_1	A_2	A_4	A_5	x	y	n_2-d_2	E	F	G	K	M	N
9-19	4	180	205	8-φ7	128	160	92	126	4	3	14-φ7	100	262	587	286	715	420
	4.5	200	225	8-φ7	144	176	104	135	4	3	14-φ7	110	295	661	322	782	450
	5	224	254	8-φ7	160	192	115	150	4	3	14-φ7	126	328	734	358	868	500
	5.6	250	280	8-φ10	179	212	129	162	4	3	14-φ7	140	367	821	401	962	550
	6.3	280	320	8-φ10	202	236	145	180	4	3	14-φ7	157	413	925	451	1085	620
9-26	4	224	254	8-φ7	196	228	128	165	4	3	14-φ7	132	360	711	287	761	450
	4.5	250	280	8-φ7	221	252	144	177	4	3	14-φ7	147	405	799	322	849	500
	5	280	320	8-φ10	245	284	160	192	4	3	14-φ7	165	450	887	359	937	550
	5.6	315	355	8-φ10	274	305	179	212	5	4	18-φ7	185.5	504	993	402	1053	620
	6.3	355	395	8-φ10	309	340	202	236	5	4	18-φ7	209	567	1117	451	1167	680

型号	机号(代号)	a	b	c	d	e	f	4-φd	W_1	W_2	L	H	H_1	减振器 型号	减振器 数量
9-19	4	200	350	50	300	385	35	15	220	325	435	63	100	CZT1-5	4
	4.5	200	390	50	300	430	39	15	250	365	450	63	100	CZT1-5	4
	5	280	450	50	380	495	43	15	285	405	551	63	118	CZT1-6	4
	5.6	350	485	50	450	534	48	15	320	455	638	63	139	CZT1-8	4
	6.3	450	570	60	570	626	55	18	365	520	782	80	139	CZT1-8	4
9-26	4	200	390	50	300	430	49	15	320	350	482	63	118	CZT1-6	4
	4.5	280	450	50	380	495	55	15	365	395	582	63	80	CZT3-4	4
	5	350	485	50	450	534	61	15	410	440	676	63	139	CZT1-8	4
	5.6	450	570	60	570	626	67.5	18	460	490	823	63	115	CZT3-6	4
	6.3	550	720	70	690	780	77	22	525	550	990	80	150	CZT1-10	4

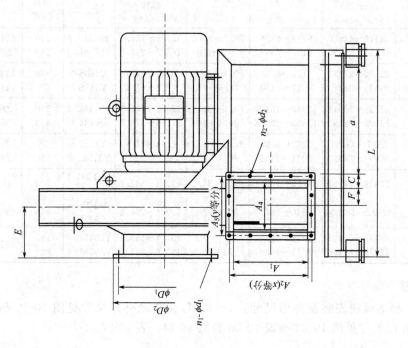

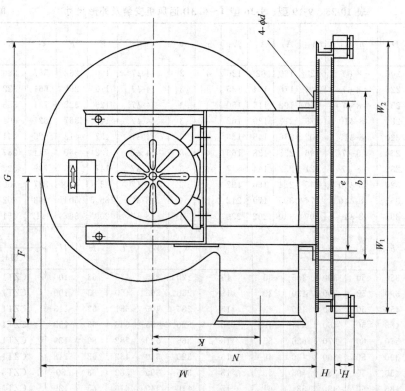

图 10-22　9-19 型、9-26 型 4～6.3D 整机安装外形尺寸

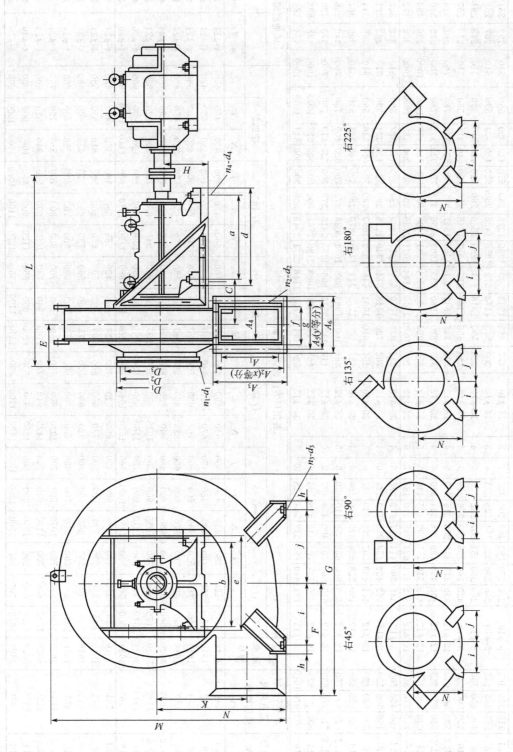

图 10-23　9-19 型、9-26 型 7.1～16D 通风机外形及安装尺寸（1）

表10-26 9-19型、9-26型 7.1～16D 通风机外形及安装尺寸

单位：mm

型号	机号 No	进口尺寸 D1	D2	D3	n1-d1	出口尺寸 A1	A2	A3	A4	A5	A6	x	y	n2-d2	外形尺寸 E	F	G	K	L	M	H	a	b	c	基础尺寸 d	e	f	g	h
9.19	7.1	315	355	395	8-φ10	227	270	293	163	204	323	4	3	14-φ10	177	466	1042	509	1230	1278	280	520	440	300	590	510	193	251	61
	8	355	395	435	8-φ10	256	296	322	184	228	253	4	3	14-φ10	200	525	1173	572	1256	1428	280	520	440	303	590	510	207	265	61
	9	400	450	500	8-φ12	288	330	354	207	252	276	5	4	18-φ10	226	590	1318	644	1289	1586	280	520	440	310	590	510	223	281	61
	10	450	500	550	8-φ12	320	360	386	230	276	299	5	4	18-φ10	250	656	1464	715	1317	1748	280	520	440	314	590	510	239	297	61
	11.2	500	560	620	12-φ12	359	415	448	258	316	350	5	4	18-φ12	280	735	1641	801	1565	1947	375	700	620	366	780	700	261	319	61
	12.5	560	620	680	12-φ12	400	456	489	288	344	380	6	4	18-φ12	313	820	1830	895	1603	2156	375	700	620	372	780	700	282	340	61
	14	630	680	750	12-φ12	448	516	557	332	405	444	6	5	22-φ12	350	920	2050	1001	2031	2400	500	900	900	478	1000	1000	336	436	112
	16	710	770	830	16-φ12	512	574	621	368	440	484	7	5	24-φ12	400	1050	2340	1144	2091	2735	500	900	900	488	1000	1000	372	472	112
9.26	7.1	400	450	500	8-φ12	348	390	414	227	272	296	6	4	20-φ10	237	639	1259	509	1317	1369	280	520	440	327	590	510	242	300	61
	8	450	500	550	8-φ12	392	432	458	256	300	325	6	4	20-φ10	262	720	1418	574	1349	1528	280	520	440	334	590	510	263	321	61
	9	500	560	620	12-φ12	441	483	507	288	330	357	6	4	20-φ10	294	810	1594	646	1392	1699	280	520	440	346	590	510	286	344	61
	10	560	620	680	12-φ12	490	528	556	320	356	389	6	5	20-φ10	327	900	1770	717	1433	1870	280	520	440	353	590	510	309	367	61
	11.2	630	690	750	12-φ12	549	600	638	358	410	450	8	5	26-φ12	367	1008	1983	803	1694	2088	375	700	620	409	780	700	340	398	61
	12.5	710	770	830	16-φ12	613	664	702	400	456	492	8	6	28-φ12	418	1125	2212	896	1755	2313	375	700	620	419	780	700	370	428	61
	14	800	860	920	16-φ12	686	747	795	448	516	564	9	6	30-φ12	469	1260	2481	1003	2199	2562	500	900	900	527	1000	1000	438	538	112
	16	900	970	1040	16-φ15	784	840	893	512	588	628	10	7	34-φ12	524	1440	2830	1148	2271	2945	500	900	900	544	1000	1000	484	584	112

各出口方向机壳中心高及基础尺寸

型号	机号 No	质量(不包括电机及地脚螺栓)/kg	流动轴承型号	右0° N	i	j	右45° N	i	j	右90° N	i	j	右135° N	i	j	右180° N	i	j	右225° N	i	j	风地底脚孔 n3-d3	n4-d4
9.19	7.1	448	1616	690	220	380	630	400	450	610	450	450	580	400	450	560	400	500	530	450	480	4-φ24	4-φ28
	8	482	1616	775	250	460	700	440	480	670	520	520	640	440	520	610	440	550	580	480	550	4-φ24	4-φ28
	9	573	1616	860	285	520	780	500	600	760	600	600	720	500	600	700	500	650	650	520	610	4-φ24	4-φ28
	10	627	1616	950	325	580	870	550	650	835	650	650	800	550	650	760	550	700	720	550	685	4-φ24	4-φ28
	11.2	1037	3620	1060	410	750	980	700	800	940	800	800	900	700	800	860	700	850	810	700	750	4-φ24	4-φ36
	12.5	1142	3620	1175	450	770	1085	750	800	1035	900	950	990	740	900	945	740	940	900	800	850	4-φ24	4-φ36
	14	1979	3624	1310	500	800	1210	850	950	1160	950	1040	1110	850	950	1060	850	1080	1000	1000	1080	4-φ36	4-φ36
	16	2785	3624	1500	600	950	1380	1000	1200	1320	1100	1100	1260	1000	1100	1190	1000	1250	1140	1200	1200	4-φ36	4-φ40
9.26	7.1	501	1616	755	320	420	690	460	520	655	520	520	620	420	500	585	420	550	550	480	550	4-φ24	4-φ28
	8	542	1616	845	350	500	790	500	600	730	600	650	700	500	600	650	500	610	610	550	610	4-φ24	4-φ28
	9	644	1616	940	400	550	865	550	650	820	650	700	775	550	650	730	550	685	685	600	685	4-φ24	4-φ28
	10	687	1616	1035	470	600	950	600	700	900	700	850	850	600	700	800	600	750	750	650	750	4-φ24	4-φ36
	11.2	1150	3620	1160	550	700	1070	700	850	1020	850	900	960	700	850	900	700	850	850	800	850	4-φ24	4-φ36
	12.5	1250	3620	1285	600	800	1190	800	940	1125	940	950	1060	800	940	1000	800	940	940	940	940	4-φ36	4-φ36
	14	2110	3624	1420	650	800	1330	850	950	1250	1100	1100	1200	850	1040	1120	850	1080	1080	1080	1080	4-φ36	4-φ40
	16	2670	3624	1650	700	1000	1500	1000	1200	1420	1100	1200	1350	1040	1100	1250	1000	1200	1200	1200	1200	4-φ36	4-φ40

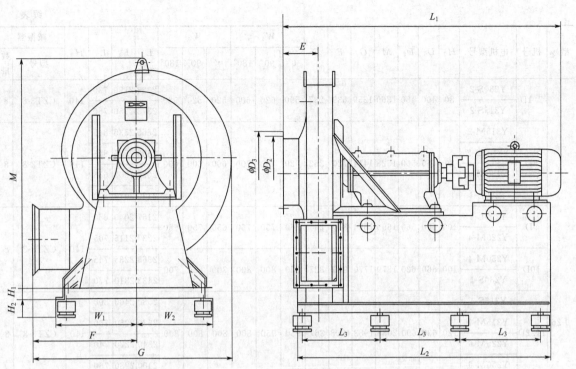

图 10-24 9-19 型、9-26 型 7.1～16D 通风机外形及安装尺寸（2）

表 10-27 9-19 型、9-26 型 7.1～16D 通风机安装尺寸　　　　　单位：mm

型号	机号	电机型号	H_1	D_1	D_2	M	G	F	E	W_1 0°	W_1 90°	W_1 180°	W_2 0°	W_2 90°	W_2 180°	L_1	L_2	L_3	H_2	减振器 型号	数量
9-19	7.1D	Y200L2-2	100	315	355	1278	1042	466	177	415	550	550	480	500	500	2011	1940	600	150	CZT1-10	8
		Y250M-2														2081	2050	630	150	CZT11-106	
	8D	Y280S-2	100	355	395	1428	1173	525	200	475	620	620	560	540	560	2262	2090	650	115	CZT33-64	8
		Y315S-2														2496	2754	650	140	CZT33-85	
		Y132M-4														1771	1738	530	150	CZT1-10	
		Y160L-4														1906	1864	570	150		
	9D	Y160L-4	100	400	450	4586	1318	590	226	540	700	700	620	600	600	1936	1879	570	115	CZT33-64	8
		Y180L-4														1999	1917	580	115		
	10D	Y200L-4	100	450	500	1748	1464	656	250	600	750	750	680	650	650	2092	1966	600	115		
		Y225S-4														2137	1993	600	115		
	11.2D	Y225M-4	120	500	560	1947	1641	735	280	675	900	900	850	700	800	2410	2340	620	140	CZT33-85	8
		Y280S-4														2565	2369	670	140		
		Y180L-4														2275	2025	620	140		
		Y200L2-6														2340	2040	630	140		
	12.5D	Y280S-4	140	560	620	2156	1830	820	313	760	100	950	870	800	880	2603	2461	670	140	CZT3-10	8
		Y315S-4														2873	2542	700	150		
		Y200L2-6														2378	2143	630	140	CZT33-85	
		Y250M-6														2533	2430	660	150		
	14D	Y315M1-4	140	630	690	2400	2050	920	350	860	1050	1000	900	900	950	3371	3210	940	150	CZT33-106	8
		Y250M-6														2961	2754	860	150	CZT33-106	8
		Y315S-6														3301	3100	910	150		
	16D	Y315S-6	160	710	770	2735	2340	1050	400	990	1140	1140	1000	980	1000	3355	3155	700	150	CZT4-10	10
		Y315L1-6														3425	3185	700	150		

续表

型号	机号	电机型号	H_1	D_1	D_2	M	G	F	E	W_1 0°	W_1 90°	W_1 180°	W_2 0°	W_2 90°	W_2 180°	L_1	L_2	L_3	H_2	减振器 型号	数量
9-26	7.1D	Y280S-2	80	400	450	1369	1259	639	237	590	620	600	520	520	580	2323	2190	730	140	CZT3-8	8
		Y315S-2														2373	2250	750			
	8D	Y315M-2	80	450	500	1528	1414	720	262	620	700	700	600	600	600	2665	2535	845	140	CZT3-8	8
		Y315L2-2														2665	2535	845			
		Y180M-4														2025	1905	635			
		Y200L-4														2130	2010	500			
	9D	Y200L-4	100	500	560	1699	1594	810	294	760	750	750	650	750	650	2167	2040	680	140	CZT3-8	8
		Y225M-4														2237	2115	705			
	10D	Y250M-4	100	560	620	1870	1770	900	327	850	800	800	700	800	700	2363	2235	745	140	CZT3-8	8
		Y280S-4														2433	2310	770			
	11.2D	Y315S-4	120	630	690	2088	1983	1008	367	950	950	800	800	800	800	2530	2400	800	140	CZT3-8	8
		Y315M-4														2580	2250	750			
		Y225M-6														2340	2220	740			
		Y250M-6														2400	2280	760			
	12.5D	Y280S-4	140	710	770	2312	2212	1125	418	1080	1050	1000	900	850	850	2800	2670	890	140	CZT3-8	8
		Y315S-4														2890	2760	920			
		Y200L2-6														2610	2490	830			
		Y250M-6														2700	2580	860			
	14D	Y355M2-4	160	800	860	2562	2481	1260	469	1100	1050	1000	900	900	950	3100	2980	745	150	CZT4-10	10
		Y315S-4														2908	2788	697			
		Y315L1-6														3010	2880	720			
	16D	Y355M-6	180	900	970	2945	2830	1440	524	1300	1200	1200	1050	1000	1100	3200	3080	770	150	CZT4-10	10
		Y355M3-6																			

第三节
除尘风机电动机

一、电动机的分类和型号

1. 电动机分类

电动机的种类很多，分类方法有多种。通常划分为交流电动机、直流电动机和特种电动机等三大类。工厂企业中常见的电动机形式有三相鼠笼转子异步电动机和绕线转子异步电动机、单相交流电动机、直流电动机、用于检测信号和控制的控制电机、特殊用途的专用电动机。除尘工程常用的电动机为三相异步电动机。

常用交流异步电动机的分类方式见表10-28。

2. 电动机的型号

根据国家标准 GB 4831《电机产品型号编制方法》，我国电机产品型号由拼音字母，以及国际通用符号和阿拉伯数字组成。电动机特殊环境代号如表 10-29 所列，电动机的规格代号如表 10-30 所列，电动机的产品类型代号如表 10-31 所列。

表 10-28 交流异步电动机的分类

分类	转子结构形式	防护形式	冷却方法	安装方法	工作定额	尺寸大小 中心高 H/mm 定子铁芯外径 D/mm	使用环境
类别	鼠笼式 线绕式	封闭式 防护式 开启式	自冷式 自扇冷式 他扇冷式	B3 B5 B5/B3	连续 断续 短时	$H>630$、$D>1000$ 大型 $350<H\leqslant630$ $500<D\leqslant1000$ 中型 $80\leqslant H\leqslant315$ $120\leqslant D\leqslant500$ 小型	普通 干热、湿热 船用、化工 防爆 户外 高原

表 10-29 电动机特殊环境代号

汉字意义	热带用	湿热带用	干热带用	高原用	船(海)用	化工防腐用	户外用
汉字拼音代号	T	TH	TA	G	H	F	W

表 10-30 电动机的规格代号

产品名称	产品型号构成部分及其内容
小型异步电动机	中心高(mm)-机座长度(字母代号)-铁芯长度(数字代号)-极数
大、中型异步电动机	中心高(mm)-铁芯长度(数字代号)-极数
小型同步电机	中心高(mm)-机座长度(字母代号)-铁芯长度(数字代号)-极数
大、中型同步电机	中心高(mm)-铁芯长度(数字代号)-极数
小型直流电机	中心高(mm)-机座长度(数字代号)
中型直流电机	中心高(mm)-或机座号(数字代号)-铁芯长度(数字代号)-电流等级(数字代号)
大型直流电机	电枢铁芯外径(mm)-铁芯长度(mm)
分马力电动机(小功率电动机)	中心高(mm)或外壳外径(mm)或机座长度(字母代号)-铁芯长度、电压、转速(均用数字代号)
交流换向器电机	中心高或机壳外径(mm)或铁芯长度、转速(均用数字代号)

表 10-31 电动机的产品类型代号

产品代号	产品名称	产品代号	产品名称
Y	异步电动机	SF	水轮发电机
T	同步电动机	C	测功机
TF	同步电动机	Q	潜水电泵
Z	直流电动机	F	纺织用电机
ZF	直流发电机	H	交流换向器电动机
QF	汽轮发电机		

3. 电动机产品型号举例

（1）小型异步电动机

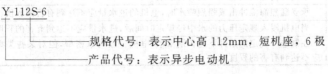

Y-112S-6

规格代号：表示中心高 112mm，短机座，6 极

产品代号：表示异步电动机

（2）中型异步电动机

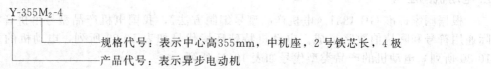

Y-355M₂-4

规格代号：表示中心高355mm，中机座，2号铁芯长，4极
产品代号：表示异步电动机

（3）大型异步电动机

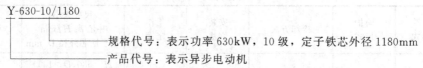

Y-630-10/1180

规格代号：表示功率630kW，10级，定子铁芯外径1180mm
产品代号：表示异步电动机

（4）户外化工防腐用小型隔爆异步电动机

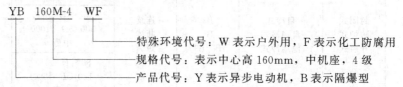

YB 160M-4 WF

特殊环境代号：W表示户外用，F表示化工防腐用
规格代号：表示中心高160mm，中机座，4级
产品代号：Y表示异步电动机，B表示隔爆型

二、电动机外壳的防护等级

1. 电机外壳的防护形式

电动机外壳的防护形式有两种：一是防止固体异物进入内部及防止人体触及内部的带电或运动部分的防护（见表10-32）；二是防止水进入内部达到有害程度的防护（见表10-33）。

表 10-32 第一位表征数字表示防护等级

第一位表征数字	防护等级	
	简述	含义
0	无防护电机	无专门防护
1	防护大于50mm固体的电机	能防止大面积的人体(如手)偶然或意外地触及或接近壳内带电或转动部件(但不能防止故意接触) 能防止直径大于50mm的固体异物进入壳内
2	防护大于12mm固体的电机	能防止手指或长度不超过80mm的类似物体触及或接近壳内带电或转运部件 能防止直径大于12mm的固体异物进入壳内
3	防护大于2.5mm固体的电机	能防止直径大于2.5mm的工具或导线触及或接近壳内带电或转动部件 能防止直径大于2.5mm的固体异物进入壳内
4	防护大于1mm固体的电机	能防止直径或厚度大于1mm的导线或片条触及或接近壳内带电或转动部件 能防止直径大于1mm的固体异物进入壳内
5	防尘电机	能防止触及或接近壳内带电或转动部件,进尘量不足以影响电机正常运行

表 10-33 第二位表征数字表示防护等级

第二位表征数字	防护等级	
	简述	含义
0	无防护电机	无专门防护
1	防滴电机	垂直滴水应无有害影响
2	15°防滴电机	当电机从正常位置向任何方向倾斜至15°以内任何角度时,垂直滴水应无有害影响
3	防淋水电机	与垂直线成60°角范围以内的淋水应无有害影响
4	防溅水电机	承受任何方向的溅水应无有害影响
5	防喷水电机	承受任何方向的喷水应无有害影响
6	防海浪电机	承受猛烈海浪冲击或强烈喷水时,电机的进水量应不达到有害的程度
7	防浸水电机	当电机浸入规定压力的水中经规定时间后,进水量应不达到有害的程度
8	潜水电机	在制造厂规定的条件下能长期潜水,电机一般为水密型,但对某些类型电机也可允许水进入,但应不达到有害的程度

2. 防护等级的标志方法

　　表明电动机外壳防护等级的标志由字母"IP"及两个数字组成，第一位数字表示第一种防护形式的等级；第二位数字表示第二种防护形式的等级。如只需要单独标志一种防护形式的等级时，则被略去数字的位置以"X"补充，如 IP_x3 或 $IP5_x$。

　　另外，还可采用下列附加字母：R—管道通风式电机；W—气候防护式电机；S—在静止状态下进行第二种防护形式试验的电机；M—在运动状态下进行第二种防护形式试验的电机。

　　字母 R 和 W 标示 IP 和两个数字之间，字母 S 和 M 应标于两个数字之后，如不标志字母 S 和 M，则表示电机是在静止和运转状态下都进行试验。

　　防护等级的标志方法举例如下。

　　（1）能防护大于1mm的固体，同时能防溅的电机

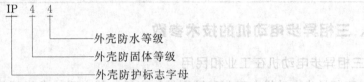

IP　4　4
　　　　　└─ 外壳防水等级
　　　└─ 外壳防固体等级
　└─ 外壳防护标志字母

　　（2）能防护大于12mm的固体，同时能防止淋水的气候防护式电机

IP　W　2　3　5
外壳防护标志字母┘　└┘　│　│　└─ 附加字母
　　　附加字母┘　　　│　└─ 外壳防水等级
　　　　　　　　　　　└─ 外壳防固体进入等级

三、电动机绝缘耐热等级

1. 电动机的绝缘耐热等级

　　绝缘耐热等级标志着绝缘物耐受高热程度的级别。绝缘物的耐热性是一项极为重要的性能。它决定电气设备，特别是电机绕组的极限容许升温，表示活性材料在电气设备中的利用程度及绝缘寿命。绝缘的耐热等级分 Y、A、E、B、F、H、C 七级，其最高容许温度分别为 90℃、105℃、120℃、130℃、155℃、180℃、180℃以上。绝缘材料耐热等级见表 10-34。

表 10-34　绝缘材料的耐热等级

耐热等级	绝　缘　材　料	极限工作温度/℃
Y	木材、棉纱、天然丝、纸及纸制品、钢板纸、纤维等天然纺织品；以醋酸纤维和聚酰胺为基础的纺织品；易于热分解和熔化点较低的塑料（脲醛树脂）	90
A	工作于矿物油中的 Y 级材料；用油或油树脂复合胶浸过的 Y 级材料；漆包线、漆布、漆丝的绝缘及油性漆、沥青漆等	105
E	聚酯薄膜和 A 级材料复合、玻璃布、油性树脂漆；聚乙烯醇缩醛高强度漆包线、乙酸乙烯耐热漆包线	120
B	聚酯薄膜、经合适树脂黏合式浸涂覆的云母；玻璃纤维、石棉等制品；聚酯漆、聚酯漆包线	130
F	以有机纤维材料补强和石棉带补强的云母片制品；玻璃丝和石棉、玻璃漆布、以玻璃丝布石棉纤维为基础的层压制品；以无机材料作补强和石棉带补强的云母粉制品；化学稳定性较好的聚酯和醇酸类材料、复合硅有机聚酯漆	155
H	无补强或以无机材料为补强的云母制品、加厚的 F 级材料、复合云母、有机硅云母制品、硅有机漆、硅有机橡胶聚酰亚胺复合玻璃布、复合薄膜、聚酰亚胺漆等	180
C	不采用任何有机黏合剂及浸渍制的无机物，如石英、石棉、云母、玻璃阳电瓷材料等	180 以上

2. 绝缘漆

　　常用绝缘漆的规格和用途如表 10-35 所列。

表 10-35　绝缘漆的规格和用途

名　称	型号	颜色	干燥类型	耐热等级	主　要　用　途
沥青漆	1010	黑色	烘干	A	适用浸渍电机转子和定子线圈,不要求耐油的零部件
	1011				
	1210	黑色	烘干	A	用于电机线圈的覆盖
	1211	黑色	烘干	A	用于电机线圈的覆盖,在不需耐油处,可代替晾干灰磁漆
耐油性清漆	1012	黄、褐色	烘干	A	适用于浸渍电机线圈
水乳漆	1013	乳白色	烘干	A	同 1012,但无燃烧爆炸危险,对漆包线漆层无溶解作用
甲酚清漆	1014	黄、褐色	烘干	A	用于浸渍电机线圈,但由漆包线制成的线圈不能使用
晾干醇酸清漆	1231	黄、褐色	气干	B	用于不宜高温烘焙的电机或绝缘零件表面的覆盖
醇酸清漆	1031	黄、褐色	烘干	B	适于浸渍电机、电器线圈及作覆盖用

四、三相异步电动机的技术参数

1. 三相异步电动机在工业和民用

三相异步电动机在工业和民用最为广泛,其主要技术指标见表 10-36。三相异步电动机中,鼠笼式异步电动机以其结构简单、维护方便、价格低廉和坚固耐用等优点见长。

表 10-36　三相异步电动机的主要技术指标

序号	名称	符号及定义	计算公式	提高指标措施
1	效率	η 输出功率 P_2 对输入功率 P_1 之比用%表示	$\eta = \dfrac{P_2}{P_1}$	(1)放粗线径,降低定、转子铜损耗; (2)采用较好的硅钢片,降低铁损耗; (3)提高制造精度,降低机械损耗
2	功率因数	$\cos\varphi$ 有功功率与视在功率之比	$\cos\varphi = \dfrac{P_1}{\sqrt{3}\,I_N U_N}$ 式中　I_N——额定线电流; U_N——额定线电压; P_1——输入功率	(1)减小定、转子之间气隙数值; (2)增加线圈匝数
3	堵转电流	I_{st} 堵转时定子的电流 注:一般采用堵转电流对额定电流 I_N 倍数表示	$I'_{st}(倍数) = \dfrac{I_{st}}{I_N}$	(1)增加匝数,降低堵转电流; (2)增加转子电阻,降低堵转电流
4	堵转转矩	T'_{st} 定子通电使转子不动需要的力矩 注:一般采用堵转转矩对额定转矩 T_N 的倍数表示	$T'_{st}(倍数) = \dfrac{T_{st}}{T_N}$	(1)增加转子电阻,降低转子电抗,提高堵转转矩; (2)减少匝数,增加启动电流,提高堵转转矩; (3)增加气隙,提高堵转转矩
5	最大转矩	T'_{max} 启动过程中电动机产生的最大转矩 注:一般采用最大转矩对额定转矩倍数表示,又称为载能力	$T'_{max}(倍数) = \dfrac{T_{max}}{T_N} = K$ 式中　K——过载能力	(1)减少匝数,减少电抗,提高最大转矩; (2)增加气隙,提高最大转矩
6	最小转矩	T'_{min} 启动过程中电动机产生的最小转矩 注:一般采用最小转矩对额定转矩倍数表示	$T'_{min}(倍数) = \dfrac{T_{min}}{T_N}$	(1)选择适当的定、转子槽数,提高最小转矩; (2)增加气隙,提高最小转矩

续表

序号	名称	符号及定义	计算公式	提高指标措施
7	温升	θ 绕组的工作温度与环境温度之差值,用℃表示 注:新标准中温度单位代号用K表示	$\theta=\dfrac{R_2-R_1}{R_1}(K+t_1)+(t_2-t_1)$ 式中 R_2——电动机在额定负载下测定的电阻值; R_1——电动机没有运转冷态时测定的电阻值; t_2——额定负载时的环境温度; t_1——额定 R_1 时的环境温度; K——铜绕组235、铝绕组228	(1)减少定、转子铜损耗和铁损耗,降低温升; (2)加强通风

三相鼠笼转子异步电动机目前主要使用 Y 系列产品,其性能数据见表 10-37。

表 10-37　Y 系列三相异步电动机性能数据

型号	功率/kW	电压/V	接法	转速/(r/min)	电流/A	效率/%	功率因数(cosφ)	温升/℃	堵转电流/额定电流	堵转转矩/额定转矩	最大转矩/额定转矩
					额定数据						
同步转速 3000r/min(2 级)											
Y-801-2	0.75				1.9	73	0.84				
Y-802-2	1.1			2825	2.6	76	0.86				
Y-90S-2	1.5		Y		3.4	79	0.85				
Y-90L-2	2.2			2840	4.7		0.86				2.2
Y-100L-2	3			2880	6.4	82	0.87				
Y-112M-2	4			2890	8.2						
Y-132S₁-2	5.5			2900	11.1	85.5					
Y-132S₂-2	7.5				15	86.2	0.88				
Y-160M₁-2	11				21.8	87.2					
Y-160M₂-2	15			2930	29.4	88.2					
Y-160L-2	18.5				35.5						
Y-180M-2	22	280		2940	42.2	89		80	7.0	2.0	2.2
Y-200L₄-2	30			2950	56.9	90					
Y-200L₂-2	37			2950	70.4	90.5					
Y225M-2	45		△		83.9	91.5	0.89				
Y-250M-2	55				102.7						
Y-280S-2	75				140.1	91.4					
Y-280M-2	90			2970	167	92					
Y-315S-2	110				206.4						
Y-315M₁-2	132				247.6	91					
Y-315M₂-2	160				298.5					1.6	
Y-355M₁-2	200				369	91.5	0.90				
Y-355M₂-2	250			2975	461.2						

型号	额定数据								堵转电流/额定电流	堵转转矩/额定转矩	最大转矩/额定转矩
	功率/kW	电压/V	接法	转速/(r/min)	电流/A	效率/%	功率因数(cosφ)	温升/℃			
同步转速 1500r/min（4 级）											
Y-801-4	0.55	380	Y	1390	1.6	70.5	0.76	75	6.5	2.2	2.2
Y-802-4	0.75				2.1	72.5					
Y-90S-4	1.1			1400	2.7	79	0.78				
Y-90L-4	1.5				3.7		0.79				
Y-100L$_1$-4	2.2			1420	5.0	81	0.82				
Y-100L$_2$-4	3				6.8	82.5	0.81				
Y-112M-4	4		△	1440	8.8	84.5	0.82				
Y-132S-4	5.5				11.6	85.5	0.84				
Y-132M-4	7.5				15.4	87	0.85				
Y-160M-4	11			1460	22.6	88	0.84				
Y-160L-4	15				30.3	88.5	0.85				
Y-180M-4	18.5			1470	35.9	91	0.86			2.0	
Y-180L-4	22				42.5	91.5	0.86				
Y-200L-4	30				56.8	92.2	0.87				
Y-225S-4	37				69.8	91.8	0.87		7.0	1.9	
Y-225M-4	45				84.2	92.3				2.0	
Y-250M-4	55				102.5	92.6	0.88			1.9	
Y-280S-4	75				139.7	92.7					
Y-280M-4	90				164.3	93.5					
Y-315S-4	110			1480	201.9	93	0.89			1.8	
Y-315M$_1$-4	132				242.3						
Y-315M$_2$-4	160				293.7						
Y-355M$_1$-4	200				367.1						
Y-355M$_2$-4	250				458.9						
Y-355M$_3$-4	315				578.2						
同步转速 1000r/min（6 级）											
Y-90S-6	0.75	380	Y	910	2.3	72.5	0.70	75	6.0	2.0	2.0
Y-90L-6	1.1				3.2	73.5	0.72				
Y-100L-6	1.5			940	4.0	77.5	0.74				
Y-112M-6	2.2				5.6	80.5	0.74				
Y-132S-6	3				7.2	83	0.76				
Y-132M$_1$-6	4		△	960	9.4	84	0.77				
Y-132M$_2$-6	5.5				12.6	85.3					
Y-160M-6	7.5				17	86	0.78				
Y-160L-6	11				24.6	87					
Y-180L-6	15			970	31.5	89.5	0.81		6.5	1.8	
Y-200L$_1$-6	18.5				37.7	89.8	0.83				
Y-200L$_2$-6	22				44.6	90.2					
Y-225M-6	30				59.5	90.2	0.85			1.7	
Y-250M-6	37				72	90.8	0.86			1.8	
Y-280S-6	45				85.4	92	0.87				
Y-280M-6	55				104.9	91.6			7.0		
Y-315S-6	75			980	142.4	92				1.6	
Y-315M$_1$-6	90				170.8	92					
Y-315M$_2$-6	100				207.7	92.5					
Y-315M$_3$-6	132				249.2	92.5					
Y-355M$_1$-6	160				297	93	0.88				
Y-355M$_2$-6	200				371.3	93					
Y-355M$_3$-6	250				464.1	93					

续表

型 号	额定数据								堵转电流	堵转转矩	最大转矩
	功率 /kW	电压 /V	接法	转速 /(r/min)	电流 /A	效率 /%	功率因数 (cosφ)	温升 /℃	额定电流	额定转矩	额定转矩
同步转速 750r/min(8级)											
Y-132S-8	2.2		Y	710	5.8	81	0.71		5.5		
Y-132M-8	3				7.7	82	0.72			2.0	
Y-160M₁-8	4				8.9	84	0.73		6.0		
Y-160M₂-8	5.5			720	13.3	85	0.74				
Y-160L-8	7.5				17.7	86	0.75		5.5		
Y-180L-8	11				25.1	86.5	0.77			1.7	
Y-200L-8	15				34.1	88	0.76			1.8	
Y-225S-8	18.5			730	41.3	89.5				1.7	
Y-225M-8	22				47.6	90	0.78		6.0		
Y-250M-8	30	380			63	90.5	0.80	75			2.0
Y-280S-8	37		△		78.2	91	0.79			1.8	
Y-280M-8	45				93.2	91.7	0.80				
Y-315S-8	55				112.1	92	0.81				
Y-315M₁-8	75				152.8						
Y-315M₂-8	90			740	180.3		0.82			1.6	
Y-315M₃-8	110				220.3				6.5		
Y-355M₁-8	132				261.2	92.5					
Y-355M₂-8	160				316.6		0.83				
Y-355M₃-8	200				395.9						
同步转速 600r/min(10级)											
Y-315S-10	15				100.2	91	0.75				
Y-315M₁-10	55				121.8						
Y-315M₂-10	75	380	△	585	163.9	91.5	0.76	75	5.5	1.4	2.0
Y-355M₁-10	90				185.8						
Y-355M₂-10	110				227	92	0.80				
Y-355M₃-10	132				272.5						

Y 系列电动机是全国统一设计的新系列产品,其功率等级和安装尺寸符合国际电工委员会(IEC)标准。本系列为一般用途的电动机,适用于驱动无特殊性能要求的各种机械设备。

3kW 及以下的电动机定子绕组为 Y 接法,其他功率的电动机则均为三角(△)接法,采用 B 级绝缘。外壳防护等级为 IP44,即能防护大于 1mm 的固体异物侵入壳内,同时能防溅。冷却方式为 ICO141,即全封闭自扇冷式。额定频率为 50Hz。

型号说明:

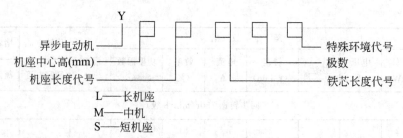

L——长机座
M——中机
S——短机座

YX 系列三相异步电动机是在对现有电动机的结构性能进一步改进后设计的新系列高效率三相异步电动机。

2. Y系列电动机安装形式及尺寸

（1）电动机的安装形式　不同的设备安装条件需要选用不同安装形式的电动机。

GB 977《电机结构及安装形式代号》规定，代号由"国家安装"（International Mounting）的缩写字母"IM"表示。例如，代表"卧式安装"的大写字母"B"或代表"立式安装"的大写字母"V"连同1位或2位数字组成。

B3　机座有底脚，端盖无凸缘，安装在基础构件上。

B35　机座有底脚，端盖上带凸缘，凸缘有通孔，借底脚安装在基础构件上。并附用凸缘安装。

B34　机座有底脚，端盖上带凸缘，凸缘有螺孔并有止口，借底脚安装在基础构件上。并附用凸缘平面安装。

B5　机座无底脚，端盖上带凸缘，凸缘有通孔，借凸缘安装。

B14　机座无底脚，端盖上带凸缘，凸缘有螺孔并有止口，借凸缘平面安装。

V1　机座无底脚，轴伸向下，端盖上带凸缘，凸缘有通孔，借凸缘在底部安装。

（2）电动机外形和安装尺寸　Y系列电动机外形及安装尺寸见图 10-25 及表 10-38、表 10-39。

表 10-38　Y系列电动机外形及安装尺寸（安装结构形式 B3 型）

机座号	极数	安装尺寸/mm												外形尺寸/mm					
		A	B	C	D	E	F	GD	G	H	K	AA	AB	BB	$\frac{AC}{2}$	AD	HA	HD	L
80	2、4	125	100	50	19	40	6	6	15.5	80	10	37	165	135	85	150	13	170	285
90S	2、4、6	140	100	56	24	50	8	7	20	90	10	37	180	150	90	155	13	190	310
90L	2、4、6	140	125	56	24	50	8	7	20	90	10	37	180	170	90	155	13	190	335
100L	2、4、6	160	140	63	28	60	8	7	24	100	12	42	205	185	105	180	15	245	380
112M	2、4、6	190	140	70	28	60	8	7	24	110	12	52	245	195	115	190	17	265	400
132S	2、4、6、8	216	140	89	38	80	10	8	33	132	12	57	280	210	135	210	20	315	515
132M	2、4、6、8	216	178	89	38	80	10	8	33	132	12	57	280	248	135	210	20	315	515
160M	2、4、6、8	254	210	108	42	110	12	8	37	160	15	63	325	275	165	255	22	385	600
160L	2、4、6、8	254	254	108	42	110	12	8	37	160	15	63	325	320	165	255	22	385	645
180M	2、4、6、8	279	241	121	48	110	14	9	42.5	180	15	73	355	332	180	285	24	430	670
180L	2、4、6、8	279	279	121	48	110	14	9	42.5	180	15	73	355	370	180	285	24	430	710
200L	2、4、6、8	318	305	133	55	110	16	10	49	200	19	73	395	378	200	310	27	475	775
225S	4、8	356	286	149	60	140	18	11	53	225	19	83	435	382	225	345	27	530	820
225M	2	356	311	249	55	110	16	10	49	225	19	83	435	407	225	345	27	530	815
225M	4、6、8	356	311	149	60	140	18	11	53	225	19	83	435	407	225	345	27	530	845
250M	2	406	349	168	60	140	18	11	53	250	24	88	490	458	250	385	33	575	930
250M	4、6、8	406	349	168	65	140	18	11	58	250	24	88	490	458	250	385	33	575	930
280S	2	457	368	190	65	140	18	11	58	280	24	93	545	535	280	410	38	640	1000
280S	4、6、8	457	368	190	65	140	20	12	67.5	280	24	93	545	535	280	410	38	640	1000
280M	2	457	419	190	65	140	18	11	58	280	24	93	545	586	280	410	38	640	1050
280M	4、6、8	457	419	190	65	140	20	12	67.5	280	24	93	545	586	280	410	38	640	1050
315S	2	508	406	216	65	140	18	11	58	315	28	120	628	610	320	460	45	760	1190
315S	4、6、8、10	508	406	216	80	170	22	14	71	315	28	120	628	610	320	460	45	760	1190
315M	2	508	457	216	65	140	18	11	58	315	28	120	628	660	320	460	45	760	1124
315M	4、6、8、10	508	457	216	80	170	22	14	71	315	28	120	628	660	320	460	45	76	1124

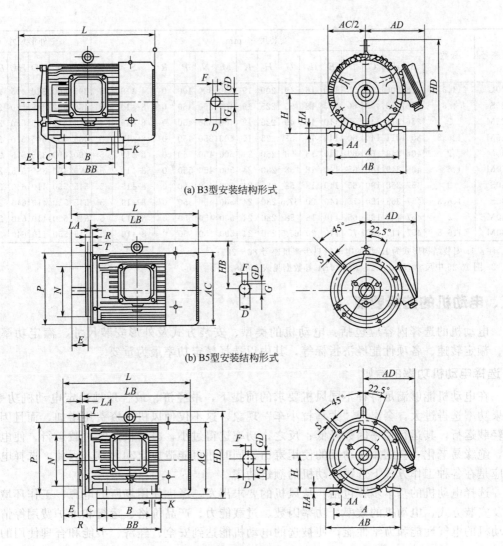

(a) B3型安装结构形式

(b) B5型安装结构形式

(c) B35型安装结构形式

图 10-25　Y 系列电动机外形及安装尺寸

表 10-39　Y 系列电动机外形及安装尺寸（安装结构形式 B5、B35 型）

机座号	极数	安装尺寸/mm															外形尺寸/mm						
		A	B	C	D	E	F	G	H	K	M	N	P	R	S	T	AB	AC	AD	HD	LA	LB	L
80	2、4	125	110	50	19	40	6	15.5	80	10	165	130	200	0	4-φ12	3.5	165	161	150	170	13	245	285
90S	2、4、6	140	100	56	24	50	8	20	90	10	165	130	200	0	4-φ12	3.5	180	171	155	190	13	260	310
90L	2、4、6	140	125	56	24	50	8	20	90	10	165	130	200	0	4-φ12	3.5	180	171	155	190	13	285	335
100L	2、4、6	160	140	63	28	60	8	24	100	12	215	180	250	0	4-φ15	4	205	201	180	245	15	320	380
112M	2、4、6	190	140	70	28	60	8	24	112	12	215	180	250	0	4-φ15	4	245	226	190	265	15	340	400
132S	2、4、6、8	216	140	89	38	80	10	33	132	12	265	230	300	0	4-φ15	4	280	266	210	315	16	395	475
132M	2、4、6、8	216	178	89	38	80	10	33	132	12	265	230	300	0	4-φ15	4	280	266	210	315	16	435	515
160M	2、4、6、8	254	210	108	42	110	12	37	160	15	300	250	350	0	4-φ19	5	325	320	255	385	16	490	600
160L	2、4、6、8	254	254	108	42	110	12	37	160	15	300	250	350	0	4-φ19	5	325	320	255	385	16	535	645
180M	2、4、6、8	279	241	121	48	110	14	42.5	180	15	300	250	350	0	4-φ19	5	335	362	285	430	16	560	670
180L	2、4、6、8	279	279	121	48	110	14	42.5	180	15	300	250	350	0	4-φ19	5	355	362	285	430	16	600	710

续表

机座号	极数	安装尺寸/mm														外形尺寸/mm						
		A	B	C	D	E	F	G	H	K	M	N	P	R	S	T	AB	AC	AD	HD	LA	LB	L
200L	2、4、6、8	318	305	133	55	110	16	49	200	19	350	300	400	0	4-φ19	5	395	400	310	475	22	665	775
225S	4、8	356	286	149	60	140	18	53	225	19	400	350	450	0	8-φ19	5	435	452	345	530	22	680	820
225M	2	356	311	149	55	110	16	49	225	19	400	350	450	0	8-φ19	5	435	452	345	530	22	705	815
225M	4、6、8	356	311	149	60	140	18	53	225	19	400	350	450	0	8-φ19	5	435	452	345	530	22	705	845
250M	2	406	349	168	60	140	18	53	250	24	500	450	550	0	8-φ19	5	490	490	385	575	24	790	930
250M	4、6、8	406	349	168	65	140	18	58	250	24	500	450	550	0	8-φ19	5	490	490	385	575	24	790	930
280S	2	457	368	190	65	140	18	58	280	24	500	450	550	0	8-φ19	5	545	550	410	640	24	860	1000
280S	4、6、8	457	368	190	75	140	20	67.5	280	24	500	450	550	0	8-φ19	5	545	550	410	640	24	860	1000
280M	2	457	419	190	65	140	18	58	280	24	500	450	550	0	8-φ19	5	545	550	410	640	24	910	1050
280M	4、6、8	457	419	190	75	140	20	67.5	280	24	500	450	550	0	8-φ19	5	545	550	410	640	24	910	1050

注：1. 安装结构形式为 B5 型的电动机只生产机座号 80～225；
2. 图 10-25 中尺寸 GD、AA、BB、HA 等数据见表 10-38。

五、电动机的选择要点

电动机的选择内容应包括：电动机的类型、安装方式及外形安装尺寸、额定功率、额定电压、额定转速、各项性能经济指标等，其中以选择额定功率最为重要。

1. 选择电动机功率的原则

在电动机能够满足各种不同风机要求的前提下，最经济、最合理地确定电动机功率的大小。如果功率选得过大，会出现"大马拉小车"现象，这不仅使风机投资费用增加，而且因电动机经常轻载运行，其运行功率因数降低；反之，功率选得过小，电动机经常过载运行，使电动机温升高，绝缘易老化，会缩短电动机的使用寿命，同时还可能造成启动困难。因此，选择电动机时首先应是在各种工作方式下选择电动机的额定功率。

选择电动机的基本步骤包括：从风机的要求出发，考虑使用场所的电源、工作环境、防护等级及安装方式、电动机的效率、功率因数、过载能力、产品价格、运行和维护费用等情况来选择电动机的电气性能和力学性能，使被选的电动机能达到安全、经济、节能和合理使用的目的。

2. 电动机制功率的选择

决定电动机的功率就是正确选择电动机的额定功率。其原则是在电动机能够胜任风机负载要求的前提下，最经济、最合理地决定电动机的功率。决定电动机功率时，要考虑电动机的发热、允许过载能力与启动性能三方面的因素。其中，以发热问题最为重要。

（1）电动机的发热　在实现能量转换过程中，电动机内部产生损耗并变成热量使电动机的温度升高。在电动机中，耐热最差的是绕阻的绝缘材料。不同的绝缘等级，其最高允许温度和升温（电动机温度与环境温度之差）见表 10-40。

表 10-40　　电动机的绝缘等级和允许温度

绝缘等级	A	E	B	F	H
允许最高温度/℃	105	120	130	155	180
环境温度为 40℃ 时最高温升/℃	65	80	90	115	140

绝缘材料的最高允许温度，是一台电动机所带负载能力的限度，而电动机的额定功率就是这一限度的代表参数。电动机铭牌上所标的额定功率，从发热的观点来看，即指环境温度（或冷却介质温度）为 40℃（对于干热带电动机或船用电动机为 50℃）的情况下，电动机各部件因发热

而提高的温升不得超过该绝缘等级的温升限值（见表 10-40），而决定绝缘材料寿命的因素是温度而不是温升，因此只要电动机运行中的实际工作温度不超出所采用的绝缘等级的最高允许工作温度，绝缘材料就不会发生本质的变化，其寿命可达 15～20 年。反之，则绝缘材料容易老化、变脆、缩短电动机寿命；在严重情况下，绝缘材料将碳化变质，失去绝缘性能，使电动机烧坏。

所选电动机应有适当的备用功率，使电动机的负载率一般为 0.75～0.9 左右，过大的备用功率会使电动机运行效率降低，对于异步电动机，其功率因数也将变坏。

（2）允许过载能力　选择电动机功率时，除考虑发热外，有时还要考虑电动机的过载能力，因为各种电动机的瞬时过载能力都是有限的。交流电动机受临界转矩的限制，直流电动机受换向器火花的限制。电动机瞬时过载一般不会造成电动机过热，故不考虑发热问题。

电动机的过载能力是以允许转矩过载倍数 K_T 来衡量，其数据见表 10-41。直流电动机常以允许电流过载倍数 K_T 来衡量，一般型直流电动机允许电流过载倍数 K_T 为 1.5～2.0 倍。

表 10-41　电动机转矩过载倍数 K_T

电动机类型	工作制	K_T	电动机类型	工作制	K_T
笼型异步电动机	连续工作制（SI）	≥1.65	直流电动机（额定励磁下）	连续工作制（SI）	≥1.5
	断续周期性工作制（S3～S5）	≥2.5		断续周期性工作制（S3～S5）	≥2.5
绕线转子异步电动机	连续工作制（SI）	≥1.8	同步电动机	$\cos\varphi=0.8$	≥1.65
	断续周期性工作制（S3～S5）	≥2.5		强励时	3～3.5

电动机过载倍数校验公式

直流电动机　　　　　　　　$I_{max} \leqslant KK_1 I_N$ 　　　　　　　　　（10-31）

异步电动机　　　　　　　　$T_{max} \leqslant KK_U^2 K_T T_N$ 　　　　　　　（10-32）

同步电动机　　　　　　　　$T_{max} \leqslant KK_T T_N$ 　　　　　　　　（10-33）

式中，I_{max} 为瞬时最大负载电流，A；T_{max} 为瞬时最大负载转矩，N·m；K_1 为允许电流过载倍数；K_T 为允许转矩过载倍数；I_N 为电动机额定电流，A；T_N 为电动机额定转矩，N·m；K_U 为电动波动系数，取 0.85；K 为余量系数（直流电动机取 0.9～0.95；交流电动机取 0.9）。

（3）电动机的平均启动转矩　电动机的启动过程转矩常用堵转转矩 K_T、最小转矩 T_{min} 和最大转矩 T_{max} 三个指标表示。因为异步电动机在启动过程中，其机械特性为非线性，加速转矩是一变量，所以用平均启动转矩供初步计算与选用电动机较为方便。表 10-42 所列电动机平均启动转矩为概略值，表 10-42 中系数较大者用于要求快速启动的场合。

表 10-42　电动机平均启动转矩 T_{stav}

电动机类型	平均启动转矩	说　明
直流电动机	$T_{stav}=(1.3～1.4)T_N$	式中　T_{stav}——平均启动转矩，N·m；
笼型异步电动机	$T_{stav}(0.45～0.5)(T_k+T_{max})$ $T_{stav}=0.9T_k$	T_k——堵转转矩，N·m； T_{max}——最大转矩，N·m；
绕线转子异步电动机	$T_{stav}=(1～2)T_{m25}$	T_{m25}——当 FC 为 25% 时的额定转矩，N·m

（4）电动机的温升与冷却　电动机长期运行中的能量损耗，分为固定损耗和可变损耗两种。固定损耗包括铁耗、机械损耗及空载铜损耗，它们与负载大小无关，一般电动机的此项数值较小。可变损耗主要是定子铜损耗和转子铝损耗，它们与负载电流的平方成比例。

电动机的发热是由于工作时在其内部产生功率损耗造成的，因而也就造成电动机的升温，随着时间的增加而逐渐趋于稳定值。

有关电动机的发热、温升、冷却的计算可参阅电动机的相关标准。

（5）电动机的工作制　电动机运行分为 8 类工作制（S1～S8），从发热角度又将电动机分为连续定额、短时定额和周期工作定额三种。电动机制造厂按此三种不同的发热情况规定出电动机的额定功率和额定电流。

① 连续工作制（S1）：长期运行时，电动机达到的稳定温升不超过该电动机绝缘等级所规定的温升限值。在接近而又未超过温升限值下运行的电动机，一般不允许长期过载。风机电动机一般为连续工作制。

② 短时工作制（S2）：负载运行时间短，电动机未达到稳定温升；停机和断能时间长，电动机能完全冷却到周围环境的温度。在不超过温升限值下，允许有一定的过载。我国规定的短时工作优先时限有 10min、30min、60min 及 90min 四种。

③ 周期性工作制（S3～S8）：工作周期中的负载（包括启动与电制动在内）持续时间与停机和断能时间相交替，周期性重复。负载持续时间较短，电动机温升未达到稳定值；停机和断能时间不长，电动机也未完全冷却到周围环境的温度。

不同工作制下电动机功率选择及选择后的校验方法不同，一般按发热校验电动机的功率，并根据负载性质、电动机类型作过载能力校验，如果采用笼型异步电动机，则尚需作启动能力校验。

（6）电动机的负载率校算　为防止出现"大马拉小车"现象，避免不必要的经济损失，在选择电动机时，有必要进行负载率的校算，一般电动机的负载率在 0.75～0.9 左右。

用电流表测定电动机的空载电流 I_0 和负载电流 I_1，然后按下式计算电动机带负载时的实际输出功率 P_2

$$P_2 = P_N \sqrt{\frac{I_1^2 - I_0^2}{I_N^2 - I_0^2}} \tag{10-34}$$

式中，P_N 为电动机的额定功率，kW；I_N 为电动机的额定电流，A；P_2 为电动机带负载时实际输出功率，kW。

负载率

$$R_L = \frac{P_2}{P_N}$$

对于常用的 Y(IP44) 系列的空载电流 I_0，可从表 10-43 查取。

表 10-43　Y(IP44) 系列空载电流 I_0　　　　　　　　　　单位：A

极数 \ 功率/kW	0.55	0.75	1.1	1.5	2.2	3.0	4.0	5.5	7.5	11	15	18.5	22	30	37	45	55	75	90
2 级	—	0.82	1.06	1.5	1.9	2.6	2.9	3.4	4.0	6.4	7.3	8.2	12	16.9	18.6	18.7	28.5	37.4	43.1
4 级	1.02	1.3	1.49	1.8	2.5	3.5	4.4	4.7	5.96	8.4	10.4	13.4	15	19.5	19	22	28.6	39.4	43.8
6 级	—	1.6	1.93	2.71	3.4	3.8	4.9	5.3	8.65	12.4	13.8	14.9	17.7	18.7	19.4	23.3	25.5	—	—
8 级					3.71	4.45	6.2	7.5	9.1	13	16.2	17.9	19.9	26	28.6	32.1	—	—	

【例 10-4】　电动机型号为 Y100L-2，从铭牌和技术条件查得：$P_N = 3.0$ kW、$I_N = 6.39$A 从表 10-43 查得 $I_0 = 2.6$A，用电流表测得在风机运行时定子电流 $I_1 = 5.5$A，求电动机实际输出功率和负载率。

解：输出功率　$P_2 = P_N \sqrt{\frac{I_1^2 - I_0^2}{I_N^2 - I_0^2}} = 3\text{kW} \sqrt{\frac{(5.5\text{A})^2 - (2.6\text{A})^2}{(6.39\text{A})^2 - (2.6\text{A})^2}} = 2.49\text{kW}$

负载率　$R_L = \frac{P_2}{P_N} = \frac{2.49\text{kW}}{3\text{kW}} = 0.83$

此电动机的实际输出功率为 2.49kW，其负载率为 0.83。

3. 电动机类型的选择

对无调速要求的机械，包括连续、短时、周期工作等工作制的机械，应尽量采用交流异步电动机；对启动和制动无特殊要求的连续运行的风机，宜优先采用普通笼型异步电动机。如果功率较大，为了提高电网的功率因素，可采用同步电动机，某些周期性工作制风机，若采用交流电动机在发热、启动、制动特性等方面不能满足需要，宜采用直流电动机。

只要求几种转速的小功率机械，可采用变极多速（双速、三速、四速）笼型电动机；对调速平滑程度要求不高，且调速比不大时，宜采用绕线转子电动机或电磁调速电动机，当调速范围在1：3以上，且需连续稳定平滑调速的机械宜采用直流电动机或变频调速电动机。

4. 电动机结构形式的选择

电动机安装形式按其安装位置的不同可分为卧式和直式两种。风机电动机应按照风机结构的不同，合理地选择电动机的结构形式。

为了防止电动机被周围的媒介质所损坏，或因电动机本身的故障引起灾害，必须根据不同的环境选择适当的防护形式。

（1）开启式 电动机外表有很大的通风口，散热条件好，价格便宜，但水汽、灰尘、铁屑或油液容易侵入电动机内部，因此只能用于干燥及清洁的工作环境。

（2）防护式 电动机的通风口朝下，且有防护网遮掩，通风冷却条件较好。它一般可防滴、防雨、防溅以及防止外界杂物从与垂直方向成小于 45°角的方向落入电机内部，但不能防止潮气及灰尘的侵入，所以适用于比较干燥、灰尘不多、无腐蚀性和爆炸性气体的场所。

（3）封闭式 封闭式电动机又分为自冷式、强迫通风式和密闭式三种。前两种结构形式的电动机，潮气和灰尘等不易进入电动机内部，能防止从任何方向飞溅来的水滴和其他杂物侵入，适用于潮湿、尘土多、易受风雨侵蚀、易引起火灾、有腐蚀性蒸气和气体的各种地方。密闭式电动机一般用在水中，风机很少选用。

（4）防爆式 在封闭式结构基础上制成隔爆型、增安型、正压型和无火花型，适用于有可燃性气体和空气混合物的危险环境，如油库、煤气站或矿井等场所。

在湿热带地区，应采用湿热带（TH）型电动机，采取适当的防潮、防霉措施；在干热带地区，应采用干热带（TA）型电动机；在高海拔地区，应采用高原型电动机；在船舶及舰艇上，应尽量采用有特殊结构和防护要求的船用或舰用电动机；装在露天场所，宜选用户外型电动机，如有防止日晒、雨雪、风沙等措施，可采用封闭式或防护式电动机。

5. 电动机的电压选择

电动机的电压选择，取决于电力系统对企业的供电电压，中小型异步电动机均是低电压的，额定电压一般为 380V(Y 接法或△接法)、220V/380V(△/Y 接法) 及 380V/660V(△/Y 接法) 三种，在矿山及选煤厂或大型化工厂等联合企业，越来越要求使用额定电压为 660V(△接法) 或 660V/1140V(△/Y 接法) 的电动机。

电源电压的三相平衡对电动机的运行关系尤为重要，如电压有 3.5% 的不平衡就会使电动机损耗增加约 20%，因此接到三相电源上的单相负载应仔细分配，以便尽量减小电压的不平衡度。

直流电动机额定电压一般为 110V、220V 和 440V。其中以 220V 为最常用的电压等级。

第四节
通风机调速与节能装置

通风机调速有两个目的：一是为了节约能源，避免除尘系统用电过多；二是为了控制风量，避免除尘系统吸风口抽吸有用物料。除尘系统调节风量的方法有风机进出口阀调节和风机变速运转，其中增加调速装置使风机变速工作是主要的。

一、调速节能原理

通风机的流量 Q、压力 p 和功率 P 与转速存在以下关系。

$$\frac{Q_2}{Q_1}=\frac{n_2}{n_1}, \quad \frac{p_2}{p_1}=\left(\frac{n_2}{n_1}\right)^2, \quad \frac{P_2}{P_1}=\left(\frac{n_2}{n_1}\right)^3 \tag{10-35}$$

式中，Q_1、Q_2 为流量，m^3/s；n_1、n_2 为转速，r/min；P_1、P_2 为功率，kW；p_1、p_2 为全压，Pa。

即流量与转速成比例，而功率与流量的 3 次方成比例。当流量需要改变时，用改变风门或阀门的开度进行控制，效率很低。若采用转速控制，当流量减小时，所需功率近似按流量的 3 次方大幅下降，从而节约能量。

当调节风机前后的阀门，随着阀门关小风机流量降低。

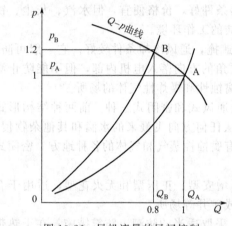 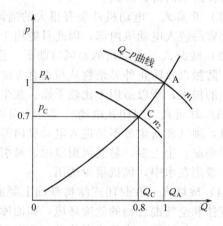

图 10-26　风机流量的风门控制　　　　图 10-27　风机流量的转速控制

图 10-26 和图 10-27 分别为风门控制和转速控制流量变化的特性曲线。由图 10-26 可知，当流量降到 80% 时，功耗为原来的 96%，即

$$P_B = p_B Q_B = 1.2 p_A \times 0.8 Q_A = 0.96 P_A$$

由图 10-27 可知，当流量下降到 80% 时，功率为原来的 56%（即降低了 44%），即

$$P_A = p_C Q_C = 0.7 p_A \times 0.8 Q_A = 0.56 P_A$$

由此可知，调速比调风门增大的节电率为

$$\frac{0.96 P_A - 0.56 P_A}{0.96 P_A} \times 100\% = 41\%$$

可见流量的转速控制比阀门控制节能效果显著。

除电机本身的功率的损耗外，无论是哪一种调速形式都存在额外的功率损耗，它们的效率都不可能为 1。图 10-28 给出了变频器调速、液力耦合器调速、内反馈串级调速等的效率示意曲线图，可见变频器调速的节能效果最好。各种调速形式的节能分析比较见表 10-44。在选用调速方式时，可参考上述图表确定。

二、通风机节流调节及阀门

在生产运行过程中，除尘系统对压力或者流量的要求是经常变化的（即管网性能曲线变化），为适应管网性能曲线变化时，保证系统对压力或者流量特定值的要求，就需要改变通风机的性能，使其在新的工况点工作。这种改变通风机性能的方法称之为通风机的调节。

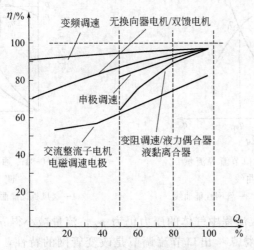

图 10-28 几种调速系统效率对比

表 10-44 各种调速形式的分析比较

序号	调速形式	功率因数	节电测算	对电网干扰	调速范围	对电机要求
1	变频器调速	0.98	好	无	$0\sim100\%$	无
2	液力耦合器调速	$0.70\sim0.75$	较好	无	一般	无
3	内反馈串级调速	0.85	较好	较大	$50\%\sim100\%$	绕线电机
4	风门调速	$0.3\sim0.5$	不可能	较大	不能调速	无

1. 通风机出口节流调节

通风机出口节流调节是通过调节通风机出口管道中的阀门开度来改变管网特性的。图 10-29 为通风机出口节流调节系统示意。

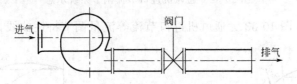

图 10-29 通风机出口节流调节系统示意

（1）等流量调节 图 10-30 为通风机出口节流等流量调节特性曲线，S_0 为正常工况点，工况参数为 q_{v0}、p_0。

由于工艺流程的原因，管网阻力减小，管网性能曲线变得曲线 3 的位置，通风机在 S_1 点工作，工况参数为 q_{v1}、p_1。这时 $q_{v1}>q_{v0}$，$p_1<p_0$，然而工艺流程要求压力减少，流量保持稳定不变。为此，减小通风机出口管道中的阀门开度，使管网性能曲线恢复到原来的曲线 2 位置。压降 p_0-p_1 为消耗于关小出口阀门开度的附加损失，而进入流程中的气体压力为 p_1，流量仍为 q_{v0}，从而实现了通风机的等流量调节。

（2）等压调节 图 10-31 为通风机出口节流等压力调节特性曲线，S_0 为正常工况点，工况参数为 q_{v0}、p_0。当工艺流程要求通风机的排气压力不变，而流量要求减小到 q_{v1} 时，则将通风机出口管道中的阀门开度逐渐关小，管网性能曲线随之变化，直至阀门开度关到使管网性能曲线变到曲线 3 的位置，则满足了所要求的流量 q_{v1}，且 $p_1>p_0$。压降 p_1-p_0 为消耗于关小出口阀

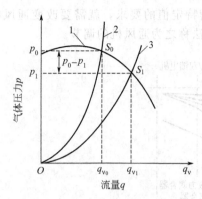

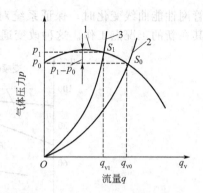

图 10-30　通风机出口节流等流量
调节特性曲线

1—通风机性能曲线；2、3—管网性能曲线

图 10-31　通风机出口节流等压力
调节特性曲线

1—通风机性能曲线；2、3—管网性能曲线

门开度的附加损失，而进入流程中气体的压力仍为 p_0，流量减小得 q_{v1}，从而实现了等压调节。

（3）出口节流调节的特点　出口节流调节是改变管网的特性，而不是调节通风机的性能。它可以实现位于通风机性能曲线 $p=f(q_v)$ 下方的所有工况。由于出口节流调节是人为地加大管网阻力来改变管网特性，所以这种调节方法的经济性最差。

2. 通风机进口节流调节

通风机进口节流调节（见图 10-32）是调节通风机进口节流门（或蝶阀）的开度，改变通风机的进口压力，使通风机性能曲线发生变化，以适应工艺流程对流量或者压力的特定要求。

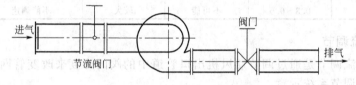

图 10-32　通风机进口节流调节系统示意

（1）等流量调节　图 10-33 为通风机进口节流等流量调节特性曲线，S_0 为正常工况点，工

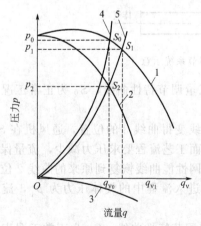

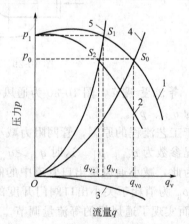

图 10-33　通风机进口节流等流量
调节特性曲线

1、2—通风机性能曲线；3—通风机
进口特性曲线；4、5—管网性能曲线

图 10-34　通风机进口节流等压力
调节特性曲线

1、2—通风机性能曲线；3—通风机
进口特性曲线；4、5—管网性能曲线

况参数为 q_{v0}、p_0。

当管网阻力增加，管网性能曲线移到曲线 5 的位置时，其工况点为 S_1，工况参数为 q_{v1}、p_1，这时，$p_1 < p_0$，$q_{v1} > q_{v0}$。为达到工艺流程对流量稳定不变的要求，则对通风机进行进口节流调节，将通风机进口节流门的开度关小，改变通风机的进口状态参数（即进口压力）。当节流门的开度关小到某一角度时，通风机的性能曲线变为曲线 2 的位置，与管网性能曲线 5 相交于 S_2 点，该工况点的工况参数为 q_{v2}、p_2，这时 $q_{v2} = p_{v0}$，$p_2 < p_0$。通风机在 S_2 点稳定运行，从而实现了通风机的流量调节。

（2）等压力调节　图 10-34 为通风机进口节流等压力调节特性曲线，S_0 为正常工况点，工况参数为 q_{v0}、p_0。

当管网阻力增加，管网性能曲线移到曲线 5 的位置时，其工况点为 S_1，工况参数为 q_{v1}、p_1，这时，$p_1 > p_0$，$q_{v1} < q_{v0}$。为达到工艺流程对压力稳定不变的要求，则对通风机进行进口节流调节，将图 10-33 中的通风机进口节流门的开度关小，改变通风机的进口状态参数（即进口压力）。当节流门的开度关小到某一角度时，通风机的性能曲线变为曲线 2 的位置，与管网性能曲线 5 相交于 S_2 点，该工况点的工况参数为 q_{v2}、p_2，这时 $P_2 < p_0$。通风机在 S_2 点稳定运行，从而实现了通风机的等压力调节。

（3）进口节流调节的特点　通风机进口节流调节是通过改变通风机的进口状态参数（即进口压力）来改变通风机性能曲线，而通风机出口节流调节是通过关小出口阀门的开度来改变管网特性的，人为地增加了管网阻力，消耗一部分通风机的压力，所以以通风机进口节流调节的经济性好。

通风机进口节流调节后，使其喘振点向小流量方向变化，通风机有可能在较小的流量下工作。通风机进口节流调节是比较简单易行的调节方法，并且，调节的经济性也好，因此是一般固定转速通风机经常采用的调节方法。

3. 风机节流调节阀门

（1）FTS-0.1C 风机调节阀　风机调节阀广泛用于各行业除尘系统，与离心风机配套使用，调节风机输出流量，满足管道工艺运行要求。

FTS 型阀设计新颖，结构合理，造型美观，操作方便、可靠、灵活、质量轻。是保证风机正常运行、调节流量、改变流阻、稳定风机的输出曲线、使管道系统能正常、高效运行的常用设备。阀门的性能参数为：公称压力 0.1MPa；适用温度≤350℃；适用流速≤5～20m/s；使用介质为气体。

阀门外形尺寸见图 10-35 和表 10-45。

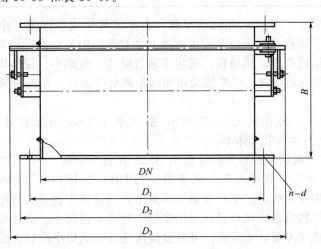

图 10-35　FTS-0.1C 阀门外形尺寸

表 10-45　阀门主要外形连接尺寸
单位：mm

DN	D_1	D_2	D_3	B	片数	$n-d$	质量/kg
280	306	324	480	250	4	$8-\phi10$	25
310	330	350	500	250	4	$12-\phi10$	28
320	350	367	520	250	4	$16-\phi8$	28
360	394	416	580	300	4	$16-\phi8$	32
365	385	410	580	300	4	$12-\phi10$	32
400	440	462	660	250	6	$16-\phi8$	48
420	445	470	650	250	6	$16-\phi8$	50
450	490	512	700	250	6	$16-\phi10$	56
470	495	520	720	300	6	$16-\phi10$	58
500	550	572	780	300	6	$16-\phi10$	82
520	545	570	800	300	6	$16-\phi10$	85
600	650	576	880	300	6	$16-\phi10$	102
620	650	685	900	8		$16-\phi10$	110
800	860	910	1150	350	8	$12-\phi12$	134
1000	1065	1110	1350	350	12	$16-\phi14$	198
1200	1270	1330	1580	350	12	$12-\phi14$	232
1600	1660	1700	2000	400	16	$28-\phi14$	380
2000	2070	2120	2420	450	16	$32-\phi14$	540

（2）TjDB-0.5（圆形）百叶式气流调节阀　百叶式气流调节阀是一种新型节能高效可靠的气流调节设备。适用于风机进、出口及通风管道上，对管路中流量进行调节。

产品设计新颖，结构合理，质量轻，采用多轴百叶式，流阻小、流体均匀、启闭力小、转动灵活可靠，配用 ZA 型电动装置，可单独操作和远距离集中控制，是各种风管系统中理想的气流调节设备。

主要技术参数如下：公称压力 0.05MPa；漏风率 1.5%；介质流速≤30m/s；适用温度−20～300℃；适用介质为粉尘气体等。

TjDB-0.5 百叶式气流调节阀外形尺寸见图 10-36 和表 10-46。

（3）TEDB-0.5（矩形）百叶式气流调节器　TEDB-0.5（矩形）气流调节器是一种节能可靠的气流调节设备，适用于风机进、出口及通风管道上，对管路中流量进行电动调节。

产品设计新颖，结构合理，质量轻，采用多轴多叶式，流阻小、流体均匀、启闭力小、转动灵活可靠，配用 Z 型或 ZA 型电动装置，可单独操作或远距离集中控制，是各种风管系统中常用的气流调节设备。主要技术参数见表 10-47，外形尺寸见图 10-37 和表 10-48。

表 10-46　TjDB-0.5 外形连接尺寸　　　　　　单位：mm

DN	D	D₁	L	L₁	L₂	n-d	电动装置		电机功率/kW	风机	质量/kg
280	324	306	160	820	585	8-φ10					120
320	367	350		860		16-φ7	Z5-18	ZA5-18	0.18		130
360	416	394	180	900						4-72	150
450	512	490		930							195
500	572	550	200	980	630	16-φ10	Z10-18	ZA10-18	0.25		225
600	676	650		1235							275
180	230	205	160	715	585	8-φ7				9-19 9-26	95
200	250	225		735							102
224	284	254	160	755							110
250	310	280		781		8-φ10	Z5-18	ZA5-18	0.18		115
280	360	320		801							125
315	395	355		840						9-19 9-72	127
355	435	395	180	880							175
400	500	450		885		8-φ12					185
450	550	500		925							215
500	620	560		975							250
560	680	620	200	1035		12-φ12	Z10-18	ZA10-18	0.25		275
630	750	690		1265	630						295
710	830	770		1345		16-φ12				9-26	325
800	920	860		1362							382
900	1040	970	260	1462		16-φ15				4-72 Y5-48	435
1000	1110	1065		1640							475
1110	1220	1170		1740		20-φ15	Z15-18	ZA15-18	0.37		520
1120	1250	1190	280	1760							570
1200	1330	1270		1840		24-φ15					630
1400	1520	1470	320	2040						G/Y-72	730
1600	1700	1660		2240							830
1800	1900	1860	420	2448	730	28-φ19	Z20-18	ZA20-18	0.55		930
2000	2140	2070		2648							1490
2200	2300	2260	450	2848						G/Y-73 -13	1905
2500	2600	2560		3148		36-φ19	Z30-18	ZA30-18	0.75		2395
2800	2900	2860	500	3448							2945

表 10-47　矩形百叶阀技术参数

公称压力	漏风率	介质流速	适用温度	适用介质
0.05MPa	1.5%	≤30m/s	-20~300℃	空气、粉尘气体等

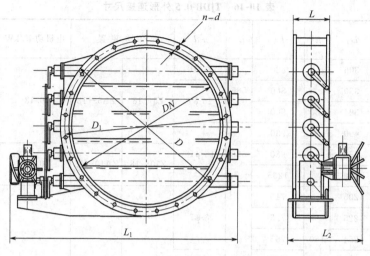

图 10-36　TjDB-0.5 百叶阀外形

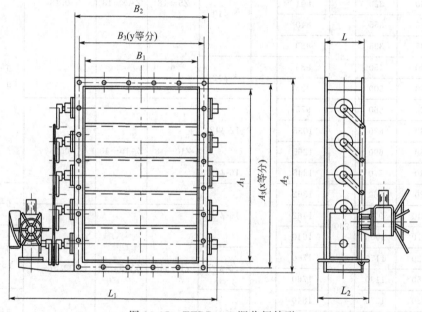

图 10-37　TEDB-0.5 调节阀外形

三、液力耦合器

液力耦合器是液力传动元件，又称液力联轴器，它是利用液体的动能来传递功率的一种动力式液压传动设备。将其安装在异步电动机和工作机（如风机、水泵等）之间来传递两者的扭矩，可以在电机转速恒定的情况下，无级调节工作机的转速，并具有空载启动，过载保护，易于实现自动控制等特点。

1. 液力耦合器分类

液力耦合器有三种基本类型：普通型、限矩型和调速型。

调速型液力耦合器又可分为进口调节式和出口调节式。其调速范围对恒转矩负载约为 3：1，对离心式风机约为 4：1，最大可达 5：1。

进口调节式液力耦合器又称旋转壳体式液力耦合器，特点是结构简单紧凑、体积小、质量轻，自带旋转贮油外壳，无需专门油箱和供油泵，但因耦合器本身无箱体支持，旋转部件的质量由电机和工作机的轴分担，对电机增加了附加载荷，同时调速时间较长。一般多用于功率小于500kW和转速低于1500r/min的场合。

表 10-48　TEDB-0.5 调节阀外形尺寸　　　　　　　　单位：mm

$A_1×B_1$	$A_2×B_2$	$A_3×B_3$	L	n-d	X	Y	电动装置	功率/kW	风机	机号	L_1	L_2	质量/kg
224×196	278×251	256×228		16-ϕ7						No. 2. 8	858		136
256×224	310×279	288×256	160							No. 3. 2	886	550	145
288×252	434×308	320×284					Z5-18			No. 3. 6	915		160
320×280	374×336	355×315					ZA50-18	0.18		No. 4	943		217
360×315	415×371	395×350	180	20-ϕ7	5	5				No. 4. 5	978	600	225
400×350	456×406	435×385							4-72	No. 5	1013		251
480×420	536×476	511×455		24-ϕ7						No. 6	1083		383
640×560	746×669	700×625	200	20-ϕ15			Z10-18	0.25		No. 8	1296	650	357
800×700	906×809	860×765	220				ZA100-18			No. 10	1436	700	472
960×840	1066×949	1008×900	240	24-ϕ15	6	6				No. 12	1576	750	558
1280×1120	1386×1232	1340×1188	260	38-ϕ15	10	9	Z15-18	0.37		No. 16	1879	800	890
1600×1400	1735×1538	1672×1476	320	40-ϕ15	11	9	ZA150-18			No. 20	2185	850	1180
720×520	826×629	777×580	220	24-ϕ15	7	5	Z10-18	0.25		No. 8	1256	700	408
810×586	916×694	868×650					ZA100-18			No. 9	1321		446
900×650	1006×759	959×710	240							No. 10	1386	750	526
990×715	1096×824	1048×780								No. 11	1471		560
1080×780	1186×889	1144×846	260	28-ϕ15	8	6	Z15-18	0.37		No. 12	1536	800	640
1260×910	1389×1042	1336×990					ZA150-18			No. 14	1689		808
1440×1040	1569×1172	1512×1120	320	32-ϕ15					GY4-73	No. 16	1839	850	1180
1620×1170	1779×1332	1710×1260		32-ϕ19	9	7	Z20-18	0.55		No. 18	1999		1320
1800×1300	1959×1462	1890×1386	420				ZA200-18			No. 20	2129	950	1550
1980×1430	2139×1596	2070×1520		36-ϕ19	10	8				No. 22	2263		2000
2250×1625	2459×1841	2376×1755		42-ϕ19	12	9				No. 25	2528		2320
2520×1805	2732×2036	2660×1950	450	48-ϕ19	14	10	Z30-18	0.75		No. 28	2723	1000	2590
2360×2065	2576×2289	2478×2195		52-ϕ19	14	12	ZA300-18			No. 29. 5	2976		2880

出口调节式液力耦合器也称箱体式液力耦合器。进口油量不变（定量油泵供油），工作腔充油量的改变，耦合器输出转速也发生变化。它的特点是本身有坚实的箱体支持，因此适合于高转速（500～3000r/min），大功率，调速过程时间短（一般十几秒钟），但外形尺寸大，辅助设备多。

2. 液力耦合器的工作原理

以出口调节式液力耦合器为例说明其工作原理，结构示意见图 10-38。

调速型液力耦合器是以液体为介质传递功率的一种液力传动装置。运转时，原动机带动泵轮旋转，液体在泵轮叶片带动下因离心力作用，由泵轮内侧流向外缘，形成高压高速液流冲向涡轮叶片，使涡轮跟随泵轮作同向旋转，液体在涡轮中由外缘流向内侧被迫减压减速，然后流入泵轮，在这种循环中，泵轮将原动机的机械能转变成工作液的动能和势能，而涡轮则将液体的动能和势能又转变成输出轴的机械能，从而实现能量的柔性传递。通过改变工作腔中工作液体的充满度就可以在原动机转速不变的条件下，实现被驱动机械的无级调速。

3. 液力耦合器特性参数

液力耦合器特性参数主要有以下几种。

（1）转矩　耦合器涡轮转矩（M_T）与泵轮转矩（M_B）相等或者说输出转矩等于输入转矩。

$$M_B = M_T \text{ 或 } M_1 = M_2 \qquad (10\text{-}36)$$

（2）转速比 i　涡轮转速（n_T）与泵轮转速（n_B）之比。

$$i = \frac{n_T}{n_B} \qquad (10\text{-}37)$$

（3）转差率 s　泵轮与涡轮的转速与泵轮转速的百分比。

$$s = \frac{n_B - n_T}{n_B} \times 100\% = (1-i) \times 100\% \qquad (10\text{-}38)$$

调速型液力耦合器的额定转差率 $s_N \leqslant 3\%$。

（4）效率 η　输出功率与输入功率之比。

$$\eta = \frac{P_T}{P_B} = \frac{M_T n_T}{M_B n_B} = \frac{n_T}{n_B} = i \qquad (10\text{-}39)$$

即效率与转速比相等。因此，通常使之在高速比下运行，其效率一般为 $0.96 \sim 0.97$。

（5）泵轮转矩系数 λ_B　这是反映液力耦合器传递转矩能力的参数。

耦合器所能传递的转矩值 M_B 与液体比量 γ 的一次方、转速 n_B 的平方以及工作轮有效直径 D 的五次方成正比，即

$$M_B = \lambda_B \gamma n_B^2 D^5 \qquad (10\text{-}40)$$

或

$$\lambda_B = \frac{M_B}{\gamma n_B^2 D^5}$$

λ_B 与耦合器腔型有关，其值由试验确定，λ_B 值高，说明耦合器的性能较好。

（6）过载系数 λ_m　指能传递的最大转矩 M_{max} 与额定转矩 M_N 之比。

$$\lambda_m = \frac{M_{max}}{M_N} \qquad (10\text{-}41)$$

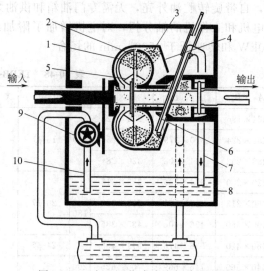

图 10-38　出口调节式液力耦合器结构
1—涡轮；2—工作腔；3—泵轮；4—勺管室；
5—挡板；6—勺管；7—排油管；8—油箱；
9—主循环油泵；10—吸油管

4. 常用设备

调速型液力耦合器产品较多，容量从几千瓦到几千千瓦。液力耦合器与离心式风机相配使用有相当好的节能效果，特别是对于大容量风机其节能效果更为显著。

表 10-49 是部分调速型液力耦合器的技术参数。

5. 调速型液力耦合器的选用

一般厂家提供的产品样本都列有耦合器的适用条件和范围，但在使用时仍应进行校验计算，以满足最不利工况的需要。下面介绍两种简单的方法。

（1）查表法　用计算出的负荷容量和转速，从产品样本的有关曲线和参数中初步选定。

表 10-49 调速型液力耦合器主要技术参数

类 别	型号规格	输入转速 /(r/min)	传递功率 范围/kW	额定滑差率	调 速 范 围	
					离心式机械	恒扭矩机械
进口调节式	YOT$_{HR}$280	1500 3000	5～10 34～75	1.5%～4%	4∶1	3∶1
	YOT$_{HR}$320	1000 1500	1.5～3 9～18	1.5%～4%	4∶1	3∶1
	YOT$_{HR}$360	1000 1500	5～10 15～30	1.5%～4%	4∶1	3∶1
进口调节式	YOT$_{HR}$400	1000 1500	10～15 30～50	1.5%～4%	4∶1	3∶1
	YOT$_{HR}$450	1000 1500	15～30 50～100	1.5%～4%	4∶1	3∶1
	YOT$_{HR}$500	1000 1500	30～50 100～170	1.5%～4%	4∶1	3∶1
	YOT$_{HR}$560	1000 1500	50～100 170～300	1.5%～4%	4∶1	3∶1
	YOT$_{HR}$650	1000 1500	100～180 300～560	1.5%～4%	4∶1	3∶1
	YOT$_{HR}$750	750 1000	70～130 180～300	1.5%～4%	4∶1	3∶1
	YOT$_{HR}$800	750 1000	120～200 300～500	1.5%～4%	4∶1	3∶1
	YOT$_{HR}$875	750 1000	130～210 300～850	1.5%～4%	4∶1	3∶1
出口调节式	YOT$_{GC}$360	1500 3000	15～35 110～305	1.5%～3%	5∶1	3∶1
	YOT$_{GC}$400	1500 3000	30～65 240～500	1.5%～3%	5∶1	3∶1
	YOT$_{GC}$450	1500 3000	50～110 430～900	1.5%～3%	5∶1	3∶1
	YOT$_{GC}$650	1000 1500	75～215 250～730	1.5%～3%	5∶1	3∶1
	YOT$_{GC}$750	1000 1500	150～440 510～1480	1.5%～3%	5∶1	3∶1
	YOT$_{GC}$875	1000 1500	365～960 1160～3260	1.5%～3%	5∶1	3∶1
	YOT$_{GC}$1000	750 1000	285～750 640～1860	1.5%～3%	5∶1	3∶1
	YOT$_{GC}$1150	1000 1500	715～1865 1180～3440	1.5%～3%	5∶1	3∶1
	YOC$_{HJ}$650	1500	250～730	1.5%～3%	5∶1	3∶1
	GST50	1500 3000	70～200 560～1625	1.5%～3.25%	5∶1	3∶1
	GWT58	1500 3000	140～400 1125～3250	1.5%～3.25%	5∶1	3∶1

（2）确定耦合器有效工作直径法 可按下式计算：

$$D = K\sqrt[5]{\frac{p_N}{n_B^3}} \tag{10-42}$$

式中，D 为耦合器的有效工作直径，m；K 为系数，与耦合器性能有关，$K = 13.8 \sim 14.7$，工程一般选用 14.7；p_N 为负载额定轴功率，kW；n_B 为泵轮转速，r/min。

如果工作机的实际负载不知道，可以用电动机的额定功率和转速来计算，这样一般耦合器选择偏大。

【例 10-5】 某高炉出铁场除尘风机，电动机轴功率为 $p_N = 670\text{kW}$，转数 $n = 970\text{r/min}$，采用耦合器调速，出铁时风机高速，不出铁时风机低速，试计算耦合器有效工作直径。

解：由式可得

$$D = K\sqrt[5]{\frac{p_N}{n_B^3}} = 14.7\sqrt[5]{\frac{670}{970^3}} = 0.875\text{m}$$

故选择耦合器有效工作直径为 875mm。

YOTC710B～1050B 调速型液力耦合器外形尺寸见图 10-39 和表 10-50。

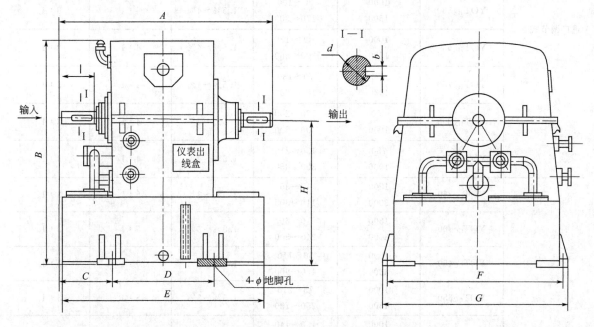

图 10-39　YOTC710B～1050B 液力耦合器外形尺寸

6. 节能计算

根据生产的工艺可以确定除尘风量，以及所需风量变化的大小和时间。根据除尘系统的风量变化需要，可以求出风机的转速要求，使管网既满足风量的要求，同时又满足风压的要求，具体工艺对风量和风压的要求，计算出风机调速的范围就可以确定风机调速节能的效果，除尘系统风量变化通常采用耦合器来改变风机额定转速从 n_1 到 n_2，见图 10-40。

此时风机工况点 2 的功率与转速 n 和转速比 i 的关系由公式可知：

$$Q_2 = \frac{n_2}{n_1} = iQ_1; \quad P_2 = \frac{n_2^3}{n_1^3}P_{sh} = i^3 P_{sh}; \quad P_s = (i^2 - i^3)P_{sh} \tag{10-43}$$

风机调速能耗：　　　　$P = (P_2 + P_s) = (i^3 + i^2 - i^3)P_{sh} = i^2 P_{sh}$ $\tag{10-44}$

表 10-50 YOTC710B～1050B 液力耦合器外形尺寸　　　　　　　　单位：mm

型号	转速/(r/min)	传递功率/kW	A	B	C	D	E	F	G	H	d	l	b	4-φ	质量/kg
YOTC710B	750	75～140													3200
	1000	220～360													
	1500	750～1250													
YOTC750B	750	130～180	1455	1490	348	680	1370	1300	1380	915	110	210	28	40	3300
	1000	340～450													
	1500	1150～1450													
YOTC800B	750	160～250													3400
	1000	400～720													
	1500	1250～1600													
YOTC875B	750	250～460									120				4700
	1000	670～1000													
YOTC1000B	600	280～400	1700	1770	398	840	1600	1550	1640	1110		220	32	40	4900
	750	400～800													
	1000	1000～1800													
YOTC1050B	600	355～500									130				4980
	750	750～1000													
	1000	1400～2240													

节能　　　　$\Delta P = P_{sh} - P = (1 - i^2) P_{sh}$　　　　(10-45)

式中，P_{sh} 为风机的额定轴功率，kW；P_2 为风机调速后的轴功率，kW；P_s 为耦合的热损耗功率，kW；i 为转速比，即涡轮转速与泵轮转速之比。

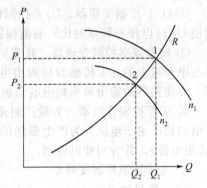

图 10-40 风机转速改变时性能曲线

【例 10-6】 某炼焦厂焦炉拦焦除尘系统，除尘风机的额定轴功率为 700kW，出焦风机高速，转速 960r/min，平均每次出焦 3min，不拦焦时风机低速 250r/min，焦炉结焦时间 18h。

求：采用液力耦合器调速后风机的轴功率 P、耦合器热损耗功率 P_s 和每天节能是多少？

解：每天风机高速运行的总时间 t_g ＝焦炉数×孔数×每天每孔出焦次数（24/结焦时间）×每次出焦风机高速时间＝2×55×24÷18×3＝440（min）

耦合器热损耗功率：

$$P_s = (i^2 - i^3) P_{sh} = \left[\left(\frac{250}{960} \right)^2 - \left(\frac{250}{960} \right)^3 \right] \times 700 = 35 \ (kW)$$

风机调速至 250r/min 后能耗：$P = i^2 P_{sh} = \left(\frac{250}{960} \right)^2 \times 700 = 47.47 \ (kW)$

节能：　　　　$\Delta P = (1 - i^2) P_{sh} = \left[1 - \left(\frac{250}{960} \right)^2 \right] \times 700 = 653 \ (kW)$

采用液力耦合器后调速可以做到除了拦焦时间外，其余时间风机均低速运行，一天拦焦时间为 440/60h，其余时间为（24－440/60）h，故日节能量为：

$$P_m = (24 - 440/60) \times 653 = 10883 \ (kW \cdot h)$$

四、调速变频器

变频技术，简单地说就是把直流电逆变成不同频率的交流电，或是把交流电变成直流电再逆变成不同频率的交流电，或是把直流电变成交流电再把交流电变成直流电。总之这一切都是电能不发生变化，而只有频率的变化。变频器就是改变电源频率的设备，是风机节能运行常用设备。

1. 变频器的分类

变频器的种类很多，可以按变换环节、储能方式、工作原理和用途进行分类。

（1）按变换环节分

① 交-交变频器。把频率固定的交流电直接变换成频率和电压连续可调的交流电。

② 交-直-交变频器。先把频率固定的交流电整流成直流电，再把直流电逆变成频率连续可调的交流电。

（2）按直流环节的储能方式分

① 电流型变频器。直流环节的储能元件是电感线圈 L，如图 10-41(a) 所示。

② 电压型变频器。直流环节的储能元件是电容器 C，如图 10-41(b) 所示。

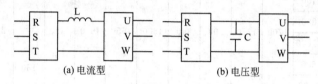

图 10-41　电流型与电压型储能方式

（3）按工作原理分

① U/f 控制变频器。U/f 控制的基本特点是对变频器输出的电压和频率同时进行控制，通过使 U/f（电压和频率的比）的值保持一定而得到所需的转矩特性。

② 转差频率控制变频器。转差频率控制方式是对 U/f 控制的一种改进，这种控制需要由安装在电动机上的速度传感器检测出电动机的转度，构成速度闭环，速度调节器的输出为转差频率，而变频器的输出频率则由电动机的实际转速与所需转差频率之和决定。

③ 矢量控制变频器。矢量控制是一种高性能异步电动机控制方式，它的基本思路是：将异步电动机的定子电流分为产生磁场的电流分量（励磁电流）和与其垂直的产生转矩的电流分量（转矩电流），并分别加以控制。

④ 直接转矩控制变频器

（4）按用途分

① 通用变频器。所谓通用变频器，是指能与普通的笼型异步电动机配套使用，能适应各种不同性质的负载，并具有多种可供选择功能的变频器。

② 高性能专用变频器。高性能专用变频器主要应用于对电动机的控制要求较高的系统，与通用变频器相比，高性能专用变频器大多数采用矢量控制方式，驱动对象通常是变频器厂家指定的专用电动机。

③ 高频变频器。在超精密加工和高性能机械中，常常要用到高速电动机，为了满足这些高速电动机的驱动要求，出现了采用 PAM（脉冲幅值调制）控制方式的高频变频器，其输出频率可达到 3kHz。

2. 变频器的工作原理

（1）变频器的基本结构　通用变频器根据功率的大小，从外形上看有书本型结构（0.75～

37kW）和装柜型结构（45～1500kW）两种。图 10-42 所示为通用变频器的外形和结构。

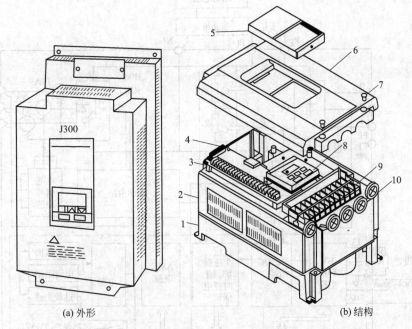

(a) 外形　　　　　　　　(b) 结构

图 10-42　通用变频器的外形和结构

1—底座；2—外壳；3—控制电路接线端子；4—充电指示灯；5—防护盖板；6—前盖；
7—螺钉；8—数字操作面板；9—主电路接线端子；10—接线孔

（2）变频器的原理框图　　变频器是应用变频技术制造的一种静止的频率变换器，它是利用半导体器件的通断作用将频率固定（通常为工频 50Hz）的交流电（三相或单相）变换成频率连续可调的交流电的电能控制装置，其作用如图 10-43 所示。变频器按应用类型可分为两大类：一类是用于传动调速；另一类是用于多种静止电源。使用变频器可以节能、提高产品质量和劳动生产率。

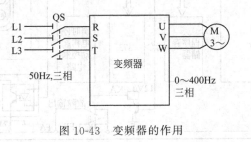

图 10-43　变频器的作用

变频器的原理框图如图 10-44 所示。从图中可知变频器的各组成部分，以便于接线和维修。图 10-45 所示为富士 FRN-G9S/P9S 系列变频器基本接线图。卸下表面盖板就可看见接线端子。

接线时应注意以下几点：①输入电源必须接到 R、S、T 上，输出电源必须接到端子 U、V、W 上，若接错，会损坏变频器；②为了防止触电、火灾等灾害和降低噪声，必须连接接地端子；③端子和导线的连接应牢靠，要使用接触性好的压接端子；④配完线后，要再次检查接线是否正确，有无漏接现象，端子和导线间是否短路或接地；⑤通电后，需要改接线时，即使已关断电源，也应等充电指示灯熄灭后，用万用表确认直流电压降到安全电压（DC25V 下）后再操作。若还残留有电压就进行操作，会产生火花，这时先放完电后再进行操作。

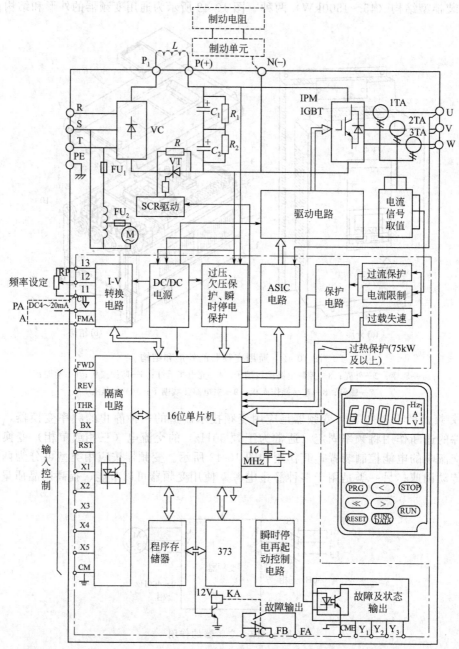

图 10-44　变频器原理框图

3. 变频器的选择

目前，国内外已有众多生产厂家定型生产多个系列的变频器，国产通用型变频器 JP6C-T9 和节能型变频器 JP6C-J9 的技术指标见表 10-51，西门子 MM420 型通用变频器技术性能见表 10-52，三菱 FR-F500 系列风机、水泵专用型变频器技术指标见表 10-53。使用时应根据实际需要选择满足使用要求的变频器。对于风机和泵类负载，由于低速时转矩较小，对过载能力和转速精度要求较低，故选用价廉的变频器。

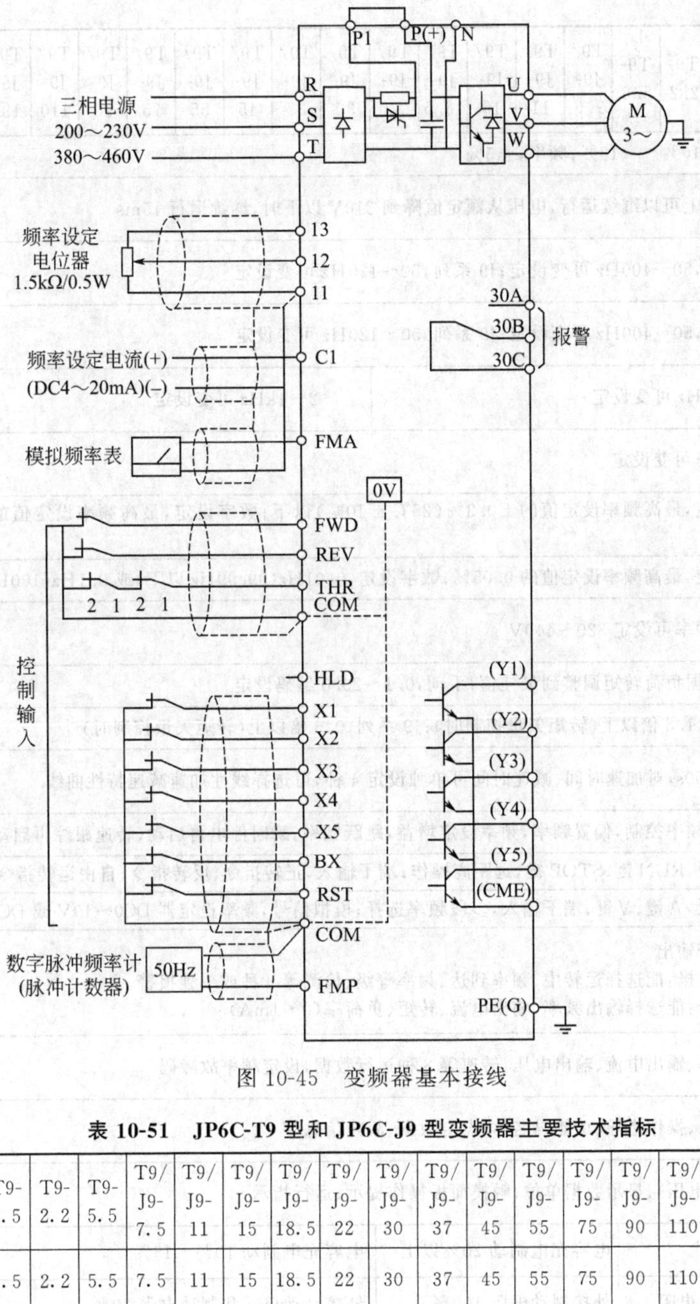

图 10-45 变频器基本接线

表 10-51 JP6C-T9 型和 JP6C-J9 型变频器主要技术指标

型号 JP6C-		T9-0.75	T9-1.5	T9-2.2	T9-5.5	T9/J9-7.5	T9/J9-11	T9/J9-15	T9/J9-18.5	T9/J9-22	T9/J9-30	T9/J9-37	T9/J9-45	T9/J9-55	T9/J9-75	T9/J9-90	T9/J9-110	T9/J9-132	T9/J9-160	T9/J9-200	T9/J9-220	T9/J9-280
适用电动机功率/kW		0.75	1.5	2.2	5.5	7.5	11	15	18.5	22	30	37	45	55	75	90	110	132	160	200	220	280
额定输出	额定容量/kVA①	2.0	3.0	4.2	10	14	18	23	30	34	46	57	69	85	114	134	160	193	232	287	316	400
	额定电流/A	2.5	3.7	5.5	13	18	24	30	39	45	60	75	91	112	150	176	210	253	304	377	415	520
	额定过载电流	T9 系列，额定电流的 1.5 倍，1min；J9 系列，额定电流的 1.2 倍，1min																				
	电压	三相 380～440V																				
输入电源	相数，电压，频率	三相 380～440V，50/60Hz																				

型号 JP6C-	T9- 0.75	T9- 1.5	T9- 2.2	T9- 5.5	T9/ J9- 7.5	T9/ J9- 11	T9/ J9- 15	T9/ J9- 18.5	T9/ J9- 22	T9/ J9- 30	T9/ J9- 37	T9/ J9- 45	T9/ J9- 55	T9/ J9- 75	T9/ J9- 90	T9/ J9- 110	T9/ J9- 132	T9/ J9- 160	T9/ J9- 200	T9/ J9- 220	T9/ J9- 280
输入电源 · 允许波动	电压，+10%～−15%；频率，±5%																				
输入电源 · 抗瞬时电压降低	310V 以上可以继续运行，电压从额定值降到 310V 以下时，继续运行 15ms																				
输出频率 · 设定 · 最高频率	T9 系列，50～400Hz 可变设定；J9 系列，50～120Hz 可变设定																				
输出频率 · 设定 · 基本频率	T9 系列，50～400Hz 可变设定；J9 系列，50～120Hz 可变设定																				
输出频率 · 设定 · 启动频率	0.5～60Hz 可变设定									2～4kHz 可变设定											
输出频率 · 设定 · 载波频率	2～6kHz 可变设定																				
输出频率 · 精度	模拟设定，最高频率设定值的 ±0.3%（25℃±10℃）以下；数字设定，最高频率设定值的 ±0.01%（−10℃～+50℃）																				
输出频率 · 分辨率	模拟设定，最高频率设定值的 0.05%；数字设定，0.01Hz(99.99Hz 以下)或 0.1Hz(100Hz 以上)																				
控制 · 电压/频率特性	用基本频率可设定 320～440V																				
控制 · 转矩提升	自动，根据负荷转矩调整到最佳值；手动，0.1～20.0 编码设定																				
控制 · 启动转矩	T9 系列，1.5 倍以上（转矩矢量控制时）；J9 系列，0.5 倍以上（转矩矢量控制时）																				
控制 · 加、减速时间	0.1～3600s，对加速时间、减速时间可单独设定 4 种，可选择线性加速减速特性曲线																				
控制 · 附属功能	上、下限频率控制，偏置频率，频率设定增益，跳跃频率，瞬时停电再启动（转速跟踪再启动），电流限制																				
运转 · 运转操作	触摸面板，RUN 键、STOP 键，远距离操作；端子输入，正转指令、反转指令、自由运转指令等																				
运转 · 频率设定	触摸面板，∧ 键、∨ 键；端子输入，多段频率选择；模拟信号，频率设定器 DC0～10V 或 DC4～20mA																				
运转 · 运转状态输出	集中报警输出 开路集电极：能选择运转中、频率到达、频率等级、检测等 9 种或单独报警。 模拟信号：能选择输出频率、输出电流、转矩、负荷率(0～1mA)																				
显示 · 数字显示器（LED）	输出频率、输出电流、输出电压、转速等 8 种运行数据，设定频率故障码																				
显示 · 液晶显示器（LCD）	运转信息、操作指导、功能码名称、设定数据、故障信息等																				
显示 · 灯指示（LED）	充电（有电压）、显示数据单位、触摸面板操作提示、运行指示																				
制动 · 制动转矩[②]	100% 以上				电容充电制动 20% 以上						电容充电制动 10%～15%										
制动 · 制动选择[③]	内设制动电阻				外接制动电阻 100%						外接制动单元和制动电阻 70%										
制动 · 直流制动设定	制动开始频率(0～60Hz)，制动时间(0～30s)，制动力(0～200% 可变设定)																				
保护功能	过电流、短路、接地、过压、欠压、过载、过热、电动机过载、外部报警、电涌保护、主器件自保护																				
外壳防护等级	IP40				IP00(IP20 为选用)																
环境 · 使用场所	屋内、海拔 1000m 以下，没有腐蚀性气体、灰尘、直射阳光																				
环境 · 环境温度/湿度	−10～+50℃/20%～90% RH 不结露(220kW 以下规格在超过 40℃时，要卸下通风盖)																				

续表

型号 JP6C-	T9- 0.75	T9- 1.5	T9- 2.2	T9- 5.5	T9/ J9- 7.5	T9/ J9- 11	T9/ J9- 15	T9/ J9- 18.5	T9/ J9- 22	T9/ J9- 30	T9/ J9- 37	T9/ J9- 45	T9/ J9- 55	T9/ J9- 75	T9/ J9- 90	T9/ J9- 110	T9/ J9- 132	T9/ J9- 160	T9/ J9- 200	T9/ J9- 220	T9/ J9- 280
环境 振动	5.9m/s²(0.6g)以下																				
保存温度	−20℃～+65℃（适用运输等短时间的保存）																				
冷却方式	强制风冷																				

① 按电源电压 440V 时计算值。

② 对于 T9 系列，7.5～22kW 为 20% 以上，30～280kW 为 10%～15%。

③ 对于 J9 系列，7.5～22kW 为 100% 以上，30～280kW 为 75% 以上（使用制动电阻时）。

表 10-52　MM420 型通用变频器主要技术指标

指标	参数
输入电压和功率范围	1 相 AC 200～240V，±10%；0.12～3kW 3 相 AC 200～240V，±10%；0.12～5.5kW 3 相 AC 380～480V，±10%；0.37～1kW
输入频率	47～63Hz
输出频率	0～650Hz
功率因数	≥0.7
变频器效率	96%～97%
过载能力	1.5 倍额定输出电流，60s（每 300s 一次）
投运电流	小于额定输入电流
控制方式	线性 U/f_1 二次方 U/f（风机的特性曲线），可编程 U/f_1，磁通电流控制（FCC）
PWM 频率	2～16kHz（每级调整 2kHz）
固定频率	7 个，可编程
跳转频带	4 个，可编程
频率设定值的分辨率	0.01Hz，数字设定，0.01Hz，串行通信设定；10 倍，模拟设定
数字输入	3 个完全可编程的带隔离的数字输入，可切换为 PNP/NPN
模拟输入	1 个，用于设定值输入或 PI 输入（0～10V），可标定；可作为第 4 个数字输入使用
继电器输出	1 个，可组态为 30V 直流 5A（电阻负荷）或 250V 交流 2A（感性负荷）
模拟输出	1 个，可编程（0～20mA）
串行接口	RS-232、RS-485
输入电压和功率范围	1 相 AC 200～240V，±10%；0.12～3kW 3 相 AC 200～240V，±10%；0.12～5.5kW 1 相 AC 380～480V，±10%；0.37～1kW
电磁兼容性	可选用 EMC 滤波器，符合 EN55011 A 级或 B 级标准
制动	直流制动、复合制动
保护等级	IP20
工作温度范围	−10～+50℃
存放温度	−40～+70℃
湿度	相对湿度 95%，无结露
海拔	在海拔 1000m 以下使用时不降低额定参数

续表

保护功能	欠电压、过电压、过负荷、接地故障、短路、防失速、闭锁电动机、电动机过温、PTC、变频器过热、参数PIN编号
标准	UL、CUL、CE、C-tick
标记	通过 EC 低电压规范 73/23/EEC 和电磁兼容性规范 89/336/EEC 的确认

表 10-53　FR-F500 系列风机、水泵专用型通用变频器的主要技术指标

控 制 特 性	控制方式		柔性 PWM 控制、高频载波 PWM 控制、可选择 U/f 控制
	输出频率范围		0.5～120Hz
	频率设定分辨率	模拟输入	0.015Hz/60Hz；端子 2 输入，12 位/0～10V，11 位/0～5V，端子 1 输入，12 位/−10～+10V，11 位/−5～+5V
		数字输入	0.01Hz
	频率精度		模拟量输入时最大输出频率的 ±0.2% 以内，数字量输入时设定输入频率的 0.01% 以内
	电压/频率特性		可在 0～120Hz 之间任意设定，可选择恒转矩或变转矩曲线
	转矩提升		手动转矩提升
	加/减速时间设定		0～3600s（可分别设定加速和减速时间）；可选择直线型或 S 型加/减速模式
	直流制动		动作频率 0～120Hz，动作时间 0～10s，电压（0～30%）可变
	失速防止动作水平		可设定动作电流（0～120%），可选择是否使用这种功能
运 行 特 性	频率设定信号	模拟量输入	0～5V，0～10V，0～±10V，4～20mA
		数字量输入	使用操作面板或参数单元 3 位 BCD 或 12 位二进制输入（FR-A5AX 选件）
	启动信号		可分别选择正转、反转和启动信号自保持输入（三线输入）
	输 入 信 号	多段速度选择	最多可选择 7 种速度（每种速度可在 0～120Hz 内设定），运行速度可通过 PU（FR-DU04/FR-PU04）改变
		第二加/减速度选择	0～3600s（最多可分别设定两种不同的加/减速时间）
		点动运行选择	具有点动运行模式选择端子
		电流输入选择	可选择输入频率设定信号 4～20mA（端子 4）
		瞬时停止再启动选择	瞬时停止时是否再启动
		外部过热保护输入	外部安装的热继电器，信号经接点输入
		连接 FR-HC	变频器运行许可输入和瞬时停电检测输入
		外部直流制动开始信号	直流制动开始的外部输入
		PID 控制有效	进行 PID 控制时的选择
		PU，外部操作的切换	从外部进行 PU 外部操作切换
		PU，运行的外部互锁	从外部进行 PU 运行的互锁切换
		输出停止	变频器输出瞬时切断（频率、电压）
		报警复位	解除保护功能动作时的保持状态
	运行功能		上、下限频率设定，频率跳跃运行，外部热继电器输入选择，极性可逆选择，瞬时停电再启动运行，工频电源/变频器切换运行，正转/反转限制，运行模式选择，PID 控制，计算机网络运行（RS485）

续表

运行特性	输出信号	运行状态	可从变频器正在运行,频率到达,瞬时电源故障,频率检测,第2频率检测,正在PU模式下运行,过负荷报警,电子过电流保护预报警,零电流检测,输出电流检测,PID下限,PID上限,PID正/负作用,工频电源/变频器切换,MC1、2、3,动作准备,风扇故障和散热片过热预报警中选择5个不同的信号通过集电极开路输出
		报警	变频器跳闸时,接点输出/接点转换(AC 230V,0.3A;DC 30V,0.3A),集电极开路……报警代码(4bit)输出
		指示仪表	可从输出频率,电动机电流(正常值或峰值),输出电压,设定频率,运行速度,整流桥输出电压(正常值或峰值),再生制动使用率,电子过电流保护,负荷率,输入功率,输出功率,负荷仪表中选择一个。脉冲串输出(1440脉冲/s)和模拟输出(0~10V)
	PU(FR-DU04/FR-PU04)	运行状态	可选择输出频率,电动机电流(正常值或峰值),输出电压,设定频率,运行速度,电动机转矩,过负荷,整流输出电压(正常值或峰值),电子过电流保护,负荷率,输入功率,输出功率,负荷仪表,基准电压输出中选择一个。脉冲串输出(1440脉冲/s)和模拟输出(0~10V)
显示	PU(FR-DU04/FR-PU04)	报警内容	保护功能动作时显示报警内容可记录8次(对于操作面板只能显示4次)
	附加显示	运行状态	输入端子信号状态,输出端子信号状态,选件安全状态,端子完全状态
		报警内容	保护功能即将动作前的输出电压、电流、频率、累计通电时间
		对话式引导	借助于帮助菜单显示操作指南、故障分析
保护/报警功能			过电流跳闸(正在加速、减速、恒速),再生过电压跳闸,欠电压,瞬时停电,过负荷跳闸(电子过电流保护),接地过电流,输出短路,主回路组件过热,失速防止,过负荷报警,散热片过热,风扇故障,参数错误,选件故障,PU脱出,再试次数溢出,输出欠相,CPU错误,DC 24V电源输出短路,操作面板用电源短路

当调速系统的控制对象是改变电动机转速时,在选择变频器的过程中应考虑以下几点。

(1) 电动机转速 为了维持某一速度,电动机所传动的负载必须接受电动机供给的转矩,其值与该转速下的机械所做的功和损耗相适应。这称之为速度下的负载转矩。根据此负载转矩和电动机产生的转矩。

在图10-46中,表明电动机的转速由曲线 T_M 和 T_L 的交点 A 确定。要从此点加速或减速,则需要改变 T_M,使 T_A 为正值或负值。也就是要控制电动机制转速,必须具有控制电动机产生转矩 T_M 的功能。

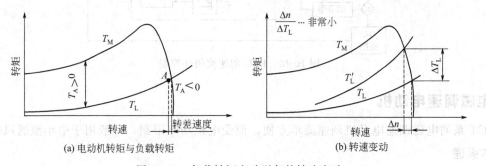

图10-46 负载转矩变动引起的转速变动

(2) 加减速时间 电动机转速从 n_a 到达 n_b 所需要的时间,可用下式表示:

$$t = \frac{GD^2}{375} \int_{n_a}^{n_b} \frac{dn}{T_A} \tag{10-46}$$

通常,加速率是以频率从零变到最高频率所需的时间;减速率是从最高频率到零的时间。加速时间给定的要点是：在加速时产生的电流限制在变频器过电流容量以下，也就是不应使过电流失速防止回路动作。减速时间给定的要点是：防止平滑回路的电压过大，不使再生电压失速防止回路动作。对于恒转矩负载和二次方转矩负载，可用简易的计算方法和查表来计算出加减速时间。

（3）速度控制系统

① 开环控制。如果笼型电动机的电压、频率一定，因负载变化引起的转速变化是非常小的。额定转矩下的转差率决定于电动机的转矩特性，转差率大约为 $1\%\sim5\%$。对于二次方转矩负载（如风机、泵等），并不要求快速响应，常用开环控制，如图 10-47 所示。

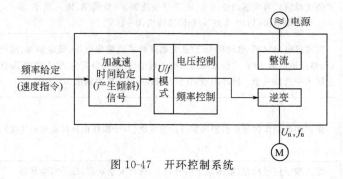

图 10-47　开环控制系统

② 闭环控制。为了补偿电动机转速的变化，将可以检测出的物理量作为电气信号负反馈到变频器的控制电路，这种控制方式称为闭环控制。速度反馈控制方式是以速度为控制对象的闭环控制，用于造纸机、风机泵类机械、机床等要求速度精度高的场合，但需要装设传感器，以便用电量检测出电动机速度。速度传感器中 DCPG、ACPG、PLG 等作为检测电动机转速的手段是用得最普遍的。编码器、分解器等能检测出机械位置，可用于直线或旋转位置的高精度控制。

图 10-48 为 PLG 的速度闭环控制的例子。用虚线表示的信号路径，用于通用变频器的速度控制。用虚线路径进行开环控制，对开环控制的误差部分用调节器修正。

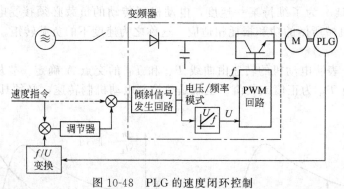

图 10-48　PLG 的速度闭环控制

五、电磁调速电动机

YCT 系列电磁调速电动机调速简单方便，但受电机功率限制，一般用于中小型通风机调速。

1. 基本原理

本系列电机的无级调速是电磁转差离合器来完成的，它有两个旋转部分，圆筒电枢和爪形磁极，两者没有机械的连接，电枢由电动机带动与电动转子同步旋转，当励磁线圈通入直流电后，工作气隙中产生空间交变的磁场，电枢切割磁场，产生感应电势，产生电流，即涡流，由涡流产生的磁场相互作用，产生转矩，输出轴的旋转方向与拖动电机相同，输出轴的转速，在某一负载下，取决于通入励磁线圈的励磁电流的大小，电流越大转速越高，反之则低，不通入电流，输出轴便不能输出转矩。

2. 电动规格及主要技术数据

YCT 系列电磁调速电动机主要技术参数见表 10-54，外观见图 10-49。

表 10-54　YCT 系列电磁调速电动机主要技术参数

型　号	功率/kW	额定转矩/(N·m)	调速范围/(r/min)	转速化率/%	质量/kg
YCT112-4A/4B	0.55 0.75	3.6 4.9	1250~125	3	50
YCT132-4A/4B	1.1 1.5	7.1 9.7	1250~125	3	75
YCT160-4A/4B	2.2 3.0	14.1 19.2	1250~125	3	100
YCT180-4A/4B	4.0	25.2	1250~125	3	145
YCT200-4A/4B	5.5 7.5	36.1 47.7	1250~125	3	210
YCT225-4A/4B	1.1 1.5	69.0 94.0	1250~125	3	360
YCT250-4A/4B	18.5 22	110 137	1320~132	3	460
YCT280-4A	30	189	1320~132	3	580
YCT315-4A/4B	37 45	232 282	1320~132	3	800
YCT355-4A	55	344	1340~440	3	1200
YCT355-4B/4C	75 90	469 564	1340~440 1340~600	3	1300 1500

图 10-49　电动机外观

3. 电动机外形及安装尺寸

电动机外形及安装尺寸见图 10-50、表 10-55 和图 10-51、表 10-56。

表 10-55　YCT 系列电磁调速电动机外形及安装尺寸　　　单位：mm

机座号	A	$A/2$	W/B	W/C	D	E	F	G	H	K	AB	AC	AD	HD	L
112-4A/4B	190	95	210	40	19	40	6	15.5	112	12	240	260	150	280	520
132-4A/4B	216	108	241		24	50		20	132		285	310	165	330	570 585
160-4A/4B	254	127	267	45	28	60	8	24	160	15	330	350	185	385	665
180-4A/4B	279	1395	305						180		365	385	195	430	700
200-4A/4B	318	159	356	50	38	80	10	33	200	19	410	430	235	485	820 860
225-4A/4B	356	178	406	56	42		12	37	225		465	485	270	454	980 1025
250-4A/4B	406	203	457	63	48	110	14	42.5	250	24	520	540	295	595	1130 1170
280-4A/4B	457	2285	508	70	55		16	49	280		575	595	320	665	1280
315-4A/4B	508	254	560	89	60		18	53	315	28	645	670	345	770	1400 1425
355-4A/4B	610	305	630	108	65	140	20	58	355		775	780	390	890	1550 1630
4C	610	305	630		75			67.5					420		1680

注：1. $GE=D-G$，Ge 的极限偏差。

2. K 孔的位置公差以轴伸的轴线为基准。

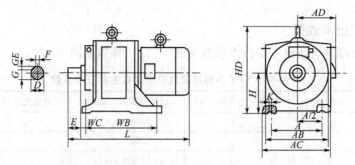

图 10-50　YCT 系列电磁调速电动机外形尺寸

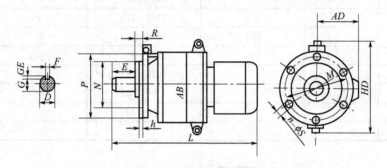

图 10-51　YCTL 系列电磁调速电动机外形尺寸

表 10-56　YCTL 系列电磁调速电动机外形及安装尺寸　　　　单位：mm

型号	D	E	F	G	M	N	P	R	n	h	AB	HD	L	AD
YCTL112-4A/4B	$19^{+0.009}_{-0.004}$	40±0.31	$6^{0}_{-0.030}$	$15.5^{0}_{-0.1}$	215	$180^{+0.014}_{-0.011}$	250				230	320	520	150
YCTL132-4A/4B	$24^{+0.009}_{-0.004}$	50±0.31	$8^{0}_{-0.033}$	$20^{0}_{-0.2}$					15	4	275	385	550 585	165
YCTL160-4A/4B	$28^{+0.009}_{-0.004}$	60±0.37	$8^{0}_{-0.036}$	$24^{0}_{-0.2}$	265	$230^{+0.016}_{-0.013}$	300	0	4		320	440	565	185
YCTL180-4B											365	460	700 820	195
YCTL200-4A/4B	$38^{+0.018}_{-0.012}$	80±0.37	$10^{0}_{-0.036}$	$33^{0}_{-0.2}$	300	$250^{+0.016}_{-0.013}$	350				400	545	860	235
YCTL225-4A/4B	$42^{+0.018}_{-0.002}$		$12^{0}_{-0.043}$	$37^{0}_{-0.2}$	350	$300^{\pm0.016}$	400				450	620	980	270
YCTL250-4A/4B	$48^{+0.018}_{-0.000}$	110±0.43	$14^{0}_{-0.043}$	$42.5^{0}_{-0.2}$	400	$350^{\pm0.018}$	450		19	5	490	660	1025 1130 1170	295
YCTL280-4A/4B	$55^{+0.030}_{-0.011}$		$16^{0}_{-0.043}$	$49^{0}_{-0.2}$	450	$400^{\pm0.018}$	500				560	760	1280	295
YCTL315-4A/4B	$60^{+0.033}_{-0.011}$	140±0.50	$18^{0}_{-0.043}$	$53^{0}_{-0.2}$	500	$450^{\pm0.018}$	550		8		620	855	1400 1425	345

4. 电动机使用环境

使用环境包括：①海拔不超过 1000m；② 在无爆炸，且无足以腐蚀金属和破坏绝缘的气体的地方；③冷却介质温度不超过 40℃；④相对湿度不大于 85%。

六、风机调节阀执行机构

电动执行机构是除尘风机进口调节阀门的运动调控装置，是大中型风机阀门调节的常用设备。其外形见图 10-52。

1. SD 系列电动执行机构

SD 系列电动执行机构是组合结构，它可通过不同的减速器零部件及不同规格电动机的组合，构成不同品种和规格的执行机构。

（1）分类 SD系列电动执行机构按输出方式分成
3种：a. 角行程—输出力矩和90°转角；b. 直行程—输
出推力拉力和直线位移；c. 多转式—输出力矩和超过
360°的多圈转动。

SD系列电动执行机构按安装方式分成2种。

① 直联式。通过执行机构输出部位的法兰与阀门
等直接连接，这样执行机构可直接安装在管道上。多用
于多转式，角行程、直行程。

② 底座式。执行机构通过输出臂及拱杆与阀门等
连接，此时执行机构需要安装在一个基础台座上，仅角
行程用这种方式安装。

图 10-52 风机调节阀执行机构

SD系列电动执行机构按调节方式分成3种。

① 比例调节型。执行机构接收计算机、调节器等单元送来的4~20mA或1~5V的模拟量
信号，执行机构的输出轴转角（或位移）与此信号成比例关系，并自动地完成调节任务。

② 远控型。执行器接收开关信号，继电信号，可将执行机构控制在任意位置。

③ 开关型。接收开关信号，但只有开和关两个极限位置。

（2）用途 DS系列电动执行机构是自动调节系统的终端控制装置，它接收来自调节器或计
算机送来的4~20mA（或1~5V）模拟量信号及断续接点控制信号，输出力矩或力，自动地操纵
调节机构，完成自动调节任务。它也可以通过操作器实现"手动—自动"转换，切换到手动时，
用操作器可对执行机构进行远方控制。

角行程电动执行机构与各类转角90°的阀门如蝶阀、球阀、百叶阀、风门、挡板阀等配套。
除尘风机主要用角行程执行机构。

多转式电动执行机构是输出超过360°的电动执行机构，与各类闸板阀，或需要多圈转动的
各种调节阀配套。

直行程电动执行机构是输出轴向位移的电动执行机构，与各种需要直线位移的调节阀如单、
双座、套筒阀、高温高压给水、减温水等调节阀配套。

（3）主要技术性能 下述技术性能主要指比例调节型，对于远控型及开关型下列①、②、
③、④、⑤、⑥项不涉及。

① 输入信号：4~20mA（或0~10mA）DC。

② 输入通道电阻：250Ω（或200Ω）。

③ 输入通道个数：1（分立式为3个）。

④ 基本误差：1%~2.5%。

⑤ 回差：1.5%。

⑥ 死区：0.5%~3%连续可调。

⑦ 阻尼特性：无摆动。

⑧ 电源电压：三相380V/50Hz；
　　　　　　　单相220V/50Hz。

⑨ 工作环境

温度：整体式−10~+55℃分立式−20~+70℃；

湿度：≤85%，周围空气不含有腐蚀性质。

⑩ 防护等级：符合IEC145 IP65（即防雨防尘）。分立式GAMX为室内安装除外。

（4）结构特点 调节型电动执行机构主要由执行器和位置定位器两大部分组成。

执行器主要由电动机、减压器、力矩行程限制器、开关控制箱、手轮和机械限位装置以及位置发送器等组成。

① 电动机。执行器上的电动机是执行机构的动力装置，电动机为单相或三相交流异步电动机。执行机构上用的电动机是特种电机，它具有高启动力矩倍数、低启动电流和较小的转动惯量，因而有较好的伺服特性。

② 减速器。减速器一般由三级减速组成（多转型一般只有两极），第一、二级采用体积小，传动比大，效率高的行星齿轮减速部分减速器第二级为斜齿轮传动。最后一级采用减速比大并具有自锁性能的蜗轮蜗杆或丝杆螺母传动。

③ 力矩行程限制器。力矩行程限制器是一个标准单元，但它在结构上与减速器机壳是一个整体。它由力矩限制机构、行程控制机构、位置传感器及接线端子等组成。

④ 开关控制箱。开关控制箱是一个独立的箱体，但是在结构上，它是通过连接螺套与减速器安装在一起。

⑤ 手轮。在故障状态和调试过程中，手动就地操作是必不可少的。而手动操作则可通过转动手轮不实现。操作时先确认断电后方能进行操作。带有离合器的执行器，手操时先将离合器分开，操作省力，操作完毕将离合器复位。

⑥ 机械限位装置。角行程机械限位是用安装在扇形蜗轮两侧所对应的箱体上的两个可调节的螺钉或在箱体中设有固定挡块做机械限位。前者可调节，后者不可调。机械限位主要用于故障时和极限位置保护，以及防止手动操作时超过极限位置。

位置定位器实质上是一个接受调节单元或计算机送来的弱电信号或开关量信号，并可与位置反馈信号综合比较后进行放大输出的一种多功能大功率放大器，它与执行器相联，以控制执行机构按要求准确定位。

位置定位器主要由比较电路，逻辑保护，放大驱动及功率放大电路组成。控制单项电机的位置定位器功率放大部分主要是由光电耦合过零触发固体继电器（实际是无触发点电子开关）构成。

（5）角行程电动执行机构型号　角行程电动执行机构的代号见表 10-57。

表 10-57　角行程电动执行器标准代号

OA— AS— BS— A+RS B+RS C+RS						机座代号 B+RS C+RS	
	□	√				最大输出力矩,数字表示,单位:10Nm	
			K			单相 220V/50Hz	电源代号
			F			三相 380V/50Hz	
				□		额定行程时间,数字表示,单位:s	
					Z	安装形式	直联式
					H		底座式
					L	控制特性	两位式
							整体比例调节型 4～20mA
					S		分立式比例调节型 4～20mA
					Y		远控式

示例：① A＋RS100/K30H

A＋RS 型，最大输出力矩 1000N·m，单相电源，全行程 30s，底座式，整体比例调节型。

② A＋RS100/F48ZY

A＋RS 型，最大输出力矩 1000N·m，三相电源，全行程 48s，直联式，远控式。

（6）SD 系列 90°角行程电动执行机构主要参数　见表 10-58。

表 10-58　SD 系列 90°角行程电动执行机构主要参数

型号	额定力矩/(N·m)	全行程时间/s	法兰安装式			底座安装式球铰链型号	配用电机参数		
			安装法兰150标准	安装孔直径/mm	净重/kg		相数代号	额定功率/kW	转速/(r/min)
OA-10	100	25	F05/F07	φ20	7.2		K；F	0.025	1400
AS-25	250	30(28)	F10	φ28	29	DQJ50	K；F	0.065	1400
A＋RS100	1000	30,48	F12	φ45	64	DQJ100	K；F	0.25	1400
BS-60	600	30	F14	φ35	48	DQJ50	K；F	0.16	1400
B＋RS160	1600	28	F14	φ60	113	DQJ200	F	0.4	1400
		40					K；F	0.25	
B＋RS250	2500	28	F10	φ70	143	DQJ400	F	0.65	1400
		40					K；F	0.4	
B＋RS400		28			145	DQJ400J	F	1.0	1400
		40						0.65	
		65					K；F	0.4	1400
		105						0.25	950

（7）安装　电动执行机构安装时应考虑其周围留足够的空间，以方便现场的手动操作，调整和检查。

直接法兰安装的直联式电动执行机构可以垂直、水平或倾斜安装。法兰尺寸按国际标准 ISO5216，如果有特殊要求请与生产厂协商。

带底座的电动机执行机构，可水平也可倾斜安装。安装面要平整。执行机构通过连杆与阀门连接时要特别注意以下几点：a. 阀门臂的连接尺寸要与执行机构的连接尺寸一致；b. 两个臂安装时要保持平行并且在一个平面上；c. 安装后的两个球铰链受力点要在一个平面上，此平面要与两个臂的平面平行，以免产生附加力矩；d. 为了防锈和维修时拆装方便，在执行机构和阀门装配与连接时，应在安装面与连接处涂上一层润滑脂。

2. DKJ 型电动执行机构

DKJ 型电动执行机构分为 Ⅰ型、Ⅱ型、Ⅲ型，Ⅰ型配用 DKJ-210，Ⅱ型配用 DKJ-310，Ⅲ型号配用 DKJ-410。该机构安装示意见图 10-53，其性能及安装尺寸见表 10-59。另外，还有气动远动执行机构，动力是汽缸，型号有 ZSL-21、ZSL-32、ZSL-43D 等。

表 10-59　性能及安装尺寸

执行机构编号	电动执行器型号及性能					装置尺寸/mm								质量/kg
	型号	输出力矩/(N·m)	臂长/mm	输出力/N	电动机功率/kW	A	A₁	A₂	A₃	B	B₁	H₁	h	
Ⅰ	DKJ-210	98	100	980	110	130	152	198	162	220	245	125	1414	31
Ⅱ	DKJ-310	245	120	2038.4	140	100	130	210	180	260	290	135	1697	48
Ⅲ	DKJ-410	588	150	3920	270	130	162	277	223	320	365	170	2121	86

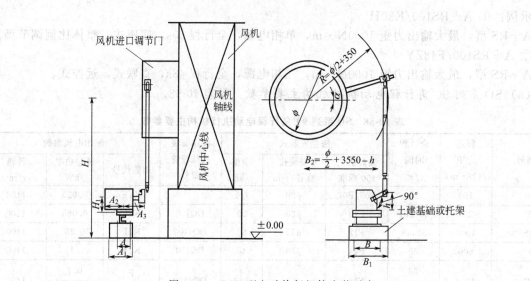

图 10-53 DKJ 型电动执行机构安装示意

第十一章

消声与减振设备

除尘系统消声和减振主要用于除尘风机，其次用于除尘设备。在一般情况下，除尘风机要设消声器和减振器，有时要有隔声罩或隔声间。消声和减振设备都是除尘系统不可或缺的设备。

第一节
消声器分类和噪声评价

物体振动产生声音。但人耳并不能感觉到物体振动产生的所有声音，只给听到频率 20～20000Hz 的声音。小于 20Hz 的声音，称为次声；大于 20000Hz 的声音，称为超声，人耳都听不见。在可听声范围内，各种不同的声音可分为噪声和乐音两类。从生理学观点来看，凡是令人感到厌烦的、不需要的声音都是噪声，根据不同噪声采用不同消声设备，把噪声加以限制或消除。

一、消声器的分类

消声器是一种让气流通过而使噪声衰减的装置，安装在气流通过的管道中或进、排气管口，是降低空气动力性噪声的主要技术措施。

消声器的种类和结构形式很多，其类型消声原理及特点如表 11-1 所列。

表 11-1　各种消声器的工作原理及其特点

类　　型		工作原理及特点	备　注
阻性消声器		利用吸声材料制成，以声阻消声。当声波通过衬贴有多孔吸声材料的管道时，声波将激发材料中无数小孔内的空气分子振动，将一部分声能消耗于克服摩擦力和黏滞力，以达到消声目的。它制造简单，对中、高频噪声消声效果较好；不适合高温、高湿、多尘的条件	适用于风机、燃气轮机
抗性消声器	扩张室型	(1)利用管道截面突变、声阻抗的变化，使沿管道传播的声波向声源方向反射回去；(2)利用扩张室和内插管的长度，使向前传播的声波与遇到管子不同界面反射的声波相位相差 180°	适用空压机、内燃机
	共鸣型	利用共振吸收原理进行消声。当声波传到颈口时，在声的作用下颈中空气柱产生振动。为克服气体惯性，需消耗声能；空气柱振动速度越大，消耗能量越多。它的频带消声值较窄。常用阻性消声器组合使用	适用中、低频噪声
微穿孔板消声器		利用微孔中空气的摩擦损失来降低噪声。小孔的声阻与孔径平方成反比，孔径越小声阻越大。低穿孔率能增加频带宽度，一般的心距与孔径之比为 5～8(或更大)；微穿孔板后的空深度能控制吸收峰值的位置，采用双层或多层微穿孔板消声器来消除低频噪声，利用阴性消声器消除中、高频噪声，以实现宽带消声；可以根据实测的噪声频谱，结合实际使用条件，选择、设计针对性强的抗复合型消声器，可达到理想的消声效果	适用高温、高湿、油雾场合

续表

类　型	工作原理及特点	备　注
阻抗复合型消声器	利用抗性消声器、微穿孔板消声器来消除低频噪声,利用阻性消声器消除中高频噪声,以实现宽频速消声,可以根据实测的噪声频谱,结合实际使用条件,选择、设计针对性强的阻抗复合型消声器,可达到理想的消声效果	适用于风机、风洞等
其他类型	电子消声器具有低频消声性能,是一种辅助消声装置;引射掺冷消声器具有宽频带性能,用于高温高速气流;喷雾消声器是有宽频带性能,用于高温、蒸汽排放噪声	适用特殊场合等

二、声的传播特性

1. 声的波长、频率和传播速度

振动在空气中传播形成了波动。振动和波动是密切关联的运动形式,振动是波动产生的根源,波动是振动的传播形式。声实质上是一种波动,因此声也叫声波。

声波在空气中传播时,空气质点振动的方向和波动传播的方向是一致的。所以,空气中的声波是纵波。而投石入池产生的水波中,振动的质点是克服重力的上下运动,振动方向与传播的方向相垂直。因此,水波是横波。

物体振动发声时,在同一时刻声波到达的各点,可以连成一个面。这称为波前或波阵面。根据这个面的形状,可把声波分为平面波、球面波等各种类型。

每振动一个周期,声波在介质中所传播的距离,称为波长,用希腊字母 λ 表示,单位是 (m)。每秒钟内振动的次数称为频率,用 f 表示,单位是赫兹 (Hz)。显然,频率和波长的乘积就是声速,用 c 表示,单位是 m/s。这样,波长 (λ)、频率 (f) 和声速 (c) 之间的这种关系,应由下式表示:

$$c = f\lambda \tag{11-1}$$

无论在气体中,还是在液体或固体介质中,声波的传播速度 (声速),实质上就是介质分子在无规则的热运动的基础上,有规则地向邻近分子作动量传递的快慢程度。显然,介质结构越紧密,内损耗性越小,声速值就越大。例如,空气、水、钢铁等物质特性,决定了这些介质中的声速比值约为 1∶4∶12。又因为温度与介质分子运动的活跃程度有密切关系,所以,当介质温度升高时,声速应相应地增大。以空气为例,声速 c 与温度 t 的关系如下:

$$c = c_0\sqrt{1 + \frac{t}{273}} \tag{11-2}$$

式中,c_0 为 0℃时空气中的声速。对于通常的环境温度,即当 t 比 273 小得多时,上式可近似简化为:

$$c = c_0 + 0.6t \tag{11-3}$$

或

$$c = 331 + 0.6t$$

由此可见,大气温度每改变 10℃,声速相应增加 6m。几种常见材料中的声速,如表 11-2 所列。

表 11-2　几种常见材料中的声速　　　　　　单位：m/s

介质名称	声　速	介质名称	声　速
软橡皮	70	铜	3500
空气(0℃)	331	松木	3600
空气(20℃)	344	砖	3700
水(13℃)	1441	大理石	3800
金	2000	瓷器	4200
银	2700	钢	5000
混凝土	3100	硬铝	5000
冰	3200	玻璃	6000

2. 声的辐射与衰减

声波在没有边界的空间中传播时，若其波长比声源尺寸大得多（多在低频时发生），声波就以球面波动的形式均匀地向四面八方辐射。这种声源，叫作点声源。显然点声源的声传播是没有方向性的。当声源发射的声波波长比声源尺寸小很多时，声波就以略微发散的"声束"形式向正前方传播。声波的波长与声源尺寸相比，比值越小，发射声束的发散角越小，方向性越强。当二者的比值非常小时，声音则以几乎不发散的声束呈平面波动形式，由声源向外传播。

声波自声源向四周辐射时，其波前面积随着传播的距离增加而不断扩大，声的能量被分散开来，相应地通过单位面积的声能就不断减少。因为声源在单位时间内发出的声能量是一定的，所以，声音的强度一般随距离的增加而衰减。对于点声源来说，声音按距离的平方反比规律衰减。当距声源的距离增加为 2、3、4 倍时，声音的能量相应地减少为 $\frac{1}{4}$，$\frac{1}{9}$，$\frac{1}{16}$…如图 11-1 所示。

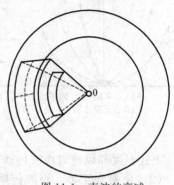

图 11-1 声波的衰减

声音在空气中传播，还受到空气的黏滞性，热传导性等影响，其能量不断地被空气吸收而转化为其他形式的能，使声音的强度衰减。由空气吸收声能引起的声衰减，与声的频率、空气的温度和湿度有关。高频声振动得快，空气疏密相间的变化频繁。所以，高频声比低频声衰减快。

3. 声波的反射、折射、绕射和干涉

声波在实际传播过程中，经常遇到障碍物、不均匀介质和不同介质，它们都会使声波反射、折射、绕射和干涉等。

（1）反射和折射 当声波从介质 1 中入射到另一种介质 2 的分界面时，在分界面上一部分声能反射回介质 1 中，其余部分穿过分界面，在介质 2 中继续向前传播，前者是反射现象，后者是折射现象，如图 11-2 所示。由图中看到，从介质 1 向分界面传播的入射线与界面法线的夹角为 θ，称为入射角；从界面上反射回介质 1 中的反射线与界面法线的夹角为 θ_1，称为反射角；透入介质 2 的折射线与界面法线的夹角为 θ_2，称为折射角。入射、反射与折射波的方向满足下列关系式：

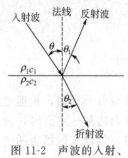

图 11-2 声波的入射、
反射、折射
ρ_1、ρ_2—介质 1 和介质 2 的密度；
ρc—声阻抗率（特性阻抗）

$$\frac{\sin\theta}{c}=\frac{\sin\theta_1}{c_1}=\frac{\sin\theta_2}{c_2} \tag{11-4}$$

式中，c_1、c_2 分别表示声波在介质 1 和介质 2 中的声速。
由上式看出，入射角与反射角相等。

理论和实验研究证明，当两种介质的声阻抗率接近时，即 $\rho_1 c_1 = \rho_2 c_2$，声波几乎全部由第一种介质进入第二种介质，全部透射出去；当第二种介质声阻抗率远远大于第一种介质声阻抗率时，即 $\rho_2 c_2 \gg \rho_1 c_1$，声波大部分都会被反射回去，透射到第二种介质的声波能量是很少的。

声波的折射是由声速决定的，除了在不同介质的界面上能产生折射现象外，在同一种介质中，如果各点处声速不同，也就是说存在声速梯度时，也同样产生折射现象。在大气中，使声波折射的因素是温度和风速。例如，白天地面吸收太阳的热能，使靠近地面的空气层温度升高，声速变大，自地面向上温度降低，声速也逐渐变小。根据折射概念，声线将折向法线，因此，声波的传播方向向上弯曲，如图 11-3(a) 所示。反之，傍晚时，地面温度下降得快，即地面温度比空

气中的温度低，因而，靠近地面的声速小，声波传播的声线将背离法线，而向地面弯曲，如图11-3(b) 所示。这就说明声音为什么在晚上比白天传播得远的原因。此外，声波顺风传播时，声速随高度增加，所以声线向下弯曲，反之逆风传播时，声线向上弯曲，并有声影区，如图 11-3(c) 所示。这就说明声音顺风比逆风传播得远。

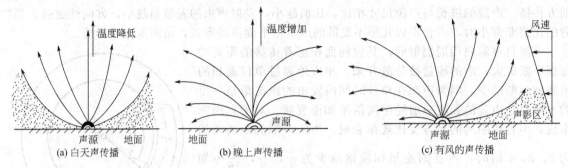

图 11-3　声在空气中传播的折射

上述温度和风速对声波传播的影响较大，在噪声控制的测试中要加以注意。

（2）绕射和干涉　声波传播过程中，遇到障碍物和孔洞时，声波会产生绕射现象，即传播方向发生改变。绕射现象与声波的频率、波长及障碍物的尺寸有关。当声波频率低、波长较长、障碍物尺寸比波长小得多时，声波将绕过障碍物继续向前传播。如果障碍物上有小孔洞。声波仍能透过小孔扩散向前传播，图 11-4 为声波的绕射现象。

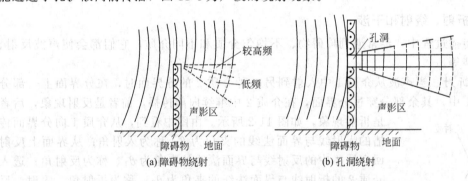

图 11-4　声波在空气中传播的绕射

当几个声源发出的声波在同一种介质中传播时，它们可能在空间某些点上相遇，相遇处质点的振动是各波引起振动的合成。当两个频率相同的声波，以同样的相位到达某一定点时，两个声波加强，其合成振幅为两个波幅之和；当两个波的相位相反，互相减弱，其合成振幅为两个波幅之差。这种现象称为波的干涉。

三、噪声评价与度量

1. 噪声评价

（1）噪声频谱、倍频带

① 噪声频谱是由各种频带范围（横坐标）与其相应的频带声压级（纵坐标）所组成的图形。大多数噪声的频谱是由全部可闻声阈中各频率的声压幅值随机变化而成，其中声压幅值较大的频率是降低噪声的主要对象。控制噪声必须首先分析其频率成分的声压级，即为噪声的频谱分析。

② 工业中的各种设备产生的噪声包含很多频率成分，把声频范围划分为若干小的频段，即所谓频带及频程。实际噪声控制常用的是倍频程或倍频带。

所谓倍频程是每个频带的上限频率与下限频率之比为 2：1，即上限频率是下限频率的 2 倍。实际工程用 8 个倍频程见表 11-3。

　　倍频带允许声压级可按表 11-4 查用。

表 11-3　倍频带各中心频率及其频率范围

中心频率/Hz	频率范围/Hz	中心频率/Hz	频率范围/Hz
31.5	22.5～45	1000	710～1400
63	45～90	2000	1400～2800
125	90～180	4000	2800～5600
250	180～355	8000	5600～11200
500	355～710	16000	11200～22400

表 11-4　倍频带允许声压级查算表　　　　　　　　　　单位：dB

噪声限制值/dB	倍频带中心频率/Hz							
	63	125	250	500	1000	2000	4000	8000
90	107	97	90	84	81	80	80	82
85	102	92	85	79	76	75	75	77
80	97	87	80	74	71	70	70	72
75	92	82	75	69	66	65	65	67
70	87	77	70	64	61	60	60	62
65	82	72	65	59	56	55	55	57
60	77	67	60	54	51	50	50	52
55	72	62	55	49	46	45	45	47
50	67	57	50	44	41	40	40	42
45	62	52	45	39	36	35	35	37

　　注：1. 本表适用于 8 个倍频带起同样作用的情形。

　　2. 进行隔声、隔声设计通常只考虑 125～4000Hz 间 6 个倍频带，此时，本表所列允许声压级值可放宽 1dB。

　　（2）**声压级**（L_p）　是表示声音大小的量度，即声压与基准声压之比，以 10 为底的对数乘以 20，用下式表示：

$$L_p = 20\lg \frac{p}{p_0} \tag{11-5}$$

　　式中，L_p 为声压级，dB；p 为声压，Pa；p_0 为基准声压，$p_0 = 2 \times 10^{-5}$ Pa。

上式也可改写成：

$$L_p = 20\lg p + 94$$

　　（3）**A 声级**　也可称 A 计权声级。为了直接测量出反映声评价的主观感觉量，在声学测量仪器（声级计）中，模拟人的某些听觉特性设置滤波器，将接受的声音按不同程度滤波，此滤波器称为计权网格。有 A、B、C 等计权网格，插入声级计的放大器线路中。这种经 A 网络计权后的声压叫 A 声级，记作 dB(A)。由于 A 声级的广泛使用，有时亦简化为 dB。

　　A 计权的衰减值如表 11-5 所列。

表 11-5　A 计权的衰减值

倍频带中心频率/Hz	63	125	250	500	1000	2000	4000	8000
衰减值/dB	−26.2	−16.1	−8.6	−3.2	0	1.2	1.0	−1.1

　　应当指出，A 声级不能准确地反映噪声源的频谱特性，相同的 A 声级，其频谱特性差别很大。

　　（4）**等效连续 A 声级**　其定义为在声场中一定点的位置上，用某一段时间内能量平均的方法，将间隙暴露的几个不同的 A 声级噪声，用一个 A 声级来表示该段时间内的噪声大小。这个声级即为等效连续声级，单位仍 dB(A)，记作 L_{eq}。可用下式表示：

$$L_{eq} = 10\lg\left(\frac{1}{T}\int_0^T 10^{0.1L_A}\,\mathrm{d}t\right)$$ (11-6)

式中，L_{eq}为等效连续声级，dB(A)；T为某段时间的时间量；L_A为t时间的瞬时A声级。

（5）**声功率** 声功率是声源在单位时间内辐射出的总声能，是个恒量，与声源的距离无关。通常用字母W表示，单位是W。

（6）**声功率级** 声功率用"级"表示，即声功率级。也就是声功率（W）与基准声功率（W_0）之比，取以10为底的对数乘以10即为声功率级。用下式表示：

$$L_W = 10\lg\frac{W}{W_0}$$ (11-7)

式中，L_W为声功率级，dB；W为声功率，W；W_0为基准声功率，$W_0 = 10^{-12}W$，W。

上式也可写成：

$$L_W = 10\lg W + 120$$

声功率级与声压级的概念不可混淆，前者表示对声源辐射的声功率的度量；后者则不仅取决于声源声功率，而且取决于离声源的距离以及声源周围空气的声学特性。

（7）**比声功率级** 比声功率级用于除尘系统的噪声控制时，表示单位风量、单位风压下所产生的声功率级。同一系列的风机，其比声功率级是相同的，因此，比声功率级（L_{swA}）可作为不同系列风机噪声大小评价指标。可用下式计算：

$$L_{swA} = L_{wA} - 10\lg Qp^2 + 19.8$$ (11-8)

式中，L_{swA}为比声功率级，dB；L_{wA}为风机的声功率级，dB；Q为风机流量，m^3/min；p为风机全压，Pa。

2. 噪声级基本运算

在噪声控制中，经常需要对声压级、声功率级等进行合成、分解、平均工作，而声级是用分贝表示，它是一个对数标度、非线性标度，所以不是简单的代数和差问题。

（1）**噪声级的合成** 噪声级的合成实质上是分贝的合成，即求和或叠加。主要应用于计算多声源叠加的总声级；决定声源加上背景噪声叠加声级；由给定的倍频带谱计算A计权声级等。

① n个相同声级的叠加 可用下式计算：

$$L_p = L_{p1} + 10\lg n$$ (11-9)
$$L_w = L_{w1} + 10\lg n$$ (11-10)

式中，L_p、L_w分别为n台设备的总声压级和声功率级，dB；L_{p1}、L_{w1}分别为每台设计设备的声压级和声功率级，dB；n为同类设备台数。

【**例 11-1**】 某一风机为两个风机，已知每个风机的声压级为76dB，求该风机的总声压级。

解：每个风机的声压级$L_{p1} = 76$dB，两个风轮即$n = 2$，代入上式，其总声压级为

$$L_p = 76 + 10\lg 2 = 76 + 3\text{dB} = 79\text{dB}$$

为简化计算，相同声压级叠加时分贝增值可参见表 11-6。

表 11-6 相同声压级叠加时分贝增值

声源个数 n	1	2	3	4	5	6	7～8	9～11	12～13	14～17	18～19	20～26	27～30	31～45	46～50
增值（$10\lg n$）	0	3	5	6	7	8	9	10	11	12	13	14	15	16	17

② n个不相同声级的叠加 可用下式计算：

$$L_p = 10\lg\left(\sum_{i=1}^n 10^{L_p/10}\right)$$ (11-11)

$$L_w = 10\lg\left(\sum_{i=1}^n 10^{L_w/10}\right)$$ (11-12)

式中符号意义同前。

（2）**噪声级的分解**　噪声级的分散实质是求分贝的差值，主要应用于求声源声级以及对声源进行分散和识别。从实际测量的声级中减去背景噪声即可获得由声源本身所产生的声级。

可用表 11-7 进行简化计算。

表 11-7　声级的差值与减值的关系

$L_{p1}-L_{p2}$	1	2	3	4	6	7	8	9	10	11	12	13	14	15	16
ΔL	6.9	4.3	3.0	2.2	1.7	1.3	1.0	0.8	0.6	0.5	0.4	0.3	0.2	0.2	0.1	0.1

【例 11-2】　已知在某一台风机开动时，$L_{p1}=94$dB，关闭时 $L_{p2}=85$dB。求风机的 A 声级 L_{AS}。

解：① 用公式法　$L_{AS}=10\lg\left(10^{L_{p1}/10}-10^{L_{p2}/10}\right)$

$$=10\lg\left(10^{94/10}-10^{85/10}\right)$$

$$=10\lg\left(2.196\times10^9\right)=93.4\text{dB}$$

② 用查表法　$L_{p1}-L_{p2}=94-85=9$，按表 11-7 得 $\Delta L=0.6$

（3）**噪声级的平均**　噪声级的平均通常用下式计算：

$$\overline{L}=10\lg\left(\frac{1}{n}\sum_{i=1}^{n}10^{L_i/10}\right)=10\lg\left(\sum_{i=1}^{n}10^{L_i/10}\right)-10\lg n \tag{11-13}$$

式中，$\overline{L}$ 为 n 个噪声源声级的平均声级，dB；L_i 为第 i 个噪声源的声源，dB；n 为噪声源的个数。

【例 11-3】　求 105dB、103dB、100dB、98dB4 个噪声源声压级的平均声压级。

解： 按上式，则 $\overline{L}=10\lg\left(10^{105/10}+10^{103/10}+10^{100/10}+10^{98/10}\right)-10\lg4$

$$=10\lg\left(6.79\times10^{10}\right)^{-6}=102.3\text{dB}$$

噪声级的平均主要用于求某测点声级多次测量结果，某一区域各测点空间随时间变化的平均值。实际应用时，测量声级的变化一般在 10dB 以下，因此也可用近似计算法。

当 $L_{imax}-L_{imin}\leqslant5$dB 时

$$\overline{L}=\left(\frac{1}{n}\sum_{i=1}^{n}L_i\right)$$

当 $5\leqslant L_{imax}-L_{imin}\leqslant10$dB

$$\overline{L}=\left(\frac{1}{n}\sum_{i=1}^{n}L_i\right)+1$$

（4）**等效连续声级计算**　可用下述方法计算。

① 将一个工作日内（8h）所测得的不同 A 声级和该声压级所暴露时间，按中心 A 声级分别填入表 11-8 内，<78dB（A）值舍去。

表 11-8　等效连续 A 声级原始数据

n 段	1	2	3	4	5	6	7	8
中心声压级 L_n/[dB(A)]	80	85	90	95	100	105	110	115
暴露时间 T_n/min	T_1	T_2	T_3	T_4	T_5	T_6	T_7	T_8

② 按表内取整理好的数据，代入下列计算公式，即得等效连续 A 声级：

$$L_{eq} = 80 + 10 \lg \frac{\sum_n 10^{\frac{n-1}{2}} \cdot T_n}{480} \tag{11-14}$$

式中，L_{eq} 为等效连续 A 声级，dB(A)；T_n 为一个工作日的总暴露时间，min。

【例 11-4】 某厂工人 8h 工作日，暴露在 112dB(A) 下为 1h，102dB(A) 下为 0.5h，93dB(A) 下为 1h，86dB(A) 下为 50min，其余时间在低于 80dB(A) 下，求其等效声级。

解： 按表 11-8，该表是将测得的噪声级按次序从小到大每 5dB 一段，用中心声级表示，如 80dB 表示 78～82dB 范围，85dB 表示 83～87dB 范围，依次类推。故将例中数据填入表 11-8 格式中，得表 11-9。

表 11-9　声级暴露时间数据

n	1	2	3	4	5	6	7	8
L_n	80	85	90	95	100	105	110	115
T_n	280	50		60	30		60	

按上式：

$$L_{eq} = 80 + 10 \lg \left[\left(10^{\frac{1-1}{2}} \times 280 + 10^{\frac{2-1}{2}} \times 50 + 10^{\frac{4-1}{2}} \times 60 + 10^{\frac{5-1}{2}} \times 30 + 10^{\frac{7-1}{2}} \times 60 \right) / 480 \right]$$

$$= 80 + 10 \lg 136.1 = 80 + 21.34 = 101.3 dB$$

（5）由倍频带声压级计算总 A 声级　A 声级可以直接测量，也可由 8 个倍频带声压级计算：

$$L_A = 10 \lg \sum_{i=1}^{8} 10^{0.1(L_{pi} + \Delta A_i)} \tag{11-15}$$

式中，L_A 为 A 声级，dB；L_{pi} 为倍频带声压级，dB；ΔA_i 为不同频率的计权衰减值，dB；i 为 1,2,3,…,8 代表倍频带中心频率 63Hz、125Hz、250Hz、500Hz、1kHz、2kHz、3kHz、4kHz、8kHz。

3. 降噪声量计算

在靠近声源处，直达声占优势，吸声处理不起作用；在距声源一定距离之外，混响声占优势，吸声处理的各频带降噪量可按下式计算：

$$\Delta L_p = 10 \lg \frac{\bar{\alpha}_2}{\bar{\alpha}_1} = 10 \lg \frac{T_1}{T_2} \tag{11-16}$$

式中，ΔL_p 为某频带的吸声降噪量，dB；$\bar{\alpha}_1$、$\bar{\alpha}_2$ 分别为室内吸声处理后与吸声处理前的该频带的平均吸声系数，无量纲。

$$\bar{\alpha}_2 = \frac{\sum_1^n S_i \alpha_{2i}}{\sum_1^n S_i} \tag{11-17}$$

$$\bar{\alpha}_1 = \frac{\sum_1^n S_i \alpha_{1i}}{\sum_1^n S_i} \tag{11-18}$$

式中，S_i 为室内第 i 种壁面材料所占的面积，m^2，$i = 1,2,3,…,n$；α_{1i} 为吸声处理前第 i 种壁面材料的吸声系数；α_{2i} 为吸声处理后第 i 种壁面材料的吸声系数；T_1、T_2 分别为吸声处理前、后的同一频带的混响时间，s。混响时间是指当室内声场达到稳态后，声源突然停止发声，声压级衰减 60dB 所需要的时间。可实际测定或按下式计算：

$$T_1 = \frac{0.161V}{S\bar{\alpha}_1} \tag{11-19}$$

$$T_2 = \frac{0.161V}{S\bar{\alpha}_2} \tag{11-20}$$

式中，S 为室内各壁面的总表面积，m^2；V 为房间的体积，m^3。式(11-19)说明吸声处理前厂房内的平均吸声系数越小，吸声处理效果越好。一般 $\bar{\alpha}_1$ 小于 0.2 的厂房，吸声处理会有较好的效果。

吸声系数用来表示吸声材料吸声能力的大小，是材料吸收声能的百分率。$\alpha = E_t/E_0 = (E_0 - E_r)/E_0$。$E_0$ 为入射声能，E_t 为吸收声能，E_r 为反射声能。工程上，一种材料的吸声能力常用 125Hz、250Hz、500Hz、1kHz、2kHz、4kHz 6 个倍频程的吸声系数来表示，用驻波管法（声波垂直入射）测得的吸声系数常记作 α_0，称垂直入射吸声系数，测法简单；用混响室法（无规入射）测得的吸声系数称无规入射吸声系数，记作 α_r，测定复杂，但较符合实际。两者可以互相换算，实际中应用 α_r。

第二节
风机消声器

风机消声器多用阻性消声器，把不同种类的吸声材料按不同方式固定在气流通道中，即构成不同类型和特点的阻性消声器。按气流通道的几何形状可分为直管式、片式、折板式、声流式、蜂窝式、弯头式、迷宫式等，如图 11-5 所示。它们的特点见表 11-10。

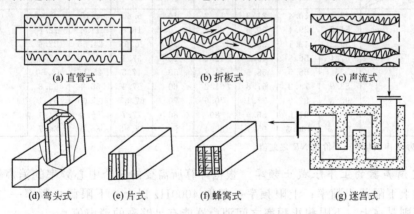

(a) 直管式　　(b) 折板式　　(c) 声流式

(d) 弯头式　　(e) 片式　　(f) 蜂窝式　　(g) 迷宫式

图 11-5　常用阻性消声器的形式

表 11-10　阻性消声器的特性与适用范围

序号	类型	特点及适用范围
1	直管式	结构简单,阻力损失小,适用于小流量管道及设备进气口和排气口的消声
2	片式	单个通道的消声量即为整个消声器的消声量,结构不太复杂,适用于气流流量较大场合
3	折板式	它是片式消声器的变种,提高了高频消声性能,但阻力损失大,不适于流速较高的场合
4	声流式	是折板式消声器的改进型,改善了低频消声性能,阻力损失较小,但结构复杂,不易加工
5	蜂窝式	高频消声效果好,阻力损失较大,构造相对复杂,适用于气流流量较大、流速不高的场合
6	弯头式	低频消声效果差,高频效果好,一般结合现场情况,在需要弯曲的管道内衬贴吸声材料构成
7	迷宫式	具有抗性作用,消声频率范围宽,但体积庞大,阻力损失大,仅在流速很低的风道上使用

一、消声器设计

1. 设计程序

（1）选定消声值　首选计算 A 声级的最大消声值，在气流速度较低时，加消声器前的 A 声级减去环境 A 声级时，即为消声器的最大消声值。当气流速度产生的再生 A 声级高于环境 A 声级时，消声器的最大消声值应为加消声器前的 A 声级减去气流速度产生的 A 声级，然后选定需要的 A 声级消声值。

根据工厂和环境噪声标准，合理确定加消声器后实际需要达到 A 声级，加消声器前的 A 声级减去实际需要的 A 声级，即为需要的 A 声级消声值；然后，确定倍频带中心频率所需要的消声值，即取 63Hz、125Hz、250Hz、500Hz、1kHz、2kHz、4kHz、8kHz 中心频率，按下式计算消声值：

$$\Delta L_{p2i} = \Delta L_{p1i} + k \tag{11-21}$$

式中，ΔL_{p2i} 为所需倍频带消声值，dB；i 为 1，2，3，…，8，代表 63Hz，125Hz，…，8kHz；k 为 10 tgn，其中 n 为计权后仍大于 L_A 的频带个数，一般情况下 $n = 2 \sim 6$。

$$\Delta L_{p1i} = L_{pi} + \Delta A_i - L_A \tag{11-22}$$

式中，L_{pi} 为实测 8 个倍频带声压级，dB；ΔA_i 为计权网格 A 声级修正值，见表 11-11；L_A 为预计达到的 A 声级，dB。

表 11-11　噪声评价数 *NR*

L_{pi}/dB　　　f/Hz　　　　　　　 NR/dB	63	125	250	500	1k	2k	4k	8k	$L_A - NR$[①]/dB
10	43.4	30.4	21.3	14.2	10	6.65	4.15	2.3	9
20	51.3	39.4	30.6	23.6	20	16.8	14.4	12.6	9
30	59.2	48.1	39.9	33	30	26.95	24.65	22.9	9
40	67.1	56.8	49.2	42.4	40	37.1	34.9	33.2	6.9
50	75	65.5	58.5	51.8	50	47.5	45.15	43.50	7
60	82.9	74.2	67.8	61.2	60	57.4	55.4	53.8	5
70	90.8	82.9	77.1	70.6	70	67.55	65.65	64.1	5
80	98.7	91.6	86.4	80	80	77.7	75.9	74.4	5
90	106.6	100.3	95.7	89.4	90	87.85	86.5	84.7	5

① $L_A - NR$ 为 A 声级与噪声评价数 NR 之差值。

（2）选定消声器的上下限截止频率　根据计算所需要的 8 个中心频率的消声值大小，合理选定消声器的上下限截止频率；上限频率一般取 4000Hz 以上，下限截止频率一般取 250Hz 以下。选取的原则是在上、下限截止频率之间消声器能有足够高的消声值。

（3）计算气流通道宽度和吸声材料厚度　消声器气流通道宽度可按下式计算：

$$f_{上限} = 1.85 \frac{c}{b_2} \tag{11-23}$$

式中，$f_{上限}$ 为消声器上限截止频率，Hz；c 为声速，m/s，在常温下为 344m/s；b_2 为通道直径或通道有效宽度，m。

吸声材料的厚度可按下式计算：

$$f_{下限} = \beta \frac{c}{\delta_1} \tag{11-24}$$

式中，$f_{下限}$ 为消声器下限频率，Hz；β 为吸声材料的系数；c 为声速，m/s，在常温下为 344m/s；δ_1 为吸声材料厚度，m。

（4）选定消声器气流通道个数　根据风量、风速按表 11-12 选择气流通道个数。

表 11-12　不同风量、风速所需要的通道个数

流量范围/(m³/h) 通道个数	气流速度/(m/s)				
	10	12	14	16	18
1	1037～2333	1224～2808	1452～3266	1659～3732	1866～4199
2	3456～7776	4147～9072	4838～10886	5530～12442	6221～13997
3	7200～16344	8640～19612	10160～22861	11520～26150	12960～29419
4	12456～28080	14947～33610	17418～39161	19930～44813	22421～50414
5	28080～63360	33695～75816	39312～88704	44928～101088	50544～113724
6	49860～84096	59616～100915	69854～117734	79834～134554	89813～151373
7	约 104760	74736～125712	87192～140664	99648～167616	11210～188568
8	80640～135360	96768～162432	112896～189504	129024～216578	145152～243613

（5）计算消声器的尺寸　消声器通道面积按下式计算：

$$S_总 = \frac{q_v}{v \times 3600} \tag{11-25}$$

式中，$S_总$ 为气流通道总面积，m²；q_v 为额定风量，m³/h；v 为选定气流通道速度，m/s。

单个气流通道面积 S_i 计算式如下：

$$S_i = \frac{S_总}{N} \tag{11-26}$$

式中，$S_总$ 为气流通道总面积，m²；N 为气流通道个数。

单个气流通道高度 h 计算式为：

$$h = \frac{S_i}{b_2} \tag{11-27}$$

式中，b_2 为气流通道宽度，m。

消声器总宽度的计算式为：

$$a = (N+1)\delta_1 + Nb_2 \tag{11-28}$$

式中，δ_1 为吸声材料厚度，m。

消声器长度的计算式为：

$$l = \frac{\Delta L S_1}{0.815 PK} \tag{11-29}$$

式中，l 为消声器的长度，mm；ΔL 为需要的消声值，dB；S_1 为单个通道的横截面积，m²；P 为单个通道饰面部分的周长，m；K 为漫入射吸声系数的函数，见表 11-13。

表 11-13　α_i 与 K 值的关系

α_i	0.15	0.3	0.48	0.6	0.74	0.83	0.92	0.98
K	0.11	0.22	0.40	0.60	0.74	0.90	1.20	1.30

2. 消声器设计举例

【例 11-5】 已知：某风机风量 $q_v = 1091\text{m}^3/\text{h}$，全压 $p = 375\text{Pa}$，转速 $n = 2900\text{r/min}$，叶片数 $Z = 12$，环境噪声 A 声级 dB，经测定开风机时 A 声级为 98dB，8 个中心频率声压级依次为 69dB、78dB、101dB、93dB、94dB、85dB、84dB 和 73dB。设计一个消声器，要求噪声 A 声级降到 80dB。

解：① 确定消声值

消声器的消声值为（A） $98-80=18dB$，实取 20dB。

确定倍频带消声值，按式计算 8 个中心频率倍频带消声值

$$\Delta L_{p2i}=\Delta L_{p1i}+k \qquad \Delta L_{p1i}=L_{pi}+\Delta A_i-L_A$$

计算后，$\Delta L_{p1i}=0$，$\Delta L_{p12}=0$，$\Delta L_{p13}=13$，$\Delta L_{p14}=10$，$\Delta L_{p15}=14$，$\Delta L_{p16}=6$，$\Delta L_{p17}=5$，$\Delta L_{p18}=0$

取 $\Delta L_{p13}\sim\Delta L_{p17}$ 的值，即 250～4000Hz 内的消声值，大于 80dB（A）的频带个数为 5，那么 $k=10lg5=7(dB)$

计算后，ΔL_{p2i} 分别为 $\Delta L_{p21}=0$，$\Delta L_{p22}=0$，$\Delta L_{p23}=20$，$\Delta L_{p24}=17$，$\Delta L_{p25}=21$，$\Delta L_{p26}=13$，$\Delta L_{p27}=12$，$\Delta L_{p28}=0$

故倍频带消声值应达到 12～21dB。

② 选定消声器的上、下限截止频率，上限频率应为 4000Hz，下限频率取 250Hz。

③ 计算气流通道宽度和吸声材料厚度，按下式计算气流通道宽度

$$b_2=1.85\frac{c}{f_{上限}}=1.85\times\frac{344000\text{mm/s}}{4000\text{Hz}}=159\approx160\text{mm}$$

吸声材料厚度 δ_1

$$\delta_1=\frac{\beta c}{f_{下限}}$$

根据阻性消声器选取的吸声材料为超细玻璃棉，吸声系数为 0.90，填充密度为 15kg/m³，查表 11-14，$\beta=0.058$。

$$\delta_1=\frac{0.058\times344000}{250}=79.8\approx80\text{mm}$$

④ 选定消声器允许的气流速度。根据降噪后的 A 声级和 8 个中心频率的声压级大小，参照表 11-15，选定允许的气流速度，一般取 15～20m/s。

⑤ 选定消声器的气流通道个数和结构形式。根据风量 $q_v=1070\text{m}^3/\text{h}$，允许速度 $v=15\sim20\text{m/s}$，并参照表 11-12 选择一个气流通道，结构形式为圆角式的消声器。

表 11-14　不同吸声材料的 β 值

吸声材料种类	密度/(kg/m³)	β	共振吸声系数 α_r	高频吸声系数 α_m	纤维直径/μm
超细玻璃棉	15	0.058	0.90～0.99	0.90	4
	20	0.046	0.90～0.99	0.90	4
	25～30	0.040	0.80～0.90	0.80	4
	35～40	0.037	0.70～0.80	0.70	4
高硅氧玻璃棉	45～65	0.030	0.90～0.90	0.90	38
粗玻璃纤维	约 100	0.065	0.90～0.95	0.90	15～25
酚醛树脂玻璃纤维	80	0.092	0.85～0.95	0.85	20
酚醛纤维	20	0.040	0.90～0.90	0.90	12
沥青矿棉毡	约 120	0.038	0.90～0.90	0.85	
毛毡	100～400	0.040	0.85～0.90	0.85	
海草	约 100	0.065	0.80～0.90	0.80	
沥青玻璃纤维毡	110	0.083	0.90～0.95	0.90	12
聚氨酯泡沫塑料	20～50	0.064	0.90～0.99	0.90	流阻低
		0.051	0.85～0.95	0.85	流阻高
		0.033	0.75～0.85	0.75	流阻很高
微孔吸声砖	340～450	0.017	0.80	0.75	
	620～830	0.023	0.60	0.55	
木丝板	280～600	0.072	0.80～0.90		
甘蔗板	150～200	0.023	0.65～0.70	0.60	

表 11-15　扩散场中气流再生噪声 A 声功率级与倍频带声功率级

气流速度 /(m/s)	L_{Wi}/dB L_{WA}/dB	f_0/Hz							
		63	125	250	500	1k	2k	4k	8k
10	37.5	57.3	45.5	40.4	35	26.8	20.5	18.3	16.1
14	44.5	68.3	52.5	46.4	43.5	37.8	32	26.8	18.1
18	53	76.8	59	51.4	49	44.3	40	34.8	26
22	57	80.3	64.5	54.4	53.5	49.8	46.5	41.8	33.6
25	59.5	83.3	67.5	55.6	55.5	52.3	50	45.8	37.6
30	63	86.3	72.5	61.4	59	56.3	54	50.3	42.6

⑥ 计算消声器各尺寸。根据公式计算通道面积 S：

$$S = \frac{q_v}{v \times 3600} = \frac{1070}{15 \times 3600} = 2 \times 10^{-2}\ \text{m}^2$$

根据通道面积计算消声器内径 d_1 和外径 d_2

$$d_1 = \sqrt{\frac{4}{\pi}S} = \sqrt{1.27 \times 0.02} = 0.16\text{m}$$

$$d_2 = d_1 + 2\delta_1 = 0.16 + 2 \times 0.08 = 0.32\text{m}$$

消声器长度

$$l = \frac{\Delta L_{p2i}S_1}{0.815PK}$$

依次将取 $\Delta L_{p23} \sim \Delta L_{p27}$ 的值代入式，得出消声器每个频带所需的长度，选取最大长度为消声器设计长度，即为 0.9m。

3. 锥形稳流段的计算

锥形稳流段是为了减小消声器进、出口端的涡流，使多通道消声器内的气流均匀分布通过而设计的。加锥形稳流段不但可使气流均匀通过，减小阻力，而且可提高消声效率。

【例 11-6】已知：有一台消声器，接口尺寸 $D_1 = 650$mm，外径尺寸 $D = 950$mm，长度 $l = 1400$mm，消声器结构如图 11-6 所示，其横断面剖面见 11-6（a）。相匹配的锥形稳流段如图 11-6（b）所示。

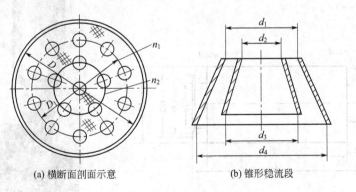

(a) 横断面剖面示意　　　(b) 锥形稳流段

图 11-6　消声器结构示意

n_1—外环管管数；n_2—内环管管数

解：①根据 $D_1 = 650$mm 与模拟稳流段接口尺寸 $d_1 = 200$mm（根据需要自定尺寸）确定缩小比例 M_1

$$M_1 = \frac{D_1}{d_1} = \frac{650}{200} = 3.25$$

② 计算外环管总面积与内环管总面积的比值 M_2（即外环管 n_1 管数与内环管 n_2 管数的比）$n_1 = 10$，$n_2 = 6$（包括心圆孔）

$$M_2 = \frac{n_1}{n_2} = \frac{10}{6} = 1.67$$

③ 由比值 M_2 计算稳流段 d_2

$$d_2 = \frac{d_1}{M_2} = \frac{200mm}{1.67} = 119 \approx 120mm$$

④ 计算稳流段 d_4

$$d_4 = \frac{D}{M_1} = \frac{950mm}{3.25} = 292 \approx 295mm$$

⑤ 计算稳流段 d_3

$$d_3 = \frac{d_4}{M_2} = \frac{295mm}{1.67} = 177 \approx 180mm$$

二、高压离心通风机消声器

1. GLX 型系列消声器

GLX 型系列高压离心风机消声器属阻抗复合型，其结构原理采用带吸声材料的复合共振吸声结构与阻性吸声结构相结合，从而在较宽的频带范围内具有较高的消声量。消声器外形为圆筒形，两端采用两种尺寸法兰连接。GLX 型系列消声器主要为风量范围 $600 \sim 83100 m^3/h$ 高压离心风机配套设计，对该系列各型风机的进排气口噪声有显著作用；同时，其中部分规格消声器也可作锅炉引风机、鼓风机进排气消声用。

本系列消声器在额定风量范围内，静态消声量大于 30dB。其动态消声量大于 25dB，气流阻力小于 300Pa。GLX 型系列消声器外形尺寸安装见图 11-7 及表 11-16。

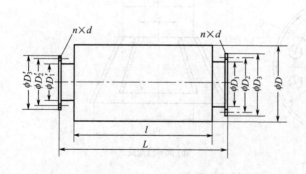

(a) 尺寸

(b) 外形

图 11-7　GLX 型系列消声器外形

表 11-16　GLX 型系列消声器外形尺寸

型号	标准流量 /(m³/h)	外形尺寸/mm			大端/mm					小端/mm					净重 /kg
		D	l	L	D_1	D_2	D_3	n	d	D_1'	D_2'	D_3'	n'	d'	
GLX-2.3	2300	420	1500	1700	230	310	345	8	18	180	260	295	8	18	90
GLX-3.6	3600	530	1600	1800	280	365	400	12	18	230	310	345	8	18	140
GLX-5.6	5600	620	1500	1700	350	445	485	12	22	280	365	400	12	18	170
GLX-8.5	8500	700	1550	1800	430	530	570	16	22	350	445	485	12	22	220
GLX-13	13700	800	1550	1800	530	630	670	16	22	450	550	590	16	22	280
GLX-17	17100	900	1600	1850	600	705	755	20	24	500	600	640	16	22	340
GLX-25	25000	1040	1650	1900	700	810	860	20	24	600	705	755	20	24	450
GLX-35	35500	1190	1900	2200	840	950	1000	24	24	700	810	860	20	24	570
GLX-53	53800	1500	2300	2600	1000	1110	1160	24	24	900	1010	1060	24	24	950
GLX-83	83100	1780	2900	3200	1300	1420	1480	30	30	1100	1220	1280	28	30	1550

2. FZ-B 型系列消声器

该型消声器主要用于降低各种系列的高压风机的风口、风道和封闭式机房进风口的气流噪声，也可供锅炉鼓风机等消声降噪选用。其消声值≥20dB，阻损可忽略不计。FZ-B 型系列消声器规格见表 11-17。

表 11-17　FZ-B 型系列消声器规格

型号 规格	流量 /(m³/h)	气流速度 /(m/s)	通道截面 积/m²	外径 /mm	有效长度 /mm	全长 /mm	法兰尺寸/mm			连接螺丝孔	
							内径	中径	外径	数量	规格
FZ-200-B	2700	25	0.0314	380	860	1000	200	234	260	10	$\phi 7$
FZ-250-B	4800	25	0.0494	450	1000	1140	250	280	310	12	$\phi 7$
FZ-300-B	6600	25	0.0707	500	1100	1240	300	344	364	12	$\phi 7$
FZ-350-B	8400	25	0.0962	550	1200	1340	350	386	414	12	$\phi 10$
FZ-400-B	10400	25	0.126	600	1300	1440	400	434	464	12	$\phi 10$
FZ-500-B	17400	25	0.196	800	1400	1600	500	540	564	24	$\phi 10$

3. F 型消声器

F 型消声器是阻抗复合式消声器。它主要用于降低各种高压离心风机进、出口的空气动力性噪声，尤其适用于 9-19、9-26 等型号的高压离心风机。

F 型消声器分为 A、B 两种形式。A 型两端均为法兰，可串接于管道中使用。B 型一端是法兰，另一端为防雨吸声风帽，可供进、出口使用。

F 型消声器适用风量 2000～66000m³/h，使用温度为 150℃，消声量可达 20～25dB（A），阻力损失小于 300Pa。消声器阻损的计算公式如下：

$$\Delta p = \varepsilon \frac{v^2}{2} \rho \quad （\text{Pa}） \tag{11-30}$$

式中，ε 为消声系数，1.5 ± 0.1；v 为消声器内介质的流速，m/s；ρ 为气体介质的密度，kg/m³。

F 型消声器性能和外形尺寸见表 11-18。

4. Z 型消声器

Z 型消声器全系列共有十一种规格，其中 Z1～Z5 为阻性消声器，Z5～Z9 为阻抗复合式消声器，Z 型消声器主要用于降低罗茨鼓风机的进、排气噪声。

Z 型消声器适用风量为 0.25～400m³/h，消声量可达 20～25dB（A），阻力损失小于 490Pa。其性能见表 11-19。

表 11-18　F 型消声器性能和外形尺寸

型号		适用流量 /(m³/h)	外形尺寸		法兰口径		连接螺孔		质量 /(kg/台)	流速 /(m/s)
			外径 Φ_1	长度 L	外径 Φ_2	内径 Φ_3	中心距 Φ_4	螺孔数 $n \times \Phi$		
F1	A	2000	510	1559	350	230	310	12×9	90	12.3
	B		650	1600					105	
F2	A	5000	660	1559	460	340	420	12×9	134	13.6
	B		800	1600					143	
F3	A	8000	790	1069	540	420	480	12×9	172	14.1
	B		930	1706					182	
F4	A	12000	870	1759	660	500	580	12×12	262	15.5
	B		990	1830					263	
F5	A	16000	980	1900	740	580	660	12×15	320	15.2
	B		1100	1999					331	
F6	A	20000	1030	2000	794	650	725	12×15	380	16.5
	B		1150	2120					387	
F7	A	25000	1100	2049	900	700	800	12×16	437	18.2
	B		1200	2276					461	
F8	A	30000	1226	2159	980	780	880	12×16	560	18.1
	B		1296	2276					630	
F9	A	35000	1306	2209	1040	840	940	12×16	587	18.6
	B		1380	2326					635	
F10	A	40000	1456	2259	1100	900	1000	12×18	721	17.8
	B		1530	2506					764	
F11	A	50000	1546	2359	1240	1000	1120	12×18	825	18.2
	B		1620	2656					852	
F12	A	66000	1620	2459	1340	1100	1220	12×18	895	19.5

表 11-19　Z 型消声器性能和外形尺寸

型　号	适用流量 /(m³/h)	外形尺寸		法兰口径		连接螺孔		流速 /(m/s)	质量 /(kg/台)
		外径 Φ_1	长度 L	外径 Φ_2	内径 Φ_3	中心距 Φ_4	螺孔数 $n \times \Phi$		
Z1	0.25 1.25	130	411	105	59	85	4×8	7.7	11
Z2	5.5	470	780	190	100	150	6×18	11.7	45
Z3	10 15	520	1000	250	150	215	8×16	14.2	64
Z3A	20	520	1000	290	175	255	8×16	13.9	64
Z4	30 40	580	1524	335	200	295	8×16	21.2	104
Z5	60 80	660	1784	435	300	395	8×24	18.9	175

型号	适用流量 /(m³/h)	外形尺寸		法兰口径		连接螺孔		流速 /(m/s)	质量 /(kg/台)
		外径 Φ_1	长度 L	外径 Φ_2	内径 Φ_3	中心距 Φ_4	螺孔数 $n \times \Phi$		
Z5A	120	726	1909	435	300	395	8×24	18.6	243
Z6	160	786	1909	690	500	630	12×23	19.9	283
Z7	200 250	980	2409	650	500	600	12×23	20.1	445
Z8 (L93)	300	980	2609	705	550	655	20×26	18.4	451
Z9 (L94)	350 400	1100	2609	755	600	705	20×26	19.6	554

三、中、低压离心通风机消声器

1. T701-6 型系列消声器

T701-6 型消声器的结构形式属阻抗复合式结构，适用于降低空调系统中低压离心通风机噪声。其通道流速为 6～12m/s，1～4 号可单节使用，5～10 号可多节串联使用，适用风量 2000～6000m³/h。单节消声量：63～125Hz 频段为 10～15dB、250～500Hz 频段为 15～20dB 和 1～8kHz 频段为 25～30dB。外形及安装尺寸见表 11-20。

表 11-20　T701-6 型阻抗复合式消声器性能及外形尺寸

型号	适用流量/(m³/h)	外形尺寸/mm			法兰尺寸/mm	阻力损失/Pa	质量/kg
		宽	高	安装长度			
1	2000～4000	800	500	1600	520×230	9～35	85
2	3000～6000	800	600	1600	510×370	9～35	96
3	4000～8000	1000	800	1600	700×370	9～35	122
4	5000～10000	1000	800	1600	770×400	9～35	135
5	6000～12000	1200	800	900	700×550	9～35	112
6	8000～16000	1200	1000	900	780×630	9～35	125
7	10000～20000	1500	1000	900	1000×630	9～35	160
8	15000～30000	1500	1400	900	1000×970	9～35	215
9	20000～40000	1800	1400	900	1330×970	9～35	260
10	30000～60000	2000	1800	900	1500×1310	9～35	310

2. ZDL 型系列消声器

ZDL 型系列消声器的结构形式为片式结构，维修更换方便。分为 A、B、C 三种片型，各有不同的消声频率特性，可按需要选用，并有单节 1m 及 1.5m 两种长度，可自由组合成 1m、1.5m、2m、2.5m、3m 五种长度，获得合理的消声量。适用于中、低压离心通风机配套，例如 4-73、4-68、5-48、6-48、4-72 等系列中各机号的风机；对于其他离心风机，当消声器通过流量在 1000～700000m³/h 范围内，消声器耐受压力小于 8000Pa 时，也可配用。规格及性能见图 11-8、图 11-9 和表 11-21、表 11-22。

3. WZY、WZJ 型系列风机消声器

WZY 型风机消声器是采用阻性吸声材料（超细玻璃棉）、截面积呈圆形的直管消声器。WZJ 型风机消声器是采用阻性吸声材料（超细玻璃棉）、截面积呈矩形的直管消声器。该产品适用于各种通风机、鼓风机和空气压缩机。WZY、WZJ 型消声器系列共包括 184 种，每种消声器的降噪量均大于 25dB，风压损失在 300Pa 以下。其外形及安装尺寸见表 11-23。

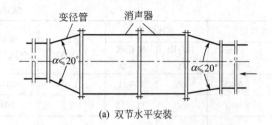

(a) 双节水平安装

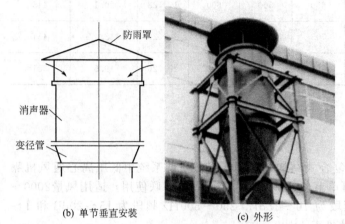

(b) 单节垂直安装　　　(c) 外形

图 11-8　ZDL 型消声器安装示意　　　　　　图 11-9　法兰尺寸

表 11-21　ZDL 型阻性片式消声器系列规格

型号		外形尺寸/mm		片数	通道面积 S/m²	适用流量/(m³/h)			质量/kg	
		高	宽			流速 v=3m/s	流速 v=10m/s	流速 v=25m/s	长 1m	长 1.5m
1	A	450	400	2	0.09	972	3240	8100	115	160
2	A	450	600	3	0.135	1458	4860	12150	160	230
	B	450	600	3	0.108	1166	3888	9720	165	240
3	A	450	720	4	0.144	1555	5184	12960	195	275
	B	450	720	3	0.162	1749	5832	14580	180	255
4	A	600	720	4	0.192	2073	6912	17280	225	325
	B	600	720	3	0.216	2333	7776	19440	210	300
5	A	900	720	4	0.288	3110	10368	25920	280	400
	B	900	720	3	0.324	3499	11664	29160	257	367
6	B	900	900	4	0.378	4082	13608	34020	410	570
	C	900	900	3	0.405	4374	14580	36450	380	532
7	B	900	1200	5	0.54	5832	19440	48600	490	685
	C	900	1200	4	0.54	5837	19440	48600	468	655
8	B	1200	1200	5	0.72	7776	25920	64800	580	830
	C	1200	1200	4	0.72	7776	25920	64800	555	790
9	B	1350	1350	6	0.85	9180	30600	76500	692	985
	C	1350	1350	5	0.81	8748	29160	72900	670	950
10	B	1350	1800	8	1.134	12247	40824	102060	860	1200
	C	1350	1800	6	1.215	13122	43740	109350	800	1115
11	B	1800	1800	8	1.512	16329	54432	136080	1060	1500
	C	1800	1800	6	1.62	17496	58320	145800	965	1370
12	C	1800	2250	8	1.89	20412	68040	170100	1395	1960
13	C	2250	2250	8	2.362	25515	85050	212625	1655	2315
14	C	2250	2700	9	3.037	32800	109332	273330	1830	2570
15	C	2700	3000	10	4.05	43740	145800	364500	2210	3110
16	C	2700	3600	12	4.86	52488	174960	437400	2530	3580

表 11-22 ZDL 型消声器法兰尺寸 单位：mm

规格	Δ	B	H	b	h	L_b	L_h	n	ϕ
1	50	508	558	466	516	116.5	129	16	12
2	50	708	558	665	516	133	129	18	12
3	50	828	558	786	516	131	129	20	12
4	50	708	828	786	665	131	133	22	16
5	50	828	1008	786	996	131	138	26	16
6	80	1070	1070	996	996	138	138	28	18
7	80	1370	1070	1296	996	162	166	28	18
8	80	1370	1370	1296	1296	162	162	32	18
9	80	1520	1520	1448	1448	181	181	32	18
10	80	1970	1520	1900	1448	190	181	36	18
11	80	1970	970	1900	1900	190	190	40	20
12	100	2462	2012	2370	1920	197.5	192	44	22
13	100	2462	2462	2370	2370	197.5	197.5	48	22
14	100	2912	2462	2821	2370	217	197.5	50	24
15	100	3212	2912	3120	2821	208	217	56	24
16	100	3812	2912	3723	2821	219	217	60	24

表 11-23 WZY、WZJ 型风机消声器系列性能及外形尺寸

类别	通道数	型号	空气流量范围 /(m³/h)	接口尺寸范围/mm	外形尺寸/mm	品种数量
阻性圆筒形片式 WZY	1	WZY1A	90～6200	$\phi40～\phi335$	$\phi320×280～\phi615×2220$	16
	1	WZY1E	90～3200	$\phi40～\phi240$	$\phi280×～\phi480×1600$	10
	1	WZY1C	360～1400	$\phi80～\phi160$	$\phi240×560～\phi320×1120$	5
	2	WZY2E	4200～19400	$\phi330～\phi640$	$\phi490×1300～\phi800×2500$	7
	3	WZY3E	3500～9000	$\phi250～\phi400$	$\phi550×1375～\phi700×2200$	7
阻性矩形片式 WZJ	1	WZJ1A	6480～16200	300×300～300×750	600×600×1650～600×1050×2360	10
	1	WZJ1E	2880～6480	200×200～200×450	440×440×1100～4400×690×1524	6
	1	WZJ1C	1620～4320	150×150～150×500	310×310×825～310×560×1199	6
	1	WZJ1CK	2332～4925	180×180～180×380	540×540×990～540×740×1342	5
	2	WZJ2A	17280～47520	750×400～750×1100	1050×700×1887～1050×1400×2590	15
	2	WZJ2E	6336～22176	520×220～520×770	760×460×1152～760×1010×1749	12
	2	WZJ2C	4968～9288	380×230～380×430	540×390×1000～540×590×1221	4
	2	WZJ2CK	6221～11405	440×240～440×440	600×400×1133～600×600×1403	5
	3	WZJ3A	51840～90720	1200×800～1200×1400	1500×1100×2398～1500×1700×2717	13
	3	WZJ3E	23328～44928	840×540～840×1040	1080×780×1606～1080×1280×1843	4
	3	WZJ3C	10044～23004	610×310～610×710	770×470×1111～770×870×1364	5
	3	WZJ3CK	11664～27216	700×300～700×700	860×460×1238～860×860×1573	9
	4	WZJ4A	82080～142560	1650×950～1650×1650	1950×1250×2508～1950×1950×2794	8
	4	WZJ4E	43776～55296	1160×760～1160×960	14000×1000×1744～1400×1200×1821	3
	4	WZJ4C	23328～40608	840×540～840×940	1000×700×1293～1000×1100×1425	5
	4	WZJ4CK	29030～49766	960×560～960×960	1120×720×1496～1120×1120×1667	5
	5	WZJ5E	56160～106560	1480×780～1480×1480	1720×1020×1749～1720×1720×1936	8
	5	WZJ5C	41580～57780	1070×770～1070×1070	1230×930×1381～1230×1230×1447	4
	5	WZJ5CK	53136～79056	1220×820～1220×1220	1380×980×1623～1380×1380×1727	5
	6	WZJ6C	58320～84240	1300×900～1300×1300	1460×1060×1414～1460×1460×1480	5

四、罗茨鼓风机消声器

ZLX 型消声器为全国联合设计的 L 型罗茨鼓风机系列产品消声器，它采用带有中间吸声芯的阻性环形结构，用超细玻璃棉作为吸声材料，并且有压力损失小、消声效果好、结构简单、装拆方便等优点，可适配于罗茨鼓风机进、出口出气口上，也可用于其他离心鼓风机、离心通风机。配用消声器后可获得消声值≥25dB（A）的消声的效果。

1. 产品代号

ZLX 型罗茨鼓风机系列消声器分为 ZLX-1、ZLX-2、…、ZLX-9 共 9 个机号。示例：ZLX-6，Z 表示阻性消声，L 表示罗茨鼓风机，X 表示消声器，-6 表示第 6 号消声器。

2. 主要性能参数

（1）消声器的消声量以倍频程消声值见表 11-24。

表 11-24　消声值　　　　　　单位：dB（A）

频率/Hz 型号	63	125	250	500	1k	2k	4k	8k
ZLX-1	7	10	17	36	40	40	37	35
ZLX-2	10	12	30	34	31	37	40	34
ZLX-3	8	11	31	36	40	38	39	33
ZLX-4	14	18	40	43	41	40	44	34
ZLX-5	15	17	34	38	32	40	38	36
ZLX-6	9	15	38	39	36	40	38	32
ZLX-7	10	13	39	35	38	40	42	34
ZLX-8	12	16	36	40	40	38	40	34
ZLX-9	13	17	33	38	40	38	39	33

（2）消声器的阻力系数 $\xi \leqslant 1.0$　消声器压力损失为

$$\Delta p = \xi \frac{v^2}{2} \rho \tag{11-31}$$

式中，v 为消声器内气流平均速度，m/s；ρ 为气体密度，kg/m³。

消声器总压力损失包括两端变径管，在 20m/s 风速以下为 150Pa。

（3）消声器允许使用范围　消声器内平均气流速度≤20m/s；消声器内气体温度≤200℃；消声器允许承受的最大气体静压≤6000Pa；气体含尘量≤150mg/m³。

消声器不允许在有油雾、水雾、水蒸气雾的气体条件下工作，不允许腐蚀性气体通过。

3. 外形尺寸

消声器外形尺寸及适配风机的选用见图 11-10 和表 11-25。

4. 使用与维护

① ZLX 型消声器直接安装于罗茨鼓风机敞开的进、出口管上，也可串接在进、出气管道上，允许垂直或水平安装，但应以近风机安装为宜。

② 安装时，消声器连接法兰面上应使用橡胶板等弹性垫以隔断固体传声，并保证气密性。

③ 安装时，消声器本体的质量不应直接支承在风机上，以免引起变形，可以用适当的支架在消声器外壳或法兰部位支承其质量。

④ 消声器也可以安装在密闭的机房侧墙或屋顶上，而不与风机直接连接，以达到密闭隔声及通风降温的目的，一般可以取得良好的效果。

⑤ 安装消声器时应按具体情况采用相应的隔声、吸声等必要的措施，以降低机壳辐射噪声，

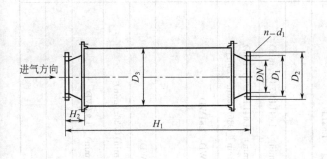

(a) 尺寸 (b) 外形

图 11-10　ZLX 系列消声器外形及安装尺寸

达到综合治噪的目的。

　　⑥ 消声器使用、运输、贮存过程中应避免雨水、油雾、水蒸气等直接进入消声器，并应避免大量含尘气体或腐蚀性气体进入消声器以延长使用寿命。

　　⑦ 本系列消声器两端采用平面对焊钢制管法兰。当消声器的法兰尺寸与连接管道不相适配时，允许通过变径管连接。

　　⑧ 在可能有杂物吸入消声器的环境下，消声器进气口应加装钢板网等必要的防护网罩。消声芯应定期检修。

五、选择消声器注意事项

　　选择消声器时应注意以下事项。

　　① 选择消声器时首选应根据通风机的噪声级特性、工业企业噪声卫生标准、环境噪声标准及背景噪声确定所需的消声量。

　　② 消声器应在宽敞的频率范围内有较大的消声量。对于消除以中频为主的噪声，可选用扩张式消声器；对于消除以中、高频为主的噪声，可选用阻性消声器；对于消除宽频噪声，可选用阻抗复合式消声器等。

　　③ 当通过消声器的气流含水量或含尘量较多时，则不宜选用阻性消声器。

　　④ 消声器应在满足消声降噪的前提下，尽可能做到体积小、结构简单、加工制作及维护方便、造价低、使用寿命长、气流通过时压力损失小。

　　⑤ 气流通过消声器的通道流速一般控制在 5~15m/s 的范围内，以避免产生再生噪声。

　　⑥ 选用的消声器额定风量应不小于通过风机的实际风量。

　　⑦ 消声器安装时，距消声器进（出）口 1.5~2m 处应无阻挡物，并注意避开其他噪声源，以免影响消声器正常的使用效果。

　　⑧ 消声器与风机连接法兰口径不一致时，可配接变径管过渡，但当量角不应大于 30°，连接法兰间应避免刚性连接，并注意密封，防止漏气、漏声。

　　⑨ 消声器可以根据实际需要安装在空间任意位置，但应注意消声器的支撑。消声器不能承受外来的重量。

　　⑩ 消声器应尽量安装在气流通道平稳段内，尤其要避免安装在管道的弯头处。

表 11-25　ZLX 型消声器外形尺寸及性能参数

消声器型号	配用风机流量/(m³/min)	DN	D₁	D₂	D₃	H₁	H₂	n_0-d_1	通道面积/m²	片间流速/(m/s)	适配风机	消声器质量/kg
ZLX-1	5~20	80	150	190	470	1500	150	$4-\phi17.5$	0.057	1.5~6	L41WD L41LD L51LD	145
		100	170	210	470	1500	150	$4-\phi17.5$			L42WD L42LD	
		125	200	240	470	1500	150	$8-\phi18$			L42WD L42LD	
ZLX-2	20~43	150	225	265	470	1500	150	$8-\phi18$	0.079	4.2~9.1	L43WD L43LD L52LD L52WD L611LD	215
		150	225	265	510	1500	150	$8-\phi18$			[D36：20m³/min][D36：40m³/min]	
		200	280	320	510	1500	150	$8-\phi17.5$			L53LD L54LD L62LD	
ZLX-3	40~65	250	335	375	510	1500	150	$12-\phi17.5$	0.063	10.6~17	L71WD	267
		250	335	375	540	1700	150	$12-\phi17.5$			L63LD(730r/min)	
ZLX-4	60~90	300	395	440	540	1700	150	$12-\phi22$	0.103	9.7~14.6	L63LD(980r/min) L64LD(730r/min)	357
		300	395	440	650	1900	150	$12-\phi22$			L64LD(980r/min) [D36：60m³/min][D36：80m³/min]	
ZLX-5	90~127	350	445	490	700	2000	200	$12-\phi22$	0.095	15.8~22.3	L73WD L74WD L81WD	419
ZLX-6	120~170	400	495	540	800	2200	200	$16-\phi22$	0.150	13.3~18.9	L82WD	551
ZLX-7	160~217	450	550	595	850	2400	200	$16-\phi22$	0.189	14.1~19.1	L83WD L91WD	829
		500	600	645	850	2400	200	$20-\phi22$			L84WD(580r/min)(730r/min)	
ZLX-8	200~272	500	600	645	900	2600	200	$20-\phi22$	0.245	13.6~18.5	L84WD(980r/min) L92WD	941
ZLX-9	250~360	550	655	705	1000	3000	200	$20-\phi26$	0.285	14.6~21	L93WD	1273
		600	705	755	1000	3000	200	$20-\phi26$			L94WD	

⑪ 通过消声器气体的含尘量应低于 $100\mathrm{mg/m^3}$，否则要加装空气滤清器，以影响使用效果。消声器使用一段时间后，若遇积灰效果降低，只能用干刷扫除灰尘，而不能用水冲洗。

⑫ 通过消声器的介质不允许含有水雾、油雾和腐蚀性气体。消声器在运输和待装前要采取防潮、防污措施，以免影响日后正常使用效果。

第三节
隔 声 设 备

用构件将噪声源和接收者分开，隔离空气声的传播，从而降低噪声的方法称为隔声，这种构件就是隔声结构。隔声结构主要有单层结构和由单层构件组成的双层结构以及轻质复合结构等。

空气声在传播途中遇到隔声构件时，只有一部分声能 E_t 可以透射过构件继续传播，引入物理参量透声系数 τ，它等于透射声能 E_t 与入射声能 E_r 的比值，即

$$\tau = \frac{E_t}{E_r} \tag{11-32}$$

构件的隔声性能一般可用隔声量（或透声损失、传声损失）R（或 TL）来表示，它的定义为：

$$R = 10\lg\left(\frac{1}{\tau}\right) \tag{11-33}$$

隔声处理是一种简便有效控制机械噪声的技术措施之一。隔声的方法一般有以下几种：a. 在高噪声设备车间内，可安排操作者在隔声性能好的控制室或操作室内工作；b. 把噪声较大或环境要求低的噪声设备（如通风机、空压机等）全部密闭在隔声间或隔声罩内；c. 在噪声源与接受者间设置隔声屏障。

一、隔声构件的隔声性能

1. 单层匀质构件

（1）质量定律　单层均质的金属板、木板、墙板等隔声构件的隔声性能随声波的频率而变化，两者间的变化关系则是单层板的隔声频率特性曲线。该特性曲线分共振控制区、质量控制区和吻合控制区。在质量控制区，频率越高，构件的质量越大，隔声量也越大，即隔声由构件的面密度与频率的乘积决定，这就是构件的质量定律，构件隔声量计算式如下：

$$R = 20\lg f + 20\lg \rho_A - 42.5 \tag{11-34}$$

式中，R 为构件的理论隔声量，dB；f 为入射声波的频率，Hz；ρ_A 为构件的面密度，$\mathrm{kg/m^2}$。

（2）隔声量　在实际工程应用中，声波往往不是正入射，而是近似无规则入射，同时工程上常用 125Hz、250Hz、500Hz、1000Hz、2000Hz、4000Hz 六个频率下隔声量的算术平均值，即平均固有隔声量表示材料的隔声能力，因此实际隔声量应按下式计算：

$$\overline{R}_0 = 20\lg f + 20\lg \rho_A - 47 \tag{11-35}$$

式中，$\overline{R}_0$ 为平均固有隔声量，dB；f 为入射声波频率，Hz；ρ_A 为构件的面密度，$\mathrm{kg/m^2}$。

在工程计算中，由于受吻合效应、阻尼以及边界条件的影响，隔声量的计算常采用下述经验公式：

$$R = 16\lg \rho_A + 14\lg f - 29 \tag{11-36}$$

式中，R 为隔声量，dB。

在 $f = 100 \sim 3200\mathrm{Hz}$ 范围内，$\rho_A > 200\mathrm{kg/m^2}$ 时，

$$\overline{R} = 16\lg \rho_A + 8 \tag{11-37}$$

表 11-26　单层板隔声量

（第一部分）

类别	名称	厚度 t/mm	面密度/(kg/m²)	125	250	500	1000	2000	4000	平均隔声量/dB
金属板	铝板	t=1	2.6	13	12	17	23	29	33	21
	铝板	t=2	5.2	17	18	23	28	32	35	25
	镀锌铁皮	t=1	7.8	19	20	26	30	36	43	29
	钢板	t=1	7.8	19	20	26	31	37	39	28
	钢板	t=1.5	11.7	21	22	27	32	39	43	30
	钢板	t=2.0	15.6	29	26	32	34	42	45	34
	钢板	t=2.5	19.5	28	31	32	35	41	43	34
	钢板	t=3.0	23.4	31	31	36	35	42	32	33
	钢板	t=4.0	31.2	31	34	36	37	41	33	25
金属板加阻尼层	铝箔漆/镀锌铁皮	t1=1, t2=2~3	3.4	16	15	19	26	32	37	25
	石棉漆/镀锌铁皮	t1=1, t2=2~3	9.6	28	23	27	33	38	44	32
	蛭石阻尼胶/钢板	t1=1, t2=2~3	9.6	21	22	27	32	39	45	30
	石棉漆/钢板	t1=1, t2=2~3	11.7	29	27	30	31	38	45	32
	沥青/钢板	t2=3.9kg/m²	15.4	32	32	33	34	41	47	35
	沥青/钢板	t1=2, t2=7.8kg/m²	19.9	31	33	34	38	45	47	37
木制纤维机制板加超细棉	三合板/超细棉	t1=5, t2=80	6.0	19	24	30	44	54	54	36
	纤维板/超细棉	t1=5, t2=80	8.6	24	26	34	48	59	62	41
	刨花板/超细棉	t1=20, t2=80	18.1	24	35	40	50	57	60	44

（第二部分）

类别	名称	厚度 t/mm	面密度/(kg/m²)	125	250	500	1000	2000	4000	平均隔声量/dB
金属板加超细玻璃棉	钢板/超细棉	t1=1.5, t2=80	15.5	29	35	45	54	61	61	47
	钢板/超细棉	t1=2, t2=80	19.1	32	33	43	52	60	64	46
	钢板/超细棉	t1=2.5, t2=80	22.2	29	38	46	54	61	62	47
	钢板/超细棉	t1=3, t2=80	27.1	29	40	44	54	60	57	47
	钢板/超细棉	t1=4, t2=80	34.7	28	39	46	53	60	56	46
木质纤维机制板	三合板	t=5	2.6	12	17	19	22	27	22	20
	五合板	t=5	3.4	16	17	19	23	26	23	21
	草纸板	t=18	4.0	14	18	23	27	33	35	25
	纤维板	t=5	5.1	21	21	23	27	33	36	26
	刨花板	t=20	13.8	22	25	28	34	29	34	29
	水泥刨花板	t=10	12	19	21	27	34	33	32	28
石膏板	纸石膏板	t=12	8.8	14	21	26	31	30	30	25
	无机石膏板	t=20	24	29	27	30	32	30	40	31
硅酸钙板	云母硅酸钙板	t=19	15~19	17	22	25	26	25	33	24
	双面贴塑	t=22	16~19	17	23	26	29	32	37	27
	石棉硅酸钙板	t=19	11.4	16	24	24	28	25	33	24
	石棉硅酸钙板	t=22	15.4	20	24	25	27	30	36	27
塑料板	聚氯乙烯塑料板	t=5	7.6	17	21	24	29	36	38	29

表 11-27 单层墙隔声量

类别	名称	面密度/(kg/m²)	倍频程隔声量/dB 125	250	500	1000	2000	4000	平均隔声量/dB
砖墙	砖墙 t=60（煤屑粉刷）	160	26	30	30	34	41	40	32
	砖墙 t=120（抹灰）	240	37	34	41	48	55	53	45
	砖墙 t=240（抹灰）	480	42	43	49	57	64	62	53
	砖墙 t=370（抹灰）	700	40	48	52	60	63	60	53
	砖墙 t=490（抹灰）	833	45	58	61	65	66	68	61
	空斗砖墙 t=240	298	21	22	31	33	42	46	31
	加气砌块墙 t=75	70	30	30	31	40	50	56	39
加气混凝土	加气条板墙 t=100	80	33	32	40	40	48	60	39
	加气砌块墙 t=150	140	29	36	39	46	54	55	43
	加气条板墙 t=200	160	31	37	41	45	51	55	43
空心砖墙	矿渣三孔空心砖 t=100 抹灰40	120	30	35	36	43	53	51	40
	矿渣三孔空心砖 t=210 抹灰20	210	33	38	41	46	53	52	43
其他种类墙	矿渣珍珠岩吸声砖 t=115	100	18	22	27	33	41	44	31
	陶粒混凝土板 t=140	238	32	31	40	43	49	56	42
	石膏矿渣砌块 t=100 粉刷	217	18	23	29	40	45	44	31
	振动砖 t=150	300	36	40	41	47	45	48	43
硅酸盐墙	条板墙 t=140	220	34	37	38	45	46	56	42
	砌块墙 t=200	450	35	41	49	51	58	60	49
	砌块墙 t=240	436	41	40	52	52	59	61	49
	砌块墙 t=240	450	35	41	49	51	58	60	49

$\rho_A \leqslant 200 \text{kg}/\text{m}^2$ 时，

$$\overline{R} = 13.5 \lg \rho_A + 14 \qquad (11-38)$$

式中，$\overline{R}$ 为平均隔声量，dB；其他符号意义同前。

单层隔声板和单层隔声墙的隔声量分别见表 11-26 和表 11-27。

（3）吻合效应　由外来入射声波的波长与墙面的固有弯曲波的波长相吻合而产生的共振称为吻合效应。吻合效应的产生，使板的隔声迅速下降。

（4）临界频率　出现吻合效应的最低入射频率称为临界频率。工程中常用的临界频率计算式如下：

$$f_c = 常数/t \qquad (11-39)$$

式中，f_c 为临界频率，Hz；t 为板厚，cm。

常用材料的临界频率的计算常数见表 11-28。

表 11-28　常用材料临界频率计算常数

材　料　名　称	计　算　常　数	材　料　名　称	计　算　常　数
玻璃	1200	混凝土	2020
金属（钢、铝等）	1280	胶合板	2260
砖	2700	泡沫混凝土	4125

（5）阻尼材料与隔声控制　阻尼是一种物理效应，它在噪声控制中的作用在于衰减沿结构传递的振动能量，减弱其振动频率附近的振动，从而达到抑制振动，减少噪声辐射的能力。

阻尼结构，是在内阻尼较小的金属板上，牢固地黏附一层阻尼材料，它将有效地消耗金属板的振动能量，降低噪声辐射，提高板的隔声性能。

（6）孔洞、缝隙对隔声的影响　噪声在传播中通过障碍物的孔洞、缝隙而透射到障碍物的另一侧，从而降低了隔声构件的隔声量。其降低值与孔洞、缝隙的面积、形状、浓度及所在位置有关。

（7）空气声隔声量的单值评价法　空气声隔声量的单值评价指标主要用平均隔声量 $\overline{R}$ 和隔声指数 l_a 表示。

平均隔声量 $\overline{R}$ 是各频带隔声量的算术平均值（频带取 $100 \sim 3200 \text{Hz}$）。它能反映厚重的均质墙构件的隔声性能。

隔声指数 l_a 是将隔声频率特性曲线与标准曲线按一定方法进行比较而得出的数值。它能反应个别频段的隔声缺陷，用以评价轻薄结构的隔声比较近于主观感觉。

2. 双层墙的隔声性能

（1）双层墙的隔声性能　双层墙由两层墙板和中间的空气层组成。当声波频率超过 $\sqrt{2} f_0$（系统的共振频率）时，隔声曲线以每倍频程 18dB 的低斜率上升。

双层墙的隔声性能优于同质量的单层墙。共振频率的大小对双层墙的隔声性能有很大的影响。通常要求把共振频率 f_0 设计在 100Hz 以下。

$$f_0 = \frac{1}{2\pi} \sqrt{\left(\frac{1}{\rho_{A1}} + \frac{1}{\rho_{A2}}\right) \frac{\rho c^2}{d}} \qquad (11-40)$$

式中，ρ_{A1}、ρ_{A2} 为两层墙板的面密度，kg/m^2；ρ 为空气密度，kg/m^3，常温常压下为 $1.18\text{kg}/\text{m}^3$；c 为声速，m/s，常温下为 344m/s；d 为两层墙板间空气层厚度，m。

双层墙的吻合效应及临界频率 f_c 取决于两层墙板各自的临界频率，当 $\rho_{A1}=\rho_{A2}$ 两吻合谷的位置重合，使底谷的凹陷加深，隔声量下降很大；若 $\rho_{A1}\neq\rho_{A2}$，隔声曲线有两个底谷，但凹陷较浅，隔声量的下降较前者为少。

（2）隔声量计算的经验公式

$$R=16\lg(\rho_{A1}+\rho_{A2})f-30+\Delta R \tag{11-41}$$

式中，R 为隔声量，dB；f 为入射声波的频率，Hz；ΔR 为空气层附加隔声量，dB。

（3）平均隔声量计算的经验公式　当 $(\rho_{A1}+\rho_{A2})>200\text{kg/m}^2$ 时按下式计算：

$$\overline{R}=16\lg(\rho_{A1}+\rho_{A2})+8+\Delta R \tag{11-42}$$

式中，$\overline{R}$ 为平均隔声量，dB；其余符号同式(11-41)。

当 $(\rho_{A1}+\rho_{A2})\leqslant200\text{kg/m}^2$ 时按下式计算：

$$\overline{R}=113.5\lg(\rho_{A1}+\rho_{A2})+14+\Delta R \tag{11-43}$$

双层墙的隔声量见表 11-29。

（4）声桥和基础的影响　两层墙板间若有刚性连接称为声桥。声桥将部分声能从一层墙板传至另一层墙板，使空气层的附加隔声量受到很大的削弱，这在设计中应尽量避免。

厚重的双层墙，墙本身的质量大，通过周边连接的侧墙和基础，都会传递部分声能，使隔声性能下降，因此必须隔离或减弱侧墙或基础的声传递。

二、隔声间

隔声间是隔离与降低外面传来之噪声的房间，它是专为控制操作室或车间休息室而设计的。隔声间一般采用砖结构，并设门窗和通风管道。门和窗的隔声量见表 11-30 和表 11-31。

1. 隔声间的综合隔声量

隔声间的隔声效果并不等于墙或门、窗的单个隔声之和，而是所有组成隔声间的建筑构件的综合隔声效果，用综合隔声量度量，可用下式计算：

$$R_r=10\lg\frac{1}{\tau_r} \tag{11-44}$$

式中，R_r 为综合隔声量，dB；τ_r 为综合透声系数；

$$\tau_r=\frac{\sum\tau_iS_i}{\sum S_i}$$

式中，τ_i 为墙体结构各组成部分的透声系数；

$$\tau_i=10^{-R/10}$$

式中，R 为构件隔声量，dB，见表 11-26、表 11-27 和表 11-29；S_i 为墙体结构各组成部分的面积，m^2。

【例 11-7】　有一隔声间，在隔声量为 50dB，面积为 10m^2 的墙上安有一道门，其面积 2m^2，隔声量为 20dB，求综合隔声量。

解：① 计算构件的透声系数：

$$\tau_q=10^{-R/10}=10^{-50/10}=10^{-5}$$
$$\tau_m=10^{-R/10}=10^{-20/10}=10^{-2}$$

② 计算综合透声系数：

$$\tau_r=\frac{\tau_qS_q+\tau_mS_m}{S_q+S_m}=\frac{(10-2)\times10^{-5}+2\times10^{-2}}{(10-2)+2}=2\times10^{-3}$$

表 11-29　双层板（墙）隔声量

类别	名称	面密度/(kg/m²)	倍频程隔声量/dB 125	250	500	1000	2000	4000	平均隔声量/dB
双层砖墙	a=b=60　d=60	258	25	28	33	47	50	47	38
	a=b=120　d=20	484	28	31	33	43	45	46	38
	a=b=240　d=150	800	50	51	58	71	78	80	64
	a=b=370　d=300	1400	53	63	69	78	83	89	64
	a=120　b=300　d=300	720	37	45	47	67	66	78	56
	a=240　b=100　d=370	1180	48	58	64	78	78	78	68
加气混凝土双层墙	a=b=75　d=50	140	37	44	44	49	60	67	49
	a=b=75　d=75	140	39	49	49	56	66	70	54
	a=b=75　d=100	140	40	50	50	57	65	70	55
	a=b=75　d=150	140	42	50	51	58	67	73	56
	a=b=75　d=200	140	40	52	51	59	71	76	57
双层金属板	a=b=1 铝板　d=70	5.2	17	12	22	31	48	53	30
	a=b=2 铝板　d=70	10.4	19	21	30	37	46	49	31
	a=b=1 钢板　d=80	15.3	25	29	39	45	54	56	40
	a=b=1.5 钢板　d=80	23.4	26	36	44	50	58	61	46
	a=b=2.5 钢板　d=80	37.4	36	37	45	51	59	59	46
	a=b=3 钢板　d=80	46.8	32	38	42	50	58	44	44
	a=b=5 三合板　d=80	5.2	16	18	28	34	40	33	28
双层木质板	a=b=5 纤维板　d=80	10.2	25	25	37	44	53	59	39
	a=b=20 刨花板　d=80	27.6	37	34	42	47	47	58	44
	a=b=25 木丝板　d=100	77	20	24	35	47	50	46	36
双层石膏板	a=b=20　d=35	48	24	29	40	44	50	58	40
	a=b=20　d=50	48	26	30	42	45	51	57	40
	a=b=20　d=75	48	27	32	42	47	50	57	41
	a=b=20　d=100	48	29	34	44	47	50	57	42
	a=b=20　d=200	48	32	41	49	49	47	62	46

表 11-30　隔声门的隔声量

门的构造	门缝处理	125	250	500	1000	2000	4000	平均隔声量/dB
普通胶合板门	不处理	14	17	18	20	21	18	20
普通平板门	无压紧垫	22	23	24	24	24	23	23
	有橡皮压紧垫	27	27	32	35	34	35	32
钢门（板厚 6mm）	不处理	25	27	31	36	32	30	30
硬木拼板门	橡胶条或毛毡	30	30	29	25	26	27	27
双层拼板门	橡胶条或毛毡	29	29	30	35	35	43	32
纤维板保温隔声门	软橡胶条	28	29	32	35	33	31	31
	无	25	25	29	29	27	26	27
铝板隔声门	包毛毡	26	36	29	28	36	51	33
	门缝消声器	23	24	23	34	40	34	29
	无	23	28	24	29	23	24	25
普通保温隔声门（单扇）	全封闭	29	23	31	36	43	45	33
	双橡胶 9 字形条	23	21	27	33	41	40	31
	单道软橡胶 9 字形条	21	20	25	25	37	38	27
	不处理	19	18	21	17	19	22	19
多层复合板隔声门	双橡胶 9 字形条	30	29	31	36	43	43	35
	单橡胶 9 字形条	27	27	26	30	38	39	31
	门栏不处理	23	23	22	24	26	28	24
国际 J649 隔声门	橡胶 9 字形条	21	26	35	45	43	52	37
	海绵橡胶条	35	36	37	44	44	55	41
	斜企口人造革压缝	36	39	39	50	50	53	44
	斜企口压缝附吸声声体	38	46	44	52	54	56	48

表 11-31　隔声窗的隔声量

窗面积/m²	组合厚度/mm	125	250	500	1000	2000	4000	平均隔声量/dB
2	单层 3	21	22	23	27	30	30	25
3	单层 4	22	24	28	30	32	29	27
3	单层 6	25	27	29	34	29	30	29
2	单层 8	31	28	31	32	30	37	30
2	单层 10	32	31	32	32	32	38	32
1.9	双层：玻璃 3/空气层 8/3	17	24	25	25	38	38	28
1.9	玻璃 3/空气层 32/玻璃 3	18	28	36	41	36	40	33
1.8	3/100/3	24	34	41	46	52	55	42
1.13	4/8/4	20	19	22	35	41	37	29
1.8	4/100/4	29	35	41	46	52	43	41
3.8	6/10/6	22	21	28	36	30	32	28
1.8	6/100/6	32	38	40	45	50	42	41
1.8	6/100/3	26	32	39	39	46	47	38
2	平开标准木窗　单层 3	20	21	20	21	23	24	21
2	固定标准木窗　单层 3	20	23	25	29	34	29	26
	平开钢窗　单层 3	15	19	20	22	23	24	20
	推拉铝合金窗　单层 4	26	22	24	26	28	30	26
	双层玻璃平开窗　5/45/5	19	30	29	31	35	48	30
	双层玻璃固定窗　3/90/6	27	33	42	50	57	59	44

③ 计算综合隔声量

$$R_r = 10\lg\frac{1}{\tau_r} = 10\lg\frac{1}{2\times10^{-3}} = 27\text{dB}$$

2. 隔声间的设计注意事项

① 确切掌握噪声声源的特性，准确计算声源传至隔声间的噪声声压级。

② 根据国家标准和规范确定隔声间的允许噪声级。在高噪声车间建立隔声间，将室内噪声控制在 60～70dB(A) 较为合适。

③ 在隔声间的几何尺寸已确定或受空间制约的前提下，按照确定的综合隔声量，隔声间的墙体、门、窗布置，应用等透射量原则，经试算，在满足试算综合隔声量小于或等于确定的综合隔声量的条件下，选定隔声构件，然后确定安装方法。

当隔声间的几何尺寸不受严格控制，或隔声间面积较大时，按照确定的综合隔声量、综合隔声系数及透射量原则，先选定隔声构件，然后确定隔声间几何尺寸及墙体、门、窗、顶棚的配置面积，再确定安装方法。

④ 处于高噪声车间的隔声控制室，因数面受声，传入室内的声能较大，室内墙面需作吸声处理，才有利于实际隔声量的提高。若有管线（风管、电缆管等）穿过墙体结构时，一定要加穿墙套管，严格密封，防止漏声。

⑤ 隔声间要保证室内空气流通，温度相宜。

3. 门窗的隔声

在工程设计中，门窗结构是隔声的薄弱环节，因此，改善门窗结构，提高隔音量是最积极有效的隔声措施。隔声门的设计必须注意门扇的隔声性能，同时要做好门缝的处理，两者的要求要相互适应。其次，要适当控制门、窗与隔声面积的比例。

设计隔声窗，首先要保证玻璃与窗扇、窗扇与窗框、窗框与墙体间有良好的密封。在隔声要求比较高的场所，可采用不同厚度的双层或三层玻璃窗，在两层间的边框四周应贴吸声材料或装设防震衬垫。为防共振，两层玻璃最好不要平行，厚度要有差别。

门窗的隔声量见表 11-30 和表 11-31。

三、隔声罩

隔离噪声辐射的装置叫隔声罩。当辐射噪声的声源比较集中时，采用隔声罩将其封闭在局部的空间内，是控制噪声的重要手段之一。

1. 隔声量

隔声罩的实际隔声量 NR 可用下式计算：

$$NR = R + 10\lg\bar{\alpha} \quad \text{dB} \tag{11-45}$$

式中，R 为罩壁材料的固有隔声量，dB；$\bar{\alpha}$ 为隔声罩内表面的平均吸声系数。

例如：用 0.4mm 厚的薄钢板制作风机隔声罩，钢板的平均隔声量 $R=20$dB，平均吸声系数 $\bar{\alpha}=0.01$，则

$$NR = 20 + 10\lg0.01 = 0$$

隔声罩作吸声处理后，增加的隔声量

$$\Delta R = 10\lg\bar{\alpha}_2/\bar{\alpha}_1 \tag{11-46}$$

式中，ΔR 为吸声处理后增加的隔声量，dB；$\bar{\alpha}_1$、$\bar{\alpha}_2$ 分别为吸声处理前后隔声罩内壁的平均吸声系数。

上例 $\bar{\alpha}_1=0.01$，$\bar{\alpha}_2=0.1$，隔声罩的隔声可增加为：

$$\Delta R = 10\lg\bar{\alpha}_2/\bar{\alpha}_1 = 10\lg0.1/0.01 = 10\text{dB}$$

当用钢板之类的薄板作隔声罩时，还应注意共振和吻合效应的影响。为此，应设法提高罩的固有频率。罩的低阶固有频率 f_{11} 按下式计算：

$$f_{11} = \frac{\pi}{2}\left[\frac{Et^3}{12\rho_{\mathrm{A}}(1-v^2)}\right]^{\frac{1}{2}}\left(\frac{1}{a^2}+\frac{1}{b^2}\right) \quad \mathrm{Hz} \tag{11-47}$$

式中，ρ_{A} 为隔声材料面密度，$\mathrm{kg/m^2}$；E 为材料杨氏弹性模量，Pa；v 为泊松比；t 为板厚，m；a 为罩长，m；b 为罩宽，m。

若罩的长宽尺寸受限制，选用劲度大或杨氏模量大而轻的材料作隔声罩，可提高罩的固有频率。

此外，若于隔声罩上开孔开洞，罩的共振频率 f_{r} 可按下式计算：

$$f_{\mathrm{r}} = \frac{c}{2\pi}\sqrt{\frac{A}{VL_{\mathrm{k}}}} \quad \mathrm{Hz} \tag{11-48}$$

式中，c 为声速，$\mathrm{m/s}$；A 为开孔面积，$\mathrm{m^2}$；V 为罩的容积，$\mathrm{m^3}$；L_{k} 为颈孔有效长度，m。

为避免共振，开孔后罩的共振频率宜低一些，因此对于隔声罩的设计，开孔面积 A 应该尽量小些，而罩的容积 V 应适当大一些。

2. 隔声罩壁板结构和应用

隔声罩壁板结构如图 11-11(a) 所示。实践中，隔声层一般多选用 2～3mm 厚的钢板；阻尼层多用沥青石棉绒，涂层厚度多为钢板厚度的 2～3 倍；吸声层以选用超细棉为多，厚度 50～100mm；保护层用玻璃布或麻袋都可以；护面层可用钢板网或穿孔薄板。图 11-11(b) 为隔声罩用于风机的情况。

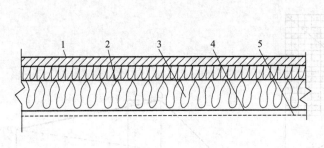

(a) 结构　　　　　　　　　　　　(b) 隔声罩用于风机的情况

图 11-11　隔声罩壁板结构和应用

1—隔声层；2—阻尼层；3—吸声层；4—保护层；5—护面层

3. 隔声罩的设计注意事项

① 根据噪声声源特性及噪声辐射量，确定隔声罩的隔声量。按确定的隔声量，通过试算，选用能满足隔声量要求的隔声材料及吸声处理方法。隔声罩的罩壁材料应有足够的隔声量，因而选用材料的面密度要大，厚度不能太薄。

② 根据噪声声源的形体，初步确定隔声罩的几何尺寸。验算隔声罩的固有振动频率 f_{11}，若罩的固有频率低，可改变隔声罩的几何尺寸，或提高选用材料的劲度。

③ 隔声罩的开孔，应核算，并控制隔声罩的共振频率，以低值为好。

④ 罩的内表面要作吸声处理，且吸声系数应尽可能大些。通常在设计钢板隔声罩时，总是在罩的内壁紧附一层吸声系数较高的超细玻璃棉，以改善或提高钢板的隔声性能。

⑤ 为避免罩壁因受强噪声声源激发而共振，内壁面与机器设备的空间距离不得小于 10cm。

⑥ 隔声罩不宜过重，以便移动起吊。若用薄金属板，应加阻尼层。

四、隔声屏

凡是可以遮住声源至接收者视线的一切实心体（即不透声的）屏障，不论是天然的或是人造的，都能起到遮挡噪声传播的作用。在高度混响的声场中，隔声屏对直达声的阻挡变得微不足道。屏障的声学设计在很大程度上是经验性的。任何一种实心屏障几乎都有 5dB 的衰减量，设计得好些，可达 10dB，但不论怎样设计，衰减量很难超过 25dB。

1. 隔声衰减量

如图 11-12 所示，S 为点声源，P 为接受点，在 S 与 P 之间设置一不透声的屏障，且隔声屏的长度要比高度大得多（半无限隔声屏），两侧的衍射影响可忽略不计，当引入 Fresnel 参量（F_r）后，隔声屏的衰减量可按下式近似地计算：

$$A_b = 20\lg \frac{\sqrt{2\pi F_r}}{\tanh \sqrt{2\pi F_r}} \tag{11-49}$$

式中，A_b 为隔声屏隔声衰减量，dB；F_r 为菲涅耳参量；

$$F_r = \pm \frac{2(A+B-D)}{\lambda} = \pm \frac{2\delta}{\lambda} = \pm 2\delta \frac{f}{c}$$

式中，λ 为声波波长，m；f 为声波频率，Hz；c 为声速，m/s，15℃时为 340m/s；δ 为声传播路径差值，m，$\delta = (A+B) - D$；$(A+B)$ 为声源的衍射距离，m；D 为声源至接受者的距离，m。

当声源与接受者的连线与隔声屏的法线间有一角度 α 时（见图 11-13），则

$$F_{r(\alpha)} = \cos\alpha F_r \tag{11-50}$$

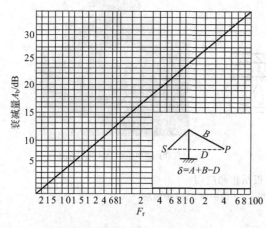

图 11-12 隔声屏衰减量计算

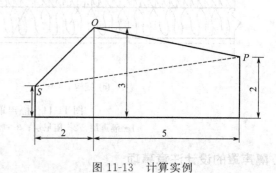

图 11-13 计算实例

实际上，计算出 F_r 后，可用图 11-12 估算隔声屏的衰减量，或者当 $1 \leqslant F_r \leqslant 12$ 时，隔声屏的隔声衰减量也可用下式估算：

$$A_b = 10\lg F_r + 13 \tag{11-51}$$

式中，符号与式(11-49) 相同。

【例 11-8】 如图 11-13 所示，在一点声源与接受点间，设置 3m 高的隔声屏，求该屏在接受点引起的噪声衰减量。

解：衰减量计算如下：

$$\delta = \overline{SO} + \overline{OP} - D = 0.86 \text{m}$$

$$F_r = 2\delta\frac{f}{c} = \frac{0.86}{170}f$$

用式(11-49)计算隔声衰减量 A_b，计算结果见表 11-32。

表 11-32　计算结果一览表

频率/Hz	63	125	250	500	1000	2000	4000	8000
F_r值	0.32	0.63	1.26	2.53	5.06	10.12	20.24	40.48
衰减量 A_b/dB	9.5	11.5	15	17	20	23.5	26	28

【例 11-9】　如图 11-14 所示，假定地面无反射时，求隔声屏衰减量。

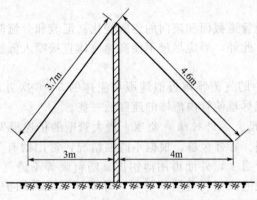

图 11-14　计算实例

解：衰减量计算如下：

$$\lambda = \frac{c}{f} = \frac{340}{f}$$

$$\delta = (A+B) - D = (3.7 + 4.6) - 7 = 1.3\text{m}$$

$$F_r = \frac{2\delta}{\lambda} = \frac{2.6}{\lambda}$$

根据 F_r，利用图 11-12 求出衰减量 A_b，计算结果见表 11-33。

表 11-33　计算结果一览表

中心频率 f/Hz	31.5	63	125	250	500	1000	2000	4000
波长 $\lambda = \dfrac{340}{f}$/m	10.79	5.40	2.72	1.36	0.68	0.34	0.17	0.09
菲湟尔数 $F_r = \dfrac{2.6}{\lambda}$	0.24	0.48	0.96	1.91	3.82	7.65	15.29	28.88
衰减量 A_b/dB	9	10	13	16	19	21	24	27

2. 隔声屏设计注意事项

① 为避免发生侧向绕射，隔声屏的长度应大于声源长度的 5 倍。

② 隔声屏的高度要求高于声源。

③ 隔声屏应尽量靠近声源，如果条件允许，最好把隔声屏围绕机器四周布置，并做成开启式隔声罩。

④ 因为屏障隔声在实际应用中最大衰减量很难超过 25dB，因而隔声屏通常只用于一些不能使用隔声罩的机器设备和一些减噪量要求不高的声源。

⑤ 若用刚性材料做隔声屏，隔声屏面向声源的一侧应加附吸声材料，可提高隔声效果，这时有混响的房间尤为重要。

⑥ 隔声屏的高度一旦确定，其隔声衰减量也就大致定了，因此隔声屏所选用材料的隔声量 R 值要与之相适应，过大的 R 值则没必要。

⑦ 若为活动隔声屏，应尽量减小屏与地面、屏与屏之间的缝隙，以防漏声。

五、管道隔声

管道隔声就是控制或降低管道所传递的噪声量。常用的隔声措施如下所述。

（1）设计合理的管道，控制流体动力性噪声　管内介质流动产生的流体动力性噪声，一般可在管道设计时进行控制。

在管道设计时，应避免管道截面和流向的急剧变化；汇流和分流时应避免直角连接，弯头的曲率半径应大于 3 倍管径；此外，尚应尽量不使高速流体直接喷入低速流体。管道直通变径的中心夹角不大于 $60°$。

根据一般经验，管道中的气流噪声近似地服从流速的 5～6 次方规律，因此在管道设计时，在满足工艺要求的前提下应尽量使管内流体的速度低一些。

（2）增加管壁的传递损失，进行隔声处理　增大管壁的传递损失，通常不采用增大管壁厚度的办法，而采用管外包裹。管外包裹，根据不同的情况，常用的有下列几种：a. 用玻璃棉毡、泡沫塑料等柔软材料绕在管道上，外面再用薄铝皮、塑料膜等不透气的膜片包覆；b. 在管径外涂抹或灌注石棉水泥、闭孔泡沫塑料等阻尼材料，外面裸露或另加护面层；c. 在管道外覆盖砂袋或由膨胀珍珠岩等材料制成半圆形元件，外面加环固定；d. 采用管道外另加套管组成的双层结构，或把管道敷设在地沟内，隔声效果将显著增加。

（3）采用软连接，防止管道振动　防止管道振动是通过设备与管道间的软连接即弹性连接实现的，它可以降低"固体声"的传递。目前软管连接的应用也非常广泛。

软接管的隔振减噪效果与吹接管本身的材料和构造、软管的合理长度、管内的介质压力以及管道的固定和安装方式都有关。设计时必须全面考虑。

第四节
减　振　器

减振器是除尘风机减振的常用装置，减振器的作用在于减少风机振动对基础和环境的不良影响，保证风机的正常运行。

一、减振器的原理和分类

1. 减振原理

假设有一系统是由质量块和弹簧组成，如果激振力（外力）是由基础通过系统中的弹簧传给质量块，通常是属于隔振问题。当激振力的频率远高于系统的固有频率时，质量块的位移就会远小于基础的位移。这就是说，外界的振动是通过基础传递给系统时将受到很大的抑制，或者说尽管外界存在着强烈的振动，但系统却很少受到其影响，这就是隔振的理论基础。我们设想如果 M 代表一种仪器的质量，外界的振动引起基础的位移振幅为 x_{10}，频率为 f_0 为了使该仪器不受外界振动的影响，可以在仪器与基础之间插入一个弹簧或橡胶垫块等弹性支承物，使仪器与基础脱离直接接触，并选择这个弹性支承物的劲度系数 K 与仪器质量 M 所构成的系统固有频率 f_0 远

低于 f，这时 M 的位移振幅为 x_{20}，则 $x_{20} \ll x_{10}$，这样外界的影响就大大减弱了，这就是减振的作用。减振就是在设备与基础之间代替刚性连接的弹性支承物，它对振动或噪声减低的分贝数可用下式求得，即

$$\Delta L = 40 \lg \left(\frac{f}{f_0} \right)$$

由式可知，当外界的干扰频率 f 一定时，减振器的固有频率 f_0 越低，则减振效果就越显著。

（1）**振动传递率** 表示通过隔振元件传递的力与传来的总干扰力之比值，可用下式表示：

$$T = \sqrt{ \frac{ \left(1 + 2D \frac{f}{f_0} \right)^2 }{ \left[1 - \left(\frac{f}{f_0} \right)^2 \right]^2 + \left(2D \frac{f}{f_0} \right)^2 } } \tag{11-52}$$

当阻尼比 $D = 0$ 时，上式可简化为

$$T = \frac{1}{\left(\frac{f}{f_0} \right)^2 - 1} \tag{11-53}$$

式中，T 为振动传递率；f 为振源的振动频率，Hz，$f = \frac{n}{60}$；f_0 为弹性减振支座的固有频率（自振频率），Hz；D 为隔振材料的阻尼比，一般橡胶减振器 $D = 0.07 \sim 0.15$，金属弹簧减振器 $D = 0.005 \sim 0.015$；n 为设备转速，r/min。

（2）**隔振效率** 表示采用隔振措施后，传到基座上的传递力较干扰力减小的程度，用百分数表示：

$$l = (1 - T) \times 100\% \tag{11-54}$$

式中，l 为隔振效率，%；T 为振动传递率。

当阻尼比 $D = 0.086$ 时，根据公式，可作出如图 11-15 所示的频率比 $\frac{f}{f_0}$ 与振动传递率 T、隔振效率 l 的关系曲线。

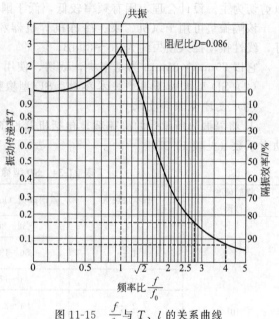

图 11-15 $\frac{f}{f_0}$ 与 T、l 的关系曲线

（3）**隔声系数（衰减量）** 隔振后振动级降低的程度，用以评价结构噪声的减弱情况，用分贝表示：

$$L = 20 \lg \frac{1}{T} \tag{11-55}$$

式中，L 为隔振后的衰减量，dB。

2. 减振器分类

减振器按照隔振材料不同分为 3 类，即橡胶减振器、弹簧减振器以及同时有橡胶和弹簧的复合隔振器。以复合隔振器应用最为广泛。

当设备转速 $n > 1800$ r/min 时，宜用软木和橡胶块（静态变形量小，固有频率高）；$n > 1500$ r/min 时，宜用橡胶减振器（静态变形量较小，固有频率较高）；$n \leqslant 1500$ r/min 时，宜用弹簧减振器和复合减振器（静态变形量大，固有频率低）。

3. 选用减振器注意事项

① 频率比 $\dfrac{f}{f_0}$ 必须 >2，通常采用 $2.5\sim6$。频率比 $\dfrac{f}{f_0}$ 越大，T 值越小，隔振效果也越好。

② 减振器承受的荷载应大于允许工作荷载值的 $5\%\sim10\%$。

③ 支承点数目不应少于 4 个，机器较重或尺寸较大时，可用 $6\sim8$ 个。

④ 使用减振器时，设备重心不宜太高，否则容易发生摇晃，必要时应加大机架或基础板重量，使体系重心下降，确保机器运转平稳。

二、橡胶隔振器

1. SD 型橡胶隔振垫

（1）性能与用途　橡胶隔振垫固有频率约 $10.5\sim16\mathrm{Hz}$（一层）。SD 型橡胶隔振垫的研究，以剪切为主。设计合理，固有频率较低，低于国内其他橡胶隔振垫。

该隔振垫可用于风机、泵、冷冻机等机器和精密仪器，光学仪器的隔振，隔振减噪效果良好，线性振动插入损失约为 $15\sim30\mathrm{dB}$。

它以 $85\mathrm{mm}\times85\mathrm{mm}$ 为基本块，裁切、使用方便，并可多层串联，进一步降低固有频率。

（2）SD 型橡胶隔振垫技术参数　SD 型橡胶隔振垫技术参数见表 11-34。

（3）设计步骤和要求

① 将隔振垫所承受的静荷载，包括机器设备自重和钢机架（或混凝土惰性块）的质量乘以动力系数（见表 11-35）。

表 11-34　SD 型橡胶隔振垫技术参数

橡胶硬度（肖氏）	基本块块数	垂向载荷/(kgf/cm²)	静态压缩量/mm	固有频率/Hz
40°	1	36~86		
	1 1/2	56~134	一层 1.4~3.4	一层 16.4~10.5
	2	74~178	二层 2.8~6.8	二层 11.5~7.5
	2 1/2	94~224	三层 4.2~10.2	三层 9.5~6.1
	3	112~267	四层 5.6~13.6	四层 8.2~5.3
	4	152~364	五层 7.0~17.0	五层 7.3~4.7
	6	208~500		
	8	304~728		
60°	1	144~230		
	1 1/2	224~258	一层 2.5~4.0	一层 13.2~10.6
	2	296~474	二层 5.0~8.0	二层 9.3~7.5
	2 1/2	374~600	三层 7.5~12.0	三层 7.6~6.1
	3	448~710	四层 10.0~16.0	四层 6.6~5.3
	4	606~970	五层 12.5~20.0	五层 5.8~4.7
	6	830~1328		
	8	1212~1940		

续表

橡胶硬度 （肖氏）	基本块块数	垂向载荷/(kgf/cm²)	静态压缩量/mm	固有频率/Hz
80°	1	288～576	一层 2.0～4.0	一层 17.2～14.7
	$1\frac{1}{2}$	488～896		
	2	592～1184	二层 4.0～8.0	二层 13.4～10.7
	$2\frac{1}{2}$	748～1500		
	3	896～1792	三层 6.0～12.0	三层 9.9～8.5
	4	1212～2424	四层 8.0～16.0	四层 8.6～7.4
	6	1660～3320	五层 10.0～20.0	五层 7.7～6.6
	8	2424～4848		

注：1kgf/cm² = 98.0665kPa，下同。

表 11-35　各种机器的动力系数参考值

机器类型	风机、泵、冷冻机等	车 床	冲 床	锻 床
动力系数	1.0	1.2～1.3	2～3	≥3

② 支承点数目至少 4 个，当机器较重或尺寸较大时需用 6 个或 8 个。最好使之承受相同荷载。机器和机座的共同重心应在垂向与支承面积的重心吻合，应用中容许略有偏心，但对大型机器等应尽量满足上述要求。

③ 根据表 11-34 初步选用各支承点的隔振垫的大小，并计算其单位荷载 W(kgf/cm²)。

④ 由表 11-34 查知隔振垫的单层静态压缩量 δ_{st}（多层时应乘以隔振垫层数）和固有频率 f_n。在应用时注意：

积极隔振：静态压缩量的选用要考虑到机器的稳定性和管道连接等要求。对稳定性较高的机器（如冲床、空气压缩机等），宜选用较小的静态压缩量；当机器下面无混凝土惯性块时，更应选得小些。

消极隔振：通常可采用较大的静态压缩量，以降低其固有频率和提高隔振效率。

⑤ 机器的扰动频率与系统固有效率之比为频率比，即 f/f_n。

⑥ 频率比 f/f_n 不宜 <2，通常采用 2～4。条件许可时，采用较大的 f/f_n 值，可提高隔振效率 l(%)。

⑦ 应用须防止振动通过刚性连接而传递到地坪或楼板上。当必须用地脚螺栓固定机架或机脚时，应用橡胶等软垫圈、软套管等与其隔绝。

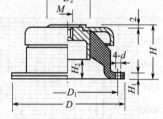

图 11-16　JG 型减振器外形

有刚性管道的机器（如泵、空气压缩机）应用隔振垫时，须在进出管道上安装软接头，管道用弹性吊环等悬吊在楼板上（或支承在墙上）。

2. 橡胶剪切减振器

JG 型橡胶剪切减振器是采用丁腈橡胶经硫化处理成圆锥体黏结于内外金属环上，它利用橡胶剪切弹性模量较低的特点，降低了减振器的刚度，具有较好的减振效果。

减振器的外形尺寸见图 11-16 和表 11-36，有关技术性能见表 11-37，减振器的静态压缩量 X_{cm} 及对应垂直方向自振频率 f_0 见图 11-17～图 11-20，其性能曲线是根据环境温度 20℃时的实验所得，当使用环境温度不同时，应将静态压缩量 X_{cm} 乘以图 11-21 所示的修正系数，再查图 11-17～图 11-20，求得自振频率。

表 11-36　JG 型减振器尺寸　　　　　　　　　　　　单位：mm

型号	D	D_1	D_2	M	d	H	H_1	H_2
JG_1	$\phi 100$	$\phi 90$	$\phi 24$	M_{12}	6.5	43	5	16
JG_2	$\phi 120$	$\phi 110$	$\phi 30$	M_{12}	6.5	46	5	22
JG_3	$\phi 200$	$\phi 180$	$\phi 49$	M_{16}	6.5	87	6	34
JG_4	$\phi 290$	$\phi 270$	$\phi 84$	M_{20}	10.5	133	7	56

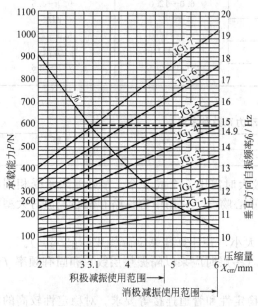

图 11-17　JG_1 型减振器特性曲线

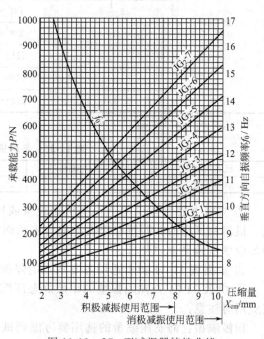

图 11-18　JG_2 型减振器特性曲线

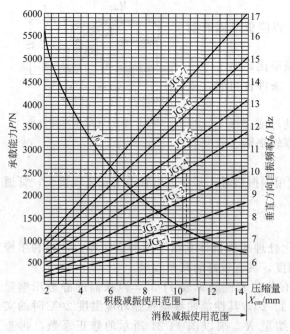

图 11-19　JG_3 型减振器特性曲线

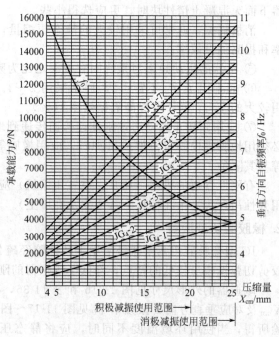

图 11-20　JG_4 型减振器特性曲线

表 11-37　JG 型减振器技术参数

型号	最大承载能力/N		最大静态压缩量 X_{cm}/mm		垂直方向最低自振频率/Hz		极限压缩量/mm	每只质量/kg
	积极减振	消极减振	积极减振	消极减振	积极减振	消极减振		
JG₁-1	190	240						
JG₁-2	270	320						
JG₁-3	370	460						
JG₁-4	480	590	4.8	6	11.7	10.3	12	0.35
JG₁-5	580	700						
JG₁-6	700	860						
JG₁-7	840	1030						
JG₂-1	230	280						
JG₂-2	320	400						
JG₂-3	400	490						
JG₂-4	480	600	8	10	9.3	8.4	20	0.4
JG₂-5	580	720						
JG₂-6	680	830						
JG₂-7	770	950						
JG₃-1	1000	1200						
JG₃-2	1400	1750						
JG₃-3	2000	2500						
JG₃-4	2700	3350	11.2	14	7.2	6.4	28	2.2
JG₃-5	3300	4100						
JG₃-6	4050	5000						
JG₃-7	4830	6000						
JG₄-1	3000	3700						
JG₄-2	4200	5100						
JG₄-3	5800	7100						
JG₄-4	7200	9000	20	25	5.4	4.9	50	6
JG₄-5	9200	11300						
JG₄-6	10800	13200						
JG₄-7	12600	15400						

减振器使用温度为 $-5 \sim 50℃$，可直接置于支承结构上而不必采取锚固措施。该减振器外部套有橡胶防护罩，故可用于受阳光照射的场合。减振器可以串联（小端相连接）使用，它与不串联的同型号减振器相比，在同样承载受能力下，其总压缩量增大 1 倍，刚度降低 1/2，自振频率为不串联时的 $\frac{1}{\sqrt{2}}=0.707$。减振器的阻尼比，JG 型为：$D=0.07 \sim 0.20$。减振器的安装见图 11-22。

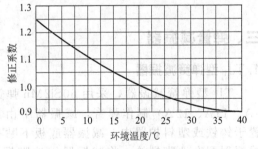

图 11-21　温度变化时减振器压缩量的修正系数

【例 11-10】　4-72-11 №8D 风机，转速 $n=960r/min$，风机、电机及钢架总荷载 $\sum G=10200N$，试选用 JG 型橡胶剪切减振器。

解：① 考虑设四只减振器，则每只减振器所需承载力为 $P=\dfrac{\sum G}{4}=\dfrac{10200}{4}=2550N$，由表 11-37选用 JG₃-4 型。

② 设备扰动频率 $f=960 \times \dfrac{1}{60}=16Hz$；

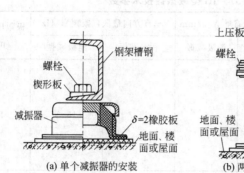
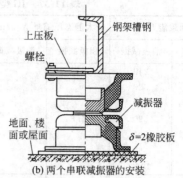

(a) 单个减振器的安装　　　　(b) 两个串联减振器的安装

图 11-22　JG 型减振器安装

③ 依 $P = 2550\text{N}$，查图 11-20 得体系垂直方向自振频率 $f_0 = 7.3\text{Hz}$，频率比 $\dfrac{f}{f_0} = \dfrac{16}{7.3} = 2.19 < 2$，满足要求。

当垂直方向有荷载时减振器水平动刚度 K_{xi} 与垂直动刚度 K_{zi} 的比值为

$$n_{\mathrm{D}} = \frac{K_{xi}}{K_{zi}} \tag{11-56}$$

垂直动刚度

$$K_{zi} = \frac{4\pi^2 f_0^2 P}{g} \tag{11-57}$$

式中，n_{D} 为减振器水平动刚度系数（见表 11-38）；K_{xi} 为水平动刚度，N/cm；K_{zi} 为垂直动刚度，N/cm；f_0 为垂直方向自振频率，Hz；P 为垂直方向承载能力，N；g 为重力加速度，m/s^2。

表 11-38　JG 型减振器水平动刚度系数

减振器型号	JG$_1$	JG$_2$	JG$_3$	JG$_4$
n_{D}	0.89	0.92	0.98	0.83

三、弹簧减振器

1. TJ$_1$ 型弹簧减振器

TJ$_1$ 型弹簧减振器，采用 60Si2Mn 弹簧钢丝（TJ$_1$-1～14）和碳素弹簧钢丝（TJ$_1$-1A～8A、11A、12A）制作弹簧，减振器中由单只或数只相同尺寸的弹簧或弹簧簇组成，弹簧置于铸铁或塑料护罩中。减振器底板下贴有厚 10mm 的橡胶板，起一定的阻尼和隔声作用。减振器配有地脚螺栓，将减振器用地脚螺栓与基础、地面、楼面或屋面连接，也可不用地脚螺栓，直接将减振器置于支承结构上。减振器用于室外时，可配置防雨罩。这种减振器具有结构简单、刚度低、紧固耐用等特点。减振器使用环境温度为 −35～60℃。减振器阻尼比 $D = 0.005$。

减振器见图 11-23、图 11-24，外形尺寸见图 11-25、图 11-26。技术性能见表 11-39、表 11-40。减振器实际承受的荷载不得超过表中最大工作荷载值 P_2，表中 X_{cm0}、X_{cm2}、X_{cm3} 为对应于荷载 P_0、P_2、P_3 时的弹簧压缩量。安装尺寸见表 11-41。当采用地脚螺栓锚固时减振器安装可参考图 11-27。

表 11-39 TJ₁ 型减振器技术性能（弹簧材料 60Si2Mn）

性能 / 型号		TJ₁-1	TJ₁-2	TJ₁-3	TJ₁-4	TJ₁-5	TJ₁-6	TJ₁-7	TJ₁-8	TJ₁-9	TJ₁-10	TJ₁-11	TJ₁-12	TJ₁-13	TJ₁-14
钢丝直径 d/mm		3	4	5	6	6/4	8	8/4	8/5	10	12	8	8	10	12
弹簧中径 D_0/mm		24	32	40	48	48/32	56	56/28	56/35	70	84	56	56	70	84
弹簧数量		1	1	1	1	各1	1	各1	各1	1	1	3	4	3	3
自由高度 H_0/mm		59	74	90	100	100	113	113	113	142	168	113	113	142	168
弹簧节距 h/mm		8	10	13	15.7	15.7/10.7	17.5	17.5/9	17.5/11.3	22	26	17.5	17.5	22	26
单只弹簧刚度/(N/cm)		84	112	150	195	195/87	388	388/97	388/154	486	583	388	388	486	583
弹簧垂直总刚度 K_{zi}/(N/cm)		84	112	150	195	282	388	485	542	486	583	1164	1552	1458	1749
工作圈数		7	7	6.5	6	6/9	6	6/12	6/9.5	6	6	6	6	6	6
总圈数		8.5	8.5	8	7.5	7.5/10.5	7.5	7.5/13.5	7.5/11	7.5	7.5	7.5	7.5	7.5	7.5
荷载/N	预压/P_0	3.4	5.6	90	137	198	267	340	380	440	580	817	1090	1310	1750
	最大/P_2	169	300	467	676	978	1335	1670	1855	2085	3000	4010	5340	6240	9000
	极限/P_3	280	470	780	1130	1635	2225	2780	3100	3475	4900	6670	8900	10420	14700
弹簧压缩量/mm	预压 x_{cm0}	4	5	6	7	7	7	7	7	9	10	7	7	9	10
	最大 x_{cm2}	20.1	26.8	31	35	34.7	34	34	34	42.8	51.5	34	34	42.8	51.5
	极限 x_{cm3}	33.3	42	52	58	58	57	57	57	71.5	84	57	57	71.5	84
弹簧上荷载值为 P_2 时减振体系垂直方向自振频率/Hz		3.52	3.05	2.83	2.68	2.7	2.7	2.7	2.7	2.41	2.2	2.7	2.7	2.41	2.2

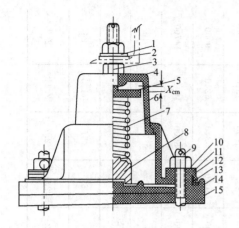

图 11-23　TJ₁-1～10
　　　　　TJ₁-1A～8A　弹簧减振器结构

1—弹簧垫圈；2—斜垫圈；3—螺母；4—螺栓；
5—定位板；6—上外罩；7—弹簧；8—垫块；
9—地脚螺栓；10—垫圈；11—橡胶垫圈；
12—胶木螺栓；13—下外罩；
14—底盘；15—橡胶垫板

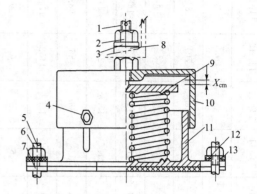

图 11-24　TJ₁-11～14
　　　　　TJ₁-11A、12A　弹簧减振器结构

1、4—螺栓；2、6—螺母；3—弹簧垫圈；5—地脚螺栓；
7—橡胶垫板；8—斜垫圈；9—定位板；10—上外罩；
11—下外罩；12—垫圈；13—橡胶垫圈

表 11-40　TJ₁ 型减振器技术性能（弹簧材料：碳素弹簧钢丝 I 组、II 组、III 组）

性能＼型号		TJ₁-1A	TJ₁-2A	TJ₁-3A	TJ₁-4A	TJ₁-5A	TJ₁-6A	TJ₁-7A	TJ₁-8A	TJ₁-11A	TJ₁-12A
钢丝直径 d/mm		3	4	5	6	6/4	8	8/4	8/5	8	8
弹簧中径 D_0/mm		24	32	40	48	48/32	56	56/28	56/35	56	56
弹簧数量		1	1	1	各1	1	各1	各1	各1	3	4
自由高度 H_0/mm		59	74	90	100	100	113	113	113	113	113
弹簧节距 h/mm		8	10	13	15.7	15.7/10.7	17.5	17.5/9	17.5/11.3	17.5	17.5
单只弹簧刚度/(N/cm)		8.4	112	150	195	195/87	388	388/97	388/154	388	388
弹簧垂直总刚度 K_{zi}/(N/cm)		84	112	150	195	282	388	485	542	1164	1552
工作圈数		7	7	6.5	6	6/9	6	6/12	6/9.5	6	6
总圈数		8.5	8.5	8	7.5	7.5/10.5	7.5	7.5/13.5	7.5/11	7.5	7.5
荷载/N	预压 P_0	37	56	87	122	176	222	278	309	666	888
	最大 P_2	185	300	435	610	881	1112	1392	1546	3336	4448
	极限 P_3	280	470	725	1017	1469	1852	2319	2575	5556	7408
弹簧压缩量/mm	预压 x_{cm0}	4.4	5	5.8	6.3	6.3	5.7	5.7	5.7	5.7	5.7
	最大 x_{cm2}	22	26.8	29	31.3	31.3	28.7	28.7	28.7	28.7	28.7
	极限 x_{cm3}	33.3	42	48.3	52.3	52.3	47.8	47.8	47.8	47.8	47.8
弹簧上荷载值为 P_2 时减振体系垂直方向自振频率/Hz		3.36	3.05	2.92	2.82	2.82	2.96	2.96	2.96	2.96	2.96

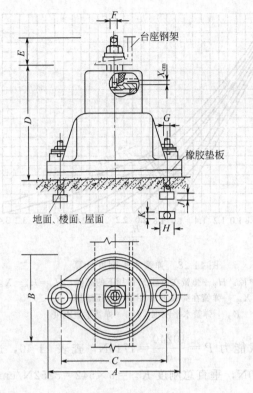

图 11-25　TJ₁-1～10　弹簧减振器安装尺寸
　　　　　TJ₁-1A～8A

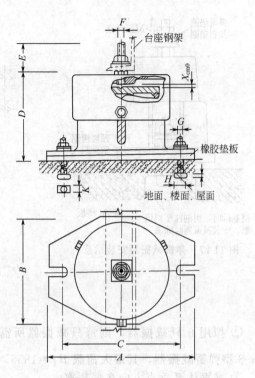

图 11-26　TJ₁-11～14　弹簧减振器安装尺寸
　　　　　TJ₁-11A、12A

表 11-41　TJ₁ 型减振器安装尺寸

安装尺寸/mm \ 型号	TJ₁-1 (TJ₁-1A)	TJ₁-2 (TJ₁-2A)	TJ₁-3 (TJ₁-3A)	TJ₁-4 (TJ₁-4A)	TJ₁-5 (TJ₁-5A)	TJ₁-6 (TJ₁-6A)	TJ₁-7 (TJ₁-7A)	TJ₁-8 (TJ₁-8A)	TJ₁-9	TJ₁-10	TJ₁-11 (TJ₁-11A)	TJ₁-12 (TJ₁-12A)	TJ₁-13	TJ₁-14
A	196	196	196	196	196	206	206	206	210	236	290	310	330	360
B	125	125	125	125	125	135	135	135	149	165	200	215	230	270
C	144	144	144	144	144	154	154	154	170	186	230	250	270	300
D	144.5	144.5	144.5	144.5	144.5	161.5	161.5	161.5	186.5	212.5	166	166	202	232
E	41 (40.6)	40	39 (39.7)	38 (38.7)	38 (38.7)	36 (37.3)	36 (37.3)	36 (37.3)	34	33	56 (57.3)	56 (57.3)	19	48
F	12	12	12	12	12	12	12	12	12	12	14	14	18	18
K	12	12	12	12	12	12	12	12	12	12	14	14	14	14
H	30	30	30	30	30	30	30	30	30	30	30	30	30	30
J	9	9	9	9	9	9	9	9	9	9	9	9	9	9
G	12	12	12	12	12	12	12	12	12	12	14	14	14	14

注：1. 括号内的数字为碳素弹簧钢丝的减振器安装尺寸，其余尺寸相同。

2. D 为减振器无外荷载时的最高安装尺寸。

减振器弹簧水平刚度可用图 11-28 求得。

【例 11-11】 减振体系总荷载 $\sum G=10240\text{N}$，设备转速 $n=720\text{r/min}$，试选用 TJ₁ 型弹簧减振器。

解：① 设备扰动频率 $f=\dfrac{n}{60}=\dfrac{720}{60}=12\text{Hz}$。

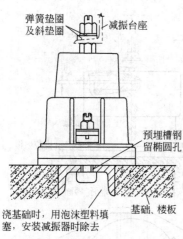

图 11-27　弹簧减振器安装示意

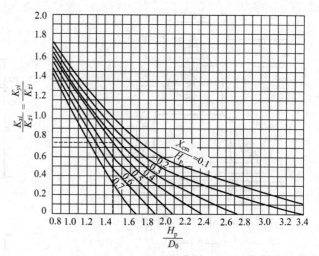

图 11-28　弹簧水平刚度计算

D_0—弹簧中径；H_p—弹簧在荷载 P 作用下的高度，$H_p = H_n - X_{cm}$；

X_{cm}—弹簧在荷载 P 作用下的总压缩量；K_{zi}、

K_{yi}—弹簧水平刚度；K_{zi}—弹簧垂直刚度

② 拟用 6 只减振器，则每只减振器所需承载能力 $P = \dfrac{10240}{6} = 1710\text{N}$，查表 11-40，选择 TJ$_1$-8 型弹簧减振器，其最大荷载 $P_2 = 1855 > 1710\text{N}$，垂直总刚度 $K_{zi} = 6 \times 542 = 3252\text{N/cm}$。

③ 减振体系垂直方向自振频率

$$f_0 = \frac{1}{2\pi}\sqrt{\frac{\sum K_{zi}}{m}} = \frac{1}{2\pi}\sqrt{\frac{\sum K_{zi}}{\sum G}}\, g$$

$$= \frac{1}{2\pi}\sqrt{\frac{3252}{10240} \times 981} = 2.81\text{Hz}$$

频率比 $\dfrac{f}{f_0} = \dfrac{12}{2.81} = 4.27 > 2$ 满足要求。

④ 振动传递率

$$T = \sqrt{\frac{1 + \left(2D\dfrac{f}{f_0}\right)^2}{\left[1 - \left(\dfrac{f}{f_0}\right)^2\right]^2 + \left(2D\dfrac{f}{f_0}\right)^2}}$$

$$= \sqrt{\frac{1 + \left(2 \times 0.005 \times 4.27\right)^2}{\left[1 - 4.27^2\right]^2 + \left(2 \times 0.005 \times 4.27\right)^2}} = 0.058$$

说明隔振效果甚好。

⑤ 弹簧变形压缩量

$$X_{cm} = \frac{P}{K_{zi}} = \frac{1710}{542} = 3.16\text{cm} = 31.6\text{mm}$$

⑥ 查表 11-40 知弹簧自由高度 $H_0 = 113\text{mm}$，弹簧中径 $D_0 = 56/35\text{mm}$，弹簧在荷载 P 作用下的净高度　　　$H_p = H_0 - X_{cm} = 113 - 31.6 = 81.4\text{mm}$

由此计算得

$$\frac{X_{cm}}{H_p} = \frac{31.6}{81.4} = 0.388$$

$$\frac{P_p}{D_0}=\frac{81.4}{56}=1.45（取\ D_0=56mm，则钢丝直径\ d=8mm）$$

查图 11-28 得

$$\frac{K_{xi}}{K_{zi}}=\frac{K_{yi}}{K_{zi}}=0.72$$

所以 $K_{xi}=K_{yi}=0.72K_{zi}=0.72\times542=$ 390N/cm

总的水平刚度为

$$K_x=K_y=390\times6=2340N/cm$$

2. DZD 型弹簧减振器

DZD 型低频大载荷阻尼弹簧隔振器在机械加工、热处理、阻尼材料、橡胶配方、硫化工艺上进行新的改造，使产品在实用性、广泛性、使用寿命上更为优越。

（1）组成　DZD 型低频大载荷阻尼弹簧隔振器由大直径组合弹簧、阻尼套、上下表面橡胶摩擦隔声垫、壳体、上下橡胶复合垫等组成。具有固有频率低、隔振效率高、载荷大、稳定性好的优点，减振器弹簧上下采用了橡胶复合隔振垫组合隔振，对固体传声的隔离也有明显效果、安装方便。可在－40～110℃环境下正常工作。在正常工作范围内固有频率 1.8～3.6Hz，阻尼比为 0.05～0.065。

（2）技术性能　DZD 型弹簧减振器技术性能见图 11-29 和表 11-42。

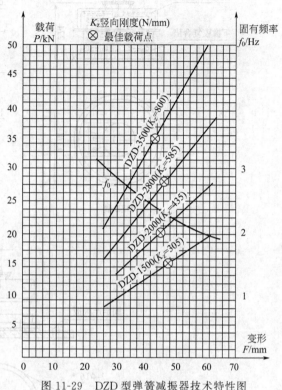

图 11-29　DZD 型弹簧减振器技术特性图

表 11-42　DZD 型弹簧减振器技术性能

型　号	最佳载荷/kN	载荷范围/kN		竖向刚度/(N/mm)	最佳载荷点水平刚度/(N/mm)
		预压载荷	极限载荷		
DZD-1500	15	8	19.6	305	105
DZD-2000	20	13	28.1	435	129
DZD-2800	28	15.5	38.5	585	192
DZD-3500	35	20.6	50.3	800	265

（3）外形尺寸　DZD 型弹簧减振器的外形尺寸见图 11-30。

四、复合减振器

DFG 型低频弹簧橡胶复合减振器是由组合弹簧、上下钢板、上下凸形橡胶减振垫等组成。上下钢板外表面粘贴橡胶摩擦防滑垫，上下钢板用螺栓与上下凸形橡胶垫固定连接。减振螺旋弹簧扣在凸形橡胶垫上，使其固定，提高了减振器的横向刚度，同时也隔离了固体传声和高频冲击噪声的传递，增加了减振器的阻尼，是新一代的板式低频复合减振器。DFG 型为开启式，同时也可产生 DFG2 型封闭式。

DFG 型低频弹簧橡胶复合减振器具有载荷范围宽、固有频率低、减振效高、环境适应力强、

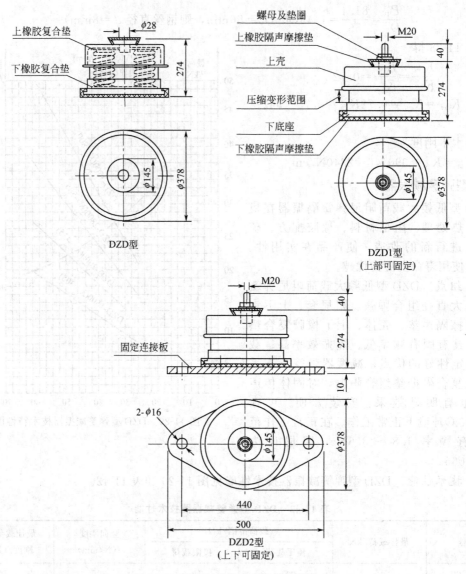

图 11-30 DZD 型弹簧减振器外形尺寸

耐油、耐酸、工作温度在－40～110℃下均能正常工作等优点。

DFG 型低频弹簧橡胶复合减振器在安装时可直接安放在设备下，对有一定扰力的动力设备可四角四个减振器上与设备固定，下与地基固定，中间几个可不固定，便于移动，调节设备重心。若动力设备扰力较大，重心调节后，减振器必须全部上下固定。

DFG 型低频弹簧橡胶复合减振器单只最佳载荷为 160kN 的大型载荷复合减振器，满足大型工程的减振降噪需要。

（1）主要技术性能 DFG 型低频弹簧橡胶复合减振器系列产品共有 23 种规格，最佳载荷为 20～5000kG，额定载荷下对应垂向自振频率为 2.4～4.8Hz，阻尼比为 0.03～0.05，是积极减振和消极减振产品。主要技术性能见表 11-43。

（2）减振器结构及主要尺寸 DFG 型低频弹簧橡胶复合减振器结构如图 11-31、图 11-32 和图 11-33 所示，DFG-20～DFG-80、DFG-120～DFG-220、DFG-260～DFG-420 和 DFG-360～DFG-800 规格与外形尺寸分别见图 11-34～图 11-37 和表 11-44。

表 11-43　DFG 型减振器技术特性

型　号	最佳载荷/N	许可载荷/N		垂向总刚度 K_Z /(N·mm)	径向总刚度 K_r /(N·mm)
		最小 P_1	最大 P_2		
DFG-20	200	120	280	13	6.6
DFG-30	300	180	420	20	10
DFG-50	500	290	680	31	22
DFG-80	800	460	1080	40	27
DFG-120	1200	690	1600	47	31
DFG-150	1500	860	2000	64	33
DFG-180	1800	900	2200	56	35
DFG-220	2200	1290	3000	83	41
DFG-260	2600	1420	3300	95	47
DFG-320	3200	1840	4300	126	70
DFG-360	3600	2050	4800	125	60
DFG-420	4200	2490	5800	175	77
DFG-480	4800	2570	6000	190	105
DFG-640	6400	3500	8200	182	128
DFG-800	8000	4500	10500	230	138
DFG-900	9000	5140	12000	220	154
DFG-1050	10500	6680	15600	274	192
DFG-1300	13000	7070	16500	304	180
DFG-1500	15000	10000	20000	810	185
DFG-2000	20000	15000	25000	1220	235
DFG-3000	30000	25000	35000	1610	310
DFG-4000	40000	30000	50000	1820	365
DFG-5000	50000	40000	60000	2430	420

表 11-44　DFG 型减振器外形及主要尺寸

型　号	尺寸/mm							质量/kg
	H	L_1	L_2	B	b	d	M	
DFG-20	70	127	97	67	67	11	8	1.8
DFG-30	70	158	128	98	80	11	8	2.0
DFG-50	75	142	112	82	82	11	8	2.2
DFG-80	94	163	133	103	103	11	8	2.7
DFG-120	115	180	150	120	120	13	10	3.8
DFG-150	115	180	150	120	120	13	10	4.1
DFG-180	134	203	173	143	143	13	10	5.0
DFG-220	134	203	173	143	143	13	10	6.8
DFG-260	115	242	212	182	138	13	10	7.5

型号	尺寸/mm							质量/kg
	H	L_1	L_2	B	b	d	M	
DFG-320	160	220	190	160	160	13	12	8.5
DFG-360	134	272	242	212	158	13	12	11.0
DFG-420	160	220	190	160	160	13	12	9.5
DFG-480	160	296	266	236	174	13	12	12.0
DFG-640	165	340	310	195	—	13	—	13.2
DFG-800	165	340	310	195	—	13	—	15.0
DFG-900	190	375	345	230	—	13	—	20.8
DFG-1050	165	445	415	300	—	13	—	22.0
DFG-1300	190	375	345	230	—	13	—	24.2
DFG-1500	170	300	240	170	—	13	—	12.0
DFG-2000	170	370	310	170	—	13	—	13.0
DFG-3000	170	320	260	240	—	13	—	15.5
DFG-4000	170	370	310	240	—	15	—	18.0
DFG-5000	170	440	380	240	—	15	—	20.0

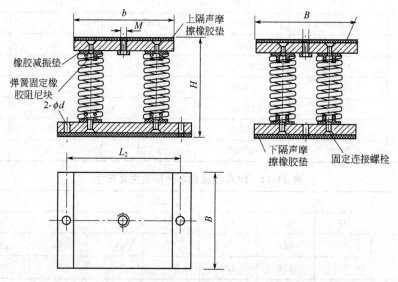

图 11-31　DFG 型低频弹簧橡胶复合减振器结构

（3）减振器载荷-变形-固有频率关系　为便于用户选择和使用减振器，将 23 种规格 DFG 型低频弹簧橡胶复合减振器承受载荷、静变形及固有频率三者之关系绘成曲线分别示于图 11-34～图 11-37 中，当某一规格减振器承受载荷确定时，便可从图中查出相应的静变形，然后再由静变形找出对应的固有频率。

（4）减振器选用注意事项

① 根据被减振系统的总质量，其中包括机械设备、基座、部分管路、电缆等重量，以及基座尺寸来确定减振器规格及数量。

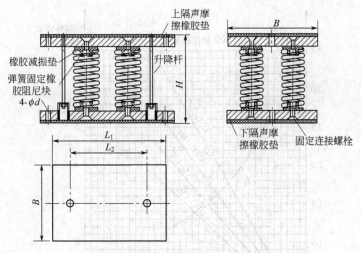

图 11-32　DFG 型大载荷低频弹簧橡胶复合减振器结构

（DFG-640～DFG-500 两端配有升降杆）

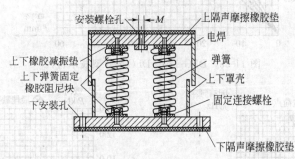

图 11-33　DFG2 型封闭式低频弹簧橡胶复合减振器结构

注：1. DFG 型为开启式，DFG2 型为封闭式，能满足不同用户的需求。2. DFG2 型技术特性与 DFG 型相同。

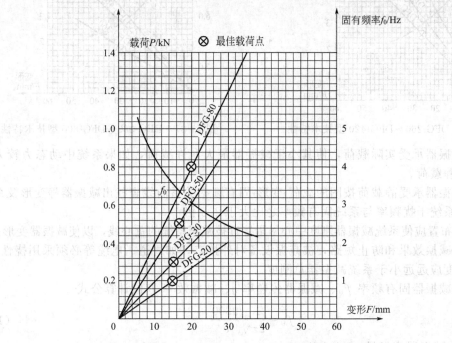

图 11-34　DFG-20～DFG-80 型技术特性

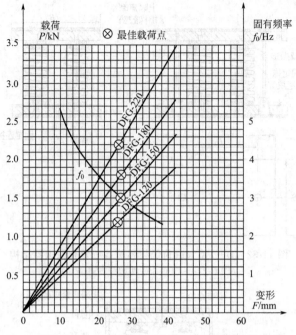

图 11-35　DFG-120～DFG-220 型技术特性

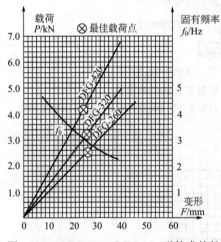

图 11-36　DFG-260～DFG-420 型技术特性

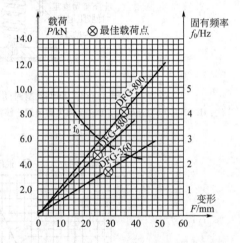

图 11-37　DFG-360～DFG-800 型技术特性

②　计算减振器承受实际载荷，使其小于减振器最大允许载荷，如果系统中动态力较大，应及时考虑动、静载荷。

③　根据减振器承受静载荷按图的载荷-变形-固有频率关系曲线查找出减振器静变形及系统固有频率，应使系统干扰频率与系统固有频率之比大于 2.5 倍。

④　减振器布置应使系统减振器刚度中心尽量接近被减振系统的重心线，以使减振器变形一致。

⑤　为确保减振效果和防止短路，被减振设备对外接口，如管道、电缆等必须采用挠性连接，其挠性接头刚度应远远小于系统减振器总刚度。

⑥　应满足减振器固有频率 f_0、减振器传递率 η、减振效率 T 的计算公式

$$f_0 = \frac{1}{2\pi}\sqrt{\frac{9800}{\delta}} \tag{11-58}$$

式中，δ 为减振器变形量。

$$n=\sqrt{\dfrac{1+\left(2D+\dfrac{f}{f_0}\right)^2}{\left(1-\dfrac{f^2}{f_0^2}\right)^2+\left(2D+\dfrac{f}{f_0}\right)^2}} \tag{11-59}$$

式中，D 为阻尼比；f 为干扰频率$\left(f=\dfrac{\text{设备转速}}{60}\right)$。

$$T=\left(1-\eta\right)\times100\% \tag{11-60}$$

【**例 11-12**】　风机转速 990r/min，干扰频率 $f=16.5\text{Hz}$，风机、电机、减振台座总质量 W 为 16000kg。（已包括扰力）

解：① 选用减振器 10 只，$\dfrac{W}{10}$ 每只荷载为 1600kg，即 DFG-1500 型

② 由图 11-36 查得：压缩变形量 20mm（阻尼比为 $D\approx0.04$）。

③ 固有频率：$f_0=\dfrac{1}{2\pi}\sqrt{\dfrac{9800}{20}}=3.5\text{Hz}$

④ 传递率：$\eta=\sqrt{\dfrac{1+\left(2\times0.04\times4.71\right)^2}{\left(1-4.71^2\right)^2+\left(2\times0.04\times4.71\right)^2}}=0.05$

⑤ 减振效率 $T=\left(1-0.05\right)\times100\%=95\%$（减振效果较好）

⑥ 有一定的减振效率 $T\geqslant80\%$ 即频率比 $f/f_0>2.5$

【**例 11-13**】　风机噪声与振动控制实例

某除尘系统采用 8-18 №.6 风机，风量 $Q=3020\text{m}^3/\text{h}$、风压 $p=8232\text{Pa}$、转速 $n=2900\text{r/min}$。经实测距风机出口 1.5m 处，声压级为 106dB。要求车间的噪声不超过 90dB。环境噪声不超过 70dB。

根据上述要求，对风机采取了如图 11-38 所示的隔声、消声措施。

① 风机在安装前应检查叶轮是否对准中心、保持平衡、风机机壳是否安装牢固，尽可能减小风机的振动和噪声。

② 风机基础下面不设减振器，为了使风机基础与周围地基隔开，在风机基础周围用 6cm 的空气层与周围基础隔开，见图 11-39。

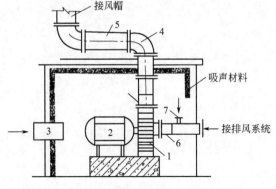

图 11-38　风机噪声的隔声、消声措施

1—风机；2—电动机；3—进风口消声器；4—消声弯头；

5—阻性消声器；6—软接头；7—吸风口

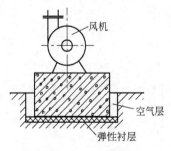

图 11-39　风机基础

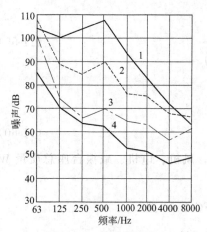

图 11-40　风机压出段上
各部位的声压级

1—风机；2—消声弯头；3—消声器；
4—风帽

③ 风机布置在室外隔声室内，隔声室采用 1/2 砖墙，在内表面衬贴 50mm 玻璃棉进行吸声处理，其平均隔声量在 43dB 以上。

④ 为了消除经风管传入周围环境的噪声，在风机压出段设有消声弯头和 1.2m 长的阻性消声器，空气最后经风帽排入不作消声处理。

图 11-40 是风机压出段各部位噪声的频谱特性。消声弯头、消声器和风帽的插入损失分别 16dB、17dB 和 12dB。整个消声系统插入损失为 45dB。在风帽出口附近声压级为 61dB。从图上可以看出，由于气流速度的影响，在 8000Hz 频段消声弯头产生再生噪声。风帽起了抗性消声器的作用，对低频效果较好，对高频因声波反射性强，也有较高的插入损失。

⑤ 为了解决电动机的通风散热，在隔声墙上设进风口，进风口上设消声器，在风机进口管道上开一旁通管，室外空气依靠风机的负压吸入。选择电机时应附加部分风量。

电动机散热所需的通风量按下式计算

$$Q = \frac{q}{C(t_n - t_0)\rho} \times 3600 \quad (\text{m}^3/\text{h}) \tag{11-61}$$

式中，Q 为机房内风机、电动机散热量，kW；C 为空气比热容，$C = 1.01\text{kJ}/(\text{kg} \cdot ℃)$；$\rho$ 为空气密度，$1.2\text{kg}/\text{m}^3$；t_n 为机房内允许的最高温度，℃，一般取 $t_n = 50℃$；t_0 为当地夏季室外通风计算温度，℃。

$$g = N[(1 - \eta_1) + (1 - \eta_2)\eta_1] \quad (\text{kW}) \tag{11-62}$$

式中，N 为电动机功率，kW；η_1 为电动机效率，一般取 $\eta_1 = 0.75$；η_2 为风机效率，％，无实测资料时可近似取 $\eta_2 = 80\% \sim 85\%$。

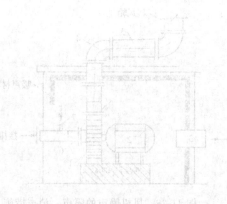

第十二章

除尘设备的性能测试

一个完整的除尘系统由集尘罩、管道、除尘器、卸灰装置、风机、电动机、消声器和排气烟囱等组成。由于施工、安装及设备技工制造过程中一些难以考虑到的诸多因素，致使除尘系统的风量、压力、除尘效率等参数往往与设计不一致，这就是除尘设备竣工后进行测试和调节的目的所在。对除尘设备的性能测试是科学评价其运行特性的重要途径。

测试目的主要是：a. 科学评价除尘设备的性能和运行情况；b. 检查污染源排出的粉尘浓度和排放量是否符合排放标准的规定；c. 为大气质量管理和运行管理提供依据。

按建设项目有关条例规定，除尘工程应分别建成试车阶段的冷态测试（旨在明确除尘设备的技术特性和运行指标）和负荷试车阶段的热态测试（旨在明确除尘设备的技术性能和运行效果）。

除尘设备的性能测试是繁重而细致的工作，其所获得的数据是进一步加工形成结论的原始信息，通过认真细致的测试，尽可能地减少测试误差，使准确度和可信度得以提高。

第一节
除尘设备的测试项目
和必备条件

除尘设备的测试项目分为通用项目和不同除尘设备的特殊项目。测试前要进行必要的准备，为科学而可行的测试奠定基础。

一、测试项目

1. 通过测试项目

① 处理气体的流量、温度、含湿量、压力、露点、密度、成分。

② 处理气体和粉尘的性质。

③ 除尘设备出口和入口的粉尘浓度。

④ 除尘效率和通过效率。

⑤ 压力损失。

⑥ 除尘设备的气密性或漏风率。

⑦ 除尘设备输排灰方式及输排灰装置的容量。

⑧ 除尘设备本体的保湿、加热或冷却方式。

⑨ 按照其他需要，还有风机、电动机、空气压缩机等的容量、效率及特定部分的内容等。

2. 不同类型除尘设备的测定项目

（1）重力除尘器　基本流速及其他。

（2）惯性除尘器　换向角度、换向次数、基本流速、灰斗形状和大小。

（3）旋风除尘器　a. 离心分离的基本参数，包括直径（外筒内径及内筒外径）、高度、基本流速；b. 旋风除尘器的级数、台数、形式；c. 灰斗的形状、大小及卸灰阀形式，有无漏风等。

（4）湿式除尘器　a. 洗涤液的种类；b. 液体量：洗涤液的流量和压力，补充液的流量和压力、保存液量、液气等；c. 基本流速、气液的分离方式、废水的处理方法及其他。

（5）空气过滤器　a. 容量，包括过滤面积、阻力、容尘量及处理气量；b. 滤材，包括滤材的材质、允许使用温度。

（6）袋式除尘器　a. 容量，包括过滤面积、设备阻力、过滤速度及处理气体量；b. 滤布，包括滤布的材质、滤布的织法、尺寸、滤袋条数及允许使用的温度范围；c. 清灰方式、漏风率及其他。

（7）电除尘器　a. 电场数；b. 极板的断面形状、尺寸，通道数，极间距；c. 极线的断面形状、尺寸和根数；d. 供电设备的容量、台数和供电系数、整流方式、控制方式、运行电流、电压；e. 振打装置及气流分布装置；f. 处理气流的调质方式、湿式电除尘器的供水压力、流量及其他。

如上所述，这些设计参数都是影响除尘设备性能的因素。按照设计条件制造、安装、运转后，皆需检查是否符合设计条件，即制造厂进行自检，用户进行验收。在这种情况下，对于整体配件的检查（包括合格证及易损件）应在除尘器安装之前完成。检验除尘设备性能时，其重点应为除尘效率，以满足排放标准的要求。

二、测试与运转的条件

1. 测试应必备的条件

（1）测试应在生产工艺处于正常运行条件下进行　除尘系统中的粉尘皆由原料在机械破碎、筛选、物料输送、冶炼、锻造、烘干、包装等工艺过程中产生。为了取得有代表性的测试数据，测试应选定生产工艺处于正常运行条件下进行。

（2）测试应在除尘装置稳定运行的条件下进行　整个测试期间应在除尘器处于正常、稳定的条件下进行，并要求其与生产工艺相协调同步进行。为此，在进行测试工作前，需向厂方提出要求，取得其配合并采取措施，确保两者皆能连续正常运行。

（3）深入现场调查生产工艺和除尘装置　根据测试目的，制定包括安全措施的测试方案。

2. 选定测试的时间

为获取测试的可靠数据，测试工作必须选择在生产和除尘装置正常运行的条件下进行。当生产工况出现周期性时，测试时间至少要多于一个周期的时间，一般选择三个生产周期的时间。同时要求生产负荷稳定且不低于正常产量的80%的条件下进行测试。

对验收测试时间（稳定时期）应在运转后经过1~3个月以上的时间进行；除尘系统，采用机械除尘时，1周~1个月进行测试；采用电除尘时，1~3个月进行测试。对袋式除尘器而言，将稳定运行期定为3个月以上。

3. 测定操作点的安全措施

除尘装置是依据尘源设备的种类和规模设计的，对于大规模的尘源设施，除尘装置也非常大，测试点几乎都在高处。在高处进行测试时必须考虑到安全防护措施：a. 升降设备要有足够的强度，进行测试的工作平台，其宽度、强度以及安全栏杆的高度均应符合安全要求；b. 在测试操作中，要防止金属测试装置与用电电源线接触，以避免触电事故；c. 要防止有害气体和粉尘造成的危害；d. 测试仪器装置所需要的电源形状和插座的位置，测试仪器的安放地点均应安全可靠，保证测试操作不发生安全事故。

三、采样位置的选择和测试点的确定

1. 采样位置的选择

粉尘在管道中的浓度分布即便是没有阻挡也不是完全均匀的，在水平管道内大的尘粒由于重力沉降作用使管道下部浓度偏高。只有在足够长的垂直管道中粉尘浓度才可以视为轴对称分布。在测试气体流速和采集粉尘样品时，为了取得有代表性的样品，尽可能采样位置放在气流平稳直管段中，距弯头、阀门和其他变径管段下游方向大于 6 倍直径和其上游方向大于 3 倍直径处；最少也不应少于 1.5 倍管径，但此时应增加测试点数。此外尚应注意取样断面的气体流速在 5m/s 以上。

但对于气态污染物，由于混合比较均匀，其采样位置则不受上述规定限值，只要注意避开涡流区。如果同时测试排气量，则采样位置仍按测尘时所需要的位置测量。

2. 测试的操作平台

除尘系统是根据尘源设施的种类和规模设计的，对于大规模的尘源设施，除尘设备也非常大，测试点几乎都是在高处，因此要在几米以上高处进行测试，则应考虑到测试仪器的放置、人员的操作空间和安全的需要，应该设置操作平台。

操作平台的面积及结构强度，应以便于操作和安全为准，并设有高度不低于 1.15m 的安全护栏。平台面积不宜小于 1.5m^2。

3. 采样孔的结构

在选定的测试位置上开设采样孔，为适宜各种形式采样管插入，孔的直径应不小于 80mm，采样孔管长应不大于 50mm。不测试时应用盖板、管堵或管帽封闭，当采样孔仅用于采集气态污染物时，其内径应不小于 40mm。采样孔的结构见图 12-1。

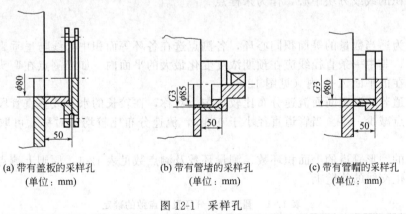

(a) 带有盖板的采样孔　　　(b) 带有管堵的采样孔　　　(c) 带有管帽的采样孔
　　（单位：mm）　　　　　　（单位：mm）　　　　　　（单位：mm）

图 12-1　采样孔

对正压下输送高温或有毒气体，为保护测试人员的安全，采样孔应采用带有闸板阀的密封采样孔（见图 12-2）。

对圆形管道，采样孔应设置在包括各测试点在内的互相垂直的直线上（见图 12-3）；对矩形或方形管道，采样孔应在包括各测试点在内的延长线上（见图 12-4、图 12-5）。

测试孔设在高处时，测孔中心线应设在此操作平台高约 1.5m 的位置上；操作平台有扶手护栏时，测试孔的位置一定要适度高出栏杆。

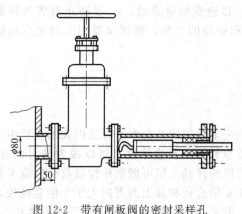

图 12-2　带有闸板阀的密封采样孔

（单位：mm）

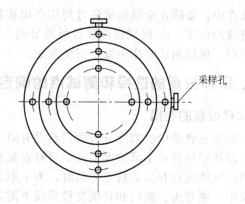

图 12-3　圆形断面的测定点

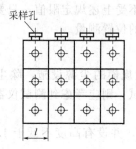

图 12-4　矩形断面的测定点

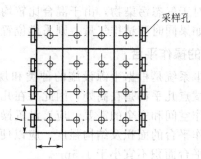

图 12-5　正方形断面的测定点

四、测试断面和测点数目

当测试气体流量和采集粉尘样品时，应将管道断面分为适当数量的等面积环或方块，再将环分为两个等面积的线或方块中心，作为采样点。

1. 圆形管道

将管道分为适当数量的等面积同心环，各测点选在各环等面积中心线与呈垂直相交的两条直径线的交点上，其中一条直径线应在预期浓度变化最大的平面内。如当测点在弯头后，该直径线应位于弯头所在的平面 A-A 内（见图 12-6）。

对圆形管道若所测定断面流速分布比较均匀、对称，在较长的水平或垂直管段，可设置一个采样孔，则测点减少一半。当管道直径小于 0.3m，流速分布比较均匀对称，可取管道中心作为采样点。

不同直径的圆形管道的等面积环数、测量环数及测点数见表 12-1，原则上测点不超过 20 个。测试孔应设在正交线的管壁上。

表 12-1　圆形管道分环及测点数的确定

管道直径/m	等面积环数	测量直径数	测点数	管道直径/m	等面积环数	测量直径数	测点数
<0.3			1	1.0~2.0	3~4	1~2	6~16
0.3~0.6	1~2	1~2	2~8	2.0~4.0	4~5	1~2	8~20
0.6~1.0	2~3	1~2	4~12	4.0~5.0	5	1~2	10~20

当管径 $D>5$m 时，每个测点的管道断面积不应超过 $1m^2$，并根据下式决定测试点的位置：

$$r_n = R\sqrt{\frac{2n-1}{2Z}} \tag{12-1}$$

式中，r_n 为测试点距管道中心的距离，m；R 为管道半径，m；n 为半径序号；Z 为半径划分数。

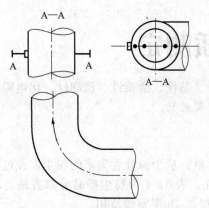

图 12-6　圆形管道弯头后的测点

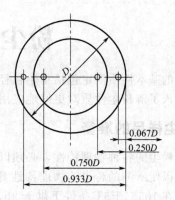

图 12-7　测点距管道内壁距离

测点距管道内壁的距离见图 12-7，按表 12-2 确定。当测点距管道内壁的距离小于 25mm 时，取 25mm。

表 12-2　测点距管道内壁距离（以烟道直径 D 计）

测点号	环数				
	1	2	3	4	5
1	0.146	0.067	0.044	0.033	0.026
2	0.854	0.250	0.146	0.105	0.082
3		0.750	0.296	0.194	0.146
4		0.933	0.704	0.323	0.226
5			0.854	0.677	0.342
6			0.956	0.806	0.658
7				0.895	0.774
8				0.967	0.854
9					0.918
10					0.974

2. 矩形或方形管道

矩形或方形管道断面气流分布比较均匀、对称，可适当分成若干等面积小块，各块中心即为测点，小块的数量按表 12-3 的规定选取；但每个测点所代表的管道面积不得超过 0.6m²，测点不超过 20 个。若管道断面积小于 0.1m²，且流速比较均匀、对称，则可取断面中心作为测点。

表 12-3　矩（方）形管道的分块和测点数

适用烟道断面积 S/m^2	断面积划分数	测定点数	划分的小格一边长度 L/m	适用烟道断面积 S/m^2	断面积划分数	测定点数	划分的小格一边长度 L/m
<1	2×2	4	≤0.5	9~16	4×4	16	≤1
1~4	3×3	9	≤0.667	16~20	4×5	20	≤1
4~9	3×4	12	≤1				

另外，在测试端面上的流动为非对称时，按非对称方向划分的小格一边之长应按与此方向相垂直方向划分的小格一边之长小一些，相应地增加测点数。

3. 其他形式断面管道

当管道集灰时，应通过管道手机或利用压缩室气将积灰清除，使其恢复原形，然后按照前两项的标准选择测点。当管道积灰固结在管壁上清除困难时，视含尘气体流通通道的几何形状，按照前两项的标准选择测点。

第二节
粉尘基本性质测定

　　粉尘的基本性质测定包括粉尘粒径、密度、安息角、黏性、磨损性、浸润性、比电阻和爆炸性等。深入了解粉尘性质对更好地应用除尘设备具有重要意义。

一、粉尘样品的准备

　　测定粉尘的各种物理特性，必须以具体的粉尘为对象。从尘源处收集来的粉尘需经过随机分取处理，以使所测的粉尘的物理特性具有良好的代表性。表 12-4 为粉尘样品分取方法。取出的粉尘样品在 105℃±5℃ 条件下烘干 2h，置于干燥器冷却 0.5h 至室温待用。

表 12-4　粉尘取样方法

方法	步骤	图示
圆锥四分法	(1)将粉尘经漏斗下落到水平板上堆积成圆锥体； (2)将圆锥分成四等份 a、b、c、d，舍 a、c 取 b、d； (3)混合 b、d 后，重新堆成圆锥再分成四份进行舍去。如此依次重复 2～3 次； (4)取其任意对角两份作为测试用粉尘样品	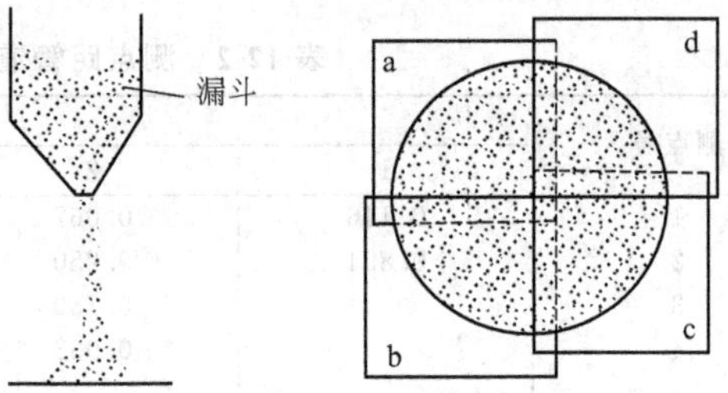
流动切断法	(1)将粉尘放入固定的漏斗中； (2)用容器在漏斗下部左右移动，随机接取分析用样品	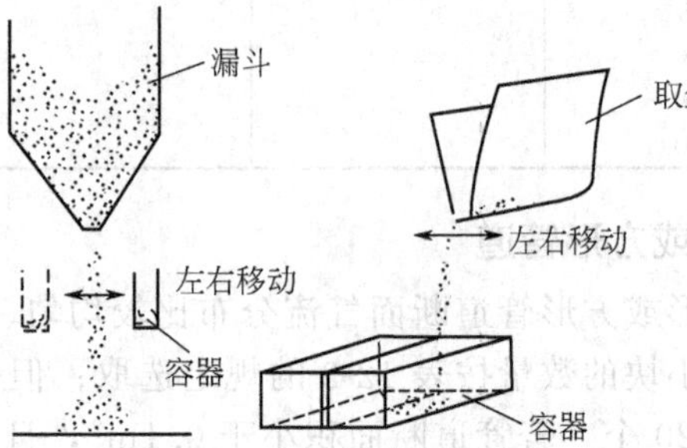
回转分取法	(1)使圆盘和漏斗作相对回转运动。将漏斗中的粉尘均匀地落到分隔成 8 个部分的圆盘上； (2)取其中一部分作为分析测定用料	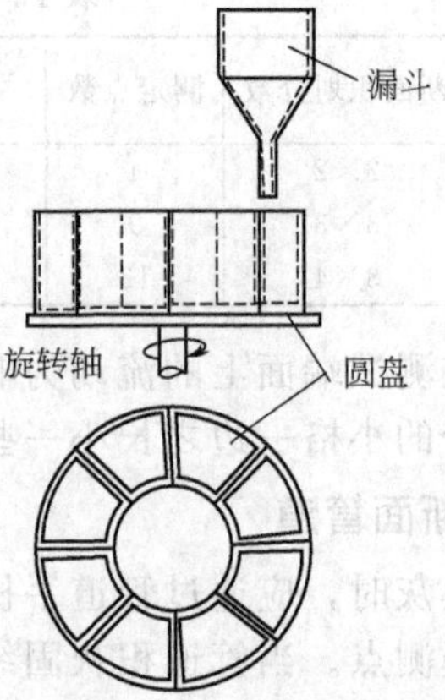

二、粉尘粒径的测定

粒径是表征粉尘颗粒状态的重要参数。一个光滑圆球的直径能被精确地测定，而对通常碰到的非球形颗粒，精确地测定它的粒径则是困难的。事实上，粒径是测量方向与测量方法的函数。为表征颗粒的大小，通常采用当量粒径。所谓当量粒径是指颗粒在某方面与同质的球体有相同特性的球体直径。相同颗粒，在不同条件下用不同方法测量，其粒径的结果是不同的。表 12-5 是颗粒粒径测定的一般方法。由这些方法制定的粒径分析仪器有数百种。用显微镜法测出的粉尘粒径如图 12-8 所示。

表 12-5　颗粒粒径测定的一般方法

分类	测定方法		测定范围/μm	分布基准
筛分	筛分法		>40	计重
显微镜	光学显微镜		0.8~150	计数
	电子显微镜		0.001~5	计数
沉降	增量法	移液管法	0.5~60	计重
		光透过法	0.1~800	面积
		X 射线法	0.1~100	面积
	累积法	沉降天平	0.5~60	计重
		沉降柱	<50	计重
流体分级	离心力法		5~100	计重
	串级冲击法		0.3~20	计重
光电	电感应法		0.6~800	体积
	激光测速法		0.5~15	计重、计数
	激光衍射法		0.5~1800	计重、计数

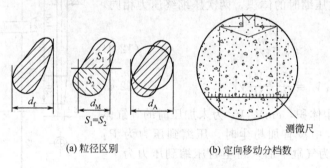

(a) 粒径区别　　　　　(b) 定向移动分档数

图 12-8　显微镜法测出的粉尘粒径

d_f—定向径；d_M—面积等分径；d_A—投影历程径

三、粉尘密度的测定

（1）真密度　这是不考虑粉尘颗粒与颗粒间空隙的颗粒本身实有的密度。若颗粒本身是多孔性物质，则它的密度还分为 2 种：a. 考虑颗粒本身孔隙在内的颗粒物质，在抽真空的条件下测得密度，称为真密度；b. 包含颗粒本身孔隙在内的单个颗粒的密度称为颗粒密度。一般用比重瓶法测得。对于无孔隙颗粒，真密度和颗粒密度是一样的。粉尘颗粒的真密度决定含尘气体在除尘器和管道的流动速度。

（2）堆积密度　粒尘的颗粒与颗粒间有许多空隙，在粒群自然堆积时单位体积的质量就是堆积密度，计算粉尘堆积容积确定除尘器灰斗和储灰仓的大小时都用它。

由于粉尘与粉尘之间有许多空隙，有些颗粒本身还有孔隙，所以粉尘的密度有如下几种表述

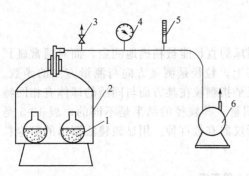

图 12-9 液体置换法测粉尘真密度
1—比重瓶；2—真空干燥器；3—三通开关；
4—真空计；5—温度计；6—真空泵

方法。

1. 液相置换法

测定真密度的方法较多，普遍采用的是液相置换法（图 12-9）。

选取某种液体注入粉尘中，排除粉尘之间的气体，以得到粉尘的体积，然后根据称得的粉尘质量计算粉尘密度。

测定步骤如下。

① 称出比重瓶的质量 m_0，加入粉尘（约占比重瓶体积的 1/3），称出其质量 m_s＝粉尘质量＋m_0；

② 将浸液注入比重瓶内（至比重瓶约 2/3 容积处），然后置于密闭容器中抽真空，直到瓶中的气体充分排出；

③ 停止抽气后将比重瓶取出并注满浸液，称重：m_L＝浸液＋m_0

④ 由下式求真密度 ρ_p（g/cm³）：

$$\rho_p = \frac{m_s - m_0}{\dfrac{(m_s - m_0) + m_L - m_{SL}}{\rho_L}} \tag{12-2}$$

式中，m_{SL} 为粉尘质量＋浸液＋m_0；ρ_L 为浸液在测定温度下的密度。

2. 气相加压法

气相加压法的作用原理是基于波义耳-马略特定律，用精密压力计测出两次压缩时的体积，两次压缩终压力相同，则粉尘密度为：

$$\rho_p = \frac{m}{V_s} \tag{12-3}$$

$$V_s = \frac{V_1 - V_2}{V_0 - V_1} V_0 \tag{12-4}$$

式中，V_s 为粉尘体积，cm³；V_0 为未加压时的气缸体积，cm³；V_2 为气缸中没有加粉尘时，压缩到压力为 P_2 时的体积，cm；V_1 为气缸中加入粉尘时压缩到压力为 P_2 时的体积，cm³。

3. 堆积密度测定

粉尘的堆积密度由堆积密度测定装置（见图 12-10）测定，具体方法如下：

① 称出盛灰桶 1 的质量 m_0（灰桶容积为 100cm³）；

② 在漏斗 2 中装入灰桶容积 1.2～1.5 倍的粉尘；

③ 抽出塞棒 3，粉尘由一定的高度（115mm）落入灰桶，用 $\delta = 3mm$ 厚的刮片将灰桶上堆积的粉尘刮平；

④ 称取灰桶加粉尘的质量，m_s；

⑤ 计算粉尘堆积密度 ρ_B（g/cm³）公式为 $\rho_B = \dfrac{m_s - m_0}{100}$；

⑥ 连测 3 次取平均值。

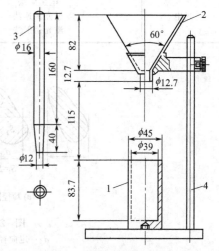

图 12-10 粉尘堆积密度计
（单位：mm）
1—灰桶；2—漏斗；
3—塞棒；4—支架

四、粉尘安息角的测定

测定粉尘安息角的方法，见表12-6。用注入法所测安息角称为动安息角，后3种方法所测安息角为静安息角。一般粉尘静安息角比动安息角大10°～20°。

表 12-6　粉尘安息角的测定方法

方法分类	测定方法	图示
注入法	粉尘自漏斗落到水平圆板上，用测角器直接量其堆积角或量得粉尘锥体高度，再求其堆积角： $$\tan\alpha=\frac{锥体高度}{底板半径}$$	
排出法	粉尘由容器底部圆孔排出，测量容器内的堆积斜面与容器底部水平面的夹角，粉尘安息角为： $$\tan\alpha=\frac{粉尘斜面高度}{圆筒半径-流出孔口半径}$$	
斜箱法	在水平放置的箱内装满粉尘，然后提高箱子的一端，使箱子倾斜，测量粉尘开始流动时粉尘表面与水平面的夹角即可	
回转圆筒法	粉尘装入透明圆筒中（占筒体1/2）。将筒水平滚动，测量粉尘开始流动时的粉尘表面与水平面的夹角即可	

五、粉尘黏性的测定

在除尘技术中，粉尘的黏结性多采用拉伸断裂法进行测定。将粉尘样品用震动充填或压实充填方法，装入可分开成两部分的容器中，然后对粉尘进行拉伸，直至断裂，用测力计测量粉尘层的断裂应力。在用此法测定时，其拉伸方向有水平状态和垂直状态两种；图12-11是水平拉伸断裂法黏结性测试的示意；图12-12是垂直拉断法黏结性测试仪示意。

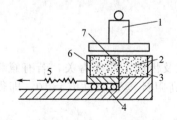

图 12-11　水平拉伸断裂法黏结性测试
1—压块；2—粉尘；3—固定盒；4—滚轮；5—弹簧测力计；6—活动盒；7—粉尘断裂面

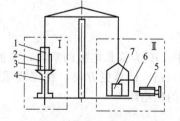

图 12-12　垂直拉断法黏结性测试仪示意
1—上盒；2—夹具；3—下盒；4—可调支架；5—注水器；6—滴水管；7—水杯

六、粉尘磨损性的测定

采用大小为10mm×12mm×2mm的钢片，将其置于由于圆管的旋转而形成的外甩气流中，钢片与气流成 45°角。供灰漏斗放入约 10g 的被测粉尘，粉尘加入圆管中的速度不大于 3g/min。在含尘气流的作用下，钢片被磨损，准确秤出钢片初始质量 m_0 和磨损后的质量 m_1，则磨损系数 k_a 为：

$$k_a = F(m_0 - m_1) = F\Delta m \tag{12-5}$$

式中，k_a 为磨损系数，m^2/kg；m_0 为钢片初始质量，kg；m_1 为钢片磨损后的质量，kg；Δm 为钢片的磨损量，kg；F 为与测定仪器有关的常数，m^2/kg^2，当圆管角速度为 314r/s（50s^{-1}）、圆管长 150mm 时 $F = 1.185 \times 10^{-5} m^2/kg^2$。

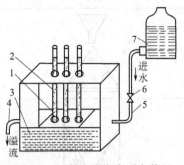

图 12-13　粉尘浸润度测定装置
1—试管；2—试验粉尘；3—水槽；
4—溢流管；5—进水管；
6—阀门；7—水箱

七、粉尘浸润性的测定

粉尘的浸润性测定大多采用计算浸润速度的方法，即利用如图 12-13 所示装置，将粉尘装入试管并夯实，水通过试管底部的滤纸浸润粉尘，通过测取浸润时间及浸液在对应的时间内上升的高度，计算出水对粉尘的浸润速度，计算公式如下：

$$v_{20} = \frac{L_{20}}{20} \tag{12-6}$$

式中，v_{20} 为浸润时间为 20min 时的浸润速度，mm/min；L_{20} 为浸润 20min 时液体上升的高度，mm。

八、粉尘比电阻的测定

比电阻的测试有许多方法，如梳齿法、圆盘电极法、针状电极法、同心圆电极法等。

1. 梳齿测定法

图 12-14 是梳齿法测定粉尘比电阻的原理示意。

物质的电阻与其截面积成反比，与其长度成正比，且与温度有关。如果略去梳齿上沉积粉尘的边缘效应，则相互交错梳齿间粉尘的电阻为

$$R = \rho \frac{L}{S} \tag{12-7}$$

式中，R 为相邻两梳齿间的粉尘的电阻，Ω；ρ 为粉尘的电阻率，也称为比电阻，$\Omega \cdot cm$；L 为梳齿间粉尘的长度，cm；S 为梳齿间粉尘的截面积，cm^2。

若啮合的梳齿数为 n，则高阻计测得的梳齿间粉尘的电阻为

$$R_1 = \frac{R}{n-1} \tag{12-8}$$

故
$$\rho = (n-1)\frac{S}{L}R_1 = KR_1 \tag{12-9}$$

式中，K 为梳状电极的常数，与梳齿数目、几何尺寸及齿间距离等有关，若有意将其设计为 $K = 10cm$，计算更方便，在完成采样和测量之后，将高阻计读数乘以 $K = 10$，即得到粉尘（样品）的比电阻

$$\rho = 10R_1 \tag{12-10}$$

2. 旋风子测定法

图 12-15 是现场用旋风子式比电阻测定仪。测定时直接从除尘管道内抽取含尘气流，在旋风子内将粉尘分离，分离后的粉尘落入下部同心圆比电阻测定室，同时用振动的方法将粉尘逐步充填到相当的密实状态。粉尘的不断填充，会使电流不断增加，因此在同心圆筒上施加电压后可由电流的上升情况观察粉尘充填的状况；当电流不再增加时测出电流、电压值即可计算比电阻值。

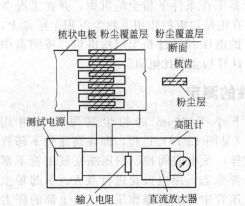

图 12-14　梳齿法测定粉尘比
电阻的原理示意

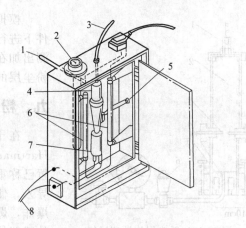

图 12-15　旋风子式比电阻测定仪
1—接采样管；2—温度计；3—旋风分离器排气管；
4—旋风子；5—振打器；6—加热器；
7—比电阻测定室；8—接兆欧表

粉尘的比电阻值直接影响电除尘器及荷电滤料的捕尘效果，电除尘器处理粉尘比电阻为 $10^4 \sim 10^{11} \Omega \cdot cm$ 比较合适，所以比电阻也是粉尘的重要性质。

3. 同心圆法测定法

测定方法如图 12-16 所示，它是用机械的方法将粉尘填充于中心圆柱电极 a 与圆筒电极 b 之间，a、b 之间的间距保持一定。在 b 上截取其中部一定长度 L 作为主电极、电压 V 施加于主电极和中心圆柱电极之间，测出通过粉尘层的电流 I，即可求出粉尘的比电阻。几何参数 K 可按下式求得：

$$K = \frac{2\pi L}{\lg \dfrac{R_1}{R_2}} \tag{12-11}$$

式中，L 为主电极长度，cm；R_1 为 a 的半径，cm；R_2 为 b 的内半径，cm。

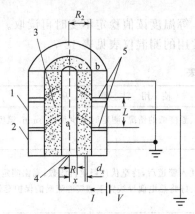

图 12-16　同心圆式比电阻测定仪
1—主电极；2—导流电极；3—粉尘；
4—导体；5—绝缘体

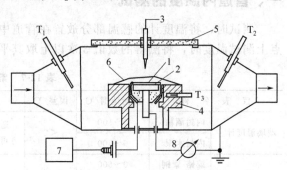

图 12-17　针板法粉尘比电阻测定装置
1—金属丝电极；2—测定圆盘；3—放电电极；
4—环形电极；5—绝缘层；6—粉尘层；
7—电压表；8—电流表；T_1、T_2、T_3—温度计

4. 针板测定法

针板法测定装置如图 12-17 所示。

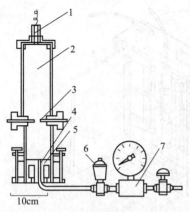

图 12-18　粉尘爆炸性测试仪
1—压力传感器；2—高压管；3—电极；
4—粉尘；5—空气入口；6—电磁阀；
7—压缩空气气包

模拟在电除尘器工作条件下粉尘的沉积，并在工况条件下进行测定，即在电晕放电的作用下粉尘沉积于圆盘上，测出加在粉尘层上的电压和通过粉尘层的电流，按圆盘中粉尘层的几何尺寸计算粉尘的比电阻。

九、粉尘爆炸性的测定

在干燥状态下小于 $60\mu m$ 的粉尘其爆炸性可用 Hartmann 测试仪（见图 12-18）进行，即在高压管下部放置已称重的粉尘试样，受电磁阀控制的压缩空气由管下部导入，使粉尘呈悬浮状态，用电火花进行点火。引起粉尘爆炸，爆炸后在高压管中形成的爆炸压力，由上部的压力传感器接受，并记录下来。点火后爆炸压力迅速升高。达到最高值后，趋于稳定。因此用 K_{st} 作为衡量粉尘爆炸性的指标，即

$$K_{st}=\left(\frac{\mathrm{d}p}{\mathrm{d}t}\right)_{max}\times V^{\frac{1}{3}} \tag{12-12}$$

式中，$\left(\dfrac{\mathrm{d}p}{\mathrm{d}t}\right)_{max}$ 为最大爆炸压力上升速度；V 为容器的容积。

第三节
与测尘有关的气体参数测试

除尘管道内气体参数的测试内容包括气体的压力、流量、温度、湿度、露点和含尘浓度等。其中压力和流量的测试很重要，必须予以充分注意。

一、管道内温度的测试

测试时，将温度计的感温部分放置在管道中心位置，等温度读值稳定不变时再读取。在各测点上测试温度时，将测得的数值 3 次以上取其平均值。常用的测温仪表见表 12-7。

表 12-7　常用测温仪表

仪　表　名　称		测量范围/℃	误差/℃	使　用　注　意　事　项
玻璃温度计	内封酒精	0～100	<2	适合于管径小、温度低的情况，测定时至少稳定 5min，温度稳定后方可读数
	内封水银	0～500		
热电偶温度计	镍铬-康铜	0～600	<±3	用前需校正，插入管道后，待毫伏计稳定再读数；高温测定时，为避开辐射热干扰，最好将热电偶导线置于烟气能流动的保护套管内
	镍铬-镍铝	0～1300		
	铂铑-铂	0～1600		
铂热电阻温度计		0～500	<±3	用前需校正，插入管道后指示表针稳定后再读数

二、管道内气体含湿量的测试

在除尘系统与除尘器中，气体含湿量的测试方法有冷凝结、干湿球法和重量法。但常用的方法是冷凝结和干湿球法。

1. 冷凝法

（1）原理　由烟道中抽取一定体积的气体使之通过冷凝器，根据冷凝器排出的冷凝水量和从冷凝器排出的饱和水蒸气量，计算气体的含湿量。

（2）测试装置　气体和水分含量的测试装置如图 12-19 所示，由采样管、冷凝器、干燥器、温度计、真空压力表、转子流量计和抽气泵等组成。

① 采样管。采样管为不锈钢材质，内装滤筒，用于去除气体中的颗粒物。

② 冷凝器。为不锈钢材质，用于分离、贮存在采样管、连接管和冷凝器中冷凝下来的水。贮存冷凝水的容积应不小于 100mL，排放冷凝水的开关应严密不漏气。

③ 温度计。精度应不低于 2.5%，最小分度值不大于 2℃。

④ 干燥器。材质为有机玻璃，内装硅胶，其容积应不小于 0.8L，用于干燥进入流量计前的湿烟气。

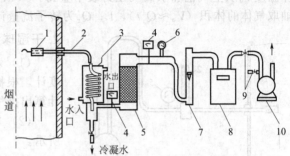

图 12-19　冷凝法测定中排气水分含量的采样系统
1—流筒；2—采样管；3—冷凝器；4—温度计；5—干燥器；
6—真空压力表；7—转子流量计；8—累积流量计；
9—调节阀；10—抽气泵

⑤ 真空压力表。其精确度应不低于 4%，用于测试流量计前气体压力。

⑥ 转子流量计。其精确度应不低于 2.5%。

⑦ 抽气泵。应具有足够的抽气能力。当流量为 40L/min，其抽气能力应能够克服烟道及采样系统阻力。

⑧ 量筒。其容量为 10mL。

（3）测试步骤。将冷却水管连接到冷凝器冷水管入口。

检查按图 12-19 连接的测试系统是否漏气，如发现漏气，应进行分段检查并采取相对措施予以排除。

流量计置于抽气泵前端，其检漏方法有 2 种：a. 在系统的抽气泵前串联一满量程为 1L/min 的小量程转子流量计，检漏时将装好滤筒的采样管进口（不包括采样嘴）堵严，打开抽气泵，调节泵进口处的调节阀，使系统中的压力表负压指示为 6.7kPa，此时小量程流量计的流量如不大于 0.6L/min，则视为不漏气；b. 检漏时，堵严采样管滤筒来处进口，打开抽气泵，调节泵进口的调节阀，使系统中的真空压力表负压指示为 6.7kPa；关闭接抽气泵的橡胶管，在 0.5min 内如真空压力表的指示值下降值不超过 0.2kPa，则视为不漏气。

在仪器携往现场前，按上述方法检查采样装置的漏气性。现场检漏仅对采样管后的连接橡胶管到抽气泵段进行检漏。

流量计装置放在抽气泵的检漏方法：在流量计出口接一三通管，其一端接 U 形压力计，另一端接橡胶管。检漏时，切断抽气泵的进口通路，由三通的橡胶管端压入室气，使 U 形压力计水柱压差上升到 2kPa，堵住橡胶管进口，如 U 形压力计的液面差在 1min 内不变，则视为不漏气。抽气泵前管段仍按前面的方法检漏。

打开采样孔，清除孔中的积灰。将装有滤筒的采样管插入管道中心位置，封闭采样孔。

启动抽气泵并以 25L/min 流量抽气，同时记录采样时间。采样时应使冷凝水量在 10mL 以上。采样时应记录开采时间、冷凝器出口饱和水气温度、流量计读数和流量计前的温度、压力。如果系统装有累计流量计，应记录采样起止时的累计流量。采样完毕取出采样管，将可能冷却在采样管内的水倒入冷凝器中，用量筒计量冷凝水量。

气体中水汽含量体积分数按下式计算：

$$X_{sw}=\frac{461.8(273+t_r)G_w+P_vV_a}{461.8(273+t_r)G_w+(B_a+P_r)V_a}\times100\%\qquad(12\text{-}13)$$

式中，X_{sw} 为排气中的水分含量体积分数，%；B_a 为大气压力，Pa；G_w 为冷凝器中的冷凝水量，g；P_r 为流量计前气体压力，Pa；P_v 为冷凝器出口饱和水蒸气压力（可根据冷凝器出口气体温度 t_u 从空气饱和水蒸气压力表中查得），Pa；t_r 为流量计前气体温度，℃；V_a 为测量状态下抽取气体的体积（$V_a\approx Q_r't$），L；Q_r' 为转子流量计读数，L/min；t 为采样时间，min。

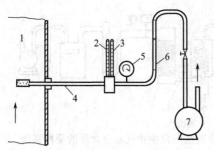

图 12-20 干湿球法测定排气水分含量装置

1—烟道；2—干球温度计；3—湿球温度计；
4—保温采样管；5—真空压力表；
6—转子流量计；7—抽气泵

2. 干湿球法

（1）原理 使气体在一定速度下流经干、湿球温度计，根据干湿球温度计读数和测点处气体的压力，计算出排气的水分含量。

（2）测试装置 干湿球法测量装置如图 12-20 所示。

（3）测试步骤 检查湿球温度计纱布是否包好，然后将水注入盛水容器中。干湿球温度计的精度不应低于 1.5%；最小分度值不应大于 1℃。

打开采样孔，清除孔中的积灰。将采样管插入管道中心位置，封闭采样孔。当排气温度较低或水分含量较高时，采样管应保温或加热数分钟后，再开动抽气泵，以 15L/min 流量抽气；当干湿球温度计温度稳定后，记录干湿球温度和真空表的压力。

（4）计算 气体中水汽含量体积分数按下式计算：

$$X_{sw}=\frac{P_{bv}-0.00067(t_c-t_b)(B_a+P_b)}{B_a+P_s}\times100\%\qquad(12\text{-}14)$$

式中，X_{sw} 为排气中水分含量体积分数，%；P_{bv} 为温度为 t_b 时饱和水蒸气压力，根据 t_b 值，由室气饱和时水蒸气压力表中查得，Pa；t_b 为湿球温度，℃；t_c 为干球温度，℃；P_b 为通过湿球温度计表面的气体压力，Pa；B_a 为大气压，Pa；P_s 为测点处气体静压，Pa。

3. 重量法

（1）原理 由管道中抽取一定体积的气体，使之通过装有吸湿剂的吸湿管，气体中的水分被吸湿剂吸收，吸湿管的增重即为已知体积气体中含有的水分。

（2）采样装置 测量气体成分的采样装置如图 12-21 所示，其主要组成为头部带有颗粒物

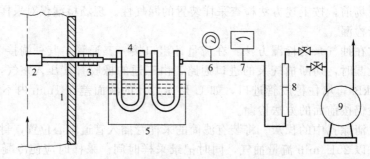

图 12-21 重量法测定排气水分含量装置

1—烟道；2—过滤器；3—加热器；4—吸湿管；5—冷却槽；6—真空压力表；
7—温度计；8—圈子流量计；9—抽气泵

过滤器的加热或保湿的气体采样管，装有氯化钙或硅胶吸湿剂的 U 形吸湿管（见图 12-22）或雪菲尔德吸湿管（见图 12-23）。真空压力表的精度应不低于 4%；温度计的精度应不小于 2.5%，最小分度值应不大于 2℃；转子流量计的精度应不低于 2.5%，测量范围 0~1.5L/min；抽气泵的流量为 2L/min，抽气能力应克服烟道及采样系统阻力，当流量计置于抽气泵出口端时抽气泵应不漏气。天平的感量应不大于 1mg。

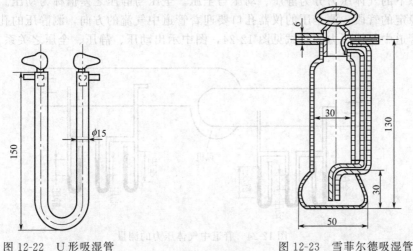

图 12-22　U 形吸湿管　　　　　　　　图 12-23　雪菲尔德吸湿管

（3）准备工作　将粒状吸湿剂装入 U 形吸湿管或雪菲尔德吸湿管内，并在吸湿管进出口两端充填少量玻璃棉，关闭吸湿管阀门，擦去表面的附着物后用天平称重。

（4）采样步骤　采样装置组装后应检查系统是否漏气。检查漏气的方法是将吸湿管前的连接橡胶管堵死，开动抽气泵至压力表指示的负压达到 13kPa 时，封闭连接抽气泵的橡胶管，此时如真空压力表的指示值在 1min 内下降值不超过 0.15kPa，则视为系统不漏气。

将装有滤筒的采样管由采样孔插入管道中心后，封闭采样孔对采样管进行预热。打开吸湿管阀门，以 1L/min 流量抽气，同时记录下开始的采样时间。采样时间视气体的水分含量大小而定，采集的水分量应不小于 10mg。

记录气体的温度，压力和流量的读数。采样结束，关闭抽气泵，记下采样终止时间。关闭吸湿管阀门，取下吸湿管擦净外表附着物称重。

（5）计算　气体中水分含量按下式计算：

$$X_{sw} = \frac{1.24 G_m}{V_d\left(\dfrac{273}{273 + t_r} \times \dfrac{B_a + B_r}{101300}\right) + 1.24 G_m} \times 100\% \tag{12-15}$$

式中，X_{sw} 为气体中水分含量体积分数，%；G_m 为吸湿管吸收水分的质量，g；V_d 为测量状况下抽取的干气体体积（$V_d \approx Q_r' t$），L；Q_r' 为转子流量计读数，L/min；t 为采样时间，min；t_r 为流量计前气体温度，℃；B_r 为流量计前气体压力，Pa；B_a 为大气压力，Pa；1.24 为在标准状态下 1g 水蒸气所占有的体积，L。

三、管道内压力的测试

1. 测定原理

对气体流动中的压力测量，至今还是广泛采用测压管进行接触式测量。其基本原理是：以位于流场中的压力接头表面上某一定点的压力值，来表示流场空间中某点的压力值。其根据为伯努利方程式，即理想流体绕流的位流理论。把伯努利方程式应用于未扰动的气流的静压 $p_{\infty f}$、速

度 v_∞，与绕流物体附近的气流的压力 p、速度 v，其之间的关系为：

$$\frac{1}{2}\rho v_\infty^2 + p_{\infty f} = \frac{1}{2}\rho v^2 + p \tag{12-16}$$

在任何绕流的物体上，都可以得到一些流动完全滞止，速度 v 为零的点，即驻点，该点上的压力 p 即为全压。

流动状态下的气体压力分为静压、动压与全压。全压与静压之差值称为动压。测量点应选择在气流比较稳定的管段。测全压的仪器孔口要迎着管道中气流的方向，测静压的孔口应垂直于气流的方向。管道中气体压力的测试见图 12-24，图中示出动压、静压、全压之关系。

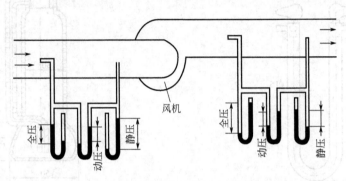

图 12-24 管道中气体压力的测量

2. 测量仪器

气体流动中的压力测量，首先使用皮托管感受出压力量，然后使用压力计测出具体数值。

（1）皮托管——标准型与 S 形 标准型皮托管（见图 12-25）是一个弯成 90°的双层同心圆形管，正前方有一开孔，与内管相通，用来测量全压。在距前端 6 倍直径处外管壁上开有一圈孔径为 1mm 的小孔，通至后端的侧出口，用于测量气体静压。

按照上述尺寸制作的皮托管其修正系数为 0.99 ± 0.01，如果未经标定，使用时可取修正系数 $K_p = 0.99$。

标准皮托管的测孔很小，当管道内颗粒物浓度大时，易被堵塞。因此该型皮托管只适用含尘较少的管道中使用。

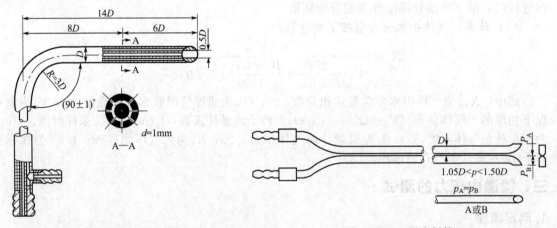

图 12-25 标准皮托管的结构   图 12-26 S 形皮托管

S 形皮托管见图 12-26，其由 3 根相同的金属管并联组成。测量端有方向相反的两个开口；测定时，面向气流的开口测得的压力为全压，背向气流的开口测得的压力小于静压。

S形皮托管校正系数一般在 0.80~0.85 之间。可在大直径的风管中使用，因不易被尘粒堵塞，因而在测试中广为应用。

为了解决皮托管差压小的问题，可以采用文丘里皮托管或称插入式文丘里管，它的全压测量管不变而将测静压管放到文丘里管（见图 12-27）或双文丘里管缩流处。

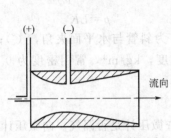

图 12-27 文丘里比托管示意

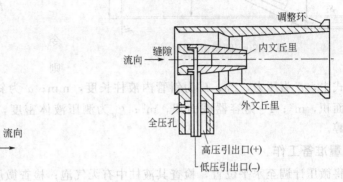

图 12-28 双文丘里比托管示意

由于缩流处流速快，其压力低于管道的静压，从而产生较大的差压。在相同流速下双文丘里皮托管产生的差压较皮托管约大 10 倍，这就为测量带来方便。这两种流量计体积小、压损小、安装方便，适用于测量大管道内烟气气体流量，但也应采取防堵措施。这类流量计的流速差压关系与其外形及使用的雷诺数 Re 范围有关，因此应选用经过标定、有可靠实验数据，可作为计算差压依据的产品，否则它的测量精度就受到影响。

图 12-28 为插入式双文丘里管。该文丘里管由于插入杆是悬臂的，在较小直径的管道内尚可使用，在大管道内其悬臂较长，稳定性差。图 12-29 为内藏式双文丘里管，它是由三个互成 120° 角的支撑固定在管道中心，所以稳定可靠。其流量可由下列经验公式计算：

$$Q = A + B \sqrt{\frac{\Delta p(p_H + p_O)(p_H + p_O + \Delta p)}{[C(p_H + p_O) + \Delta p](273.15 + t)}} \tag{12-17}$$

式中，Q 为流量值，m^3/h（标态）；t 为文丘里管测量段介质温度，℃；p_O 为测试时当地大气压力，Pa；p_H 为文丘里前端静压（表压），Pa；Δp 为文丘里管所取差压值 $\Delta p = p_1 - p_2$，Pa；A、B、C 为常数，由生产厂根据订货咨询处所提供的技术参数及风管截面的形状和尺寸计算并通过试验得出。

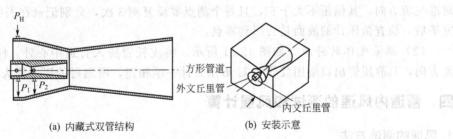

(a) 内藏式双管结构　　　　　(b) 安装示意

图 12-29 内藏式双文丘里管结构及安装示意

（2）U形压力计和斜管压力计　U形压力计由U形玻璃管或有机玻璃管制成，内装测压液体，常用测压液体有水、乙醇和汞，视被测压力范围选用。压力 p 按下式计算：

$$p = \rho g h \tag{12-18}$$

式中，p 为压力，Pa；h 为液柱差，mm；ρ 为液体密度，g/cm^3；g 为重力加速度，m/s^2。

倾斜微压计的构造如图 12-30 所示。测压时，将微压计容积开口与测定系统中压力较高的一

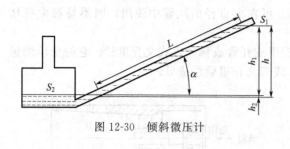

图 12-30　倾斜微压计

端相连。斜管与系统中压力较低的一端相连，作用于两个液面上的压力差。使液柱沿斜管上升，压力 p 按下式计算：

$$p = L\left(\sin\alpha \times \frac{F_1}{F_2}\right)\rho_g \tag{12-19}$$

令

$$K = \left(\sin\alpha \times \frac{F_1}{F_2}\right)\rho_g$$

则

$$p = LK \tag{12-20}$$

式中，p 为压力，Pa；L 为斜管内液柱长度，mm；α 为斜管与水平面夹角，(°)；F_1 为斜管截面积，m²；F_2 为容器截面积，m²；ρ_g 为测压液体密度，kg/m³，常用密度为 0.81kg/m³ 的乙醇。

3. 测量准备工作

将微压计调至水平位置，检查其液柱中有无气泡；检查微压计是否漏气。向微压计的正压端（或负压端）入口吹气（或吸气），迅速封闭该入口，如液柱位置不变，则表明该通路不漏气。再检查皮托管是否漏气，用橡胶管将全压管的出口与微压计的正压端连接，静压管的出口与微压计的负压端连接。由全压管测孔吹气后，迅速堵塞该测孔，如微压计的液柱位置不变，则表明全压管不漏气；此时再将静压测孔用橡胶管或胶布密封，然后打开全压测孔，此时微压计液柱将跌落至某一位置后不再继续跌落，则表明静压管不漏气。

4. 测试步骤

（1）测量气流的动压　如图 12-31 所示，将微压计的液面调整到零点，在皮托管上用白胶布标示出各测点应插入采样孔的位置。

将皮托管插入采样孔，如断面上无涡流，这时微压计读数应在零点；使用标准皮托管时，在插入烟道前应切断其与微压计的通路，以避免微压计中的酒精被吸入到连接管中，使压力测量产生错误。

测试时，应十分注意使皮托管的全压孔

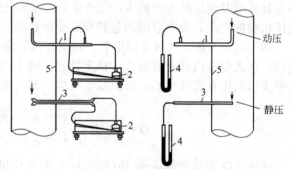

图 12-31　动压及静压的测定装置
1—标准皮托管；2—斜管微压计；3—S 形皮托管；4—U 形压力计；5—管道

对准气流方向，其偏压不大于 5°，且每个测点要反复测 3 次，分别记录在表中，取平均值。测试完毕后，检查微压计的液面是否回到零点。

（2）测量气体的静压　如图 12-31 所示。将皮托管插入管道中心处，使其全压测孔对正气流方向，其静压管出口端用胶管与 U 形压力计一端相连，所测得的压力即为静压。

四、管道内风速的测试和风量计算

1. 风速的测试方法

管道内风速的测试方法有间接式和直接式两种。

（1）间接式　先测某点动压，再按下式计算风速：

$$v_s = K_p\sqrt{\frac{2p_d}{p_s}} = 128.9K_p\sqrt{\frac{(273+t_s)p_d}{M_s(B_a+p_s)}} \tag{12-21}$$

当干气体成分与空气近似，气体露点温度在 35~55℃ 之间、气体的压力在 97~103kPa 之间时，v_s 可按下式计算：

$$v_s = 0.076 K_p \sqrt{273 + t_s} \sqrt{p_d} \tag{12-22}$$

对于接近常温、常压条件下（$t = 20℃$、$B_a + p_s = 101300 \text{Pa}$），管道的气流速度按下式计算：

$$v_a = 1.29 K_p \sqrt{p_d} \tag{12-23}$$

式中，v_s 为湿排气的气体流速，m/s；v_a 为常温、常压下管道的气流速度，m/s；B_a 为大气压力，Pa；K_p 为皮托管修正系数；p_d 为排气动压，Pa；p_s 为排气静压，Pa；M_s 为湿排气体的摩尔质量，kg/kmol；t_s 为气体温度，℃。

管道某一断面的平均速度 v_s 可根据断面上各测点测出的流速 v_{si}，由下式计算：

$$v_s = \frac{\sum_{i=1}^{n} v_{si}}{n} = 128.9 K_p \sqrt{\frac{273 + t_s}{M_s (B_a + p_s)}} \times \frac{\sum_{i=1}^{n} \sqrt{p_{di}}}{n} \tag{12-24}$$

式中，p_{di} 为某一测点的动压，Pa；n 为测点的数目。

当干气体成分与空气相似，气体露点温度在 $33 \sim 35℃$ 之间、气体绝对压力在 $97 \sim 103 \text{Pa}$ 之间时某一断面的平均气流速度按下式计算：

$$v_s = 0.076 K_p \sqrt{273 + t_s} \times \frac{\sum_{i=1}^{n} \sqrt{p_{di}}}{n} \tag{12-25}$$

对于接近常温、常压条件下（$t = 20℃$、$B_a + p_s = 101300 \text{Pa}$），则管道中某一断面的平均气流速度按下式计算：

$$v_s = 1.29 K_p \frac{\sum_{i=1}^{n} \sqrt{p_{di}}}{n} \tag{12-26}$$

此法虽烦琐，但精确度高，故在除尘装置的测试中较为广泛采用。

（2）直读式　常用的直读式测速仪是热球式热电风速仪、热线式热电风速仪和转轮风速仪。

热点仪器的传感器是测头，其中为镍铬丝弹簧圈，用低熔点的玻璃将其包成球或不包仍为线状。弹簧圈内有一对镍铬-康铜电热偶，用于测量球体的升温程度。测头用电加热，测头的温度会受到周围空气流速的影响，根据温度的大小，即可测得气流的速度。

仪器的测量部分采用电子放大线路和运算放大器，并用数字显示测量结果。其特点是使用方便，灵敏度高，测量范围为 $0.05 \sim 19.9 \text{m/s}$。

叶轮风速仪由叶轮和计数机构所组成，在仪表度盘上可以直接读出风速值。测量范围 $0.6 \sim 22 \text{m/s}$，精度 $\pm 0.2 \text{m/s}$。

2. 管道内流量的计算

气体流量的计算分为工况下、标准状态和常温、常压三种条件。

（1）工况条件下的湿气体流量　按下式计算：

$$Q_s = 3600 F v_p \tag{12-27}$$

式中，Q_s 为工况下湿气体流量，m^3/h；F 为测试断面面积，m^2；v_p 为测试断面的湿气体平均流速，m/s。

（2）标准状态下干气体流量　按下式计算：

$$Q_{sn} = Q_s \frac{B_a + p_s}{101300} \times \frac{273}{273 + t_s} (1 - X_{sw}) \tag{12-28}$$

式中，Q_{sn} 为标准状态下干气体流量，m^3/h；B_a 为大气压力，Pa；p_s 为气体静压，Pa；t_s

为气体温度，℃；X_{sw}为气体中水分含量体积分数，%。

（3）常温、常压条件下气体流量　按下式计算：

$$Q_a = 3600 F v_s \tag{12-29}$$

式中，Q_a为除尘管道中的气体流量，m^3/h。

五、管道内气体的露点测试

蒸汽开始凝结的温度称为露点，气体中都会含有一定量的水蒸气，气体中水蒸气的露点称为水露点；烟气中酸蒸气凝结温度称为酸露点。

在除尘工程中常用的测气体露点的方法有含湿量法、降湿法、电导加热法和光电法。用于测气体中SO_3和H_2O含量计算酸露点的方法，因SO_3的测试复杂而较少采用。

1. 含湿量法

含湿量法是利用测试含湿量求得露点，测得烟气的含湿量后，焓-湿图上可查得气体的露点。该法适用于测水露点。

2. 降温法

用带有温度计的U形管组（见图12-32）接上真空泵，连续抽取管道中的烟气，当其流经U形管组时逐渐降温，直至在某个U形管的管壁上产生结露现象，则该U形管上温度计指示的温度就是露点温度。此法虽不十分精确，但非常实用、可靠，既可测水露点也可测酸露点。

3. 电导加热法

该法是利用氯化锂电导加热测量元件测出气体中水蒸气分压和氯化锂溶液的饱和蒸气压相等时的平衡温度来测量气体的露点。其测量元件结构如图12-33所示：在一根细长的电阻温度计上套一玻璃丝管，在套管上平行地绕两根铂丝作为热电极，电极间浸涂以氯化锂溶液。当两级加以交换电压时，由于电流通过氯化锂溶液而产生热效应，使氯化锂蒸气压与周围气体水汽分压相等。当气体的湿度增加或减少时，氯化锂溶液则要吸收或蒸发水分而使电导率发生变化，从而引起电流的增大或减小，进而影响到氯化锂溶液的温度以及相应蒸气压的变化，直到最后与周围气体的水汽分压相等而达到新的平衡。这时由铂电阻温度计测得的平衡温度与露点有一定的关系。

这种温度计的测量误差为±1℃，测量范围为-45～60℃，反应时间一般小于1min。由于该露点计结构简单，性能稳定，使用寿命长，因此应用较为广泛。

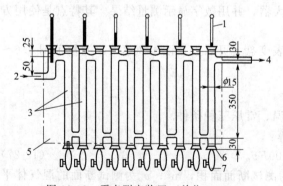

图 12-32　露点测定装置（单位：mm）

1—温度计；2—气体入口；3—U形管；4—气体出口；
5—框架；6—旋塞；7—三通

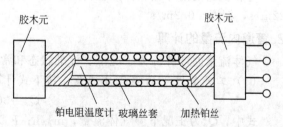

图 12-33　氯化锂露点检测元件结构示意

4. 光电法

利用光电原理制作的光电冷凝式露点计的工作原理如图12-34所示。当气体样品由进口处进入测量室并通过镜面，镜面被热交换半导体制冷器冷却至露点时，镜面上开始结露，反射光的强度减弱。用光电检测器接收反射光面产生电信号，控制热交换半导体制冷器的功率，使镜面保持在恒定露点的湿度。通过测量反射镜表面的湿度即可测得气体的露点。

该温度计的最大优点在于可进行自动连续测量。测量范围为$-80\sim50℃$，测量误差小于$2℃$。其缺点为结构复杂，价格昂贵，仪器易受空气中的灰尘及其他干扰物质（如汞蒸气、酒精、盐类等）的影响。

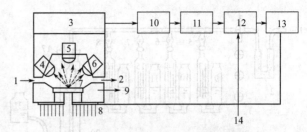

图 12-34　光电冷凝式露点计工作原理
1—样气进口；2—样气出口；3—光敏桥路；4—光源；5—散射
光检测器；6—直接光检测器；7—镜面；8—热交换半导体
制冷器；9—测温元件；10—放大器；11—脉冲电路；
12—可控硅整流器；13—直流电源；14—交流电源

六、管道内气体密度的测试

气体的密度在许多情况下需要测试和计算。气体密度和其分子量、气温、气压的关系由下式计算：

$$\rho_s = \frac{M_s(B_a + p_s)}{8312(273 + t_s)} \tag{12-30}$$

式中，ρ_s 为气体的密度，kg/m^3；M_s 为气体的气体摩尔质量，$kg/kmol$；B_a 为大气压力，Pa；p_s 为气体的静压，Pa；t_s 为气体的温度，$℃$。

（1）标准状态下湿气体的密度　按下式计算：

$$\rho_n = \frac{M_s}{22.4} = \frac{1}{22.4}[M_{O_2}X_{O_2} + M_{CO}X_{CO} + M_{CO_2}X_{CO_2} + M_{N_2}X_{N_2}(1 - X_{sw}) + M_{H_2O}X_{H_2O}]$$

$$\tag{12-31}$$

式中，ρ_n 为标准状态下的湿气体密度，kg/m^3；M_s 为湿气体的摩尔质量，$kg/kmol$；M_{O_2}、M_{CO}、M_{CO_2}、M_{N_2}、M_{H_2O} 分别为气体中氧气、一氧化碳、二氧化碳、氮气和水的摩尔质量，$kg/kmol$；X_{O_2}、X_{CO}、X_{CO_2}、X_{N_2}、X_{H_2O} 分别为干气体中气体中氧气、一氧化碳、二氧化碳、氮气和水蒸气的体积分数，%；X_{sw} 为气体中水分含量的体积分数，%。

（2）测量工况状态下管道内湿气体的密度　按下式计算：

$$\rho_s = \rho_n \frac{273}{273 + t_s} \times \frac{B_a + p_s}{101300} \tag{12-32}$$

式中，ρ_s 为测试状态下管道内湿气体的密度，kg/m^3；p_s 为气体的静压，Pa；其他符号意义同前。

七、管道内气体成分的测试

气体成分的测试通常采用奥氏气体分析仪法。其原理是用不同的吸收液分别对气体各成分逐一进行吸收，根据吸收前、后气体体积的变化，计算出该成分在气体中所占的体积分数。

采样装置由带有滤尘头的内径 $\phi6mm$ 聚四氟乙烯或不锈钢采样管、二连球或便携式抽气泵和球胆或铝箔袋组成。奥氏气体分析仪装置如图 12-35 所示。

测试时使用的试剂为各种分析纯化学试剂。氢氧化钾溶液是将 75.0g 氢氧化钾溶于 150.0mL 的蒸馏水中，将该溶液装入吸收瓶 16 中。

焦性没食子酸碱溶液是将称取 20g 焦性没食子酸溶于 40.0mL 蒸馏水中，55.0g 氢氧化钾溶

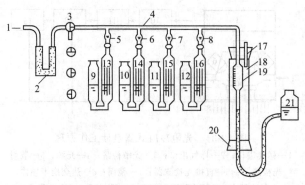

图 12-35　奥氏气体分析仪
1—进气管；2—干燥器；3—三通旋塞；4—梳形管；5～8—旋塞；
9～12—缓冲瓶；13～16—吸收瓶；17—温度计；
18—水套管；19—量气管；20—胶塞；21—水准瓶

于 110.0mL 蒸馏水中，将两种溶液装入吸收瓶 15 内混合。为使溶液与室气完全隔绝，防止氧化，可在缓冲瓶 11 内加入少量液体石蜡。

铜氨铬离子溶液是称取 250.0g 氯化铵，溶于 750.0mL 蒸馏水中，过滤于装有铜丝或铜柱的 1000mL 细口瓶中，再加上 200.0g 氯化亚铜，将瓶口封严，置放数日至溶液褪色，使用时量取该溶液 105.0mL 和 45.0mL 浓氨水，混匀，装入吸收瓶 14 中。

封闭液是含 5% 硫酸的氯化钠饱和溶液约 500mL，加入 1mL 甲基橙指示溶液，取 1500mL 装入吸收瓶 13。其余的溶液装入水准瓶 21 内。

采样步骤分为 3 步：a. 将采样管、二连球（或便携式抽气泵）与球胆（或铝箔袋）连好；b. 将采样管插入到管道近中心处，封闭采样孔；c. 用二连球或抽气泵将气体抽入球胆或铝箔袋中，用气体反复冲洗排空 3 次，最后采集约 500mL 气体样品，待分析。

分析按如下步骤进行：

（1）检查奥氏气体分析仪的严密性　将吸收液液面提升到旋塞 5、6、7、8 的下标线处，关闭旋塞，此时各吸收瓶中的吸收液液面应不下降。打开三通旋塞 3，提升水准瓶，使量气管 19 中的液面位于 50mL 刻度处。关闭旋塞 3，再降低水准瓶，量气管中液位在 2～3min 不发生变化。

（2）取样方法　将盛有气样的球胆或铝箔袋连接奥氏气体分析器的进气管 1，三通旋塞 3 联通大气，提高水准瓶，使量气管 19 液面至 100mL 处，然后将旋塞 3 联通气体样品，降低水准瓶，使量气管液面降至零处，再将旋塞 3 联通大气，提高水准瓶，排出气体，这样反复 2～3 次，以冲洗整个气体采样装置系统，排除系统中残余空气。

将旋塞 3 联通气样，取气体样品 100mL，取样时使量气管中液面降至零点稍下，并保持水准瓶液面与量气管液面在同一水平面上。此时关闭旋塞 3，待气样冷却 2min 左右，提高水准瓶，使量气管内凹液面对准"0"刻度。

（3）分析顺序　首先稍提高水准瓶，再打开旋塞 8 将气样送入吸收瓶，往复吹送烟气样品 4～5 次后，将吸收瓶 16 吸收液液面恢复至原位标线，关闭旋塞 8，对齐量气管和水准瓶液面，读数。为了检查是否吸收完全，打开旋塞 8 重复上述操作，往复抽送气样 2～3 次，关闭旋塞 8，读数。若两次读数相等则表示吸收完全，记下量气管体积。该体积为 CO_2 被吸收后气体的体积 a。

再用吸收瓶 15、14、13 分别吸收气体中的氧、一氧化碳和吸收过程中释放出的氨气。操作方法同上，读数分别为 b 和 c。

分析完毕，将水准瓶抬高，打开旋塞 3 排出仪器中的气体，关闭旋塞 3 后再降低水准瓶，以免吸入空气。

（4）浓度计算　气体中各成分浓度为：

$$二氧化碳 \quad X_{CO_2} = (100 - a)\% \tag{12-33}$$

$$氧气 \quad X_{O_2} = (a - b)\% \tag{12-34}$$

$$一氧化碳 \quad X_{CO} = (b - c)\% \tag{12-35}$$

$$氮气 \quad X_{N_2} = c\% \tag{12-36}$$

式中，a、b、c 分别为 CO_2、O_2、CO 被吸收后烟气体积的剩余量，mL；"100" 为所取的气体体积，mL。

第四节
集气吸尘罩性能测试

集气吸尘罩性能包括罩口速度、吸尘罩风量及吸尘罩的流体阻力、吸尘罩内气体温度、湿度、露点等按管道内气体测定方法。专门研究吸尘罩时还要测定流场情况，这里不再赘述。

一、罩口风速测定

罩口风速测定一般用匀速移动法和定点法测定。

① 匀速移动法测定吸尘罩口风速常用叶轮式风速仪测定。对于罩口面积小于 $0.3m^2$ 时的吸尘罩口，可将风速仪沿整个罩口断面按图 12-36 所示的路线慢慢地匀速移动，移动时风速仪不得离开测定平面，此时测得的结果是罩口平均风速。此法须进行 3 次，取其平均值。

② 定点测定法测定吸尘罩口风速常用热线或热球式热电风速仪测定。对于矩形排风罩，按罩口断面的大小，把它分成若干个面积相等的小块，在每个小块的中心处测量其气流速度。断面积大于 $0.3m^2$ 的罩口，可分成 $9\sim12$ 个小块测量，每个小块的面积小于 $0.06m^2$，如图 12-37(a)所示；断面积不大于 $0.03m^2$ 的罩口，可取 6 个测点测量，如图 12-37(b)所示；对于条缝形排风罩，在其高度方向至少应有两个测点，沿条缝长度方向根据其长度可以分别取若干个测点，测点间距不小于 200mm，如图 12-37(c)所示；对于圆形排风罩，则至少取 5 个测点，测点间距不大于 200mm，如图 12-37(d)所示。

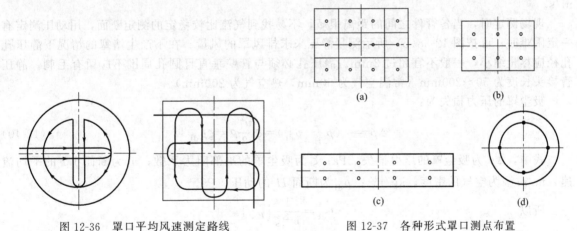

图 12-36　罩口平均风速测定路线　　　　　图 12-37　各种形式罩口测点布置

吸尘罩罩口平均风速按下式计算：

$$v_p = \frac{v_1 + v_2 + v_3 + \cdots + v_n}{n} \qquad (12\text{-}37)$$

式中，v_p 为罩口平均风速，m/s；v_1、v_2、v_3、$\cdots$、v_n 分别为各测点的风速，m/s；n 为测点总数，个。

二、吸尘罩压力损失的测定

吸尘罩压力损失的测定装置如图 12-38 所示。

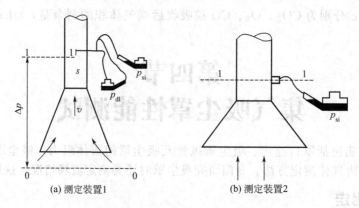

(a) 测定装置1   (b) 测定装置2

图 12-38　吸尘罩压力损失的测定装置

吸尘罩罩口断面 0-0 与 1-1 断面的全压差即为排风罩的压力损失 Δp_0。因 0-0 断面上全压为 0，所以

$$\Delta p = p_0 - p_1 = 0 - (p_{si} - p_{dl}) \tag{12-38}$$

式中，Δp 为排风罩的压力损失，Pa；p_0 为罩口断面的全压，Pa；p_1 为 1-1 断面的全压，Pa；p_{si} 为 1-1 断面的静压，Pa；p_{dl} 为 1-1 断面的动压，Pa。

三、吸尘罩风量的测定

如图 12-38(a) 所示，测出断面 1-1 上各测点流速的平均值 v_p，则吸尘罩的排风量为：

$$Q = v_p S \times 3600 \tag{12-39}$$

式中，Q 为吸尘罩排风量，m^3/h；S 为罩口管道断面积，m^2；v_p 为测定断面上平均风速，m/s。

现场测定时，当各管件之间的距离很短，不易找到气流比较稳定的测定断面，用动压测定有一定困难时，可按图 12-38(b) 所示测量静压来求排风罩的风量。在不产生堵塞的情况下静压孔孔径应尽量缩小，一般不宜超过 2mm。静压孔必须与管壁垂直且圆孔周围不应留有毛刺。静压管接头长度为 50～200mm（常温空气为 50mm，热空气为 200mm）。

吸尘罩的压力损失为：

$$\Delta p = -(p_{si} - p_{dl}) = \zeta \frac{v_1^2}{2} \rho = \zeta p_{dl} \tag{12-40}$$

式中，Δp 为吸尘罩的压力损失，Pa；ζ 为吸尘罩的局部阻力系数；v_1 为断面 1-1 的平均流速，m/s；ρ 为空气的密度，kg/m^3；p_{dl} 为断面 H 的动压，Pa。

所以

$$p_{dl} = \frac{1}{1+\zeta} |p_{si}|$$

$$v_1 = \frac{1}{\sqrt{1+\zeta}} \sqrt{\frac{2}{\rho} |p_{si}|} = \mu \sqrt{\frac{2|p_{si}|}{\rho}} \tag{12-41}$$

上式中 $\frac{1}{\sqrt{1+\zeta}} = \mu$，$\mu$ 称为流量系数。对于形状一定的吸尘罩，ζ 值是一个常数，所以流量系数 μ 值也是一个常数。各种吸尘罩的流量系数 μ 值见表 12-8。

局部吸尘罩的排风量 Q 为：

$$Q = 3600 v_1 S_1 = 3600 \mu S_1 \sqrt{\frac{2|p_{si}|}{\rho}} \tag{12-42}$$

式中，Q 为局部吸尘罩的排风量，m^3/h；S_1 为断面 1-1 的面积，m^2；μ 为吸尘罩的流量系数；p_{si} 为断面 1-1 的压力，Pa；ρ 为气体的密度，kg/m^3。

表 12-8　各种排风罩的流量系数

名　　称	喇叭口	圆锥或矩形变圆形	圆锥或矩形加弯头	简单管道端头	有边管道端头
吸尘罩形状					
流量系数	0.98	0.9	0.82	0.72	0.82
名　　称	有弯头的简单管道端头	吸尘罩（例如在化铅锅上面的）	工作台排气格栅下接锥体和弯头	砂轮罩	封闭室（内部压力可以忽略）
吸尘罩形状					
流量系数	0.62	0.9	0.82	0.8	0.82

第五节
除尘器性能测试

一、粉尘浓度测试和除尘效率测试

粉尘在管道中的浓度分布是不均匀的，为尽可能获得具有代表性的粉尘样品，除了前面已阐述过的要科学、合理地选择测量位置外，尚需保持在未被干扰气流中的气流速度与进入采样嘴的气流速度相等的条件下进行采样，即等速采样。这是很重要的，是对粉尘采样的基本要求。

等速采样原理是将烟尘采样管由采样孔插入烟道中，使采样嘴置于测点上，正对气流方向，按颗粒物等速采样原理，采样嘴的吸气速度与测点处气流速度相等，其相对误差应在 $-5\% \sim 10\%$ 之内，轴向取一定量的含尘气体。根据采样管滤筒上所捕集到的颗粒物量和同时抽取气体量，计算出气体中颗粒物浓度。

1. 气体中粉尘采样方法

维持颗粒物等速采样的方法有普通型采样管法（即预测流速法）、皮托管平行测速采样法、动压平衡型采样管法和静压平衡型采样管法 4 种，根据不同测量对象的状况，选用适宜的测试方法。

（1）普通型采样管法　使用普通采样管采样一般采用此法。采样前需预先测出各采样点的气体温度、压力、含湿量、气体成分和流速等，根据测得的各点的流速、气体状态参数和选用的采样嘴直径计算出各采样点的等速采样流量，然后接该流量进行采样。等速采样的流量按下式计算：

$$Q'_r = 0.00047 d^2 v_s \left(\frac{B_a + P_s}{273 + t_s}\right) \left[\frac{M_{sd}(273 + t_r)}{B_a + P_r}\right]^{\frac{1}{2}} (1 - X_{sw}) \tag{12-43}$$

式中，Q_r'为等速采样转子流量计读数，L/min；d为等速采样选用的采样嘴直径，mm；v_s为测点处的气体流量，m/s；B_a为大气压力，Pa；P_s为管道气体静压，Pa；P_r为转子流量计前气体压力，Pa；t_s为管道气体温度，℃；t_r为转子流量计前气体温度，℃；M_{sd}为管道干气体的摩尔质量，kg/kmol；X_{sw}为管道气体中水分含量体积分数，%。

当干气体的成分和空气近似时，等速采样流量按下式计算：

$$Q_r' = 0.0025d^2 v_s \left(\frac{B_a + P_s}{273 + t_s}\right)\left(\frac{273 + t_r}{B_a + P_r}\right)^{\frac{1}{2}}(1 - X_{sw}) \tag{12-44}$$

普通型采样管法适用于工况比较稳定的污染源采样，尤其是在管道气流速度低，高温、高湿、高粉尘浓度的情况下，均有较好的适应性，并可配用惯性尘粒分级仪测量颗粒物的粒径分级组成。该采样法的装置如图12-39所示。由普通型采样管、颗粒物捕集器、冷凝器、干燥器、流量计、抽气泵、控制装置等几部分组成，当气体中含有二氧化硫等腐蚀性气体时，在采样管出口处应设置腐蚀性气体的净化装置（如双氧水洗涤瓶等）。

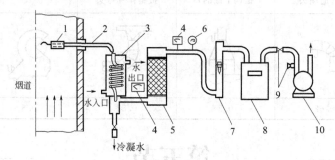

图 12-39　普通型采样管采样装置

1—滤筒；2—采样管；3—冷凝器；4—温度计；5—干燥器；6—真空压力表；
7—转子流量计；8—累积流量计；9—调节阀；10—抽气泵

采样管有玻璃纤维滤筒采样管和刚玉滤筒采样管两种。

① 玻璃纤维滤筒采样管。由采样嘴、前弯管、滤筒夹、滤筒、采样管主体等部分组成（见图12-40）。滤筒由滤筒夹顶部装入，靠入口处两个锥度相同和圆锥环夹紧固定。在滤筒外部有一个与其外形一样而尺寸稍大的多孔不锈钢托，用于承托滤筒，以防采样时滤筒破裂。采样管各部件均用不锈钢制作及焊接。

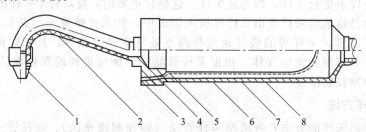

图 12-40　玻璃纤维滤筒采样管

1—采样嘴；2—前弯管；3—滤筒夹压盖；4—滤筒夹；5—滤筒夹；
6—不锈钢托；7—采样管主体；8—滤筒

② 刚玉滤筒采样管。由采样嘴、前弯管、滤筒夹、刚玉滤筒、滤筒托、耐高温弹簧、石棉垫圈、采样管主体等部分组成（见图12-41）。刚玉滤筒由滤筒夹后部放入，滤筒托、耐高温弹簧和滤筒夹可调后体紧压在滤筒夹前体上。滤筒进口与滤筒夹前体和滤筒夹与采样管接口处用石棉或石墨垫圈密封。采样管各部件均用不锈钢制作和焊接。

用于采样的采样嘴，入口角度应大于45°，与前弯管连接的一端内径d_1应与连接管内径相同，不得有急剧的断面变化和弯曲（见图 12-42）。入口边缘厚度应不大于 0.2mm，入口直径 d 偏差应不大于 ±0.1mm，其最小直径应不小于 5mm。

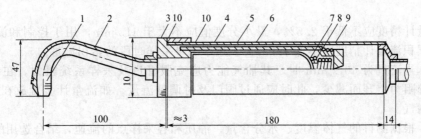

图 12-41　刚玉滤筒采样管（单位：mm）

1—采样嘴；2—前弯管；3—滤筒夹前体；4—采样管主体；5—滤筒夹中体；
6—刚玉滤筒；7—滤筒托；8—耐高温弹簧；9—滤筒夹后体；10—石棉垫圈

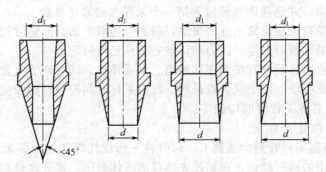

图 12-42　采样嘴

用于采样的滤筒有玻璃纤滤筒和刚玉滤筒介绍如下。

① 玻璃纤维滤筒。由玻璃纤维制成，有直径 32mm 和 25mm 两种。对 0.5μm 的粒子捕集效率应不低于 99.9%，失重应不大于 2mg，适用温度为 500℃ 以下。

② 刚玉滤筒。由刚玉砂等烧结而成。规格为 φ28mm（外径）×100mm，壁厚 1.5mm±0.3mm。对 0.5μm 的离子捕集效率应不低于 99%，失重应不大于 2mg，适用温度为 1000℃ 以下。空白滤筒阻力，当流量为 20L/min 时应不大于 4kPa。

几种滤筒的规格和性能见表 12-9。

表 12-9　几种滤筒的规格和性能

种　类	规　格/mm		最高使用温度/℃	空载阻力/Pa	质量/g
	直径	长			
玻璃纤维滤筒	32	120	400	700~800	1.7~2.2
玻璃纤维滤筒	25	70	400	1500~1800	0.8~1.0
刚玉滤筒	28	100	1000	1333~5336	20~30

流量计量箱包括冷凝水收集器、干燥器、温度计、真空压力表、转子流量计和根据需要加装的累积流量计等。

冷凝水收集器用于分离、贮存采样管、连接管中冷凝下来的水。冷凝水收集器容积应不小于 100mL，放水开关关闭时应不漏气。出口处应装有温度计，用于测量气体的露点温度。

干燥器容积不应小于 0.8L，高度不小于 150mm，内装硅胶，气体出口应有过滤装置，装料口应有密封圈，用于干燥进入流量计前的湿气体，使进入流量计气体呈干燥状态。

温度计精确度应不低于 2.5%，温度范围 −10~60℃，最小分度值应不大于 2℃，分别用于测量气体的露点和进入流量计的气体温度。

真空压力表精度应不低于 4%，最小分度值应不大于 0.5kPa，用于测量进入流量计的气体压力。

转子流量计精度应不低于 2.5%，最小分度值应不大于 1L/min，用于控制和测量采样时的瞬时流量。累积流量计精度应不低于 2.5%，用于测量采样时段的累积流量。

抽气泵，当流量为 40L/min 时，其抽气能力应克服管道及采样系统阻力。在抽气过程中，流量会随系统阻力上升而减少，此时应通过阀门及时调整流量。如流量计装置放在抽气泵出口，抽气泵应不漏气。

测试时，根据测得的气体温度、水分含量、静压和各采样点的流速，结合选用的采样嘴直径算出各采样点的等速采样流量。装上所选定的采样嘴，开动抽气泵调整流量至第一个采样点所需的等速采样流量，关闭抽气泵。记下累积流量计读数 v_1。

将采样管插入管道中第一采样点处，将采样孔封闭，使采样嘴对准气流方向，其偏差不得大于 5°，然后开动抽气泵，并迅速调整流量到第一个采样点的采样流量。

采样时间，由于颗粒物在滤筒上逐渐聚集，阻力会逐渐增加，需随时调节控制阀以保持等速采样流量，并记录流量计前的温度、压力和该点的采样延续时间。

第一点采样后，立即将采样管按顺序移到第二个采样点，同时调节流量至第二个采样点所需的等速采样流程；以此类推，按序在各点采样。每点采样时间视颗粒物浓度而定，原则上每点采样时间不少于 3min。各点采样时间应相等。

（2）皮托管平行测速采样法

1）原理。在普通型采样管测尘装置上，同时将 S 形皮托管和热电偶温度计固定在一起，三个测头一起插入管道中的同一测点，根据预先测得的气体静压、水分含量和当时测得的动压、温度等参数，结合选用的采样嘴直径，由编有程序的计算器及时算出等速采样流量（等速采样流量的计算与预测流速法相同）。调节采样流量至所需的转子流量计读数进行采样。采样流量与计算的等速采样流量之差应在 10% 以内。该法的特点是当工况发生变化时，可根据所测得的流速等参数值及时调节采样流量，保证颗粒物的等速采样条件。

2）采样装置。整个装置由普通型采样管除硫干燥器和与之平行放置的 S 形皮托管、热电偶温度计、抽气泵等部分组成（见图 12-43）。

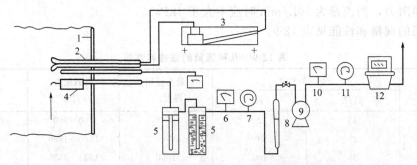

图 12-43 皮托管平行测速采样法固体颗粒物采样装置
1—烟道；2—皮托管；3—斜管微压计；4—采样管；5—除硫干燥器；6—温度计；7—真空压力表；
8—转子流量计；9—真空泵；10—温度计；11—压力表；12—累积流量

① 组合采样管。由普通型采样管和与之平行放置的 S 形皮托管、热电偶温度计固定在一起组成，其之间相对位置如图 12-44 所示。

② 除硫干燥器。由气体洗涤瓶（内装 3% 双氧水约 600~800mL）和干燥器串联组成。

③ 流量计箱。由温度计、真空压力表、转子流量计和累积流量计等组成。

3）注意事项

① 将组合采样管旋转 90°，使采样嘴及 S 形皮托管全压测孔正对着气流。开动抽气泵，记录采样开始时间，迅速调节采样流量到第一测点所需的等速采样流量值 Q'_{r1} 进行采样。采样流量与计算的等速采样流量之差应在 10% 以内。

② 采样期间当管道中气体的动压、温度等有较大变化时，需随时将有关参数输入计算器，重新计算等速采样流量，并调节流量计至所需的等速采样流量。另外，由于颗粒物在滤筒内壁逐渐聚集，使其阻力增加，也需及时调节控制阀以保持等速采样流量。记录烟气的温度、动压、流量计前的气体温度、压力及该点的采样延续时间。

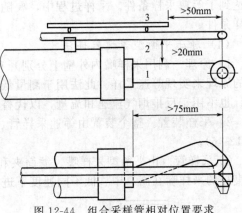

图 12-44 组合采样管相对位置要求
1—采样管；2—S 形皮托管；3—热电偶温度计

③ 当第一点采样后，立即将采样嘴移至第二点。根据在第二点所测得的动压 P_d、烟气温度 t，计算出第二点的等速采样流量 Q_{r2}，迅速调整采样流量到 Q_{r2}，继续进行采样。依此类推，每点采样时间视尘粒浓度而定，但不得少于 3min，各点采样时间应相等。

④ 采样结束后，将采样嘴背向气流，切断电源，关闭采样管路，避免由于管路负压将尘粒倒吸出去，取出采样管时切勿倒置，以免将灰尘倒出。

⑤ 用镊子将滤筒取出，轻轻敲打管嘴并用毛刷将附着在管嘴内的尘粒刷到滤筒中，折叠封口后，放入盒中保存。

⑥ 每次至少采取 3 个样品，取平均值。

⑦ 采样后应再测量一次采样点的流速，与采样前的流速相比，两者差>20%，则样品作废，重新采样。

（3）动压平衡型等速采样法

1）原理。利用装置在采样管中的孔板在采样抽气时产生的压差和采样管平行放置的皮托管所测出的气体动压相等来实现等速采样。此法的特点是当工况发生变化时，它通过双联斜管微压计的指示，可及时调节采样流量，以保证等速采样的条件。

2）采样装置。由等速采样管、双联斜管微压计、流量计量箱和抽气泵部分组成（见图 12-45）。

① 等速采样管。由滤筒采样管和与之平行放置的 S 形皮托管构成。除采样管的滤筒夹后装有孔板，用于控制等速采样流量，其他均与

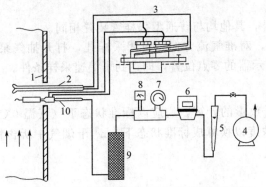

图 12-45 动压平衡型等速采样法粉尘采样装置
1—烟道；2—皮托管；3—双联斜管微压计；4—抽气泵；5—转子流量计；6—累积流量计；7—真空压力表；8—温度计；9—干燥器；10—采样管

通用的滤筒采样管和 S 形皮托管相同。S 形皮托管用于测量采样点的气流动压。标定时孔板上游应维持 3kPa 的真空度，孔板的系数和 S 形皮托管的系数应<2%。为适应不同速度气体采样，采样嘴直径通常制作成 6mm、8mm、10mm 三种。

② 双联斜管微压计。用来测量 S 形皮托管的动压和孔板的压差，两微压计之间的误差<5Pa。

③ 流量计量箱。除增加累积流量计外，其他与普通型采样管法相同。

3）注意事项。打开抽气泵，调节采样流量，使孔板的差压读数等于皮托管的气体动压读数，

即达到了等速采样条件。采样过程中，要随时注意调节流量，使两微压计读数相等，以保持等速采样条件。

（4）静压平衡型等速采样法

1）原理。利用采样嘴内外壁上分别开有测静压的条缝，调节采样流量使采样嘴内外静压平衡的原理来实现等速采样。此法用于测量低含量浓度及尘粒黏结性强的场合下，则其应用受到限制，也不用于反推烟气流速和流量，以代替流速流量的测量。

2）采样装置。整个装置由等速采样管、压力偏差指示器、流量计量箱和抽气泵等组成（见图 12-46）。

① 采样管。由平衡型采样嘴、滤筒夹和连接管 3 部分组成（见图 12-47）。应在风洞中对不同直径的采样嘴在高、中、低不同速度下进行标定，至少各标定 3 点，其等速误差<±5%。

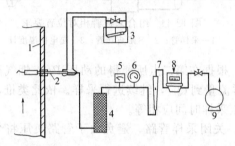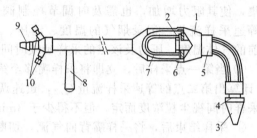

图 12-46　静压平衡型等速采样法粉尘采样装置
1—烟道；2—采样管；3—压力偏差指示器；4—TMtU；
5—温度计；6—真空压力表；7—转子流量计；
8—累积流量计；9—抽气泵

图 12-47　静压平衡型采样管结构
1—紧固连接套；2—滤筒压环；3—采样嘴；4—内套管；
5—取样座；6—垫片；7—滤筒；8—手柄；
9—采样管抽气接头；10—静压管出口接头

② 压力偏差指示器。其为一个倾角很小的指零微压计，用以指示采样嘴内外静压条缝处的静压差。零前后的最小分度值<2Pa。

③ 流量计量箱和抽气泵。除增加累积流量计外，其他均与普通型采样管装置相同。

3）注意事项。将采样管插入管道的第一测点，对准气流方向，封闭采样孔，打开抽气泵，同时调节流量，使管嘴内外静压平衡在压力偏差指示器的零点位置，即达到了等速采样条件。

2. 排放浓度的计算

根据国家排放标准的规定，粉尘排放浓度和排放量的计算，均应以标准状态下（气温 0℃，大气压力 101325Pa）干空气作为计算状态。粉尘浓度以换算成标准状态下 1m³ 干烟气中所含粉尘质量（mg/m³）表示，以便统一计算污染物含量。

（1）测量工况下烟尘浓度　按下式计算：

$$C = \frac{G}{q_r t} \times 10^3 \tag{12-45}$$

式中，C 为粉尘浓度，mg/m³；G 为捕集装置捕集的粉尘质量，mg；q_r 为由转子流量计读出的湿烟气平均采样量，L/min；t 为采样时间，min。

（2）标准状况下烟尘浓度的计算　按下式计算：

$$C_g = \frac{G}{q_0} \tag{12-46}$$

式中，C_g 为标准状况下粉尘浓度，mg/m³；G 为捕集装置捕集的粉尘质量，mg；q_0 为标准状况下的采气采样量，L。

（3）管道测定断面上粉尘的平均浓度　根据所划分的各个断面测点上测得的粉尘浓度，按下式求出整个管道测定断面上的粉尘平均浓度：

$$\overline{C}_P = \frac{C_1' F_1 v_{s1} + C_2' F_2 v_{s2} + \cdots + C_n' F_n v_{sn}}{F_1 v_{s1} + F_2 v_{s2} + \cdots + F_n v_{sn}} \tag{12-47}$$

式中，$\overline{C}_P$ 为测定断面的平均粉尘浓度，mg/m^3；C_1'、C_2'、$\cdots$、C_n' 为各划分断面上测点的粉尘浓度，mg/m^3；F_1、F_2、$\cdots$、F_n 为所划分的各个断面的面积，m^2；v_{s1}、v_{s2}、$\cdots$、v_{sn} 为各划分断面上测点的气流流速，m/s。

应指出，采用移动采样法进行测试时，亦要按上式进行计算。如果等速采样速度不变，利用同一捕尘装置一次完成整个管道测定断面上各测点的移动采样，则测得的粉尘浓度值即为整个管道测定断面上粉尘的平均浓度。

（4）工业锅炉和工业窑炉粉尘排放质量浓度　应将实测质量浓度折算成过量空气系数为 α 时的粉尘浓度，计算公式为：

$$C' = C \frac{\alpha'}{\alpha} \tag{12-48}$$

式中，C' 为折算后的粉尘排放质量浓度，mg/m^3；C 为实测粉尘的排放质量浓度，mg/m^3；α' 为实测过量空气系数；α 为粉尘排放标准中规定的过量空气系数，工业锅炉为 $1.2 \sim 1.7$，工业窑炉为 1.5，电锅炉为 1.4 和 1.7，视炉型而定。

测试点实测的过量空气系数 α'，按下式计算：

$$\alpha' = \frac{21}{21 - X_{O_2}} \tag{12-49}$$

式中，X_{O_2} 为烟气中氧的体积分数，例如含氧量为 12% 时，X_{O_2} 代入 12。

3. 除尘效率的测试和透过率计算

除尘效率是除尘器捕集粉尘的能力，是反映除尘器效能的技术指标。除尘器在同一时间内捕集粉尘量占进入除尘器总粉尘量的比率称之为除尘效率，以 % 表示。其实质上反映了除尘器捕集进入除尘器全部粉尘的平均效率，通常用下述两种方法测定。

（1）根据除尘器的进、出口管道内粉尘浓度求除尘效率：

$$\eta = \frac{G_B - G_E}{G_B} = 1 - \frac{G_E}{G_B} = 1 - \frac{Q_E C_E}{Q_B C_B} \tag{12-50}$$

式中，η 为除尘器的平均除尘效率，%；G_B、G_E 为单位时间进入除尘器和离开除尘器的尘量，g/h；Q_B、Q_E 分别为单位时间进入和离开除尘器的风量，dm^3/h；C_B、C_E 分别为除尘器进、出口气体的含尘浓度，mg/dm^3 或 g/dm^3。

除尘器实际上是存在漏风的问题。当除尘器在负压下运行时，若不考虑漏风的影响，则所测得的除尘效率较实际效率偏高；在正压运行时，忽视了漏风的影响，则所测得的除尘效率又较实际效率偏低。设漏风量 $\Delta Q = Q_B - Q_E$，代入式（12-50）得：

$$\eta = 1 - \frac{C_E}{C_B} + \frac{\Delta Q C_E}{Q_B C_B} \tag{12-51}$$

当漏风量很小时，$Q_B \gg \Delta Q$，则上式为：

$$\eta = 1 - \frac{C_E}{C_B} \tag{12-52}$$

（2）根据除尘器进口管道内的粉尘浓度和除尘器捕集下来的粉尘量求除尘效率：

$$\eta = \frac{M_G \times 1000}{G_B} = \frac{M_G \times 1000}{Q_B C_B} \tag{12-53}$$

式中，M_G 为除尘器单位时间捕集下来的粉尘量，kg/h；C_B 为除尘器进口气体含尘浓度，g/dm^3。

当进入除尘器的烟尘浓度或温度较高而需预处理（预收尘或降温）时，将几级除尘器串联使用，且每一级除尘器的除尘效率为 η_1、η_2、$\cdots$、η_n，则其总除尘效率可按下式计算：

$$\eta = 1 - (1 - \eta_1)(1 - \eta_2) \cdots (1 - \eta_n)$$

透过率是指含尘气体通过除尘器，在同一时间内没有被捕集到而排入大气中的粉尘占进入除尘器粉尘的质量百分比。显示除尘器排入大气的粉尘量的大小。其对反映高效除尘器的除尘变化率比除尘效率显示得更加明显。透过率与除尘效率的换算公式为：

$$p = (1 - \eta) \times 100\%$$ (12-54)

式中，p 为粉尘透过率，%；η 为除尘效率，%。

分级效率是指粉尘某一粒径区间的除尘效率，可以用来对不同类型除尘器的效率作比较，因此具有较大的实用意义。粒径分级除尘效率按下式计算：

$$\eta_i = \frac{\Delta Z_{Bi} G_B - \Delta Z_{Ei} G_E}{\Delta Z_{Bi} G_B} = 1 - \frac{\Delta Z_{Ei}}{\Delta Z_{Bi}}(1 - \eta)$$ (12-55)

式中，η_i 为除尘器对粒径为 i 的尘粒的分级效率，%；ΔZ_{Bi} 为除尘器进口粒径为 i 的尘粒（在大于 $i - \frac{1}{2}\Delta i$ 及小于 $i + \frac{1}{2}\Delta i$ 段范围内）所占的质量分数，%；ΔZ_{Ei} 为除尘器出口处粒径为 i 的尘粒所占的质量分数，%；η 为除尘器的总除尘效率，%。

二、除尘器压力损失测试

除尘器压力损失是以进口和出口气流的全压差 Δp 来衡量，也称为设备阻力。除尘器进出口设置取压点，测试时，全压管应对准气流方向，全压值由 U 形压力计显示 0 规定用流经除尘装置的入口通风道（i）及出口通风道（o）的各种气体平均总压（$\bar{p}_i$）差（$p_{ti} - p_{to}$），用由于测试点位置的高度差引起的浮力效应 p_H 进行校正后求出。面平均总压，则根据流经通风道测定截面各部分（等面积分割）的所有气体总动力 $p_i Q$，用下式求出：

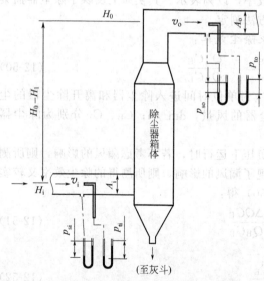

图 12-48 求除尘器压力损失的方法

$$\bar{p}_t = \frac{p_{t1} Q_1 + p_{t2} Q_2 + \cdots + p_{tn} Q_n}{Q_1 + Q_2 + \cdots + Q_n}$$ (12-56)

式中，Q_1、Q_2、$\cdots$、Q_n 为流经各区域的气体量，m^3/s。

如果 j 区域的面积为 A_j，该区域的气体速度为 v_j，则 $Q_j = A_j v_j$，如果各区域的面积相等，则上式的 Q_j 用 v_j 代替，那么

$$\bar{p}_t = \frac{p_{t1} v_1 + p_{t2} v_2 + \cdots + p_{tn} v_n}{v_1 + v_2 + \cdots + v_n}$$ (12-57)

如图 12-48 所示的皮托管测试，则总压 p_t 可直接测出；如果使用其他测试仪器，则按下式进行计算：

$$p_t = p_s + \frac{\rho}{2} v^2$$ (12-58)

式中，p_s 为测试断面气流的静压，Pa；ρ 为单位体积气体的平均密度，kg/m^3。

浮力的计算公式：

$$p_H = Hg(\rho_a - \rho)$$ (12-59)

式中，H 为除尘器进口与出口的高度差，m；g 为重力加速度，$9.8m/s^2$；ρ_a 为除尘器内气体密度，kg/m^3；ρ 为除尘器周围的大气密度，kg/m^3。

一般情况下，对除尘器的压力损失而言，浮力效果是微不足道的。但是，如果气体温度较高，测点的高度差又较大时，则应考虑浮力效果。此时则用下式表示除尘装置的压力损失：

$$\Delta p = \overline{p}_{ti} - \overline{p}_{to} - p_H \tag{12-60}$$

这时，如果测试截面的流速及其分布大致一致时，可用静压差代替总压差来校正出入口测试截面面积的差积，求出压力损失，即：

$$p_{ti} = p_{si} + \frac{\rho}{2}\left(\frac{Q_i}{A_i}\right)^2 \tag{12-61}$$

$$p_{to} = p_{so} + \frac{\rho}{2}\left(\frac{Q_o}{A_o}\right)^2 \tag{12-62}$$

如果 $Q_i = q_o$，则

$$p_{ti} - p_{to} = p_{si} - p_{so} + \frac{\rho}{2}\left[1 - \left(\frac{A_i}{A_o}\right)^2\right] \tag{12-63}$$

$$\Delta p = p_{si} - p_{so} + \frac{\rho}{2}\left[1 - \left(\frac{A_i}{A_o}\right)^2 + (H_o - H_i)g(\rho_a - \rho)\right] \tag{12-64}$$

上式中，右边第一项是除尘器的出入口静压差；第二项是出入口测定截面积有差别时的动压校正。如果连接除尘器的进出口管道截面积相等时，而且没有高压很小，那么，右边第二项、第三项就不存在，则为：

$$\Delta p = p_{ti} + p_{so} \tag{12-65}$$

以上所说的压力损失也包括除尘器前后管道的压力损失，除尘器自身的压力损失要扣除管道的压力损失 Δp_f 来求出。

三、除尘器漏风量测试

漏风是由于除尘器在加工制造、施工安装欠佳或因操作不当、磨损失修等诸多原因所致。漏风率是以除尘器的漏风量占除尘器的气体处理量的百分比来表示，是考察除尘效果的技术指标。

漏风率的测试方法视流经除尘器气体的性质，可采用风量平衡法、热平衡法、氧平衡法或碳平衡法。

1. 风量平衡法

按漏风率的定义，测出除尘器进出口的风量即可计算出漏风率：

$$\varepsilon = \frac{Q_i - Q_o}{Q_i} \times 100\% \tag{12-66}$$

式中，ε 为除尘器漏风率，%；Q_i、Q_o 分别为除尘器进、出口的风量，m^3/h。

上式中对正压工作的除尘器计算时为 $Q_i - Q_o$，而负压工作的除尘器计算时则为 $Q_o - Q_i$。

2. 热平衡法

忽略除尘器及管道的热损失，在单位时间内，除尘器出口烟气中的热容量应等于除尘器进口烟气中的热容量及漏入空气的热容量之总和，即：

$$Q_i\rho_i c_i t_i + \Delta Q \rho_a c_a t_a = Q_o \rho_o c_o t_o \tag{12-67}$$

$$\Delta Q = Q_o - Q_i$$

式中，ρ_i、ρ_o、ρ_a 分别为除尘器进、出口烟气及周围空气的密度，kg/m^3；c_i、c_o、c_a 分别为除尘器进、出口及周围空气的比热容，$kJ/(kg \cdot K)$。

若忽略进出口气体及空气的密度和比热容的差别时，即令 $\rho_i = \rho_o = \rho_a$，$c_i = c_o = c_a$，则由上式可得漏风率为：

$$\varepsilon = \left(1 - \frac{Q_o}{Q_i}\right) = \left(1 - \frac{t_i - t_a}{t_o - t_a}\right) \times 100\% \tag{12-68}$$

这样一来，测出除尘器进出口的气流温度，即可得到漏风率。这种方法适用于高温气体。

3. 碳平衡法

当除尘器因漏风而吸入空气时，管道气体的化学成分发生变化，碳的化合物浓度得到稀释，根据碳的平衡方程，漏风率的计算公式为：

$$\varepsilon = \left[1 - \frac{(CO + CO_2)_i}{(CO + CO_2)_o}\right] \times 100\% \tag{12-69}$$

式中，ε 为除尘器漏风率，%；$(CO + CO_2)_i$ 为除尘器进口烟气中 $(CO + CO_2)$ 的浓度，%；$(CO + CO_2)_o$ 为除尘器出口烟气中 $(CO + CO_2)$ 的浓度，%。

因此，只要测出除尘器进出口的碳化合物 $(CO + CO_2)$ 的浓度，就可得到漏风率。该法只适用于燃烧生产的烟气。

4. 氧平衡法

（1）原理　氧平衡法是根据物料平衡原理由除尘器进出口气流中氧含量变化测得漏风率的。本方法适用于烟气中含氧量不同于大气中含氧量的系统，适用于干式湿式静电除尘器。

采用氧平衡法，即测量静电除尘器进出口烟气中含量之差，并通过计算求得。

（2）测试仪器　所用电化学式氧量表精度不低于 2.5 级，测试前需经标准气校准。

（3）静电除尘器漏风率计算公式

$$\varepsilon = \frac{Q_{2i} - Q_{2o}}{K - Q_{2i}} \times 100\% \tag{12-70}$$

式中，ε 为静电除尘器漏风率，%；Q_{2i}、Q_{2o} 分别为静电除尘器进、出口断面烟气平均含氧量，%；K 为大气中含氧量，根据海拔高度查表得到。

由于静电除尘器是在高压电晕条件下运行，火花放电时，除尘器中会产生臭氧，有人认为这会影响烟气中氧的含量，从而影响漏风率的测试误差。而实际上臭氧是一种强氧化剂，很易分解。有关资料介绍，在高温电晕线周围的可见电晕光区中生成的臭氧，其体积浓度仅百万分之几，生成后会自行分解成氧或其他元素化合。这个浓度对人类生活环境会产生很大影响，但相对于氧含量的测试浓度影响则是相当的小。氧平衡法只需测试进出口断面的烟气含氧量两组数据，综合误差相对较小，较风量平衡法优越，但也有局限性。仅适用于烟气含氧量与大气含氧量不同的负压系统。

氧平衡法的测试误差主要取决于选用的测试仪器。目前我国主要采用化学式氧量计，而在国外已普遍采用携带式的氧化锆氧量计以及其他携带式氧量计，但随着我国仪器仪表的迅速发展，将可以选用精度高、可靠且携带方便的漏风率测试用测氧仪。

四、气密性试验

除尘器在高温、多尘及有压力情况下运行，要求其应有较高的气密性，任何漏风都会造成能耗的浪费及非正常的除尘效果，所以及时发现垫圈、人孔及焊接质量问题是保证除尘器漏风率小于设计要求，也是保证除尘效果的不可缺少的重要一环。为防止泄漏，在除尘器外壳体安装过程中就必须采取措施严格把关。对焊缝等采取煤油渗透法或肥皂泡沫法进行检查，坚决杜绝漏焊、开裂、垫圈偏移等泄漏现象。

气密性试验方法有定性法和定量法两种，现分述如下。

1. 定性法

定性法是在除尘器进口处适当位置放入烟雾弹（可采用 65-1 型发烟罐或按表 12-10 配方自

制），并配置鼓风机送风，使除尘器内形成正压，易于烟雾溢出，将烟雾弹引燃线拉到除尘器外部点燃，引爆烟雾弹产生大量烟雾。此时，壳体面泄漏部位就会有白烟产生，施工人员即可对泄漏点进行处理。

表 12-10 每 10kg 烟雾弹成分

原料名称	质量/kg	原料名称	质量/kg
氧化铵	3.89	氯化钾	2.619
硝酸钾	1.588	松香	1.372
煤粉	0.531		

2. 定量法

定量实验法与定性试验法相比则更加准确、科学。目前，在国内安装除尘器时采用的并不多。然而，有的除尘器工程的质量要求严格，针对在用的许多除尘器均有不同泄漏现象这一情况，要求安装单位实施这种试验方法，在此情况下对除尘器进行严格的定量试验。

（1）原理与计算公式 除尘器壳体是在与风机负压基本相等的状态下工作的有压设备。试验时，在其内部充入压缩空气使之形成正压状态下进行模拟，其效果是一致的。这是因为无论是正压或负压，其内外压差是相同的，正压试验时若不漏风，那么在负压时亦不会漏风。

泄漏率计算公式：

$$\varepsilon = \frac{1}{t}\left(1 - \frac{p_a + p_2}{p_a + p_1} \times \frac{273 + T_1}{273 + T_2}\right) \times 100\% \tag{12-71}$$

式中，ε 为每小时平均泄漏率，%；t 为检验时间（应不小于 1h），h；p_1 为试验开始时设备内表压（一般接风机压力选取），Pa；p_2 为试验结束时设备内压力，Pa；T_1 为试验开始时温度，℃；T_2 为试验结束时温度，℃；p_a 为大气压力，Pa。

（2）气密性试验的特点 气密性试验一般在除尘器制造安装完毕后进行，通过试验可以及时发现泄漏问题，并有足够的时间和手段来解决泄漏问题，所以，对大、中型除尘器，大多要求进行气密性试验，并控制静态泄漏率小于 2% 方视为合格。

第六节
风机性能测试

在除尘工程中，风机的作用有如人体的心脏一样的重要。因此，对风机性能的测试是除尘工程中不可缺少的一个重要环节。风机的性能目前尚不能完全依靠理论计算和样本资料，要通过测试的方法求得验证。风机的性能测试项目是指其在给定的转速下的风量、压力、所需功率、效率和噪声。

一、风机性能测试准备

1. 初步检测

在进行现场测试之前应对风机及其辅助设备进行初步检测，在预定的转速进行运行，以检查其运行工况正常与否。

现场测试程序应尽可能与在标准风道进行测试的程序相一致，但现场测试由于场地条件限制，往往难以测得十分准确的结果，此时应该用下述给定的修正程序。

现场测试必须在下述条件下进行：系统对风机运行的阻力变化不明显，风机运载的气体密度或其他参数变化降到最小值。

　　系统阻力和流量容易受到诸如现场环境和各种工况的影响。因此，在测试过程中必须采取措施尽量保障测试期间的工况稳定。如果初步测试结果与制造厂提供的参数不一致时，其误差可能由下列各种因素之一或几个因素造成：a. 系统存在泄漏，再循环或其他故障；b. 系统的阻力估计不准确；c. 对厂方测试数据的应用有误；d. 系统的部件安装位置太靠近风机出口或其他部位而造成损失过大；e. 弯管或其他系统部件的安装位置太靠近风机入口而造成对风机性能的干扰；f. 现场测试中的固有误差。

　　由于现场条件的限制，风机性能现场测试的精度往往大大低于用标准化风管进行测试的预期精度。在这种情况下，则应在现场测试之外再用标准化风管对风机运行全尺寸或模型的测试。

2. 改变操作点的方法

　　为取得风机特性曲线上的不同操作点的检测数据（如果风机装有改变性能的机构，如可调叶距的叶片，可伸展叶尖或叶尾，或者可改变导翼，则风机具有多种特性曲线），就应该利用恰当安装在系统中的一个或多个装置来改变风机的性能。用于调节性能的装置或阀门的位置必须能够使测试段保持满意的气体流型，以保证取得满意的检测数据。

二、检测面的位置

1. 流量检测面的位置

　　对于现场测试，按测试的布置和方法来安装风机可能是不现实的，流量检测面必须位于适宜的直管段中（最好选在风机的入口侧），此处的流量工况基本上是轴向的、匀称的，没有涡流。必须先进行位移以确定这些工况是否满足。风机与流量检测面之间的进入风道或从风道流出的空气泄漏一般忽略不计。风道中的弯管和阻碍物会对较大一段距离的下游气流造成扰动，而在有些场合可能找不到测试所需的足够轴向和匀称的气流位置，在此情况下，就可能在风道里安装导翼或者用衬板修正气道形状，以获得测试现场令人满意的气流。然而，气流整流装置所产生的涡流会使皮托管的静压读数产生误差，所以如有必要，检测面最好不要小于 1 倍管道直径甚至更大距离内的管道长度，以取得合理良好的气流工况。

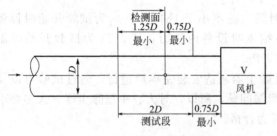

(a) 位于风机进口侧的测试段

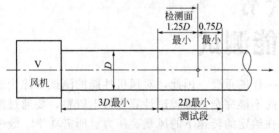

(b) 位于风机出口侧的测试段

图 12-49　用于现场测试的流量检测位置

　　（1）测试段长度　流量检测面所在的风道部分被定义为"测试段"，测试段必须平直，截面匀称，没有会改变气流的任何障碍物。测试段的长度必须不小于风道直径的 2 倍（见图 12-49）。

　　（2）风机的进口侧　如果测试段位于风机的进口侧，那么其下游末端至风机进口的距离应该小于等于 $0.75D$（管径）。如果风机装有一个或几个进口阀，那么测试段的下游末端至风机的进口阀的距离应该至少等于风道直径的 $0.75D$（管径）。

　　测试段可以位于单位风口风机的进口阀端，只要符合测试长度规定即可。如果是带有两个进口阀的双进口风机，那么应该允许在每个进口阀上设有一个测试段，只要每个测试段符合测试长度规定即可。对于双进口风机，如果测试段位于每个进口阀的上游，那么必须检测每个测试段的流量和压力。风机的进口总流量应该是每个进口箱处测得的进口流量之和。

（3）风机的出口侧　如果测试段位于风机的出口侧，那么其下游末端至风机出口侧的距离应至少等于风管直径的 3 倍。为此，风机的出口应该是风机出口侧的渐扩管的出口。

（4）测试段内的流量检测面的位置　检测段内的流量检测面至检测段下游末端的距离应该至少等于风管直径的 $0.75D$。测试段内的流量检测面至测试段上游末端的距离应该至少等于风管直径的 $1.25D$ 处。

（5）异常工况　如果所有的工况不可能选择符合上述要求的流量检测面，那么检测面的位置可以由制造厂与买方协商确定。如果遇到这种情况，而且测试结果是制造厂与买方之间保证的一部分，那么测试结果的有效性必须取得上述双方同意。

2. 压力检测面的位置

为了测试风机产生的升压，位于风机进口侧和出口侧的静压检测面必须靠近风机，以保证检测面与风机之间的压力损失可以计算，因而不必使含尘气体和管壁摩擦面产生的摩擦压力损失额外地增加压力测试的不确定性。光滑管道的摩擦系数由其他资料给定（见图 12-50）。

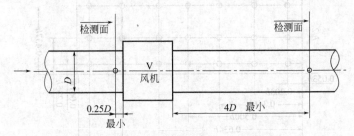

图 12-50　用于现场测试的压力检测面位置

如果靠近风机入口，那么选定的用于流量检测的测试段应该也可以用来检测压力，测试检测面至风机进口的距离必须 $<0.25D$。而用于压力检测的其他检测面至风机出口的距离必须 $\geqslant4D$，风机出口的定位与出口测试位置的规定一致。所选定的用于测试压力的检测面至下游的弯管、渐扩管或阻碍物距离至少为 $4D$，因为其会产生气流涡流，干扰压力分布的均匀性。所有的被选定的压力检测面必须做到检测面上的平均风速也能够用别处取得读数进行计算测试，或者利用位移方法直接检测。

3. 检测点的设置

（1）圆形截面　对于圆形截面，至少必须在 3 个平均排列的截面上进行检测，如果因种种限制，不可能进行这样的检测，那么也必须在相互处于 90°位置的 2 个截面上进行检测。将进行检测的位置要按照对数线性定律进行计算确定。在表 12-11 中给定每个截面 6、8 和 10 个点。D是管道内部直径，沿着此管道进行移动。

表 12-11　圆形截面检测点的位置

检测点位置	检测点位置与风道内壁距离	管道直径与检测仪器直径最小比值	
		风速表	皮托静压管
每个截面为 6 个点	$0.032D,0.135D,0.321D,0.679D,0.865D,0.968D$	24	32
每个截面为 8 个点	$0.021D$，$0.117D$，$0.184D$，$0.345D$，$0.655D$，$0.816D$，$0.883D,0.979D$	36	48
每个截面为 10 个点	$0.019D,0.077D,0.153D,0.217D,0.361D,0.639D,0.783D$，$0.847D,0.923D,0.981D$	40	54

只有当检测面存在合理均匀的风速，最小允许检测点的数量才能提供足够精确的检测结果。

（2）其他类型的截面　在流量检测中，应该尽量避免使用管道断面不规则的风道测试段。万一遇到不规则的截面，可以采取临时性的修正措施（例如塞入低阻值的衬里材料），以提供适宜的测试段。然而，当不可能将其他类型的截面修正成圆形或矩形的时候，就必须应用有关的定律，例如，图 12-51 所示是一个现场测试中的圆弧形截面，整个截面是由一个半圆和一个矩形组成，检测点可按照管道截面分成两个部分。

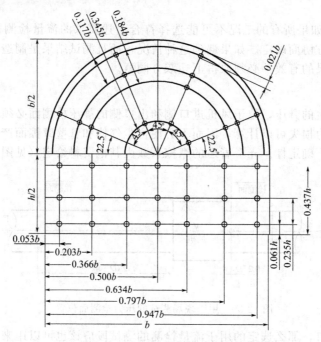

图 12-51　圆弧形截面测点位置

矩形部分也可以视为一个高度为 h 的完整矩形的 1/2，选定的位移直线数量是奇数，这样就避免了一条位移直线与矩形和半圆的边界线重合。同样，半圆形部分也可以视为一个整圆的一半，这个整圆平均分布 4 条径向位移直线，选定的定位角可以避开交接线。

图 12-52 中的圆弧形截面上的风速检测点分布是按照对数 Tchebycheff 定律布置的。

三、风机流量的测试

1. 皮托管法

在选定的测点将皮托管置入管道中心位置，测压孔对准气流方向。皮托管相对于管道壁的位置必须保持管道最小位移长度的±0.5％容差之内。皮托管必须与管道轴线对准，容差在 5° 以内。压力是通过乳胶管将皮托管与压力计连接而显示。

2. 风速表法

叶轮风速仪可用于检测管内风速，目前市场上出售的叶轮风速仪最小直径为 16mm 且可自动记录。检测时风速表的轴线至风管壁的距离绝对不小于表壳圆形直径的 3/4，例如，风速表的直径为 100mm，而风速表轴线至风管壁的距离不小于 75mm。所以，选用风速表的最大允许尺寸是由风管尺寸和检测位置确定。在测试进行前后，风速表必须予以标定，其读数误差不得超过两次标定的平均风速的 3％。这两次标定所取得平均值用来校准所测得的数值。标定必须用标准方法进行，但是标定工况应该尽可能与有关流体密度和风速表工作特性曲线的相关测试工况相近似。

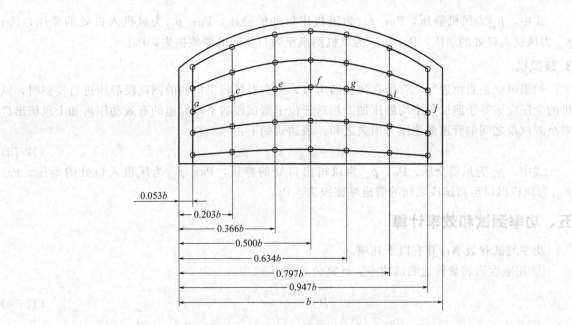

图 12-52 圆弧形截面测点布置

如果操作人员需身入于风管内操作风速表时，必须使用杆条装置，保证操作人员至少距离测试面下游 1.5m 以外才不会改变测试面的气流不受干扰。为了进行测试，如有必要在管道内设立工作台，此工作台必须设在距离测试面下游 1.5m 以外，并且工作台的结构不得改变测试面处的气流。

3. 检测误差

由于流量检测的现场测试总会有一定的误差，所以流量检测的不同方法其允许误差为：a. 用于规则形状管道，皮托管法为±3.0%；b. 用于不规则形状管道，皮托管法为±3.3%；c. 用于规则形状管道，风速表法为±3.5%；d. 用于不规则形状管道，风速表法为±4.0%。

四、风机压力的测试

1. 保护措施

必须采取保护措施，才能检测位于风机进口侧和出口侧的相对于大气压力或机壳内气体的静压。如果不可能，就应测风机进口和出口静压的平均值。

在使用皮托管时，必须在压力检测面上按测点位置进行位移，取得每个检测点的压力读数，如果每个读数之间相差小于 2%，那么则可少取几个测点。

如果气流均匀没有涡流和紊流，则静压检测也可使用匀布在管道周围上的 4 个开孔（矩形管道则是四边中点），只要开孔光洁平整，内部无毛刺，且附近的管壁光滑、清洁、无波纹及间断即可。

2. 引风机

如果管道安装在风机的进口，风机直接向外界排气，那么风机静压等于风机出口处的静压减去进口侧测试段的总压与动压之和，加上测试点与风机进口之间的管道摩擦损失。

位于风机进口侧的测试段的总压应该取自平均静压加上相对于测试截面的平均风速的动压之代数和。其表达式为：

$$p_{sf} = p_{s2} - (p_{t3} + p_{d3}) + p_{f31} \tag{12-72}$$

式中，p_{sf} 为风机静压，Pa；p_{s2} 为风机出口处的静压，Pa；p_{t3} 为风机入口处的全压，Pa；p_{d3} 为风机入口处的动压，Pa；p_{f31} 为风机测点至入口之间的摩擦损失，Pa。

3. 鼓风机

如果风机是自由进气，管道在风机的出口，那么对风机出口侧的测试段静压进行检测时，风机的全压应该等于测试段平均静压加上相对于位于测试段的平均风速的有效动压再加上风机出口侧至测试段之间的管道摩擦压力损失之和。表达式如下：

$$p_{tf} = p_{s4} + p_{d4} + p_{f24} \tag{12-73}$$

式中，p_{tf} 为风机全压，Pa；p_{s4} 为风机出口处的静压，Pa；p_{d4} 为风机入口处的动压，Pa；p_{f24} 为风机出口至测试段之间的管道摩擦损失，Pa。

五、功率测试和效率计算

功率测试和效率计算有以下几项。

① 用电度表转盘转速测试功率，计算公式如下：

$$P = \frac{nR_n C_T p_r}{t} \tag{12-74}$$

式中，P 为风机的电动机功率，kW；R_n 为电度表常数，为每一转所需度数，kW·h/r；C_T、p_r 分别为电流和电压互感器比值；n 为在测试时间内，电度表转盘的转数；t 为测试时间，h。

一般采用电度表转盘每 10 转记下其秒数，则

$$P = \frac{10}{R_1 t_1} \times 3600 C_r p_r \tag{12-75}$$

$$R_1 = \frac{1}{R_n} \tag{12-76}$$

式中，R_1 为电度表常数，为 1kW·h 电度表转盘的转数；t_1 为电度表转盘每 10 转所需秒数。

② 用双功率表测试功率，计算公式如下：

$$P = C_T p_r c (P_1 + P_2) \cdot 10^{-3} \tag{12-77}$$

式中，c 为功率表的系数；P_1、P_2 分别为两只功率表刻度盘读数，W；其他符号意义同前。

功率因数 $\cos\phi$ 为：

$$\cos\phi = \frac{1}{\sqrt{1 + 3\left(\frac{P_1 - P_2}{P_1 + P_2}\right)^2}} \tag{12-78}$$

③ 用电流、电压表测量三相交流电动机的功率：

$$P = \sqrt{3} I U \cos\phi \cdot 10^{-3} \tag{12-79}$$

式中，I 为电流，A；U 为电压，V；$\cos\phi$ 为功率因数（可用功率因数表实测）。

④ 风机功率按下式计算：

$$\eta_Y = \frac{Q p_t}{3600 \times 1000 \times p_f \eta_Z} \times 100\% \tag{12-80}$$

式中，η_Y 为设备效率，%；Q 为风机风量，m³/h；p_t 为风机全压，Pa；p_f 为风机所耗功率，kW；η_Z 为传动效率，取 $\eta_Z = 0.98 \sim 1.0$。

风机效率：

$$\eta = \frac{\eta_Y}{\eta'}\qquad(12\text{-}81)$$

式中，η 为风机效率；η' 为试验负荷下电动机效率，可查产品样本或实测电动机各项损失，经计算后再查电动机负荷-效率曲线。

当测试条件不是标准状态或转速变化时，风机性能参数应做相应的换算。

<h1 style="text-align:center">第七节
振动和噪声的测量</h1>

一、风机振动的测量

测量方法直接影响到测量结果，风机的振动测量，通常可按下述的要求实施。

（1）测振仪器频率范围　测振中合理选用测振仪器非常重要，选择不当则往往会得出错误的结果。通常应采用频率范围为 $10\sim1000\,\mathrm{Hz}$ 的测量仪，且其应经计量部门鉴定后方可使用。

（2）通风机安装　被测的通风机必须安装在大于 10 倍风机质量的底座或试车台上，装置的自振频率不大于电机和风机转速的 30%。

（3）测量部位　测量的部位有以下项目。

① 对叶轮直接装在电动机轴上的通风机，应在电机定子两端轴承部位测量其水平方向 x、垂直方向 y、轴向 z 的振动速度。当电机带有风罩时其轴向振动可不测量（见图 12-53）。

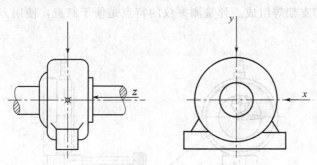

图 12-53　对于双支承的风机或有两个轴承体的风机测量位置

② 对于双支承的风机或有两个轴承体的风机，可按照图 12-54 所示 x（水平）、y（垂直）、z（轴向）3 个方向的要求，测量电动机一端的轴承体的振动速度。

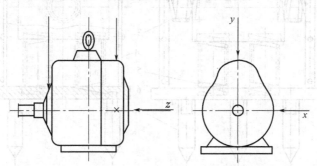

图 12-54　叶轮直接装在电动机轴上的通风机测量部位

③ 当两个轴承都装在同一个轴承箱内时，可按图 12-55 所示 x（水平）、y（垂直）、z（轴向）

3 个方向的要求，在轴承箱壳体的轴承部位测量其振动速度。

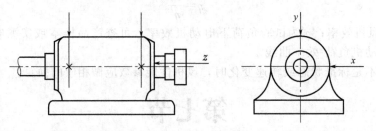

图 12-55　两个轴承都装在同一个轴承箱内时的测量部位

④ 当被测的轴承箱在风机内部时，可预先装置测振传感器，然后引至风机外以指示器读数为测量依据，传感器安装的方向与测量方向偏差不大于±5°。

（4）测量条件　测量的条件如下。

① 测振仪器的传感器与测量部位的接触必须良好，并应保证具有可靠的联结。

② 在测量振动速度时，周围环境对底座或试车台的影响应符合下述规定：风机运转时的振动速度与风机静止时的振动速度之差需大于 3 倍以上，当差数小于此规定值时，风机需采取避免外界影响措施。

③ 通风机应在稳定运行状态下进行测试。通风机的振动速度值，是以各测量方向所测得的最大读数为准。

（5）常用测量仪器　常用测量仪器有如下几种。

① 机械式测振仪。如图 12-56 所示的弹簧测振仪，其由千分表、重锤、定位弹簧、赛璐珞板、吸振弹簧、表框和支架等组成。弹簧测振仪的特点是便于制造，使用方便，可直接测量轴承座的综合振动。

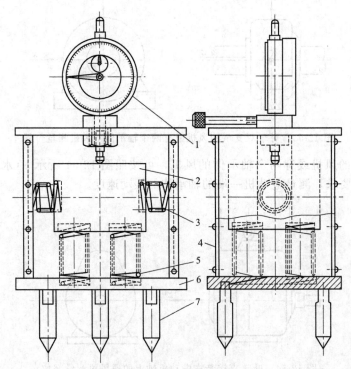

图 12-56　弹簧测振计
1—千分表；2—重锤；3—定位弹簧；4—赛璐珞；5—吸振弹簧；6—表框；7—支架

② 电气式测振仪。随着电子技术的迅速发展，电气式测振仪在风机振动的测量中应用越来越广，由于其灵敏度高，频率范围广，电信号易于传递，可以采用自动记录仪、分析仪对振动特性进行分析，所以电气式测振仪的优越性越来越显著。

③ HY-101 机械故障检测器。该检测器体积很小，像一支温度计，头部接触到风机待测试部位即可测出振动值，已经常用于风机振动的现场测量，测量单位为 mm/s，与风机振动标准的要求相一致。

二、风机噪声的测量

噪声也是一项评价风机质量的指标，同时作业场所的噪声不超过 85dB(A)。风机产生的噪声与其安装形式有关，如进气口敞开于大气，风机没有外接管，则其声源位于进气口中心；出气口敞开于大气，风机出口没有外接管，其声源位于出气口中心；风机的进出口都接有风管时，其声源位于风机外壳的表面上。风机噪声的测量按下述进行。

(1) 测量仪器 声级计是用来测量声级大小的仪器。其由传感器、放大器、衰减器、计权网络、电表电路和电源等部分组成。

几种声级计的性能见表 12-12。

表 12-12 几种声级计的主要性能

声级计型号	ND$_1$	ND$_2$	ND$_6$	ND$_{10}$
类型	1 型			2 型
声级测量范围/dB(A)	25~140		20~140	40~130
电容传感器	CH$_{11}$,ϕ24		CH$_{11}$,ϕ24 或 CHB,ϕ12	CH$_{33}$,ϕ13.2
频率范围	20Hz~18kHz		10Hz~40kHz	31.5Hz~8kHz
频率计权	A,B,C		A,B,C,D	A,C
时间计权	快、慢		快、慢、脉冲、保持	快、慢、最大值保持
检波特性	有效值		有效值及峰值	有效值
峰值因数	4		10	3
极化电压/V	200		200	28
滤波器	外接	倍频程滤波器	外接	—
电源	3 节 1 号电池			1 节 1 号电池
尺寸/mm	320×124×88	435×124×88	320×124×88	200×75×60
质量/kg	2.5	3.5	2.5	0.7
工作温度/℃	-10~+40			-10~+50
相对湿度	<80%(+40℃时)			

(2) 测点位置 测风机排气口噪声时，测点应选在排气口轴线 45°方向 1m 处；测风机进气口噪声时，其测点应选在进气口轴线上 1m 远处。

测风机转动噪声应以风机半高度为准，测周围 4 个或 8 个方向，测点距风机 1m 处，为减少反射声的影响，测点应距其他反射面 1~2m 以上。

(3) 声级计使用方法 电池电力要充足，否则将影响测量精准度。使用前应对其进行校准。

① 声级的测量。手握声级计或将其固定在三脚架上，传声器指向被测声源，声级计应稍离人体，使频率计数开关置于 A 挡，调节量程旋钮，使电表有适当的偏转，这样量程旋钮所指值

加上电表读数，即可被测 A 声级。如有 B、C 或 D 计数，则同样方法可测得 B、C 或 D 声级。如使用线性响应，则测得声压级。

② 噪声的频谱分析。利用 NDZ 型精密声级计和倍频程滤波器，可对噪声进行频谱分析。这时将频率计数开关置于滤波器位置，滤波器开关置于相应中心频率，就能测出此中心频率的倍频程声压级。

③ 快挡慢挡时间计权的选择。主要根据测量规范的要求来选择，对较稳定的噪声，快挡慢挡皆可。如噪声不稳定，快挡对电表指针摆动大，则应慢挡。测量旋转电机用慢挡，测量车辆噪声则用快挡。

附　录

除尘常用数据

　　除尘设备的计算设计、制造安装和运行管理，经常需要一些重要的技术数据，可这些数据在常见书中又往往缺失。本书把这些技术数据加以收集、整理作为一章列于书中，常用数据包括气体、水汽、粉尘、物料、燃料、燃烧、绝热、绝缘和气象资料等内容。

一、气体数据

　　气体数据包括空气的组成、物理化学常数、气体密度、气体性质、大气压参数、大气污染指数、空气物理特性参数以及水、水蒸气的物理参数等。

（一）空气的组成和性质

1. 空气的组成和常数

　　空气的组成和常数见附表 1-1～附表 1-4。

附表 1-1　空气的组成

名　称	体积分数/%	质量分数/%	名　称	体积分数/%	质量分数/%
氮 N_2	78.09	75.5	氪 Kr	0.000108	0.0003
氧 O_2	20.95	23.10	氙 Xe	0.000008	0.00004
氩 Ar	0.9325	1.286	氡 Rn	6.0×10^{-18}	—
氖 Ne	0.0018	0.0012	二氧化碳 CO_2	0.030	0.046
氦 He	0.000524	0.00007	氢 H_2	0.00005	—

注：表列数值是在海平面高度上干空气的组成。

附表 1-2　空气的物理化学常数

名　称	温度/℃	数　值
分子量（平均值）	—	28.98
干空气的密度（标准气压下）	−25	1.424kg/m³
	0	1.2929kg/m³
	20	1.2047kg/m³
液态空气的密度	−192	960kg/m³
液态空气的沸点	—	−192.0kg/m³
气体常数 R	—	287.3J/(kg·K)
临界常数：温度	—	−140.7℃
压力	—	77MPa
密度	—	350kg/m³
汽化潜力	−192	209200J/kg
比热容：c_D（标准气压下）	0～100	1004J/(kg·℃)
c_u	0～100	715J/(kg·℃)
	0～1500	838J/(kg·℃)

名　称	温度/℃	数　值
系数 $K=\dfrac{c_D}{c_u}$	0～100	1.4
热导率	0	0.024W/(m·K)
	100	0.030W/(m·K)
黏度	0	1.71×10^{-7}Pa·s
	20	1.81×10^{-7}Pa·s
对真空的折射率	—	1.00029
	0	1.00059
介电常数(在标准气压下)	19	1.000576
	−192(液态)	1.43
在水中溶解度(标准气压下)	0	29.18mL/L 水
	20	18.68

附表 1-3　气体的基本常数

气体名称	分子式	分子量 M_r	标准状态下的密度 ρ(kg/m³)	气体常数 R	临界温度 T_c/K	临界压力 p_e/atm	标准状态下的压缩因子 Z_n
干空气	—	28.97	1.293	287.0	132.5	37.2	1.000
水蒸气	H_2O	18.02	0.804	461.4	647.4	218.3	
氢	H_2	2.016	0.0899	4124.1	33.3	12.8	1.000
氮	N_2	28.01	1.251	296.8	126.2	33.5	1.000
氧	O_2	32.00	1.429	259.8	154.4	49.7	0.999
氦	He	4.003	0.1785	2077.0	5.26	2.26	1.000
一氧化碳	CO	28.01	1.250	296.8	133.0	34.5	1.000
二氧化碳	CO_2	44.02	1.977	188.9	304.2	72.9	0.993
一氧化氮	NO	30.01	1.340	277.1	179.2	65.0	0.999
一氧化二氮	N_2O	44.01	1.977	188.9	309.5	71.7	0.993
氨	NH_3	17.03	0.7708	488.2	405.5	111.3	0.986
二氧化硫	SO_2	64.06	2.927	129.8	430.7	77.8	0.977
三氧化硫	SO_3	80.06		103.9	491.4	83.8	
硫化氢	H_2S	34.08	1.539	244.0	373.6	88.9	0.990
二硫化碳	CS_2	76.14		109.2	552.0	78.0	
氯	Cl_2	70.91	3.214	117.3	417.0	76.1	0.984
氯化氢	HCl	36.46	1.639	228.0	324.6	81.5	0.993
甲烷	CH_4	16.06	0.7167	517.7	190.7	45.8	0.998
乙烷	C_2H_6	30.07	1.357	276.5	305.4	48.2	0.989
乙烯	C_2H_4	28.05	1.264	296.4	283.1	50.5	0.990
乙炔	C_2H_2	26.04	1.175	319.3	309.5	61.6	0.989
丙烷	C_2H_8	44.10	2.020	188.5	369.6	42.0	0.974
苯	C_6H_6	78.11		106.4	562.6	48.6	

注：1atm=101325Pa。

附表 1-4　在 0～t℃温度范围内空气和各种气体的平均比热容 C_{pj}

温度 t/℃	C_{pj}/[kJ/(m³·K)]				
	CO_2	N_2	O_2	水蒸气(H_2O)	干空气
0	1.5931	1.2946	1.3059	1.4943	1.2971
100	1.7132	1.2962	1.3176	1.5056	1.3004
200	1.7873	1.3004	1.3356	1.5219	1.3075
300	1.8711	1.3063	1.3565	1.5424	1.3176
400	1.9377	1.3159	1.3779	1.5654	1.3293
500	1.9967	1.3276	1.3980	1.5893	1.3427
600	2.0494	1.3402	1.4172	1.6144	1.3569
700	2.0967	1.3536	1.4344	1.6412	1.3712
800	2.1395	1.3666	1.4503	1.6684	1.3846
900	2.1776	1.3791	1.4645	1.6957	1.3976
1000	2.2131	1.3921	1.4775	1.7229	1.4097
1100	2.2454	1.4043	1.4892	1.7501	1.4218

续表

温度 $t/℃$	$C_{pj}/[kJ/(m^3 \cdot K)]$				
	CO_2	N_2	O_2	水蒸气(H_2O)	干空气
1200	2.2747	1.4151	1.5005	1.7719	1.4327
1300	2.3006	1.4252	1.5106	1.8028	1.4436
1400	2.3249	1.4361	1.5202	1.8284	1.4537
1500	2.3471	1.4449	1.5294	1.8527	1.4629
1600	2.3676	1.4532	1.5378	1.8765	1.4717
1700	2.3869	1.4616	1.5462	1.8996	1.4796
1800	2.4029	1.4691	1.5541	1.9217	1.4872
1900	2.4212	1.4761	1.5617	1.9427	1.4947
2000	2.4367	1.4834	1.5688	1.9632	1.5014

2. 气体的一般性质

气体的一般性质见附表 1-5 和附表 1-6。

附表 1-5 气体的密度 （0.1MPa）

名称	分子式	分子量	密度/(kg/m^3)		名称	分子式	分子量	密度/(kg/m^3)	
			测定值	按 mol 体积为 22.4L 计算值				测定值	按 mol 体积为 22.4L 计算值
空气	—	28.97	1.294	1.292	氟	F_2	37.997	1.696	1.696
二氧化碳	CO_2	44.01	1.9768	1.965	甲烷	CH_4	16.043	0.7168	0.716
一氧化碳	CO	28.01	1.250	1.250	水蒸气	H_2O	18.015	0.806	0.804
氧	O_2	31.999	1.42895	1.429	二氧化硫	SO_2	64.059	2.927	2.860
氢	H_2	2.016	0.090	0.090	硫化氢	H_2S	34.076	1.539	1.521
氮	N_2	28.134	1.251	1.251	氯	Cl_2	70.906	3.220	3.165
乙炔	C_2H_2	26.038	1.171	1.162	苯	C_6H_6	78.103	3.582	3.487
氨	NH_3	17.091	0.771	0.763	氯化氢	HCl	36.461	1.639	1.628
乙烷	C_2H_6	30.069	1.357	1.342	氦	He	4.0026	0.1782	0.1787
乙烯	C_2H_4	28.054	1.2605	1.252	汞蒸气	Hg	200.59	9.021	8.954

附表 1-6 常用气体一般性质 （标准状态）

名称	分子式	分子量 M_r	密度 ρ_0 /(kg/m^3)	沸点/℃	熔点/℃	临界压力 p /(kgf/cm^2)	临界温度 $t_k/℃$
甲烷	CH_4	16.04	0.7168	−161.5	−185.2	47.3	−82.1
乙烷	C_2H_6	30.07	1.356	−88.6	−183.6	49.8	32.2
乙烯	C_2H_4	28.05	1.2605	−103.5	−169.4	51.6	9.2
乙炔	C_2H_2	26.04	1.1709	−83.6	−81	63.7	35.7
丙烯	C_3H_6	44.09	2.0037	−42.6	−189.9	43.4	96.8
丙烷	C_3H_8	42.08	1.915	−47	−185.2	47.1	92.0
丁烷	C_4H_{10}	58.12	2.703	0.5	−135	38.7	152.0
异丁烷	C_4H_{10}	58.12	2.668	−10.2	−145	37.2	134.9
丁烯	C_4H_8	56.10	2.500	−6			
戊烷	C_5H_{12}	72.14	3.457	36.1	−135.5	34.4	196.6
硫化氢	H_2S	34.08	1.5392	−60.4	−85.6	91.8	100.4
氢	H_2	2.0156	1.08987	−252.78	−259.2	13.2	−239.9
一氧化碳	CO	28.01	1.2500	−191.5	−205	35.6	−140.0
二氧化碳	CO_2	44.01	1.9766	−78.48		75.28	31.04
二氧化硫	SO_2	64.06	2.9263	−10.0	−75.3	80.4	157.5
三氧化硫	SO_3	80.06	(3.575)	46	−16.8	86.6	218.2
水蒸气	H_2O	18.01	0.804	100.0	0.00	255.65	374.15
氧	O_2	32.00	1.42895	−182.97	−218.8	51.7	−118.4
氮	N_2	28.016	1.2505	−195.81	−210.0	34.6	−147.0
干空气	—	28.96	1.2928	−193	−213	38.4	−147.7
一氧化氮	NO	30.008	1.3402	−152	−163.5	66.1	−93
一氧化二氮	N_2O	44.016	1.9780	−88.7	−90.8	74.1	36.5

3. 标准大气压

标准大气压见附表 1-7 和附表 1-8。

附表 1-7　国际标准大气压的某些参数

海拔高度 /m	大气压力 /kPa	海拔高处的压力／海平面处的压力	温度/℃	海拔高度 /m	大气压力 /kPa	海拔高处的压力／海平面处的压力	温度/℃
0	101.325	1.00000	15.00	2200	77.532	0.76518	0.70
100	100.129	0.98820	14.35	2400	75.616	0.74628	−0.60
200	98.944	0.97650	13.70	2600	73.739	0.72775	−1.90
300	97.770	0.96492	13.05	2800	71.899	0.70959	−3.20
400	96.609	0.95346	12.40	3000	70.097	0.69181	−4.50
500	95.459	0.94210	11.75	3200	68.332	0.67439	−5.80
600	94.319	0.93085	11.10	3400	66.602	0.65732	−7.10
700	93.191	0.91972	10.45	3600	64.909	0.64061	−8.40
800	92.072	0.90869	9.80	3800	62.984	0.62424	−9.70
900	90.966	0.89776	9.15	4000	61.627	0.60821	−11.00
1000	89.870	0.88695	8.50	4200	60.036	0.59252	−12.30
1100	88.784	0.87624	7.85	4400	58.480	0.57716	−13.60
1200	87.710	0.86563	7.20	4600	56.956	0.56211	−14.90
1300	86.646	0.85513	6.55	4800	55.465	0.54739	−16.20
1400	85.593	0.84474	5.90	5000	54.005	0.53299	−17.50
1500	84.549	0.83444	5.25	5500	50.490	0.49831	−20.75
1600	83.517	0.82425	4.60	6000	47.164	0.46548	−24.00
1700	82.494	0.81415	3.95				
1800	81.482	0.80416	3.30	6500	44.018	0.43443	−27.25
1900	80.480	0.79427	2.65	7000	41.043	0.40507	−30.50
2000	79.487	0.78448	2.00	8000	35.582	0.35117	−37.00

附表 1-8　标准大气表

几何高度 h/m	温度 T_h/K	大气压力 p_h/Pa	$\dfrac{p_h}{p_0}$	密度 ρ_h /(kg/m³)	$\dfrac{\rho_h}{\rho_0}$	声速 a/(m/s)	动力黏度 μ /(10^{-5} Pa·s)	运动黏度 ν /(10^{-5} m²/s)	自由落体加速度 g/(m/s²)
−2000	301.19	127790	1.26119	0.15072	1.2066	347.90	1.8517	1.2528	9.81281
−1500	291.93	120697	1.19118	0.14392	1.1522	346.01	1.8362	1.3010	9.81127
−1000	294.67	113928	1.12437	0.13735	1.0995	344.11	1.8207	1.3517	9.80973
−500	291.42	107487	1.06080	0.13103	1.0490	342.21	1.8051	1.4048	9.80819
0	288.15	101325	1.0000	0.12492	1.0000	340.28	1.7894	1.4607	9.80665
500	284.90	95453	0.94205	0.11902	0.95282	338.36	1.7736	1.5196	9.80511
1000	281.65	89876	0.88701	0.11336	0.90751	336.43	1.7578	1.5812	9.80357
1500	278.40	84567	0.83460	0.10791	0.86384	334.48	1.7420	1.6461	9.80203
2000	275.14	79498	0.78458	0.10265	0.82171	332.52	1.7260	1.7146	9.80049
2500	271.89	74693	0.73716	0.097593	0.78127	330.55	1.7099	1.7866	9.79896
3000	268.64	70125	0.69208	0.092734	0.74237	328.56	1.6937	1.8624	9.79742
3500	265.38	65774	0.64914	0.088048	0.70485	326.56	1.6773	1.9426	9.79588
4000	262.13	61656	0.60850	0.083558	0.66981	324.56	1.6611	2.0271	9.79435
4500	258.88	57749	0.56994	0.079246	0.63440	322.54	1.6446	2.1162	9.79281
5000	255.63	54045	0.53338	0.075106	0.60125	320.51	1.6280	2.2103	9.79128
5500	252.38	50535	0.49874	0.071134	0.56945	318.47	1.6114	2.3100	9.78974
6000	249.18	47213	0.46595	0.067324	0.53895	316.41	1.5947	2.4153	9.78820
7000	242.63	41098	0.40560	0.060174	0.48171	312.25	1.5609	2.6452	9.78514

几何高度 h/m	温度 T_h/K	大气压力 p_h/Pa	$\dfrac{p_h}{p_0}$	密度 ρ_h /(kg/m³)	$\dfrac{\rho_h}{\rho_0}$	声速 a/(m/s)	动力黏度 μ /(10⁻⁵ Pa·s)	运动黏度 ν /(10⁻⁵ m²/s)	自由落体加速度 g/(m/s²)
8000	236.14	35648	0.35182	0.053628	0.42931	308.05	1.5267	2.9030	9.78207
9000	229.64	30791	0.30388	0.047633	0.38132	303.78	1.4922	3.1942	9.77900
10000	223.15	26491	0.26144	0.042172	0.33761	299.45	1.4571	3.5232	9.77594
15000	216.66	12107	0.11949	0.019851	0.15891	295.07	1.4217	7.3029	9.76063
20000	216.66	5526.9	0.054546	9.0623×10^{-3}	0.072547	295.07	1.4217	1.5997×10^{-4}	9.74537
30000	230.35	1183.6	0.011681	1.8254	0.014613	304.25	1.4959	8.3565	9.71494
40000	257.66	295.87	2.9199×10^{-3}	4.0792×10^{-4}	3.2656×10^{-3}	321.78	1.6384	4.0956×10^{-3}	9.68446
50000	274.00	84.581	8.3475×10^{-4}	1.0966	8.7788×10^{-4}	331.82	1.7203	0.155997	9.65452
60000	253.40	24.121	2.3806	3.3816×10^{-5}	2.7071	319.11	1.6166	0.048749	9.62452
70000	219.15	5.8344	5.7580×10^{-5}	9.4576×10^{-5}	7.5712×10^{-5}	296.76	1.4351	0.15475	9.59466
80000	185.00	1.1141	1.0995	2.1393	1.7126	272.66	1.2420	0.59202	9.56494
90000	185.00	0.18444	1.8203×10^{-5}	3.5418×10^{-7}	2.8354×10^{-5}	272.66	1.2420	0.035759	9.53536
100000	209.22	0.032411	3.1987×10^{-7}	5.5058×10^{-5}	4.4075×10^{-7}				9.50591
150000	980.05	5.1233×10^{-4}	5.0563×10^{-8}	1.8031×10^{-10}	1.4434×10^{-9}				9.36069
200000	1226.8	1.3633×10^{-4}	1.3455	3.6821×10^{-11}	2.9477×10^{-10}				9.21750

（二）空气质量指数

空气质量分指数及对应的污染物项目浓度限值见附表 1-9。空气质量指数及相关信息见附表 1-10。

附表 1-9　空气质量分指数及对应的污染物项目浓度限值

空气质量分指数 (IAQI)	污染物项目浓度限值									
	二氧化硫 (SO₂) 24h 平均/ (μg/m³)	二氧化硫 (SO₂) 1h 平均/ (μg/m³)①	二氧化氮 (NO₂) 24h 平均/ (μg/m³)	二氧化氮 (NO₂) 1h 平均/ (μg/m³)①	颗粒物(粒径小于等于10μm) 24h 平均/ (μg/m³)	一氧化碳 (CO) 24h 平均/ (mg/m³)	一氧化碳 (CO) 1h 平均/ (mg/m³)①	臭氧(O₃) 1h 平均/ (μg/m³)	臭氧(O₃) 8h 滑动平均/ (μg/m³)	颗粒物(粒径小于等于2.5μm) 24h 平均/ (μg/m³)
0	0	0	0	0	0	0	0	0	0	0
50	50	150	40	100	50	2	5	160	100	35
100	150	500	80	200	150	4	10	200	160	75
150	475	650	180	700	250	14	35	300	215	115
200	800	800	280	1200	350	24	60	400	265	150
300	1600	②	565	2340	420	36	90	800	800	250
400	2100	②	750	3090	500	48	120	1000	③	350
500	2620	②	940	3840	600	60	150	1200	③	500

　　① 二氧化硫（SO₂）、二氧化氮（NO₂）和一氧化碳（CO）的 1h 平均浓度限值仅用于实时报，在日报中需使用相应污染物的 24h 平均浓度限值。

　　② 二氧化硫（SO₂）1h 平均浓度值高于 800μg/m³ 的，不再进行其空气质量分指数计算，二氧化硫（SO₂）空气质量分指数按 24h 平均浓度计算的分指数报告。

　　③ 臭氧（O₃）8h 平均浓度值高于 800μg/m³ 的，不再进行其空气质量分指数计算，臭氧（O₃）空气质量分指数按 1h 平均浓度计算的分指数报告。

附表 1-10 空气质量指数及相关信息

空气质量指数	空气质量指数级别	空气质量指数类别及表示颜色		对健康影响情况	建议采取的措施
0~50	一级	优	绿色	空气质量令人满意,基本无空气污染	各类人群可正常活动
51~100	二级	良	黄色	空气质量可接受,但某些污染物可能对极少数异常敏感人群健康有较弱影响	极少数异常敏感人群应减少户外活动
101~150	三级	轻度污染	橙色	易感人群症状有轻度加剧,健康人群出现刺激症状	儿童、老年人及心脏病、呼吸系统疾病患者应减少长时间、高强度的户外锻炼
151~200	四级	中度污染	红色	进一步加剧易感人群症状,可能对健康人群心脏、呼吸系统有影响	儿童、老年人及心脏病、呼吸系统疾病患者避免长时间、高强度的户外锻炼,一般人群适量减少户外运动
201~300	五级	重度污染	紫色	心脏病和肺病患者症状显著加剧,运动耐受力降低,健康人群普遍出现症状	儿童、老年人和心脏病、肺病患者应停留在室内,停止户外运动,一般人群减少户外运动
>300	六级	严重污染	褐红色	健康人群运动耐受力降低,有明显强烈症状,提前出现某些疾病	儿童、老年人和病人应当留在室内,避免体力消耗,一般人群应避免户外活动

（三）空气的特性参数

干空气的物理特性见附表 1-11，湿空气的物理特性见附表 1-12。

附表 1-11 干空气在压力为 100kPa 时的参数

温度 t /℃	密度 ρ /(kg/m³)	比热容 c_p /[kJ/(kg·K)]	热导率 λ /[10⁻²W/(m·K)]	热扩散率 α /(cm²/h)	动力黏度 μ /(μPa·s)	运动黏度 ν /(μm²/s)	普朗特数 Pr
−180	3.685	1.047	0.756	0.705	6.47	1.76	
−150	2.817	1.038	1.163	1.45	8.73	3.10	
−100	1.984	1.022	1.617	2.88	11.77	5.94	
−50	1.534	1.013	2.035	4.73	14.61	9.54	0.71
−20	1.365	1.009	2.256	5.94	16.28	11.93	0.71
0	1.252	1.009	2.373	6.75	17.16	13.70	0.71
1	1.247	1.009	2.381	6.799	17.220	13.80	0.71
2	1.243	1.009	2.389	6.848	17.279	13.90	0.71
3	1.238	1.009	2.397	6.897	17.338	14.00	0.71
4	1.234	1.009	2.405	6.946	17.397	14.10	0.71
5	1.229	1.009	2.413	6.995	17.456	14.20	0.71
6	1.224	1.009	2.421	7.044	17.514	14.30	0.71
7	1.220	1.009	2.430	7.093	17.574	14.40	0.71
8	1.215	1.009	2.438	7.142	17.632	14.50	0.71
9	1.211	1.009	2.446	7.191	17.691	14.60	0.71
10	1.206	1.009	2.454	7.240	17.750	14.70	0.71
11	1.202	1.0095	2.461	7.282	17.799	14.80	0.71
12	1.198	1.0099	2.468	7.324	17.848	14.90	0.71
13	1.193	1.0103	2.475	7.366	17.897	15.00	0.71
14	1.189	1.0107	2.482	7.408	17.946	15.10	0.71
15	1.185	1.0112	2.489	7.450	17.995	15.20	0.71
16	1.181	1.0116	2.496	7.492	18.044	15.30	0.71
17	1.177	1.0120	2.503	7.534	18.093	15.40	0.71
18	1.172	1.0124	2.510	7.576	18.142	15.50	0.71
19	1.168	1.0128	2.517	7.618	18.191	15.60	0.71

温度 t /℃	密度 ρ /(kg/m³)	比热容 c_p /[kJ/(kg·K)]	热导率 λ /[10⁻²W/(m·K)]	热扩散率 α /(cm²/h)	动力黏度 μ /(μPa·s)	运动黏度 ν /(μm²/s)	普朗特数 Pr
20	1.164	1.013	2.524	7.660	18.240	15.70	0.71
21	1.161	1.013	2.530	7.708	18.289	15.791	0.71
22	1.158	1.013	2.535	7.756	18.338	15.882	0.71
23	1.154	1.013	2.541	7.804	18.387	15.973	0.71
24	1.149	1.013	2.547	7.852	18.437	16.064	0.71
25	1.146	1.013	2.552	7.900	18.486	16.155	0.709
26	1.142	1.013	2.559	7.948	18.535	16.246	0.709
27	1.138	1.013	2.564	7.996	18.584	16.337	0.709
28	1.134	1.013	2.570	8.044	18.633	16.428	0.709
29	1.131	1.013	2.576	8.092	18.682	16.519	0.709
30	1.127	1.013	2.582	8.140	18.731	16.610	0.709
31	1.124	1.013	2.589	8.191	18.780	16.709	0.708
32	1.120	1.013	2.596	8.242	18.829	16.808	0.708
33	1.117	1.013	2.603	8.293	18.878	16.907	0.708
34	1.113	1.013	2.610	8.344	18.927	17.006	0.708
35	1.110	1.013	2.617	8.395	18.976	17.105	0.708
36	1.106	1.013	2.624	8.446	19.025	17.204	0.708
37	1.103	1.013	2.631	8.497	19.074	17.303	0.708
38	1.099	1.013	2.638	8.548	19.123	17.402	0.708
39	1.096	1.013	2.645	8.599	19.172	17.501	0.708
40	1.092	1.013	2.652	8.650	19.221	17.600	0.708
50	1.056	1.017	2.733	9.14	19.61	18.60	0.708
60	1.025	1.017	2.803	9.65	20.10	19.60	0.708
70	0.996	1.017	2.861	10.18	20.40	20.45	0.708
80	0.968	1.022	2.931	10.65	20.99	21.70	0.708
90	0.942	1.022	3.001	11.25	21.57	22.90	0.708
100	0.916	1.022	3.070	11.80	21.77	25.78	0.708
120	0.870	1.026	3.198	12.90	22.75	26.20	0.709
140	0.827	1.026	3.326	14.10	23.54	28.45	0.710
160	0.789	1.030	3.442	15.25	24.12	30.60	0.710
180	0.755	1.034	3.570	16.50	25.01	33.17	0.711
200	0.723	1.034	3.698	17.80	25.89	35.82	0.712
250	0.653	1.043	3.977	21.2	27.95	42.8	0.715
300	0.596	1.047	4.291	24.8	29.71	49.9	0.718
350	0.549	1.055	4.571	28.4	31.48	57.5	0.721
400	0.508	1.059	4.850	32.4	32.95	64.9	0.724
500	0.450	1.072	5.396	40.0	36.19	80.4	0.733
600	0.400	1.089	5.815	49.1	39.23	98.1	0.742
800	0.325	1.114	6.687	68.0	44.52	137.0	0.763
1000	0.268	1.139	7.618	89.9	49.52	185.0	0.766
1200	0.238	1.164	8.455	113.0	53.94	232.5	0.755
1400	0.204	1.189	9.304	138.0	57.722	282.5	0.747
1600	0.182	1.218	10.118	165.0	61.544	338.0	0.742
1800	0.165	1.243	10.932	192.0	65.464	397.0	0.738

注：表中数值实际是干空气压力为 98.067kPa 时之值。

附表 1-12　湿空气在压力为 100kPa 时的参数

温度 /℃	含湿量 /(10⁻³ kg /kg)	比体积 /(m³/kg 干空气)			比焓/(kJ/kg 干空气)			比熵 /[kJ/(kg 干空气·K)]			冷凝水 比焓 /(kJ /kg)	冷凝水 比熵 /[kJ/ (kg·K)]	冷凝水 蒸发压力 /kPa
t	d	v_a	Δv	v_s	h_a	Δh	h_s	s_a	Δs	s_s	h_w	s_w	p_s
−60	0.0067	0.6027	0.0000	0.6027	−60.351	0.017	−60.334	−0.2495	0.0001	−0.2494	−446.29	−1.6854	0.00108
−59	0.0076	0.6056	0.0000	0.6056	−59.344	0.018	−59.326	−0.2448	0.0001	−0.2447	−444.63	−1.6776	0.00124
−58	0.0087	0.6084	0.0000	0.6084	−58.338	0.021	−58.317	−0.2401	0.0001	−0.2400	−442.95	−1.6698	0.00141
−57	0.0100	0.6113	0.0000	0.6113	−57.332	0.024	−57.308	−0.2354	0.0001	−0.2353	−441.27	−1.6620	0.00161
−56	0.0114	0.6141	0.0000	0.6141	−56.326	0.028	−56.298	−0.2308	0.0001	−0.2307	−439.58	−1.6542	0.00184
−55	0.0129	0.6170	0.0000	0.6170	−55.319	0.031	−55.288	−0.2261	0.0002	−0.2259	−437.89	−1.6464	0.00209
−54	0.0147	0.6198	0.0000	0.6198	−54.313	0.036	−54.278	−0.2215	0.0002	−0.2213	−436.19	−1.6386	0.00238
−53	0.0167	0.6226	0.0000	0.6226	−53.307	0.041	−53.267	−0.2170	0.0002	−0.2168	−434.48	−1.6308	0.00271
−52	0.0190	0.6255	0.0000	0.6255	−52.301	0.046	−52.255	−0.2124	0.0002	−0.2122	−432.76	−1.6230	0.00307
−51	0.0215	0.6283	0.0000	0.6283	−51.295	0.052	−51.243	−0.2079	0.0002	−0.2077	−431.03	−1.6153	0.00348
−50	0.0243	0.6312	0.0000	0.6312	−50.289	0.059	−50.230	−0.2033	0.0003	−0.2031	−429.30	−1.6075	0.00397
−49	0.0275	0.6340	0.0000	0.6340	−49.283	0.067	−49.216	−0.1988	0.0003	−0.1985	−427.56	−1.5997	0.00445
−48	0.0311	0.6369	0.0000	0.6369	−48.277	0.075	−48.202	−0.1944	0.0004	−0.1940	−425.82	−1.5917	0.00503
−47	0.0350	0.6397	0.0000	0.6397	−47.271	0.085	−47.186	−0.1891	0.0004	−0.1895	−424.06	−1.5842	0.00568
−46	0.0395	0.6426	0.0000	0.6426	−46.265	0.095	−46.170	−0.1855	0.0004	−0.1850	−422.30	−1.5764	0.00640
−45	0.0445	0.6454	0.0000	0.6454	−45.259	0.108	−45.151	−0.1811	0.0005	−0.1805	−420.54	−1.5686	0.00721
−44	0.0500	0.6483	0.0001	0.6483	−44.253	0.121	−44.132	−0.1767	0.0006	−0.1761	−418.76	−1.5609	0.00811
−43	0.0562	0.6511	0.0001	0.6511	−43.247	0.137	−43.110	−0.1723	0.0006	−0.1716	−416.98	−1.5531	0.00911
−42	0.0631	0.6540	0.0001	0.6540	−42.241	0.153	−42.088	−0.1679	0.0007	−0.1672	−415.19	−1.5453	0.01022
−41	0.0708	0.6568	0.0001	0.6568	−41.235	0.172	−41.063	−0.1636	0.0008	−0.1628	−413.39	−1.5376	0.01147
−40	0.0793	0.6597	0.0001	0.6597	−40.229	0.192	−40.037	−0.1592	0.0009	−0.1584	−411.59	−1.5298	0.01285
−39	0.0887	0.6625	0.0001	0.6625	−39.224	0.216	−39.008	−0.1549	0.0010	−0.1540	−409.77	−1.5221	0.01438
−38	0.0992	0.6653	0.0001	0.6653	−38.218	0.242	−37.976	−0.1507	0.0011	−01496	−407.96	−1.5143	0.01608
−37	0.1108	0.6682	0.0001	0.6682	−37.212	0.270	−36.942	−0.1464	0.0012	−0.1452	−406.13	−1.5066	0.01796
−36	0.1237	0.6710	0.0001	0.6710	−36.206	0.302	−35.905	−0.1421	0.0014	−0.1408	−404.29	−1.4988	0.02005
−35	0.1379	0.6739	0.0001	0.6740	−35.200	0.336	−34.864	−0.1379	0.0015	−0.1364	−402.45	−1.4911	0.02235
−34	0.1536	0.6767	0.0002	0.6769	−34.195	0.375	−33.820	−0.1337	0.0017	−0.1320	−400.60	−1.4833	0.02490
−33	0.1710	0.6796	0.0002	0.6798	−33.189	0.417	−32.772	−0.1295	0.0018	−0.1276	−398.75	−1.4756	0.02772
−32	0.1902	0.6824	0.0002	0.6826	−32.183	0.464	−31.718	−0.1253	0.0020	−0.1233	−396.89	−1.4678	0.03082
−31	0.2113	0.6853	0.0002	0.6855	−31.178	0.517	−30.661	−0.1212	0.0023	−0.1189	−395.01	−1.4601	0.03425
−30	0.2436	0.6881	0.0003	0.6884	−30.171	0.574	−29.597	−0.1170	0.0025	−0.1145	−393.14	−1.4524	0.03882
−29	0.2602	0.6909	0.0003	0.6912	−29.166	0.636	−28.529	−0.1129	0.0028	−0.1101	−391.25	−1.4446	0.04217
−28	0.2883	0.6938	0.0003	0.6941	−28.252	0.707	−27.545	−0.1088	0.0031	−0.1057	−389.36	−1.4369	0.04673
−27	0.3193	0.6966	0.0004	0.6970	−27.154	0.782	−26.372	−0.1047	0.0034	−0.1013	−387.46	−1.4291	0.05175
−26	0.3533	0.6995	0.0004	0.6999	−26.149	0.867	−25.282	−0.1006	0.0037	−0.0969	−385.55	−1.4214	0.05725
−25	0.3905	0.7023	0.0004	0.7028	−25.143	0.959	−24.184	−0.0965	0.0041	−0.0924	−383.63	−1.4137	0.06329
−24	0.4314	0.7052	0.0005	0.7057	−24.137	1.059	−23.078	−0.0925	0.0045	−0.0880	−381.71	−1.4059	0.06991
−23	0.4762	0.7080	0.0005	0.7085	−23.132	1.171	−21.961	−0.0885	0.0050	−0.0835	−379.78	−1.3982	0.07716
−22	0.5251	0.7109	0.0006	0.7115	−22.126	1.292	−20.834	−0.0845	0.0054	−0.7090	−377.84	−1.3905	0.08510
−21	0.5787	0.7137	0.0007	0.7144	−21.120	1.425	−19.695	−0.0805	0.0060	−0.0745	−375.90	−1.3826	0.09378
−20	0.6373	0.7165	0.0007	0.7173	−20.115	1.570	−18.545	−0.0765	0.0066	−0.0699	−373.95	−1.3750	0.10326
−19	0.7013	0.7194	0.0008	0.7202	−19.109	1.729	−17.380	−0.0725	0.0072	−0.0653	−371.99	−1.3673	0.11362
−18	0.7711	0.7222	0.0009	0.7231	−18.103	1.902	−16.201	−0.0686	0.0079	−0.0607	−370.02	−1.3596	0.12492

续表

温度 /℃	含湿量 /(10⁻³kg /kg)	比体积 /(m³/kg 干空气)			比焓/(kJ/kg 干空气)			比熵 /[kJ/(kg 干空气·K)]			冷凝水		
											比焓 /(kJ /kg)	比熵 /[kJ /(kg·K)]	蒸发 压力 /kPa
t	d	v_a	Δv	v_s	h_a	Δh	h_s	s_a	Δs	s_s	h_w	s_w	p_s
−17	0.8473	0.7251	0.0010	0.7261	−17.098	2.092	−15.006	−0.0646	0.0086	−0.0560	−368.04	−1.3518	0.13725
−16	0.9303	0.7279	0.0011	0.7290	−16.092	2.299	−13.793	−0.0607	0.0094	−0.0513	−366.06	−1.3441	0.15068
−15	1.0207	0.7308	0.0012	0.7320	−15.086	2.524	−12.562	−0.0568	0.0103	−0.0465	−364.07	−1.3364	0.16530
−14	1.1191	0.7336	0.0013	0.7349	−14.080	2.769	−11.311	−0.0529	0.0113	−0.0416	−362.07	−1.3287	0.18122
−13	1.2262	0.7364	0.0014	0.7379	−13.075	3.036	−10.039	−0.0490	0.0123	−0.0367	−360.07	−1.3210	0.19852
−12	1.3425	0.7393	0.0016	0.7409	−12.069	3.327	−8.742	−0.0452	0.0134	−0.0318	−358.08	−1.3132	0.21732
−11	1.4690	0.7421	0.0017	0.7439	−11.063	3.642	−7.421	−0.0413	0.0146	−0.0267	−356.04	−1.3055	0.23775
−10	1.6062	0.7450	0.0019	0.7469	−10.057	3.986	−6.072	−0.0375	0.0160	−0.0215	−354.01	−1.2978	0.25991
−9	1.7551	0.7478	0.0021	0.7499	−9.052	4.358	−4.693	−0.0337	0.0174	−0.0163	−351.97	−1.2901	0.28395
−8	1.9166	0.7507	0.0023	0.7530	−8.046	4.764	−3.283	−0.0299	0.0189	−0.0110	−349.93	−1.2824	0.30999
−7	2.0916	0.7535	0.0025	0.7560	−7.040	5.202	−1.838	−0.0261	0.0206	−0.0055	−347.88	−1.2746	0.33821
−6	2.2811	0.7563	0.0028	0.7591	−6.035	5.677	−0.357	−0.0223	0.0224	−0.0000	−345.82	−1.2669	0.36874
−5	2.4862	0.7592	0.0030	0.7622	−5.029	6.192	1.164	−0.0186	0.0243	0.0057	−343.26	−1.2592	0.40178
−4	2.7081	0.7620	0.0033	0.7653	−4.023	6.751	2.728	−0.0148	0.0264	0.0115	−341.69	−1.2515	0.43748
−3	2.9480	0.7649	0.0036	0.7685	−3.017	7.353	4.336	−0.0111	0.0286	0.0175	−339.61	−1.2438	0.47606
−2	3.2074	0.7677	0.0039	0.7717	−2.011	8.007	5.995	−0.0074	0.0310	0.0236	−337.52	−1.2361	0.51773
−1	3.4874	0.7705	0.0043	0.7749	−1.006	8.712	7.706	−0.0037	0.0336	0.0299	−335.42	−1.2284	0.56268
											固态	固态	
0	3.7895	0.7734	0.0047	0.7781	0.000	9.473	9.473	0.0000	0.0364	0.0364	−333.32	−1.2206	0.61117
0	3.7895	0.7734	0.0047	0.7781	0.000	9.473	9.473	0.000	0.0364	0.0364	0.06	−0.0001	0.61117
											液态	液态	
1	4.076	0.7762	0.0051	0.7813	1.006	10.197	11.203	0.0037	0.0391	0.0427	4.28	0.0153	0.6571
2	4.381	0.7791	0.0055	0.7845	2.012	10.970	12.982	0.0073	0.0419	0.0492	8.49	0.0306	0.7060
3	4.707	0.7819	0.0059	0.7878	3.018	11.793	14.811	0.0110	0.0449	0.0559	12.70	0.0456	0.7581
4	5.054	0.7848	0.0064	0.7911	4.024	12.672	16.696	0.0146	0.0480	0.0627	16.91	0.0611	0.8135
5	5.424	0.7876	0.0068	0.7944	5.029	13.610	18.639	0.0182	0.0514	0.0697	21.12	0.0762	0.8725
6	5.818	0.7904	0.0074	0.7978	6.036	14.608	20.644	0.0219	0.0550	0.0769	25.32	0.0913	0.9353
7	6.237	0.7933	0.0079	0.8012	7.041	15.671	22.713	0.0255	0.0588	0.0843	29.52	0.1064	1.0020
8	6.683	0.7961	0.0085	0.8046	8.047	16.805	24.852	0.0290	0.0628	0.0919	33.72	0.1213	1.0729
9	7.157	0.7990	0.0092	0.8081	9.053	18.010	27.064	0.0326	0.0671	0.0997	37.92	0.1362	1.1481
10	7.661	0.8018	0.0098	0.8116	10.959	19.293	29.352	0.0362	0.0717	0.1078	42.11	0.1511	1.2280
11	8.197	0.8046	0.0106	0.8152	11.065	20.658	31.724	0.0397	0.0765	0.1162	46.31	0.1659	1.3128
12	8.766	0.8075	0.0113	0.8188	12.071	22.108	34.179	0.0433	0.0816	0.1248	50.50	0.1806	1.4026
13	9.370	0.8103	0.0122	0.8225	13.077	23.649	36.726	0.0468	0.0870	0.1337	54.69	0.1953	1.4979
14	10.012	0.8132	0.0131	0.8262	14.084	25.286	39.370	0.0503	0.0927	0.1430	58.88	0.2099	1.5987
15	10.692	0.8160	0.0140	0.8300	15.090	27.023	42.113	0.0538	0.0987	0.1525	63.07	0.2244	1.7055
16	11.413	0.8188	0.0150	0.8338	16.096	28.867	44.963	0.0573	0.1051	0.1624	67.26	0.2389	1.8185
17	12.178	0.8217	0.0160	0.8377	17.102	30.824	47.926	0.0607	0.1119	0.1726	71.44	0.2534	1.9380
18	12.989	0.8245	0.0172	0.8417	18.108	32.900	51.008	0.0642	0.1190	0.1832	75.63	0.2678	2.1643
19	13.848	0.8274	0.0184	0.8457	19.114	35.101	54.216	0.0677	0.1266	0.1942	79.81	0.2821	2.1979
20	14.758	0.8303	0.0196	0.8498	20.121	37.434	57.555	0.0711	0.1346	0.2057	84.00	0.2965	2.3322
21	15.721	0.8330	0.0210	0.8540	21.127	39.908	61.035	0.0745	0.1430	0.2175	88.18	0.3107	2.4878
22	16.741	0.8359	0.0224	0.8583	22.133	42.527	64.660	0.0779	0.1519	0.2298	92.36	0.3249	2.6448

续表

温度/℃	含湿量/(10⁻³kg/kg)	比体积/(m³/kg 干空气)			比焓/(kJ/kg 干空气)			比熵/[kJ/(kg 干空气·K)]			冷凝水		
											比焓/(kJ/kg)	比熵/[kJ/(kg·K)]	蒸发压力/kPa
t	d	v_a	Δv	v_s	h_a	Δh	h_s	s_a	Δs	s_s	h_w	s_w	p_s
23	17.821	0.8387	0.0240	0.8627	23.140	45.301	68.440	0.0813	0.1613	0.2426	96.55	0.3390	2.8105
24	18.963	0.8416	0.0256	0.8671	24.146	48.239	72.385	0.0847	0.1712	0.2559	100.73	0.3531	2.9852
25	20.170	0.8444	0.0273	0.8717	25.153	51.347	76.500	0.0881	0.1817	0.2698	104.91	0.3672	3.1693
26	21.448	0.8472	0.0291	0.8764	26.159	54.638	80.798	0.0915	0.1927	0.2842	109.09	0.3812	3.3633
27	22.798	0.8501	0.0311	0.8811	27.165	58.120	85.285	0.0948	0.2044	0.2992	113.27	0.3951	3.5674
28	24.226	0.8529	0.0331	0.8860	28.172	61.804	89.976	0.0982	0.2166	0.3148	117.45	0.4090	3.7823
29	25.735	0.8558	0.0353	0.8910	29.179	65.699	94.878	0.1015	0.2296	0.3311	121.63	0.4229	4.0084
30	27.329	0.8586	0.0376	0.8962	30.185	69.820	100.006	0.1048	0.2432	0.3481	125.81	0.4367	4.2462
31	29.014	0.8614	0.0400	0.9015	31.192	74.177	105.369	0.1082	0.2576	0.3658	129.99	0.4505	4.4961
32	30.793	0.8643	0.0426	0.9069	32.198	78.780	110.979	0.1115	0.2728	0.3842	134.17	0.4642	4.7586
33	32.674	0.8671	0.0454	0.9125	33.205	83.652	116.857	0.1148	0.2887	0.4035	138.35	0.4779	5.0345
34	34.660	0.8700	0.0483	0.9183	34.212	88.799	123.011	0.1180	0.3056	0.4236	142.53	0.4915	5.3242
35	36.756	0.8728	0.0514	0.9242	35.219	94.236	129.455	0.1213	0.3233	0.4446	146.71	0.5051	5.6280
36	38.971	0.8756	0.0546	0.9303	36.226	99.983	136.209	0.1246	0.3420	0.4666	150.89	0.5168	5.9648
37	41.309	0.8785	0.0581	0.9366	37.233	106.058	143.290	0.1278	0.3617	0.4895	155.07	0.5321	6.2812
38	43.778	0.8813	0.0618	0.9341	38.239	112.474	150.713	0.1311	0.3824	0.5135	159.25	0.5456	6.6315
39	46.386	0.8842	0.0657	0.9498	39.246	119.258	158.504	0.1343	0.4043	0.5386	163.43	0.5590	6.9988
40	49.141	0.8870	0.0698	0.9568	40.253	126.430	166.683	0.1375	0.4273	0.5649	167.61	0.5724	7.3838
41	52.049	0.8898	0.0741	0.9640	41.261	134.005	175.265	0.1407	0.4516	0.5923	171.79	0.5857	7.7866
42	55.119	0.8927	0.0788	0.9714	42.268	142.007	184.275	0.1439	0.4771	0.6211	175.97	0.5990	8.2081
43	58.365	0.8955	0.0837	0.9792	43.275	150.475	193.749	0.1471	0.5041	0.6512	180.15	0.6122	8.6495
44	61.791	0.8983	0.0888	0.9872	44.282	159.417	203.699	0.1503	0.5325	0.6828	184.33	0.6254	9.1110
45	65.411	0.9012	0.0943	0.9955	45.289	168.874	214.164	0.1535	0.5624	0.7159	188.51	0.6386	9.5935
46	69.239	0.9040	0.1002	1.0042	46.296	178.882	225.179	0.1566	0.5940	0.7507	192.69	0.6517	10.0982
47	73.282	0.9069	0.1063	1.0132	47.304	189.455	236.759	0.1598	0.6273	0.7871	196.88	0.6648	10.6250
48	77.556	0.9097	0.1129	1.0226	48.311	200.644	248.955	0.1629	0.6624	0.8253	201.06	0.6778	11.1754
49	82.077	0.9125	0.1198	1.0323	49.319	212.485	261.803	0.1661	0.6994	0.8655	205.24	0.6908	11.7502
50	86.856	0.9154	0.1272	1.0425	50.326	225.019	275.345	0.1692	0.7385	0.9077	209.42	0.7038	12.3503
51	91.918	0.9182	0.1350	1.0532	51.334	238.290	289.624	0.1723	0.7798	0.9521	213.60	0.7167	12.9764
52	97.272	0.9211	0.1433	1.0643	52.341	252.340	304.682	0.1754	0.8234	0.9988	217.78	0.7296	13.6293
53	102.948	0.9239	0.1521	1.0760	53.349	267.247	320.596	0.1785	0.8695	1.0480	221.97	0.7424	14.3108
54	108.954	0.9267	0.1614	1.0882	54.357	283.031	337.388	0.1816	0.9182	1.0998	226.15	0.7552	15.0205
55	115.321	0.9296	0.1713	1.1009	55.365	299.772	355.137	0.1847	0.9698	1.1544	230.33	0.7680	15.7601
56	122.077	0.9324	0.1819	1.1143	56.373	317.549	373.922	0.1877	1.0243	1.2120	234.52	0.7807	16.5311
57	129.243	0.9353	0.1932	1.1284	57.381	336.417	393.798	0.1908	1.0820	1.2728	238.70	0.7934	17.3337
58	136.851	0.9381	0.2051	1.1432	58.389	356.461	414.850	0.1938	1.1432	1.3370	242.88	0.8061	18.1691
59	144.942	0.9409	0.2179	1.1588	59.397	377.788	437.185	0.1969	1.2081	1.4050	247.07	0.8187	19.0393
60	153.54	0.9438	0.2315	1.1752	60.405	400.458	460.863	0.1999	1.2761	1.4760	251.25	0.8313	19.9439
61	162.69	0.9466	0.2460	1.1926	61.413	424.624	486.036	0.2029	1.3500	1.5530	255.44	0.8438	20.8858
62	172.44	0.9494	0.2614	1.2109	62.421	450.377	512.798	0.2059	1.4278	1.6337	259.62	0.8563	21.8651
63	182.84	0.9523	0.2780	1.2303	63.429	477.837	541.266	0.2089	1.5104	1.7194	263.81	0.8688	22.8826
64	193.93	0.9551	0.2957	1.2508	64.438	507.177	571.615	0.2119	1.5985	1.8105	268.00	0.8812	23.9405
65	205.79	0.9580	0.3147	1.2726	65.446	538.548	603.995	0.2149	1.6925	1.9074	272.18	0.8936	25.0397

续表

温度/℃	含湿量/(10⁻³kg/kg)	比体积/(m³/kg 干空气)		比体积	比焓/(kJ/kg 干空气)			比熵/[kJ/(kg 干空气·K)]			冷凝水 比焓/(kJ/kg)	比熵/[kJ/(kg·K)]	蒸发压力/kPa
t	d	v_a	Δv	v_s	h_a	Δh	h_s	s_a	Δs	s_s	h_w	s_w	p_s
66	218.48	0.9608	0.3350	1.2958	66.455	572.116	638.571	0.2179	1.7927	2.0106	276.37	0.9060	26.1810
67	232.07	0.9636	0.3568	1.3204	67.463	608.103	675.566	0.2209	1.8999	2.1208	280.56	0.9183	27.3664
68	246.64	0.9665	0.3803	1.3467	68.472	646.724	715.196	0.2238	2.0147	2.2385	284.75	0.9306	28.5967
69	262.31	0.9693	0.4055	1.3749	69.481	688.261	757.742	0.2268	2.1378	2.3646	288.94	0.9429	29.8741
70	279.16	0.9721	0.4328	1.4049	70.489	732.959	803.448	0.2297	2.2699	2.4996	293.13	0.9551	31.1986
71	297.34	0.9750	0.4622	1.4372	71.498	781.208	852.706	0.2327	2.4122	2.6448	297.32	0.9673	32.5734
72	316.98	0.9778	0.4941	1.4719	72.507	833.335	905.842	0.2356	2.5655	2.8010	301.51	0.9794	33.9983
73	338.24	0.9807	0.5287	1.5093	73.516	889.807	963.323	0.2385	2.7311	2.9696	305.70	0.9916	35.4759
74	361.30	0.9835	0.5662	1.5497	74.525	951.077	1025.603	0.2414	2.9104	3.1518	309.89	1.0037	37.0063
75	386.41	0.9892	0.6072	1.5935	75.535	1017.841	1093.375	0.2443	3.1052	3.3496	314.08	1.0157	38.5940
76	413.77	0.9920	0.6519	1.6411	76.543	1090.628	1167.172	0.2472	3.3171	3.5644	318.47	1.0278	40.2369
77	443.72	0.9948	0.7010	1.6930	77.553	1170.328	1247.881	0.2501	3.5486	3.7987	322.47	1.0398	41.9388
78	476.63	0.9977	0.7550	1.7498	78.562	1257.921	1336.483	0.2530	3.8023	4.0553	326.67	1.0517	43.7020
79	512.84	1.0005	0.8145	1.8121	79.572	1354.347	1433.918	0.2559	4.0810	4.3368	330.86	1.0636	45.5248
80	552.95	1.0034	0.8805	1.8810	80.581	1461.200	1541.781	0.2587	4.3890	4.6477	335.06	1.0755	47.4135
81	597.51	1.0034	0.9539	1.9572	81.591	1579.961	1661.552	0.2616	4.7305	4.9921	339.25	1.0874	49.3670
82	647.24	1.0062	1.0360	2.0422	82.600	1712.547	1795.148	0.2644	5.1108	5.3753	343.45	1.0993	51.3860
83	703.11	1.0090	1.1283	2.1373	83.610	1861.548	1945.158	0.2673	5.5372	5.8045	347.65	1.1111	53.4746
84	766.24	1.0119	1.2328	2.2446	84.620	2029.983	2114.603	0.2701	6.0181	6.2882	351.85	1.1228	55.6337
85	838.12	1.0147	1.3518	2.3666	85.630	2221.806	2307.436	0.2729	6.5644	6.8373	356.05	1.1346	57.8658
86	920.62	1.0175	1.4887	2.5062	86.640	2442.036	2528.677	0.2757	7.1901	7.4658	360.25	1.1463	60.1727
87	1016.11	1.0204	1.6473	2.6676	87.650	2697.016	2784.666	0.2785	7.9128	8.1914	364.45	1.1580	62.5544
88	1128.00	1.0232	1.8333	2.8565	88.661	2995.890	3084.551	0.2813	8.7580	9.0393	368.65	1.1696	65.0166
89	1260.64	1.0261	2.0540	3.0800	89.671	3350.254	3439.925	0.2841	9.7577	10.0419	372.86	1.1812	67.5581
90	1420.31	1.0289	2.3199	3.3488	90.681	3776.918	3867.599	0.2869	10.9586	11.2455	377.06	1.1928	70.1817

注：1. 表中数值实际是湿空气在压力为 101325Pa 时之值。

2. 表中：d 为在给定的压力和温度条件下，达到饱和状态的每 1kg 干空气中所含的湿量，kg/kg；v_a 为干空气的比体积，m³/kg；v_s 为处于饱和状态时含有 1kg 干空气的湿空气的比体积，m³/kg，$\Delta v = v_s - v_a$；h_a 为干空气的比焓，kJ/kg；h_s 为处于饱和状态时含有 1kg 干空气的湿空气的比焓，kJ/kg，$\Delta h = h_s - h_a$ 汽化潜热；s_a 为每 1kg 干空气的比熵，kJ/(kg·K)；s_s 为处于饱和状态时含有 1kg 干空气的湿空气的比熵，kJ/(kg·K)，$\Delta s = s_s - s_a$；h_w 为一定的温度和压力下空气处于饱和状态时单位质量冷凝水（液态或固态）的比焓，kJ/kg；s_w 为空气处于饱和状态时单位质量冷凝水的比熵，kJ/(kg·K)；p_s 为饱和湿空气的水蒸气分压力（水的蒸发压力），kPa。

（四）水和水蒸气的物理参数

水和水蒸气的物理参数见附表 1-13～附表 1-16。

附表 1-13　饱和线上水的物理参数

温度℃	压力 $p/10^4$Pa	密度/(kg/m³)	比热焓/(kJ/kg)	比热容/[kJ/(kg·℃)]	热导率/[W/(m·℃)]	热扩散率 $d/(\times 10^4$ m²/h)	动力黏度 $\mu/(\times 10^6$ Pa·s)	运动黏度 $v/(\times 10^6$ m²/s)	普朗特数
0	9.81	9804.7	0	4.208	0.558	4.8	1789.8	1.790	13.70
5	9.81	9806.7			0.563		1513.2	1.515	
10	9.81	9803.7	42.04	4.191	0.563	4.9	1304.3	1.300	9.56

温度℃	压力 $p/10^4$Pa	密度 /(kg/m³)	比热焓 /(kJ/kg)	比热容 /[kJ/(kg·℃)]	热导率 /[W/(m·℃)]	热扩散率 $d/(×10^4$ m²/h)	动力黏度 $μ/(×10^6$ Pa·s)	运动黏度 $v/(×10^6$ m²/s)	普朗特数
15	9.81	9797.8			0.587		1142.5	1.140	
20	9.81	9789.0	83.86	4.183	0.593	5.1	1000.3	1.000	7.06
25	9.81	9778.2			0.608		888.5	0.891	
30	9.81	9764.5	125.60	4.178	0.611	5.3	801.2	0.805	5.50
35	9.81	9748.8			0.626		721.8	0.727	
40	9.81	9730.2	167.39	4.178	0.627	5.4	653.1	0.659	4.30
45	9.81	9710.6			0.641		599.2	0.606	
50	9.81	9690.0	207.62	4.183	0.642	5.6	549.2	0.556	3.56
55	9.81	9666.5			0.654		508.0	0.515	
60	9.81	9641.9	250.96	4.183	0.657	5.7	470.7	0.479	3.00
65	9.81	9616.4			0.664		436.4	0.445	
70	9.81	9589.0	292.78	4.191	0.668	5.9	406.0	0.415	2.56
75	9.81	9560.5			0.671		379.5	0.389	
80	9.81	9530.1	334.73	4.195	0.676	6.0	356.0	0.366	2.23
85	9.81	9499.7			0.678		333.4	0.344	
90	9.81	9466.4	376.73	4.208	0.680	6.1	314.8	0.326	1.95
95	9.81	9433.1			0.683		297.1	0.309	
100	10.10	9398.7	418.85	4.216	0.683	6.1	282.4	0.295	1.75
110	14.32	9326.2	461.05	4.229	0.685	6.1	255.0	0.268	1.58
120	19.81	9248.7	503.67	4.245	0.686	6.2	230.5	0.244	1.43
130	26.97	9167.3	545.96	4.266	0.686	6.2	211.8	0.226	1.32
140	36.09	9082.0	587.83	4.291	0.685	6.2	196.1	0.212	1.23
150	47.56	8991.8	631.79	4.321	0.684	6.2	185.3	0.202	1.17
160	61.78	8898.6	675.33	4.354	0.683	6.2	171.6	0.191	1.10
170	79.24	8799.5	718.87	4.388	0.679	6.2	162.8	0.181	1.05
180	100.32	8697.6	762.83	4.425	0.675	6.2	153.0	0.173	1.01
190	125.53	8590.7	807.22	4.463	0.670	6.2	145.1	0.166	0.97
200	155.53	8479.8	852.01	4.513	0.663	6.1	138.3	0.160	0.94
210	190.84	8363.1	897.23	4.605	0.655	6.0	131.4	0.154	0.92
220	232.03	8240.6	943.29	4.647	0.645	6.0	125.5	0.149	0.90
230	279.78	8113.1	989.76	4.689	0.637	6.0	119.6	0.145	0.88
240	334.80	7978.7	1037.07	4.731	0.628	5.9	114.3	0.141	0.86
250	397.76	7835.5	1085.64	4.844	0.618	5.74	109.8	0.137	0.86
260	469.44	7688.4	1135.04	4.949	0.605	5.61	105.9	0.135	0.86
270	550.55	7530.6	1185.28	5.066	0.590	5.45	102.0	0.133	0.87
280	641.94	7361.9	1236.78	5.229	0.575	5.27	98.1	0.131	0.89
290	744.52	7181.4	1289.95	5.485	0.558	5.00	94.1	0.129	0.92
300	859.16	6987.3	1344.80	5.736	0.540	4.75	91.2	0.128	0.98

附表 1-14　温度 0～100℃ 时饱和水蒸气压力表 （0.1MPa）

$t°$	0.0	0.1	0.2	0.3	0.4	0.5	0.6	0.7	0.8	0.9
0	0.00623	0.00627	0.00632	0.00636	0.00641	0.00646	0.00651	0.00655	0.00660	0.00665
1	0.00670	0.00675	0.00679	0.00684	0.00689	0.00694	0.00699	0.00704	0.00710	0.00715
5	0.00890	0.00896	0.00902	0.00908	0.00915	0.00921	0.00927	0.00934	0.00940	0.00947
10	0.01252	0.01260	0.01269	0.01277	0.01286	0.01294	0.01303	0.01312	0.01321	0.01329
15	0.01739	0.01750	0.01761	0.01772	0.01784	0.01795	0.01807	0.01818	0.01830	0.01842
20	0.02384	0.02399	0.02413	0.02428	0.02444	0.02459	0.02474	0.02489	0.02504	0.02520
25	0.03230	0.03249	0.03268	0.03288	0.03307	0.03327	0.03347	0.03367	0.03387	0.03407

续表

$t°$	0.0	0.1	0.2	0.3	0.4	0.5	0.6	0.7	0.8	0.9
30	0.04327	0.04351	0.04376	0.04401	0.04427	0.04452	0.4477	0.04503	0.04539	0.04555
35	0.05734	0.05766	0.05798	0.05830	0.05862	0.05894	0.05927	0.05960	0.05992	0.06025
40	0.07521	0.07561	0.07601	0.07642	0.07683	0.07723	0.07764	0.07805	0.07847	0.07889
45	0.09772	0.09823	0.09873	0.09923	0.09974	0.10025	0.10077	0.10128	0.10180	0.10232
50	0.12577	0.12639	0.12702	0.12764	0.12827	0.12891	0.12955	0.13020	0.13084	0.13149
55	0.1605	0.1612	0.1620	0.1628	0.1636	0.1644	0.1651	0.1659	0.1667	0.1675
60	0.2031	0.2040	0.2050	0.2059	0.2069	0.2078	0.2088	0.2098	0.2107	0.2117
65	0.2550	0.2561	0.2572	0.2584	0.2595	0.2607	0.2619	0.2631	0.2642	0.2654
70	0.3177	0.3191	0.3204	0.3218	0.3232	0.3246	0.3260	0.3274	0.3288	0.3302
75	0.3930	0.3947	0.3964	0.3981	0.3997	0.4014	0.4031	0.4047	0.4064	0.4081
80	0.4828	0.4847	0.4867	0.4886	0.4906	0.4926	0.4946	0.4966	0.4987	0.5007
85	0.5895	0.5918	0.5941	0.5964	0.5988	0.6012	0.6035	0.6059	0.6083	0.6107
90	0.7148	0.7175	0.7202	0.7230	0.7257	0.7285	0.7312	0.7340	0.7368	0.7396
95	0.8618	0.8650	0.8682	0.8714	0.8746	0.8778	0.8810	0.8843	0.8875	0.8908
100	1.0332	1.0369	1.0406	1.0444	1.0481	1.0518	1.0556	1.0594	1.0631	1.0669

附表 1-15 饱和水蒸气的物理参数（按压力排列）

绝对压力/kPa	饱和温度/℃	饱和压力下水的比容/(m³/kg)	蒸汽比容/(m³/kg)	蒸汽密度/(kg/m³)	比焓 水/(kJ/kg)	比焓 蒸汽/(MJ/kg)	汽化比潜热/(MJ/kg)
98.07	99.09	0.0010428	1.7250	0.5797	415.29	2.675	2.259
147.10	110.79	0.0010522	1.1810	0.8467	464.69	2.693	2.228
196.13	119.62	0.0010600	0.9018	1.1090	502.16	2.706	2.204
245.17	126.79	0.0010666	0.7318	1.3670	532.56	2.716	2.183
294.20	132.88	0.0010726	0.6169	1.6210	558.52	2.724	2.166
343.23	138.19	0.0010779	0.5338	1.8730	581.55	2.731	2.150
392.27	142.92	0.0010829	0.4709	2.1240	601.64	2.738	2.136
441.30	147.20	0.0010875	0.4215	2.3730	620.07	2.743	2.123
490.33	151.11	0.0010918	0.3817	2.620	636.81	2.748	2.111
588.40	158.08	0.0010998	0.3214	3.111	666.96	2.756	2.089
686.47	164.17	0.0011071	0.2778	3.600	693.75	2.763	2.069
784.53	169.61	0.0011139	0.2448	4.085	717.62	2.768	2.051
882.60	174.53	0.0011202	0.2189	4.568	738.97	2.773	2.034
980.67	179.04	0.0011262	0.1980	5.051	759.07	2.777	2.018
1078.73	183.20	0.0011319	0.1808	5.531	777.49	2.780	2.003
1176.80	187.08	0.0011373	0.1663	6.013	794.65	2.784	1.989
1275	190.71	0.0011426	0.1540	6.494	0.8106	2.787	1.976
1324	192.45	0.0011451	0.1485	6.734	0.8185	2.788	1.969
1373	194.13	0.0011476	0.1434	6.974	0.8261	2.789	1.963
1422	195.77	0.0011501	0.1387	7.210	0.8336	2.790	1.957
1471	197.36	0.0011525	0.1342	7.452	0.8403	2.791	1.951
1520	198.91	0.0011548	0.1300	7.692	0.8474	2.792	1.945
1569	200.43	0.0011572	0.1261	7.930	0.8541	2.793	1.939
1618	201.91	0.0011595	0.1224	8.170	0.8608	2.794	1.933
1667	203.35	0.0011618	0.1189	8.410	0.8675	2.795	1.927
1716	204.76	0.0011640	0.1156	8.651	0.8738	2.7955	1.922
1765	206.14	0.0011662	0.1125	8.889	0.8801	2.7959	1.916
1814	207.49	0.0011684	0.1095	9.132	0.8863	2.7968	1.910
1863	208.81	0.0011706	0.1067	9.372	0.8922	2.7976	1.905
1912	210.11	0.0011728	0.1040	9.615	0.8981	2.7980	1.900

续表

绝对压力/kPa	饱和温度/℃	饱和压力下水的比容/(m³/kg)	蒸汽比容/(m³/kg)	蒸汽密度/(kg/m³)	比焓		汽化比潜热/(MJ/kg)
					水/(kJ/kg)	蒸汽/(MJ/kg)	
1961	210.38	0.0011749	0.1015	9.852	0.9039	2.7989	1.895
2010	212.63	0.0011771	0.09907	10.090	0.9098	2.7993	1.890
2059	213.85	0.0011792	0.09676	10.340	0.9152	2.7997	1.884
2108	215.05	0.0011813	0.09456	10.570	0.9211	2.8001	1.879
2157	216.23	0.0011833	0.09244	10.820	0.9261	2.8006	1.874
2206	217.39	0.0011854	0.09042	11.060	0.9316	2.8006	1.869
2256	218.53	0.0011874	0.08849	11.300	0.9370	2.8010	1.864
2305	219.65	0.0011894	0.08663	11.540	0.9420	2.8014	1.859
2354	220.75	0.0011914	0.08486	11.780	0.9471	2.8018	1.855
2403	221.83	0.0011933	0.08316	12.030	0.9521	2.8018	1.850
2452	222.90	0.0011953	0.08150	12.270	0.9571	2.8022	1.845
2501	223.95	0.0011973	0.07991	12.510	0.9621	2.8022	1.840
2550	224.99	0.0011992	0.07838	12.760	0.9672	2.8026	1.835
2746	228.98	0.0012067	0.07282	13.730	0.9852	2.8026	1.817
2942	232.76	0.0012142	0.06798	14.710	1.0032	2.8031	1.800
3432	241.42	0.0012320	0.05819	17.180	1.0446	2.8031	1.758
3923	249.18	0.0012493	0.05078	19.690	1.0819	2.8010	1.719

附表 1-16 饱和水蒸气的物理参数（按温度排列）

温度/℃	绝对压力/kPa	饱和压力下水的比容/(m³/kg)	蒸汽比容/(m³/kg)	蒸汽密度/(kg/m³)	比焓		汽化比潜热/(MJ/kg)	饱和水的比熵/[kJ/(kg·℃)]	饱和水蒸气的比熵/[kJ/(kg·℃)]
					水/(kJ/kg)	蒸汽/(MJ/kg)			
0	0.6108①	0.0010002	206.3	0.004847	0	2.500	2.500	0	9.1544
5	0.8718	0.0010001	147.2	0.006793	21.060	2.510	2.489	0.0762	9.0242
10	1.2271	0.0010004	106.42	0.009398	42.035	2.519	2.477	0.1511	8.8995
15	1.7040	0.0010010	77.97	0.01282	62.97	2.528	2.466	0.2244	8.7806
20	2.3369	0.0010018	57.48	0.01729	83.90	2.537	2.453	0.2964	8.6663
25	3.1666	0.0010030	43.40	0.02304	104.80	2.546	2.442	0.3672	8.5570
30	4.2414	0.0010044	32.93	0.03036	125.69	2.556	2.430	0.4367	8.4523
35	5.6222	0.0010060	25.25	0.03960	146.58	2.565	2.418	0.5049	8.3518
40	7.3746	0.0010079	19.55	0.05115	167.51	2.574	2.406	0.5723	8.2560
45	9.5821	0.0010099	15.28	0.06545	188.41	2.582	2.394	0.6385	8.1638
50	12.335	0.0010121	12.05	0.08302	209.30	2.592	2.382	0.7038	8.0751
55	15.741	0.0010145	9.578	0.1044	230.19	2.600	2.370	0.7679	7.9901
60	19.917①	0.0010171	7.678	0.1302	251.12	2.609	2.358	0.8311	7.9084
65	0.02501	0.0010199	6.201	0.1613	0.2721	2.618	2.345	0.8935	7.8297
70	0.03116	0.0010228	5.045	0.1982	0.2930	2.626	2.333	0.9550	7.7544
75	0.03855	0.0010258	4.133	0.2420	0.3140	2.635	2.321	1.0157	7.6819
80	0.04736	0.0010290	3.409	0.2933	0.3349	2.643	2.308	1.0752	7.6116
95	0.08452	0.0010396	1.982	0.5045	0.3980	2.668	2.270	1.2502	7.4157
100	0.10132	0.0010435	1.673	0.5977	0.4191	2.676	2.257	1.3071	7.3545
110	0.14327	0.0010515	1.210	0.8263	0.4613	2.691	2.230	1.4185	7.2386
120	0.19854	0.0010603	0.8917	1.122	0.5037	2.706	2.203	1.5278	7.1289
130	0.2701	0.0010697	0.6683	1.496	0.5464	2.721	2.174	1.6345	7.0271
140	0.3614	0.0010798	0.5087	1.966	0.5891	2.734	2.145	1.7392	6.9304
150	0.4760	0.0010906	0.3926	2.547	0.6322	2.747	2.114	1.8418	6.8383
160	0.6180	0.0011021	0.3068	3.259	0.6753	2.758	2.083	1.9427	6.7508
170	0.7920	0.0011144	0.2426	4.122	0.7193	2.769	2.049	2.0419	6.6666
180	1.0027	0.0011275	0.1939	5.157	0.7633	2.778	2.015	2.1395	6.5858

续表

温度 /℃	绝对压力 /kPa	饱和压力下 水的比容 /(m³/kg)	蒸汽比容 /(m³/kg)	蒸汽密度 /(kg/m³)	比焓		汽化比潜热 /(MJ/kg)	饱和水的比 熵/[kJ /(kg·℃)]	饱和水蒸气 的比熵/[kJ /(kg·℃)]
					水 /(kJ/kg)	蒸汽 /(MJ/kg)			
190	1.255	0.0011415	0.1564	6.395	0.8076	2.786	1.979	2.2358	6.5075
200	1.555	0.0011565	0.1272	7.863	0.8524	2.793	1.941	2.3308	6.4318
210	1.908	0.0011726	0.1044	9.578	0.8976	2.798	1.900	2.4246	6.3577
220	2.320	0.0011900	0.08606	11.62	0.9437	2.801	1.858	2.5179	6.2848
230	2.798	0.0012087	0.07147	13.99	0.9902	2.803	1.813	2.6101	6.2132
240	3.348	0.0012291	0.05967	16.76	1.0375	2.803	1.766	2.7022	6.1425
250	3.978	0.0012512	0.05005	19.98	1.0861	2.801	1.715	2.7934	6.0721
260	4.694	0.0012755	0.04215	23.72	1.1350	2.796	1.661	2.8851	6.0014
270	5.505	0.0013023	0.03560	28.09	1.1853	2.790	1.604	2.9764	5.9298
280	6.419	0.0013321	0.03013	33.19	1.2368	2.780	1.543	3.0685	5.8573
290	7.445	0.0013655	0.02553	39.17	1.2900	2.766	1.476	3.1610	5.7824
300	8.592	0.0014036	0.02164	46.21	1.3448	2.749	1.404	3.2548	5.7049
310	9.869	0.001447	0.01831	54.61	1.4022	2.727	1.325	3.3507	5.6233
320	11.290	0.001499	0.01545	64.74	1.4620	2.700	1.238	3.4495	5.5354
330	12.864	0.001562	0.01297	77.09	1.5261	2.666	1.140	3.5521	5.4412
340	14.608	0.001639	0.01078	92.77	1.5948	2.622	1.027	3.6605	5.3361
350	16.537	0.001741	0.008805	113.6	1.6714	2.564	0.893	3.7786	5.2117
360	18.674	0.001894	0.006943	144.1	1.7614	2.481	0.720	3.9163	5.0530
370	21.053	0.00222	0.00493	202.4	1.8924	2.331	0.438	4.1135	4.7951
374	22.087	0.002800	0.00361	277.0	2.0319	2.172	0.140	4.3258	4.5418

① 0~60℃温度下的绝对压力值单位为 Pa。

注：临界参数温度374.15℃；压力22.129MPa；比容0.00326m³/kg。

（五）可燃气体爆炸极限

可燃气体的爆炸极限见附表 1-17。

附表 1-17　可燃气体的爆炸极限

气体、蒸气种类	爆炸临界 (体积)/%		闪点 /℃	燃点 /℃	气体、蒸气种类	爆炸临界 (体积)/%		闪点 /℃	燃点 /℃
	下限	上限				下限	上限		
氨	15	28		630	甲基异丙烯酮	1.8	9.0		
硫	2				甲醚	3.4	37		350
一氧化碳	12.5	74	247	609	甲乙酮	1.8		−6	516
二硫化碳	1.0	60		100	三氯乙烷				500
氰	6.6		−30		甲基环己醇	1.0			295
氰化氢	5.4	47		535	甲基环己烷	1.1	6.7		250
乙硼烷	0.8	88	−18		甲基环戊二烯	1.3	7.6	49	445
氘	4.9	75			甲酸异丁酯	2.0	8.9		
氢	4.0	75		560	甲酸乙酯	1.7	16	−20	455
癸硼烷	0.2				甲酸丁酯	1.7	8.2		
甲醛	7.0			430	甲酸甲酯	5.0	23		465
无水醋酸	2.0	10	49	330	(混)二甲苯	1.0	7.6	30	465
无水酞酸	1.2	9.2	140	570	联氨	4.7	100		
甲醇	5.5	44	11	455	戊硼烷	0.42			
甲烷	5.0	15	−187	595	硫化氢	4.3	46		270
丙炔	1.7				丙烯酸乙酯	1.7		9	350
甲胺	4.2			430	丙烯酸甲酯	2.4	25	−3	415
4-甲基-2-戊醇	1.2		40		丙烯腈	2.8	28	−5	480

气体、蒸气种类	爆炸临界(体积)/%		闪点/℃	燃点/℃	气体、蒸气种类	爆炸临界(体积)/%		闪点/℃	燃点/℃
	下限	上限				下限	上限		
丙烯醛	2.8	31		235	异丙联苯	0.6			440
己二酸	1.6			420	异戊烷	1.3	7.6	-51	420
亚硝酸异戊酯	1.0			210	异氟尔酮	0.84			460
亚硝酸乙酯	3.0	50	-35	90	乙醇	3.3	19	12	425
甲基苯乙烯	1.0		49	495	乙烷	3.0	15.5		515
甲基亚砜			84		乙胺	3.5			385
甲基萘	0.8			530	乙醚	1.7	36	-45	170
甲基乙烯醚	2.6	39			乙基环丁烷	1.2	7.7		210
皮考啉	1.4			500	乙基环己烷	2.0	6.6		260
甲基丁烯	1.5	9.1			乙基环戊烷	1.1	6.7		260
甲基戊酮	1.6	8.2			乙基丙烯醚	1.7	9		
甲基己烷	2.1	13		280	乙苯	1.0	6.7	15	430
甲基戊烷	1.2				乙基甲基醚	2.2			
单异丙基联苯	0.53	3.2	141	435	甲乙酮	1.8	11.5	-1	505
单异丙苯二环己基	0.52	4.1	124	230	甲乙酮过氧化物			40	390
一甲基联氨	4				乙硫醇	2.8	18		300
硫化氢	4.3			260	乙烯	2.7	34		425
酪酸	2.1			450	亚乙基氯醇	4.5		60	425
甲基硫	2.2	20		205	亚乙基亚胺	3.6	46		320
乙酰丙酯	1.7		34	340	环氧乙烷	3.0	100		440
乙缩醛	1.6			230	乙二醇	3.5			400
乙炔	1.5	100		305	乙二醇-丁基醚	1.1	11		245
N-乙酰苯胺	1.0			545	乙二醇-甲基醚	2.5	20		380
乙醛	4.0	60	-38	140	氯乙酰	5.0		4.4	390
醛缩二乙醇	1.6	10	37	230	氯戊烷	1.5	8.6		260
乙腈氰代甲烷	3.0		2	525	氯丙烯	2.9		-32	485
苯乙酮	1.1			570	氯乙烷	3.8		-50	519
丙酮	2.6	13	-20	540	氯乙烯	3.8	29.3		415
丙酮氰醇	2.2	12			氯丁烷	1.8	10	-12	245
苯胺	1.2	8.3		615	异丙基氯	2.8	10.7	-32	590
O-氨基联苯	0.66	4.1		450	苄基氯	1.2			585
戊醇	1.4			435	氯甲烷	7			632
戊醚	0.7			170	二氯甲烷				615
烯丙胺	2.2	22		375	辛烷	0.8	6.5	12	210
烯丙醇	2.5	18	22	378	汽油	1.0	7	-20	260
丁间醇醛	2.0			250	喹啉	1.0			
丙二烯	2.16				异丙基苯	0.88	6.5	44	425
苯甲酸苯甲酯	0.7			480	甘油				370
蒽	0.65			540	甲酚	1.1			
异丁基甲醇	1.4	9.0		350	巴豆(丁烯)醛	2.1	16	13	232
异辛烷	1.0	6.0	-12	410	氯苯	1.3	11.0	28	590
异丁烷	1.8	8.4	-81	460	轻油	1.0		50	257
异丁醇	1.7	11		426	醋酸	4.0		40	485
异丁基苯	0.82	6.0		430	醋酸戊酯	1.0	7.1	25	360
异丁烯	1.8	9.6		465	醋酸异戊酯	1.1	7.0	25	360
异戊二烯	1.0	9.7	-54	220	醋酸异丙酯	1.7			
异丙醚	1.4	7.9			醋酸乙酯	2.1	11	-4	460
异丙醇	2.0		12	300	醋酸环己酯	1.0			335

续表

气体、蒸气种类	爆炸临界(体积)/%		闪点/℃	燃点/℃	气体、蒸气种类	爆炸临界(体积)/%		闪点/℃	燃点/℃
	下限	上限				下限	上限		
醋酸丁酯	1.2	7.5	22	370	萘烷	0.74	4.9	57	250
醋酸乙烯酯	2.6	13.4	−8	385	溶剂汽油	1.1		22	482
醋酸丙酯	1.7	8.0	10	430	十碳烷	0.75	5.4	46	205
醋酸甲酯	3.1	16	−10	475	十四烷	0.5			200
醋酸甲氧基乙酯	1.7		46		四氢呋喃	2.0	12.4	−20	230
二异丁基甲醇	0.82	6.1			四甲基戊烷	0.8			430
二乙基苯胺	0.8		80	630	水溶性气体	6.0			
二乙胺	1.8	10	−18	312	萘满	0.84	5.0	71	385
丁酮	1.6			450	煤气	4	40		560
二乙基环己烷	0.75			240	三联苯	0.96			535
二乙苯	0.8			430	松节油	0.7		35	240
二乙基戊烷	0.7			290	灯油	1.1		30	210
(喷气)发动机燃料油(JP-4)	1.3	8		240	十二烷	0.6		74	205
二噁烷	1.9	22	11	375	三乙胺	1.2	8.0	−6.7	
环丙烷	2.4	10.4		500	三甘醇	0.9	9.2		
环己醇	1.2	9.4	44	430	三噁烷	3.2			
环己烷	1.2	8.3	−18	260	三氯乙烯	12	40	30	420
环己烯	1.2				三甲胺	2.0	12		
环庚烷	1.1	6.7			三甲基丁烷	1.0			420
二氯丙烷	3.1				三甲基戊烷	0.95			415
二氯乙烷	6.2	16	13	440	三甲基苯	1.1	7.0	50	485
二苯胺	0.7	16		635	甲苯	1.2	7.0	6	535
二氯乙烯	5.6	16	−10	530	萘	0.88	0.59		526
二苯甲烷	0.7			485	尼古丁	0.75			
二戊烯	0.75	6.1	45	237	硝基乙烷	3.4		30	
二甲胺	2.8			400	硝基丙烷	2.2		34	
二甲醚	3.0	27		240	硝基甲烷	7.3		33	
二甲基二氯硅烷	3.4				硝基丁烷	2.5		27	
二甲基萘烷	0.69	5.3		235	乳酸乙酯	1.5			400
二甲基肼	2.0	95			乳酸甲酯	2.2			
辛己烷	1.2	7.0			二硫化碳	1.3	50		90
二甲基庚酮	0.79	6.2			2,2-二甲基丙烷	1.4	7.5		450
二甲基戊烷	1.1	6.8		335	壬烷	0.85		31	205
二甲基甲酰胺	1.8	14	57	435	三聚乙醛	1.3			
对异丙基甲苯	0.85	6.5		435	发生炉煤气	20			
重油			60	260	联环己基	0.65	5.1	74	245
烯丙基溴	2.7			295	蒎烷	0.74	7.2		
溴丁烷	2.5			265	乙烯醚	1.7	27		
溴甲烷	10	15			醋酸乙烯酯	2.6			
溴乙烷	6.7	11.3	−20	510	联苯	0.7		110	540
硝酸戊酯	1.1			195	吡啶	1.8	12	20	550
硝酸乙酯	3.8		10	85	苯基醚	0.8			620
硝酸丙酯	1.8	100	21	175	丁二烯	1.1	12		415
干洗溶剂	1.1		40	232	丁醇	1.4	11.3	29	340
苯乙烯	1.1	8.0	32	490	丁烷	1.5	8.5		365
硬脂酸丁酯	0.3			355	丁二醇	1.9			395
石油醚	1.1		−18	245	丁胺	1.7	8.9		380
柴油机燃料				225	丁醇	1.9	9.0	11	480
石油精	1.1		−18	246	丁醛	1.4	12.5	−6.7	230

续表

气体、蒸气种类	爆炸临界(体积)/% 下限	上限	闪点/℃	燃点/℃	气体、蒸气种类	爆炸临界(体积)/% 下限	上限	闪点/℃	燃点/℃
丁苯	0.82	53.8		410	丙胺	2.0			
丁甲酮	1.2	8.0			丙烯	2.0	11		460
丁内酯	2.0				氧化丙烯	1.9	24	-37	430
丁烯	1.6	10		385	溴苯	1.6			565
呋喃	2.3	14.3	-20	390	(正)十六(碳)烷	0.43		126	205
糠醇	1.8	16	72	390	己醇	1.2		63	290
炔丙醇	2.4				(正)己烷	1.2	7.4	-22	240
丙醇	2.0	12	12	425	正己醚	0.6			185
丙烷	2.1	9.5	-102	450	庚烷	1.05	6.7	-4	215
丙二醇	2.5		15	410	苯	1.2	7.9	-11	560
丙炔酸内酯	2.9				戊醇	1.2	11	33	300
丙醛	2.9	17			戊烷	1.4	7.8	-48	285
丙酸戊酯	1.0			385	戊二醇				335
丙酸乙酯	1.8	11	12	410	戊烯	1.4	8.7		275
丙酸甲酯	2.4	13	-2						

（六）工业气体热物理特性

工业气体热物理特性见附表 1-18。

附表 1-18　工业气体的热物理特性

名称	分子量	正常的沸点/K	临界温度/K	临界压力/kPa	密度/(kg/m³)	质量热容/[J/(kg·K)]	热导率/[W/(m·K)]	动力黏度/(Pa·s)
乙醇(酒精)	46.07	351.7	516.3	6394		1520	0.013	14.2(289)×10⁻⁶
甲醇(木精)	32.04	338.1	513.2	7977		1350	0.0301	14.8(272)×10⁻⁶
氨	17.03	239	405.7	11300	7.72	2200	0.0221	9.3×10⁻⁶
氩	39.948	87.4	151.2	4860	1.785	523	0.016	21.0×10⁻⁶
乙炔	26.04	189.5	309.2	6280	1.17	1580	0.0187	9.34×10⁻⁶
苯	78.11	353.3	562.7	4924	2.68(353)	1300(353)	0.0071	7.0×10⁻⁶
溴	159.82	331.9	584.2	10340	6.1(332)	230(373)	0.0061	17×10⁻⁶
丁烷	58.12	272.7	425.2	3797	2.69	1580	0.014	7.0×10⁻⁶
二氧化碳	44.01	194.7	304.2	7384	1.97	840	0.015	14×10⁻⁶
二硫化碳	76.13	319.4	552	7212	—	599.0(300)	—	—
一氧化碳	28.01	81.7	132.9	3500	1.25	1100	0.0230	17×10⁻⁶
四氧化碳	153.84	349.7	556.4	4560	—	862(300)	—	16×10⁻⁶
氯气	70.91	238.5	417.2	7710	3.22	490	0.0080	12×10⁻⁶
三氯甲烷	119.39	334.9	536.5	5470	—	528	0.014	16×10⁻⁶
氯乙烷	64.52	285.5	460.4	5270	2.872	1780	0.00872	16×10⁻⁶
乙烯	28.03	16.95	283.1	5120	1.25	1470	0.00176	0.60×10⁻⁶
乙醚	74.12	30.78	465.8	3610	—	2470(308)	—	11.3×10⁻⁶
氟	38.00	86.2	144.0	5580	1.637	812	0.0254	37×10⁻⁶
氦	4.0026	4.2	5.3	229	0.178	5192	0.142	19.0×10⁻⁶
氢	2.0159	20.1	33.2	1316	0.0900	14200	0.168	8.4×10⁻⁶
氯化氢	34.461	188.3	324.5	826	1.640	800	0.0131	13.6×10⁻⁶
硫化氢	34.080	212.4	373.5	9012	1.54	996	0.0130	11.6×10⁻⁶
庚烷	100.21	371.6	539.9	2720	3.4	1990	0.0185	7.00×10⁻⁶
己烷	86.18	340	507.9	3030	3.4	1880	0.0168	7.52×10⁻⁶
异丁烷	58.12	249.3	408.2	3648	2.47(294)	1570	0.014	6.94×10⁻⁶

续表

名称	分子量	正常的沸点/K	临界温度/K	临界压力/kPa	密度/(kg/m³)	质量热容/[J/(kg·K)]	热导率/[W/(m·K)]	动力黏度/(Pa·s)
氯代甲烷	50.49	248.9	416.3	6678	2.307	770	0.0093	10.1×10^{-6}
甲烷	16.04	109.2	191.38	4641	0.718	2180	0.0310	10.3×10^{-6}
萘	128.19	52.2	742.2	3972	—	1310(298)		
氖	20.183	26.2	44.4	2698		1031	0.0464	30.0×10^{-6}
一氧化碳	30.01	121.2	180.3	6546		996		29.4×10^{-6}
氮	28.01	77.4	126.3	3394		1040	0.0240	16.6×10^{-6}
一氧化二氮	44.01	184.7	309.5	7235		850	0.01731(300)	22.4×10^{-6}
四氧化氮	92.02	—	431.4	10133		842(300)	0.0401(328)	—
氧	32.00	90.2	356.0	5077		913	0.0244	19.1×10^{-6}
戊烷	72.53	—	469.8	3375		1680	0.0152	11.7×10^{-6}
苯酚	74.11	454.5	692	6130	2.6	1400	6.017	12×10^{-6}
丙烷	44.09	231.08	370.0	4257	2.02	1571	0.015	7.4×10^{-6}
丙烯	42.08	225.45	364.9	4622	1.92	1460	0.014	8.06×10^{-6}
二氧化硫	64.06	263.2	430	7874	2.93	607	0.0085	11.6×10^{-6}
水蒸气	18.02	373.2	647.30	22120	0.598	2050	0.0247	12.1×10^{-6}

注：除在括号内已注明温度者外，其余均指100kPa和273.15K或高于273.15K的饱和温度。

二、粉尘、物料和材料数据

粉尘、物料和材料数据包括粉尘密度、比电阻、黏附性、爆炸性、标准筛制、物料密度、安息角、材料密度等。

（一）粉尘数据

粉尘的密度、分散度、安息角、SiO_2质量分数、黏附性和可燃性见附表2-1～附表2-7。

附表2-1　主要粉尘、灰尘的密度　　　　　单位：g/cm³

粉尘、灰尘种类		真密度	堆积密度
金属矿山岩石	硝石、煤粉、石棉、铍、铯	1.8～2.2	0.7～1.2
	铝粉、云母类、滑石、蛇纹岩、石灰石、大理石、方解石、长石、硅砂、页岩、黏土（陶土、滑石）、白土（游离硅酸）	2.3～2.8	0.5～1.6
	关东土、钡	2.8～3.5	0.7～1.6
	闪锌矿、硫化铁矿、硒、锡、砷、钇	4.3～5.9	1.2～2.3
	方铅矿、铁粉、铜粉、钒、锑、锌、钴、镉、碲、锰	6～9	2.5～3
金属氧化物	氧化硼	1.5	0.2
	氧化镁、氧化钛、氧化钒、氧化铝、氧化钙	3.2～3.9	0.2～0.6
	氧化砷、氧化钇、氧化锰	4～4.9	0.8～1.8
	氧化锌、氧化铁	5.2～5.5	0.8～2.2
	氧化锑、氧化铜	5.7～6.5	2.5～2.8
	氧化镉、氧化钠、氧化铅	8～9.5	1.1～3.2
化学	樟脑、萘、三硝基甲苯、二硝基甲苯、特屈儿、二硝基苯、马钱子碱、氢醌、四乙基铅、硼砂、硫酸、碳酸钠	1～1.7	0.5
	五氯苯酚、石墨、石膏、硫（酸）铵、氰氢化钙、飞灰、含氟酸碱、硫、磷酸、苛性钠、黄磷、苦味酸	1.8～2.5	0.7～1.2
	炭黑	1.85	0.04
	碳酸镁、碳酸钙	2.3～2.7	0.5～1.6
	碳化硅、白云石、菱镁矿、硅酸盐水泥、硫化砷、牙膏粉、玻璃	2.8～3.3	0.7～1.6
	烟道粉尘、五氯化磷、铬酸	4.8～5.5	0.5～2.5
	砷酸铅	7.3	

粉尘、灰尘种类		真密度	堆积密度
有机	木头粉末、天然纤维、聚乙烯、谷粉	0.45～0.5	0.04～0.2
	苯胺染料、酚醛树脂、硬质胶、尼龙、苯乙烯、轮胎用橡胶	0.8～1.3	0.05～0.2
	氯乙烯、小麦粉	1.3～1.6	0.4～0.7
其他	水滴、灰尘	0.8～1.2	
	研磨粉	2.3～2.7	0.5～1.6

附表 2-2　常见工业粉尘真密度与堆积密度　　　　　　单位：kg/m³

粉尘名称或来源	真密度	堆积密度	粉尘名称或来源	真密度	堆积密度
精致滑石粉(1.5～45μm)	2.70	0.90	硅酸盐水泥(0.7～91μm)	3.12	1.50
滑石粉	2.75	0.53～0.71	铸造砂	2.7	1.0
硅砂粉	2.63	1.16～1.55	造型用黏土	2.47	0.72
烟灰(0.7～56μm)	2.20	0.8	烧结矿粉	3.8～4.2	1.5～2.6
煤粉锅炉	2.15	0.7～0.8	烧结机头(冷矿)	3.47	1.47
电厂飞灰	1.8～2.4	0.5～1.3	炼钢电炉	4.45	0.6～1.5
化铁炉	2.0	0.8	炼钢转炉(顶吹)	5.0	1.36
黄铜熔化炉	4～8	0.25～1.2	炼铁高炉	3.31	1.4～1.5
铅精炼	6	—	炼焦备煤	1.4～1.5	0.4～0.7
锌精炼	5	0.5	焦炭(焦楼)	2.08	0.4～0.6
铝二次精炼	3.0	0.3	石墨	2	约0.3
硫化矿熔炉	4.17	0.53	造纸黑液炉	3.1	0.13
锡青铜矿	5.21	0.16	重油锅炉	1.98	0.2
黄铜电炉	5.4	0.36	炭黑	1.85	0.04
氧化铜(0.9～42μm)	6.4	0.62	烟灰	2.15	0.8
铋反射炉	3.01	0.83～1.0	骨料干燥炉	2.9	1.06
氧化锌焙烧	4.23	0.47～0.76	铜精炼	4～5	0.2
铅烧结	4.17	1.79	铅再精炼	约6	1.2
铅砷硫吹炼	6.69	0.59	钼铁合金	1.28	0.52
水泥干燥窑	3.0	0.6	钒铁合金		0.5
水泥生料粉	2.76	0.29			

附表 2-3　粉尘分散度的表示方法

区段	1	2	3	4	5	6	7	8	9
粉径 $\Delta d/\mu m$	0.6～1.0	1.0～1.4	1.4～1.8	1.8～2.2	2.2～2.6	2.6～3.0	3.0～3.4	3.4～3.8	3.8～4.2
平均粒径 $d/\mu m$	0.8	1.2	1.6	2.0	2.4	2.8	3.2	3.6	4.8
颗粒数 $N/$个	370	1110	1660	1510	1190	776	470	187	48
质量 $\Delta m/g$	0.1	1.0	3.55	6.35	8.6	8.9	8.05	4.55	1.6
质量分数 $\Delta D/\%$	0.23	2.35	0.3	14.95	20.1	20.85	18.8	10.65	3.77
相对频率 $\Delta D/\Delta d$	0.58	5.88	20.8	37.4	50.3	52.1	47.0	26.6	9.6
筛上累计 $R/\%$	100	99.7	97.42	89.12	47.17	54.07	33.22	14.42	3.77
筛下累计 $D/\%$	0	0.3	2.58	10.88	52.83	45.97	66.78	85.58	96.23

附表 2-4 工业粉尘安息角

种类	粉尘颗粒	安息角/(°)	种类	粉尘颗粒	安息角/(°)
金属矿山岩石	石灰铝(粗粒)	25	金属矿山岩石	硅石(粉碎)	32
	石灰石(粉碎物)	47		页岩	39
	沥青煤(干燥)	29		砂粒(球状)	30
	沥青煤(湿)	40		砂粒(破碎)	40
	沥青煤(含水多)	33		铁矿石	40
	无烟煤(粉碎)	22		铁粉	40～42
	土(室内干燥)、河沙	35		云母	36
	沙子(粗粒)	30		钢球	33～37
	沙子(微粒)	32～37		锌矿石	38
无机化学	氧化铝	22～34	无机化学	焦炭	28～34
	氢氧化铝	34		木炭	35
	铝矾土	35		硫酸铜	31
	硫铵	45		石膏	45
	飘尘	40～42		氧化铁	40
	生石灰	43		高岭土	35～45
	石墨(粉碎)	21		硫酸铅	45
	水泥	33～39		磷酸钙	30
	黏土	35～45		磷酸钠	20
化学	氧化锰	39	化学	硫酸钠	31
	离子交换树脂	29		硫	32～45
	岩盐	25		氧化锌	45
	炉屑(粉碎)	25		白云石	41
	石板	28～35		玻璃	26～32
	碱灰	22～37			
有机化学	棉花种子	29	有机化学	大豆	27
	米	20		肥皂	30
	废橡胶	35		小麦	23
	锯屑(木粉)	45			

附表 2-5 工业粉尘中游离 SiO_2 的质量分数

矿石和工业粉尘名称	SiO_2 的质量分数/%	矿石和工业粉尘名称	SiO_2 的质量分数/%
纯石英	100	未经煅烧的石英砂	约 92
石英岩	57～92	煅烧的石英砂	约 81
砂岩	33～76	开采云母矿坑粉尘	2～78
花岗岩	25～65	煤矿掘进巷道粉尘	30～50
云母片岩	25～50	水泥生料	>10
砂质石灰岩	15～37	水泥熟料	1～9
石膏	14～15	低碳石墨	19～25
石灰石	5～8	中碳石墨	2～6
黏土岩	3～7	铸铁型砂	40～70
滑石	约 0	锅炉灰尘	5～13

附表 2-6 粉尘黏附性分类

分类	粉尘性质	黏附强度/Pa	粉尘举例
第Ⅰ类	无黏附性	0～60	干矿渣粉、石英砂、干黏土等
第Ⅱ类	微黏附性	60～300	含有许多未燃烧完全物质的飞灰、焦炭粉、干镁粉、高炉灰、炉料粉、干滑石粉等
第Ⅲ类	中等黏附性	300～600	完全燃尽的飞灰、泥煤粉、湿镁粉、金属粉、氧化锡、氧化锌、氧化铅、干水泥、炭黑、面粉、牛奶粉、锯末等
第Ⅳ类	强黏附性	>600	潮湿空气中的水泥、石膏粉、雪花石膏粉、纤维尘(石棉、棉纤维、毛纤维等)等

附表 2-7 工贸行业重点可燃性粉尘

序号	名称	中位径/μm	爆炸下限/(g/m³)	最小点火能/mJ	最大爆炸压力/MPa	爆炸指数/(MPa·m/s)	粉尘云引燃温度/℃	粉尘层引燃温度/℃	爆炸危险性级别
一、金属制品加工									
1	镁粉	6	25	<2	1	35.9	480	>450	高
2	铝粉	23	60	29	1.24	62	560	>450	高
3	铝铁合金粉	23			1.06	19.3	820	>450	高
4	钙铝合金粉	22			1.12	42	600	>450	高
5	铜硅合金粉	24	250		1	13.4	690	305	高
6	硅粉	21	125	250	1.08	13.5	>850	>450	高
7	锌粉	31	400	>1000	0.81	3.4	510	>400	较高
8	钛粉						375	290	较高
9	镁合金粉	21		35	0.99	26.7	560	>450	较高
10	硅铁合金粉	17		210	0.94	16.9	670	>450	较高
二、农副产品加工									
11	玉米淀粉	15	60		1.01	16.9	460	435	高
12	大米淀粉	18		90	1	19	530	420	高
13	小麦淀粉	27			1	13.5	520	>450	高
14	果糖粉	150	60	<1	0.9	10.2	430	熔化	高
15	果胶酶粉	34	60	180	1.06	17.7	510	>450	高
16	土豆淀粉	33	60		0.86	9.1	530	570	较高
17	小麦粉	56	60	400	0.74	4.2	470	>450	较高
18	大豆粉	28			0.9	11.7	500	450	较高
19	大米粉	<63	60		0.74	5.7	360		较高
20	奶粉	235	60	80	0.82	7.5	450	320	较高
21	乳糖粉	34	60	54	0.76	3.5	450	>450	较高
22	饲料	76	60	250	0.67	2.8	450	350	较高
23	鱼骨粉	320	125		0.7	3.5	530		较高
24	血粉	46	60		0.86	11.5	650	>450	较高
25	烟叶粉尘	49			0.48	1.2	470	280	一般
三、木制品/纸制品加工									
26	木粉	62		7	1.05	19.2	480	310	高
27	纸浆粉	45	60		1	9.2	520	410	高
四、纺织品加工									
28	聚酯纤维	9			1.05	16.2			高
29	甲基纤维	37	30	29	1.01	20.9	410	450	高
30	亚麻	300			0.6	1.7	440	230	较高
31	棉花	44	100		0.72	2.4	560	350	较高
五、橡胶和塑料制品加工									
32	树脂粉	57	60		1.05	17.2	470	>450	高
33	橡胶粉	80	30	13	0.85	13.8	500	230	较高

序号	名称	中位径 /μm	爆炸下限 /(g/m³)	最小 点火能 /mJ	最大爆炸压力 /MPa	爆炸指数 /(MPa·m/s)	粉尘云引燃温度 /℃	粉尘层引燃温度 /℃	爆炸危险性级别
六、冶金/有色/建材行业煤粉制备									
34	褐煤粉尘	32	60	1	15.1	380	225		高
35	褐煤/无烟煤 (80∶20)粉尘	40	60	>4000	0.86	10.8	440	230	较高
七、其他									
36	硫黄	20	30	3	0.68	15.1	280		高
37	过氧化物	24	250		1.12	7.3	>850	380	高
38	染料	<10	60		1.1	28.8	480	熔化	高
39	静电粉末涂料	17.3	70	3.5	0.65	8.6	480	>400	高
40	调色剂	23	60	8	0.88	14.5	530	熔化	高
41	萘	95	15	<1	0.85	17.8	660	>450	高
42	弱防腐剂	<15		1	31				高
43	硬脂酸铅	15	60		0.91	11.1	600	>450	高
44	硬脂酸钙	<10	30	16	0.92	9.9	580	>450	较高
45	乳化剂	71	30	17	0.96	16.7	430	390	较高

注：1. 可燃性粉尘是指在空气中能燃烧或焖燃，在常温常压下与空气形成爆炸性混合物的粉尘、纤维或飞絮。

2. 中位粒径：是指一个粉尘样品的累计粒度分布百分数达到50%时所对应的粒径，单位：μm。

3. 爆炸下限：是指尘云在给定能量点火源作用下，能发生自持火焰传播的最低浓度，单位：g/m³。

4. 最小点火能：是指引起粉尘云爆炸的点火源能量的最小值，单位：mJ。

5. 最大爆炸压力：是指在一定点火能量条件下，粉尘云在密闭容器内爆炸时所能达到的最高压力，单位：MPa。

6. 爆炸指数：是指粉尘最大爆炸压力上升速率与密闭容器容积立方根的乘积，单位：MPa·m/s。

7. 粉尘云引燃温度：是指引起粉尘云着火的最低热表面温度，单位：℃。

8. 粉尘层引燃温度：是指规定厚度的粉尘层在热表面上发生着火的热表面最低温度，单位：℃。

9. 爆炸危险性级别：综合考虑可燃性粉尘的引燃容易程度和爆炸严重程度，确定的粉尘爆炸危险性级别。

10. "其他"类中所列粉尘主要为工贸行业企业生产过程中，使用的辅助原料、添加剂等，需结合工艺特点、用量大小等情况，综合评估爆炸风险。

11. 表中所列出的可燃性粉尘爆炸特性参数，为在某一工艺特定工段或设备内取出的粉尘样品实验测试结果。

（二）某些物料的密度和安息角

某些物料的密度和安息角见附表 2-8。

附表 2-8　松散物料的堆积密度和安息角

物　　料	堆积密度 /(t/m³)	安息角/(°)	
		运动	静止
烟煤	0.8~1.0	30	35~45
无烟煤(干、小)	0.7~1.0	27~30	27~45
褐煤	0.6~0.8	35	35~50
泥煤	0.29~0.5	40	45
泥煤(湿)	0.55~0.65	40	45
焦炭(块度≤100mm)	0.45~0.55	35	40~45
木炭	0.2~0.4	35	
无烟煤粉末	0.84~0.89	22	37~45

续表

物　料	堆积密度 /(t/m³)	安息角/(°)	
		运动	静止
粉煤	0.5~0.6		10~20
焦粉	0.5~0.6		
磁铁矿	2.5~3.0	30~35	40~45
赤铁矿	2.0~2.8	30~35	40~45
褐铁矿	1.6~2.7	30~35	40~45
层状氧化铜矿	1.6~1.65	38	
低品位铅锌氧化矿块矿	1.3~1.5		
浸染状含铜黄铁矿	1.9~2.1		
浸染状铜钼矿	1.65~1.68		
脉状铜矿	1.65~1.7		
多金属硫化矿	1.7~2.0		
镍矿	1.6~1.7		
锡石硫化矿	2.0		
残积砂矿	1.6		
锑矿石	1.62	36~37	
钨锑金矿	1.69		
汞矿	1.5~1.6	43.5~44.5	
铜精矿(含水 6%~8%)	1.6~1.8		32~35
铅精矿	1.9~2.4		40
锌精矿	1.3~1.8		40
铅锌精矿	1.4~2.0		40
锑精矿	1.25~1.3		
锡精矿	2.7~3.0		
铜焙烧矿(热的)	1.2		25~28
混镍铜精矿	1.9~2.1		
铅烧结块	1.8~2.1		
低品位铅锌氧化矿烧结块	1.2~1.4		
铅锌烧结块	1.68		
低品位铅锌氧化矿团矿	1.2~1.5		
黄铁矿球团矿	1.2~1.4		
高炉渣	0.6~1.0	35	50
熔炼反射炉水淬渣(含水 8%)	1.4~1.5		35~40
铅锌水淬渣(湿)	1.5~1.6		42
黄铁矿烧渣	1.7~1.8		
反射炉斜坡烟道烟尘(含水 5%)	1.0		34~36
反射炉旋涡烟尘(含水 12%)	1.3		38~40
转炉渣	1.6~2.1		
煤灰	0.7		15~20
石英石(块度 20~30mm)	1.4~1.6		35~40
石英石(一般块度 25~30mm,部分呈粉状)	1.4~1.5		40~45
石英石(块度小于 10mm,粉状占 40%)	1.5		35~38
石灰石(小块)	1.2~1.5	30~35	40~45
石灰石(中块)	1.2~1.5	30~35	40~45
石灰石(大块)	1.6~2.0	30~35	40~45
萤石	1.5~1.7		
磷灰石矿	1.6		
氧化锰矿(Mn35%)	2.1	37	
生石灰	1.0~1.4	25	45~50
熟石灰(块)	2.0		
熟石灰(干、粉)	0.5~0.74		
热焦炭	0.48		
氧化铁粉	3.0		
石膏(块度 8~60mm)	1.35		
飞灰	0.7~0.75		15~20

（三）常见标准筛制

常见标准筛制见附表 2-9。

附表 2-9　常见标准筛制

泰勒标准筛		日本 T15	美国标准筛	国际标准筛	英 NMM 筛系标准筛		德国标准筛 DIN-1171		上海标准筛	
网目孔/in	孔径/mm	孔径/mm	孔径/mm	孔径/mm	网目孔/in	孔径/mm	网目孔/cm	孔径/mm	网目孔/in	孔径/mm
2.5	7.925	9.52								
		7.93	8	8						
3	6.68	6.73	6.73	6.3						
3.5	5.691	5.66	5.66							
4	4.699	4.76	4.76	5					4	5
5	3.962	4	4	4					5	4
6	3.327	3.36	3.36	3.35					6	3.52
7	2.794	2.83	2.83	2.8	5	2.54				
8	2.262	2.38	2.38	2.3					8	2.616
9	1.981	2	2	2					10	1.98
10	1.651	1.68	1.68	1.6	8	1.57	4	1.5	12	1.66
12	1.397	1.41	1.41	1.4			5	1.2	14	1.43
					10	1.27			16	1.27
14	1.168	1.19	1.19	1.18			6	1.02		
16	0.991	1	1	1	12	1.06			20	0.995
20	0.833	0.84	0.84	0.8	16	0.79			24	0.823
24	0.701	0.71	0.71	0.71			8	0.75		
					20	0.64	10	0.6	28	0.674
28	0.589	0.59	0.59	0.6			11	0.54	32	0.56
32	0.495	0.5	0.5	0.5			12	0.49	34	0.533
									42	0.452
35	0.417	0.42	0.42	0.4	30	0.42	14	0.43		
42	0.351	0.35	0.35	0.355	40	0.32	16	0.385	48	0.376
48	0.295	0.297	0.297	0.30			20	0.3	60	0.25
60	0.246	0.25	0.25	0.25	50	0.25	24	0.25	70	0.251
65	0.208	0.21	0.21	0.2	60	0.21	30	0.2	80	0.2
80	0.175	0.177	0.177	0.18	70	0.18				
					80	0.16				
100	0.147	0.149	0.149	0.15	90	0.14	40	0.15	110	0.139
115	0.124	0.125	0.125	0.125	100	0.13	50	0.12	120	0.13
									160	0.097
150	0.104	0.105	0.105	0.1	120	0.11	60	0.1	180	0.09
170	0.088	0.088	0.088	0.09			70	0.088		
					150	0.08			200	0.077
200	0.074	0.074	0.074	0.075			80	0.075		
230	0.062	0.062	0.062	0.063	200	0.06	100	0.06	230	0.065
270	0.053	0.053	0.052	0.05					280	0.056
325	0.043									
400	0.038	0.044	0.044	0.04					320	0.05

（四）材料密度

材料密度见附表 2-10 和附表 2-11。

附表 2-10　常用金属材料的密度

材 料 名 称	密度ρ/(kg/m³)	材 料 名 称	密度ρ/(kg/m³)
磁铁	4900～5200	不锈钢(18-8 型)	7850
灰口铸铁	6600～7400	紫铜材	8900
白口铸铁	7400～7700	康铜(40％镍、60％铜)	8800
可锻铸铁	7200～7400	96 黄铜	8850
工业纯铁	7870	90 黄铜	8800
钢材	7850	85 黄铜	8750
铸钢	7800	80 黄铜	8650
低碳钢(含碳 0.1％)	7850	68 黄铜	8600
中碳钢(含碳 0.4％)	7820	62 黄铜	8500
高碳钢(含碳 1％)	7810	74-3 铅黄铜	8700
高速钢(含钨 9％)	8300	63-3 铅黄铜	8500
高速钢(含钨 18％)	8700	59-1 铅黄铜	8500
不锈钢(铬 13 型)	7750	90-1 锡黄铜	8800
70-1 锡黄铜	8540	十一号硬铝	2840
62-1 锡黄铜	8450	十四号硬铝	2800
60-1 锡黄铜	8450	二号锻铝	2690
77-2 铝黄铜	8600	五号锻铝	2750
60-1-1 铝黄铜	8200	八号锻铝	2800
58-2 锰黄铜	8500	十号锻铝	2800
95-1-1 铁黄铜	8500	四号超硬铝	2850
80-3 硅黄铜	8600	五号铸造铝合金	2550
4-3 锡青铜	8800	七号铸造铝合金	2650
4-4-2.5 锡青铜	8790	十五号铸造铝合金	2950
4-4-4 锡青铜	8900	工业镁	1740
3-12-5 铸锡青铜	8690	锌板	7200
5-5-5 铸锡青铜	8800	铸锌	6860
5 铝青铜	8200	10-5 锌铝合金	6300
7 铝青铜	7800	4-3 铸锌铝合金	6750
9-2 铝青铜	7630	4-1 铸锌铝合金	6900
2 铍青铜	8230	铅板	11370
3-1 硅青铜	8470	工业镍	8900
铝板	2730	15～20 锌白铜	8600
二号防锈铝	2670	40-1.5 锰白铜	8900
二十一号防锈铝	2730	9 镍铬合金	8720
一号硬铝	2750	28-2.5-1.5 镍铜合金	8800

附表 2-11　常用非金属材料的密度（室温下）

材 料 名 称	密度ρ/(kg/m³)	材 料 名 称	密度ρ/(kg/m³)
石膏($CaSO_4 \cdot 2H_2O$)	2300～2400	高铬质耐火砖	2200～2500
普通黏土砖	1700	松香	1070
黏土耐火砖	2100	石蜡	900
硅质耐火砖	1800～1900	大理石	2600～2700
镁质耐火砖	2600	花岗石	2600～3000
镁铬质耐火砖	2800	平板玻璃	2500
实验室器皿玻璃	2230	丙烯树脂	1182
石英玻璃	2200	尼龙	1110
硼硅酸玻璃	2300	泡沫塑料	200
重硅钾铅玻璃	3880	有机玻璃	1180
轻氯铜银冕玻璃	2240	赛璐珞	1350～1400
陶瓷	2300～2450	聚乙烯	900
电石(CaC_2)	2220	聚苯乙烯	1056
电玉	1450～1550	聚氯乙烯	1350～1400
胶木	1300～1400	聚砜	1240
纯橡胶	930	纤维纸板	1600～1800
天然树脂	1000～1100	冰(0℃)	890～920

三、燃料和燃烧数据

燃料和燃烧数据包括主要材料特征、燃点、燃烧反应及燃烧产物等。

（一）主要燃料特征

主要燃料特征见附表 3-1。

附表 3-1　几种主要燃料的特征

注：燃料成分/%（固体、液体燃料——质量分数；气体燃料——体积分数）；发热量 Q用低 单位为 /(MJ/m³) 或 (MJ/kg)；废气的理论体积热值单位为 /(MJ/m³)。

燃料种类	H₂	CO	CH₄	C₂H₄	C	S	CO₂	H₂O	N₂	O₂	H₂S	Q用低	L理	V理	废气CO₂	废气H₂O	废气N₂	SO₂	废气理论体积热值
高炉煤气	3.3	27.4	0.9				10.0		58.4			4.17	0.82	1.67	23.0	3.0	74.0		2.500
焦炉煤气	50.8	5.4	26.5	1.7			2.3	0.4	11.9			16.66	4.06	4.82	7.9	22.1	70.0		3.458
煤气发生炉煤气	0.9	33.4	0.5				0.6		64.2	1.0	0.4	4.60	0.893	1.71	20.1	1.3	78.4	0.20	2.692
水煤气	50.0	40.0	0.5				4.5		5.0			10.66	2.19	2.74	16.6	18.6	65.0		3.852
混合发生炉煤气																			
用无烟煤作原料	13.5	27.5	0.5				5.5		52.6	0.2	0.2	5.15	1.03	1.82	18.4	8.1	73.4	0.1	2.830
用气煤作原料	13.5	26.5	2.3	0.3			5.0		51.9	0.2	0.3	5.86	1.23	2.03	16.9	9.45	73.5	0.15	2.889
用褐煤作原料	14.0	25.0	2.2	0.4			6.5		50.5	0.2	1.2	5.90	1.27	2.07	16.7	9.9	72.8	0.6	2.847
天然煤气	2.0	0.6	93.0	0.4			0.3		3.0	0.5	0.2	34.02	8.98	9.93	9.54	19.03	71.4	0.03	3.429
重油(低硫)10号	12.3				85.6	0.5		1.0				41.70	10.9	11.6	13.7	11.95	74.32	0.03	3.596
重油(低硫)20号	11.5				85.3	0.6		2.0				40.74	10.64	11.32	14.08	11.62	74.26	0.04	3.601
重油(低硫)40号	10.5				85.0	0.6		3.0				39.65	10.37	11.01	14.42	11.02	74.52	0.04	3.601
重油(低硫)80号	10.2				84.0	0.7		4.0				39.40	10.18	10.82	14.52	11.02	74.41	0.05	3.638
含硫重油 10号	11.5				84.2	2.5		1.0				40.49	10.54	11.27	14.02	11.60	74.23	0.15	3.596
含硫重油 20号	11.3				83.1	2.9		2.0				40.07	10.40	11.08	14.03	11.65	74.12	0.20	3.622
含硫重油 40号	10.6				82.6	3.1		3.0				39.23	10.16	10.84	14.34	11.30	74.16	0.20	3.617
焦炭					81.0	1.7		7.3				27.63	7.24	7.32	20.5	1.3	78.10	0.1	3.776
无烟煤	1.8				86.3	1.9		3.5		1.7		31.40	7.28	7.62	21.0	3.0	75.9	0.1	4.120
气煤	4.6				68.8	2.0		6.7		9.2		27.55	7.1	7.48	17.1	8.0	74.8	0.1	3.684
褐煤	3.0				62.0			21.0		18.0		17.16	4.9	5.2	19.0	6.5	74.5		3.308
木柴	4.5				40.0			22.0		32.5			3.8	4.5	16.6	16.0	67.4		2.889
泥煤	3.7				35.7			29.0		23.8			3.52	4.2	16.0	17.1	66.9		2.742

（二）燃烧反应

燃料着火温度见附表 3-2，燃烧产物的平均比热容及热含量的近似值见附表 3-3，燃烧反应的热效应见附表 3-4，各种不同发热量燃料需要的理论空气量和燃烧产物见附表 3-5。

附表 3-2 燃料在空气中的着火温度

固体燃烧	温度/℃	固体燃烧	温度/℃	固体燃烧	温度/℃	固体燃烧	温度/℃	固体燃烧	温度/℃
褐煤	250~450	汽油	415	二碳炔	400~406	煤	400~500	苯	730
泥煤	225~280	煤油	604~609	氢	530~585	木炭	320~370	甲烷	650~750
木材	250~350	石油	531~590	一氢化碳	644~651	焦炭	700	焦炉煤气	640

附表 3-3 燃烧产物的平均比热容及热含量的近似值

名称		单位	温度/℃									
			100	200	300	400	500	600	700	800	900	1000
比热容	$c_{灰分}$	kJ/(kg·℃)	0.762	0.795	0.829	0.862	0.896	0.929	0.963	0.992	1.022	1.047
	$c_{烟气}$	kJ/(m³·℃)	1.435	1.424		1.457		1.491		1.520		1.545
热含量	$I_{灰分}$	kJ/kg	75.4	159.1	247.0	343.3	448.0	556.8	674.1	795.5	921.1	1046.7
	$I_{烟气}$	kJ/m³	142.4	284.7		582.8		894.3		1215.8		1544.9

名称		单位	温度/℃									
			1100	1200	1300	1400	1500	1600	1700	1800	1900	2000
比热容	$c_{灰分}$	kJ/(kg·℃)	1.068	1.089	1.105	1.118	1.130	1.143	1.151	1.160	1.168	1.172
	$c_{烟气}$	kJ/(m³·℃)		1.566		1.591		1.616		1.641		1.666
热含量	$I_{灰分}$	kJ/kg	1176.5	1306.3	1436.1	1565.9	1659.7	1829.6	1959.4	2089.2	2219.0	2344.6
	$I_{烟气}$	kJ/m³		2046.5		2227.4		2585.8		2954.2		3332.7

附表 3-4 燃烧反应的热效应

反应	分子量	反应前的状态	反应热量/MJ			燃烧产物/m³
			反应前的物质			
			1mol	1kg	1m³	
$C+O_2 = CO_2$	12+32=44	固	408.84	34.07		18.25
$C+0.5O_2 = CO$	12+16=28	固	125.48	10.46		5.6
$CO+0.5O_2 = CO_2$	28+16=44	气	283.36	10.12	12.65	12.65
$S+O_2 = SO_2$	32+32=64	固	296.89	9.28		13.26
$H_2+0.5O_2 = H_2O(液)$	2+16=18	气	286.21	143.10	12.78	
$H_2+0.5O_2 = H_2O(汽)$			242.04	121.02	10.81	10.81
$H_2O(汽) \rightarrow H_2O(液)$	18	气	44.17	2.45	1.97	
$H_2S+1.5O_2 = SO_2+H_2O(液)$	34+48=64+18	气	563.17	16.56	25.14	
$H_2S+1.5O_2 = SO_2+H_2O(汽)$			519.00	15.27	23.17	11.58
$CH_4+2O_2 = CO_2+2H_2O(液)$	16+64=44+36	气	893.88	55.87	39.90	
$CH_4+2O_2 = CO_2+2H_2O(汽)$			805.54	50.35	35.96	11.99
$C_2H_4+3O_2 = 2CO_2+2H_2O(液)$	28+96=88+36	气	1428	51.00	64.01	
$C_2H_4+3O_2 = 2CO_2+2H_2O(汽)$			1340	47.85	59.81	14.96
$C_2H_6+3.5O_2 = 2CO_2+3H_2O(液)$	30+112=88+54	气	1559	51.96	69.58	
$C_2H_6+3.5O_2 = 2CO_2+3H_2O(汽)$			1426	47.54	63.67	12.74
$C_3H_6+4.5O_2 = 3CO_2+3H_2O(液)$	42+144=132+54	液	2052	48.86		
$C_3H_6+4.5O_2 = 3CO_2+3H_2O(汽)$			1920	45.71		14.28
$C_3H_6+4.5O_2 = 3CO_2+3H_2O(液)$	42+144=132+54	气	2080	49.52	92.85	
$C_3H_6+4.5O_2 = 3CO_2+3H_2O(汽)$			1947	46.37	86.94	14.49
$C_3H_8+5O_2 = 3CO_2+4H_2O(液)$	44+160=132+72	气	2206	50.08	98.37	
$C_3H_8+5O_2 = 3CO_2+4H_2O(汽)$			2014	46.15	90.48	12.93

续表

反　　　应	分子量	反应前的状态	反应热量/MJ			燃烧产物/m³
			反应前的物质			
			1mol	1kg	1m³	
$C_4H_8+6.5O_2\!=\!\!=\!4CO_2+4H_2O(液)$ $C_4H_8+6.5O_2\!=\!\!=\!4CO_2+4H_2O(汽)$	$56+192=176+72$	气	2710 2533	48.39 45.23	120.97 113.38	14.17
$C_4H_{10}+6.5O_2\!=\!\!=\!4CO_2+5H_2O(液)$ $C_4H_{10}+6.5O_2\!=\!\!=\!4CO_2+5H_2O(汽)$	$58+208=176+90$	气	2861 2640	49.33 45.52	128.07 117.88	13.08
$C_5H_{10}+7.5O_2\!=\!\!=\!5CO_2+5H_2O(液)$ $C_5H_{10}+7.5O_2\!=\!\!=\!5CO_2+5H_2O(汽)$	$70+240=222+90$	液	3333 3112	47.61 44.46		13.89
$C_5H_{10}+7.5O_2\!=\!\!=\!5CO_2+5H_2O(液)$ $C_5H_{10}+7.5O_2\!=\!\!=\!5CO_2+5H_2O(汽)$	$70+240=222+90$	气	3364 3144	48.06 44.90	150.03 140.38	14.04
$C_6H_6+7.5O_2\!=\!\!=\!6CO_2+3H_2O(液)$ $C_6H_6+7.5O_2\!=\!\!=\!6CO_2+3H_2O(汽)$	$78+240=264+54$	液	3406 3147	43.69 40.35		15.61
$C_6H_6+7.5O_2\!=\!\!=\!6CO_2+3H_2O(液)$ $C_6H_6+7.5O_2\!=\!\!=\!6CO_2+3H_2O(汽)$	$78+240=264+54$	气	3296 3163	41.96 40.55	147.30 141.22	15.69

附表 3-5　各种不同发热量燃料燃烧需要的理论空气量和燃烧产物

燃料种类	低发热量/[MJ/kg(m³)]	空气量/[m³/kg(m³)]	烟气量/[m³/kg(m³)]
固体燃料 (1kg 湿的)	13	3.54	4.26
	17	4.54	5.18
	21	5.55	6.10
	25	6.56	7.02
	29	7.58	7.94
	33	8.59	8.86
石油(1kg)	40	10.20	10.90
发生炉煤气 (1m³ 干的)	4.6	0.97	1.84
	5.0	1.05	1.90
	5.4	1.13	1.97
	5.9	1.21	2.03
	6.3	1.29	2.10
高炉煤气 (1m³)	3.8	0.714	1.56
	4.2	0.792	1.62
	4.6	0.871	1.69
焦炉、高炉混合煤气 (1m³)	5.9	1.23	2.05
	7.5	1.67	2.47
	9.2	2.11	2.90
	10.9	2.55	3.32
水煤气(1m³)	11.2	2.35	2.90

（三）燃烧产物

生产 1t 蒸汽产生的烟气量见附表 3-6，燃烧 1t 煤炭、1m³ 油和 1.0×10^6 m³ 燃气产生的污染物分别见附表 3-7～附表 3-9，燃烧产物的平均体积热容量见附表 3-10，烟气的主要物理参数见附表 3-11。

附表 3-6　1t 蒸汽所产生的烟气量　　　　单位：m³/(h·t)

燃烧方式		排烟过剩空气系数	排烟温度/℃					
			150	200	250	350	400	500
层燃炉		1.55	2300	2570	2840	3380	3660	4190
沸腾炉	一般煤种	1.55	2300	2570	2840			
	矸石石煤	1.45						
煤粉炉		1.55	2100	2360	2620	0Ⅱ		
油炉		1.45	2100	2360	2620			

附表 3-7　燃烧 1t 煤炭排放的各种污染物量　　　　单位：kg/t

污染物	炉型		
	电站锅炉	工业锅炉	采暖炉及家用炉
一氧化碳(CO)	0.23	1.36	22.7
碳氢化合物(C_nH_m)	0.091	0.45	4.5
氮氧化物(以 NO_2 计)	9.08	9.08	3.62
二氧化硫(SO_2)	16.0S*		

注：1.S* 指煤的含硫量（%）。若煤的含硫量为 2%，则 1t 煤燃烧排 SO_2 为 16.0×2＝32(kg)。

2. 统计固体、液体和气体等燃料燃烧排放的各种污染物量时，如公式法和查表法计算的结果不同时，以公式计算的结果为准。

附表 3-8　燃烧 1m³ 油排放的各种污染物量　　　　单位：kg/m³

污染物	炉型		
	电站锅炉	工业锅炉	采暖炉及家用炉
一氧化碳(CO)	0.005	0.238	0.238
碳氢化合物(C_nH_m)	0.381	0.238	0.357
氮氧化物(以 NO_2 计)	12.47	8.57	8.57
二氧化硫(SO_2)	20S*		
烟尘	1.20　渣油燃烧2.73 蒸馏油燃烧1.80		0.952

注：S* 指燃料油含硫量（%），计算方法与燃煤同。油类含硫量：原油 0.1%～3.3%；汽油＜0.25%；轻油 0.5%～0.75%；重油 0.5%～3.5%。

附表 3-9　燃烧 1.0×10⁶ m³ 燃料气排放的各种污染物量　单位：kg/100×10⁴ m³

污染物	炉型		
	电站锅炉	工业锅炉	采暖炉及家用炉
一氧化碳(CO)	忽略不计	6.30	6.30
碳氢化合物(C_nH_m)		忽略不计	
氮氧化物(以 NO_2 计)	6200	3400.46	1813.24
二氧化硫(SO_2)	630	630	630
烟尘	238.50	286.20	302.0

附表 3-10　燃烧产物的平均体积热容量　　　　单位：[kJ/(m³·℃)]

温度 /℃	焦炉煤气燃烧产物 $\alpha=1.0$	发生炉煤气燃烧产物 $\alpha=1.0$	混合煤气燃烧产物 $Q_{DW}=8360kg/m^3$ $\alpha=1.0$	烟煤燃烧产物 $\alpha=1.0$	重油燃烧产物 $\alpha=1.0$	天然煤气燃烧产物 $\alpha=1.0$
0	1.363	1.379	1.367	1.367	1.363	1.367
100	1.375	1.396	1.388	1.388	1.388	1.379
200	1.392	1.413	1.404	1.409	1.413	1.396
300	1.409	1.430	1.421	1.430	1.425	1.404

续表

温度 /℃	焦炉煤气 燃烧产物 $\alpha = 1.0$	发生炉煤气 燃烧产物 $\alpha = 1.0$	混合煤气燃烧产物 $Q_{DW} = 8360 kg/m^3$ $\alpha = 1.0$	烟煤燃烧产物 $\alpha = 1.0$	重油燃烧产物 $\alpha = 1.0$	天然煤气 燃烧产物 $\alpha = 1.0$
400	1.425	1.455	1.442	1.446	1.446	1.425
500	1.446	1.476	1.467	1.471	1.467	1.446
600	1.463	1.496	1.484	1.492	1.488	1.467
700	1.480	1.517	1.501	1.509	1.509	1.484
800	1.496	1.538	1.522	1.530	1.526	1.501
900	1.517	1.559	1.542	1.547	1.542	1.522
1000	1.538	1.580	1.559	1.568	1.563	1.538
1100	1.551	1.597	1.576	1.584	1.580	1.639
1200	1.568	1.613	1.593	1.601	1.593	1.572
1300	1.588	1.630	1.601	1.613	1.609	1.588
1400	1.601	1.643	1.618	1.626	1.626	1.601
1500	1.613	1.659	1.634	1.639	1.639	1.613
1600	1.626	1.672	1.647	1.651	1.647	1.626
1700	1.639	1.685	1.659	1.664	1.659	1.639
1800	1.651	1.701	1.672	1.680	1.672	1.651
1900	1.664	1.718	1.680	1.689	1.685	1.664
2000	1.676	1.731	1.689	1.697	1.697	1.672
2100	1.685	1.743	1.697	1.710	1.710	1.680

注：α 为空气燃烧系数。

附表 3-11　烟气的主要物理参数（0.1MPa）

温度 /℃	平均体积热容/[kJ/(m³·℃)]				体积热值/(kJ/m³)				导热 系数 λ/[10^3 W/ (m·℃)]	运动 黏度 ν/(10^6 m²/s)
	湿烟气	干烟气			湿烟气	干烟气				
		12%CO_2 8%O_2	14%CO_2 6%O_2	16%CO_2 4%O_2		12%CO_2 8%O_2	14%CO_2 6%O_2	16%CO_2 4%O_2		
0	1.424	1.3297	1.3364	1.3427	0	0	0	0	22.8	12.2
100	1.424	1.3477	1.3557	1.3636	142.4	134.8	135.7	136.5	31.3	21.5
200	1.424	1.3628	1.3720	1.3812	284.7	272.6	274.2	276.3	40.1	32.8
300	1.440	1.3787	1.3892	1.3992	432.1	414.1	416.6	419.9	48.4	45.8
400	1.457	1.4047	1.4076	1.4185	582.8	558.5	563.1	567.3	57.0	60.4
500	1.474	1.4143	1.4260	1.4382	736.9	707.2	713.0	719.3	65.6	76.3
600	1.491	1.4306	1.4436	1.4562	894.3	858.3	866.2	873.8	74.2	93.6
700	1.507	1.4499	1.4633	1.4763	1055.1	1014.9	1024.5	1033.3	82.7	112.1
800	1.520	1.4666	1.4805	1.4943	1215.8	1173.1	1184.4	1195.3	91.5	131.8
900	1.532	1.4830	1.4972	1.5114	1379.1	1334.8	1347.3	1360.3	96.5	152.5
1000	1.545	1.4976	1.5123	1.5269	1544.9	1497.6	1512.3	1526.9	103.5	174.2
1000	1.557	1.5119	1.5269	1.5420	1713.2	1663.0	1679.7	1696.1	110.5	197.1
1200	1.566	1.5261	1.5412	1.5567	2046.5	1831.3	1849.3	1868.2	126.2	221.0
1300	1.578	1.5386	1.5541	1.5696	2052.0	2000.5	2020.5	2040.6	134.9	245.0
1400	1.591	1.5500	1.5659	1.5818	2227.4	2170.0	2192.2	2214.4	144.2	272.0
1500	1.604	1.5613	1.5776	1.5935	2405.3	2340.4	2365.5	2390.7	153.5	297.0

注：表中导热系数、运动黏度值是以烟气含 H_2O 11%，CO_2 13%时求得。

四、绝热和绝缘数据

绝热数据和绝缘数据包括常用绝热材料的物理性质和热导率、绝缘材料的耐压参数、耐热分级和绝缘等级。

（一）绝缘材料

绝缘材料的物理性质见附表 4-1，热导率见附表 4-2。

附表 4-1　常用绝热材料物理性质

材料名称	密度 /(kg/m³)	测定温度 /℃	比热容 /[kJ/(kg·K)]	热导率 /[W/(m·K)]	导温系数 /(10³m²/h)	使用温度 /℃
温石棉	2200～2400	—	0.837	0.070	—	400
青石棉	3200～3300	—	0.837	0.070	—	200
碎石棉	103	常温	—	0.049	—	—
石棉水泥板	300	—	0.84	0.093	1.33	—
碳酸镁石棉粉	≤140	—	—	0.047	—	450
硅藻土石棉灰	810	—	1.63	0.140	0.39	750
岩棉	40～250	—	—	0.035～0.047	—	700
岩棉纤维制品	80	100	—	0.046	—	—
沥青岩棉毡	105～135	—	—	≤0.052	—	600
水玻璃岩棉板、管	300～450	—	—	≤0.116	—	400
矿渣棉	187	—	—	0.042	—	800(烧结)
沥青矿渣棉板	300	—	0.75	0.093	1.48	—
沥青矿渣棉毡	100～120	—	—	0.044～0.047	—	<250
酚醛矿棉板、管	150～200	—	—	0.047～0.052	—	<300
玻璃棉	100	—	0.75	0.582	2.78	≤300
超细玻璃棉	20	—	—	0.035	—	≤300
沥青玻璃棉	78	—	1.09	0.043	1.81	≤250
酚醛玻璃棉毡	120	—	—	0.041	—	≤300
软质纤维	300～350	—	—	0.041～0.052	—	—
硅酸铝纤维	140	—	0.96	0.053	1.41	<1000
珍珠岩粉料	44	—	1.59	0.042	2.00	—
水泥珍珠岩制品	82	—	1.30	0.047	1.59	—
	200	—	0.84	0.058	1.14	—
	400	—	0.88	0.091	0.93	≤600
沥青珍珠岩制品	285	—	1.51	0.099	0.82	—
水玻璃珍珠岩制品	166	—	1.17	0.065	1.22	600
	310	—	1.05	0.099	1.08	—
磷酸盐珍珠岩制品	60	—	—	0.044	—	—
	90	—	—	0.052	—	1000
膨胀蛭石粉料	119	—	1.38	0.073	1.62	—
	278	—	1.34	0.091	0.88	1000
沥青蛭石制品	450	—	2.09	0.163	0.63	—
水泥蛭石制品	347	—	1.17	0.151	1.34	<600
白灰蛭石制品	408	—	1.67	0.244	1.29	—
水玻璃蛭石制品	430	—	0.80	0.128	1.32	<900
硅藻土粉：生料	680	50	—	0.119	—	—
熟料	60	—	—	0.093	—	—
硅藻土石棉粉	≤450	—	—	0.070	—	750
硅藻土绝热制品	550～700	50	—	0.070～0.093	—	—
硅藻土石棉灰	810	—	1.63	0.140	0.39	—
石棉菱苦土	870	—	0.92	0.442	1.97	—
木屑硅藻土砖	590	—	0.94	0.140	0.89	—
泡沫石膏	411	—	0.84	0.163	1.67	—
泡沫石灰	300	—	1.34	0.098	0.88	—
泡沫玻璃	140	—	0.88	0.052	1.51	—
泡沫橡胶	91	0	—	0.036	—	—
聚苯乙烯硬泡沫塑料	50	—	2.09	0.031	1.07	−80～76
脲醛泡沫塑料	20	—	1.47	0.047	5.71	—
聚氨酯泡沫塑料	34	—	2.01	0.041	2.15	−60～120

材料名称	密度/(kg/m³)	测定温度/℃	比热容/[kJ/(kg·K)]	热导率/[W/(m·K)]	导温系数/(10³m²/h)	使用温度/℃
聚氯乙烯泡沫塑料	190	—	1.47	0.058	0.75	—
聚异氰脲酸酯泡沫塑料	41	—	1.72	0.033	1.64	—
微孔硅酸钙	<250	—	—	0.04~0.049		650(最高)
硅酸钙板	550~1050	—	—	0.035~0.047		650
多孔氧化镁保温砖	1470	350		1.33		—
堇青石轻骨料制品	910~1000	—		0.535		130
高铝轻质砖	390~410	600		0.233		1770
氧化铝空心砖	1250	820		0.802		—
浮石	890	—		0.148~0.254	—	
锯木屑	250	常温	2.5	0.093	0.53	
锯木屑混凝土	705	常温	0.84	0.198	1.21	
聚苯乙烯混凝土	538	常温	1.34	0.186	0.92	
玻璃棉混凝土	232	常温	0.88	0.077	1.39	
浮石混凝土	729	常温	0.84	0.174	0.77	
耐热混凝土	296	常温	1.17	0.086	0.91	
粉煤灰混凝土	640	常温	1.34	0.209	0.87	
泡沫混凝土	232	常温	0.88	0.077	1.34	
空气	1	0	1.00	0.024	67.70	—

附表 4-2　一些绝热材料的热导率 λ

材 料 名 称	密度/(kg/m³)	$\lambda = \lambda_0(1+bt)/[W/(m·K)]$	
		$\lambda_0/[W/(m·K)]$	$\lambda_0 b/[W/(m·K^2)]$
硅藻土粉生料	680	0.105	0.00028
硅藻土粉熟料	600	0.083	0.00021
硅藻土板、管	550±50	0.048	0.00020
膨胀珍珠岩	30~50	0.058	0.00014
雪硅酸钙石	200	0.047	0.00010
硬硅酸钙石	230	0.056	0.00010
聚硬质氨基甲酸乙酯泡沫塑料	30~35	0.019	0.00014
取苯乙烯泡沫塑料	25~35	0.035	0.00016
酚醛树脂泡沫塑料	30~40	0.031	0.00014
聚氯乙烯泡沫塑料	30~70	0.029	0.00017
聚氨酯泡沫塑料	32	0.035	0.000204
泡沫橡胶	91	0.036	0.00012
泡沫玻璃	130~160	0.047~0.052	0.00021
碳化软木材料	—	0.037	0.00009
硅藻土砖：甲级	≤550	0.072	0.000206
乙级	≤600	0.085	0.000214
丙级	≤700	0.100	0.000228
石棉白云石板	350~400	0.079	0.000019
喷射石棉	180~230	0.031~0.040	0.00013
玻璃纤维制品	12	0.0366	0.00029
	24	0.0315	0.00019
	48	0.0297	0.00013
石棉板、管	200	0.0419	0.00012
轻质高铝砖	400	0.0582	0.00017
	800	0.291	0.00023

注：λ_0 为 0℃时的热导率，b 为常数，已知 λ_0 和 b（或 $\lambda_0 b$）就可以计算不同温度时的热导率。

（二）绝缘材料

绝缘材料的耐压参数见附表 4-3，耐热分级见附表 4-4，塑料绝缘等级见附表 4-5。

附表 4-3 绝缘材料的耐压参数

物　质	耐压强度/(V/mm)	物　质	耐压强度/(V/mm)	物　质	耐压强度/(V/mm)
沥青	1000～2000	硼硅酸玻璃	10000～50000	酚醛塑料	12000
空气	800～3000	石英玻璃	20000～30000	聚乙烯	50000
石棉	3000～53000	钛酸钡	3000	赛璐珞	14000～23000
石棉板	1200～2000	大理石	4000～6500	琥珀云母	15000～50000
石棉纸	3000～4200	玄武岩	4000～7000	白云母	15000～78000
纸	5000～7000	干燥木材	800	蜂蜡	10000～30000
纸板	8000～13000	电木	10000～30000	石蜡	16000～30000
纤维纸	5000～10000	马尼拉纸	5000～10000	松脂	15000～24000
蜡纸	30000～40000	生橡胶	10000～20000	樟脑	16000
绝缘布	10000～54000	软橡胶	10000～24000	树脂	16000～23000
棉丝	3000～5000	硬橡胶	20000～38000	桐油	12000
玻璃	5000～10000	虫胶	10000～23000	矿物油	25000～57000
瓷器	8000～25000	云母纸带	15000～50000	绝缘清漆	27000～40000

注：V/mm 表示每毫米厚的绝缘材料所能耐受的电压。

附表 4-4 电气绝缘材料的耐热分级

耐热等级	极限温度/℃	该耐热等级的绝缘材料
Y	90	未浸渍过的棉纱、丝及纸等
A	105	浸渍过的或浸在液体电介质中的棉纱、丝及纸等
E	120	合成的有机薄膜、合成的有机瓷漆等
B	130	以合适的树脂黏合或浸渍、涂覆后的云母、玻璃纤维、石棉以及其他无机材料等
F	155	以合适的树脂黏合或浸渍、涂覆后的云母、玻璃纤维、石棉以及其他无机材料等
H	180	以合适的树脂（如有机硅树脂）黏合或浸渍、涂覆后的云母、玻璃纤维、石棉等
C	>180	以合适的树脂（如热稳定性特别优良的有机硅树脂）黏合或浸渍、涂覆后的云母、玻璃纤维等以及未经浸渍处理的云母、陶瓷、石英等材料

附表 4-5 塑料的绝缘等级

绝缘等级	材料名称	适　用　范　围	绝缘等级	材料名称	适　用　范　围
Y 级 (90℃以下)	聚氯乙烯	电线、电缆、电器零件	B 级 (130℃)	酚醛(有机填料)	电器零件
	聚苯乙烯	电容器薄膜、电器零件		环氧树脂	浇铸包封件、印刷线路板
	聚乙烯	电线、电缆、电器零件		聚氨酯	
	酚醛塑料(有机填料)	电器零件	H 级 (180℃)	聚酰亚胺	薄膜、浸渍漆、汽层、模塑件、层压板
A 级 (105℃)	尼龙	干燥环境中功频绝缘材料		有机硅	浇铸包封件、浸渍漆、模塑件、层压板
	交联聚乙烯	电线、电缆、电器零件			
	聚丙烯	电容器薄膜、电器零件		聚间苯二甲酸二丙烯酯(DAIP)	电器零件
	纤维素塑料	电器零件	C 级 (180℃以上)	聚四氟乙烯	高频电缆和零件、电容器、电机槽绝缘
E 级 (120℃)	聚碳酸酯	电容器薄膜、电器零件		聚全氟乙丙烯	薄膜、浸渍漆、漆包线、涂层、漆布、层压板、模塑件
	聚对苯二甲酸乙二醇酯(涤纶)	电容器薄膜、电器零件			
	聚氯醚	电器零件		聚酰亚氨	薄膜、浸渍漆、漆包线、层压板、模塑料
	聚三氟氯乙烯	不吸湿、不碳化、不助燃电器零件		酚醛（玻璃填料）	电器零件
B 级 (130℃)	聚对二甲苯	电容器、微型电子元件、介电薄膜、低温下最佳的绝缘材料		三聚氰胺（玻璃填料）	电器零件

五、气象资料

气象资料包括风力等级、雨级、地震烈度，地震释放能量及大气透明系数、能见度等。

（一）风力等级

风力等级情况见附表 5-1。风速修正值见附表 5-2。

附表 5-1　风力等级

风力等级	风级名称	相当风速/(m/s)	海面浪高/m		海岸船只象征	陆地地面象征
			一般	最高		
0	无风	0～0.2			静	静,烟几乎直上
1	软风	0.3～1.5	0.1	0.1	一般渔船略觉摇动	根据飘烟测定风向,但风向标不转
2	轻风	1.6～3.3	0.2	0.3	渔船张帆时,随风移行 2～3km/h	人脸上感觉有风,树叶有微响,风向标能转动
3	微风	3.4～5.4	0.6	1.0	渔船有颠簸,张帆可行 5～6km/h	树叶及微枝不断徐徐摇动,旌旗招展
4	和风	5.5～7.9	1.0	1.5	渔船满帆时,使船身倾于一方	尘土、薄纸飞扬,树的小枝摇动
5	清风	8.0～10.7	2.0	2.5	渔船缩帆(即收去帆之一部)	有叶的小树摇动,内陆水面有小波
6	强风	10.8～13.8	3.0	4.0	渔船加倍缩帆,捕鱼须注意风险	大树枝摆荡,电线啸啸作响,举伞困难
7	疾风	13.9～17.1	4.0	5.5	渔船停息港中,在海中者应不锚	全树摇动,大树下弯,迎风步行困难
8	大风	17.2～20.7	5.5	7.5	近港渔船皆停留不出	可吹折树枝,人向前行阻力甚大
9	烈风	20.8～24.4	7.0	10.0	汽船航行困难	吹倒大树,毁坏烟囱及瓦片,小屋受到破坏
10	狂风	24.5～28.4	9.0	12.5	汽船航行颇危险	陆上少见,能将树根拔起,建筑物损坏较重
11	暴风	28.5～32.6	11.5	16.0	汽船遇之极危险	陆上很少见,遇之必有很大破坏
12	飓风	32.7～36.0	14.0	>16.0	海浪滔天	陆上极少,摧毁力极大
13		37.0～41.4				
14		41.5～46.1				
15		46.2～50.9				
		51.0～56.0				

附表 5-2　风速修正值

高度/m	3	4	5	8	10	15	20
修正值	1.10	1.16	1.22	1.345	1.41	1.53	1.64

（二）雨级

雨级见附表 5-3。

附表 5-3　雨级

名　称	标准(12h 内降雨量)	标　志
微雨	少于 0.1mm、累计降雨时间少于 3h	地下不湿或稍湿
小雨	少于 5mm	地面全湿,但无渍水
中雨	5.1～15mm	可听到雨声,地面有渍水
大雨	15.1～30mm	雨声激烈,遍地渍水
暴雨	30.1～70mm	风声很大,倾盆而下
大暴雨	70.1～140mm	打开窗户,室内听不到说话声
特大暴雨	>140mm	
降雨	一阵阵下,累计降雨少于 3h	可分大、中、小阵雨

（三）地震烈度

震级表示地震本身的强弱,国际上多采用里克特的 10 级震级表。震级越高,地震越大,释放的能量越多。震级每差 1 级,能量约差 30 倍。震级和地震烈度不同,地震烈度是表示同一个地震在地震波及的各个地点所造成的影响和破坏程度。它与震源深度、震中距离、表土及土质条件、建筑物的类型和质量等多种因素有关。震级是个定值,一个地震,只有一个震级。烈度值却因地而异。一般震中所在地区烈度最高,称极震区,随震中距增大,烈度总的趋势是逐渐降低

（由于各种因素影响，可能有起伏）。各国划分的标准不一致，许多国家订有具有本国特色的烈度表，我国使用的地震烈度表2008分为12度。

1. 我国地震裂度表

烈度通常用罗马数字表示（Ⅰ、Ⅱ、…、Ⅻ），见附表5-4。

附表5-4　我国地震烈度表

地震烈度	人的感觉	房屋震害			其他震害现象	水平向地震动参数	
		类型	震害程度	平均震害指数		峰值加速度/(m/s²)	峰值速度/(m/s)
Ⅰ	无感	—	—	—	—	—	—
Ⅱ	室内个别静止中的人有感觉	—	—	—	—	—	—
Ⅲ	室内少数静止中的人有感觉	—	门、窗轻微作响	—	悬挂物微动	—	—
Ⅳ	室内多数人、室外少数人有感觉，少数人梦中惊醒	—	门、窗作响	—	悬挂物明显摆动，器皿作响	—	—
Ⅴ	室内绝大多数、室外多数人有感觉，多数人梦中惊醒		门窗、屋顶、屋架颤动作响，灰土掉落，个别房屋墙体抹灰出现细微裂缝，个别屋顶烟囱掉砖		悬挂物大幅度晃动，不稳定器物摇动或翻倒	0.31 (0.22~0.44)	0.03 (0.02~0.04)
Ⅵ	多数人站立不稳，少数人惊逃户外	A	少数中等破坏，多数轻微破坏和/或基本完好	0.00~0.11	家具和物品移动；河岸和松软土出现裂缝，饱和砂层出现喷砂冒水；个别独立砖烟囱轻度裂缝	0.63 (0.45~0.89)	0.06 (0.05~0.09)
		B	个别中等破坏，少数轻微破坏，多数基本完好				
		C	个别轻微破坏，大多数基本完好	0.00~0.08			
Ⅶ	大多数人惊逃户外，骑自行车的人有感觉，行驶中的汽车驾乘人员有感觉	A	少数毁坏和/或严重破坏，多数中等和/或轻微破坏	0.09~0.31	物体从架子上掉落；河岸出现塌方，饱和砂层常见喷水冒砂，松软土地上地裂缝较多；大多数独立砖烟囱中等破坏	1.25 (0.90~1.77)	0.13 (0.10~0.18)
		B	少数中等破坏，多数轻微破坏和/或基本完好				
		C	少数中等和/或轻微破坏，多数基本完好	0.07~0.22			
Ⅷ	多数人摇晃颠簸，行走困难	A	少数毁坏，多数严重和/或中等破坏	0.29~0.51	干硬土上出现裂缝，饱和砂层绝大多数喷砂冒水；大多数独立砖烟囱严重破坏	2.50 (1.78~3.53)	0.25 (0.19~0.35)
		B	个别毁坏，少数严重破坏，多数中等和/或轻微破坏				
		C	少数严重和/或中等破坏，多数轻微破坏	0.20~0.40			
Ⅸ	行动的人摔倒	A	多数严重破坏或/和毁坏	0.49~0.71	干硬土上多处出现裂缝，可见基岩裂缝、错动，滑坡、塌方常见；独立砖烟囱多数倒塌	5.00 (3.54~7.07)	0.50 (0.36~0.71)
		B	少数毁坏，多数严重和/或中等破坏				
		C	少数毁坏和/或严重破坏，多数中等和/或轻微破坏	0.38~0.60			
Ⅹ	骑自行车的人会摔倒，处不稳状态的人会摔离原地，有抛起感	A	绝大多数毁坏	0.69~0.91	山崩和地震断裂出现，基岩上拱桥破坏；大多数独立砖烟囱从根部破坏或倒毁	10.00 (7.08~14.14)	1.00 (0.72~1.41)
		B	大多数毁坏				
		C	多数毁坏和/或严重破坏	0.58~0.80			

续表

| 地震烈度 | 人的感觉 | 房屋震害 | | | 其他震害现象 | 水平向地震动参数 | |
		类型	震害程度	平均震害指数		峰值加速度/(m/s²)	峰值速度/(m/s)
XI	—	A	绝大多数毁坏	0.89~1.00	地震断裂延续很大，大量山崩滑坡	—	—
		B					
		C		0.78~1.00			
XII	—	A	几乎全部毁坏	1.00	地面剧烈变化，山河改观	—	—
		B					
		C					

注：1. 表中给出的"峰值加速度"和"峰值速度"是参考值，括弧内给出的是变动范围。
　　2. 摘自"中国地震烈度表"（GB/T 17742—2008）。

2. 烈度、震级及震源深度的关系

见附表 5-5。

附表 5-5　烈度、震级及震源深度的关系

震级 ＼ 震中烈度 / 震源深度/km	5	10	15	20	震级 ＼ 震中烈度 / 震源深度/km	5	10	15	20
3 级以下	5	4	3.5	3	6	9.5	8.5	8	7.5
4	6.5	5.5	4.5	4.5	7	11	10	9.5	9
5	8	7	6.5	6	8	12	11.5	11	10.5

3. 地震释放的能量

见附表 5-6。

附表 5-6　地震释放的能量

震级	能量/J	震级	能量/J
0	6.3×10^4	5	2×10^{12}
1	2×10^6	6	6.3×10^{13}
2	6.3×10^7	7	2×10^{15}
2.5	3.55×10^8	8	6.3×10^{16}
3	2×10^9	8.5	3.55×10^{17}
4	6.3×10^{10}	8.9	1.4×10^{18}

（四）大气能见度

大气透明系数见附表 5-7，能见距离等级见附表 5-8，阴天时能见系数见附表 5-9。

附表 5-7　大气透明系数及能见距离

大气状态	透明系数	能见距离/km	大气状态	透明系数	能见距离/km
空气绝对纯净	0.99	300	空气很浑浊	—	—
透明度非常大	0.97	150	浓霾	0.12	2
空气很透明	0.96	100	薄雾	0.015	1
透明度良好	0.92	50	雾	2×10^{-4}	0.5
透明度中等	0.81	20		$\sim 8 \times 10^{-10}$	0.2
空气稍许浑浊	0.66	10	浓雾	10^{-10}	0.1
空气浑浊（霾）	0.36	4		$\sim 10^{-34}$	0.05

注：大气透明系数 $= \dfrac{透过 1km 厚大气层的光能量}{进入这层内的总光能量}$

在已知 1km 距离的大气透明系数时，求 $n$km 远的空气层的光线占原来光能量的比值，就要把大气透明系数作相应公里数的 n 次自乘。如大气透明系数为 0.8，则透过 2km 厚大气层后中所透过的光线为原有光能量 $0.8^2 = 0.64$。大气透明系数用于描写大气的纯净程度，即雾、霾、烟尘等存在程度。

附表 5-8　气象能见距离等级

气象能见距离的级别	0	1	2	3	4	5	6	7	8	9
在下列距离可以看见物体/km		0.05	0.2	0.5	1	2	4	10	20	50
而在下列距离已经看不见物体/km	0.05	0.2	0.5	1	2	4	10	20	50	

注：气象工作上评定能见距离的方法，是简便地观测选定在不同距离上的一些黑色或很暗的物体，以其能否看得见来确定。

附表 5-9　几种物体在阴天时的能见系数

物 体 名 称	背 景	能见系数	物 体 名 称	背 景	能见系数
大建筑物（房屋、棚、木架）	森林	0.89	白砖建筑物	森林	0.89
	地面	0.55		草地	0.78
	雪	0.99		有云天空	0.94
	有云天空	0.97	针叶树	草地	0.52
红色的铁皮房顶	森林	0.64		沙地	0.72
	草地	0.78		地面	0.57
红砖建筑物	森林	0.76		雪	0.97
	草地	0.74		有云天空	0.99
	有云天空	0.98			

参 考 文 献

［1］ 王纯，张殿印. 废气处理工程技术手册. 北京：化学工业出版社，2013.

［2］ 张殿印，王纯. 脉冲袋式除尘器手册. 北京：化学工业出版社，2011.

［3］ 工程建设标准规范分类汇编. 暖通空调规范. 北京：中国建筑工业出版社，1996.

［4］ 国家职业卫生标准（GBZ 2—2002）. 工作场所有害因素职业接触限值.

［5］ 化学工程编委会. 化学工程手册（5）：气态非均一系分离. 北京：化学工业出版社，1991.

［6］ 刘爱芳. 粉尘分离与过滤. 北京：冶金工业出版社，1998.

［7］ 张殿印，张学义. 除尘技术手册. 北京：冶金工业出版社，2002.

［8］ 张殿印，王纯. 除尘工程设计手册. 第2版. 北京：化学工业出版社，2010.

［9］ 张殿印，王纯. 除尘器手册. 第2版. 北京：化学工业出版社，2015.

［10］ 张殿印，王纯，俞非漉. 袋式除尘技术，北京：冶金工业出版社，2008.

［11］ 张殿印，陈康. 环境工程入门. 第2版. 北京：冶金工业出版社，1999.

［12］ 张殿印，姜凤有，冯玲. 袋式除尘器运行管理. 北京：冶金工业出版社，1993.

［13］ 张殿印. 环保知识400问. 第3版. 北京：冶金工业出版社，2004.

［14］ ［日］通商产业省公安保安局. 除尘技术. 李金昌译. 北京：中国建筑工业出版社，1997.

［15］ 王晶，李振东. 工厂消烟除尘手册. 北京：科学普及出版社，1992.

［16］ 金国森，等. 除尘设备. 北京：化学工业出版社，2002.

［17］ 王绍文，张殿印，徐世勤，董保澍. 环保设备材料手册. 北京：冶金工业出版社，1992.

［18］ ［前苏联］B. H. 鸟索夫，等. 工业气体净化与除尘器过滤器. 李悦，徐图译. 哈尔滨：黑龙江科学技术出版社，1984.

［19］ 胡满根，赵毅，刘忠. 除尘技术. 北京：化学工业出版社，2006.

［20］ 大连市环境科学设计研究院. 环境保护设备选用手册—大气污染控制设备. 北京：化学工业出版社，2002.

［21］ 姜凤有. 工业除尘设备. 北京：冶金工业出版社，2007.

［22］ 冶金工业部建协协调司，中国冶金建设协会. 钢铁企业采暖通风设计手册. 北京：冶金工业出版社，1996.

［23］ 申丽，张殿印. 工业粉尘的性质. 金属世界，1998，（2）：31~32.

［24］ 嵇敬文，陈安琪. 锅炉烟气袋式除尘技术. 北京：中国电力出版社，2006.

［25］ 马广大. 除尘器性能计算. 北京：中国环境科学出版社，1990.

［26］ 刘后启，窦立功，张晓梅，等. 水泥厂大气污染物排放控制技术. 北京：中国建材工业出版社，2007.

［27］ 除志毅. 环境保护技术与设备. 上海：上海交通大学出版社，1999.

［28］ 《工业锅炉房常用设备手册》编写组. 工业锅炉房常用设备手册. 北京：机械工业出版社，1995.

［29］ 王文绍，张殿印. 工业布局与城市环境保护. 基建管理优化，1990，（2）.

［30］ 曹彬，叶敏，姜凤有，张殿印. 利用低压脉冲技术改造反吹袋式除尘器的研究. 环境科学与技术，2001，（5）.

［31］ 张殿印. 布袋除尘器简易检漏装置. 劳动保护，1997，（7）.

［32］ 张殿印. 烟尘治理技术（讲座）. 环境工程，1998，（1）-（6）.

［33］ 张殿印，姜凤有. 日本袋式除尘器的发展动向. 环境工程，1993，（6）.

［34］ 张殿印. 静电除尘器声波清灰原理及设计要点. 云南环境保护，2000，（8）增刊：230-232.

［35］ 张殿印. 国外铝冶炼厂污染问题概况. 冶金安全，1980，（4）.

［36］ 张殿印. 钢铁工业的能源利用与环保对策. 环境工程，1987，（3）.

［37］ 张殿印. 静电对袋式除尘器性能的影响. 静电，1989，（3）：24-28.

［38］ 张殿印，姜凤有. 低压脉冲袋式除尘器在高炉碾泥机室的应用. 冶金环境保护，2000，（5）：11-14.

［39］ 张殿印，台炳华，陈尚芹，黄西谋. 针刺滤料及其过滤特性. 暖通空调，1981，（2）.

［40］ 张殿印. 袋式除尘器滤料及其选择. 环境工程，1991，（4）.

［41］ 张殿印，姜凤有. 除尘的漏风与检验技术. 环境工程，1995，（1）.

［42］ 顾海根，张殿印. 滤筒式除尘器工作原理与工程实践. 环境科学与技术，2001，（3）：47-49.

［43］ 田中益. バッグフィルターの压力损失特性. タミガル. エンジニヤリング1974，（6）：13-17.

［44］ 东门荣一. バッグフィルターの设计上の问题点. タミガル. エンジニヤリンダ，（6）：18-21.

［45］ 陆跃庆. 实用供热空调设计手册. 北京：中国建筑工业出版社，1993.

［46］ ［日］井伊谷钢一. 除尘装置的性能. 马文彦译. 北京：机械工业出版社，1986.

［47］ 戚罡，叶敏，张殿印，姜凤有. 袋式除尘器高温技术措施，环境工程，2003，（6）.

［48］ R. Hardbottle. dust. Extraction. Technology. Glos. England. Technicopy，1976.

［49］ 王海涛，等. 钢铁工业烟尘减排和回收利用技术指南. 北京：冶金工业出版社，2010.

[50]　铁大铮，于永礼. 中小水泥厂设备工作者手册. 北京：中国建筑工业出版社，1989.

[51]　北京市环境保护科学研究所. 大气污染防治手册. 上海：上海科学技术出版社，1990.

[52]　张殿印，王永忠. 高温脱硅除尘器的设计要点和运行效果. 冶金环境保护，2003，(1)：38-40.

[53]　续魁昌. 风机手册. 北京：机械工业出版社，1999.

[54]　バッグフィルター专门委员会，バッグフィルターの技术调查报告. 空气清净，昭和 49 年 3 月.

[55]　张殿印，顾海根. 回流式惯性除尘器技术新进展. 环境科学与技术，2000，(3)：45-48.

[56]　张学义，钱连山. 声波技术在静电除尘器反应. 工程建设与设计，1999，(5)：41-43.

[57]　张殿印，王纯. 大型除尘器的开发与应用. 工厂建设与设计，1998，(1)：38-40.

[58]　申丽. 脉冲布袋除尘器的控制技术. 工厂建设与设计，1998，(2)：16-18.

[59]　张殿印. 电除尘器声波清灰原理及设计要点. 电除尘与气体净化，2003，(3) 18-21.

[60]　张殿印. 静电除尘器的灾害预防与控制. 静电，1992，(2)：47-50.

[61]　守田荣著. 公害工学入门. 东京：オーム社，昭和 54 年.

[62]　通商产业省立地公害局. 公害防止必携. 东京：产业公害防止协会，昭和 51 年.

[63]　[日] 谏访佑. 公害防止实用便当：大气污染防止篇. 东京：化学工业社，昭和 46 年.

[64]　L. Wark、C. Warner. Air Pollution Lts Origi And Control. New York Harper and Row，Publishers，1981.

[65]　[美] P. N 切雷米西诺失，R. A 扬格. 大气污染控制设计手册. 胡文龙，李大志译. 北京：化学工业出版社，1991.

[66]　Wilhelm Batel. Dust Extraction Techrology. Technicopy Limited，1976.

[67]　中国环保产业协会袋式除尘委员会. 袋式除尘器滤料及配件手册. 沈阳：东北大学出版社，1997.

[68]　杨丽芬，李友琥. 环保工作者实用手册. 第 2 版. 北京：冶金工业出版社，2001.

[69]　李连山. 大气污染控制. 武汉：武汉工业大学出版社，2000.

[70]　谭天祐. 工业通风. 北京：冶金工业出版社，1994.

[71]　赵振奇，梁学邈. 工业企业粉尘控制工程综合评价. 北京：冶金工业出版社，2002.

[72]　张艳辉，柳来栓，刘有志. 超重力旋转床用于烟气除尘的实验研究. 环境工程，2003，(6)：42-43

[73]　郑铭. 环保设备——原理、设计、应用. 北京：化学工业出版社，2001.

[74]　尉迟斌. 实用制冷空调工程手册. 北京：机械工业出版社，2002.

[75]　白震，张殿印. 脉冲除尘器的清灰压力特性及选择研究. 冶金环境保护，2002，(6)：65-69.

[76]　金毓荃，李坚，孙应荣. 环境保护设计基础. 北京：化学工业出版社，2002.

[77]　刘景良. 大气污染控制工程. 北京：中国轻工业出版社，2002.

[78]　国家环境保护局. 钢铁工业废气治理. 北京：中国环境科学出版社，1992.

[79]　肥谷春城. MC フエルトの开关とその械性能につォて. 械能材料，1992，(10)：33-39.

[80]　陶辉，何申富，陈健，沈晓红. 宝钢炼钢厂增设转炉二次烟气除尘设施. 冶金环境保护，1999，(3)：44-47.

[81]　王连泽，彦启森. 旋风分离器内压力损失的计算. 环境工程，1998，(4)：44-48.

[82]　方荣生，方德寿. 科技人员常用公式与数表手册. 北京：机械工业出版社，1997.

[83]　焦永道. 水泥工业大气污染治理. 北京：化学工业出版社，2007.

[84]　张殿印. 钢厂大面积烟尘量测量. 环境工程，1983，(1).

[85]　王纯，申丽. 矿槽上部除尘系统风量调整及风机性能测定. 冶金环境保护，2000，(5).

[86]　[美] C. N 戴维斯. 空气过滤. 黄日广译. 北京：原子能出版社，1979.

[87]　[德] H. 布控沃尔，YBG 瓦尔玛. 空气污染控制设备. 赵汝林等译. 北京：机械工业出版社，1985.

[88]　王浩明，等. 水泥工业袋式除尘技术及应用. 北京：中国建材工业出版社，2001.

[89]　黄翔. 纺织空调除尘手册. 北京：中国纺织工业出版社，2003.

[90]　刘子红，肖波，相家宽. 旋风分离器两项流研究综述. 中国粉体技术，2003，(3)：41-44.

[91]　付海明，沈恒根. 非稳定过滤捕集效率的理论计算研究. 中国粉体技术，2003，(6)：4-7.

[92]　李凤生，等. 超细粉体技术. 北京：国防工业出版社，2001.

[93]　吴忠标. 大气污染控制工程. 北京：化学工业出版社，2001.

[94]　吴超. 化学抑尘. 长沙：中南大学出版社，2003.

[95]　成庚生. 新型干法水泥窑尾气电收尘器. 电除尘与气体净化，2003，4：17-25.

[96]　瘳增安. 高压静电收尘器设计. 静电，1997，2：14-19.

[97]　陈国榘，胡建民. 除尘器测试技术. 北京：水利电力出版社，1988.

[98]　杨飏. 二氧化硫减排技术与烟气脱硫工程. 北京：冶金工业出版社，2004.

[99]　王永忠，宋七棣. 电炉炼钢除尘. 北京：冶金工业出版社，2003.

[100]　王显龙，等. 静电除尘器的新应用及其发展方向. 工业安全与保护，2003，11：3-5.

[101]　纪万里，叶龙，冯海燕. 一种新型静电强化旋风除尘器的研究. 环境工程，2000，12：31-33.

［102］ 颜幼平，等. 磁分离除尘的初步实验研究及其机理分析. 环境工程，1999，(4)：41-43.

［103］ 高根树，张国才. 一种新型的机械除尘技术——旋流除尘离心机. 环境工程，1999，(6)：31-32.

［104］ 许宏庆. 旋风分离器的实验研究. 实验技术与管理，1984，(1)：27-41；(2)：35-43.

［105］ 林宏. 电——袋收尘器的开发和应用. 中国水泥，2003，8：25-27.

［106］ 周兴求. 环保设备设计手册——大气污染控制设备. 北京：化学工业出版社，2004.

［107］ 铝厂含氟烟气编写组. 铝厂含氟烟气治理. 北京：冶金工业出版社，1982.

［108］ 郭爱清，张沛商. 浅谈我国除尘设备的现状和发展. 矿山环保，2003，(5)：3-7.

［109］ 张殿印，等. 脉冲袋式除尘器滤袋失效诱因与防范. 冶金环境保护，2004，(5)：13-17.

［110］ 王永忠，张殿印，王彦宁. 现代钢铁企业除尘技术发展趋势. 世界钢铁，2007，(3)：1-5.

［111］ 张殿印，俞非漉. 袋式除尘器节能降耗途径的理论分析. 环保时代，2008，(1)：8-11.

［112］ 吴凌放，张殿印，徐飞，戚罡. 袋式除尘器应用现状与技术发展方向，环保时代，2007，(10)：9-11.

［113］ 陈鸿飞. 除尘与分离技术. 北京：冶金工业出版社，2007.

［114］ 唐国山，唐复磊. 水泥厂电除尘器应用技术. 北京：化学工业出版社，2005.

［115］ 沈晓林. 烧结机头电除尘器提效技术研究. 宝钢技术，2006，(1)：10-12.

［116］ 焦全鹏，等. LT 静电除尘器防泄爆改造应用. 冶金环境保护，2007，(1)：13-14.

［117］ 瞿晓燕，沈恒根. 袋式除尘器清灰气源设计与脉冲阀性能探讨. 环境工程，2008，(2)：23-25.

［118］ 郑兆光，宋正华. KDM 大型行喷脉冲袋式除尘器喷吹管的设计与改进. 中国水泥装置产业，2008，(2)：36-38.

［119］ 卡庆华. 脉冲袋式除尘器喷吹力量的理论研究. 暖通制冷设备，2007，(4)：23-24.

［120］ 宋正兴，等. YLDM 系列低正脉冲布袋除尘器结构设计及强度计算. 中国电力环保，2008，(6)：38-45.

［121］ 赵振奇，潘永来. 除尘器壳体钢结构设计，北京：冶金工业出版社，2008.

［122］ 王海涛，张殿印. 除尘通风机的调速运行与节能降耗. 冶金环境保护，2008，8：26-38.

［123］ 李超杰，赵晓晨，泰岳. 超声波雾化除尘技术在巴润公司的应用. 环境工程，2014 (3)：80-82.

［124］ 陈盈盈，王海涛. 焦炉装煤车烟气净化节能改造. 环境工程，2008 (5)：38-40.

［125］ 赵振奇，潘永来. 除尘器壳体钢结构设计. 北京：冶金工业出版社，2008.

［126］ 江晶. 环保机械设备设计. 北京：冶金工业出版社，2009.

［127］ 周迟骏. 环境工程设备设计手册. 北京：化学工业出版社，2009.

［128］ 刘瑾，张殿印，陆亚萍. 袋式除尘器配件选用手册. 北京：化学工业出版社，2016.

［129］ 刘伟东，张殿印，陆亚萍. 除尘工程升级改造技术. 北京：化学工业出版社，2014.

［130］ 刘伟东，沈恒根. 袋式除尘器脉冲清灰喷管气流组织分析. 全国袋式除尘技术研讨会论文集. 2009，4.

［131］ 刘伟东，沈恒根. 袋式除尘器清灰气源设计与脉冲阀性能探讨. 全国袋式除尘技术研讨会论文集. 2009，4.

［132］ 陆亚萍，江家辉，钟小林. 影响喷吹管距滤袋口之间的距离的因素. 全国袋式除尘技术研讨会论文集. 2007，4.

［133］ 陈鸣宇，刘瑾，李俊峰，吴雷，刘广莲. 防爆产品在袋式除尘行业的应用. 全国袋式除尘技术研讨会论文集. 2011，10.

江苏蓝天环保集团股份有限公司
JIANGSU BLUE SKY ENVIRONMENTAL PROTECTION GROUP CO.,LTD.

江苏蓝天环保集团股份有限公司是国内知名的烟气除尘环保企业，现为中国产业用纺织品行业协会常务理事单位、国家级高新技术企业。公司创办于2000年，注册资本5931.8万元，占地面积300亩，专业生产除尘滤料及袋式除尘配件，并提供袋式除尘整体解决方案。

公司依据ISO9001:2008质量管理体系、14001:2004环境管理体系的要求，生产各系列除尘滤料及配件，现有无纺针刺生产线6条，定型、轧光等后处理生产线5条，自动缝制生产线20条，并引进国际最先进的ETON吊挂缝制系统，德国Dilo无纺布生产线等，不断提升产品的品质和性能。

蓝天环保坚持共赢理念，本着"环保兴业、造福社会"的原则，愿携手中外客户，共创"碧水蓝天"的美好未来。

地址：江苏省阜宁滤料产业园18号
邮编：224400
电话：0515-87592222
传真：0515-87592555
网址：www.jsltjt.com
E-mail: lantianbuye@163.com